U0101439

FURNITURE

DK FURNITURE

DK世界家具大百科

WORLD STYLES FROM CLASSICAL TO CONTEMPORARY

从古典到当代

[英] 朱迪思·米勒 著

華夏出版社
HUAXIA PUBLISHING HOUSE

Original Title: Furniture: World Styles From Classical to Contemporary

Copyright © Judith Miller and Dorling Kindersley Limited, 2005

图书在版编目（CIP）数据

DK 世界家具大百科：从古典到当代 /（英）朱迪思·米勒（Judith Miller）著；许万里等译 . -- 北京：华夏出版社，2020.2

书名原文：FURNITURE WORLD STYLES FROM CLASSICAL TO CONTEMPORARY

ISBN 978-7-5080-9783-1

Ⅰ . ① D… Ⅱ . ①朱… ②许… Ⅲ . ①家具 – 历史 – 世界 Ⅳ . ① TS664-091

中国版本图书馆 CIP 数据核字 (2019) 第 125430 号

版权登记号：01-2019-6645

版权所有 侵权必究

DK 世界家具大百科：从古典到当代

作　　者 [英] 朱迪思·米勒
译　　者 许万里　杨安琪　赵毅平
策划编辑 汪家明
责任编辑 王霄翎
特邀编辑 尹　然　李　娜
版式制作 陈小娟
出版发行 华夏出版社
经　　销 新华书店
印　　装 北京华联印刷有限公司
版　　次 2020 年 2 月第 1 版
印　　次 2020 年 8 月第 2 次印刷
开　　本 787mm × 1092mm　1/8
印　　张 70
字　　数 560 千字
定　　价 458.00 元

华夏出版社　地址：北京市东直门外香河园北里4号　邮编：100028
网址：www.hxph.com.cn　电话：(010)64663331(转)

若发现本版图书有印装质量问题，请与我社营销中心联系调换

**A WORLD OF IDEAS:
SEE ALL THERE IS TO KNOW**

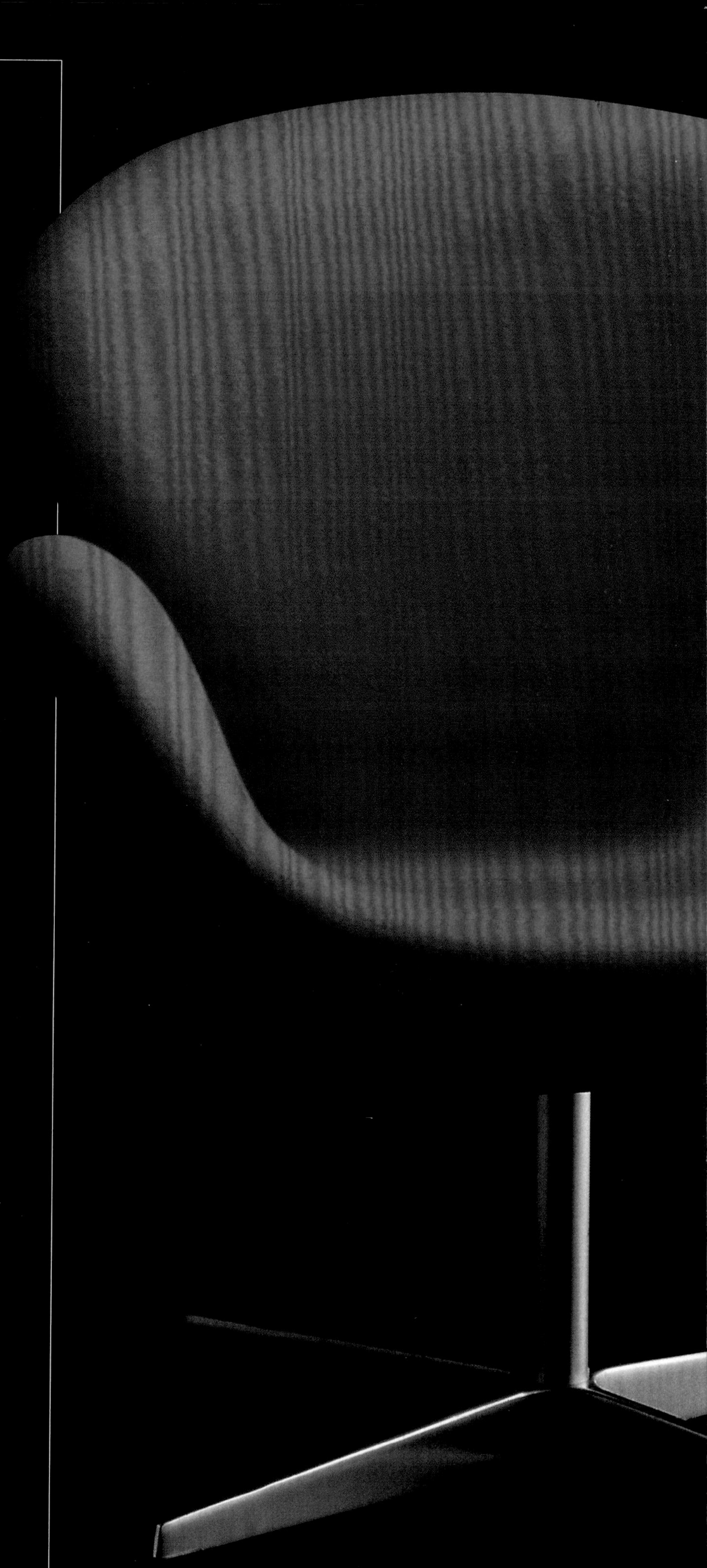

前言

“摩天大厦比比皆是，但一件堪称艺术品的椅子却十分难得。这就是为什么家具商齐本德尔能够如此有名。”

路德维希·密斯·凡德罗

任何一个曾经欣赏过齐本德尔式（Chippendale style）椅子和安妮女王高脚柜上精美雕花山楣的人都知道，世间没有一项技能可与家具制造相匹敌。从纸上的第一张家具设计草图到选料加工、打磨成品光照可鉴，到最后的修饰，如安装把手和锁眼盖，家具制作的每一个步骤都饱含着工匠巨大的热情。当一张制作精良的桌子能够传世，并给所有使用它的人带来快乐时，工匠内心的满足感经久不衰。

几个世纪以来，家具风格发生了很大的变化。有时，设计师的灵感来自于过去，有时他们则把目光牢牢地锁定未来。不管您是喜欢一件夏克式柜子（Shaker cabinet），还是对约翰·亨利·贝尔特（John Henry Belter）的夸张沙发情有独钟；是选择传统的齐本德尔式风格装饰您的家，还是孟菲斯集团（Memphis Group）的未来主义设计，通过浏览世界各地的家具定会让您受益良多，一如这本书所包含的内容。然而，不管设计和时尚如何改变，有一件事亘古不变，那就是家具商的热情和创造力。

大卫·林利

David Linley

参与编写人员和顾问

参与编写人员

Jill Bace 欧洲装饰艺术专家，华勒斯典藏馆、维多利亚和阿尔伯特博物馆讲师
工艺美术运动 / 新艺术运动 / 装饰艺术运动

Dan Dunlavey 作家（古董和收藏品领域）
古代家具 / 19 世纪中期

Dr Henriette Graf 家具历史学家；慕尼黑技术大学讲师
18 世纪早期 / 18 世纪晚期 / 19 世纪早期

Albert Hill 作家，策展人（专注于 20 世纪和 21 世纪设计）
现代主义 / 20 世纪中叶现代风格 / 后现代与当代

Scott Nethersole 艺术史学家，家具史讲师
19 世纪早期

Anne Rogers Haley 国际家具顾问和研究员
17 世纪 / 18 世纪早期 / 18 世纪末

Jeremy Smith 伦敦苏富比高级家具专家兼副总监
17 世纪 / 18 世纪早期 / 18 世纪晚期 / 19 世纪中期

顾问

Liz Klein 顾问，收藏代理人（专门研究 20 世纪的装饰艺术）
工艺美术运动 / 新艺术运动 / 装饰艺术运动 / 现代主义 / 20 世纪中叶现代风格 / 后现代与当代

Nicolas Tricaud de Montonnière 欧洲专家
18 世纪早期 / 18 世纪晚期 / 19 世纪 / 装饰艺术运动

Christopher Claxton-Stevens 伦敦 诺曼・亚当斯公司 *1600–1760*

Silas Currie 剑桥郡伊利 Rowley 艺术拍卖行
1600 – 至今

Laurence Fox 纽约 长青古董（Evergreen Antiques）
斯堪的纳维亚 1700–1900

Beau Freeman 费城 塞缪尔・弗里曼公司（Samuel T Freeman & Company）
美国 1600–1840

Yves Gastou 巴黎 Yves Gastou 画廊
新艺术运动 / 装饰艺术运动 / 现代主义 / 20 世纪中叶现代风格 / 后现代和当代

Willis Henry 马萨诸塞州 威利斯・亨利拍卖有限公司 拍卖师
夏克式家具

Maître Lefèvre 巴黎 Beaussant-Lefèvre 拍卖行
法国 1600–1900

Marcus Radecke 伦敦佳士得拍卖行 欧洲家具部
意大利、西班牙和葡萄牙 1600–1900

David Rago 新泽西州兰伯特维尔 拉戈拍卖中心 顾问和拍卖师
美国工艺美术运动

Patrick van der Vorst 伦敦苏富比欧式家具部 总监兼负责人
意大利、西班牙和葡萄牙 1600–1900

Jean-Jacques Wattel 巴黎 Pierre Bergé et Associés 拍卖行
新艺术运动 / 装饰艺术运动 / 现代主义 / 20 世纪中叶现代风格 / 后现代和当代

上页图：这款名叫“天鹅”的休闲椅由设计师阿尔内・雅各布森（Arne Jacobsen）为哥本哈根皇家酒店而设计。椅子有一个模压合成内壳，红色织物包覆，铝制支架及旋转底座。 *1958年 高85厘米（约33英寸），宽75.6厘米（约30英寸），深63.5厘米（约25英寸）*

右页图：波士顿高脚柜。这件柜子产自马萨诸塞，柜体由枫木制成，内衬为白色的松木。整体有涂漆装饰，并配有安妮女王风格的黄铜把手、锁眼盖，弯腿。 *约1747年 高178.4厘米（约70英寸），宽100.6厘米（约40英寸），深53.3厘米（约21英寸）*

写给中国读者

就我个人而言，能坐在伦敦的书房里，为自己这本关于家具的著作中文版撰写序言，我感到非常满足。研究来自世界各地、从古代到当今不同类型和风格的家具是一项颇有野心的工作。在此过程中，一个反复出现的现象很快变得明朗起来：即，尽管某些家具的类型和风格仍主要局限于起源的国家或地区，其他一些具有足够“全球”吸引力的家具类型和风格则得到广泛的传播和吸收。几个世纪以来，国际旅行的增多和贸易的增长，以及类似本书的一些早期图文出版物，都为它们的传播提供了动力。

在这样的国际背景下，中国家具的结构形式和装饰图案不仅自身非常独特，而且，正如你在本书随后的很多内容中都会发现的那样，它们对于西半球的家具设计师和制造商来说，无疑也是一个巨大的灵感源泉。这一影响过程早在 13 世纪就开始了，特别是在 17 世纪至 19 世纪——即中国的明末和清代，“中国风”成为时尚的高峰，广泛流行于欧洲君主和贵族群体当中。

然而，中国的影响力并没有止步于此。事实上，一个令人欣喜的巧合是，我在写下这些句子时所坐的椅子，是丹麦细木工匠汉斯·韦格纳（Hans Wegner）于 1949 年设计的，现在它已经成为 20 世纪中期现代家具设计的一个标志性作品。Y 形椅造型优美、结构合理、重量轻盈、稳定性好、支撑力强……它所有的特质都与 16 世纪中国明代的黄花梨圈椅有关。韦格纳之所以能呈现出这个东西方相遇的绝佳范例，正得益于来自中国的灵感。

朱迪思·米勒

Judith Miller.

目录

工艺美术运动
1880-1920

新艺术运动
1880-1915

装饰艺术运动
1919-1940

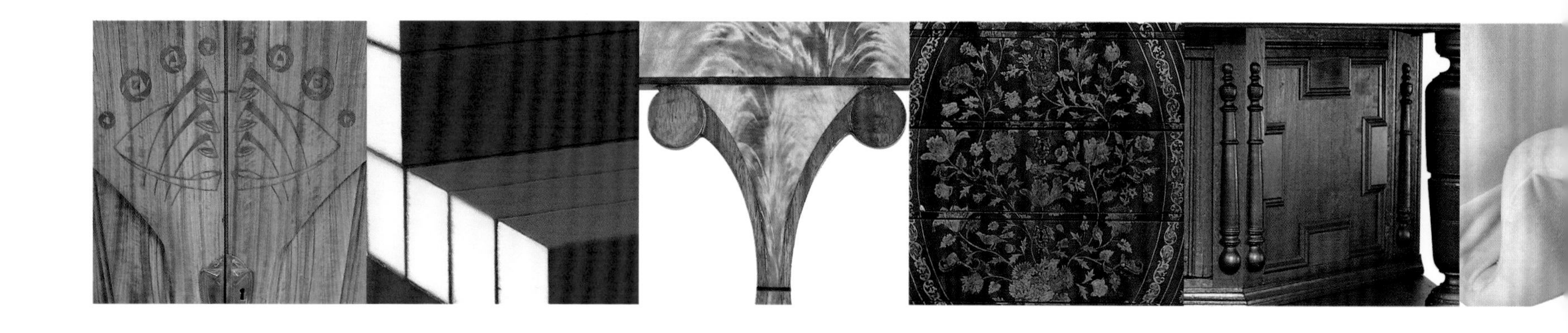

现代主义
1925–1945

20 世纪中期现代风格
1945–1970

后现代与当代
1970 至今

附录

序

家具的历史不可避免地与文明的故事联系在一起。从罗马午休床到路易十五扶手椅，从新古典主义办公桌到后现代储物单元，家具一直反映着人类生存需求的变化以及时尚和科技的潮流。

我出生于20世纪50年代，即所谓的“富美家”一代（Formica Generation）。我的父母曾自豪地说，他们抛弃了继承自上一辈的老旧不堪的维多利亚时代家具，取而代之的都是最新的现代主义设计。然而，我却在我们居住的苏格兰边境的豪宅中度过了很多快乐时光，那里有很多家具都是由罗伯特·亚当（Robert Adam）和他的儿子设计的。我想正是在贝里克郡（Berwick）附近的帕克斯顿家（Paxton House）里，我第一次被一位19世纪的叫做托马斯·齐本德尔（Thomas Chippendale）的工匠制作的精美家具所打动。这是一个漫长而激动人心的发现之旅的开始，时至今日，精彩仍未停止。

从那之后，我去过许多国家，有机会广泛研究各种家具风格，从巴黎奥赛博物馆（Musee d' Orsay）的法国新艺术派到美国弗吉尼亚州威廉斯堡（Williamsburg）的家具藏品，再到柏林包豪斯博物馆（Bauhaus Museum）的现代主义作品，所有这些都增加了我对家具的迷恋。只有了解家具制作的过程、材质和为谁而做，才能够辨别它具体属于哪一类风格。我们今天所看到的大多数奢华家具都是为出于想要炫耀自己财富和品位的贵族而做。到了19世纪中期，家具逐渐进入普通百姓之家，以致中产阶级也可以追随家具最新潮流

并用其来装饰居所。本书所展示的家具不仅是那些昔日为最上层家庭而做的——其中许多出自名师之手的作品如今只能在博物馆中见到，还有很多不太昂贵但足以满足日常用度的设计产品。

一般来说家具的设计样式随时间而演进，但一些特定的类型如克里斯莫斯椅（***Klismos Chair***）则时不常会复兴一阵子；有些款式则遍布全球，如受庞贝古城和赫库兰尼姆（Herculaneum）考古发掘启发而来的法兰西帝国风格家具、赫普怀特（Hepplewhite）和谢拉顿（Sheraton）的设计以及美国联邦式（American Federal）家具。

虽然已经有一些很不错的家具类专著，但我一直觉得如能有一本对世界家具作出明确概述的书还是很有必要。这本书记录了家具从最早的款式到20世纪末的风格演变历史，并配有三千幅图片。书中每一章探讨一个特定时期，并在相对应的社会和政治背景下解释家具风格发展的原因。每一部分包含：家具设计概述，装饰风格内在关键构成要素指南，家具如何在国家之间得以流通和发展，家具风格特点，设计师和设计运动介绍，不同国家的家具藏品等等，以期带给家具藏家多方面的参考。其中某些作品还附有一个字母代码，用以区分经销它们的家具商或拍卖行。

我希望这部宏伟的、综合性大书也能够激发出你的想象力，就像当年那件齐本德尔作品点燃我的热情一样——令你对家具这个迷人主题的风格、技术和历史产生终身的兴趣。

朱迪思·米勒

Judith Miller

时代风格

家具设计的发展一直受各种因素的影响——经济发展、生活方式、社会等级、政治变革、技术进步、时尚潮流等等。这些因素的影响并非在每个国家都是均衡的，而且某一种风格也不能完全反映当时流行特征的全貌。可是，每个时代的家具设计风格确实有自己的明显特征——不管是整体的形状、装饰的特色，抑或其所用的材料，这些都使其更容易被识别出来。

文艺复兴 Renaissance

文艺复兴起源于14世纪的意大利，在接下来的两百多年风靡了整个欧洲。"Renaissance"的本义是"重生"，这一风格的灵感来自时人对古希腊和古罗马所产生的新兴趣。从建筑师、家具制造商将古典风格应用到装饰领域开始，如家具中出现的立柱、飞檐和山墙（***Pediment***）等等，从而衍生出对称式、建筑式的家具。流行的图案母题包括花瓶、丘比特和女像柱（***Caryatid***）。

文艺复兴高脚椅（见第29页）

巴洛克 Baroque

作为对财富和权力的一种奢华表现，巴洛克风格极具雕塑性和戏剧性。巴洛克式家具在设计制作上一般都有精致的雕刻——借鉴自古典和文艺复兴时期的图案，如同建筑物一般体量巨大，使用进口材料，还使用了诸如硬石镶嵌（***Inlay***）和天鹅绒包衬等技术。公元1600年左右，纯粹的巴洛克风格在罗马出现后，明显也备受其他欧洲国家的喜爱，随着社会的发展呈现不同程度的繁荣景象。

意大利巴洛克橱柜（见第37页）

哥特式扶手椅（见第166页）

哥特 Gothic

受到中世纪教会建筑的影响，哥特家具在18世纪中期的英国首次出现，当时家具设计师托马斯·齐本德尔把哥特式建筑元素应用到家具上，使得这类风格初具雏形。其特点包括尖头拱门、S形曲线、四瓣花（Quatrefoils）等。这一风格在19世纪时曾经卷土重来，并曾对工艺美术运动产生过相当大的影响。

中国风 Chinoiserie

中国风形成于17世纪，其灵感来自于欧洲对充满异国情调的瓷器、漆器（***Lacquerwork***）的喜爱，以及来自中国和日本的各种形式的装饰艺术。中国风派生自法语单词"chinois"，原意是"中国人"，它赋予欧洲设计师自由创作的空间，他们可以从东方风格和主题演绎出非凡的想象力。这种风格持续了二百年之久。其特点是采用奇特的图案，如宝塔、龙、莲花、程式化山水、中国人形象等来作装饰，还包括大漆涂装，用料也极其奢华。

中国风漆艺五斗橱（见第170页）

乔治亚五斗橱（*Commode*）（见第179页）

乔治亚 Georgian

这一术语被用来形容1715年到1811年英国乔治一世、二世、三世统治时期出产的家具。早期乔治亚家具主要以核桃木制成，并融入一些当时流行的洛可可艺术的特点，如蛇形（***Serpentine***）曲线、C形卷曲（***C-scroll***）和S形卷曲（***S-scroll***）、球爪形脚等等。晚期乔治亚家具大多是红木制成并有直线形状，有18世纪末颇受欢迎的新古典主义的装饰特色。

洛可可抽屉柜（见第73页）

洛可可 Rococo

自18世纪起，家具设计师开始抗拒巴洛克那种笨重的形式，寻求更显轻盈、更加女性化的样式。洛可可风出现于法国，后来在18世纪上半叶主导了欧洲的设计，它大量采用了婀娜的弧形、非对称装饰和弯腿。流行的主题包括C和S形卷曲、自然的树叶、贝壳形装饰（*Rocaille*），常有精细镀金的底座。

路易十五 Louis XV

洛可可风格为法国人所诠释，盛行于18世纪国王路易十五时期。该风格受日常的、贴心的、舒适的生活方式影响，特点是华丽和精美。配色方案要么丰富和充满活力，要么苍白或镀金（*Gilding*）；另外，增加了很多新的种类如躺椅、安乐椅（*Fauteuil*）和女士小书桌（*Bonheur-du-jour*），这说明妇女在社会中的影响越来越大。镀铜底座和表面模仿东方漆器的漆艺也是很受欢迎的装饰特色。

路易十五木制涂金安乐椅（见第78页）

安妮女王椅（见第116页）

安妮女王 Queen Anne

从洛可可设计中脱胎而出的、更为内敛的艺术形式在英国安妮女王执政期间（1702－1714）出现，其趣味部分来自于荷兰的影响。这种家具比欧洲其他地方的更加内敛，强调整体优雅多于表面装饰。家具组件往往由木浮雕组成——通常为核桃木——只带有很少的额外装饰，包括弯腿、球爪形脚，在椅背上常有巨大花瓶形装饰。1725年前后，这一风格在美国大获成功。

新古典主义书写柜（*Secrétaires*）（见第177页）

新古典主义 Neoclassical

新古典主义在18世纪下半叶开始流行，与洛可可风格的影响及重新兴起的对古希腊和古罗马的兴趣相关。家具制造商们的灵感不仅来自古典建筑的直线形状，还有其装饰细节如希腊回纹（*Greek key*）和维特鲁威卷曲（*Vitruvian scroll*）等。这些装饰物往往是镀金的，采用桂冠、瓮和纪念章的形式。

古斯塔夫椅子（见第155页）

古斯塔夫 Gustavian

古斯塔夫风格是法国新古典主义在瑞典古斯塔夫三世统治时期（1746－1792）特有的简约版本。其特点是使用有亮光色和丰富图案的丝缎、基于新古典主义的元素如带状装饰（*Frieze*）、凹槽（*Fluting*）和月桂树花彩（*Festoon*）花饰，但多为彩绘，而不是镀金的。典型的古斯塔夫风格家具有着丝绸质地的软包和椭圆形靠背、两腿带凹槽的克里斯莫斯（Klismos-style）椅子。如果整个房间被装饰为古斯塔夫风格，则通常会在有镶板的墙壁上装饰高大的涂金木质镜框。

联邦风格墙面镜子(见第247页)

联邦风格 Federal style

这一名称来自美国1787年创立的联邦宪法，它是新古典主义的美国版本，主要仿自英国。家具大多由红木制成，其风格简约，装饰极少。典型图案包括美国鹰、雕刻旋涡、垂花饰（*Swag*）和贝壳。晚期联邦家具开始反映出帝国风格的影响，采用了镀金底座和黄铜饰带。

帝国风格桃花心木（*Mahogany*）贴面抽屉柜（见第200页）

帝国风格 Empire

这是新古典主义后期的一种另类形式。帝国风格源自法国拿破仑时期，在19世纪上半叶占据着欧式家具设计的主流。其设计灵感不仅来自于古希腊和古罗马，也有古埃及的影子。直线形式占了很大的比例，并常常饰有黄铜或镀金的底座，还有华丽的面料。设计师在橱柜上采用建筑元素，如山墙和立柱等，在椅子设计上有军刀或八字腿。流行的图案包括垂花饰、桂冠和奖章，以及狮身人面像（*Sphinx*）和象征了拿破仑个人的标志即皇冠和蜜蜂。该风格直接影响了英国的摄政风格、美国帝国风格和德国比德迈风格。

比德迈风格 Biedermeier

比德迈风格更像是帝国风格的简约版，流行于19世纪上半叶的德国、奥地利和瑞典。其原型主要是中产阶级所喜爱的法国风格，但更加简单、经典、舒适和实用。大部分家具是直线条的，饰以古典主题，普遍带有八字腿。虽然大多是由红木制成，但浅色原生树木如胡桃木（*Walnut*）、樱桃木、桦木（*Birch*）、梨木和枫木（*Maple*）也被使用，常常还夹杂着乌木的亮斑。比德迈风格看起来更像是出自手工之作，平添了许多温馨感。比德迈室内装饰的一个突出特点是椅子和沙发（*Sofa*）通常以浅色面料装饰，用来搭配浅色调的整体家居环境。

比德迈式胡桃木贴面抽屉柜（见第217页）

新艺术风格 Art Nouveau

这种装饰风格盛行于19、20世纪之交的欧洲，尤其是法国和比利时，是对19世纪中期复古主义的反弹。设计师们试图创造一种"新艺术"。虽然该风格在国家之间演变为不同的形式，但主体特点仍是弯曲的、不对称的线条，主要灵感来自于大自然。它在很多方面呼应了两百年前的洛可可装饰风格，同时也可看出日本艺术的影响。

新艺术风格女士桌（见第349页）

装饰艺术风格桌子（见第393页）

装饰艺术风格 Art Deco

"装饰艺术"一词产生于20世纪60年代。此风格源自法国，深受不同的新古典主义影响，如古埃及法老图坦卡蒙墓的考古发现和立体主义等等。它繁荣于第一次世界大战后。装饰艺术风格家具的体量很大，有几何形状和豪华的装饰，典型图案包括程式化的旭日光线形、V形和抽象几何图案。装饰艺术风格也影响了中欧、远东和美国，在那些地方，流线型（*Streamlined*）家具取得了巨大成功。

现代主义 Modernism

该风格诞生于第一次世界大战之后的德国，由包豪斯学校首创。现代主义是一种杜绝所有历史风格影响的风格。最初它表现在建筑设计上，并逐渐蔓延开来。家具设计师们独具匠心，开发出新的家具制造流程。这种家具的外形是鲜明几何状的，产品被剥去所有不实用的装饰——功能超越形式而成为家居设计中最重要的因素。其优选的材料包括玻璃、胶合板（*Plywood*）和无缝钢管（*Tubular steel*），新设计包括悬臂椅（*Cantilever chair*）等等。

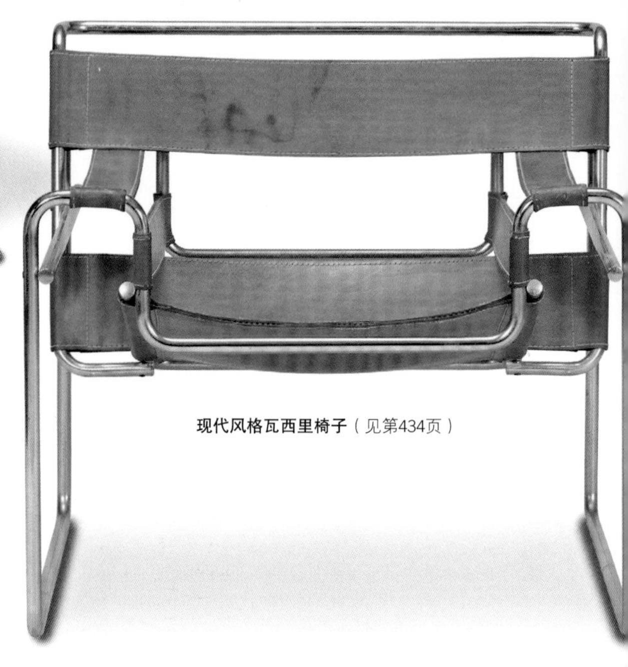

现代风格瓦西里椅子（见第434页）

维多利亚扶手椅
（见第277页）

历史主义 Historicism

出现于 19 世纪下半叶，属于复古风格。英国维多利亚女王时代的室内装饰即为其缩影。早期家具中的哥特式、文艺复兴和洛可可风格的复制品以工业化方式被大规模生产。这其中，人们更加注重舒适性的体验，体现在婀娜的形式和深嵌的纽扣装饰上。

唯美主义运动 Aesthetic Movement

这一风格在 19 世纪末的英国和美国家具上表现尤其明显，源自一个倡导“为艺术而艺术”的短暂运动。设计师们受到日本装饰艺术和哥特式、摩尔式以及雅各宾式风格的影响，设计时借用了所有这些风格元素，并常用乌木（*Ebony*）材料做出漆艺的效果。

唯美主义运动风格黄檀木（*Rosewood*）柜（见第 326 页）

工艺美术运动风格的方椅
（见第338页）

工艺美术运动 Arts and Crafts Movement

作为一场设计思潮，工艺美术运动极力排斥由于工业革命的大规模生产而带来的粗制滥造。它倡导良好的设计、熟练的工艺和精美的传统等多种要素的结合，使其成为美好生活理想的一部分。该风格与 19 世纪下半叶英国和美国兴起的设计运动有关，一直持续到 20 世纪。设计师基于传统和本土风格，多采用橡木（*Oak*）这种原生木材生产简单的几何形家具，例如长靠背椅。这一风格的理念之一是装饰效果应该有节制地使用，因为木材纹理本身就是装饰元素。

20世纪中期现代风格伊姆斯休闲椅
（见第451页）

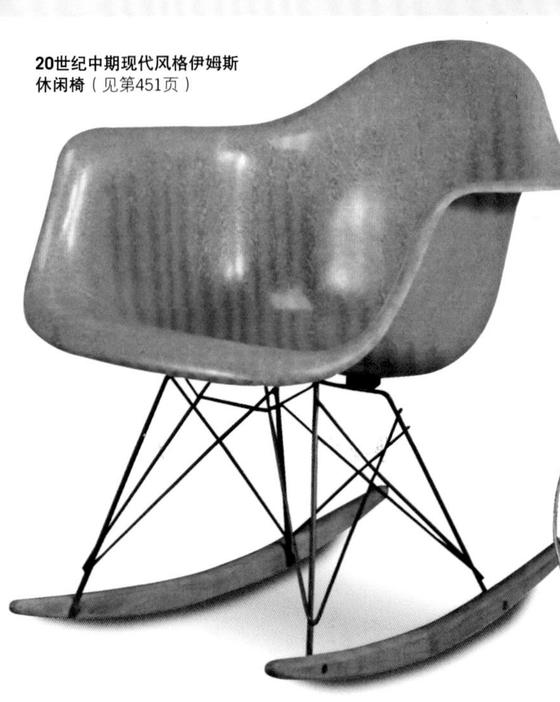

波普 Pop

波普是用于描述 20 世纪 50 年代末和 60 年代适应流行文化进行设计的术语。波普家具可以做成非常便宜而花哨、颜色鲜艳的样式。它的灵感往往由太空时代事物所激发，主要为年轻人设计。波普家具的特点是明亮，多由模压塑料制成，无固定形状。

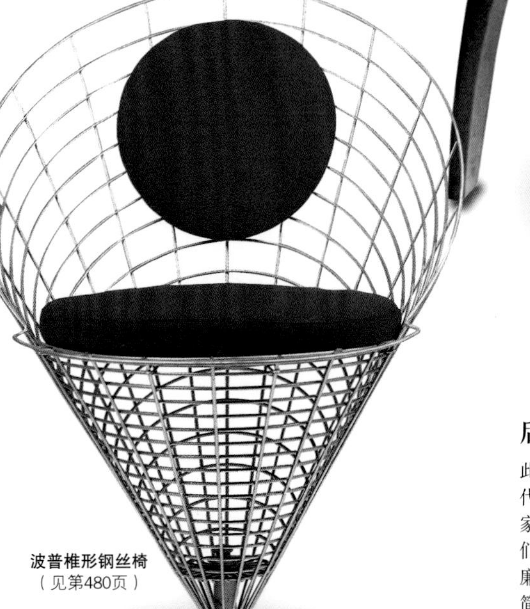

波普椎形钢丝椅
（见第480页）

后现代软体桌
（见第519页）

20 世纪中期现代风格 Mid-century Modern

该风格主要与二战结束后在美国和斯堪的纳维亚工作的设计师有关。20 世纪中期现代家具是现代主义的自然延伸，但设计者喜欢用更宽松、更雕塑化的方法来做家具。他们使用的最新技术包括模压塑料（*Plastic*）、泡沫衬垫、轻巧铝质（*Aluminium*）框架等。该风格的特点是具有实验创新性，往往有有机的形状和大胆的色彩。

后现代主义 Postmodern

此风格流行的高峰是 20 世纪 80 年代。后现代主义拒绝现代主义理念，促使设计师创造出不拘一格、与众不同的家具。后现代风格被家具制造商演绎出不同的形式，他们将不同时代风格的图案熔为一炉，产品往往由昂贵和廉价材料混合制成。有些家具采用高科技手段或吸取极简主义朴实无华的设计精髓，喜欢使用透明亚克力和柳条等材料。

古代家具

4000 BCE - 1600 CE

古埃及

古埃及较之于同时期其他文明古国有着更多更好的家具遗存，这说明古埃及人非常重视日常家具。事实上，美索不达米亚遗址和历史更悠久的地方的考古发掘证明了原产于埃及的家具也曾出口其他国家，供显贵们使用。

古埃及有一套关于来世的复杂信仰体系。埃及人相信不朽的灵魂"卡（ka）"在人死亡时会被释放，但也能随时回到尸体里去。"卡"需要被持续供养以维持其存在，这就是为什么古埃及的那些重要人物的墓室里不仅充满着食物，而且还存有代表当时埃及工匠最高成就的礼仪性家具。然而，易腐的木制框架并不能在墓葬中遗留下来，但墓室上层的黄金外壳和象牙（*Ivory*）镶嵌已经足够作为研究证据，使埃及古物学者据此重新恢复家具的原形。

墓中的秘密

在皇后菲特咻丝（Hetepheres）墓中发现的陪葬品得以重建出当时的情形：包括一张精心制作的天幕床，一把便携式椅子、各种各样的箱子（*Coffer*）和其他物品。菲特咻丝死后千余年，在出生于约公元前1340年的法老图坦卡蒙（Tutankhamen）墓中发现了各种专门设计的陪葬物，例如他的棺床（榻）刻成灵魂吞噬者阿米特神（Ammit）的形状——鳄鱼的头、豹的身体及河马的后腿。图坦卡蒙统治埃及不到十年，围绕他的死因，后世一直有很多种猜测。

当霍华德·卡特（Howard Carter）在1922年发现了图坦卡蒙墓的时候，墓中出土的各类装饰物马上在当时的设计界产生了反响，特别是装饰艺术运动风格明显受到古埃及形式和装饰主题方面的影响，这正如法兰西帝国时期的家具由于拿破仑1798年进入埃及后受到的影响一样。

国内家具

富裕社会阶层的日常用品常在绘画和雕刻中被描绘，因而其样式被保存下来。而家具中最多被记录下来的是凳子——有三或四条腿并带有着不同程度的装饰。

金质宝座 这个宝座来自图坦卡蒙墓，有木制外框，外表包裹了金银片，镶有半宝石，饰以狮子的头部和爪子。

折凳由一对木架和一个吊挂皮座构成，最早出现在中王国时期，后来它成为古代室内装饰的主角，从苏利丝泉（Aqua Sulis，现英国巴斯）一直到君士坦丁堡。

另一种常用的凳子上有一个凹座，由四根直腿与撑档（*Stretcher*）支撑，并由斜撑加固。

壁画摹本 壁画出自祭司里维拉（Rekhmira）的坟墓，时间为公元前1475年。画面显示了一个埃及青年用弓钻给一把椅子钻孔的情景。

腿既短又直的矮桌，被用来放置装水的容器或埃及人非常珍视的彩陶花瓶。专为花瓶设计的支架台则是由木杆制作的，木杆末端有圈环，起稳固花瓶之用。

虽然金属和象牙也在床之类的家具上较为常见，但床通常还是用木材制作，并在两边木框之间悬挂织绳用以支撑折起的亚麻布床垫。床并没有统一的高度，很多床很低，而有些则太高，人需要一个台阶或升板才能上去。

古埃及人可用的木材包括原生无花果木、梧桐木、刺槐和一种被称作"基督刺（Christ's Thorn）"的硬木。还有些木料来自其中东地区的贸易伙伴的森林，如柏树和黎巴嫩雪松。

结构与装饰

因为干燥的天气制约了树木的生长，所以大型木材很难获得。这在相当大程度上刺激了一些埃及工匠创造性地制作出先进的镶板和时至今日仍在使

时间轴 公元前4000—前31年

狮身人面像 伫立在埃及吉萨沙漠的金字塔前。

约公元前4000年 埃及人发明纸莎草。

约公元前3150年 最早的象形文字在阿比杜斯（Abydos）一座坟墓中被发现。这些原本作为记录工具的符号后来发展成为完整复杂的书写语言。

约公元前3100–前2125年 旧王国时期的埃及使用一年有三百六十五天的历法，同时开始兴建纪念碑。

卡纳克（Karnak）神庙遗址 方尖碑，位于埃及底比斯（今卢克索）。

约公元前2630年 法老佐塞尔（King Djoser）的金字塔在埃及塞加拉建成，是世界第一个大型石质建筑。

约公元前2560年 胡夫大金字塔建成，用两百万块巨石砌成。其保持地球最高建筑物的记录达四千年之久。

约公元前2540年 多数人认为狮身人面像建于此时，即法老哈夫拉在位时期。另一种与之相左的说法认为狮身人面像有一万二千年的历史。

约公元前2040–前1640年 埃及重新统一为中王国，并恢复与周边国家的贸易往来。

顶盖画面描绘图坦卡蒙在沙漠中狩猎狮子的场景。

镶板描绘图坦卡蒙驾驭战车战胜了努比亚大军的场景。

彩绘盒 图坦卡蒙墓出土盒子的长方形箱体上有顶盖，通体绘有图坦卡蒙狩猎和战斗的英雄形象。*约公元前 1347–前 1337 年*

用的连接方法。

较有名的工艺有燕尾榫（*Dovetail*）、榫眼和榫头（*Mortise and tenon*）、企口缝（*Tongue and groove*）；更多原始的技术还包括固定和捆扎。一些专门从事复杂细木镶嵌工艺（*Intarsia*）的工作坊经常煞费苦心以最珍贵的木材制作小银牌，不整齐或劣质木材则用贴面（*Veneer*）、石膏（*Gesso*）、油漆等工艺进行遮盖。

家具表面被精心装饰，最好的家具用银或金箔做装饰，其雕刻和所用装饰一样独具匠心。折凳的腿末端常常有鸭头饰件或象征更高社会阶层标志的狮爪脚（*Lion's-paw foot*）。现存家具精品中有凳子以鹅头为腿部，并镶嵌象牙作眼睛和颈部的羽毛。坐垫材料通常仅限于使用亚麻或其他织物。家具也常被施以彩绘。事实上，古埃及人播下了西方艺术萌芽的种子，使之到今天还在蓬勃发展。例如“正面律”（Frontalism）风格在描绘人物时头侧面，眼睛正面，肩及身体正面，腰部以下又是侧面，这是古埃及文化的一个显著特点。

图坦卡蒙墓出土床 有长方形木制外框，包有金箔，带有编织绳的软包。床有头撑、四只兽形腿、兽爪脚。*约公元前 1567–前 1320 年*

国王谷 里面有很多法老的坟墓，其中之一是图坦卡蒙墓。

约公元前1550–前1070年 中王国抗击外族侵略取得成功，并进一步巩固和扩展了王权。

约公元前 1540 年 埃及法老们弃用孟斐斯的墓地，开始在国王谷兴建坟墓。图特摩斯一世是首位埋葬在那里的国王。那里一共埋有六十位王者。

约公元前 1470 年 图特摩斯一世（Thutmose I）命令扩建巨大的卡纳克神庙，包括树立起一座巨大的方尖碑。该建筑一直保留到今天。

约公元前 1330 年 《圣经》记载中的摩西带领以色列人离开埃及，即《出埃及记》提及的那个时刻。

公元前1279–前1213年 统治六十六年之久的拉美西斯二世（Ramesses II）因兴建巨型建筑而闻名，如拉美西斯墓群，饰有对国王功绩极富夸张的描绘。

带狮子支架和方格图案的木凳。*公元前 715–前 332 年*

公元前31年 埃及女王克娄巴特拉（Cleopatra）与安东尼在亚克兴海战中失败，导致埃及和希腊一样被并入罗马帝国。

拉美西斯和女儿的雕像 位于卡纳克神庙建筑群。

古希腊与古罗马

古希腊城邦国家的文化黄金时期远比古埃及的更为复杂多样。随着个人化的探究和好奇精神的兴起，人类开始寻求以科学和哲学方案来解决关于生命本质的基本问题。即使受限于宫殿的发掘，进而缺乏充足的证据证明其文化究竟如何，但克里特岛的米诺斯文明仍记录下古老而辉煌的成就。人们在米诺斯宫殿遗址（The Palace of Minos）发现了一个巨石宝座，这证明欧洲人使用椅子已达四千年之久。

希腊式房屋

对于一般的雅典男性来说，他们的注意力都集中在修身、治国、平天下上，齐家反倒不那么重要。以致他们对使用家具缺乏兴趣。典型的房屋由双柱庭院构成，男人的房间和女人的闺房是最普通的居住空间。庭院周围是用作寝室的小隔间。最重要的家具是灶台，因为人们献给女神赫斯提亚（Hestia）的祭品和宙斯祭坛都放在这里。客厅家具中桌子和床主要是用木头做的，我们对它们的了解仅限于在陶瓶、绘画和雕刻上看到它们原来的样子。

古老而经久不衰的原型

一种叫“Diphros Okladias”的希腊凳子，造型直接取自古埃及X形架凳，早在爱琴海时期人们就已使用这种家具。另一种更原始的希腊凳子是在浴室里使用的，以四条腿支撑起一个平方形顶。希腊人使用埃及风格的椅子很多年，直至他们创造出克里斯莫斯椅。这一非凡而长久不衰的设计沿用至今。希腊人将其视为女性化的家具。克里斯莫斯椅有四个弯腿，它们向座位下弯曲后，又在挨近地面前向外翻卷。成形的背面称为竖框（Stile），显现出一定的人体工学意识。有证据表明，古希腊人还有专门给婴儿设计的凳子。

罗马保险柜 青铜制成，带浮雕（*Relief*）装饰。这类保险柜用于存放重要家什，尤其是女主人的化妆品和珠宝。

伊特鲁里亚石棺 这个土红色石棺描绘了一对死去的夫妻，他们相互依偎，靠在床垫和枕头上。这种较低的躺椅有雕花方形截面的腿，一般刚好够两个人同时使用。*公元前525年*

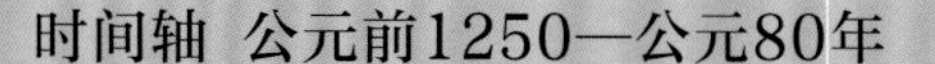

桌子通常有三条腿，这样就有助于在不平坦的地面或希腊人家里的灰泥地上取得平衡。希腊词语的“克莱恩（kline）”是英文“放倒（recline）”的词源，通常用来描述吃饭时候用到的床或沙发。穷人直接在地面上架床，而较富裕的希腊人则在木制、青铜、象牙的床架上布置兽皮、羊毛和亚麻床单。多数这类沙发会出现在最富有的希腊人的专用房间（andron）或餐厅里，用进口的珍贵木材制作，并饰以镶嵌图案或是贵金属嵌件。

关于伊特鲁里亚（Etruria）家具，没有相关文献留到现在，通过考古挖掘才使其重见天日。来自希腊、埃及和小亚细亚的移民被吸引到这里，并带来了希腊繁荣文明的系统知识。所以这时期的家具样式吸取了古代世界很多其他地方的不同特色，比如埃及的X形椅和希腊“克莱恩”等，它们都如同百花一般在罗马帝国成形之前的意大利半岛上绽放。

两种文化的融合

希腊文化的影响力蔓延到东部小亚细亚，向西扩展到大希腊地区、意大利半岛。这种扩张导致了希腊与意大利南部城市罗马之间的冲突——大约发

时间轴 公元前1250—公元80年

椅子 来自塞浦路斯的萨拉米尼纳的一处坟墓。*公元前8世纪*

公元前1193年 史学家记载的雅典（希腊联军）和特洛伊之间的战争爆发。

公元前753年 传说中特洛伊之战中失败的英雄埃涅阿斯的后代罗慕路斯（Romulus）和勒莫斯（Remus）于这一年建立罗马城。

公元前530年 毕达哥拉斯（Pythagoras）在克罗顿创立毕达哥拉斯学派，他一直致力于苦修和冥想。

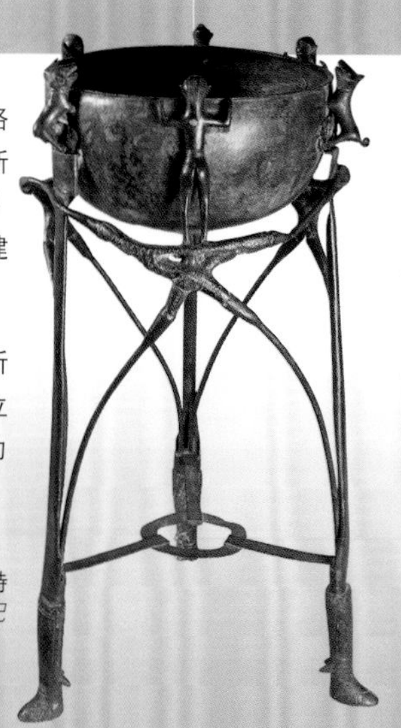

罗马青铜三脚架 普拉尼斯特（Praeneste）*公元前7世纪*

约公元前500年 爱奥尼亚柱的出现代表了古希腊建筑的完善。

公元前480年 希腊人在萨拉米纳战役中取得决定性胜利，挫败了波斯征服整个欧洲的计划。

公元前432年 希腊帕特农神庙（Parthenon）竣工。

爱奥尼亚柱的柱头 来自雅典的帕特农神庙。

公元前323年 亚历山大大帝去世，生前的远征将希腊文明从欧洲传播到了亚洲。

生于公元前280年。公元前31年的亚克兴海战开启了罗马帝国统治下的和平时期，结束了希腊脱离罗马独立的历史。两种文明的整合是迅速而富有成效的，罗马对希腊世界的影响最终导致奢华的炫耀性消费取代了希腊的禁欲主义。罗马人以花花公子闻名，罗马曾为杜绝奢靡之风而定期立法，如不许有过剩的美食，禁止奢靡时尚与使用丝绸等等。这一颓废的世风与古希腊人的节俭有着明显的区别。于是，奢侈性的家具和家居装饰越来越多地从小亚细亚进口，家具式样也比以往任何时候都更加丰富，装饰元素也变得更加精致。

罗马家具

普通的罗马桌是圆形的，工匠常常在三脚架腿部外面提供额外的稳定性——桌脚被雕刻成动物的形状，如狮子——就像在埃及始创后传到希腊的那样。单轴，即桌面由一个核心支柱支撑，是之后才有的创新，其灵感来自东方的家具。而半月形桌被称为“卢纳塔桌（mensa lunata）”，它一般与月牙形沙发一起使用。

“好客”是罗马人生活的一个显著特征，因此桌子作为摆放迎宾食物的器具，其制作也成为一个重要的产业。枫木和非洲柑橘木被用于制作最好的桌面。

拉丁语“sella”是一种椅子，分为许多类型。塞拉椅作为“国椅”是埃及X形椅子的另一变种，但它不能折叠，并有一个厚厚的坐垫。象牙椅或高官椅是权力的一个非常有力的象征，这些椅子的形象在罗马硬币上也可以看到。比古希腊时期床变得更大更宽，要爬上最高的床架需要费好些力气。高档家具采用黄金和白银材质的脚，并选用珍贵的木材，甚至用玳瑁贴面，这些都彰显出拥有者的财富。但有一项家具上的创新并非出自罗马人，这就是玻璃镜面。位于黎巴嫩港口城市西顿（Sidon）的玻璃制造商本来在抛光银镜方面取得很大成就，但其制作玻璃镜面的技艺却未能像前者一样持续流行开来。

希腊陶瓶 这个瓶子绘有女性形象，其中一人坐在克里斯莫斯式椅子上，椅子前后腿皆向外延展。

阿庇亚大道（Via Appia）是为了把罗马和意大利半岛南部省份连接起来而建造的。

公元前312年 罗马著名的阿庇亚大道在阿庇乌斯·克劳狄·卡阿苏斯（Appius Claudius Caecus）统治时代开始兴建。

约公元前50年 恺撒的军事活动让罗马帝国的疆界扩展到了法国和德国。他还率罗马军队第一次武装入侵英国。

公元64年 大火肆虐罗马城，整整烧了一个星期，摧毁了这座城市的大部分建筑。尼禄监督重建工作，重建规模比以往任何时候都大。

公元79年 维苏威火山摧毁了罗马的庞贝城。18世纪出土的庞贝和赫库兰尼姆遗址文物对当时的设计界有很多启发。

公元80年 提图斯主持了罗马斗兽场的落成，在此举行的竞技游戏可以持续一百天不重样，其三层的环形拱廊结构至少可容纳五万名观众。

奥古斯都雕像（公元前63–公元14年）

第一个石头制成的斗兽场于罗马建成。*公元70–82年*

古代中国

中华文明的起源时间仍没有确定的答案。目前能确定的是公元前17世纪的时候，大部分属于现代中国的领土为一个统一的军事王朝——“商”所统治。中国已经发展出复杂的书写系统和成熟的农业经济。

传统审美

中国家具最早是木制的。从古代楚国遗址出土的家具可以追溯到约公元前250年，这表明木制家具和装饰用的大漆已在中国使用了两千多年。然而，随着国际贸易兴起，大城市和富有的精英阶层相继出现，家具工匠们才在审美上取得进步。

中国历史上家具制造的黄金时代开启于明代（1368–1644），当时的理念是热衷制造简约形式的家具。它们往往带有明快的线条和简洁的装饰，仅限于格栅和浅浮雕。

清代（1644–1911）初期，简约设计理念仍然根深蒂固。但是，随着中国逐渐富裕和稳定，装饰艺术开始反映出自信与富有的新理念。很多家具变得巨大而笨重，但始终保持了基本、简单的造型。在明代颇受欢迎的、层次丰富的雕刻变得更具表现力，使用更加广泛。椅子的椅背或腿部从上到下经常雕刻有细致而自然的图样，线性风格让位于更流畅的造型手法，纳入了优美的曲线和形状。

中国家具一直以实用为主，不事张扬：串珠状的轻金属斜边和简单平坦的镶嵌表面，给人以舒缓的美感。为皇家定制的家具更加华丽，珍珠母（*Mother-of-pearl*）、瓷器、珐琅（*Enamel*），甚至宝石都被用来装饰最重要的宫廷家具。

常用木材

日常家具常用廉价的竹子制成，但中国工匠们特别珍视本土的硬木，将红木当作家具木材的王者。黄檀木一般从中国南部温暖地区采购，也从印尼或其他东南亚国家进口。树瘤木（Burr Woods）也很受欢迎，但通常用料较为节制。鉴于成本和稀缺性，最昂贵稀缺的木材是紫檀。这是一种木质非常紧致而迷人的檀木，据说其价值堪比黄金。

优美兼具实用的结构

中国家具部件加入了榫眼和榫头，圆榫（*Dowel*）以及在西方家具中很少用到的胶水在中国得以广泛使用。从而使由切割后的单片构件组装成的曲形家具，整体看起来完全无缝。工匠尽量掩饰部件的连接处，将其设置在不显眼的地方，避免有损整体上的美感。

马掌椅 黄花梨木，外形简洁。椅背导轨（*Rail*）与扶手形成半圆形。其精细工艺与结构采用榫卯连接。*约1550–1650年 高97厘米（约38英寸），深59厘米（约23英寸）*

除了美观上的考虑，榫眼和榫头被大量应用在中式家具上，其背后还有着更为实际的原因：以防多变和潮湿的气候导致木材收缩或膨胀。在家具的装饰处理上，大漆得到广泛的使用也因其有另一种功用：家具上全部覆盖漆料后有助于防止虫蛀。

使用习惯

中国人使用家具的习惯是受长期传统支配的。在过去，人们并不像西方人那样在家中留

案几 长方形，黄花梨木，有雕花裙档和弯腿，其顶部有动物面具（*Mask*）雕花，兽爪形脚。*约1368–1644年*

时间轴 公元前2800—公元1516年

约公元前2800年 《易经》据说就作于此时，作者传为伏羲，神话里中国的第一个国王。

秦始皇

约公元前1600–前1046年 商朝人留下了可证明中国最早历史的文字甲骨文。其中记载了商统治者用人类作祭祀牲礼。

约公元前470年 由后人对孔子生前教诲和对话结集而成的《论语》成为中国最重要的思想范本。

约公元前220年 秦朝短命的统治者秦始皇修建的防御性城墙即为后来长城的开端。他死后与七千名陶俑战士埋葬在一起。

中国长城在山脊蜿蜒绵长。

约公元前140年 丝绸之路开启了中国与西方的贸易，成为中西之间经久不衰的商业和文化交流的通道。

公元25年 佛教由印度传入中国。这一宗教在后来经历了皇家支持和蓄意压迫的双重遭遇。

秦始皇兵马俑坑中的陶俑战士。

玻璃背板画（*Reverse painted*） 这幅描绘中式内室的作品中有回纹细工竹桌、床、博古架和案几等家具。

出一块地方吃饭，所以餐桌通常是可以移动的。加上中国人习惯聚餐而不是如西方人那样分餐，这种习惯决定了围绕餐桌的人一般不超过八到十个，如此才能让大家都能够方便取到放在餐桌中心的菜肴。如果超过这个数字，食客们则被分而置之。他们通常坐在装有脚踏板的凳子上，以使脚不接触地面。

由于中国人在阅读和写作时习惯坐在或是斜倚在地板上，所以较低的桌子成为首选。扶手椅没有被广泛使用，它们被认为是权力的象征，每个家庭只有一个，供户主使用。

在中国，士大夫是受到社会普遍尊敬的阶层，他们皓首穷经，以钻研古代经典为业。红木家具中多是用于读书的桌案和椅子。明清时期文人家具的典型作品已然成为今日博物馆中的展品。

在房间中，中式家具通常靠墙摆放，这和西方人喜欢随意摆放家具的习惯形成鲜明对比。

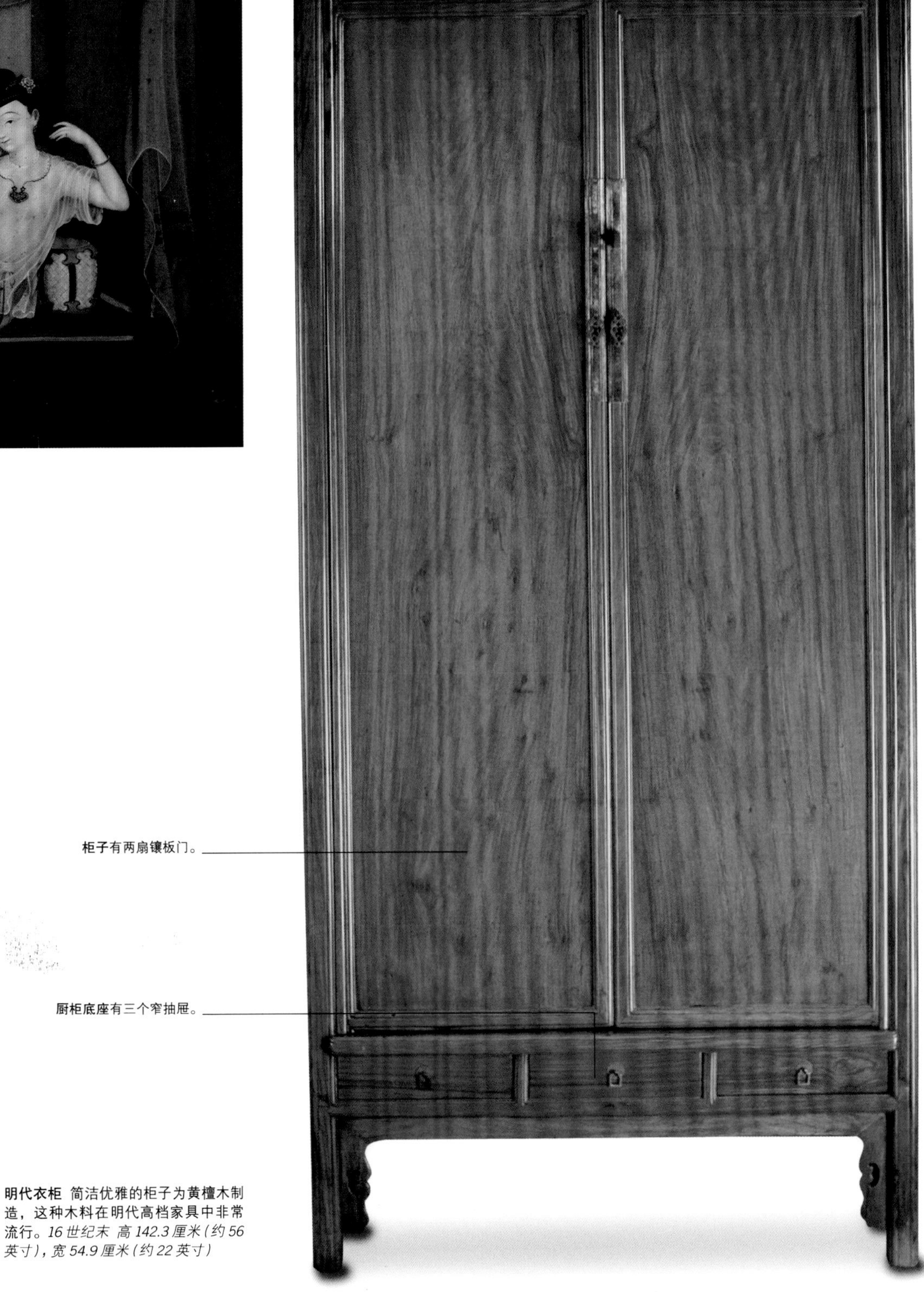

柜子有两扇镶板门。

厨柜底座有三个窄抽屉。

明代衣柜 简洁优雅的柜子为黄檀木制造，这种木料在明代高档家具中非常流行。*16 世纪末 高 142.3 厘米（约 56 英寸），宽 54.9 厘米（约 22 英寸）*

公元 603 年 隋炀帝开凿大运河。这项工程使得运河横亘中国近两千多公里。

公元 868 年 发现于敦煌莫高窟的一段梵文佛经的译文记载了当时的纪年，这是现存最古老的印刷品。

明代青花瓶

公元 1271 年 马可·波罗踏上去往中国的征途。返回意大利后，他宣称曾在蒙古人帐下效力十七年，足迹遍及中国各地。

公元 1279 年 成吉思汗之孙忽必烈灭南宋统一中国。蒙古人的统治延续到 1368 年，后被明朝取代。

公元 1368–1644 年 在明朝，中国达到了皇权的顶峰并一直影响到 17 世纪初。这段时间是中国社会发展最为繁荣的时期。

马可·波罗（1254–1324）

公元 1406 年 北京紫禁城开建。宏伟的建筑群及皇家园林成为明清两代皇帝的居住之地。

公元 1557 年 葡萄牙人向中国明朝朝廷求得在澳门的居住权，并将其作为贸易据点。

中世纪

公元476年，西罗马雇佣军首领赫鲁利人奥多亚塞（Odoacer）推翻了西罗马帝国，这意味着罗马帝国对西欧六百余年的统治结束。随之而来的领土争端造成了该地区文化传统的剧烈错位，这自然影响了艺术，也包括家具设计。

加冕椅 存于威斯敏斯特大教堂（Westminster Abbey）内，为爱德华一世（Edward I）所做。内嵌斯昆石（命运之石），该石是在1297年从苏格兰人手中夺取的。*约1300年*

虽然罗马帝国在东欧地区继续维持其统治——主要集中在君士坦丁堡——但其希腊化传统在东罗马统治下的基督徒中仍出现融合的趋势。受日益强大的教皇影响，基督教也影响了西方文化。

罗马帝国的延续者拜占庭帝国从8世纪末开始蓬勃发展，形成了较为稳定的局面。旧式的经典美学融合了东方的因素，变得更加富于线条性，并采取抽象的几何装饰。在拜占庭式的室内设计中，马赛克镶嵌更加明亮，样式也比之前的罗马帝国时期更加丰富多彩，并且用在墙面装饰比用在地板上多。

拜占庭家具

拜占庭的家具工匠之间的交流在这时期取得了很好的进展，他们为普通消费者生产出标准件；而橱柜制造商则通过更多富含建筑元素的设计表达了对自身文化蓬勃发展的热切期望。许多埃及X形椅被保存下来，其底部完整地刻画了动物的头和脚，比此前的家具采用了更重的木材，有时甚至使用金属。

椅子仍然是权力的象征，因此尺寸更大，规格更高，与现代的椅子相比更像是宽大的宝座。复杂的办公桌配有可调节的台面以方便阅读，这透露出家具工艺在功能要求上有较大的提升。餐桌非常低，是为了配合斜倚吃饭的古典生活方式。其桌面为用餐者提供肘部的支撑，这是在小亚细亚的许多地方较为常见的习惯。家具中常见的种类是箱子，其中最为奢华的样式结合了细木镶嵌或石头、象牙、贵金属镶嵌。与其相似但显得较为低调的是造型简单、表面平坦的箱子，这种箱子也可当作床或长凳使用。

西欧家具

西欧最常见的家具是箱子和柜子。当时多数人拥有的唯一一件家具顶多是由六块木板固定在一起做成的木箱，甚至是由原木掏空而成的木盒子。但富有的乡绅则通常拥有成打的箱子，里面装满了衣物、钱币和其他物品。

木制三联画中的两个镶板 由佛兰德斯大师所绘，可能是罗伯特·康平（Robert Campin）。描绘了施洗约翰和海因里希·冯·韦尔与圣·芭芭拉在中世纪室内的场景。*1438年 每个镶板高101厘米（约40英寸），宽47厘米（约19英寸）*

许多领主有到处巡游的生活习惯，由于领地内人们经常分散而居，迫使他们要花大把时间在不同的庄园之间穿行，因此很多家具被做成便于携带的样式。房间里的挂毯、壁挂、靠垫（*Squab cushion*）也需要频繁更换。

制造技术的成熟

随着工匠们稳步发展出更先进的手艺，箱柜（*Cassone*）之类的家具变得更易制作。在13世纪，储物柜第一次被记录使用一种原始的燕尾榫接合方式，并有木钉加固，使之更结实耐用。加固时不再用铁来封边（*Banding*），令整个箱柜表面有了自由的雕刻装饰空间。

哥特风格

哥特风格是中世纪主要的审美取向，它迥异于文明的古典风格。这是一种诺曼人的创新，融合了加洛林和勃艮第的艺术传统，还包含撒拉逊西西里岛的伊斯兰元素。最能体现哥特艺术风格的是欧洲

时间轴 476—1352年

圣马可教堂，威尼斯 整个建筑于1096年完成，整体的装饰工作一直到19世纪才最终完毕。

476年 西罗马帝国由于哥特人和汪达尔人等游牧部落的到来而加速衰落，他们都是被匈奴人驱赶到欧洲的。

约850年 被凯尔特人邀请来抵抗维京海盗侵扰的盎格鲁-撒克逊（Anglo-Saxons）人，开始在麦西亚、诺森比亚和威塞克斯定居并成为当地主要的族群。

910年 虔诚者威廉在法国的克吕尼兴建修道院，后来成为中世纪最大规模、最有影响力的修道院之一。

1066年 诺曼底公爵（Duke of Normandy）威廉在黑斯廷斯之战中击败哈罗德二世，将英格兰北部领土收入囊中。

佛兰德斯插图手抄本，描绘圣托马斯。 *约1276年*

1095–1270年 为报复去往圣地的朝圣者被迫害，欧洲兴起一系列的十字军东征。

约1096年 威尼斯圣马可教堂（Basilica of St.Mark's）建成，成为拜占庭建筑风格的典范之一。

约1200年 带插图的手抄本艺术在西欧兴盛起来，内文插图为带哥特式建筑外框的精美圣经图画。

雕花保险柜 这件法国保险柜取材胡桃木，其富丽的花格雕刻装饰与哥特教堂中的窗格如出一辙。*15 世纪末*

北部的教堂，而教堂的建筑元素形成了哥特式家具设计的基础。

哥特风格以圆形罗马式拱门的更迭与创新的尖拱等为造型方式，这些工程上的壮举意味着教堂可以被建造得更加宏大。沉重的屋顶不再用大面积的厚实墙壁来支撑，而是采用开放式墩台（*Pier*）和支架构成的框架来担当。大教堂精细窗花格上三叶饰（*Trefoil*）和四叶饰（*Quatrefoil*）的图案也被借用到对长椅和桌子的装饰上。

哥特时期家具的另一项创新是橱柜，它的名字来自其原有的功能，即富裕家庭展示珍贵银盘（杯）之用。在样式上，各地橱柜有所差异，英国和佛兰德斯工匠偏爱有折布式镶板的。

除意大利当地依然流行罗马式风格外，哥特式风格占据欧洲主流社会直至 15 世纪。此风格影响之深远，甚至在文艺复兴时期的工匠们竭力拒绝它而回归古典传统之后，仍余音绕梁。

中世纪室内装饰

与人们对哥特风格沉闷和黑暗的印象相反，中世纪时期的室内设计和家具则非常轻快和多彩。家具制造商通常采用原生木材——如英国橡树、北欧松树、阿尔卑斯山冷杉和地中海果木。由现存的橡木制成的中世纪家具因为时间久远而呈现古色，看起来很暗沉，但新橡木家具色调则要轻快得多。此外，许多家具被施以大胆的颜色，包括原色和金色，而且柜子上常绘有图画。虽然存留至今的家具例子相对较少，但这种装饰手法，我们可以在大大小小的教堂中发现其蛛丝马迹——教堂的天花板和墙壁上都留有中世纪绘画的痕迹。

11 世纪拜占庭风格壁画 壁画位于意大利的本笃会圣安吉洛教堂，绘有上帝、圣徒和天使。

1248 年 卡斯蒂利亚的斐迪南三世（后来被教皇克莱门特封为圣徒）从撒拉逊人手中夺回了塞维利亚，将该城的清真寺改造为献给圣母玛利亚的大教堂。

约 1250 年 亨利三世下令重建威斯敏斯特大教堂并采用哥特风格。自 1066 年后，国王加冕礼都在那里举行。

约 1260 年 在法国沙特尔的大教堂完工，这一建筑引领了哥特式设计的新典范并为全欧洲所模仿。

沙特尔大教堂，法国 *开建于 1194 年*

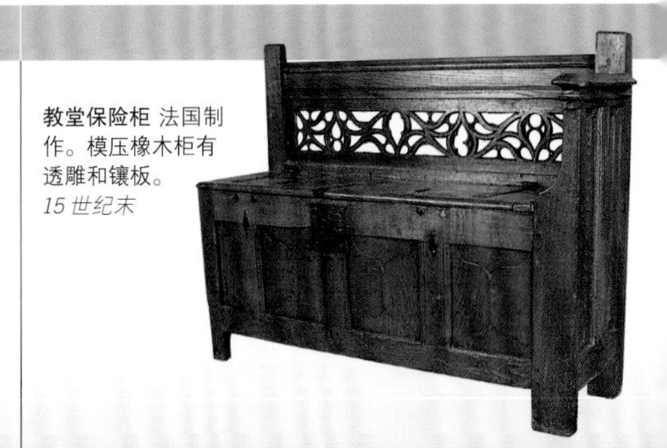

教堂保险柜 法国制作。模压橡木柜有透雕和镶板。*15 世纪末*

1347–1352 年 黑死病席卷欧洲，二百五十万人死于这场瘟疫。

文艺复兴时期的意大利

意大利文艺复兴的发起者们意识到他们正在进入一个现代化的时代。列奥纳多·布鲁尼（Leonardo Bruni）首次提出存在三种历史阶段的观点，即认为历史包括古代和现代，而夹在二者中间的是“黑暗时代”，其突出特点是对古典知识和成就的有意忽略。

探索精神

14世纪，意大利托斯卡纳的富裕城市佛罗伦萨从内乱和瘟疫中摆脱出来，进入空前繁荣的时期。意大利独有的城市文化，尤其是佛罗伦萨人对共和制的态度，促进了人文主义新兴理念的出现，进而促进文艺复兴思想的诞生。大学和商人阶层开始重新评价科学、哲学、艺术、古希腊和古罗马的传统，佛罗伦萨城的巨大财富吸引了众多艺术家前来此地——他们急于寻找雇主以展示其成就和良好品位。引导哥白尼（Copernicus）、维萨里（Vesalius）和伽利略（Galileo）等人做出重大发现的科学探索精神也影响到艺术，例如安德烈·帕拉迪奥（Andrea Palladio）坚持建筑比例应遵从古典世界的模型，以及菲利波·布鲁内莱斯基（Filippo Brunelleschi）阐明了线性透视规律等。艺术家们抛弃了中世纪绘画中人物细长的、内敛的造型，转向更准确的描绘——这得益于解剖结构学的进步。一种融合时代的人文主义原则的新式现实主义，对美术和装饰艺术产生了深刻的影响。

马爵利卡陶盘（Maiolica Plate）“马爵利卡”是一种意大利文艺复兴时期白色釉陶器的名称。之所以呈现奶白色是因为釉料中添加了锡的氧化物。该盘中的画面是马爵利卡画家工作的场景。*约1510年*

家具定制的爆炸式增长

所有这些日新月异的激变都影响了这一时期的家具。中产阶级建造起豪华的联排别墅和宫殿，并开始用家具和装饰性艺术品填充华丽的生活空间，以彰显其不俗的地位和品位。最大的家族如佛罗伦萨的美第奇（Medici）家族，乌尔比诺的蒙特费尔特罗（Montefeltro）家族和罗马的法尔内塞（Farnese）家族，都争相聘请最优秀的设计师和工匠用大理石制作巨大的家具，上面镶嵌着宝石，并饰以家族纹样和徽章。

桌面中央 有两块大汉白玉镶板。

桌面嵌有大理石和半宝石。

镶嵌的茉莉花图案 为法尔内塞家族的徽章。

大理石桌面被巨大的雕刻石墩所支撑，支撑为枢机主教法尔内塞的双臂。

大理石与汉白玉桌 这件家具为罗马的法尔内塞宫定做，设计者为建筑师乔科莫·达·维尼奥拉（Giacomo Barozzi da Vignola，1507–1573）*高96厘米（约38英寸），宽381厘米（约150英寸），深168厘米（约66英寸）*

陪嫁箱子

雕花保险箱或装嫁妆的新娘用品箱是最贵重的家具之一，人们不惜耗费巨资对其美化。侧板往往覆盖着彩色或镀金石膏，其上为浮雕图案——雕刻描绘有古典人物和场景。意大利最好的画家和雕塑家受委托制作这些箱子。留存至今的这类制品，装饰的丰富性相比当时的宗教艺术毫不逊色。艺术的日益世俗化令当时的人们乐于展示带有豪华装饰的家中物件。

装饰

这时期的家具往往由核桃木或柳木制成，镶嵌有象牙、宝石或珍贵木材，如华丽的乌木（*Ebony*），还有怪诞的雕刻镶嵌。怪诞装饰（*Grotesque*）这个词源于意大利语“grottesco”，试图通过模糊自然和人为世界的界限而挑起令人不安的乐趣。刻成张开的贝壳外形的座椅显得既异想天开又令人奇怪。

时间轴 1324—1570年

佛罗伦萨皮蒂宫全景，从圣神大殿的钟楼远眺。

1324年 马可·波罗死于威尼斯，人们对他的东方之旅的真实性一直存有争议。他的游记后来影响了文艺复兴时期的制图者和探险家。

1418年 菲利波·布鲁内莱斯基赢得了佛罗伦萨圣母百花大教堂穹顶设计的比赛。他的作品受到希腊罗马建筑技术的启发。

1420年 教皇在阿维尼翁短暂逗留后，重返罗马，随之而来的还有权力、影响和足以扭转该城倾颓之势的财富。

“天堂之门”，圣乔瓦尼洗礼堂 大门有二十八个镀金-青铜镶板，上面有描绘《圣经》内容的雕刻。

1429年 吉贝尔蒂(Ghiberti)创作的“天堂之门”被安置于佛罗伦萨圣乔瓦尼洗礼堂。

约1440年 富商路卡·皮蒂（Luca Pitti）委托的佛罗伦萨皮蒂宫（Palazzo Pitti）开建，其目的是让这个住宅能和美第奇家族匹敌。

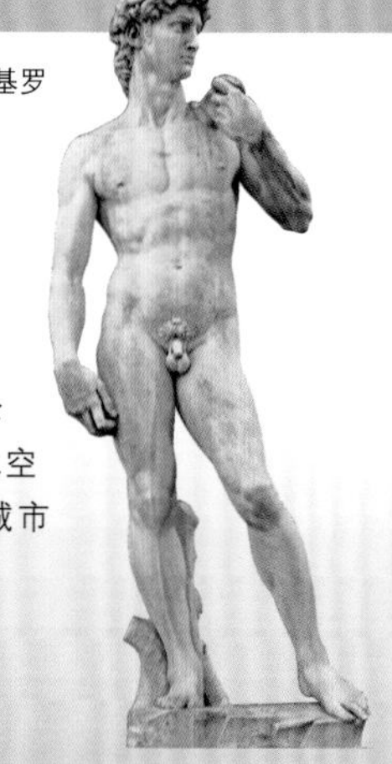

大理石大卫雕像 米开朗基罗作，尺寸为真人两倍大。

1469年 劳伦佐·美第奇开始执掌佛罗伦萨的大权，他对艺术空前的赞助，给这个城市带来极大的荣耀。

乌尔比诺公爵在古比奥城堡的书房 书房重新装饰的墙面在胡桃木底座上镶饰以胡桃木、山毛榉木（*Beech*）、黄檀木、橡木与果木。描绘了一个打开的橱柜，里面陈列着学者所用的各种物品。

家具放置在有同样装饰的空间里，墙壁也颇有特色——因为设计上采用了具有大胆创新的视错觉画法，看起来墙上就像有门窗、搁架，还有极目远眺到的风景一样。

建筑影响

文艺复兴时期的艺术正如哥特艺术在中世纪一样，主要受当时建筑的影响。其中立柱的用法——希腊和罗马建筑上的标志——与家具设计相结合。女像柱——描绘为女性形象的支撑柱形，在当时特别流行。

椅子，传统上作为社会地位和权力的象征，在文艺复兴期间随着社会民主化的进程，成为家居生活的必需品。折凳或X形椅，结构为两对短横梁交叉于中心节点并与撑架相连的家具越来越常见。最豪华的那种家具包着一层薄薄的银，或用天鹅绒包覆，但大多数都比较朴素。折凳的原型源自古物。文艺复兴时意大利流行的X架皮座椅，其造型源自古希腊。边椅的原型则来自有八角形座位和装饰性长背的凳子。当人们把靠背移走，椅子就变成了凳子。

高脚椅 来自 15 世纪的佛罗伦萨，胡桃木，有雕花和镶嵌。*1489–1491 年*

1498 年 列奥纳多·达·芬奇完成《最后的晚餐》，被认为是他最成功的作品之一。

1504 年 米开朗基罗历时三年完成大卫像。这件雕塑是以整块名为“巨人”的大理石雕凿的。

拉奥孔 由古希腊罗得岛的艺术家合作完成。这件大理石作品表现的是特洛伊城牧师拉奥孔。*约公元 50 年 高 184 厘米（约 72 英寸）*

1506 年 拉奥孔群像被发掘出土，兴奋的罗马城万人空巷。在教堂钟声的轰鸣中，人们将其送往梵蒂冈。

1532 年 马基雅维利的遗著《君主论》（*The Prince*）问世，书中满足了君主们对治国权术的需求。

安德烈·帕拉迪奥

1543 年 哥白尼在其著作《天体运行论》中阐述日心说。

1570 年 艺术巨匠安德烈·帕拉迪奥出版著作《建筑四书》（*I Quattro Libri dell'Architettura*），该书详尽地阐释了古典建筑的原则。

文艺复兴时期的欧洲

人文主义中的理性精神逐渐被上流社会所接纳，最终将文艺复兴的理想带到法国和北欧，就像它在阿尔卑斯山以南所做的那样。法国声称拥有对那不勒斯（Naples）的属地权，还对意大利全境抱有领土野心。这些令军事争端频发，整个半岛纷纷陷于分裂。这也促进了法国和文艺复兴的思想中心佛罗伦萨及罗马间的文化与艺术交流。

文艺复兴传至法国

教皇在飞地阿维尼翁的继续统治进一步扩大了意大利在法国的影响力。很多受托为教皇宫殿绘制巨大壁画的艺术家都来自锡耶纳。这个传统为弗朗索瓦一世（François I）所继承。他邀请许多意大利名人如本韦努托・切利尼（Benvenuto Cellini）、弗朗西斯科・普里马蒂乔（Francesco Primaticcio）和尼科洛・德尔・阿巴特（Niccolò dell' Abbate），让他们装饰他在枫丹白露的新庄园。

围绕城堡所开展的持续性艺术活动最终诞生了卓越的艺术流派——枫丹白露流派（Fontainebleau），后来风靡整个北欧。这一风格看起来是发端自法国，但本质上却是来自于意大利的矫饰主义。它体现出早期文艺复兴艺术家作品的高雅格调，而不是顺延自然主义风格的思路。

弗朗索瓦一世在卢瓦尔河谷建的尚博尔城堡，也许是法国文艺复兴时期建筑最好的范例。法国文艺复兴时期的家具造型在很大程度上来自于建筑发展。雅克・安德鲁特・杜・塞尔索（Jacques Androuet du Cerceau）出版的著作包含了家具设计。他的许多建筑细节被借用到家具雕刻上，灵感多来自于古代，尤喜茛苕叶形（Acanthus）装饰、羽状和纹章（***Medallion***）图案，异国情调和神兽也是颇受喜爱的雕刻主题。核桃木代替橡木成为最受青睐的家具木材，因其密致的纹理赋予其特别适合雕刻的特质。人物形象常以女像柱形式来表现，这一现象在法国家具上比同时期任何地方都更加明显。

裙椅或"谈天椅" 这把椅子是用核桃木雕刻而成，有平行的两个坚实的X形框架、一个长方形的靠背栏杆及带雕刻的卷曲手臂，座位是皮革制的。*16世纪 高85厘米（约33英寸），宽50厘米（约19英寸），深60厘米（约24英寸） BEA*

弗朗索瓦一世画廊，法国枫丹白露宫 整个大厅有十二幅叙事性壁画、有浮雕式包边和核桃木雕花壁板。它是法国城堡里装饰最华丽的大厅，将意大利的矫饰主义风格引入法国。*约1533–1540年*

德语国家

文艺复兴的理念在艺术家阿尔布雷特・丢勒（Albrect Dürer）访问意大利后传播到德语国家。然而，家具设计更直接的影响来自纽伦堡、威斯特伐利亚以及荷兰的装饰品设计师。他们的灵感则来自古物和意大利的原型作品，样式有花卉图案，鸟类、动物、裸体人物、瓮以及奖杯图案，它们为各类工匠和制柜者所采用。

然而，由于城市中（如柏林）存在强大的行会，新型家具的推广要慢得多。学徒掌握的基本技能必须要经过行会批准，导致新式设计很难出炉。像纽伦堡和奥格斯堡这类没有行会的城市，反而因家具制造商彼得・弗洛纳（Peter Flötner）和洛伦茨・斯托

时间轴 1455—1588年

古登堡在他的雕版车间展示其校样。

约1455年 约翰内斯・古登堡（Johannes Gutenberg）在美因茨出版了《四十二行圣经》，这是西方第一本使用活字印刷术的书籍。

1494年 查理八世派军队占领了那不勒斯。一开始取得了成功，但稍后即被由威尼斯、米兰和教皇势力组成的联盟赶了出去。

1525年 乔瓦尼・德・维拉扎诺（Giovanni de Verrazanno）开船前往美洲。他声称是为法国国王征服新领土而去。

马丁・路德

约1530–1560年 为法国国王弗朗索瓦一世装饰其枫丹白露宫而建立的枫丹白露学院，为传播文艺复兴的理念做出重要贡献。

1534年 "布告日"：法国北部的城镇到处可见谴责罗马天主教弥撒的传单，人们借此表达对马丁・路德和约翰・卡尔文新教的同情。

巴黎卢浮宫 1546年，这座昔日的堡垒开始被改造成豪华的皇家住宅。今天，这座建筑成为世界最著名的美术馆之一。

尔（Lorenz Stöer）出名。他们出版的木刻设计图集中的细木镶嵌板在奥格斯堡（Augsburg）的家具装饰界很流行。

设计新风

文艺复兴时期家具的结构改进包括宝座椅的演变，它从中世纪的箱柜底座变为更轻快的风格，由底部栏杆周围的柱子支撑。开放式扶手椅变得越来越流行，这反映了轻便家具的潮流。像时尚的法国裙椅（Caquetoire），有宽大的梯形座位以适应下垂的裙边。虽然多数椅子与凳子仍是硬木材质表面，但有软包的家具变得更加普遍。

新型的柜式家具出现，如从中世纪餐具柜演变而来的化妆台（*Dresser*），它由不同的支柱和支架组合而成。诸如此类的还有封闭带门的柜子。中世纪欧洲用来储藏和展示银盘餐具的橱柜变得更加华丽。文艺复兴时期的家庭财富通常包括珠宝和各种艺术装饰品，这就需要大量的小抽屉为其提供安全的储存空间。这些抽屉往往和上等布料结合以保护储物。德国南部地区使用的橱柜本是柜子与柜子相互叠加，柜子之间用装饰带区分隔开，而现在变成了更实用的储物空间。有人喜欢新风尚，就有人喜欢老派风格，这种橱柜的原型一直到17世纪初仍很流行。

长餐桌的造型与中世纪时一致，支架上搭有一个简单的台面。在绅士房间里没有固定用餐区，所以餐桌还是要制成便携的样式。

彼得·弗洛纳橱柜 这个巨大的有着精心雕刻的橱柜带有建筑式的外观，出自德国南部。装饰为文艺复兴风格，上部的门上有寓意人物，中央部分为叶雕檐壁，下部门上雕饰有风格化的瓮和树叶。

1539年 维莱科特雷法令把法语而不是拉丁语作为法国的官方语言。

1543年 佛兰德斯解剖学家维萨里出版了《人体的构造》，他在这本书中反驳了公元2世纪盖伦（Galen）所提出的理论。

1546年 建筑师皮埃尔·德·莱斯科开始为卢浮宫设计新作品。弗朗索瓦一世开始收集画作，至今仍保存在卢浮宫——其中包括列奥纳多·达·芬奇的《蒙娜丽莎》。

香波堡 建于1519年至1547年间，它是法国文艺复兴风格建筑中的代表。

1547年 由弗朗索瓦一世下令建造的位于卢瓦尔河谷的香波堡完工。人们认为列奥纳多·达·芬奇可能去过这里并曾在具体的设计上建言献策。

1552年 外科医生安布鲁瓦兹·巴累（Ambroise Paré）出版了他在血管结扎领域的研究成果，从而大大减轻了烧伤带来的痛苦。

1555年 查理九世的皇家医生诺查丹玛斯出版了《一百首神秘诗歌》十卷本中的第一卷，声称它们可以预言未来。

诺查丹玛斯

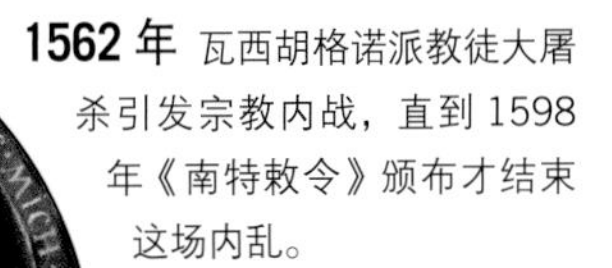

1562年 瓦西胡格诺派教徒大屠杀引发宗教内战，直到1598年《南特敕令》颁布才结束这场内乱。

1588年 蒙田（Michel de Montaigne）《随笔集》（*Michel de Montaigne*）出版了第三版，这部著作对英法文学产生了长久的影响。

17 世纪

1600-1700

权力与庄严

17 世纪的欧洲，各个强国拥有巨大的财富，它们围绕贸易战而展开权力之争，不断建立各种各样的政治联盟。

太阳王路易十四骑马青铜雕像

在 17 世纪，历任教皇都会委托建筑师和艺术家在罗马建造宏伟的新建筑和仿古建筑，以完成重建城市的目标。拔地而起的新教堂，重建的豪华宅邸和新建的喷泉、雕像一道，成为天主教教会的权力和财富的象征。

庄严、奢华的颇具戏剧感和雕塑感的表达手法贯穿建筑、绘画、装饰艺术甚至音乐之中，这就是著名的“巴洛克风格”。来自欧洲各地的统治者和艺术家前来欣赏这座城市及其艺术作品，返回自己的国家以后，他们开始创造性地阐释这一反古典主义的风格。西班牙、葡萄牙与德国都受到巴洛克风格的强烈影响，但在北方国家如荷兰和英格兰，这种影响还不怎么明显。

英国霍华德城堡 始建于 1699 年，被认为是英国最好的巴洛克式宅邸之一。这是出自卡莱尔第三伯爵查尔斯・霍华德（Charles Howard）和两位建筑师约翰・范布鲁爵士和尼古拉斯・霍克斯莫的杰作。

贸易的扩展

17 世纪初，荷兰和英国成立了获利颇丰的贸易公司，它们在远东开辟了新的市场并建立起殖民地。欧洲的统治者们四处搜求异域珍宝用以装点他们的宫殿，由此带来的贸易发展导致商人阶层崭露头角。他们在豪宅建设上抛掷大笔金钱，只为能时刻追赶最新潮流。在大量涌入的外国材料的刺激下，工匠们创造出华丽的新颖样式，首先供欧洲各个宫廷所用。

独立国家

在 17 世纪前半叶，欧洲各国被流血冲突所撕裂。但到世纪中叶，许多国家已经从他们以前的统治者的掌控中挣脱并赢得了独立。1648 年《威斯特伐利亚条约》（The Treaty of Westphalia）结束了西班牙和荷兰之间的长期战争状态，也终结了德国的三十年战争。荷兰共和国和瑞士联邦得到正式承认，与此同时大约三百五十个德国诸侯被授予独立主权。神圣罗马帝国的皇帝权力被大幅削弱。对领土绝对主权的认可改变了欧洲各国之间的力量平衡。随着国家获得独立，各国的统治者和艺术家们都力图打造自己的民族品牌。

极权主义

路易十四本人就是绝对权力概念的化身。当他在1661年成为法国国王后，把宫廷搬到了凡尔赛宫，从此便开始了一个雄心勃勃的计划：通过艺术和设计来美化法国和他的君主制。他治下的无上皇权和天赋神权影响着其他欧洲统治者。凡尔赛宫渐渐以艺术形式象征路易十四的权威，法国也成为豪华家具和周边物件的主要产地。

然而，在 1685 年路易十四废止了原本容许新教徒在法国的《南特敕令》，其结果是使许多艺术家和能工巧匠逃离法国去向荷兰、德国、英国甚至北美寻求庇护，导致原本在法国的那些训练有素的工匠转投其他国家的君主为其效力，因此到 17 世纪末整个欧洲传遍了精美细致的法国家具设计。

时间轴 1600—1700年

1601 年 戈布兰（Gobelin）染织家族将其工厂卖给了亨利四世，他安排来自佛兰德斯的两百个工匠集中制作挂毯。

萨缪尔・德・尚普兰塑像

1602 年 第一家现代股份制公司荷兰东印度公司于爪哇成立。

1607 年 北美第一个英国人永久定居地在弗吉尼亚的詹姆斯敦建立。

1608 年 萨缪尔・德・尚普兰（Samuel de Champlain）于魁北克建立第一个法国人定居点。

1609 年 锡搪瓷制品在荷兰代尔夫特（Delft）制成。

1618 年 德国三十年战争开始。荷兰西非公司成立。

1620 年 清教徒先辈们在马萨诸塞州的普利茅斯登陆。

1621 年 荷兰西印度公司成立。该公司后来得到了北美海岸从切萨皮克湾到纽芬兰的大片土地。

1630 年 保罗・福德曼・德・弗里斯（Paul Vredeman de Vries）发布两款新式家具设计。

马萨林式书桌（见第 36 页）GK

1640 年 葡萄牙自 1580 年并入西班牙，在六十年后的 1640 年宣布独立建国。

1642 年 英国内战开始。

1643 年 法王路易十三去世。法国笼罩在摄政时期枢机主教马萨林统治下，直至 1661 年路易十四时代来临。

1648 年 《威斯特伐利亚条约》的缔结标志三十年战争结束，荷兰脱离西班牙而独立，成为荷兰共和国。

木制雕花涂金太师椅 这件典雅的扶手椅是路易十四时期风格的缩影。框架是由精心雕刻涂金的木材制成，上面雕刻了古典主题图案，包括萨堤尔（Satyr）、贝壳和圆花饰。座位和靠背可能原来包覆有丝绸或织锦挂毯。*约 1710 年*

凡尔赛宫镜廊 凡尔赛宫主体的镜廊奢侈阔绰、金碧辉煌的气氛源自梦境般的银质家具，以及四十一个闪闪发光的水晶吊灯和镀金的烛台（*Torchère*）。

1649 年 查理一世被斩首，英格兰在奥利弗·克伦威尔（Oliver Cromwell）护国之下宣布变成英联邦。

1651 年 荷兰人定居好望角。

1660 年 查理二世结束流亡生涯返回英格兰成为国王。他的宫廷新式装饰设计风格风靡全英。

1661 年 法王路易十四登基。

查理二世

1662 年 查理二世与布拉干萨王朝的凯瑟琳的婚姻打开了与果阿邦的贸易，后者是珍珠母的主要来源地。路易十四开始建立凡尔赛宫。

1663 年 伦敦大火灾烧毁了当地的大部分中世纪建筑，却因此导致一个庞大的重建计划的诞生。专供法国皇家宫殿的家具制造商在巴黎兴建戈布兰工场。

凡尔赛宫

1670 年 英国移民在北美的南卡罗来纳州查尔斯顿定居。

1682 年 法国王室正式入住凡尔赛宫。第一纺织厂成立于阿姆斯特丹。

1683 年 首批德国移民定居北美。

1685 年 由于路易十四撤销《南特敕令》，逼迫法国的新教徒逃往荷兰和英国。中国港口对外开放贸易。

1688 年 荷兰威廉三世和他的妻子玛丽继承英国王位。平板玻璃第一次在巴黎科尔伯特玻璃镜面厂投产。约翰·斯托克（John Stalker）和乔治·帕克（George Parker）出版著作《论涂漆和上漆》（*Treatise of Japanning and Varnishing*）。

威廉三世画像盘

1697 年 俄罗斯的彼得大帝开始了他为期一年半的旅程，主要是去欧洲学习生活方式。

巴洛克式家具

17世纪有两种完全不同的家具：一种是用在豪华厅房和宫殿的正式家具，另一种是供普通家居使用的简单家具。

从传统上来说，贵族喜欢根据季节的四时变化频繁更换住处，但如今他们似乎更乐于住在永久性的住宅中。人们不再需要便携式家具，而要根据具体房间来设计家具。室内变成正式的社交场所，人们必须在定做家具之前通盘考虑内部空间。除了要举办盛大的沙龙外，富裕家庭还要有更私密的私人客房，所以小件家具成为需要。

豪华风格

17世纪初，意大利巴洛克风格在欧洲大部分地区占据主导地位。巴洛克家具被大量设计并流行开来。家具多表现为建筑形式，配以极具戏剧性的雕刻元素和奢华的装饰，吸收了文艺复兴风格的古典图案。随着时代的进步，尤其是与远东地区的外贸发展，为家具制造商提供了丰富的异国新材料，包括玳瑁、珍珠母、乌木和黄檀木。进口自其他国家的家具，包括远东的涂漆（*Japanning*）家具和印度的藤制家具，都启发欧洲家具工匠们创造出他们自己的样式。

17世纪后期，荷兰核桃木扶手椅 座位和椅背上的椭圆部分是由藤条制成的，这一既时髦又实惠的舶来品来自印度。

代表产品

大多数隆重宏大的房间没有纯粹为展示用的玄关桌或边桌（*Console table*），最好的范例常带有硬石镶嵌的台面和雕刻以及镀金的雕塑基座。玻璃工艺的改进使得制造大面积的镜面成为可能，所以给每个房间里的桌案上方配一面合适的镜子在当时非常时髦。镜子和桌子的设计元素重复体现在房间的建筑结构上，例如门楣、窗、壁炉周围，营造出一个整体设计的环境。成对的烛台架放置在镜子前面，好让它们反射出的光线照亮房间，否则室内将一直暗淡无光。最大的椅子仍保留给最重要的人物。更加舒适的软包高背椅令人称心如意。17世纪中叶，法国首先使用翼状靠背扶手椅，是为安乐椅（*Bergère*）的先声。扶手椅的形状被扩展，设计出沙发与长靠椅（*Settee*）。1620年，英国肯特郡（Kent）的诺尔大屋（Great house of Knole）委托制作了一张软包长靠椅。这个靠椅有软包座和靠背，通过与栏杆连接来固定位置。该设计被称为诺尔式长靠椅（Knole Settee）。产自意大利的丝绸和天鹅绒的价格令人咋舌，只有最富有的皇室和贵族才能负担得起软包家具。而由荷兰商人从印度进口的藤条（*Cane*），因为提供了一种更便宜的用于覆盖椅背和座椅的制作方法而逐渐流行起来。

橱柜的时代

人们更换餐具柜（*Buffet*）——又叫碗橱的习惯在16世纪流行开来。橱柜和陈列柜成为富裕家庭所渴望的物件。柜子主要用于展示——这既反映出富裕阶层的收藏热情，也能迎合他们在屋子里展示稀世珍品的需要。这样橱柜就不仅仅是一个储存特藏品的仓库，而成为炫耀的样板。熟练的工匠们使出浑身解数，用珍贵的材料创造了较之柜子里面那些珍宝更有价值的艺术品。硬石镶嵌的稀有面板和来自东方的漆板、黑檀木以及象牙贴面，全部融入到橱柜的架构中，它成为财富的终极显现。

德国"银"桌 由奥格斯堡的阿尔布雷希特·比勒为德累斯顿宫廷而制造。此桌由表面镂刻着鎏银的胡桃木制成。这是留存至今的极少数当时花费巨资制作的银质家具。*约1715年 高80厘米（约31英寸），宽120厘米（约47英寸），深81厘米（约32英寸）*

装饰元素

最富有的赞助人定做了带硬石镶嵌或硬石桌面的橱柜。当时在欧洲家具中颇为流行的异国形式还有来自日本和中国的大漆橱柜，但它们的价格贵得吓人，于是善于创新的工匠们开发了自己模仿漆器的替代方法——涂漆工艺。正如漆器上所显现的，这种被称为中国风的东方情调风靡一时。橱柜制作工匠在使用具有异国情调的硬木材料和镶嵌装饰方面越来越熟练。荷兰尤其擅长制作精美的花卉镶嵌。法国的镶嵌细工使用细致的黄铜和玳瑁镶嵌工艺，给桌子和柜子制作装饰华丽的单板贴面。

到17世纪末，法国家具设计彰显出非凡的影响力。路易十四的凡尔赛宫成为时尚之都，其家具样式风格的变化从始至终都被英国和欧洲其他地区的工匠们所强烈关注和诠释。法国最好的器物备受富裕家庭的追捧，例如出自戈布兰工作坊的壁挂或是由布尔（Boulle）制作的橱柜。

马萨林式书桌（路易十四式长桌）

已知最早的马萨林书桌是在1669年由皮埃尔·高尔（Pierre Gole，1620–1684）制成的，他后来被称为路易十四的专属橱柜制造者。书桌有时也被称为写字台（*Bureau*），当代作品中类似这样的家具也被用作梳妆台（*Dressing table*）。人们在19世纪创造出的"马萨林书桌"这个名词是为纪念法国枢机主教马萨林（Mazarin），他曾在路易十四时期主政。马萨林聘用外国工匠制作的家具对17世纪法国家具的设计产生了显著的影响。

枢机主教马萨林（1602–1661）

法式书桌 这件家具由本地的果木制成，饰有花卉镶嵌和黄铜雕刻。*约1700年 高79厘米（约31英寸），宽113厘米（约44英寸），深65厘米（约26英寸）GK*

立式橱柜

这件家具是为托斯卡纳大公夫人而做，是意大利巴洛克风格的典型代表。其中无数的抽屉和隔间满足了所有者越来越浓厚的收集兴趣。极具时代潮流特色的构造细节表现在圆柱和栏杆上，微雕反映出当时的古典喜好，自然的人物和绘画则显示了对文艺复兴矫揉造作风格的疏离趋势。

这件巨作由黑檀木制成，佐以硬石镶嵌的面板与镀铜作装饰。底座由四个精心雕刻的镀金人物所支撑，即所谓的女像柱底座。*约1677年 高352厘米（约139英寸），宽254厘米（100英寸），深74厘米（约29英寸）*

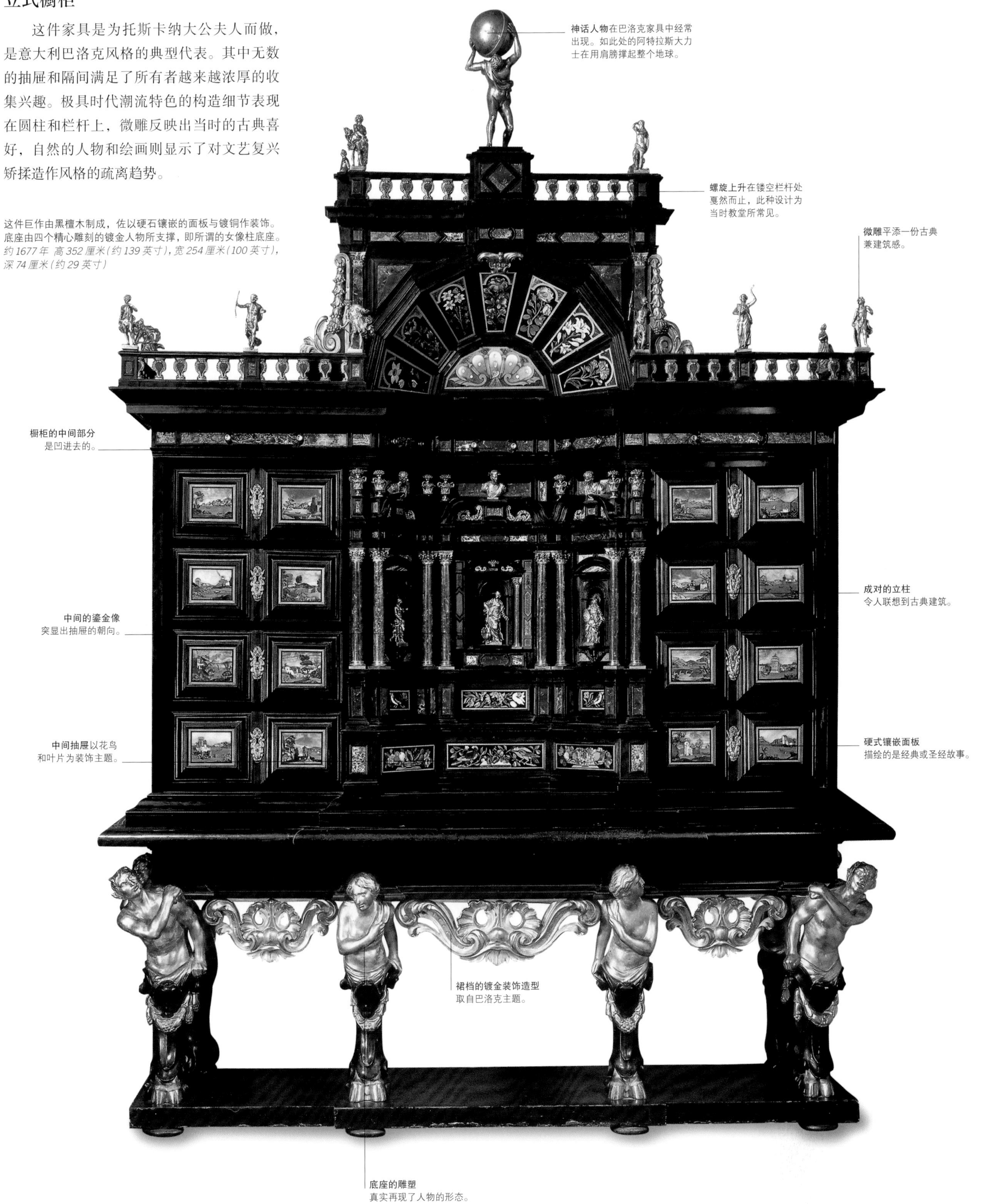

风格要素

巴洛克风格特别喜欢用细致入微的装饰和珍贵的材料营造出富丽堂皇的景象。椅子、桌子和橱柜在装饰上采用了华丽的雕刻、镀金和精巧细致的镶嵌作点缀。丰富的色彩、精致的挂毯、大理石与涡卷（*Volute*）形装饰、金色蔓藤花纹、半宝石等共同构成了鲜明的上层品位和戏剧感。

17 世纪雕刻椅

雕花椅

这个英式边椅的精心穿孔图样显示了丹尼尔·马洛特（Daniel Marot）雕刻风的影响（见第 45 页）。这件作品充分体现了当时对雕刻工精湛木雕技能的要求。花语图案和椅子高大、正式的形状正是典型巴洛克的浮夸风格。

橡木栏杆

转木工艺

转木（Turned wood）是利用切削工具将木材加工成平滑柱状，也称车削。在当时，转木是家具的常用形态，正如这个殖民地橱柜上看起来相当沉重的橡木栏杆。转木也经常用作家具的腿、杆和横档。随着时间的推移，这些转木件变得越来越轻便并趋向柱状。

花形镶嵌细工面板

镶嵌细工（*Marquetry*）

将小块的贴面安装到复杂装饰中的做法在荷兰备受追捧。贴面板由外国木材制成，如红木，有的也用到本地的果木，包括樱桃树和李子树。表面饰板使用的是木材本色或染过之后的绚烂颜色。

桌面的镀金石膏细部

镀金石膏

源自意大利的镀金石膏法在法国和英国流行开来。这一设计是在被刻的木头上涂以石膏层（胶水和白垩粉末的混合物）。一旦石膏硬化后，便可以重新设计雕刻和镀金。这种技术被用来装饰镜子、箱子和桌子。

涂金镜子细部

反向彩绘玻璃技术

这种技术模仿镀金玻璃的华丽效果，经常被用来装点镜子。实际上，图案是涂绘在玻璃的反面，而不是正面。玻璃用蛋清和水做底，然后涂金，一旦干燥，装饰纹样便出现在玻璃表面。

银桌细部

银质家具

拥有银质家具集中反映了少数特权人的惊人的财富。好大喜功的法王路易十四订购实心银质家具，专供他在凡尔赛宫的套房使用。其他统治者如英国的查理二世使用覆盖银箔片的木制家具，可看作是对此种奢侈的炫富手法的模仿。

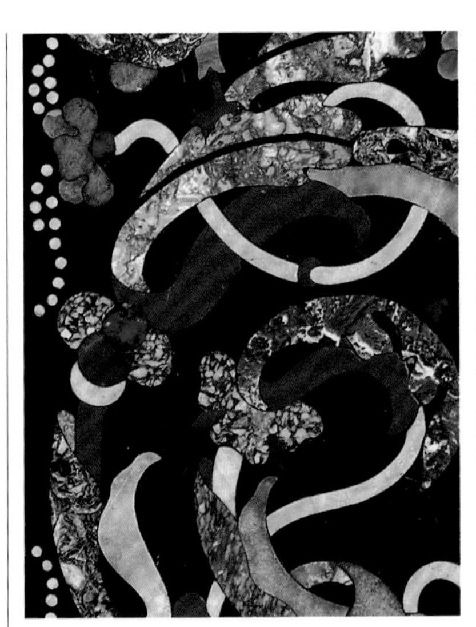
硬石镶嵌桌面细部

硬石镶嵌

硬石镶嵌的字面意思就是“坚硬的石头”。经高度抛光的彩色宝石如大理石或青金石，统一到一个马赛克图案里。这种技术起源于佛罗伦萨，主要用于装饰台面和柜体板。常见的图案有动物、鸟、花或者风景。

太阳王徽镀金木雕

路易十四徽章

法国路易十四（1661–1715 年在位）因为他那辉煌和充满戏剧性的凡尔赛皇宫而被称作太阳王。他的个人标志正是放射光芒的太阳，呼应着希腊神话中光明之神阿波罗。这个主题常在宫廷中被用来装点家具和建筑。

青铜桌面支架

镀金铜底

这一名词来自法语“moulu”，其原意是“铜制底（*Ormolu*）”。该项技术是用水银将铜镀金。所要装饰的局部用铜制成，然后以水银来镀金后再安装到家具上。镀金铜底通常用来保护镶贴片的家具边缘。在更便宜的仿制品上使用青铜铸造（*Casting*）完成后再涂漆。

布尔样式的龟甲与黄铜镶嵌

布尔样式（Boullework）

这种装饰形式以法国巴洛克时期最有代表性的橱柜商安德烈–查尔斯·布尔（André Charles Boulle，见第 54 页）的名字命名。布尔式橱柜的取材综合各种材料，如黄铜、象牙、黑檀木、龟甲（*Tortoiseshell*）以形成如同镶嵌画般的效果。在黄铜上镶嵌龟甲是当时一种流行的组合。

铜吊环拉手

吊环拉手

这种带有黄铜拉手的抽屉是典型的 17 世纪家具样式。虽然简单的圆圈随华丽的垂花饰拉环的雕刻水平而常有变化，但吊环拉手的基本设计都常见于简易的抽屉柜和最漂亮的住宅设计上。使用精细的黄铜在这个时期所有家具上都较为受欢迎。

橱柜上的金黑涂漆装饰

涂漆工艺

在 17 世纪，模仿东方涂漆工艺即在涂漆的过程中使用虫胶清漆层是令人艳羡的。真正的日本和中国的漆器得来不易且价格不菲，所以涂漆手法经由欧洲工匠改进用来装饰木材和金属柜、镜子，以符合时尚潮流。

壁挂细部

挂毯

整个欧洲国家的房子和宫殿都喜用挂毯来做装饰，材料通常是羊毛、丝绸或亚麻。许多挂毯源于荷兰尤其是布鲁塞尔，也有来自英格兰或是巴黎的。那里的戈布兰工作坊专为凡尔赛宫生产设计。

橡木搁板桌雕刻细部

木雕

木雕在 17 世纪成为一项专门的技能，精心的设计被用来装饰箱子、椅子和桌子。上图的程式化花卉浅浮雕被用来装饰硬木，如橡木。而较软的木头在雕工手里可以创造出更精细的图样，例如在法国和意大利家具上看到的那样。

意大利

17世纪初，罗马再次成为强大的教廷所在地，从而进入了一个前所未有的繁荣时期。建筑师、雕塑家和艺术家们都致力于通过建造新的建筑、纪念碑，还有犹如戏剧舞台布景般的巨型绘画，一起来创造一个辉煌的城市，以展现天主教会的荣耀。贵族们发起了庞大的建筑计划并兴建豪华宅邸，以其令人咋舌的财富和华丽的排场享誉整个欧洲。罗马的影响遍及意大利各个城市，使整个国家成为巴洛克运动的发源地。

巨型豪华家具

新建筑的宏大气势要求有气度不凡的家具。17世纪的意大利家具仍然与雕塑和建筑息息相关。其巨大的体量和极具特色的三维雕刻图案，如树叶和人物都影响了家具雕刻品的创作。豪华的宫廷家具制造商往往是雕塑家而非普通的橱柜工匠，这对巴洛克风格的发展产生了深远的影响。在本地宅邸和公寓走廊中的豪华的、巨大的玄关桌和橱柜看起来都与古代雕塑如出一辙——它们更像是用来观赏的艺术品而不是实用品。“Stippone”或称作大柜，主要产于佛罗伦萨的大公爵工作坊（见第42页），它常被认为是源自奥格斯堡橱柜，在外表和体量上与雕塑很近似，设有许多小抽屉专为收藏家私之用。柜子常用昂贵的材料如黑檀木、硬石镶嵌（见第42页）以及镀铜作为点缀。大约1667年，达·芬奇——这位来自荷兰的橱柜制造者——成为大公爵工作坊的首席制造商，他为花卉镶嵌技术的改良贡献了很多才思。豪华厅房中的家具如玄关桌，一般有巨大的大理石台面和硬石镶嵌物，以及沉重的镀金雕花底座，多以人物或叶饰装点。高背椅的椅垫通常用昂贵的织物材料制成，如由意大利城市热那亚（Genoa）出产的精美丝绸和天鹅绒。

智识时代

随着新建筑的出现和人文主义的勃发，许多富裕人家拥有了属于自己的图书馆，因此需要一种新的内置式书柜家具。由于建筑的影响，这些书橱往往有半露的方柱或圆柱，有时檐板上还饰有极富特色的雕像或雕花瓮。

镀金相框

这个镀金雕刻相框的背后描绘了巴黎的一段传奇。它出自菲利波·帕罗迪（Filippo Parodi）之手，他也许是17世纪后期最知名的热那亚雕工，曾在贝尔尼尼工坊工作。相框上除了有雕塑人物，还包括树叶和贝壳图案。这样的镜框形式在整个17世纪是非常普遍的。该幅肖像的画中人是皮埃尔·米尼亚尔（Pierre Mignard）所画的玛丽亚·曼奇尼（Maria Mancini），绘制于17世纪后期。

安德烈·布鲁斯特隆

这位威尼斯刻工因其梦幻般的雕工而闻名

为一个雕刻镜框而作的设计草图 布鲁斯特隆绘制这幅草图是为了解释其中的象征含义：英勇、美德和对爱情的征服。*约1695年*

安德烈·布鲁斯特隆（Andrea Brustolon，1662–1732）是菲利波·帕罗迪的学生。他原来是名石刻工，后来开始从事木刻并创造了很多种类的家具，从相框到桌子和台座。他最出名的是极尽其雕工之能事的椅子。由于雕刻的繁复，已超出了实用家具的水平而成为一件艺术性极强的雕刻品。可惜的是他的杰作很少有存世，但其绘画作品倒有几件被保存了下来。

这幅草图（左图）很可能是他在去罗马做学徒期间的作品。为了很好地迎合当时的罗马潮流，布鲁斯特隆所做的家具上常用人物支柱、繁茂枝叶和动物来表达自然之感并富含寓意。帕罗迪对他的影响是明显的。布鲁斯特隆的镜子草图与帕罗迪的镀金画框非常相似。

胡桃木盾徽卡索尼长箱（Cassone）

长箱突起的盖上雕刻有珠子、叶片和鱼鳞纹的花样，同时卡索尼长箱的前面和两端保留了文艺复兴时期矫饰主义的典型特点：带状装饰（Strapwork）和分隔面板。脚爪托起整个箱体，上面有来自佛罗伦萨的圭恰尔迪尼（Guicciardini）家族的盾形纹章。这些长箱经常被作为结婚礼物。*16世纪末 高61厘米(约24英寸)，宽174厘米(约69英寸)*

高背是巴洛克风格的显著特征之一。

椅子腿、扶手和撑档点缀以卷叶和动物花纹雕刻。

雕刻细部

扶手椅 这把扶手椅由黄杨木制成，此木材因为没有孔隙所以很容易雕刻。装饰性的木雕模拟了树枝和动物结合在一起的自然渲染效果。椅子的垫料不是原装的。*17世纪后期*

高头大床

17 世纪末的意大利，床榻成为室内装潢艺术的重要表现门类。它使用当地优良的纺织品来包裹装饰：这样通常使得床帏内几乎看不到有木头存在。支撑在床顶上方的华盖常披以丝绸或缎子，软包板则将床垫包围起来。

来自东方的影响

在欧洲工匠制作家具的同时，威尼斯人已能生产漆木家具。这项技能源于城市与东方开展贸易之后，当地工匠开始学习并掌握。到 18 世纪，绿色和金色漆成为威尼斯的特产。鉴于当地并不出产上等木料，这种能完全覆盖木材表面的工艺可以让工匠随意选择更多种类的木材来制作家具，这或许能解释为何涂漆技术这么受欢迎。

本土风格

在意大利，不同空间中家具的摆设会有很大的区别。例如在宫殿或别墅，普通房间以及在大礼堂中所展示的都截然不同。具有实用功能的家具如凳子、X 形椅、卡索尼长箱和桌子由木匠制造，常用的材料是本地的胡桃木或果木。

罗马梵蒂冈圣彼得墓 圣彼得墓的华盖、祭坛和圣彼得的椅子出自乔瓦尼·洛伦佐·贝尔尼尼（Giovanni Lorenzo Bernini）之手，在设计、规模、材料上都堪为巴洛克品位的集大成之作。

佛罗伦萨玄关桌

此桌采用木制雕刻涂金，以神话人物鹰身女妖跪姿来支撑桌面。这些雕像肌肉发达，正符合无畏而阳刚的巴洛克风格。整个装饰的主题借鉴自当时罗马的潮流，而女妖较之罗马的原型还是显得拘谨一些。*约 1700 年 高 115 厘米（约 45 英寸），宽 180 厘米（约 71 英寸），深 82 厘米（约 32 英寸）*

橡木桌

这张拥有八角形台面的桌子得到三个支架的有力支持，支架顶端刻有程式化的男性人物，脚爪雕刻有卷曲的树叶。支架的顶部有一个正方形的面板，以其为中心围绕着酒杯和难以辨认的铭文。*16 世纪末 高 81 厘米（约 32 英寸），宽 120 厘米（约 47 英寸）*

佛罗伦萨橱柜

这件橱柜产于佛罗伦萨的大公爵工场，其上装饰有硬石镶嵌的神话图案的面板。从对壁柱（*Pilaster*）、拱形面板和三角楣饰以及外形结构的运用上能看出建筑对家具设计的影响。古典神话是装饰用到的通用主题，其含义得到了广泛的认可。*1670 年 高 108 厘米（约 43 英寸），宽 90 厘米（约 35 英寸）*

狮脚屉柜

该屉柜由胡桃木制作，带有精湛的象牙镶嵌和珍珠母。其上的画面描绘了一些寓言中的人物。小爱神、花瓣、树叶、旋涡和蜗壳点缀其间。柜子两侧是倾斜的，饰有镶嵌和镀金。柜面是弓形的，并有三个抽屉和铸铁配件。前脚状如蹲伏的石狮。*约 1680 年 高 94 厘米（约 37 英寸），宽 145 厘米（约 57 英寸），深 72 厘米（约 28 英寸）* GK

硬石镶嵌与仿云石

佛罗伦萨式台面和有半宝石镶嵌的橱柜面板，在整个 17 世纪为富有的人们所垂涎。

硬石镶嵌（顽石）是指以坚硬的石材或半宝石制作的马赛克。硬石镶嵌技术行业作为家具制造的衍生行业之一，支持了整个文艺复兴时期的家具制造。仿云石（*Scagliola*）则因其相当低廉的价格而与之旗鼓相当。硬石镶嵌起源于意大利，其全名“Commesso di pietre dure”指的是将石块紧贴在一起，而丝毫看不出彼此间的接缝。石块拼接后粘在一个石板基底上以保持稳固。将石头拼成花样的复杂过程几个世纪以来一直延续着。有硬石镶嵌的桌面与镀金基座恰成鲜明的对比。丰富的色彩和花或自然的图案不只显示了材料的昂贵，为完成此项工作所需的专门工艺也为王室和贵族定制者们所艳羡。

硬石镶嵌

这个鹦鹉吃水果的硬石镶嵌细节展现了半宝石的丰富颜色和质地。这个台面为六件组橱柜之一，是英国为查理科特庄园购买。

材质

硬石镶嵌工艺选用坚硬的半宝石，精心挑选色彩以求整体性效果。

碧玉是玉髓中半透明的一类，有各种颜色。

青金石是种半透明石材，有时杂以白色斑点，从古埃及时代就已经使用。

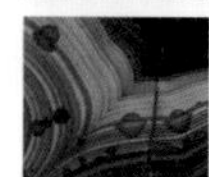

孔雀石是种半宝石，它因为有明暗相间的绿色条纹而具有一种独特的装饰质感。

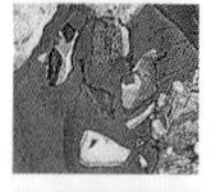

大理石具有高质量的颜色和纹理。最出名的大理石来自佛罗伦萨附近的卡拉拉。

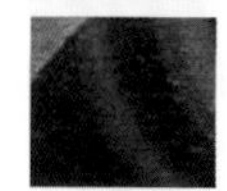

玉髓呈现半透明的灰色，而且还杂夹从苹果绿到橙红色的不同色调。

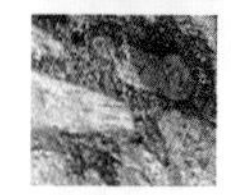

斑岩是由巨大水晶组成的火山岩。这类巨石有很多种类，如花岗岩等。

玛瑙属于玉髓有条纹的一种。令人赞叹的是当石头切片后展现出的美丽形态。

团队合作

最好的硬石镶嵌必须由团队合作而成。先是艺术家或雕塑家设计草稿，然后由其他工匠来选择合适的石头，打磨它们并切成细片。按照设计草图把石头切割成合适的形状，然后小心地黏合和拼凑起来安装在基座上的合适位置。如果设计图案特别细腻，两旁会有石板条作为外衬。最后石头将用磨料粉来抛光。

大公爵工场

这些佛罗伦萨的工场坐落在乌菲齐宫的长廊，在发展镶嵌家具方面做出了卓越的贡献。别的工场有时会挖走佛罗伦萨的工匠，让他们能在其他地方教授技能。1588 年，斐迪南一世美第奇建造了自己的宫廷工场，生产家具以及马赛克镶嵌等。受委托的订件来自大公爵以及一些显贵的欧洲家族。产品范围从柜子、台面到箱盒和建筑装饰。

亨利四世和法国的路易十三在巴黎卢浮宫也建有自己的皇家作坊（见第 50 页）。

硬石镶嵌，英国查理科特庄园

桌子中央有一个椭圆形玛瑙，包围着稀有和美丽的碧玉花卉图案。平板其余的部分是大理石和半宝石镶嵌的蔓藤花纹图案。据说这件作品是拿破仑军队从罗马的博尔盖塞宫夺走的。*16 世纪*

佛罗伦萨橱柜

这个木柜产自佛罗伦萨的大公爵工场，带有描绘神话场景的硬石镶嵌面板。此物上的建筑元素可见意大利巴洛克风格中建筑对家具设计的影响。*1670年 高108厘米（约43英寸），宽90厘米（约35英寸）*

仿云石

仿云石也被称为人造大理石，是假的大理石。对此最早的文献记载出现在17世纪末的德国和意大利。来自佛罗伦萨大公爵工场的硬石镶嵌面板与桌面极其昂贵，所以捉襟见肘的顾客便渴望能有替代的材料，并向工匠定制与硬石镶嵌相似的仿制品，于是人造大理石应运而生。

那时时兴的是黑白分明的设计纹样，所以仿云石这种完美的媒介便派上了很好的用场。由版画、乌木、象牙镶嵌和表面彩绘等效果共同构成了大理石的视觉幻象。仿云石在18世纪达到登峰造极的高度——例如在宏大的空间白金汉宫斯多大厅中的家具和建筑上都表现出色。

制作工艺

仿云石的制作是把矿物亚硒酸盐研磨成粉末，将同色的颜料和动物胶混合而产生石膏样的物质。像硬石镶嵌一样，一幅画需要被复制转移到经过雕刻的石板上。与同为镶嵌工艺的镶嵌细工和硬石镶嵌不同的是，液体仿云石要倒入刻好的石头凹陷处以待备用。

为了添加其他附加效果，如纹饰脉络或追求不同的颜色变化，可以通过在混合物中增加大理石芯片、花岗岩、汉白玉、斑岩或其他矿石来实现。或者通过雕刻和填充石膏使其再次硬化。一旦石膏变硬，就要用亚麻油来抛光以创造出理想的光洁度。

硬石镶嵌桌面

由佛罗伦萨安东尼奥·彼得·保利尼设计。这件做工考究的桌面很好地展现了硬石镶嵌是怎么制造出真实感的：如下图中栩栩如生地再现了一把小提琴、一幅文艺复兴时期的绘画、一张地图、一本书、一朵花和一只小鸟。*1732年 宽142厘米（约56英寸），深68厘米（约27英寸）*

荷兰

在17世纪上半叶，尼德兰联省共和国的北方诸多省份发展成具备海上强权能力的主要力量。阿姆斯特丹日益繁荣昌盛起来。荷兰东印度公司从远东运来大量外贸货物，和其他原材料将城市变成了艺术家与工匠们的天堂。虽然当时荷兰等省仍处在西班牙哈布斯堡王朝的统治下，但传统手工业在尼德兰南部仍很兴盛。佛兰德斯的手工艺人因擅长制作豪华的挂毯、纺织品、铭刻或镀金皮革而出名，这些都用于装潢和墙壁装饰。

流行风尚

17世纪初，来自荷兰的家具通常较为朴素，更为精致的产品只有富裕的主顾才配享有。大部分时间里，有钱人的家庭中最重要的家具是四开门的橱柜。它一般取材于橡木，常精雕细刻有人物形象或在细木镶嵌板上描绘建筑样的场景。1660年后，胡桃木成为用材的首选，家具常饰有带异国情调镶嵌的单面板。在荷兰，带着两个长“拱形”镶板门的柜子一直受到欢迎。

奢靡橱柜

和在意大利一样，奥格斯堡橱柜在这时受到欢迎。17世纪初，在安特卫普的佛兰德斯工匠们制作出以贵重的象牙为饰面的小型桌柜，继而用海外进口材料作为贴面，这方面可能是受到了北方省份与东方贸易的影响。桌柜采用了落地式，饰有象牙、珠母和龟甲贴面。后来橱柜有了镀金女像或带雕刻的黑檀木腿。再后来，阿姆斯特丹橱柜加工商即手工匠简·范梅

油画《储衣壁橱》 彼得·霍赫作于1663年。画面描绘了当时典型的富商家庭的内景，有两扇大门的橡木壁橱里储存着精美高档的衣物。

交错“海藻”镶嵌（Seaweed marquetry）更常见于英国家具上。

金漆与黑漆底相对应，产生鲜明的视觉效果。

光滑的鲨鱼皮效果反映了在家具装饰上追求不同寻常的美化效果。

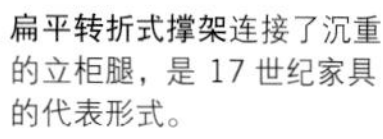

扁平转折式撑架连接了沉重的立柜腿，是17世纪家具的代表形式。

立式橱柜

橱柜取材橡木，贴面有各种木材，如胡桃木、棕榈树、紫木，涂漆和伞状表面面板形成部分镶嵌面。立柜坐落在六个笨重的由扁平转折式撑架连接起来的转木腿上。这是那个时代财富阶层的象征，此件柜子是已知荷兰最早使用日式涂漆面板的家具。再早的原型大概是由荷兰东印度公司出口到尼德兰的，但它可能不复流行而付之阙如。来自海外的东方材质非常抢手，常用以装饰时髦的成套家具。*1690—1710年 高202厘米(约80英寸)，宽158.5厘米(约62英寸)，深54厘米(约21英寸)*

木制涂金的矮几与镜子

桌子本为一对，每一张的上头有与之相匹配的巨大镜子。这个沉重的涂金桌子有蛇形的桌面和蛇形涡卷形腿，桌腿由跨越的撑架相互连接。撑架中间雕有一壶。镜框顶部的雕刻是其原来主人的盾形纹章。*17世纪末 高81.5厘米(约32英寸)，宽122厘米(约48英寸)，深69厘米(约27英寸)*

克伦（Jan van Mekeren）在大立柜和桌子上雕刻了繁复的镶嵌花卉，这一灵感来自同时期流行的花卉画作。对比强烈的色彩则来自马达加斯加黑檀、圭亚那的苋属植物（*Amaranth*）、巴西的花梨木、印度檀香木。这些材质的结合使得镶嵌细工的技术炉火纯青。橱柜出口到法国、英国，激发了当地工匠创造出更多样的饰面风格。

日常用品

花卉镶嵌绝不仅仅用来点缀橱柜，同样装饰也出现在边桌上。而荷兰更多的典型家具如橱柜和桌子则用更富现实感的雕刻来装饰。抽屉柜往往用橡木制成，经过染色或抛光后形成类似乌木的质感。黄檀木或染色梨木则用于装饰角线（*Moulding*）。

椅子因有高或低的椅背而呈长方形。它们常用橡木制作，采用皮革、天鹅绒等布料来包覆，并用黄铜做饰钉。随着时间的推移，及受印度贸易的影响，座位和椅背用藤条制作，椅子腿靠撑架相互连接。1642 年，艺术家克里斯平・范登・帕斯（Crispin van den Passe）于阿姆斯特丹出版《木工精作》（*Boutique Menuiserie*）一书，讲述了椅子设计中的矫饰主义，书中也包括简单的椅子设计——通常是直背的，有一对撑架，扶手末端雕刻有海豚。

法国影响

直至 17 世纪末，凡尔赛宫里令人目眩的奢华家具成为其他地区家具商的灵感来源。大量涌入荷兰的胡格诺派工匠和设计师加剧了这种趋势。其中一位就是逃离法国宗教迫害的丹尼尔・马洛特。法国的迅速影响愈加显而易见，荷兰家具变得更加具有建筑感，少见有纯粹长方形的。在马洛特的设计基础上，椅子显得更高，椅背有了更多雕刻，扶手也增加了点缀。

17 世纪娃娃屋

这件娃娃屋的定制者是阿姆斯特丹的一个富有女人。她从中国定做瓷器并有自己的家具制作商。这个柜子内部由艺术家来装饰。它耗资相当于运河边的联排别墅的价格，所以可以肯定这不是给孩子的玩具。此件娃娃屋为史学家研究家具设计与摆设的历史演变提供了参考。*1686–1705 年 高 255 厘米（约 100 英寸），宽 189.5 厘米（约 75 英寸），深 78 厘米（约 31 英寸）*

丹尼尔・马洛特

马洛特逃离宗教迫害去了荷兰，因此他的设计得以从法国扩展到其他国家。

丹尼尔・马洛特出生在巴黎，是个新教徒，后来成为总督的建筑师和设计师。再后来他在奥兰治亲王威廉三世手下工作，并在 1694 年随威廉去了英国。他最出名的是室内和家具的雕刻设计，对当时橱柜制造商颇有影响。其最奢华大气的设计是四柱大床，但他同时也设计其他类型的家具。他精细雕刻的高背椅被广为效仿。

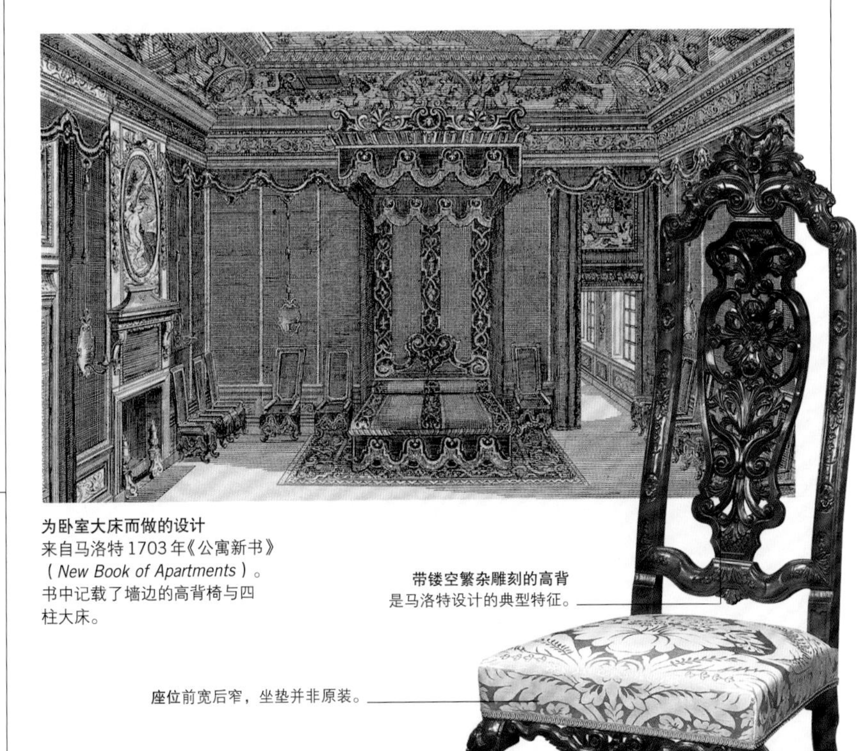

为卧室大床而做的设计
来自马洛特 1703 年《公寓新书》（*New Book of Apartments*）。书中记载了墙边的高背椅与四柱大床。

带镂空繁杂雕刻的高背是马洛特设计的典型特征。

座位前宽后窄，坐垫并非原装。

椅腿雕刻有喇叭花与玫瑰花饰。

一套十二件的沙龙椅之一（出自马洛特的设计）
椅背顶端的雕刻为双卷曲莨苕叶饰。座位前下围有镂空雕刻和花环档板，与下方撑档的设计相呼应。*1686–1705 年 高 123 厘米（约 48 英寸），宽 52 厘米（约 20 英寸），深 51 厘米（约 20 英寸） PAR*

荷兰橡木镶嵌桌子

此桌体现了明显的荷兰风格，例如它笨重的方形木腿与扁平的撑档。桌子因靠墙摆放，只在能看见的那面镶嵌有装饰。*1690–1710 年 高 77 厘米（约 30 英寸），宽 100 厘米（约 39 英寸），深 69.5 厘米（约 27 英寸）*

德国与斯堪的纳维亚

1648年，三十年战争行将结束，标志着德国联邦制的开始。自那时起，德国分成若干较小的由诸侯统治的独立城邦国家。波罗的海地区最强大的国家是瑞典。1660年在查理十一世治下，它达到了最为鼎盛的时期。

影响

德国各地之间的家具风格都有所不同，因为每个公国都有各自的宫廷。巴伐利亚选帝侯伊曼纽尔（Emanuel，1680–1724）在慕尼黑建造了奢华的宫殿，这让瑞典国王古斯塔夫·阿道夫（Gustav Adolf）很是嫉妒。在布鲁塞尔流亡后，伊曼纽尔回到了巴伐利亚并从安特卫普带回昂贵的家具。在他第二次流亡法国时，他对法国巴洛克风格更为熟悉，并把巴伐利亚工匠送去法国学习——也就意味着这种风格也传到了他的故乡。

18世纪初，在德国，奢华、笨重的巴洛克风格让位于婀娜多姿的洛可可形式，其创造性在教堂和城堡内饰方面达到高点。然而，行业协会使得德国各个城市发展水平参差不齐，一些平庸之作夺走了杰作的风头。

各国橱柜

1631年，奥格斯堡城里一件有奢侈装饰的黑檀橱柜被作为和平信物送给了瑞典国王。由于奥格斯堡在家具设计上占据优势地位，以致出口到西班牙的细木镶嵌橱柜数量太多，使得1603年国王菲利普三世下令禁止从奥格斯堡进口货物。这些奇形怪状的橱柜，多以上等银质、象牙、琥珀、珍贵石材、多彩雕刻和瓷屏来装饰，绅士阶级趋之若鹜并被全欧所效仿。奥格斯堡同时也产有华丽浮雕和带镌刻的银质家具，并对外出口。

卡尔六世写字台（*Secrétaire*）

写字台来自奥地利，取材灰色枫木贴面，饰以李树和香桃木镶嵌面。写字台的中央是一个长长的抽屉和一个可以抬起来的写字滑板，其两端与两个小抽屉相接。最上面部分由一排共六个抽屉组成。整个家具由六个有部分镀金雕刻并呈渐缩方形的腿所支撑。台腿之间由相互交织雕花的撑架连接。*约1700年 长104厘米（约41英寸），宽144厘米（约57英寸），深71厘米（约28英寸）*

蒂罗尔立柜

这些柜子很可能是用来储藏罕有珍品。细木镶嵌（用不同的木材组成图案镶嵌）受到了尼德兰装饰画家汉斯·福德曼·德·弗里斯（Hans Vredeman de Vries）关于雕刻花样一书的影响。前景中的天井与喷泉透视图，以及背景的建筑视图都取自《建筑形式集成》（*Various Architectural Forms*，1560年出版）一书。*约1700年 宽154厘米（约61英寸），宽129厘米（约51英寸），深56厘米（约22英寸）*

旅游柜

这个从德国南部来的乌木柜是用象牙镶嵌装饰的。从前面打开后露出十个小抽屉，侧翼中央部分有一个上锁的门。所有表面装饰了叶状象牙镶嵌，柜子由扁平球形脚（*Ball foot*）支持。*17世纪 长46.75厘米（约18英寸），宽54厘米（约21英寸）* *LPZ*

雕刻细部

桌橱

这种艺术柜或桌橱起源于波希米亚的埃格尔（Eger），因其使用包含建筑观念的镶嵌细工及细工镶嵌面板而出名。橱柜阶梯状的顶部采用了侧滑盖。两扇门隐藏了一个拱形的带有可拆卸的盖板和圆柱的中心室，周围是各种尺寸的小抽屉。这些浮雕镶嵌板上有各种神话人物形象，是典型的亚当·埃克（Adam Eck）的作品。*约1640年 长51厘米（20英寸），宽58.5厘米（23英寸），深28厘米（11英寸）*

本土风格

在德国和斯堪的纳维亚，带有像建筑物重檐的衣柜在17世纪的富有中产家庭中一直很受欢迎。这种柜子通常有两个门和两个抽屉。在北方，它们常用橡木制作并饰有复杂的雕刻图案，在南方则更多是用本地的果木或胡桃木制作。箱子在18世纪才成为重要的家用之物。

扶手带雕刻的软包椅在家中占据首要位置。它们有弯曲的扶手和几乎完全卷曲的脚。

在瑞典和德国，成套的凳子、椅子和扶手椅以皮革包覆，偶尔也用到进口的丝绸。在较小的房子里，常能看到放在厚重桌子周围的长椅和凳子。

装饰效果

德国工匠因擅长使用胡桃木贴面和后来的黑檀木而远近闻名。波西米亚的埃格尔因能熟练制作建筑式橱柜与掌握细木镶嵌工艺而知名。布尔式装饰家具（见第54页）在17世纪末的德国南部很流行。奥格斯堡工匠垄断了这项技艺并制作出许多佳作。

柏林制作的涂漆家具很有名，特别是以大漆做装饰的橱柜、桌子以及底座为白色涂漆的由格哈德·达格利（Gerhard Dagly）设计的乐器箱。巴黎人称呼他的作品为“柏林”柜。德累斯顿和勃兰登堡产的红蓝漆橱柜远销各地。

巴洛克式古堡宫殿，威斯巴登以南 这座莱茵河岸上的三翼宫殿是巴洛克宏伟风格的典型，明证就是它那大胆的颜色和屋顶上令人仰视的雕像。

瑞典镀金镜框

这件镀金–青铜（Gilt-bronze）珠串框架出自布尔哈尔德·普雷希特（Burchard Precht）之手，以反向彩绘玻璃来装饰（古老的玻璃镀金工艺）。这种样式是在红色背景上描绘了金色的卷草纹样。*约1700年 长140厘米（约55英寸），宽79厘米（约31英寸）*

瓷砖桌

这个小桌子产自弗里斯兰（Friesland），类似于斯堪的纳维亚家具。桌面为蓝白代尔夫特瓷砖。它有扁平撑架，螺旋上升的旋转腿和小而圆的桌脚。*18世纪初 高92厘米（约36英寸）*

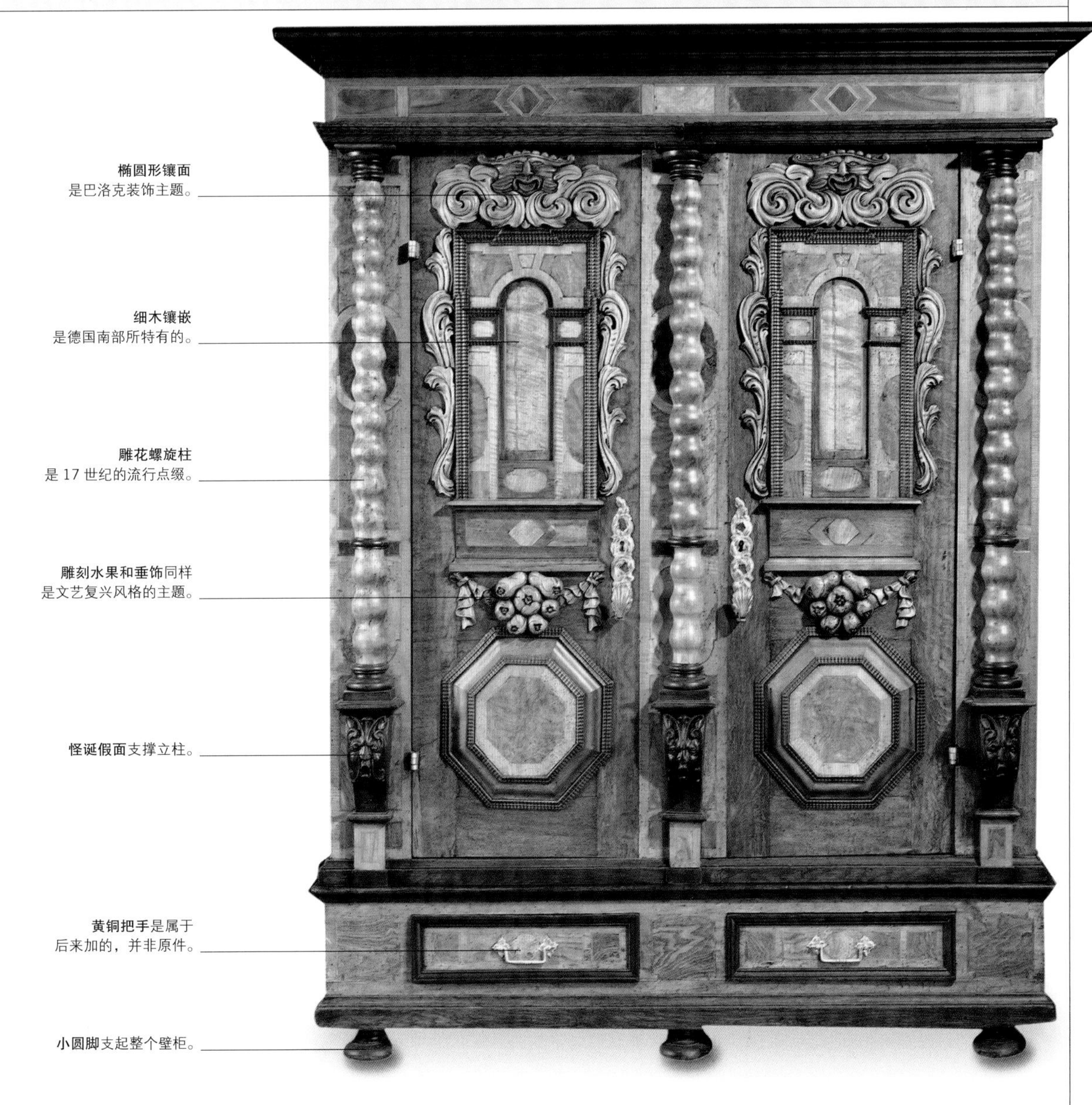

壁柜

这件17世纪独特的壁柜即德国南部的“门面柜”（Fassadenschrank），由胡桃木、大理石、橡木和桉木制成。模塑檐口（*Cornice*）以上安置了镶嵌檐楣和一对建筑风格的门，周边是塑形水果和镶面图案。壁柜低处部位有两个抽屉，整体则由扁平小圆脚托起。*高240.5厘米（约95英寸），宽112厘米（约44英寸），深60厘米（约24英寸）*

英国

在詹姆士一世统治时期，家具多由橡木制成，品类仅限于以螺旋腿相连的凳子、箱子和椅子以及长案桌。装饰能发挥其用武之地的方面仅局限在展示椅、柜子和高背长靠椅（*Settle*）的雕刻上。威尔士和苏格兰贵族往往追随当时在英国宫廷中居于主导地位的风格。

外国影响

查理一世统治期间，来自法国、意大利和荷兰的工匠被雇佣来为大礼堂和豪宅工作。英国家具受到荷兰的影响，但与意大利巴洛克设计风格相比则显得更加内敛。

软包家具专为宏大的住宅而设计。这类的椅子通常有方形的低靠背，用皮革或挂毯做包覆。扶手座位垫内有填充物，扶手处也有包覆。长靠椅偶尔与其他相匹配的椅子共同组成一套家具。

王朝复辟

这时的家具大多由普通木材如橡木、水曲柳、榆木（*Elm*）或榉木制成。在奥利弗·克伦威尔主政时代，政府并不喜欢公开展示其豪华的装饰，但在1660年王朝复辟后，这一情况发生了变化。查理二世结束在欧洲的流亡后返回英国，也带回了最新派的家具流行风格。

查理二世时的宫廷生活貌似不那么戒律森严，基于此需要制作出相应的小型折叠桌、牌桌（*Card table*）与折叠餐桌。胡桃木成为最常用的木材，并且贴面和藤编技术也时兴起来。带有可以拧转框架的藤条家具，被认为是典型的英式家具中的一种。

重建伦敦

1666年伦敦大火之后的重建热潮导致了木工行业的专业化。制柜商生产了箱式家具（*Case furniture*）、桌子、支架，而加入他们行列的还有木雕工与镀金工——他们都专注于建筑、床架和镜框的生产，就连椅子的制作也成为一门单独的手艺。

英国与荷兰之间的贸易额因为1689年威廉三世与玛丽的登基而大大增长。随着法国胡格诺教徒来到英国，他们也带来了欧洲家具的新风。有些人甚至后来为皇室专门制作橱柜家具。

熟练技艺

这一时期的橱柜选用胡桃木、枫木、杉木、冬青木、橄榄木、榉木以及果木来做贴面。无毛刺的木材尤其抢手。有的木材被从中切断，为做出好似牡蛎纹理的贴面。最为繁复的贴面样式用花朵、海藻或阿拉伯花饰（*Arabesque*）图案做镶嵌。

另有些橱柜用涂漆方式来模仿漆器，或用带图案的石膏包覆来做出类似凸起的镀金外表。落地箱被橱柜所取代，在其顶部常常有圆顶或山墙用于展示陈列的瓷器。熨烫台与衣橱、多屉橱柜和容膝书桌（*Kneehole desk*）是此时期司空见惯的家具种类。

从橡木支架到玄关桌，各种各样的这类家具一般放在华丽的大镜子下面。带藤条座和后背的高背椅很流行，如丹尼尔·马洛特风格的椅子，常有镂空的椅背装饰薄板。在世纪行将结束之时，精美的家具已不再仅出现在宏伟的宫殿里，更为简洁与做工精良的家具也进入富有的城市商人和地主豪绅的寻常家中，这为优雅风格在18世纪大行其道铺平了道路。

高背边椅

由进口胡桃木制成。后背薄板上的镂空雕刻与马洛特书中的样式合拍。椅腿是“跳跃式”的，节点处为“马骨”脚，之间有撑架连接。*约1710年 高121厘米（约48英寸） PAR*

廊椅

这把廊椅（*Hall chair*）出自意大利的凳子原型。橡木材质，上有雕刻并图绘，后背为贝壳形装饰，前档为海草环绕的假面垂饰。*约1635年 高110.5厘米（约44英寸），宽69厘米（约27英寸），深66厘米（约26英寸）*

镶嵌细工橱柜

这件橱柜以无节枫木作为贴面，但染成龟甲的颜色。榉木和枫木常被染成看起来像更珍贵的材质的样子。橱柜有西阿拉黄檀木（Kingwood）和黄檀木（Rosewood）做的装饰薄板和金属镶边（Stringing）。最前排抽屉和隔板紧闭。在球形脚的上方依次是两短两长的抽屉。*约1710年 长95厘米（约37英寸），宽71厘米（约28英寸），深52厘米（约20英寸） PAR*

缝纫匣 在一个缎面底子上以彩色丝线绣有浪漫的宫廷场景。这是那个时代同类家具中的代表。匣子里有很多隔间，有些则隐藏不见。*17世纪中期 宽29.5厘米（约12英寸） BonK*

英式立台日式涂漆柜

柜子因靠墙立，仅在正面有所装饰。精美的涂漆代表了原主人的高贵地位。日式漆柜安放在英国威廉–玛丽风格（William-and-Mary-style）木制涂金立台上。*17 世纪末 长 98.5 厘米（约 39 英寸），宽 57 厘米（约 22 英寸），深 15 厘米（约 6 英寸）*

珍稀彩绘嵌花柜

松木（*Pine*）材质彩绘，用西太平洋进口材料——珍贵的珍珠母镶嵌。下柜的设计灵感来自于异域风格，而上半部分仿造建筑样式设计。这件作品可能产自伦敦。*约 1620 年*

写字台书架（*Bureau-bookcase*）

本为一对，这是书柜中非常罕见的佳品。由伦敦制造商詹姆斯·穆尔莫尔（James Moore）和约翰·葛姆利（John Gumley）合作。带状饰结合旋卷叶、花卉细节的装饰性雕刻的镀金石膏。柜门上是拱形山墙与贝壳形雕刻，毛玻璃门打开后是契合整体的内饰。基座带有抽屉拉环。*约 1720 年 长 240.5 厘米（约 95 英寸），宽 112 厘米（约 44 英寸） MAL*

法国亨利四世和路易十三

17 世纪初的法国经过了漫长的战争后日益繁荣。在亨利四世统治的这个国家里，其流行风潮自文艺复兴时期以来就变化不大。然而，国王热衷于鼓励新的技艺，他于 1608 年给卢浮宫的工匠建了一个皇家工场。他雇用的工匠来自意大利和佛兰德斯（法国工匠们则被送到荷兰当学徒）。受王室赞助，他们被允许在巴黎工作，而不用担心受到中世纪行会与家具制造商的会员资格的限制。

传统样式

亨利四世在位期间，大多数家具由橡木或胡桃木制成。巨大体量的双体柜，持续流行到 17 世纪，其上半部比下半部窄，有几何形镶板的柜门和包脚（*Sabot*）。精致桌子的笨重基座以及椅子的建筑形式使它们看起来相当呆板。

外国影响

亨利四世在 1610 年去世后，他的意大利妻子玛丽·德·美第奇（Marie de Medici）被任命为年轻国王的摄政者。她在位期间，巴黎兴起了建设热潮，贵族和不断壮大的中产阶级开始采用豪华风格装饰他们的住宅。

玛丽在家具设计方面很有影响力。她聘请了很多外国工匠，包括让·麦凯（Jean Macé）——一个从荷兰来的橱柜工匠，他可能是最先在法国家具设计中使用饰面的人；还有意大利的工匠们，他们则引进了布尔式家具（见第 54 页）与硬石镶嵌（见第 42 页）。在约 1620 年至 1630 年间，受自身品位的影响，玛丽鼓励巴黎工匠在制造橱柜时镶嵌乌木。

宏大的设计

路易十三在位期间的家具十分巨大、沉重。橱柜通常是放在带支架的台面上的，内有很多小抽屉，是那个时代最重要的家具。一般由胡桃木或乌木制成，饰以面板、底柱和壁柱。

黑檀木贴面在路易十三的统治后期成为橱柜装饰元素，有平面浮雕、刻花以及扭曲的柱列。受德国奥格斯堡柜（见第 46 页）的启发，橱柜也用乌木和其他外来材料来作装饰。

壁橱和碗橱这时流行起来，特别是在各个公国之间。这种形式慢慢演

乡土橱柜

这件雕花胡桃木橱柜上半部的两扇门饰有模压镶板，其顶部有模压檐口。中楣中央有长抽屉，两侧有两个短抽屉。中楣下为四个螺旋立柱，下半部有个突出的柜子。模压柱基础式底座，有四个面包形脚。*17 世纪初 宽 110 厘米（约 43 英寸）*

大衣橱

这个衣橱是格勒诺布尔的地区出产的。山墙和两扇镶板门的中心是各种木材做成的花卉镶嵌画，描绘着花朵和树叶。面板上也有字母组合和巴勒斯·德·拉·彭尼（Barras de la Penne）家族的冠冕。面板的图案一直延伸到两侧。衣橱原来可能是用螺旋脚或模制底座支撑的。*17 世纪早期 高 209 厘米（约 83 英寸）*

变为衣橱，它被用于存储衣物而不是展示昂贵之物如银盘等家居用品或陶瓷。橱柜上有前倾面，典型的“支架柜”（见第 56 页）是橱柜的早期形态。

小桌子一般用在非正式的房间里，分为很多形状，但大多是圆形的，且有能打开的双腿。餐桌也有了可以扩展的台面，用铰链或是伸缩合页连接。桌子底座通常可以转动，以 H 形撑架连接桌腿是常用的办法。

路易十三时期椅子变得更加舒适，因为座位更低更宽，且靠背也更高。虽然软包如此昂贵，并且这时期只有最优质的少量家具才能用纺织品覆盖，但路易十三时期的家具制造仍然更加注重纺织品的应用。木制座椅上加装软垫来使其更加舒适，为上层阶级设计的椅子往往用时尚的织物做包覆，如天鹅绒、锦缎、刺绣和皮革。软包被一排排的黄铜钉固定，黄铜钉本身也成为装饰元素。椅背下的横杆添加了流苏，成为另一种装饰形式。扶手一般是弯曲的，有时也带有软包。椅子腿按建筑形式来雕刻，如同布鲁斯特隆（见第 40 页）那种精雕细琢的样式，或是转木形式。

装饰细节

低地国家，尤其是佛兰德斯在当时的家具设计上有强大的影响力。有几种具有代表性的路易十三式家具明显受到佛兰德斯家具的影响：带几何图案的模压镶板、精致的腿和转木撑架。

转木是路易十三式家具的重要特征，在公共家具与私人家具上都得以体现。腿和撑架不再朴素，壁橱与橱柜上多有装饰细节。单件家具的转木通常不只有一处，这种设计让人眼前一亮。

橡木箱子

有着繁复装饰的箱子为长方形顶面，内部连接有铰链。箱体前脸的雕花镶板被程式化的立柱分割为三部分。底座内有长条浅层抽屉，饰以建筑式的雕花。整件为直立腿。*16 世纪末 宽 85 厘米（约 33 英寸） EDP*

橡木箱子

橡木制作，饰以五个镀金的、铜钉固定的条带，呈波浪式分布在前脸、背面和圆顶盖上。箱子两边有镀金提手以便于搬动。箱子的锁和钥匙为原配。和同时期的箱子有所不同，它没有脚。*17 世纪初 高 74 厘米（约 29 英寸），宽 142 厘米（约 56 英寸），深 69 厘米（约 27 英寸） PIL*

路易十三餐椅

原为一套家具中的一把，还有十二把边椅和两把扶手椅。扶手椅可能是后来加的。靠背与座位为拱形，天鹅绒包覆被铜钉密集固定于座位，靠背带金线装饰。椅子取材胡桃木，弯曲扶手下为螺旋支架和栏杆（*Baluster*）腿，皆为当时的典型特征。腿之间是螺旋 H 形撑架。*17 世纪*

法国：路易十四

17 世纪下半叶，在路易十四即太阳王的（1643–1715）统治下，建造奢华宫殿和家具的潮流风靡全欧洲。1662 年他亲政后一年，就把欧洲很多一流工匠们安置到原来巴黎郊区的戈布兰兄弟挂毯工场。以佛罗伦萨的大公爵工场（见第 42 页）为模板，这些为皇宫制造家具及饰物的工匠们出于彰显皇帝荣耀的目的而汇聚一起，负责创造出统一的设计风格。

壮观的皇家气派

1682 年，路易十四将宫廷搬到凡尔赛宫。国王深为他最宠爱的设计师查尔斯·勒·布朗（Charles Le Brun）充满生机的设计所动。勒·布朗负责凡尔赛宫里多项重大设计，其中包括了著名的镜廊（见第 35 页）。路易在其宫殿的家具和装潢上展现出极大兴趣。家具上装饰有代表他本人的视觉标识。最常见的装饰图案是两个交叉的字母“L”、鸢尾花和太阳辐射图案（*Sunburst motif*），也都是象征他本人的符号。

《南特敕令》

1685 年，路易废除了《南特敕令》，导致法国不再容许新教徒居住。大量法国设计师和工匠逃出法国奔往别处，甚至连著名的设计师丹尼尔·马洛特和皮埃尔·高尔也未能幸免。这一四散奔逃的风潮反倒促使法国设计风格被传播到欧洲其他国家及北美地区。

流行风格

路易十四家具充分表现了君王的财富与权力，体现在奢华材料的使用上，如海外木材、银、镀金、硬石镶嵌板、进口涂漆、布尔式镶嵌。装饰图案主要是文艺复兴样式，包括神话传说人物、几何图案、阿拉伯花饰和动植物纹样。

随着社交礼仪潮流的改变，舒适感也变得越来越重要。椅子靠背越来越低，大多数座位用皮革和布料包覆并以黄铜钉固定。安乐椅，一种两边开放的扶手椅开始流行，同时还有沙

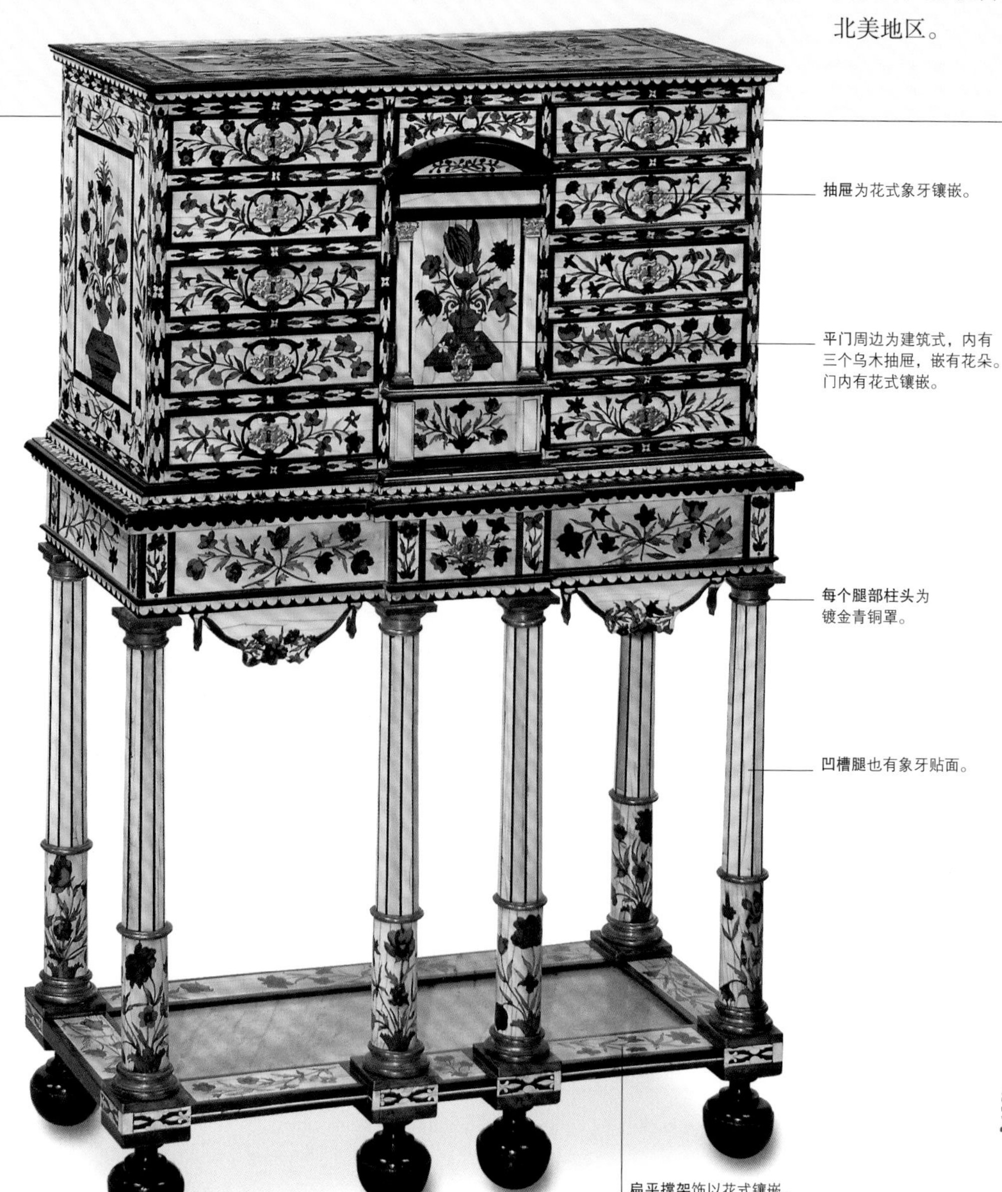

象牙贴面支脚柜

出自德国家具商皮埃尔·高尔，为凡尔赛宫的白色大厅而定做。象牙做的贴面为各种木材和龟甲制成的花式细工镶嵌提供了单纯的背景，整件家具是家具商用来测试制作工艺的试验品。上半部两侧有一系列抽屉。中央突出的地方带门，并带有三个抽屉，上面镶嵌大量的象牙。凹槽腿也有象牙贴面，脚部呈球形并与扁平撑架连接。*约 1662 年 高 126 厘米（约 50 英寸），宽 84 厘米（约 33 英寸），深 39 厘米（约 15 英寸）*

雕花木制涂金太师椅

这件木制涂金扶手椅也被称作太师椅、安乐椅，有宽大低矮的靠背，饰以雕花和模压镀金。外框、扶手和扶手支架、座椅导轨和弯腿饰以卷曲雕花、贝壳、叶形、花朵和花环。腿的顶部有带羽毛头饰的萨堤尔像，脚有雕花突起。软包的材料非原装。*约 1710 年*

路易十四木制涂金王位椅

一体式扶手和撑架围雕有莨苕叶形饰板和带状装饰。六个有装饰的卷曲腿由一对 X 形撑架连接，撑架交接处有瓮。椅子原来可能有带刺绣或带人像天鹅绒的软包。*约 1700 年 高 91 厘米（约 36 英寸），宽 159 厘米（约 63 英寸）*

戈布兰挂毯局部 这个镶板描绘了路易十四在其卧室接待宾客的场景，符合当时的宫廷礼仪。画面显示出皇家床榻和环境华丽的内饰。*约 1670 年 高 160 厘米（约 63 英寸），宽 210.5 厘米（约 83 英寸）*

发和躺椅。椅子的扶手和腿比以前有更多的雕刻，用以表明制作者的精湛技艺。

当卧室里迎来贵客时，主人会在最高档的床榻上装饰羽毛。床的每个角落都有羽饰，并有栏杆能将客人与主人隔开。路易十四的床（见左图）下有台座将其抬高。

17 世纪末出现了一种带两高两低四扇门的两层餐柜；另外还有种带两个高门的“柜子”，箱子被有抽屉的小柜子替代。一种短腿的有两个门或抽屉的家具正也式流行开来。

这时期的写字台非常流行并带有复杂的镀金，这种家具三面有装饰，背面则朴素无华，因它们一般都是靠墙而立。

小桌子常用果木制成，通常表面有彩绘。其用处为几种：有的用来放烛台或写字；有的用来作非正式的餐桌。

红色布尔式五斗橱

顶部嵌有路易十四首席设计师让・伯拉（见第 55 页）的图案，有人像、鸟类、阿拉伯花饰和叶形。绳纹把手为合金，把手底盘为文艺复兴式男性头像。五斗橱中部有精致的锁眼盖，女像下为镂空的垂花饰。五斗橱圆滑肩部有贝壳装饰。蹄形脚（*Hoof foot*）末端有卷曲形嵌件。*17 世纪 高 84 厘米（约 33 英寸），宽 118 厘米（约 46 英寸），深 67.5 厘米（约 27 英寸） PAR*

路易十四衣柜

有黄铜、锡、龟甲贴面，饰以叶形和条形图案。断层式橱柜（*Breakfront*）的檐口嵌有圆盘雕刻。中央门镶嵌女像柱和叶状的瓮瓶。下半部柜门上方有两个长抽屉。内室饰以细工镶嵌和玻璃镜门，并装有各种不同的抽屉。*约 1680 年 高 220 厘米（约 87 英寸），宽 145 厘米（约 57 英寸），深 60 厘米（约 24 英寸）*

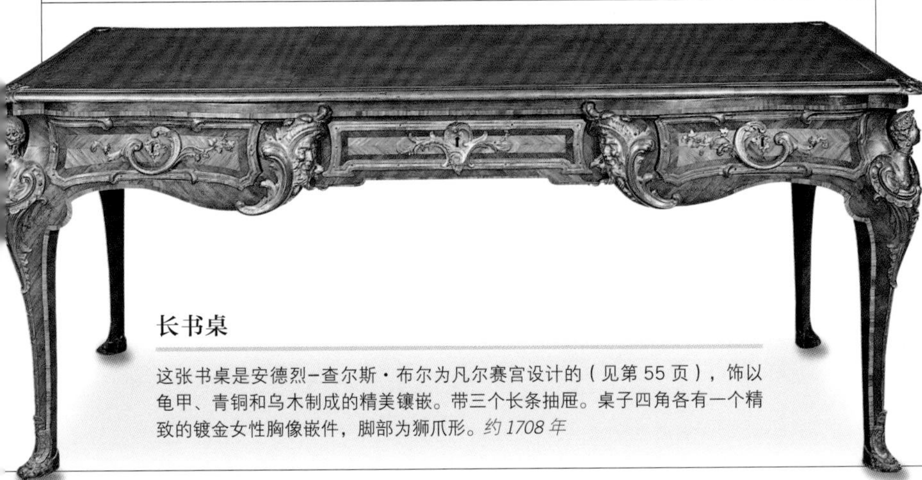

长书桌

这张书桌是安德烈–查尔斯・布尔为凡尔赛宫设计的（见第 55 页），饰以龟甲、青铜和乌木制成的精美镶嵌。带三个长条抽屉。桌子四角各有一个精致的镀金女性胸像嵌件，脚部为狮爪形。*约 1708 年*

布尔镶嵌法

这种精致华贵的镶嵌法，通常是龟甲或象牙里镶嵌黄铜或其他材料，以路易十四的御用橱柜制造者安德烈–查尔斯・布尔命名。

材质

布尔镶嵌法的用材多为进口自国外不同种类的材料。

骨头和角骨采用其天然的苍白色，而牛角则选用白色和黑色的。它们通常会被涂色或是被染色以模仿其他材料。

象牙这种材料昂贵、坚硬，一般的白色材料来自动物的牙齿。传统上这些材料源自大象。

金属在布尔镶嵌法中最为常见。其中黄铜、铜、白镴和银是最常用的材料。

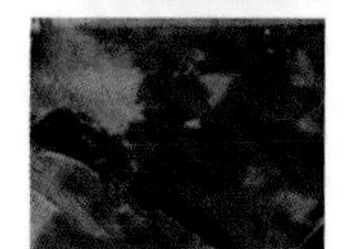

龟甲，通常就是指玳瑁壳，在热水中变得富于延展性。

珍珠母在布尔镶嵌法中比较罕见。这种坚硬的材料是从贝壳的内里切割下来，有着彩虹般的光泽。

布尔镶嵌乌木立柜
这类布尔镶嵌是将黄铜嵌入黑色背景中，背景一般由乌木或龟甲制成。这是一对立柜中的一个，出自凡尔赛宫和特里亚农宫。门板上有镶嵌，描绘了秋天和春天的景色。*17世纪末 高112厘米（约44英寸），宽90厘米（约35英寸），深43厘米（约17英寸）*

布尔镶嵌法（***Boulle marquetry***）最早源自10世纪的意大利，原名为“Tarsia a incastro”，意即各种材料的结合。意大利工匠将其传入法国始自约1600年，当时他们为亨利四世的第二任妻子玛丽・德・美第奇制作了一批家具。据说来自荷兰的家具商皮埃尔・高尔对其传入法国也起了作用。

寻找绝配

以布尔式镶嵌法做家具装饰常常要配对，主要因为切割材料过程中会产生两个完全一样的装饰构件。布尔镶嵌法很耗时间，而且在生产一个装饰件的同时会产生呈镜像的另一个，即正反面同时出产。最常见的例子如本页这一对橱柜。

成套的第二件
这件原为一套家具中的第二件，饰以布尔镶嵌的反向纹样。像这样的暗色镶嵌一般由龟甲或乌木嵌入黄铜或锡质背景而成。*17世纪末 高112厘米（约44英寸），宽90厘米（约35英寸）*

阿拉伯花饰式卷曲为布尔式家具所常见。

中国风主题为欧洲对源自东方元素的重新演绎。

红色龟甲为染色的贝壳，或底面粘贴的反光薄片制成。

五斗橱顶面有龟甲和嵌入模压与刻边的黄铜镶板。

黄铜镶嵌图案经过雕刻而凸显，里面蚀刻有图案。

让·伯拉风格图案包括人物、鸟类、阿拉伯花饰、卷曲纹和叶形。

路易十四五斗橱（布尔制作）
这件精美的五斗橱有两长两短四个抽屉，其顶部均有类似的装饰，即绳纹镀金把手与精致的锁眼。女性假面下有镂空垂花饰，肩部的贝壳装饰卷曲从头到脚延伸至蹄形脚。*17世纪 高84厘米（约33英寸），宽118厘米（约46英寸），深67.5厘米（约27英寸） PAR*

安德烈–查尔斯·布尔

作为路易十四的橱柜制造商，布尔负责凡尔赛宫的内部配件和大部分家具设计和制作。

布尔（1642–1732）出生于巴黎，很早就被训练成为橱柜制造商、建筑师、青铜工和雕刻家。他获得了王室的特权可以在卢浮宫住宿和工作。也许他的工作中最非凡的事要数布尔式设计的创建：体现在凡尔赛宫的镜面墙、细木镶嵌（**Parquetry**）地板、实木镶嵌镶板、家具等方面。除了路易十四，他的顾客还包括法国公爵、西班牙国王腓力五世、巴伐利亚州和科隆的两个选帝侯。

布尔擅长镶嵌并以此知名，但他并非唯一开发这项技术的制橱商。他晚期的设计受到了让·伯拉的影响。人们经常难以分辨一件家具到底出自两人谁之手。让·伯拉喜欢在人物图像旁边融入涡卷造型，他的设计也比布尔体现出更多的幻想因素，例如在涡卷图形中加入了怪诞的小猴子。存世家具只有很少的几件能证明是出自布尔本人之手。

布尔对家具新样式的发展起到了很大的作用，如他在《家具设计图案》（*New Designs of Furniture*）一书中著述的橱柜和写字台等设计广为人知。

路易十四布尔式五斗橱 原为一对，为路易十四在特里亚农宫的寝宫定做。乌木贴面有黄铜镶嵌。*17世纪*

技术

为得到一个布尔式镶嵌，先要把图样画出来；所有要用到的材料如黑檀要切成薄片再拼成贴面即装饰面；龟甲要先拍平抛光，有时也要在上面彩绘；其他材料也要弄平整后切成片状，好与镶嵌图样完全符合。

之后龟甲会粘到一片金属上如黄铜或锡，再楔入两片木头中间，就像制作一块三明治。设计图案粘在“三明治”的一边，图样用钢丝锯从龟甲和金属中间分开而成。当原材料彼此分离后，龟甲与金属分为两类镶嵌面：黄铜细面安到龟甲背景里即正面；而龟甲细面安到黄铜背景里形成所谓反转面。

一旦镶嵌贴面做好了，黄铜则被雕刻以增加深度和细致度。然后用鲨鱼皮打磨形成类似砂纸的质感，并且用木炭和油的混合物来抛光。整个过程中还要不断地做镂空雕刻好让设计图案更加鲜明。

门板内外同样有繁复的修饰，有时在使用布尔镶嵌法时会在同一件家具中用到同类的镶嵌面。未做布尔镶嵌法的部分则以黑檀贴面，较之已有的装饰部分形成强烈的对比效果。

收尾工作

带布尔式镶嵌的家具常用镀金和雕刻青铜饰件（如同镀金物，见第39页）来收尾，部分原因是出于保护家具边角、腿、脚和锁眼的考虑——这些都是易受损的部位——且同时也可以作装饰之用。底座不常由制柜者本人制作，而是由专门的铸造厂负责：镀金的金属要提前制造和成形。

让·伯拉

作为美术师、设计师、画家、雕刻家，让·伯拉（Jean Bérain，1638–1711）来自荷兰，在1674年被任命为路易十四的设计师。他的工坊就在卢浮宫附近，离布尔的工坊不远。在路易十五统治期间，他创作了许多设计，包括家具、武器、服装和戏剧道具，甚至葬礼游行也用到了他独具特色的设计图案作天马行空的场景——花纹、卷草纹等。他与布尔一样，灵感来自于文艺复兴和古典的设计。法语术语“bérainesque”即用来形容以他独特风格为基础的设计样式。

西班牙与葡萄牙

17 世纪初的西班牙非常强大，统治着葡萄牙与欧洲很多地区。但在世纪末，西班牙已经失去了原有的巨额财富和权力；与之形成鲜明对比的是，葡萄牙从西班牙手中赢得了独立，并经历了相当长时间的和平与经济稳定发展时期。

西班牙和葡萄牙两国被比利牛斯山与欧洲其他地区隔开，所以文化上的影响较之欧洲其他国家更多地来自北非或摩尔人。这两个国家都与东方一直保持着经济和政治上的牢固关系。印度影响也能在伊比利亚家具上看出来。印度-葡萄牙式家具在果阿（Goa）邦制作给葡萄牙客户，同样也由主要活动在里斯本的印度工匠生产。到世纪末时，借由葡萄牙和英国及荷兰的贸易关系，其家具的影响也已传到那里。其中西班牙在房间里摆设家具的做法也被广为接受。

西班牙家具

西班牙贵族很喜欢游牧式的生活而非久居一处，因此家具必须是便携式的。大部分家具用当地的胡桃木制作。柜子或支架柜（*Vargueño*）两侧常带有拉手，这样方便提放搬挪。整个 16 世纪的柜子显得很奢华，但在 17 世纪则变得普通近人。17 世纪初期，柜子常有几何图案作装饰，后有彰显建筑性和巴洛克式的扭转形立柱。在北欧，制柜商开始结合海外黑檀贴面与象牙龟甲的雕刻。箱子被壁橱或衣箱代替，衣箱一般有拱形顶部，以天鹅绒或皮革包覆，带有镂空金属底座和精致的台架。

可折叠的文艺复兴式 X 形框架椅仍很流行。到世纪末时，工匠仿造路易十四安乐椅制作出自己的各种版本。一般有高高的椅背和精心雕刻的、相互交织的旋涡形撑档和转腿。椅子的包覆采用织物或有盖章的皮革，椅垫则用黄铜钉固定。西班牙椅子的脚常呈涡卷形而不是法国那种圆球形。

有包覆的普通排架桌子仍很受欢迎。西班牙边桌有转木腿，有独特而弯曲的铁撑档以连接桌腿。多数这类桌子可以折叠，更加便携。其他类别的边桌有旋转的立柱式腿以与低处撑档和悬于其上的台面相连。

西班牙和葡萄牙的床与欧洲不同，沉重的床幕并不流行。因为西葡

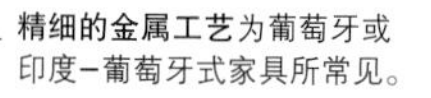

这种镶嵌图案名为“海草”或“阿拉伯花饰”（得名自交织状图形和紧凑的阿拉伯图案）。

印度-葡萄牙式支架柜

柜子的骨架（*Carcase*）取材本土木材，如黄檀木和柚木（*Teak*），镶嵌乌木和象牙。顶部镶板嵌有海藻图案。黄檀木支架有螺旋腿和撑档，面包形脚。这件家具可能产自印度的果阿邦。*17世纪末 高126厘米（约50英寸），宽95厘米（约37英寸），深46厘米（约18英寸）*

印度-葡萄牙式书桌

胡桃木，象牙镶嵌。外形与马萨林书桌相同（见第36页），桌面上部抽屉可收入写字台背面的箱型框内。*17世纪*

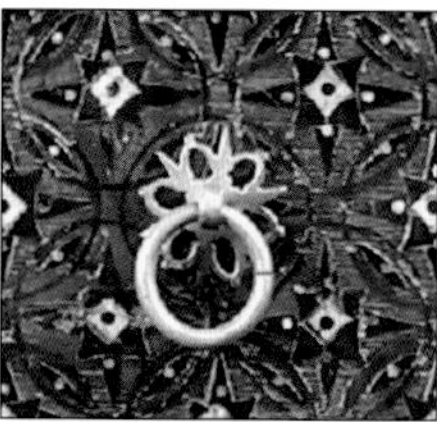

抽屉上的吊环拉手

镶嵌细部

西班牙雕花扶手椅

这把胡桃木椅子有方块形而非螺旋形的腿，镂空撑架。椅子包覆了天鹅绒，用金线锁边。*1615–1625 年*

两国天气炎热，所以床架本身有雕饰，并常有三角形雕刻背板，与之相连的是车削立柱或轴（*Spindle*）。

葡萄牙风格

当葡萄牙还未独立时，其家具与西班牙一样保持传统样式直至17世纪中期。栗子树是最常用的木材，但随着时间推移，进口自巴西的黄檀木与黑黄檀木流行开来——欧洲制柜商所用的第一种美洲产热带木料。黄檀木很容易加工，制柜商用它来制作转木腿、球形撑档、蝶形构件、华丽的转木床轴装饰。

用在修道院的橱柜和带抽屉的大箱子在葡萄牙家具中装饰物最多。一般在摩尔瓷片上有模拟几何图案的雕刻。到世纪中期，橱柜成为葡萄牙家具中一个特色品种。用来架起柜子的基座布满雕花，与其上的橱柜风格保持一致。

高背椅与西班牙风格类似，有带着烫印与用黄铜钉固定好的涂金皮革软包。这种座位和靠背包覆的做法一直延续到18世纪。

大约在1680年以后，椅子生发出一种新样式。有了高高的、有形的靠背和转木腿与扶手，以及沉重的涡卷形前撑档。古老的贝壳图案（*Shell motif*）和花环经常出现在椅子靠背的装饰上。

葡萄牙殖民地的家具包含了其欧洲宗主国和当地的风格，二者兼而有之。在印度的果阿邦，欧式风格的低背椅用本地的黑檀木制作。沉重的螺旋形撑档用在葡萄牙殖民地或是印度–葡萄牙式椅子、箱子、桌子和床架上，体现了印度橱柜的手工传统。

西班牙雕花边桌

这件长方桌取材胡桃木，有带凹槽方块腿的支架。几个世纪以来，家具的整体制作风格不变，但装饰风格却透露出物品的年代。撑架的带状装饰为文艺复兴时期的典型样式，带有17世纪代表性的浅浮雕。这些桌子在城乡都很常见，常常被用作柜子的支架。*17世纪 高80.5厘米(约32英寸)，宽148厘米(约58英寸)，深94厘米(约37英寸)*

象牙镶嵌细部

印度–葡萄牙式储物柜

长方形柜子的顶部和两侧嵌有象牙几何条带图案。门内有十五个长短不一的抽屉。中间的宽抽屉有铁锁板，其几何边界内镶满了程式化的枝叶图案。支架为英式，制作时间大约在1760年。*18世纪初 高114厘米(约45英寸)，宽67厘米(约26英寸)，深42.5厘米(约17英寸)*

西班牙装饰储物柜

胡桃木制成，饰以骨头、象牙、金片镶嵌和彩绘。这类家具产自西班牙南部的巴尔加斯。前脸饰以精密的铁质嵌件，属于西班牙传统装饰风格。顶部打开后可见抽屉和隔间。顶部展现出强烈的阿拉伯风格——几何式镶嵌图案。*17世纪初 高150厘米(约59英寸)*

早期北美殖民地

整个 17 世纪，北美（包括加拿大诸省）由英国统辖。1630 年至 1643 年间大约两万名英国人移民到北美殖民地这个新大陆寻找新机遇。家具设计的影响来自于殖民者喜欢的家居风格。

当殖民地南部被大量的英格兰移民占据时，纽约与中部殖民地主要移民则来自德国、荷兰和斯堪的纳维亚。

当时这些新移民的活动主要集中于港口城镇，特别是位于东部沿岸的地区。在那里，从欧洲大陆进口的商品总能受到殖民地人民的热烈拥护，波士顿成为殖民地贸易的中心城市。但新式家具传到殖民地的偏远农村地区则经历了比较长的时间。

许多怀有一技之长的早期定居者出身木工而不是制柜商（“制柜商”这个名词到后来才逐渐流行）。在北美，庄重正式的家具并不受欢迎，美利坚殖民地家具类似欧洲本土风格，而不是像宫廷喜爱的巴洛克风格。

本土风格

箱子和简单的桌子在殖民地家庭很普遍。箱子主要用于储存贵重衣物。多数家庭有两个主要房间，主人更看重家具的简朴和实用性。殖民地有一种出名的箱子，叫作“盖毯箱”。它有一个盖子，抬起后显示一个单独的储物空间，通常在边上有一个“钱柜”——是加盖的小型储藏室。许多橱柜仅由简单的厚板制成，另一些则有带雕刻和彩绘装饰的榫口与凹槽的镶板。

橱柜（或“宫廷橱柜”）与英式餐具柜形式密切相关。这类家具在新英格兰殖民地与其宗主国的功能是一致的：都是为了展示银盘，上面有可能

红橡木连体凳子 本土标准家具之一，连体凳为北美殖民地所常见。可见欧洲定居者对家具设计的巨大影响力。*约 1640 年 高 52 厘米（约 20 英寸），宽 43.5 厘米（约 17 英寸），深 34.5 厘米（约 14 英寸）*

红橡木与红枫木橱柜

产自波士顿地区，受到建筑形式影响。黑檀材质，运用了壁柱、转木栏杆支架和几何图案外框的镶板。顶部镶板的凹陷处可以展示银器或瓷器。顶部可能覆有织物，也许是舶来品。下部有两个抽屉，再下是两扇柜门。本地木材所制，可能来自新英格兰。这类出自该地的橱柜其存世时间要比产自荷兰或英国的更长。*1667–1700 年 高 387 厘米（约 152 英寸），宽 320 厘米（约 126 英寸），深 150 厘米（约 59 英寸）*

波士顿涂漆家具

对“东方”事物的狂热传到了殖民地，最早在欣欣向荣的海港都市波士顿登陆。

涂漆工艺模仿自东方的漆器。英国商人进口时髦的货物，随之带来大量涂漆类商品到波士顿商港。其后这些物品变成了富有阶级的象征。18 世纪上半叶至少有十二个漆工在波士顿。通常美式的涂漆以雪松打底，而仿造漆器需要足够多的精心巧思：表面用朱红和灯黑（油烟）来做出龟甲的效果。

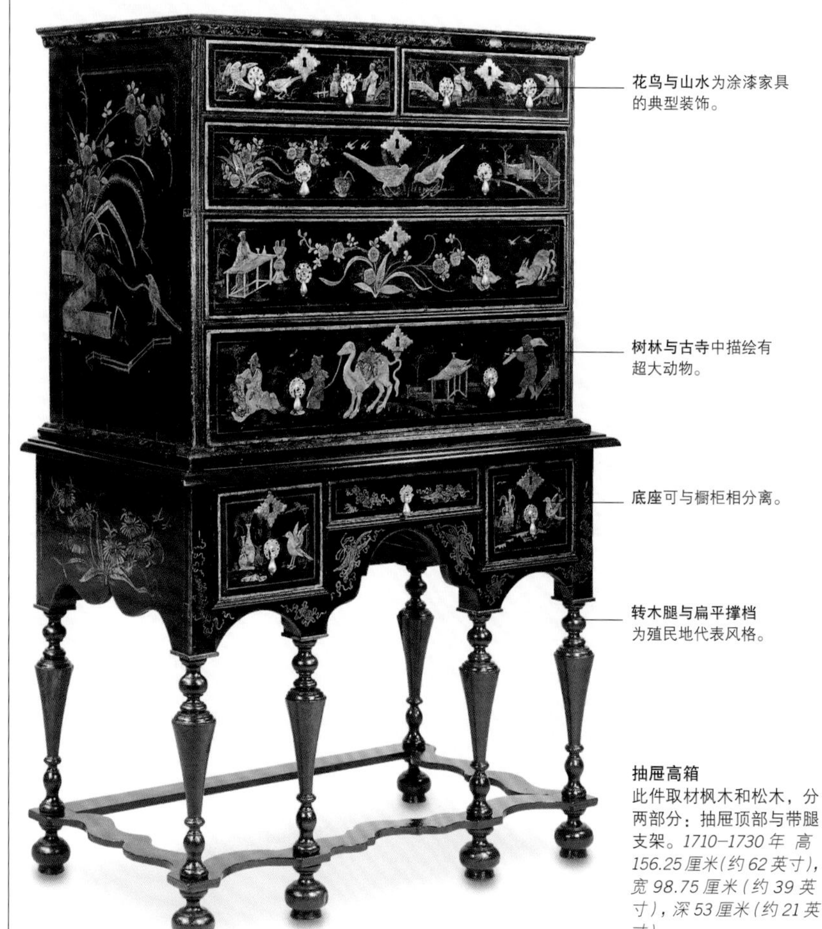

花鸟与山水为涂漆家具的典型装饰。

树林与古寺中描绘有超大动物。

底座可与橱柜相分离。

转木腿与扁平撑档为殖民地代表风格。

抽屉高箱
此件取材枫木和松木，分两部分：抽屉顶部与带腿支架。*1710–1730 年 高 156.25 厘米（约 62 英寸），宽 98.75 厘米（约 39 英寸），深 53 厘米（约 21 英寸）*

会用织物覆盖。后来的橱柜下部有了抽屉而不是门。它们演变为有两到三个抽屉的箱子，成为18世纪五斗橱的雏形。

由木工匠和软包工匠共同完成的凳子和椅子大约1660年在波士顿出现。日间床（*Day bed*）与躺椅也出现了，但仅仅为富豪享用。18世纪早期这些家具出口到其他殖民地，大椅子成为家庭的重要家具。这些高背椅子有转木前撑档。有些以皮革包覆，以加固的黄铜钉附作装饰，另一些则只有简单的座位。有时这些椅子被称作"布鲁斯特式"（Brewster），是以一个著名的清教徒名字命名的。

大衣柜（*Kas*）成为荷兰或德国的典型家具，由纽约和新泽西制造，但在新英格兰或南部殖民地则很少见到。衣橱常用本地木材制作，镶有镜子，仿自建筑结构并带彩绘的样式很流行。早期类型有球脚，后来的则有了托架脚。

虽然当地的高温潮湿条件不利于家具的保存，但历史学家从那时留存下来的南方小型家具上还是能看到一些实例。南方的连体凳由胡桃木制作而不是英国或其他殖民地流行的传统橡木。常用的家具是雕花箱子，连体箱子则是用其剩余的胡桃木制作的。理查德·佩罗特（Richard Perrot）专门为教堂制作的雕花箱子可以追溯到17世纪末，椅子为转木工艺，用皮革或灯芯绒作包覆。

本地木材

由于殖民地各州气候各异，所用木材种类也极其不同。北方的家具商用枫木、橡木、松木和樱桃木，而中部与南方各地则用郁金香木、雪杉、北美油松和胡桃木。

沿东部海岸线的移民工匠与手工艺者们开始逐渐使用本地木材，因比进口材料价廉。当时许多家具风格和英国家具的十分接近，而原产地选材能够令人分辨出哪些是殖民地家具。

橡木箱

产自马萨诸塞州，红白橡木制。这类箱子常摆放于住宅里最好的房间。其花朵雕刻镶片和叶形图案与英国本土此类家具十分接近，尤其是产自德文郡地区的。雕刻原本图绘成蓝色，这一色系是美利坚17世纪的标志之一。*1676年 高80.5厘米（约32英寸），宽126厘米（约50英寸），深57.5厘米（约23英寸）*

橡木枫木大椅子

这个产自马萨诸塞州的波士顿带包覆的低背"大椅子"与当时产自伦敦的椅子看起来完全一样，这种样式现在非常稀少。橡木和枫木为北方所常见，所以取材于它们的家具常见于此地。上面的垫子是用作增加舒适度的奢华纺织品的真实再现。黄铜钉不仅为加固包覆之用，也有装饰效果。椅子的木框架相对较简单，转木腿和撑档添加了装饰性。*1665–1680年 高99.5厘米（约39英寸），宽59.5厘米（约23英寸），深42厘米（约17英寸）*

橡胶大衣柜

橡胶大衣柜由德国定居者从莱茵山谷带到纽约。像所有定居者一样，他们按照所熟知的惯例来制作家具样式。这件呈现灰色装饰的家具，上有迥异于普通衣柜类型的雕刻，门上画的榅桲和石榴代表了多产，因此可能属于新婚陪嫁品的一部分。早期类型代表之一的球脚被较简单的托架脚所替代，整体比之前的橱柜更为小巧。可以说是德国华丽、传统器型的简装版。*1690–1720年 高156.2厘米（约61英寸），宽153厘米（约60英寸），深58.4厘米（约23英寸）*

箱式家具

17 世纪箱式家具中最为常见的是橱柜。世纪初期，多数橱柜有密闭的下部以及开放的上部区域，但这种形式逐渐发生改变：上下部都被密闭起来。

普遍来说，橱柜上半部有两扇门，而底座是否有门或下部是否有抽屉则取决于具体的功能。到世纪末，这种形式演变为衣柜或衣橱，从上至下有两扇长形的门。

许多衣柜受建筑样式的影响，一般体量巨大，有复杂而精美的雕饰。到世纪末雕刻渐渐变得不那么精细，装饰物取代了门上简单的几何形状。这些衣柜低处藏有抽屉，且多数有球形的脚。它们普遍被称作“kas”（在荷兰使用）或是“schrank”（适用于德国）。

由于本地产的双体式橱柜的市场越来越狭窄，于是家具的檐口变得更小，以不同颜色木材做贴面装饰的手法代替了雕刻。

立式橱柜

这件橱柜由西班牙式的台面和英式红木底座组成。上半部分有波纹模压、象牙镶边、黑檀束带，龟甲和彩绘板缠绕在金属架周围。后加的镂雕金属盾徽让底座与上半部分形成视觉联系。*18 世纪初 高 174 厘米（69 英寸）* *L&T* 5

镂雕金属盾徽

荷兰或佛兰德斯橱柜

橡木材质，有建筑要素的雕刻与女像柱。外框镶板和球脚保留了文艺复兴时期以来的很多特征。*17 世纪初*

雕刻细部

雕刻人物似乎支撑着橱柜顶部。

外框镶板为 17 世纪初橱柜的特征。

球脚在所有橱柜中都很流行。

有凹槽的立柱具有普遍的建筑特征。

嫁妆箱

这类家具可能产自纽约，下部带抽屉，证明仍处于抽屉箱的早期阶段。两侧和前面有局部隆起的几何状饰板，抽屉有里面正好形成反向的菱形装饰。嫁妆箱前面有旋转球形脚支撑，后面则仅用薄板支撑。这件家具可能是作为婚礼嫁妆之用。*约 1715 年*

衣橱

这件衣橱用材为产自马德拉原生的红木和月桂树。顶部和底部由中央窄窄的抽屉分开。抽屉和整体两边都有局部隆起的几何状饰板。*17 世纪*

荷兰橱柜

两门橱柜有一个写字滑台。以荷兰流行的胡桃木、黄檀木和果木做植物式镶嵌，坐落于扁平球形脚之上。*17 世纪末 高 183 厘米（约 72 英寸）* *LPZ* 5

瑞典橱柜

这件橱柜展示了德国的影响——其建筑类型和雕刻板以及较长的抽屉。上半部由两扇门组成，方形镶板内有凸起的几何图案。底座有两个带雕花镶板的加长抽屉，上有简单的金属拉手。转木脚扁平且宽。*17 世纪末 高 168 厘米（约 66 英寸）*

俄罗斯橱柜

松木制造，具有当时建筑的典型特征。上下部均采用了分离式柱栏，将两扇门从上到下彻底隔开。将门固定在适当位置的大铰链构成装饰的一部分。家具中流行形似建筑的部件，在俄罗斯比在法国和意大利流行了更长时间。*18 世纪初 高 141 厘米（约 56 英寸），宽 78 厘米（约 31 英寸），深 47 厘米（约 19 英寸）*

德国橱柜

这件装饰简朴的胡桃木橱柜产自布伦瑞克（Brunswick），有沉重的建筑类檐口和装饰线，但垂悬部分更小，说明可能是早期产品。装饰主要来自贴面和铜铃。两扇门坐落于三个全体式抽屉之上。球形脚支撑整体。*18 世纪初 高 213 厘米（约 84 英寸），宽 139 厘米（约 55 英寸），深 51 厘米（约 20 英寸）AMH* 5

橱柜

这个大块头由橡木做成。垂悬的檐口从中间次第排开。几何图案装饰位于门的中间。门侧边的扁平壁柱上雕有小天使的头像（文艺复兴以来建筑主题装饰风的缩影）。橱柜下有六个扁平球形脚。*18 世纪初 WKA* 6

瑞士衣柜

这个衣柜由软木制成，覆盖着胡桃木贴面，前面和两侧都装饰有圆形突出的面板。模制基座反衬出悬垂檐口的形状。这件瑞士家具作品由六个车削球脚支撑，类似德国同期风格。产自苏黎世。*1701 年 高 230 厘米（约 91 英寸），宽 219 厘米（约 86 英寸），深 85 厘米（约 33 英寸） LPZ* 5

德国衣柜

产自德国萨克森州。伯尔胡桃木衣柜仍保留着 17 世纪早期背后进阶式方形檐口，后期才变为有出挑的双门衣柜形式。装饰有雕花塑形和扁壁柱，以及几何图案贴面和饰带。与多数当时大件家具一样，它矗立在六个球脚上。*约 1710 年 高 242 厘米（约 95 英寸），宽 225 厘米（约 89 英寸），深 83 厘米（约 33 英寸） VH* 6

橱柜

橱柜就是一件有抽屉或有储物空间的最简单形式的家具。直到17世纪，珍品橱柜只能由富人拥有，而且只有特定圈子里的人在包房里才能观赏把玩。在荷兰，橱柜也被用来储存衣物。此外，这种家具成为当时社会地位的重要象征。

随着时间流逝，橱柜在居住空间中渐居于首要地位，有了向外人展示制柜者完美工艺的意味，例如炫耀其所用的海外进口材料，如象牙、黄檀、黑檀，其工艺如硬石镶嵌以及精美细工镶板。出自奥格斯堡、安特卫普与那不勒斯的橱柜尤其受到追捧。

橱柜有很多种类，来自伊比利亚的便携式写字台，以及从远东进口的涂漆橱柜非常时髦。在英国，雕刻师还发明出专为展示橱柜用的镀金装饰立架。

平静的生活场景与植物绘画再现于荷兰风格的家具镶嵌中。绘画另以实物形式即镶板与橱柜融为一体。

殖民地家具混合了其宗主国的风格，时有那里的影子。

门镶板细部

立式橱柜

产自荷兰，牡蛎贴面胡桃木材质，有细工镶嵌装饰。镶板门上有塑膜檐口。支架上有带雕带的长抽屉，下螺旋形腿和球脚。*高 208 厘米（约 82 英寸）*

涂漆橱柜

此精品橱柜门内有花卉图样，反映了当时荷兰绘画的成就。精美雕花与镀金可能舶来自英国。*约 1680 年*

安妮女王式橱柜

英式黑色镀金涂漆橱柜以球脚上的抽屉箱代替支架。箱子上的黄铜铰链反映了东方式主题。*约 1700 年*

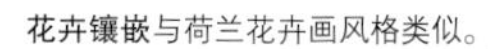

花卉镶嵌与荷兰花卉画风格类似。

橱柜支架有镶嵌装饰。

立式橱柜

橡木贴面，产自阿姆斯特丹，范梅克伦作。精细镶板由几种重要木材制成，包括西阿拉黄檀木、郁金香木、黄檀木、黑檀、橄榄和冬青。方腿与支架的扁平撑档以花卉镶嵌装饰，描绘着当时流行的自然静物花卉画。*1700–1710 年 高 178.5 厘米（约 70 英寸）*

德国桌柜

这件雕花桌柜藏品用了大量木材，有些为有多彩效果而染了色。桌柜源自纽维德镇（The town of Neuwied），因细工镶嵌而闻名。打开两扇门内有八个小抽屉及位于中间的壁龛。每个抽屉上面描绘有绚丽的风景画并伴以程式化的鸟兽。此件家具可能放于桌子或支架上面使用。*17 世纪 高 36.5 厘米（约 14 英寸），宽 44 厘米（约 17 英寸），深 29 厘米（约 11 英寸）* 4

模仿贝尔尼尼风格细部

立式橱柜

西班牙式写字台橱柜的垂板内藏雕花抽屉与小柜子。小立柱给人以建筑感并模仿巴洛克式的螺旋柱。橱柜由螺旋形支架和凹槽底座支撑。*17世纪 高151厘米（约59英寸），宽112厘米（约44英寸），深45厘米（约18英寸）*

葡萄牙或殖民地立式橱柜

原为一对。热带黄檀木贴面，有时被称为蓝花楹木（Jacaranda）。通体雕有阿拉伯花饰的“海草”纹样，前面镶板抽屉与透雕黄铜底座经过精心搭配。支架由镶板和线轴状旋转渐变纤细的腿构成，腿部还与雕花撑档连接。这些都反映了葡萄牙风格。橱柜可能产自葡萄牙或其殖民地印度。*17世纪 高154厘米（约61英寸）*

奥格斯堡橱柜

此件以产自本地的胡桃木、榆木、枫木与果木为材质，内外皆饰细木镶嵌，描绘建筑与花卉主题。双门底座类似餐桌模样。*约1600年 高159厘米（约63英寸），宽112厘米（约44英寸），深45厘米（约18英寸）* 7

德国橱柜

黑檀与松木制，富有精雕涡卷和花朵。整体设计结合了大量棕红色龟甲镶板。顶部有一个抽屉，其上是富含雕刻的立柱。受到建筑形式的影响，下半部的两扇门后装饰着一扇居中的门，上下各带两个小抽屉，抽屉两旁是科林斯式柱（Corinthian）和另外的五个抽屉。*约1700年 高90厘米（约35英寸），宽98厘米（约39英寸），深42厘米（约17英寸）* 4

佛兰德斯橱柜

黑檀橱柜上的镶板描绘了各种乡村风光，此柜可能来自安特卫普。上有长方形带折页的顶部，前面有两扇门。内部的九个抽屉围在一个立柱门边，门上有半拱形山墙，门后是镶镜内景。黑檀底座框的波纹彩绘镶板是那时所见图绘框的典型做法。此件出自艾萨克·冯·奥腾（Isaac van Ooten）之手。*17世纪 高101厘米（约40英寸），宽106厘米（约42英寸），深38厘米（约15英寸）*

桌子

17 世纪家具设计上最重要的革新之一就是玄关桌，它最早出现在时髦住所中的正式接待室，目的是炫耀财富，而不具有任何使用功能。它们都有繁复的雕刻和镀金。罗马的玄关桌常有类似建筑结构一样的巨大撑架。

实用主义的桌子是为私人和不太富裕的家庭制作的。实用性强的桌子有长方形的厚木板做台面，下面是由撑档连接的转木腿，一般称作“修道院”桌子，其名源自修道院里常用此类桌子作为餐桌使用。而凳子或长凳主要是用来坐。到世纪末，球状转木腿不再流行，致使路易十四在这方面的影响更加突出：桌腿更见方形并有更多的雕刻。

不同用途的小型桌子越来越常见，主因是房间被分成了具有不同功用的空间，这对家具的多样化提出了更多要求。为适应新潮流，如喝咖啡等时尚生活方式，小型化、便捷化成为家具设计的趋势。

有些桌子通过抬起两侧折面可以加宽桌面、调整大小。这并非什么新发明，回溯到 14 世纪时那种可升高又可放低的桌子就已有实例。

中央桌普遍流行开来，因放在房间的正中央，它们四面都有雕工，而不是像之前靠墙而立，一面可无装饰。

意大利桌子

意式修道院桌子可能是乡下大家庭或修道院所用。这样大的桌子可以频繁被搬用。桌子四周装饰有饰带，所以猜测该桌是放在房间的正中央。八个旋形沉重的腿说明来自 17 世纪初期。宽而平的撑档将腿一一相连。*17 世纪初 高 105 厘米（约 41 英寸），宽 350 厘米（约 138 英寸），深 96 厘米（约 38 英寸）*

托斯卡纳桌

不用转木支架和外部撑档，这件胡桃木修道院桌腰部用的是方形支架。一个扁平撑档从中间穿过主要支架与平脚，使得在桌子旁坐起来比那些边缘围着撑档的同类更加舒适。从中穿过的撑档说明原桌可被拆卸储藏或被移动。*17 世纪 高 82 厘米（约 32 英寸），宽 350.5 厘米（约 138 英寸）*

法式桌子

硬实的桌子原料为果木。长方形桌面下悬垂有雕带。主体里窄小的抽屉饰有局部面板。台面下腿部穿进外框的结合处雕有圆盘以作为附加装饰。六个车削笔直的支腿与台面紧衔接，但没有早期的栏杆。撑档连接方形底座下方的腿部，腿末尾是球形脚。*17 世纪末*

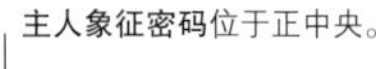

石膏玄关桌

托制柜商詹姆斯·莫尔之福，玄关桌的橡木与松木外框用石膏和镀金装饰。台面和围档上的雕刻结合精细的涡卷和贝壳形。方锥形桌腿上为莨苕叶饰。扁平撑档中间部分上原来可能有花瓶。赞助人理查德·坦普尔——科巴姆男爵在设计的中心部分加入了象征他的密码。小型玄关桌一般放在房间靠墙的位置。*约 1700 年*

折叠活动腿桌（*Gateleg table*）

英式威廉–玛丽风格桌子为橡木制成。折叠结构台面。球脚车削腿由撑档连接。这类风格很难断代，直至 18 世纪仍很流行。*17 世纪末 长 70 厘米（约 28 英寸），宽 100.5 厘米（约 40 英寸）EP*

英式桌子

英式修道院桌为橡木制。撑档落在底部表明桌子可能由于遭受白蚁或水灾而截去损毁部分。可能为康沃尔郡的庄园而作。*17 世纪 长 78 厘米（约 31 英寸），宽 203 厘米（约 80 英寸），深 68 厘米（约 27 英寸）L&T* ③

英式桌子

此件查理二世桌子无抽屉，深厚的楣檐上以“都铎式”玫瑰雕刻。杯形覆面的支架是当时典型代表，但“四木板”台面是后来添加的。凹槽穿越横档定位于带槽块的桌脚之间。*约 1665 年 宽 302 厘米（约 119 英寸）FRE* ②

佛兰德斯桌子

橡木镶嵌，黑檀雕刻。腿部有大块圆球形转木，每一台面侧边可抽出平板以扩展桌面长度。扁圆形桌脚上有方形撑档。*17 世纪中期 长 75 厘米（约 30 英寸），宽 113 厘米（约 44 英寸），深 71 厘米（约 28 英寸）*

瑞士搁板桌

小桌子上为平坦桌面，但引起关注的是极具装饰性的下部分。纤弱的螺旋腿由波浪状支架来弥补。末尾为垫脚（*Pad foot*）。*17 世纪 长 95 厘米（约 37 英寸），宽 76 厘米（约 30 英寸），深 63 厘米（约 25 英寸）*

俄式延长桌

橡木制，饰有雕刻和镶嵌。台面有明显悬垂分为两层：顶层可伸出扩大桌面，撑档较高。此桌可能为贵族家庭而作。*18 世纪初 长 71 厘米（约 28 英寸）*

西班牙桌子

此件更显本土特色，以斜支架和旋转形铁棒作支撑。金属支架为伊比利亚半岛家具的特色。台面下有许多抽屉，可能为相当富裕家庭所用。西班牙家具常易于拆分，反映当时受季节影响而频繁搬家的习俗。*17 世纪*

西班牙桌子

这件坚固的桌子箱体中有个单独抽屉，看上去分成两个部分，且在各自面板上有装饰。有车削立柱式腿并有茛苕叶饰板，与箱体浑然一体。腿部与三个雕花撑档相连。没有了前面的撑档，可以将椅子推进桌子下面，这也表明桌子是用来写字的。*17 世纪*

椅子

17世纪以来，与凳子或长凳相对应的椅子，只有在富有者的家中才能见到。它由简单的连体凳子演变而来。变换的时尚、外来重要器形、新材料与新工艺手段的引进，都是影响椅子发展极重要的因素。

椅子主要有两种类型：带长方形靠背的矮椅和有高背的椅子。矮椅或"有背凳"通常指的是克伦威尔式（Cromwellian）或雅各宾式（Jacobean）或者法特林格尔（Farthingale）等一类椅子。17世纪小型私密性房间的采用意味着椅子的用处更加多样化。尤其是那些座位和靠背由藤条制成的高背椅通常放在大厅或靠在墙边。世纪末时，高背椅生发出许多不同的类别。

最精致的高背椅是丹尼尔·马洛特专为法国宫廷制作的。这些椅子一般为套装，专供寝宫所用。

软包椅是巨大财富与高贵地位的象征，因其包覆座位和靠背的材料非常昂贵。西班牙与葡萄牙的烫印皮革软包是其中翘楚。藤制座位为这时期所流行样式。

墨西哥扶手椅

这把椅子的形状类似于西班牙流行的高背椅。可能是给某个社会重要人士制作的。进口皮革镀了金并施以彩绘，是当时颇流行的常用在镶嵌和绘画上的花卉图案。*17世纪*

英国扶手椅

这把英式椅子由橡木制成，座位和靠背的软包装点以珍贵的提花（*Gros point*）和刺绣。椅子刚制成时座位边栏可能带有流苏。椅腿为螺旋线轴腿。*1650–1680年*

雕花扶手椅

这种椅子由结实的黑檀制成，为荷兰东印度公司从印度、锡兰、东印度进口。雕刻遍及椅子全身。螺旋形腿的末端是小的球形脚。这把椅子启发了18世纪的霍勒斯·沃波尔（Horace Walpole）为他在伦敦的房子所制作的家具。*17世纪末*

黑檀是种非常坚硬的木材，在上面雕刻对工匠来说需要极高的技巧。

藤制座面是印度家具的典型特色。

螺旋形撑档当时很流行。

英国边椅

这把椅子由本地榉木制成，并有中国纹样的涂漆。这是早期使用藤条的座椅，体现出东方设计的吸引力。雕花腿部类似18世纪流行的弯腿。*约1675年*

英国雕花边椅

这把雕花的橡木高头大椅有镂空椅背和撑档，是巴洛克风格的缩影。座位有带裙边的织绵软垫。它接近马洛特（Marot）的设计（见第45页），与寝宫中的同类家具很相似。*17世纪*

新英格兰边椅

进口皮革包覆，用料为本地枫木。这类专称为“靠背凳”，与英国椅子原型相似，但二者用料不同，后者为橡木。*1650–1690年 高91.5厘米（约36英寸），宽46厘米（约18英寸），深44厘米（约17英寸）*

西班牙扶手椅

这把椅子是胡桃木的，可能是为重要客户定制。原主地位能从木制椅背所刻的纹章符号看出来。原本的椅背可能有衬布覆盖。*17世纪*

德国扶手椅

这把令人印象深刻的高背扶手椅有非常扁平的外框，且饰有一定的浅浮雕。椅背上和座位皆覆有精细的软包。整件作品有直立的正方形脚。*高126厘米（约36英寸）NAG*

西班牙椅子

结实的橡木椅子以花环为修饰主题，全部用在了椅子的正前面。由中间横档隔开的两组纺锤体组成椅背，另一组纺锤体出现在椅子下横档之上。*17世纪*

西班牙扶手椅

这把椅子由胡桃木制成，宽面，拱形高背，伴有弧度较大的涡卷式扶手。烫印皮革软包，黄铜钉固定边缘位置，为当时伊比利亚家具的典型样式。座下前后有鲜明的雕花拱形和旋转形横档。*17世纪*

美式扶手椅

这把椅子以枫木与红橡木为主料，皆为新英格兰常见木材。除了鉴别原材料，恐怕很难将其与英国同类型椅子区分，因为二者在造型和风格上非常相似。*1695–1710年 高135厘米（约53英寸），宽61厘米（约24英寸），深70厘米（约28英寸）*

英式边椅

该胡桃木椅因有着藤座面和椅背，是对高背椅一种较廉价的诠释。旋转形腿与雕花撑档相连，中间撑档呈拱形。原座位处有坐垫。*1695–1705年*

法式椅子

此把椅子原为一对安乐椅中的其中一件。前腿呈旋转形，与H形撑档相连。座面和椅背有织锦包覆，上画有《旧约》中的人物。*17世纪末 高123厘米（约48英寸），宽69厘米（约27英寸），深62厘米（约24英寸）BEA*

18 世纪早期

1700-1760

非凡的奢华

18世纪初，欧洲各个国家通过武力争相拓展其疆域，贵族们则在国内不惜工本展示非凡的财富与奢华。

意大利木制涂金多枝烛台镜
约1770年 高86.5厘米(约34英寸) NOA

18世纪上半叶是一个过渡时期，欧洲君主专制统治的削弱为富裕中产阶级的崛起铺平了道路。1713年西班牙王位继承战争的结束打破了欧洲权力的平衡，并迎来了一段相对和平的时期。在这一时代背景下，拥有巨额财富的贵族们有了更多时间去追求他们在教育、科学和艺术方面的兴趣。

权力易主

18世纪初期，意大利雄风不再，其在西方世界中的文化领导力也大为削弱。荷兰与西班牙的影响也同样如此。法国在路易十四于1715年去世后，其政治影响力大大降低，新的霸权登上历史舞台。大英帝国正在崛起，不仅扩大了在北美的殖民地，而且在印度和整个亚洲也保持着强大的存在。英国通过贸易所积累的财富，让贵族和日益富裕的商人阶级得以从容地为其昂贵别墅和海外旅行买单，这些导致了18世纪后期英国设计黄金时代的出现。

葡萄牙克鲁斯皇宫南翼 兴建于1747年，既是对财富的奢华展示，又兼具时尚性，同时也是舒适的家园，常被人们称作“葡萄牙的凡尔赛”。

兴建

俄罗斯彼得大帝结束在欧洲的游历之后，开始全面西化其宫廷并着手建造圣彼得堡——那里集中了欧洲最好的手艺人和设计师。葡萄牙人因在巴西攫取了大量钻石和宝石矿藏而暴富，也开启了建造宫殿的庞大计划，通过豪华装饰以颂扬君主制。这些与路易十四往日的所作所为如出一辙。

普鲁士的腓特烈大帝(Frederick II)在1740年登基，宣告了普鲁士的崛起及其在东北欧的主导地位。与此同时，大西洋对岸的美利坚从英国和荷兰的阴影下走出，开始寻求自己的特性和风格。

理性年代

虽然大多数欧洲国家已从鏖战中抽身，但都面临着巨变。这一变动肇始于启蒙时代，身处其中的作家和哲人们提倡人文理性，并对教会、君主制、教育和科学的传统观念提出挑战。路易十四的君权神授观念被更自由的观点取代，导致了科学上激进新思想的出现和艺术创造力的勃兴。

新式风格

继《南特敕令》废止后，来自法国的工匠和设计师纷纷涌入周边国家，由此造就了更自由的文化氛围，迎来了一系列的社会变革。与奢华的皇家宫殿形成鲜明对比的是，贵族和新兴中产阶层纷纷兴建小型豪宅，因而打破传统的、优雅而舒适的室内设计需求大大增加。

巴洛克风格的宏伟逐渐让位给了18世纪初比较折衷的口味，源于法国的那种更轻、更细腻的洛可可风格遍及全欧。当时房间里都装饰有木镶板、旋涡状的拉毛灰泥粉墙、亮色镀金饰面和镜子等。

时间轴 1700—1760年

1703年 彼得大帝为圣彼得堡奠基。

1707年 英格兰与苏格兰合并为大不列颠王国。

1709年 意大利赫库兰尼姆出土古罗马城市遗址。

1710年 雅各布·布伦(Jakob Christoph Le Blon)发明三色印刷法。德国发现高岭土，麦森(Meissen)得以烧造瓷器。

彼得大帝

1714年 英国安妮女王去世，汉诺威选帝侯乔治·路易斯继任，是为国王乔治一世。

1715年 法王路易十四去世。继任者为路易十五(五年后)，摄政者为奥尔良大公菲利普。

法式五斗橱 这件由海外木材制作的带雕花家具为摄政时期的典范。*GK*

1715年 帕拉迪奥《建筑四书》的英国版本出版。

1718年 英国向西班牙宣战。法国人发现北美新奥尔良。

1719年 法国向西班牙宣战。爱尔兰宣誓与英国不可分割。

1720年 法国禁止出口胡桃木给英国家具商。德国建筑师约翰·巴尔塔萨·诺伊曼开始兴建维尔茨堡宫。

1721年 英国宣布废止向进口自北美殖民地的木材征税。

1723年 年幼的路易十五加冕为法王。

1727年 英国国王乔治一世去世，其子继位即乔治二世。威廉·肯特出版《伊尼哥·琼斯设计集》(*The Designs of Inigo Jones*)。

维尔茨堡宫

葡萄牙克鲁斯宫的正殿 这个房间可看作是洛可可风格的一个缩影，其用拉毛灰泥粉饰的天花板装饰了镀金的卷曲花环和树叶。玻璃镶板门，镜子和吊灯闪闪发光，彰显出豪华的景象。

木制涂金玄关桌 这个带有大理石桌面的意大利木制涂金玄关桌持续使用了17世纪的图案，如面具、带状饰，但规模比之前要小，这反映了18世纪家具追求更为轻盈的、更加女性化的趋势。雕刻采用古典元素，如莨苕叶饰和纽索饰（*Guilloche*）。*约1745年 高95.5厘米(约38英寸)，宽148.5厘米(约58英寸)，深79厘米(约31英寸)*

1729年 北美巴尔的摩建立殖民地。南北卡罗来纳成为特许殖民地。

1730年 欧洲艺术与建筑时兴洛可可风格。

1732年 北美十三州中的最后一个殖民地佐治亚建立。

乔治二世

1734年 弗朗索瓦·屈维利埃为慕尼黑附近的宁芬堡宫的园林设计了阿玛琳堡厅（Amalienburg Pavilion）。

1738年 赫库兰尼姆遗址开始挖掘。

阿玛琳堡厅的圆镜厅 弗朗索瓦·屈维利埃设计

1740年 普鲁士国王腓特烈二世继位。

1741年 巴托洛梅奥·拉斯特雷利建成圣彼得堡的夏宫。

1748年 在罗马发现庞贝古城。

1751年 提埃坡罗(Tiepolo)绘维尔茨堡宫的天花板。

海神尼普顿与安菲特里特 来自意大利赫库兰尼姆遗址一间房屋墙上的镶嵌画，描绘的是神话中的海神及其王后。

1753年 大英博物馆在伦敦建成。托马斯·齐本德尔开设他的第一家家具店。

1755年 里斯本地震，三万人死亡。

1756年 英国向法国宣战。法国陶瓷厂成立于塞夫勒。

1759年 约西亚·韦奇伍德（Josiah Wedgwod）创建了他的英国陶瓷公司。

洛可可家具

18世纪上半叶，家具设计的影响主要来自法国。在这里，多姿多彩的洛可可家具多出自大师之手，包括奥瑞尔·梅索尼耶（Juste-Aurèle Meissonier），尼古拉斯·皮诺（Nicolas Pineau），弗朗索瓦·屈维利埃（François de Cuvilliés）等人。他们的作品将这一风格推到极致。梅索尼耶以梦幻般的、不对称的设计装饰了路易十五的卧室，里面设有瀑布、岩石、贝壳和冰柱。这一新风格得名自法语单词“Rocaille”，意思是用岩石和贝壳做的装饰（意大利语为rococo）。它的特征包括花卉、花纹、C形和S形卷曲、丘比特、中国式人物和贝壳等图案。皮诺——这位巴黎的木头雕刻师兼室内设计师和梅索尼耶是同代人。他们的雕刻影响到所有装饰艺术的各个门类，并通过工匠和各种出版物使洛可可艺术传播得更加深远。

双层柜 这是英国风格的典型代表。它的中楣中央有一个镂空的涡卷装饰，抽屉两侧格里芬（希腊神话中半狮半鹫的怪兽）的喙中有花和果实，底部抽屉的后面有写字面。箱体下半部有三个抽屉。*约1725年 高222厘米（约87英寸） PAR*

为了追随最新款的设计，满足使用舒适的需求，新房间被设计出具体的功能：供人们私密交谈的房间，沙发分为各种尺寸大小；还有适合听音乐、阅读和进行其他娱乐活动的房间。闺阁也首次在此时出现，这反映女性在社会中的地位变得重要。而洛可可风格设计含括一个房间中的所有部分，不只是家具，其装饰功能主要反映在木镶板、门和壁炉架。这个风格打造了一个综合性家居环境。

半圆安乐椅有奢华的填充软包，配有脚凳以支撑腿部。人们对舒适的追求刺激了带软包椅子的流行。

新风格

洛可可式家具在欧洲和美利坚被演绎出许多不同的类型，但它们都有某些共同的特点：家具更小、更轻，比以前的款式更显婀娜多姿，往往有曲线弯腿和坐垫以及球爪形脚（*Claw-and-ball foot*）。路易十五的情妇蓬巴杜夫人（Madame de Pompadour）对此风格流行有特殊的影响，她贪求小巧而精美的家具，为使其适于私密沙龙之用。这亦令18世纪休闲的家具品位呼之欲出。

许多新式的椅子出现，反映出当时人们对舒适性和交流性的需求。如路易十五时期的那种典型高背椅，有更低矮与轻盈的靠背、更轻的框架，还有明显可见的木架子，另外包括圆拱形顶轨（*Crest rail*）。撑档消失或简化为两个部分的交叉X形，而其原型在斯堪的纳维亚和西班牙家具中仍有出现。

除了玄关桌保持不变外，桌子展现各种形态。没有支架的桌子不再有交叉的撑档，双凹模（*Ogee moulding*）弯腿取代了栏杆和基座腿。卷形或S形托架脚也很普遍。当多屉橱柜被加上外框并放到另一个柜子上面好似叠罗汉一般时，就变成了五斗橱的雏形，它出现于18世纪初。

很多储物空间进一步发展，为房间内设计出具体功能和位置。至18世纪中期，许多柜子内含有写字台面。

镜框是18世纪初风格史中最有设计感的家具。这一相对新颖的家具门类让制作者发挥无限创意，原因是镜框并没有其他类型家具实体上的限制。

装饰影响

装饰元素多取自于古典建筑的主题和东方图案，而在英国则来自哥特风格。东方的屏风和漆艺风靡了整个18世纪。在殖民地口岸地区，涂漆的影响一直持续到18世纪40年代；而在英法两国，人们把17世纪家具上的涂漆镶板弄下来重新装到18世纪的家具上。绘有中国人物和柳树的图案在当时的装饰艺术上都有所反映，而最为明显的是在洛可可艺术达到巅峰之时，它们大量出现在镜框上。

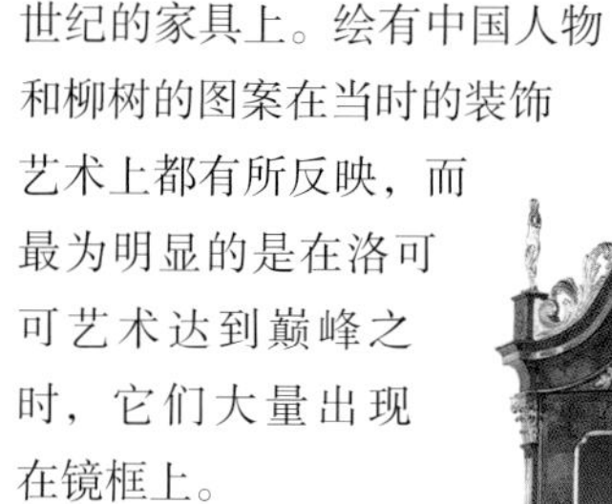

工匠的移民

随工匠迁移传播家具风格和技术的传统久已有之。这其中，不仅有《南特敕令》撤销后导致许多胡格诺教派的工匠离开法国，还有许多其他工匠出国去为别的欧洲君主工作。反过来，君主们也派出自己的工匠到巴黎学习最新的款式。其结果是，同一种风格在不同国家生发出不同的特点。这些家具风格样式是流行的样子，但其技术因制造国的不同而有所区别。

小书桌 出自彼埃尔·拉兹（Jean-Pièrre Latz），一个为路易十五工作的德国人。德国家具制造商最著名的是其精细的镶嵌技术。*约1740年 高80厘米（约31英寸），宽143.5厘米（约56英寸） PAR*

写字柜 有着典型的英式外形，但抽屉周围有镶嵌，其建筑和装饰元素表明是由德国制造的。*约1725年 高246.5厘米（约97英寸） PAR*

五斗橱

五斗橱首次出现在路易十四的宫廷中，很快为欧洲各国所接受，并据各自所好而有所改进。其名字出自法语“便利”一词。起初的原型是长腿支撑的两个抽屉，但在摄政时期变为三个以上的抽屉架在短腿上面。路易十五时期，带雕刻的腿和浮雕饰面的双屉柜子受到人们的喜爱。其正立面做成一体化的装饰单元，而抽屉中间的部分则被忽略。五斗橱常用作墙角柜。垂直曲线雕刻部分往往叫作隆面（*Bombé*），而水平曲线则被叫作蛇形（*Serpentine*）。

双层抽屉五斗橱 表面涂有黑漆，并饰以中国风图案和精美的花束及叶子。弧面外形带裙档，有复杂雕花的高腿。这件高品质家具产自法国，可能出自一个非常重要的制造商之手。*约1750年 宽96.5厘米（约38英寸）GK*

镀金的嵌件非对称，符合洛可可风格。

大理石台面有不同的颜色。

镀金嵌件形成了中国风图案的外框。

镶嵌描绘了花瓶中的一束花，与底面的黑漆形成鲜明的对比。

蛇形裙档为镀金的非对称形嵌件所装饰。

脚部有带叶形式样的镀金嵌件做保护。

风格要素

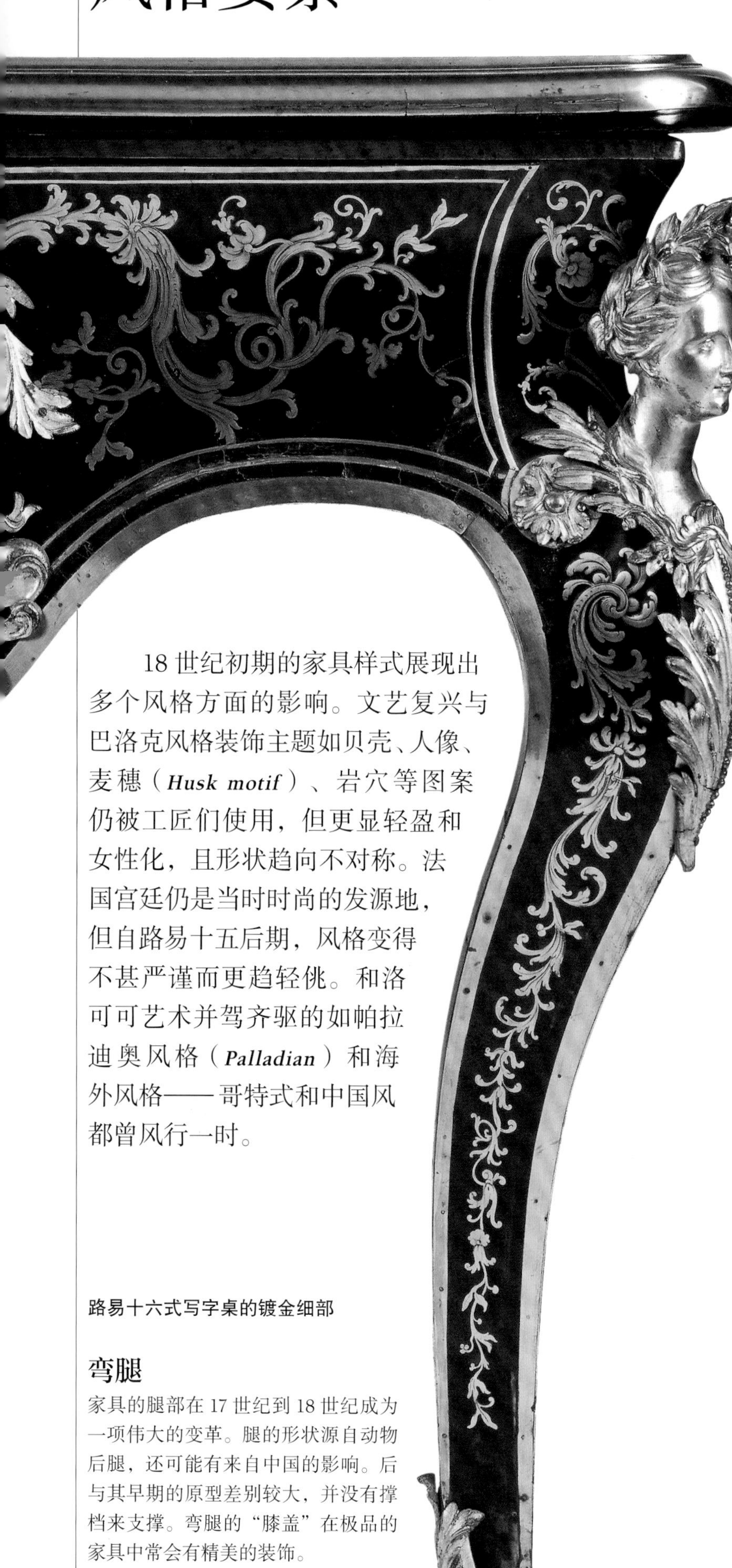

18世纪初期的家具样式展现出多个风格方面的影响。文艺复兴与巴洛克风格装饰主题如贝壳、人像、麦穗（*Husk motif*）、岩穴等图案仍被工匠们使用，但更显轻盈和女性化，且形状趋向不对称。法国宫廷仍是当时时尚的发源地，但自路易十五后期，风格变得不甚严谨而更趋轻佻。和洛可可艺术并驾齐驱的如帕拉迪奥风格（*Palladian*）和海外风格——哥特式和中国风都曾风行一时。

路易十六式写字桌的镀金细部

弯腿

家具的腿部在17世纪到18世纪成为一项伟大的变革。腿的形状源自动物后腿，还可能有来自中国的影响。后与其早期的原型差别较大，并没有撑档来支撑。弯腿的“膝盖”在极品的家具中常会有精美的装饰。

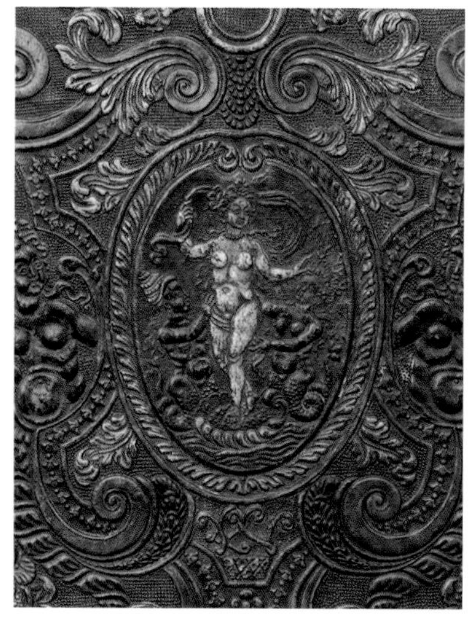

葡萄牙廊椅上的压花皮革

压花皮革

全包家具用的上等皮料产自西班牙和葡萄牙，并且行销全欧洲。皮革上常有压花图案或饰有彩绘或镀金。皮革在家具上的应用不仅是包覆，也当作壁布来用。但后者的用法在18世纪已不常见。

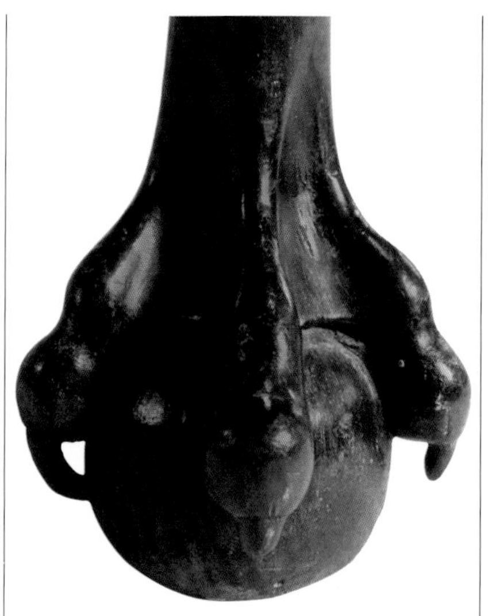

英式茶桌上的球爪形脚

球爪形脚

这类雕刻成形的脚常出现在弯腿的末端。这种设计可能源自中国，原型为一只紧紧抓住珍珠的龙爪。早期家具上面的爪子是打开的，下面所抓的球露出大部分；而后期家具上的球形则几乎被爪子全部覆盖。18世纪初，球脚多数为垫脚所代替。

意大利家具上的镀金贝壳雕花

贝壳母题

贝壳图案应用于文艺复兴早期，代表了维纳斯与爱情。在洛可可时代，这一母题用在桌子、柜类家具、椅子和镜框上面。洛可可式贝壳用曲线表现出动感。这种意大利贝壳于底部和侧面雕以曲线，并以镀金切片来增强运动感。

五斗橱上的女像面具底托（*Mount*）

镀金饰件

它以青铜制成然后镀金，成为法国家具的组成部分。最初是用来保护饰面，后来本身也成为装饰部件。它被钉子固定在家具上。当时的工匠们用古典帕拉迪奥式和洛可可主题装饰，也用在传统的图案如文艺复兴式假面上。

五斗橱上的台面细部

花卉细工镶嵌

木头镶嵌而成的精美图画作为装饰特色之一流行于整个18世纪，但大约到1730年，英国的制柜商则摒弃它而代之以雕刻装饰。来源于德国和佛兰德斯绘画的花卉母题在18世纪欧洲家具上仍然流行。

带椅背靠板的胡桃木边椅

椅背靠板

通过椅背能较易判断出其生产日期和出产国。图上所示的椅背大概产于1720年至1740年间。而从雕刻的点缀和花结可以推测其制作日期可能更晚。镂空的椅背则出现得更晚，外形上更显方形。

橱式写字桌上的大漆

中国风

西方与东方的贸易交流为其家具提供更多的设计和技术，中国风即为一例。东方形象与场景装饰了从瓷器到镜子的几乎所有门类，而涂漆（东方漆器的欧洲变种）则风行百年。图中所示为一件英国书柜上多处类似面板中的一个罕见白色涂漆上的场景。

三脚桌基座的C形卷曲

三脚桌基座

在18世纪，制柜商擅于融合不同风格的元素创作出新风。此图所示中间垂直的末端部分共同形成一个带松果的莨菪叶饰基座——这是古典世界的标志。三脚支架由加长的C形卷曲终结于雕刻的树叶构成——洛可可艺术的特征之一。有凹槽的圆柱为桌子提供支撑。

丘比特（*Putto*）雕花

神话人物

这类人物，如丘比特应用到所有种类的家具装饰，有时也用在具体的位置上。例如那不勒斯的制柜商就将其城市的象征——海神用在了家具装饰上。小天使和丘比特在家具设计上的出现标志着日益增长的女性影响。

路易十五椅子座位上的刺绣镶板

刺绣

托马斯·齐本德尔说过，他所设计的法国椅子背和座位“必须要由织锦或其他类的刺绣覆面”。法国式刺绣比英国的更加正式。在英国，提花（*Gros point*）和纳纱绣（*Petit point*）的田园风光较为流行。与其他刺绣不同，织锦是在织布机上完成的。

带雕花的木制镀金桌腿

木雕

软质木料如松木、山毛榉、椴木等比橡木、胡桃木等更好雕刻，所以特别适合做精致的雕刻。一般这类廉价的“低级”软木要用漆料涂抹后镀金。镀金涂层下的雕刻部分要经过印刻以呈现出更佳的效果。

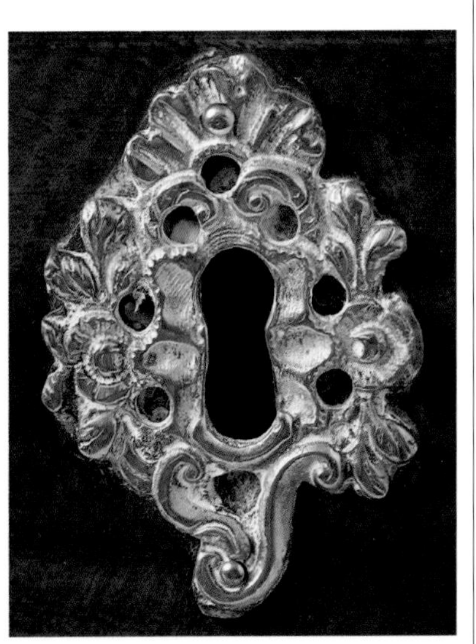
美式红木柜的锁眼盖

锁眼盖

有华丽装饰的锁眼盖（*Escutcheon*）常常抢过家具本身的风头，凸显出更易识别的风格。这个镀金的金属铸块设计成非对称的叶形，基座则为S曲线型（典型洛可可风）。它以小铜钉固定于柜子上。

法国：摄政时期

当路易十四于1715年离世后，皇位传给其年轻的曾孙，即日后的路易十五。奥尔良公爵菲利普被指派为路易十五的摄政王，后者作为并非合法的继承人继续统治法国达八年之久。从1715年到1723年，史称摄政时期。

奥尔良公爵将宫廷移到他在巴黎的宫殿，并在那里创造出一股更闲适的宫廷新风。他雇用了建筑师奥彭诺尔（Gilles Marie Oppenord），让他负责监督皇宫的室内装饰工作。奥彭诺尔本为制柜商之子，曾经住在卢浮宫并在意大利受训，以此获得了仿造古典建筑的能力。他用镶板墙和大门设计了皇宫中的意大利酒廊，其灵感来自罗伯特·德·柯特（Robert de Cotte），和路易十四时期卢浮宫中所用的细木护壁板（*Boiserie*）一样。奥彭诺尔那种过度华丽、波澜起伏的设计结合了自然主义的雕花、叶状（*Foliate*）、神话人物和顽皮的动物元素，其雕刻特意做成不对称状，像是在镶板的边缘自由流动。这类奢华、曲线形的风格预兆了法国洛可可艺术的绽放。

查理·格里森（Charles Cressent）为奥尔良公爵服务，他兼具雕塑师和制柜商两种身份，并将奥彭诺尔的很多设计付诸现实。查理·格里森制作了带有巨大的大理石台面并饰以细工镶嵌的五斗橱，还有造型优雅的桌子和其他洛可可风格的家具。他也为葡萄牙约翰五世和巴伐利亚选帝侯查理·阿尔伯特（Charles Albert）制作家具。

劲风急吹

巴黎宫廷中的一切变化标志着巴黎日益成为时尚之都，法国贵族也开始摒弃乡下生活转而定居城市。他们翻新了巴黎的豪宅并建了许多新房子。商人阶层也趋之若鹜。房间里的家具零零散散，但大多数都均匀排在墙壁周围，以衬托出打磨到好似镜面般光亮的拼花地板。家具紧追潮流设计，如巴黎皇宫翻新后体现的摄政风格。与此前的直腿家具不同，18世纪的橱柜、桌子和椅子的浅浮雕更加明

“花”五斗橱

核桃木材质，有外国木材贴面，并用象牙镶嵌。做工细腻，在一体化抽屉上贯穿了各种精细的花和枝叶图案。顶部的图像是不对称的，描绘了一个花瓶，另一边有一只鸟。这件作品有三个带青铜嵌件的长抽屉，短弧形腿。*约1710年 宽130厘米（约51英寸） GK*

雕花镜

拱形的镜面玻璃有一个优雅的木制涂金雕刻外框，雕有花、叶、贝壳。在顶部的滚动的莨苕叶饰上是一个浅浮雕女性面具。底座雕刻有贝壳和叶状图案。*约1720年 高221厘米（约87英寸），宽31厘米（约12英寸）*

玄关桌

这一张巴黎桌子有一个混色大理石顶面，下为镀金镂空的围裙，带中央面具、花朵和树叶。四个弧形卷曲支架连接了一个与之类似的雕刻十字撑档。*约1730年 宽138厘米（约54英寸） GK*

显，其轮廓也渐趋类似弓形。布尔式等饰面仍大行其道，而薄铜镶件则广泛被应用到抽屉外框、镶板、边角和家具的腿部。

五斗橱由抽屉柜演变而来，腿部和隆面上带有繁复的雕刻。成对的装有穿衣镜（*Cheval glass*）的五斗橱或是玄关桌通常放在窗户的侧旁，凳子则正好抵住窗口下方间隙。由查理·格里森设计的五斗橱成为最流行的一类：两个抽屉相互叠加，有蛇形前台和望板（*Apron*），整体为弯腿所支撑。马萨林书桌被一种带三个浅抽屉的写字柜（*Bureau plat*）代替。这类家具常以高档木料做饰面，并在隆面边缘与脚等处装有镀金饰件，看起来就好像穿着鞋一样。

时风影响

当时的沙龙多由女性主办，引导出的新趣味让优雅而闲适的房间变得越来越受欢迎，方便身处其中的宾客们交流。女性喜好还影响到椅子的设计，直到1720年才有所改变，因为圈环裙的流行使得椅子扶手变得更短，椅背也变得更低以配合当时精致的头饰。人们对舒适性的追求催生出安乐椅（*Bergère*）——一种在扶手和座位之间有镶板的全包式扶手椅。这类开放的全包式扶手椅又生发出其他分类，有的靠放在房间镶壁墙边，有的小型的则可以移到房间中心位置。在接待室，沙发和椅子靠背的形状与墙板相呼应，座椅软包的装饰面料也与之相配，通常是昂贵的丝织品。

五斗橱

这个有三个抽屉的樱桃木柜子发源于法国西南部。这件作品的主要装饰是由抛光木材的颜色来担当，整体外形和围裙则刻有旋涡花饰、树叶和贝壳。卷形脚。旋涡花饰的抽屉拉手为黄铜，锁眼盖在设计上是不对称的。整体为典型的洛可可风格。*18世纪初期 高98厘米（约39英寸），宽123厘米（约48英寸），深99厘米（约39英寸） ANB*

绒面安乐椅

这把胡桃木扶手椅有带衬垫的扶手，带卷曲雕花的支架。弯腿之间有交叉的撑档，并向外伸展。*约1715年 高107厘米（约42寸），宽73.5厘米（约29英寸），深91.5厘米（约36英寸） PAR*

彩绘五斗橱椅

这把椅子是由山毛榉制成，藤编座位和靠背，弯曲的手臂和轻轻外展的腿。整件作品都是彩绘的，有一个浅浮雕花形装饰在座位下面。*约1760年 高90厘米（约35英寸） CDK*

装饰嵌件

装饰嵌件不仅能装饰家具细节，也可以作为保护边角和饰面的零件。

嵌件是家具的装饰附件。一般由镀铜制成，或为仿金铜。Ormolu这一术语意为“铜制底”，来自法语术语“bronze doré d'ormoulu”。

熔化的铜被倒入沙铸后清理出粗铜并切块，然后被擦亮和抛光。以水银和金子完成面饰。镀金使零件变得十分精致，但过程中产生剧毒。

作为雕塑家和细木工，查理·格里森服务于摄政王菲利普二世即奥尔良公爵。当时一些最高级的镀金零件皆出自他之手。他的镀金–青铜嵌件装饰在有他署名的五斗橱上面，还有的做成了女性人物的长插销。这些形象与洛可可画家让–安东尼·华托（Jean-Antoine Watteau）的作品中的人物非常相似。（见第78页）

在大件柜式家具如五斗橱和写字台上面的嵌件，其风格往往昭示出时尚的变化。因为嵌件尺寸很小，镀金工匠能使这类零件很好地反映出当时的风尚。

“女像底座”五斗橱 镀金–青铜嵌件增强了弧面的外形。女性的半身雕塑像铸件遵循曲线的趋势。卷曲脚上也有镀金嵌件来突出其外形。*约1720年 高130厘米（约51英寸） GK*

锁眼盖

镀金面具

法国：路易十五

路易十五统治时期(1723–1774)的风格被称为洛可可艺术风格，流行的时间从大约1730年到1765年。它是各种影响的复合体，包括具有异国情调的中国设计、岩石贝壳混合装饰物，还有稀奇的蔓藤花纹(阿拉伯花饰)和出自让·伯拉之手的怪诞图案(见第55页)。

法国的手工艺人受到行业工会的严格限制。1743年至1751年间，他们必须在其制品上加盖其缩写名字，例如字母J.M.E.(全名为Juré Menuisiers et Ébénistes)。这使得多数法国家具上都有明确的标志。

现代风格

洛可可源自摄政风格，也被称为现代风格，因其力避古典建筑的规范而多带有诸如卷曲、贝壳等奇异装饰物，还附有超自然的植物形描绘。仿金铜饰件和雕刻装饰也颇受欢迎。

洛可可风受到法国贵族的追捧，并通过工匠如奥瑞尔·梅索尼耶(Juste-Aurèle Meissonnier)等人，其影响遍及全欧。继皮勒蒙(Jean-Baptiste Pillement)之后，梅索尼耶使洛可可艺术继续发展。皮勒蒙将雕刻应用到细工镶嵌，还有织物和瓷器上。其中突出的东方图案包括风格化的中国人物、植物卷纹和花卉。

装饰性影响

雕塑家兼建筑师尼古拉斯·皮诺在其出版的雕刻装饰图集中，包含了墙壁、天花板、壁炉、玄关桌和烛台方面的设计，这些都广泛为家具制造商所采用，其中就包括查理·格里森。这些雕刻突破了地域的限制，将洛可可影响扩至全世界。

洛可可画家让–安东尼·华托创造出新的艺术形象即“盛装出游”。这类在园林景象中展现打情骂俏的贵族男女的画面，被装饰在细工镶嵌、家具彩绘、壁毯以及织物上面。

书写柜(Secrétaire À Abattant)

这件书写柜前脸为蛇形，有郁金香木贴面，沿对角线上有镶嵌。上半部可以打开为写字面，内有六个抽屉。镶板框架有镀金封边。金属包脚上有卷曲嵌件。*约1758年 高114厘米(约45英寸)，宽93厘米(约37英寸)，深39厘米(约15英寸) PAR*

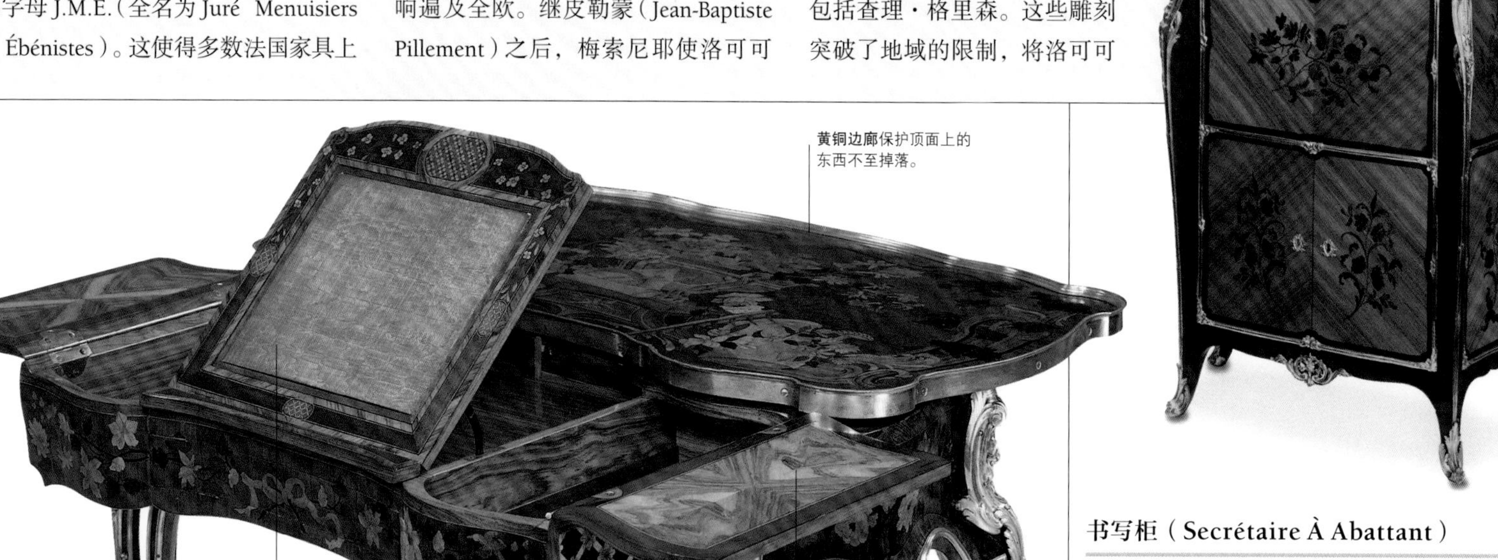

女士写字台

这个女士的写字台是为蓬巴杜夫人即路易十五的情妇所做，由德国出生的制造商让–弗朗西斯·奥本(Jean-François Oeben)设计。橡木材质，用桃花心木、西阿拉黄檀木、郁金香木以及各种其他木料作贴面，并装饰有镀金–青铜嵌件。顶部显示的镶嵌图案反映出蓬巴杜夫人所偏爱的艺术形式，包括瓶装花卉以及代表建筑、绘画、音乐和园艺的图案。主人外衣手臂上的元素也融入每个角落的镀金–青铜嵌件上。当顶部的活页打开后可以看到其内部，此时写字面的面积几乎是未打开时桌面的一倍。*约1762年 高69.8厘米(约27英寸)，宽81.9厘米(约32英寸)*

雕花木制涂金安乐椅

这是一套四件之一。所有的框架刻有花和树叶。其矩形后背带雕花靠背板，装饰软缎和丝绸锦缎包覆。弧形座位横档通向弯腿。*约1745年 高97.5厘米(约38英寸)，宽72厘米(约28英寸)，深67厘米(约26英寸) PAR*

巴塔耶城堡（Chateau de Bataille）内饰 这个优雅的接待室饰以舒适、女性的风格，为当时富有的法国客户所钟爱。在其烫金装潢上有许多明证。

舒适性与多样性

新风格适应舒适性和私密交流的需求，现有样式随即改进以适合新的装饰主题。玄关桌通常有镀金和彩绘，同时有大量的以软木如松树为主料的雕刻。装饰母题包括植物、贝壳和C形或S形卷曲。

人们把椅子靠墙，贴着房内的镶板和建筑部件。全包式沙发实际上就是有个加长的拱形靠背的女士椅。和安乐椅类似，沙发椅（*Canapé*）采用洛可可色彩来装饰，如海洋绿、灰蓝、黄色、雪青或白色，还用镀金来加强其华丽效果。椅子的外框通常以雕刻花卉来装饰。

办公家具

卧室中开始安置宽大的写字台。它们一般前后共有三个抽屉，后面的抽屉通常是假的。写字台有装饰性的背面，表明了这类家具是用在房间中心位置的。书桌或橱式写字桌（*Secrétaire à abattant*）由中世纪有抽屉的写字桌演变而来，变成有落地台面的箱子似的模样。

五斗橱

五斗橱是最出名、昂贵的家具之一，制造者们不惜工本进行修饰，在卧室最为常见。虽然其在接待室暂时没有用到，但在18世纪末能看到类似身影，如两边都有展示架的拐角柜。五斗橱和玄关桌出现的时间大约在1750年，都有单一的抽屉和长腿，主要源自路易十五时期的风格。万用梳妆台两扇门后有三层抽屉，流行于路易十六时期（1774–1792）。

细工镶嵌书桌

这张桌子是用紫檀、紫木和缎木（*Satinwood*）做的，由广受赞誉的家具商伯纳德·凡·里森伯格（Bernard van Risen Burgh）制作。它有三个抽屉镀金把手和C形锁眼盖。弯腿饰以镀金铸件和贝壳、卷曲。*约1745年 宽193厘米（约76英寸） PAR*

大理石面五斗橱

有两个抽屉，郁金香木底面装饰了黄檀木细工镶嵌。中央花枝里面固定有镂空镀金涡卷。弯腿下有镂空卷曲和叶状嵌件，末端为洛可可式包脚。*约1750年 宽108厘米（约43英寸） PAR*

红漆衣橱

这是一个双门衣柜的典型例子，18世纪下半段开始代替了四门餐柜。这件作品展现了让当时欧洲着迷的中国漆器的魅力。鲜艳的红漆器装饰有花卉和中式的蝴蝶图案。支架有一体式裙档并饰有镀金图案。*约1750年 高157厘米（约62英寸），宽138厘米（约54英寸），深55厘米（约22英寸） PAR*

意大利

自18世纪上半叶以来，意大利的大部分地区处在西班牙和奥地利的控制下，只有威尼斯、热那亚和卢卡（Lucca）保持了独立，而威尼斯和热那亚的影响力和人口数量都大不如前。

意大利洛可可

意大利文化在18世纪初期的欧洲已经失去了原来领先的地位。贵族地主们建造的大型宫殿总体风格偏向保守，但巴洛克风格则比在欧洲其他地区更受欢迎。唯一没有让步于新潮流的是，室内主接待室的家具和其他房间的设计保持一致，没有被孤立开来。

随着时光的流逝，在18世纪的第二个二十五年里，室内陈设变得不像以前那样正式了。受其影响，看上去更轻盈、更优雅的洛可可风格变得流行起来，在1730年到1750年达到了巅峰。意大利洛可可家具主要受法国摄政时期风格和路易十五风格的影响，但装饰效果上仍然采用涂漆、色彩艳丽的彩绘和奢华的雕花等手法。不同地区的家具在风格上的差异很大，山区的工匠受到邻国法国的强烈影响，而热那亚家具则以精湛的建筑风格而闻名。至于伦巴第（Lombardy）地区，那里的建筑式家具显得更加庄重和严肃，而威尼斯家具则富有戏剧性。

设计新品种

意大利椅子的灵感来源于法国的仿制品，但它的靠背更高，大多呈扇形，雕琢精细，经常带有镀金。未上漆的家具通常由胡桃木制成，果木也很常见。英国风格边椅一般带有镂空的椅背靠板，在其中心处有涡卷雕花以及简约的弯腿。有些椅子带有平板撑档。这些椅子在座椅导轨（***Seat rail***）上通常有软包，而不是采用嵌入式座位。而藤编的椅子在当时的存量也很大，很多乡村椅子通常会有蔺茎座位（rush seats）。

18世纪初的意大利沙发、凳子和大床都是法国式的，但偶尔也有例外。比如椅背连在一起的长靠背椅更多受英国的影响。这些长椅是为特定的接待室设计的，包括舞厅或是宫殿前厅。

西西里五斗橱

这件有彩绘装饰的家具带有两个抽屉，其侧面有着巧妙的弯曲，还有一体化的腿，从侧面反映出制作它的木匠十分熟悉法国流行的家具式样。镶板边缘的油漆彩绘和抽屉装饰了简化的阿拉伯花饰、卷曲和树叶形状，同样的装饰也常见于法式五斗橱上，而且受到了法国橱柜设计上的影响，比如皮勒蒙，他对洛可可这一题材的发展做出了一定的贡献（见第78页）。油漆有时也用来仿造昂贵的大理石台面。*约1760年 宽153厘米（约60英寸） GK*

雕花写字台

这张写字台只有两条腿，因为它的背面直接连到接待室或客厅的墙壁上。它是由带雕花和镀金的石灰木制成的，最初是镀银的。它装饰有一个怪诞的面具，两侧是卷动的树叶，这是16世纪到18世纪中叶十分流行的图案。但这张桌子上雕刻的这个面具不像先前的家具上的厚重，脸也不像以前那样吓人。*1720–1730年 高101厘米（约40英寸），宽165厘米（约65英寸），深84厘米（约33英寸） LOT*

彼得洛·皮菲蒂

作为撒丁岛国王的御用家具师，彼得洛·皮菲蒂（Pietro Piffetti, 1700—1770）无疑是18世纪最优秀的意大利家具工匠。

这位著名的工匠曾经求教于建筑师菲利波·尤瓦拉（Filippo Juvarra），这反映在他制作的那些建筑式的家具上。皮菲蒂曾经和尤瓦拉联手设计出令人目不暇接的房间，每一处都覆盖着奢华的装饰。

在许多意大利家具的质量还赶不上法国的时候，皮菲蒂在意大利家具匠中堪称一位大师。他的作品以其细节和质量而闻名，甚至能与法国那些伟大的制柜商相媲美。

皮菲蒂的家具通常采用异域木材制作，并结合多种珍贵材料如龟壳、珍珠母和象牙。和实用性相比，他那富有感染力的风格更具有装饰性，最为闻名的是他的“糖果家具”。这种浮华的风格具有三个主题，包括了卷曲和各种镶嵌，代表了洛可可时期的顶峰。

带书架的抽屉柜 这件奢华的家具带有用象牙和珍珠母制成的镶嵌装饰，为皮菲蒂风格所特有。上面的装饰场景是根据围攻特洛伊城的故事雕刻而成的。*约1760年 高308厘米（约123英寸）*

蛇形五斗橱 带有用珍珠母与象牙做成的蔓藤图饰镶嵌。它有镀金–青铜把手和锁眼盖。*约1735年 高99厘米（约39英寸），宽135.5厘米（约53英寸），深64厘米（约24英寸）*

当时的大多数桌子的腿部都变得更加单薄和弯曲，但写字台和边桌上仍然有隆重的雕花和镀金。大理石的台面大多采用插入式或镶框式。桌子多为特定的房间而做。陈设桌（*Guéridon*）在当时很受欢迎，这种小桌子通常是成对使用，往往在三脚架的基座上带有一个单独的、圆形雕花支架。而较大的桌子则会有带雕花的撑架，通常在中间的部件结合处有涡卷形装饰。

自 16 世纪以来人们就开始使用的写字台，在这时演化出新的形式。带有柜子的写字台变得相当普遍。柜子的侧面通常是方形的，中央部分呈蛇形。各个柜子的表面都有复杂的几何图形的贴面，通常由胡桃木或热那亚的郁金香木制成，也常用涂漆和彩绘作装饰。

这时的书柜是由果木制成的，有细长的托架脚，从柜子的正面一直延伸到侧面。

意大利的书柜写字台的灵感来自英式同类家具，通常在顶部饰有夸张的徽章。下部的柜体有蛇形的抽屉，末端为方形的，带有短小的托架脚。书柜写字台通常带有胡桃木贴面，或者用涂漆作装饰。

法式五斗橱在当时十分流行，通常腿部较短，极少有镀金的底托，带有涂漆，并饰有精美的贴面和彩绘。

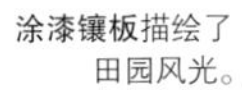

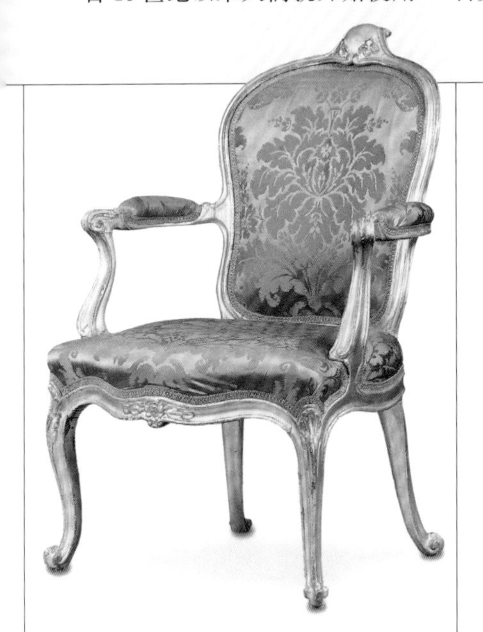

扶手椅

这把椅子可能来自热那亚，是从法国的女王扶手椅演变而来，但它的背部更宽，顶轨的旋涡花饰更夸张。这套家具不是原装的。*约 1760 年 高 94 厘米（约 37 英寸），宽 60 厘米（约 24 英寸） GK*

写字台

这张胡桃木写字台的灵感来自英式的容膝桌，但它的斜面和上面的抽屉遮盖住了下面的多个小抽屉。它有宽而短的托架脚，其几何形贴面显得非常浮夸。*高 104 厘米（约 41 英寸），宽 119 厘米（约 47 英寸） GK*

涂漆镶板描绘了田园风光。

中间的镜面后面藏有隔板和抽屉。

家具通体为漆面所覆盖。

斜面打开后可见里面的隔间和小抽屉。

家具前脸覆盖了用剪纸装饰和大漆制成的古典风景。

斜角和侧边末端是卷曲的茛苕叶饰和雕花的脚部。

写字柜

这件奢侈的写字柜产自罗马，是为教皇保罗六世制造的。它有涂漆和镀金装饰。柜子顶部的雕塑人物分别象征着四季。*18 世纪初 PAR*

意大利：威尼斯

18世纪的威尼斯作为商业帝国业已衰落，政治上也被其他区域所孤立。然而，驰名寰宇的威尼斯共和国仍然以其时尚品位和奢华之都的地位超然世外，冠盖巴黎。

大宫殿

大宫殿正对面是大运河，这里的家具为威尼斯最富有者所享有。大宫殿里面有后背蒙布的长条法式深椅，这是一种靠在墙壁的夸张型号的长椅。

家庭卧室和相关房间都装饰以豪华的天鹅绒和锦缎，往往有流苏或贴金。地板均铺设大理石或仿云石（见第43页），望板和天花板处的壁画则增添了更多的色彩。有时整体效果往往华丽得令人叹为观止，家具和装饰竞相争艳。

萨格莱多宫（Sagredo Palace）的卧室，威尼斯
陈设与整体的建筑主题协调一致。天花板的雕刻质量体现在雕刻华丽的床头板上。*约1718年*

家具风格

大多数威尼斯家具有明亮的彩绘，或以涂漆、银色或镀金来修饰，辅以华丽的雕刻。威尼斯的设计简直就是洛可可风格的浪漫版，尽管在别处受欢迎程度已经逐渐减弱，但在本土仍风靡一时，即使家具上的雕塑保有巴洛克艺术的特点，仍显得轻盈和精细。卷曲、蛇形轮廓和隆面都较常见。弯腿上常有洛可可风格的雕刻。这个时期家具新种类有多枝烛台镜和陈设桌。大型矮几也有雕刻和洛可可式镀金或彩绘的镂空外框。除了穿衣镜或矮几旁放置的镜子，人们还发明了其他种类的镜子。它们一般有彩色的玻璃镶板，并以镜面玻璃点缀。

抽屉柜从法式五斗橱独立出来，典型代表者为有三个蛇形抽屉的柜子。这类家具常常有胡桃木饰面，由球脚或托架支撑。带彩绘和胡桃木饰面的成对小型柜子有门，带一个抽屉，由短或弯曲带雕刻的腿来垫高。另一类常见的是更小些有隆面的双门柜子。

除了客厅沙发和门廊沙发，威尼斯人还发明出带雕刻和漆面的扶手椅，它有波浪形状的座椅横档。

与彩绘或漆面家具一样，整体由胡桃木制成或胡桃木贴面的一类家具得到当时人们的喜爱，例如长座沙发的夏日版，带有藤质后背和座位。

涂漆

涂漆在威尼斯非常流行，用于装饰从五斗橱到扶手椅的所有种类家具。中国风设计模仿自远东的漆艺，但威尼斯工匠们糅合进自己的匠心——奇异的花卉主题，加上常有的卷叶。完成家具漆面需要起码涂二十层。虽然外表华丽非常，但其内在实际上是灰白色的。涂漆常见的鲜亮颜色有黄色、金色和蓝色。

威尼斯五斗橱

在整个18世纪，威尼斯家具制造商一直对涂漆家具青睐有加。这一威尼斯双抽屉黑漆五斗橱的灵感来自路易斯十五风格，但比法国原型更庞大粗壮。两个长抽屉和分层抽屉用镀金模塑加以强调。腿没有法国原型那么弯曲，整体上也缺少镀金嵌件。黑漆上突出描绘的是一系列令人愉快的中国风图案如风景、神奇的生物和程式化的植物。*约1750年 GK*

倾斜的两侧

三角形顶面为大理石。

整体饰以洛可可主题。

柜门饰以中国风图案。

五个弯腿支撑整体。

角柜

原为一对，这个多彩的橱柜浅绿色背景上有花形装饰和卷曲，并有程式化的洛可可贝壳雕刻。大理石顶部下为突出的模压中楣。柜门描述了东方图案，但橱柜的内部则朴实无华。两侧倾斜，五个弯腿支撑，其中之一上仍保留纸质的标签。*18世纪中期 高86厘米（约34英寸），宽65厘米（约26英寸），深54.5厘米（约21英寸）*

镀金矮几

松木桌子镀金和银。顶部被画成模仿大理石的效果：后面的边缘如此真实似乎能看到梅森（Mason）的标志。夸张的卷曲腿在膝处得到加强。桌子下方有一个交叉的撑档，中间的旋涡花饰为程式化的蹄形脚。*约1760年 高93厘米（约37英寸），宽136厘米（约54英寸），深66厘米（约26英寸） JK*

软包扶手椅

原为一对，这把扶手椅采用法国的设计风格，但其涡卷形背部和装饰都比法国原型更为高大和夸张。外框整体都有雕刻，而不只是用雕刻的花形元素来突出效果。卷曲的腿和镂空座位档板展现出洛可可风格对曲线雕刻的偏好。*约1745年*

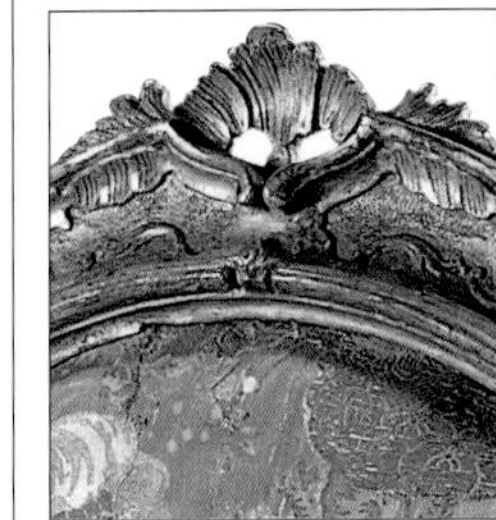

顶冠细部

图形剪裁

这种创新的装饰手法现在常被称作"剪纸"，起源于18世纪中期的威尼斯。

图形剪裁（***Lacca povera***）曾被称为"穷人涂漆"或"假漆"（其涂饰方法是先在家具表面着色，然后贴上中国题材的彩绘剪纸，最后再罩上清漆）。18世纪中叶的威尼斯对涂漆的品位尤其看重，以致很多艺术家将其发展为艺术创作的替代品以满足市场的需求。这个新颖和廉价的技艺与传统的涂漆技术一起得到了相应的发展。

技术

工匠用雕刻装饰家具和其他物品。雕刻图像的纸样往往从专业生产剪纸装饰的公司处获得。然后经过涂色、剪切后粘在准备好的表面上，之上再涂过几层清漆以形成高光泽度的效果，以仿造进口自东方的漆器原作。最初，工匠青睐中国风的设计，但欧洲的图案也成了流行之物，正如同这个书架所示。从上面能见到画家让–安东尼·华托（见第78页）和让·伯拉（见第55页）的影子。既描绘有海边贝壳，也有奢侈的田园主题。待上好的剪纸装饰涂清漆干后，将精心挑选的局部图案进行镀金或雕刻。最常见的红色背景流传至今，白色的剪纸装饰也风靡一时。桌子、椅子、柜和屏风的装饰都使用了这种技术。

剪纸装饰

这一技术的专业生产中心在威尼斯，但在整个欧洲变得流行起来。法国将这一技术更名为"剪纸"。法语单词的意思即"剪切"。18世纪剪纸多为女士们掌握，主要用在较小的对象上，直至今天亦如此。

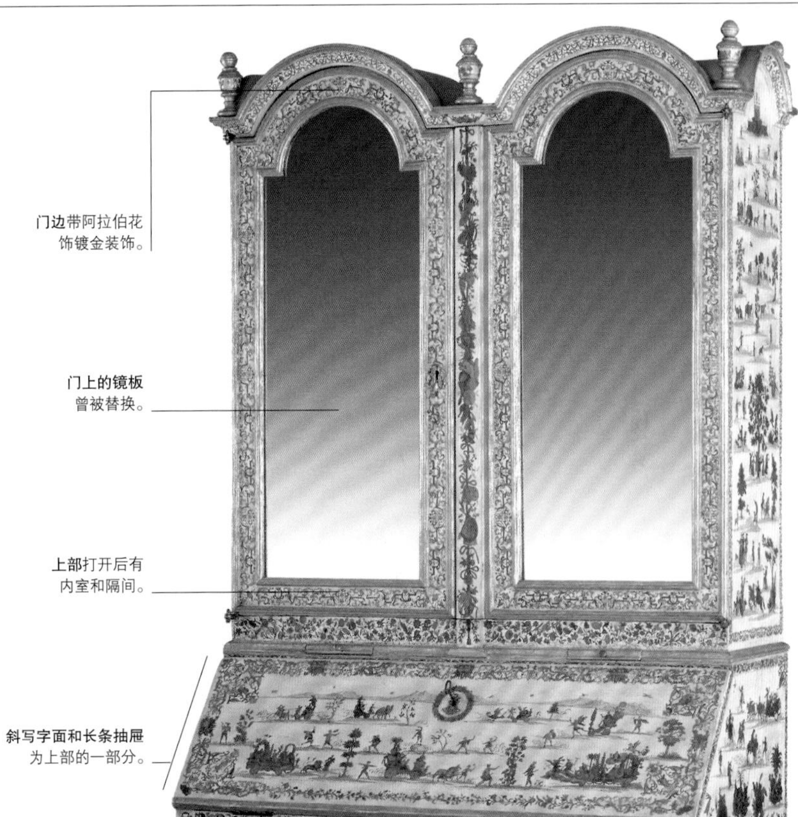

门边带阿拉伯花饰镀金装饰。

门上的镜板曾被替换。

上部打开后有内室和隔间。

斜写字面和长条抽屉为上部的一部分。

下部抽屉饰面描绘了马车和乡村景象。

装饰细部

剪纸装饰细部

书桌式书架 这件家具在其奶油色底子上描绘了神话中的野兽，如狮子和骆驼、古典诸神与时光老人以及花和纹章图案。*1735年 高210厘米（约83英寸），宽102厘米（约40英寸），深55厘米（约22英寸） MAL*

德国

18世纪初的德国名义上为神圣罗马帝国，实际是由三百多个大大小小的王国组成的松散集合。德国各王国之中只有三个在欧洲范围内有足够大的竞争力：巴伐利亚、萨克森和勃兰登堡——普鲁士。各地诸侯们争先恐后追求权力和威望，竞相付出巨大的人力和物力去营建宏伟的巴洛克式宫殿和洛可可式亭台楼阁。

法国影响

当时最明显的德国风格当属巴伐利亚与腓特烈洛可可（Frederician Rococo）。在巴伐利亚选帝侯马克西米利安二世伊曼纽尔和普鲁士国王腓特烈的支持下，建筑师与制柜商们被鼓励尽量从法国汲取家具设计灵感。

法国杰出的设计师弗朗索瓦·屈维利埃曾为巴伐利亚选帝侯所雇佣。他在慕尼黑王宫和阿玛琳堡所做的室内设计，表现出德国洛可可的艺术高度，令人叹为观止。卷曲、镀金、雕刻的木制装饰覆盖全部墙面，主题从贝壳形状到建筑人物、假面和动物不等。

德国洛可可

18世纪初的德国家具较法国及意大利的略显沉重。五斗橱与橱柜特别巨大并饰以典型的洛可可母题如卷曲、贝壳、椭圆形与奇特的叶形。巨大的写字书架呈蛇形，有弯曲的腿和同样弯曲的小脚。玻璃展示柜台用暗淡的洛可可色彩如白色并镀金彩绘，饰以贝壳、叶形和涡卷。五斗橱则有十分夸张的雕刻。

和在法国的情形类似，带有雕刻、镀金或是彩绘的家具设计与室内环境相得益彰。特殊之用的房间，绘有园林布景，通常会给环境的美化施加相当大的影响。休闲的生活方式催生家具新种类出现。火炉栏、躺椅、休闲椅、写字台与雕刻加镀金的玄关桌等都被富有阶层所订购。

17世纪的典型家具如双体橱柜和衣橱在18世纪依旧生产。工匠们在雕刻上效仿法式护墙镶板，将大量时间花在了选用何种木料来做饰面。胡桃木、雕花象牙、果木、美利坚梧桐或染绿的软木都可能兼做细工镶嵌和饰面之用。涂漆仍风靡家具装饰，而产自柏林的高雅橱柜和桌子，一般饰以中国风的图案和宴游场景。

与法式家具上印有制作者名字所不同的是，德国家具这一时期很少能找到确切的制作者。这是因为在那时，德国最好的制柜商都被宫廷雇佣为其生产家具。他们住在宫殿里，建立作坊并领取薪水。

华丽用度

皇家工场（包括了木匠、雕塑师、石膏师、蒙布匠、镀金匠）现在的工作是重新翻修皇家公寓。在18世纪，简单的客房演变成为特定活动准备的专门场所。前厅往往很少有布置，也许只有一个窗间矮几摆放在那儿。在举行正式娱乐活动的地方——即宫廷大事件的焦点所在——王子的扶手椅放在铺有地毯的平台上。即使这把椅子如此鹤立鸡群，它同样要和房间中其余家具及装潢的风格相匹配。书桌和五斗橱可能会放在私人接待室里。

社交活动的重点场所是阅览室，贵族们可以在那里会面交流或玩纸牌。大约从1720年开始，这种房间有了大大的、从地板直通天花板的窗户。这让光线倾泻到室内，再通过超大的镜子反射到护墙板上。在富有者的房间里家具是镀金的，镜框上有蜡烛架，且墙上和天花板上都装有精细的镶板。

弗兰肯五斗橱

这一家具的胎体为带漆的石灰木，并有带雕刻和镀金装饰的面板。抽屉是边缘弯曲的，洛可可锁孔罩上有贝壳与卷曲的叶形。弯曲裙档的中心有贝壳。卷曲的脚通常也是洛可可风格。这很可能是弗兰科尼亚（Franconia）维尔茨堡宫的采邑主教（Prince-Bishop）所定制的产品，德国家具常常有具体的橱柜制造商如约翰·沃尔夫冈·冯·欧维拉（Johann Wolfgang van der Auvera）和斐迪南·亨德（Ferdinand Hund）。*约1735年 高80厘米（约31英寸），宽145厘米（约57英寸），深63厘米（约25英寸） PAR*

涂漆细部

带支架衣橱

这个小柜子的支架可能来自柏林，覆盖有红色和黑色的涂漆和金饰。门的背面覆盖着黑色的涂漆，内藏有十个抽屉，彩绘像著名法国艺术家让–安东尼·华托的作品——这位画家精于描绘室外聚会的场景。家具前脸和两侧饰以类似纹样。支架有一体化裙档和优雅而细长的弯腿，也饰以红漆和镀金。*18世纪初 高46厘米（约18英寸），宽90厘米（约35英寸），深40厘米（约16英寸）*

玄关桌

这个优雅的玄关小桌有一个红白相间纹路的圆形大理石平顶。外框有繁复的木制雕刻、镀金和彩绘。复杂、外展的中楣描绘了花卉和叶状图案，并引出类似风格的弯腿。*18 世纪初 高 92 厘米（约 36 英寸）*

座位横档细部

花园椅

这把椅子有雕花、镀金、彩绘，是为德国南部的齐霍夫宫（Schloss Seehof）而做，原属于“花园家具”中的一部分。外框和腿部饰以雕刻的格子、叶子和花朵。座位包覆以绿色天鹅绒，契合花园的主题。*1764 年 高 112 厘米（约 44 英寸）*

橱柜内部空间

锁的细部

门的内部

德累斯顿展示橱柜

这件壮观的柜子是由黄檀木和树瘤榆木制作，饰有铜制底和镀金金属。镜门上有开放的蜗壳形雕刻的三角楣，外框为叶形和合抱形贝壳。内部有十五个核桃木里衬的抽屉，围绕中央隔间两侧是古典风格的柱子，隔间装饰有象牙、乌木和黄檀木的拼花。其中七个抽屉环绕着位于中央的镜像隔间。四个凹面抽屉上饰有镀金的蜗壳、宝石、贝壳和树叶。整件作品落于台阶型底座上。*约 1740 年 高 236 厘米（约 93 英寸），宽 141 厘米（约 56 英寸），深 79 厘米（约 31 英寸）*

洛可可室内装潢

这个经过精心设计的奢华狩猎厅是德国洛可可室内装潢的最佳写照。

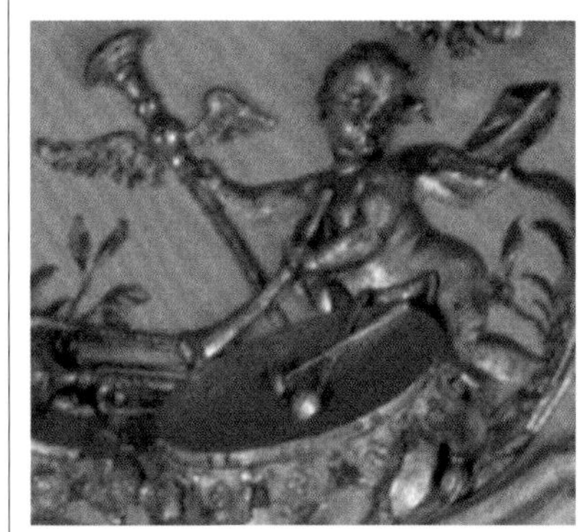
演奏乐器的镀金丘比特装饰了大厅的墙面。

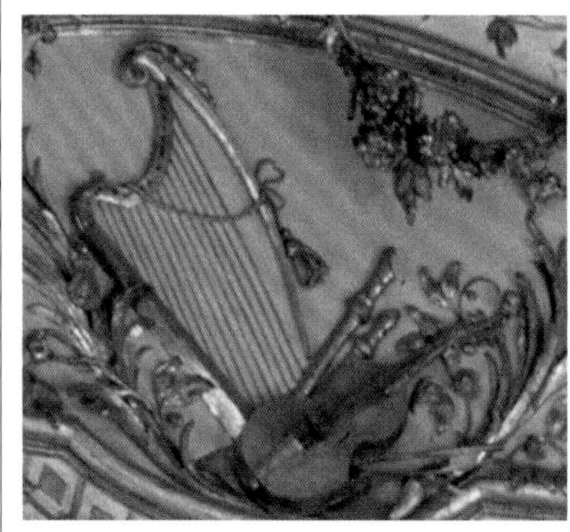
乐器是室内装潢和家具中流行的装饰主题。

18 世纪中叶，现代法国礼仪与精美、戏谑的洛可可设计一同成为时尚的风向标。在路易十四宫廷的刺激下，贵族和上层名流都狂热地追求社会地位和优雅的生活品位。

帝王专享

与这种时代背景相悖的是，巴伐利亚选帝侯伊曼纽尔重新装修了慕尼黑主教宫并扩建了纽芬堡的夏宫。他任命约瑟夫·埃夫纳（Joseph Effner）和在法国学习过的弗朗索瓦·屈维利埃为宫廷的首席建筑师和家具设计师。他们都为灯光上的创新和将洛可可风格引入选帝侯住宅等方面做出过贡献。他们的设计摒弃了巴洛克建筑的严肃感，代之以更活跃和私密的感觉。1735 年，屈维利埃开始营建位于纽芬堡皇家园林中的阿玛琳堡亭子。他为选帝侯阿米利安（Amelia）所建的狩猎小屋，其室内设计成为了巴伐利亚洛可可的象征。

阿玛琳堡中最壮观的中心布景是镜子大厅，那里被有华美框架的镀银镜子和枝形吊灯所环绕。暗淡的蓝绿墙壁反衬出精美和光亮的感觉，并为室内广布的银灰泥装饰佐以绝佳底色。仔细观察其设计就能看到洛可可的母题与场景：自然逼真的小鸟翱翔在不对称的垂花饰之上，其边沿则悬有天使、七弦琴和卷曲的叶子。宽大的镶板镜子外框为贝壳形与 S 形，反映出设计运动的整体效果和活力。这个房间可能是用作娱乐活动的场所，也可能是举行宴会或盛大的欢庆活动的地方。

阿玛琳堡的装潢风格影响传至全德。选帝侯美因茨将维尔茨堡宫原来的巴洛克风格全部推翻，而以洛可可风格代替。巴尔塔萨·诺伊曼（Balthasar Neumann）设计的包房中添加了装饰性的灰墙与精致的镜子，带有彩绘肖像画镶嵌的镜板令人眼前一亮。

区域特色

洛可可风由于德国各个区域的差别而有所不同。迎合室内装潢潮流所制作的家具尤其花样繁多。虽然许多家具因为行业工会的限制导致外表都趋于保守的样子，但装饰效果仍是精美华丽的，典型者如自然母题和卷曲线条。产自慕尼黑的家具常有繁复的雕刻和镀金。

虽然法国设计运动使得洛可可风格遍及德国，但一直占据着市场最高端的家具，其精心制作的品质和宏大规模方面仍有明显的德国特色，通过维尔茨堡和其他等地精美宫殿的内部装饰也可以印证这一点。

德国扶手椅 *（见第 117 页）*

荷兰

当奥兰治亲王即英国国王威廉于1702年去世时，他并未留下成年继承人。接下来的四十五年里，荷兰进入顾问委员（Councillor Pensionary）和摄政统治时期。18世纪上半叶的荷兰处于一个稳定的时期，其贸易和航运保持在17世纪的水平，资金也非常充裕。

设计的阴暗面

家具设计反映了当时保守主义的倾向，样式上毫无新意。多数家具仿自英国，主要的区别不在于设计，而在对木材和细工镶嵌的取舍上。当细工镶嵌在英国不再流行，却在荷兰经久不衰。

椅子大体与英国的设计相同，但座椅导轨延长呈蛇形，有些椅子虽然也是蛇形的块状座椅导轨，但中间部分较低矮。长椅则与英国的十分类似，有高高的靠背和带雕刻的两翼，但撑档直至18世纪40年代仍较流行，这点与英国有所不同。

重要家具

18世纪初诞生于英国的写字台在整个世纪变得稀松平常。带有两扇门的写字台常配有镜子，这种特点一直延续。

中国式的橱柜也很流行。类似形状的写字台上半部有镶玻璃的门，前有展示架。其下半部的很多设计样式都来自荷兰。如果家具的侧边是直的，其边角则有侧切面且多出的部分有重叠、繁茂的卷曲。还有一些下半部呈现为隆面。抽屉则有圆形、方块形或蛇形。

无论写字台还是中式橱柜都显现出荷兰对家具的多功能需求。大致来看，上半部箱体用来放书或瓷器，下半部的抽屉则适合储藏家纺或衣服。

独到之处

五斗橱直至世纪中期才流行开来。最初其外形都符合英国的原版，一直到1765年才开始有四个抽屉或带盖板的门。木料的选择，进口嵌件的使用，使来自荷兰的五斗橱外表更显沉重，有别于同类的英国原版货。原生胡桃木是荷兰家具饰面的首选。直至1730年，桃花心木这类广泛用于英国家具上的木材，方才风靡阿姆斯特丹这个深受英国影响的城市。18世纪中期，荷兰开始出口装饰嵌件到英国。

因为荷兰没有君主专制，其装饰风格并不像欧洲其他地方那样受到法国宫廷的强烈影响，以致英国设计成为其首选。

荷兰五斗橱

桃花心木，蛇形。受到英国风格的影响有两扇门，打开后可见带搁架的内室。虽然现在看起来极其的朴素，但原件可能有嵌件和锁眼盖的装饰。背后的镂空镀金黄铜边廊是后加上去的。整件为外展的托架脚所支撑。*约1770年 高89厘米（约35英寸）DN*

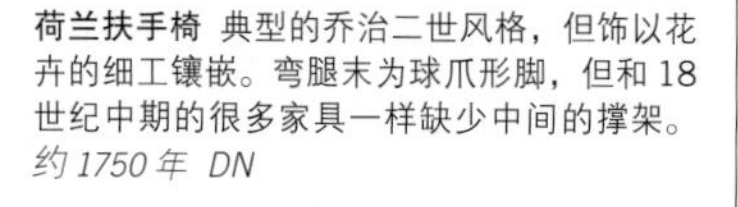

荷兰扶手椅 典型的乔治二世风格，但饰以花卉的细工镶嵌。弯腿末为球爪形脚，但和18世纪中期的很多家具一样缺少中间的撑架。*约1750年 DN*

抽屉柜

四个抽屉的表面有美丽纹路的胡桃木贴面，其外框有郁金香木的边条。顶面与波浪形裙档的外形整体一致。箱体斜角延伸为高度卷曲的两侧，而腿部末端为卷曲脚（Scroll foot）部。风格为典型的荷兰式。*约1750年 高82厘米（约32英寸），宽87厘米（约34英寸），深53厘米（约21英寸）*

木制涂金镜面

镜子底盘外加框，顶部和底部带不对称的花饰。两边缠绕叶形。C形山墙两侧雕有鸟儿装饰。*约1760—1770年 高170厘米（约67英寸），宽97厘米（约38英寸）*

写字书架

软木与橡木制造，胡桃木贴面，带黄檀木的圆角。下半部有蛇形前脸，弧形外形，涡形脚。顶冠带凤凰，内室有镜子。*约1760年 高290厘米（约114英寸） LPZ*

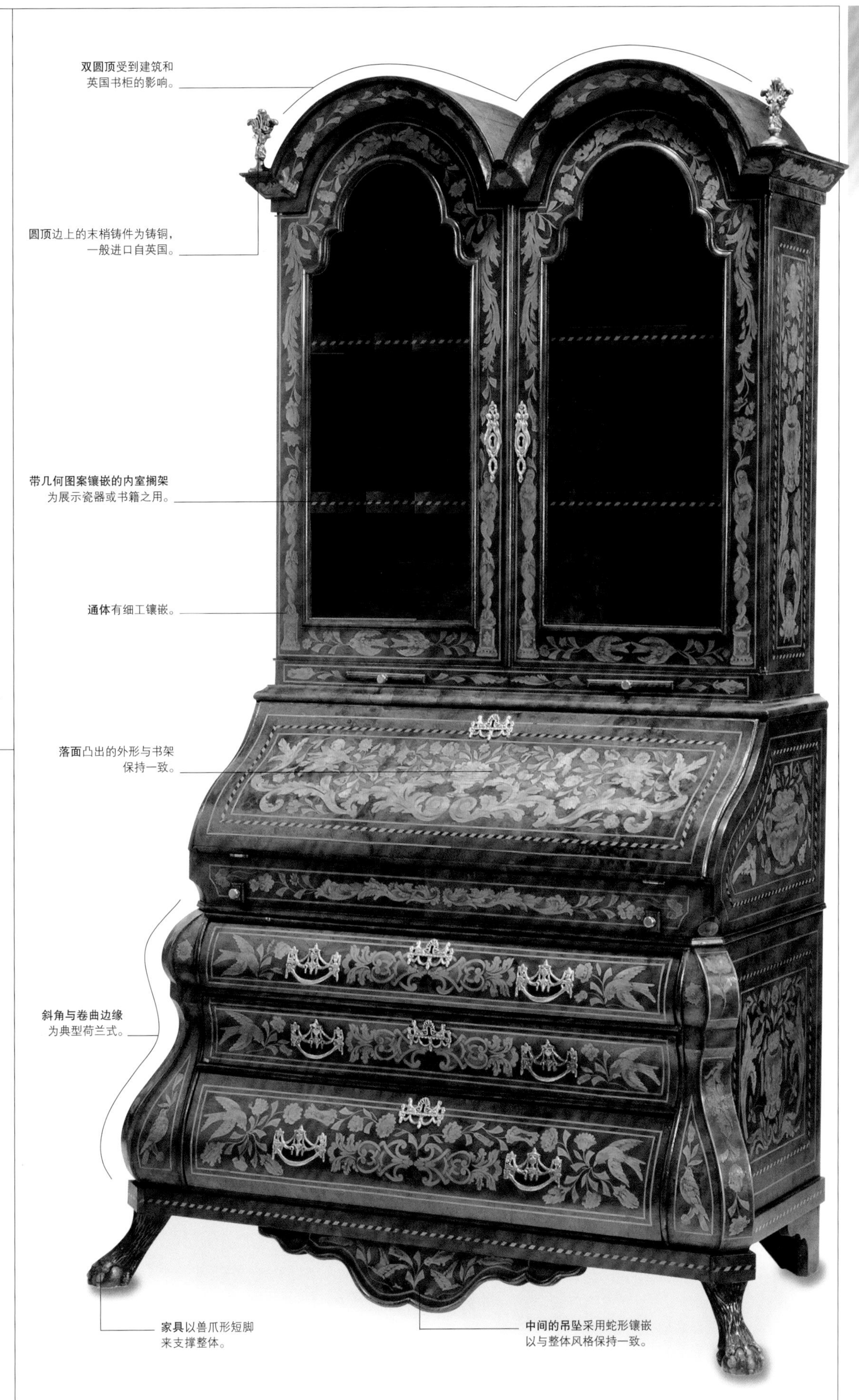

花形细工镶嵌写字书架

其外形和设计都是典型的荷兰特征。具有三个功能：写字、展示和储物之用。整件蛇形落面的下部有分层抽屉：每个抽屉的大小从顶部到底部为递进式排列。整体遍布了花形细工镶嵌，有的描绘有外国的鸟类、小天使和卷曲叶子，还带有中国风的锁眼盖。附带的雕花卷曲形为荷兰箱式家具所常见。*18世纪 高207.5厘米（约82英寸） FRE*

西班牙和葡萄牙

西葡两国家具风格的变化主要受皇家联姻的影响，同样归功于法国路易十四在内政外交上的成功。西班牙国王菲利普五世与意大利出生的伊丽莎白·法尔内塞（Elizabeth Farnese）的婚姻，以及他们儿子与葡萄牙国王若奥五世之女的婚姻，都影响了家具风格的演变。

凡尔赛传奇

当菲利普五世还在对其祖父路易十四的成就敬畏不已时，他的妻子已经为意大利建筑和绘画的引进大开方便之门，尤其是菲利波·尤瓦拉和乔瓦尼·巴蒂斯塔·萨凯蒂（Giovanni Battista Sacchetti）等人。

若奥五世的统治正值巴西发现有大量的黄金和宝石矿藏之时。他利用这一天赐的财富在葡萄牙国内建立专制统治，沿袭路易十四的极端做法。和他的祖父一样，他渴望利用艺术和文学来彰显其至高无上的地位。于是，他花费巨资购入巴黎家具，并委任查理·格里森和奥瑞尔·梅索尼耶来设计。他从荷兰定制婚床，让丹尼尔·马洛特设计。

本土风格

伊比利亚半岛的家具从风格上自成一派，虽然该地曾进口法国、意大利家具，还有通过商业贸易联系而受到英国影响，但同时也有殖民地木材的因素，如巴西硬木、南美蒺藜木、楹木和黄檀木等。葡萄牙家具非常笨重，其原因是取材的木料密度高。在英法早已风光不再的涂漆技术在这里仍然流行，而英国制柜商则擅长将漆有鲜红色、黄色、金色等色彩亮丽的橱柜出口给他们的富有客户。

基于法国安乐椅造型的椅子有着较高的后背和包覆，中间带有贝壳形的雕刻档板。它们一般都有镀金和雕刻，还有球爪形脚和平直的撑架。由

西班牙玄关桌

一对中的一张，这个华丽的桌子有雕刻、镀金和镀银，有蛇形的人造（*Faux*）大理石顶面，上面雕花中楣装饰着贝壳和树叶，其中心有椭圆形花饰。顶部下有雕刻的弯腿，通过交叉的撑架连接。比同时期的多数家具雕刻显得没有那么华丽。腿部的曲线不是很明显，只是到了腿部和桌面的连接处才有。*约 1750 年 高 78 厘米（约 31 英寸），宽 127 厘米（50 英寸），深 63 厘米（约 25 英寸）*

西班牙衣橱

这是由本地木材果木做的。檐口装饰着称为"denticulation"的小齿形块。它与以前同类风格相比并不大重。*18 世纪早期 高 185.5 厘米 约 73 英寸），宽 124.5 厘米（约 49 英寸）MLL*

葡萄牙桌

这张折面桌是由蓝花楹木做的。靠边的抽屉裙档上有一把黄铜锁和抽屉拉手。这个桌子上有六条纤细的弯腿，其中有两条腿可打开来支撑上面的折面。*18 世纪中叶 高 77 厘米（约 30 英寸），宽 103 厘米（约 41 英寸）*

玄关桌

这张葡萄牙式雕刻红木玄关桌有一个镶嵌了大理石的台面，下有蛇形的饰带。边角刻有程式化的贝壳，整张桌子装饰洛可可树叶。弯腿和球爪形脚。*18 世纪初 高 87.5 厘米（约 34 英寸），宽 115 厘米（约 45 英寸）*

葡萄牙克卢什的帕拉西奥堂吉诃德大厅里的皇家卧室 室内洛可可风格元素包括了拼花地板，装饰华丽的床，以及法国风格的带有细木护壁板的房间装饰。

于当时的服装流行有裙撑，其宽大的裙摆就使得座位要更大，而原有雕刻部分也需改到外部。这类椅子通常有镀有金边的英式椅背靠板，并嵌入到上半部的雕花档板与竖框架里。腿部成弯曲状，膝处则有镀金叶片雕刻。

18 世纪的折椅类似于较早期的原型，它有直腿但其撑架不是平的就是转角的。椅子背变成心形，中间雕有贝壳或是花瓶形状。

椅子常用巴西的黄檀木作用料，其上的半镶板和座位是全包覆的。撑架穿过后腿顶端以使椅子向内折叠。由多椅背组成的长靠椅比法国的沙发椅更加普遍。

衣柜、五斗橱和写字台体量巨大，工匠选用木质本身的纹理来做装饰效果。在相当程度上，卷曲的腿较欧洲其他地区变得更宽更低矮。

窗间矮几用雕花加镀金的松木和黄檀木制作。洛可可装饰主题多用在镜子长方形外框，并与周围相配，它一般放在桌子上。葡萄牙桌子一般比意大利的要大。多功能桌子的台面抬起后可以构成不同的形态方便写字或玩纸牌，葡萄牙工匠们对此设计驾轻就熟。

嵌件和饰面在此时的家具上并不常见，但精致的浮雕、黄铜和银质的饰件仍成为葡萄牙家具的特色之一。

镀金皮革

镀金皮革（Gilt leather）原本是一种属于伊斯兰教的技术，通常被称作“西班牙皮革”，带有压花或打孔图案，以及涂漆和镀金。

镀金皮革在 17 世纪用于壁挂、椅子套，18 世纪被用于写字桌、床和椅子的靠背上。因为容易清洗，皮革适用于每一种类型的座椅，从最基础的折叠椅到正式的宝座或是廊椅，镀金皮革用小牛皮打孔，或在皮革上做出浮雕的样式，再印上充满活力的颜色和细节图案，之后镀金。贵族家庭通常会在皮革家具上印上他们的盾形纹章。

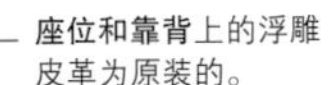

座位和靠背上的浮雕皮革为原装的。

彩绘与镀金皮革的细部

葡萄牙椅子 这把有皮革靠垫的椅子可能只用于正式的仪式，所以它没有多少磨损的痕迹。*约 1720 年 高 104 厘米（约 41 英寸）JK*

葡萄牙五斗橱

大理石面，原为一对，法式风格。弧面与三个模压抽屉和脚部有进口的镀金嵌件。整体有类似法国的细工镶嵌。可能是为极其富有的客户定制。*约 1715 年 高 89 厘米（约 35 英寸），宽 139.5 厘米（约 55 英寸），深 71 厘米（约 28 英寸） PAR*

西班牙餐椅

这些椅子是为国王斐迪南六世（1746–1759 在位）而做的。英国齐本德尔风格流行于西班牙和葡萄牙。和英国这类红木椅子不同的是，它们是胡桃木的。装饰的特色之一是局部镀金法，分布在一些雕花的区域上。腿部与上边带一体化的撑架相连。*18 世纪中期*

斯堪的纳维亚

18世纪，作为欧洲大陆昔日曾有过霸权地位的瑞典，已经失去了主要领土以及在神圣罗马帝国中的位置。

在1727年的斯德哥尔摩，一个本来计划于17世纪建造的盛大皇家宫殿被重新设计。设计后的宫殿外观保持罗马巴洛克式，内部沿袭了法国的洛可可风格。在这个项目中，法国和意大利的雕塑家、画家和工匠被要求常驻斯德哥尔摩工作，许多家具从法国进口。法式风格成为贵族的家具首选，但英国和荷兰的设计仍被椅子和橱柜商所大量模仿。斯堪的纳维亚家具多使用当地的软木材料，这种软木容易雕刻且常被涂漆，这使斯堪的纳维亚家具保持了自身的独特外观。

挪威与丹麦

挪威直到18世纪才从丹麦独立出来，并与德国北部交好。家具商们因此主要受德国洛可可风格的影响，而丹麦与挪威的行会也以德国为基础建立。其他的影响还来自英国与荷兰，主要原因是大量的家具从那里进口。

斯堪的纳维亚椅子

椅子的样式五花八门，通常有涂漆。边桌有弯腿和坚固的椅背靠板，常有一个“锁洞”穿透上半部，正好在雕有中心贝壳顶轨的下面。竖框上有雕刻，并在后腿结合处变直，这与英国原型一致。设计上呈现保守趋势，在丹麦尤其严重。带有撑架的高背椅到18世纪后仍受欢迎。

1746年至1748年间，政府禁止进口海外的椅子。这一举动阻碍了设计上的进步，并意味着那些类似乔治一世时期本不太时髦的英国椅子也会一直流行下去。

到18世纪中叶，椅子外观仍和法式安乐椅相似，而带有低软包背与转腿的样式则开始流行。由两个或三个椅子并置在一起的沙发普及开来，与之相配的是腿部带雕刻的矮几。有时这些家具具有油漆，实心榉木和胡桃木椅子也仍然在生产。细长的软包沙发出现在18世纪50年代。这时期家具经常被漆成浅色，还有镀金细部来装饰。

镀金桌子

受路易十五式的影响，这一镀金桌子由樱桃木上面覆盖石膏和镀金层制成。顶面是用大理石做的，进一步说明它曾是一件非常昂贵的家具。桌子的弯腿上有大量的半人半鸟雕刻，延伸到卷曲的脚部。这张华丽桌子的制作者可能是位曾在法国接受过训练并在斯德哥尔摩工作的雕刻师。*约1760年 高99厘米（约39英寸），宽56厘米（约22英寸），深88厘米（约35英寸） GK*

瑞典橱柜

这一橱柜表明了德国的形式是如何改进以适应变化的时尚的。上半部显示了在荷兰风格的影响下那较少能看到的早期的建筑元素。其弯曲的檐口缺少悬垂。抽屉和带贴面的单板直条柜门，其纹理为整体增添了运动感。脚部为支架式而非转球式，这显示出它受到英国风格的影响。*约1760年 高225厘米（约89英寸），宽156厘米（约61英寸） BK*

制柜商

巨大的衣橱在德国北部被大批量生产。它们一般由沉重檐口和扁圆形脚组成，后者逐渐为托架脚代替——正如在齐本德尔式雕刻中所见到的——托架脚变得愈加轻盈和含蓄。

抽屉柜受到五斗橱的影响：典型特征是在带有轻微雕刻的腿部上承载了四个抽屉，腿部末端有动物式的脚。外立面有时是封闭（方块形）的，貌似荷兰家具。家具的新种类，如展示柜被安装在一个框子上，并有细长的转角腿。它很适合用来展示中国瓷器藏品。

箱上柜在当时的斯堪的纳维亚家具中很重要。它非常巨大，由下半部的抽屉柜和上半部的门组成。门打开后可以看见柜内的小格子或架子。山墙来自建筑设计元素，后来演变为镂空、雕刻及镀金的装饰效果。斯德哥尔摩的行会虽然一直到18世纪末仍旧存在，但他们在培养制柜大师并对箱上柜的改进方面并未使力，因此其原有造型经久不衰。

桌子包括：由松木为主料并镀金的矮几、有大理石台面的玄关桌和台面下带三个抽屉的梳妆桌……种类繁多。

受精美的法国时尚影响，高度风格化的矮几和玄关桌有着繁复的雕刻和镀金，以及昂贵的大理石台面。梳妆桌从英国原型发展而来，有时饰以涂漆效果。而当时走红的茶几、牌桌和小型便携桌也随英法的潮流而动。

瑞典扶手椅

原为一对，这把椅子为法国式设计，相比较大多数法国原型其弯腿较短。形状呆板，包括一个方形的靠背，有稍显形式化的顶冠和向外伸展的扶手。雕刻很有节制，软包座位没有额外的垫子。*约1750–1760年 BK*

彩绘梳妆台

这张优雅的梳妆台上面布满了红漆。抽屉四周和抽屉拉手镀金，中央抽屉下也有镀金花饰。中央的容膝侧面有两个垂饰。细长弯腿支撑。*18世纪中期*

丹麦胡桃木抽屉柜

柜子顶上的飞檐是带镀金的建筑式浮雕。雕花玻璃门给人一种墙上挂着真实镜子的感觉。蛇形下半部有三个抽屉，镂空底座及四个卷曲的脚。*约1750年 高231厘米（约91英寸），宽108厘米（约43英寸），深23.5厘米（约9英寸） PAR*

加长式瑞典沙发

约翰·埃哈德·威廉（Johan Erhard Wilhelm）设计，色彩轻快淡雅。雕花装饰为金色，几何形中楣下为弯曲的树叶和花朵，而靠背、两边和座位软包表面为带金带的灰白色，整体上表现为典型的斯堪的那维亚外观。这一典型瑞典家具有着整体的结实靠背——而不是由众多椅背组成，这在英国长椅上较为普遍。这种加长的沙发常用在接待室，与椅子相配套。*约1760年 BK*

英国：安妮女王与乔治一世

安妮女王时期（1702–1714），家具上的主要变化是带胡桃木贴面的橡木在较廉价家具上的使用量大增。18世纪初，弯腿有了戏剧性的发展，在这段时间被引进英国。广为人知的安妮女王椅——圆背，椅背靠板为花瓶形，并有弯腿和垫脚。这种荷兰风格椅子在她去世很久以后仍然生产。

安妮女王与乔治一世时代的箱式家具与椅子通常有胡桃木贴面，有时也有羽毛封边（*Feather banding*）或花边条，连同精细的花卉镶嵌细工的减少等变化大概始于1700年的英国。螺旋形的车削边栏支架也被弯腿所代替。在橱柜类家具中，垫脚一直流行到1725年，直至为托架脚（*Bracket foot*）所取代。

箱式家具中最流行的是写字书架，它是从带有落地前板的写字台演变而来。胡桃木写字台与写字书架符合带有建筑性的室内陈设，它一般靠墙而立于窗户之间。这类家具中的较廉价者一般由橡木制成。

卧室中常用的梳妆桌或矮柜一般有三个抽屉，它们也同写字书架一样隔窗而立。梳妆桌一般由胡桃木实木制作或有贴面。但它也有用松木制造并涂漆。少量梳妆桌仍有车削腿和撑架，但随时代发展，弯腿成为更加普遍的样式。

乔治一世

乔治一世统治时代，英法战争导致了两国互相敌视，这也造成英国独自发展出自己的风格而不去效仿法国。帝国版图的扩张及其繁荣的贸易使得英国的国库日益充盈，其商人阶层的权势和影响力愈加突出。

建筑性影响

古希腊和古罗马的经典风格一直是时尚的风向标。1715年，苏格兰律师兼建筑师柯林·坎贝尔（Colin Campbell）的著作《维特鲁威布里塔尼古斯》（*Vitruvius Britannicus*）付梓出版。该书对英国乡间别墅的变化趋势进行了研究。建筑师和设计师们得益于此书并创造出18世纪20年代至40年代的帕拉迪奥风格，这也成为家具设计的思潮之一。

乔治一世书桌

核桃木写字台或梳妆台上有单板顶饰（*Finial*），在顶部的长抽屉有羽毛封边。中央容膝侧面有六个小抽屉，它们也有中楣抽屉和柜门。*约1725年 高70厘米（约28英寸），宽69厘米（约27英寸），深48厘米（约19英寸） L&T*

威廉三世边桌

这张胡桃木桌子有一个简单的带黄铜吊环的抽屉拉手，有旋转栏杆腿和一个交叉撑架，腿是典型的威廉–玛丽风格。这件家具很可能属于一个富有的商人。*约1700年 高68.5厘米（约27英寸），宽91厘米（约36英寸），深53.5厘米（约21英寸） NOA*

中央桌

这张便携式小桌子上铺满了镀金石膏与低浮雕的C形卷曲（*C-scroll*）和树叶，它有轻轻弯曲的腿和垫脚。这张桌子属于一个非常富有的家庭。*约1720年 高78厘米（约31英寸），宽86.5厘米（约34英寸），深55.5厘米（约22英寸） PAR*

软包沙发

这一双人沙发上有一个榉木外框，胡桃木弯腿在膝处有贝壳雕刻。其内室装潢已非原版，但沙发上覆盖的进口丝绸锦缎（*Damask*）或刺绣可能是原装的，这些仅用在当时最精美的作品上。*约1720年 宽141厘米（约56英寸） L&T*

抽屉柜

这个乔治一世橡木抽屉柜有模压矩形顶面，下为两短两长抽屉，并有双串珠造型的模压和围栏。吊环把手非原装。梯形脚。*约1700年 高85厘米（约33英寸），宽94厘米（约37英寸），深56厘米（约22英寸） DNS*

胡桃木的时代

乔治王朝时代的早期家具常由胡桃木制造或是以其作为贴面，而涂金石膏的装饰手法仍在流行。镶嵌细工不再时髦，但英国仍从荷兰进口镶嵌橱柜。英国本土的制柜商们不再仅仅依靠雕刻来做装饰，而更着重突出木材本身的效果。例如胡桃原木的毛刺和根材，都可以表现木材原有的旋涡形纹理。

木制家具的装饰采用单一的雕花图案，比如贝壳形常常出现在椅子腿部的膝处或是座位档板的中心位置。到大约1710年，椅子和桌子内框的边角块出现，这说明了这类家具不再需要撑架，这样工匠们就可以在弯腿上做出更多的雕刻。至于脚部则从垫脚发展为轻度的卷曲形脚，随后变为球爪形脚。

变化倾向

座位变得更圆或呈罗盘形，而且更宽大；椅背更低矮，呈现勺子形。嵌入式座位（*Drop-in seat*）满足了更为舒适的要求。这类椅子的样式变化可能是基于进口自中国的家具样式。长靠椅和沙发颇受欢迎。长靠椅基本上是从扶手椅延伸而来，其扩展后的座位能让两个或更多人就座；而其靠背则与单个人坐的椅子风格别无二致。沙发看起来就是给有软包的、更加宽敞的座位加上一个靠背而已。软包沙发仍价格不菲，可能仅供富有阶层享用。这一时期的软包原物早已无存。

在18世纪前二十年，胡桃木做的箱上柜的外形和装饰更加富于建筑性。它们常有山墙、凹槽壁柱和托架脚。羽毛封边在当时也很流行。

频繁的书信往来让书桌非常流行，满足这一功能的叠式立柜写字桌应运而生。顶层抽屉的上部有一个可以打开的前盖，打开后可以作为写字台面，上有抽屉和许多小隔间。

无所不在的休闲游戏刺激了牌桌的大量生产，与之匹配的还有小型茶几和打牌时吃点心要用的支架桌。

涂漆边椅

外框涂漆，其斜背和撑架是典型的18世纪椅子风格，但现在斜侧面有一个花瓶状的椅背条（*Splat*），撑架不再为螺旋形。*约1725年 高113厘米（约44英寸）PAR*

胡桃木扶手椅

这把乔治一世的椅子有一个坚实的背板，外展的手臂末端卷曲。弯腿都雕刻着贝壳和稻壳，三叶草形脚。*约1725年 高101厘米（约40英寸），宽60厘米（约24英寸），深60厘米（约24英寸）PAR*

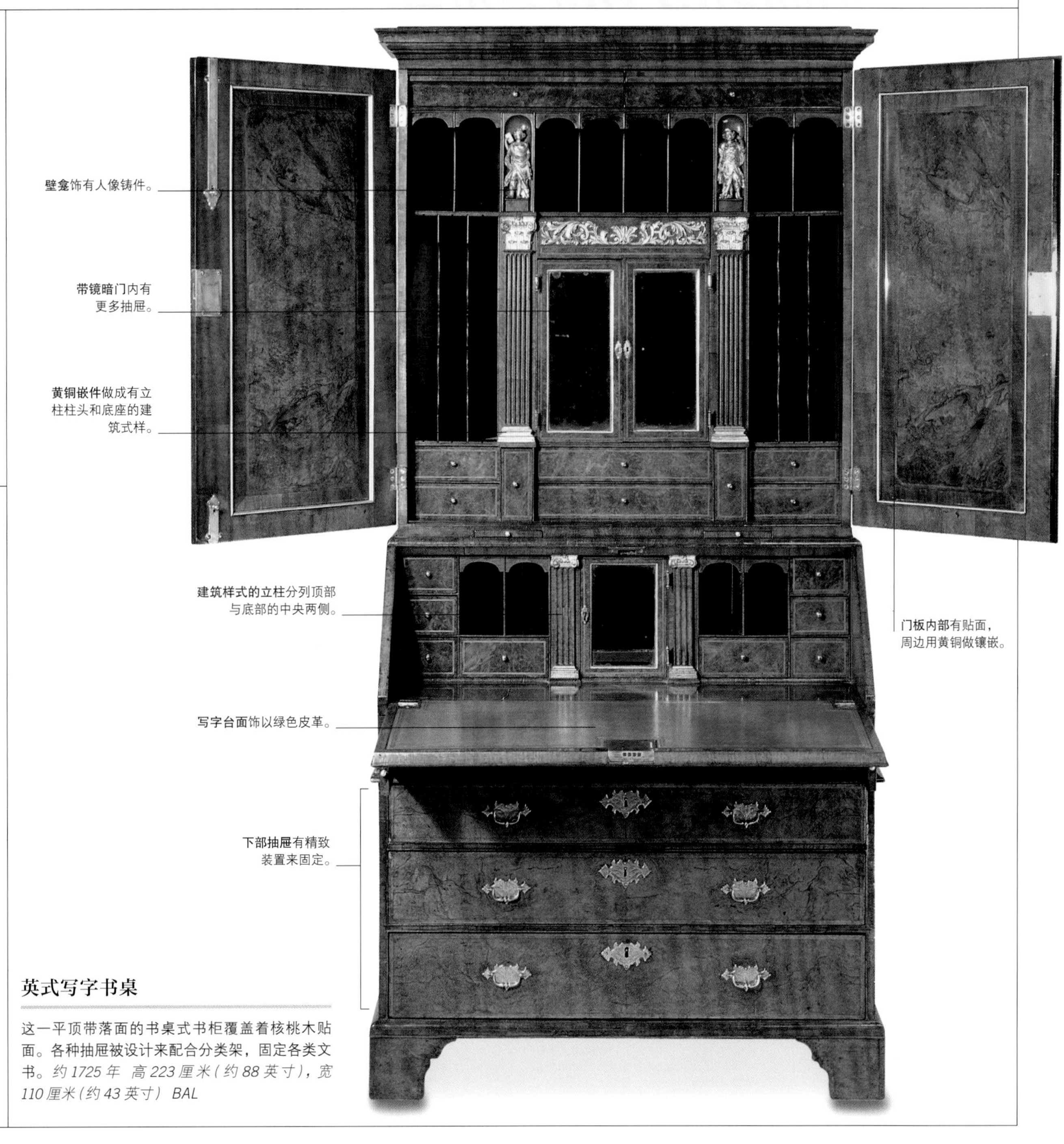

英式写字书桌

这一平顶带落面的书桌式书柜覆盖着核桃木贴面。各种抽屉被设计来配合分类架，固定各类文书。*约1725年 高223厘米（约88英寸），宽110厘米（约43英寸）BAL*

英国：帕拉迪奥主义

英国帕拉迪奥风格得名于意大利文艺复兴时期建筑师安德烈·帕拉迪奥（1508–1580），他出版了许多古典建筑的手绘图。这种风格在英国流行时间为18世纪20年代到40年代，尤其在游学欧洲的贵族中被奉为经典，其中包括伯灵顿伯爵。1725年他在伦敦近郊兴建了奇斯维科堂，即伯灵顿爵士住宅，或称伯灵顿伯爵大屋。这座建筑已经成了帕拉迪奥风格的代表。此一时期是英国乡间别墅的黄金时代，许多优秀的建筑兴建起来并配以帕拉迪奥风格的家具，这一风格的特点是将古典的母题和严谨的对称性融为一体。

帕拉迪奥的影响

帕拉迪奥在其作品中对古典元素的处理达到了数学般的精准程度。他的名作如圆厅别墅（罗马万神殿）就是这种如几何般和谐的建筑写照。1570年他出版的《建筑四书》影响巨大，几个世纪以来经久不衰。

建筑师伊尼哥·琼斯（1573–约1652）在去往意大利途中成为帕拉迪奥的学生。他返英后，以帕拉迪奥样式建造了位于白厅的宴会宫和格林威治的女王宫。但在建筑风格的影响力上，克里斯托弗·雷恩（Christopher Wren）更为突出。他在伦敦大火后采用风行欧洲大陆的帕拉迪奥风格重建受损建筑群，由此打开了18世纪初期英国广泛流行帕拉迪奥主义的大门。

风格要素

古典建筑通常在公共场所所呈现出其庞大的规模。这一特点在帕拉迪奥式建筑上同样常见，尤其是在门厅和

圆厅别墅（Almerico Capra）1566-1570年由帕拉迪奥建造。这个建筑物以其中央穹顶和古典式圆柱而深受英国建筑师的推崇。

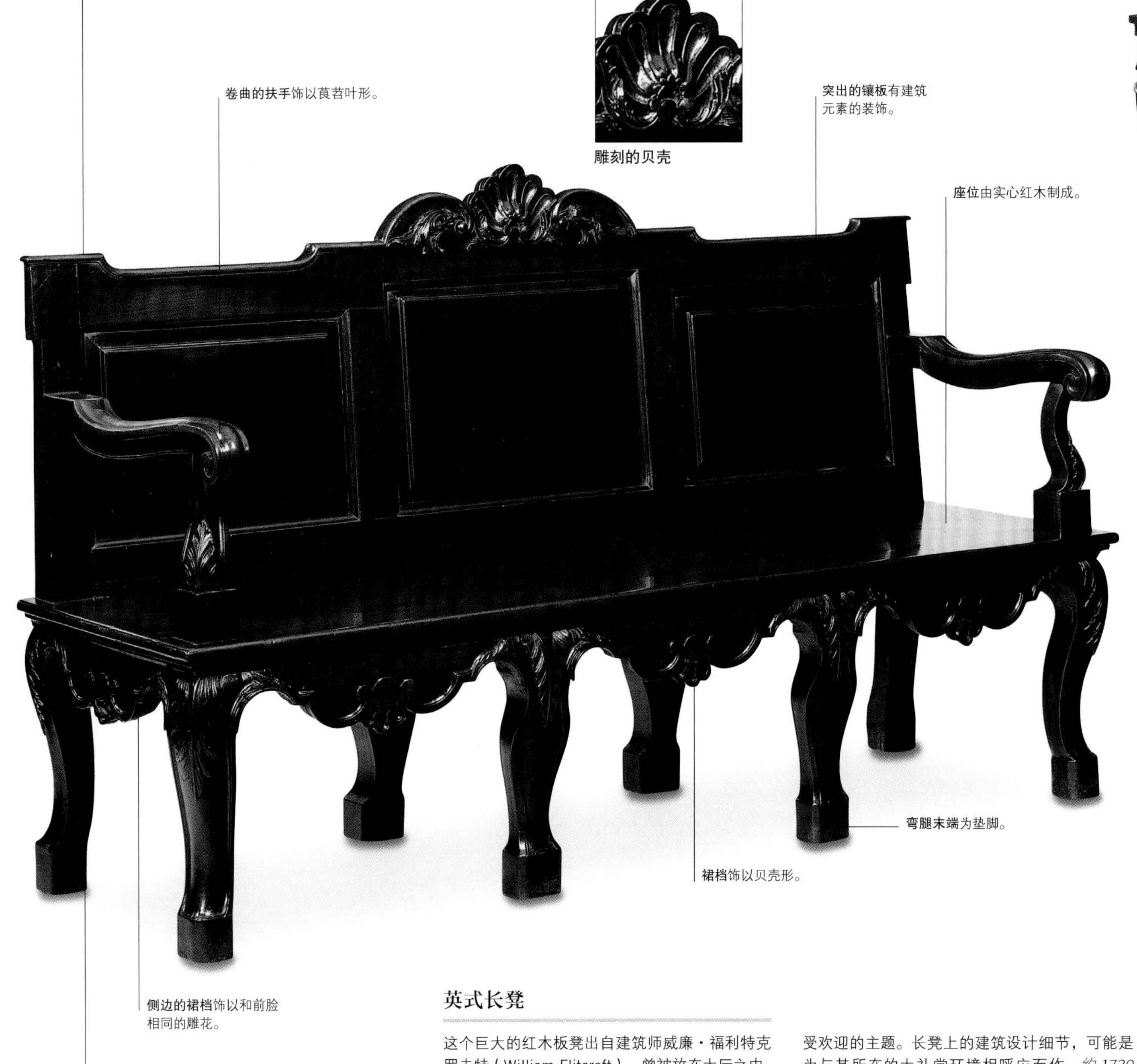

英式长凳

这个巨大的红木板凳出自建筑师威廉·福利特克罗夫特（William Flitcroft），曾被放在大厅之中。矩形后面板的样式取自建筑图案。镶板中心和一体化的裙档上也装饰了雕刻的贝壳，这是当时很受欢迎的主题。长凳上的建筑设计细节，可能是为与其所在的大礼堂环境相呼应而作。*约1730年 高108厘米（约43英寸），宽185厘米（约73英寸），深59厘米（约23英寸） PAR*

红木五斗橱

受建筑因素的影响，边柱的侧面和前脸的头部为狮子面具，整体带有鱼鳞纹和茛苕叶饰。*约1730年 高81厘米（约32英寸），宽109厘米（约43英寸），深51厘米（约20英寸） PAR*

木制涂金玄关桌

雕刻的镀金鹰和沉重的大理石顶面呈现出建筑元素。出自威廉·肯特，为其典型作品之一。*18世纪初 高89.5厘米（约35英寸），宽78厘米（约31英寸），深48厘米（约19英寸） PAR*

接待室的装潢设计上。为了与宽阔的空间相匹配，家具也不得不变得巨大起来。很多建筑元素如山墙、立柱、装配镶板等均被应用在边桌、座椅家具和双层壁炉外框处。莨菪叶形装饰与希腊回纹都是流行主题中的重要角色。

对称性是这时期家具的主要特征：许多家具由于太过沉重难以移动而设计为放在固定位置。桌子常常成对摆放，上方配以尺寸合适的镜子。但这类风格中存在一种悖论：尽管帕拉迪奥建筑是相当朴实无华的，但许多室内家具却是繁冗的洛可可风格。

威廉·肯特

英国园艺师和建筑师威廉·肯特（William Kent）复兴了伊尼哥·琼斯和帕拉迪奥作品中的艺术风格。在诺福克郡的霍尔汉姆府邸，肯特是首批获准对内部和外部设计进行完整规划的英国建筑师之一。在1738年庞贝和赫库兰尼姆遗址发掘以前，从没有人见过真正的古罗马或古希腊家具，所以肯特按照自己想法制作出其所理解的古代风格家具。他的设计体现出意大利巴洛克的味道，这与他在意大利的学习经历密切相关。肯特做的家具以及归于他名下的产品尺寸都很大，都有来自古典设计特色的装饰。他尤其喜欢大理石台面边桌，由雕刻与镀金的鹰隼形象的腿来支撑。维特鲁威卷曲装饰在他的作品中也很常见。

约翰·瓦迪

这位建筑师和家具设计师借助18世纪中期大兴土木的建设热潮，推动了帕拉迪奥风格的流行。

为卧室镜子而做的设计 结合了帕拉迪奥风格的对称性和洛可可风格所流行的轻盈雕刻。

约翰·瓦迪（John Vardy，1718—1765）是一个受人尊敬的建筑师和设计师，他从卑微出身的普通人一跃成为英国最重要的设计师之一。他1744年推出的《伊尼哥·琼斯与威廉·肯特设计集》（*Some designs of Mr Inigo Jones and Mr William Kent*）成为推广帕拉迪奥风格的重要读物。

约翰·瓦迪最为著名的项目之一是斯宾塞在伦敦的房子——英国最典型的帕拉迪奥风格的豪宅。他除了负责设计建筑，也承制了里面的家具。这些家具体现出帕拉迪奥风格的对称性，也显示出更华丽的洛可可风格特点。双向风格的结合是当时建筑师和设计师的典型做法，在那一时期的英国颇具影响力。

王子椅

这把椅子是肯特为居住在克佑的威尔士王子设计的。它包括古希腊和古罗马的图案，例如撑档中央的面具。山墙中间有威尔士王子的徽章。*1733年 高142厘米（约56英寸） HL*

写字台柜

由桃花心木、橄榄木和紫檀制作。该写字台柜装饰有烫金。山墙的风格与希腊神庙相呼应。*约1745年 高191厘米（约75英寸），宽103厘米（约41英寸），深60厘米（约24英寸） PAR*

大理石顶面下的模塑纽索装饰可看出希腊建筑元素的主题。

矮几 镀金，有大理石顶面，蛇形腿雕刻莨菪叶形。两边饰以微型鱼鳞纹雕花。大理石台面下的纽索饰有希腊建筑风格。*约1745年 高39厘米（约15英寸），宽136.5厘米（约54英寸）*

大理石边桌

用松木雕刻然后镀金，这张桌子本来是一对，或是四个为一套。顶部大理石被程式化的神话人物躯干支撑，这是受了古希腊雕像的启发。这种雕像从文艺复兴时期到洛可可时期一直被用作支架。雕刻和镀金扇贝壳、女性面具、卷曲和花环皆为古典主题。*约1735年 宽143厘米（约56英寸），深79.5厘米（约31英寸） PAR*

托马斯·齐本德尔

齐本德尔在今天已成为 18 世纪英国家具界最优秀设计的代名词。

齐本德尔可以说是有史以来最有名的家具设计师。"齐本德尔"已成为大约 1750 年至 1765 年间伦敦家具制作的通称，代表了永恒的卓越设计。他不止对英国家具产生影响，也对世界各地的家具产生巨大影响，特别是在美洲殖民地，在那里他的设计被广泛复制。齐本德尔风格作品最有名的是椅子。典型的齐本德尔式椅子带有雕刻和镂空椅背靠板、蛇形顶轨、雕刻膝部、弯腿和球爪形脚。其家具的优雅程度足以挑战同时期法国工匠的任何作品，后者曾一直被世人认为是创造最伟大家具的匠人民族。

圣马丁

托马斯·齐本德尔是 18 世纪中叶伦敦附近的圣马丁地区众多工匠中的一分子。伦敦因聚集了众多工匠与大量的订货商，并吸引建筑师和设计师聚之一起工作而成为活力之都。制柜者相互模仿制造工具，新工匠不断涌现，不时有新的设计图集付梓出版。

海尔伍德庄园（Harewood House）的客厅 齐本德尔设计，精美的卷曲、棕叶饰（*Palmette*）和垂花饰的两扇大镜子，主导了这个约克郡壮观宅邸中的客厅风格。

乔治三世图书馆椅 原为一对，为客厅而设计。提花和纳纱绣面板描绘了宙斯和海神尼普顿。*约 1760 年 高 112 厘米（约 44 英寸），宽 71 厘米（约 28 英寸） PAR*

每个镶板边角有镀金嵌件。

基座内有柜子。

中楣饰以圆花饰浮雕。

书桌主体饰以细工镶嵌的镶板。

图书馆镶嵌写字台 由黄檀木、橡木、松木、桃花心木、山毛榉、郁金香木、缎木、梧桐、冬青等材料制作。古典式装饰融合了罗伯特·亚当在海尔伍德庄园中的室内设计。*约 1772 年 高 84 厘米（约 33 英寸），宽 81.5 厘米（约 32 英寸），深 120 厘米（约 47 英寸） TNH*

关键日期

1718 年 齐本德尔出生于英国约克郡一个木匠家庭。

1748 年 齐本德尔结婚，成为当时伦敦一名家具商。

1753 年 齐本德尔和生意上的伙伴詹姆斯·兰尼在伦敦的圣马丁大街租了三栋楼。这些建筑后来为齐本德尔儿子所有，前后经营共六十年。

1754 年 齐本德尔编著的第一版《绅士与制柜商指南》出版。书中所有的齐本德尔式家具后来成为家具定制的热门产品。

1755 年 齐本德尔工作坊发生大火，但是在这一年里，其作为家具商和设计师而闻名。

1766 年 齐本德尔工作坊雇佣了将近五十名专业工匠。

1769 年 齐本德尔尝试从法国进口六十个未完成的椅子外框，但未成功。

1779 年 齐本德尔逝世。

设计与风格

齐本德尔的作品为今人了解当时的风尚提供了直接参照。

从最豪华的接待室到普通家庭，齐本德尔式的家具种类繁多，包括各种款式。在约克郡海尔伍德庄园，他设计过一个图书馆桌（***Library table***），一个供厨房使用的榆木砧板，还有一个放在洗衣房用的桌子。海尔伍德庄园至今仍然完整保存着齐本德尔的家具珍品。齐本德尔提供一套完整的内部装修服务，以及供应（包括设计）灯罩、窗帘和壁纸。他也接受建筑师的家具订单，如罗伯特·亚当（Robert Adam）等，以配饰不同房间的风格。

这把英国扶手椅与《指南》中“法国椅子”的设计相似。整体形状是洛可可风格，但雕刻的元素如纽索饰母题则取自古典主义。*PAR*

制柜者中的佼佼者

到底是什么原因能让齐本德尔从万千个制柜者中脱颖而出？答案在于他的作品很多都流传至今；另有部分答案在于当时人们对他个人风格的持久关注，其历史地位的确立还由于他出版了《绅士与制柜商指南》（*The Gentleman and Cabinet-Maker's Director*，简称《指南》）一书。这本本为促成贵族购买家具而作的图集因收集大量家具设计图而成为制柜者指南。该书的主要合著者为马蒂斯·达利（Matthias Darly）。

《指南》一书出炉之日，即为齐本德尔成为制柜大师之时。事业上的日益成功让他不用对家具生产亲力亲为，而把精力放在指导和监督他在伦敦约有四十人的工场上。他也把一些工作外包给最好的嵌件和镶板供货商。《指南》所带来的商业反馈让他得以扩展事业并成为当时家具商中的佼佼者。他的成功也推动了大批制柜商积极推出自己的家具图样出版物（见第 138 页）。

来自异国的灵感

中国风在 18 世纪 40 年代非常时髦，齐本德尔创造出大量原来用在中国传统家具上的设计样式。随着镶嵌细节不再仅仅表现自身的吸引力，人们越来越喜欢中国风。齐本德尔在家具设计中借鉴了中国风中的佛塔、小铃铛、回纹和有柱子交织的木雕等图案元素。果然，把这些用在欧洲家具上所绽放出的夸张想象力远超原版的装饰效果。

“中国版齐本德尔”中最著名的订件是一套绿色和白色的涂漆家具，是为演员大卫·加里克（David Garrick）在泰晤士河的别墅所作。而别墅里最好的齐本德尔作品则是中式风格的更衣室和卧室。

哥特元素

18 世纪中期到后期，对哥特图案的品位重又复兴，这是由中世纪的建筑和家具风格引发而来。齐本德尔及时出版这类装饰设计图集以满足这一趋势。哥特式齐本德尔家具包括的装饰细节有尖拱门与四叶饰图案以及杆头和镶板。

蛇形五斗橱

带两个橡木条抽屉和一个顶部的红木条抽屉，有一个橄榄木的镀金皮革写字台面。模塑一体化的圆角外罩有精致的莨菪叶形雕花，两侧有圆盘饰（Paterae）并垂吊有风铃草（***Bellflower***）。*约 1770 年 高 85 厘米（约 33 英寸），宽 135 厘米（约 53 英寸），深 62 厘米（约 24 英寸） PAR*

英国：乔治二世

乔治二世统治时期（1727–1760）给英国带来和平与繁荣。东印度公司在加尔各答、马德拉斯建立的贸易据点大大扩展，促使英格兰在乔治二世去世时成为名副其实的商业帝国。

桃花心木时代来临

18世纪30年代，进口自英国殖民地西印度和洪都拉斯等地的桃花心木成为制作优质橱柜的绝佳木材。为应对胡桃木原料枯竭的情况，法国在1730年已经停止出口。桃花心木有很多优秀的特质，制柜商们可以利用其丰富的色彩很好地结合金银和青铜；木材的硬度也适合做出镂空和雕刻效果。这导致了以桃花心木为基础的英式风格的出现，这种风格使用较少的精细装饰但又有别于法国洛可可效果。

追求时尚

那时几乎所有类别的写字台都会有其拥趸，而抽屉柜和有“法国情调”的五斗橱——三个抽屉并带脚的样式——也被大量定制。

当时的桌子种类包括宽大的、带大理石台面的镀金矮桌，被用在正式的接待室内；还有带三脚底座的桃花心木折叠桌以及适于饮茶时尚的扇贝形边桌。小型便携桌子适合多种场合如玩纸牌、缝纫或是绘画之时使用。

空旷的餐厅里放置了各式的大号椅子，它们一般都有雕刻和镂空的椅背靠板及嵌入外框的软包座位。这些椅子有雕刻的球爪形脚、垫脚或卷曲脚。

洛可可的影响

虽然洛可可风格影响了全欧，但同期的英国设计师们仍能发挥非凡想象力创造出在当时设计思潮中堪称极品的家具。洛可可不仅影响了家具的装饰，也同样影响到其造型。大件家具与床饰以C形卷曲、叶形或其他自然主题，有些会有卷曲脚。不对称卷曲与曲线形的潮流在小型家具上很明显，例如壁式烛台（*Sconce*）、镜框和桌子。

英国家具设计最出名的洛可可风格代表者就是托马斯·齐本德尔（见第98页），虽然这个风格只是他所拥有的丰富设计生涯中的一个部分。

令人尊敬的英国木刻家与家具设计师托马斯·约翰逊（Thomas Johnson）于1751年和1761年分别出版了《相框、烛台、天花板等的设计》（*Designs for Picture Frames, Candelabra, Ceilings, &c*）与《新式设计150》（*One Hundred and Fifty New Designs*），为小型桌子、支架、壁灯、钟表以及其他小型装饰提供了大量设计素材。他的设计具有狂放的奢华品质，堪称路易十五风格中“风景如画”流派装饰的缩影。他把三个最流行的图案元素：中国风、哥特式和洛可可纳入自己的作品里。约翰逊使用贝壳形、钟乳石、树叶、飞鸟和其他自然类图案创造出精致的作品。有些设计高度程式化，以至于有的木材无法支持其复杂的雕刻。

三足桌 桃花心木，这个竖面桌（*Tilt-top table*）在早期可能被称为爪形桌。当桌面被降到三脚底座处，金属挂钩正好能扣合到适当的位置。*约1755年 高70厘米（约28英寸），深68厘米（约27英寸） PAR*

木制涂金矮几

大理石顶面，木制涂金框架，雕刻着繁复的帕拉迪奥图案，包括莨菪叶子和卷曲。镂空的裙档中心大胡子面具的两侧是鹰头，下挂着带橡树叶和果实的垂花饰。弯腿上刻有丘比特，卷曲脚。这件桌子可能为马蒂亚斯·洛克（Matthias Lock）制作。*约1740年 高115.5厘米（约45英寸），宽128厘米（约50英寸），深68.5厘米（约27英寸） PAR*

吉尔斯·格兰迪

这个总部位于伦敦的家具制造商多年来一直维系其繁荣的出口业务，其工作坊在圣约翰广场。

格兰迪（1693–1780）在他制造和出售的各种橱柜、椅子、桌子、镜子等家具上印有名字标签。他的工坊雇用许多工匠，为不那么富有的客户提供制作精良的高品质家具。最出名的是他的出口业务，主要针对西班牙。他曾为西班牙英凡塔多（Infantado）公爵的套房制作一套红漆家具，数量至少是七十七件，这是英国成套家具有史以来量件最大的。今天，一个带有格兰迪标签的家具会令经销商和专家们激动不已，因为真正的格兰迪家具已极为罕见。

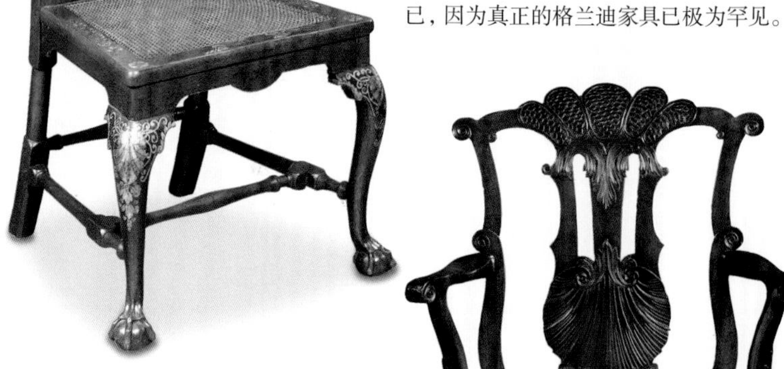

边椅 这把榉木椅子有深红漆，镶有中国风的镀金。椅子结合了之前的设计元素——有实心与螺旋撑架、弯腿、球爪形脚，以及镂空顶冠和方形座位。*约1735年 高105.5厘米（约42英寸） PAR*

扶手椅 由桃花心木制成的扶手椅，椅背条有贝壳图案，顶冠有雕刻而非镀金。雕刻展示了大规模格兰迪使用的图案。*约1740年 高101厘米（约40英寸），宽63.5厘米（25英寸） PAR*

抽屉柜

桃花心木，蛇形前脸，顶部有同样的形状。四个分层的长抽屉，两侧切角刻有旋涡和吊坠的花，一个可抽拉的写字面。抽屉手柄是当时的典型样式，没有背板和精致的锁眼盖。边角的精致雕刻使其成为这一时期非常难得的佳作。*约 1755 年 高 86 厘米（约 34 英寸），宽 112 厘米（约 44 英寸），深 68 厘米（约 27 英寸） PAR*

扶手椅

这种风格的桃花心木扶手椅通常被称为“庚斯博罗式”（托马斯·庚斯博罗 Thomas Gainsborough，1727–1788，18 世纪英国画家），这种家具因为经常在这位艺术家的画里出现而得名。可能是为图书馆或传达室所做。座位和背部的丝绸锦缎有被重新装饰，与其房间墙壁的原始织物相匹配。其弯腿带有如洛可可风格一样的沉重感。*约 1755 年 高 100 厘米（约 39 英寸），宽 77.5 厘米（约 31 英寸） PAR*

松木雕花烛台

这件烛台染色与镀金相互交织，有雕花的枝杈和动物造型，分支为铁制。自然主义的雕刻和卷曲的底座为典型洛可可式。*约 1758 年 高 157 厘米（约 62 英寸） TNH*

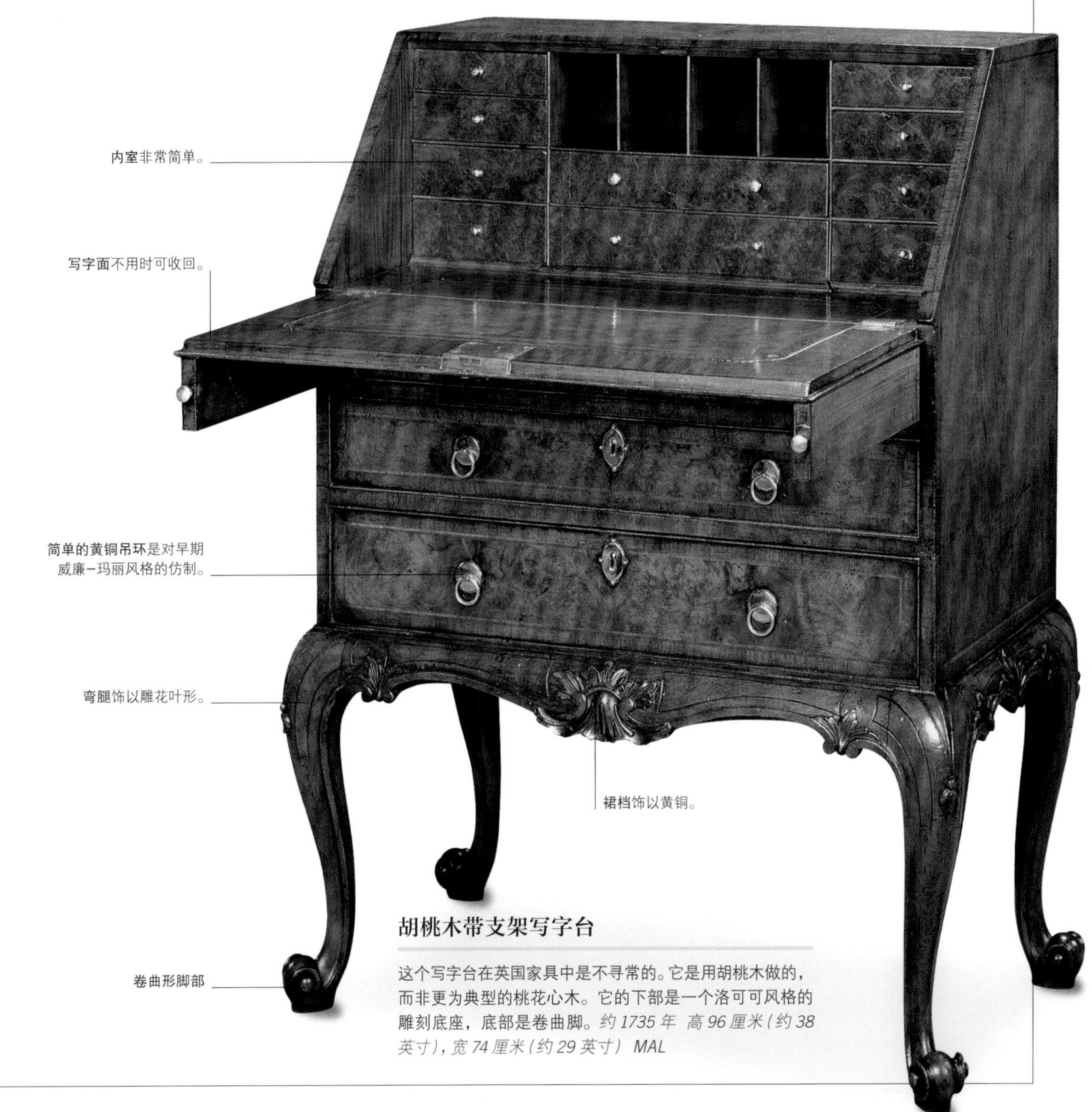

胡桃木带支架写字台

这个写字台在英国家具中是不寻常的。它是用胡桃木做的，而非更为典型的桃花心木。它的下部是一个洛可可风格的雕刻底座，底部是卷曲脚。*约 1735 年 高 96 厘米（约 38 英寸），宽 74 厘米（约 29 英寸） MAL*

美利坚：安妮女王

安妮女王一词不仅是指与之相关的英国家具，也用以描述在她去世后约1720年至1750年间美利坚殖民地范围内所生产的家具风格。

早在18世纪的波士顿，在英国受过训的制柜商们已能为富裕阶层制造较为复杂的家具。报纸等媒体所登载的广告为工匠们了解最新的时尚起到了推波助澜的作用。进口家具大量涌入，其中包括藤背椅、漆盘以及来自英国、荷兰与西班牙的镜子。

英国影响

美利坚殖民地出产的家具并未完全模仿英国的宫廷风，但与英国和荷兰的中产阶级的喜好很类似，这是因为其社区定居者主要由商人、农民和小店主构成，但高端的产品也有一定的市场。

到1725年，大多数家具制造商的主体人群是第二或第三代美国人，他们对传统样式作出全新的解释。但来自英国的影响改变不了设计因地域的不同而差别明显的情况。这些差异部分归结于各处殖民地的不同取材。

取材

这一时期桃花心木尤其受欢迎，而对中部地区而言胡桃木还是家具木料的首选，这种情况一直持续到18世纪80年代。枫木通常适用于新英格兰地区，因当时的家具喜欢突出其木材雕刻的纹理。樱桃木在康涅狄格州（Connecticut）受欢迎的程度自不待言，但其他本地木材同时也在使用。

家具风格

虽然人们对坐的舒适性要求越来越高，但用于制造软包的织物价格仍居高不下，所以这类家具比较罕见。工匠们使用皮革包覆好让座位更加光滑。安妮女王式椅子渐趋圆滑，并有坚固的、花瓶状的椅背靠板。竖框变得越来越圆，顶轨常饰以贝壳雕花。随着时间流逝，带撑架的车削腿转变为弯腿，但有些工匠仍一直制作后来不再时兴的车削腿。

早期的抽屉柜有贴面，但到18世纪50年代许多这类家具改由实木制成。原来18世纪流行的球形或扁圆形脚（*Bun foot*）为托架脚所代替，再后来变为球爪形脚。在有抽屉的高

高脚抽屉柜

源自波士顿，有老虎枫木和毛刺枫木贴面。木材的装饰图案通过上半部每个抽屉周围的交叉条纹而得以增强，这让它看起来像是两个抽屉而不是一个长抽屉。螺旋形“杯子和花瓶”腿连接了扁平的撑架。这是一个波士顿橱柜制造商的典型例子。*约1715年 KEN*

抽屉柜

产自波士顿，威廉–玛丽式风格，虽然它实际是18世纪初期的产品。带木瘤胡桃木饰面仿自英国的牡蛎贴面（*Oyster veneer*）图案。*1700–1720年 KEN*

落面写字台

产自波士顿，由桃花心木和松树次生木制成。桌子落面后有各种不同的抽屉，九个下部的抽屉有黄铜锁眼盖。垫脚。*约1750年 高112厘米（约44英寸），宽104厘米（约41英寸），深53厘米（约21英寸） BDL*

枫木餐桌

产自波士顿地区，这张桌子由黑漆枫木制成。它有一个带铰链的椭圆形的简单顶面，两边为半圆的活动桌面。裙档上带一个用于存储的抽屉。花瓶、卷曲的螺旋形腿末端为球爪形脚，并连接了同样螺旋形的撑架。不使用时，活动桌面可折叠，好让桌子可以靠在墙边放置。*约1715年 高73.5厘米（约29英寸），宽150厘米（约59英寸），深122厘米（约48英寸） NA*

脚柜（*Highboy*）上转木腿变成了弯腿，而檐口下的抽屉则消失不见。盖顶的山墙则更流行(但平顶仍然经久不衰)，并在上半部多出了一个抽屉。

放在卧室里的梳妆桌也被用作写字台。它和高脚柜自成一系，在一般人家里无疑是最为贵重的家什物件之一。带三脚座的卡扣桌得名于其台面下的拉手可以使之卡入位置，在各殖民地都有生产。这类桌子有圆或方形的台面，方便就餐、玩纸牌或写字时移动。带可折叠活动腿桌的车削腿餐桌即活动腿桌是一种较普及的家具。这些桌子直至18世纪中期一直很流行，大多难确认制作年代。

和欧洲相同，茶几在各个殖民地风行。贵重者由桃花心木制成，有优雅的弯腿——腿部终端则是垫脚，后来变为球爪形脚。

区域变种

不那么富裕的区域更乐于使用本地木材，而新英格兰与南方诸州追随英国风格，纽约地区则受到荷兰的巨大影响。纽约的家具工匠更乐于用方形和球爪形脚，很少用到撑架。在纽约，高脚柜并不普及，人们更愿意使用衣橱和双层衣柜（*Chest-on-chest*）。波士顿的家具商在写字台和抽屉柜上使用了前块状立面。这一特色可能源于果阿邦和马德拉群岛，早已为新英格兰的商人所熟知。

枫木扶手椅

这把扶手椅为约翰·盖恩斯的风格，产自新罕布什尔州的朴茨茅斯。镂空卷曲的顶冠为模压，其花瓶形椅背条为这个地区家具的典型特征。*1730—1740年 NA*

边椅

这把椅子是在费城制造的。它有安妮女王和齐本德尔的混合特点。背板是实心的安妮女王风格，但其立挺和座位的形状，以及椅子弯曲的前腿皆为齐本德尔式。*FRE*

安妮女王边椅

它被认为是约翰·盖恩斯（John Gaines）的设计作品——盖恩斯是来自马萨诸塞州的橱柜制造商。其枫木椅子的设计受到伦敦高背椅子的影响，有灯芯草做的座位和镶板，一个新的实心花瓶形椅背条，还有撑架和“西班牙”式脚。*18世纪初 NA*

托盘茶桌

这张茶桌是用桃花心木做的。其顶部模制边的设计是为防止喝茶时所使用的昂贵器具掉落。这件家具的细长弯腿有垫脚。*1740—1760年 KEN*

梳妆桌

产自萨勒姆（Salem）。饰以胡桃木饰面，其威廉－玛丽风格特点表现在螺旋腿和平板撑架的外形上。*1710—1730年 高76厘米（约30英寸），宽86厘米（约34英寸），深56厘米（约22英寸） NA*

美式齐本德尔

美利坚家具里所谓的“齐本德尔式”更多时候指的是其风格特征而非这类风格的实物。美式齐本德尔家具大约生产于1745年到1775年，在费城尤甚。

自18世纪30年代，多有工匠移民费城，随之而来的是新观念和欧洲新风尚。这导致了奢华风格的流行，取代了此前的新英格兰家具风格。那些最为时髦的家具出自苏格兰的托马斯·阿弗莱克(Thomas Affleck)之手。

时尚的主流

欧洲所流行的一些室内设计，例如在靠墙矮腿桌上放置镜子的做法，虽然在殖民地家庭里得到推广，但它们的实际应用比例较之欧洲是不多的。

带大理石台面的平板桌因使用了贵重的原料和繁复的雕刻非常昂贵。相比之下，次一等的替代品在新英格兰或南方出产，但其外框的雕刻品质也随之下降，且其腿部是矮胖的。餐桌在全美很受欢迎，有的带落地可折叠桌面。此类家具由各种原料制成，如桃花心木、胡桃木与枫木。在不大的房间里，酒馆桌很常见。这类桌子是把两三块木料用钉子固定在框架上，由弯腿支撑起来；台面整体悬在框架上面。纸牌与游戏桌也非常流行，这些种类的桌子也有弯腿，其膝部雕有贝壳形或花卉、叶形，有垫脚或球爪形脚。它们多数有四条腿，其中两条腿用来支撑打开后的桌面。在纽约也出现了五条腿的桌子类型。

到大约1745年的时候，较之安妮女王时代普遍用一体化椅背，边椅或餐椅的靠背更多是镂空的。齐本德尔式椅子一般会有方形座位和与外框严丝合缝的软包座位。边椅常常成套生产，有时作为扶手椅的配货。带软包的椅子很是舒适，但其织物昂贵的成本使得只有极富裕者才能负担起。带侧翼的扶手椅有保护醉酒者的功能。

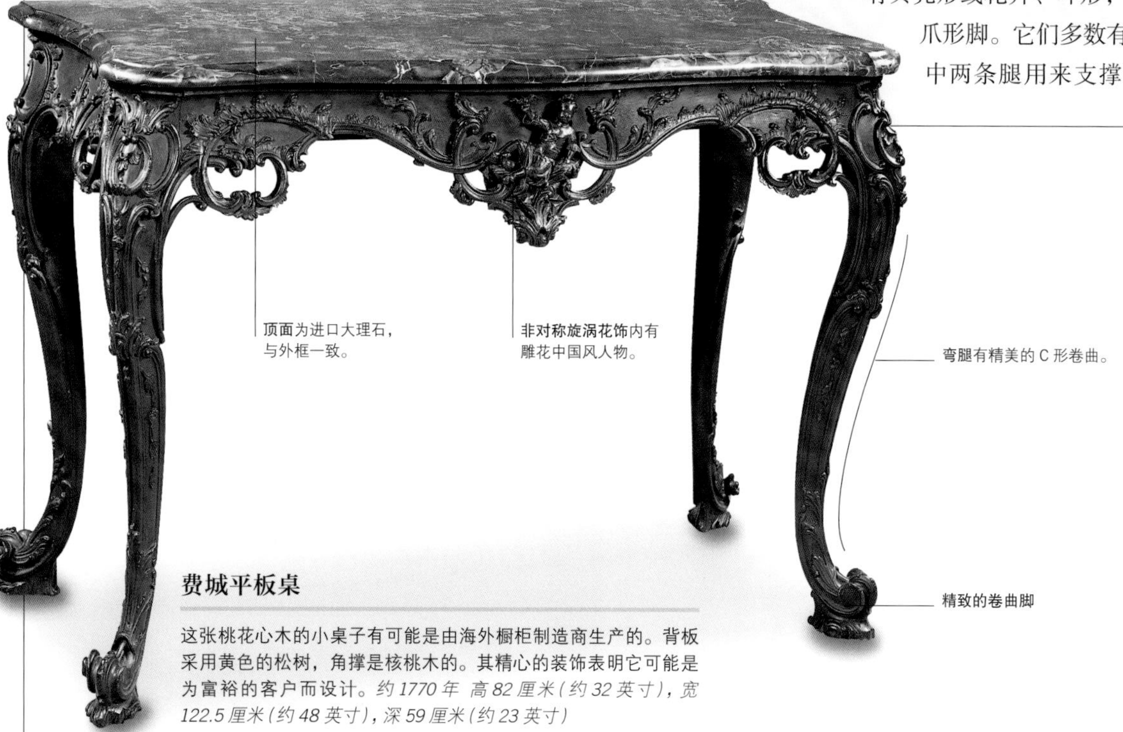

顶面为进口大理石，与外框一致。

非对称旋涡花饰内有雕花中国风人物。

弯腿有精美的C形卷曲。

精致的卷曲脚

费城平板桌

这张桃花心木的小桌子有可能是由海外橱柜制造商生产的。背板采用黄色的松树，角撑是核桃木的。其精心的装饰表明它可能是为富裕的客户而设计。*约1770年 高82厘米(约32英寸)，宽122.5厘米(约48英寸)，深59厘米(约23英寸)*

牌桌

新英格兰桃花心木餐桌中央有一个抽屉，用来盛放游戏道具。桌面打开后有方角，可给旁边的每个游戏者放置烛台。弯腿，膝部有雕花，球爪形脚。*约1760年 宽82.5厘米(约32英寸) NA*

斜面书桌

这张来自波士顿地区的桃花心木桌子有十二个传统的方形带锁的抽屉。同时它也带有时尚元素，如球爪形脚和中国风齐本德尔黄铜饰件。中央贝壳的主题与前脸横档的雕刻挂件一致。*约1770年 宽102厘米(约40英寸) Pook*

斜面书桌

这件桃花心木桌子两侧有黄铜把手以便搬运。木制抽屉拉手可能是替代品。这个经典的办公桌是由纽波特制造商(Newport，现位于美国罗德岛州南部)约翰·汤森德(John Townsend)制作的。其内室的方块与贝壳雕刻为纽波特独有。*18世纪 高107厘米(约42英寸) NA*

带翼扶手椅

这个桃花心木扶手椅来自马萨诸塞州。它有一个蛇形顶冠，翅膀形状斜背和外卷扶手，扶手椅整体有天鹅绒的软包——虽然最初可能是羊毛织物。前面的螺旋形撑架向内凹，前腿末为球爪形脚。*约1765年 NA*

其他类家具

在当时很受欢迎的是与抽屉柜和高脚柜相匹配的梳妆桌，但是到了18世纪60年代，这些被名叫"家用衣橱"的时髦英式家具所取代。抽屉柜一般有四个分层的抽屉，坐落在托架脚或球爪形脚上；而五斗橱当时还很少见。用来装饰寓所的新式家具，包括了脸盆架、烛台和水壶架。

装饰风格

该风格家具在装饰上往往与在欧式家具上的做法相类似，如饰以雕刻贝壳、叶子和垂尾麦穗、尾壳。然而，殖民地的家具往往不太华丽。除了镜子，镀金家具并没有在殖民地出现，只是偶尔用在了室内雕刻、杆头和球爪形脚等处。彩绘家具流行于港口城镇以外，反映了当地工匠们所属国家的风格。宾夕法尼亚州的德国社区生产出装饰性极强的彩绘家具，在陪嫁箱上面的表现尤其明显。

木材的选用和雕刻工艺与家具风格都有利于辨识家具的原产地。如在罗德岛纽波特的高达尔德-汤森家具学校（Goddard-Townsend school of cabinet-makers）所生产的贝壳雕刻、封闭式书桌、带书橱的写字桌，其特征令人很好判断出处。纽波特的家具制造商也乐于在爪榫下雕出球爪形脚。纽约家具商则在方形脚和球爪形脚上雕出深深的织带。

木料

本地家具商钟情桃花心木，而枫木和樱桃木则流行于新英格兰地区。在桃花心木被当作家具的木料之后，宾夕法尼亚和弗吉尼亚出产的胡桃木仍在家具上使用。次等木料来自本土，如白松、梓木、郁金香木、杉木、黄松与美利坚梧桐。由于殖民地木料非常丰富，所以饰面并不普遍。实木也不太容易受到气候变化。

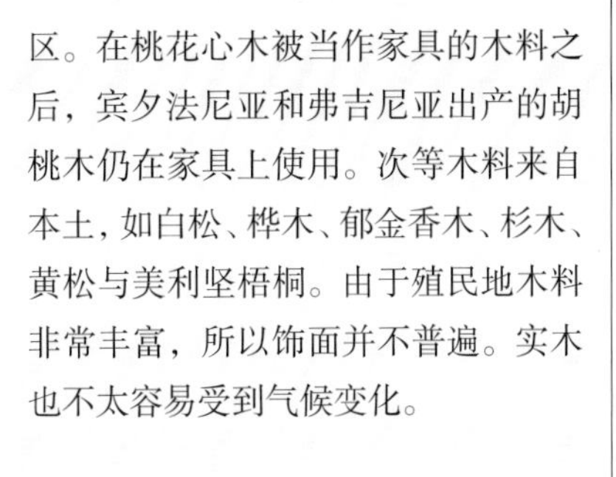

费城烛台架

桃花心木烛台架有倾斜的顶面，鸟笼式。螺旋支架延伸到一个压缩球上并分为三面弯底座，终止于滑脚。*18世纪初 高51.5厘米（约20英寸） FRE*

费城矮柜（*Lowboy*）

这一桃花心木雕刻矮柜镶嵌带凹槽的立柱。贝壳、葡萄和叶状雕刻装饰了中心的抽屉、裙档和弯腿。*1796年 高77.5厘米（约31英寸），宽90厘米（约35英寸），深53.75厘米（约21英寸） NA*

边椅

这把胡桃椅子与安妮女王风格有相似之处。实心的花瓶椅背和三叶趾形是费城安妮女王椅子中的典型样式，而突出的椅背耳朵、弯腿和方座位则表现出齐本德尔式风格。*约1745年 NA*

边椅

这把桃花心木椅子出自托马斯·阿弗莱克，有雕刻的顶冠、凹槽立挺、膝盖和镂空椅背。座位下的前腿卷曲，并终止于球爪形脚。*约1765年 高94厘米（约37英寸） BDL*

费城高脚柜

桃花心木的高柜子显然是来源于齐本德尔的家具图集，但这件作品的生产日期接近那个世纪的末尾。镀金的黄铜锁眼盖和雕刻的质量表明了受到齐本德尔的影响。山墙遵从了齐本德尔《指南》一书中书桌与书架的设计，但较低抽屉中央的雕刻则取自托马斯·约翰逊的壁炉架平板设计。*1762—1775年 高233厘米（约92英寸），宽113.5厘米（约45英寸），深62.5厘米（约25英寸）*

美利坚：南方各州

美利坚沿东海岸排列的南方诸州如马里兰（Maryland）、北卡罗来纳和南卡罗来纳都是英国殖民地，都以大规模种植为主要经济来源。

18世纪初，南方各州中最大的城市是南卡罗来纳州的查尔斯镇（Charles Town，被称为查尔斯顿 Charleston）。作为港口之一聚居许多富有的商人，他们都想要重建来自英国的时尚潮流。富裕的种植园主与其在英国的同胞开展贸易，并雇佣本地工匠以最新风格来建造自己的豪宅。进口的家具、设计图稿和遗民们都为引入家具新风格做出巨大贡献。

新样式

和新英格兰一样，新式家具的发展与家居变化以及中产阶级数量的增长相辅相成。在较大的宅邸里，不同房间有其具体功能，例如餐厅、读书室、管家房和卧室。

上部带有抽屉的衣橱与欧式大衣柜相似，而在北方流行的高脚抽屉柜在南方各州则很少见。

桌子种类丰富，有圆形或方形的折叠桌、早餐桌、牌桌、正餐桌、餐具柜和平板桌。餐具柜常会有大理石台面使其更符合餐厅的功能。如果台面是木制的，上面会安装盖板来避免木头和湿滑的物体接触。这些桌子的样式来源于英国家具——仿自进口货或是复制于家具图集。

梳妆台也用来写字或阅读，这与英国原型密切相关，但却与最初的新英格兰家具的抽屉设计样式绝不相同。南方版本的家具要么在桌面上有一个长长的抽屉，要么是有两个方形抽屉，其侧面中心另有一个长抽屉。腿部有垫脚，但不是球爪形脚。

椅子种类很多，有转木撑架和靠背以及带有粗糙座位的简单边椅，及带球爪形脚的豪华扶手椅，边椅（角落椅）如吸烟椅专为在马里兰、弗吉尼亚和北卡罗来纳州的绅士们而做。它们都有着带雕刻的靠背，有时会用皮革来做软包。

胡桃木扶手椅

马里兰州出产，源自齐本德尔式或与之类似的家具图集。它有一个蛇形顶冠，带卷曲耳朵，镂空背板，带贝壳的雕刻细节，弯腿。*1755–1770年 高105.5厘米（约42英寸），宽81厘米（约32英寸） SP*

桃花心木衣橱

产自东弗吉尼亚。上部柜体嵌入模压的下半部。有带凹槽角柱，齿拱飞檐和弯曲托架脚。门打开后有黄松木内室，分多个隔间。*约1760年 高184厘米（约72英寸），宽93厘米（约37英寸），深53.5厘米（约21英寸）*

茶桌

饮茶风尚引发本土茶桌制作市场的勃兴。

18世纪初，富有的美利坚人开始流行饮茶，由此导致南方家具商主要采用欧式手法来制造茶桌。

方桌一般有微斜边的长方形台面，直的转木腿和“按钮”脚，还有带雕花底边的横档。

中产阶级也乐于迎合品茶的潮流，到1750年，本土家具商和工匠们采用黑胡桃木、樱桃木和枫木来生产本地式茶桌。工匠们重新诠释了富人们所青睐的风格——往往是对威廉–玛丽风格和安妮女王风格的折衷结果，竭尽所能地符合当地口味。

1760年，圆茶桌成为流行趋势。典型样式有栏杆和立在三脚基座之上的列轴。垫脚的顶部边缘有明显的脊部，桌面下还带有一个大盘面。桌面通常坐落在一个成形体块上，而不是较早前流行的一个鸟笼形装置（圆拱结构）。

桃花心木托盘面茶桌 有托盘，突出裙档和弯腿，有茛苕叶饰雕刻的膝部和兽爪球脚。*1740–1760年*

边桌

这张弗吉尼亚餐桌有大理石桌面和不寻常的膝部分叉的腿，球爪形脚都朝前，有明显织带装饰。*1745–1760年 高65厘米（约26英寸），宽69厘米（约27英寸），深47厘米（约19英寸）*

齐本德尔式椅子出自城乡工匠之手。镂空靠板多种多样，所有椅子都有方形座位和成型后腿。这些椅子通常比英国原型要狭小。

就地取材

从历史上看，南方家具经常与英国的家具相混淆。鉴定一件家具的产地，通常最好的办法是看其所用的木材类型。大多数情况下，人们可以通过分辨被漆饰过的二流木材来辅助确定其产地。南方各州出产的二流木材包括郁金香木——特别是用在桃花心木和胡桃木家具的抽屉内部；桉木、黄松木、落羽杉都具有很好的防腐性，所以特别适合南方炎热和潮湿的气候。上等的木材如桃花心木进口而来，并在1730年的查尔斯顿地区使用；核桃木则成为南方城市的首选。

边椅

这是一对胡桃木和黄松木制成的椅子中的一件。顶冠中间有一个贝壳的雕刻位于椅背条的中心。前方弯腿末为三趾形脚。*18世纪中叶 高100厘米（约39英寸），宽50厘米（约20英寸）*

圆面餐桌

这张弗吉尼亚的产品基于英国的设计，因其有折面所以可以很容易地移动并靠在墙上。腿的形状及黄松木的使用表明了产地。*1690–1740年 高81厘米（约32英寸），宽122厘米（约48英寸）*

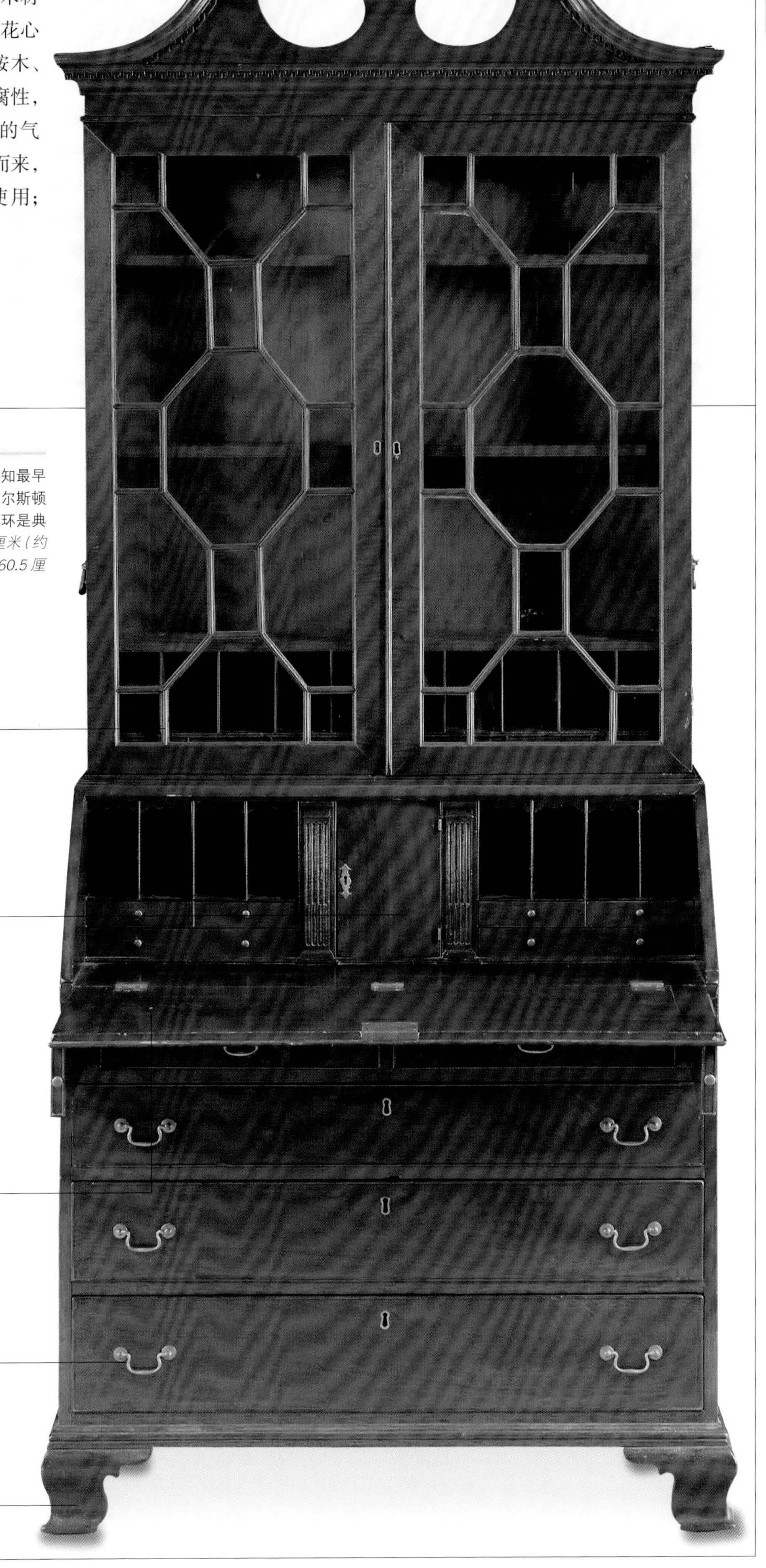

写字台书柜

这个桃花心木写字台书柜被认为是美国已知最早的中国风哥特式花格家具。这件类似于查尔斯顿生产的其他四件家具。在山墙上雕刻的花环是典型的查尔斯顿风格。*约1760年 高244厘米（约96英寸），宽109厘米（约43英寸），深60.5厘米（约24英寸）*

家具家族的新品种

在18世纪，人们对生活更加轻松与闲适的要求在富有和有闲阶层中日益增长，这就使得家具添加了更多的新品种。

写作与游戏的流行对家具的设计产生重要影响，许多新式写字桌和写字台被创造出来，常常放在卧室而非接待室。除了服务书写这类特定功能的写字台之外，其余写字台台面都与其他类型小桌相结合，其中就包括了梳妆台。

游戏桌因为棋类和纸牌游戏的流行而得以发展，最精美的家具将为不同种类游戏而设的不同台面结合在一起。18世纪，人们对新奇事物的迷恋，导致了许多看似平常但别具内涵的另类家具的涌现。

水壶架与茶几的设计满足了饮茶和喝咖啡等时尚生活的需要。和小型休闲桌（*Occasional table*）一样，这些家具轻便易于移动，不用时一般会放在屋中靠墙位置。

舒适性在18世纪的家具设计中成为重要的考虑因素，皆因人们更乐于交流和参加非正式的社交集会。掌握权势的女性，例如路易十五的情妇蓬巴杜夫人就是很有影响力的赞助人兼沙龙主办者。在她的沙龙里，宾客们喜欢热议文学、科学和艺术。新式椅子、沙发和带有轻雕刻靠背的长靠椅，都有平板或软包的座位、靠背、扶手来增加其舒适度——定制者似乎不去考虑昂贵的用料成本。这些新式家具的设计图稿通常会向人们展示如何使用家具的特定部位，并对家具的规格尺寸做出说明。

乔治二世游戏桌

这张桌子桃花心木材质，有四条腿，其中一条可以活动来为台面提供支撑。带三个铰链的顶面是一个粗呢牌桌面，其四角有方形凹槽来放置烛台，另一个镶嵌的表面可玩五子棋等游戏。*约1740年 高85厘米（约33英寸） NA* ④

水壶架

这个英式桃花心木水壶架有一个实心边廊以阻止水壶从桌面滑落，三脚基座上有立柱、凹槽和螺旋球爪形脚。精心设计的这类架子上有银色制成的托盘以与顶部的壶及酒精炉相配。但随着时间的推移，这类家具往往早已遗失不见。*约1750年 高61厘米（约24英寸），直径29厘米（约11英寸） L&T* ⑤

“花”式墙角柜

这一路易十五的墙角柜（*Encoignure*）装饰了花朵和树叶形的黄檀镶嵌。它有一个四等分的大理石面，下为两门，一个裙档和短的弯腿。嵌件提供了附加的装饰。*约1750年 高93厘米（约37英寸），宽76厘米（约30英寸），深53厘米（约21英寸） GK* ④

梳妆写字台

这件难得一见的家具有一长六短七个抽屉，前面凹处有小抽屉和一个柜子。桌子绿色背景上有丰富的漆金中国风图案，并有黄铜基座和托架脚。*约1720年 高83厘米（约33英寸），宽78厘米（约31英寸），深48厘米（约19英寸） MAL*

英式写字台

桃花心木写字台有高的弯腿而非一般梳妆台所常见的短腿。桌子顶部有一个皮革覆盖的书写面。前面的两条腿可折出来以支持中楣抽屉，并展示出滑面和小隔间。*约 1745 年 HL* ⑥

法式淑女写字台

这件小的路易十五式写字台有黄檀木贴面和缎木细工镶嵌，有五个抽屉和弯腿。较少使用嵌件标志着它出自 18 世纪中叶，而不是世纪初期的作品。*约 1750 年 高 96 厘米（约 38 英寸），宽 101 厘米（约 40 英寸），深 52 厘米（约 20 英寸） GK* ④

法式淑女写字台

写字台带弧面，用黑漆装饰。装饰图案相当疏朗，这是典型的日本风格。家具上印有著名家具商彼埃尔·拉兹的名字。*约 1750 年 高 98 厘米（约 39 英寸） GK* ⑨

中国游戏桌

这一罕见的紫檀桌来自广州，矩形顶部分为两块，带有铰链所以可以打开。展开的桌面可藏在裙档里面。内部包含几个游戏面，其中有一个五子棋盘面。弯腿膝处有雕刻，末端为球爪形脚。这件家具可能是为出口而做。*约 1775 年 高 82 厘米（约 32 英寸），宽 139 厘米（约 55 英寸），深 70 厘米（约 28 英寸） MJM*

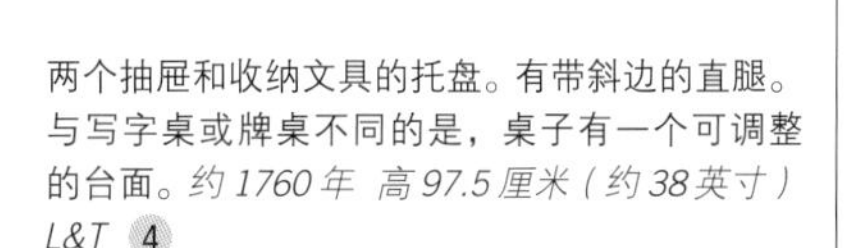

乔治二世制图桌

当桌面关闭时，这张桃花心木桌子看起来和普通牌桌没什么区别。然而当折叠式顶面打开后会展现一个可绘图和写字的倾斜台面，其下有两个抽屉和收纳文具的托盘。有带斜边的直腿。与写字桌或牌桌不同的是，桌子有一个可调整的台面。*约 1760 年 高 97.5 厘米（约 38 英寸） L&T* ④

英式长椅

这张桃花心木沙发背板的设计来自于两个椅子的靠背。座位是火焰形针脚的图案，这种中世纪的纹样得到了同时代纺织业的青睐，常用在窗帘和床的垂幔上。弯腿，球爪形脚。*约 1755 年 NOA*

法式长条沙发

这张路易十四式挂毯覆面的核桃木长椅是一整套家具中的一部分。博韦毯或刺绣生动地描绘了对比大胆的花、树叶、鸟类和松鼠。有八条弯腿，膝处雕有贝壳和树叶。*约1715年 高112厘米（约44英寸），宽173厘米（约68英寸），深91.5厘米（约36英寸） PAR*

意大利彩绘长条沙发

这张小而软的沙发基于法国的椅子设计，但意大利的制造商在腿部顶端和椅子横档的中心部位增加了许多雕花。这件家具比法式沙发略大，曲线也更为奢华。*约 1760 年 高 88 厘米（约 35 英寸），宽 130 厘米（约 51 英寸） NAG* ④

五斗橱

五斗橱的走红始于约1700年的法国，其造型成为18世纪的家具代名词。起初五斗橱的宽度一直大于高度，并且有时宽得稍显夸张。五斗橱的外形有雕刻和隆面，以及轻微外斜的八字腿。

当时盛行的五斗橱有大理石台面，与壁炉架相匹配。在它们顶部一般装有穿衣镜，不是冲着壁炉架就是立在接待室的窗户之间。每一个国家都创造了自己版本的五斗橱，在形式和装饰上更加多样化，使用在不同的房间中。路易十五式五斗橱通常有三个大抽屉，但上部的抽屉有时会分为两个抽屉。抽屉分格往往看起来像法国家具。路易十五式五斗橱一般以橡木或胡桃木制成整体及贴面，并用镀金嵌件来保护贴面。

路易十六式五斗橱的雕刻较少，腿部较短且外形好似旋转的陀螺。它们由胡桃木制成并有由海外木料如郁金香木、紫罗兰木或缎木等制成的贴面，多以黑檀和桃花心木镶板来增强装饰效果。

意大利五斗橱

这件米兰的五斗橱装饰有象牙，镶嵌在橄榄木和横向饰面中。模制件，抽屉分隔带、框架和腿部被染成类似乌木的颜色。镶嵌顶部图案描绘了神话中的女神。*约1760年　高102厘米(约40英寸)　LT* ⑥

美式五斗橱

这件大理石台面五斗橱由桃花心木、白松木和栗子树木制成，配有黄铜抽屉拉手和锁眼盖。这类五斗橱在殖民地家具中极为罕见。*约1760年　高88.3厘米(约35英寸)，宽93.3厘米(约37英寸)，深54.6厘米(约21英寸)*

巴黎式五斗橱

双抽屉形状是路易十五式设计的标准配置。这件作品的正面饰有花鸟镶嵌细工图案，两侧则为几何图案镶花板。箱体正面是无缝一体的图案，抽屉之间的界限是精心设计的。腿和箱体呈弯曲状，但弯度不如路易十五式家具。像路易十五的家具一样，镀金–青铜嵌件可以保护脚和贴面。*约1760年　高85厘米(约33英寸)，宽128厘米(约50英寸)，深60厘米(约24英寸)　GK* ⑦

瑞典五斗橱

这件有三个抽屉的五斗橱出自C.G.Wilkom之手，有路易十六式的短腿但并非当时流行的鞋头式的包脚。箱体顶部的夸张曲面为当时所罕见。*约1776年　高79厘米(约31英寸)，宽80.5厘米(约32英寸)，深46厘米(约18英寸)　BK* ④

瑞典式曲面五斗橱

虽然它的灵感来自法式五斗橱，但这个瑞典作品的抽屉部分通过镶嵌以及锁眼盖和加装把手来强调其特色。*约1750年　高83厘米(约33英寸)，宽103厘米(约41英寸)，深48.5厘米(约19英寸)　BK* ④

法国民间五斗橱

来自各省的橱柜制造商模仿巴黎时尚潮流，但经常使用更为便宜的材料。这件来自波尔多的橱柜采用胡桃木制成，而不是镶有珍贵木材，在手柄和锁眼盖周围有巧妙的切割框架。镶板的侧面和脚形成S形曲线。*约1760年 宽124.5厘米（约49英寸） SL* 3

德国五斗橱

这件橱柜由德国制造商马修·芬克（Matthäus Funk）制作，比大多数法国产品更加突出了抽屉之间的分隔，每个抽屉底部均有镀金。整个柜子用天然核桃纹理作装饰。*约1760年 高104厘米（约41英寸），宽61厘米（约24英寸），深84厘米（约33英寸） GK* 4

德累斯顿民间五斗橱

这个橡木橱柜是早期撒克逊人的家具例子。它有着蛇形前部和雕刻底部，是典型的橱柜形式。锁眼盖的设计非常简单，且有法式托架脚，及弯曲形腿。*约1750年 高87厘米（约34英寸），宽125厘米（约49英寸），深66厘米（约26英寸） BMN* 2

意大利彩绘五斗橱

这件双抽屉的橱柜上装饰着理想化景观中的贵族人物，类似于华托的洛可可画作（见第78页）。程式化的叶子图案点缀在裙档、侧面和腿上。腿的形状类似于路易十五式的弧形弯曲风格，但不太明显。*约1765年 高90厘米（约35英寸），宽116厘米（约46英寸），深64厘米（约25英寸） GK* 6

英国齐本德尔式五斗橱

这件桃花心木的橱柜有三个橡木里衬抽屉。洛可可风格的黄铜镀金摇摆手柄和锁眼盖不是原版的。这件作品有着洛可可雕刻楣，前面模制的蛇形角上有雕刻的叶子。前腿饰有旋涡花饰，脚部雕刻着发散开的叶子。*18世纪中叶 高97厘米（约38英寸）WW* 7

德国五斗橱

这件核桃木和果木材质橱柜蛇形、隆面，装饰有精美的镶嵌细工。锁眼盖、抽屉拉手和脚都装饰有镀金，青铜支架。这件作品可能是由著名的斯宾德兄弟（Spindler brothers）为腓特烈大帝的宫廷制作的。*约1765年 高89厘米（约35英寸），宽160厘米（约63英寸），深63厘米（约25英寸） NAG*

法国五斗橱

这件胡桃木橱柜有蛇形前脸和同样形状的裙档。与典型的法式橱柜一样，顶面由大理石制成。三个抽屉装饰有黄铜拉手和锁眼盖。弯腿卷曲脚。*18世纪中叶 高91厘米（约36英寸），宽121厘米（约48英寸），深60厘米（约24英寸） PIL* 4

德国民间五斗橱

这件蛇形橱柜用胡桃木镶饰，抽屉周围饰有不同颜色的单板。洛可可风格锁眼盖，不对称的穿孔附件。像大多数乡下橱柜一样，没有大理石台面，而是木头贴面。腿部略微呈弧形。*约1750年 宽127厘米（50英寸） BMN* 4

土耳其抽屉柜

这件抽屉柜受不同风格的影响。它结合了橱柜的蛇形以及18世纪出版的家具图集中图书馆桌子的巨大形状和抽屉配置。精心雕刻的柱子增加了装饰功能。*约1750年 高47厘米（约18英寸），宽92厘米（约36英寸），深46厘米（约18英寸）* 4

高脚柜

高脚柜和矮柜最早出现于英国，但到1730年高脚柜仅见于美利坚殖民地。这两种家具通常成对在卧室使用。

矮柜在英国被称为梳妆桌，在一个提供整理之用的台面下有若干个抽屉，长腿可方便操作抽屉。人们坐在其边上也会很舒服。矮柜没有可以上锁的地方，这也说明了藏在其内的东西并没有像配有锁具的高脚柜所藏的那样珍贵。高脚柜上部有时会悬挂一面镜子，或者镜子就安装在其台面之上。

在英国，人们一般把矮脚支撑的由多个抽屉组成的类似高脚柜的样式叫作双层柜。这些组合式家具在美利坚受到了追捧，被人们看作是财富的象征。在美国的文化遗产中扮演了重要角色。每块殖民地都有其不同的家具风格，深受本土原料和制造者原生文化的影响。

平顶高脚柜是人们用来展示装饰品的，制造者也在抽屉顶部加装了隔板，好让人们拉开后可以看到里面的瓷器和其他宝贝。到18世纪中叶，在抽屉顶部塑形的做法非常流行，而极品的家具上则雕刻有山墙和尖顶装饰。

英式高脚柜

这件本土的乔治一世五斗橱是橡木和灰木做的。上部有一个平的飞檐，下为两个短抽屉和三个长抽屉。下半部有五个抽屉。它具有时尚的弯腿，但也有蝙蝠形的黄铜锁眼盖和在世纪之初颇为流行的拉手。*约1720年 MAL*

马萨诸塞高脚柜

产自马萨诸塞州北岸，由当地枫木制成。这是类似于这个时期的英式五斗橱。平的檐口可能被用来展示珍贵的陶瓷或玻璃器。弯腿和锁眼盖为安妮女王风格，这显示它属于世纪中叶的产物。*约1750年 高185厘米（约73英寸） NA* ④

山墙外形为典型的壁炉罩顶。

边缘的瓮瓶可见古典的影响。

中间的图案雕为贝壳形，在矮柜上较常见。

蚀刻的黄铜锁眼盖

矮柜没有锁具。

弯腿支撑整件柜体。

雕花贝壳与整件一致

涂漆的图案与高脚柜一样。

螺旋垂饰有雕花和镀金，与高脚柜一致。

波士顿高脚柜与矮柜

有涂漆，产自波士顿，枫木，内部为白色松木。黄铜锁眼盖为安妮女王的风格，但带有早期风格的雕刻。这样的波士顿柜子生产于1747年，弯腿成为搞清其具体年代的标志。这个柜子是已知的八个带涂漆波士顿弯腿高脚柜中的一个，与其他的矮柜正好形成了高低搭配。*1747年 高178.5厘米（约70英寸），宽100.5厘米（约40英寸），深53厘米（约21英寸）*

康涅狄格高脚柜

这件五斗橱是樱桃木做的，这一材料受到了康涅狄格州家具商们的青睐。这个锥形卷曲脚是西班牙脚中的一个变种，为美国家具所流行。康涅狄格州的家具经常结合了多个特色，如一对或三个西班牙脚和三重模压檐口。*约1730年 高193厘米（约76英寸） NAO*

宾夕法尼亚高脚柜

上下两侧饰有凹槽的立柱，在弯腿中心刻有贝壳。三趾形脚一般只在新泽西和宾夕法尼亚的家具上出现。*约 1730 年 高 190.5 厘米（约 75 英寸），宽 107 厘米（约 42 英寸），深 58.5 厘米（约 23 英寸） NAO*

扑粉台和梳妆台

高脚柜和矮柜从法国的女性家具中汲取灵感，发展为可供修饰假发和化妆的家具类别。

法语单词“poudreuse”的意思是“粉”或“尘”。它用于家具时是指桌子上给头发扑粉的地方。这些时尚的法国家具后来演变成梳妆台、矮柜，最终变成高脚柜。一个这样的家具通常有一个大理石顶部，打开后可见在架子上立起的镜子。镜子下面有放粉和假发的隔室。随着面部化妆的愈加流行，“poudreuse”演变成一块更大的即所谓的小梳妆台。它经常被饰以花卉镶嵌细工。

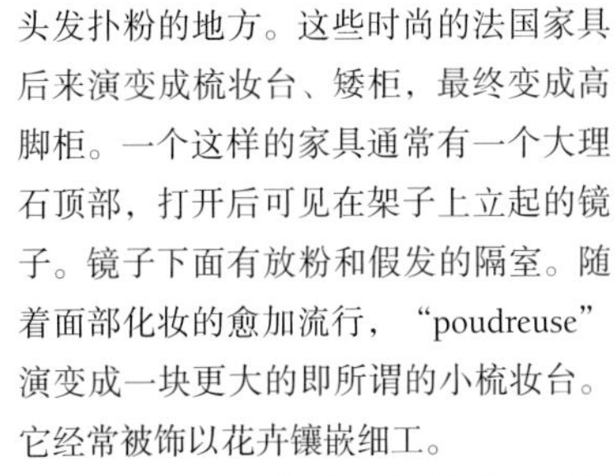

18 世纪末，供绅士使用的带有书写桌面和放置墨水瓶的小梳妆台应运而生。

巴黎小梳妆台（*Coiffeuse*）有隐蔽的隔间和一个皮革的写字滑面。这件作品被用在女士的房间。*约 1760 年 高 86 厘米（约 34 英寸），宽 47 厘米（约 19 英寸），深 74 厘米（约 29 英寸） GK*

法式小梳妆台 上半部有三个假抽屉，当顶部中央抬起时可打开一面镜子。*约 1750 年 高 70 厘米（约 28 英寸），宽 82 厘米（约 32 英寸），深 50 厘米（约 20 英寸） NAG*

英国梳妆台

这件桃花心木梳妆台有四个抽屉。与法国同类家具不同的，这些抽屉是一个整体并不分隔室。*约 1750 年 高 71 厘米（约 28 英寸），宽 76 厘米（约 30 英寸），深 47 厘米（约 19 英寸） POOK* ④

胡桃木矮柜

这件来自特拉华山的家具有四个大小相等的成对抽屉——这一配置颇受中部殖民地的青睐。弯腿末为西班牙脚——这是这个地区和新泽西家具的共同特点。*约 1760 年 高 79 厘米（约 31 英寸） POOK* ⑥

纽约高脚柜

这件柜子是胡桃木做的，该木材为纽约橱柜制造商在 18 世纪 20 年代到 30 年代所常用。其大小比例为纽约地区所流行：它小巧的上半部有四个长抽屉（单顶抽屉似乎是分开的），下半部有三个抽屉。*约 1730 年 高 104 厘米（约 41 英寸）NA* ③

康涅狄格高脚柜

这件齐本德尔式柜子为樱桃木的。上节山墙两侧终端有曲线和六个抽屉。下部分由一个长抽屉和三个短抽屉组成，其中一个短抽屉有中央扇雕。这件作品有螺旋形吊坠和弯腿。*约 1750 年 高 180 厘米（约 72 英寸） POOK* ⑥

费城高脚柜

来自费城的高脚柜往往有大量雕刻和精美的装饰。上半部有带花形末梢的天鹅颈山墙，这在英国很受欢迎。弯腿的瓮瓶和火焰形，以及莨苕叶形雕刻是典型的新古典主义样式。*约 1760 年 高 206 厘米（约 81 英寸） S&K* ④

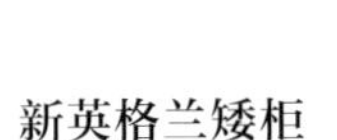

新英格兰矮柜

整件有胡桃木镶面。单个长抽屉，里面有内室，下部有三个短抽屉，这属于一种典型的新英格兰式类型。高拱形的裙档装饰了带顶尖的末端，弯腿做支撑。*约 1735 年 宽 82.5 厘米（约 32 英寸） FRE* ⑤

桌子

不断变化的社会风俗促进了 18 世纪初期许多新型桌子的诞生。小型社团的娱乐诉求需要更加轻型的、便于挪移的桌子，这样就可以放在任何想要的地方。于是满足各种具体需要的桌子应运而生：例如牌桌、茶几和书写桌。

牌桌主要由英国改进而来。在 18 世纪早期，牌桌基本上是带有可以折叠台面的方桌。鉴于牌桌是收起来靠在墙边的，所以只有前裙档和腿部带有雕刻。台面的边缘一般是中空的，可以盛放纸牌、碎屑或烛台。

写字桌往往配有天鹅绒或皮革的书写表面。女用写字桌很小，用有倾角的顶部和抽屉存放书写材料。这些桌子也可用来做刺绣或其他针线活。男用写字桌即法国所称“写字台”，相比之下会更大，且有平的台面和储物的抽屉。

无论玄关桌还是窗间矮几都是作为室内陈设的整体考虑而设计出来的。玄关桌通常仅在前部有支架，因为其后部是贴墙而立。矮几靠墙固定，但它们一般体型较小且有四个腿。按照传统，它们立在窗户或门之间，上方常有与之匹配的镜面，被称作矮几镜（*Pier glass*）。这两种类型的桌子往往精心饰以雕刻和镀金，并以大理石装饰其台面，但整体设计普遍比 17 世纪较受青睐的巴洛克风格更为轻快。它们融合了洛可可风格中非对称的自然图案。

底座桌（*Pedestal table*）呈圆柱形状，并有三个八字腿。桌面的风格是多种多样的。这些桌子一般置于餐厅，用来托举陶瓷。

三足烛台一般有小而圆形的台面。更大一些的三足桌被称作茶几，其中最佳者有扇形（*Scalloped*）的台面。其边缘模压成型，并有精致的雕花立柱和脚。

瑞士玄关桌

这张镀金桌子可能是在伯尔尼制造的，在雕刻的镂空框架上方有一个大理石台面，上面有洛可可卷曲、树叶和不对称的贝壳。望板和撑档都刻有不对称的旋涡花饰。*约 1765 年　高 83 厘米（约 33 英寸），宽 36 厘米（约 14 英寸）　GK* ④

德国矮几（*Pier table*）

这张矮几有洛可可和新古典主义元素。桌面由大理石制成，中楣饰有风格化的希腊回纹。它由四个雕刻的弯腿支撑。*约 1760 年　高 89 厘米（约 35 英寸）宽 46 厘米（约 18 英寸），深 81 厘米（约 32 英寸）　GK* ④

德国橡木桌

橡木镶嵌胡桃木而成，法国巴洛克风格，顶部桌面镶嵌有西洋李木、樱桃木和枫木，采用交叉环绕的几何镶嵌图案。有一条横向浅楣，通向带有球脚的雕刻的弯腿。腿由彼此平行的木架连接。*18 世纪　宽 138 厘米（约 54 英寸）　BMN* ⑥

法国摄政式办公桌

这张书桌是用黑檀木和黄铜镶嵌物制成。蛇形青铜框架，前面三个抽屉，后面一个假抽屉。桌子饰有马蹄形镀金底托，弯腿。*约 1720 年　高 74 厘米（约 29 英寸），宽 150 厘米（约 59 英寸）　GK* ③

嵌入的金色皮革覆盖了整个顶面。

角和边用镀金面具装饰。

腿部为曲线形。

马蹄形的镀金底托用来保护脚部。

英式边桌

这张小型边桌由橡木和果木制成。它有一个狭窄的带状抽屉，位于起伏状望板上方。桌子竖立在略微变细的腿上，有垫脚。*约 1750 年　高 69.5 厘米（约 27 英寸）　DN* ①

西西里边桌

松木镀金，大理石桌面。中楣下涂漆玻璃板模拟蓝灰色玛瑙。带有新古典主义符号，如蛋和镖、月桂叶饰条和狮子面具以提供装饰。锥形腿上有茛苕叶饰，表面为玻璃镶板。*18 世纪 高 96 厘米（约 39 英寸），宽 126 厘米（约 50 英寸） TNH*

木制涂金边桌

这张法国自然保护区的桌子上有大量的涂金。顶部由古色古香的红色大理石制成。楣和腿精心装饰着雕刻的树叶，上面有若虫的头部。这张桌子是一位英国绅士为他的乡间别墅而买的。*约 1725 年 高 84 厘米（约 33 英寸），宽 110 厘米（约 43 英寸），深 72 厘米（约 28 英寸） MAL*

木制涂金边桌

这款有大理石顶部的涂金木桌可能是德国人制作的，有华丽的雕刻外观和裙档，每侧都有洛可可式样的火焰和花朵。曲线腿，有雕刻的膝部装饰着大胡子的面具。*18 世纪 高 80 厘米（约 32 英寸），宽 124.5 厘米（约 50 英寸），深 70 厘米（约 28 英寸） HL* 7

英式茶桌

这张乔治二代茶桌有一个六角琴机械装置，这意味着当两部分机动平板打开时，将显示用于游戏的隔间。曲线腿，爪球脚。*约 1750 年 宽 96 厘米（约 38 英寸） DN* 3

德国桌

这张简单的桌子，在镶嵌有花卉图案的顶部下面有一个小抽屉。它足够小，可以轻松移动，并且能满足许多用途。*约 1760 年 高 95 厘米（约 38 英寸） BMN* 3

路易十五写字桌

这是一张法国写字台，顶部有凸起的黄铜边缘。侧面和脚部装饰有镀金支架。不对称锁眼盖是典型的洛可可风格。*约 1750 年 高 70 厘米（约 29 英寸），宽 60 厘米（约 24 英寸），深 41 厘米（约 17 英寸） BK* 4

美国茶桌

这张白色桌子由彩绘枫木制成。矩形顶部有突出模制边缘，带抽屉的成形裙档。楣角沿着弯腿的尖锐边缘向下，通向垫脚。*约 1740 年 高 70 厘米（约 28 英寸） NA* 5

竖面桌

这类多用途桌子是饮茶休闲时最为理想的家具。

带可倾斜桌面的桌子有三个部分：顶部下方有一个“鸟笼”式的机关，可使桌面倾斜和旋转；还有一个用三脚架支撑的柱子；桌面可倾斜为竖面，以便靠墙而立。

桌面有唇边，用以保护桌面上贵重的东西不掉落，例如瓷杯。因外形而得名的“鸟笼”部件虽源自英国，但在北美更为常用。顶部和底部的鸟笼安有一个铁的抓手用以固定桌面的位置。支撑柱用一个可移动的楔子铆定到鸟笼装置上。桌子的各个部分来自不同的工匠，最后由制柜商完成组装。

产自费城的竖面桌被认为是同类产品中最好的。其中的精品采用实木，这也使得很难把它们与英国的同类区别开来。

机关细部

鸟笼形装置

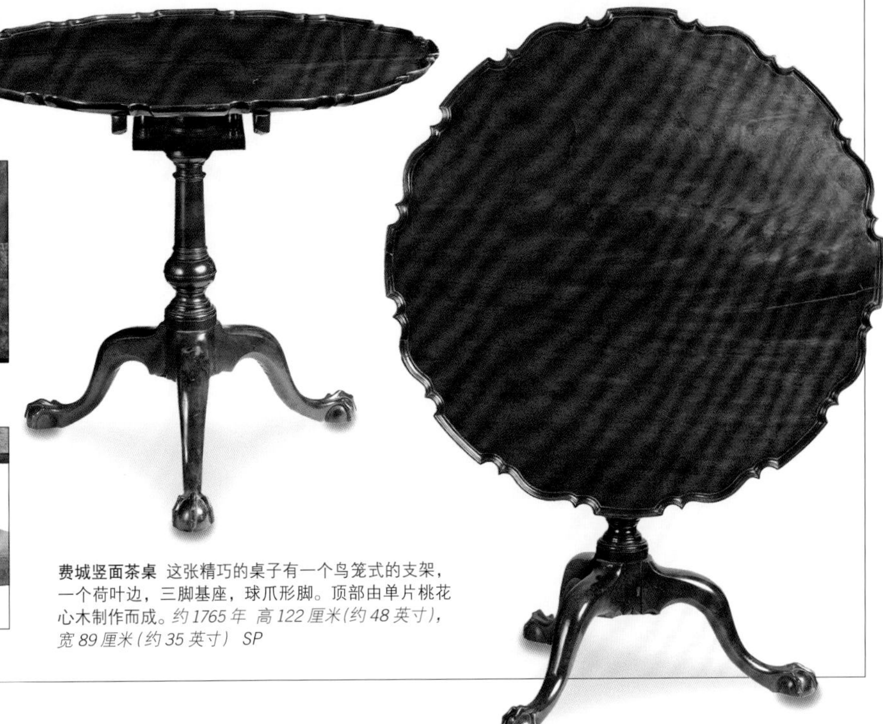

费城竖面茶桌 这张精巧的桌子有一个鸟笼式的支架，一个荷叶边，三脚基座，球爪形脚。顶部由单片桃花心木制作而成。*约 1765 年 高 122 厘米（约 48 英寸），宽 89 厘米（约 35 英寸） SP*

椅子

18 世纪初期，安妮女王式椅子常有一体式、狭长的椅背靠板，一般是花瓶或呈纺锤体的栏杆柱形，与后背横档中央接榫。外框常又直又窄，有圆滑的肩部；座位是半球形或球形的软包。

安妮女王式椅子一般由胡桃木制成，但产自本地的这类椅子有时是榆木或橡木制成的。它们有轻微的弯腿和垫脚。最早的原型有扁平或转木撑架。

18 世纪中期，方形座位变得更加普遍。椅背横档更加浅薄且呈心形，中心位置通常刻成贝壳形。椅背上为蛇形波浪顶轨，末端呈涡卷或螺旋形，椅背靠板变得更宽，上端有时有卷曲的耳朵，与顶部档板的交叉点很近。在一些极其精致的家具范例中，椅背靠板的边缘雕有图案。

弯腿的膝部更加明显，且经常雕刻有贝壳或果壳形，其下或连带有蜗形雕刻。多数椅子仍是垫脚，但球爪形脚在约 1725 年的英国首度出现，在美利坚殖民地则出现于 1740 年。

那个时期，中国家具工匠们所制作的家具风格与欧洲市场上的畅销货并无多大区别。

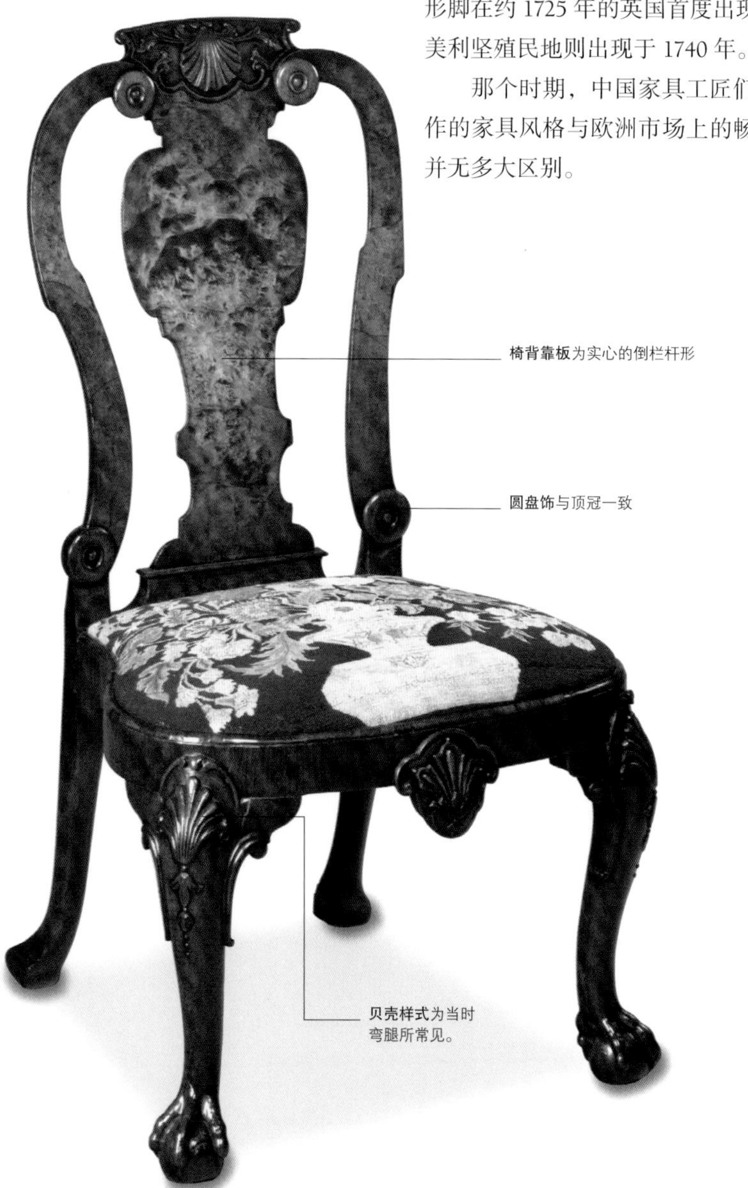

英式边椅

这是一个乔治一世风格的极品。椅背靠板为实心的倒栏杆形，插入座位。圆形的椅肩上形成一个连续 S 形的卷曲，末端为蜗壳形。顶冠有雕花装饰，腿部膝处同此。圆形座位有刺绣装饰的花边。座椅横档前面中间有一个椭圆形的旋涡花饰。前面的弯脚为球爪形脚，后腿为方块脚。这种类型的椅子遍布英国、欧洲各国和其殖民地，具体情形根据客户的需求而有所不同。*约 1720 年 高 105.5 厘米（约 42 英寸），宽 57 厘米（约 22 英寸），深 61 厘米（约 24 英寸） PAR*

英国边椅

这是安妮女王风格边椅的早期例子。背板是实心的，肩部和门柱略微弯曲，座位是气球形的。椅子由约翰·约克（John Yorke）设计和制作。*约 1710 年 高 114 厘米（约 45 英寸），宽 53.5 厘米（约 21 英寸），深 58.5 厘米（约 23 英寸） PAR*

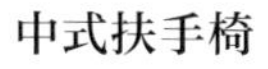

中式扶手椅

这把开放式扶手椅由坚固的紫檀木制成，融合了各种不同的元素。坚固的横条木板背部，肩部下方的扶手框保持笔直。张开的弯曲腿比欧洲的类似产品短。*约 1740 年 高 109 厘米（约 43 英寸） B&I* 4

美式边椅

这把来自马萨诸塞州的胡桃木椅子混合了多种风格。它具有的纤薄背部和转木撑架，在 18 世纪初很受欢迎，而方形的光滑座位和弯曲的腿部在中世纪更为典型。它代表了安妮女王与齐本德尔风格之间的过渡。*约 1745 年 NA* 4

秘鲁扶手椅

这把桃花心木椅子体现了洛可可风格。顶轨具有不对称的中央雕刻。蛇形模制从顶轨向下延伸到扶手框直至臂上。腿是曲形的，膝盖上有 C 形卷曲。椅背中间纵立的长条木板为镂空设计，有可能是后来换上去的。*约 1750 年 高 122 厘米（约 48 英寸），宽 59 厘米（约 23 英寸） TNH*

广式边椅

宽阔起伏的肩膀和椅背板表明椅子是非欧洲风格的。顶部栏杆和后部门柱由一块木材制成，这是中国家具的典型特征。*约 1730 年 高 106 厘米（约 42 英寸），宽 53 厘米（约 21 英寸），深 53 厘米（约 21 英寸） MJM*

瑞典扶手椅

这把桃花心木椅子的后背板很不寻常，因为它立于后部担架状横木而不是椅子的座位上。一个风格化的贝壳雕花装饰了椅子顶轨，蛇形裙档。这种椅子现在不再流行。*约 1755 年 BK* ③

诠释法式风格

从巴洛克室内装潢设计而来的时尚运动导致人们更多地追求家具的舒适性。在法国，堪称 18 世纪代表性的家具——安乐椅一直占据着家具界的主导地位。

纵观整个 18 世纪，欧洲贵族和日益增多的中产阶级寻求在其社交和娱乐空间中增加更多具有舒适性的家具，这促使此类家具大量制作，宾客们在这样的空间中流连忘返。

人们对改进社交环境的渴望促进了椅子风格的发展。法国工匠们创造了一款扶手椅，即两侧有软包的安乐椅。这种具有女性外观的家具影响了世界各地的椅子，坐客在舒适中得以娱乐。

相比 17 世纪那种笨重的高背椅，带软包的安乐椅有更轻、更精致的外观，是一种女性化的时尚陈设。它们经常在同一装饰风格的房间里与其他陈设相互搭配，使用类似的颜色和织物。

安乐椅的座位和靠背使用了软包以使椅子更舒适。扶手撑架也被填充和覆盖有织物。扶手的长度要比边档短四分之一，以适应女性大而圆的裙档——它出现于大约 1720 年，在贵族女性中很得宠。

安乐椅装饰的效果往往是洛可可风格的不对称式，雕刻有贝壳和涡卷。整体由弯腿支撑，整体框架呈现优雅曲线形。通常施以淡蓝色、绿色和黄色以匹配室内的颜色，而外露的框架常在雕刻细节上用镀金装饰加以强调。

欧洲各国的橱柜生产商都不遗余力地努力模仿并试图超越他们同时代的法国同行，以满足他们富有客户的要求——这其中许多人都对法国品位的家具极为渴求。法式风格椅子花样繁多，遍及整个欧洲大陆，尤其对于 18 世纪早期那些最为时尚的欧洲大家族来说更是首选。

意大利扶手椅 源自安乐椅，它有更高、更圆的靠背，带精细的镀金雕花。上面的彩绘反映出苛求室内细节的法国时尚。*约 1750 年 高 94 厘米（约 37 英寸），宽 61 厘米（约 24 英寸） PAR*

德国椅子 这把椅子模仿了同时代的法国家具，其影响表现在外表卷曲雕花和软包的淡雅色泽上。*NAG*

英式扶手椅 风格基本为法国式，制作日期较晚。为因斯（Ince）和梅休（Mayhew）所做。其明显特征为方锥形腿和新古典装饰，这些都是在 1760 年后才开始流行。*约 1770 年 高 98 厘米（约 39 英寸） PAR*

法式安乐椅 镀金装饰突出了优美的曲线外形。顶冠与膝处的贝壳纹样为当时的典型装饰。*约 1750 年 高 96.5 厘米（约 38 英寸），宽 70 厘米（约 28 英寸），深 61 厘米（约 24 英寸） PAR*

镜子革命

长久以来，镜子是非常稀有且超级昂贵的东西。时至今日，人们难以想象它在历史上曾多么珍贵，以及镜面玻璃曾有多么重要。

17世纪末，一面大约长一米、宽九十厘米的镜子可能要花费折合今天两万欧元。最早的镜子是手持式的，到18世纪，它在时尚家庭里成了不可或缺的物品。

英国镀金画架镜
这面镜子被设计用来放在桌子上。镜背往往覆盖着软木用以保护玻璃和金属免被强光照射而发生氧化。约1725年 高78厘米（约31英寸）NOA

镜子简史

人们使用镜子有几千年的历史。据说它可以预示未来，还可能带来厄运，尤其是在打破的时候。很多人都相信通过观察自己的映像就能看到灵魂，于是教堂就一直杜绝使用镜子。

最早所知的镜子是由青铜制成，而一些古老文明则使用银、金、锡、钢（*Steel*）铁、黑曜石（火山玻璃）和水晶石制作镜子。曲面的玻璃镜是通过切割球体分为两半得来的，在中世纪较为通用。但直到15世纪才制作出平面的、无杂色的玻璃，即所谓晶体（Crystallo）。这项技术让相对小件的镜子的生产成为可能。

威尼斯的玻璃制造商

威尼斯人创造出Crystallo，也称作“结晶玻璃”，另外的新发明还有吹制玻璃技术。威尼斯人的工坊在17世纪中叶之前是生产玻璃镜的唯一地方。这类产品在商业上非常重要，促使威尼斯当局禁止玻璃制造商将其总部迁到穆拉诺岛（Murano）以外的任何地方。

欧洲的发展情况

虽然有些国家想吸引威尼斯玻璃制造商搬到其他地区去设立工作坊，主要是德国和荷兰，但直到1663年左右，穆拉诺岛的霸主地位方才受到真正意义上的挑战。法王路易十四在图拉维尔（Tourlaville）建立了玻璃厂，而位于英国沃克斯豪尔（Vauxhall）的一个玻璃厂则专为查理二世的宫廷生产镜子。

在17世纪末，图拉维尔的伯纳德·佩罗特（Bernard Perrot）发明了新的铸造方法，这使人们有可能制造出更大片的玻璃。但玻璃呈半透明状而非完全透明，这是由于矿砂不纯的结果。工匠将玻璃进行切割、打磨、雕刻、抛光和镀银，用水银制作反射面。1835年，白银第一次被应用于镜子上，用以缓解制造商汞中毒的危险。

乔治二世壁炉架
这一木制涂金镜子为马蒂亚斯·洛克设计，有精致的洛可可风格的雕刻细节，包括水果、叶子、鸟儿、卷曲和中国风元素。约1755年 高590厘米（约232英寸），宽215厘米（约85英寸）

镜箱

这个令人称奇的镜箱包含了大量的建筑元素，如开裂的山墙和分列镜盘两侧的大理石立柱。整体镶嵌了宝石。它曾一度为玛丽·德·美第奇所有。

木制涂金烛台

原是一对，这一木制涂金枝形烛台（*Girandole*）由托马斯·约翰逊设计，其图样取自1758年的出版物。镀金和蜡烛在房间里可以提供更多的光亮。*约1760年 高120厘米(约47英寸),宽53厘米(约21英寸) NOA*

时尚的变化

较大玻璃片的量产使镜子成为房间内的焦点，因为它可以反射周围的光，照亮以前很黑的角落。像凡尔赛宫镜厅（见第35页）那样的巨幅镜面大大震撼到了只见过手执小镜子的穷人们。

在英国，镜子税被暂时取消后，从1700年到1740年是镜子制造业的黄金时代。大镜子被安置在壁炉架上，而成对的长矮几镜则往往安在大房间的窗户之间。时尚的乡间别墅里也有很多精美的镜子。例如在1703年，约翰·葛姆利为三米高的切斯沃斯庄园设计装饰了蓝色玻璃的镜子。

从约1725年起，英国开始受到了帕拉迪奥风格（见第96页）的影响，具体反映在房屋框架的建筑细节上。椭圆形镜子也开始流行。

框架设计

由于其尺寸和框架雕刻的多样性，镜子是最早反映时尚的家居用品之一。18世纪初，人们开始追求带有漆面或日本大漆的装饰镜框，后来，流行的是精雕细琢的洛可可式镜框，装饰元素包括不对称的中国风、C形卷曲和叶形。

关键日期

公元前20世纪 手持抛光青铜镜出现。

6世纪 伊特鲁里亚手镜出现。

1291年 威尼斯共和国要求制镜工匠搬迁到穆拉诺岛。

1448年 “水晶玻璃”这一名词出现在雷内·德安鲁（René d'Anjou）仓库。

1571–1592年 威尼斯工匠雅格布·韦尔泽利尼（Jacopo Verzelini）在伦敦市设立玻璃厂。

1612年 安东尼奥·内里（Antonio Neri）的《玻璃艺术》（*L'Arte Vetraria*）介绍关于玻璃工艺，在佛罗伦萨出版。

1618年 罗伯特·曼塞尔爵士（Sir Robert Mansell）获得专利并在伦敦建立玻璃工场，雇用了威尼斯的玻璃工匠。

1665年 尼古拉斯·杜诺亚（Nicholas du Noyer）设置了一座玻璃工场，在巴黎雇用了两百名工人。

约1670年 伯纳德·佩罗特发明了铸造技术，可以制造出更大的玻璃片。

1676年 乔治·拉文斯克劳夫特（George Ravenscroft）在玻璃中加入铅的氧化物，发明铅玻璃。

1678年 约翰·罗伯茨（John Roberts）发明了“研磨、抛光和菱形变形的玻璃镜板专利……由水和轮子驱动。”

1719年 *Real Fábrica de Coina* 可能是葡萄牙的第一家镜厂，由约翰·贝尔（John Beare）建立。

威尼斯椭圆形镜子

椭圆形镜子为典型的意大利式设计，中心的椭圆镜框采用了蚀刻和玻璃工艺。其源自威尼斯的出身可能令人艳羡。制作这样的镜子需要一整队的工匠。*1800–1815年 高100厘米(约39英寸) DC*

镜子

再没有比洛可可风格对镜子的设计产生的影响更大了。因为大片的玻璃很难一次成形，所以超大的镜子往往由几块玻璃拼接而成。到18世纪，玻璃因为有斜角而变得更薄。与此同时，许多设计图集的面世也导致很多家具式样更便于在不同国家之间传播。

在18世纪初，镜框通常是在木制底座上雕花镀金或在石膏上镀银，而后一直流行胡桃木与木制涂金并用的手法直至洛可可风来袭，木制涂金与桃花心木开始大行其道。昂贵的材料有彩色玻璃，有时也包括蚀刻玻璃。烛台往往附在框架的底座上，使得光线能够反射进黑暗的房间，并在墙壁上投下婆娑的影子。

镜框取材于软木，如松木和果木，从而可以雕琢出曲线、圆贝壳等图案，制造华丽的旋涡装饰也相对容易。镜框连接处为石膏，并绘有金或银叶。流行的图案包括贝壳、莨苕叶、卵锚饰（象征生命和死亡）、顶冠，还经常描绘展翼的鸟儿。鸟的图案很受北美殖民地欢迎。一般人很难区分美国本土的镜子和大量进口自英国的镜子，部分原因是制作框架的树种云杉在美国和欧洲都有出产。

英式矮几镜

这面镜子是典型的帕拉迪奥风格。顶部中央有面具装饰。这款矮几镜以雕刻和镀金石膏装饰，是一种罕见的发现，因为它仍然保留了原始的蜡烛臂，这些蜡烛臂经常缺失。*约1720年 高119厘米（约47英寸），宽66厘米（约26英寸）NOA*

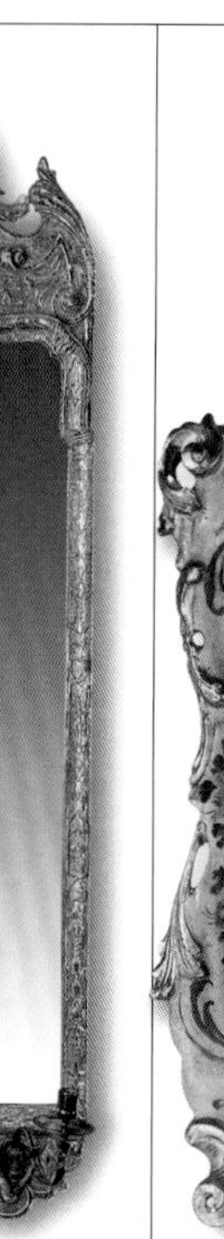

彩绘外框镜

这个彩色的威尼斯镜框让人想起同时期意大利彩绘家具，卷曲的脚和优美的框架，具有路易十五的风格元素。绘制过的框架突出显示了上面的镀金。*约1760年 高73厘米（约29英寸），宽44厘米（约17英寸）GK* 2

矮几镜

这个优雅的镜子被放置在窗间桌上方，可能是一对中的一个。矮几镜是用于悬挂在客厅的窗户之间，由于难以制造大镜子，因此两块玻璃板由镀金木框架连接。图案蚀刻在玻璃背面——钴蓝色蚀刻玻璃嵌件在烛光映照下可发出耀眼的光芒，这是一种反向彩绘玻璃技术。风格古典却时尚，从镜子顶部的小号女孩人物装饰可看出，镜框更受时尚的影响，是当代风格的良好展现。*约1735年 高197厘米（约78英寸），宽117厘米（约46英寸）MAL*

德国镜子

这款德国南部墙镜框架用雕刻和镀金木材制成。花冠和垂饰是典型的不对称洛可可风格。*18世纪中期 高133厘米（约52英寸），宽63厘米（约25英寸）BMN* 3

英式镜子

一对之一，胡桃木框架饰有镀金雕刻的凤凰，两侧是凹陷山墙。对镜顶部两只鸟朝向不同表明镜子最初是彼此相邻放置的。*约1740年 高104厘米（约41英寸），宽54.5厘米（约21英寸）NA* 6

德国镜子

在 18 世纪早期，德国人继续青睐在法国或英国不再流行的设计。顶部的饰面和沉重的设计特征与 17 世纪晚期的风格类似，但滚动的树叶装饰是典型的洛可可风格。*约 1760 年 高 70 厘米（约 28 英寸） GK* 2

英式旋涡花饰镜

这款旋涡状镜子是英国诠释洛可可风格一个很好的例子。C 形卷曲框架和弯曲的树叶在所有洛可可风格的作品中都是非常流行的图案，但这种镜框的雕刻不像法国时期的那样华丽。*约 1760 年 高 89 厘米（约 35 英寸），宽 47 厘米（约 19 英寸） NOA*

意大利旋涡镜

这款意大利晚期洛可可镜子与当时的英国和法国设计惊人地相似。它由雕刻和镀金的软木制成。蜡烛台位于镜子底部。包含装饰烛台的镜子在洛可可时期很受欢迎。*约 1770 年 高 86.5 厘米（约 34 英寸） DL* 3

英国乔治二世镜

这个斜面镜框由雕刻的镀金木和红漆制成。穿孔的涂金木框架雕刻有滚动的叶状顶部，两侧有两个鸟头。框架上装饰着鸟儿、花朵、莨苕叶片、装饰叶带。镜框整体具有古埃及式的椭圆形边框。*约 1735 年 高 101.5 厘米（约 40 英寸），宽 66 厘米（约 26 英寸） PAR*

意大利金属框镜

这个大镜子在框架中使用许多不同尺寸的镜板拼接而成。雕刻的镀金圆角装饰横跨较大的玻璃板，两侧有雕刻装饰。主镜旁的小块玻璃反射出额外的光线。*约 1750 年 高 191 厘米（约 75 英寸） DN* 5

美式齐本德尔镜

这面镜子是齐本德尔风格的一个很好的例子。由高度抛光的桃花心木制成，但没有该时期流行的镀金装饰。镜框内部是双重模制的，顶部和底部均为蛇形，带有精致的耳朵。*18 世纪中期 FRE* 4

美式齐本德尔镜

这款齐本德尔风格的镜框采用胡桃木制成，并带有包裹烫金。顶饰用叶片装饰。它归功于费城的约翰·艾略特（John Elliott），因他制造并同时进口镜框，许多英国齐本德尔风格的框架此时出口到殖民地。*NA* 4

英式齐本德尔镜

这种设计的镜子，通常没有围绕镜面的镀金斜面，属于齐本德尔风格，通过英国大量出口被得以传播。这个框架由松木镶嵌胡桃木和包裹镀金（*Parcel gilding*）制成。烛台饰有叶子图案。*约 1750 年 高 114 厘米（约 45 英寸），宽 61 厘米（约 24 英寸） NOA*

18 世纪晚期

1760-1800

古典主义的新生

18世纪下半叶对古典建筑及其设计来说，是一个带有革命性巨变和复兴特征的伟大时代。

18世纪初期，一场农业革命慢慢席卷了英国、欧洲和北美大陆。农场主们围住了原来开放的公共用地和耕地，采用了新的集约化耕作方法，并试验了新的牲畜品种。这些变化增加了粮食产量，从而推低了价格，同时也迫使农民离开土地进入迅速扩张的城镇。

1760年，第二次革命开始在英国如火如荼地进行。发明家和技师们改进了由煤和水利驱动的新式机器。蒸汽机、泵、纺纱机、高炉等机器的发明彻底改变了工场手工业的生态，这也最终刺激了家具和其他家居用品的大规模生产。整个欧洲的生产方式也随之发生改变：人们离开原来居住的乡村开始向村镇和城市聚集，并在大型工厂从事长时间劳动。

萨默塞特宫，伦敦 这个建筑是新古典主义在对称性方面的典范，1766年至1786年间由威廉·钱伯斯爵士（Sir William Chambers）设计。

启蒙运动

与上述两次革命并行不悖的是另一场文化上的革命，即后世所谓的启蒙运动，力图以理性思考和自然科学理顺传统风俗习惯和宗教带来的束缚。哲学家、科学家、天文学家、探险家和测量员对已认知的世界产生了质疑，开始不断追问新知。这引发了历史上最重要的两场政治革命：1776年美国反对英国殖民统治，发表《独立宣言》，随后美利坚合众国诞生；1789年的法国大革命则推翻了君主制，让自由、平等、博爱的新思想深入人心。

新古典主义

和启蒙哲学家们频频从秩序化的古典世界中汲取灵感，让人类懂得怎样遵从法则和理性一样，设计师们也投身于今天我们所称的新古典主义。这一名词最早出现在1861年对绘画的评论上，后来普遍用于描述与古典世界密切相关的艺术、建筑和设计。新古典主义潮流在18世纪末扩展开来。

当时的知识分子和旅行者们对古希腊和古罗马的古典世界倍感敬畏。随着1738年庞贝城和赫库兰尼姆遗址的发掘，古罗马城市重见天日，引发了人们对古代世界的狂热。具体表现在对古代装饰图案的再利用以及对建筑对称法则的重视。众多画家和建筑师描绘古代世界的大幅画册被印刷，因此产生了对更精确的古典主义的需求，而不仅仅是对意大利文艺复兴和巴洛克建筑的粗鄙模仿。这个风潮迅即影响到室内装潢、绘画以及贵重家具、陶瓷、玻璃和挂毯的设计制作，完全改变了当时的社会环境和艺术风格。

过渡时期安乐椅 木制涂金扶手椅刻有月桂树叶和花环雕花。*约1775年 高103厘米（约41英寸）PAR*

时间轴 1760—1800年

约1760年 启蒙主义思想通过伏尔泰、狄德罗、卢梭和休姆等人的作品体现。

1760年 英国国王乔治三世加冕。

1762年 詹姆斯·斯图尔特（James Stuart）与尼古拉斯·列维特（Nicholas Revett）出版了《雅典古董》（*Antiques of Athens*），激发了公众对古代文物的兴趣，继而对设计风格产生深远影响。

乔治三世

1762年 凯瑟琳大帝继位，她将欧洲的影响延展到俄罗斯。

1762年 英国政府向西班牙及其殖民地宣战，西班牙则向葡萄牙宣战。

1763年《巴黎条约》结束法国和英格兰之间长达七年的战争。

1767年 查理三世将耶稣会士驱逐出西班牙及其殖民地。

美国鹰

1769年 约西亚·韦奇伍德（Josiah Wedgwood）拆迁了他在伊特鲁里亚斯塔福德郡的瓷器工场。

1773年 苏格兰建筑师罗伯特·亚当和杰姆斯·亚当（Robert and James Adam）出版《建筑艺术》（*Works in Architecture*），鼓吹复兴古典主义建筑与装饰艺术。

1776年 美国宣布独立。鹰作为美国国徽出现在家具上。

1779年 世界上第一座铁桥在英国什罗普

1779年，世界上第一座铁桥横跨塞文河之上。

锡永宫（Syon House）室内，伦敦 由英国建筑师罗伯特·亚当在1765年左右改建。这个房间有丰富的装饰，室内环绕的大理石柱黄金雕像表现出新古典主义的影响。

木制涂金桌案 本为一对，椴木顶面有彩绘，带雕刻和涂金装饰的椴木中楣有彩绘平板，下有涂金的垂花饰。凹槽锥形腿。*约1770年 宽98厘米（约39英寸） PAR*

郡的科尔布鲁克代尔（Coalbrookdale）建成。

1780年 大卫·伦琴（David Roentgen）成为巴黎家具行会的成员。

1783年 美国独立战争结束。《巴黎条约》承认新的美国，英国接受美国国家地位。

1783年 路易十六为玛丽皇后订购一套家具，耗资25356法郎。

圆筒芯灯可为燃烧提供更多氧气，从而增加光亮度。

1784年 英荷战争结束。

1784年 圆筒芯灯发明，带来照明与装饰方面的革命。

1788年 英国在澳大利亚的博特尼湾（Botany Bay）建立殖民地。

1788年 乔治·赫普怀特（George Hepplewhite）出版《家具制作和装饰指南》（*Cabinet-Maker and Upholsterer's Guide*）。

莫扎特像

1789年 法国大革命爆发，民众攻占巴士底狱。

1789年 乔治·华盛顿成为美国第一任总统。

约1790年 欧洲的交响乐被莫扎特、海顿、贝多芬推到高峰。

1792年 路易十六被审判；法国共和国宣告成立。

1793年 路易十六和皇后玛丽被处决；罗马天主教在法国被禁止；法国开始恐怖统治；神圣罗马帝国向法国宣战。

1796年 詹姆斯·怀亚特（James Wyatt）在威尔特郡开始兴建修道院。

1799年 拿破仑·波拿巴成为执政官。

拿破仑·波拿巴

新古典主义家具

新古典主义家具设计的核心在于追随古希腊和古罗马的建筑样式。它最初是受到建筑的启发，因为在当时，并没有现成的古代家具样板，这种情况直到18世纪中期，随着庞贝和赫库兰尼姆遗址被挖掘出土后，才得到改观。因此，新古典主义家具采用了建筑物的主题并融入了标准型的样式，例如茛苕叶饰板、垂花饰、树叶、纽索饰和卷曲形。这类手法并不新鲜，因为它们作为点缀，早已经在文艺复兴时期和巴洛克时期被家具工匠们使用过了。唯一不同以往的是，将这些图案重新调整作添加，并结合了人们在大陆游学（见第132页）途中遇到的和来自新发现的古遗址中的装饰方案。

风格的引入

法国是第一个接受新古典主义的国家，但它直到18世纪70年代才在其装饰的素材库中，将洛可可的最后一丝痕迹抹去。作为法国品位的晴雨表，凯洛斯伯爵（Comte de Caylus，1692—1765）在引入新古典主义方面堪称先驱。他于1752年首次出版了七卷本《埃及、伊特鲁里亚、希腊和罗马古物收藏》（*Recueil d'antiquités égyptiennes, étruscanes, grecques et romaines*），书中讨论并描绘了古代世界的口味和风格。

新古典主义家具趋向于矩形且缺乏曲线。这一趋势并不是很快产生的，因为大件家具常常在潮流散去之后仍保留方块状，并且制柜匠会运用新古典主义装饰来改造洛可可风格。在这种法国式的过渡风格中，蛇形形状逐渐伸直，弯腿演变成转木或锥形腿。长方形或椭圆形椅背下连接弯腿，经常有古典建筑列柱式的凹槽。

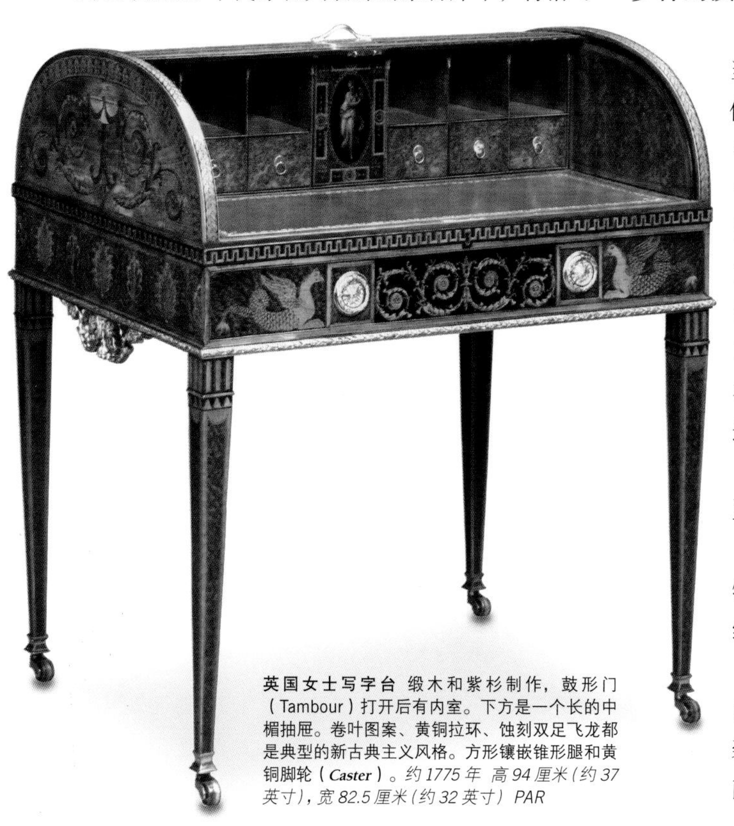

英国女士写字台 缎木和紫杉制作，鼓形门（Tambour）打开后有内室。下方是一个长的中楣抽屉。卷叶图案、黄铜拉环、蚀刻双足飞龙都是典型的新古典主义风格。方形镶嵌锥形腿和黄铜脚轮（*Caster*）。*约1775年 高94厘米（约37英寸），宽82.5厘米（约32英寸） PAR*

多样的演绎

纵观新古典主义时期，家具生产深受当时建设热潮的影响。在18世纪下半叶，俄罗斯所建造的宫殿比任何其他欧洲国家都要多。这些新的建筑和翻新的旧建筑需要新的家具，因为在凯瑟琳大帝的宫廷中，现有家具缺乏足够的排场和威严。大多数家具从巴黎进口，俄罗斯的品位倾向于效仿法式风格。德国家具商大卫·伦琴（见第142—143页）为其俄罗斯客户所制造的家具的华丽程度要远远超过同时期法国的宫廷家具。

亚当风格

建筑革新方面，在堪称先驱的罗伯特·亚当的家乡英格兰，新古典风格吸纳了部分法国家具的特点，如五斗橱和“法国椅”。亚当在家具中补充了他在内饰和织物中常用的明亮颜色，其彩绘装饰比其法国同行更为突出。希腊陶瓶画对他有很大影响，他也常在家具中用到彩绘面板——有时出现在半月（*Demi-lune*）形或是在正方形五斗橱的中间位置，抑或在镂空镜子顶部的中心圆顶处，两侧则雕刻有少女和瓮。

巴黎陈设桌 黄檀、西阿拉黄檀、梧桐材质，有镶嵌乐器图案和一个黄铜边廊。*约1775年 高74厘米（约29英寸），宽49厘米（约19英寸），深38厘米（约15英寸） GK*

托马斯·齐本德尔（见第98页）也曾受到新古典主义风格的影响，他制作过一对带瓮坛的长方形基座，一张餐具桌以及海尔伍德庄园里一个供餐厅用的冷饮器。在这件家具上，他在带有雕花垂摆（在其上挂有羊头）的基座上嵌入了圆形徽章以匹配整体的效果。

风格的传达

乔治·赫普怀特和托马斯·谢拉顿（Thomas Sheraton）出版的家具样式图集将亚当的设计简化后推广到大众市场。他们的设计影响巨大，尤其是在北美地区。这类家具在美利坚独立之后变为专属的联邦风格，并成为美国主流家具的鲜明特征。

同时期的瑞典家具被称为古斯塔夫式，以其国王古斯塔夫三世命名。他喜欢法国制柜商的作品并邀请他们来瑞典工作。后来国王的供给难以延续，他们便不得不返乡，但其家具风格影响持续发酵，大多成为经典。丹麦家具更为简洁并常以深色木材制成。装饰效果仅限于齿状模压、希腊回纹和玫瑰花饰。法国和英国品位引领了全欧的家具潮流：在西班牙北部地区流行英国风格，而其南部则为法国风格主导。

签名标记

1751年开始，法国最高法院和巴黎行会都要求家具生产商必须在自己的产品中加盖印章（Estampille）。每一位大师都有他自己的印章，这样的印章也被行会留存。从1743年起，许多工匠已经在其产品上以钢印的形式加上了自己的姓名。一些人如制造商乔治·雅各布和他的儿子们只印上了姓。其他人使用名字的首字母缩写，像橱柜制造商罗伯特·克劳克斯（Robert Vandercruse La Croix）的标志就是R.V.L.C。

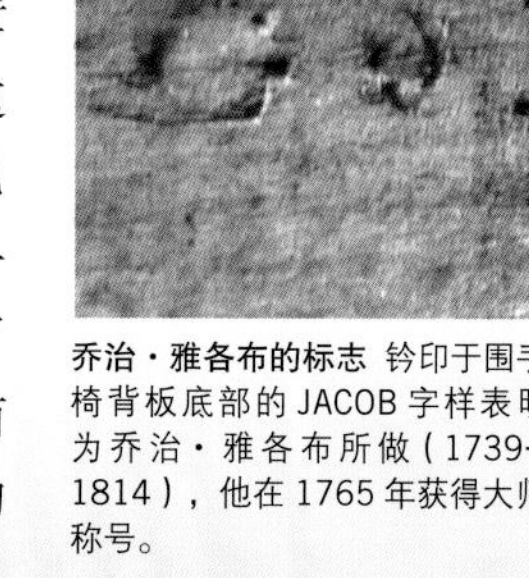

乔治·雅各布的标志 钤印于围手椅背板底部的JACOB字样表明为乔治·雅各布所做（1739—1814），他在1765年获得大师称号。

木制涂金围手椅 矩形靠背雕刻纽索装饰。扶手撑档为狮身人面像，椅子有锥形前腿。*约1785年 高96厘米（约38英寸），宽51厘米（约20英寸），深66厘米（约26英寸） PAR*

新古典五斗橱

这件出自海尔伍德庄园的细工镶嵌五斗橱代表了 18 世纪橱柜制造的顶尖成就。它出自几家不同的家具工坊，如约翰·克伯（John Cobb）与威廉·威尔（William Vile）以及威廉·因斯（William Ince）和约翰·梅休（John Mayhew），他们都是堪比齐本德尔那样的家具大师。五斗橱的细工镶嵌品质极佳，出自职业行家之手。顶部面板的设计比门板更为自由，表明可能来自两个不同的生产商。

这件家具的装饰性更胜于实用性，原先可能放在客厅。其样式最早由法国制柜商皮埃尔·朗格卢瓦（Pierre Langlois）引进，很快罗伯特·亚当便学到了其中的精髓。直至大约 1760 年，五斗橱还只是被看作适用于卧室的家具。

染色椴木和镶嵌五斗橱 顶面为蛇形，嵌入圆形镶板，内有细木镶嵌图案。蛇形前脸有门，里面有架子。八字托架脚带分趾蹄的镀金嵌件。顶部和侧面都装饰镀金凹槽和串珠带。*约 1760 年 高 91.5 厘米（约 36 英寸），宽 117 厘米（约 46 英寸），深 56 厘米（约 22 英寸）PAR*

风格要素

新古典主义家具的装饰细节受到古希腊和古罗马建筑的启发，并明显摆脱了洛可可时期的不对称和奢华基调，从而走向更内敛、对称和线性风格。建筑物上的细部特征用来装饰椅子导轨和桌子，例如中楣与垂摆，腿部外形则受到希腊列柱的影响。许多古典图案具有象征意义。希腊瓮尤其受到设计师欢迎，设计师忽略它们在陪葬上的实用功能和象征意义，只专注于内在形状的对称美。

法式扶手椅

椭圆形椅背

椭圆和盾形椅背自18世纪60年代起越来越受欢迎，尤其是在法国。这些豪华的椅子框架通常镀金，并刻有古典图案装饰，如莨苕叶。品质最佳的扶手椅用昂贵的丝绸和缎子包覆。

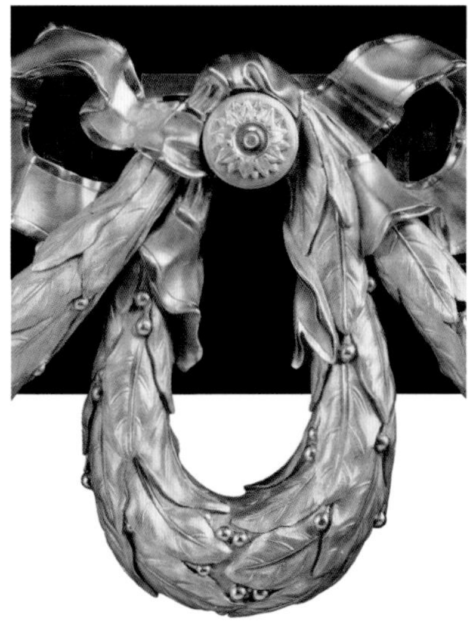

月桂叶形垂摆

垂花饰

垂花饰的装饰图案灵感来自悬挂的月桂叶、缎带或者花蕾图案的花环。它们来自经典的罗马石雕，是对装饰神坛庙宇花环的模仿品。

桃花心木上的希腊瓮坛

希腊瓮坛

瓮坛作为细工镶嵌纹样之一，在家具上常作为雕花或浮雕出现。瓮坛外形基于古希腊陶瓶，常用来盛放骨灰。图案流行于路易十六和亚当风格家具上。瓮坛带有古典面具头像和垂花饰。

楣饰上的镀金面具图案

楣饰

楣饰是用来装饰箱式家具、椅子和桌子的，呈水平带状。楣饰上的建筑细节从古典柱顶发端而来，被频繁用到装饰上。包括维特鲁威卷曲、希腊回文、卵锚饰和所谓的联珠线（*Beading*）。

德国柜子上的细木镶嵌板

细木镶嵌工艺

新古典主义的制柜商充分利用长方形家具的平坦表面制作出精细的三维细木镶嵌。花样既有复杂的建筑场景，又有简单的带饰花束。

半月形写字台上的花状平纹饰带

花状平纹

花状平纹的程式化花卉图案源自古希腊的忍冬花朵和叶子。它以水平状重复出现，间隔以莨苕叶形和棕叶饰雕花或莲花叶共同构成楣饰。单个图案有时也用在垂直面板上。

椭圆形贝壳镶嵌

装饰镶嵌

细腻的镶嵌设计在书桌和箱式家具的装饰贴面上特别流行。很多图案如贝壳和花朵受大自然的启发而来，扇形和花瓶也很受欢迎。制造新古典主义家具极品的过程中需要大量能胜任复杂镶嵌技能的工匠。

公羊头雕花

公羊头

公羊或山羊头图案用在装饰神坛的细工镶嵌上，可能因为代表了牺牲之意。罗伯特·亚当首次将其用在英国家具上。公羊头雕刻常用于装饰桌子的三脚膝部，并悬挂于垂花饰上。

柜子上的拼花木工细部

拼花木工

制柜商充分利用了带有明显斑纹的进口木材如黄檀木、郁金香木和缎木来制作醒目的贴面。拼花由菱形立方体构成的几何图案、中心有圆点的网格图案组成，并反映出对称、直线形的设计。

带豆荚雕刻的镀金桌腿细部

柱状的（*Columnar*）腿

此类与雕花圆腿相去甚远的家具部位，灵感来自动物的腿。它曾风靡于18世纪初，在桌子和椅子上的这种腿部很像希腊和罗马立柱的微缩版。腿部一般逐渐变细且有凹槽，其上附有雕刻的装饰。

带背盘的椭圆黄铜把手

黄铜把手

在18世纪下半叶，专业工匠制成各种形状的铜把手，但不像洛可可风格，它们往往是对称的形状，通常为椭圆形或圆形。手柄和锁孔罩常常饰有古典装饰，如月桂叶花圈。

桌面缎木镶嵌

缎木

1765年至1800年有时被称为缎木时代。这种来自西印度群岛的淡黄色木材有丝绸般的光泽和丝缎般的质感，并因此而得名。它很昂贵，所以主要用来作贴面。很多缎木家具由罗伯特·亚当设计生产。

罗马皇帝宝石浮雕

古典人像

所有类型的古典意象在18世纪下半叶广泛传播开来。图案往往出现在头饰或门及面板的中心。贝壳浮雕上的侧面人像在当时很流行，上面的圆形浮雕是当时亚当兄弟所用装饰的典型式样。

意大利

在 18 世纪末，意大利的各个城市仍然维持着相互独立的状态。这些存在竞争关系的区域在不同时期吸收了新古典主义风格：罗马、那不勒斯、都灵和热那亚逐渐转为古典主义形式，而威尼斯则慢得多，直到 18 世纪末才接受新古典主义设计的洗礼。

法国和英国的一些地方成为新古典主义的主要发源地。而另一个更直接的来源则是意大利境内的古迹和出土发现。1757年，八卷本的《赫库兰尼姆出土文物》（*Le antichità di Ercolano esposte*）第一卷在那不勒斯出版，记录了这一考古发现的详情。书中插图展示的古代图案和装饰如棕叶饰、串珠饰、缎带饰以及狮子的头、皮毛和脚等等都逐渐成为家具的彩绘性装饰。而在赫库兰尼姆所见的颜色如红、绿、蓝和白色也成为当时彩绘家具的流行色。

乔凡尼·巴蒂斯塔·皮拉内西（Giovanni Battista Piranesi，1720–1778）出版的《多样化装饰方式》（*Diverse Maniere d' Adornare i Cammini*）里描绘了新古典主义更多奢华而多样的内容。其设计图样不仅影响了罗马——设计师将其用在了梵蒂冈几个房间的建筑装饰上——还传播到了全欧洲。

家具类型和原料

抽屉柜和长方形箱子的外形受路易十六式家具的启发，但其腿部绝对是意大利式的：锋利尖锐的锥形、夸张的三角形，还有凹陷的颈部。

民间的衣橱和衣柜常由普通的胡桃木制成，饰以彩绘和镀金，或有名贵的细木镶嵌工艺，如桃花心木。法国墙角柜和三脚柜也首次在意大利出现。

桌子在当时受到法国设计的深刻影响，写字台仍是最流行的种类。后者常常有古典场景的镶嵌或镶板，而书写柜则仿照英国，也饰以镶嵌或人像贴面。

桌子的台面由不同种类的大理石、彩色硬石、仿云石配以新古典式的设计图案。有时取材于罗马大理石或涂色成近似大理石的材料。矮几和玄关桌的腿和望板常有浅浮雕，一般经过彩绘和镀金的装饰。18 世纪末，玄关桌逐渐出现四条腿，且呈圆形、长方形或半月形，前脸也不再是蛇形的。

威尼斯多枝烛台

这一雕刻和镀金装饰的烛台有一个普通外形，镂空顶冠中央有带花和树叶。底板雕刻的图像出自黄道十二宫（来自希腊语 Zodiakos，意思是动物园），框架雕刻和镀金对称形花朵和叶子。*约1750年*

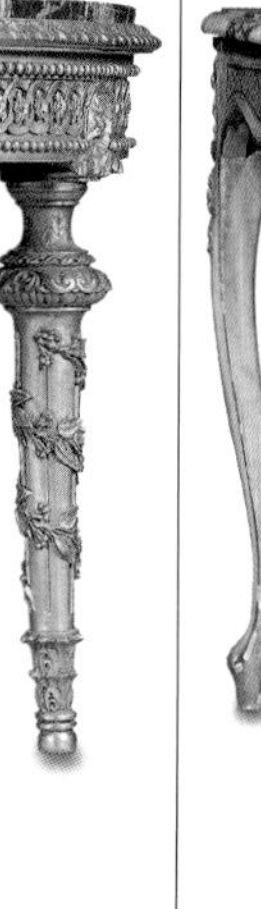

木制涂金边桌

大理石台面，中楣带有雕刻和镀金交织的纽索饰、四叶饰装饰。它有粗壮的锥形腿，周围有垂花饰雕刻和小球形脚。朱塞佩·玛丽亚·博扎尼哥（Guiseppe Maria Bonzanigo）设计。*约1780年 深110厘米（约43英寸）GK*

威尼斯沙龙桌

路易十五风格，有一个大理石台面，与之相匹配的是淡绿色和镀金装饰的外框。蛇形中楣镶板雕有叶形和涡卷。有四条弯腿。*约1760年 宽98厘米（约39英寸）GK*

热那亚橱柜

来自法国的设计，有雕刻和镀金，原为萨卢佐宫设计，此为一对中的一件。箱体有两个抽屉，无横梁。四条弯腿也有彩绘和镀金。*约1760年 高89厘米（约35英寸），宽123厘米（约48英寸），深57厘米（约22英寸）BL*

写字桌

这一民间的写字台可能产自帕尔马公国。长方形的顶部镶嵌有木瘤。一体式底座配有四个抽屉，一面一个。锥形腿稍微弯曲，逐渐变细是框架的延续。*约1790年 高77.5厘米（约31英寸），宽108厘米（约43英寸），深74厘米（约29英寸）BRU*

许多意大利椅子的样式来自法国或英国，如镂空的椅背靠板和安乐椅造型。然而，本土的建筑型椅和王座椅仍在生产。意大利椅子区别于其他欧洲国家的主要特征是：外表彩绘装饰，椅背明显向外弯曲的轮廓，喇叭形的扶手和超大的体积，交织状的环形椅背靠板，带太阳光线图案的圆花饰；沙发要么全部覆盖包衬，带开放式靠背和软包座位，要么是由藤条做成的。

本地木材如胡桃木、橄榄树和松树也用来制作家具，而优质木料的稀缺导致多数意大利家具是彩绘而成，并饰以新古典风设计元素。

地域差异

在都灵，宫廷家具多出自朱塞佩·玛丽亚·博扎尼哥（Giuseppe Maria Bonzanigo）之手。他受到了18世纪70年代法式家具的影响。他的作品据说代表了当时意大利家具的最高水平，尤其以其木工雕刻著称于世，特别是在轻质木材和象牙上的微雕展示出极高的艺术造诣。

在罗马，人们多使用造型别致且有雕塑性的家具。罗马的新古典主义建筑师兼工匠艺人朱塞佩·维拉迪尔（Giuseppe Valadier）修复了许多城市里的古代纪念碑，同样焕然一新的还有家具——主要是有厚重台面的桌子、桌子的贴面和镀金的边角。

伦巴第地区是著名的橱柜产区。其中最为人称道的要数朱塞佩·马乔里尼（Giuseppe Maggiolini）（见第205页）的作品。他用细木镶嵌和几何式镶嵌、圆章、花头雕花来装饰家具。

至于威尼斯，仍在生产巨型、奢华与昂贵的镜子。镜框变得越来越直，而旋涡形装饰仍为洛可可式。在这里，球茎状的外形仍很时髦，但结合了新古典主题的彩绘家具渐渐成为流行的风尚。

活面写字台

这一过渡式家具的活面用当地核桃木和果木制成。下段是长方形的，有一个中央抽屉，两侧为三个短抽屉。锥形短腿支撑。类似于法国同类家具。可能在皮埃蒙特或伦巴第制作。*约1780年 宽145厘米（约57英寸）GK*

意大利北方五斗橱

这种早期的果木和仿乌木（*Ebonized wood*）五斗橱有分离式和带铰链的顶面，最上面的抽屉是假的，里面是带镶面的内室。抽屉有精心雕刻的手柄和锁眼，以及骨和象牙镶边饰条；拼花镶板装饰了顶部、侧面和前脸。托架脚有叶片形铸造嵌件。*1700–1750年 宽160厘米（约63英寸）L&T*

威尼斯扶手椅

这把扶手椅继承了巴洛克雕塑式雕刻的传统。外框中间刻有涡卷和盾形纹章，两侧在下卷扶手上为雕刻大胆的边缘。模压座位框架有一个中央镂空裙档。栏杆腿上连接一个扁平的交叉撑架，球形脚。*约1795年 高140厘米（约55英寸）GK*

大陆游学

穿越欧洲的旅行吸收了古希腊–罗马世界的艺术和文化，并有助于新古典主义思想的传播。

欧洲游学的目的是为了让贵族和绅士们对古典传统有深入的了解，这一风气从16世纪末开始流行起来。这类旅行在1670年后被称作“大陆游学”，以理查德·拉塞斯（Richard Lassels）的《意大利之旅》（*Voyage or Compleat Journey through Italy*）一书而得名。

大陆游学的胜地

“我们所有的宗教、艺术，以及所有让我们高于野蛮人的东西，都来自于地中海沿岸。”第一本《英语大词典》（*A Dictionary of the English Language*）的作者塞缪尔·约翰逊（Samuel Johnson）如是说。这就解答了为何意大利成为博学之人的必去之地。游学一般走海路，途经热那亚、利沃诺或奇维塔韦基亚的海港抵达意大利；或是从陆路走，随身带一把椅子越过阿尔卑斯山到都灵。根据不同季节参观佛罗伦萨、罗马、那不勒斯和威尼斯。佛罗伦萨会给游客们提供欣赏著名的美第奇家族古董收藏的机会，而威尼斯吸引游客的则是其热闹的节日庆典。然而，大陆游学的最大目的是研究古代和古典文化。其中的焦点围绕在罗马，因为它包含了最大数量的古代遗址：到南方的那不勒斯参观庞贝古城和赫库兰尼姆遗址，徒步攀登维苏威火山，同时考察该区域内各个古希腊殖民地的遗迹。

这种游学之旅十分昂贵且充满艰险，但这让人们有机会第一次了解到古希腊–罗马的纪念碑、意大利文艺复兴时期和古典巴洛克时代的各种古迹和遗迹。研究对象还包括各种绘画和雕塑作品，主要来自私人收藏——因公共博物馆在当时还很少见。

旅行者们

大陆游学多是年轻的贵族子弟，他们要具备起码的希腊和拉丁文学的知识背景。同行者也包括了艺术学院的学生。大量富有的游学人来自英国上流阶级，他们为寻找乐趣和启迪而来。其他旅行者来自丹麦、德国各个城邦以及波兰、俄罗斯、瑞典和北美地区。也有皇室成员参与其中，并被许多文献记载下来，如《见闻录》（*Diari Ordinario*）。

旅行者常常会得到一些有权势的外国人的资助，这些人一般定居于佛罗伦萨、罗马与威尼斯。他们充当旅行代理人角色，不仅导览旅行还帮助旅行者获取具有纪念价值的古董，旅行代理可以说是当时社会的一种营生。

一对法式脚凳
从大陆游学得来的古典设计知识反映在凹槽腿上的希腊回纹上。高43厘米（约17英寸），深66厘米（约26英寸），宽48厘米（约19英寸）

大陆游学地图
手绘彩色地图来自科勒克（W. Clerk）《全欧旅行家》（*The Travellers, or A Tour Through Europe*），1842年于伦敦出版。

古典纪念品
罗马古迹模型，来自锡耶纳的大理石制成的。19世纪以来，翻制历史遗迹作为礼品一直很流行。

巴黎式书写柜
表面有描绘古典遗迹的细工镶板，并带象牙镶嵌的人物。约1775年 高140厘米（约55英寸），宽91.5厘米（约36英寸） PAR

赫库兰尼姆古遗址

18 世纪中期，古罗马城镇赫库兰尼姆的挖掘对欧洲家具设计产生了重大影响。

赫库兰尼姆是一座古老的城镇，位于维苏威火山那不勒斯湾。在古罗马时代，赫库兰尼姆及其邻国庞贝古城是时尚之都，有很好的别墅建筑。然而在公元79年，维苏威火山的爆发将其完全埋在火山灰中，这倒完整保留了居民和他们的家园——建筑和家具。赫库兰尼姆遗址在1709年被发现，在两位西西里国王的赞助下，现场的大规模挖掘直到1738年才开始。

赫库兰尼姆的重新发现对欧洲的设计界产生了巨大的影响，并提高了当时人们对古典文物的认识。这个遗址出土了古代家具的原件，比如一个带动物脚的三脚架桌子（***Tripod table***）。而对当时影响更大的则是描绘有古罗马家具形象的壁画，后为许多设计师所模仿。赫库兰尼姆和庞贝遗址中所使用的颜色，例如浓郁的红色，也启发了当时的室内设计师。

赫库兰尼姆遗址罗马壁画 描绘有几种家具，包括带动物脚的三脚架桌子和画中人物倚靠的椅子。*公元 50–79 年*

古典式边桌 这张桌子为古典风格。意大利格子，古董大理石顶端雕刻垂花饰、叶子和一个罗马皇帝的奖章。锥形腿有雕刻的棕叶饰桂冠。*约1760年 宽169厘米（约67英寸）DN*

诱惑力

大陆游学提供了许多获得古董的良机。挖掘"新"遗存之所以会得到非意大利人尤其是英国人的资助，说到底是方便后者能发现考古出土品并把它们带回家。整个游学旅行通常要花费整整八年时间，还好意大利宜人的气候和低廉的生活成本极具吸引力。

旅行者们的足迹遍及欧洲，同时对古典建筑做检查、测量和绘制工作。许多皇室成员和贵族们还雇佣艺术家来记录他们的行踪。在对专业人士旅行计划的赞助者中，建筑师罗伯特·亚当以版画的形式出版了他的观察报告。成立于1743年的伦敦业余爱好者协会（The Society of Dilettanti）专门资助这一类的探险活动，而探险家们也如愿带回了精细的图稿，这类出版物满足了人们对古老器物的兴趣，也有益于那些负担不起这样旅行的人。

传播新古典理念

罗马教皇和其他意大利领主们对前来旅行的人们常常赠送礼品，而对旅行者们来说，他们最想得到的是批量制作的纪念品——比如挂毯、小马赛克镶嵌和乔凡尼·巴蒂斯塔·皮拉内西出版的描绘罗马风景的建筑画册等等。

有些纪念品应旅行者的要求由意大利工匠安装在住处。英国人弗朗西斯·达希伍德爵士（Sir Francis Dashwood）试图建造原汁原味的罗马式别墅，包括马赛克镶嵌地板。旅行者结束旅程后带回的建筑残件或雕塑，被设计师用在设计上，例如罗伯特·亚当。这些古风纪念品有助于新古典主义理念的传播。皮拉内西对古迹的浪漫绘画就对新古典主义设计产生了非常大的影响。

路易十五乌木镀金中央桌

这张桌子的两侧装饰着镂空的希腊回纹镀金带。较长一侧有系丝带的大月桂叶垂花饰，锥形腿末端为月桂树叶脚。*约1760年 宽207厘米（约81英寸），高109 厘米（约43英寸），深80厘米（约31英寸）PAR*

过渡式家具

1760年至1775年的法国家具被称为“过渡式家具”，其外在特征兼具洛可可与新古典主义风格。

镶花与镀金五斗橱

矩形，郁金香木与柠檬树材质，印有M.Carlin（马丁·卡林）的字样，大理石台面，模压包边，斜切角。中楣表面嵌有连环纽索饰带。下面两个抽屉饰以无横梁镶嵌。裙档有镂空旋涡花饰，末端为叶爪形包脚。*约1770年 高62厘米（约24英寸），宽100厘米（约39英寸），深54厘米（约21英寸）PAR*

法国过渡式家具反映出从洛可可转变为新古典主义风格的过程。这一转变大约始于1750年的法国。国王路易十五的艺术顾问查尔斯–尼古拉斯·科钦（Charles-Nicolas Cochin）曾在意大利待过两年。他负责重新装饰皇家城堡，他对原有的洛可可风格大为不满。持同样鲜明态度的还有让–弗朗索瓦–德·诺夫伯格（Jean-François de Neuffroge），这反映在他1768年出版的一本关于建筑的书里。同年，一位家具设计兼建筑师让–查尔斯·达拉夫斯（Jean-Charles Delafosse）也出了一本书展示家具和装饰设计的风格演变。

混合式风格

过渡式家具融合了路易十五和路易十六的风格。路易十五风格中的蜿蜒曲折渐变为有平直的外形、尖细的线条和装饰简化的新古典式风格。过渡式家具外表呈长方形而非曲线形，但仍有较短而弯曲的腿部，正如在路易十五时代的五斗橱上所见到的那样。过渡式家具最为明显的样式是断层式（***Breakfront***）五斗橱。它保留了早期同类中向外膨胀的曲面外表，但中心处的前立面突出。椅子不再是弧形的，但仍有椭圆形的靠背；弯腿则被带凹槽的直腿所取代。

过渡式家具的装饰也结合了洛可可与新古典的因素。有些主题可追溯到路易十四时期的风格，标志之一是莨苕叶饰、拱纹环饰（***Gadrooning***）、棕叶饰、狮面与奖杯。路易十五时期激增的花饰样式仍被用在过渡式家具上。而随着新古典主义风格的发展，希腊回纹、相交织的涡卷和细工镶嵌也逐渐普及开来。

卓越的家具商

家具商路易斯·约瑟夫·拉林（Louis Joseph Le Larain）为拉利夫·朱里（Lalive de Jully）建的巴黎别墅充分体现了法国宫廷的影响，其家具表现出来自希腊风格的灵感。在蓬巴杜夫人的影响下，国王私人的办公室全部饰以过渡式风格，其家具分别由让–弗朗西斯·奥本于1760年和让–亨利·厄泽纳（Jean-Henri Riesener）于1769年制作。

路易十五式书写柜

这件家具为镀金–青铜模压，郁金香木和金木制作，有嵌花和细工镶嵌。书桌的前脸有一个雕花落面，打开后可见到其内部装有的隔间和抽屉。

比较和差别

通过比较路易十五式和路易十六式家具，可以较容易地看出其中风格的演变过程。路易十五式堪称洛可可风格的缩影，特点是带有旋涡、贝壳、花朵和非对称性。而路易十六式则为新古典风，外形和主题上受到希腊和罗马建筑的影响，带有月桂叶、垂花饰和圆花饰。

路易十五家具的特点是蛇形、曲线和弯腿，而路易十六式则有直线、几何形状、螺旋锥形腿。

带镀金的亮色是路易十五式家具的典型特征，如有丰富色调和进口木材（如黄檀木）制作的贴面。涂漆包括仿日本的大漆，镀金嵌件也很流行。而路易十六式家具则依靠木料，如带有桃花心木等纹理的细工镶嵌做装饰效果，雕花细工代替嵌件成为装饰特征。

家具的风格变化较慢，家具商要花一定的时间来接受最新的时尚，他们也经常不得不对现有的存货做些许的改造以便更容易地卖掉它们。

路易十五

路易十五式五斗橱 郁金香木、西阿拉黄檀木（*Kingwood*）材质，鼓形，蛇形前脸，大理石台面下为两短两长抽屉镶嵌涡卷饰，嵌有叶形，C形锁眼盖。抽屉把手为卷曲叶形。箱体边缘有立体镶嵌，前部有一体化裙档。托架脚。*FRE*

路易十五式扶手椅 有涡卷形背部，软包扶手和前脸为蛇形的座位。凹槽和C形雕花的外框饰以花头和卷叶。弯腿末端为卷曲的脚。*PAR*

路易十六

路易十六式地方用五斗橱
这个长方形的五斗橱有模压顶面和平直的边缘。四个长长的抽屉都装饰着带布帘和丝带垂花饰的新古典主义雕刻，在外缘则为圆盘饰。锥形短腿与八字形前腿形成对比。因为用在民间，所以没有镀金嵌件。*约1780年 宽137.5厘米（约54英寸）FRE*

路易十六式扶手椅
彩绘扶手椅，奖章形的靠背顶轨有雕花。横档装饰维特鲁威卷曲，腿部部分有凹槽纹，陀螺形脚。*约1785年 高94厘米（约37英寸），宽62厘米（约24英寸）PAR*

法国：路易十六

当路易十六与其妻玛丽·安托瓦内特（Marie Antoinette）1774年于法国加冕时，许多德国工匠包括杰出的制柜商，如亚当·威斯威勒（Adam Weisweiler）和让-亨利·厄泽纳也随他们去往法国，他们都寄希望于从皇室手中得到大量家具订单。他们的愿望得到了实现——在法国大革命前夕，向王室提供了奢华的家具，既有洛可可风格又有新古典主义风格。除了皇室，工匠的订单也来自法国那些追逐时尚和奢华的富有家庭，还有高度重视法式设计和品质的欧洲君主们。

变化万千

家具的款式在这个时候逐渐发生演变。早年间的家具通常被称为“过渡式”，因为它们同时含有洛可可设计和新古典风格（见第134–135页）的元素。随着时间的推移，新古典主义的元素变得更加明显。

在1789年法国大革命爆发之前约二十年间，英国品位开始影响法国，而这一趋势在家具设计中得以体现。此时桃花心木经常被使用，特别是在革命战争结束后，随着法国与美国之间的贸易增长，人们从西印度群岛进口这种木材更加方便。

装饰

人们创造出不同风格的镶嵌技艺作为装饰手法。图案设计变得比以前那种松散排列的花卉装饰更加突出。景观与建筑组合很受欢迎，同样的还有花瓶或花篮。细木拼花——这种几何形式的镶嵌——是另一类常见的装饰方式。

在路易十六统治时期，厄泽纳成为最重要的制柜商之一。大约1780年，他放弃细工镶嵌并开始生产简洁的家具，仅依靠精良贴面来做装饰效果。这一时期法国家具设计的方向之一，是采用塞弗尔工厂（Sèvres factory）生产的精妙陶瓷饰板，分别嵌入家具中成为其装饰特色。精致的嵌件享有较高的制作水准，其中的佼佼者由古蒂埃（Gouthière）和彼埃尔·汤米（Pierre Thomire）工作坊出品。

布尔式镶嵌细工仍为人喜爱。家具上带有彩绘的叶形装饰镜面即反向彩绘玻璃，或有17世纪末到18世纪初重又使用的中式或日式的漆板。油漆彩绘的家具也再度流行。

新方向

之前的椅子一直保持圆润的形状，现在则变得更加直线条并有逐渐变细的腿。由于主人的房间比他们曾经住的要小很多，家具也相应变得较小。妇女在社会上比之前更有影响力，因此为女性客户设计的轻快而优雅的作品如工作台（*Worktable*）大受欢迎。

18世纪后期没有今天的银行和安保机构，所以精心设计的带暗格和隐藏式抽屉的书桌很受富人喜爱。上面安装了复杂的锁以增强安全性。

大革命的影响

法国大革命后，家具制造商行会被解散，因此法国家具的质量开始下降。革命期间，越来越多的贵族被送上断头台，战争使国家日益贫穷，高档家具市场也随之萎缩。家具的设计变得简单，并以普通的贴面而不是镶嵌来作装饰。战争使法国更难进口异国木材，所以家具制造商经常使用本地果木。

新古典主义风格同样得到法国新政府的青睐，并在之后的督政府和执政府时期继续发展（1795–1804）。直到1804年拿破仑上台后，装饰性强的高质量家具才又一次成为时尚。

路易十六五斗橱

这是一对矩形五斗橱中的一个，顶面为灰色和白色大理石台面。鲜亮的桃花心木镶嵌，中楣包含一个长抽屉，但表面的镀金镶板使其看起来像三个小抽屉。腿部末端为仿铜饰陀螺脚。这件作品出自巴黎制造商戈德弗罗伊·德斯特（Godefroy Dester）。*约1785年 高93厘米（约37英寸），宽133.5厘米（约53英寸），深56.5厘米（约22英寸）PAR*

路易十六活面写字台

活面书桌是橡木制成的，有桃花心木和软木材贴面。这件作品的顶部是灰色和白色的大理石，下面为三个狭长的抽屉。曲线形的上半部缩进去可见一个内室，里面装有架子和抽屉，打开是一个可扩展的皮革覆盖的书写面。下方侧面是一对抽屉，一个长的抽屉在容膝处。凹槽腿支撑。*约1789年 高121厘米（约48英寸）LPZ*

巴黎套件家具

这套家具有长方形的靠背，有拱形顶轨和切角，装饰纽索连环图案。扶手为凹槽列柱，有圆盘饰头部与杆头，表面雕刻花朵、莨苕叶直通至软包扶手。前面和两侧都是相似的雕刻。被锥形螺旋凹槽腿支撑。*约1780年 沙发：高96.5厘米（约38英寸），宽195.5厘米（约77英寸）安乐椅：高96.5厘米（约38英寸），宽65厘米（约26英寸）PAR*

矩形反射镜

这面镜子带有雕刻的木制涂金镂空外框。顶冠装饰为在树叶花环中的两只鸟，底座有一个串珠饰带。*高115厘米（约45英寸）BEA*

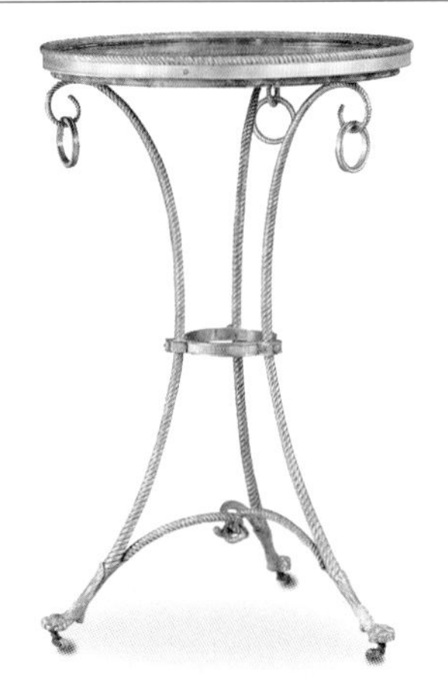

青铜陈设桌

受罗马绘画的启发，这张桌子是用镀金的青铜制成的，顶部为黄铜大理石。连接撑架的三爪脚带脚轮。*约1785年 高81厘米（约32英寸）GK*

巴黎陈设桌

这张桌子镶嵌了乌木和梧桐，镀金装饰。弯腿，*约1770年 高79厘米（约31英寸），深44厘米（约17英寸）PAR*

围手椅

这把椅子有一个简单上蜡的果木框架。顶冠和横档雕刻有树叶。螺旋形凹槽锥形腿。*约1780年 GK*

巴黎墙角柜

这对柜子有灰色大理石三角顶面，箱体与顶面造型一样。优雅的单板贴面门对开，镶有垂花饰，造型经典的花瓶。倾斜边角上面有程式化的镀金柱子，末端为微微张开的脚。底座装饰一个镀金嵌件。*约1790年 高88厘米（约35英寸）GK*

巴黎一周橱（七斗橱）

这种款式的橱柜是以法语单词“semaine（星期）”命名的。被设计用来储存一周时间的衣服。这优雅的家具有郁金香木贴面和人字形紫色镶嵌。抽屉装饰镀金串珠边、丝带和叶形锁眼，带镀金背板和月桂抽屉拉环。*约1780年 高160厘米（约63英寸），宽81厘米（约32英寸）PAR*

英国家具图集

家具图集里收入的是当时伦敦最好的设计作品，帮助家具商和客户解决一时之需。

图集彻底改变了家具设计传播的方式。现代人对乔治王时代家具的了解多数就来自于图集上的插图，而号称英国式家具设计的“黄金三角”——托马斯·齐本德尔、托马斯·谢拉顿和乔治·赫普怀特通过印刷其代表作品所享有的声誉更是比家具原件本身更为长久。这类图集有几个目的：引进新的时尚，以协助定价为由打动富有的顾客，并最终获得新的客户。伦敦的制柜商如威廉·因斯和约翰·梅休，也就是《家用家具通用体系》（*The Universal System of Household Furniture*）一书的出版人，甚至为了追逐丰厚的利润而将此书翻译为法文并运至海峡对岸。

有些书中插图所画的家具留存至今，如罗伯特·亚当和詹姆斯·亚当的作品，还有齐本德尔和因斯、梅休的作品。书中提供的许多设计并不意味着可以盲目照搬，更重要是为了给其他制造商提供指南。如书中的“法国椅”部分（右边有相应的插图），以此说明椅子可以是扶手椅或是边椅，而齐本德尔还设计了各种的腿部以供选择。

许多家具商受到鼓舞将其设计推陈出新。一些这类的出版物包括了原尺寸的图稿，多数有家具的原来尺寸和替换它们时的参考意见——这取决于具体家具在房间的具体布置情况。

托马斯·谢拉顿在其两卷本的《家具辞典》（*The Cabinet Dictionary*, 1803）中毫无保留地记录了家具的各个方面，并提供了确保怎样完成的指导意见。此书包括了透视图、测量图、所用木材及油漆的类别和某类家具的详细描述，甚至还有如何在房间中放置家具的具体说明。

奇怪的是，尽管乔治·赫普怀特拥有巨大的声望，但没有一件具体的家具被证明出自他手。他的名声完全来自于他在图集上发表的作品，也就是于他死后1788年出版的《家具制作和装饰指南》（*The Cabinet-Maker and Upholsterer's Guide*）。这本书的使用者是工匠和家具定制客户。乔治·赫普怀特对亚当风格的推动起了很大作用，很大程度上正是由于他家具图集的流传才使亚当的家具风格广为人知。

桃花心木写字柜 书桌和书橱分两部分：上半部带门和玻璃板，背后是放书的架子；下半部较低，在供写字的斜面下包含抽屉与衣服架。原本用在卧室里，但在18世纪时也用在其他房间。在北美殖民地，像这样昂贵的家具都放在最大的房间里展示。*NA*

法国椅子（手绘图片出自《绅士与制柜商指南》） 齐本德尔书中所画的软包椅子多种多样，或是扶手椅或是边椅。脚部或是卷曲或是三叶造型，其雕刻水平视家具商的技术和客户的品位而定。*PAR*

THE

GENTLEMAN and CABINET-MAKER's

DIRECTOR:

Being a large COLLECTION of the

Moſt ELEGANT and USEFUL DESIGNS

OF

HOUSEHOLD FURNITURE,

In the Moſt FASHIONABLE TASTE.

Including a great VARIETY of

CHAIRS, SOFAS, BEDS, and COUCHES; CHINA-TABLES, DRESSING-TABLES, SHAVING-TABLES, BASON-STANDS, and TEAKETTLE-STANDS; FRAMES for MARBLE-SLABS, BUREAU-DRESSING-TABLES, and COMMODES; WRITING-TABLES, and LIBRARY-TABLES; LIBRARY-BOOK-CASES, ORGAN-CASES for private Rooms, or Churches, DESKS, and BOOK-CASES; DRESSING and WRITING-TABLES with BOOK-CASES, TOILETS, CABINETS, and CLOATHS-PRESSES; CHINA-CASES, CHINA-SHELVES, and BOOK-SHELVES; CANDLE-STANDS, TERMS for BUSTS, STANDS for CHINA JARS, and PEDESTALS; CISTERNS for WATER, LANTHORNS, and CHANDELIERS; FIRE-SCREENS, BRACKETS, and CLOCK-CASES; PIER-GLASSES, and TABLE-FRAMES; GIRANDOLES, CHIMNEY-PIECES, and PICTURE-FRAMES; STOVE-GRATES, BOARDERS, FRETS, CHINESE-RAILING, and BRASS-WORK, for Furniture.

AND OTHER

ORNAMENTS.

TO WHICH IS PREFIXED,

A Short EXPLANATION of the Five ORDERS of ARCHITECTURE;

WITH

Proper DIRECTIONS for executing the moſt difficult Pieces, the Mouldings being exhibited at large, and the Dimenſions of each DESIGN ſpecified.

The Whole comprehended in TWO HUNDRED COPPER-PLATES, neatly engraved.

Calculated to improve and refine the preſent TASTE, and ſuited to the Fancy and Circumſtances of Perſons in all Degrees of Life.

By THOMAS CHIPPENDALE,

CABINET-MAKER and UPHOLSTERER, in St. Martin's Lane, London.

THE THIRD EDITION.

LONDON:

Printed for the AUTHOR, and ſold at his Houſe, in St. Martin's Lane; Alſo by T. BECKET and P. A. DE HONDT, in the Strand.

MDCCLXII.

《绅士与制柜商指南》
这不是第一本图集，但在家具领域它是独一无二的首创。它描绘了所有当时的种类，包括哥特式、中国风、法国和洛可可等，非常通俗易懂。书中所提到的齐本德尔椅子可能是所有以他命名的家具中被模仿最多的，产生了很多的变种。

齐本德尔式雕刻樱桃木椅子
产自费城，有一条蛇形顶轨，中央有雕刻装饰和镂空的椅背条及凹槽立挺。四方的锥形嵌入式座位中心有贝壳装饰的横档。雕刻的弯腿有球爪形脚。椅子样式来自设计图集中的插图（见左图），这是一个典型的洛可可风格实例。*约1770年 高100厘米（约39英寸）*

图集简史

1715年之前，英国极少有家具图集出版。1702年，丹尼尔·马洛特的书出版并通行全英，其中包含了装饰艺术的几乎所有分支和观念，如室内设计和家具陈设。英国的家具设计图稿也同时出现在建筑类图书中，一般是讲述建筑架构之内的壁炉、矮几和镜框之类的内容。在1735年，雕工版权法案的出炉旨在保护家具商免受竞争对手的恶意抄袭，但在具体实施上并未使现状产生多少改变。

从1740年往后到18世纪末，每年都有两到三种家具图集问世。齐本德尔在1754年出版的著作《绅士与橱柜商指南》将家具设计制作从以往混为一谈的画册中单列出来，并给后来1760年出版的系列同类书提供了一个标准。这一出版物也有助于建立他本人的声望和延及后世的独特家具风格。这方面与后来托马斯·谢拉顿出版的家具图集如出一辙。

托马斯·谢拉顿《伦敦价格手册》

这本有影响力的设计图书，由伦敦制柜商在1788年出版，其特色设计出自谢拉顿自己和乔治·赫普怀特。

《伦敦价格手册》（*London Book of Prices*）是一本实用的贸易手册，其中的价格表可计算劳动成本。它由工作在伦敦和威斯敏斯特的熟练工人组织的橱柜制造商协会编译，最初并非是图集，而是作为家具指导价格参考书。

第一版只包含二十张图片，但有解说文字和家具类型的索引。椅子、镜子和软包床被排除在外，因为这些由专业工匠制作而不是制柜商完成。1793年新版本大大扩展了内容范围，为所有家具商提供了一套完整的费用计算规则。新版超过了250页，印刷了约1000份。《伦敦价格手册》直到19世纪初仍然是作为家具行业价格标准的参考著作。

计算项目的成本特别是熟练工人的人工成本是不容易的。熟练工人按天数或计件来计算费用。木材等材料一般由家具师负责，但其他费用均由工人负担。他们将这些成本提交给家具师。这本书旨在消除两者之间的鸿沟。《伦敦价格手册》从一个侧面提供了观察乔治时代家具行业的角度，显示了当时具体家具的制造情况。

《伦敦价格手册》出自托马斯·谢拉顿 图中蛇形前脸的设计已被用来制作下图中的实物。四个长抽屉有模压包边，两侧的三个短抽屉下为凹槽托架脚。

英式抽屉柜 其设计灵感来自于《伦敦价格手册》（上图）。台面上的硬石镶嵌为其增加了不菲的身价。*约1790年 高91.5厘米（约36英寸），宽117.5厘米（约46英寸），深61厘米（约24英寸）*

德国

新古典主义风格传到德国较之欧洲其他国家要晚得多，部分原因是德国行会的限制，主要是想保护那些还不够资格为宫廷服务的工匠。行会往往会为外来工匠在本地定居制造障碍，这样就使得外来影响在本地保持真空的状态。同样，中产阶级的保守也让这种新风潮的流行不那么容易。

斯宾德兄弟专为腓特烈二世服务，他们是当时首屈一指的制柜商。他们因花卉细工镶嵌而闻名，并在抽屉柜的制作上延续了洛可可风格直至1760年。终其一生，他们的长腿双层蛇形抽屉柜一直流行，尽管其外形在法国已经是过去式了。室外用的抽屉柜并不是很典型，且类似于一个带有三四个抽屉的箱子。而除了造型的简化外，这些抽屉柜仍喜用洛可可风格的曲线形正面和胡桃木贴面而非桃花心木。

亚伯拉罕·伦琴（Abraham Roentgen）与他的儿子大卫·伦琴是德国最有名的新古典主义风格的制柜商。他们所做的家具一开始受到英国安妮女王和荷兰设计的巨大影响。许多他们早期所做的家具取材于胡桃木，因为桃花心木在德国的流行要晚于英国和法国。他们的家具在当时受到了所有德国城邦宫廷的追捧。

新古典家具

直到1770年，德国才普遍接受了被新古典主义称为“穗状饰带”（*Zopfstil*）的风格。正当法国兴起对挖掘古罗马庞贝城和赫库兰尼姆遗址的热情，并进而生发出一种希腊风格（*Goût grec*）之时，德国设计师们则开始从古希腊-罗马世界中汲取灵感。“Zopfstil”一词即源于古典时期的穗带或垂幔。

“穗状饰带”被运用到很多装饰特色上，正如晚期洛可可风格上的细工镶嵌所示：如茛苕叶形嵌件、月桂叶、垂花饰、圆形纹章、三竖线花纹装饰和狮子以及公羊头。一开始家具与路易十六风格类似而显得异常宽大。到了1780年，家具外形变得越来越轻盈和精炼，装饰也愈加简单。

这一转变部分归因于中产阶级和商人阶层对设计日益增长的影响力。虽然新古典风格被伦琴父子推行到各个城邦，但定制其家具的主顾们仍希望他们使用的是独一无二的东西，所以一些德意志城市的制柜商仍很大程度在家具上保留了巴洛克和洛可可的风格元素。

德国和欧洲其他地方一样，新古典主义的样式最初仅限于对传统装饰元素的应用。镶嵌细工在德国各个城市从来没有失宠过，直到18世纪下半叶仍在使用。但图样变得更加几何化。

圆筒形书桌

服务于路易十五和路易十六宫廷的让-弗朗西斯·奥本发明了圆筒形书桌，就是平直的桌子上有功能性台面，带抽屉或门，同时期抽屉柜也很流行，腿部多数是有浅凹槽的列柱或锥方形，柜体一般有两三层抽屉。瓷器陈列柜很受欢迎，但受到法国流行时尚的影响而变得渐趋长方形，其装饰也愈加朴素。座式家具也仿效法国而有椭圆或长方的靠背，边框有彩绘或镀金，还有细长的锥形腿。

到18世纪末时，进口的桃花心木成为最受欢迎的木材。家具流行用黄铜镶嵌并以华丽的桃花心木做贴面，不过也会用到本土的木材，包括胡桃木和樱桃木等。

活面写字台

产自慕尼黑。这一主要由松木制作的写字台有胡桃木、果木和枫木的几何贴面。雕花边廊中央有奖章，周围饰有月桂叶。上半部有带建筑图案的细工镶嵌，两扇大门内有抽屉和文件格。书桌的鼓形活面的几何边界镶嵌花朵和乐器图案。*约1775年 高233厘米（约92英寸），宽116厘米（约46英寸），深65厘米（约26英寸）BAM*

六把一组奥地利椅子

这些新古典主义椅子的榉木框架被漆成绿色和白色。正方形的背上有导轨，导轨上部中心还有一个长方形的平板。座位有方形直板的软包，周边也是方形的。每一个椅子的横档模仿椅子背形式，中央也带有一块平板。凹槽锥形腿涂绿色和白色漆。镀金和彩绘是为配合房间的整体设计。*约1780年 高92.5厘米（约36英寸）LPZ*

德国南方五斗橱

路易十六风格，松木。长方形和建筑式的箱体，有胡桃木、李子木、枫木、橡木贴面。中央的奖章和花环图案受到了大卫·伦琴的影响。两个抽屉的把手在银质底上浮现四个不同青铜人像。四个锥形腿支撑。出自科尼利厄斯·潘茨（Cornelius Pentz）。*约1785年 高85厘米（约33英寸），宽124厘米（约49英寸），深63厘米（约25英寸）SBA*

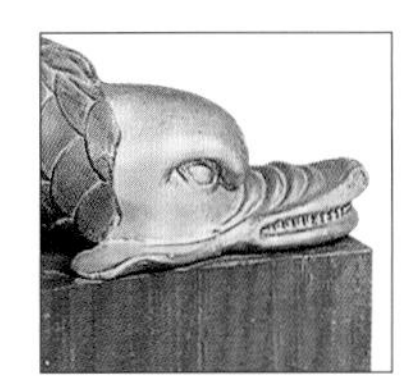

海豚雕饰细部

橡木沙龙桌

圆形可倾桌面（带海豚图案），下为六角柱，周围雕有涂成绿色的海豚，部分有镀金。三脚架带脚轮。*高82厘米（约32英寸），宽100厘米（约39英寸）GK*

瑞典橱柜

这对长方形的橱柜为路易十六风格。由胡桃木制作，镶有樱桃木和当地果木的贴面。顶部稍稍伸出，中楣饰以新古典主义风格的嵌件。每个橱柜三面有玻璃，前面有单独的锁眼，里面有三层搁架。短小锥形腿，末端金属脚轮。*约1800年 高154厘米（约61英寸）GK*

矮几五斗橱

松木方形五斗橱有樱桃木、李子木和枫木几何图案贴面。长方形顶面下为一个中楣抽屉和另外两个抽屉，两侧镶嵌扁平立柱。脚轻微外展。*约1795年 高119.5厘米（约英47寸）SLK*

大卫·伦琴

对创意的不断追索和丰厚的商业利润等诸多因素促使18世纪的制柜商生产的家具保持着冠绝于世的品质。

如果没有受到父亲亚伯拉罕的影响，大卫·伦琴可能不会取得这样的成就。其父所产的精美家具结合了传统手工艺和现代技术。大卫一开始只是父亲的学徒，但1768年他接管了父亲于新维德的工坊，地点在德国堪布伦茨附近。他渐渐受到了法国设计的影响。

1774年，大卫去巴黎给王后玛丽·安托瓦内特送过一件书桌。那时他才意识到家乡的家具有多过时，所以开始就近钻研起最新的新古典主义风格。18世纪70年代，他做的家具已表现出追求朴素的外表——仅仅由普通木材来做贴面装饰——

亚伯拉罕·伦琴的写字台
橡木和枫木的主体有一块可调的顶面。最上面的抽屉里有一个皮带覆盖可伸缩的写字面和九个小抽屉。*1755–1760年 高87 厘米（约34英寸），宽136.5厘米（约54英寸），深66.5厘米（约26英寸）*

关键日期

大卫·伦琴

1743 年 大卫·伦琴在赫尔纳格（Herrnhag）出生。

1757 年 大卫·伦琴在父亲亚伯拉罕位于新维德的工坊工作。

1768 年 大卫·伦琴接管父亲的工坊。

1770 年 大卫·伦琴为普鲁士腓特烈大帝制作了一张桌子。

1774 年 大卫·伦琴向玛丽·安托瓦内特王后赠送一张桌子。

1779 年 大卫·伦琴在巴黎建立工坊。

1780 年 大卫·伦琴加入巴黎的制柜商协会。

1783 年 大卫·伦琴访问俄罗斯并向凯瑟琳大帝出售写字台，后来先后四次前往圣彼得堡。

1785 年 大卫·伦琴接受来自法国国王路易十六和王后授予的“皇室家具制造师”头衔。

1789 年 法国大革命的爆发威胁到伦琴的生意。

1791 年 大卫·伦琴任普鲁士腓特烈·威廉二世的宫廷家具师。

1793 年 大卫·伦琴父亲去世。

1795 年 巴黎仓库被法国革命政府清算，大部分向宫廷和贵族提供的家具在官方拍卖会上出售。

1807 年 大卫·伦琴在威斯巴登去世。

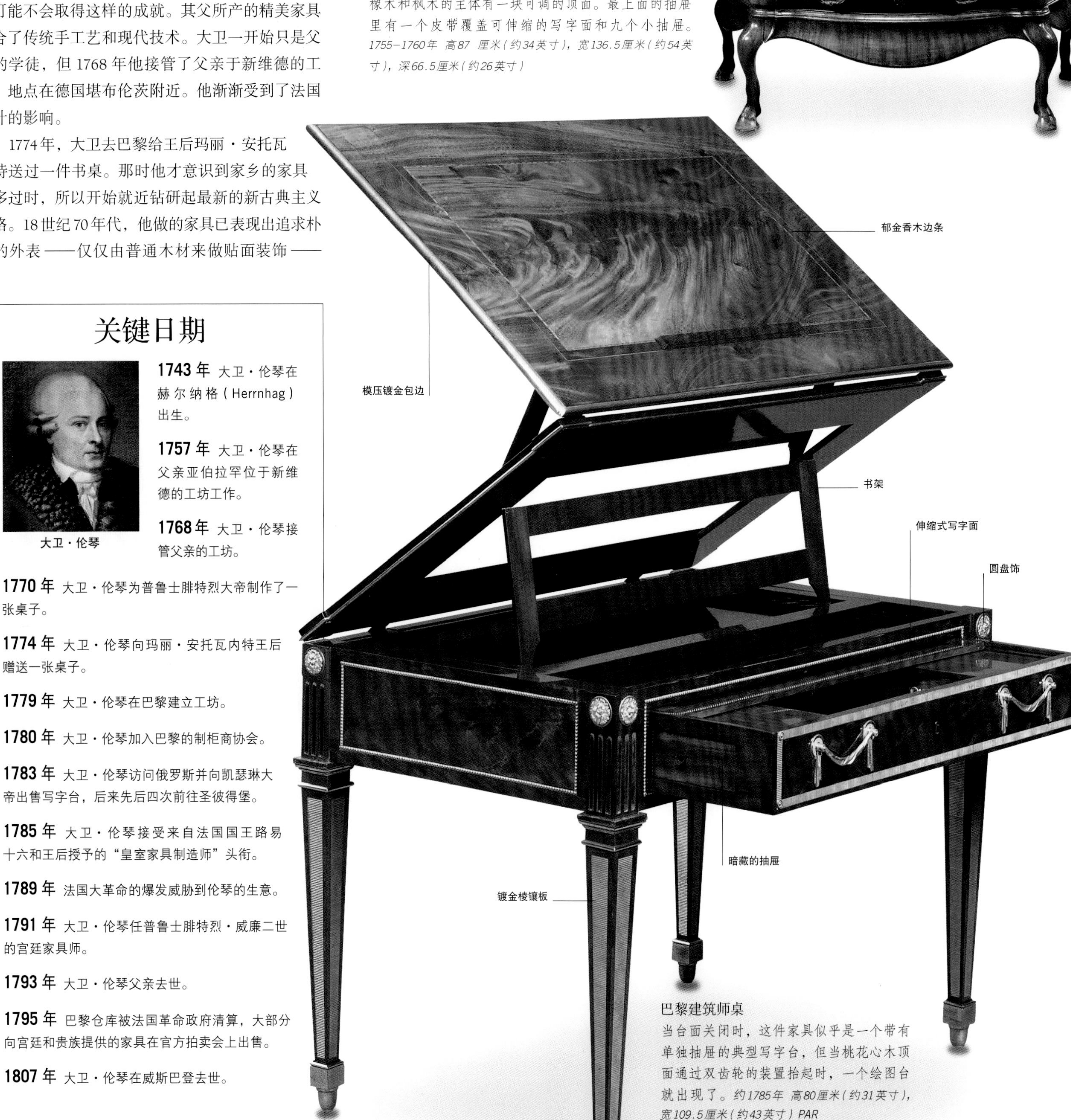

巴黎建筑师桌
当台面关闭时，这件家具似乎是一个带有单独抽屉的典型写字台，但当桃花心木顶面通过双齿轮的装置抬起时，一个绘图台就出现了。*约1785年 高80厘米（约31英寸），宽109.5厘米（约43英寸）PAR*

拼装一张休闲桌

大卫·伦琴在他优雅的家具中完善了零件标准，允许零件被拆开并安全运给客户之后，还能方便地拆装。

伦琴的主要工坊在新维德，他也在三个主要的欧洲城市有仓库，因此他发明了一套工序，使他对家具能安全有效地拆解。

下面的图说明了此项功能。家具被分解成八个部分：顶部和框架、抽屉和架子、四条腿。一旦分开，这些零件就被放置在一个特殊的包装箱，有助于保护板材。把桌子分开也节省了空间，货物在装运过程中更容易处理，标准化进程使制造过程也节省了宝贵时间。

伦琴经常以一个月为限来征求订单，他依靠自己的代理人来装载火车车皮，找到车夫安排马匹，并确保订单完成。这可能也是复杂的：一次装运到俄罗斯的货物通常包含五十多件家具。

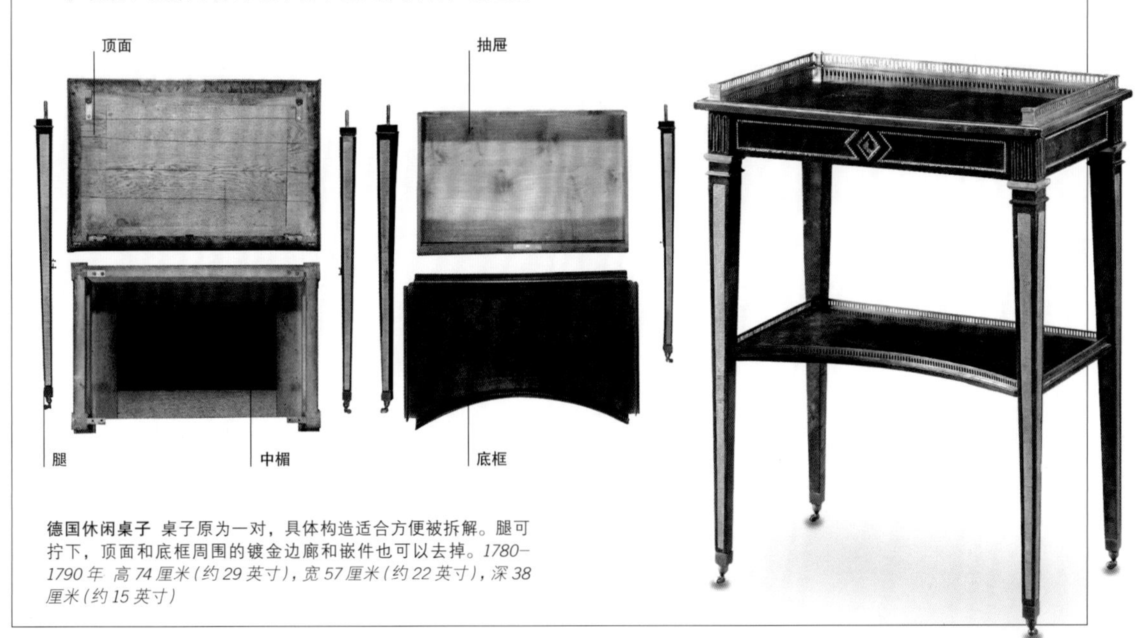

德国休闲桌子 桌子原为一对，具体构造适合方便被拆解。腿可拧下，顶面和底框周围的镀金边廊和嵌件也可以去掉。*1780–1790年 高74厘米（约29英寸），宽57厘米（约22英寸），深38厘米（约15英寸）*

通常是桃花心木，镀金-青铜或是黄铜嵌件。由于这方面的成功，他得以加入巴黎的制柜商行会。伦琴的家具上私人印章是“D.ROENTGEN”，但他的多数家具没有这个标记。

伦琴在巴黎、柏林和维也纳都建立了家具工坊，这样他就可以改进设计并且赢得订单，并能更快地应对市场状况而不至于对其工坊有失控之虞。这种创新的想法和商业上的敏感度使他热衷搜罗和阅览家具图集和相关书籍，从而始终与最新的时尚保持一致。

伦琴式家具

伦琴一开始用木材来做镶嵌物，并亲手雕刻。但到1760年末，他开始用染色或本身自带颜色的木材。1770年后，精致的图绘式细工镶嵌成为他工坊中的特色，设计元素来自雅努斯·齐克（Januarius Zick）的绘画。其结果是家具的镶嵌图案成为极具真实感物件的大杂烩，如树枝、园艺器具、乐器，还有他游览巴黎之后的里拉琴和建筑物场景。

到1770年末，他制作了很多路易十六式的家具。他因设计制作写字桌而闻名，这些都出自其新维德的工坊——此类家具的各个部件能够灵活运转，更表现出他在机械构造上的出众才华。

1783年，伦琴带着定制的家具到访俄罗斯，包括梳妆台、抽屉柜、旋转椅和一个可立可坐使用的写字桌。他从此次旅程中带回了来自凯瑟琳大帝的订单。不过，伦琴主要的客户还是法国皇帝和宫廷。1779年，路易十六购买了他的写字桌，随后任命他为国王和王后的家具商；之前他已经成为玛丽王后的御用制柜商。

十年后，他供应给法国宫廷的家具以其繁复的细工镶嵌和精巧的机械装置而冠绝天下。

1791年，伦琴被任命为普鲁士的腓特烈·威廉二世的宫廷家具师。此时，他被视作欧洲最为成功的家具制作商。然而，法国大革命沉重打击了他的家具生意，使得他再没能恢复以往的名声。1807年，大卫·伦琴死在去往德国威斯巴登的路上。

梧桐木细木镶嵌桌
镀金镶嵌的写字桌安装有弹簧的中榻抽屉，内藏一个皮革衬里的滑面和四个小抽屉。每一个弹簧抽屉包含一个墨水池和两个小抽屉。锥形腿，铲形脚有脚轮。*1775–1780年 高78厘米（约31英寸），宽75厘米（约30英寸），深51厘米（约20英寸）*

德国女士写字台
矩形，前门打开可形成一个书写面。箱体的几何外形以镀金带加以强调，突出了矩形的中心板。方锥形腿嵌有镀金肋状镶片。*约1790年*

俄罗斯

凯瑟琳大帝正式加冕于1762年，并一直统治到1796年。在她的统治年代，俄罗斯文化达致极盛时期。当时的圣彼得堡（建于18世纪下半叶）成为欧洲首屈一指的首都。凯瑟琳大帝的前任伊丽莎白一世女皇曾委托建筑师建造壮丽的洛可可式宫殿与厅堂，与其有所不同的是，继任者凯瑟琳尤其喜爱新古典主义并大力推行这股风潮——无论建筑物还是家具都明显表现出这一点。凯瑟琳统治俄罗斯之时，在圣彼得堡的冬宫附近建起两座修道院。这两座建筑物柱廊简朴，体现出新古典的特征——第一座是供凯瑟琳休闲的空间，第二座则可容纳这位女皇的私人图书馆和日益丰富的艺术品收藏。自她之后，贵族们也纷纷在圣彼得堡兴建自己的新式公馆和豪宅。

新古典之风

家具风格变得严谨，但更为轻巧。俄式新古典家具显得平直，且主要的装饰是对称主题和几何图案。较之同时期的欧洲家具，俄式家具则具有更大的体量和更鲜明的装饰。

五斗橱、桌子和椅子都受到法国家具的影响，常常有镀金、青铜与黄铜嵌件的细工镶嵌。精致的桌子被放在房间中央而不是靠在墙边，因此它的每个面都有装饰。优雅的黄铜餐椅在18世纪90年代颇为流行，在很多宫殿里随处可见，并成为俄国上流社会的收藏品。有些椅子有格子式图案的靠背，并在图案连接处附有镶嵌物。其腿部镶嵌有带凹槽的黄铜。

创新的设计

机械式家具在俄国很流行。德国制柜商伦琴1783年到1789年间先后五次到访圣彼得堡，并给凯瑟琳大帝带来许多有趣的家具：包

落面写字柜

鲜亮桃花心木，镶嵌黄铜，这个写字柜有一个平顶和有杆头的镂空边廊。下面是一个装饰用中楣抽屉，两侧镶板嵌箭头。落面打开后可见内室，两侧是新古典主义的青铜人头。下段两个门带有黄铜包围，两侧面板上各嵌有一个箭头。基座有方块锥形脚。海因里希·甘博斯（Heinrich Gambs）设计。*约1790年 高161厘米（约63英寸），宽97厘米（约38英寸），深45厘米（约18英寸）BLA*

镀金扶手椅

这把桃花心木与枫木材质的包裹镀金的扶手椅有卷曲杆头和天鹅形状的扶手。衬垫靠背和座位包覆丝绸。*约1800年 高111厘米（约44英寸），宽80厘米（约31英寸）*

餐椅

原为一套，红木边椅有五块垂直的椅背条。方锥形腿连接撑架。饰有黄铜嵌件。*约1800年*

写字台

这张有镀金嵌件和黄铜镶嵌的桃花心木写字台顶部有带卷叶和萨提尔装饰件的中楣。下面门内部装有三个搁架。两边的门上饰有圆形奖章，里面藏有更多搁架和三个隐秘的抽屉。写字台抽屉上方为书写台，四个小抽屉，一个中央搁架在一双小抽屉之上。锥形腿下有垫脚。*18世纪末 高170.5厘米（约67英寸），宽148.5厘米（约58英寸），深79.5厘米（约31英寸）*

括坐立皆能方便写作的书桌，能展示其奖章和宝石的橱柜，还有一个可以旋转的扶手椅。为俄国客户制作的家具十分精美，也比供给法国和德国客户的更为浮夸。这些俄国货用凯瑟琳私人桦树林的木材制成。

装饰特色

私人工坊和国家工坊在圣彼得堡和其他地方建立起来，为新建的宫殿和豪宅制作家具。俄国工匠的手艺逐渐纯熟并掌握镀金细工镶嵌技术——这些都受到法国和德国设计的影响。古典主题包括狮身人面像、格里芬（Griffins）、海豚、狮头、莨苕叶饰、圆花饰和垂花饰，而黄铜镶嵌则用来模仿古典的立柱。台柜饰以进口的象牙和骨头装饰件，并采用英国韦奇伍德工场（Wedgwood factory）的陶瓷件来镶嵌在家具的镶板上。

传统风格

民间常用的家具仍保持传统样式，一般是用橡木制作。扶手椅造型来自修道院家具，而长凳和桌子——有时有可伸展的活动桌面，简单到与农家的家具并无二致。

黄铜镶嵌红木镜子 镜子框架饰有希腊回纹的黄铜镶嵌，边角有镀金嵌件。*约1790年 高110.5厘米（约44英寸），宽60.5厘米（约24英寸）EVE*

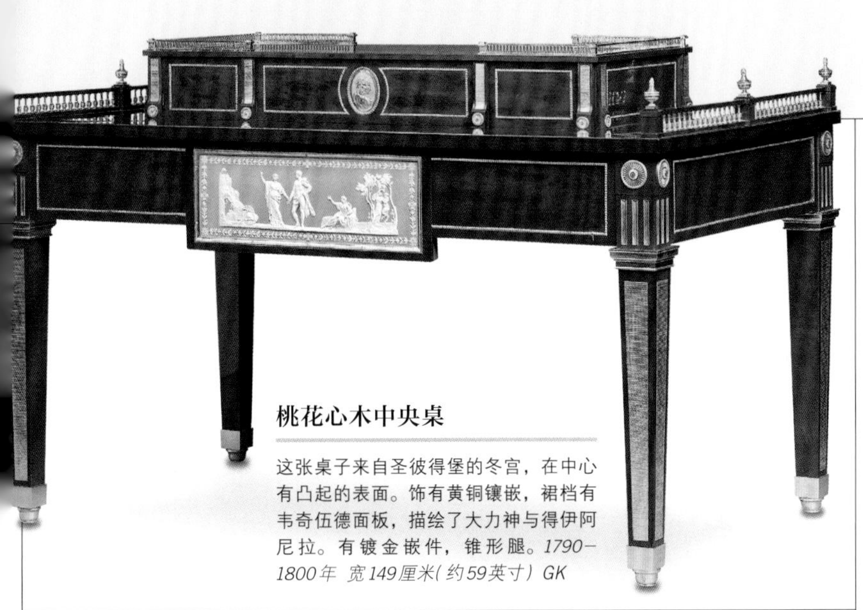

桃花心木中央桌

这张桌子来自圣彼得堡的冬宫，在中心有凸起的表面。饰有黄铜镶嵌，裙档有韦奇伍德面板，描绘了大力神与得伊阿尼拉。有镀金嵌件，锥形腿。*1790–1800年 宽149厘米（约59英寸）GK*

桃花心木办公桌

桃花心木，上部的铰链顶面有一个红色镀金皮革的写字台，下为一对抽屉。抽屉下部有一个额外的、伸缩式的绿色毛毡写字面，下方四个抽屉。内室有五个大搁架。有镀金–青铜嵌件，锁眼盖上有垂花饰，抽屉有简单的圆形拉手。托架脚。桌子是为建筑师或类似人群所做，能让用户在工作时站立。*约1800年 宽116厘米（约46英寸）GK*

图拉家具

用闪闪发光的钢切割而制——图拉皇家军工场生产的家具是18世纪沙皇俄国装饰艺术的精品。

图拉（Tula）皇家军工场成立于1712年，在凯瑟琳大帝时代脱颖而出，不只供应武器，还包括一系列的钢铁切割物件。图拉家具是18世纪的俄罗斯装饰艺术最好的代表。图拉军工场使用切割金属的特殊技术，他们把钢切成菱形面，闪耀如宝石，表面涂色并抛光，并使用不含铁的黑色金属嵌体。下图所示桌面被认为是图拉家具最好的例子。

图拉中央桌 这个复杂的桌子是作展示之用的，桦木材质。有钢、银和镀金铜饰。矩形顶面下有四个弯腿，上为鱼形嵌件。*1780–1785年 高70厘米（约28英寸），宽56厘米（约22英寸），深38厘米（约15英寸）*

中楣可见新古典细节。

圆柱细部

弯腿有莨苕叶饰细节。

鱼形嵌件

荷兰

18 世纪末，荷兰经历了各种政治变故。1795 年，当时西班牙和奥地利被割让给大革命时期的法国，荷兰则改名为巴达维亚共和国。尽管有这些巨变在前，荷兰几个地区的商业仍旧取得了持续的成功：农业、阿姆斯特丹的货币市场，以及与东印度之间全盛时期的贸易，这些都为家具业和建筑业提供了丰厚的经济支持。贸易联系的建立也促进了如红木和美国缎木之类海外木材的进口。

进口家具禁令

正当木材进口如火如荼时，荷兰在 1771 年颁布了成品家具的进口禁令——这主要是由于法国和英国家具在该国已经泛滥成灾。这一禁令表明荷兰制柜商普遍缺乏竞争力，在新的时代环境中，其创意乏善可陈。这导致了大部分 18 世纪的家具要么粗鄙不堪，要么就只是对法国路易十六式家具作拙劣的模仿——仅仅为了迎合市场需求。安德利·博根（Andries Borgen）正是这方面的代表。

新风格的普及

荷兰的箱式家具应用了路易十六家具的直线造型。橱柜也受到英国设计的影响，如山墙变得不那么沉重，而晚期器形则带有程式化的天鹅颈或前脸。斜角更加常见，且箱体前凸出于基座，二者不如之前的家具那样宽大。脚部变成正方形且大幅趋于尖细。玻璃面板代替了实木门，被用来作展示瓷器的装饰收藏柜。小件家具如五斗橱则坚持其传统造型，但更为轻盈，几何感更强。

在18世纪最后二十五年里，一种新型家具“餐具柜”出现了，它类似于五斗橱，但另加一个可以打开和合起的顶部，内有水池以便清洗餐具。有些餐具柜上的搁架与盖子相连接，提起盖子即可把搁架放下。而另一些盖子下配有边翼，好让它打开后可以

滑门书桌

胡桃木贴面，装饰着果木和铅锡合金细木镶嵌，有方形截面锥形腿。上面两个大抽屉，下面两个小抽屉，书写面内的抽屉和隔间由一个可打开的滑门封闭起来。这一18世纪的家具其用板条做的顶面堪称19世纪的先行者。*约1785年 宽114.5厘米（约45英寸） POOK*

手柄处细部

细木镶嵌五斗橱

桃花心木，有一体化顶面，下为四个抽屉，两侧斜角向底座外展。整体镶嵌乌木、果木与核桃木的细工。托架脚。*约1790年 高81.5厘米（约32英寸） FRE*

半月形牌桌

这张桌子的顶部镶嵌着蝴蝶、花卉和丰饶角饰（cornucopia）。顶面打开后可见花朵镶嵌。中楣有两个抽屉，带镶嵌锥形腿。*约1785年 高89厘米（约35英寸），宽44厘米（约17英寸），深76厘米（约30英寸）*

边椅

一套八件，这一荷兰桃花心木椅子有一个椭圆形的衬垫靠背，座位装饰有灰色条纹天鹅绒。顶轨有一个程式化的瓮形饰件。凹槽螺旋锥形腿。*1775–1800年*

中央桌

桃花心木桌子的椭圆形顶部与其中间镶嵌的贝壳圆盘饰呼应。正方锥形腿，黄铜脚轮。*约1800年 高75厘米（约30英寸），宽37.5厘米（约15英寸） RGA*

折叠活动腿桌桌

桃花心木，椭圆形折面，中楣有抽屉。锥形腿，扁平脚。*18世纪下半叶 高74厘米（约29英寸），宽126厘米（约50英寸），深91.5厘米（约36英寸）*

提供更多的台面空间。

创新的餐具柜只是多功能家具里的一个变种，这类迁就空间因素的家具——如收纳式橱柜和可开合的折叠式台面——很适合荷兰小型联排住宅的需求。和法国一样，椅子有椭圆形或方形的靠背，与之不同的是，它以桃花心木作为其外框的首选木材，而扶手的雕刻装饰和安装则体现出荷兰特色。

除了这些细节之外，即使在新古典主义时期，荷兰家具仍保持了许多未为时代所动的特征（长达半世纪之久），然而在比例上更趋严谨的特色还是显而易见的。

装饰特点

本土的制柜商一直不懈地追求细工镶嵌的完美程度，他们使用进口木材如黄檀木、缎木或乌木。在18世纪下半叶，镶嵌的设计图样开始将古典图案混合在一起，如程式化扇形、瓮坛和奖杯。

荷兰家具除了追慕法国风格外，也表现出自己的独特之处：如一种渐趋尖细而对比明显的几何形细工镶嵌，还有铜锌锡合金嵌件的小型化处理——除锁眼盖和把手之外——都反映出其特色。

装饰镶嵌仍然流行，而家具在1780年变得更加趋向直线形。涂漆再次用在橱柜的门、桌面和柜子落面的装饰上。这些漆板经常与亮色的木材结合形成强烈的色彩对比。

细木镶嵌书写柜

缎木、核桃木、梧桐木和果木材质，装饰有小片镀金的黑漆和细木镶嵌图案。这张桌子有落面，内有三个隔间的内室，一个中央门和四个抽屉。中楣的嵌件都镶有瓷块。*1780年 高141厘米（约56英寸），宽86.5厘米（约34英寸），深42厘米（约17英寸）*

花形细工镶嵌展示柜

这一坚实橡木带枫木镶嵌的家具分为两部分。上部中央有一个卷曲雕刻的天鹅颈山墙和玻璃门。较低的部分有抽屉。前面的脚有雕刻。整体基本上是巴洛克风格，稍显出新古典主义的迹象是裙档上的雕刻。*约1795年 高241厘米（约95英寸）BMN*

橡木柜

这件长方形橱柜带铰链的顶部有一个模压的边。它有仿乌木的局部，前部两个面板镶嵌了果木和程式化的扇形图案及位于中央的瓮。面板下面是两个抽屉。正方形锥形腿，凹槽脚。*约1790年 宽148厘米（约58英寸）DN*

英国：乔治三世早期

乔治三世正式登基于1760年，此后英国家具制造业在他统治的五十一年里达到繁荣的顶峰。英国家具当时在全欧具有高度影响力，这归因于几位重要设计师所出版的家具设计图集，它们已然成为乔治式家具的代名词。这时期最重要的风格就是新古典主义，能流行开来是因为詹姆斯·斯图尔特和罗伯特·亚当在1760年将其引入英国。托马斯·齐本德尔也在其中扮演了重要角色，他一直遵循亚当的设计原则并仿制了大量作品。然而，设计师乔治·赫普怀特1788年出版的《家具制作和装饰指南》一书，以及托马斯·谢拉顿的《家具制作与装饰绘本》(*The Cabinet-Maker and Upholsterer's Drawing Book*)同样对这一风格及理念的传播起到了推波助澜的作用。重要的家具商还有兰开斯特(Lancaster)的基洛斯(Gillows)、威廉·因斯、约翰·梅休、乔治·塞顿(George Seddon)、约翰·林奈尔(John Linnell)等。

接受新风格

到大约1765年，洛可可风格开始式微，其典型的装饰细节如叶状雕花和C形卷曲变得愈加过时。开启新古典主义运动大门的是对称性设计，其新颖装饰采用了瓮、圆花饰、谷穗垂饰和风铃草等。其他流行的图案还有花瓶、希腊回纹、月桂花环、棕叶饰、狮身人面、花状平纹和纽索饰。

起初，新古典元素逐渐渗入原有洛可可家具的造型中，很快新古典之风吹起来，使家具外形更加精炼和平直，往往仅带有一点对称的线条和少量的雕花。

装饰特色

家具装饰的方式也开始有所变化。为了装饰效果，家具上的雕刻起初还是很深，但随时间推移却变浅，最终被木制镶嵌所取代，以模拟先前的雕花效果。这类镶嵌由各种各样的

木制涂金装饰镜

涂金框的上部包含一幅描绘田园风光的油画。两侧雕刻饰有丝带和棕榈枝支架。顶冠中心处有爱神的弓，上系着丝带和棕榈树枝。*约1775年 高223厘米（约92英寸），宽175厘米（约69英寸） PAR*

顶面的桃花心木纹理与较浅的梧桐木和黄杨木边条形成对比。

瓮是常见的新古典主义主题。

谷穗缠绕雕刻延伸至腿的下部。

雕刻有圆盘饰的铲状方块脚各面。

雕刻圆盘饰

雕花边桌

桃花心木茶几的长方形顶部镶嵌着染色悬铃木和黄杨木边条。桌子有一个带裙档的中楣，中央雕饰着一个很大的瓮，两侧有花饰和一对小花瓶、谷穗垂饰。两侧叶形把手融入整体设计之中。方截面锥形腿顶部有圆盘饰，刻有缠绕谷穗，这些都是常见的新古典主义主题。雕刻从腿上部延伸到铲状方块脚，脚装饰有雕刻的小圆盘。边桌原有一对。*约1775年 高86.5厘米（约34英寸），宽112厘米（约44英寸），深60厘米（约24英寸） PAR*

风琴褶式游戏桌

桃花心木桌面有铰链，单板直交，蛇形。鲜花和树叶刻边。桌面打开后出现一个游戏表面。弯腿有凹槽带扇卷形雕刻，块形脚，方块脚上有卷曲的脚趾。*约1760年 高72.5厘米（约29英寸），宽90厘米（约35英寸），深44厘米（约17英寸） PAR*

名贵木材制作，如缎木、郁金香木和黄檀木。到1780年，箱式家具或桌子上的雕花减少到几乎荡然无存的地步，木材或镶嵌上的斑纹转而成为重要的装饰元素。

家具的彩绘也是流行的装饰技巧之一，它在融合新古典主义图案和主题方面上可说是独辟蹊径。

家具类别

亚麻箱和衣橱仍受欢迎，同样的还有桃花心木的五斗柜。新古典风格时而也会反映在斜角和浅凹槽列柱雕花上面。

大型餐桌出现于1770年以前。最流行的款式是圆边，有活动桌腿，之间有可折出桌板来加大桌子面积。大概在1790年，折叠桌有时也被并排放在一起当餐桌使用。直到18世纪末，一种有较高基座的餐桌被发明出来。这类桌子一般也有额外的活动桌板可扩展其使用面积。其他不同种类桌子上的基座也愈加变得多样化，如鼓形桌（*Drum table*）、早餐桌和中央桌等。

其他适合作餐桌之用的还包括了彭布罗克桌（*Pembroke table*），因其带有脚轮而便于移动。其桌面有两扇活动桌板，各与中心方形的部分相连。桌面底下还常常有一个抽屉或隔板。彭布罗克桌一般饰以细腻的细工镶嵌图案，但只有将它全部打开后才能展现完整。

扶手椅的设计仍袭自法国的式样，而安乐椅则受到新古典主义风格的影响。椅子的座位和靠背渐渐变为椭圆形而非方形，腿部也变成带有铲形脚的尖细长方形，或是带凹槽的柱形腿。

带盾形靠背的椅子是乔治·赫普怀特所大力推广的几种设计之一，其他还包括了椭圆形、心形、筒形和轮形。盾形靠背椅外形好似一个盾牌，双面都有顶冠雕花和尖细的直柱，椅背靠板常为镂空状，并饰以典型的新古典风图案，如麦束、鸢尾花等等。这类椅子一般没有横档。

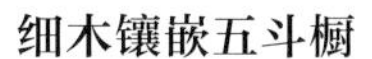

齐本德尔边椅

桃花心木边椅顶冠上有一个贝壳雕刻，带叶状双耳，下为镂空雕刻背板条，梯形座位下为带贝壳雕刻膝部的弯腿，球爪兽形脚。*NA*

乔治三世扶手椅

一套六把，这种优雅的法国乔治三世油漆和镀金扶手椅有卷曲的横档、扶手和腿。座位上的丝绸软垫不是原装，上有花式图案。*L&T*

细木镶嵌五斗橱

上乘的乔治三世时期家具，镀金、黄檀木、缎木、西阿拉黄檀木、细木镶嵌。蛇形表面微微隆起。顶部镶嵌图案为一个音乐奖杯和叶形涡卷。两个门有镀金边条，内有架子。侧面板镶嵌花瓶图案。五斗橱的肩部有镀金嵌件和卷形脚。*约1770年 高90厘米（约35英寸），宽142厘米（约56英寸）PAR*

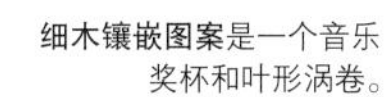

英国：乔治三世晚期

随着乔治三世在英国统治时间的延续，家具设计也在发生变化。到1770年，新古典主义风格诞生并很快成为时尚圈的新宠，但洛可可风格与新古典主义仍共存了一些年头，此时的家具常常兼有二者的风格要素。法国的影响和哥特艺术风格也一直在家具设计中存在。新古典主义造型的家具时而反映出哥特风格的装饰效果。

中国式漆画在当时仍然是家具较为重要的部件上常用的装饰手法，整体的形状更平直和优雅。

许多重要的新古典风格的制柜商如乔治·塞顿、威廉·因斯、约翰·梅休和约翰·林奈尔，以精湛的细工镶嵌工艺展示了乔治三世时代珍贵木材对家具的重要意义。

大陆游学的影响

1750年以后，许多年轻贵族开始踏上意大利的游学之旅（见第132–133页）。当他们回到英国时，便很想仿制旅途所见的古典建筑、室内装潢和家具样式。他们把从意大利带回的大理石台面当成纪念品，想要一个与之匹配的桌子——这一切使得新古典主义成为理所当然的首选风格。

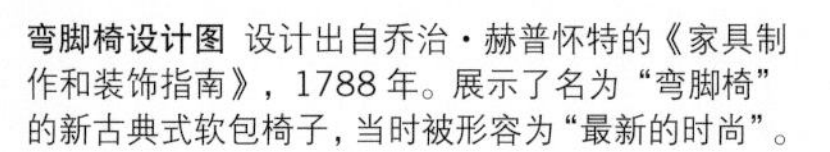

弯脚椅设计图 设计出自乔治·赫普怀特的《家具制作和装饰指南》，1788年。展示了名为“弯脚椅”的新古典式软包椅子，当时被形容为“最新的时尚”。

苏格兰衣橱

衣橱门中央的桃花心木椭圆形周围有黄檀木交叉装饰带，外轮廓勾勒有黄杨木镶边。有分层抽屉，檐口上一体化裙档的中央嵌有呈对称形的饰板，托架脚。*约1780年 高211厘米（约83英寸） L&T*

基洛斯家具

兰开斯特的基洛斯为贵族绅士和日益增长的中产阶级设计制作了大量的家具。

橱柜制造商基洛斯公司（Gillows firm）约1730年于英国北方的兰开斯特建立。它为不同的客户做家具，并在1769年开设了伦敦分公司。

18世纪末，基洛斯公司生产的大部分家具采用新古典主义设计，缺少装饰，并遵从赫普怀特和谢拉顿的设计。产品精选桃花心木或缎木，并细心考虑这些木材的纹理。1770年后，基洛斯家具呼应了当时建筑的简朴倾向，其写字台、图书馆用家具会有安装巧妙的抽屉和隐藏的隔间。

不像许多18世纪的制造商，该公司没有公布任何它的设计，他们更愿意私下分享给客户。基洛斯家具一直生产高质量家具，进入19世纪后仍在国内和出口市场上具有很大的影响力。

女士小书桌 上半部小抽屉两边有带锁的小格子。弓形前脸中央有中楣抽屉，锥形腿有黄铜帽和脚轮。

他们想让家具的样式更轻盈，并有平直、正方形的腿而不是弯腿。到大约1780年，家具腿部就逐渐平直和尖细了。藤制座位重新变得流行起来。

家具上配有的古典徽章常常反映出其具体的功能。如琴房里的家具就常常饰以乐器图案或新古典风的弹奏里拉琴的人像。

一些建筑师如罗伯特·亚当采用新古典风格设计整套房间，包括大门的配件。他还委托齐本德尔制作出与房间相匹配的家具。

地方上也出现了新古典风格的家具，但显得稍微简单，没有精细的镶嵌作装饰。

新品种

这一时期出现好多家具的新品种。长餐桌更为普及，而原来的两个基座带侧翼的送餐桌演变为家具中的一个独立类别。成排的长椅子也开始出现，以与更长的桌子相配套。

由于技术的进步，可以生产更大的玻璃板，因此镜子在尺寸上得以扩大。很多新式桌子也被制造出来。1795年生产的卡尔顿宫桌得名自威尔士亲王（即后来的乔治四世）在伦敦的下榻处。其外形取自一个两侧和背面都有出挑抽屉的桌子。

这时期的家具涌现出很多新的种类，如顶部有滑门(鼓形门，***Tambour***)的筒形桌子，带有精致隔间和折叠式镜子的梳妆台，以及带移动式滑面和可翻转台面的游戏桌。小件物品如茶叶盒和缝纫盒也同样浸染了新古典之风。

乔治三世餐椅

一组中的部分，这些桃花心木椅子有模压椭圆形背。椅子背上的装饰是麦穗和圆盘饰，每个立挺顶端为花头。*约1785年 高91.5厘米(约36英寸)，宽52.5厘米(约21英寸)，深53厘米(约21英寸) PAR*

桃花心木牌桌

这张桌子是法国赫普怀特风格。蛇形顶部打开后露出游戏桌面，下为蛇形饰带。弯腿有雕刻的膝盖和卷曲的脚。*宽102厘米(约40英寸) L&T*

早餐桌或折面桌

蛇形缎木顶面镶嵌一个椭圆形奖章，四面有垂花饰和丝带。折面有与之匹配的贴面，锥形腿镶嵌缎木凹槽和风铃草。*约1780年 高71厘米(约28英寸)，宽35.5厘米(约14英寸)，深28厘米(约11英寸) PAR*

罗伯特·亚当

苏格兰建筑师罗伯特·亚当的室内装潢广为人知，以致后人将“亚当风格”作为杰作的标签。

罗伯特·亚当在爱丁堡开始个人的职业生涯，当时他还是建筑系实习生——在其父建筑师威廉手下做事。罗伯特于意大利学习了五年，经常临摹大陆游学归来的学者们所画的古典场景。当他1758年归国时，在伦敦建立了自己的工坊，后来与长兄詹姆斯成为合作伙伴。

亚当所做的设计主要用于室内装潢而不是整座建筑物，他精心布置其中每个细节以配合整体的效果——从天花板、挂毯到镜框和瓮瓶。他的设计涵盖很多不同的种类：椅子、沙发、橱柜、凳子和镜子。他也设计写字桌、书架和玄关桌来当作“墙面家具”——这属于墙壁整体装饰的一部分。

亚当自己并不制作家具，但会委托著名的家具商如齐本德尔和林奈尔来根据自己的设计做出成品。在他旅居伦敦的最初十年中，已经具备了日后令他功成名就的个人装饰风格。

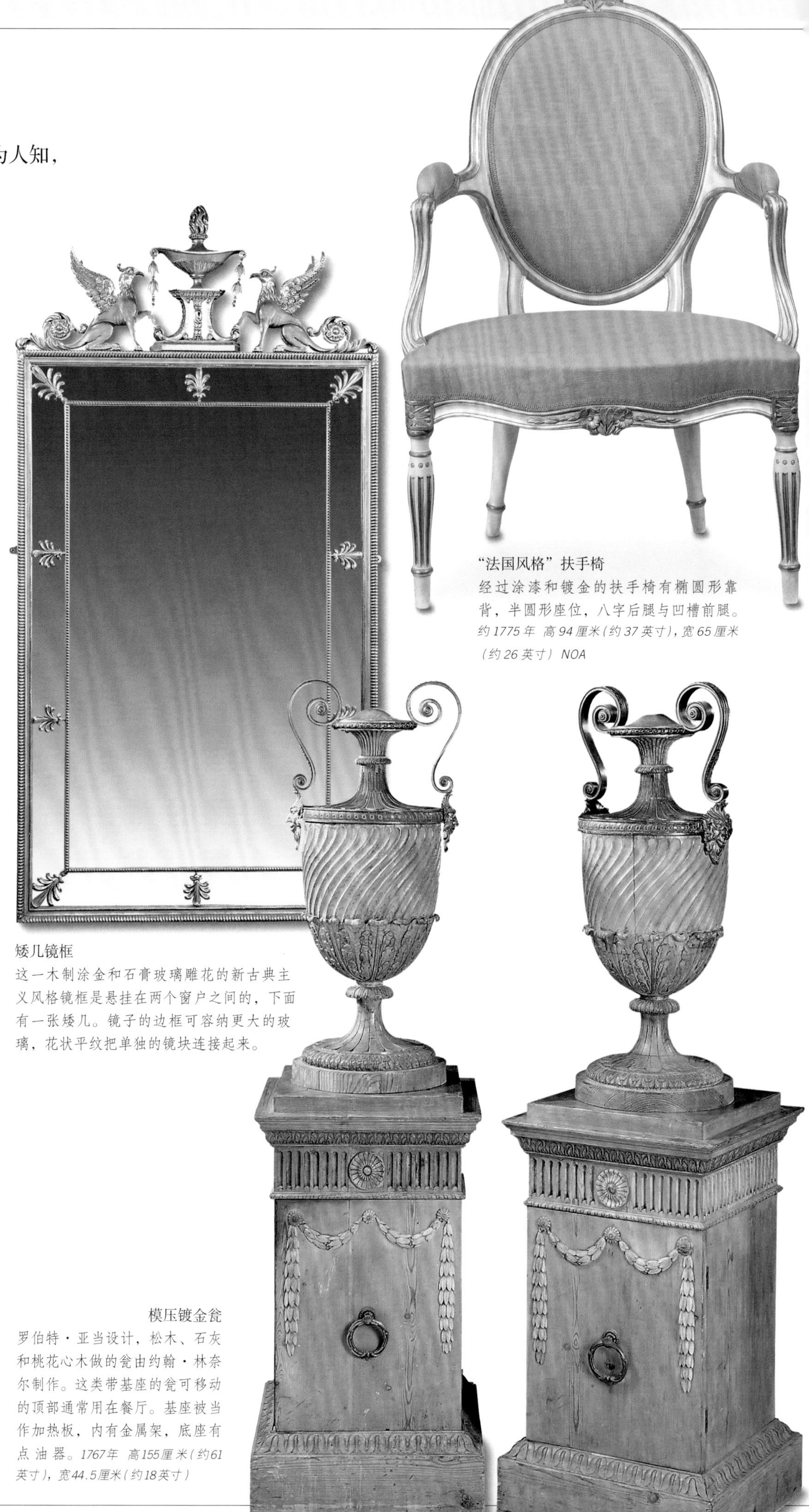

“法国风格”扶手椅
经过涂漆和镀金的扶手椅有椭圆形靠背，半圆形座位，八字后腿与凹槽前腿。约1775年 高94厘米（约37英寸），宽65厘米（约26英寸） NOA

矮几镜框
这一木制涂金和石膏玻璃雕花的新古典主义风格镜框是悬挂在两个窗户之间的，下面有一张矮几。镜子的边框可容纳更大的玻璃，花状平纹把单独的镜块连接起来。

模压镀金瓮
罗伯特·亚当设计，松木、石灰和桃花心木做的瓮由约翰·林奈尔制作。这类带基座的瓮可移动的顶部通常用在餐厅。基座被当作加热板，内有金属架，底座有点油器。1767年 高155厘米（约61英寸），宽44.5厘米（约18英寸）

关键日期

罗伯特·亚当

1728年 罗伯特·亚当出生在苏格兰的柯克考德（Kirkcaldy）。

1743–1745年 亚当入学爱丁堡大学。

1746–1748年 亚当与约翰·林奈尔作为建筑师在其父亲威廉那里当学徒，直到威廉1748年去世。

1750年 亚当和他的哥哥詹姆斯接到第一单订件，为爱丁堡附近的霍普顿公寓做设计。

1754–1758年 亚当去欧洲游学。

1758年 亚当从意大利回到伦敦，成为皇家艺术协会的一员。

1761年 亚当被任命为“皇家建筑师”，与威廉·钱伯斯拥有共同的职位，后者为萨默塞特宫的建筑师。

1764年 威廉·亚当公司（William Adam & Co.）成立，办事处位于伦敦和苏格兰。

1773年《罗伯特·亚当和詹姆斯·亚当建筑作品》（*Architecture of Robert and James Adam*）第一卷出版。（第二卷于1779年出版，第三卷于他死后1822年出版。）

1792年 亚当去世后埋在威斯敏斯特修道院诗人角。

凯德尔斯顿壁龛

亚当设计的壁龛位于德比郡凯德尔斯顿厅餐厅的西部。他还为其设计了家具，如半圆形餐具柜，特别适合给定的空间并呼应华丽的设计和天花板柔和的色彩。亚当经常设计其他格局的房间，如壁龛、走廊和图书馆，努力推动室内设计的发展。

亚当风格中受到的外来影响，最重要的要数罗马古迹，早年在意大利他就临摹过许多遍。对赫库兰尼姆和古罗马遗迹的寻访令他将很多古典时代的图案运用到作品当中，如古瓮、圆形徽章、维特鲁威卷曲、希腊回纹、花状平纹等等。亚当同样会使用文艺复兴时期的图案，如异形、喀迈拉怪兽和狮身人面像。

意大利艺术家乔瓦尼·巴蒂斯塔·皮拉内西是亚当的挚友，并为他提供了不少灵感。许多亚当家具上的装饰图案可以在皮拉内西所描绘的罗马风景和精美室内场景的版画作品中找到。不过，亚当的壁炉家具并未像这位好友所画的那样华丽，而是有所收敛——即使灵感来源于此。

早期影响

帕拉迪奥风格对亚当的早期作品有重要影响。他为劳伦斯·邓达斯爵士（Sir Laurence Dundas）设计的扶手椅和沙发（由齐本德尔制作）体现了典型的帕拉迪奥风格——平直的靠背就是明证。然而，在座椅导轨上的狮身人面雕花也表明了来自文艺复兴异兽传统的影响，而对花状平纹图案的使用则可以追溯到古典时期。

到1760年，亚当风格开始发展为一种更为成熟的风格。他的家具设计变得更为纤薄，雕花更少戏剧性，并开始使用直腿。箱形家具的外形仍以长方形为主，但亚当也在其中借鉴了其他种类家具的造型。1767年，他为位于伦敦西部的奥斯特利庄园餐厅设计的家具和餐椅就运用了一种椅背的新造型——来自古典式的竖琴或里拉琴造型的靠背。

木制涂金边桌

这张桌子有雕花中楣和凹槽锥形腿，顶面雕刻羽毛和莨菪叶饰。白色大理石镶嵌的仿云石展示出鹳和缠绕的丝带图案。约1770年 高87厘米（约34英寸），宽150.5厘米（约59英寸），深74厘米（约29英寸） PAR

晚年岁月

到1770年，亚当的声望日隆并完成了很多来自贵族阶级的定制家具。他的优雅设计被广为模仿。他的桌子与椅子有修长纤细的腿，扶手椅有椭圆形的靠背和纤薄的外框。镜子在他的整个室内装潢中扮有重要角色——稍带一点儿设计感并被放于矮几之上。与之相同的还有带轻型外框的巨型家具，这是专门用来靠在墙边并遮挡整个墙壁的。

色调与装饰

亚当设计的家具通常使用轻质木材制作，如椴木和槭木。他喜欢用柔和的粉彩颜色，如淡绿色、淡紫色和镀金色来给轻薄的家具上色。

他在天花板和大门上使用的复杂、旋转的阿拉伯花饰频繁出现于其家具的金丝装饰上。他也常用仿云石，但不是用在家具装饰上，而是在室内装潢中作为建筑部件出现。例如他在伦敦西部的塞恩别墅使用的仿云石立柱。

瑞典古斯塔夫式

瑞典18世纪最后四十年处于设计的黄金时期，出现了独特的家具风格。"古斯塔夫式"这一术语用于描述瑞典版本的新古典主义风格，流行于1755年到1810年这一时期。

古斯塔夫三世

瑞典最为典型的新古典主义风格家具来自国王古斯塔夫三世。1771年加冕之前，他在凡尔赛宫度过了一段时光，很喜欢法国新古典主义风格的家具。回国后，他邀请法国制柜商来瑞典制作家具，但因无力支付昂贵的酬金，这些工匠之后返回了法国，但留下了家具成品。由此本地工匠开始模仿，只是装饰效果不那么华丽。这些作品被称作"古斯塔夫式"。

最初这类家具为胡桃木制成，后期家具取材本地木材如松树和桦树，并辅以彩绘装饰，因为这样比镀金省钱——瑞典当时并不像法国那么富有。

古斯塔夫对新古典主义的热情使他将格利普霍姆堡（Gripsholm Castle）的装饰融入这一风格，其官方接待室（见右页）就是一例。

新古典主义风格

瑞典所流行的新古典主义设计是路易十六风格的翻版，显得轻快而优雅。大接待室饰以建筑式元素如壁柱和立柱。其他则有镶板或涂以古斯塔夫式的颜色：浅灰、蓝和淡绿。在这些房间中，最重要的器物要数陶炉了。而更大的房间里，成对的炉子常常以巨大且鲜明的彩绘陶瓦装饰，令整个空间显得十分优美。

瑞典橱柜制造商一般选用华丽的贴面装饰家具，采用热带木材如桃花心木、黄檀木和黑檀木来为精致的家具镶边。高级家具具有法国风格的进口镀金底座。模压的手法从未在整个家具上使用，而是小心翼翼地用在箱式家具的侧面和腿的末端。复杂的镶嵌图案带有典型的新古典主义主题，例如希腊瓮瓶，这反映了英国的时尚对古斯塔夫家具的影响，但这种类型的家具并不十分常见。

时髦的室内设计

在当时的瑞典，家具和地板及墙壁的覆盖物都成为室内整体设计的一部分。最时尚的地板的灵感来自路易十

休闲桌

缎木顶面，新古典式餐桌装饰以不同颜色的大理石。楣饰镶嵌垂花饰，有一个储存用的单个抽屉。腿部镶嵌的条纹乌木模仿古典式立柱。由乔治·豪普特设计，可能用作茶几。*1769年 高75厘米（约30英寸），宽43厘米（约17英寸）*

古斯塔夫扶手椅

彩绘镀金的椅子有缠绕着的"GS"字样的椅背条，代表古斯塔夫三世。装饰中楣下有软包座位，下有雕刻镀金树叶装饰的裙档。*约1780年 BK*

木制涂金玄关桌

这张桌子的大理石台面下有一个纽索饰楣。锥形腿连接扁平撑架，中间有瓮。*约1780年 高77厘米（约30英寸），宽92厘米（约36英寸），深47厘米（约19英寸）BK*

彩绘橱柜

彩绘边柜由两部分制成。上半部有叶形雕刻的模压飞檐，下为凹槽镶板门。下半部两扇镶板门下为方锥形脚。它被彩绘成灰绿色——这是典型的古斯塔夫颜色。*约1800年 高255厘米（约100英寸），宽132.5厘米（约52英寸），深41.25厘米（约16英寸）EVE*

五的挂毯工厂萨冯尼里（Savonnerie）。在当时，室内的地板常一并镶嵌成护墙板的式样。

软包式家具一般覆有红色、蓝色或绿色的锦缎，以便与墙壁的覆盖物相匹配。椅子有椭圆形或方形靠背，弯曲的凹槽腿。沙发床（见下图）和“浴缸沙发”——沙发侧面位置和背部一样高，弯曲形成浴缸形状——通常是典型的古斯塔夫式。这类家具在当时很受欢迎。

格利普霍姆堡的大橱柜 房间装饰月桂叶垂饰和面板，配有木制镀金椅子和长凳。

后期古斯塔夫家具

瑞典的家具设计在后期更加简朴。在民间，出现了一种由两部分构成的直线条家具，正是这类简朴风格的典型代表。古斯塔夫式的家具显然受到欧洲尤其是法国家具风格的影响。然而，瑞典设计师对这种风格进行了重新诠释，让人们可以一眼看出来那就是斯堪的纳维亚的风格。

古斯塔夫式扶手椅

这些白色彩绘和镀金的扶手椅外表为正方形，软包座位和背也是，外展的扶手有软包供肘部休息。座椅横档的每一个角都有镀金的花环，锥形凹槽腿。典型的古斯塔夫式，有彩绘，软包是淡粉色的。然而，他们却被视为粗鄙的地方风格的例子，即使它们可能原是为一个精致的室内所配置。*约1790年 BK*

古斯塔夫式长沙发

这张彩绘的沙发很可能是由松木制成，两边和靠背都有软包。每端有一个拱形和卷曲的顶轨，中央有叶状雕刻的弯曲立挺，断面凹槽腿，头部有花环。座椅横档用花的图案雕刻。苍白的颜色模仿瑞典古斯塔夫风格。*约1780年 BK*

乔治·豪普特

作为瑞典王室的主要家具商，乔治·豪普特是瑞典新古典主义风格的风向标。

乔治·豪普特（Georg Haupt）是一个橱柜生产商的儿子，在瑞典成名前曾在阿姆斯特丹、伦敦和巴黎工作过。他于1768年左右返回瑞典，在那里其产品很有市场。豪普特在1769年成为国王阿道夫·腓特烈（Adolf Frederick）主要的家具制造商。

豪普特的大部分家具设计灵感来自法国风格，包括五斗橱、床头桌和写字台。他颇为著名的是使用异国风情的热带木材贴面，被认为是第一个在洛可可时期之后使用桦木做贴面的人。这种苍白的木头是瑞典土产，容易染色。

和法国细木镶嵌设计师一样，豪普特多使用几何形式：中心为四叶饰图案的网格。他通常用一种朴素的方式来加工镀金嵌件以匹配家具整体的设计。他生产的产品保持着最高的质量，杰作是应国王阿道夫·腓特烈为王后路易莎·乌尔里卡定做的一张桌子。

镶嵌细部

下部的抽屉无横梁，令细木镶嵌的图案几乎看不出有中断。

镶嵌物包括叶饰和航海符号。

进口嵌件延伸至前腿的脚部。

五斗橱 原为一对，台面有大理石，箱体与其形一致。侧面面板镶嵌有瓮瓶形状。四个微微弯曲的腿支撑。*约1775年 高84厘米（约33英寸），宽51厘米（约20英寸） BK*

斯堪的纳维亚

结合了新古典主义和独具本国特色的家具风格最早在斯堪的纳维亚诞生了。在此之前，这些国家的家具还是彻头彻尾地模仿英国或法国的设计原型。整个18世纪，设计师们都在探索怎样用本地的淡色木材取代桃花心木——部分原因是后者太贵——同时在这里流行的是彩绘家具而非镀金家具。

丹麦

阿美琳堡的莫尔特克宫拥有哥本哈根最漂亮的室内景观，由法国人尼古拉斯–亨利·扎丁（Nicolas-Henri Jardin）于1757年装饰完成。这是新古典主义风格开始进入斯堪的纳维亚的最早例证之一，也是采用盲从的方式模仿法国设计的典型代表。

英国大师们如赫普怀特与谢拉顿的家具设计图集在当地很有影响，尤其反映在五斗橱设计上。在大陆风格的细工镶嵌和大理石台面逐渐退出之时，取而代之的是较为平庸的英式贴面。椅子一般有椅背靠板，直接取自英国的新古典风格。和其他欧洲国家一样，桃花心木成为椅子和箱式家具的标准选料。家具常常饰以镀金的新古典主义图案，如贝壳、莨菪叶饰与瓮。

挪威

挪威直至1814年拿破仑战争后方才脱离丹麦的管辖。由于该国之前一直与北欧几个国家联盟，丹麦向其输出了许多手工产品，其中就包括了家具。

新古典设计在挪威出现始于1770年，当时正巧是它得以普及的时候。许多最富有的挪威家族与英国有紧密联系，其宅邸里就有进口的英式家具或是对晚期乔治三世风格的仿制品。除桃花心木以外，挪威制柜商也开始使用桦木这种本地的落叶木材，并推广使其成为本土家具制作的常用材料。

瑞典

古斯塔夫三世（见第154–155页）对引入新古典主义风格具有重要影响。当听闻父亲死讯，他并未很快回国继承王位，而是去法国游遍了凡尔赛宫，并从那里带回对新古典主义的热情。曾工作于英法两国的乔治·豪普特也被请去担任宫廷首席制柜商，在瑞典的新古典主义风格的流行中扮演了重要角色。

箱式家具的腿部在当时变得尖细平直。柜子有柱面边缘或成排的立柱式雕花，德式五斗橱上有带凹槽的黄铜嵌件和凸细线脚（*Cock-beading*）。为了替代镀金效果，家具采用了淡雅的彩绘。英国影响可见于对形状的改造上，如茶桌和椅背靠板。到1790年，用于给细工镶嵌抛光的涂漆开始流行起来。

芬兰

芬兰从俄罗斯取得自治权之前，还是一片穷乡僻壤，因此尽管当时新古典主义风格已风靡全欧，但它对此接受程度很低，1809年后，才慢慢流行起来。1770年左右，尚为学徒阶段的制柜商们在芬兰的行会里陆续将精致的洛可可风格橱柜家具呈现于世人面前，这些是他们最为成功的作品。

直到卡尔·路德维希·恩格尔（Carl Ludving Engel）于19世纪从俄罗斯引入新古典主义后，这种风格才真正在芬兰繁荣起来，但18世纪末的家具仍保留了许多欧式家具的时髦元素。经济的衰退迫使本地家具商不得不使用本土木材，如松树、山毛榉，再经彩绘以模仿出符合新古典主义美学品位的进口木材的效果。18世纪最后几年，芬兰开始使用橡木、胡桃木贴面，最后用到了细工镶嵌。

丹麦墙角柜

这件桃花心木角柜分为两部分，饰有新古典主义图案。上部有一个模制的凹槽山墙，位于齿状装饰图案（*Dentil pattern*）和希腊回纹楣上方。在这之下，两个镶板门的两侧、中间有凹槽和圆盘饰。打开镶板门则露出带搁架的内部空间。下部有带凹槽的带状抽屉和另外三个长抽屉。整个柜体支撑在块形脚上。*约1780–1790年 高228.5厘米（约90英寸），宽114厘米（约45英寸）EVE*

木制涂金玄关桌

这件雕花木制玄关桌有格外精美的玫瑰花饰（*Rosette*）和串珠饰。楣、腿和凸起的底座都是涂金的。它有一个矩形的大理石桌面，并由四个以正方形为底部的凹槽柱腿支撑。*约1800年 高92厘米（约36英寸），宽80厘米（约31英寸），深44厘米（约17英寸）GK*

丹麦镜框

这件镜面板采用华丽的路易十六涂金木框架，内部有珠状和叶状边缘。框架的顶部是雕刻的缎带样式。*约1790年 高74厘米（约29英寸），宽53厘米（约21英寸）EVE*

丹麦五斗橱

这件路易十六风格桃花心木五斗橱，其长方形顶部有一个模压边缘，带有三个同样形状的抽屉箱，两侧是带凹槽的四分之一壁柱。柜体支撑在凸起的托架脚上。*约1790年 高72.5厘米（约29英寸），宽71厘米（约28英寸），深43厘米（约17英寸）EVE*

瑞典茶桌

这件可倾斜式三脚架茶几有一个由桤木根饰面制成的圆形顶部。转动的底座通向弯曲支腿，两个部件均由加工得像乌木的桦木制成。桌子上印有制造商Jakob Sjölin（雅各布·舍林）的印章。*高73厘米（约29英寸），直径85（约33英寸）BK*

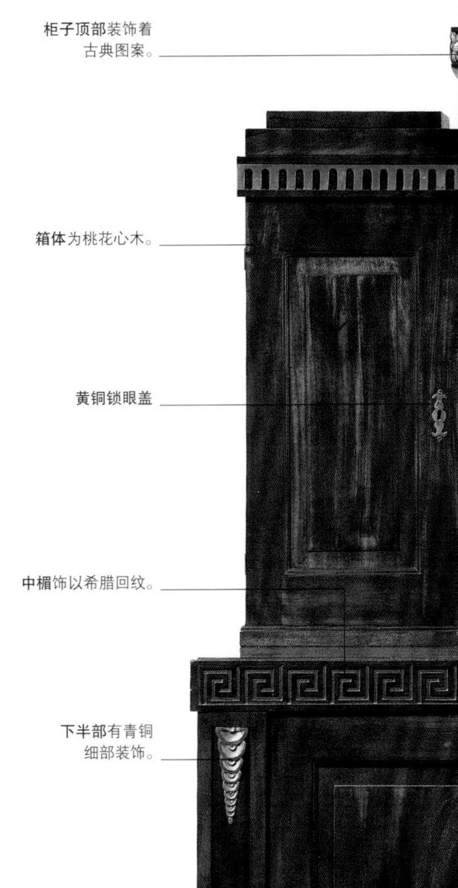

丹麦橱柜

桃花心木橱柜用青铜饰件装饰。由上部分三个橱柜和带有双扇门的较大的下部分组成。由著名的新古典主义建筑师卡斯帕·弗雷德里克（Caspar Frederik）设计。*18世纪末*

西班牙、葡萄牙及其殖民地

18 世纪的西班牙一直处在法国波旁王朝统治下，当时的统治者是 1759 年加冕的查理三世，此前他是那不勒斯国王，随他而来西班牙的有来自那不勒斯和格斯帕里尼（Gasparini）的著名建筑师和设计师。虽然意大利对西班牙家具设计颇具影响，但居于主导地位的还是法式设计。

西班牙社会非常世俗化，对室内装潢相当保守，这一情况一直延续到 1788 年，之后新古典主义风格才被普及。西班牙民众对其他欧洲国家常见的家具种类并不能全部接受，如西班牙没有沙发床，抽屉柜、餐具柜或碗碟架以及五斗橱在那里根本没人用。

装饰书写柜几乎占据了西班牙家具制作的半壁江山，而各式橱柜和箱式书桌则是家具的常见种类。

西班牙这时期的写字台要么受英国影响有直边，要么受法国或荷兰影响而带有一个低矮的柜子。只是西班牙家具要比英法两国的显得更鲜艳夺目。经过涂漆尤其是红色的写字台非常受欢迎。

在西班牙长椅上，英式椅背或是实心的或是镂空的。它们常常有四列式椅背靠板和一个藤制的座位。后来的椅子多为桃花心木制成，但细工镶嵌却不像英国那样——在雕刻的细节处镀金。

葡萄牙

随着国家的政治稳固和其殖民地的开拓，葡萄牙开始受到法国和英国家具的影响。然而，由于葡萄牙与英国的海岸贸易关系，以及葡萄酒商人社团的影响力，其受英国方面的影响更为明显。

葡萄牙北部地区承袭了英式品位，

西班牙镜子与桌子

这张雕刻精美的镜框和半月形桌子完全是木制镀金的。桌子上有一个深深的、弯曲的中楣，八字腿连接波浪形的撑架。*18 世纪末*

西班牙滑门书桌

滑门向后推可见一个内室。底面为伸缩式写字滑门，下为三个蛇形长抽屉。滑门与边板镶嵌有风景画的圆形纹章，后面则嵌有瓮和树叶。抽屉镶嵌花朵垂饰。锁眼盖为新古典主义的垂花饰与纹章图案。箱体为蛇形底座，短弯腿。有Sevilla Jh de Varga的签名并注明日期。*1786 年 EGU*

葡萄牙玄关桌

这张带有象牙彩绘和包裹镀金的桌子有大理石台面，镂空的中楣。有叶形刻槽的腿连接撑架，中间有一个古典式的瓮。*高 96 厘米（约 38 英寸），宽 117 厘米（约 46 英寸），深 67 厘米（约 26 英寸）*

而里斯本与宫廷则受法国的影响。

葡萄牙家具也表现出意大利、荷兰家具的设计因素，甚至还有借助殖民地贸易关系而受到的远东影响——后者促成了亚洲风格的出现。

葡式家具夸张的风格来自于意大利，但取材于国外的木料，如桃花心木或楹树，它们也极适于做雕刻。

家具上仍留有早期葡萄牙设计的影子，如有螺旋车削腿，但到18世纪末这些元素才退出历史舞台。

英式三脚桌在葡萄牙很受欢迎，这与1762年面世的第三版《绅士与制柜商指南》中展示的风格紧密相关。

五斗橱首次出现于1751年，到1770年，在形式上出现了路易十五式家具那样的平直断层、深望板与带嵌入式徽章的把手。

葡萄牙椅子类似英国样式，有实心的椅背靠板和弯腿。但对精美雕花、弯腿以及大量C形卷曲的使用都表明这类家具只产自葡萄牙。工匠们制作椅子的材料来自于黄檀木，这是一种比桃花心木更加密致的木料，相较他们的同行——英国家具商齐本德尔制作的椅子，这种用材令作品更显沉重。

墨西哥

墨西哥家具源自16世纪的欧洲风格。西班牙和葡萄牙是最早将先进的家具制作技艺引进他们的殖民地，之后不久，墨西哥等殖民地国家便有了自己风格的家具。到了17世纪，墨西哥家具独具特色，并将其保持到18世纪。其特征是结实厚重和带有本土特色的华丽装饰，偶尔也结合使用银。

“寺院”椅子仍延续中世纪的外形，方形靠背包衬有皮革，沿着外框边缘有一圈黄铜钉子。方形座位带软包，并有直背支撑嵌入腿部，前腿常有雕花。

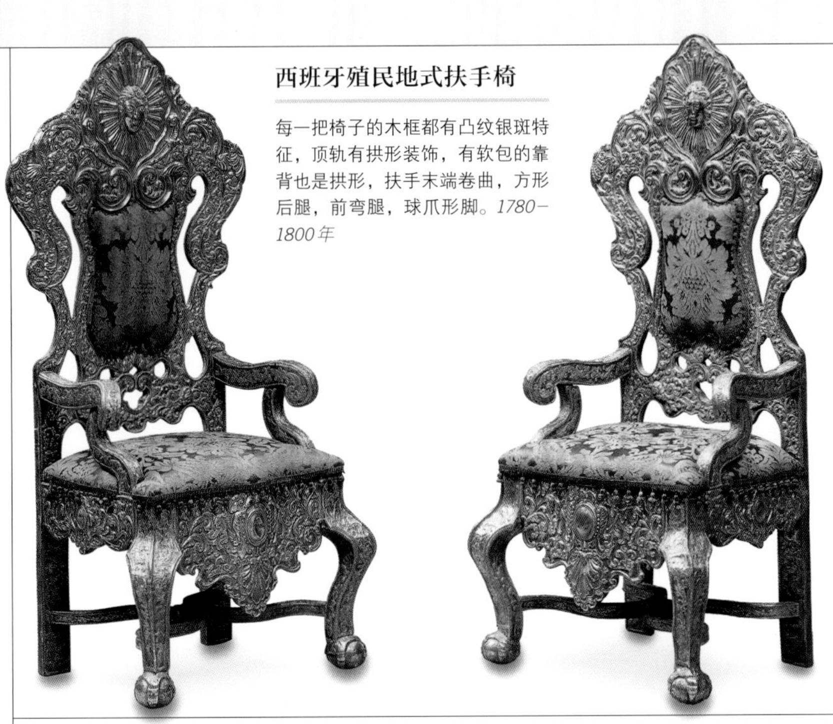

西班牙殖民地式扶手椅

每一把椅子的木框都有凸纹银斑特征，顶轨有拱形装饰，有软包的靠背也是拱形，扶手末端卷曲，方形后腿，前弯腿，球爪形脚。*1780–1800年*

葡萄牙中央桌

黄檀木桌子有雪松衬里。长方形顶部四周都是银色的嵌件。前脸有两个抽屉，每一个上有银质锁眼和捆带形手柄。桌子的底座有精美的车削腿，末端为小的车削脚。腿部连接螺旋撑架。*约1760年 高76厘米（约30英寸），宽132厘米（约52英寸），深84厘米（约33英寸）BL*

立式橱柜

这件沉重的带有雕刻和镀金的橱柜，其雕花檐口上有一个精心设计的不对称顶冠。镶板门上的格子交替镀金。整件为四个女像柱支撑，与中心有瓮的交叉撑架相连。*18世纪末*

美国：从齐本德尔到联邦式

1776年7月4日，美国国会签署《独立宣言》(The Declaration of Independence)。不久之后，独立战争正式爆发。当被殖民者为自己的独立而战时，他们既没有精力也没有热情跟上英国时尚，就像他们过去一样。因此，在亚当的新古典风格风靡英国的三十多年间，美国制柜商还是在原来的齐本德尔风格基础上继续创新。

新风格

1783年，独立战争结束，新风格开始萌发，但真正得以充分展现则要等到1790年后。在相当长的时间里，齐本德尔风格和新联邦风格并行不悖，甚至相互渗透。实际上，新式美国家具并未结合亚当的新古典风格，但却按照英国家具图集中的样式（如乔治·赫普怀特与托马斯·谢拉顿）得以发展——在新的样式基础上添加了一些本土元素。虽然没有整体受到英国的影响，但在局部上借鉴了亚当风格中的细工镶嵌、表面彩绘、藤编工艺和使用进口木材的方法。

国家风格

新出现的风格被称为联邦式，因其已然成为美国新身份的象征。独立后的美国一切都处于废旧立新中——如联邦政府、党派的组建，同时还有新城市如雨后春笋般崛起。但令人困惑的是，这一风格有时也称为“赫普怀特式“或”谢拉顿式“，也许取决于它所基于的风格。随着新政治力量的兴起，巴尔的摩与纽约都加入了家具制造中心的行列，还包括了费城、纽波特、波士顿、查尔斯顿和威廉斯堡（Williamsburg）等城市。

早期联邦式家具在造型上比较拘谨，在细节上却颇为细心。具体而言，一般有简洁和几何化的外形。这些在风格上来自赫普怀特式的家具有平直而尖细的腿，谢拉顿式家具的腿部则为圆形，并像花瓶的样子或带有浅凹槽。脚常常好似铲形或箭形。

早期典型联邦式椅子有盾形、椭圆形或方形的靠背。它们用丝绸、棉絮或羊毛做软包。表面要么有彩绘，要么有条纹或格子的古典图案。

新种类

随着美国人越来越富有，家具的种类也随之多元化。传统式烛台、送餐桌和餐桌、折面桌、边桌、矮几和小型的牌桌、缝纫桌与工作台一起并用。这些家具产自新英格兰，通过纽约与费城运至南方各邦。梳妆台开始代替了高脚柜，特别是在马里兰、纽约、费城和塞勒姆。最新型的抽屉柜在所有地方都可以生产。

锁眼盖一般与门上和抽屉上的拉手相匹配。它们一般用木头、象牙或骨头制成，被嵌入相应位置中。赫普怀特式的黄铜拉手一般有椭圆嵌件和吊环把手。在塞勒姆流行的谢拉顿式设计一般有长方板和吊环拉手（***Bail handle***）、带环圆花饰，或有一个带狮头的环状拉手。

在巴尔的摩、纽波特、塞勒姆和纽约各地，家具一般会有细工镶嵌，在波士顿喜欢用枫木来做。制柜商采用缎木、乌木、白蜡木和其他质感对比鲜明的贴面。在巴尔的摩，家具商采用彩绘镀金玻璃的镶板和精细镶嵌，令这个地方的家具闻名全美。

装饰特色

木料的纹理通常充当装饰的唯一元素，但有些家具则以浅浮雕、贴面、镶嵌或彩绘而出彩。雕花装饰仅限于这段时期的早年光景，白色彩绘的联邦式家具在今天相当罕见。

流行的装饰主题受到古典传统的影响，如圆盘饰、吊钟花、雷电、麦束和瓮。许多这一时期的家具雕刻镶嵌了象征爱国的标志，如象征美利坚联邦的白头鹰。

费城边椅

这把椅子有着蛇形的顶冠，中央为一个雕刻的贝壳。花瓶形椅背条的两侧是一体形的立挺。它有圆柱形的后腿，前腿为弯腿，腿部末端为球爪形脚。*1760–1780年 NA*

费城边椅

这把椅子的顶部有一个雕刻的贝壳图案和模压双耳。镂空椅背条有卷曲的蜗壳。外壳图案在前部横档重复出现。椅子有圆柱形的后腿，前腿为弯腿，球爪形脚。*约1770年 NA*

马萨诸塞餐具柜

这一来自马萨诸塞州的谢拉顿式桃花心木半月形餐柜镶嵌了各种木材。椭圆形的顶部有一个镶嵌包边。橱柜门上方带长方横条，它们嵌入柜门就好像真的抽屉一样，内有展示架。整体为凹槽转木腿支撑。本设计出自英国家具图集。*约1795年 高90厘米（约35英寸），宽135厘米（约53英寸），深55厘米（约22英寸） NA*

新英格兰写字台

出自约翰·西摩（John Seymour），赫普怀特式桃花心木桌上嵌入两个壁柱和滑门，内部隐藏了分类搁架和抽屉。有铰链、带镶边的书写面下有两个抽屉和正方形的腿，锥形脚。*1785–1795年 高103厘米（约41英寸）*

新英格兰书桌

这件桃花心木桌子上的前盖打开后可见其内部。U形箱体有四个分层的抽屉，模压底座下方带有中央凹形的雕刻。弯腿，球爪形脚。*约1770年 高112厘米（约44英寸）NA*

新英格兰抽屉柜

谢拉顿式，有雕刻，桃花心木。拱形前脸的柜子有D形顶部，两边为圆角，下面为四个形状相同的宽大抽屉。立挺有树叶雕刻，其上为扭曲的大麦形，终端为旋转脚。*约1790年 宽99厘米（约39英寸）*

新罕布什尔弯脚沙发

这张小型桃花心木弯脚沙发来自新罕布什尔州朴茨茅斯的温斯洛皮尔斯家族。拱形模压顶板延伸到终端带花饰的雕花扶手，下为模压弯曲扶手支架。外框有填充，座椅垫覆盖有与之匹配的织物。正方锥形腿下为铲形脚。沙发原来大概是一对，放在朴茨茅斯的皮尔斯公馆里。*1790–1800年 宽160厘米（约63英寸）*

罗德岛子母五斗橱

这件樱桃木制的箱体分为两部分：上半部分有五个抽屉；下半部有四个抽屉，底座为模压，S形托架脚。*约1770年 高21.5厘米（约8英寸），宽93.75厘米（约37英寸）NA*

费城牌桌

这张桃花心木的桌面下有一个长方形边缘凸出的模压中楣抽屉。前腿的角落处有镂空装饰，与锥形脚为一体。当桌面打开时，一个后腿可转向后方以提供支持。*约1785年 宽90厘米（约35英寸）FRE*

宾夕法尼亚桌

胡桃木。这一来自宾夕法尼亚的简单齐本德尔式折面桌有一个长方形的顶部和两片带切角的折面。外框有裙边，弯腿末端为球爪形脚。*约1780年 宽104厘米（约41英寸）FRE*

美国：南方诸州

当美国南北战争如火如荼之时，南方诸州如马里兰、弗吉尼亚、南卡罗来纳和北卡罗来纳、佐治亚等地成为美国最富有者的大本营。

欧式家具

与欧洲之间紧密的贸易往来使得美国本土的庄园主和工商业者们享有和伦敦的社会精英一样的时尚产品，这方面两地并无潮流上的时差。通过去欧洲旅行，还有进口自欧洲尤其是英国的货物，美国人在其家庭内的装饰与英国本土并无二致。即使那些不能获得伦敦时髦家具的人也可以找国内最顶尖的工匠来复制。当时曾流行过一种说法，所有品相好的南方家具都来自于英国，但经过研究发现，这些家具实际上多数出自南方工匠之手——包括来自英国的移民和其他匠人。

战后家具

战争结束后，南方家具风行范围开始扩展到纽约和新英格兰，许多南方地区的新古典椅子和纽约同时代的同类家具非常相似。

餐桌设计很简单，与英国品位相同。角桌与其他小桌子、折叠桌用作餐饮、喝茶、写字、游戏和缝纫之用。由于纸牌对于南方人是个很好的消遣，因此牌桌这类桌子的产量很大。

在战前，沙发因选用的包覆材料而令价格昂贵，但战后其价格就变得亲民很多，且这类家具的生产多集中于城乡结合区。早期这类家具风格还是与英国很接近。

地域的差别

东海岸那些曾用柜子装点主要房间的富裕家庭，渐渐将其移到了不那么重要的卧室和走廊，改用抽屉柜和衣橱来储物。

南方写字台

这件书架的主要木材是胡桃木，但杨树和黄松木的使用可以确定这是一个南方的产品。上部分平顶有两扇带铰链的镶板门；这种类型的门在北方各州很少看到。下段由一个落面书写台和其下的四个抽屉组成，安置在托架脚上。落面后隐藏的内室中间为前景门，两侧有抽屉和小格子。*约1770年 高223.5厘米（约88英寸），宽96厘米（约38英寸），深61厘米（约24英寸）BRU*

写字梳妆两用桌

这张小胡桃木桌子上有一个单独的抽屉和一个较大的矩形顶面，为南方家具的典型特征。黄铜把手和底板从英国进口。*约1760年 宽82.5厘米（约32英寸）POOK*

弗吉尼亚衣橱

由桃花心木和黄松木制作。有一个矩形顶部，四层抽屉上有两个老式抽屉，S形脚。*18世纪末 高100.3厘米（约39英寸），宽99.6厘米（约39英寸），深52.7厘米（约21英寸）BRU*

南方衣橱

这件长方形柜子由松木制成。扁平顶面有小的悬顶。保留了许多原有的彩绘，包括蓝色和白色格子内橙色背景的风车装饰画。它可能曾专门用来放置婚礼服饰与纺织品嫁妆。模压底座末端为托架脚，饰以镂空支柱。*约1780年 宽101厘米（约40英寸）POOK*

南方风格 南卡罗来纳州查尔斯顿的海沃德–华盛顿（Heyward-Washington）故居，建于1772年，房内有查尔斯顿家具的精品收藏。餐厅里有款式和颜色经典的家具。

内陆地区如西弗吉尼亚等地的家庭继续在主卧及其他正式空间中放置柜子。这些家具常是有彩绘的德国–美国式家具。

书桌代替了写字台，同时生产带木制和釉面门的书柜用以保护书免受阳光和灰尘侵害。

英国的餐具柜也在南方诸州流行，同样的还有可以展示贵重器物的瓷器柜。

立式酒柜在南方比北方更为流行。因为在南方，喝苹果酒、啤酒和白酒被看作是应对潮湿闷热天气的健康生活方式。

除了几个主要城市外，人们更倾向于使用旧式的英国家具，因此工匠不用费心去学习诸如镶嵌和贴面等属于新古典主义的技巧。但是，随着家具制造商在城市里越来越多，激烈的竞争常逼迫他们中的一些人从城市转移到乡间去。因此，他们的技艺逐渐播散开来。

肯塔基抽屉柜

弓形前脸，黄色松木制，樱桃木贴面。抽屉有凸边。档板末端为法国托架脚。*约1800年 高97.75厘米（约38英寸），宽100.5厘米（约40英寸）BRU*

弗吉尼亚抽屉柜

核桃木、松木材质，与英国人复制中国橱柜的产品较相似。上面没有悬垂或模压，在美国属于较为罕见的家具，但这种设计在中国很流行。*约1780年 高91.5厘米（约36英寸），宽106.5厘米（约42英寸）BRU*

英国的影响

从一个英国式的中国桌子可见一个南方家庭在其所在社区的地位。

在18世纪末，饮茶成为拥有财富和良好品位的象征。其结果是富裕家庭产生了对炫耀这种消遣所用家具的需要。

中国桌被用来展示使用的陶瓷茶具。喝茶时它被当作茶桌使用。为防备珍贵的瓷器从桌子边缘掉落，桌面上带有边廊。

这类型桌子起源于英国，在那里它们很受欢迎。不过在美国并不那么时髦，除了在波士顿、朴茨茅斯、新罕布什尔州北、查尔斯顿、南卡罗来纳州和南方的威廉斯堡以及弗吉尼亚这些英国势力强大的地方。

中国的桌子往往比典型的美国南部家具更为华丽，并经常用浮雕和雕刻装饰。这可能说明它们的重要性——无论是在社交生活中还是在茶道仪式中均居重要地位。

弗吉尼亚边椅

桃花心木椅子有蛇形顶轨，锥形立挺延伸为方形后腿。椅子上有精致的镂空背板。*1760–1775年 高94厘米（约37英寸），宽54.5厘米（约21英寸）BRU*

北卡罗来纳餐椅

桃花心木椅子有一个简单的顶轨，锥形立挺和一个软包嵌套座面。方腿有串珠边，连接H形撑架。镂空花瓶形椅背条有开口的心形图案，为典型的南方细节。*约1790年 POOK*

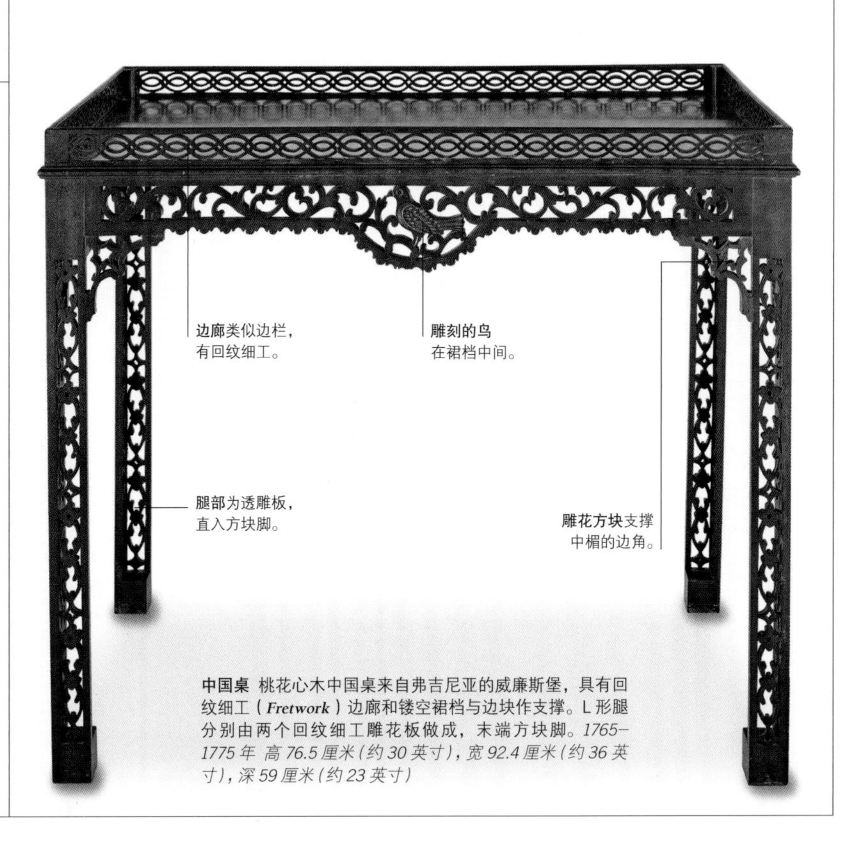

边廊类似边栏，有回纹细工。

雕刻的鸟在裙档中间。

腿部为透雕板，直入方块脚。

雕花方块支撑中楣的边角。

中国桌 桃花心木中国桌来自弗吉尼亚的威廉斯堡，具有回纹细工（*Fretwork*）边廊和镂空裙档与边块作支撑。L形腿分别由两个回纹细工雕花板做成，末端方块脚。*1765–1775年 高76.5厘米（约30英寸），宽92.4厘米（约36英寸），深59厘米（约23英寸）*

英国影响

到18世纪末，美国家具重新转向英国风格。很大程度上是由于大量英国工匠移民的来到，部分归因于英国设计图集在美国本土的传播。工匠们带着技艺搬到了能提供充足工作机会的地方。因此，英国风格随他们的迁徙而逐渐传播开来。

区别英国和美国家具有时是很难的，因为两地工匠们使用类似的技术来制作相同风格的家具。许多美国工匠在技术娴熟程度上与其英国同行不分上下，其富有的美国主顾们得到的优雅家具与进口自英国的并无二致。美式齐本德尔家具在此时仍在生产，它不仅仅是对英国风格的简单模仿，还展现出一种更为优美的品质。

但是，家具的品位还是由其使用的木材决定的。桃花心木既出口到英国也来到美国东海岸港口，而二流的国内木材则用于家具的局部如抽屉里料上，这样就标识出产地。枫木、樱桃木常用于制造美式家具，而橡木和榆木是典型英国家具的用料。

美国制柜商开发出独特的属于自己的家具，如桌子和书柜的组合，其中写字台台面上的抽屉更为突出。但是，因为美国制柜商所采用的设计与英国原型如出一辙，分辨某件家具原产地的线索通常在细节之中。例如，美国工匠常常使用黄铜尖顶饰，而其家具的车削脚也较英国原版的更高一些。

英式多层柜

桃花心木，新古典式。有模压檐口，下为建筑式中楣，有凹槽的两边使得上半部箱体好似半露方柱。下半部有三个抽屉和托架脚。*1760–1770年 高183厘米（约72英寸） L&T* ③

美式多层柜

出自马萨诸塞州，本地木材。上半部类似英国原型，雕刻较少，但其拉手和模压底座是齐本德尔式的。下半部有分层抽屉和高托架脚。*约1765年 PHB* ④

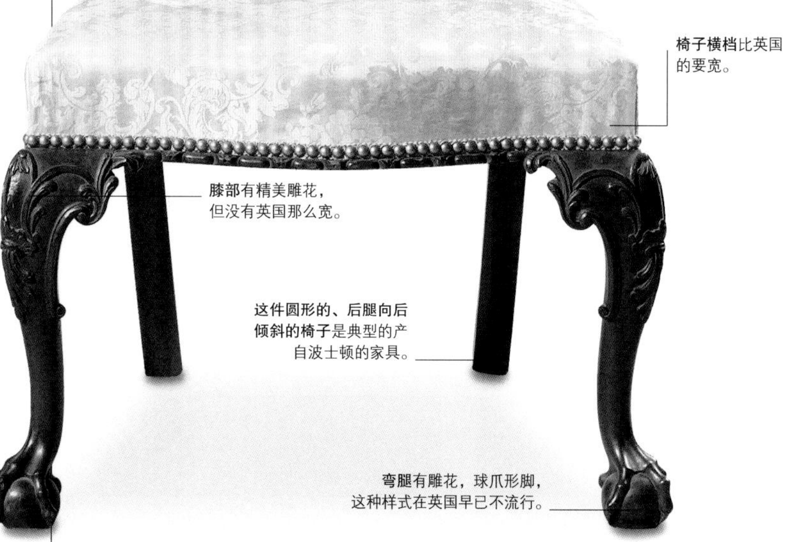

边椅

本为马萨诸塞州一个商人而做，分不清是产自北美殖民地还是进口自英国。繁复的椅背条为典型的英式，因其有蛇形雕花顶轨。模压椅背立挺末端延伸为倾斜的后腿，也是典型的波士顿式家具特色。*约1760年 NA*

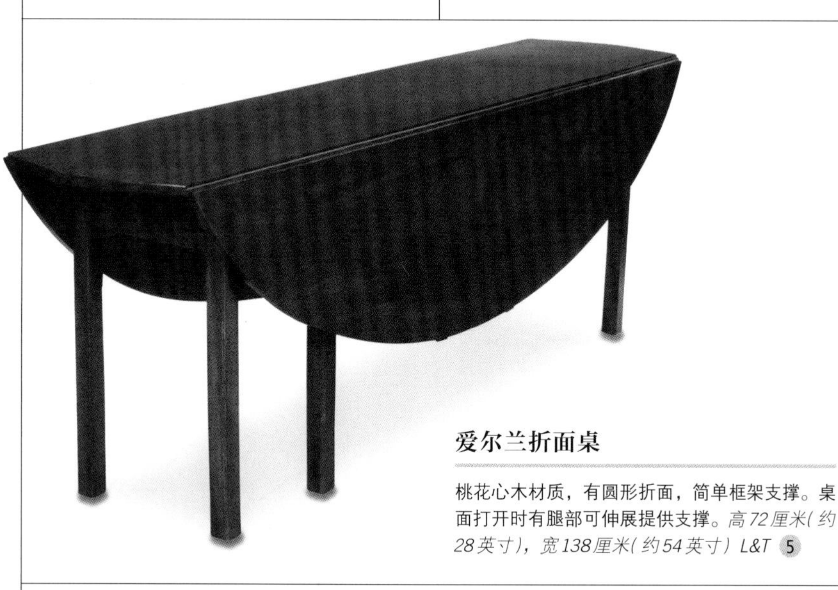

爱尔兰折面桌

桃花心木材质，有圆形折面，简单框架支撑。桌面打开时有腿部可伸展提供支撑。*高72厘米（约28英寸），宽138厘米（约54英寸） L&T* ⑤

美式折面桌

胡桃木制作，表明可能产自宾夕法尼亚或更南方的地区，那里这种木材很常见。圆形桌面模压包边，外框由八条方形截面的腿支撑。美国民间所产的这类桌子与上面提到的爱尔兰折面桌样式类似。*约1790年 高73.5厘米（约29英寸），宽224.75厘米（约88英寸），深155厘米（约61英寸） SL* ③

英式抽屉柜

这个桃花心木柜，蛇形前脸和顶部有着模压包边。带刻度的抽屉有铸铜吊环拉手。两侧是C形卷曲托架脚。*约1765年 宽112厘米（约44英寸）L&T* 4

美国抽屉柜

蛇形前脸，顶部和抽屉有成型包边。底座有一个典型的美式中央垂饰，C形卷曲托架脚。黄铜包皮装饰框和拉手是英式的。*约1765年 高87.5厘米（约34英寸）NA* 5

英国抽屉柜

这款抽屉柜采用桃花心木和松木制成，饰有交叉饰带。抽屉的尺寸逐渐变细，最下面有装饰裙档。箱子支撑于两边张开的脚上。有设计简单的黄铜抽屉把手。*约1780年 宽92厘米（约36英寸）NA* 3

中大西洋抽屉柜

桃花心木，弓形前脸，矩形顶面有横条贴面。分层抽屉由贴面加以强化区分。锥形腿外张，法式托架脚。*约1790年 宽106厘米（约42英寸）SI* 4

英式三脚架桌

当桌面下的闩锁松开时，这张桃花心木桌子的顶部可以向下倾斜。顶部靠在转动的栏杆柱上，栏杆柱通过榫卯连接到三脚架底座上。弯曲腿上有垫脚。*约1770年 直径90厘米（约35英寸）DN* 2

费城三脚架桌

这张桃花心木茶几有一个圆拱结构的鸟笼装置，它把茶几的顶部固定在转动的底座上。爪形脚和球脚是美国齐本德尔式作品的典型特征，但在英国已不再流行。*约1770年 直径82.5厘米（约32英寸）NA* 6

英式折面桌

桃花心木桌面是由两块可折起垂桌板加中间矩形部分共同组成，打开为椭圆形，有铰链的蝶形托架支撑着伸出的桌板。逐渐变细的腿末端有黄铜脚轮。这些桌子被称为“彭布罗克桌”（也称为“折面桌”）。*约1780年 高72厘米（约28英寸），宽116厘米（约46英寸）L&T* 4

中大西洋折面桌

这张桃花心木彭布罗克桌有一个长方形的顶部和带铰链D形垂桌板，弓形中楣上镶嵌着百合花图案，桌腿呈方形，逐渐变细。*约1800年 宽81.5厘米（约32英寸）FRE* 4

英式盥洗台

桃花心木制成，弓形前脸，上层有一个水池洞，两侧为凹碟形双翼和一个拱形的防溅板。中层搁架有抽屉，两侧为假的抽屉。八字腿与撑架连接。*约1790年 高111厘米（约44英寸），宽61厘米（约24英寸）L&T* 1

美国盥洗台

这种盥洗台在顶部设有一个小架子，中央有一个水池孔。带镶嵌的中间架有一个抽屉，穿孔的平板撑架连接着张开的腿。*约1790–1800年 高97厘米（约38英寸），宽57厘米（约22英寸），深40.5厘米（约16英寸）NA* 4

英式折面桌

这张桃花心木桌子有铰链式的垂桌板。中楣上有一个抽屉，另一端有一个假抽屉。方形的、逐渐变细的腿由交叉撑架连接。打开时，桌板由带铰链的蝶形托架支撑。*约1790年 高97厘米（约38英寸），宽51.5厘米（约20英寸）WW* 2

中大西洋折面桌

这张桃花心木桌子有铰链式的活动桌面，由蝴蝶形托架支撑。中楣内有真假两抽屉。方锥形腿在底部与交叉撑架连接。*约1790年 宽73厘米（约29英寸）FRE* 3

哥特

属于中世纪风格的哥特设计于18世纪复兴，在1750年变得流行起来。它与新古典主义并行不悖，但从未占据过上风。哥特复兴主要发生在英国，但到18世纪末，法国和德国也出现了新的哥特式建筑。

1742年，建筑师巴蒂·兰利（Batty Langley）的《哥特建筑的改良》（*Gothic Architecture Improved*）一书对哥特式建筑和室内设计产生了积极影响。同时出版的还有《哥特家具设计》（*Gothic Furniture Designs*）。他的贡献不仅仅在于准确还原历史，还在于重视分析哥特艺术与新古典主义建筑在视觉和情感表达上的不同。

风格的阐释者

和新古典主义相比，哥特家具更出自一种纯粹的想象而并非源自固有的原型。由巴蒂·兰利、威廉·肯特、马修·达利（Matthew Darley）、托马斯·齐本德尔等人发表刊行的设计图样将中世纪哥特设计浪漫化并发扬光大。达利所著的《中国、哥特与现代椅子》（*A New Book of Chinese, Gothic and Modern Chairs*）及齐本德尔的《绅士与制柜商指南》都包含18世纪哥特家具的代表作。制柜商桑德森·米勒（Sanderson Miller）也是这方面的行家。

科隆大教堂，德国 这是世界最大的哥特式大教堂。建于13世纪，历时632年完成。这个大教堂展示的所有建筑元素启发了18世纪末的家具设计师。

建筑的影响

哥特式家具装饰有从哥特建筑而来的建筑化图案。包括源自12世纪到13世纪教堂的窗饰、镂空、拱门和复合列柱。图书馆家具被认为特别适合做成哥特式。伦敦庞弗雷特（Pomfret）城堡有一件非凡的桃花心木图书馆书桌，桌边饰以雕花“玫瑰窗”，桌下容膝处两侧则有复合列柱。

在当时，哥特式温莎椅（**Windsor chair**）很流行。它有三个镂空的椅背靠板，雕花为窗格而不是温莎椅标准的纺锤形。有时其弓背外形好似一个尖拱，在弯曲扶手支架之下有另一排小的镂空椅背靠板。这类椅子的精品主要由杉木制作，但橡木、榉木和榆木也很普遍。因其外形的需要，温莎椅极少由单一的木料制成。

哥特家具在整个18世纪都显得很另类。罗伯特·亚当所做的扶手椅灵感来自威斯敏斯特修道院里的加冕椅——其椅背外形类似带花格的教堂窗户。尖塔从顶部导轨伸出来，吊坠垂在椅子扶手上。亚当将哥特元素和新古典主义的莨菪叶饰与和锥形方腿结合起来。

草莓山丘

小说《奥特兰托城堡》（*The Castle of Otranto*）的作者霍勒斯·沃波尔（Horace Walpole）在伦敦郊区的草莓山丘有一个乡间别墅，设计和装饰为哥特风格。门廊是扇拱形的，拱顶之间放置的镜面玻璃使其营造出闪闪发光的空间感觉。图书馆有三叶草形窗户和带拱门的哥特式三镶板窗口——它配备了巨大的书柜，配有花形浮雕和尖塔、窗饰以及拱门。

英式箱子

这种罕见的有油漆和镀金的橡木箱子采用了中世纪哥特式彩绘橡木保险柜的风格。然而，它没有中世纪箱子那种可以组装在一起的锻造铁制把手。其顶部扁平，但两边嵌板与前脸装饰着哥特式风格的花纹、人物、镀金雕刻，并在箱子中心的金属锁眼盖装饰类似的风格。底部有托架脚。*18世纪中叶 高65厘米（约26英寸），深57厘米（约22英寸）L&T*

哥特式齐本德尔

托马斯·齐本德尔将哥特式设计应用到当时的家具，如《绅士与制柜商指南》中所示。

齐本德尔是第一个在家具上使用“哥特”这个词的设计师，他的哥特式风格椅子和书架特别流行。其设计源于教堂建筑，结合了装饰图案如弯拱、柳叶刀、连拱、卷叶饰，还有花饰窗格（**Tracery**）尖拱。这些细节与洛可可卷曲相结合的图案，经久不衰。复合列柱常被用作椅子腿的形状，这些椅子用在大厅、通道或夏季别墅等处。

在18世纪哥特式设计的年代，叶形装饰很流行，作为景观装饰成为一种时尚。人们偏好哥特式建筑，有时家具也做成匹配建筑的风格。

英式扶手椅 这种椅子展示了典型的哥特式元素：包括了横过背轨的四叶饰，背部和扶手下有拱形的半圆饰，座椅导轨下有吊坠。*约1775年*

廊椅（《绅士与制柜商指南》图17） 此家具为厅堂或花园房的实用性设计之一，另一种替代性设计如左图。*1762年*

落地钟

这个标准的橡木和桃花心木材质的时钟为哥特建筑式。门是拱形，两侧为复合列柱，整体也是这种装饰。底座有垂饰。*1770年*

英式边椅

这把桃花心木椅子其实是一种带靠背的乐谱架。圆座可旋转。椅背为镂空的哥特式尖拱和叶雕刻杆头。腿部类似复合矮几。*约1800年 DN*

英式书柜

这件桃花心木书柜饰有哥特式装饰、中国风与新古典主义的图案。镂空顶冠中央有曲线形天鹅颈山墙，其前端两边有哥特式尖顶和中国式方格装饰。拱形玻璃门有哥特式的圆形装饰镶条。*约1765年 高282厘米（约111英寸），宽254厘米（100英寸），深71厘米（约28英寸）PAR*

玻璃门被哥特式装饰镶条分成不同区域。

中国式方格装饰

书柜顶部有四叶饰和尖顶。

镶板门边角饰以莨苕叶饰。

底座为镶嵌和模压。

边门藏有三个抽屉，中门有搁架。

南非

开普敦（Cape Town）作为阿姆斯特丹与印度东部的中转站，由荷兰东印度公司于1652年兴建。然而，直到18世纪末其定居者才达到三千多人——但这已足够支持本地工匠的工作。

到18世纪末，定居者在城市之外纷纷兴建城镇，更多的富裕农场主盖起了如荷兰风格一样的人字墙住宅。稍逊一筹但又非常想要获得欧洲家具的人们，通过大量从英国和荷兰的进口来填补市场空缺，这大概发生在1770年到1780年间。

开始的时候，南非本土家具受到荷兰、英国和法国设计的影响；荷兰巴洛克风格则一直延续到18世纪，新古典之风主要局限于其装饰效果。

贵族与乡下人

在那个时代，“贵族”与“乡下人”的分野在家具上体现得尤为明显。贵族式家具承袭了很高的品质，主要为富商阶层定制并产自开普敦周边。其设计紧紧跟随英法两国的家具商，虽然主要取材于本地木材，但装饰是用东方进口的木料。乡间家具也模仿海外风格，但主要用本地木材，很少能比得上城市家具的制作水平。

由于南非与欧洲相距遥远，在技术改进上与欧洲国家存在相当的差距，所以，直至18世纪末，家具一般都缺少复杂的贴面或细工镶嵌，而欧洲家具商采用的榫卯结构也极为少见。与之不同的是家具上常用框架式镶板，而整块木材则用于整件家具的制作。这类木材取自本地的臭木或黄木。直至世纪末，南非家具才由精美

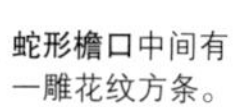

蛇形檐口中间有一雕花纹方条。

郁金香木与臭木贴面呈波浪图案。

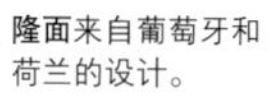
隆面来自葡萄牙和荷兰的设计。

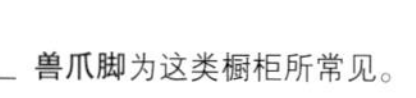
兽爪脚为这类橱柜所常见。

臭木柜

这件柜子主要由模压臭木制作。檐口有一大块莨菪叶饰，人字图案镶嵌带延伸在上半部的蛇形的门的中心位置，下为分层抽屉和一个模压底座。总的造型主要受荷兰巴洛克风格家具的影响。*约1785年 高280厘米（约110英寸），宽190厘米（约75英寸）PRA*

边柜

这件三角形的角柜原为一对，由本地罗汉松与进口木材贴面，包括缎木门板、青龙和乌木木框。凹槽锥形腿。*约1790年 高100厘米（约39英寸），宽120厘米（约47英寸），深63厘米（约25英寸）PRA*

茶桌

这张桌子是由进口柚木制作，属法国的怀旧风格，但经过了简化。上面有一个平面模压台面，下为裙档与一个抽屉，弯腿。*约1790年 高71厘米（约28英寸），宽88厘米（约35英寸），深56厘米（约22英寸）PRA*

的进口木材如缎木、柚木等制作而成。

家具种类

到18世纪末，大量新式橱柜代替了巴洛克式平顶橱柜。这类柜子有蛇形檐口和蛇形联锁、隆面基座，还有球脚或兽爪形脚。此时的橱柜是开普敦式家具中的代表，与欧洲的新古典主义家具有很大不同。带支架的竖面桌当时很流行。边柜似乎有法国墙角柜的影子。而到世纪末，英式抽屉柜的风格被广泛采用，饰以进口木材如缎木、乌木和黑檀木制作的繁密贴面。

带弯腿和螺旋腿的桌子的产量很大。世纪末时，带方形或椭圆形桌面、锥形腿的折面桌也出现了。

欧式影响

大约这时，座式家具受到欧洲国家尤其是英国的影响，有时不同国家的风格细节也在一件家具上有所反映。有藤制座位的乌木椅在较为富裕的开普敦居民家中或是教堂里很常见，由此反映出远东殖民地带来的影响。藤制沙发床也较常见。

双椅背靠板以及栏杆车削腿、椅背立柱一直流行到1780年。带实心椅背靠板和弯腿的英国安妮女王风格椅子的制造则持续到18世纪末，继边椅在欧洲流行之后于南非也流行了很长时间。1795年，由于英国取得对开普敦的控制权，英式设计的影响日益增长，盾形靠背和长靠背的椅子产量也大幅增加。

边椅

这把臭木椅是受英国安妮女王时期风格的影响，顶冠有简单的雕刻，实心花瓶椅背条，座位有一体化裙档，弯腿，垫脚，不过它不同于原来的整体尺寸。*约1750年 高106厘米（约42英寸），宽60厘米（约24英寸）*

扶手椅

这把臭木椅是荷兰式椅的简化版本，方背内有镂空椅背板，座椅横档中心镶嵌圆盘饰图案，前腿镶嵌“柱子”。*约1795年 高99厘米（约39英寸），宽59.5厘米（约23英寸），深45厘米（约18英寸）PRA*

南非齐本德尔式

齐本德尔的《绅士与制柜商指南》一书被广泛传播，虽然此书在南非很少见，但它还是影响了当地的一些工匠。

来自托马斯·齐本德尔式家具的灵感已记录在南非的历史上，包括梯形靠背休闲椅，一些其他类型的椅子和四座长凳，以及带大理石桌面的餐桌（见下图）。当然，齐本德尔设计中取自哥特式和中国式的家具在开普敦地区给予了一些橱柜制造商灵感与启发。虽然这类家具并不是很知名，但在富裕客户的家中会出现。

《绅士与制柜商指南》的副本可能是由南非移民工匠或具有时尚意识的商人引进的，与齐本德尔风格在美国传播的方式一样（见第104–105页）。也有可能是在18世纪70年代和80年代英格兰进口齐本德尔家具，随后由本地工匠复制出来的。再或许是作为客户定制这类风格的椅子或桌子的附赠物进入南非。给所有的房间匹配相同风格类型的家具，是当时的一种风尚。

折叠桌

这张简单的折叠桌由臭木做成，长方形的活动桌板。全部打开时，可延展出一个非常宽大的表面；不用时，存放非常节省空间。当桌面打开时其裙档由八个凹槽锥形腿支持——这是贵族偏爱的新古典主义风格。桌子有一个单独的抽屉。*约1795年 高76厘米（约30英寸），宽186厘米（约73英寸），深138厘米（约54英寸）PRA*

柚木柜桌 这张桌子有一个大理石桌面，可能是从欧洲进口。一个简单的模压边裙档，中央雕刻C形卷曲，斜边腿与档板之间有支架。*约1775年 高85厘米（约33英寸），138厘米（约54英寸），深48厘米（约19英寸）PRA*

欧洲中国风

从 17 世纪开始，欧洲就对来自中国和日本的带有异国情调的稀有物件着迷。来自东印度公司的精美丝绸、陶瓷和漆器成为欧洲人眼中的亚洲象征。但进口家具的天价刺激欧洲设计师和工匠做出大量的仿制品，此类产品风格就被称为“中国风（*Chinoiserie*）”，来自法语的“中国”一词。

欧洲对远东文化带有浪漫的想象和热情，中国风将精美的、充满异国情调的装饰主题与奢华木材相融合。整个房间，尤其是卧室和更衣室被饰以起伏的群山、金色柳树、精致的宝塔、龙、中国人物和各种奇异鸟类等图案。

东方形象

中国风室内装饰的潮流在1750年到1765年间达到顶峰。它与洛可可风格重合，也具有类似的轻薄之感和非对称特点，但比洛可可的生命力更为顽强——一直流行到19世纪。室内装潢常配有鲜明写实的中国饰品，如彩色壁纸、涂漆屏风和瓷器等等，从17世纪中期开始这些专供西方市场。欧洲设计师也根据自己的喜好制造出不同版本的中国风家具。

1765 年，托马斯·齐本德尔以中国风重新装修了位于约克郡诺塞尔（Nostell）修道院的皇家寝宫。他制造了一整套的带绿色漆画的家具，上面绘以中国式风景和人物，还有带神鸟凤凰和宝塔图案的镜框。

因为欧洲没有真正的漆料——人们只是曾经进口，但从来没有成功制作出来过，所以家具商们想方设法用其他方法来代替这一工艺。当时，中国风欧洲家具常用表面的“涂漆”来充当真正的漆画效果。1688 年，约翰·斯托尔克和乔治·帕克撰写的《论涂漆和上漆》一书出版，书中包括了涂漆技术和中国风设计，为当时家具商们所参考。多层的五彩清漆（一般是白底或红底上涂金色）用来制作出与亚洲原漆一般的惊艳效果。

风格要素

1750年，中国风格家具开始呈现出更多新颖和奇异的装饰形式。设计师如托马斯·齐本德尔和因斯、梅休出版了中国风家具设计的图集，包括

涂漆五斗橱

路易十六式，顶面饰以重新使用的中国漆板。雕花的表面绘有金色和红色的宝塔和东方树木。五斗橱有镀金-青铜的嵌件、锁眼盖和镀金脚。*约1760年 高87厘米（约34英寸），宽113厘米（约44英寸），深52厘米（约20英寸）GK*

涂漆五斗橱

欧式镀金五斗橱内含三个抽屉。顶面为木制，拉手与锁眼盖为洛可可式。箱体包边饰以浅浮雕，蹄形脚。*约1760年 宽117.5厘米（约46英寸）NA*

涂漆工艺

东方的涂漆传统可回溯上千年。

东方的涂漆料来自产于中国、日本和韩国的漆树的分泌物。考古表明，早在石器时代中国和日本就已开始使用漆器。

涂漆工艺需分层次制作，每一层都非常纤薄，待每层完全干透后再往上依次叠加。最后形成坚固的、光滑明亮的表面。涂漆可防水隔热，用作食器时也很安全。

东方的涂漆工艺品在 17 世纪到 18 世纪初的欧洲非常抢手。到 18 世纪中期，漆片常常被从原来的器物上剥落下来，贴在同时期的法国家具上，再在其上饰以镀金–青铜。

涂漆屏风

这件中式屏风是诠释欧洲风格的典型代表。红底金描绘东方风景。有平顶、雕花底座和简单的脚。*约1780年 高212厘米（约83英寸）GK*

彩绘屏风

法国屏风带有东方装饰的母题和皮勒蒙式的典型特色。镶板上绘有理想园林中的异国鸟类和儿童。屏风为在木制外框上的画布镶板制作而成。*约1770年 高190厘米（约75英寸）GK*

镶嵌细部

镀金涂漆描绘仕女，象牙材质的人物形象表面有涂漆。

中式圆桌

椭圆桌面饰以精美漆艺。三脚底座与包边饰以希腊回纹。有卷曲的脚。*约 1780 年 深 104 厘米（约 41 英寸）Cato*

了有镂空格椅背和宝塔外形搭脑(*Top rail*)的椅子。相互交错的棒状图案反复在齐本德尔式家具上出现，如椅背、撑架、书架门、床板和壁炉。装饰元素来自真正的东方家具——专供欧洲市场的中国家具，它们部分构成了18世纪欧洲中国风家具的理念。随着欧亚之间贸易的增长，设计变得更加精细化。虽然中国风流行于18世纪末到19世纪，但其顶峰还是在18世纪。许多家具装饰有镶板，而整个有漆画或涂清漆的新古典主义风格的家具则很少见。

英国家具漆画的主色调有黑色，包括一种类似火漆色的红，还有黄、绿、灰、龟甲，偶尔还有蓝色。虽然中国风图案很时髦，但欧洲家具装饰图案较之原汁原味的中国或日本风格，仍以欧式品位为主。因此，人们很容易区分哪些是18世纪真正来自东方的家具，哪些是欧洲制作的中国风涂漆家具。

立式橱柜

乔治三世衣橱饰以中国风人物与动物。门和锁眼盖有雕刻的镀金铰链。柜门内有十个小抽屉。支架是后来配的。*约1760年 宽98厘米(约39英寸) WW*

东方式长椅

乔治三世柱质长椅有藤编靠背和边。藤编一般与柱子外框搭配。外框由矩形靠背、下卷扶手和带软包的座位组成。细长腿下有托架脚。*约1765年 宽185厘米(约73英寸) L&T*

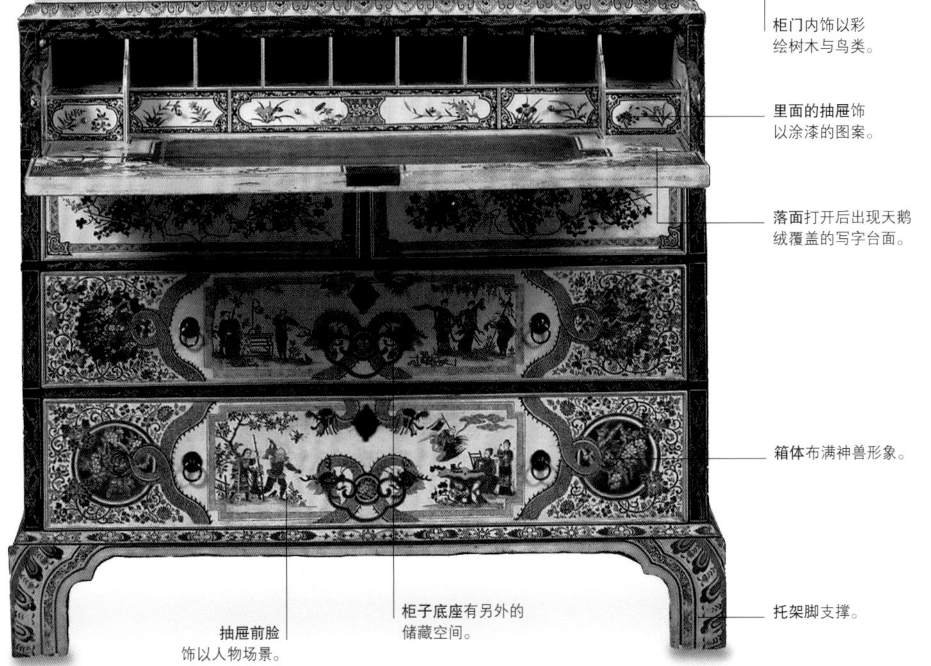

柜门内饰以彩绘树木与鸟类。

里面的抽屉饰以涂漆的图案。

落面打开后出现天鹅绒覆盖的写字台面。

箱体布满神兽形象。

托架脚支撑。

柜子底座有另外的储藏空间。

抽屉前脸饰以人物场景。

乔治一世写字柜

这件罕见的涂漆柜子檐口有弓形模压。虽为早期物件，但确实是欧洲中国风的极致代表。柜门内有一系列抽屉和小架子。里面蓝白碟形的彩绘取自东方青花瓷器的设计。底座有抽屉，内含写字台面和更多的抽屉与架子。箱体饰以精美彩绘的人物和图案，底色为清漆。精美的画面装饰灵感显示其更多来自中国的瓷器，而非斯托尔克和帕克的《论涂漆和上漆》一书。*约1725年 高228.5厘米(约90英寸)，宽109厘米(约43英寸)，深56厘米(约22英寸) PAR*

彩绘家具

在家具上进行彩绘的做法早在中世纪就流行，但到18世纪下半叶才达到顶峰。一些地区尤其是意大利，于正式家具和本土家具上作画的装饰手法一直兴盛不衰。但在英国和法国，装饰画很少出现在高格调家具上，除非有人想刻意复制18世纪初的涂漆家具。

因为质量较好的进口木材贵得离谱，家具上的彩绘也被用来伪装高档木材——正所谓"金玉其外，败絮其中"。例如一些意大利箱子是用劣质木材伪造斑纹质感，如在松木上彩绘模仿成西班牙桃花心木的样子。

在路易十五和路易十六统治下的法国，室内设计师开始在如灰、白等色调细腻柔和的家具上配备较浅的颜色。作为一种替代的家具如吉尔框架（bergère frames），经过在表面打蜡后突出木纹，再经过彩绘来匹配房间的整体色调。

在英国，建筑师罗伯特·亚当的色彩设计也是如此，他设计的豪华客房的天花板，重复使用了纺织品和家具中的图案。起初，这种彩绘通过利用更轻的木材和镶嵌装饰来实现，随着家具样式的发展，椅子、矮几、玻璃和书桌有时采用与整个主题相匹配的绘画方案。

彩绘比镶嵌优点更明显，因为它能画出更多复杂的细节，比如微缩景观画。添加到家具中的精美彩绘花样往往被地方上的二流家具不同程度地进行模仿。有时人们还用图画来代替雕刻，乡土家具上的传统图绘主题尤其受到日后迁往殖民地的工匠们的喜爱。

德国衣橱

这件"乡土风"衣橱主要由云杉制作，产自德国的弗兰肯地区。橱盖饰有镶板，掀开后可见储藏室。前脸和两侧有长方形镶板，中间带锁眼的拱形镶板上描绘了鲜艳的花朵图案。*约1800年 宽124厘米（约49英寸）BMN* 2

美式嫁妆衣橱

这件乡土风衣橱为杨木，木料原产于宾夕法尼亚。橱盖为模压边缘，覆盖整个衣橱，托架脚。箱体中间有象牙浅橙色镶板，绘有装着郁金香的瓮。瓮上刻有制作者的名字和日期。两侧有两个同样装饰的镶板。由约翰·兰克描绘。*1798年 宽129.5厘米（约51英寸）POOK* 6

半圆形的白色大理石台面有阶梯式包边，并带有一排联珠线。

中央的徽章形装饰彩绘有古典女性人像。

檐带和挡板描绘有新古典主义主题的卷曲和花状平纹。

尖细腿部带有凹槽，末端收于包脚。

英式五斗橱

布满了镀金嵌件的半月形五斗橱其前脸分为三部分彩板，板边有镀金的水生植物。每个面板内有一个圆形的彩绘徽章，里面是古典女性形象。两个侧面板有门。箱体有纽索状装饰的雕花档板和四个凹槽，锥形腿下有面包形脚。由乔治·布鲁克肖（George Brookshaw）制作。*约1790年 高89厘米（约35英寸），宽122厘米（约48英寸），深20.25厘米（约8英寸）PAR*

英式五斗橱

半月形的五斗橱有贴面，缎木顶，半月形箱体中央的柜门彩绘有写作的人像。两侧同样有两个椭圆形装饰。短铲形锥脚。*约1790年 宽122厘米（约48英寸）FRE* 5

瑞典扶手椅

产自斯德哥尔摩，这把扶手椅的方直靠背有一体式的椅背顶轨。开放式扶手微微外展。方座下锥形腿。椅子被漆成白色，腿部的凹槽以浅蓝色作点缀。*约1790年 BK* ③

法式长椅

又称为"法式长沙发"或"法式长靠背椅"，这个小型软沙发有山毛榉框架，这种木材为法国家具商所常用。靠背横档将就座者包围起来，螺旋锥形腿。框架有彩绘和镀金。这件家具原本是和房间整体效果相匹配，作为室内装饰的补充。*约1760年 宽105.5厘米(约42英寸) DL* ③

巴黎安乐椅

原为一对，榉木外框。顶部导轨雕有花朵——座位档板和膝盖的主题与之相呼应。扶手外卷，外框上包覆软包，座位有大垫子。框架涂成浅灰色。*约1760年 高96厘米(约38英寸)，宽73厘米(约29英寸)，深63厘米(约25英寸) CHF* ⑥

英式办公桌

这件斜面桌有缎木贴面和彩绘。两个短抽屉下为三个分层抽屉。箱体为一体式，高托架脚。抽屉上彩绘有叶状丝带垂花饰和卷曲叶形。斜面中心描绘着古典女性图案，带有两个小天使的奖章。这件作品是19世纪对18世纪晚期风格的模仿品。*约1800年 高106厘米(约42英寸) FRE* ④

加拿大壁柜

这件简单的松木衣柜是魁北克制造的。它有阶梯状成型的带飞檐的镶板门，带手工锻造的鼠尾铰链。门后有搁架，阶梯脚。蓝绿色油漆已经褪色了，但隐约可见最初惊艳的描画。蓝色颜料在当时是非常昂贵的，所以彩绘的成本比原来的大衣柜还要高。*约1790年 宽137厘米(约54英寸) WAD*

机械家具

18 世纪的科学进步导致大量精巧机械式家具不断涌现，其中就有秘密抽屉和用隐藏弹簧及杠杆原理操作的柜子。尤其在法国和德国，机械家具成为 18 世纪下半叶主要的家具种类之一。

亚伯拉罕·伦琴通常被认为是制柜商中第一个引进机械设备的人。1742 年到 1750 年间，他改造了一个哈里昆桌（harlequin table），其中就有秘密抽屉和隔间。

其子大卫·伦琴也创造了机械式家具，主要是为了取悦贵族。1768 年他做了一个写字柜，其五斗橱外形的底座里有能发出像钢琴声音的机械装置。

在法国，让-弗朗西斯·奥本为蓬巴杜夫人制作过机械式家具。他还做过一个筒形写字台，有一个称为鼓形活面的滑盖。最复杂的筒形写字台里面藏有烛台、时钟和抽屉。另一种奇异的法国新品种勃艮第写字桌看起来像是带小抽屉的写字桌，但是其顶部分割为两个部分。后部抬起后展现出一组抽屉，前部向前打开后就是一个写字台面。

同时期，在英格兰出现了圆形、回转式的抽屉桌，抽屉可归档各类信件。有的还有暗藏空间以放置钱币。打开其中一个暗藏的抽屉就露出与之连接的由铰链锁住的中心部分。

镀金托架

法国活面书桌

书桌有伸缩式鼓形活面，由薄横木条制成，往后推可以打开。有郁金香木镶嵌，有花篮形图案和矩形镀金卷曲及叶形边缘。下半部有四个抽屉。凹槽锥形腿。有“Ferdinand Bury（斐迪南·伯里）”印章。*约1780年 高126厘米（约50英寸），宽146厘米（约57英寸），深84厘米（约33英寸）PAR* 9

顶部抽屉分成不同的化妆盒。

梳妆镜在不用时是放平的。

蛇形箱体为托架脚。

英国梳妆柜

虽然它像一个标准的带托架脚的桃花心木蛇形抽屉柜，但也可用作梳妆柜。最上面抽屉内含梳妆镜，不同种类的粉盒和瓶罐可分区放置。抽屉下隐藏了可伸缩进内槽的推拉面。*约1780年 高81厘米（约32英寸），宽93厘米（约37英寸），深59厘米（约23英寸）HauG* 5

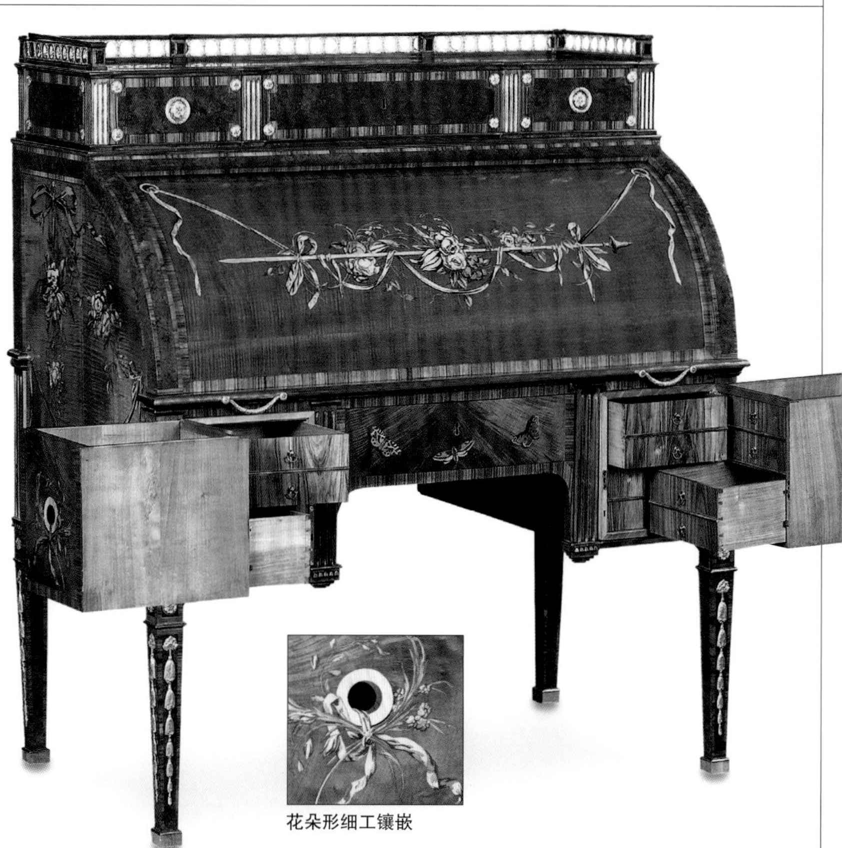

花朵形细工镶嵌

活面书桌

镀金-青铜嵌件，缎木、郁金香木、斑纹胡桃木制成。有带边廊的矩形台面，下有中楣抽屉和活面。内室有皮革写字台面。容膝处两侧各有抽屉，触发机关后有另外的抽屉出现。方锥形腿。*约1775–1780年 高129厘米（约51英寸），宽113厘米（约44英寸），深67厘米（约26英寸）DL* 5

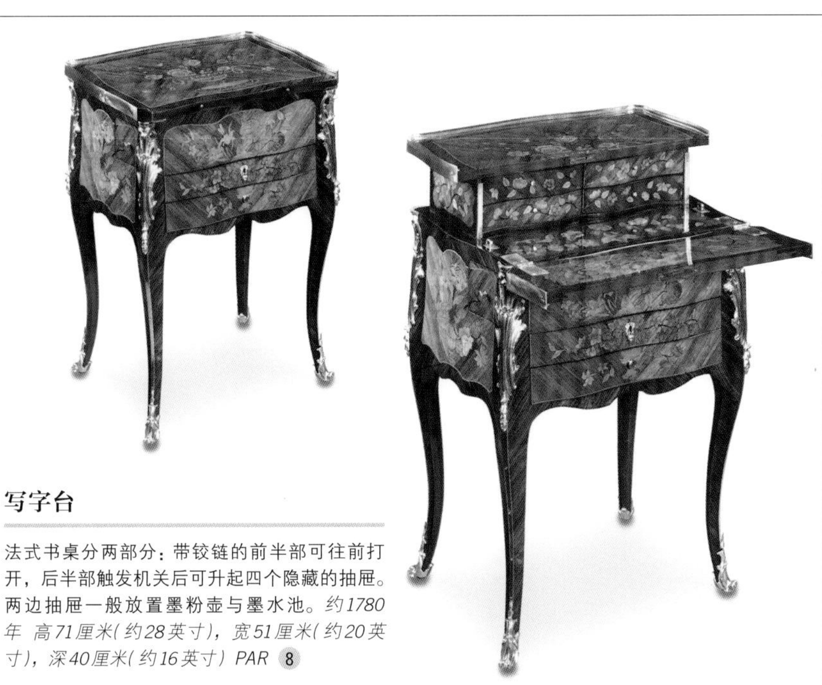

写字台

法式书桌分两部分：带铰链的前半部可往前打开，后半部触发机关后可升起四个隐藏的抽屉。两边抽屉一般放置墨粉壶与墨水池。*约1780年 高71厘米（约28英寸），宽51厘米（约20英寸），深40厘米（约16英寸） PAR* 8

德国五斗橱

桃花心木、樱桃木，其前部触发机关后其带抽屉和搁架的后部从箱体里翻出来。由亚伯拉罕·伦琴设计。*约1755年 OVM*

办公桌

乌木贴面，有皮革写字台面。这件法国书桌带有维特鲁威卷曲的镀金嵌件。前脸有三个抽屉，背面有带吊环把手的滑面。文件桌端有两个皮革前脸的盒子和一个钟表，内有精致的机关装置。方截面锥形腿，小面包形脚。*约1780年 PAR*

英式旋转桌（Rent Table）

灰色皮革的圆桌面的中央有铰链和闭锁，打开后可见一个下陷的深洞。中楣内含八个楔形抽屉带天鹅颈把手。台面可围着方形立柱底座转动，底座本身是带搁架的柜子。出自兰开斯特的基洛斯公司。*约1790年 高88厘米（约35英寸），深117厘米（约46英寸） PAR* 8

英式棋牌桌

桃花心木，顶面转动后可打开，腿部则不动，有可供玩牌者使用的一个内嵌的台面。箱体里有两个抽屉，上面抽屉为虚拟的。*约1790年 高73.5厘米（约29英寸） DL* 3

法国建筑师桌

矩形顶面由棘轮抬起，两边有推拉面。整体借助发条装置可往上抬升几英寸。中楣内含有写字台面，打开后有皮革面。桌子两边还有另外两个伸缩面。有亚当·威斯威勒的签名印章。*约1790年 高129.5厘米（约51英寸），宽87.5厘米（约34英寸），深54厘米（约21英寸） PAR*

落面书桌

随着供书写之用的家具逐渐普及，18世纪不同风格的这类发明不断涌现。柜式写字桌也称为书写柜，是1760年让–弗朗西斯·奥本在巴黎发明的法式高台写字桌。

书写柜从扁平的前门来看就像衣橱。但其上半部有铰链，打开它时向前露出带有皮革内衬的书写台面。下半部有抽屉或门，里面是搁架或储物抽屉。许多同类家具中，在上半部的檐口下有一个多出来的抽屉，通常被装饰物所遮掩。

书写柜一般既高又窄。其直线形状有时通过腿和圆角加以软化，属于新古典主义风格，它后来成为最早对后世发挥影响力的家具设计之一。

高品质木材常常用在家具主体结构中，并经常采用细工镶嵌，尤其体现在几何形或古典设计的落面上。东方式的面板也很流行，18世纪70年代到80年代还带有塞弗尔瓷块饰板（Sèvres porcelain）。装饰元素还包括新古典图案如维特鲁威卷曲、月桂叶锁眼盖，有时也有瓮坛镶嵌。

书写柜的设计样式很快传遍全欧洲。在荷兰，涂漆和细工镶嵌有时与荷兰式花卉镶嵌相结合；而在德国、东欧和斯堪的纳维亚，装饰则较为拘谨。英国家具成为新古典风格家具的典范。

英国落面书桌

有郁金香木和缎木镶嵌。落面和门为四等分式贴面，中间有椭圆形扇边奖章和花瓶。*约1780年 高124.5厘米(约49英寸)，宽79厘米(约31英寸)，深40.5厘米(约16英寸) PAR*

法国书写柜

巴黎式大理石顶面，染色槭木，几何形细木镶嵌。镶板镀金边。中间长抽屉下有落面和一对门。*约1780年 高124厘米(约49英寸)，宽71厘米(约28英寸) PAR*

镂空的镀金边廊围绕顶面的三边。

斜角白色大理石顶面为黄铜外框。

边板有涂漆，饰以树叶，镶嵌珍珠母。

狮子头像为镀金青铜，常见的新古典主题。

门嵌以涂漆的鹰和孔雀，内藏暗室。

裙档中间有镀金面具。

法国书写柜

黑漆、珍珠母和镀金嵌件作装饰的书写柜。出自菲利普–克洛德·蒙蒂尼(Philippe-Claude Montigny)。*约1770年 高149厘米(约59英寸)，宽97厘米(约38英寸) PAR*

法国书写柜

西阿拉黄檀木和黄檀木贴面，大理石顶面有枫木镶嵌。檐口下有锁闭的抽屉落面，带金属铰链支撑，打开后有内室。高锥形腿。*约1780年 高138厘米(约54英寸)，宽64厘米(约25英寸)，深36厘米(约14英寸) BMN* 4

英式写字桌

桃花心木，以木制天然纹路做装饰。下半部有伸缩写字台面，再下有抽屉。上半部的柜门打开内藏抽屉和分类架子。*约1800年 高148.5厘米(约58英寸) DL* 4

荷兰书写柜

桃花心木，装饰效果包括各种不同的贴面图案。门上为四分式贴面和直条。落面中央有贝壳圆盘形镶嵌，箱体斜边饰以几何形的丝带镶嵌。*约1790年　高150厘米（约59英寸）L&T* ④

法国书写柜

西阿拉黄檀、黄檀与其他进口木材制成。细木镶嵌与镀金－青铜嵌件装饰。檐口下有镀金维特鲁威卷曲物，用于掩盖内含的抽屉。*约1780年　高139厘米（约55英寸），宽93厘米（约37英寸），深48厘米（约19英寸）GK* ⑦

瑞典写字桌

其下部没有柜子，但上半部有写字台面，打开后和法国书写柜相同。有大理石顶面，桌体周围有几何形黄铜边条。边板和落面有装饰性镶嵌。*约1780年　高127厘米（约50英寸），宽102厘米（约40英寸），深46厘米（约18英寸）BK* ⑤

荷兰书写柜

箱体边缘为圆角，蚀刻的锁眼盖为中式风格，是装饰的重点。涂清漆以模仿中国漆艺，带风格化的人像和风景，采用黑底描金（Penwork）。落面打开有抽屉、隔间和搁架。*约1800年　高151厘米（约59英寸）GK* ④

嵌入式书写柜

大理石顶面有斜角。落面内有六个抽屉和绿色皮革面。下部有两个抽屉，每个有日式木片镶嵌。整体都有镀金－青铜嵌件，凹槽锥形脚带护罩。*约1780年　高97厘米（约38英寸），宽63厘米（约25英寸），深44厘米（约17英寸）GK* ⑦

法国书写柜

西阿拉黄檀木和黄檀木制作，花形镶嵌。几何图案装饰，仅在落面中间和脚部有嵌件。落面内有绿色镀金皮革面。下半部的门内有三个抽屉，两边有大搁架。*1788年　高140厘米（约55英寸），宽120厘米（约47英寸），深40厘米（约16英寸）GK* ⑤

五斗橱

五斗橱在18世纪后期的发展相当缓慢，慢慢纳入新古典主义的设计元素。在1770年的早期过渡阶段，其形状保留了许多洛可可特点，如圆角和弯腿，但其箱体变得更加矩形并带有新古典主义的装饰效果。

到18世纪90年代，五斗橱的形状更加精致化，设计更为简洁，线性并带直腿。其有棱有角的外形有时会通过增加断层——嵌入式抽屉放在两边伸出——这个使用功能很有市场。

到18世纪90年代，法国五斗橱一般有两到三个带有楣饰的短抽屉，下面有长的平行抽屉。抽屉两侧有人像立柱、古典女像假面或埃及式装束。柱顶头有车刻装饰、托斯卡纳人、镀铜柱头。五斗橱短脚上深入柜身的抽屉逐渐变为台面。

在18世纪70年代和80年代，有华丽饰件和图案镶嵌的五斗橱仍为王室家庭订购，但1790年后变得保守朴素，饰件更加少见，取而代之的是简单的环形把手和锁眼盖，这些皆由希腊设计元素简化而来。处于过渡阶段的五斗橱常用缎木贴面或桃花心木，但随着设计变得更精致、朴素，如用桃花心木或果木等质感颇佳木材所制成，常与大理石台面相搭配。装饰有模压成型的、仿乌木立柱和浮雕式灰饰画。

在英国，边柜变得愈加简约但仍保持较高品质。意大利设计的家具采用胡桃木、橄榄木和樱桃木，带图绘楣饰的抽屉连带有两个普通抽屉。几何式镶嵌被用来强调五斗橱的长方外形。

法式五斗橱

带三个橡木抽屉，顶面一体化，下为三层镶板抽屉和一体化模压裙档。短而卷曲的脚末端为方块。锁眼盖和拉手饰以镂空叶状C形卷曲。整体风格为民间所用，相当的老派。*约1765年 宽139厘米（约55英寸）* 4

法式半月形五斗橱

桃花心木，为半月或半圆形。中央有三个抽屉，两边门有雕花，内有搁架。大理石顶面，镀金青铜锁眼盖为新古典式，拉手环绕垂花饰。*约1795年 高87厘米（约34英寸），宽136厘米（约54英寸），深57厘米（约22英寸） GK* 4

箱体圆角，嵌有三个矩形镶板，与抽屉深度一致。

直板贴面和光亮的黄杨木板条镶嵌用以提高边缘的对比效果。

黄铜狮头拉手流行于18世纪。

马耳他五斗橱

有三个橡木贴面抽屉。一体式档板，短弯腿，脚部带雕花。*约1700年 宽127厘米（约50英寸） FRE* 4

法式贴面五斗橱

外形为断层式，三个短抽屉分别插在三个突出的长抽屉的两边。模压大理石顶面，几何形细木镶嵌贴面，取材包括西阿拉黄檀、郁金香木和黄檀。弯腿有贴面，带镀金包脚。*约1770年 宽131厘米（约52英寸） FRE* 4

米兰贴面五斗橱

这件带有黄檀木拼板的橱柜有三个长抽屉，有一个直的方形望板，弧状支架腿。独特的颜色因其饰面取材于树木内部边材。它的拉手是新古典主义的设计样式。*约1790年 宽188厘米（约74英寸）Cdk* ③

意大利五斗橱

这件长方形的果木橱柜有三个抽屉，上部抽屉比其他抽屉窄，短锥形脚。它有花卉镶嵌，其中央的卷曲花饰，在较暗的单板中勾勒出来，上面镶嵌着鸟和花图案。*约1780年 高95厘米（约37英寸），宽125厘米（约49英寸），深68厘米（约27英寸）MAG* ⑤

瑞典五斗橱

这件三抽屉的五斗橱有大理石桌面。桌面前角有斜面，脚也是如此，向下逐渐变细。侧板和抽屉是贴面的，中央抽屉镶嵌乐器图案。*约1790年 高84.5厘米（约33英寸），宽120.5厘米（约47英寸），深56厘米（约22英寸）BK* ⑦

意大利五斗橱

这件矩形胡桃木橱柜有三个抽屉，顶部的比下面的两个要窄。抽屉上有花卉镶嵌，柜面中央有椭圆镶嵌。它的手柄是狮子头面具，每个狮子嘴里含有一个圆形拉手。*约1780年 宽117.5厘米（约46英寸）DN* ④

英国抽屉柜

这件桃花心木抽屉柜为蛇形。模制边缘，有四个抽屉，模压底座，托架脚。顶部抽屉在设计上作为梳妆台使用。*约1770年 宽105厘米（约41英寸）L&T* ⑤

德国五斗橱

这件橱柜前襟为圆形，断层式，顶面微凸。它有三个相同尺寸的抽屉，带有洛可可风格的抽屉拉手。小托架脚支撑。*约1770年 宽136厘米（约54英寸）BMN* ③

巴黎五斗橱

这件五斗橱有三个抽屉，上面一个抽屉用镀金装饰带隐藏。两个下部抽屉覆盖着贴面。四个弯腿，带镀金包脚。*约1775年 高84.5厘米（约33英寸），宽124.5厘米（约49英寸）GK* ⑦

瑞典五斗橱

这件断层式五斗橱，三个较大的中央抽屉侧面有三个小抽屉，带有法式风格。这件五斗橱稍重，边角有斜面，有略微逐渐变细的腿部。*高86厘米（约34英寸），宽120厘米（约47英寸），深57厘米（约22英寸）BK* ⑤

巴黎大理石五斗橱

这件矩形五斗橱有三个抽屉，中间部分有门，两侧各有一扇门。边侧有圆形壁柱，与车削和逐渐变细的腿连接。圆形锁眼盖上有拉环。*约1775年 宽128厘米（约50英寸）GK* ⑤

桌子

即使不是齐本德尔《绅士与制柜商指南》中的那种类型，餐桌在桌子的大家族中仍是一个新品种。18世纪上半叶，人们习惯坐在富丽堂皇的餐厅里，在成排的小桌子前进餐。

约1750年，人们开始在长桌或折叠活动腿桌前进餐——折叠桌为两端有D形桌板和活动桌腿的多用途桌，不当餐桌用时，收起D形桌板作矮几用。

多数情况下，这类餐桌构造简单，一般带方形或锥形的腿。到约1780年，桌子开始有基座来支撑。

餐桌早期类型如齐本德尔1770年所做的，会有半圆轮廓和长长的矩形翻板。餐桌翻板抬起时搭在腿部两边，并以马镫夹来加固。

桌腿受新古典主义影响，变得越来越纤细和尖利。

当棋牌和赌博风行于社会各个阶层时，大量游戏桌被制作出来，尤其在英国和北美殖民地地区。18世纪末，这种桌子在欧洲也很流行。

许多游戏桌的台面打开后展现的是毛毡衬面或镶嵌的游戏面板，有一条或两条腿可来回旋转以支撑起打开的部分。当不用时，桌子常常靠墙而立，面对墙的那面则不做装饰。

折面桌有多个功能，如用作餐桌、游戏桌或工作桌，视情况而定。由于有小脚轮，它们可以随需求在空间里任意移动。

和其他不常见的桌子一样，折面桌通常有精细的装饰。这些由椴木或桃花心木做的家具嵌以新古典主义图案，彩绘装饰也融入其间。细工镶嵌在整个18世纪都很流行。

梳妆台的设计和抽屉桌很类似，它们一般安装有精妙装置可使镜子在凹槽内起落。

英式牌桌

这张桃花心木的D形桌子顶部有折面和内室。有缎木饰带的贴面，镶有乌木和黄杨木镶边。*约1785年 高74厘米（约29英寸），宽92厘米（约36英寸），深46厘米（约18英寸） L&T* ③

英式折面桌

这张小的桃花心木餐桌精心镶嵌了各种木材，包括染色槭木——一种经过染色的槭木带有类似卡其色的褐绿色。*约1780年 宽94厘米（约37英寸） DL* ⑤

斯堪的纳维亚桌

取材染色桦木，每张桌子有半月形顶面，下有三角形的外框，锥形腿。D形或半月形造型是为了在不用时桌子可以靠在墙边。但是这些桌子更可能是用作边桌，因为它们太高了。*约1790年 宽87厘米（约34英寸） L&T* ③

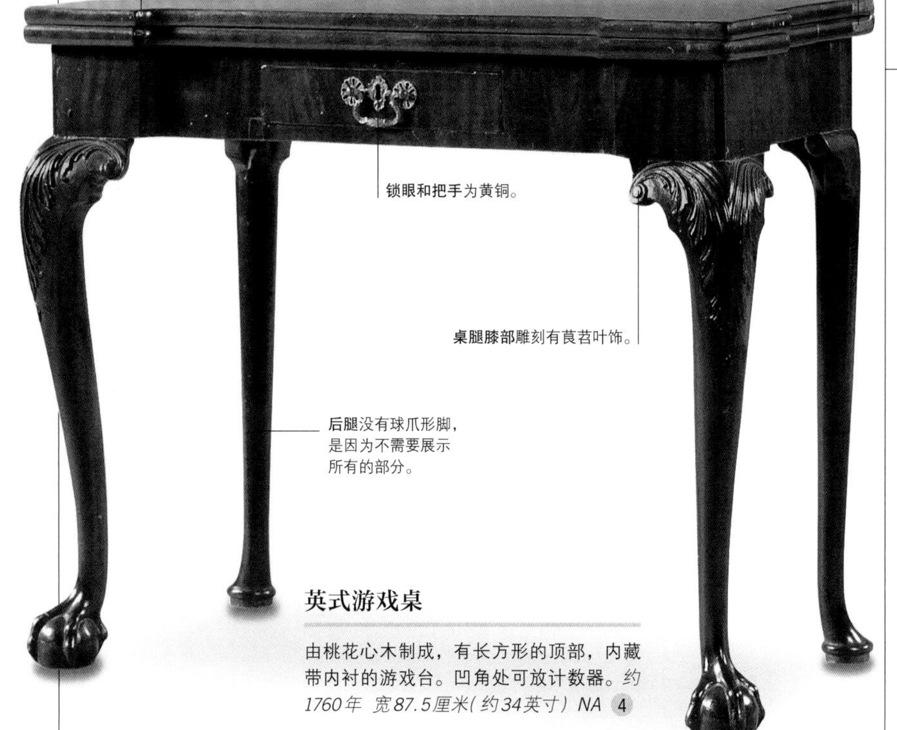

突出的方角也有实用功能，里面的凹处可放计数器。

金属铰链将顶面两个部分连接在一起。

锁眼和把手为黄铜。

桌腿膝部雕刻有莨苕叶饰。

后腿没有球爪形脚，是因为不需要展示所有的部分。

英式游戏桌

由桃花心木制成，有长方形的顶部，内藏带内衬的游戏台。凹角处可放计数器。*约1760年 宽87.5厘米（约34英寸） NA* ④

瑞典矮几

软木带彩绘和镀金，以仿云石做台面和底座。每个螺旋锥形腿顶部有镀金球，下面有雕刻和镀金的莨苕叶饰和镀金支架。*约1790年 高81.5厘米（约32英寸） DL* ④

法国餐桌

由桃花心木制成，长方形桌子有一个中楣抽屉。方锥形腿上有黄铜末端和脚轮，便于随时移动。*约1785年 高71.5厘米（约28英寸） DN* ③

英式矮桌

这张桌子有缎木贴面，这两种进口木材是新来到欧洲的，专用于制作复杂的贴面。中楣和腿表现出古典风格，铲形脚为当时的典型特征。*约1790年 宽102厘米（约40英寸）PAR*

意大利矮几

这个漂亮的桌子有一个长方形的仿云石台面。框架饰以镀金的卷曲和花环。圆锥形腿也有彩绘。凹槽腿上可见镀金装饰。*约1780年 高88厘米（约35英寸），宽110.5厘米（约44英寸），深56厘米（约22英寸）BL* 6

英式鼓桌

它有一个镶嵌的皮革表面，四个中楣抽屉，其中有可调节的写作台和四个假抽屉。桌面坐落于旋转的中心立柱上，四个军刀腿（Sabre leg），铜质狮爪形脚轮。*约1800年 高72厘米（约28英寸），深109.5厘米（约43英寸）RGA* 6

荷兰休闲桌

半月形顶面装饰有瓮形，四周有板条。滑门可向两侧滑开。三角形截面锥形腿饰以黄杨木和乌木镶边。*约1790年 高75厘米（约30英寸），宽75厘米（约30英寸），深38厘米（约15英寸）C&T* 2

法式折面餐桌

这张古巴桃花心木桌子有圆角长方形的顶部，两个D形活动桌板。平直的饰带和六个方锥形腿，带黄铜帽和脚轮。腿部向外移动可支撑打开的桌面。带有“Jean-Antoine Brunes”的签名。*约1795年 高74厘米（约29英寸），宽255厘米（约100英寸），深124厘米（约49英寸）GK* 5

瑞典牌桌

半月形桌子有饰带和方腿。它与英式牌桌非常类似，除了有两条腿看似笨拙地挤在一起，但其中一条腿回转后可支撑打开的桌面。*约1780年 高77.5厘米（约31英寸），宽88.5厘米（约35英寸）BK* 3

英式椭圆桌

原为一对，有拼花镶嵌和细工镶嵌。椭圆形顶部中央镶嵌发散的鲜花和饰带，中楣有花朵镶嵌。弯腿。*约1785年 高65.5厘米（约26英寸），宽59厘米（约23英寸），深44厘米（约17英寸）DN* 5

英式矮几

桌面镶嵌缎木、黄檀木、乌木和黄杨。镶嵌为扇形呼应其整体形状。镶嵌圆盘饰插入方形的顶部，细腿，铲形脚。*约1790年 宽133厘米（约52英寸）DN* 5

瑞士游戏桌

这张胡桃木和樱桃木棕色桌子有沉重的、带铰链的折叠圆角桌面，镀金的皮革内衬。带雕刻的裙边及弯腿。后腿向后转动可以支撑打开的桌面。*约1780年 高71厘米（约28英寸），宽85厘米（约33英寸），深48厘米（约19英寸）GK* 2

休闲桌

18世纪下半叶，休闲桌风格更加多样化。它们既小又轻，可以在接待室里随意移动。许多桌子有精细雕刻，但逐渐变得更实用。

民间对游戏和赌博的热情高涨，刺激了牌桌的生产。到世纪末时，法国牌桌已能适应各种游戏：轮盘赌和棋盘游戏。

各种写字台的创新可谓是百花齐放。写字台是供书写用的更大的便携式桌子，有些配有烛台，可以从其边上拉出来使用。

当时社会上流行喝茶和咖啡，这一新潮生活方式促使两到三个桌子并用的情况出现：一个边缘有边廊，用于放瓷器；一个圆桌供人围坐着交谈；还有一个水壶架。在宏伟的室内空间里，水壶架顶部有与之适配的银质托盘，盘顶上可放置银质的咖啡壶或茶锅。缝纫台最早出现于18世纪下半叶。它们的台面抬起后可见小抽屉，用来放绕线轮和其他缝纫配件。有些缝纫台下面挂着织物袋，用来存放刺绣品。法式缝纫台则没有这些配备。有些缝纫台也带有皮革表面的写字台。

法国沙龙桌意为“客厅桌”，有多项用途。它的台面有镀金边廊并带三个抽屉，下有搁架。上面的精致雕刻显示其优雅足以与正式的接待室相配。

许多便携式桌子有防护屏，用最上等的织物制成，有的也会使用刺绣工艺。它可以保护坐在壁炉前的人的脸和腿，对女士而言，最重要的是它能保护其蜡基化妆品不被火烤化。

法式客厅桌

缎木和冬青木做的桌子上有镀金的镂空边廊。嵌入的三个抽屉和架子有华丽的镶嵌。逐渐变细的腿末端有镀金的包脚。*约1780年 高72.5厘米（约29英寸），宽41厘米（约16英寸），深35.5厘米（约14英寸）* PAR 5

意大利火炉屏桌

这一橄榄木桌表面有整体贴面。有蛇形围板和细长弯腿。桌子后面的丝衬防火屏可上下移动。*约1780年 高68.5厘米（约27英寸）* DL 4

英式写字台

单个抽屉的桃花心木桌有皮革顶面。后面有丝绸软包和可调的防火屏。它有锥形腿与黄铜脚轮。*约1790年 宽43厘米（约17英寸）* FRE 2

法式工作台

斜对角式贴面，弧形顶面和弯腿。架子中间有一个抽屉，背面有防火屏。*约1760年 高72厘米（约28英寸），宽38厘米（约15英寸），深28厘米（约11英寸）* GK 4

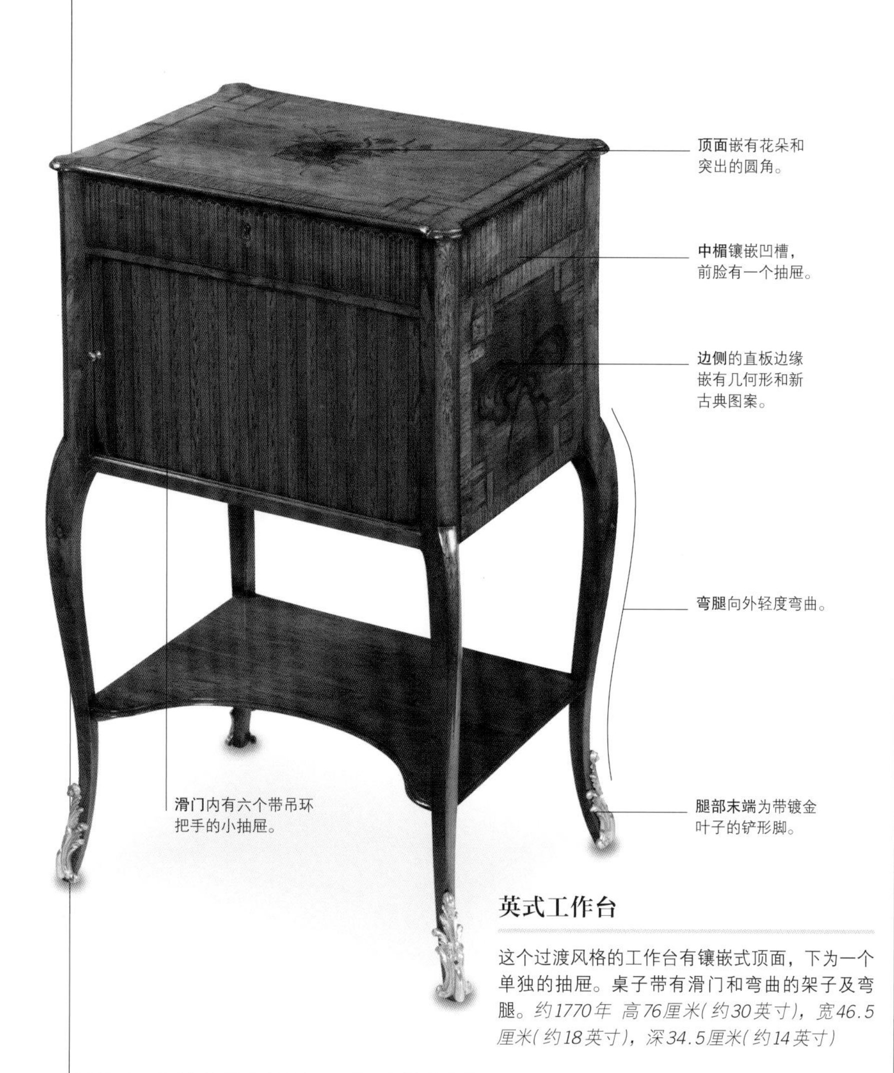

英式工作台

这个过渡风格的工作台有镶嵌式顶面，下为一个单独的抽屉。桌子带有滑门和弯曲的架子及弯腿。*约1770年 高76厘米（约30英寸），宽46.5厘米（约18英寸），深34.5厘米（约14英寸）*

英式水壶架

这一桃花心木小支架，圆形顶部，带黄铜内衬的立柱边廊。三脚架上有凹槽立柱，球爪形脚。*约1760年 高58.5厘米（约23英寸），深33厘米（约13英寸）* LT 7

法式缝纫台

这张桌子是大理石桌面，周边环绕三面式边廊。拼花贴面内包含两个抽屉。一体式外框，低矮搁架，弯腿，镀金脚。*约1765年 高71厘米（约28英寸）* S&K 2

女士书写台

作为一种小的、专为女士们书写用的桌子，最早出现在法国 18 世纪 60 年代。

女士书写台（“Bonheur-du-jour”，法语意为“快乐的一天”）是一种小而轻的、优雅的书桌或梳妆台。它的名字就预示了“这样的作品将会极受欢迎”。与其他写作台不同的是它有一个凸起的背面，像一个有支架和抽屉组成的小型橱柜，或是为贮藏文件、写作配件之用，或是装有化妆品和镜子。桌子的顶部通常环绕有黄铜或镀金的边廊，多是为展示小件饰品。在它下面是抽屉，或者有一个小橱柜。这类家具有时有滑门——这是另一项为当时制作者所掌握的技巧。这类桌子总是有优雅而修长的腿，偶尔在其下半处附带有一个架子。

许多著名的法国橱柜生产商如马丁・卡林（Martin Carlin）曾设计了十一款这类家具。出自卡林之手最精致的例子就装有塞弗尔瓷块饰板和有精致花朵图案的彩绘，或装饰了华丽的精细镶嵌，或是有东方的涂漆镶板和镀金嵌件。女士书写台既重视其外在的美感，同时也考虑实用性——怎样在一个小空间里安置隐藏的抽屉隔间，这一切反映出制作者的技能和智慧。这类型原产于法国，但很快遍布欧洲各地，部分原因是当时妇女在社会中的重要性日益增加。出现在英国豪宅中大约是在 1770 年之后。

英式工作桌

这款缎木桌有乌木镶边，嵌入式皮革桌面和两个蜡烛边框。桌底下带有一个羊毛袋抽屉，方形锥形腿。*约1785年 高79厘米（约31英寸）GORL* ②

法式客厅桌

这款梧桐木、黄檀木花卉镶嵌桌的顶部饰有法国塞夫尔风格的饰板。它有一个穿孔黄铜边廊，三个抽屉和一个底部置物架。*约1780年 高73.5厘米（约29英寸），宽41厘米（约16英寸）GK* ⑥

路易十五樱桃木女士书写台
上半部有两个门，下半部有单个长抽屉。弯腿。*高99厘米（约39英寸），宽80厘米（约31英寸），深54厘米（约21英寸）PIL* ③

路易十六桃花心木女士书写台
大理石台面，黄铜边廊，上半部有镀金和落面。*高129厘米（约51英寸），宽79厘米（约31英寸），深23厘米（约9英寸）PIL*

德国游戏桌

这款地方性的胡桃木、樱桃木和原生水果木桌，由锥形腿支撑。表面镶嵌着国际象棋棋盘，打开内部是西洋双陆棋盘。*约1780年 高75厘米（约30英寸）GK* ③

德国梳妆台

这款来自德国南部的实心樱桃木桌子在两个小抽屉上方有一个宽大的悬垂桌面。桌面立在较长的、逐渐变细的腿上。*18世纪末期 高76厘米（约30英寸），宽68厘米（约27英寸），深44厘米（约17英寸）BMN* ①

法式写字台

桌面采用镀金-青铜边饰，镶嵌花头和缎带边框。抽屉配有滑动书写面、墨水池、弹跳洞和笔槽。*约1780年 高72厘米（约28英寸），宽61.5厘米（约24英寸）PAR* ⑦

法式写字台

桌面镶有菱形花纹，中央有花卉旋涡花饰。中楣有带几何镶嵌的抽屉。每侧都有一个可拉出式书写活面。*约1780年 高69.5厘米（约27英寸），宽62厘米（约24英寸），深39.5厘米（约16英寸）PAR* ⑦

椅子

椅子的种类在18世纪中期到世纪末期可谓风生水起，迅速增加，与之紧密相伴的仍是非常流行的法式风格。虽然洛可可风格依然残存着影响，然而椅子在整体上开始倾向于新古典主义，外形渐趋方正，弯腿的风光不再，继而流行的是对螺旋形、锥形腿的偏好，上面常有凹槽或凹线装饰。椅背趋向椭圆形和长方形。

每种椅子各有不同：围手椅风格基本不变，但其外框常作打蜡处理，而非18世纪上半叶常见的彩绘或镀金。早年间颇为流行的写字椅和边椅则有了一体式的靠背。而说到椅背的外形，盾形椅背到世纪末变得常见，带镂空的装饰有新古典式主题图案的椅背条也变得流行。写字椅的导轨常为圆形，导轨中央常多出一条腿，整体看起来好像有五条腿似的。

边椅和廊椅一样，既小巧精致又富于装饰性，但脆弱无力的外形看起来并不像是实用品。

起初，椅子是单独定制的产品，但随着时间的推移，越来越多的家具是整套被订购。整体定制的情况也各有不同，有的是一小组相互匹配的椅子，有的则是一大批成套的家具，诸如扶手椅、边椅、围手椅、窗座、脚凳和沙发等等。

廊椅和边椅上的装饰常采用雕花的形式，而专为豪宅大院设计的更为昂贵的扶手椅和与之配套的边椅常有精细的彩绘，并以镀金来强调效果。

路易十五围手椅

这把椅子典型展现了新古典主义对洛可可风格的改造与利用。榉木外框保留原来的雕花、蛇形顶轨和弯腿，而且皆经过打蜡处理。整体以蓝色丝绸为包覆物。*约1765年 高92厘米（约36英寸）GK* ④

路易十六写字椅

这件筒形法式椅子外形为曲面，座位横档有轻微雕花，座位、靠背和两侧内衬外蒙有皮革。扶手与腿部为新古典式的螺旋形和锥形。*约1780年 高82厘米（约32英寸）CdK* ③

安妮女王边椅

胡桃木，顶冠中间突起为轭形，有一体式扶手，花瓶状实木椅背条。三条腿为螺旋形，仅前腿是弯腿。拖鞋形脚。*约1770–1800年 高76厘米（约30英寸），宽71厘米（约28英寸）BDL*

南非边椅

由本地臭木制作。镂空椅背条为齐本德尔式图案。长方形凹槽腿由撑架连接。*约1780–1800年 高83厘米（约33英寸）PRA*

纽约边椅

桃花心木椅子顶冠中间为轭形突起，雕花关节形把手，花瓶形镂空椅背条。座位下的三条弯腿带鞋形脚，一条螺旋后腿。*约1750年 NA* ③

乔治三世廊椅

桃花心木，靠背带卷曲花饰。C形与S形外框内雕有纹章及爱尔兰竖琴和王冠图案。锥形腿部带镶嵌板。*约1770年 L&T* ②

乔治三世廊椅

原为四件套中的一把，桃花心木椅靠背为新古典式典型的椭圆形。实木座位。支撑外框的锥形后腿由撑架连接。*约1780年 L&T* ④

中式边椅

黄檀木，中间腿部的膝处有贝壳形雕花，球爪形脚。腿部由渐细的螺旋形撑架固定。约1780年 高86厘米（约34英寸） MJM

乔治三世边椅

本土橡木制成，原为一对。座位为三块厚橡木板构成。连接于座位和半圆形靠背导轨之间的是螺旋形纺锤体，这项技术为温莎椅所常见。约1800年 高81.5厘米（约32英寸） DL 2

廊椅

"廊椅"顾名思义是指放在边廊的墙边而非接待室中的椅子。

廊椅（Hall Chair）小巧、庄重，其装饰性远超实用性，命名者是家具设计师罗伯特·曼沃林（Robert Manwaring）。第一次出现这一名称是在他于1865年出版的《椅子工匠好帮手》（*The Chair-Maker's Real Friend*）一书中。托马斯·谢拉顿在其《家具辞典》中曾指出："那些放在走廊中的椅子是给来谈事情的人坐的。"这类木椅通常比边椅要小，座位带转角，顶冠与扶手处常有代表家族标记的雕花，椅背上或有彩绘。有些椅子靠背毫无装饰，可能也是为了刻上家族的徽章。

廊椅在齐本德尔的《绅士与制柜商指南》中首次亮相，书中展示了六把"放在走廊、过道和度假别墅"里的椅子设计图。齐本德尔的竞争对手如约翰·梅休和威廉·因斯在其连续出版的图案集《家用家具通用体系》（1759–1762）中也展示了六张哥特式廊椅的设计图。如果雕花要花费更多的钱，那么使用彩绘的手法也是可以接受的，因为"其效果也十分出色"。

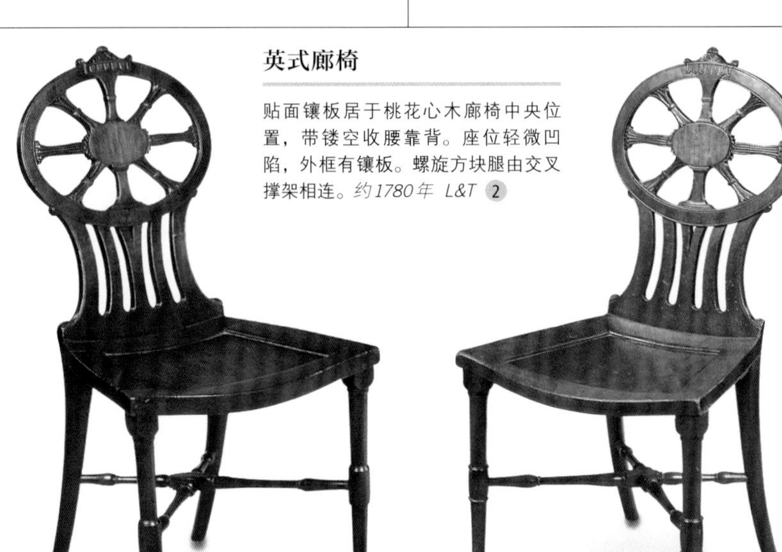

英式廊椅

贴面镶板居于桃花心木廊椅中央位置，带镂空收腰靠背。座位轻微凹陷，外框有镶板。螺旋方块腿由交叉撑架相连。约1780年 L&T 2

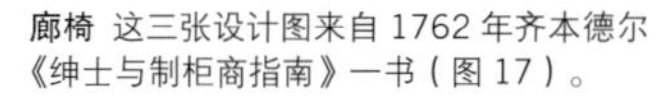

廊椅 这三张设计图来自1762年齐本德尔《绅士与制柜商指南》一书（图17）。

英式廊椅

桃花心木，气球形靠背嵌入底座。实木座位的中央较低处为圆形。锥形腿末端为方块形脚。约1790年 高96.5厘米（约38英寸） DL 4

中式廊椅

原产品出口到西方。实木椅背条有镶嵌装饰。碟形模压座位有程式化的边缘。凹面长方形腿由撑架连接。约1760年 高95厘米（约37英寸） HL 5

英式廊椅

原为一对，桃花心木。模仿文艺复兴时期的矮木椅。有高腰的别致靠背和特别的座位。前脸支架和座位有凹面镶板，原本可能是安放顶冠用的。约1780年 高99厘米（约39英寸） DL 3

英式廊椅

原为四把一套。镂空车轮椅背中央带凸出的圆形饰板。碟形的宽大座位下为锥形腿，前腿带铲形脚。约1770年 GorL 4

齐本德尔椅子

齐本德尔在《绅士与制柜商指南》一书中向世人展示了从18世纪中期到末期他所做的各种椅子设计的范本，例如洛可可、中式、哥特式和新古典式。齐本德尔已成为18世纪家具尤其是椅子的代名词，但他的设计也借鉴英国和法国出版的家具图集。他最原始的作品体现在新古典主义时期，从1760年开始。其灵感来自于建筑师罗伯特·亚当的室内设计。

在他设计的多元化影响之外，许多齐本德尔椅子有共同的基本形式，其最为明显的就是雕刻。多数镂空椅背和交织状椅背靠板带有卷曲的雕刻，其外形和雕刻正是这种卓越影响力的最好代言：如洛可可椭圆形轮廓和莨苕叶饰、哥特拱门、中国风饰纹、交织缎带或新古典主义的七弦琴主题（*Lyre motif*）以及扇形。在齐本德尔式的设计中，雕刻堪称深入而细致，其中桃花心木最为常见，而次等家具仍用胡桃木或果木制作。

椅子顶轨一般为蛇形，有时末端雕有耳朵，其外侧雕成阶梯状。大多数家具是方形或梯形座位，与齐本德尔偏爱软包不同的是，很多廉价或殖民地的版本则是嵌套座面。

桃花心木与精致雕花的椅背条非常匹配。

嵌入式座位覆以淡黄色花卉丝绸表面。

前弯腿末端为雕刻优雅的卷曲脚部。

后腿通常有简单的斜角，因为这些椅子常靠在墙边。

乔治三世餐椅

桃花心木椅子，整套为十一件。顶冠蛇形，下面的镂空椅背条顶部有交错C形卷曲雕花。弯腿两侧以C形雕刻着树叶，腿部向卷曲的脚部变细。*约1775年*

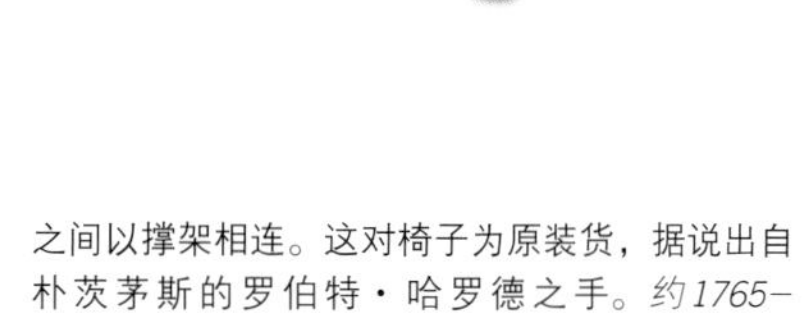

新罕布什尔餐椅

每件桃花心木餐椅有蛇形顶轨，相互交织状的椅背靠板有倒转的心形透雕。梯形座位有包衬，前脸为蛇形。带斜削模压腿支撑整件家具。四条腿之间以撑架相连。这对椅子为原装货，据说出自朴茨茅斯的罗伯特·哈罗德之手。*约1765–1775年* 5

英国餐椅

每把桃花心木椅子的蛇形顶轨雕有卷曲和叶形装饰。镂空的瓮瓶状椅背靠板雕有莨苕叶和枝蔓、叶子。卷曲的扶手末端有向下翻卷的撑架，直立的前腿以撑架连接，后腿弯曲。马鞍形座位（*Saddle seat*）有红色包覆，两排铜钉固定。*约1770年　椅子：高95厘米（约37英寸），宽62厘米（约24英寸），深59.9厘米（约24英寸）　扶手椅：高95厘米（约37英寸），宽 65厘米（约26英寸），深65厘米（约26英寸）PAR*

英国餐椅

这对桃花心木椅子有蛇形顶轨，雕有莨苕叶。镂空的瓮瓶椅背靠板雕有莨苕叶和洛可可卷曲。弯曲的扶手有向下翻卷的撑架。椅子的座位为嵌入式，座位档板有卵锚形底托。方形前腿有斜削和叶形托架，后腿翻卷。*约1760年　高98厘米（约39英寸），宽57厘米（约22英寸），深48厘米（约19英寸）PAR*

印度殖民地边椅

这件亚洲硬木椅有蛇形顶轨，下为镂空的瓮瓶椅背靠板。一体化的座椅导轨有嵌入式的衬垫座位。弯腿的膝处雕有莨苕叶饰。*约1770年 高100厘米(约39英寸)，宽71厘米(约28英寸) MJM*

美国餐椅

橡木椅产自德拉瓦谷(Delaware Valley)，原为一对。每把椅子的蛇形顶轨中央雕有贝壳形的瓮瓶椅背靠板。嵌入式座位。*约1770年 P&P*

美国雕花边椅

这把橡木椅有蛇形顶轨，镂空的瓮瓶椅背靠板中央雕有贝壳饰件。嵌入式座位有衬垫，弯腿，兽爪球脚。*18世纪末 SI* 4

英国餐椅

这把桃花心木椅有拱形的模压顶轨，镂空的椅背靠板上半部的中央、整个椅背和望板中央都雕刻有贝壳形装饰。*约1770年 高88.5厘米(约35英寸)，宽57厘米(约22英寸) PAR*

齐本德尔的椅子图集

1762年，在《绅士与制柜商指南》第二版里有25页座式家具的内容，有超过60款椅子和椅背的设计。

齐本德尔在图集的文字部分写道："图集有各种各样的椅子设计，前脚大多各不相同，提供更多的选择。"在其他地方则更具体，如他指出椅子在装饰材料上应与窗帘保持一致，而椅背的高度不能超过座椅上方55厘米(约22英寸)——有时大于这个尺寸的椅子可能不太适合放在房间里。

齐本德尔认为"座位最好是塞进横档里，并有黄铜钉整齐地钉边——用一两排黄铜钉来铆定。"《绅士与制柜商指南》收录大量齐本德尔的设计，但并未囊括全部，还有一些设计并未出现在书中，如梯形靠背的设计。

《绅士与制柜商指南》里最有代表性的齐本德尔样式要属椅子的靠背。他的设计被世界各地的工匠们追随，随他的指导创造出各种产品，这同时也拓展了齐本德尔式椅子的内涵。

美国扶手椅

这把椅子为混合木材制成，产自费城。它有蛇形顶轨，有瓮瓶椅背靠板，火焰形扶手。座椅导轨为平直状，嵌套座面，弯腿，脚部为衬垫式。*18世纪中期至末期 FRE* 4

乔治三世扶手椅

这把儿童桃花心木椅有蛇形顶轨和阶梯状椅背靠板。卷曲的扶手上半部有凹槽。填充后的座位下为锥形方腿。*约1790年 FRE* 2

《绅士与制柜商指南》(1762年) 原版图包括三种椅子设计图，此处列出两种。

乔治三世长椅

这件乔治三世的桃花心木长椅有C形和S形的顶轨，下为两个镂空瓮瓶状椅背靠板，其末端各有一个向外翻卷的扶手。带填充的座位下面是斜削的方腿，互相以撑架连接。*宽147厘米(约58英寸) L&T* 3

扶手椅

脱胎自法国安乐椅形状的扶手椅在18世纪下半叶仍然流行。椅子的形状慢慢地采用了新古典主义风格，而直到18世纪80年代，那类带有起伏曲线和弯腿的样式如洛可可式的椅子还在生产着。

然而，随着人们对“古董”或新古典主义设计热情的增长，椅子外形也逐步变化。这些变化体现在椅子靠背的形状上：最初，它们变得更显椭圆形，然后成了矩形，两侧常有联排柱子。

座位外形也有所变化：从矩形渐趋圆形，到世纪末，就变成了正方形，以便和矩形的椅背匹配。

椅子腿逐渐伸直为锥形。常有凹槽、螺旋，后来变成古典建筑的立柱式——这是当时追慕古希腊-罗马风气的产物。

更为复杂的装饰是在腿部顶端雕刻圆花饰，或是在弓形座椅导轨上做成纽索饰或链形图案。

许多椅子仍然有彩绘和镀金装饰，但在荷兰更流行抛光的桃花心木，木材通过其远东殖民地和外贸联系来获得。

用作椅子扶手的填料有很多种，包括奥布森壁毯（**Aubusson tapestry**）、丝绸和刺绣。丝绸饰面往往要倾向于匹配房间内覆盖的墙面，因为椅子是有意摆放的。马鬃被普遍用作软包座椅的填充材料。

英国扶手椅

这把扶手椅有一个扇形的靠背，其上部比下部宽。这个座位要比大多数法国同类家具更宽、更低。弯腿与座椅导轨相连。座位的外框有彩绘和镀金，椅子用丝绸装饰，包覆的材料是后来加上去的。*约1780年*

巴黎扶手椅

这把山毛榉制作的雕花椅子有椭圆形靠背，扶手外展，座位宽敞。靠背和座位用丝绸做包覆材料。椅背和导轨雕有新古典式的纽索图案，并与腿部顶端的玫瑰花朵相连。螺旋尖腿雕有截面凹槽，这表现了新古典主义式建筑上立柱的特色。*约1773年 BK* 5

固定用的钉子是由黄铜或镀金的金属制成。

带花边纳纱绣的软垫是原来家具上面的，没有修复过。

椅子扶手处有软包。

座椅导轨背面印有制作者的名字：N.Blanchard。

外框有花头和叶形的雕花。

腿部的线条与座椅导轨保持一致。

法国扶手椅

这款法国女王扶手椅经过雕刻和镀金处理，背部与座位以雕刻立挺分开。有伸展的扶手和弯腿。椅子比例宽大，刺绣图案精美。制造商的印章出现在座椅导轨的后部。*约1755年 高95厘米（约37英寸），宽71厘米（约28英寸），深59厘米（约23英寸） PAR*

古斯塔夫扶手椅

这把扶手椅是古斯塔夫风格的。椭圆形靠背和宽大的座位都装有软垫，装饰图案是蓝白经典图样。椅子外框为白色油漆所彩绘——带有典型的古斯塔夫特征。顶部导轨、扶手和腿部都刻有新古典主义主题的装饰。腿部有部分凹槽，这也被看作是新古典主义的特色。*BK* 3

瑞典扶手椅

扶手椅有古斯塔夫风格的彩绘和镀金，靠背为正方形，装有软垫，扶手外展。座位外框为圆形。椅子雕有新古典主义的纽索图案，尖细的柱形腿部顶端有玫瑰花装饰。镀金则增强了装饰感，堪称画龙点睛。这把扶手椅原为一对。*约1780年 BK* 4

德国南部扶手椅

这把扶手椅的外框可能是橡木制作的，既没有彩绘也没有镀金。座位和靠背用丝绸做包衬。圆形靠背和宽大的座位比较来看显得较小。扶手在末端外展，在导轨处相连接并且变宽。带凹槽的腿部末端为按钮形脚。*约1780年 高92厘米（约36英寸）BMN* ②

英国扶手椅

这把安乐椅带有典型的巴黎式特征，例如靠背和座位都比较宽大。椅背导轨中央有简朴的花朵雕花，这也是法国家具的特色。但是，扶手末端则是英式的，表现为其扶手撑架带有凹槽。尖细的单凹槽立柱形腿部比大多数法式家具更加纤细。*约1780年 BOUL* ④

意大利扶手椅

这把扶手椅的盾形靠背上带有几种新古典主义的装饰元素，在扶手处有莨苕叶装饰，椅子前部导轨有伸展的月桂叶饰。这是一种源自古希腊的装饰元素。座位是藤条编织的，其外框被粉刷为绿色并有镀金，有着扁平的撑架。*约1790年 高94厘米（约37英寸），宽61厘米（约24英寸），深61厘米（约24英寸）BRU* ②

德国南部边椅

虽然这是一把胡桃木藤椅，但它的靠背和座位框架非常类似于法国安乐椅的形状。靠背框架和座椅导轨的中心都有简单的雕刻花饰。其弯腿比大多数法国的家具都要高，末端为风格化的兽爪脚。椅子原为一对。*约1780年 高92厘米（约37英寸）BMN* ②

方背扶手椅

这把有方形靠背的椅子要比大多数同类别法式家具要大。方形的扶手从靠背的上半部向下弯曲，并一直倾斜到腿部。几个腿部带有轻微的螺旋形，有明显的凹槽。带红白色条纹的丝绸包衬在白色彩绘的映衬之下显得更加鲜亮。椅子原为一对。*约1790年 BK* ④

德国边椅

这把椅子由山毛榉制成，是对椅的一把，它有一个方形靠背，中间穿孔，让人想起齐本德尔的哥特式设计。然而，带凹槽的腿部显示出更多法国家具带来的影响。它的包衬材料被固定在座位的顶部，外框明显外露。显出轻微的风格化的简单锥形腿支撑着框架。*约1785年 高92.5厘米（约37英寸）BMN* ②

法国椅子

这是一把安乐椅的典范，为整个欧洲所模仿。托马斯·齐本德尔制作过不同的变种。

巴黎家具特别为英国垂涎，但只有安乐椅为全欧所模仿。

在齐本德尔的《绅士与制柜商指南》中，他发表十种“法国椅子”的设计，其中两种带有“肘部”（扶手）。插图中说“脚和肘是不同的”，这给了椅子制造商更大范围的选择。齐本德尔指出：“有一些脚部在后面打开，这让它们很轻。座位前面约有69厘米宽，后面连接椅背处约为56厘米宽，椅背最宽处是58厘米，椅背高度是64厘米，座位高度包括脚轮为35.5厘米。”

齐本德尔也留意到座位软包的重要：“无论是靠背还是座位必须覆盖织毯，或是其他种类的刺绣织物，靠背和座椅应有软包并用黄铜钉固定。”

虽然《绅士与制柜商指南》有助于安乐椅的普及，但看这一时期的各种椅子则很明显地表明许多齐本德尔式的椅子并未完全按原来设计范本来制作。

设计图出自齐本德尔《绅士与制柜商指南》，1762年。书中向世人展示了从18世纪中期到末期他所做的各种椅子设计的范本。

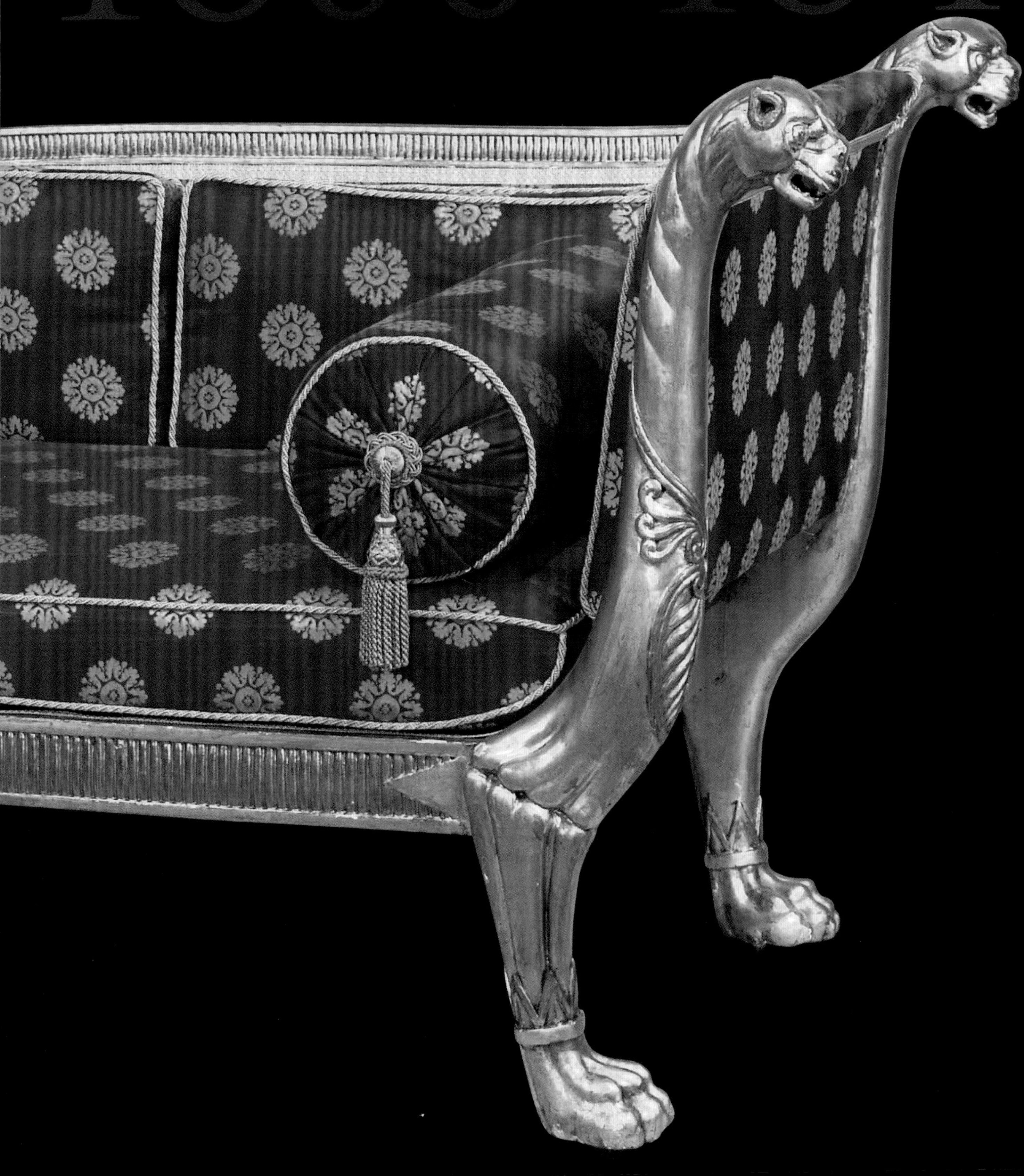

叛乱与帝国

身处 19 世纪的人们经历各种剧变，见证了武装起义与空前的社会变革，并开启一种新的世界秩序。

1789年7月14日，法国的农民攻陷了巴黎巴士底狱，这一事件成为法国大革命开始的标志。这次全国性的起义产生了重大的国际影响，不仅在政治层面上，更重要的是在社会层面。接下来的十年，旧政权及其君主专制被一种新的世界秩序所替代。

1793年1月，路易十六被处决。紧接着的恐怖统治导致大约四万人丧生。自1794年起，法国处于由议会任命的五人督政府的统治之下，但在1797年，一位年轻的将军拿破仑・波拿巴帮助督政府上演了一场政变。

摄政时期皇家剧场，布莱顿 这座有着穹顶和尖塔的精致印度式宫殿是由约翰・纳什（John Nash）为摄政王而造。该建筑耗时 30 余年才得以建成，它的内部装饰将东方的异域风情与英伦风格糅合在一起。

战争中的欧洲

尽管法国的大革命在欧洲其他国家中引发了强烈的不安，但1792年向欧洲各国宣战的法国名义上仍受路易十六的统治。这场战争一直持续到1815年，许多欧洲国家的经济因此衰退。在征服他国的进程中，法国试图以自己为蓝本在这些国家中建立共和制，由此改变了欧洲大陆的社会秩序。到1799年为止，荷兰、米兰、热那亚、罗马、那不勒斯以及希腊都变成了共和国。

与此同时，英国坚守保皇派立场。威尔士亲王慷慨出资，买下了法国大革命的战利品并建造了富有异国情调的宫殿。然而，法国人通过支持爱尔兰的共和党人以及试图堵塞经由埃及通往印度的路线间接打击了英国的当权派。后一举动为装饰艺术带来了意想不到的惊人后果，因为它引发了对埃及式设计的狂热。

波拿巴于1800年成为法兰西第一共和国执政官，后于1804年称帝。同一年，他将民法引入法国的法律体系，凭借建立法兰西银行刺激了法国的经济。这样的繁荣景象使他将大革命前的法国式的奢华与罗马帝国、古埃及的宏伟一起融合进装饰艺术之中。由此产生的帝国式（或帝政）风格在这一时期的装饰艺术上具有最广泛的影响力。

塞弗尔茶具 这套瓷器和镀金茶具是拿破仑一世送给他的妻子约瑟芬的礼物。这套茶具饰有古典图案，同时也是帝政风格的缩影。*1808 年*

变革与恢复

法兰西帝国在1810年前后达到了顶峰，但它处于紧张状态之中。1808年法国对西班牙的入侵因为遭到英国支持的西班牙人民的抵抗而有所削弱。1812年，拿破仑的俄国战役遭到惨重失败，接着第二年德国也发生了反抗法国的起义。1814年拿破仑退位，帝制在路易十八名义下复辟。拿破仑发起了最后一次战争，但是被威灵顿公爵（Duke of Wellington）击败于滑铁卢，随后被流放。然而，欧洲已经永远地被改变了。

与此同时，英国又一次处于与美国的交战之中，这场战争最终以英国烧掉白宫结束。18世纪末，美国人都对他们新兴的国家颇为自豪，包括秃鹰以及美国名人图像在内的爱国主义标志俯仰可见。

19世纪以后的政治被国家主义和自由主义所支配。同时，工业与艺术也开始了迅猛的工业化和现代化进程。现代世界诞生了。

时间轴 1790—1840年

1791 年 木匠与家具商行会被禁止。

1793 年 法国国王路易十六在断头台被斩首；恐怖统治开始。

1797 年 拿破仑在埃及的金字塔大战中取得胜利。法国人占领罗马。

宾夕法尼亚联邦胡桃木竖面灯桌 这件家具有一个圆形桌面，上面镶嵌着一只抓着橄榄枝和箭的鹰图案。

1799 年 拿破仑被任命为法兰西第一共和国执政官，执政府时期开始。乔治・华盛顿去世。

1800 年 华盛顿特区被宣布为美国首都；一项雄心勃勃的建设计划开始进行，它以凡尔赛宫的宫殿和花园为蓝本。

韦奇伍德（Wedgwood，英国陶器商标名称）碧玉细炻器花瓶和瓶盖 这个模制的瓶盖参照的是法老头部的形状，瓶身饰有埃及图案。

1801 年 在保罗一世被处决后，亚历山大一世成为俄国沙皇。建筑师查尔斯・帕西（Charles Percier）和皮埃尔・方丹（Pierre Fontaine）发表《室内装饰汇编》，其中“室内装饰”这一短语首次出现。这些图画为帝政风格设立标准，这一风格蔓延到整个欧洲。

1803 年 法国与英国重新开战。法国将路易斯安那州（louisiana）卖给美国从而为战争提供资金。

1804 年 拿破仑为自己加冕，成为法国的皇帝。托马斯・谢拉顿发表《家具制作、装饰、艺术家百科全书》（*The Cabinet-Maker, Upholsterer, and General Artist's Encyclopaedia*）第一卷。

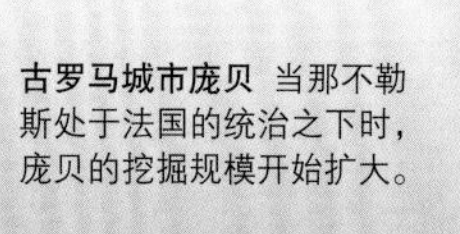

古罗马城市庞贝 当那不勒斯处于法国的统治之下时，庞贝的挖掘规模开始扩大。

巴甫洛夫斯克宫的画廊，俄国 这座临近圣彼得堡的沙皇夏宫在1803年的一场大火后被重新装饰，采用了可能是那个时代最好的青铜艺术家——弗里德里希·伯根菲尔德（Friedrich Bergenfeldt）的设计。*19世纪早期*

木制涂金的安乐椅 这把椅子雕刻有程式化的花卉与涡形饰，其扶手臂是狮身人面像的形状。椅腿笔直。*约1810年 高98厘米（约38英寸），宽78厘米（约30英寸） PAR*

普拉特瓷椭圆形徽章 这个浮雕以一位古典少女的头部为模型，饰以蓝色、褐色、绿色、黄色和赭色。

1806年 拿破仑击败了统治时间几乎长达900年的神圣罗马帝国。英国第二次占领好望角。

1808年 约瑟夫·波拿巴（Joseph Bonaparte）篡夺西班牙王位。乔治·史密斯（George Smith）发表《家用家具和室内装饰设计合集》（*A Collection of Designs for Household Furniture and Interior Decoration*）。

1811年 乔治三世精神失常，威尔士亲王成为摄政王。摄政时期开始。

1812年 美国向英国宣战。拿破仑的俄国战役以惨痛的失败告终。

1814年 拿破仑退位。斐迪南七世重新登上西班牙王位。家具的斐迪南时期从西班牙家具开始。

1815年 拿破仑在滑铁卢战败后被流放到圣赫勒拿岛。

克里欧佩特拉方尖碑（Cleopatra's Needle） 为公元前1460年的托特梅斯三世而造，这座方尖碑于1878年被运到伦敦以庆祝英国战胜拿破仑。

1829年 希腊从奥斯曼土耳其人那里赢得了独立。

1834年 维多利亚在英国加冕。

法式烛台 烛台采用了柱子的形式，科林斯式的柱头支撑在一个三角底座上。

帝国式家具

从法国大革命时期到大约19世纪30年代，在欧洲、美国、南非等国大量生产的家具都对法国帝国式风格作了忠实的模仿。英国摄政风格（Regency style，见第206页）和德国的比德迈风格（Biedermeier style，见第216页），虽承袭了拿破仑时代的方式，但皆有各自的特征，并在各自的领域都有相当大的影响。颇具讽刺意味的是，在拿破仑统治时代，这些对拿破仑如此敌视的国家，包括英国、德国和俄罗斯，不约而同都采用了来自巴黎的时尚风格。

市场新贵

这一时期家具市场的微妙变化也值得注意：消费者从法国大革命前的贵族转为资产阶级。有人认为，中产阶级的崛起预示着家具质量的下降，但帝国式家具与之前时代的质量不相上下。工业革命也影响了家具工作坊，整个19世纪日益实现了机械化。这个过程是在法国大革命早期，在行会制度解散的助力之下完成的，它让家具生产商和铸铜匠从执行严格的行规中得到了极大的解放。

帝国风格与皇帝拿破仑·波拿巴的品位喜好紧密联系在一起，部分原因是通过拿破仑家族成员在欧洲各国当政从而使其得以散播。在他的统治下，法国征服了西班牙、意大利和荷兰等国家。然而，被新帝国风格所影响的并非只有这些国家，甚至俄罗斯这个拿破仑名义上未能征服的国家，也热情地接受了这种风格。

安乐椅与脚凳 作为大型套件家具的一部分，它们诠释了法国帝国式风格：军刀形后腿，狮身人面像雕花的前腿和扶手，狮子爪形脚与X形撑架都是古典的特征。传为雅各布·婕珞芙制作。*1800年 高94厘米（约37英寸），宽63.5（约25英寸）厘米，深55厘米（约22英寸） PAR*

帝国式家具可视作革命之前新古典主义风格的一种更为严格、更朴素和更真实的版本，之前的那种风潮已经因为太过招摇而被政治新贵们抛弃。帝国风格的装饰表面善于穿插进古典主义或革命性的镀金–青铜图案和饰件。

在对埃及的征战中，法国本土兴起了对这片法老领地的学术和装饰上的趣味：如狮身人面像的头部和其他埃及的图案被统称为埃及主题（Egyptiennerie），经常出现在当时的家具设计上。帝国式风格在时尚界的地位直到1815年法国皇帝拿破仑被永久流放后才戛然而止。此后，家具的体量更为庞大，而装饰要素如饰件等也更为自由。然而，随着帝国风格在欧洲其他国家占据主导地位，它与当地的传统和技术也渐渐融合。例如在荷兰，这一趋势往往以花式镶嵌结合体为代表。而在意大利，由于缺少名贵的木材使得家具常常采用彩绘和镀金形式，或是保留一些建筑上的特色。在俄罗斯和美国，英国摄政风格与法国帝国风格同等重要，英国摄政风格在当时的英国已经发展起来了，这是一种由亲法派托马斯·谢拉顿和托马斯·霍普（Thomas Hope）的法式新古典主义发展而来的家具风格。而在南非，其影响仅仅反映在基本外形上。

联邦式红木餐具柜 这是一件典型的美国家具，受到英国风格的很大影响：一体式背板，弧形前脸和锥形腿都反映了当时的古典影响。*19世纪初 高131厘米（约51英寸），宽199厘米（约78英寸），深70厘米（约27英寸） BRU*

改造与再生

大约在1820年，出现了一种矮而宽的帝国风格家具，并开始融合出一种古怪的历史主义基调。经过改造的原料和色彩明快的木材成为时尚。部分原因是桃花心木的稀缺，这是由于拿破仑战争时期英国停止从其殖民地作进口贸易而造成的。这一潮流的变化在不同国家中有不同的反映。在英国到19世纪初，布洛克和布里奇思（Bullock and Bridgens）公司引领了一股源自17世纪橡木家具的风潮，而这距离哥特复古风的全面开花不过十年的光景。晚期摄政风格有时就专指乔治四世和威廉四世风格，它在乡土家具上还留有旧日时光，将摄政之风愈加演变得笨重，引发维多利亚家具时代的到来。在意大利，即使偶尔有哥特图案闪现在家具上面，也只是吉光片羽而已。复古主义只在佛罗伦萨刮过短暂的巴洛克之风。其他国家在追寻各自历史传统中得到灵感，正如帝国式风格是在经过改变后才为各国所接受一样。

家具展厅

从18世纪末起，伦敦的手工匠人开设展厅以推销其产品。约西亚·韦奇伍德于1780年开放这类空间，有位来自德国的访客看过后在1803年记录下了橱窗里的精彩展示。这让最新的潮流更为人所知，大大增强了人们对时尚家具的渴望。

时尚类杂志对这一商业行为的推广大有裨益，如鲁道夫·阿克曼（Rudolph Ackermann）创刊于1809年的《艺术宝库》（*The Repository of Arts*）。作为引领品位的向导，它同时促进一些商店和供货商如托马斯·摩根（Thomas Morgan）以及一些拥有专利权的家具商如约瑟夫·桑德斯（Joseph Sanders）摆脱了窘境。巴黎的罗谢阿克斯（Rocheuax）、托泰尔（Treattels）和让–亨利·埃伯茨（Jean-Henri Eberts）等家具商在18世纪开始了运营。

取自《艺术宝库》第八期的彩色石版画。印刷时间：1809年8月1日。*AR*

法国皇家中央桌

中央桌在19世纪初成为流行家具之一。因为是放在房间的中央，所以作品设计成可以从室内各个角度被看见。因此，其棋盘状的桌面遍布细木镶嵌的装饰，桌面甚至可以旋转。在构成桌面的厚板之上，有枫木与桃花心木相间的花瓣状贴面，边缘是以郁金香木做的横条，其内是金钟柏木镶板制作的象征科学、绘画、园艺、建筑、音乐与航海的带状装饰图案。

从技术层面上说，“镶嵌”一词在这里只是模糊地指带状装饰和金钟柏木底板被贴面相隔为均等的厚度并重新拼在一起（更像是细木镶嵌）。换句话说，带状装饰并没被嵌入木材的厚片中而是与桌面的第二层箱体合为一体。五角形圆柱和斜削基座有树瘤榆木贴面。这件取自明快色调木材的本土家具，如同桌面的枫木贴面一样，反映出帝国风格时期对特定木材品种的偏好。

同样的风格特征还有立柱和基座上的镀金饰件，其形象是代表胜利的有翼人像。这一主题应该具有重要意义，因桌子上有标签，上面印有“Chteau des Tuileries/1929”和“1047 Salon de la famine du Roi”字样。

这个桌子是路易–弗朗索瓦–劳伦特·皮特（Louis-François-Laurent Puteaux）为法国路易十八而作。装饰胜利人像可能是庆祝那一年拿破仑遭流放后波旁王朝的复辟。

这一装饰手法在那个时代很罕见，因为大多数家具采用精美的贴面作装饰而不是用细木镶嵌。

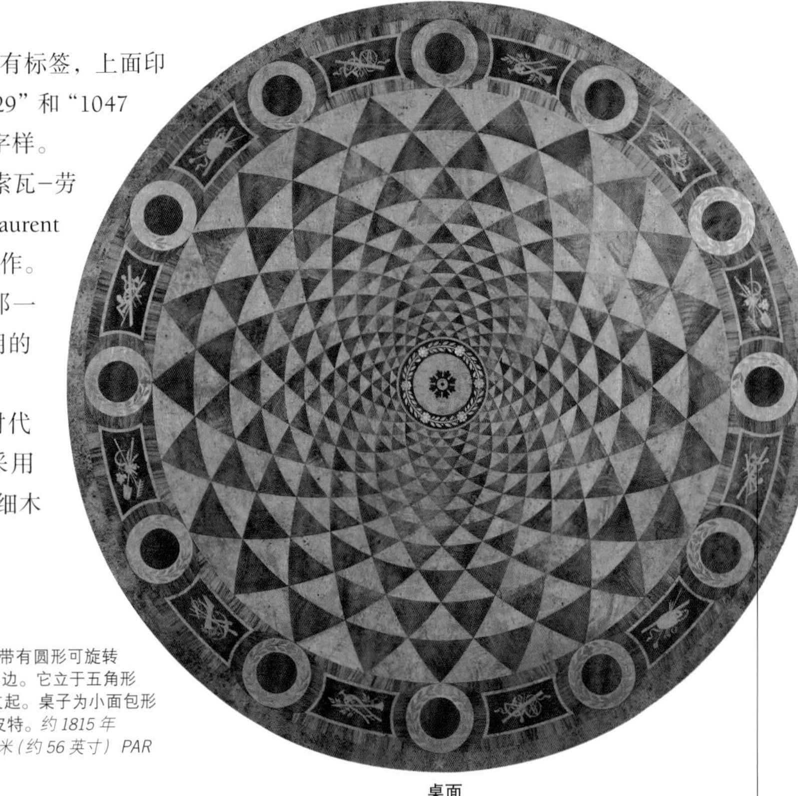

树瘤榆木与细木镶嵌中央桌 这件家具带有圆形可旋转的顶面，中心带几何镶嵌的圆花饰和阔边。它立于五角形立柱之上，为一个凹边的五角形底座支起。桌子为小面包形脚。作者为路易–弗朗索瓦–劳伦特·皮特。*约1815年 高75.5厘米（约30英寸），直径141厘米（约56英寸） PAR*

桌面

科学、绘画、园艺、建筑、音乐、航海主题被绿色花环所隔开。

桌面镶嵌着大量三角形贴面，它们排列在一起形成放射性图案。

五角形立柱有斜削边。

立柱饰以带双翼的胜利人像。

底座饰以镀金–青铜的桂冠花环。

风格要素

19世纪初，最有影响力的两个大国——法国和英国在设计上非常严谨，甚至近乎考古学家一般严谨地从古埃及、古希腊-罗马文明中汲取灵感。1820年之后，它们开始从自身传统中得到启发，哥特式样的出现就是结果之一。进口自远方的多样而丰富的材料被用到家具的装饰中，创造出具有奢华、舒适和异国情调的装饰样式。

古典镀金-青铜双轮战车

新古典主题

严谨的希腊线条和古典主题都反映出19世纪初期的装饰特征。在很长时间里，古代家具的造型一直为世人模仿，例如古希腊的克里斯莫斯椅。这类主题通常带有类似战争或革命的色彩，例如武器中的束棒和战利品。

蛇主题

黄铜配饰

在英国，使用黄铜饰件和镶嵌的风潮在19世纪前20年卷土重来。模压的黄铜绳结很流行；而蛇主题则是它的一个变种，受到了古埃及的影响。在欧洲大陆，镀金-青铜或镀金饰件则更为通行。

黄铜镶嵌桌面的细部

异国情调

奢华的进口材料例如柿木或青龙木、黄铜、象牙、珍珠母还有玳瑁用于制作家具的贴面和镶嵌。来自中国和印度的异国主题出现在摄政式家具上面，而帝国风格家具则从古埃及和罗马借鉴经验。

扶手椅细部

木材选择

英国在拿破仑战争期间停止了从其殖民地的进口贸易，导致欧洲大陆的工匠们转而寻找本地色调较为淡雅的木材如鸟眼枫木（*Bird's-eye maple*）或胡桃木做贴面装饰。桦木（如上图所示）在中欧要比法国用得更为普遍。

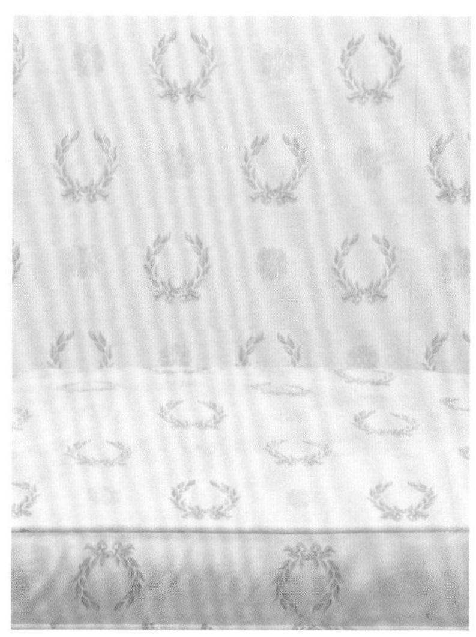

沙发的软包

织品

随着沙发和椅子变得越来越舒适，而窗户更加的精美，软包也显得愈加重要。常见的织品包括丝绸、锦缎和天鹅绒，辅以摄政式的条纹或新古典式图案。

圆桌台面细部

拼花大理石

拼花大理石台面进口自意大利，或由绅士们欧洲游学带回，然后放在其乡下别墅里。有些国家也使用本地的大理石，如俄罗斯的孔雀石。

公羊头顶盖

动物主题

动物主题在摄政时代和帝国式家具上都较流行。它们常常是做壁柱或脚轮的顶盖，常为软木镀金或金属镀金后加以雕花。天鹅的主题常与约瑟芬皇后有关，而套件家具上的鱼类主题则彰显了纳尔逊的胜利。

帝国式橱柜细部

鲜艳的贴面

鲜艳的贴面虽然过度奢华了，但确实是18世纪英国家具的鲜明特征之一。对丰富多彩的桃花心木的鉴赏仅仅是通晓18世纪末法国装饰词典的入场券而已。作为帝国风格的最重要特色，这一手法在整个欧陆广为传播。

摄政式衣柜细部

哥特尖拱

19世纪20年代晚期，多数欧洲国家经历了哥特风格趣味的复兴过程。尖拱或卷叶饰有时会应用到帝国风格的家具中。乔治四世就将温莎堡建成了哥特式的风格。

休闲桌细部

描金

描金（*Penwork*）是一种带黑白清漆和印度式水墨细节的装饰手法。在典型的英国设计中，小到茶叶罐大到衣柜都有它的影子。设计常常结合了中国风。描金在当时是女士们打发时光的流行消遣。

桌面上细木镶嵌的细部

细木镶嵌

虽然大幅面的原木装饰日益流行，但细木镶嵌也并没有过时。意大利的马乔里尼在这方面尤其出众，将英国和法国的不同种类木材在桌面上做成几何图案的镶嵌，颇似拼花大理石的手法。

黄铜饰件

狮头假面主题

狮头假面在英国尤其流行，其图案用在桌面檐口上，作为边柜斜面的饰件，或当作桌腿的护罩以连接其脚轮。它也用在黄铜环形把手或支架等金属镀件上——与托马斯·霍普式一样流行。

弧形前脸橱柜细部

埃及主题

拿破仑对埃及的征服激发了埃及主题的流行风潮。家具两边都带有狮身人面像、鳄鱼、荷叶和棕叶饰。然而，设计师仅仅在此时运用这一主题，到1920年之后，这一形式便式微了。

法国：督政府／执政府

督政府成立于法国大革命时代恐怖统治过后，即1795年10月。它建立的时间是在拿破仑第一届执政府之前。1799年11月拿破仑发动政变，任命自己为首任执政官，这就是执政府。这一时期一直延续到他于1804年宣称法国成为拿破仑帝国为止。家具风格的名称很难根据这些走马灯似的政权来分辨清楚，它本身代表了从路易十六风格中光鲜亮丽的贵族气质到光荣而严谨的帝国式样的过渡阶段。但是，督政府风格（或者共和主义风格）显示了革命对于路易十六风格的巨大影响，而执政府风格则为帝国风格奠定了基础。

设计的影响

督政府时期的家具风格显示出疲弱经济的影响以及家具商们在国民公会时期（1792–1795）的实际地位。革命不仅剥夺了家具厂商的传统顾客，狂热的民众甚至曾在戈布兰挂毯工厂前面的自由之树下将家具付之一炬。而作为控制行业标准，同时也是家具业组织形式的“木匠与家具商行会”也在1791年被解散了。因此，督政府风格比路易十六时期更小巧和简单，成本也更低，保留了最少的装饰——通常没有细木镶嵌或拼花板。

在执政府时期，设计变得越来越大胆，这反映出法国共和时期普遍的自豪心和社会逐渐趋向稳定和繁荣的情形。风格是庄重和直线条的，常常包括各种代表革命的符号，如弗里吉亚帽（又叫自由帽）、捆束棒、箭、尖刺、紧握的手和花环等等。

家具图案集

1801年，建筑师查尔斯·帕西和皮埃尔·方丹出版了他们的《室内装饰汇编》。这成为这一时代风格开创性的图集，并且确立了他们引领新兴的帝国风格的先驱地位。这本书将严谨而大胆的新古典主义变成了当时官方认可的主流风格：带有仿古镀金–青铜底座的朴素桃花心木家具成为时尚。帕西和方丹所取得的成就在很大程度上应归功于让–德莫斯特·杜古尔（Jean-Démosthène Dugour），他在路易十六统治时期为皇家和私人住宅

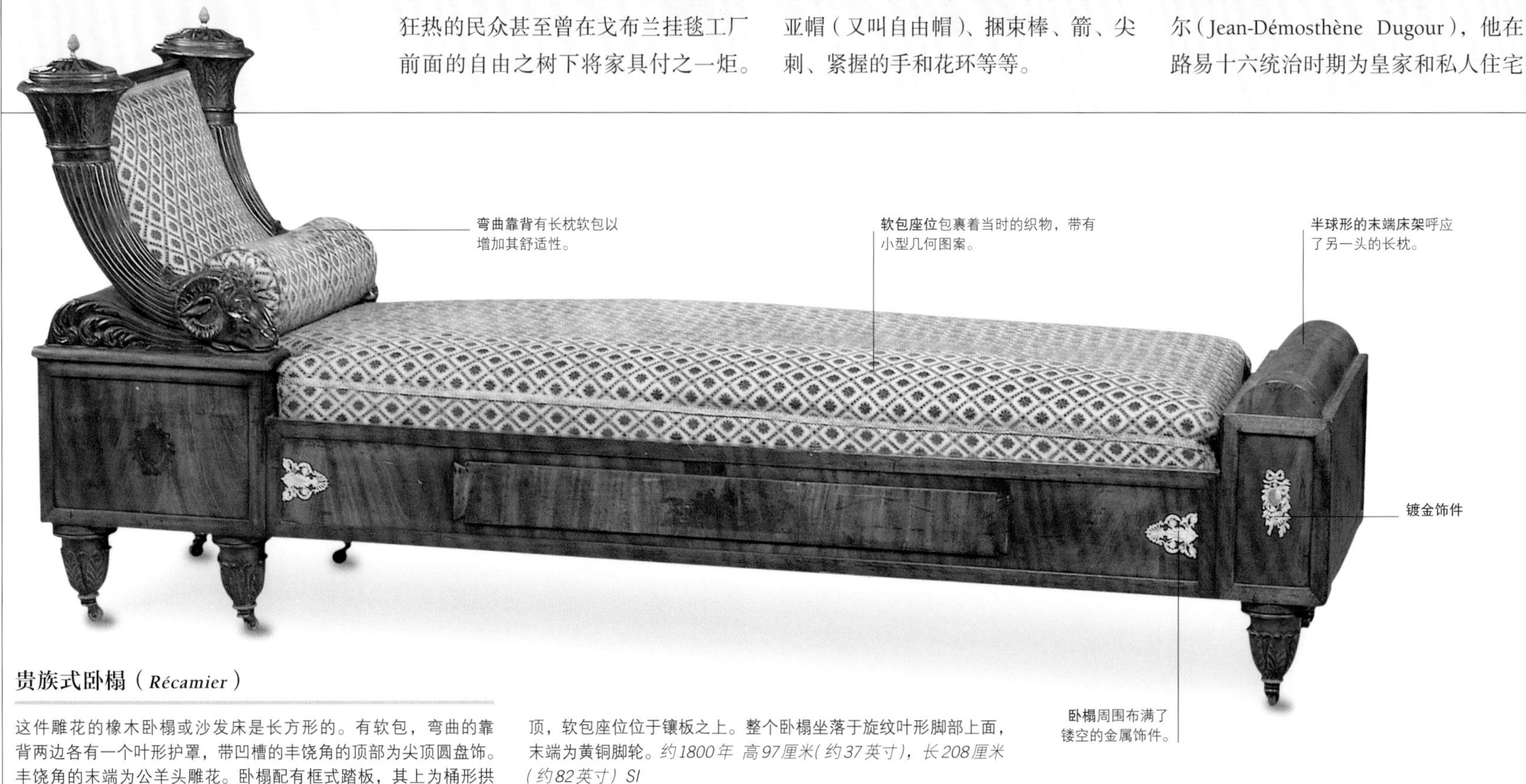

弯曲靠背有长枕软包以增加其舒适性。

软包座位包裹着当时的织物，带有小型几何图案。

半球形的末端床架呼应了另一头的长枕。

镀金饰件

卧榻周围布满了镂空的金属饰件。

贵族式卧榻（*Récamier*）

这件雕花的橡木卧榻或沙发床是长方形的。有软包，弯曲的靠背两边各有一个叶形护罩，带凹槽的丰饶角的顶部为尖顶圆盘饰。丰饶角的末端为公羊头雕花。卧榻配有框式踏板，其上为桶形拱顶，软包座位位于镶板之上。整个卧榻坐落于旋纹叶形脚部上面，末端为黄铜脚轮。*约1800年 高97厘米（约37英寸），长208厘米（约82英寸）SI*

督政时期五斗橱

这件五斗橱有乌木和黄檀木以及大量经染色的热带木材贴面。矩形箱体上为灰白纹路、圆形边角的大理石顶面，三个抽屉带有几何花边和镶嵌、镀金–青铜饰件。整体坐落在短而尖的腿上。*约1800年 宽130厘米（约52英寸） GK*

督政式梳镜柜

这个小梳镜柜为橡木制成，带有两个抽屉，下部多出一个隔板。矩形箱体有黄铜花边，下为凹槽形腿部，连接起隔板和小的陀螺形脚。*约1800年 高74.5厘米（约30英寸） JR*

设计了严谨的新古典主义风格的室内装饰。帕西和方丹二人都曾在法国和意大利学习建筑，因此对古罗马遗址有切身感受。18世纪的最后几年，他们监督了皇后位于马尔迈森府邸的音乐室和图书馆的翻修工程，并参与了拿破仑最喜爱的家具制造商雅各布兄弟（Jacob Brothers）的家具设计项目。正是凭借这个项目他们赢得了宫廷设计师的身份。

古风图案

革命演说家和宣传册的作者们大肆宣扬古代世界的道德价值观，相关思潮也渗透到古风风格中。理念则具体体现在那些伟大的艺术家如雅克－路易斯·大卫（Jacques-Louis David）等人的艺术作品上。

执政府时期的家具充斥了希腊和罗马式的设计，这些本就是帝国风格设计师们的拿手好戏。纯粹的经典设计在乔治·雅各布－德斯马尔（Georges Jacob-Desmalter）的作品里出现，成为当时家具的一大特点。英国家具上偶尔还会加上埃及主题，其灵感来自拿破仑战争时期法国对埃及的征服经历。巴伦·德农（Baron Denon）1802年出版的《上下埃及之旅》（*Voyage dans la Basse et Haute-Egypte*）对此作了很好的补充。这位考古学家和雕刻家（卢浮宫拿破仑博物馆首任馆长）成为“古物学”的权威，在法国和英国都有很大的影响力。埃及品位的拥趸们的兴趣集中体现在对狮身人面像头部的关注上，它经常被用来做壁柱顶部、扶手或玄关桌支架——正如爱丽舍宫里保存的一件极好的桃花心木家具所示。

安乐椅

这对桃花心木和贴面的椅子有软包靠背、侧面板和座位。椅背稍微倾斜。松软的座位软包为方形斜面锥形腿支撑，周围是程式化的埃及女性面具，末端为外卷方形斜面脚。原来椅子上可能包覆丝绸，是整套同类风格家具中的一部分。*19世纪初 高93厘米（约37英寸） ANB*

活动板写字台

橡木，埃及复兴设计风格。家具两侧的青黄铜壁柱上是埃及女性面具。上半部灰色大理石落面上有长长的抽屉。落面打开露出一个皮革内衬的写字台面。下段为三个有狮子面具拉手的长抽屉。这个写字台仍保持原装的青铜嵌件。雕花兽爪形脚。*约1800年 高150厘米（约60英寸） CSB*

写字桌

桃花心木桌子的表面是镀金黑色皮革。下面容膝处是一个长的中楣抽屉，两侧为两个更深的抽屉，都有乌木镶条。每个中楣边角有萨堤尔嵌件。四个八角形锥形腿，带镀金圈环和球形脚。*约1800年 高76厘米（约30英寸），宽165厘米（约65英寸），深86.5厘米（约34英寸） PAR*

法兰西帝国式

拿破仑于1804年加冕称帝。自该日起直到1815年他在由威灵顿领导的滑铁卢战役中惨败，期间他主导了整个欧洲。此外，拿破仑对帝国式风格的大力推广，使这种风格影响力遍及欧洲。

法兰西帝国式风格在1804年之前就已经出现，旨在将拿破仑帝国与古埃及和古罗马的辉煌融为一体。这个目标体现在人们对经典主题表现出近乎考古学家一样的狂热，并由1812年帕西和方丹再版的《室内装饰汇编》一书而得到推广。在世纪之交前，鲜明的古典家具风潮转变成一种真正得以流行的皇家风格，以与拿破仑专制倾向保持一致。

帝国式饰件

新古典主义对帝国式家具的影响是显而易见的，具体反映在无处不在的青铜饰件上：如怪兽、狮子和狮身人面像比比皆是。彰显武力的主题特别流行，如奖杯或十字剑。一些极品饰件在彼埃尔·汤米的工作坊生产。他的产品还出现于贝尼曼（Beneman）和威斯威勒家具上。其他贝尼曼家具上类似的高品质贴花细节则由安托万–安德烈·拉瓦里奥（Antoine-André Ravario）制作。

帝国式的家具商

1791年，木匠与家具商行会的解散意味着工匠们现在可以在单个地点建立包括多个工种的工作坊。旧制度下的工作坊很快在革命后重新开放，转而寻求更广泛的中产阶级客户——这类客户的要求并不像贵族们那么多。有些人担心这可能会使法国家具质量下降。那些只为皇帝以及宫廷所制作的佳作展现出前一世纪家具的精湛技艺。许多巨大的办公桌原本为路易十六所做，家具商包括皮埃尔–安东尼·贝朗热（Pierre-Antoine

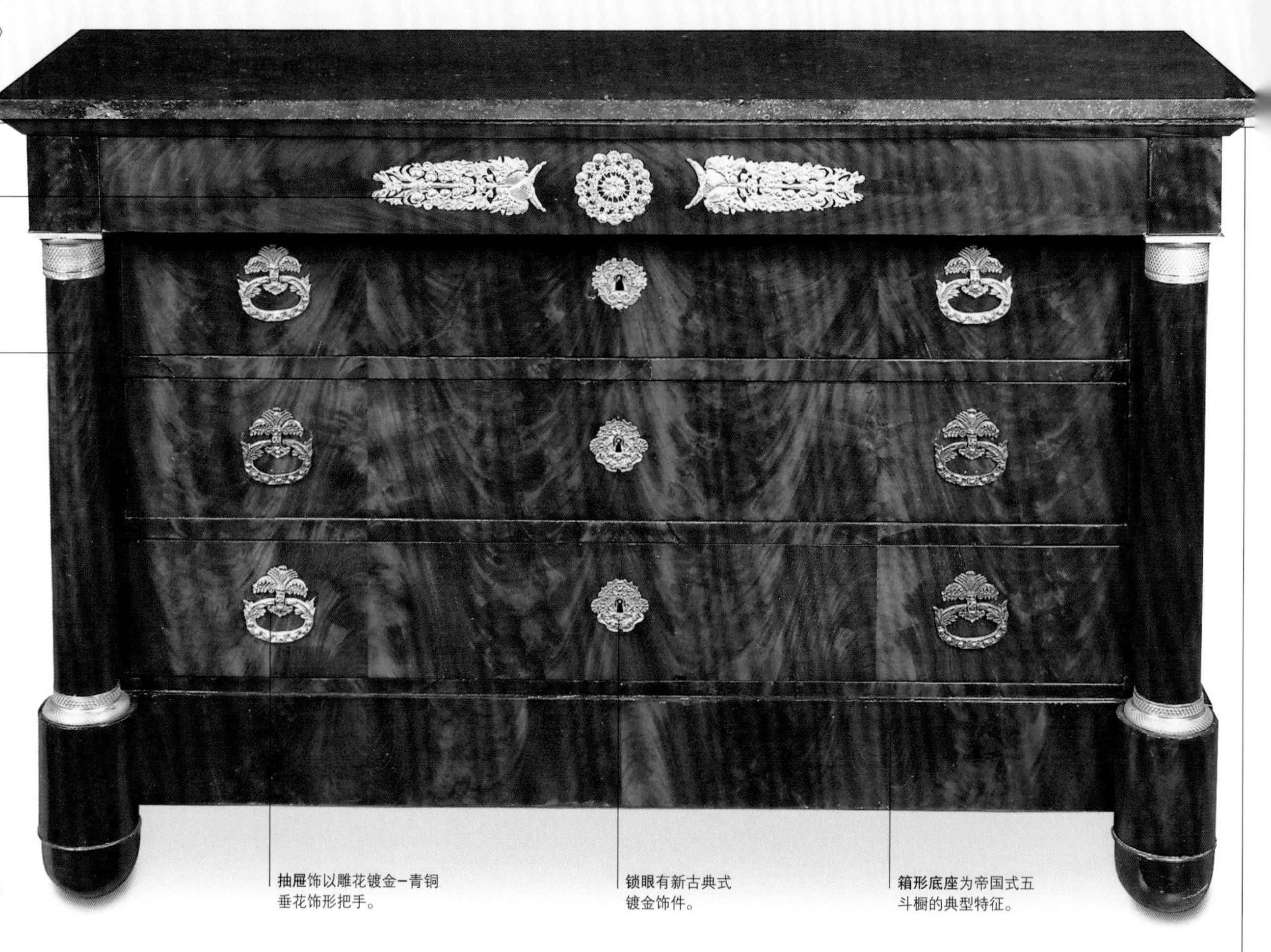

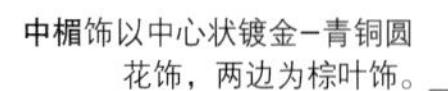

立柱细部

镀金–青铜圆花饰

桃花心木贴面五斗橱

矩形灰色大理石顶面下为带中楣的抽屉。五斗橱前脸略凹，三个抽屉两侧有突出的立柱，底部为圆形脚。*19世纪初 高89.5厘米（约35英寸），宽127厘米（约50英寸），深59厘米（约23英寸） ANB*

桃花心木长靠椅

镀金长靠椅是桃花心木的，矩形软包靠背嵌有镀金–青铜人像、猎犬、瓮、花环和棕叶饰，下为带软包的座位。卷曲的扶手有雕花镀金的叶形末梢。脚部较短，带叶形雕花。*19世纪初 宽180厘米（约72英寸） S&K*

安乐椅

这把桃花心木椅子顶冠为内凹状，下为镂空网格形椅背。雕花扶手下有乌木带翼双狮。软包座位下为扁平横档，前腿为环旋形，后腿为军刀形。*约1800年 高94厘米（约37英寸），宽67厘米（约27英寸），深60厘米（约23英寸） PAR*

Bellanger）、贝尼曼、乔治·雅各布-德斯马尔特、莫利托（Molitor）、威斯威勒。这段时期的家具销量也大得惊人：从1810年到1811年，多达一万七千法郎花在了为皇家宅邸所配的家具上，而五十万法郎花在了乔治·雅各布-德斯马尔特为巴黎杜伊勒里宫设计的家具上。在19世纪刚开始的十年里，巴黎参与家具生产的工人有一万人之多，其客户包括本地的和海外的。雅各布-德斯马尔特至少雇用了八十八名工匠，有些人在他的圣德尼工坊里工作。

装饰和帷幔有时占据了帝国式内饰的很大一部分。天花板的色调对比强烈，通常为条纹形的颜色（蓝红绿黄），与行军帐篷相呼应。椅子上的刺绣图案既大片又鲜明。

新奇的品种

一些新颖的家具形式也出现了。船床很流行，它常带有卷边和高台，台面包覆织物，类似于雷加米埃床的形状，或近似沙发床和软包长椅（扶手一高一低）。对于中产阶级家庭来说并不昂贵。更受欢迎的是“饰面床（lit droit）”，其三角形山墙下面是床头饰板。穿衣镜第一次出现在卧室里。小而圆的陈设桌或烛台架提供了多种实用功能。它们的金属腿上有古香古色的绿锈（*Patina*），以模仿古代的金属，大多配有一个斑岩的台面。

五斗橱慢慢变成了具备更多功能的家具类别，有时抽屉被设置在门后面。椅子为希腊式军刀后腿所支撑，矩形或完全涡卷的靠背。通常扶手是人像或天鹅的形状。约瑟芬皇后在枫丹白露的梳妆室里所保存的可能是最著名的典型帝国式椅子，它们都有刚多拉式的弧形靠背。

最后，用于书写的家具出现了各种款式的创新。从像盒子一样的写字台到书写柜，都呈现出帝国风格巨大的体积感。

狮头椅

这些椅子是桃花心木的，每件有简单的矩形靠板和软包座位，扶手末端为狮头。军刀形腿，末端为狮爪形脚。出自巴黎的让-巴蒂斯特·德梅（Jean-Baptiste Demay）。狮头假面在英国家具上很常见，但在法国帝国式家具上则很不平常。*1805–1810年 高91厘米（约36英寸），宽58厘米（约23英寸），深46厘米（约18英寸） GK*

拿破仑·波拿巴

法国家具的卓尔不群始于拿破仑时代。伴随其赞助和军事征服，帝国式风格得以传播。

拿破仑·波拿巴

帝国式风格的诞生使艺术与政治抱负的混合体处在令人陶醉的社会和经济动荡的后革命氛围中。它受到拿破仑强大人格的影响，后者也意识到其宏伟壮观的外表具有强大的政治宣传价值。新的风格体现了拿破仑个人对简洁设计的喜好以及愿望——对阳刚和军事效果的偏爱。流行的帝国式家具包括帐篷床、脚凳、五斗橱和梳妆台。

当拿破仑在1804年加冕称帝时，他提出一个绝佳的艺术设计方案，选择查尔斯·帕西和皮埃尔·方丹作他的官方建筑师和装饰师。他们著名的家具图集《室内装饰汇编》在欧洲大部分地区为其赢得了地位和影响力。

由于拿破仑的赞助，巴黎恢复了其作为精美家具制作中心的地位，伴随着军事征服——他安置亲属去各个欧洲国家当统治者——有助于将这一艺术风格传播到四处，甚至是遥远的俄罗斯。

拿破仑亲自监督建立新的工厂，以确保生产出最高质量的家具和青铜件。通过“皇家家具警卫（Garde-Meuble Impérial）”这一机构负责宫廷陈设和监督家具木工以及青铜匠执行情况，他将皇家宫殿重新装饰成严峻简单的军事风格，这些都反映出拿破仑的生活品位。宫殿因在革命期间被清空，一些东西通过拍卖流往国外。拿破仑在1802年攻取圣克劳德，并迅速订购了成套家具。枫丹白露的宫殿也在1804年为教皇庇护七世重新装修；还有凡尔赛、圣哲曼和爱丽舍宫等许多建筑都以取自古典灵感设计的家具来装饰。

拿破仑居住过的最著名的马梅松城堡是他的妻子约瑟芬曾经居住的地方。这个宅邸通过帕西和方丹重新装修，家具由雅各布兄弟提供。整个建筑被与拿破仑有关的图案覆盖：如镀金的“N”字样的桂冠、蜜蜂纹章和罗马帝国鹰等等。约瑟芬皇后的家具上常有一只天鹅图案。

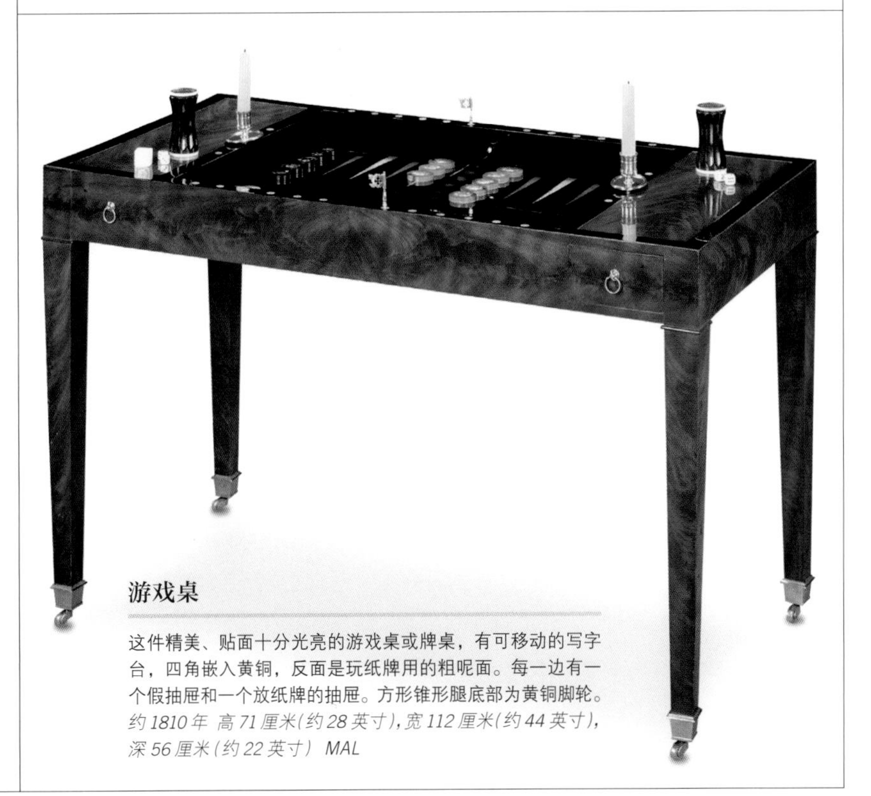

游戏桌

这件精美、贴面十分光亮的游戏桌或牌桌，有可移动的写字台，四角嵌入黄铜，反面是玩纸牌用的粗呢面。每一边有一个假抽屉和一个放纸牌的抽屉。方形锥形腿底部为黄铜脚轮。*约1810年 高71厘米（约28英寸），宽112厘米（约44英寸），深56厘米（约22英寸） MAL*

法国：复辟年代

复辟时期风格如同其名字一样，指的是从拿破仑于1815年被驱逐出法国被流放，波旁王朝复辟，直到1830年倒台的这一时期。

路易十八于1815年加冕为法国皇帝并在1824年为查理十世接替。后者于1830年在流亡的奥尔良大公路易·菲利普支持下宣布退位。这段时期政治形势动荡不安，从1830年以后屡次出现革命的高潮，最终迫使查理十世逃亡英国。

家具市场也起了很大的变化，主要是中产阶级兴起和家具制造日益工业化，这促进了工具的改进和对蒸汽动力的使用。幸运的是，这一趋势契合了中产阶级装饰其公寓的需求，在历史上尚属首次。

变化的风格

帝国式的装饰由家具和橱柜制造商所引领，他们是帝国式风格的拥趸，如雅各布-德斯马尔特、费利克斯·雷蒙德（Felix Raymond）和贝朗热，他们继续生产这类家具并取得了巨大成功。

然而，拿破仑式图案和饰件逐渐消失，帝国风格慢慢淡化并将严谨和庄重让位给了使用上的舒适性。紧绷的直线性最终松弛下来，变为偶尔出现的曲线性——这令人不禁想起洛可可风格的调子。总的来说，家具的形式变得更重更坚固，取代了直线优雅的帝国式风格。在欧洲其他地方，家具变得更加庞大。镶嵌变得越来越普遍，饰件逐渐变得更小或是完全消失。

风格的差异

复辟风格的家具有时与国内那些较为简单的，数量上更多的帝国式家具（第200–201页）很难区分开。复辟式家具的表面往往比法国的帝国式家具的装饰要相对简单，后者所创造出的华丽效果就是其典型设计风格的体现。

书写柜

这件有鲜亮贴面的桃花心木写字柜有兽爪形脚，抽屉之上的两扇哥特雕花的釉色玻璃门上为模压楣饰，内有隔层。供写字用的中楣抽屉顶部下为两侧带涡卷的柜门。*约1820年 高196厘米（约77英寸），宽107厘米（约42英寸），深60厘米（约24英寸） PIL*

梳妆台

桃花心木梳妆台有悬摆外框的镜面，下为带两个小抽屉的平台，之上又有抽屉。它有C形撑架和一体化的平台底座。*约1825年 高178厘米（约70英寸），宽68厘米（约27英寸），深45厘米（约18英寸） PIL*

查理五世梳妆台

树瘤榆木材质，镶嵌有紫红色的程式化叶饰。顶面部分为整面带天鹅形雕花支架的镜子。桌面为白色的大理石。下部为中楣抽屉，下面有两个雕花撑架。底部为平台形底座和扁平的球形脚。*1825–1830年 高141厘米（约56英寸） BEA*

海豚安乐椅

这一套为六件桃花心木扶手椅，出自贝朗热之手。平直的顶冠有卷曲雕花。弯曲的扶手雕有海豚头，每件则有软包座位和扁平的横档，腿部为军刀形。*约1815年 高91厘米（约36英寸） GK*

木制选材

复辟式家具一般为橡木制成，但逐渐为色泽更为鲜亮的木材所取代，即所谓的“木料配色（bois clairs）”。这一变化开始于1806年，即英国对法国从其殖民地的进口贸易实行封锁之时。这造成了本地出产木材的流行，如胡桃木、梧桐、山毛榉、柳树、悬铃木、桦树，而其中最为流行的是鸟眼枫木。

名贵的桃花心木是专为最奢华的室内装潢所存留的，对它的取材就说明了这件家具拥有了某种高贵的身份。传说查理十世儿媳贝利的安乐椅就是“木料配色”最早的产物。桃花心木一直是作为名贵的贴面（为突出装饰效果）和家具本身的材质来选用。

随着饰件使用量的减少，各种木材特别是乌木和金属如黄铜或锡的装饰件被镶嵌所取代。然而，它们的使用总是受到限制。一些家具的装饰甚至包括了彩绘瓷块。

哥特式风格

到复辟时期的末尾，浪潮主义复兴风格在法国家具设计上体现得日益明显。

这在皮埃尔·德·拉·梅桑格尔（Pierre de La Mésangère）“家具与工艺品收藏鉴赏”系列文章中早见端倪，发表于1802年与1835年的《女性与时尚》杂志。这其中，出版人皮埃尔·德·拉·梅桑格尔吸取了帕西和方丹的严谨建筑风格，为中产阶级创造出一种简洁、符合本土调子的风格。他同时开始推动在下一个时代将处于支配地位的图案即哥特图案，又称为游吟诗人风格。

与在19世纪初为法国家具业完全遗忘但在英国扮演了重要角色的中国风格所不同的是，哥特风格还是制造出了一点点影响力。例如，1804年家具商梅森就为拿破仑制造了一件哥特风的家具。

然而，直到19世纪20年代到30年代末，那种哥特式风格的典型尖拱才出现在帝国风格的家具上。

模压卷边撑架仅仅在边缘作为装饰。

装饰主题为新古典主义风格。

桃花心木中楣饰以法国帝国式家具的典型饰件。

卷曲的脚部与上一时代严谨的尖角设计格格不入。

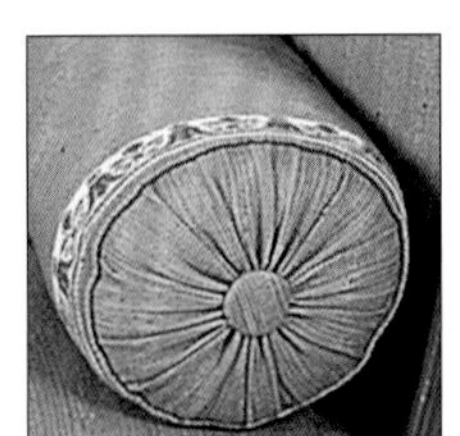

长枕靠垫细部

软包长椅

桃花心木材质，一边高一边低。靠背有优美而弯曲的软包。沙发外框为卷边，带简单的中楣，脚部为螺旋状。*1820—1830年 高88厘米（约35英寸），宽148厘米（约58英寸），深67厘米（约26英寸） PIL*

圆形中央桌

材质为黄檀木，嵌以果木和细木镶嵌。圆形顶面与四个中楣抽屉下为立柱支架，其下为四个八字腿，最后是兽爪形脚和黄铜脚轮。*约1830年 高77.5厘米（约31英寸），宽121.5厘米（约48英寸）*

查理五世休闲桌

全黄檀木做的桌子顶面镶嵌有哥特窗花格的镶板，边缘为模压的黄杨木卷曲。中楣带有一个可伸缩的写字抽屉。六个车削腿与双杆式撑架相连。*约1830年 高71厘米（约28英寸），宽85厘米（约33英寸），深48厘米（约19英寸） MAL*

大理石台面桌

桌面为黑灰纹理的圣安妮大理石，下为平的饰带。巨大的立柱支架兼有圆柱与多面体特征。三个卷形脚部有相同的尖角，截面为正方形。*高71厘米（约28英寸），宽85厘米（约33英寸），直径97厘米（约38英寸） PIL*

意大利

像其他许多欧洲国家一样，大多数的意大利城邦国家和王国的家具风格紧随巴黎，因后者在这方面一直独领风骚。这种伟大的法国式家具和室内装饰风格是19世纪的前十年在拿破仑的赞助下创建的。这位法国皇帝将他的兄弟安插在意大利各处，成为当地的统治者：约瑟夫·波拿巴成为那不勒斯国王，卢西恩成为卡尼诺王子。拿破仑的姐妹们也因分处各地，催生设计出重要的室内装饰：如埃莉萨·巴西奥克希（Elisa Bonaparte Baciocchi）于卢卡和佛罗伦萨，波莉娜·博尔盖泽（Pauline Borghese）在罗马，还有卡洛琳·缪拉（Caroline Murat）在那不勒斯。但狂热的新贵们并非是向橱柜制造商们定制家具的唯一客户，而这一时期家具的鲜明特色是源于中产阶级买家的出现。扩大的市场正好与机械化与工作坊的兴起相一致——这一新动向整整延续了一个世纪。

意大利式帝国风格

在某些方面，法国帝国风格并不适合意大利家具制造商。很多地区优质木材的匮乏是其中的关键难题。同时，法式家具采用的直线形式和收敛的线条，似乎与意大利家具偏爱雕塑特质的传统相对立。然而，追求对称性和平衡性以及对曲线的较少采用和从新古典主义而来的镀金–青铜饰件，最终成为意大利家具的主要元素。针对劣质木材的问题，制造商采取给家具彩绘的方法来弥补——常用的颜色有白色、淡蓝色和青绿色。意大利人青睐古典建筑形式，与之相仿的还有代表罗马帝国的图案，如带有工具或武器图形的中楣以及束棒、桂冠和仿古灯。

法国的传习

托斯卡纳大公夫人（拿破仑的姐妹之一）将法国的橱柜工匠带到佛罗伦萨，令其建立工作坊并将工艺和技术传授给当地人。饰件也是从法国进口的。因此，人们几乎不可能区分哪些是佛罗伦萨皮蒂宫的法兰西帝国家具，哪些则是意大利的变种。1815年后，帝国式家具仍在流行，有时甚至结合了法国复辟时期的风格。但是桃花心木的使用量下降，而胡桃木和彩色木材则受到欢迎。

这一时期，意大利由一个个小的城邦和王国所组成，在北方则由奥匈帝国主导。因此其区域的多样性远远超过英国和法国，大部分的家具样式与各自的传统相呼应：罗马流行古典式，佛罗伦萨喜用巴洛克，而洛可可风格则在威尼斯开花结果。在伦巴第产生了那个时代最伟大的创新者，特别是阿尔伯托里。他在米兰布雷拉国立美术学院学习，并于1805年出版了很有影响力的《建筑装饰基本课程》一书。

翁贝托一世（Umberto I）书房 佛罗伦萨皮蒂宫一角。在埃莉萨·巴西奥克希（托斯卡纳大公夫人）时代，宫中的诸多房间反映出巴黎时尚之风。

雕花镜子

雕花与镀金的镜框四角饰以怪兽面具。山墙上点缀有盛满花朵的花篮。*约1800年 高160厘米（约63英寸），宽85厘米（约33英寸），直径97厘米（约38英寸） BEA*

穆拉诺镜子

山墙为水晶石，外框为C形，边角为S形。周边围绕着叶形雕刻，并由模制部件分开。*19世纪初 高205厘米（约81英寸）*

木制涂金边椅

这两件新古典的木制涂金边椅原属枢机主教费什六件椅子的一部分。他在1804年成为驻罗马的法国大使。每件椅子富有雕刻，半圆形靠背上雕有一对格里芬像，冲压而成的底面上为程式化的蛇形花形雕刻。上半部支架为凹槽半壁柱形，带有滚边饰带。包衬座位有凹槽顶冠，腿部为镀金的狮爪形。*约1810年 高103厘米（约41英寸），宽56厘米（约22英寸） MAL*

狮头扶手椅

桃花心木材质，有平缓的雕花顶冠与 X 形靠背，扶手末端雕为镀金狮头。X 形底座有镀金的兽爪形脚。*约 1810 年 高 84 厘米（约 33 英寸），宽 58 厘米（约 23 英寸） GK*

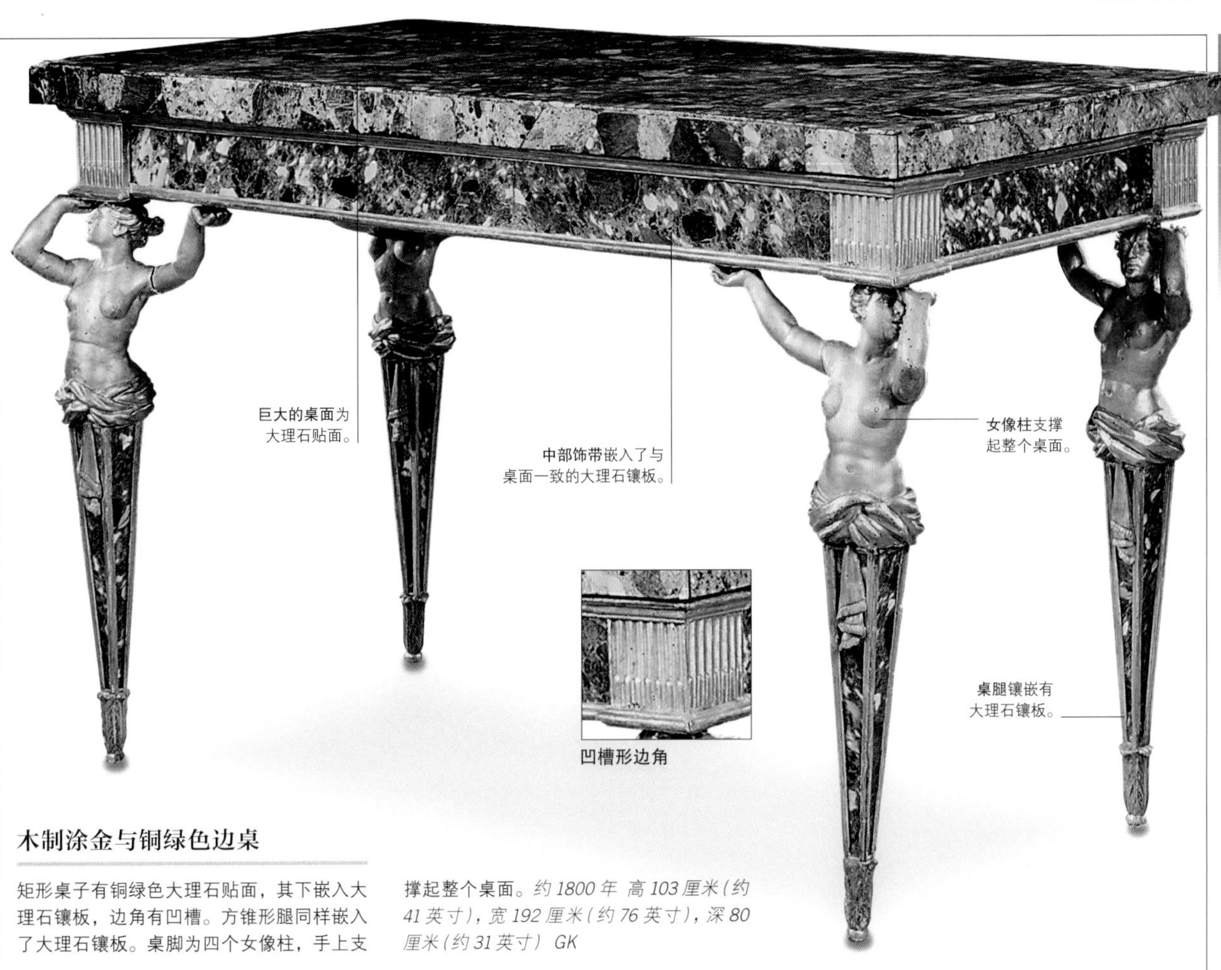

凹槽形边角

木制涂金与铜绿色边桌

矩形桌子有铜绿色大理石贴面，其下嵌入大理石镶板，边角有凹槽。方锥形腿同样嵌入了大理石镶板。桌脚为四个女像柱，手上支撑起整个桌面。*约 1800 年 高 103 厘米（约 41 英寸），宽 192 厘米（约 76 英寸），深 80 厘米（约 31 英寸） GK*

马乔里尼

18 世纪末到 19 世纪初最著名的新古典风格家具商马乔里尼，因其特别的细木镶嵌技术而闻名。

朱塞佩·马乔里尼（1738–1814）制造的家具方正简朴，不做雕刻，嵌件也很少，然而家具上极具特色的图案镶嵌却给马乔里尼带来辉煌的声誉。马乔里尼用许多不同类型和颜色的木材创作镶嵌画，避免使用人工染色和其他装饰技巧来实现装饰效果。在皮拉内西的传统中，尤其是室内设计师乔孔多·阿尔贝托里（Giocondo Albertolli）的设计影响下，马乔里尼制作的镶嵌作品包括奖杯、静物、中国风物件等等。因此，他的名字被用来指代所有带有这种镶嵌类型的产品，无论是否在他的工坊生产。

1771 年，马乔里尼建立了自己的第一个工作坊，由此开始了他作为一个修道院木匠的生涯。他后来在米兰成立的第二个工作坊由他儿子卡罗·弗朗西斯科和凯鲁比诺·梅赞扎尼卡继承。他为奥地利斐迪南大公（兼任伦巴第总督）制作了一些非常精美的家具，波兰国王也是他的客户。

为了保持他那个时代的品位，马乔里尼家具设计简单，严格遵从 18 世纪后期的法国原型。二者的差别仅表现在复杂的嵌花镶嵌上——在意大利，这一传统可追溯到文艺复兴时期。

嵌入的古典人像

路易十六五斗橱 矩形大理石顶面，出自马乔里尼在米兰的工作坊。材质为黄檀木，兼饰以圆奖章、交织花饰的进口木材。有三个带青铜饰件的抽屉，腿部为方尖形。*约 1800 年 宽 122 厘米（约 48 英寸） GK*

摄政时期的英国

摄政时期在英国历史上有明确的定义——特指从 1811 年到 1820 年，威尔士亲王（即后来的乔治四世）替代他患有卟啉症（编者注：一种精神疾病）的父亲统治的这段时期。但是作为家具风格，摄政时期指代的时间跨度则更为宽泛，从 18 世纪 90 年代一直到 19 世纪的头三十年。

摄政风格自身所反映出的奢华品位，始于 18 世纪 80 年代的新古典主义建筑师亨利·霍兰（Henry Holland）为自己在伦敦和其他地方的住宅所做的设计，以及约翰·纳什设计的充满异国情调和东方风情的卡尔顿宫（1815 年至 1823 年间为威尔士亲王改建）。摄政王乔治在 19 世纪早期开始主导这种品位。他和他的宫廷圈子招募了一群有才华的建筑师和工匠。他们在法国受过训练，其中许多人曾负责建造当地的宅邸。其中包括建筑师查尔斯·希思科特·泰瑟姆（Charles Heathcote Tatham），装饰工匠兼制柜商尼古拉斯·莫瑞尔（Nicholas

伦敦卡尔顿宫的圆形房间 威尔士王子的伦敦宅邸为最佳的摄政式设计之一。室内为新古典主题和家具。*1819 年*

躺椅（榻椅）

黄檀木材质，周身密布叶形黄铜饰件。外框带内卷形导轨，其中央为卷曲的把手，末端为高度装饰化的涡卷支架。宽大的软包座位和扶手下是带叶形主题装饰的矩形前脸导轨。整件有外卷的军刀腿，末端是狮爪形脚与脚轮。*约 1810 年 高 86 厘米（约 34 英寸），长 182 厘米（约 72 英寸），深 71 厘米（约 28 英寸） MAL*

Morel）和休斯，以及钟表匠本杰明·弗利亚米（Benjamin Vulliamy）。

家具风格

摄政家具可谓是干净、对称、直线条的同义词。有鉴于此，它被看作是受到了法国帝国式家具和18世纪晚期托马斯·谢拉顿简洁式家具设计的影响。其大面积的表面通常带有特别的黄檀木做的贴面，并饰以古代图案如花卉、圆盘饰、桂冠和圆花饰镀金黄铜饰件。利物浦的家具制造商乔治·布洛克（George Bullock）在这方面的成就是最出色的，他经常会平衡各种英国木材（特别是橡木），在家具边缘使用程式化的花朵、荷叶与圆盘饰图案制做出奔放的效果。

严谨的新古典主义品位在托马斯·霍普那种最具考古趣味的家具上展露无遗。霍普于1807年出版了家具图集。他不仅攫取了古埃及、古希腊、古罗马的装饰灵感，也试图重现古代家具及其室内设计。最典型反映这一理念的家具是座位呈圆角的克里斯莫斯椅子。

在此期间，形状各异的边柜主导了卧室里的墙面空间，代替了原来所使用的五斗橱。在餐厅里，这一类似的角色则由流行的餐具柜和矮碗碟柜（*Chiffonnier*）来充当。

折衷主义

摄政风格不是新古典主义风格的翻版，其特点是不停有新品种问世，以及对形式的解放。乔治·史密斯在霍普出书之后的一年也出版了一本家具图集《家用家具和室内装饰设计合集》，展示其冷峻学院派的设计——其中将新古典图案应用到法国帝国式家具原型中，还包括哥特式和取自中国灵感的家具。事实上，外来形式和材料已然成为摄政品位的标志。史密斯在此书里还推广了霍普的设计，将其介绍给更多的公众。

史密斯大胆采用了豹子头或巨大狮子脚爪的雕刻来制造夸张的视觉效果，使得1820年和1830年间笨重家具风格呼之欲出。

小型中央桌

折叠桌面的表面有一个彩绘的场景，边缘为金链花贴面。黄檀木贴面的杆形支架支撑全桌，底座带卷曲的肋形脚和黄铜脚轮。*19世纪初 深86厘米（约34英寸） WW*

摄政风格脚凳

脚凳带有卷边，表面有轻微的雕花。X形底座有简单雕刻装饰和撑架。*约1810年 宽51厘米（约20英寸） DL*

矮边柜

黄檀木黑漆断层式，斑驳大理石顶面下的中楣带中央有女性面具。中心处的柜门嵌入17世纪的黑漆镶板。凸起的两边有开放的搁架，其背后有镜面和镂空黄铜裙档。球爪形脚。与法国镀金–青铜饰件不同，这件上面为镀金黄铜。*约1810年 高84厘米（约33英寸），宽202厘米（约80英寸），深51厘米（约20英寸） PAR*

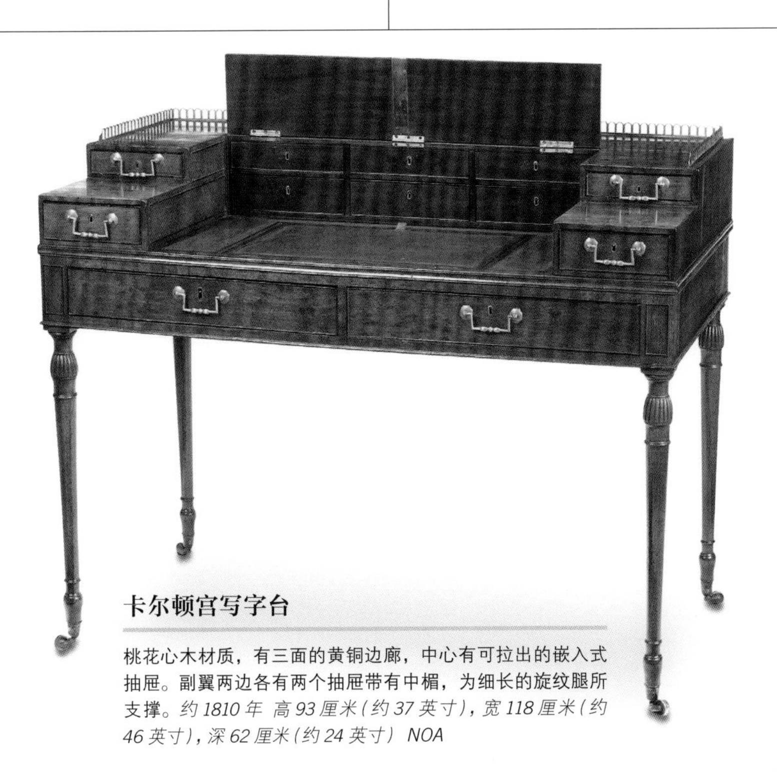

卡尔顿宫写字台

桃花心木材质，有三面的黄铜边廊，中心有可拉出的嵌入式抽屉。副翼两边各有两个抽屉带有中楣，为细长的旋纹腿所支撑。*约1810年 高93厘米（约37英寸），宽118厘米（约46英寸），深62厘米（约24英寸） NOA*

图书馆桌

长方形，边缘有希腊回纹的缎木和黄檀木镶嵌。中楣带中心有镂空镀金棕叶饰和两个抽屉。弓形腿有镀金狮头，末端为狮爪形脚，之间有撑架连接。*约1810年 高74厘米（约29英寸），宽113.5厘米（约45英寸），深71厘米（约28英寸） PAR*

英国异域风

英国摄政时期的家具设计受到了外国和本土文化的双重影响。

从蒙兀儿圆顶到伊斯兰拱门，摄政时期的设计师吸取了各种各样的异域文化。拿破仑在1798年7月入侵埃及时，随其出征的队伍里不仅包括士兵，还有艺术家和诗人、植物学家、动物学家及制图者。随后出版的《埃及百科》（*Description de l' Egypt*）几乎记录埃及的一切，在法国掀起了一股埃及热。

古埃及

对埃及的追捧热潮传到英国的具体时间，是在纳尔逊于1798年的尼罗河战役击败拿破仑之后，狮身人面像开始出现在书柜壁柱和边柜上，荷叶图案被刻于椅子的靠板，纺织品和墙纸上的印刷图案中也出现了这类设计。

例如，设计师托马斯·霍普的思想就来自于法国埃及学家巴伦·德农男爵的雕刻，与此相同的还有小托马斯·齐本德尔的设计。他继承了父亲的著名工作坊，于1805年为斯托海德花园创造了一套家具——带有华丽的狮身人面像。这些家具由桃花心木制成，常以当时流行的外国主题辅之以高度抛光的进口木材来装饰：如斑纹柿木、深乌木或是带斑点的青龙木。

哥特矮柜

这件漆面柜有锯齿状的上部与八角形塔楼。较前凸出的下半部有四叶饰裙档，下面是一对窗花格的镶板门，两侧是紧扣的拱壁。方形柱底座。*19世纪初 高168厘米（约66英寸）L&T*

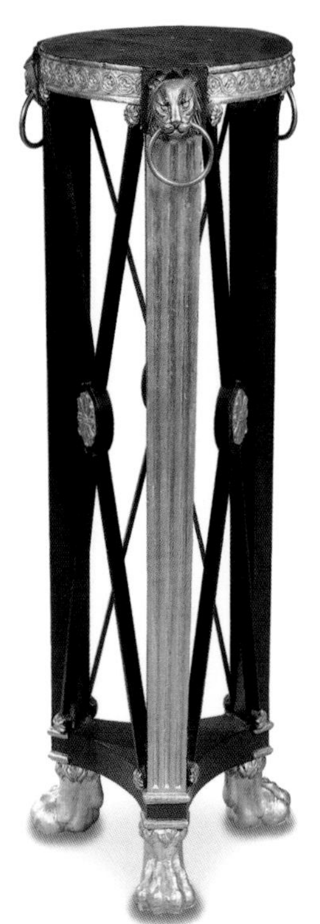

摄政烛台支架

由青铜与镀金木材制成。顶面下为模压有纽索饰的中楣，以及三个带狮子面具的、连接起有圆花饰交叉支架的镀金支架。凹面底座下为镀金的兽形脚。*高99厘米（约39英寸）L&T*

中国出口的写字台

三个抽屉上有一个可打开的抽拉活面和一体式望板，以弯腿支撑。各面皆黑，湖景与花卉的图案涂漆后镀金。*19世纪初 高93厘米（约37英寸），宽72厘米（约28英寸）DN*

托马斯·霍普

作为摄政时期最著名的设计师，霍普浓缩了对古代装饰主题的热爱，并将其运用到这时期的家具设计中。

托马斯·霍普来自一个富有的银行家族，但却成为19世纪初最著名的家具和古物的鉴赏家。霍普同时也设计自己风格的家具。1807年，霍普出版了一本《家具和室内装饰》图集，展示了他位于伦敦公爵夫人街上宅邸的内饰、家具和个人装潢主题。希腊家居内饰都采用古希腊–罗马和埃及家具考古式的风格。书中有经典的克里斯莫斯椅，椅子栏杆的背饰是从罗马石棺上复制的蛇纹凹槽。

霍普在他的图集中放入了可能是最好的他雕刻的古代面具图案，灵感来自希腊悲剧和喜剧，他们被反复使用在摄政时期的家具上，往往是镀金的黄铜嵌件形式。霍普在萨里（Surrey）豪宅中的家具现今仍留存，和他在立斐夫人画廊（Lady Lever Art Gallery）中著名的古董大理石收藏一样。

木制涂金与青铜脚凳 矩形的脚凳两边有带涂金格里芬怪兽外形。纽扣固定的软包为绿色天鹅绒，下为怪兽形撑架腿。*约1810年 高71厘米（约28英寸），宽106.5厘米（约42英寸），深48厘米（约19英寸） PAR*

桃花心木X形撑架椅 取自托马斯·霍普的设计，风格源自古罗马高官的椅子。*1800–1810年 高96.5厘米（约38英寸），宽59厘米（约23英寸），深49.5厘米（约19英寸） JK*

独脚陈设桌 顶面为硬石镶嵌，模仿马斯·霍普的帝国风格。它有狮头和镀金–青铜爪脚的三脚基座。*19世纪末 直径109厘米（约43英寸） GK*

中国风卷土重来

中国风作为英国18世纪中期洛可可风格的一个组成部分，在19世纪得以复兴。乔治·伦纳德·斯当东（George Leonard Staunton）爵士的《1797年英使谒见乾隆纪实》深刻地影响了英国皇家建筑师亨利·霍兰。英国民众于1815年拿破仑战败后也增加了对远东的兴趣。因为同一时期，英国使节正被派往中国参见新任的嘉庆皇帝。

当时家具被镀金涂黑以模仿涂漆似的外观——如同17世纪末时的做法——而漆柜（或从早期的屏风拆下被重复使用的漆板）也被纳入英国的家具制作中。东方竹子也出现在摄政风格晚期椅子的环旋形腿上。虽然许多家具都是用真正的竹子做出来的，但有一些则是以切割和彩绘来仿造其效果。

当摄政王从中国进口竹质家具用以装饰其伯灵顿宫殿时，就好似为这一流行趋势盖上了皇家认可的大印。于是，混合体成为摄政时期异域风格最著名的代表。

17世纪以来，中国与英国的货物贸易关系已经建立，漆和竹家具也从广东进口而来。到了19世纪，英国对中国进口的规模是前所未有的。随着进口中国风格的家具，龙等东方式图案也出现在凸面镜的顶冠上，而格子和中国式镶板则应用到椅背、五斗橱饰带、边柜的黄铜格栅或镜柜上。

南亚次大陆风格

印度风格和中国一样，对卡尔顿宫的装饰产生了相当大的影响。纳什受到威廉和丹尼尔（Thomas Daniell）《东方风景》（*Oriental Scenery*）一书的启发，在他的设计中还包括了从印度监狱复制而来的镂空石屏风。印度本土更热衷于进口西式家具，比印度图案应用到英国家具上更甚。进口象牙镶嵌的红木家具和盒子来自维萨卡帕特南，摄政风格的黑檀木椅则从锡兰运来。

历史主义

摄政时期末段，设计师和家具厂商从异国情调转向从自身的传统中寻找灵感。拿破仑战争的胜利激发了民族主义情绪。还有沃尔特·司各特（Walter Scott）的历史小说，都一同启发了设计师如乔治·布洛克和理查德·布利金斯。他们在19世纪20年代初将伊丽莎白和詹姆士一世时期的图案用在了阿博茨福德和阿斯顿大厅的家具上。哥特式主题一直较为普及，表现于橱柜的玻璃窗栏杆和门的镶板上。早在1807年尖拱就出现在放于大厅的椅子背板上，乔治·史密斯所出版的图集中亦有此类样式。被贝克福德等古董收藏家所钟爱并定制，采用橡木或其他本地木材制成。

英国本土风

在19世纪前20年，英国民间家具和托马斯·霍普风格的高级家具相比与18世纪晚期轻盈优雅的家具更为相似。它通常由桃花心木制作，或是做实体或是做贴面，或是由最新流行的乌木做成。家具还会使用廉价的木材如榉木，在其表面彩绘仿效桃花心木或其他进口木材的效果。例如“写信的年轻小姐”这一场景图案常用来装饰在便宜的木材上。摄政时期常用华丽彩绘和大片原木的装饰效果。

同样的，19世纪初橡木再次成为公共家具中适宜的木料，且为乔治·布尔洛克所常用。然而，橡木真正成为室内装潢的宠儿还是在19世纪二三十年代。

微妙的图案主题

虽然中产阶级家庭或乡间别墅卧室的家具并没有像摄政时期王室所定制的经典家具那么卓尔不群，但仍然显示出创造性和异国情调。微妙的荷叶雕花来自尼罗河文化，而桌子与书架上的希腊回纹则回荡出古代雅典的文化。

类似的，即使最为粗鄙的家具上面也会出现用进口木材如柿木或青龙木所做的交叉条纹以及用黄杨木或仿乌木制成的饰带，但在更为昂贵的家具上则用真正的乌木来制作。闪闪发亮的黄铜重又回到家具潮流中心，被用作镶嵌线条分隔图案或穿插于不同装饰画面之间。如乔治·奥克利（George Oakley）通常使用五角星主题的黄铜件。

新品种

这个时期，为满足日常生活需求，家具品类增加了很多新的种类，出现了各种各样为特定用途而设计的桌子。例如，沙发桌会带有侧翼、中心底座或标准侧缝——有时是古典七弦琴的样子——摆在沙发前面；而图书馆书桌通常有绷紧的皮革顶面和固定的末端，这种设计专用在图书馆里。肾形的休闲桌和缝纫桌（用来装缝纫工具）都是新型的家具。有一种被称为四重奏桌的家具，专为三个、四个或五个桌子能安装在一起而设计。

镜柜作为边柜的一种出现于约19世纪初。作为乔治时代的发明，牌桌和餐桌仍受到欢迎，有中心旋转式底座和带凹槽的腿。

所谓的“特拉法尔加”椅子可能是摄政时期地方性设计中的一种（见第242页）。外观强有力的线条和军刀形腿彰显出这时期家具的优雅。这些椅子常带有折叠座位，有的是藤编制成。

来自远东的藤编工艺重新广泛用在了座位、边框和图书馆椅的靠背上。

达文波特桌是这一时期另一个新出现的品种。它得名自替基洛斯公司委托设计家具的达文·波特上尉。

基洛斯风格

这时期英国民间家具的生产为基洛斯所主导。他最早在19世纪30年代的兰开斯特开始其职业生涯，后来搬到了伦敦。他因其高品质的家具工艺而闻名，特别表现在与家具堪称绝配的贴面装饰上——常常是带有特别的图案。在家具上，他经常会在边缘添加拱纹环饰或是在腿部加上叶瓣装饰。和其他设计师如赫普怀特有所不同，基洛斯从未出版过自己的家具图集，但其草稿很好地阐释了他的风格并一直保存在威斯敏斯特城档案馆中。与当时所不同的是，他的家具有特别的印章（一般在抽屉的前上部），就是基洛斯本人的名字。鉴于这种打标签的做法在19世纪末才成为家具业约定俗成的惯例，说明基洛斯早在18世纪90年代就留下个人印章的做法是颇有先见之明的。

苏格兰抽屉柜

弧形前脸，桃花心木材质，有黄杨木装饰边条。D形顶面边缘有凹槽，下为带隔间的中楣抽屉，内藏写字台。中楣下方有四个长条抽屉，其两侧有榆木镶板。柜子有卷曲形望板。尖细方形腿有凹槽装饰。*19世纪初 高111厘米（约44英寸），宽120厘米（约47英寸），深59厘米（约23英寸）L&T*

乔治四世茶桌

造型优雅，桃花心木制作。长方形顶面有圆角，打开后有更大的使用面积。中楣有带雕花的光亮贴面。顶面下为栏杆柱，饰以雕刻叶饰板。最下面的四条模压外卷形腿雕有凹槽图案。最末处有黄铜叶形包脚和脚轮。*19世纪初 宽92厘米（约36英寸） DN*

描金边柜

摄政时期风格作品，一次成型的背板带狭小的搁架，为小立柱支撑，立于大搁架上面。单独的抽屉下为圆柱支架和方角底座。所有的表面皆有描金。*1810–1820 年 高 125 厘米（约 49 英寸），宽 81 厘米（约 32 英寸），深 45 厘米（约 18 英寸） JK*

达文波特书桌（*Davenport*）

桃花心木材质，带铰链的顶面上有一个朝后的边廊，下面是个小的藏笔的抽屉，再下面是四个分层侧边抽屉。桌子前脸有镶板，带一体化的横条包边。四个托架脚有雕花，模压而成。*约 1810 年 高 94 厘米（约 33 英寸），宽 38 厘米（约 15 英寸），深 49 厘米（约 19 英寸） NOA*

红木高脚柜

柜子的七个长抽屉之上为半圆形镶板的檐口。所有的抽屉线条与桃花心木的纹路保持一致，带黄铜贝壳形吊环把手。腿部为军刀形。*19 世纪初 高 224 厘米（约 88 英寸），宽 126 厘米（约 50 英寸） WW*

装饰软座扶手椅

这把扶手椅的外框、扶手和腿部布满了雕刻和装饰。两边、靠背和座位镶板为藤编的，有松软的垫子。扶手带衬垫。座位下为带黄铜脚轮的旋纹凹槽腿。*约 1810 年 高 91.5 厘米（约 36 英寸） DL*

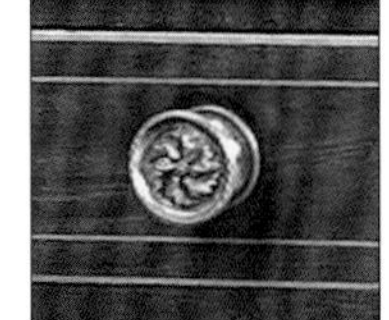

冲压黄铜把手

边门细节

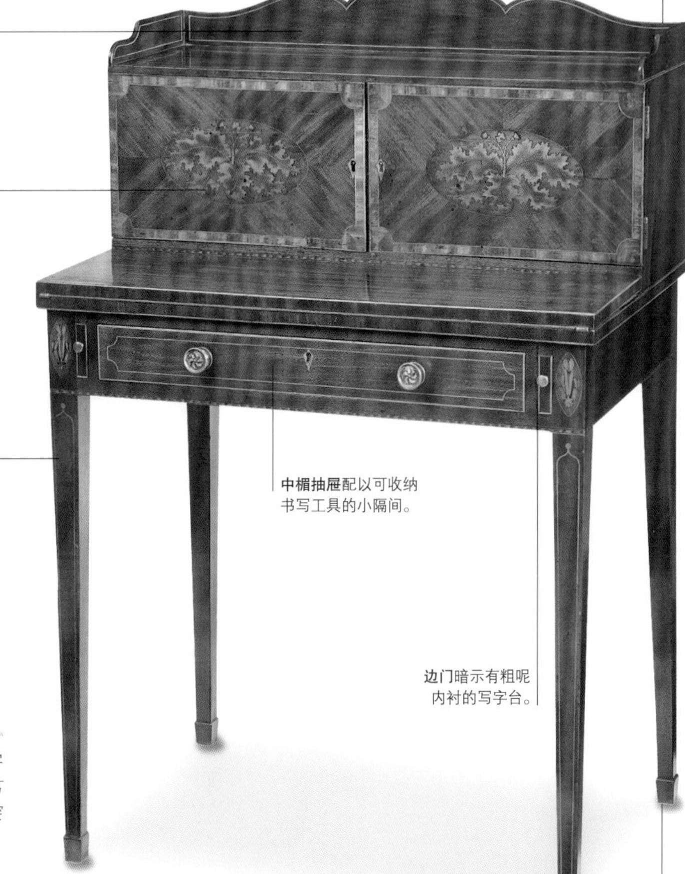

女士书桌

桃花心木制。上半部一次成型，配有贴面柜门和写字台，有中楣抽屉和尖细腿和铲形脚。*约 1790 年 高 103.5 厘米（约 41 英寸），宽 72 厘米（约 28 英寸），深 47 厘米（约 19 英寸） NOA*

乔治四世与威廉四世

当乔治三世在19世纪20年代去世后，他那名声不好的儿子——曾统治英国九年的摄政王——成为国王乔治四世。因为对奢侈品有着特别的嗜好，他在位期间的室内装饰，特别是温莎城堡成为英国历史上最豪华的例证。东、南侧城堡重建于1824年和1830年之间，委托建筑师杰弗里·怀厄特维尔（Jeffry Wyattville）完成。家具和橱柜由制造商尼古拉斯·莫瑞尔提供。家具上笨重的镀金内饰都反映出法国的品位。

当乔治四世于19世纪30年代去世之后，他的兄弟继位成为威廉四世。与前任的世俗追求相反，威廉的统治是由改革法案所主导的，这一法案带来了议会的改革。然而，这一时期也是从摄政时代到维多利亚时代重要的过渡时期。大部分的家具还是以新古典主义风格为主，但在体量上比摄政风格的家具要沉重得多。

路易家族

英国对18世纪法国家具风格的兴趣始自19世纪10年代末，即法国家具在革命后能被买到时。特别是带有玳瑁和黄铜布尔式镶嵌的家具，为当时的人们所大力搜集，其中包括威灵顿公爵和摄政王。这种风格有时也称作“洛可可复兴”，被当时人们（错误地）当成了路易十四风格。路易斯十五家具上的蛇形在典型的路易十四或路易十六家具上重新展现。

贝尔瓦城堡的伊丽莎白宫由院长本杰明·迪恩（Benjamin Dean）和马修·柯特斯·怀亚特（Matthew Cotes Wyatt）在19世纪20年代建造，混合了法国洛可可式家具、带有现代式卷曲装饰的镶板和镀金的英式家具。这种华丽的室内装饰风格特别适合带有纽扣固定的、有软包靠背的、两侧凸

长枕提供额外舒适性。

腿部饰以叶形雕刻。

沙发靠背饰以莨苕叶雕刻。

扶手饰以叶子图案。

雕花扶手细部

威廉四世沙发

桃花心木材质。其顶冠的镶板两侧绘有卷曲的莨苕叶。低处的扶手和靠背、座位垫子一样有软包。两个长枕增加了额外的舒适性。末端为叶状雕花的瓮形，雕花尖脚有黄铜护罩和脚轮。*19世纪初 宽204厘米（约80英寸） L&T*

图书馆桌

树瘤橡木材质，镶有乌木。顶面带横条，下为带两个抽屉的中楣。顶面为四个栏杆头圆柱支撑，与撑架相连。印有“Holden & Co, Liver-pool”字样。*19世纪初 宽122厘米（约48英寸），深61厘米（约24英寸） MLL*

威廉四世三脚桌

斜面彩绘，桌面长方形。圆柱支架下有三脚底座。桌面绘有徽章。小面包形脚。*约1835年 高70厘米（约27英寸） DL*

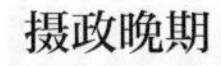

起的弯腿式座椅。箱式家具往往呈直线形，带有古典式线条。

古老的法国风格因为1825年之后的一系列家具图集的出版重新焕发生机。出版物作者包括约翰·泰勒（John Taylor）、亨利·韦塔克（Henry Whitaker）和托马斯·金（Thomas King）。约翰·威尔（John Weale）再版了18世纪中叶托马斯·齐本德尔同代人的专著，包括马蒂亚斯·洛克、托马斯·约翰逊、亨利·柯普兰，这一举动带来了19世纪二三十年代所谓的“齐本德尔复兴”。

摄政晚期

当时很多桃花心木家具可以看作是更加笨重的摄政风格设计，这也预示之后出现的维多利亚那种坚固的做派。雕刻往往受古典主义的启发，结合了圆模雕刻装饰和螺纹。小面包形的脚被用于抽屉柜或支撑底座上。椅子和桌子的腿常见为螺旋形或环旋形而不是军刀形。床柱的设计大多与此类似，有时为叶饰雕刻。

扇形贝壳图案

威廉四世镜子

木制镀金和镀银长方形外框，周围是月桂花环和桂冠雕花。下部中心为扇形贝壳图案，下面是蓟草，两侧为贝壳、植物和树叶。原为一对。*约1830年 高134.5厘米（约53英寸） PAR*

威廉四世四柱床

四个旋纹雕花床柱上面是模压的檐口，桃花心木做成。床柱脚部有凹槽和叶形雕花，床头的柱子是平的，内有镶板做的护顶板。扇形边的窗帘与垂挂为花形织品。*19世纪初 高273厘米（约107英寸），长202厘米（约80英寸） L&T*

图书馆书桌

玳瑁贴面，模压边缘，一次成型式望板，弯腿。表面饰以玳瑁和镀金饰件。*约1830年 高79厘米（约31英寸），宽165厘米（约65英寸） HL*

乔治四世图书馆扶手椅

软包梯形靠背扶手椅有U形前脸，可见的桃花心木材质部件有小圆盘的雕花和凹槽。腿为旋纹凹槽，末端为黄铜脚轮。原为一对。*19世纪初 DN*

德国：帝国式

当拿破仑在1806年成为德国的统治者后，他给该地区带来了帝国式风格。德国和奥地利一直与法国风格保持密切的联系，因为许多德国工匠受训和工作在巴黎，所以他们对帝国式风格并不陌生。用于帝国风格家具的宏大的古典图案，包括鹰、神兽、月桂花环和列柱，加上带有军事化细部的青铜饰件，都成为庆祝拿破仑胜利的缩影写照。

皇家的影响

波拿巴家族在推动帝国风格在德国家具界成为时尚潮流方面起到了实质性作用。拿破仑的弟弟热罗姆·波拿巴（Jerome Bonaparte）于1810年成为威斯特伐利亚国王，他采用帝国风格的家具来装饰其威廉城堡。包括从乔治·雅各布–德斯马尔特（见第201页）那里定制的家具，还进口了由弗里德里希·维克曼（Friedrich Wichmann）设计的、装饰着大理石浮雕的壮观办公桌。1806年，拿破仑获得了一套帝国式家具，放在了弗兰肯的维尔茨堡宫。这些家具的灵感来自他所喜爱的法国建筑师帕西与方丹的作品。他们在1801年出版的家具图集《室内装饰汇编》广为德国家具业欣赏，并促使当地工匠们制造出属

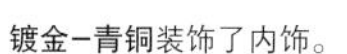

威尼斯写字台

外形为七弦琴，果木与桃花心木材质，局部有镀金和镶嵌。拱形山墙，两侧有镀金古典人物。长方形写字台有内室，藏有抽屉隔间和拱形隔断，皆有奢华的镀金–青铜装饰。下部有两个分层抽屉，饰以七弦琴的边条。矩形底座有兽爪形脚。*约1807年 高139厘米（约55英寸），宽62厘米（约24英寸），深41厘米（约16英寸）GK*

镀金狮头

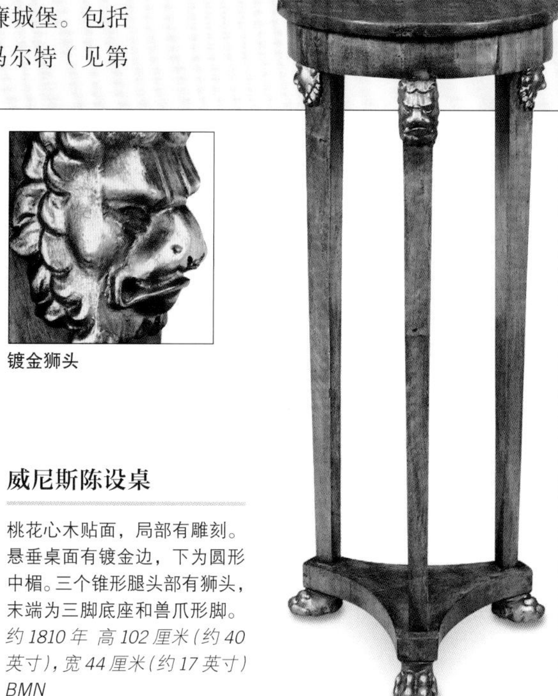

威尼斯陈设桌

桃花心木贴面，局部有雕刻。悬垂桌面有镀金边，下为圆形中楣。三个锥形腿头部有狮头，末端为三脚底座和兽爪形脚。*约1810年 高102厘米（约40英寸），宽44厘米（约17英寸）BMN*

山毛榉椅子

靠背卷曲状，椅背与座位为玫瑰色软包。前腿尖细，后腿弯曲。设计出自利奥·冯·克伦泽（Leo von Klenze）。据说来自慕尼黑的公寓。*约1818年 宽91厘米（约36英寸）NAG*

于他们自己的版本。

德国民族风

德国家具一般比同期的法国帝国式要更大更庄重。本地产的产品常常带有粗大的列柱和生动的对称感。

帝国式本身是贵族阶级专属的风格，它迅速得到了德意志各城邦（自1815年维也纳议会通过后成立）领主们的喜爱。这些领主们为了炫耀其权力，毫无例外竞相兴建新的城堡或重新装修现有的宅邸，这些宫殿的设计都以帝国式风格为主。

接待厅和王座房间都配备有镀金的帝国式家具。天才的宫廷橱柜商采用了配套的沙发桌（*Sofa table*）和玄关桌以制造整体感——这些都基于法国设计或改编自当时流行的时尚杂志上的家具图样。私人房间配有桃花心木家具，上面饰以镀金-青铜饰件，图案则受到古埃及的影响。

座椅家具设计也直接受到古代世界的影响。例如，希腊克里斯莫斯椅子的影响反映在利奥·冯·克伦泽（Leo von Klenze）设计的椅子上。他曾为慕尼黑巴伐利亚的路德维希一世国王工作，其新古典主义建筑形式大部分在今天的慕尼黑还可以看到。

维也纳设计

维也纳是当时家具生产的主要中心。在这里，产生了一些最有创意的设计如里拉琴式的书桌，这类家具往往以不寻常的形状而闻名。不同于在德国的设计师和工匠，维也纳设计师更青睐使用具有鲜明对比效果的乌木和镀金铜，他们精心铸造并镂刻的镀金铜饰件堪与法国工匠的作品相比肩。

最有天赋的维也纳家具制造商之一是约瑟夫·乌里希·丹豪泽（Josef Ulrich Danhauser）。他堪称一流的维也纳家具制造商，从1804年到他1829年去世，他将自己的名字用实木铸模，以此代替昂贵的青铜来装饰其家具。

奥地利樱桃木桌

顶面矩形，圆角。有独立中楣抽屉。尖细方形腿。*约1810年 高77厘米（约30英寸），宽98.5厘米（约39英寸） SLK*

德国北部五斗橱

矩形，桃花心木，枫木贴面。斜削边角，三个抽屉带乌木镶边。有三个锥形腿。*19世纪初 高83厘米（约33英寸），宽112厘米（约44英寸），深58厘米（约23英寸） BMN*

卡尔·弗里德里希·申克尔

19世纪初德国最具影响力的大师级建筑师，同时也是城市规划者和艺术家、家具设计师。

卡尔·弗里德里希·申克尔（Karl Friedrich Schinkel, 1781–1841）出生于柏林附近地区，就读于新柏林建筑学院，最初想做一名建筑师。他向弗里德里希·基利求学，后者为普鲁士的腓特烈大帝建造纪念碑的计划深深影响了小申克尔。

申克尔旅游到法国和意大利，深受古典风格建筑与家具影响。他认为新式设计应该从古代世界中吸取营养。回国后他在普鲁士工作过，包括作为实习生参与建设国家大剧院。

申克尔早期作品之一是为路易女王的夏洛滕堡（Charlottenburger castle）制作的带边桌的床。他对轻快色调贴面的运用预示了比德迈风格（见第216–217页）。他在外形上做大胆实验，并为每一个房间单独定制家具。典型的申克尔设计是建筑式写字台和舒适的扶手椅。他于1835年出版的《制造商和工匠的重要角色》一书广为传播。他晚年的作品较之新古典风格更多是文艺复兴式的设计。

申克尔扶手椅 这张全部包衬的椅子拥有曲线型的外框，带托架脚，饰以古代的图案。

《申克尔在那不勒斯》 这幅油画作者为弗兰兹·路易斯·卡特，显示了申克尔第二次意大利之旅时在那不勒斯的情景，画于1824年。

德国：比德迈式

比德迈一词广泛涵盖了简单、经典、流行于1805年到1850年之间手工制作的家具特点，是与帝国风格的家具为同一时期的产物。虽然贵族们用帝国风格的家具来装饰正式的房间，但他们豪宅中更私密的空间则以比德迈风格来装饰——它受到了德国、奥地利、瑞士、斯堪的纳维亚富裕的中产阶级的青睐。

19世纪初德国的政治动荡引发人们对时局不确定的担忧，贫困日益加剧。其结果是，人们更常待在家中，因而更加重视家居环境，尤其是中产阶级对家具产生了越来越浓厚的兴趣。

温和的风格

比德迈家具通常为直线形，很少装饰性雕刻。图案的灵感来自经典设计元素，如列柱、山墙、卵形、箭镞、珠子和卷曲等。约19世纪30年代开始，比德迈风格设计纳入了涡卷形：椅子经常有八字腿，沙发有拱背，模压的飞檐也成为书柜的装饰元素。

常用木材

比德迈家具最为时尚的用料本来是进口的桃花心木，但这对于中产阶级来说太过昂贵。因此成本较低的木材如核桃木、樱桃木、梨木、桦木和白蜡木，结合黑榆、金钟柏木（*Thuyawood*）等成为常用木材。木材的纹理作为最重要的装饰特征出现。例如带有天然纹理的贴面被做出锥形或喷泉的形状。橡木、胡桃木、榆木的贴面因其不同的颜色和漂亮的斑纹也很受欢迎。暗黑色的木料经常用在钻石形的锁眼周围，还有块形脚和飞檐。

拘谨的室内装潢

比德迈式的室内装潢采用的是普

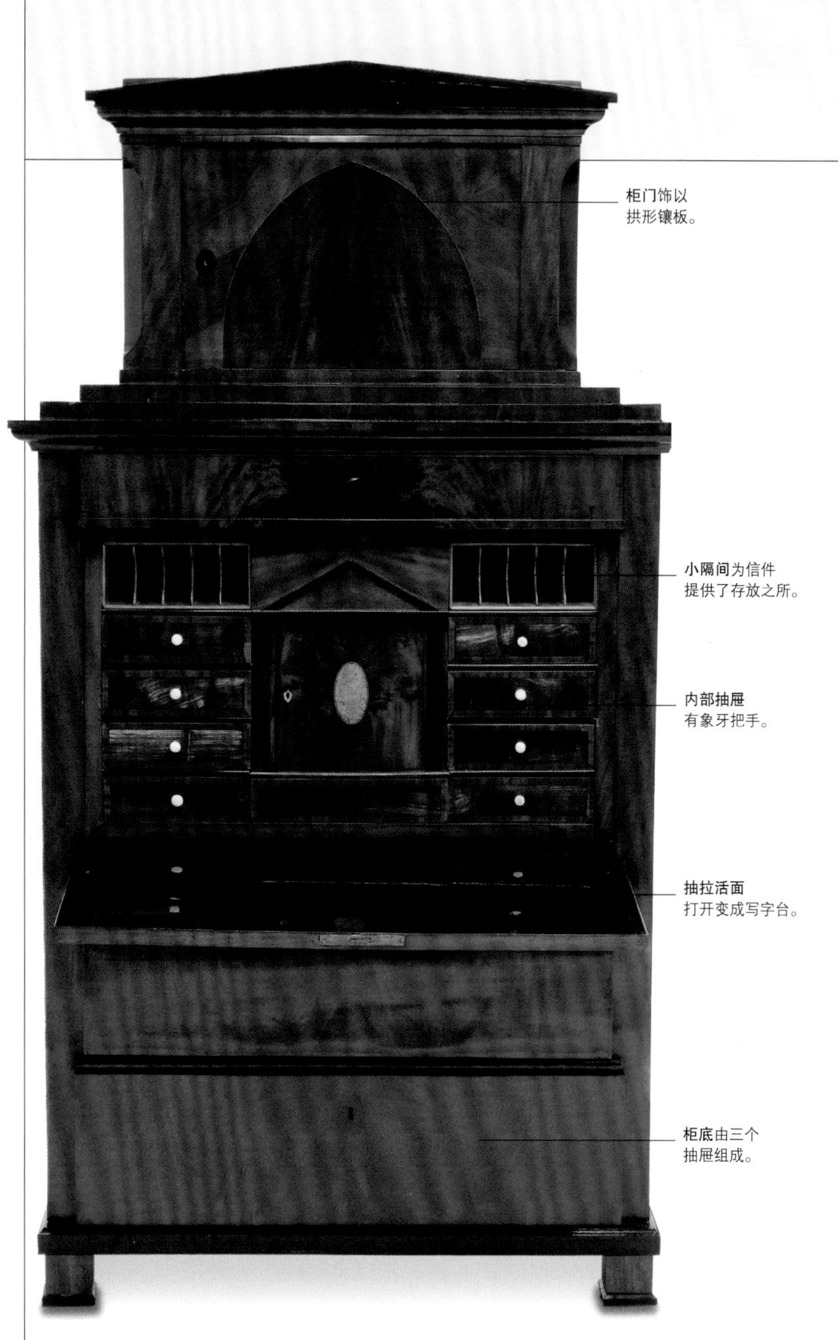

书柜

整体完全覆盖在樱桃木镶板之下，这令人印象深刻的写字柜有一个抽拉活面，打开后显示出一个内部空间。里面的隔室由十一个小抽屉组成，中间为壁龛。较低的部分由三个大抽屉组成，托架脚支撑。这个实用的家具体现了古典气质的舒适性和方便性，当初可能放在客厅作为整体家居的重点摆设。*约1820年 高151厘米（约59英寸），宽104厘米（约41英寸），深49厘米（约19英寸） KAV*

餐椅

这些椅子用实心胡桃木制成，镶板核桃木的。椅背为气球形，有双栏杆椅背条和一体形顶冠。锥形和软包座位是那时的典型，下面为军刀形腿。软包材料为新古典风格条纹织物，可能还是原来的成色，上面有花饰。*1820–1830年 高87.5厘米（约35英寸），宽45厘米（约18英寸），深46厘米（约18英寸）*

沙发

优雅的沙发框架有稍微隆起的背。灵感来自古典作品，采用了比德迈设计师们喜爱的简单、几何设计。部分华丽的雕刻和装饰不属于原来风格。沙发贴面为樱桃木，有些地方已经暗淡。家具使用了简单的乌木镶嵌来加强木制的扁平表面。软包座位里有弹簧线圈提高了舒适性。*约1825年 宽185厘米（约73英寸） KAV*

一个典型的比德迈风格客厅（约 1820–1830）
这间简单的撒克逊客厅是这个时期别墅的家装典型。起居室是家庭的社交中心，在家具的布置上投入大量的心思。

通的装修，强调实用性和舒适性而不是装饰性。家具的大小适中，偏圆润的形状既舒适又温馨。

许多家具都有一个与之大小相似的同款产品共同来平衡房间的陈设。如一个可调节桌面的书桌配有与其原型一样但被用作衣柜的家具，当时这很常见的。

比德迈式的室内装潢风格的突出特征之一是常常采用一体化的配色方案，包括常见的浅色软包与窗帘。特别选用的木材与整体化的设计感共同营造出了温馨舒适的家庭感觉。

这一时期的制造业进步直到该世纪的下半叶才产生了较大的影响，因此早期的比德迈式家具能很明显地看出是手工制作的。家具的软包一般为扁平和正方形，由丝绸或马鬃制作。木制表面经过了刨平和抛光。

19世纪中期的时候，比德迈风格被人们视为舒适但又显得寒酸的，“Biedenneier”意思是“体面的普通人”。这个名字最初是用在德国出版物中一个虚构的中产阶级人物身上。

比德迈风格的人气逐渐开始下降，对它的负面评价直到 20 世纪才消失。比德迈风格家具再次成为抢手货，其风格被广泛地复制。

墙面镜

具有建筑风格要素，饰以樱桃木贴面。镀金底座上有乌木圆柱和柱头，支撑了古典风格的檐口和山墙。中间的饰件是狩猎女神戴安娜。*1820–1830 年 高 170 厘米（约 67 英寸），宽 71 厘米（约 28 英寸） BMN*

餐桌

产自德国南部，这个简单的餐桌有星星图案的樱桃木贴面。一些贴面被染黑以增加视觉效果。单个柱脚下为底座。*约 1830 年 宽 115 厘米（约 45 英寸） BMN*

胡桃木贴面五斗橱

顶面带乌木包边，下为中楣抽屉。内凹的两个抽屉两侧有旋纹的带科林斯式柱头的镀金乌木柱。中间的抽屉内里饰以花朵和人物细节。*1820–1830 年 高 85 厘米（约 33 英寸） BMN*

玻璃柜

桦木贴面柜产自柏林，有阶梯形山墙和一个平顶。椭圆形玻璃门面板装饰了精美的木制轮辐，显示了从中央的太阳发出光线的主题。柜底有一个带锁的抽屉。*约 1820 年 高 182 厘米（约 72 英寸），宽 108 厘米（约 43 英寸），宽 54.5 厘米（约 21 英寸） BMN*

荷兰、比利时

比利时直到1831年才正式独立。事实上在1797年10月《坎波福尔米奥条约》签订后，该地区被并入法国。因此，比利时19世纪早期生产的家具几乎与法兰西帝国风格没有什么不同。虽然经济还十分不景气，但那些有足够财力的人仍在从巴黎直接定制家具。1831年之后，和其他地方一样，一系列的历史复兴风格主导了比利时家具设计。

在荷兰的情况略有不同，部分原因是因为当地一直存在对法国占领军的抵抗。1806年耶拿战役后，拿破仑授予他的弟弟路易斯荷兰王位。在意大利，帝国式风格是由皇帝的家族直接引入的。

改良

1808年，新国王命令将17世纪修建的阿姆斯特丹市政厅重新装修为皇家公寓，并定制一套时尚的帝国式风格家具来装饰主要的房间。大部分家具是由忠诚的荷兰工匠提供给这位来自法国的新主人，包括天才设计师卡雷尔·布雷茨普拉克（Carel Breytspraak）——一个德国家具商的儿子，1795年他被阿姆斯特丹行会录取。他的家具受帕西和方丹的古典主义影响很深（见第200–201页），同时也表现出个人独特的手法，如在抽屉周围增加模压线条装饰和设计典型的荷兰式尖脚，以及在箱式家具上采用倾斜的壁柱以减少庞大的体积感。为新皇宫提供的软包座椅出自约瑟夫·库尔（Joseph Cuel），包括受霍登斯女王（Queen Hortense）委托为其卧室定做的带有卷曲装饰的沙发床也是由库尔设计。

传统

帝国风格在拿破仑惨败于滑铁卢之后仍然在流行，所以当国王威廉一世重新装饰位于海牙的宫殿的公寓时，想到的还是拿破仑帝国风格。

当时宫廷中最重要的家具供应商之一是诺德豪斯（Nordanus），他是当地的一个橱柜制造商。1818年，他制作了无数的桃花心木家具，其中一些带有花形的细木镶嵌贴面。荷兰18世纪新古典主义的特征包括褶边中楣和斜削角等装饰样式，都出现在荷兰帝国式家具上。

古典主义风格在荷兰一直保持到19世纪下半叶。和其他欧洲国家一样，荷兰家具多由质地光亮的木材制成，特别是枫树或伯尔胡桃木，受到英式和德国比德迈风格的影响。随着时间的推移，家具工作坊也变得越来越机械化。

荷兰餐椅

榆木材质。顶轨有镶板，并通过特殊结构与逐渐变细的两边连接。软包座椅用铜钉固定。平直座椅档板，车削锥形腿。*高85厘米（约33英寸） DN*

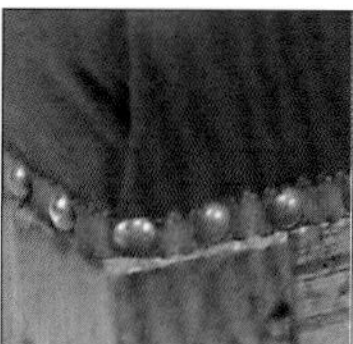

铜钉

比利时扶手椅

新古典风格，层压（*Lamination*）而成。顶轨饰以镀金有包边，中间有两个围着竖琴的丘比特。下卷的扶手饰为镀金球形，下为有叶片边的丰饶角。反转的U形腿有镀金金属叶尖包脚。每个椅子加盖“Chapuis”字样。*19世纪初 高89厘米（约35英寸） SI*

茶室木制品 房间里几乎所有的彩绘镶板都有华丽的雕花镀金。房间由建筑师查尔斯·帕西和皮埃尔·方丹设计。*SRA*

镶嵌细工细部

荷兰牌桌

核桃木，其可折叠顶面有圆角，下为长方形嵌板饰带。镀金金属锥形脚。桌子周身的镶嵌细工花卉装饰为荷兰的典型设计。*19世纪初 高89厘米（约35英寸） DN*

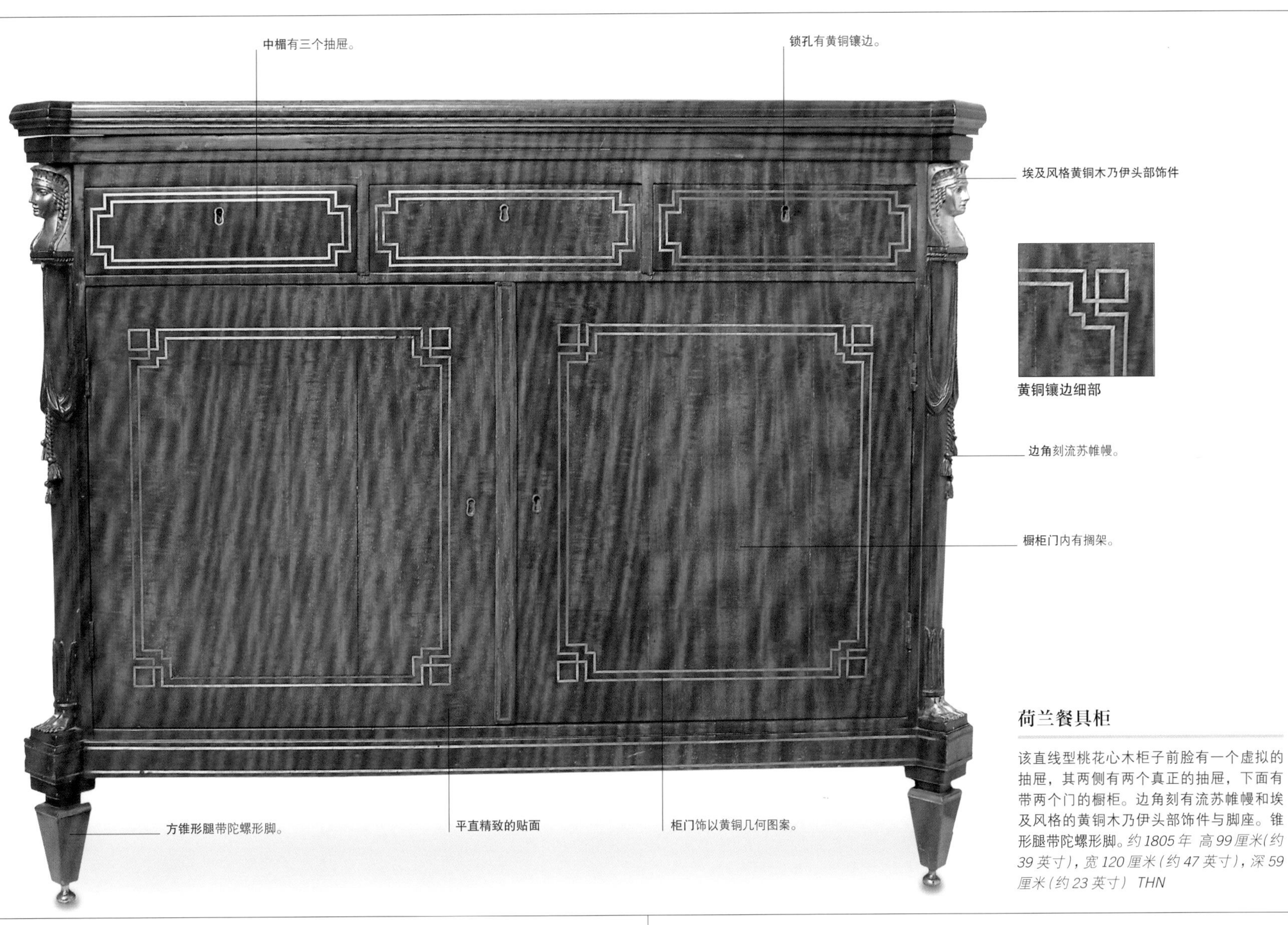

黄铜镶边细部

荷兰餐具柜

该直线型桃花心木柜子前脸有一个虚拟的抽屉，其两侧有两个真正的抽屉，下面有带两个门的橱柜。边角刻有流苏帷幔和埃及风格的黄铜木乃伊头部饰件与脚座。锥形腿带陀螺形脚。*约1805年 高99厘米(约39英寸)，宽120厘米(约47英寸)，深59厘米(约23英寸) THN*

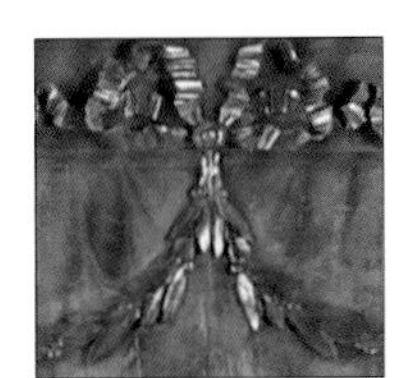

浅浮雕

衣橱

桃花心木，一对柜门上有山墙，门内有三个搁架与三个为一排的抽屉。下半部有两个短抽屉，再下为两个长抽屉。整体为新古典式雕花装饰。*19世纪初 高231厘米(约91英寸)，宽160厘米(约63英寸)，深56厘米(约22英寸) NA*

锁眼细部

荷兰衣柜

桃花心木和黄檀木柜子有两个门，顶冠有成型的檐口，上为半球形、中央涡卷形的山墙。下半部分有隆面底座，带三个长长的抽屉和球爪形脚。*19世纪初 高231厘米(约91英寸)，宽160厘米(约63英寸)，深56厘米(约22英寸) VH*

斯堪的纳维亚

英军在阿布吉尔湾战役（1798年）和特拉法尔加战役（1805年）的胜利后开辟了沿北海海岸的贸易路线，也为北欧国家与英国的外交往来和英国设计传到斯堪的纳维亚带来极大的可能。但事实并非如此。丹麦和瑞典对法国态度的举棋不定促使英国首相皮特下令摧毁了丹麦舰队并轰炸了哥本哈根，这激化了当地人对英国的敌意，同时影响了贸易、航运，连带给丹麦和挪威造成了1813年的经济破产。

所以，尽管19世纪的北欧家具存有些许英国新古典主义的痕迹，这往往不是来自18世纪后期设计上残留的影响，就是来自德国北部家具的渗透作用。

这些敌对行为的一个积极结果是，当地的工匠在与英国竞争中得到保护，被鼓励发展出自己的工坊及其风格。虽然在欧洲其他地方都以帝国风格为主，但北欧有自己明显的地方特色。

丹麦帝国风格

丹麦人对简洁传统的偏好，以及面对由于战争和经济困难所必要的节俭，引发了法国帝国风格的另一种版本，名为丹麦帝国式，在三个北欧国家中流行开来。尽管桃花心木一直受到人们青睐，常见于更大、更富裕的城市家具，但由于战争的关系获得这种木材变得很难。结果，丹麦帝国风格开始利用当地的木材如桤木、枫木、桦木，抛光后它们有看起来像是缎木一般的质感。桃花心木家具出现在1815年之后，通常是用松木而不是橡木做贴面。

丹麦家具往往以对比明显的木材如柑橘木做镶嵌，而不是以镀金的饰件。半月形镶嵌和拱形局部很受欢迎，还有黄铜压片或木制涂金的装饰细节。

丹麦家具中最有特色的椅子是1800年由尼古拉·阿比尔加德（Nicolai Abilgaard）设计的克里斯莫斯椅，现在保存在哥本哈根装饰艺术博物馆。它类似雕刻家赫尔曼·弗伦德（Hermann Freund）设计的一把椅子（现在在弗雷德里克斯堡），模仿自古希腊的原型。

丹麦人习惯赋予一个房间多种功用：包括餐厅、客厅和书房等。这导致一些独特类型家具的出现。其中一种是“Chatol”，它包括一个可伸缩的写字台，上面是存放餐具和玻璃器皿的橱柜。另一种是在两边都带有橱柜。

赫奇风格

在丹麦，因为秉承帝国晚期风格的古斯塔夫·弗里德里希·赫奇（Gustav Friedrich Hetsch，1788–1864）的大力推广，新古典主义风格延续到19世纪40年代。他在本世纪的巴黎跟随查尔斯·帕西当学徒，回国后直接到哥本哈根陶瓷厂工作。他也是一名设计师，其作品经常复制古董的原型。这种常用雕刻贴花和模具翻制技艺的风格，有时也含混地被称为克里斯蒂安八世（丹麦国王，统治时间从1839年到1848年）式。

瑞典

瑞典与丹麦相比更为亲法，特别是在法国宫廷圈。在斯德哥尔摩，罗森达尔城堡黄色房间的家具是19世纪20年代专为国王而做，要比19世纪初斯堪的纳维亚生产的任何家具都更接近真正的法国帝国式。它由当时斯德哥尔摩工匠中的佼佼者劳伦兹·威廉·伦德留斯（Lorenz Wilhelm Lundelius）设计。

通过约翰·彼得·伯格（Johan Petter Berg）于1811年制作的一个著名的书桌，可看出瑞典家具商吸收了德国家具的沉重体积，并结合了帝国式图案（如白色大理石壁柱），还偶尔加入了英国元素如谢拉顿式的贝壳镶嵌。

赫奇风格最终抵达瑞典，但它并没有成为主流，因为新哥特式在这里早已开花结果。事实上，1828年斯德哥尔摩的王宫中已经有一个哥特风格的房间了。

双人沙发

桃花心木座椅、比德迈风格的双人沙发有一个坚实的、外卷矩形的扶手。座位的背面和侧面有黄铜模压板和扇形拱肩。扶手末端有花环和桃花心木饰面。座椅裙档有黄铜嵌件和铜绿（*Verdigris*）托架支撑。最底部有巨大的镀金和铜绿色兽爪形脚。座椅整体有软包。*19世纪初 宽139厘米（约55英寸） L&T*

瑞典写字台

高高的、有明亮贴面的瑞典帝国式写字台两边为锥形。上部分在浅层抽屉下有抽拉活面。中段为三个分层抽屉组成。下段抽屉为断拱形。矩形方块脚。其出现于帝国风格流行的晚期。*1841年 高145厘米（约57英寸），宽122厘米（约48英寸），深58厘米（约23英寸） BK*

丹麦扶手椅

桃花心木，靠背为大大的环形，有软包。弧形臂托，前腿锥形，后腿军刀形。*19世纪初 高76厘米（约30英寸），宽68.5厘米（约27英寸），深58.5厘米（约23英寸） EVE*

晚期古斯塔夫式扶手椅

瑞典镀金彩绘扶手椅的座位和背部有软包，弧形有顶冠与狮头末端。雕花下卷扶手。有衬垫的座位上为雕花裙档，凹槽旋转形前腿，军刀形后腿。*19世纪初 BK*

女士工作台

晚期古斯塔夫式，中楣抽屉上有椭圆形边廊。顶面下锥形腿，末尾黄铜盖帽和轮脚与交叉撑架相连。*19世纪初 高77厘米（约30英寸，宽56厘米（约22英寸），深47厘米（约19英寸） BK*

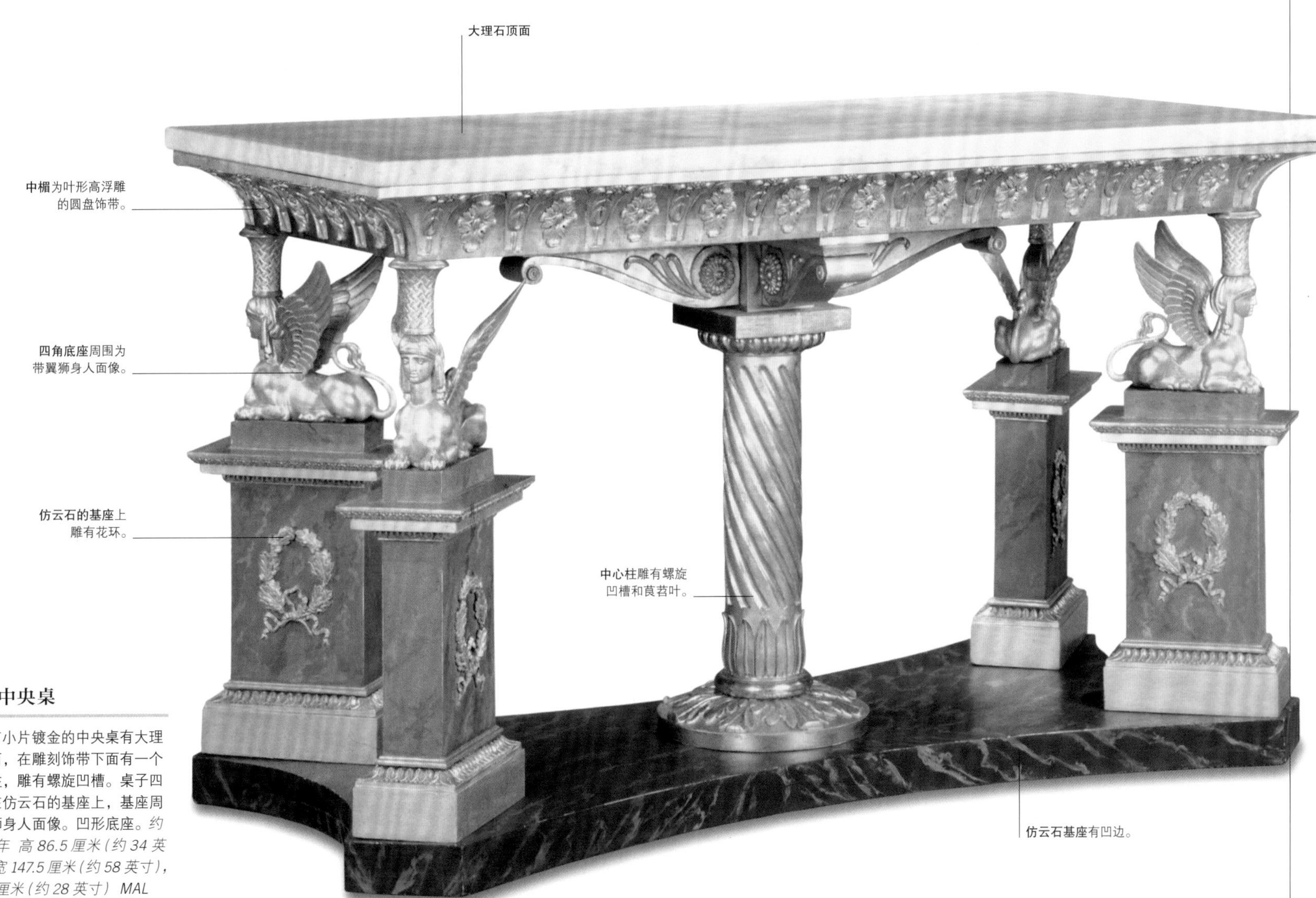

瑞典中央桌

这张有小片镀金的中央桌有大理石台面，在雕刻饰带下面有一个中心柱，雕有螺旋凹槽。桌子四角安在仿云石的基座上，基座周围为狮身人面像。凹形底座。*约1820年 高86.5厘米（约34英寸），宽147.5厘米（约58英寸），深71厘米（约28英寸） MAL*

俄罗斯

从18世纪开始，俄罗斯已经把注意力转向西方文化去寻求启示，并一直持续到19世纪的头几十年。然而，不像欧洲其他地方，帝国式风格没有因为波拿巴家族的统治或法军的到来而侵入这个国家。

拿破仑于1812年入侵俄国，战争让这片土地满目疮痍，这个时期的标志是艺术的繁荣和经济的复苏。实际上，沙皇亚历山大一世统治期间（1801–1825）的米哈伊洛夫斯基宫、冬宫和叶拉金宫装饰了许多重要的成套帝国风格家具。

外国影响

从凯瑟琳二世时代（1762–1796）开始，俄国宫廷从西欧大量进口家具，特别是从法国、英国和德国。与此同时还有建筑师的到来。亚历山大一世时期，瑞士建筑师托马斯·德·托蒙（Thomas de Thomon）和意大利人卡洛·罗西（Carlo Rossi）、贾科莫·安东尼奥·多梅尼科·科瓦仁齐（Giacomo Antonio Domenico Quarenghi）引入了在欧洲其他地方流行的严谨式新古典主义风格。他们接手了拉斯特雷利、里纳尔迪（Rinaldi）、苏格兰人查尔斯·卡梅伦（Charles Cameron）的工作，继续兴建圣彼得堡及其周边的宫殿。他们为当地的工匠提供了别样的设计，使当地的建筑师如扎卡罗夫（Zacharov）受益匪浅。

米哈伊洛夫宫白厅的家具由卡洛·罗西（Rossi）设计，为本国的博布科夫兄弟（Bobkov brothers）生产。从建筑的细节和构思上可以看出家具承袭了法国风格，布满了花圈、花环和其他帝国式图案。

巴甫洛夫斯克宫在拿破仑战争时期被严重损坏，之后由俄罗斯建筑师安德烈亚·沃洛尼金（Andrei Voronikhin）重建。他也是一位追求完美的家具设计师。1804年，在沙皇夏宫里有件专属的椅子即以他的名字命名，这张椅子腿部带有狮身人面像装饰，并直接接入翼形的扶手撑架，这不仅反映了帝国式潮流和古埃及图案的时尚，而且还蕴含了比德迈式椅子的趋势。但是，对俄国家具有影响的不是只有法

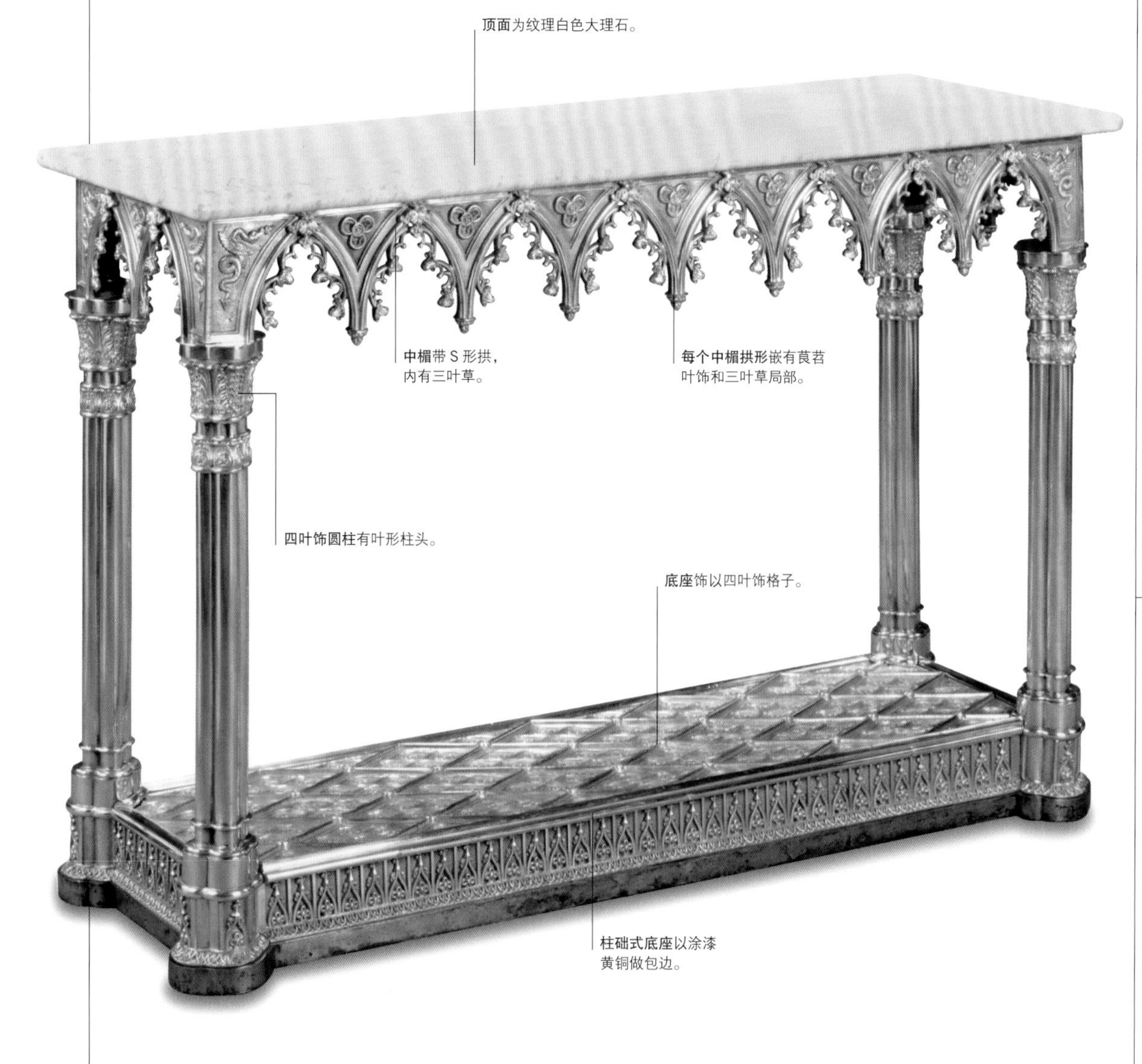

哥特式边桌

材质为银合金，有白色大理石顶面。中楣貌似连续的S形哥特式拱，每个半圆壁内装饰有莨苕叶和三叶草。桌子的边角饰以叶形柱头。长方形底座有柱础，格内饰以精致的四叶饰。涂漆黄铜包边为其奇异外观增添了色彩。*约1820年 MAL*

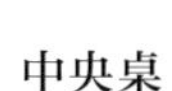

中央桌

桦木制作。圆形大理石桌面外框有凸起凹边，斜削中楣。立柱为树叶状饰包裹，带三个拟人化腿和下陷的兽爪形脚。*19世纪初 深97厘米（约38英寸） L&T*

新古典式玄关桌

帝国式，长方形大理石顶面，中楣四角有圆花饰雕刻。桌子被四条雕刻为女像的腿支撑。*19世纪初 高80厘米（约31英寸），宽112厘米（约44英寸），深75厘米（约30英寸） BK*

国，英国尤其是谢拉顿式设计也在其中扮演了相当重要的角色。

本土木材

大多数俄罗斯家具的用材简洁、匀称和质感层次丰富，与欧洲家具的用材质量不相伯仲。所用的桃花心木可能是进口的，但桦木则来自与芬兰接壤的卡累利阿（Karelia）附近的森林。白杨、橄榄木和白檀也很流行，通常镶嵌在对比鲜明的石头上。大理石来自西伯利亚，而著名的绿色孔雀石被切割为薄片，用于曲面贴面。

金属家具

俄罗斯家具所用的木材常被涂金，用以模拟出金属尤其是青铜的质感，但一些家具本身就是金属制成的。来自图拉军工厂的丰富钢制家具具有悠久的传统，有些家具完全由镀金–青铜制成。有一种圆形的小陈设桌完全像是金属的，以孔雀石为顶面，在弯曲的支撑架上有鹰头装饰。最奢华的镀金–青铜式家具为一张梳妆台，保存在米哈伊洛夫斯基宫。它有着深蓝色的石英玻璃桌面，上面有各种古典图案，从狮身人面像到丰饶角不等。

风格的分化

18世纪20年代中期后，新哥特式风格以及其他大量复兴风格一起流行起来，包括洛可可。之后，在19世纪30年代到50年代，家具设计师开始回顾俄罗斯自身的传统以及从民间中吸取灵感，设计出具有俄罗斯本土风格的家具。这类家具由建筑师如安德烈·斯塔肯–施耐德（A.Staken-Schneider）等人和旅游家具店推广开来。典型的椅子为镂空圆背式的，有一件存放在莫斯科附近的阿尔汉格尔斯克的餐厅里。其设计反映了17世纪俄罗斯的传统建筑风格。

桃花心木框沙发

顶冠卷曲，雕有花状平纹图案。向下弯曲的扶手终端为卷曲的。靠背和座位有软包。军刀形前后腿。*19世纪初 宽212厘米（约83英寸） L&T*

雕为卷曲形的末端

餐柜

桃花心木，有镀金–青铜与黄铜饰件，半月形。上半部有三层，各带边廊。中楣有黄铜凹槽竖框。圆柱支架与叠加的平台撑架相连，方块形脚。*19世纪初 高146厘米（约57英寸），宽148厘米（约58英寸）*

桃花心木扶手椅

顶冠带雕花，座位与靠背为皮革软包。扶手和扶手架一起呈外卷形。渐细的座位下为笔直的档板。椅子布满黄铜饰件，军刀形腿。*约1815年 高96厘米（约38英寸），宽60厘米（约24英寸），深53厘米（约21英寸） GK*

帝国式扶手椅

桃花心木材质，镀金饰件。顶冠有矩形镶板。椅背条为镂空，带军事图案。有狮身人面像腿，其双翼形成扶手架。*19世纪初 GK*

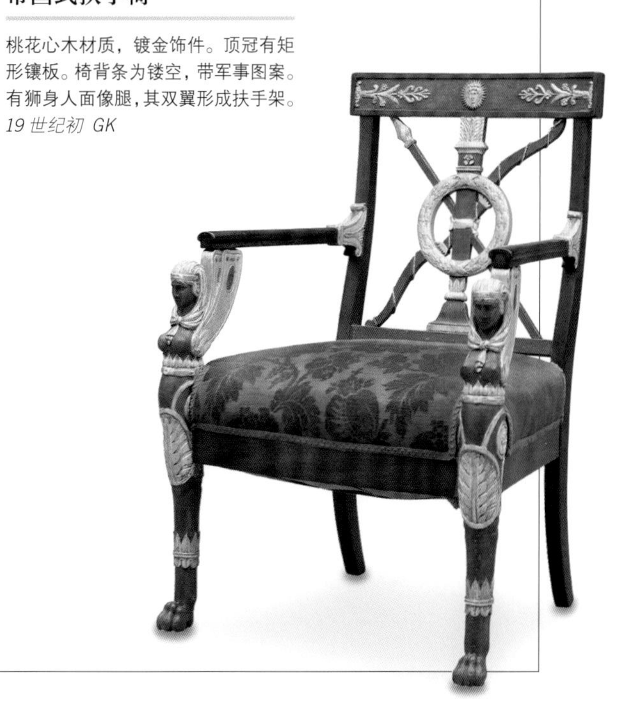

西班牙和葡萄牙

19 世纪早期，伊比利亚半岛的家具除了受到其他欧洲国家主流风格强烈影响之外，还在西班牙和葡萄牙的文化背景下混合了各种品位、技术以及地域性差异。

对这两个国家而言，最大的海外影响是法国帝国式风格。继查理四世和斐迪南七世 1808 年退位后，西班牙由法国所主导，拿破仑的长兄波拿巴将帝国式家具引入这个陌生的国家。同时在葡萄牙，一种类似亲法的家具风格也得到了发展，这发生在它受法国统治的前一年。

斐迪南式

然而，西班牙帝国式风格在本土真正的开花结果还要等到拿破仑的统治在当地倒台后。它以 1814 年至 1833 年在位的斐迪南七世而命名为“Ferdinandino”。这种家具较之法国原型没那么精致，通常以雕刻镀金装饰，而不是用镀金–青铜饰件。装饰用的图案以古典为首选，尤其是有寓意的形象如丘比特或天鹅。这些都仿佛典型的贡多拉椅子的缩影，有着天鹅或海豚形的腿部。与此同样，在马德里皇家宫殿，国王有张办公桌是桃花心木做的，支架上面雕有镀金的天鹅。

西班牙家具对核桃木、松木、柏木和橄榄木的喜爱在一些仅用少量贴花作装饰的家具上也体现了出来。总体而言，和同时代的葡萄牙家具一样，这些产品都比真正的帝国式家具更为沉重，而且比例上往往稍显夸张。西班牙南部的家具偶尔也出现在当地有久远历史的摩尔人的异国情调。

尽管法国是两国家具业发展的主要文化驱动力，但英国、德国和意大利也都对这一时期的西班牙家具具有明显的影响。米诺卡岛上的英国家具商扮演了传播英国新古典主义设计原则的角色，而到了 18 世纪与那不勒斯的关系产生了带有意大利风格的形式。

随着伊莎贝拉登基（1833–1870），所谓的“伊莎贝拉”风格在西班牙出现。这是一种更浪漫的风潮，唤起了许多历史上曾经有过的家具类型，特别是巴洛克风格。至此，它与法兰西第二帝国的风格相互辉映。

葡萄牙

19 世纪初，英国新古典主义风格在葡萄牙的统治地位堪称最高。法国占领葡萄牙期间为其带来了一种笨重的帝国风格，但当贝雷斯福德将军（General Beresford）1811 年驱逐法军出葡萄牙后，家具业重又兴起对摄政风格设计的偏好。当时特拉法加椅子（Trafalgar chairs）最为流行，而谢拉顿的雕刻仍然影响颇深。

从这个时候开始，葡萄牙家具生产经历了大衰退：自若昂六世从巴西回国后，政治和社会的不稳定接踵而来，同时伴随着经济衰退。这在玛丽亚二世（1826–1853）的内乱时期达到了顶峰。

葡萄牙家具的特点是对南美木材的使用，特别是那些来自巴西的树种如蓝花楹木、波桑托木等。这些树木很容易雕刻，容易显示清晰的细节，所以葡萄牙家具上的雕刻要比法国或英国的原型更多。然而，产自里斯本的家具往往比其原型要笨重和简单。通常一些优质的产品如桃花心木和镀金黄铜饰件所做的成套家具专供奎露兹皇宫（Palace of Queluz）所用。

19 世纪 30 年代后，当玛丽亚二世的配偶斐迪南王子（Ferdinand of Sachsen-Coburg-Saalfeld）开始建设佩纳宫（Palacio da Pena）时，德国的比德迈风格开始流行。

由于葡萄牙与印度和远东殖民地一直保持着强有力的纽带关系，这就保证了海外家具的大量进口，特别是从果阿和马拉巴尔海岸。这些家具常常是简化后的欧式风格加上东方硬木雕刻，展现的往往是 18 世纪的风格而非欧洲最新潮流。

葡萄牙殖民地衣柜

由带白色金属饰件的硬木和乌木做成。有模压一体式和拱形檐口，下面有两扇带漂亮镶板的一体式门和两个短抽屉。弯腿连接波浪形交叉的撑架，中间有个尖顶的瓮。有兽爪形包脚。*19 世纪初 高 222 厘米（约 87 英寸），宽 173 厘米（约 68 英寸），深 61 厘米（约 24 英寸）*

新古典式边椅

一套为四张。桃花心木外框，带小片镀金装饰。长方形靠背顶部向后卷曲。平直座位横档有镀金圆花饰，锥形腿。*19 世纪初*

餐椅

西班牙出产，胡桃木制作。原为一套六件餐椅。每件带假面尖顶。椅背有两个直排纺锤形——上部排列较稀疏，形体略长；下部较密集，装饰其边缘。皮革座位用黄铜钉子固定于外框，座位横档为一体化。腿部为环旋纹带凹槽，与H形撑架连接。*19世纪初*

马洛卡（Mallorcan）五斗橱

细木镶嵌，原为一对。桃花心木、果木和黄檀木材质。矩形顶面下为凸起的中楣抽屉，嵌有卷曲叶形。三个抽屉无横梁，其两侧有斜切的卷边，同样饰以叶形镶嵌。底座镶边上有前脸内凹的抽屉，脚部雕有莨菪叶饰。*19世纪初 高104厘米（约41英寸），宽125厘米（约49英寸），深61.5厘米（约24英寸）*

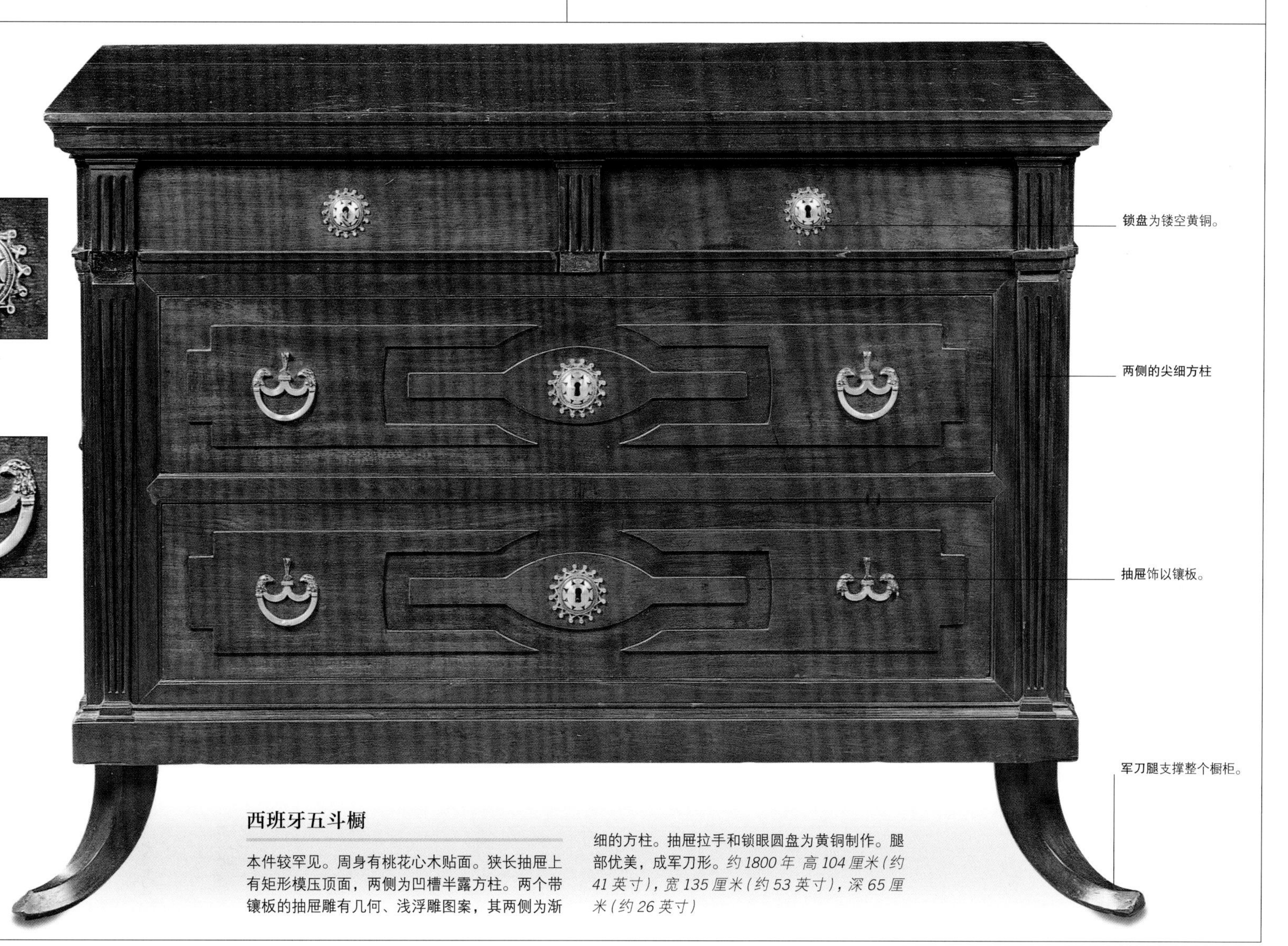

黄铜锁盘

黄铜抽屉拉手

西班牙五斗橱

本件较罕见。周身有桃花心木贴面。狭长抽屉上有矩形模压顶面，两侧为凹槽半露方柱。两个带镶板的抽屉雕有几何、浅浮雕图案，其两侧为渐细的方柱。抽屉拉手和锁眼圆盘为黄铜制作。腿部优美，成军刀形。*约1800年 高104厘米（约41英寸），宽135厘米（约53英寸），深65厘米（约26英寸）*

南非

木上油画 反映了19世纪初典型的墙饰、窗帘和家具。所有家具除了写字台外，都为新古典风格。*1815年 PRA*

编织座位

开普敦东北部椅子

这个臭木椅顶轨有黄木镶嵌与简单的几何图案，图案在靠背板上重复出现。其简单雕花的立柱和腿部与H形撑架连接。*1830–1840年 高84厘米（约33英寸），宽47厘米（约19英寸），深40厘米（约16英寸） PRA*

好望角独特的家具反映了英国和荷兰这两个殖民大国的统治风格。欧洲各国的争霸在各自的殖民地也发挥了影响，直到1806年英国的殖民霸权地位最终确立。19世纪20年代，更多的英国殖民者在东海岸进一步巩固了自己的定居点。好望角的位置正好处在欧洲和远东贸易航线的中间点，这也引发了来自诸如印尼巴达维亚（Batavia）的影响。

南非的家具主要供给开普敦的城市和乡下葡萄园中那些著名的刷有白漆并带山墙的住宅。它们的形式和主题往往是欧洲的简化版。人们在定义殖民地家具的风格时，一般认为它相对欧洲的原型有稍许滞后。例如帝国风格在当时的欧洲无处不在，而开普敦的家具除了在设计上增加了直线性，似乎受其影响不大。欧洲家具对高度抛光的木材和昂贵的镀金–青铜饰件的偏好并不适合当地的传统、生活方式和材料供给。

南非家具最显著的特点是使用了当地的木材。与桃花心木不同，这种木材不容易被抛光。最具特色的是臭木和黄木的组合使用。

殖民地椅子

19世纪初，各种各样的椅子都涌现了出来。世纪之初一些所谓的“亚当式”椅子仍然保存在康斯坦提亚葡萄园（南非最古老的葡萄酒庄园）里。这种类型的豪华和稀有体现在它们的软包和椭圆形的背板上。更常见的是谢拉顿和新古典的椅子——后者有竖直的镂空椅背条、藤编或皮带（兽皮条）的座位、锥形方正腿，有时还带凹槽。各种谢拉顿式的家具约于1810年左右被引进，它们基本都有一个宽大的顶轨和方形座位。后来，前腿变成车削或环形车削的。更多的地方式椅子如塔尔巴赫（Tulbagh）等地的，外形则为简化了的盒子式的。这种外形在“rusbank”上表现得尤为明显，它是开普敦的一种高背长靠椅。

桌子和柜子

D边桌和折叠活动腿桌也在这段时期生产。不同的木料分别用于顶面、檐壁和腿，腿往往和这时期的其他类椅子一样锥形或有凹槽。谢拉顿风格的抽屉柜在英国很受欢迎，但似乎在开普敦比较少见；南非的橱柜倾向于更早期的蛇形。然而，那些在18世纪产量很高的典型南非家具，比如庞大的立柜、角柜、衣柜等等在19世纪初仍有生产。

南非好望角柜

矮脚，青龙木、臭木、缎木材质。顶面长方形，前脸一次成型，半露方柱，斜边有凹槽，兽爪形脚。*19世纪初 高80厘米（约31英寸），宽105厘米（约41英寸），深62厘米（约24英寸） PRA*

东开普敦桌

圆桌为臭木制作。有模压边缘，下为带珠边的平直望板。有四个环旋锥形腿，*1830–1840年 高76厘米（约30英寸），深152厘米（约60英寸） PRA*

西开普敦长靠椅

雕花顶轨下的椅背平均排列一组镂空镶板（一共十块），轻微外卷的扶手其末端带卷曲。方形截面锥形腿与 H 形撑架连接。*约 1800 年 高 97 厘米（约 38 英寸），宽 220 厘米（约 87 英寸），深 97 厘米（约 38 英寸） PRA*

西南开普敦半月桌

两个半月桌可拼在一起成为圆形桌。桌面与望板为黄木的。方形截面锥形腿为暗色臭木，带黄木镶嵌。望板有带串珠饰的简单模压边。*1810–1820 年 高 74 厘米（约 29 英寸） PRA*

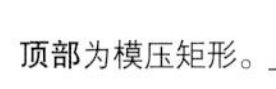

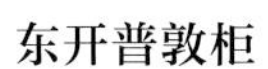

东开普敦柜

臭木、黄木材质，长方形。顶部为模压矩形，下为两扇镶板门。镶板有斜削边，嵌入另一个矩形边框里。柜体有成型望板，有托架脚。*1820–1830 年 高 169 厘米（约 67 英寸），宽 105 厘米（约 41 英寸），深 44 厘米（约 17 英寸） PRA*

开普敦茶桌

矩形桌面为椴木材质，望板平直。下有方形截面的锥形腿。*约 1800 年 高 75.5 厘米（约 30 英寸），宽 81.5 厘米（约 32 英寸），深 56 厘米（约 22 英寸） PRA*

美国：联邦晚期

在独立战争之后，胜利的美国人对新古典主义运动抱有浓厚的兴趣并生发出美国版本的联邦风格。这类新风格源自罗伯特·亚当、谢拉顿以及赫普怀特出版的家具图集，结果是大量纤薄优雅的家具被制作出来。

然而，在联邦风格的后期，制柜商们直接从古希腊和古罗马世界中汲取灵感并用在了家具设计上。例如，1800年后，椅子外形愈加显得笨重，这来自于古希腊的克里斯莫斯椅——带有厚厚的弧形顶冠，其背后常有一个雕花的水平状椅背条。设计师们也常采用晚期法国的风格，或是对英国原型作一番演绎，例如采用英国伦琴风格。

纽约的工匠们

在当时，纽约成为该国家具制作的中心和家具商们的大本营——后者陆续将其影响拓展到其他州郡。

工匠中的佼佼者如邓肯·法夫（Duncan Phyfe，见第 233 页），在当时的家具制作中的名声可谓如雷贯耳。他将希腊回纹、军刀腿、兽爪脚、竖琴和七弦琴以及藤编顶冠等设计元素融入家具设计中，并饰以新古典风的垂花饰、丰饶角饰、麦穗束和雷电等图案。

另一位纽约的知名家具商是法国人查理-奥诺雷·兰努耶（Charles-Honore Lannuier），他在纽约从 1803 年一直工作到 1819 年。他的家具直到 1812 年之前依然保持了法国督政府-执政府时期风格，之后转向新式的帝国风格，常常运用来自古希腊-罗马艺术与建筑的装饰图案。兰努耶家具上带有他个人的印章和写有英文与法文的标签，这些都大大彰显出他本人的欧式修养和对巴黎范儿的了解。这种标签为今天辨识兰努耶式家具提供了很好的帮助，而对比同时期法夫做的家具则缺少明确的鉴定标尺。

沙发与椅子

晚期联邦式沙发在风格上变得更加精致和简单，有更为整齐的顶面和雕花靠背及锥形腿。希腊风格的躺椅被设计成沙发床的样子。彩绘花式椅

桃花心木彭布罗克桌

这张巴尔的摩“赫普怀特”桌的桌面为椭圆形，其下垂的可折出桌板下为四角柱基带扇形镶嵌。截面方形锥形腿有少见的五花瓣风铃草垂饰。*高 73厘米（约29英寸），宽91厘米（约36英寸）*

柜子顶面弧形与整体一致。

顶部镶板嵌入风铃草。

椭圆形把手为黄铜材质。

一体化望板一直弯曲深入到八字脚。

弧形前脸抽屉柜

这件抽屉柜是用桃花心木制成的，有镶嵌装饰，来自美国南方各州。它有一个弓形顶部，带镶嵌边。四个抽屉外形相同。每个抽屉前脸有椭圆形黄铜手柄和三面镶嵌板，中心有一个带有异国情调的椭圆木片镶板，描绘为风铃草垂花饰。望板与法国式脚衔接呈一体化。*约 1810 年 宽 105.5 厘米（约 42 英寸） FRE*

“谢拉顿”工作桌

桃花心木材质，桦木贴面。矩形顶面有圆形突出边角，下为两个抽屉。环旋纹凹槽锥形腿有环状翻边和黄铜脚轮。*约 1807 年 高 73 厘米（约 29 英寸）*

非常受欢迎，而巴尔的摩成为精美家具的著名原产地。椅子和沙发常常以丝绸或缎子做覆面并饰以新古典主义的图案，如羽毛、花篮、动物或古典人像。

桌子

活动翻板桌、斜面桌以及折面桌在当时一直有广大的销路，拥有同样市场行情的还有玄关桌、边桌、工作桌、牌桌、茶几等等，各种支架尺寸一应俱全。

早期联邦式餐具柜对大多数美国家庭来说显得过于长了——有些甚至有 210 厘米——到了 1820 年，为适应本土的需求，许多更为小型和简单的家具版本被设计和生产出来。

书桌与梳妆桌

鼓形书桌为活面书桌的早期版本，最早出现于 19 世纪初的美国。它的滑面由一组粘在织物上的小木棒制成，有时也有镶嵌的图案。

由于玻璃的广泛使用，一些橱式书写柜和小型书桌的上半部带有两扇玻璃门。玻璃的方格由薄薄的木制条板相区隔，一起构成了复杂的图案。

到了联邦时代的晚期，梳妆台的形状变得很小且呈长方形，常有一个容膝空间。顶部大多是扁平的，或是安装有一个小箱子式的抽屉。城市里的家具往往带有彩绘和镀金，用织物垂花饰作装饰。乡村餐桌的设计更简单，是用廉价的木头做的，用彩绘来模仿桃花心木的效果。

存储式家具

这类家具的范围包括了从衣橱（很多此类家具的精品诞生在这段时期）到抽屉柜、连体柜和一体柜。后三者有带托架脚、扁平顶面或环形车削的谢拉顿式腿。它们常饰以贴面或镶嵌。多数抽屉柜有整齐的前脸，抽屉带卵形或长方形的饰件和吊环把手。有些家具的前脸呈蛇形，这类一般被认为代表了美式家具的最高水平。

联邦式沙发

桃花心木外框有微微蛇形靠背，扶手有部分的软包。卷曲木制扶手架连接瓶形车削立柱，前腿有凹槽，带车削脚。三个平直后腿八字展开。整体有明黄色软包。*19 世纪初 长 202.5 厘米（约 80 英寸） FRE*

联邦式扶手椅

桃花心木。微微卷曲的扶手连接到车削扶手架。软包的座位以黄铜饰钉固定。前腿为一体化，后腿呈八字。*19 世纪初*

雕花桃花心木椅

拱形顶轨上的椅背有光亮的桦木贴面和瓶形椅背条，两侧各边有凹槽支架。前腿尖细并与长条撑架连接。

赫普怀特家具图集

这本指南是帮助将欧式风格传播至美国的基本图集之一。

乔治·赫普怀特的《家具制作和装饰指南》是了解 18 世纪英国家具最佳图集之一。

这本书由其遗孀在 1788 年（赫普怀特死后两年）印刷出版的，其新古典设计对美国联邦式家具有着巨大影响。

图集得到了这个年轻共和国新兴政治力量——上流与中产阶级因对新样式的渴求而力捧。

赫普怀特的理念受到罗伯特·亚当的影响，其后制作出优美典雅的家具。图集记录了联邦式椅子、橱柜、餐具柜、沙发和桌子的式样。

乔治 40 号书桌与书柜 采自赫普怀特《家具制作和装饰指南》第三版，1794 年，多佛出版社，纽约。

带镶嵌的管家书桌与书架 瓶形尖顶下为扇形楣饰。书桌上有三叶形拱门与搁架并带一个男管家抽屉。往下三个抽屉有一体化裙边和法式脚。*高 257.5 厘米（约 101 英寸） NA*

美联邦式室内装饰

1776 年美国《独立宣言》发表之后，兴建政府建筑和私人豪宅进入高潮时期。

枫木与乌木扶手椅 顶冠有雕花，下为镂空椅背支撑和卷形扶手。藤编座位覆以合适的软包。腿部为乌木环形旋纹。约 1820 年 高 81 厘米（约 32 英寸）FRE

新成立的美国自认为是古典世界的后裔，继承了罗马共和国的传统和声望。美国建筑设计师们狂热地接受了罗伯特·亚当的新古典主义风格的室内设计，不管它是否来自以前的敌国。

住在南卡罗来纳州查尔斯顿的富有商人和种植园主建造了令人印象深刻的海滨住宅。其中的代表是纳萨尼尔·拉塞尔（Nathaniel Russell），他的住所在 51 会议街，完成于 1808 年，是该镇中最优雅的建筑。装饰主题包括灰色、深红色调与镀金的装饰。门窗的框缘线脚、外罩和护墙板采用大胆的单色，墙壁帷幔采用最早的古希腊人用的羊舌边形的浅橙色纸。而最引人注目的特点是宽大的、拥有美妙曲线通往二层和三层的悬空楼梯，以及椭圆形的卧室。在 1809 年，这个房间是艾丽西亚·拉塞尔（Alicia Russell）盛大婚礼的舞会现场。联邦风格如同美国鹰一样成为财富和信心的象征。尽管家庭主妇有多种配色方案来选择，但墙壁一般为淡雅的颜色，色调尤为柔和。

新古典风格

联邦式室内设计的主体结构严格遵循新古典乔治时期风格的原型；给人印象最深的是令人愉悦的对称性，以门为中心延墙壁两侧开辟出数目相同的窗户。向公共开放的接待室经常占据着非正统的楼层空间，它包括六角形和圆形的会客室。

齿状装饰线脚或栏杆调和了稀疏的古典线条。栏杆和扶手通常由铁制成，因为木头无法被切割得足够匀称。新古典式的垂花饰、瓮和奖章都适用于内墙的上楣和中楣。这些装饰图案是从木头凿出来的而不是用石头雕刻，更常见的是模压合成物。其成分是动物胶的混合物，包括树脂和石灰。当它们混在一起释放出热量时有很好的可塑性，而一旦冷却下来就像石膏一样坚硬。这一做法最为著名的例证是乔治·华盛顿在弗吉尼亚的家，也就是弗农山庄餐厅中央天花板上的花环装饰。

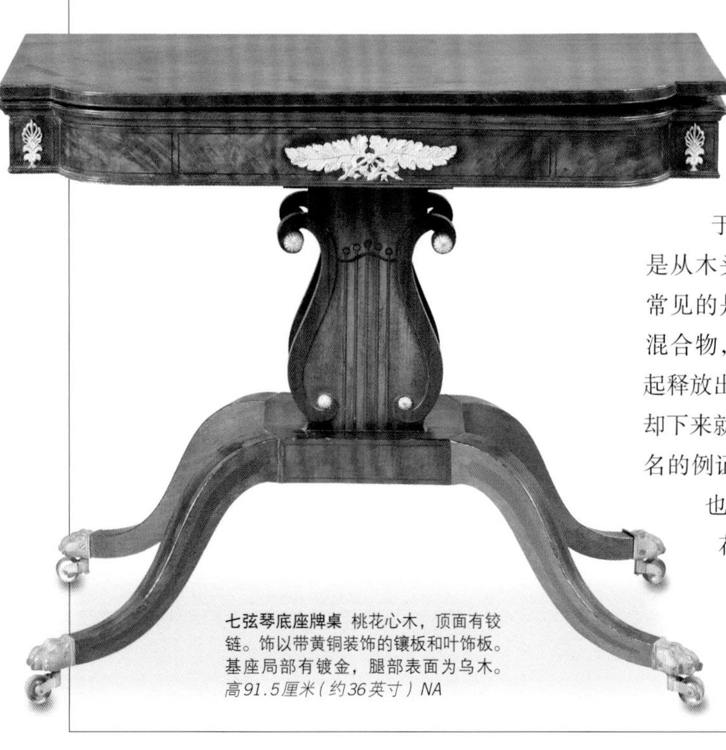

七弦琴底座牌桌 桃花心木，顶面有铰链。饰以带黄铜装饰的镶板和叶饰板。基座局部有镀金，腿部表面为乌木。高 91.5 厘米（约 36 英寸）NA

美式帝国风格

源自法国的帝国风格最早出现于约1800年，大约十五年后传至美国并流行开来。此时正赶上工业革命如火如荼。随着交通、教育、健康、通信等事业的迅速推进，大量的人涌入西部寻求财富与机会。

伴随着工业化的脚步，各种价位的帝国式家具都能适应不同的市场需求：有钱人可以订购优雅而昂贵的，而中产阶级也能负担得起较为简朴的。这就是说，同一种风格的家具可以制成适用于不同的社会阶层的形式。帝国式风格被证明是能被普遍接受的，直至世纪末，即使城市里的家具商们不停推出花样百出的设计，但此类家具生产从未停滞。

外形的变化

这一风格的家具多取自早期联邦式家具的形式，进而变得更为庞大而华丽。如同联邦式风格一样，帝国式家具受到了古希腊和古罗马的影响，但其运用的元素却更为实用，从而更适应19世纪新生活的需求。

设计开始强调一件作品的轮廓而非琐碎细节，而诸如高浮雕的波浪卷曲则用在了那些笨重的几何形家具上。家具商们不再使用镶嵌，转而开始使用模版、镀金黄铜或青铜饰件。

古典衣橱

桃花心木材质。古典风格。建筑风格模压檐口下为矩形柜体。两扇一体化门饰以几何形镶板，内有带搁架的空间。柜体两侧有优雅凹槽的圆柱，车削腿带黄铜的翻边和脚。可能产自纽约地区。*1800–1820年 高228.6厘米(约90英寸)，宽157.4厘米(约62英寸)，深60.9厘米(约24英寸)*

邓肯·法夫式边椅

桃花心木与乌木，新古典式样。搭脑卷曲外翻，下为半月形椅背条，两侧有凹槽。座位下为卷曲的腿，前腿末为兽爪形脚。*1820年*

桃花心木早餐桌

顶面有一体式铰链下垂活动桌板，下为中楣抽屉，再下为叶形雕刻的柱础底座和平台。外卷八字脚有黄铜覆盖和脚轮。*约1815年 高70厘米(约28英寸) FRE*

抽屉柜

为鲜亮桃花心木制作。大部分的装饰元素来自木材的颜色和光泽。矩形顶面有模压边缘，下为暗格抽屉。三个分层长抽屉各有两个狮头黄铜把手。抽屉两侧有尖细立柱雕以荷花主题。立柱下为柱脚底座，带有古典的感觉。*宽120厘米(约47英寸) S&K*

重要设计师及其影响

这一新风格最先在纽约开花结果，皆拜来自英法两国出版的图集所赐，尤其是英国设计师托马斯·霍普的作品集。19世纪40年代，美国设计师们开始有了自己专属的作品，如巴尔的摩的约翰·豪尔（John Hall）在国内首次出版的设计图集《家具制作指南》中展现了帝国式风格的全貌。

在美国帝国式家具中扮演关键角色的是家具商邓肯·法夫。另一位则是查理–奥诺雷·兰努耶（见第228–229页）。后者在他于纽约的工坊里，设计完成的桌椅常常带有镀金的女像柱。但是，更为华丽的帝国式家具的产地则在波士顿和费城。

外形与装饰

帝国式家具常常有军刀形或X形的腿部以及大大的卷曲、球形或雕花的兽形脚部。椅子则有固定的花瓶形椅背条。有些桌面由大理石制成，另一些则有沉重的中心基座。

典型的帝国式家具包括了克里斯莫斯椅，卷曲形边翼沙发、长背椅、装饰性中央桌、镜前矮几、雪橇式床和四柱床，还有一些午休床。家具商也继续生产餐具柜、梳妆台和基座办公桌。

罗马符号在帝国家具的装饰上特别重要，包括丰饶角饰、棕叶饰和莨苕叶饰、鹰、海豚、天鹅、七弦琴和竖琴等。拿破仑征战埃及后，受其启发又流行使用圣甲虫（金龟子）、荷花和象形文字作装饰。门和抽屉都饰有狮子头饰件和黄铜、铸压玻璃（*Pressed glass*）或木制旋钮。

取材

花梨木与纹理丰富的桃花心木或胡桃木是家具制作的常见用材，而枫树和樱桃树的木材也包括在内。乡土家具取材于本地的木材如松树和桦树。这些木料也用来做贴面。

椅子和沙发一般用丝绸和天鹅绒作软包材料，上面带有大块的古典图案，或是带有程式化的花卉、条纹图案，又或是纯色。

邓肯·法夫

他时髦而又高品质的家具使其成为全美国最成功和多产的家具商。

直至生命的最后，邓肯·法夫（1768–1854）使美国家具产生了重大改观。他的家具样式以欧洲风格为基础，从谢拉顿到摄政时期再到帝国式，如此多的风格几乎同时被他囊括。

邓肯·法夫出生于苏格兰范尼奇湖（Loch Fannich）附近的罗斯·克罗默蒂地区，法夫年少时移居美国，在纽约州奥尔巴尼一个家具商处当学徒，1792年搬到纽约市并在三年内开设了自己的商店。1845年，他成为城里最富有的人之一。

为生产家具，他雇用了一百名雕刻师和制柜者，每人都被安排有具体的任务如做车削腿或做雕花。他们生产了很多家具，尤其是放在餐厅的采用最好的桃花心木制作的大件而华丽的、具有优雅外观和精美细节（尤其是雕刻）的家具。法夫的顾客都是来自纽约及周边地区的富人群体，包括身家过百万的皮草商和庄园主，如约翰·雅各布·阿斯托。

法夫如今被当成了晚期联邦式和帝国式风格家具的代名词，突显了取自古希腊和古罗马的新古典主题。然而，因他很少在家具上贴有自己的商标，所以很少有哪件家具能证明是出自他本人设计的。

大理石矮几

有雕花和模制装饰。桌面下为圆弧形弯曲，正面圆柱带镀金的科林斯式柱头，棱纹装饰桌脚。镜面背板两侧为扁平贴墙柱。*约1835年 长102.5厘米（约40英寸） NA*

法夫商店与仓库 这幅水彩画描绘了邓肯·法夫在纽约的商店和仓库。作者未知。*约1816年*

帝国式沙发 雕花式顶轨，靠背与扶手藤编。凹槽交叉的雕花腿部末端的脚轮藏在黄铜兽爪内。*1815–1825年 长208厘米（约82英寸） AME*

谢拉顿式牌桌

雕花桃花心木。蛇形铰链桌面有一体化裙档，饰以果篮雕花。车削锥形凹槽腿饰以花卉和叶形雕刻。*1830年 长94厘米（约37英寸） NV*

欧洲的影响

19世纪早期，美国、英国和法国的家具关系是复杂的，往往没有一个简单的方法来区分各自的风格来源。尽管美国风格依赖于旧世界，但还是出现了一些非常具有原创精神的制造商，他们很大程度上与那些弱化了法国拿破仑式家具的欧洲国家一样，接受了摄政和帝国风格。然而，有时能分清美式家具的唯一可能是通过分析其制造所用到的木料。

对美国本土风格的最佳演绎者当属邓肯·法夫和查理–奥诺雷·兰努耶。法夫的苏格兰裔身份使得他最早接受了谢拉顿的影响。他的家具常用木材有桃花心木、黑黄檀木与紫心木。他在接受并发展出偏好雕塑性的古典风格之前一直坚持制作帝国风格的家具。

查理–奥诺雷·兰努耶原为法国人，于1802年定居纽约。因为曾在法国受训，他带来了路易十六时期的家具风格，之后演变为一种帝国式的特有形式。他的家具与法国原型很难区别，尤其是他并不吝于使用昂贵的材料和进口自巴黎的镀金–青铜制饰件。

英国、法国出版的谢拉顿、帕西等家具图集将欧洲风格较之过去更迅速地传播到全美，流行趋势就这样被大大缩短了时差。

督政时期圈手椅

这把法国扶手椅反映了圈手椅的典型设计。从高背外卷而来的顶轨形成扶手，里面有填充以支持肘部。扶手、靠背与下卷的扶手支架都有软包，顶部外形平缓。软包的材料不是原配的。整个外框雕有叶形，前腿短而尖细带凹槽，后退为军刀形。前腿雕有圆花饰。*约1800年 BK* 3

英式基座餐具柜

顶部有贝壳，茛苕叶雕刻。一体形后背前有四个中楣抽屉。断层式的基座雕有狮爪形脚，打开有搁架，都置于底座之上。*约1820年 宽221厘米（约87英寸） FRE* 3

美式基座餐具柜

与英式原型呼应。有叶形雕花，一体化背板，方形底座上为柱基。矩形顶面为阶梯状，下为S形模压中楣，配有抽屉。*约1840年 宽183.5厘米（约72英寸） FRE* 4

英式圈手椅

黄檀、山毛榉材质。一体化线条，类似法式高背扶手椅。英国基洛斯公司设计。*约1811年 高87厘米（约40英寸），宽54厘米（约21英寸），深53厘米（约21英寸） LOT*

美国桶式椅

桃花心木。与圈手椅有类似特征：座位、椅背、扶手有软包，圆背和扶手线状连续延展。*19世纪初 NA* 4

乔治四世牌桌

桃花心木、黄杨木材质，乌木边条。矩形装饰横条，平直中楣上有折面，环旋锥形腿带黄铜脚轮。*19 世纪初 宽 90.5 厘米（约 36 英寸） DN* 3

美式牌桌

桃花心木与鸟眼枫木材质。顶面垂有蛇形中楣，上为黄檀装饰横条。环旋凹槽腿，旋纹脚。*19 世纪初 高 73.5 厘米（约 29 英寸） NA* 3

英式中央桌

黄檀木。圆形可调节桌面。下为平直横条装饰中楣。八角形外张基座，外凸三脚底座。卷曲兽脚。*19 世纪初 深 135 厘米（约 53 英寸） L&T* 3

美式中央桌

帝国式风格。圆形绳纹雕花桌面，带平直中楣与花式雕刻和镀金基座。底座、脚与英式相同。*19 世纪初 深 135 厘米（约 53 英寸） L&T* 4

英式酒柜

桃花心木。矩形带铰链。内有单独空间。绳纹环形车削柱脚，脚部带黄铜覆盖和脚轮。*19 世纪初 高 68 厘米（约 27 英寸） L&T* 3

美式酒柜

嵌有樱桃木，铰链有盖，内部有分格。锥形腿为方形截面。*19 世纪初 高 40.5 厘米（约 16 英寸），宽 33 厘米（约 13 英寸），深 32 厘米（约 13 英寸） BRU* 5

法式书写柜

帝国风格。桃花心木，柜门上有三个抽屉。两侧有尖半露方柱，其上为镀金女性半身像。*19 世纪初 高 164 厘米（约 65 英寸） FRE* 3

美式书写柜

古典风格，大理石顶面，下为中楣，两侧有人像饰件。柜门上有抽拉活面。*19 世纪初 高 143.5 厘米（约 56 英寸），宽 99 厘米（约 39 英寸），深 46 厘米（约 18 英寸）*

摄政式沙发

桃花心木，外框卷曲，扶手外翻带凹槽，桃花心木前脸。带珠链饰和槽纹装饰的座位横档上有软包和长枕。槽纹腿部有叶形黄铜帽与脚轮。八字形腿易被损坏。*19 世纪初 宽 225 厘米（约 89 英寸） L&T* 3

美式沙发

与图左沙发的雕花顶轨和卷曲扶手类似。靠背、扶手与座位有软包，下为叶形雕刻装饰的座椅导轨。腿部有精细雕花，兽爪形脚。*19 世纪初 宽 218 厘米（约 86 英寸） FRE* 5

夏克式

夏克式的家具质量上乘、做工精细，但设计风格却朴实无华，被认为是现代主义设计的雏形。

“夏克式”一词源自基督教团体震颤派（Shakers），领导者为安·李（Ann Lee，被教徒们称为母亲“安”）。她在1774年从英国移居美国。在50年内，震颤派发展成为有19个社区，成员超过5000名男性（兄弟）和女性（姐妹）的组织。他们都是独身主义者，过着与外界隔绝的生活，他们分享资源并自给自足，相信自身的工作是为彼此的社区而做。女人与男人有同样的权利，但他们分开居住，只在开会和唱歌时才聚在一起。由于社区发展壮大是建立在吸纳新会员的基础上，所以他们常常收留孤儿。

简洁的外形

约瑟夫·米查姆（Joseph Meacham）于1784年接替了领导人的位置，他倡导建筑、家具和服饰尽量避免用多余的装饰和产生夸张效果，追寻万物的简化之道。因其信仰所制作的家具称为“夏克式家具（Shaker Furniture）”。所有的物品必须符合他们的目的，即从另一种方式去赞美神。其结果是优良的工艺，没有多余的装饰，如镶嵌、车削或雕刻等。家具木料尽力加工得平滑，不留一丝工具的痕迹在成品上。

夏克式家具的拥趸们采用了18世纪设计的简洁外形，诸如梯形靠背椅、搁板桌柜、衣柜等，将其改造后以适应他们的生活方式。他们所有的家具由松木、枫木、樱桃木、胡桃木、杨木、桦木制成。

他们的家具通常被彩绘为红色、棕红色、黄色或暗蓝色。虽然装饰性的图画被明令禁止，但社区内的兄弟姐妹们还是被许可去彩绘其房子和一些功能性的东西。例如盒子就常常被涂成红色或黄色。

夏克式家具是基于新古典主义的简洁造型。常见的家具有带椅背条的椅子、简单的缝纫桌、烛台、长凳，还有低柱床。箱子有复杂的抽屉布局并由简单的几何线条构成。所有家具都便于快速和廉价地生产。这里的人们延续传统的加工技术，如带榫眼、榫头并用钉子接合或销钉接头（*Pegged joint*）。抽屉和橱柜拉手通常是木制旋钮。椅子的座位通常是藤编的或由编织带制成的。

抽屉柜

抽屉带铰链，两个分层的长抽屉上有十个带旋钮的短抽屉。原料为松木和椴木。木材来自纽约黎巴嫩山，出自阿摩司·斯图尔特兄弟。*WH*

抽屉柜

白胡桃材质，兼带松木。精致顶面板有斜面，下有六个带燕尾榫的抽屉，有樱桃木螺纹旋钮拉手。整体有镶边，拱形脚。*宽109厘米（约43英寸）WH*

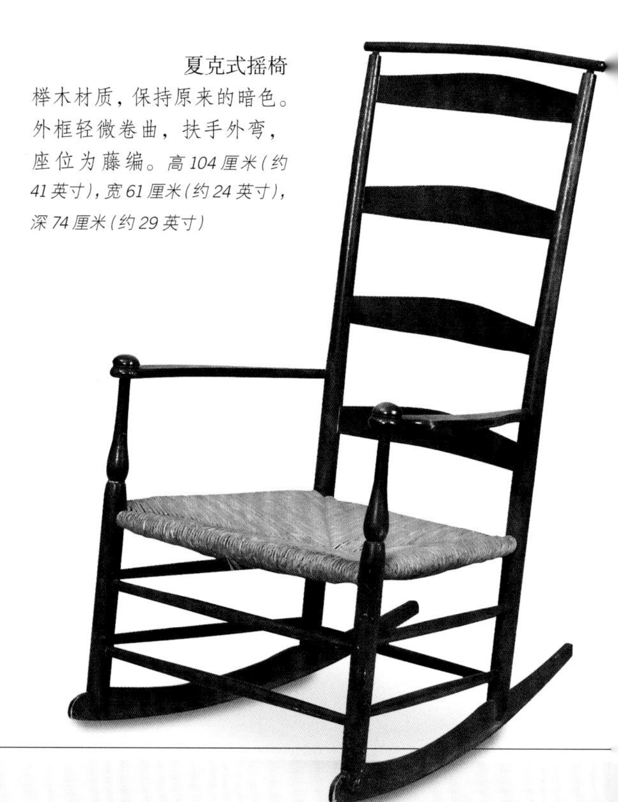

夏克式摇椅

榉木材质，保持原来的暗色。外框轻微卷曲，扶手外弯，座位为藤编。*高104厘米（约41英寸），宽61厘米（约24英寸），深74厘米（约29英寸）*

简单家居

夏克式家具与内饰具体反映了社团所追求的极简主义。

社团成员住在两人一间的宿舍，内有带轮子的两张床，房间内有烛台、铁烛架和两把梯形靠背椅。这些椅子后腿底部的凹陷处安装有车削木球形部件，底是平的，被皮带固定在腿上，这有助于保持椅子的平衡。

室友常常共享一个橱柜。上部放帽子，抽屉里放衣物。有时会有另一个小柜子放鞋子。每间屋子墙上装有衣架和挂板，用来挂衣服或椅子（打扫房间时）。衣架板上会挂一面小镜子。除此房间里没有多余的装饰。

震颤派引导了一种非常有秩序感的生活方式，他们亲自布置房间并将制作的家具按照编号排列，以便其中一件使用后可以原位放回。这些彩绘的数字标注在椅子和桌子的底面下。

缝纫室 房间位于19世纪建立的普莱森特山中心家庭住宅。稀落摆放有简单的震颤派家具，有梯形靠背椅和圆形支架桌（*Trestle table*）。

夏克式圆支架小桌 小而圆的桌面下有圆柱，腿部为半月形交叉。可能为樱桃木材质，用于放小东西。*1820–1830年 高64厘米（约25英寸），直径40厘米（约16英寸）AME*

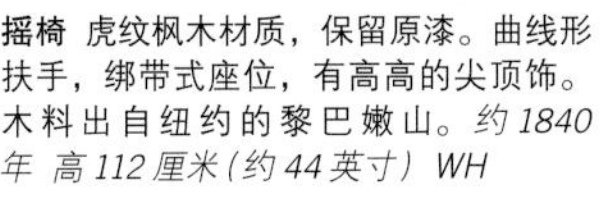

摇椅 虎纹枫木材质，保留原漆。曲线形扶手，绑带式座位，有高高的尖顶饰。木料出自纽约的黎巴嫩山。*约1840年 高112厘米（约44英寸）WH*

商业成功

由于震颤派的生产力有富余，他们开始向社区外的人销售用不完的产品。他们制作的椅子尺寸从“0”（最小的儿童椅）到“7”（大型成人摇椅）。人们可以订购梯背式摇椅，背面顶部有放置披肩的木条部件，方便人们坐下时披上披肩以保暖。当其他制造商开始复制他们的产品时，震颤派在椅子摇杆或背部木条处贴上商标贴纸，以表明该椅子是真正的震颤派产品。夏克式家具在19世纪中期空前流行。内战结束后，美国开始转向更加工业化和城市化的社会，震颤派更难找到皈依者。1900年以后，社区开始关闭，其中一些社区后来重新开放为博物馆。

裁缝柜

抽屉柜用作收纳柜及缝纫台。顶面弯曲，下有四个短的、两个长的抽屉，带枫木框和顶冠。枫木抽屉前脸微弯。箱体两边与后背有松木镶板，车削腿。*1820–1830年 高114厘米（约45英寸），宽61厘米（约24英寸）AME*

北美乡土风

19 世纪初，早期移民开始在北美兴建新的城镇和定居点。和许多已经在殖民地生活超过两百余年的家庭一样，这些先民们对家具实用性的重视远大于其潮流风向。在美国和加拿大，人们最感兴趣的是追溯当时的乡土家具，因为乡村的家具商已开始制作更为复杂华丽的家具。

小地方的家具商与木匠很少能熟练掌握大城镇使用的例如贴面一类的技能。然而，随着城市的家具商到处迁移寻求工作机会，一些潮流开始对乡村家具产生影响，令乡下所喜爱的传统风格受到新设计的冲击。

风格启发

正当美国逐渐受到英国风格的影响时，加拿大一些原属法国的地区则受到法国设计的影响。当英国在 1760 年接管这些殖民地时，本地的工匠们还是坚持生产其所熟知的改良过的法式家具。渐渐地，美国和英国所流行的新古典主义风格开始占据上风，曾熟练掌握法式技巧的家具商们也制造出具有新式英美风格的家具。

始自 18 世纪末美国城市的联邦风格也为乡村的工匠们所接受，他们由此改造的造型简单的、具有明快彩绘装饰的样式经久不衰。

全美乡土家具的质量通常由几个因素所决定：制作者的技术、所选择的材料、品位的高低以及客户的预算。许多家具看似与最新的时尚潮流毫无关联，或者仅仅对其有最低程度的呼应。但是，即使由城市工匠所做的廉价乡村家具也带有当时设计潮流的影子。有时不同风格的元素混在一块。例如 19 世纪末，维多利亚式橱柜就可能混合了帝国式风格的特征，卷曲的脚部即为例证。

乡土风格

虽然基于最基础的设计和施工，但民间家具很少粗制滥造。这些家具从局部看往往比那些昂贵和精炼得多的家具要显得沉重，却保持了一如既往的优雅。

工匠多采用当地的木材，如松木、

矮脚餐柜

松木，有雕花。长方形的顶部两侧有镶板。一对短抽屉下有菱形雕刻门，并被梯形脚支撑。*宽 137 厘米（约 54 英寸） WAD*

锁眼细部

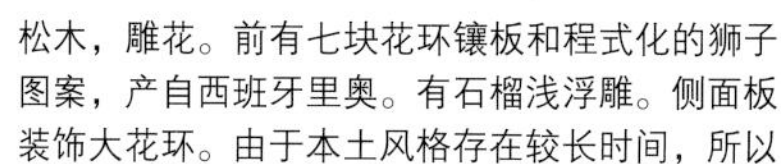

新墨西哥箱

松木，雕花。前有七块花环镶板和程式化的狮子图案，产自西班牙里奥。有石榴浅浮雕。侧面板装饰大花环。由于本土风格存在较长时间，所以这类家具在 20 世纪初很常见。*18 世纪末 高 48.3 厘米（约 19 英寸），宽 61 厘米（约 24 英寸），深 71 厘米（约 28 英寸）*

新墨西哥午休床

这张床的设计受到新墨西哥家具的影响，通过圣塔菲小道流传而来。裸露的榫接处表现出质朴之风。这张床可能以前为病患或死者所使用。*AME*

抽屉架

顶面有几何图案镶嵌，下面有一抽屉，圆角。方形锥形腿。*约 1810 年 高 75.5 厘米（约 30 英寸） FRE*

桦木、橡木、胡桃木、枫木和果木,包括樱桃木和苹果树木，装饰上用染色和彩绘而不是城市家具制造商所青睐的贴面。许多这类彩绘家具现在已经成为民间艺术品中的佳作，非常珍贵。

家具的腿和主轴通常是车削螺旋形的，山墙和裙边有斜面。座位一般带雕刻，由夹板、带子或藤条制作。

家具的不同部件多采用榫卯结构，但有时也用钉子或是燕尾榫接头固定。

乡土家具

19世纪初，地方上常见的家具类型包括了板条靠背椅、凳子、长椅等，还有低柱床和摇篮。

干水槽是用来洗碗的家具，它的做法是用钉子把木板钉在一起。在住户安装室内管道之前，几乎家家都会用到这种家具。

橱柜通常是用来填满一个特定的空间，它们很少有脚。有时由废木料制成，然后用彩色斑点、海绵或木纹作装饰。柜门则是用形状各异的木头、黄铜或铁制门闩来固定，往往还配有螺旋形的门把手或是瓷质的拉手。锁眼盖则是由黄铜或是铁做成圆盘形状，把钥匙孔包围起来。

六板箱是美国最早的代表家具之一，有时用底托、雕刻或油漆装饰。到19世纪初，它们由镶板的橡木或松木制成，并逐渐被抽屉柜所取代。

其他普通的乡土家具包括了折面桌、茶几、工作台、缝纫桌以及其他小件家具，如箱子和挂衣架。

厨桌

这张奇特的“椅–桌”为典型的美国乡土风格家具，制作于19世纪初。

厨桌为美国最早的为节省空间而出现的多功能家具之一。设计成的基本圆桌面可折回作为椅子圆形靠背。有些桌子的底部还有抽屉或柜子来提供收纳空间。

这类家具最早出现于17世纪的乡村，如东海岸和殖民地居住点，一直流行到19世纪中期。它们取自本地木材如松木、枫木、橡木、桦木和果木。

厨桌根据风格不同而有不同的装饰：城市的比乡村的更为时髦，大小更为适度。例如，从一张普通的厨桌可看出其受到了流行于19世纪初联邦风格的影响。

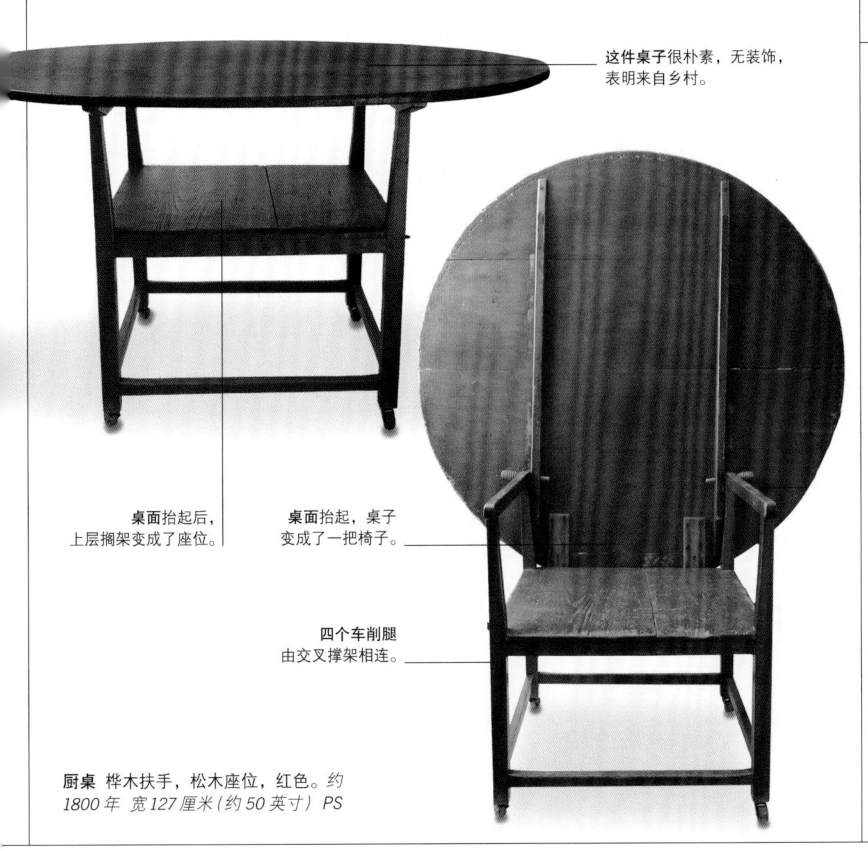

这件桌子很朴素，无装饰，表明来自乡村。

桌面抬起后，上层搁架变成了座位。

桌面抬起，桌子变成了一把椅子。

四个车削腿由交叉撑架相连。

厨桌 桦木扶手，松木座位，红色。*约1800年 宽127厘米(约50英寸) PS*

草编边椅

这三把新古典主义风格的边椅来自大西洋中部各州，是由虎枫木制作并带有编织座位。每一把椅子有向后翻的整体顶冠，两侧、顶部和底部有矩形横条。腿与很多撑架相连，前腿的一对撑档比在后方和两边的要精致。座位是原装的，而软包可能是后加的，为了增加舒适度。*约1825年 高84.5厘米(约33英寸)*

新墨西哥椅

这是一把简单的矮椅，由黄色松木做成。唯一的装饰是望板和靠背条的几何板条雕纹。腿与车削撑架连接。*19世纪初 高39厘米(约15英寸) AME*

加拿大扶手椅

扶手椅为桦木，有三个蝶螈形椅背条，其两侧为方块瓮状相间扶手，一样造型的两条腿与撑架连接。

温莎椅

温莎椅一般取材于本土木料，由地方工匠制作（尤其是英格兰的威科姆一带），但是，其最早的原型和本土家具没有多少关系。钱多斯公爵在米德尔塞克斯郡（Middlesex）和卡农的图书馆留有涂漆后的温莎椅，18世纪初圣詹姆斯宫（St.James' Palace）图书馆里也有桃花心木原型。但到19世纪初，这类椅子却屈尊于一般家庭和小酒馆里。

温莎椅仅在英国和北美制作，但英式和美式各有不同。居于椅子中央的座位（一般是马鞍形）看似与各部分是一个整体，但相互榫接的各部分（靠背、腿和扶手）则由不同材质制作。在英国取材紫杉和果木，以榆木做座位，以山毛榉做车削部件；在北美则以山胡桃、栗树、橡树制作，有时也用枫树、郁金香木、杨树木和松木。

这两类椅子也有风格上的不同。例如，椅背条的使用在英国更为突出；而低背温莎椅直至19世纪40年代才在美国实现了本土化。类似的还有时被称作“箭背椅”的新古典风格温莎椅，因构成椅背后杆的外形形似矛和箭而得名——这种的椅子从没有在英国出现过。

美式写字板椅子

这种高背温莎椅产自康涅狄格州，有一个拱形的顶冠，中间横档连接有扶手和带写字板的抽屉，马鞍形座位下有一个抽屉和四根卷曲腿。腿被H形撑架连接。*1797年 NA* ④

美式写字板椅子

这把椅子产自费城，有一个蛇形顶冠，其末端为耳形。中档是卷曲的扶手和座位。八字腿和H形撑架。*NA* ⑤

弯腿温莎椅

早期的英国温莎椅，由果木、灰木和榆木制成。它有一只公羊角和贝壳雕刻的顶冠，两端为耳形。中央的背板为曲线形，并向前弯曲形成有卷曲雕花的扶手。花瓶形中心椅背条两侧有优雅车削细轴。三个主要的细轴从顶冠延伸到座位，往下部分有额外的细轴。座位由弯腿支撑。*约1750年 高96.5厘米（约38英寸），宽66.5厘米（约26英寸），深58.5厘米（约23英寸） RY*

乔治温莎椅

每把紫杉扶手椅有环形椅背和哥特式镂空椅背条及杆。榆木做的座位由弯腿支撑，末端为垫脚，环形撑架连接。*1750–1770年 L&T* ④

扇形靠背温莎椅

英国榆木、核桃木与果木材质。座椅通过车削腿支撑并与H形撑架连接。椅子尚保留其最初的油漆痕迹。约1770年 *高101.5厘米（约40英寸），宽63厘米（约25英寸），深46厘米（约18英寸） RY*

费城温莎椅

这把温莎椅的顶冠有一只蝴蝶，座位上有七根竹节车削细轴作为靠背。座位为锥形腿支持，有撑架连接。*1800年 高44.5厘米（约18英寸）AAC* ③

美式拱背温莎椅

这把桃花心木材质并彩绘的椅子有一个拱形模压顶冠和九条张开的细轴，向下弯曲的手臂下有倾斜竹质支架。盾形座位，倾斜的竹质车削腿，带H形撑架。*NA* ③

美式温莎边椅

这把椅子有一个弓形的背部，座位以上有九根细轴。座位下为叉开的车削竹腿，H形撑架连接。*高45.75厘米（约18英寸）AAC* ③

哥特温莎椅

由灰木和榆木制成，这把椅子有一个柳叶形靠背及镂空椅背条。一体化座位由弯腿支撑，下带环形撑架。一套四把。*19世纪初 L&T* ③

温莎长椅

温莎长椅看起来像是加长的椅子，这种家具只在英国和北美有出产。

“长沙发（settee）”和“沙发（sofa）”之间的分歧不大，但一词确实是流行生活方式的首选。“settee”一般表示18世纪末到19世纪初一个特定的家具类型，它与椅子的设计更紧密相关而不是指沙发。

温莎长椅（Windsor Settees）通常被认为是一把椅子的扩展，可坐两人或更多人，其原型来自18世纪中期的带椅背的长椅。因此，它通常有一个藤编座位和靠背，或带椅背条的镂空靠背，更像一把椅子，而不是有完整靠垫的沙发。南非的“高背长靠椅（rusbank）”是这类家具的简单变种。

温莎沙发在英国和北美都是独一无二的。他们以与温莎椅子同样的方式来组装：有插入座位的木背、手臂、腿，榫接而成。椅背要么是以竖直的椅背条延续至扶手的形式，要么采取系列连续的椅子靠背形式。

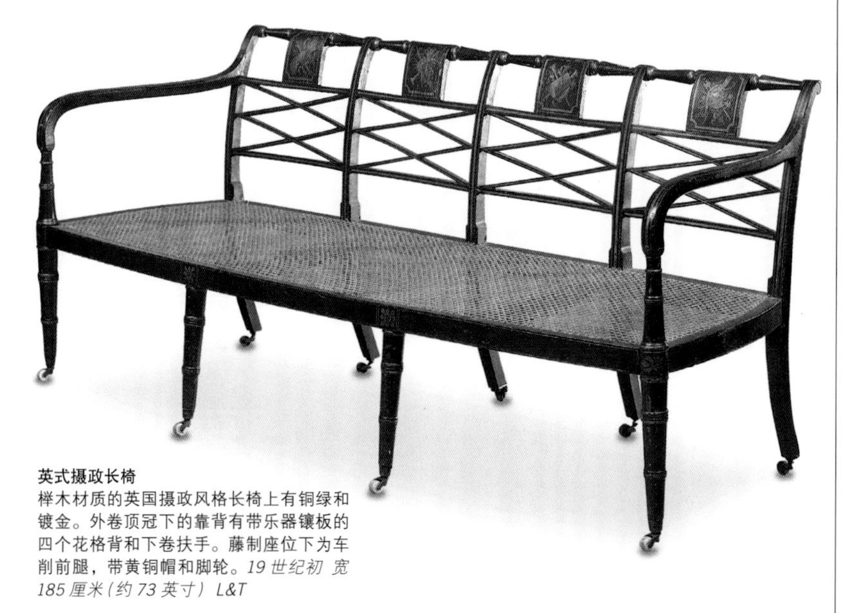

英式摄政长椅

榉木材质的英国摄政风格长椅上有铜绿和镀金。外卷顶冠下的靠背有带乐器镶板的四个花格背和下卷扶手。藤制座位下为车削前腿，带黄铜帽和脚轮。*19世纪初 宽185厘米（约73英寸）L&T*

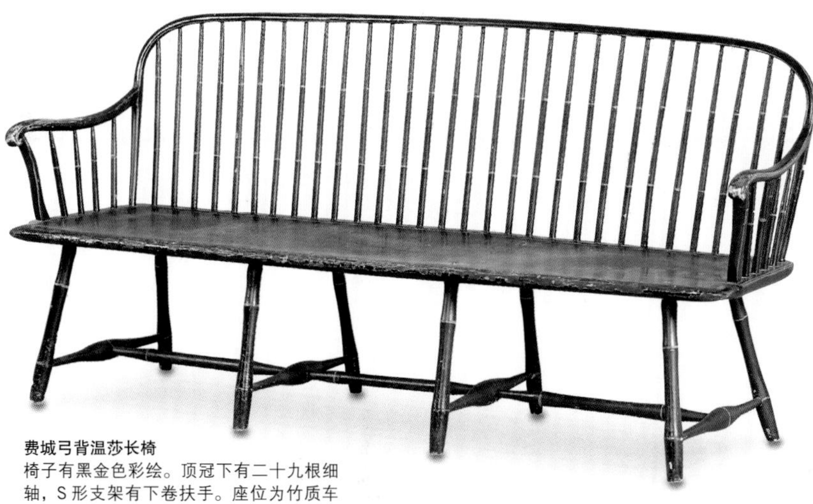

费城弓背温莎长椅

椅子有黑金色彩绘。顶冠下有二十九根细轴，S形支架有下卷扶手。座位为竹质车削腿支撑，连接H形撑架。*宽197.5厘米（约78英寸）NA* ⑥

美式拱背彩绘温莎长椅

厚板座位上有一个平坦的顶冠和卷曲扶手。车削腿和镶板撑架。*19世纪初 高194厘米（约76英寸）FRE* ②

椅子

19世纪初期的椅子再现了与摄政时期风格和帝国风格家具有关的一切特征，包括新古典式的图案（一般在镂空椅背上）和选材等因素。

这一时期最为典型的椅子是产自英国的特拉法尔加椅（Trafalgar chair），主要用在餐厅。这类椅子有两个平行的椅背条——一个是棒状，另一个较为低矮，有时貌似绳结形状带着浓厚异国情调元素的藤编座位，成为这一时期的复古潮流，在英国或开普敦家具上尤其明显。19世纪前二十年里，椅子不论前腿还是后腿都呈现出军刀的外形。但后来车削腿或环形车削腿则更加常见，在结构上也更为坚固。

这些椅子在不同风格影响下出现了各种变体，它们常由实心桃花心木和黄檀木制作，后栏杆处有镶板。椅子常取材山毛榉并施有彩绘；英国本土之外的椅子则喜用轻快色调的木材。此时的椅子极少再用到撑档。

出自乔治·雅各布之手的一类扶手椅，带有软包的、卷曲的长方形椅背和直立支架，上有狮身人面像或女性头像的雕花。有车削和锥形的前腿。这些舒适性很好的扶手椅可能被用在卧室，而摄政时期风格的安乐椅则有着藤编的椅背、扶手旁板和座位，一般用在图书馆。此时期的椅子有羽毛填充靠垫，或用皮革加纽扣来包裹，或用丝绸或天鹅绒来做软包。当时很少将刺绣用在椅子的软包上面，但是有一个特例：俄罗斯冬宫收藏有一套用羊毛和丝绸来做软包的家具。

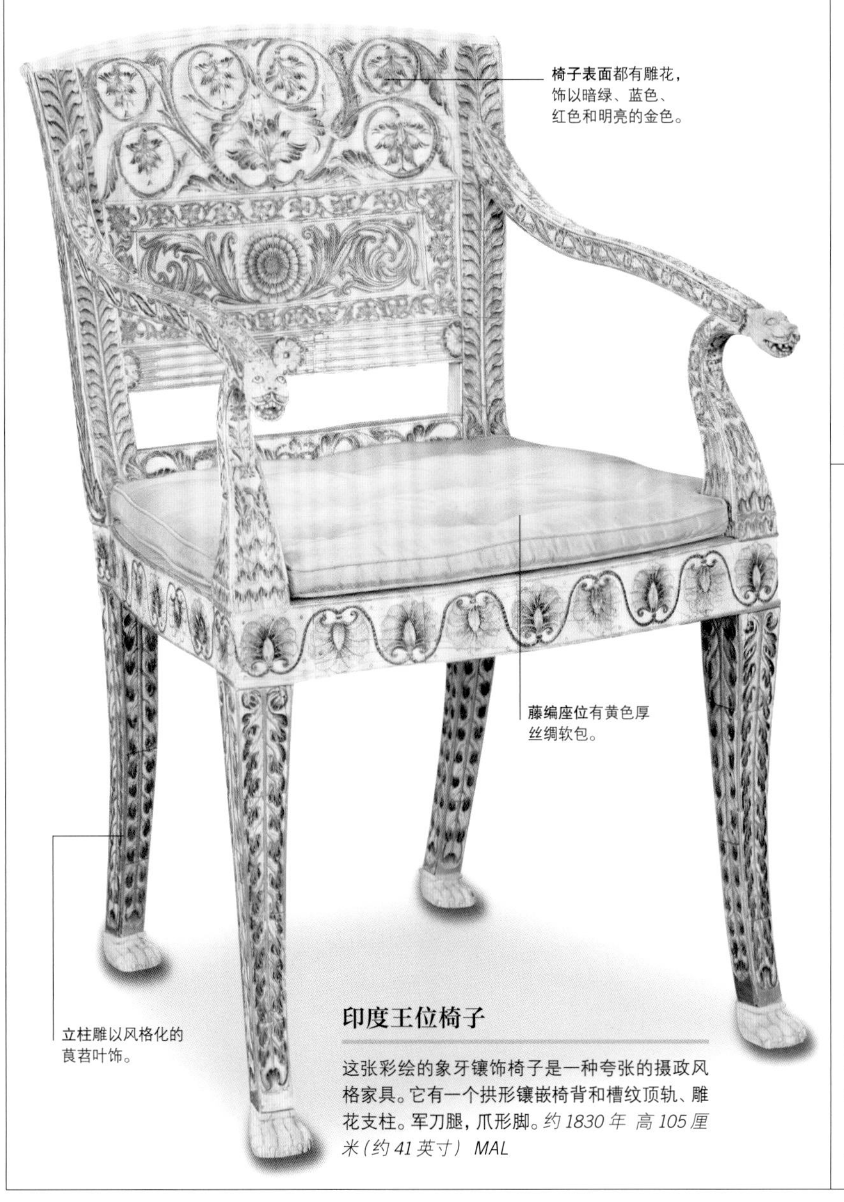

椅子表面都有雕花，饰以暗绿、蓝色、红色和明亮的金色。

藤编座位有黄色厚丝绸软包。

立柱雕以风格化的莨苕叶饰。

印度王位椅子

这张彩绘的象牙镶饰椅子是一种夸张的摄政风格家具。它有一个拱形镶嵌椅背和槽纹顶轨、雕花支柱。军刀腿，爪形脚。*约1830年 高105厘米（约41英寸） MAL*

英国图书馆椅

桃花心木，外框和扶手有凹槽。两边、靠背和座位有松软靠垫。车削槽纹腿有黄铜脚轮。*19世纪初 宽63厘米（约25英寸） DN* 3

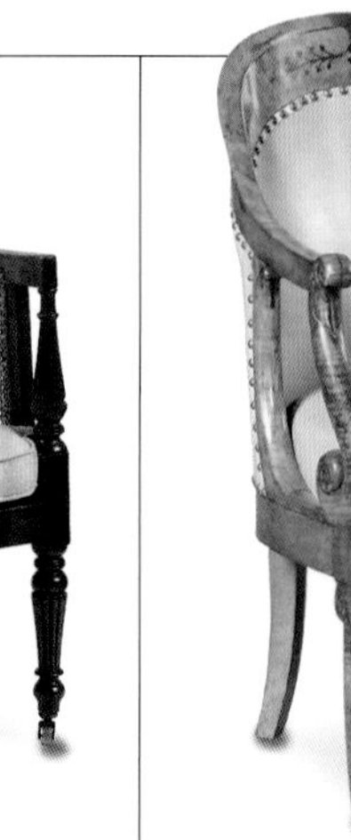

法式复辟风格圈手椅

顶冠有花头与程式化叶子镶嵌。扶手末端有叶形雕刻。皮革座位下为雕花裙档，下为弯腿。*19世纪初 NA* 3

英国特拉法尔加椅

摄政风格，桃花心木餐椅。顶冠平直，椅背横条为绳结形。座位手工缝制软垫，平直座位横档与军刀形腿。原为四件。*19世纪初 DN* 3

法国督政式椅

原为一对，有矩形椅背档板和有黄铜镶嵌的乐器形横条。全包式软包下面为军刀形腿。*约1800年 高81厘米（约32英寸）* 2

瑞典比德迈式扶手椅

桦木，有梯形叉式联结靠背，带椭圆形镶嵌和卷曲扶手。座位下为平直横档，军刀形腿。*约1825年 宽57厘米（约22英寸） EIL*

中式扶手椅

亚洲硬木，有希腊回纹顶冠和一体化雕花椅背条。藤制座位下为槽纹横档，腿部渐细，连接H形撑架。*19世纪初 高84厘米（约33英寸） MJM*

法国复辟式椅

橡木与果木材质，轻微弧度椅背带矩形顶冠。软包座位下平直横档，弯腿。*19 世纪初 高 80 厘米（约 31 英寸） ANB* ②

德国比德迈式椅

桃花心木贴面餐椅，产自柏林。每件有栏杆式顶冠，实心靠板带中心椭圆、优美、微微翻卷的横档。一体化的藤编座位，四条军刀形腿外卷。*1820–1830 年 高 84.5 厘米（约 33 英寸），宽 46 厘米（约 18 英寸），深 42.5 厘米（约 17 英寸） BMN* ⑤

美式联邦边椅

桃花心木。绳纹雕刻的盾形靠背，其中间有瓮瓶形图案，周围有威尔士王子长羽、垂花饰和叶子雕刻。蛇形座位下为带凹槽渐细的腿。*19 世纪初 高 98 厘米（约 39 英寸） FRE* ②

美式贡多拉椅

桃花心木，新古典式。雕花靠背，瓶形椅背条，填充式嵌入型座位。外翻立柱延伸至一体化军刀形前腿。*约 1830 年 S&K*

意大利贡多拉椅

这六把餐厅用的椅子是胡桃木做的，新古典主义设计风格。每把椅子上均饰有不寻常的凹槽纹，矩形靠背上方为镂空程式化叶形。藤编座位每一侧都有圆形图案，座位下有平直横档。军刀形腿。优雅的立柱界定了椅子的形状，让人联想起威尼斯贡多拉小船。*19 世纪初 NA*

乔治三世盾背椅

桃花心木扶手椅有一个盾形弯曲的背部，整体轮廓带扭索饰，带五个凹槽。外翻扶手有雕花，座位横档为弓形，前腿尖细。*约 1800 年 高 95 厘米（约 37 英寸） PAR*

俄罗斯扶手椅

桦木，有梯形叉式联结靠背，带扇形雕花细节。有细长的卷曲扶手架。软包座位下为军刀形脚。原为一对。*1800 年 高 91.5 厘米（约 36 英寸） EVE* ④

美式餐椅

这八把新古典风格的餐厅椅子是由桃花心木制成。每一把椅子都有雕有叶状图案的扁平顶冠和细长的椅背条，上面也装饰叶形雕刻和圆花饰。座位黑色瑙加海德革装饰，呈现出相当大的磨损迹象。扶手椅有轻微弯曲的扶手架。整套包括两把扶手椅和六把边椅，出自安东尼·凯尔韦勒（Anthony Quervelle）。*约 1820 年 FRE* ③

瑞典古斯塔夫边椅

这把白色的椅子有盾形靠背和实木雕花椅背条。衬垫座椅由模压横档支撑，下为半凹槽纹腿并连接 H 形撑架。*19 世纪初 BK* ②

新变化

19世纪初，为了迎合房间特定的功能，许多不同种类的家具被发明出来。之前，家具一般靠着墙面摆放，并集多种功能于一身。但这种情况在整个18世纪开始发生变化，到19世纪初多功能家具纷纷问世。19世纪也是人们见证很多新奇并具专利的新式家具涌现的时代。伦敦的托马斯·摩根与约瑟夫·桑德斯因其发明的“沙发床与坐卧两用折椅”而闻名。他们还制作过一种出名的扶手椅，可以折起来当作图书馆用的脚梯。

不仅新式家具不断出现，老式家具也在吸取古埃及、古希腊和古罗马的样式后焕发新生。例如，一种18世纪的发明——酒橱或冷酒器就可能是借鉴了古代石棺造型后加以改造而成的。

有些新品种专为家庭而做。餐具柜在当时就属于一种创新的家具。它一般呈长方形，前脸弓形，由一个抽屉将之分为两个隔间，里面有搁架或存酒的格栅。柜子背部常常带有黄铜顶冠，这个部件现今往往已遗失。英国的餐具柜一般由桃花心木制成，并带有黄铜或乌木的镶边。由五斗橱发展而来的边柜与梳妆柜也属家具中的新宠。它们也有带黄铜格栅的对门，里面是起皱丝绸做的软包。

穿衣镜算是卧室家具的新品种。它由外框镶着的一整面大镜子和一个可转动的中轴组成。镜子穿过中轴与其支架上的挂格相连。这类家具通常有带脚轮的八字腿，便于在室内移动。

其他新品种如行军家具，反映了当时战云密布的时局。行军式家具是特别为方便携带和易于组装与拆解而设计。同时期较流行的还有来自法国的办公椅，它有短扶手，没有肘部的支撑，这可以让佩剑的人轻松坐下。

英式酒柜

谢拉顿式，桃花心木，拱形顶。长方形箱体有椭圆形镶板与几何形镶嵌。绳状缠绕腿。*约1800年 高68.5厘米(约27英寸)，宽45厘米(约18英寸)，深45厘米(约18英寸) NOA*

美式滑门书桌

上半部为滑门，内有空间。下半部为两个长抽屉，方形斜面锥形腿。*约1795年 高103厘米(约41英寸) NA* 6

英式摄政风格餐具柜

顶部包裹镀金黄檀的柜子有缎木镶边线。中楣下包含五个抽屉。每个有狮面吊环把手。下面的柜子前面有格栅，中间有搁架。兽爪形脚。*约1805年 高103厘米(约41英寸)，宽175厘米(约69英寸)，深66厘米(约26英寸) PAR*

美国D形餐具柜

顶部矩形，缎木材质，枫木雕花，弓形前脸下为外形相同的抽屉和柜门。凹槽腿有环形卷摺。*1800–1805年 宽188厘米(约74英寸) NA* 7

抽屉和柜门有带状和缎木镶嵌包边。

每个立挺雕刻有菱形花纹以及哥特式拱门图案。

中间柜门两侧为放置酒瓶的抽屉。

美式克里斯莫斯椅

桃花心木。顶轨弯曲，带卷曲和一体化雕花椅背条。军刀形腿。*约1815年 高86厘米(约34英寸)，宽44.5厘米(约18英寸)，深46厘米(约18英寸) BDL*

摄政式瀑布形书架

每个书架的分层搁架上有三面边廊，并带单独的有象牙把手的抽屉。书架两边有便于移动的把手。*19世纪初 宽53厘米（约21英寸） L&T* ⑤

美式工作桌

这张古典桃花心木椭圆工作桌有不同的隔室。它坐落在一个有凹槽纹的瓶形立柱上，下有四个八字腿，铜脚带脚轮。*19世纪初 高73厘米（约29英寸） NA* ⑥

英式达文波特书桌

橡木桌子顶部有细长边廊。有两个真抽屉和两个假抽屉。两侧有放置文具的抽屉，边上四个抽屉上有伸缩写字台。*19世纪初 宽51厘米（约20英寸） BonS* ④

英式穿衣镜

摄政风格，桃花心木。装饰薄板外框为环形旋纹框架。八字腿有黄铜兽爪包脚和脚轮。*19世纪初 高170厘米（约67英寸） DN* ③

新材料

来自印度和其他殖民地的海外材料常常用于小型家具以增加装饰效果。

19世纪初很多之前很少用到的材料变得愈加流行。黄铜饰件用于英式家具，而之前是在大约18世纪40年代到60年代间。相同的，珍珠母逐渐流行于19世纪，尤其是用在小件物品上，如茶叶罐。海外木材和材料如青龙木、象牙，都是从殖民地进口，而常常在中国屏风上出现的涂漆工艺则仍然用在贴面上。在欧洲大陆，对桃花心木的禁运导致了当地浅色木材的推广和使用，即所谓的“木料配色”。在英国，家具常常采用全部涂漆的描金技术。英国其他流行的装饰技术还有拼花镶嵌（Tumbridgeware，小块几何图案的木制镶嵌）和麦秆拼花（straw-work，用麦秆拼成类似细木镶嵌的效果）。

可调节桌面有涂漆。

乌木小块镀金桌
纸糊顶面绘有东方人物，车削的叶形雕花支架，三脚底座，兽爪形脚。*19世纪初 高72厘米（约28英寸） DN* ③

桌面打开后内有一面镜子。

黄檀贴面有珍珠母。

比德迈式缝纫桌
以黄檀贴面，嵌满珍珠母。桌面打开后有内部空间和镜子。*约1830年 高76.5厘米（约30英寸），宽48厘米（约19英寸），深40.5厘米（约16英寸） BMN*

描金装饰

车削立柱支撑椭圆桌面。

英式描金椭圆面休闲桌
车削立柱支架，三脚底座，饰以描金。*约1825年 Cato* ⑥

德国南方展示柜

镶嵌有部分乌木的樱桃木玻璃柜有三个玻璃侧面，两侧为突出的镀金金属柱状门槛。前开的门里面有两层玻璃搁架。*约1825年 高91厘米（约36英寸） BMN* ④

镜子

镜子就如同画框一样，主要用来作装饰之用，因此很少受到磨损。其材料常常是用石膏翻制或是木制镀金。这一时期也存在彩绘式的镜框，例如帝国式的窗间镜就是用桃花心木做镜框并加有镀金的饰件。

自 18 世纪末期，大型的镜面在镜子生产中流行开来，这导致了那种带分隔板的镜子在 19 世纪初越来越少见。虽然不是新出现的品种，但凸面镜在英国和美国尤其受欢迎。它一般用在餐厅里，能让宾客们看到就餐时的全景。这种凸面镜多由乌木凹槽纹板和镀金框架构成。外框顶上常有鹰或者与之近似的装饰主题，镜柜两边附有烛台。

当时流行的还有用反向彩绘工艺将玻璃背面涂黑，并在镀金之前雕刻图案的做法。这类镜面一般嵌在普通底板的上面。放在窗户间桌子上的长方形镜子很受欢迎。19 世纪 20 年代之后，复古之风使得英国重新引入齐本德尔风格的镜子——这让人们很难将其与 18 世纪的原型分辨开来。在佛罗伦萨，工匠们制作出显眼的叶状雕花外框，用来模仿巴洛克原型。

莨菪叶形装饰镂空并卷曲。

程式化的纽索饰环

意大利墙面镜

这面长方形的镜子有纽索饰环和程式化莨菪叶形雕花的软木框。整个框架覆盖在白色石膏上，涂金之前被漆成红底。华丽的雕塑外形与 17 世纪的巴洛克风格相似，并可以追溯到安德烈·布鲁斯特隆（见第 40 页）和热那亚雕刻师菲利波·帕罗迪的设计。*19 世纪初 高 67 厘米（约 26 英寸），宽 59 厘米（约 23 英寸） Cato* 3

苏格兰壁炉架镜

摄政时期的木制涂金石膏壁炉镜，模压檐口带球形装饰，中楣上描绘了吹着喇叭的天使在狮子驾驭的双轮战车上空飞翔的情景。斜边玻璃两侧有凹槽而纤细的科林斯立柱。其宽阔的外形表明它可能是壁炉架镜并置于炉火前面。*19 世纪初 高 91 厘米（约 36 英寸），宽 162 厘米（约 64 英寸） L&T* 3

美式衣帽镜

简单的新古典主义风格，枫木制。镜面底板嵌在一个比较朴实的矩形框中。这个镜框的顶部和侧面连接镀金模压栏杆。像上面的镜子一样，这种类型有时被错误地称为“亚当式”，也许是由于其直线的新古典主义风格，或因这样的镜子经常具有罗伯特·亚当式镜子内部特色之故。*约 1835年 高51厘米（约20英寸），宽85.5厘米（约34英寸）SL*

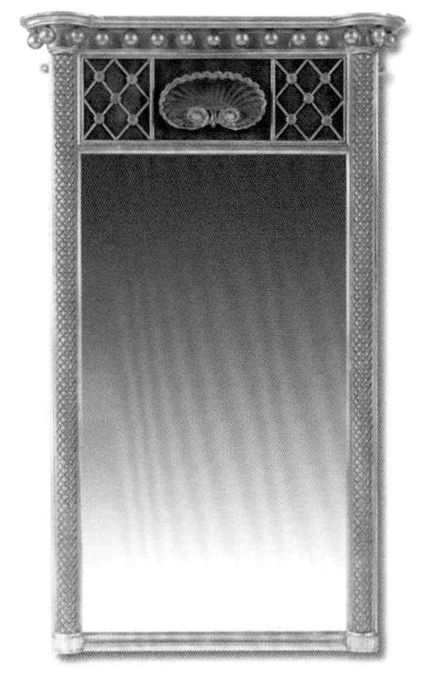

摄政风格镜子

木制涂金的镜子有一个带球饰面板的模压飞檐，扇形顶饰两侧有格纹。镜子两边各有侧面立柱。*19 世纪初 高 109 厘米（约 43 英寸） L&T* 3

英式矮几镜

环叶饰中楣上为凹面檐口，木制涂金与石膏镜框。装饰镶条将玻璃隔成十一个不同大小的镜面，两侧有半露立柱。*19 世纪初 宽 117 厘米（约 43 英寸） L&T* 3

美式装饰烛台凸面镜

木制涂金和仿乌木装饰烛台有带凹槽纹饰的凸镜面。框架用雕刻叶子装饰，有四个蜡烛臂，其上有联邦鹰饰件。*约 1825 年 高 132 厘米（约 52 英寸） FRE* ③

英式墙面镜

圆形，镜板嵌在一个有凹槽纹的仿乌木球型框架里。框架顶上的雕刻是龙图案，两侧有两条海蛇饰件。下面是一个雕花裙档。*约 1815 年 高 115 厘米（约 45 英寸） FRE* ④

椭圆镜

这面镜子镶嵌在一个模压的框架内，顶部是尼普顿（希腊神话中的海王）的彩绘图案。 底部是金色特里同（人身鱼尾的海神）木雕饰件，叶状蜡烛臂。*宽 112 厘米（约 44 英寸）*

英式木制涂金镜

这面简单的摄政式涂金镜子内有一个圆形凸镜面，外面是模制和带凹槽的边界。它原本可能有蜡烛架或顶冠。*19 世纪初 直径 58 厘米（约 23 英寸） DN* ②

美式衣帽镜

古典桃花心木雕刻，木制涂金。有一个建筑形的山墙，上面雕有鹰状装饰和镜板。两侧为栏杆小柱。*19 世纪初 高 190.5 厘米（约 75 英寸），宽 61.5 厘米（约 24 英寸） SL* ③

摄政式衣帽镜

带雕花和镀金，有模压的突出檐口，上雕有饰带，带装饰镜画和凹槽壁柱。*19 世纪初 高 109 厘米（约 43 英寸），宽 62 厘米（约 24 英寸） FRE* ②

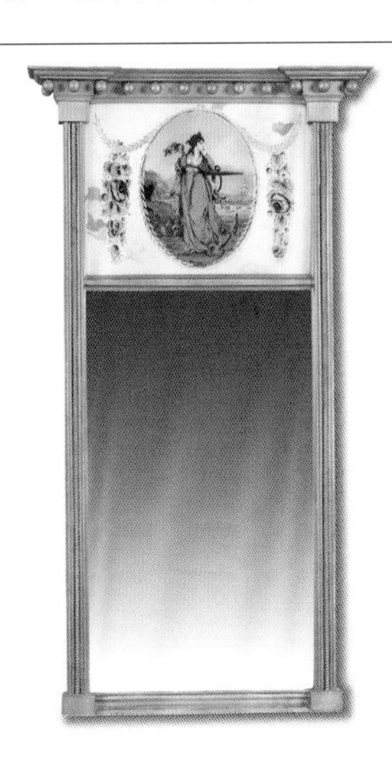

美式木制涂金镜子

镜子有一个带球形装饰的破损山墙。反向彩绘镜画寓意“希望之锚”，两侧有花彩装饰。立柱有螺旋珠饰带。*19 世纪初 高 80 厘米（约 31 英寸） Na* ③

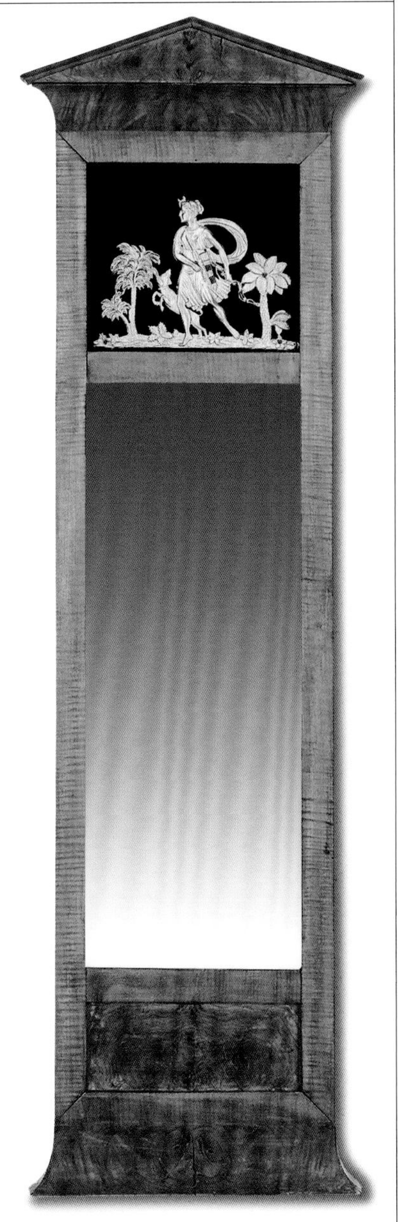

比德迈式矮几镜

黄檀木贴面的德国南方矮几镜，有建筑形山墙和仿乌木面板，上面描绘的狩猎女神戴安娜像为镀金黄铜制。*约 1820 年 高 112 厘米（约 44 英寸），宽 33 厘米（约 13 英寸） BMN* ③

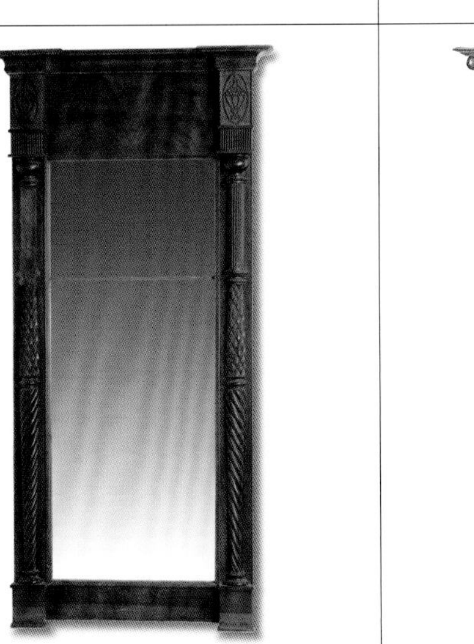

美式衣帽镜

高大，狭窄，桃花心木雕刻。玻璃框有成型檐口，上有贴面装饰。镜板两侧是突出的方块与雕刻的瓮形壁挂。*约 1825 年 FRE* ②

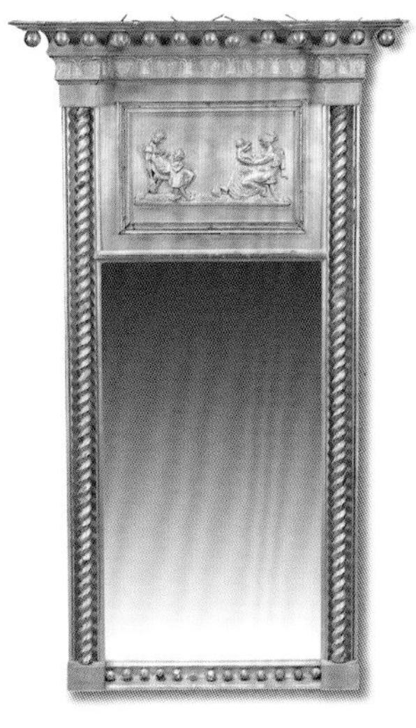

美式衣帽镜

木制涂金，模压飞檐下挂着球形装饰，下为花环和莨苕叶形的模压中楣。下面是镜面。立柱为螺旋绳形。*约 1800 年 宽 77 厘米（约 30 英寸） SI*

爱尔兰椭圆镜

这面椭圆形的镜子原为一对，有原始底板嵌入铜框内，有蓝色和透明水晶交替的表面。*18 世纪末到 19 世纪初 高 105 厘米（约 41 英寸） L&T* ⑤

抽屉柜

抽屉柜在风格的演变上几乎乏善可陈，它的大小受到长方形抽屉的制约，其土豪远亲如五斗橱则有蜿蜒的外形（蛇形），更好地容纳抽屉。除了那种其前脸为弓形的英国普通家具外，19世纪初的抽屉柜都是盒子形的。与此同时，五斗橱的地位随客厅其他重要家具一并开始走下坡路，同样式微的还有双层衣柜和高脚柜，只剩下弓形柜子还在流行。

有种小型的抽屉柜变化为缩微版的高脚柜或法式七斗橱（*Semainier*）。它以英国名将"威灵顿"公爵命名，其抽屉以铰链式柱材来锁定。

有一类特别的法国帝国式抽屉柜曾在欧洲流行一时。它为长方形，有一个大理石顶面，下面为突出的带饰带的抽屉，两边各为一对建筑状立柱，下部有两到三个抽屉，由柱状基座支撑。这类光彩照人的家具镶满各种新古典风的饰件，尤其是在抽屉的饰带和围绕中心的部分以及立柱式基座上。

另有一类橱柜源自法国路易十六风格，也有大理石顶面。但与帝国式抽屉柜不同的是，其所有抽屉的高度是一致的。看上去显得更加单薄，可能因为方形截面和尖细的腿部所致。这种样式在意大利尤其流行，以其制造商马乔里尼而闻名，多以胡桃木制作。

由于抽屉柜的广泛用途和相对较为简单的架式结构，它表面有很大的面积可以做装饰，一般是用进口木材做贴面和彩绘——后者常常是为了掩盖表层之下的材质的低档。

美式抽屉柜

这件联邦式带镶嵌的抽屉柜为桃花心木材质。长方形顶部带镶边，下为四个长的分层抽屉，每一个有装饰薄板、边条和串珠边缘，以及椭圆黄铜拉手。模压底座有直的托架脚。*19世纪初 宽101厘米（约40英寸） NA* ③

锁眼盖及几何形镶嵌细部

意大利北方边柜

直边饰带上的桌面略微悬挂，矩形柜体前面有两个大门。橱柜的正面和侧面的胡桃木与其他色彩对比鲜明的染色木料形成丰富多彩的几何图案，尖细短腿支撑。*约1800年 高102.5厘米（约40英寸），宽135厘米（约53英寸），深63厘米（约25英寸） GK* ⑤

帝国式抽屉柜

桃花心木雕花和贴面，盖有"WM Palmer/Cabinet Maker/Catherine St./New York"字样。模压顶部有三个突出的短抽屉，两侧附有立柱。毛爪脚（*Hairy paw foot*）上有叶形雕刻装饰。*19世纪初 宽123.2厘米（约49英寸） SI* ②

法式五斗橱

地方式的五斗橱取材橡木，帝国式风格。暗棕色顶面下为矩形中楣。三个抽屉有玻璃把手和与之匹配的锁眼盖。方块脚支撑。*19世纪初 高90厘米（约35英寸），宽110厘米（约43英寸），深52厘米（约20英寸） MAR* ③

意大利五斗橱

细木镶嵌的胡桃木五斗橱是新古典风格。大理石顶面下为带状装饰抽屉，嵌有叶形花饰和瓮。下面两个抽屉有相同的四等分镶嵌，中心有描画了两个女子和丘比特像的镶板。两边图案一致，方形锥腿。大理石顶面为后来加上的。*约 1800 年 宽 135.5 厘米（约 53 英寸） FRE* ④

瑞典五斗橱

晚期古斯塔夫式风格，顶部前角有斜边，下为三个长抽屉。抽屉两侧有凹槽纹和斜边，短腿尖细。整个色调为典型的古斯塔夫浅灰色。*约 1820 年 高 85 厘米（约 33 英寸），宽 140 厘米（约 55 英寸），深 46 厘米（约 18 英寸） EVE* ④

几何细木镶嵌五斗橱

胡桃木，几何细木镶嵌。顶面前沿凹凸有致，下为四个分层长抽屉。面包圆脚。抽屉前脸通体镶嵌几何式的胡桃木、红木和黄杨镶板。*19 世纪初 高 92 厘米（约 36 英寸），宽 125 厘米（约 49 英寸），深 65 厘米（约 26 英寸） L&T* ④

丹麦桃花心木五斗橱

这件丹麦的路易斯十六式五斗橱有一个长方形的顶冠、中楣抽屉，边角有圆盘饰。三个较低的抽屉两侧有四分之一凹槽壁柱，托架脚。*18 世纪末 高 78.5 厘米（约 31 英寸），宽 77.5 厘米（约 31 英寸），深 45.5 厘米（约 18 英寸） EVE* ④

比德迈式五斗橱

德国南方五斗橱，樱桃木贴面部分嵌有乌木。矩形顶面有乌木边缘。有三个抽屉：上部弓形，底部两侧有乌木圆柱。*1820–1830 年 高 93 厘米（约 37 英寸），宽 130 厘米（约 51 英寸），深 65 厘米（约 26 英寸） BMN* ④

瑞典抽屉柜

晚期古斯塔夫式风格。边角成曲线。三层抽屉带黄铜把手，尖细腿部支撑。可能以桃花心木做贴面。*19 世纪初 高 84 厘米（约 33 英寸），宽 95 厘米（约 37 英寸），深 47 厘米（约 19 英寸） BK* ④

沙发

19世纪初，沙发的舒适性达到了一个新的高度。除了南非开普敦的高背椅之外，绝大多数长椅是全部被软包的，材料通常是丝缎。因此，原来常用于椅子开放式椅背上的古典图案就改用在了沙发的竖档和顶冠上。与此类似，由于沙发十分沉重，椅子上常有的八字腿不再用在沙发上。19世纪初，沙发的旁板一般是直的或雕刻有狮身人面像之类的古典图案，后来，旁板开始向外翻卷，以威廉四世沙发为例，其旁板常常是S形的。

19世纪早期，沙发床和躺椅曾有过一个复古的潮流。这些家具有优美的卷曲的外形，特意设计为可以斜倚的样子。它们一般放在休息室或女士卧室，张开的脚部带黄铜装饰和脚轮。

午休沙发拥有典型的法国复古设计，是一种带有外翻扶手（一个比另一个要高）的长沙发。在丹麦，人们坐在沙发上进餐，沙发边上摆有存放器物和餐具的橱柜。出于实用性和移动性的考虑，沙发常常采用普通的木材制造，也不全镀金。

沙发上的软包很容易取下换洗，所以这时期很少用到原来那种表面织物固定的沙发。沙发软包的材料有天鹅绒、丝绸、锦缎和印花棉布。弹簧座位当时已被发明出来，椅子舒适性又提高到了一个新的档次。

软包长椅

这是软包长椅中最典型的一种，一边扶手比另一边稍微高一点，可能是法国的。黄檀木贴面、底座、撑架和脚部装饰有程式化花纹，并以较轻木材镶嵌卷曲的叶状图案。座位、靠背和侧面都有松软的包覆，软包为新古典主义绿色、奶油色和金色条纹织物。卷曲撑架和底座由蜗壳形脚支撑。*约1830年 高88厘米（约35英寸），宽148厘米（约58英寸） BEA*

狮身人面像雕刻细部

法国帝国式长条沙发

三个座位的沙发有一条直的模压顶轨，延伸后形成两个后腿。前腿和扶手都用埃及形式雕刻的狮身人面像，末端为狮爪形脚。其座位和靠背的软包为黄褐色绒面、黑褐色滚边和编织羊皮制成。出自雅各布兄弟，这是套件家具的一部分，整个包括两张长条沙发、六把扶手椅和一张凳子。*约1800年 高94厘米（约37英寸），宽157厘米（约62英寸），深57厘米（约22英寸） PAR*

瑞典沙发

这一宽大的、坚实的沙发有一个平缓形状的顶轨，带简单的模压和涂漆，中心有镀金花环。沙发外形几乎完全为直线，带矩形软包的扶手和方形截面的腿，方块脚。座位带填充，条纹织物包覆，平直的横档上装饰有间隔的花环。沙发基于由卡尔·弗里德里克·桑德瓦尔（Carl Fredrik Sundvall）为瑞典布莱金厄省斯科托普（Skottorp）庄园做的设计原型。*约1820年 宽284厘米（约114英寸） BK* ④

英国摄政式躺椅

这张模仿黄檀木带镀金嵌件的躺椅有三面卷曲的靠背和军刀腿。*19世纪初 宽200厘米（约79英寸） L&T* ③

瑞典彩绘长沙发

晚期古斯塔夫式风格，彩绘带软包。沙发有三个矩形软包靠背。侧面镶板有环形车削撑档，侧翼中央有交叉形支架，下为新古典主义的饰带。沙发坐垫下有雕刻月桂叶的饰带和十六个有长叶条带的细长圆形腿。*1800–1810 年 高 89 厘米（约 35 英寸），宽 195.5 厘米（约 77 英寸），深 71 厘米（约 28 英寸） EVE* ⑤

美国谢拉顿式沙发

这一小型镶嵌桃花心木和明亮桦木的沙发有倾斜的顶轨，带中央凸起的顶冠。顶冠装饰有一个颜色对比明显的椭圆轮廓镶嵌，边缘覆盖凹槽纹，向下斜形成扶手。每只扶手有栏杆立柱支撑，锥形凹槽腿。腿有镶板，铲形脚。*19 世纪初 高 94 厘米（约 37 英寸） NA* ⑤

美国新古典风格沙发

雕花桃花心木，产自中大西洋诸州。一体式顶轨有 S 形边角和后卷的扶手。沙发背、侧面和座位下有带凸嵌的横档，膝盖处有丰富的叶子雕刻。软包材料不是原装。兽爪形脚。*19 世纪初 宽 212.5 厘米（约 84 英寸） FRE* ③

奥地利比德迈式沙发

有胡桃木贴面，部分仿乌木框，整体软包。靠背高直，扶手外卷，下为四条八字腿。软包为带条纹的花式设计。它比英法的原型显得更轻。*1820–1830 年 高 95 厘米（约 37 英寸），宽 192 厘米（约 76 英寸），深 67.5 厘米（约 27 英寸） BMN* ②

英国摄政式沙发

黄檀外框。矩形靠背。沙发顶饰有叶形雕花，下面的方形软包扶手末端为模压。座位下有凹槽横档。螺旋凹槽锥形腿有黄铜帽和脚轮。*1820–1830 年 宽 213 厘米（约 84 英寸） L&T* ②

丹麦沙发床

丹麦路易十六榆木床为矩形，软包座位带外卷、垂直板条装饰的撑档。座位两侧各有一个枕垫，方锥形凹槽腿。和躺椅不同的是，这件沙发床没有靠背。*约 1800 年 高 75 厘米（约 30 英寸），宽 198 厘米（约 78 英寸），深 66 厘米（约 26 英寸） EVE* ④

书桌

当时的书桌可分为两种：一种顶面是平的，另一种则是斜面的。这两类在19世纪初都不是第一次出现。前一种一般供给图书馆使用，现今有几件流传了下来。法国雅各布兄弟曾给拿破仑在杜伊勒里宫的时期制作过一个平面书桌，现在保存在马尔迈森古堡。有一种机械书桌，其盒子式的顶面可以翻转形成一个工作台区域。它由一对经过彩绘和镀金的青铜狮子支撑着双边挂架。

在马德里的西班牙皇宫里保存一件晚期帝国“斐迪南”式的桃花心木书桌，上有当时典型的皮革平顶面，被与台式撑架相连的一群镀金天鹅饰件支撑。通常书桌的顶面为圆形，四面围着埃及面具壁柱。

前倾式写字桌仍流行，尤其是在英国和美国的中心城市。筒形书桌——有鼓形活面，可以向上推进家具搁架里，这种类型风行于欧洲大陆，尤其在北方颇受欢迎。在丹麦有一种书桌的变种即“书写柜”，是在书桌上添加了一个橱柜。与这种橱柜书桌相类似，英国有一种更为小巧的写字台。在某些情况下，书桌的斜面让人书写时更加舒适；而另一些人则把书桌的顶面做成像钢琴盖那样可以掀翻的样子。当基洛斯家族为某上尉制作了一张小型写字台后，这类家具拥有了自己的名字。其他小型的书桌如叠橱式写字台则在英吉利海峡两岸颇为流行。橱式写字长桌一直保有着持久的生命力，特别是在法国。

美国斜面书桌

联邦式，枫木和虎枫木材质。新英格兰产。有一个模压斜面，有内室，四个长抽屉。模压底座，法式脚。次要木材是白松。*约1800年 高112厘米（约44英寸），宽104厘米（约41英寸），深49厘米（约19英寸） SI* 3

两侧镶板有黄铜狮头环形拉手。

中楣有三个抽屉。

乌木镶嵌描绘有小树枝和几何图案。

兽爪形脚有八个拱形支架。

镶嵌细部

英式书写柜

长方形桌子有一个黑色烫金皮革书写桌面，边缘装饰着乌木镶嵌，描绘有小树枝和几何图案。中楣前方有三个抽屉，下方容膝处，两侧各有一门附三个抽屉。桌子背面那边有三个中楣抽屉和内带架子的橱柜门。兽爪形脚有八个拱形支架。*约1820年 高80厘米（约31英寸），宽152.5厘米（约60英寸），深106.5厘米（约42英寸） PAR*

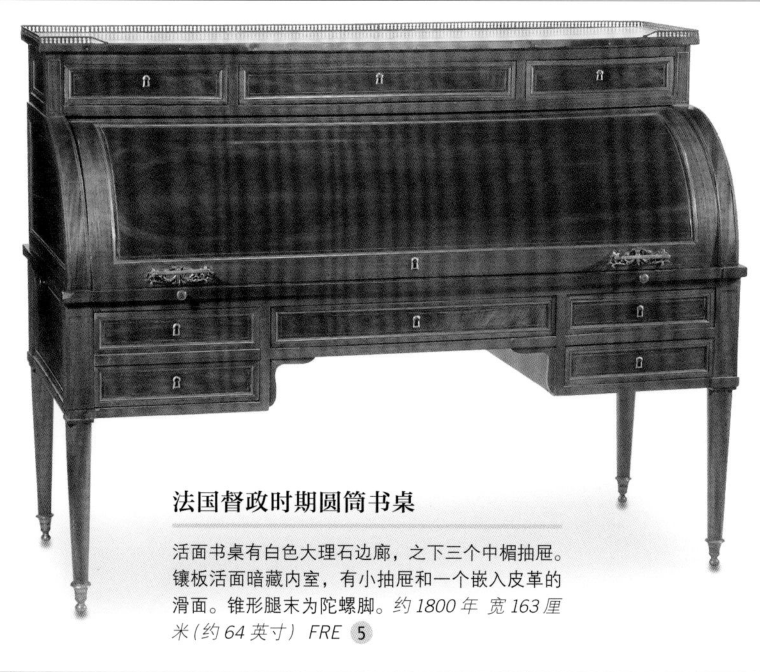

法国督政时期圆筒书桌

活面书桌有白色大理石边廊，之下三个中楣抽屉。镶板活面暗藏内室，有小抽屉和一个嵌入皮革的滑面。锥形腿末为陀螺脚。*约1800年 宽163厘米（约64英寸） FRE* 5

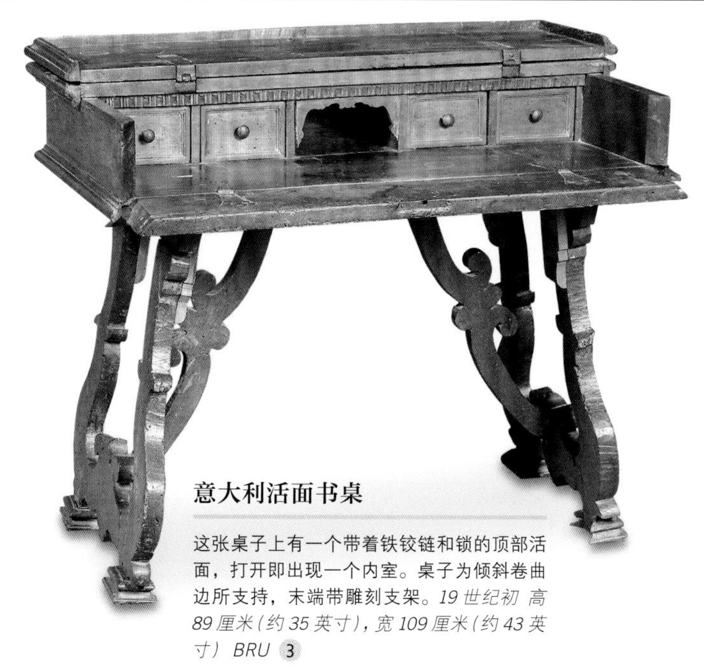

意大利活面书桌

这张桌子上有一个带着铁铰链和锁的顶部活面，打开即出现一个内室。桌子为倾斜卷曲边所支持，末端带雕刻支架。*19世纪初 高89厘米（约35英寸），宽109厘米（约43英寸） BRU* 3

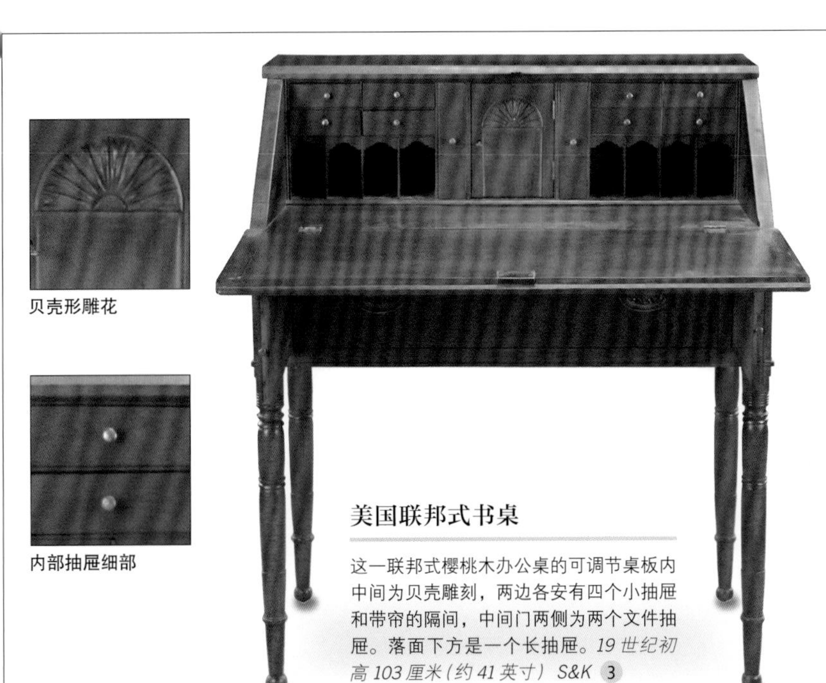

贝壳形雕花

内部抽屉细部

美国联邦式书桌

这一联邦式樱桃木办公桌的可调节桌板内中间为贝壳雕刻，两边各安有四个小抽屉和带帘的隔间，中间门两侧为两个文件抽屉。落面下方是一个长抽屉。*19 世纪初 高 103 厘米（约 41 英寸） S&K* ③

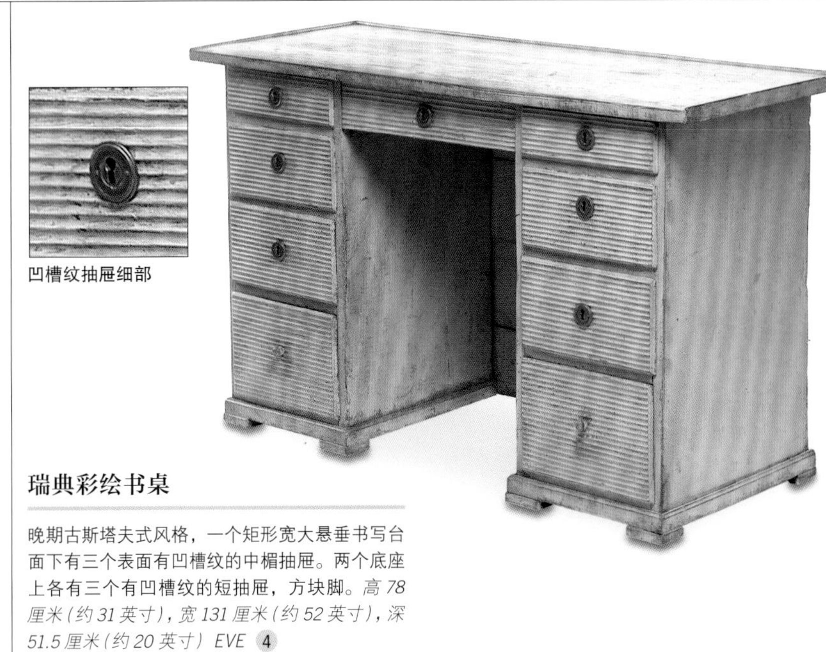

凹槽纹抽屉细部

瑞典彩绘书桌

晚期古斯塔夫式风格，一个矩形宽大悬垂书写台面下有三个表面有凹槽纹的中楣抽屉。两个底座上各有三个有凹槽纹的短抽屉，方块脚。*高 78 厘米（约 31 英寸），宽 131 厘米（约 52 英寸），深 51.5 厘米（约 20 英寸） EVE* ④

镀金嵌件细部

法国书桌

桃花心木桌子有三面镀金边廊和皮革镶嵌斜面。有一个带镀金嵌件的中楣抽屉，下面格栅门两侧为螺旋形圆柱。办公桌下方有带面包形脚的方形平台。*高 122 厘米（约 48 英寸），宽 93 厘米（约 37 英寸） DN* ④

比德迈式滑门书桌

德国胡桃木贴面桌子，活面顶部上有一个中楣抽屉，下有一对长抽屉。前脸打开可显示出带六个小抽屉和隔间的内室。最下为方截面锥形腿。*约 1820 年 高 126 厘米（约 50 英寸），宽 121 厘米（约 48 英寸），深 63 厘米（约 25 英寸） WKA* ④

德国写字台

樱桃木贴面。长方形的顶面有向后的模压包边，下有一长两短三个中楣抽屉。容膝处两边深深的矩形底座有罕见的锥形门——模压成形给人以建筑感。底座的内部装有搁架单元。整个为柱状底座。*约 1825 年 高 82.5 厘米（约 32 英寸），宽 185.5 厘米（约 73 英寸），深 72 厘米（约 28 英寸） SLK* ⑥

加拿大落面桌

这种罕见的魁北克松木桌子有一个前脸落面，打开后有内室。中央文件架两边各有三个宽抽屉。落面下半部有三个长抽屉，模压底座支撑。桌子外表虽有剥落，但仍有原始油漆的痕迹。*约 1820 年 宽 123 厘米（约 48 英寸） PER* ④

桌子

19 世纪早期对于家具来说是个特别的时代，因为许多新式家具被发明出来以适应现实需求。1800 年左右出现的沙发桌就是一个例子。为了方便人们在沙发上阅读、写作等活动，而特别设计了一个支架桌，称为沙发桌。虽然是英国发明的，但仍被欧洲大陆各国广为模仿。

沙发桌常常饰以桃花心木或黄檀木贴面，以进口高档木材手工制成，有的外表缀有许多黄铜件。与折面桌近似，沙发桌的两边都有下垂可折起的桌板——这与中央桌、写字台或图书馆书桌不同——即便它们都具备同样的基本功能。

沙发桌一般有两个装饰性较强的抽屉，有时候它们只是摆摆样子而非实用。整个桌子有直立柱支撑，柱子之间有撑架相连接，要不然就是有一个中心基座作支撑。晚期这种桌子常带有张开的、带黄铜镶边的腿部与脚轮。

玄关桌一般放在对着窗口的位置，在一个可以将光线反射进房间的镜子下面。正由于摆放方式，这类桌子的背后不用特意装饰。玄关桌一般直接由螺钉固定在墙上，因此没有后腿。即使有后腿，也纯粹是功能性的，而不用像前腿一样有精美的外形。

送餐桌与厅堂桌常常在外形上和玄关桌类似，但它们更显得颀长，常靠于无窗的墙壁。

更为小型的牌桌（没有台面呢）、茶桌与沙发桌相似，有同样的装饰、贴面和取材。其折起的顶面通常为转腿所支撑，或是由中心基座来支持。

摄政式图书馆桌

这种精细的黄檀木写字桌带有轻微圆角的矩形顶部，整个被一个镂空边廊围起来。中楣内有两个短抽屉，皆有圆形铜拉手。桌面下优雅双琴支架上有黄铜“琴弦”支持。黄铜帽爪形脚，并与中央旋转形撑架连接。这种典型形式的摄政桌子同时带有副翼，可以当作沙发桌使用。*约 1820 年 高 76 厘米（约 30 英寸） FRE* ⑤

美式图书馆桌

新古典式风格桃花心木桌的长方形顶部有带铰链的折面，有真抽屉和一个假抽屉，一个底座，八字腿带脚轮。*19 世纪初 宽 87.5 厘米（约 34 英寸） NA* ④

美式矮几

矩形大理石台面，帝国式风格。顶冠下模压式中楣带卷曲雕花支架，为旋转立柱支撑。桌面下有镜框。*约 1815 年 宽 100 厘米（约 39 英寸） FRE* ⑤

法式工作台

黄檀，顶面为直角单板，下为两个抽屉，背面为假抽屉。里拉琴形支架连接撑架与军刀形腿。*宽 57 厘米（约 22 英寸） L&T* ③

美式古典桌

顶面四角有斜角，中楣同此形。凹槽纹圆柱下为矩形柱脚底座并连接内弯的腿。*宽 90 厘米（约 35 英寸） NA* ③

帝国式玄关桌

顶面矩形，下为中楣抽屉。前脸兽爪形脚与后面方柱之下为柱脚底座。*19 世纪初 高 86 厘米（约 34 英寸），宽 79 厘米（约 31 英寸），深 47.5 厘米（约 19 英寸） L&T* ③

联邦式桌

桃花心木。顶面下有分层中楣抽屉与螺旋腿连接撑架，八字脚。*约 1810 年 高 81 厘米（约 32 英寸），宽 84 厘米（约 33 英寸），深 51 厘米（约 20 英寸） BDL*

丹麦帝国式沙发桌

果木镶嵌，有小片仿乌木与桃花心木镀金，矩形顶面带 D 形折面，下为果木抽屉。两侧为木制涂金和仿乌木的鸟头支架。*1810–1820 年 高 77.5 厘米（约 31 英寸），宽 84 厘米（约 33 英寸），深 143.5 厘米（约 56 英寸） EVE* 5

奥地利桌

樱桃木贴面，顶面下有中楣抽屉，下为两个精心雕刻、边缘上卷的琴形支架，与车削撑架相连。*约 1820 年 高 77 厘米（约 30 英寸），宽 99 厘米（约 39 英寸），深 73 厘米（约 29 英寸） SLK* 4

中国出口中央桌

带有摄政风格的高度装饰，黑漆桌子上为带圆角的矩形顶部。中楣前面有两个抽屉，后面两个则为假的。张开的支架落在带面包形脚的底座上。*约 1830 年 高 75 厘米（约 30 英寸），宽 122 厘米（约 48 英寸），深 61 厘米（约 24 英寸） PAR*

苏格兰摄政式玄关桌

这张桃花心木玄关桌的顶面与中楣相接为 S 形。桌面由花饰雕刻卷曲的前腿支持，末端为面包形脚。方形斜面后腿有镶板，带块形脚。*约 1820 年 宽 148 厘米（约 58 英寸） L&T*

德国牌桌

桃花心木桌子有一个长方形顶面，带模压边框，中楣两侧有卷曲雕刻。程式化的天鹅雕刻底座支持全桌，叉开的腿上为卷曲形脚。*约 1820 年 高 77 厘米（约 30 英寸），宽 110 厘米（约 43 英寸），深 55 厘米（约 22 英寸） SLK* 4

英式玄关桌

这张威廉四世桃花心木玄关桌有长方形的石板顶面，下为带中楣的底座。一对精致的卷叶雕刻前腿，兽爪形脚。后腿嵌有长方形壁柱。*约 1830 年 宽 183 厘米（约 72 英寸） L&T* 4

乔治四世牌桌

长方形顶面有窄边黄铜镶嵌，圆角。为一个坚固的八角形尖柱支撑。柱子带项圈，下为圆形平台和四个八字腿，末端为黄铜脚轮。*约 19 世纪初 宽 91 厘米（约 36 英寸） DN* 3

美式新古典牌桌

这张桃花心木桌子顶面为长方形，带铰链，中心处为弓形，形状相同的裙档带黄铜镶板，其中心为黄铜叶嵌件。竖琴形支柱有黄铜琴弦，八字腿有铜兽爪形脚与脚轮。*19 世纪初 宽 91.5 厘米（约 36 英寸） NA* 4

摄政式沙发桌

黄檀木沙发桌有缎木直角单板。矩形顶面下有带两个抽屉的中楣和圆角折面。长方形截面支架下为镶嵌的军刀腿，末端为花状平纹黄铜帽与脚轮。*19 世纪初 宽 146 厘米（约 57 英寸） L&T* 4

休闲桌

小型的休闲桌在这一时期真正得以脱颖而出。这类家具很多兼具便携性，即便原来各有其特定的用处。它们可以在房间里随意移动，服务于不止一种需求，室内靠置墙壁或是直接放在室外空间里。因为休闲桌的各个侧面一览无余，所以背面通常会饰以贴面，而不像床头柜那样，背面不做任何装饰。

休闲桌通常与女士的休闲活动相关联。当时著名家具商谢拉顿特别留意到这类需求，其发明的缝纫桌在当时具有重大意义。

为了收纳缝纫工具，缝纫桌通常有丝质的工具袋，位于台面下方，还有的带有滑盖的隔间。有的甚至配有可拉起的屏风以便在火炉前使用。这类家具比较小巧和脆弱，用特殊木材制作，局部饰以细木镶嵌和彩绘。

其他类的桌子包括游戏桌（自带国际象棋或西洋双陆棋桌面）和书架桌。它们在18世纪都较为普遍，有棘齿边的斜面；如果桌子用来画画还会嵌入皮革面。小而圆的法国独脚陈设桌常用来放烛台或香炉。

当时发明的还有乔治·奥克利制作的联装式或套件式桌子，材质为进口木材并带有切割黄铜饰件，其他带有环形车削支架和贴面的则出自基洛斯家族之手。

摄政式写字台

鸟眼枫木，乌木镶边。写字台有铰链与皮革镶嵌，一个真抽屉，一个假抽屉。环旋仿乌木腿连接C形卷曲的撑架。*约1810年 高86厘米（约34英寸）* DN ②

比德迈式边桌

坚实的榉木，榉木贴面边桌有一个突出的圆形顶面和圆形中楣。三脚腿下部连接附加的圆形架子。*1820年 高78厘米（约31英寸）* BMN ②

桌面嵌入白色大理石。

黑金色的反向玻璃彩绘描绘了交叉火炬火焰燃烧的图案。

锥形腿雕以螺旋凹槽纹。

瑞典边桌

高档的木制涂金边桌有嵌入桌面的白色大理石，木制涂金中楣雕有月桂叶和带有凹槽纹的面板，上有黑色和金色描绘的镜画图案。腿和中楣中间有附加面板。锥形腿上有浅浮雕的叶形，上有一排希腊回纹，下部雕刻为螺旋凹槽。腿部末端为栏杆形脚。*约1810年 高81.5厘米（约32英寸），宽81.5厘米（约32英寸），深51厘米（约20英寸）* MAI

黄铜环形拉手

嵌入式桌台

出自美国南部，有一个带圆角的矩形顶部和一排双条镶边。鸟眼枫木镶板下为锥形腿。单个抽屉内部有三个隔间。*高72.5厘米（约29英寸），宽66.5厘米（约26英寸），深46.5厘米（约18英寸）* BRU ⑦

玄关桌

产自德国弗兰肯，桃花心木贴面。一个长方形大理石台面下有方楣抽屉，锥形腿。*高84厘米（约33英寸），宽84厘米（约33英寸），深50厘米（约20英寸）* SLK ④

谢拉顿式游戏桌

桃花心木，顶面矩形切角，表面有棋盘镶嵌。锥形腿支撑。*约1790年 高73.5厘米（约29英寸）* DL ③

瑞典茶几

金属镀金，模压，桃花心木茶几由卡尔·约翰（Karl Johan）制作。有一圆形顶楣。茎形圆柱下为三脚底座带卷形脚。*高 79 厘米（约 31 英寸），直径 44.5 厘米（约 18 英寸） EVE*

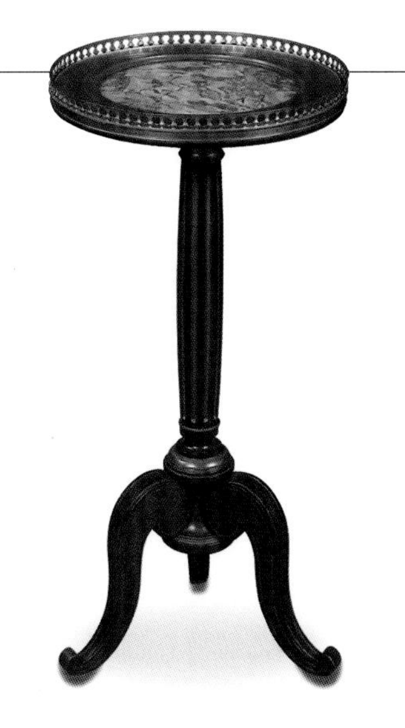

休闲桌

有黄铜镶嵌，法国帝国式，桃花心木。圆顶面嵌有大理石和镂空边廊。凹槽圆柱支架，底边接三脚架。*19 世纪初 高 79 厘米（约 31 英寸） SI* 1

家具图集

小型休闲桌设计受到
18 世纪末到 19 世纪初各种家具设计图集的影响。

对家具图集的使用开始于 18 世纪托马斯·谢拉顿出版的《家具制作与装饰绘本》。这本书对于新古典主义、摄政时期风格在英国和美国的传播具有重大意义。其中包括各种休闲桌的设计，从橱柜到瓶架等等。虽然有些器型并不是特别新颖——如早在 18 世纪 50 年代和 60 年代就出现于因斯和梅休的图集中的，而谢拉顿式家具的灵活多变和种类繁多则表现出较强的创新性。

谢拉顿的另一本书是他的《家具辞典》（*Cabinet Dictionary*），出版于 1803 年。可能受托马斯·霍普以及一些埃及设计的影响，法国家具的影响也明显体现在其所列入的叫作“女士书写台”（见第 183 页）的小型家具上。虽然他的《家具制作、装饰、艺术家百科全书》在 1805 年已经出版，但谢拉顿其实从来没有写完这本大部头的著作。在这本图集中我们可以看到，法国当代的发展，尤其是后革命风格，特别明显。

南非茶几

臭木，圆角顶面，有扁平中楣，带有强对比镶嵌，锥形腿。*1790–1810 年 高 71 厘米（约 28 英寸），宽 85 厘米（约 33 英寸），深 50 厘米（约 20 英寸） PRA*

意大利床边柜

橄榄木，郁金香木。抽拉活面上有盖子，有内室。方锥形腿。*高 79 厘米（约 31 英寸），宽 52 厘米（约 20 英寸），深 35.5 厘米（约 14 英寸） Cato* 3

谢拉顿原型 左边瓮瓶架与中间、右边餐柜均出自《家具制作与装饰绘本》。*1794 年*

比德迈式缝纫桌

产自魏玛（Weimar），樱桃木贴面，有乌木镶边。悬垂的顶面为圆角。圆弧箱体有两个抽屉和军刀形腿。*约 1830 年 高 77 厘米（约 30 英寸） BMN* 3

联邦式工作台

矩形顶面，半圆形立柱带两个抽屉。圆锥环旋腿，球形脚。*约 1820 年 高 71 厘米（约 28 英寸） FRE* 2

意大利工作台

新古典式，果木镶嵌，带三面边廊、两个抽屉有回纹镶边，有方形斜面锥形腿。*19 世纪初 高 65.5 厘米（约 26 英寸） SLK* 1

工作台

产自马萨诸塞州，谢拉顿式。矩形顶面带斜角，下方有两个内带隔间的抽屉。环旋形壁柱延伸出有凹槽的带环形翻边的锥形腿。*高 73 厘米（约 29 英寸） NA* 4

彩绘家具

19 世纪，有两类彩绘家具较为有名。一类突出表现为所谓的“高调风格”：家具采用时髦的帝国风格或摄政时期风格的手法——即不是以桃花心木或黄檀木等做贴面装饰，而是用彩绘。这类多表现在座椅家具上，它可能是由较为低廉的木料制成，然后图绘成类似黄檀木或柿木的效果。同样的，这一手段也用于模仿大理石材质。一段时间，盒子、乐谱架等小件家具也成为妙笔生花之作。

与“高调风格”相比，第二类包括了更多的地方家具，尤其是产自俄罗斯、斯堪的纳维亚、蒂罗尔（位于奥地利）或德国南部巴伐利亚周边的乡村家具。这类箱式家具（一般是衣柜和箱子之类）常常全部被鲜明的图案所覆盖，偶尔兼有花卉和风景的绘画。斯德哥尔摩的斯堪森就有这类家具的优秀藏品。这些家具上常常带有标签和制造日期。

意大利边柜

两扇橱柜门上有两个四分之一圆形搁架，托架脚。整体黄色底纹上绘有花卉图案。*1810 年 高 76 厘米（约 30 英寸） SS* 3

古斯塔夫式椅

这白色的椅子原为一对，有一个简单的椭圆形靠背，带一个花瓶形椅背条。逐渐变窄的座位有一个雕花座椅横档，凹槽腿。*19 世纪初 BK* 3

顶部上刻的签名说明其为陪嫁品。

多数装饰镶板彩绘有花朵，门中心镶板图案描绘了一对年轻夫妇。

花朵图案细部

底座嵌入了一个抽屉。

订婚橱柜

箱体有拱形的模压飞檐，两边为斜面。单个柜门上带三个一体式镶板，两侧有彩绘镶板。橱柜底座有一个抽屉，面包形脚。所有表面都被彩绘过。在某些农村地区，这类橱柜是传统的婚礼用品。它可以重新标注日期，并作为礼物赠予下一代。*约1830年 高197厘米（约78英寸），宽117厘米（约46英寸），深52厘米（约20英寸） RY*

涂漆细部

彩绘松木衣橱

这件中欧的彩绘衣橱饰以边框为奶油蓝白色的卷边镶板。长方形的顶部，下面是四个卷曲前脸的抽屉，有红色立挺和旋转形的角柱。这个衣橱有背面镶板，红色彩绘车削脚。分层抽屉大小一样。*19 世纪初 宽 103.5 厘米（约 41 英寸） WW* 3

大理石状脚凳

巨大的带有桃花心木座位的山毛榉凳子被涂满了紫色和灰色以模仿黄色锡耶纳大理石。座位两侧的雕刻像是流苏帷幔折起的样子。巨大的矩形的腿设计为锥形凹槽立柱，头部为圆花饰。泰瑟姆（C.H.Tatham）设计。*约 1800 年 高 46 厘米（约 18 英寸），宽 62 厘米（约 24 英寸），深 47 厘米（约 19 英寸） TNH*

美式支架台

这件优雅的彩绘支架台由黄檀木制成。它有一个矩形的顶部，下部有带一个抽屉的中楣。锥形腿车削脚。*19 世纪初 高 77.5 厘米（约 31 英寸） NA* ④

美式衣柜

漆成绿色的核桃木柜有楔形榫头镶板，下为楔形抽屉、面板与边框、镶板门。托架脚。*19 世纪初 高 137 厘米（约 54 英寸），宽 112 厘米（约 44 英寸），深 43 厘米（约 17 英寸） BRU* ②

加拿大瓷器柜

这件瓷器柜具有黄色顶冠，两侧有卷曲杆头，下方一对玻璃门，打开后有蓝色内置搁架。中段有三个短抽屉，下部有一对橱柜门，托架脚。*19 世纪初 高 226 厘米（约 89 英寸） WAD*

美装家具

精美彩绘的美装家具广泛生产于 18 世纪末到 19 世纪前半叶的美国。

美装家具（Fancy Furniture）是一种特殊类型的彩绘家具，在美国东部海岸生产，时间是 18 世纪末到 19 世纪下半叶。以这种方式装饰的主要是椅子，其他种类家具较少。

这种彩绘椅子有时也称作“希区柯克椅子”，因制作商兰伯特·希区柯克（Lambert Hitchcock）得名。其形状一般来自托马斯·谢拉顿的设计灵感（见第 138 页），有车削腿连接纺锤形撑架，主要用在乡间，与温莎椅相似（见第 240 页）。考虑到要便于携带，常为藤编座位，有精心描绘的表面，黑色加镀金是亮点。靠背上有手绘，用模板印制图案。

卷曲背板和中楣抽屉有类似花朵彩绘。

梳妆桌与椅子 新英格兰黄色彩绘，顶面灰色，有螺旋条纹车削腿。*19 世纪初 NA* ④

装饰风格不同于新古典主义，有更自然的设计，包括花卉图案，甚至是风景。

希区柯克在康涅狄格州的工厂制作这类家具，经常喷印上工厂的名字。爱尔兰兄弟约翰和休·芬德利（Hugh Findlay）在巴尔的摩盛产同类的家具，包括 1809 年为白宫定制的一些家具，但 1812 年战争期间几乎都被大火烧毁。

谢拉顿风格椅子 这两把彩绘装饰椅包括一把仿木纹扶手椅，一把小提琴形状靠背上装饰有风景画的、藤制座位的边椅。*19 世纪初 NA* ②

督政府时期七斗厨

一件优雅的作品，保留了原始彩绘。这件法国七斗橱的材质为樱桃木和橡木，大理石顶面。前部有一个简单的模压中楣，以下为六个抽屉和方形截面锥形腿。*约 1810 年 高 151 厘米（约 59 英寸），宽 104 厘米（约 41 英寸），深 44.5 厘米（约 18 英寸） RY*

19 世纪中晚期

1840-1900

动荡与进步

1840 年至 1865 年间的动荡与革命之后是稳定、发展与工业的进步，这促进了热衷于时尚家具的中产阶级的兴起。

1837 年，维多利亚女王登上英国的权力宝座，而宪章运动正蓄势待发。欧洲满腔怒火的工人阶级对选举权的要求愈演愈烈，甚至在遥远的美洲、南亚和东亚也群情激奋。1848 年，革命在欧洲爆发，民众的愤怒从巴黎一直燃烧到维也纳，让政治精英感到阵阵惊恐。

19 世纪 40 年代，中国在鸦片战争中战败，东亚也陷入动荡。1857 年的印度起义导致东印度公司最终倒闭，迫使英国皇室正式接管次大陆。1861 年到 1865 年，美国内战使经济停滞，各州兵戎相见。

从废墟中崛起

混乱动荡的年代最终换来了一段相对稳定的时期。19 世纪欧洲的两大统一运动均获成功：意大利于 1861 年建国，德国在俾斯麦（Otto von Bismarck）的马基雅弗利主义统治下于 1871 年成形。1869 年，人类两大工程竣工——苏伊士运河与联合太平洋铁路。

美国内战的得胜方北方军为史无前例的社会和经济发展铺平了道路。在东方，日本终于同意在江户时代末期有限的时间里对西方开放港口。1868 年起，在明治天皇的领导下，日本从割据中缓慢复苏，迎来基础设施和商业的大发展。

哥特椅 哥特风格复兴在很多家具上都能看到。这把廊椅的拱形靠背、玫瑰圆花饰和连拱横档都是该风格的典型特征。*L&T*

国家博物馆（Rijksmuseum）西立面，阿姆斯特丹 皮埃尔·库珀斯（Pierre Cuypers）为陈列国家艺术品设计的这座建筑于 1885 年 7 月 13 日对公众开放。它综合了罗马、哥特和荷兰文艺复兴等风格。

国内余波

直到 1860 年左右，欧洲大部分家具设计师都在历史风格上止步不前，完全依赖表面装饰而非创新设计。源于法国的炫丽娇柔的洛可可复兴与作为英国国风的厚重雄劲的哥特复兴席卷四方。新古典主义在很多国家复兴。殖民贸易将上好的硬木带到欧洲，包括各种桃花心木。工业革命则为制造业提供了铸铁等新材料。

工业化发展出设备精良的工厂，而家用产品的机械化生产带来了均一的品质。中产阶级的财富再分配制度更为时尚家具创造了巨大需求。从 1860 年开始，新的信心为家具产业注入了生机，而表现 19 世纪欧洲愿望的各种展览更是锦上添花，各国都开始树立自己的特色形象，从历史中寻找灵感。

时间轴 1840—1900年

1840 年 在英国，维多利亚与萨克森–科堡公国（Saxe-Coburg）的阿尔伯特结婚。英国停止向澳大利亚流放罪犯。

1842 年 清政府将香港割让给英国。戴维·利文斯通（David Livingstone）开始非洲探险。

1842 年 奥地利设计师迈克尔·索奈特（Michael Thonet）的蒸汽弯曲法获得专利。他的曲木家具随后获得巨大成功。

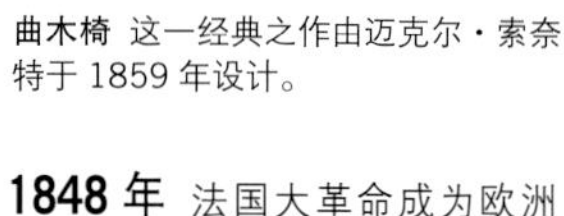

曲木椅 这一经典之作由迈克尔·索奈特于 1859 年设计。

1848 年 法国大革命成为欧洲动荡的星星之火，标志着欧洲专制主义的末日。

1851 年 万国工业博览会（Great Exhibition of the Works of Industry of all Nations）在伦敦海德公园举行。

威斯敏斯特宫 查尔斯·巴里爵士以古典主义风格设计了这座建筑，1836 年至 1868 年建成。哥特风格的细节由普金设计。

1852 年 维多利亚女王正式开放新的威斯敏斯特宫（亦称国会大厦）。它由查尔斯·巴里（Charles Barry）爵士和他的助手普金（A.W.N.Pugin）设计，但直到 1868 年才竣工。

1853 年 日本在美国海军准将佩里（Commodore Perry）的要求下，被迫对外国开放贸易港口。

奥斯本府邸（Osborne House）的会客室，怀特岛（Isle of Wight） 这间融合了新古典主义、洛可可和帝国风格元素的会客室是维多利亚时代的典型。原府邸是维多利亚女王和阿尔伯特王子在1845年购得的。它被拆除后，1848年在原址建起一座新的带旗塔的三层建筑。

1861年 亚伯拉罕·林肯（Abraham Lincoln）当选美国总统。南方十一州的分裂成为美国内战的导火索，三十万人因此丧生。

俾斯麦像 这座德国首任总理奥托·冯·俾斯麦的纪念碑屹立在柏林。它是1896年由赖因霍尔德·贝加斯(Reinhold Begas)设计的。

1861年 意大利统一。前撒丁岛国王成为意大利国王。威尼斯和罗马在1866年和1871年加入这个新王国。

1871年 俾斯麦领导德国诸州成为以普鲁士为核心的统一体，随后战胜了法国和奥地利。

1874年 由查尔斯·加尼叶（Charles Garnier）设计的巴黎歌剧院竣工，成为奥斯曼男爵监督巴黎重建的一部分。

加尼叶宫（Palais Garnier） 加尼叶宫位于巴黎的歌剧院广场，是在17世纪和18世纪意大利和法国别墅的影响下以传统意大利风格设计的。

1886年 自由女神像在纽约港揭幕，但比原计划晚了十年。

1899年 布尔战争（Boer War）在南非爆发。

自由女神像 这尊雕像是法国雕刻家巴索蒂（Frédéric-Auguste Bartholdi）设计的，台座由美国建筑师理查德·莫里斯·亨特（Richard Morris Hunt）设计，美国出资建造。

复兴风格

工业化时代给家具产业带来了剧变。工厂和劳动分工的出现让家具更轻松地走入千家万户，而对亚洲的侵略性殖民和疯狂贸易为西方提供了新的材料，也改变了印度和日本等国对家具制造的态度。

折衷时代

即便在这些巨大的影响下，19 世纪中叶也没能产生一种可识别的特征。相反，各种曾经流行的风格在这一时期大量复兴。其中最突出的是源于中世纪教堂建筑的哥特风格，以及在 18 世纪法国形成的、华丽的洛可可风格。尽管二者在根本理念上是对立的，它们却常常同时出现在一个房间里——甚至是同一件家具上。

风格上的繁杂由在常规装饰上附加各种古典主题得以突显。18 世纪雄伟的新古典主义设计不断复兴，频繁发表的考古发现让希腊、罗马和埃及的元素从未远离公众的视野。即使是当时最具幻想力的设计师——比如普金和迈克尔·索奈特也没有离开过这些主题。

以 1851 年伦敦水晶宫的世界博览会为起点的各大国际展会在 19 世纪下半叶将这些丰富的风格推往全球。这不仅吸引了数量可观的观众，连精美的图录也走向有能力、有意愿复制它们的艺术投资人和家具制造商手里。

材料与形式

复兴风格在各国的表现不尽相同，但某些基本形式是共通的。气球形靠背椅从 18 世纪 30 年代到 60 年代是一个标准设计，此后却因更廉价的曲木椅的出现而被淘汰。陈设柜逐渐受到欢迎，因为很多人在大量收藏奇异的装饰品。长毛绒、天鹅绒的挂毯和编织坐垫套带来了一种娇柔的质地，并满足了家中对舒适感的普遍需求。桃花心木和胡桃木是家具中最常用的木材，而复兴风格往往使用橡木和乌木。桃花心木、黄檀木和柚木是西方大国从世界各殖民地进口的，这就为工匠提供了充足的异国木料。有些家具的木料完全被新材料取代——混凝纸（***Papier mâché***）最初是用来做桌子、托盘和小盒子的，此时成了椅子甚至是床的流行材料。铸铁也被用来制作室内和花园中的家具。

橡木椅 由普金设计的这件作品源自格拉斯顿伯里椅（Glastonbury chair），即威尔斯主教的中世纪折叠椅。它保留了原作的哥特造型和构造，但不能折叠。*1839—1841 年 高 85 厘米（约 33 英寸），宽 53.5 厘米（约 21 英寸），厚 62 厘米（约 24 英寸）*

路易十六风格镜 在这面雕刻精美的石膏加木质涂金镜上，椭圆形斜边镜盘嵌于镜框之中，并由连珠框隔开。外框有卵锚饰的线脚、叶饰和镂空的顶饰。*约 1880 年 S&K*

工业化的代价

上乘家具从来没有像这时期一样被大众普遍拥有。机器切割的饰面可以比人工薄很多，而且完全不需要复杂的燕尾榫和铆钉，就连雕刻工艺也自动化了，不少工匠因此沦为修整工。随着成本的下降和生产力的提高，中产阶级有能力为家中添置时尚的家具，而这些家具在他们的父辈时代是极为昂贵、不可企及的奢侈品。

遗憾的是，家具的品质却下降了。除了技艺最精湛的工匠以外，艺术品质的退化非常普遍。在维多利亚时代的英国，对图案和装饰的嗜好让室内家具眼花缭乱，再加上品质的退化，终于在世纪末掀起了工艺美术运动（见第 320—345 页）。

鹿角家具

对森林的兴趣和对繁缛的追求一起促成了 19 世纪美国对鹿角家具的需求。鹿的家族成员，比如北部诸州盛产的驼鹿和麋鹿，每年都会自然蜕角。这就成了桌腿、椅背、灯架和各式各样的物品上的珍贵装饰物。鹿角灯架又自然而然地与鹿皮做的灯罩结合在一起。

此类家具在奥地利和德国的猎舍也很常见，其中的原委不言而喻。带有鹿角腿的桌子与鹿角吊灯同样受到欢迎。在质朴的乡土家具形式中，鹿角家具在历史风格复兴一枝独秀时还能够广泛流行，确是一个罕例。同时代的媚俗家具很有代表性，它的装饰表达有时会喧宾夺主，而忽略舒适、和谐与品位。

餐椅 这一组四件的橡木鹿角椅都有一个椭圆形的软垫椅背。整体由鹿角框架支撑。每把椅子的软座也由鹿角支撑。*L&T*

胡桃木和镶嵌细工

18 世纪 40 年代以后，欧洲由于 1709 年的严寒造成胡桃木紧缺，它已不再是橱柜的首选材料。桃花心木由此兴盛起来，而胡桃木在维多利亚时代才又得到复兴。淡棕色的胡桃木可以有很深的纹理，以其优美的磨光效果久负盛名，并容易雕刻。这些特点使胡桃木成为荷兰镶嵌细工的理想基底——19 世纪中叶盛行的表面装饰。

热带殖民地，特别是加勒比和亚太地区，为欧洲提供了大量富有异国特色的木材。灵巧的工匠很快就从这些木材中发现了装饰的潜力，并将它用于复杂的细木镶嵌设计，就像这个胡桃木侧柜（右图）。黄杨木和乌木往往与较为普通的木材组合在一起，如蛇木、夹竹桃木和缅甸柚木，赋予这些家具一种与众不同的奢华。

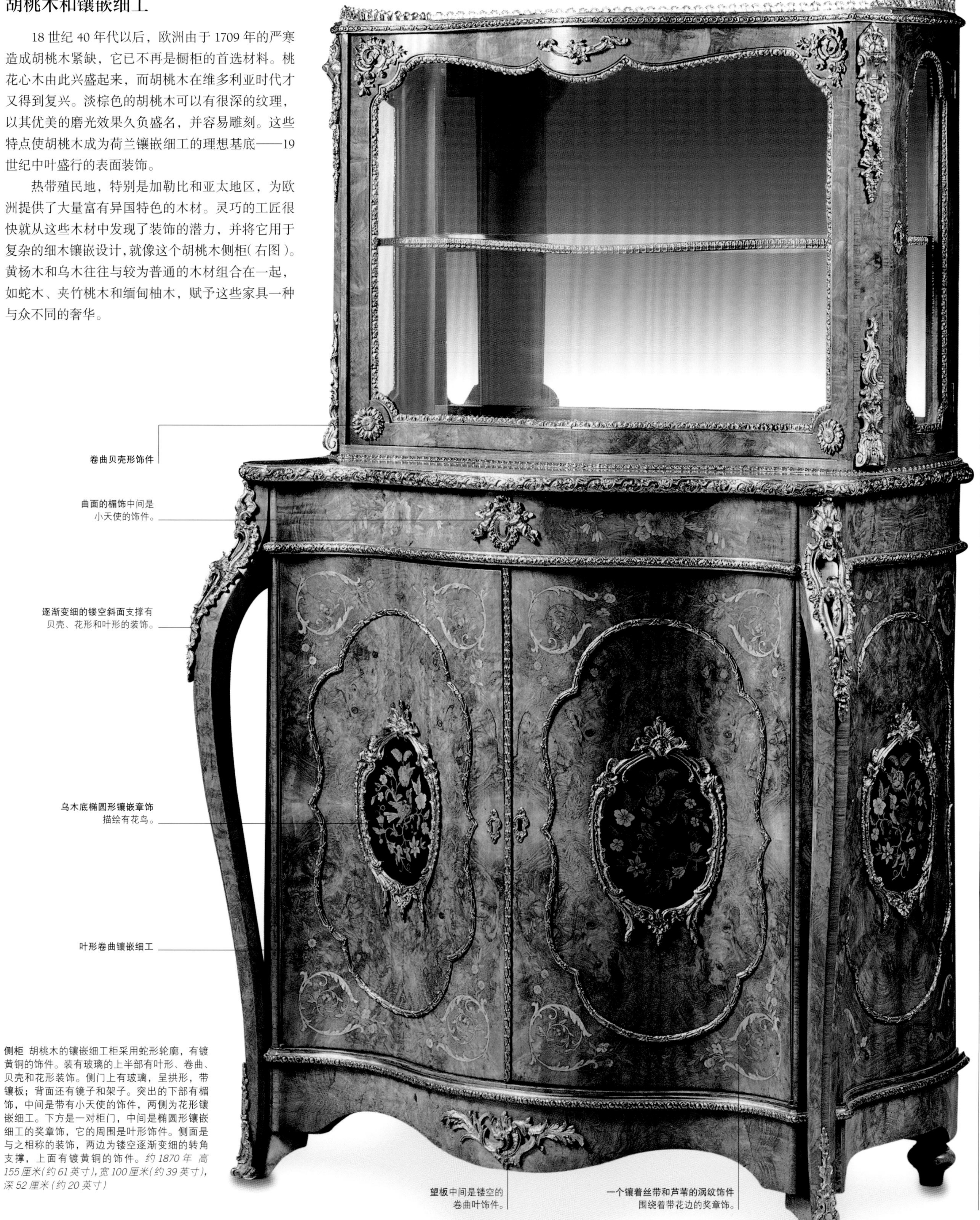

侧柜 胡桃木的镶嵌细工柜采用蛇形轮廓，有镀黄铜的饰件。装有玻璃的上半部有叶形、卷曲、贝壳和花形装饰。侧门上有玻璃，呈拱形，带镶板；背面还有镜子和架子。突出的下部有楣饰，中间是带有小天使的饰件，两侧为花形镶嵌细工。下方是一对柜门，中间是椭圆形镶嵌细工的奖章饰，它的周围是叶形饰件。侧面是与之相称的装饰，两边为镂空逐渐变细的转角支撑，上面有镀黄铜的饰件。*约 1870 年 高 155 厘米（约 61 英寸），宽 100 厘米（约 39 英寸），深 52 厘米（约 20 英寸）*

风格要素

19 世纪的装饰特征与建筑、美术有着同样的历史渊源——哥特、洛可可和新古典主义风格都在此时全面复兴。机械化的进步意味着家具可以采用未曾使用过的材料，比如炭木和玻璃。这也使得精美的镶饰或雕刻的制作更为便捷和廉价。发达的交通运输也让很多人能够在设计构想、制作方法和材料上进行更新的尝试。

黄檀贴面的镶饰桌面

折衷主义

这张福特纳（Fortner）桌将黄铜、珍珠母和蔷薇木镶嵌在黄檀贴面上。这个德国制造的桌子吸收了各个历史时期的元素：中间的圆饰来自哥特母题；卷曲设计是纯粹的洛可可风格；而桌面整体的对称设计则是新古典主义的风格。

路易十五风格书桌角

路易十五风格

这张桌子上的镶嵌细工——优雅的颜色和简约的镀金属饰件可以回溯到法国路易十五风格。19 世纪中叶的演绎要比最初豪华的路易十五风格柔和得多。书桌的转角饰件为机械加工，降低了家具的成本。

床头柜镶嵌装饰

新古典主义瓮饰

这种瓮饰是古典主义母题的原型，在 19 世纪兴起的新古典主义复兴中是普遍的装饰特征。尽管瓮饰的雕刻同样流行，特别是在椅背上，但在这个实例中是镶在家具主体里。轻盈把手是 19 世纪设计风格的典型。

红木与镶嵌细工中央桌

荷兰镶嵌细工

最早是荷兰人于 18 世纪在欧洲开发了镶嵌细工工艺。19 世纪，荷兰工匠仍在制作最上乘的细木镶嵌设计，以花的主题为代表，并有多种不同颜色的木材。有时还会用骨头和贝壳，染上明亮的颜色以区别木材。

蔷薇木的象牙镶嵌装饰

象牙镶嵌

繁缛的象牙镶嵌覆在这个柯林森和洛克品牌（Collinson & Lock Furniture）的中央桌上，与同时期的意大利工艺非常相似，本质上属于文艺复兴风格。小天使、人物、瓮饰和规整的叶边饰是古典主义的装饰形式。作为象牙衬底的黄檀木也是新文艺复兴风格的典型材料。

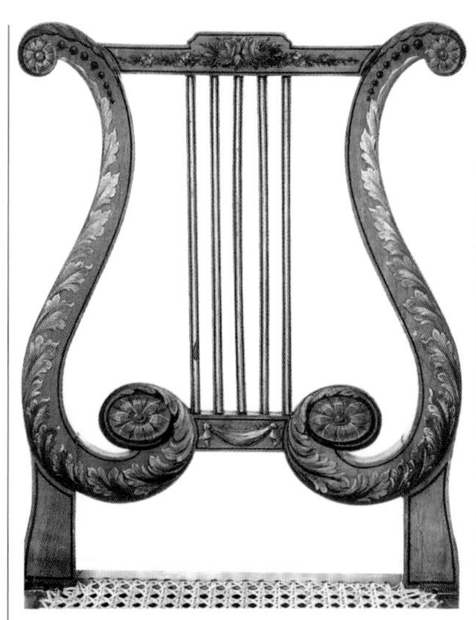

彩绘竖琴背摄政风格椅

彩绘椅背

1825 年左右，彩绘家具的做法逐渐式微。到了 19 世纪 50 年代，又随着摄政风格复兴与竖琴椅背一同复兴。在维多利亚时代晚期，有人认为摄政风格的家具要胜于当代风格。基洛斯橱柜匠遂转向这一风格，制作出品质可与原家具媲美的作品。

碧玉镶板上的瓷盘

韦奇伍德盘

这个由曼彻斯特的兰姆设计的韦奇伍德碧玉镶板（Wedgwood plaques），上面的酒神人像直接来自古希腊，只不过她飘逸的长袍很可能是维多利亚时代加上的。建筑上的希腊复兴风格源自海因里希·施里曼（Heinrich Schliemam）在迈锡尼和特洛伊的考古发掘。

赤龟壳细雕饰件

布尔镶嵌

这个拿破仑三世的大理石顶蛇形柜有赤龟壳底的铺垫镶嵌细工。这些精美的图案和细雕饰件源自安德烈-查尔斯·布尔的作品。他是路易十四的家具匠和雕刻师，其作品在 19 世纪的法国为很多家具匠效仿。

绒绣花园图

绒绣软垫

中世纪用绒绣软垫盖在座椅上的传统在维多利亚时代得到了复兴。这种花毯一般都有丰富的细节，就像这块方整的花园恋人图。设计中采用的红、金和蓝色调是受了原来的文艺复兴装饰的影响。软垫是以横棱绸和斜针绣的绒绣制作的。

拼纸装饰屏风

拼纸装饰

维多利亚时代用拼纸制作圣诞节和情人节贺卡，即印刷的纸图像浮雕。此后，在剪贴簿中将这些印刷的短期收藏品拼贴起来就成为一种习俗。有时这些拼纸被用来装饰折叠屏风。这主要是中产阶级妇女的一种休闲活动。

半圆饰线脚分割的玻璃书橱门

半圆饰线脚

这些书橱门的玻璃板是用优美的半圆形交错凹线脚分割开的，即半圆饰线脚（*Astragal*）。这些曲线是一种更为圆润的新古典主义风格，体现出当代时尚对流行的复兴风格的影响。

带硬石制品的意大利黑页岩桌面

硬石制品

硬石制品是一种意大利马赛克技术，源于16世纪的佛罗伦萨。它用珍贵的宝石和大理石制作彩色的内嵌设计，通常描绘花鸟和水果。这在19世纪的家具装饰上很常见，也比较昂贵。这里的马赛克是黑页岩底上的浮雕。

路易十六浪漫仿金饰件

仿金饰件

仿金饰件是用青铜铸造的，外镀水银以模仿黄金。这个饰件装在仿乌木的木材上，形成装饰上的对比。这一浪漫主题与路易十六统治时期盛行的洛可可和新古典主义风格相仿。人面是饰件上常用的母题，这位少女的发型也是 19 世纪的典型。

国际大展

世界上的工业大国纷纷举办气势雄伟的展会，刺激了制造商对各式家具的渴望。

欧洲工匠多年来一直承认行业展览的价值。中世纪在法兰克福举办的书展是为了促进新书贸易。而 16 世纪莱比锡的帝国贸易博览会是另一个早期的实例。英国在 1754 年成立了皇家艺术生产与商业促进协会，为工业和艺术品展览提供了平台。不过，1851 年在伦敦海德公园举办的万国工业博览会的志向则更为远大。

新型庆典

亲王阿尔伯特的创意——“万国博览会”是第一个真正意义上的国际展会，也是维多

伊特鲁里亚风格侧柜

这个采用青龙木（**Amboyna**）、乌木、韦奇伍德陶瓷和象牙制成的侧柜由曼彻斯特的兰姆设计，在红色大理石板上有雕刻的山花。下部的玻璃门内是架子，两侧还各有一扇门。橱柜立在一个基座上。雕刻山花下是带酒神主题浮雕的碧玉板。中间的玻璃门两侧是常青藤缠绕的长笛。橱柜下部的门上各有一块碧玉盘，盘中是带花边的裸体仙女。*1867年 高184厘米（约72英寸），宽208厘米（约82英寸），深51厘米（约20英寸）*

塞维利亚巴尔钢琴

这架法国镀金-青铜的瓜形郁金香木钢琴为路易十五风格。钢琴的侧边和顶部为四分罩面并带花边条，精细的镶饰和叶形镶嵌细工再将其隔开。琴盖边缘有镀金-青铜的线脚。钢琴立在带有不对称的莨苕叶和女像柱饰件的弯腿上。*约1890年 高103厘米（约41英寸），宽140厘米（约55英寸），厚200厘米（约79英寸）*

纽约水晶宫

1853 年世博会，纽约人簇拥在纽约水晶宫外的街头。这座建筑是以伦敦最初的水晶宫为原型建造，然而五年后即被焚毁。

水晶宫

被《笨拙》(*Punch*)杂志称作“水晶宫”的1851年万国工业博览会会场，其实是用玻璃、木材和铁建成的巨大温室。

博览会展出的奇妙展品需要一个体面的环境。博览会委员总共筹集到了二十三万英镑，其中有十二万英镑用在了建筑上。德文郡公爵的园艺师约瑟夫·帕克斯顿（Joseph Paxton, 1801–1865）以大胆的温室设计赢得了这个场馆项目。水晶宫代表着维多利亚时代工程技术的巅峰——整个项目从概念到竣工只用了九个月。在施工过程中还进行了试验，向怀疑它的人证明这个结构足以抵抗大量人群在室内行走时造成的震动。建成后的展场建筑占地近八公顷，高达三十米，甚至罩住了海德公园的榆树林。

博览会闭幕后，水晶宫整体结构被拆解，在伦敦南部的锡德纳姆山上重建，成为后来各大展会的场地。1911年，在该地举办了帝国庆典。约翰·贝尔德（John Baird）于1933年在此建立了电视工坊。1936年火灾之后，水晶宫成了永远的记忆。

餐具柜 这个罗汉松和黄杨木餐具柜出自约翰·马丁·莱温（Johann Martin Levien）之手。尖顶两侧有龙饰。黄杨木板上还雕有叶饰、仙女和萨堤尔，两侧是维多利亚女王和阿尔伯特亲王的雕像圆盘，其中一个还有洛瓦蒂的签名。下部底座上有抽屉和台座。*1851年*

法式中央桌 这张黄檀桌是弗朗索瓦·林克（Francois Linke）用莱昂·梅萨热（Leon Message）设计的青铜件制作的。这个路易十五风格的桌子在有女性面具的蛇形楣板上采用了几何细木镶嵌。连梁上装饰着坐在水壶旁的两个小天使。*高79厘米（约31英寸），宽175厘米（约69英寸），厚95厘米（约37英寸）*

水晶宫大火 1936年11月30日晚，水晶宫燃起大火。尽管主体结构是玻璃和铁，但干燥的地板和可燃的展品让500名消防员也无法控制住火势。次日清晨，帕克斯顿设计的壮丽的玻璃建筑只剩下一堆扭曲的钢铁和冒烟的废墟。温斯顿·丘吉尔说：“这是一个时代的终结。”

利亚时代英国自信的豪迈展示。阿尔伯特亲王的计划是广泛收集艺术和工业展品，“用于展览、竞赛和鼓励”。高大宽敞的水晶宫作为展览的场地，一共容纳了世界各国一万四千家公司制作的超过十万件的展品。其中涵盖了所有的艺术品门类以及工业和自然界的收藏品。每个参展国都拿出最好的展品装饰各自的系列展厅。

万国博览会在大众中获得巨大成功。1851年5月开展以来，在展览的六个月中，超过六百万人参观了水晶宫。它给英国设计师和制造商带来的效益在全球激起了一股展会潮。都柏林次年即举行了类似的展会。然而，除了设计师普金在中世纪厅的展品外，1851年水晶宫展出的英国家具很少获得评论界的好评。法国的展品赢得了最多的赞誉。

1851年博览会的很多展品后来成了南肯辛顿博物馆（South Kensington Museum）的基本藏品。普金的哥特柜以及安杰洛·巴贝蒂（Angiolo Barbetti）的文艺复兴柜都被该博物馆购得，而收购资金来自博览会的利润。博物馆后来更名为维多利亚与阿尔伯特博物馆（Victoria and Albert Museum），今天这些藏品与后来的世博会展品一并陈列在那里。

国际的舞台

两年后，1853年纽约按英国模式举办了世界博览会，甚至还在第五大道旁建造了“纽约水晶宫”。尽管出现严重的问题——屋顶漏水损坏了展品，观众还被雨淋——展会还是成为美国制造业的一大幸事。

1855年，法国举办了世界博览会（Exposition Universelle）。维多利亚女王与阿尔伯特王子买了一件由格罗厄·佛雷尔（Grohé Frères）设计的展示柜，还有由爱德华·克赖塞（Edouard Kreisser）以路易十六风格设计的桌子和橱柜。

巴黎和伦敦在此后又分别举办了三届展会，直到19世纪结束。在1867年的巴黎世博会上，索奈特兄弟以其14号曲木椅（见第285页）赢得了金牌。1889年巴黎世博会最令人难忘的就是建在世博会入口处的埃菲尔铁塔。维也纳、悉尼、京都、费城、开普敦和墨尔本也相继举办了大规模的博览会。

很多提交了展品的公司利用这个机会炫耀他们最华丽的高技术成果，而不是大量生产的一般产品。这些展会毕竟还是竞赛性的，专业的评委为各类展品评奖。不过，这些展览确实将各种创意和风格带给了世界。展出的很多设计催生出廉价的仿制品，像索奈特的曲木家具一样，成功地通过批量生产走向全球。

法国：路易－菲利普

路易－菲利普（Louis-Philippe）是最后一位法国人民承认的国王。出身于奥尔良家族的他面临着机会，当时波旁家族成员企图复辟，而共和党人、拿破仑阵营纷纷反抗。在国家面临四分五裂的情形之下，路易－菲利普努力在他统治的十八年中（1830–1848）恢复统一。他被人民称为“法兰西国王”，他还建立了法国历史博物馆，纪念这“法国的一切荣耀”。这位国王还是一位重要的艺术赞助人，他对建筑的热爱今天可以从凡尔赛宫的建筑上看到。

眼花缭乱的风格

此时的家具体现出路易－菲利普的调和策略。各种历史风格的复兴一直持续，只是往往与波旁王朝有着密切联系。赶时髦的市民和想炫耀自己新财富的人会用文艺复兴风格布置他们的餐厅，再用仿路易十四风格的家具装点起居室。另一种完全不同的大教堂风格又称为“哥特吟游诗人”，带来了一种截然不同的趣味，追溯回归哥特时代。这种大教堂风格的特点是深雕刻和线脚，往往还要加上宗教主题。它在本质上属于建筑风格，那种厚重感非常适合深色木，比如橡木。查理十世统治时期（1824–1830）对浅色木的青睐发生了转变，制造商开

梳妆台

这件优美的镶乌木梳妆台是由缎木制作的，还有叶卷装饰。上部是一个矩形镜子，两侧是雕成天鹅状的支柱。镜子下方是两个真抽屉和三个假抽屉。梳妆台的下部在楣带抽屉上是圆盘顶，由旋作脚的异形台座上的荷叶壁柱支撑。这部分的背面是玻璃镜。这件有浅色木饰面的家具更像法国最后一位波旁王朝国王查理十世（1824-1830年在位）统治时期流行的家具风格。*约1840年 高147厘米（约58英寸） SI*

胡桃木桌

这张胡桃木餐桌有额外的翻板（完全展开时有五块），桌面下有六个旋作桌腿，末端是脚轮。*约1840年 宽300厘米（约118英寸）（最大处） DC*

陈设桌

这张法式烛台座（*Torchère*）有一个大理石桌面和下凹的中心。支撑桌面的是一个瓶形柱，下有三脚基座。基座端部的狮爪立在脚轮上。*约1840年 高78厘米（约31英寸），厚80厘米（约31英寸） BEA*

始喜欢胡桃木以及有异国情调的木料，比如从法国殖民地引进的桃花心木和黄檀木。

清新与谦逊

朴素耐用的路易–菲利普风格体现出一种无需大量表面装饰的自信。家具匠通过壮硕造型上的简单线条表达这一特征。非木材料也被用在家具的主体上，与整体形成互补。这种风格的家具基座上常有镀金怪兽饰件，其大理石桌面被用来突显木材的颜色和纹理，有时还要加上焰纹饰面。工业切割技术降低了家具制造所需的人工成本，家具产品被大批量生产。新的形式有“社交沙发”，中间有带软垫的座位，使用户反向而坐，此外还有很多用木材和铸铁制作的家具，用来装饰花园或温室。

莫尔奈伯爵公寓 欧仁·德拉克罗瓦（Eugène Delacroix）所绘的这幅画是典型的路易·菲利普风格装饰的房间。家具在法国的这一历史时期变得更为厚重和朴实。莫尔奈伯爵公寓的中间是一个沙发，即后来的“社交沙发”。

桃花心木五斗橱

这件路易–菲利普红木五斗橱有矩形的灰色石大理石台面，圆角，立在凹形楣饰抽屉上。抽屉下方是三个长抽屉，均配焰纹桃花心木饰面。橱柜立在台座上，下面是四个方形的扁圆形脚。*约1840年 宽132厘米（约52英寸）L&T*

断层式书柜

这件胡桃木微凸面书柜的上部有一个高起的中门，并有尖线脚，两侧是带有下板的门。上部的三扇门被环形车削立柱间隔，柜顶有八角形的小塔和尖顶。书柜的下部与上部风格相仿：中门有带尖角的圆形板，两侧是带拱形板的门。整体立在台座上。*约1840年 高277厘米（约109英寸），宽206厘米（约81英寸），深64厘米（约25英寸）L&T*

铸羊头托架

纪念牌楣饰

路易–菲利普展柜

这件胡桃木的镀金–青铜橱柜有桃花心木的把手，黄杨木和乌木镶边。其台座下是矮平的扁圆形脚。矩形的顶部有斜角。单层玻璃门框有木条镶嵌和圆花饰。*约1840年 宽94厘米（约37英寸）L&T*

法国：1848–1900

音乐沙龙 这间贡比涅皇宫的音乐室融合了17世纪至19世纪的家具，是第二帝国室内装饰风格的典型代表。

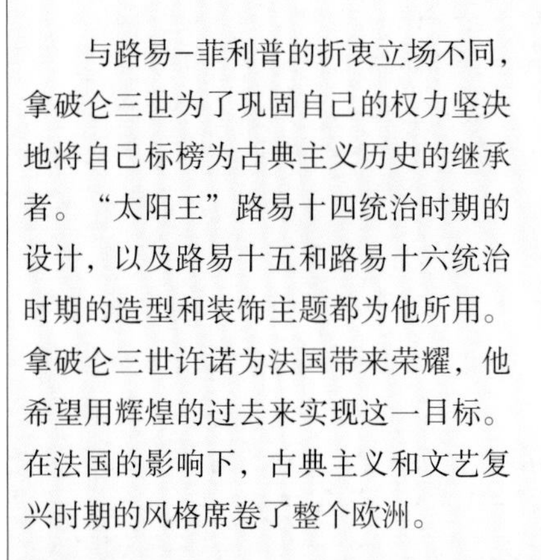

与路易-菲利普的折衷立场不同，拿破仑三世为了巩固自己的权力坚决地将自己标榜为古典主义历史的继承者。“太阳王”路易十四统治时期的设计，以及路易十五和路易十六统治时期的造型和装饰主题都为他所用。拿破仑三世许诺为法国带来荣耀，他希望用辉煌的过去来实现这一目标。在法国的影响下，古典主义和文艺复兴时期的风格席卷了整个欧洲。

奢华与舒适

深色木，特别是桃花心木和乌木，被当时的家具匠大量使用。铸铁等新材料在工业蓬勃发展的法国被源源不断地从冶炼厂中生产出来，而混凝纸也成为当时的一大热点。镀金-青铜等珍贵材料使家具光鲜亮丽，昭示着主人的财富和地位。镶嵌的象牙和珍珠母与深色木形成了鲜明的对比，也起到同样作用。安德烈-查尔斯·布尔在路易十四时期制作的精美饰面和镶嵌细工得到了复兴，并将代表第二帝国家具“奢华的颓废”特征发挥到极致。

舒适是第二帝国家具的另一大重点。软垫因弹簧的广泛使用而大为流行。带丰富刺绣软垫的塔皮西耶椅（Tapissier chair）成为时尚沙龙的主流。19世纪50年代，法国的家具标准引入了新的造型，包括圆形的软垫凳，即垫脚凳，沿用至今。背靠背沙发或称“求爱椅”“交谈椅”，也出自这一时期。在这种座椅上，人们相邻而坐，背对着对方，由S形扶手隔开，面朝不同的方向。

国家古董风格

由柱式和山墙等源自古希腊-罗马建筑的元素塑造出来的古典主义和文艺复兴的家具外观，正迎合了皇帝将自己的王朝牢固地绑缚在光辉历史上的愿望。法国考古学家马塞尔·迪厄拉富瓦（Marcel Dieulafoy）经对建筑的研究发现，很多19世纪的家具设计师从对埃及和中东建筑的考古发掘中吸收了大量营养。这一切融为一种国家风格，并在世纪末达到顶峰，其代表就是右页左下角的黄檀木展柜。

“布尔”柜

这件受路易十四风格影响的橱柜在红色玳瑁材料上装饰着布尔式镶嵌细工。黑色大理石顶有蛇形边角。同样造型的正面在门上是楣饰，中间是卵形板，两侧有带人像雕刻装饰槽纹的圆柱。望板上镶嵌西班牙少女像，下方是圆盘脚。*约1850年 高108厘米（约43英寸），宽108.5厘米（约43英寸），厚108.5厘米（约43英寸） SI*

路易十六桌

这件黄檀木镶嵌细工、有镀金饰件的茶几与18世纪的几乎无二，还有一个定制的楣饰抽屉。桌面立在镀金女人像柱上。柱腿由镂空的连架相接，中间是碗形装饰。桌脚为螺旋形。*1880年 宽86.5厘米（约34英寸） GorB*

过渡风格五斗橱

这件由黄檀、缎木和镀金饰件构成的蛇形五斗橱有大理石桌面和突出的转角。三个长抽屉有镶嵌板，每个中间都有怪兽面具图案。带顶、分开的蹄形桌腿由裙档相连。*约1900年 宽113厘米（约45英寸） SI*

交谈椅

这把路易十五风格的木制涂金软垫交谈椅覆盖着红金交错的织物。家具的蛇形靠背上有贝壳顶饰，下方为模制弯腿。
约 1890 年 宽 317.5 厘米（约 125 英寸） SI

黄檀木展柜

这件蛇形展柜的顶部为S形曲线顶部，在一对玻璃门和侧板上方的中间是一个涡纹框饰（*Cartouche*），有带镜子的内部。下方的中央是一个受路易十五风格影响的单门，有一个清漆的恋人雕刻镶板。
高 203 厘米（约 80 英寸），宽 135 厘米（约 53 英寸），深 52 厘米（约 20 英寸） L&T

加布里埃尔・维亚尔多

法国人对日本风的喜好在加布里埃尔・维亚尔多开始用东方风格创作时就已根深蒂固。

加布里埃尔・维亚尔多（Gabriel Viardot）是木雕大师，在1861年继承家族家具产业时已有了自己的生意。有记载显示，1885年维亚尔多在他位于巴黎阿姆洛街的作坊里雇用了约一百人。由于声名斐然，他被邀请担任巴黎举办的世界博览会评委。他也提交了自己的展品，并赢得了一系列奖项，包括1889年的一枚金牌。与维亚尔多的名字联系最多的就是日本风格的家具，不过他还制作了越南风格的作品——越南是拿破仑三世最重要的殖民地之一。

维亚尔多创作的家具质地坚实，一般采用山毛榉或胡桃木，而装饰主题则来自东方。怪兽面具本是法国主流家具的一大特征，在他的演绎中呈现出东方色彩。龙和恶魔的雕刻受东方神话和传统的启发，大量使用的漆面直接来自中国风格。维亚尔多对东西方的融合形成了其独具特色的家具设计语言，在异国进口材料和日常家具之间搭建起桥梁。

梳妆台 这件家具是用染色山毛榉和珍珠母镶饰制成的。它非对称的外观受到亚洲的影响，但构造是欧洲式的。*约 1890 年*

意大利

尽管现代意大利国家在一股新的民族主义热潮中于1861年建立，但19世纪中叶意大利的家具制作是分散的，主要集中在罗马、米兰、威尼斯和佛罗伦萨等北部城市。意大利南部除那不勒斯以外，最贫困的地区仍然沿用朴素的乡土家具。

持续的法国影响

在复兴运动持续酝酿，在1848年革命中达到高潮，意大利一直处于其北面强国法国的文化阴影之下。洛可可与帝国风格在意大利的流行是法国影响的直接产物，即使是拿破仑19世纪初占领意大利之后的反法情绪也没能减弱它。皮埃蒙特（Piedmont）作为新兴意大利文化和政治中心的重要性与日俱增，但也只是延续了这不散的亲法之风。因此，洛可可复兴风格在意大利的19世纪中叶占据了最重要的地位。像衬垫沙发这种具有繁琐造型的家具，上有大量的雕刻和镀金属饰件。带有镂空和叶卷细节的茶几覆有典型的意大利风格的大理石桌面。源自中世纪法国的洞窟或幻想风格是意大利工匠最钟情的口味。在外观上对木材和贝壳形式的表现细致到无以复加的地步，而这在很大程度上要归功于法国设计师贝尔纳·帕利西

衬垫沙发

这件精美的洛可可风格沙发的框架由镀金属木材制成。靠背由三个C形卷曲装饰的涡纹框衬垫组成，在视觉上形成三个安乐椅相连的效果。端部的外凸扶手有肘垫，增加了舒适度。蛇形正面的座位前有类似的镂空，并延伸到有卷头的弯腿上。整体装饰着雕刻的花叶。沙发椅曾经属于一个沙龙套间，里面的座椅、扶手椅和坐凳的设计是相互呼应的。*约1860年 宽196厘米（约77英寸） S&K*

玄关桌

这一洛可可风格的玄关桌有一个蛇形大理石桌面，下方是用镀金属木材制成的带凹槽的卷形雕饰框。框身有叶形设计，厚重的弯腿由镂空的带状饰连梁连接。*19世纪中期 高89厘米（约35英寸），宽122厘米（约48英寸），厚60厘米（约24英寸） L&T*

微型马赛克

美丽的“永恒之画”——精美的珐琅马赛克由意大利工匠用来装饰桌面和饰品盒。

微型马赛克是针对一种宗教绘画（17世纪梵蒂冈创造的装饰祭坛方法）的替代技术。圣彼得大教堂内的壁画曾受到潮气的损害，而微型马赛克中的珐琅镶嵌物克服了这一问题。它们在罗马被称为“永恒之画”。

这一技术是对古希腊–罗马时期的古建筑马赛克技术的演绎，即用颜色各异的微小珐琅或玻璃的部件拼出图画。每个部件都是长约3毫米、直径略大于一根头发的线，然后把它插入马赛克底的腻子里，露出可见的一端。在创作中对细节的关注和专业的水准令人叹为观止——密度最高可达每平方厘米七百七十五条线。

欧洲游学的绅士们会购买各种饰品，比如匣子和珠宝，上面装饰着代表罗马时代遗存的微型马赛克。最富有的旅行家会把工匠在梵蒂冈作坊里制作的桌面带回家。这些桌面一般都描绘着古代的场景或罗马风景，在西欧是珍贵的艺术品。其他的桌子有普通的大理石桌面，上面镶嵌着微型马赛克。

伦敦吉尔伯特收藏博物馆和俄罗斯圣彼得堡的冬宫博物馆中都有使用了微型马赛克的藏品。

圣彼得广场

罗马的四个时代

圆桌 这个由米凯兰杰洛·巴贝里（Michaelangelo Barberi）设计的微型马赛克桌面为黑色大理石底，上有方形的红色涡纹框饰，中间圆框饰画着圣彼得广场景象，周围是代表罗马四个时代的卵形饰。乌木底座有华丽的仿金饰件。*约1850年 直径102厘米（约40英寸） DN*

（Bernard Palissy，1509–1590）。尽管19世纪中叶的梦幻家具一般被认为劣于早期作品，但它仍是一种流行的复兴风格。

意大利传统

新文艺复兴是意大利历史的特色，意大利工匠以这种风格制作的家具体现出其高品位的追求。佛罗伦萨家具师安德烈·巴切蒂（Andrea Baccetti）和锡耶纳木雕师安杰洛·巴贝蒂都用文艺复兴风格创作了精美的作品。高背长椅和建筑壁镜等古老造型的家具采用胡桃木制作，带有古典主义和怪兽造型的深雕。

黑人装饰（*Blackamoor*）是18世纪威尼斯的创造，直到19世纪依然流行，不是作为高灯架的底座就是独立的装饰品。威尼斯的玻璃匠一直在制作高水平的镜子。带有精美蚀刻玻璃框的镜子体现出穆拉诺岛玻璃匠的精湛技艺。微型马赛克等细腻的装饰技术为最杰出的艺术家展示其高超的手法提供了平台。

到了19世纪末，意大利地区家具产业开始兴起，布里安扎（Brianza）和佩扎罗（Pesaro）等今天以精工闻名于世的地方，开始走上成功的技术和工艺之路。

挂镜

这个文艺复兴风格的胡桃木挂镜有一个断开的山花，上面雕有小天使和女性头像。卵形镜盘两侧雕有女像柱，下方也有小天使的头像。*19世纪中叶 高148厘米（约58英寸） L&T*

桃花心木扶手椅

这把雕刻精美的洞窟风格扶手椅由桃花心木制成。座椅和靠背一同组成了打开状的巨大扇贝壳，再由华丽的扶手和分叉腿相连。*约1890年 高94厘米（约37英寸） B&I*

立柜

这件乌木和黑漆的立柜全身镶有叶形图案的象牙，以模仿17世纪的巴洛克风格。狭长的中门两侧是三个层叠的抽屉，下方还有三个并列的抽屉。上部两侧各有一个镀金–青铜的把手。支撑它的是有相似装饰的车削桌腿，由带雕饰的十字形撑档相连。*19世纪中期 高165厘米（约65英寸），宽112厘米（约44英寸），厚37厘米（约15英寸） BEA*

英国维多利亚时代早期

英国维多利亚时代早期的家具设计并无章法。从外表看，各种风格相互交织，体现出复原希腊、哥特和洛可可这三个历史时期形象的多种尝试。事实上，当时制作的家具形式基本上是标准的，而且与所谓模仿的时代并无关联。相反，家具的“设计”全都体现在表面和附加的装饰上。

哥特式、洛可可式和希腊式

维多利亚哥特式是一种以都铎家具的理念为设计基础的雄浑风格。新的碗橱、柜子、桌子和椅子是用大房子里旧家具碎片拼凑形成的。

普金（见下页）开始了对哥特风格的真正探索。这在一定程度上是成功的：他在国会大厦的室内设计促使吉洛家创造出“新国会大厦”的独特系列，将带有都铎玫瑰或蓟花的圆饰装饰在桌腿与连梁间的连接处。

娇弱的洛可可风格在会客室里涌现的原因是乔治四世对它的偏爱。炫丽的装饰与家具的造型融合在一起，而不是附加在表面上。大量使用的镀金遭到建筑师的唾弃，因为很多

庭慈菲欧德庄园（Tyntesfield）书房，布里斯托尔 位于布里斯托尔附近的这个庄园里的很多房间都是由商人威廉·吉布斯（William Gibbs）以哥特复兴风格重建的，他在1843年买下了这个原为摄政–哥特风格的庄园。

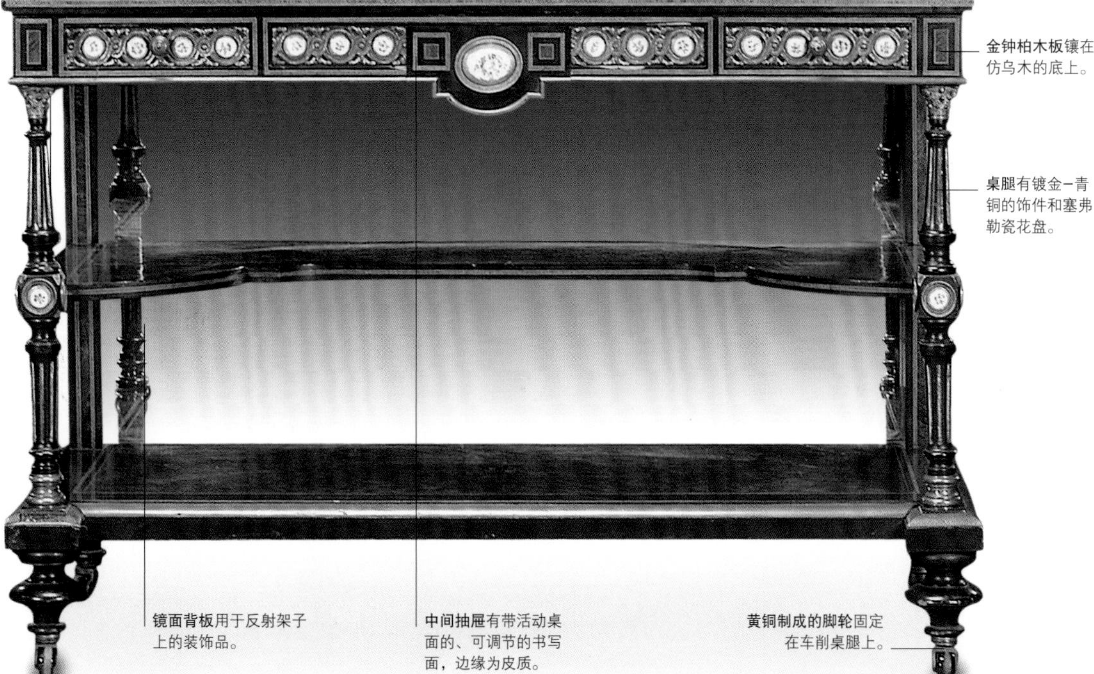

每个卵形瓷盘都绘有法国宫廷妇女像。

削角竖框装有独立的仿金莎士比亚和米尔顿（Milton）像。

金钟柏木板镶在仿乌木的底上。

桌腿有镀金–青铜的饰件和塞弗勒瓷花盘。

镜面背板用于反射架子上的装饰品。

中间抽屉有带活动桌面的、可调节的书写面，边缘为皮质。

黄铜制成的脚轮固定在车削桌腿上。

淑女桌

这件路易十六风格的淑女桌局部为仿乌木的金钟柏木，并有仿金和瓷质饰件。上部中间有背面带镜子的高展橱，还有三面式边廊，两侧是形似但较矮的柜子，每个中间都有一个瓷盘。下部为一个格状编织的楣饰，在镜面背板的架子上是三个抽屉。桌腿为旋转，有收分，带凹槽，底部为脚轮。这件家具融合了维多利亚与法国宫廷风格。*1860年 高149厘米（约59英寸），宽120.5厘米（约47英寸），厚56.5厘米（约22英寸） SI*

塞弗勒瓷花饰板

早餐桌

这张维多利亚早期的早餐桌有一个圆形的可调节倾斜度的桌面，边缘为模具加工。桌面立在雕刻柱上，下面是兽脚支撑的圆形平台。*约1840年 直径131厘米（约52英寸），高74厘米（约29英寸） DN*

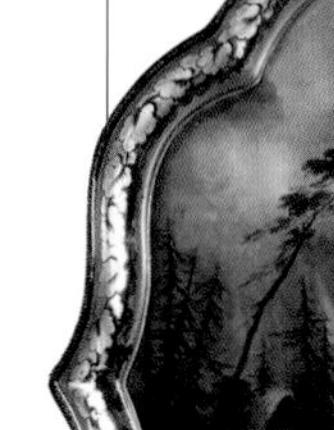

混凝纸盘

这件彩绘镀金属的混凝纸盘有一个曲形的轮廓和深陷的凹边，还装饰着镀金属笔绘叶。主板绘有喜马拉雅山风光，还有穿越瀑布的人。*约1840年 高81.5厘米（约32英寸），宽62厘米（约24英寸） L&I*

制造商用它来掩盖粗糙的构造。

源于亨利·肖（Henry Shaw）1836年《现代家具典范》（*Specimens of Modern Furniture*）的希腊风格是朴素厚实的，为维多利亚早期家具的外在装饰带来一股清新之气。

精雕细刻的创意

家具业的止步不前，从同一版的《伦敦木工联盟守则》（*London Cabinet-Maker's Union Book of Rules*）在1836年到1866年间被持续再印可见一斑。新兴中产阶级让情况雪上加霜：大部分人宁可选择传承而不是冒丢脸风险从事创新。18世纪富有的消费者会按自己的要求定制家具，而心气高的维多利亚绅士只从店铺的展厅内选择一切可用的东西——往往偏爱圆滑的造型，比如气球形靠背椅。维多利亚家具产业的逐步工业化导致了设计师和制造商的分离，至少在城市是这样。

传统的家具制造商使大量的乡土造型在各省得以延续。比如在兰开夏（Lancashire），梯形靠背椅（**Ladder-back chair**）是用染灰制作的，而不是伦敦流行的桃花心木。一小部分英国工匠根据当地流行的特色创造了各种温莎椅。

随着各地区工匠在专业领域的技艺不断提高，壁龛市场在各省城兴起。伯明翰是制作金属床架的中心，在以煤炭为燃料的熔炉中对量大价廉的铁矿进行锻造。东边的诺丁汉和莱斯特是著名的藤柳家具中心。

书房中央桌

这张八角形旋转桌的表面有绿色皮革，边缘是经加工的镀金属百合装饰，中间是裂片形镶嵌细工板。异形边缘嵌有散状花饰和水果簇，与洛可可涡纹框中的东方风景交替出现。这张桌子有四个楣饰抽屉，立在凹形侧面的中柱上。四个分叉的内卷桌脚和裙形造型体现出路易十五的影响。乌木、郁金香木、桃花心木、松木和杉木都有使用。*1840年 高76厘米（约30英寸），厚152厘米（约60英寸） LOT*

气球形靠背餐椅

这把气球形靠背餐椅有一个镂空的卷叶接口盖板，下面是四个尖锐的弯脚。软垫座位覆有绿色天鹅绒。这个餐椅的风格在维多利亚早期非常流行。*GorB*

展架扶手椅

这把桃花心木椅子的靠背和扶手有雕饰，并以卷叶截止，与软垫扶手相接。座位和靠背都有衬垫。椅身立在雕刻的弯腿上，下面是黄铜脚轮。*DN*

普金

普金对本真哥特设计的追求得到了其宗教信仰的支持，并对其他设计师产生了深远的影响。

普金

普金（A.w.n. Pugin，1812—1852）的父亲是一位法国贵族，在大革命时逃离了巴黎。父亲对于普金未来的发展方向起到重要作用。老普金是约翰·纳什的主绘图师，这给他的儿子带来了建筑风格和装饰方面的影响。这对父子绘制了两本关于哥特设计的图书，助长了维多利亚时期人们对这种风格的偏好。

1834年皈依天主教后，普金对13世纪80年代至14世纪40年代的维多利亚时期所谓的“中尖”风格产生了兴趣。那时是大教堂的建设阶段，信徒们用装饰艺术来表达信仰。19世纪30年代末，普金出版了赞颂这种“纯粹”哥特风格的著作，将其与同代人粗制滥造的手法区别开来。

与维多利亚时代中期盛行的风格不同，普金关注的是室内的整体协调。这一理念在国会大厦中得到了充分的体现，普金不但设计了建筑，还提供了家具。普金在1851年万国博览会的中世纪厅展出的设计是他最后的作品之一。次年他因精神异常，死于家中。

橡木桌 为苏塞克斯霍斯特德广场（Horsted Place, Sussex）制作这张桌子是普金特意为大众家居设计的简约哥特风格家具。雕刻的装饰和斜削的边缘来自教堂的木作。*1852—1853年 高76厘米（约30英寸），宽114厘米（约45英寸），厚75厘米（约30英寸）*

英国维多利亚时代晚期

维多利亚晚期，普通“商品家具”与“艺术家具”之间的差别逐渐加大，因为后者是由聘请了建筑师和专业设计师的厂商制作的。

平行产业

伦敦西区的家具木匠和东区的低档工匠继续制作流行多年的弯腿和圆形靠背。家具的新发展体现在大量的展示角架和壁炉架，以及来自法式风格的纺锤形柱列上。不论何种表现形式，艺术家具都会与某种结构或哲学原则相联系，让那些在行业中奋力开拓的制造商们可以更多关注舒适度、实用性等问题，而最重要的还是可买性。

英国家具商的经营方式是海内外双层体系，这可以从他们对海外影响的反应上看出来。日本从闭关的壁垒中逐步开放，使得艺术各界都产生了对日本文化和美学的兴趣，其中就包括家具行业。家具贸易商的反应是批量生产“英日”系列家具，将日本装饰添加到现有的维多利亚风格的艺术家具上。与此同时，艺术家具的倡导者则变得更为严谨、勤奋、自律。颇具影响力的设计师克里斯托弗·德莱塞（Christopher Dresser）在1876年抵达日本，成为正宗日本风格的倡导者。同样，设计师爱德华·戈德温（Edward Godwin）深入研究了日本艺术，并将所学的东西用于自己的家具设计。作为家具制造素材的竹子也变得非常流行，因为它很结实，但又比产自海外的硬木便宜。

源自历史的新风格

作为有历史眼光的家具设计师的永恒爱好，哥特风格在维多利亚晚期同样流行。它的主要倡导者之一布鲁斯·塔尔伯特（Bruce Talbert）是“早期英式”风格的实践者。1865年，他因钟情哥特风格的家具而来到伦敦。他推崇榫卯，厌恶胶水，并说：“胶

侧柜

这件有镶饰的亚当风格柜由基洛斯设计，用桃花心木制成，带缎木边。柜子上部有带面板的反断层式檐口，中间的下方是斜角镜。镜子两侧是碗橱，各有一个镶怪兽的文艺复兴风格门。柜子下部向内在楣饰上有三个抽屉，再下面的中间是一扇玻璃门。门的两侧是开敞的架子。家具整体立在托脚之上。*19世纪晚期 高177厘米（约70英寸），宽152厘米（约60英寸） L&T*

维多利亚晚期书桌

这张书桌的桌面以绿色皮革镶边、黄铜铸件为框。蛇形的楣饰处有两个窄抽屉，表面为花纹镶嵌细工板，再用郁金香木为中板，嵌入斑马木底。*高76厘米（约30英寸），宽101厘米（约40英寸），厚56厘米（约22英寸） LOT*

橱柜

这件哥特复兴风格的台座橱柜有一个带立边的桌面，立在带斜面的台座上。柜门中间是染色槭木板，上面有特色花饰和圆形玫瑰。*1865年 高84厘米（约33英寸），宽36厘米（约14英寸），厚39厘米（约15英寸） LOT*

餐椅

作为二十一件套中的一件，这把胡桃木椅有一个曲形的靠背横档、结实的接口盖板和有软垫的弓形面板座位。这个希腊复兴椅立在旋转的收分腿上。*约1880年 高87厘米（约34英寸） DN*

克拉格塞德庄园会客室，诺森伯兰郡（Northumberland） 这个大理石壁炉台（chimneypiece）是文艺复兴风格的一个典型。1883-1884 年，建筑师理查德・肖（Richard Shaw）为其增加了小天使、垂饰（swag）、阿拉伯式花饰和带状饰等雕刻。

水会导致家具需要饰面，而饰面需要抛光。”他不用深色贴面，而是用色彩反差强烈的装饰板装饰深色家具。

地区家具匠

各省的家具中心日趋繁荣。兰开斯特的基洛斯以产销精品家具久负盛名，并在 19 世纪蓬勃发展。兰开斯特港为基洛斯稳定供应加勒比的桃花心木。船坞业也给基洛斯带来了装饰豪华游艇的项目，其中显耀的业务就是为沙皇亚历山大二世建造皇家游艇“维多利亚与阿尔伯特”号和“利瓦迪亚（Livadia）”号。

格拉斯哥的怀利和洛克海德公司（Wylie and Lochhead）雇用工匠为他们的百货商场和克莱德（Clyde）河上的大邮轮制作家具。怀利和洛克海德公司成立于 1829 年，到 1870 年已经为格拉斯哥的中产阶级制作了大量安装有软垫的家具。白金汉郡的海威科姆（High Wycombe）是制作温莎椅的众多中心之一。椅子各构件在乡村的制作最终催生出很多制椅厂。

乔治复兴

18 世纪新古典主义风格家具的高品质复制品在 19 世纪 70 年代大受欢迎。

维多利亚时期很多人抛弃了当代家具设计，转而模仿 18 世纪的新古典主义风格。许多当时出色的家具木匠都传下了关于家具细部图案的书籍，使复制变得容易。1867 年，赖特和曼斯菲尔德公司（Wright and Mansfield）以克罗斯的设计制作了一件柜子，这被认为是新古典主义风格的星星之火。它有一个缎木的框架，并在多种木材上使用了镶嵌细工，还有木质涂金的饰件和韦奇伍德盘。这件柜子现存于伦敦的维多利亚与阿尔伯特博物馆。

由齐本德尔、谢拉顿、赫普怀特和亚当复制的 18 世纪家具在 19 世纪下半叶盛行于世。其中很多都有非凡的品质，经历沧桑的岁月后更使它们与原物难辨真假。

这种风格的特征是大量使用镶饰和封边。缎木以其优美的色彩颇受欢迎，并可用于对比封边。镀金属漆则是作为哥特风格暗色的替代方案。浮雕包括古典主义题材，如瓮、贝壳和莨苕叶。大胆的商铺甚至会在朴素的 18 世纪家具上加上新古典主义装饰。新古典主义复兴风格极为成功，19 世纪一直非常流行，然而它最强盛的时期则是 19 世纪 70 年代。

齐本德尔桃花心木敞式扶手椅 这把椅子的接口盖板有镂空交错的带状饰，端头为散开的莨苕叶。它立在弯腿上，并雕有莨苕叶的膝和爪球腿。*约 1900 年 深 12 厘米（约 5 英寸） Bon*

亚当风格镀金属壁镜 这个斜面矩形盘两侧有系着麦穗壳饰的镶板，有瓮、花饰和花垂饰的设计。*19 世纪末 高 124 厘米（约 49 英寸） L&T*

谢拉顿复兴风格椴木制半椭圆五斗橱 这件五斗橱以新古典主义风格绘有卵形饰，中有鲜花和女性画像。五斗橱在中间带镶板的门上方有楣饰抽屉，下面是方形断面的桌腿。*19 世纪末 高 93 厘米（约 37 英寸），宽 98.5 厘米（约 39 英寸） DN*

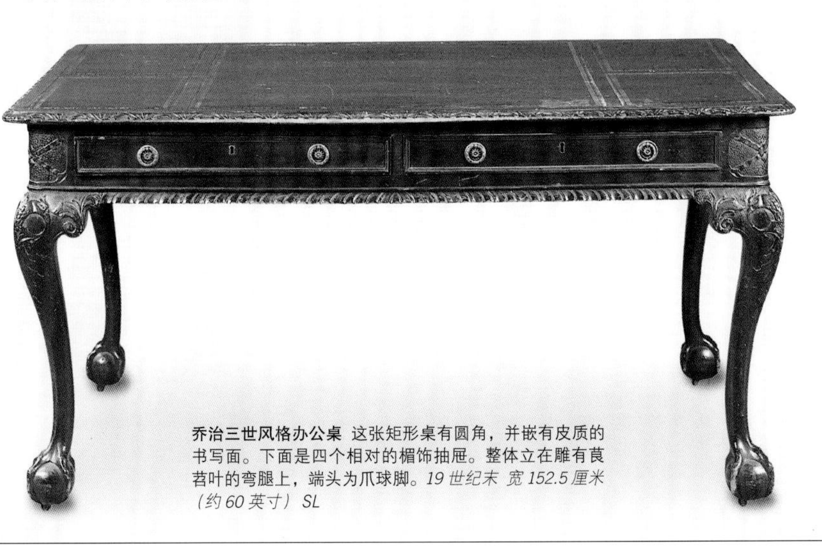

乔治三世风格办公桌 这张矩形桌有圆角，并嵌有皮质的书写面。下面是四个相对的楣饰抽屉。整体立在雕有莨苕叶的弯腿上，端头为爪球脚。*19 世纪末 宽 152.5 厘米（约 60 英寸） SL*

行军家具

这种为快速拆装而特别设计的行军家具是给战斗中的军官使用的，在私人家居中也很受欢迎。

尽管这在今天看来很不可思议，但维多利亚时期的军人确实会在异国征战时带上自己的会客室家具。事实上，当托马斯·谢拉顿在其1802年出版的《家具辞典》（*Cabinet Directory*）一书中宣扬在装备中添置一件他设计的特色折叠家具"不会影响冲锋或撤退时的行军速度"，19世纪的思维方式对此没有丝毫的质疑。在他为战斗制作的"绝对必要"物品中有可服务于二十人的精美餐桌。

追求舒适的悠久传统

行军家具（Campaign Furniture）源自拿破仑战争（1803–1815），曾被称作"拆解"（knockdown）家具。在这类家具投入生产初期，最流行的一个例子就是以传奇爵士命名的威灵顿柜。它有多种尺寸，还有带合页的可锁定杆，从框架延伸出来固定抽屉。

在国王乔治三世（1760–1820）统治时期，行军家具几乎全是为上层阶级最富有的军官定做的豪华品。上乘的软垫、皮镶边和精美的暗匣让这种家具与家用的同样美观舒适。很快，它就不只是商界官员和军官的购买选择，购买者还包括大量的航海家和海外移民家庭。

良好的商业感

到维多利亚时代中期，行军家具已成为一种主流，以其复杂的特征被顶级家具匠人收藏。当然，行军家具最重要的特征就是可以轻便运输。大部分常规家具是以燕尾榫或榫卯连接的，家具必须能够快捷地拆装。

威廉四世行军椅
这把餐椅是四件套之一，正面和背面横档都有合页，因此在卸下软垫座位和两个长鞘之后就可以折叠起来。*约1835年 高87.6厘米（约34英寸），宽45.7厘米（约18英寸），深40.6厘米（约16英寸） CCA*

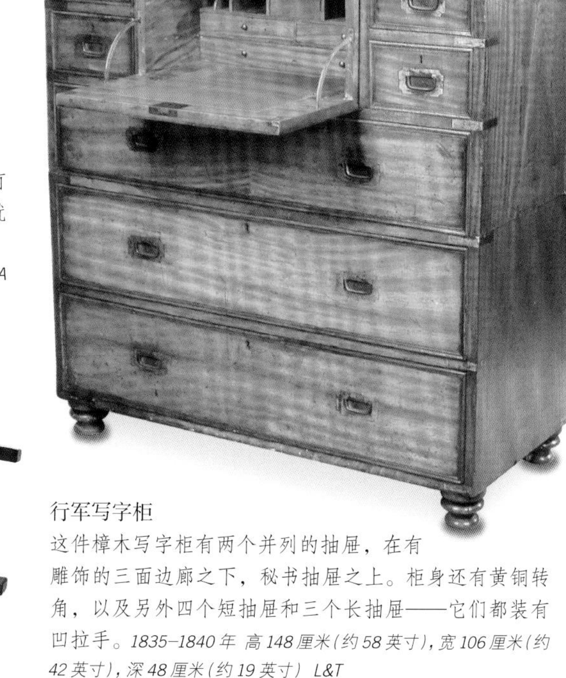

行军写字柜
这件樟木写字柜有两个并列的抽屉，在有雕饰的三面边廊之下，秘书抽屉之上。柜身还有黄铜转角，以及另外四个短抽屉和三个长抽屉——它们都装有凹拉手。*1835–1840年 高148厘米（约58英寸），宽106厘米（约42英寸），深48厘米（约19英寸） L&T*

摄政风格行军床
这件由约翰·德拉姆（John Durham）设计的桃花心木行军床有矩形的床头板、车削栏杆柱、拱形床顶盖、横条底板和六个环旋床腿。*约1810年 宽193厘米（约76英寸） S&K*

殖民折叠椅
这把柚木扶手椅有黄铜带加固。带黄铜帽的栓子将各部分整合在一起，使其可以折叠。连梁和靠背横梁有栓子。菲利普·亨利·谢里登（Philip Henry Sheridan, 1831-1888）将军在印第安人战争期间使用了这种椅子。*1875–1900 年 高 73.6 厘米（约 29 英寸） CCA*

大多数家具用到了螺丝，因此不需要专业的工具拆装。在家具可能碰撞的关键位置都加入黄铜饰件，特别是角部，以保护行军中的家具。维多利亚式黄铜抽屉柜继威灵顿柜后成了行军家具的主打产品。它由上下两部分组成，拆卸方便，可以利用柜体上的黄铜把手轻松搬运。因大部分行军家具要在热带使用，所以家具匠会采用适宜极端湿热环境的材料。在这种条件下，帆布座位比木质的或装有软垫的家具更舒适，而藤制家具因比实木质量轻、更适合在热带环境中使用。

来自前线的时尚

虽然行军家具一般没有家用的那么讲究，侨民和执行海外任务的消费者仍会追随伦敦的最新时尚潮流。军人们通过获得最新款的全套家具来战胜军旅生活的艰苦和孤单。此外，他们以此建立出与其权力相称的优越形象。一位军官的典型住所会有一张沙发、一张带六把椅子的餐桌，还有两张书桌或扶手椅——全为颠簸的生活方式而设计。这对殖民者来说，通过展示西罗马帝国的财富和精致时尚来建立他们认为的优越性很重要，这会令“蛮荒”的土著人得到一种无声的信息。但这种来自前线的时尚风格会比国内的家具风格略为滞后，而家具常常在其使用的国家生产制作。

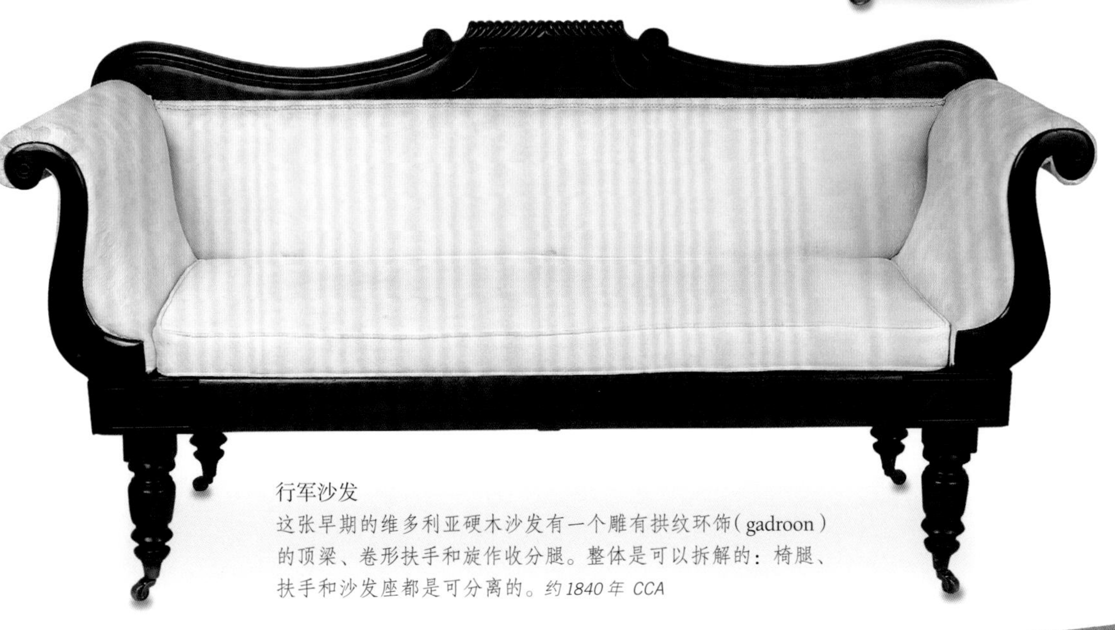

行军沙发
这张早期的维多利亚硬木沙发有一个雕有拱纹环饰（gadroon）的顶梁、卷形扶手和旋作收分腿。整体是可以拆解的：椅腿、扶手和沙发座都是可分离的。*约 1840 年 CCA*

布拉默锁

约瑟夫·布拉默设计发明的专利套筒转芯锁在安全方面独占鳌头，并成为英国军官和商人带往海外的可拆解家具的专门配置。

行军箱 这个箱子有带合页的顶盖和金属提手。箱子上有典型的布拉默锁，一个延续了百年的设计。

布拉默锁

锁匠相互竞争制作最安全的设备。1784 年，约瑟夫·布拉默（Joseph Bramah）为留存至今的锁具申请了专利——这位约克郡的天才曾在好奇心的引导下研究水力学和印刷术。当一位专业锁匠解开了最初设计的布拉默锁（The Bramah Lock）时，布拉默随即改进了设计，并大胆地悬赏二百几尼给第一个能解开新锁的人。改进后的布拉默锁有四亿多种排列，机关里还有假槽来迷惑那些肆无忌惮又锲而不舍的小偷。这笔高额的奖金在五十年内无人问津，直到一位高调的美国锁匠艾尔弗雷德·查尔斯·霍布斯（Alfred Charles Hobbs）在 1851 年同时解开了布拉默的专利锁和丘伯保险锁（Chubb Detector）。

旅行象棋桌
这个维多利亚早期桃花心木桌的桌面是以其储存箱为造型的。桌面有黄檀木和黄杨木的棋盘面，下方由三脚架上的伸缩柱支撑。*约 1840 年 高 72.3 厘米（约 28 英寸），宽 39.4 厘米（约 16 英寸），厚 33 厘米（约 13 英寸） CCA*

德国和奥地利

德语世界在现代德国成形之前就有自己的风格。尽管比德迈风格来自新古典主义运动，特别是源于拿破仑时代法国的帝国形象，但它还是具有独特的日耳曼特色。比德迈风格直到19世纪也没有完全消失，其流行度可见一斑，并且此后还有多次复兴，特别是在19世纪60年代。与此同时，德国和奥地利也吸收了于19世纪中叶欧洲流行的历史折衷主义。

洛可可复兴

洛可可复兴在维也纳大受欢迎。这座城市的保守让宫廷从没有放弃流行于18世纪初期的日耳曼洛可可，故而复兴的进程是无缝衔接的。工业革命带来的新发展和新技术使洛可可造型的复制变得廉价而迅捷，因有图可鉴，这就使它能够走入更广阔的市场。机械可以切割出更精细的饰面，在以地方木料加工的框架上，雕刻出洛可可装饰。

洛可可复兴风格的巅峰呈现之一是维也纳列支敦士登宫，其对公共品位产生了长期影响。迈克尔·索奈特曾在1837年至1849年协助彼得·休伯特·德斯维涅斯（Peter Hubert Desvignes）完成了这一庞大工程，并在他移居奥地利之后以批量制作的曲木家具推动了家具产业的发展。

其他出色的匠师有安东·波森巴赫尔（Anton Pössenbacher），他为国王路德维希二世设计的雕刻精美的刺绣边椅代表着巴伐利亚洛可可风格的极致。

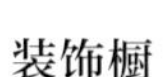

底座上有四个抽屉。

把手和锁眼盖经过了精雕细刻。

雕刻细节类似于古典圆柱。

装饰橱

这件厚重的橱柜以橡木制成，并有建筑风格的元素装饰。设计是完全对称的，与新古典主义风格一致。橱柜的上部有多个造型檐口从雕刻楣饰的上方挑出。壁柱立在两扇框架门两侧，设计与古典主义建筑相似。下方是四个窄抽屉。橱柜的下部有两个小柜子，门上面有大量镶饰和雕花，两侧也有带凹槽的壁柱。柜体基座上还有四个抽屉。这件令人难忘的家具曾经属于一个富有之家。*19世纪末 高251厘米（约99英寸），宽223厘米（约88英寸），厚67厘米（约26英寸） VH*

边椅

这两把椅子来自奥地利制作的比德迈风格侧边椅六件套，以胡桃木饰面并抛光。曲线的顶轨由扁平的立柱支撑，下方是有软垫的圆形座位和略微张开的椅腿。*约1900年 高91厘米（约36英寸） GK*

娱乐桌

这张路易–菲利普风格的桃花心木娱乐桌有线条雕刻装饰桌面，下面是边角有叶尖饰的蛇形望板。矩形的桌面展开后是棋盘，下方有栏杆柱和四个带雕花的弯腿支撑。*1850-1860年 高78厘米（约31英寸），宽84厘米（约33英寸），厚42厘米（约17英寸） BMN*

统一与文艺复兴

此时德国和奥地利家具设计的特征是对历史风格的演绎，这影响了巴黎和伦敦设计的哥特、洛可可和新文艺复兴风格家具，在19世纪中叶综合铁路网建成后更加迅速地在欧洲大陆上传播。1871年，俾斯麦最终统一德国，德国文化得到普遍认同，继而形成了带有大量欧洲潮流元素的传统本土设计。

美国从英国赢得独立后，开始推崇新文艺复兴风格。德国设计师在1871年普法战争后也开始追随这一风格。这种被称为“创建期”的风格到20世纪依然流行，在某些圈子里与更为激进的“新艺术”并存。新财富、工业化、海外贸易和殖民地的攫取都为新兴的德国风格增添了信心。

哥特风格

德国哥特复兴没有英国那样迅猛，审美也变得更为挑剔。德国哥特风格往往带有布尔镶嵌细工——是路易十四时期法国的产物，而非来自中世纪。德国的哥特风格更为精巧，使用多种色彩；而最初的法国风格主要是单色的。奥地利家具匠贝尔纳多·德贝尔纳迪斯（Bernardo de Bernardis，1808–1868）和约瑟夫·克里默（Joseph Cremer，1808–1871）以哥特风格设计的橡木雕刻书柜在1851年英国水晶宫博览会上展出，后来由维多利亚女王献给弗朗茨·约瑟夫（Franz Josef）皇帝。

餐桌

这张有精美实木镶嵌的圆形餐桌有大量黄檀木、黄铜和珍珠母的装饰，镶在黄檀饰面上。桌面由实木橡木雕框及三条带黄铜脚轮的弯腿支撑。它是弗朗茨·泽维尔·福特纳（Franz Xavier Fortner，1798-1877）的作品。桌面的设计将三个不同的历史风格融为一体。整体设计的对称是新古典主义的，卷叶形与洛可可时期相似，而中心的圆饰取自哥特风格。*约1840年 高77厘米（约30英寸），厚133厘米（约52英寸）BMN*

瓷匾

仿乌木碗柜 这件家具装饰有大量的迈森瓷饰件，最主要的就是柜门上的卵形板——带凹槽纹的镀金属边，绘有亲密的恋人图景。碗柜有矩形顶面，并带造型相符的立板，四角是四个彩色雕花的独立柱，球形车削腿。*约1880年 高133.5厘米（约53英寸） FRE*

瓷饰件

德国或许不是19世纪中叶欧洲家具设计的先锋，但其生产的瓷饰件却赢得了国际认可。

自从迈森（Meissen）制作了第一件欧洲瓷器以来，德国就在引领瓷器产业的市场。19世纪中叶，富于开拓精神的家具匠开始利用这种资源，将其与自身专长结合起来。有瓷饰件（Porcelain）的橱柜并不是一个全新的概念——东方工匠已用镶嵌瓷器制作了几个世纪的家具，尽管他们的极简设计与德国制作的精美家具大相径庭。在法国，塞弗勒瓷盘有时也被用来装饰橱柜，但最著名的瓷饰件还是在德国制成的。

这些橱柜的框架大都是用松木以文艺复兴造型制作的。乌木饰面和更常用的黑色涂料提供了恰到好处的黑底，其上可安装精美的瓷盘、立柱和支腿——深色木是装饰华丽的白瓷的最佳衬底。精彩的作品大部分来自迈森工厂，上有17世纪古董或民俗主题的手绘场景。大众对这些橱柜非常喜爱。威廉·奥本海姆（William Oppenheim）以他1878年在巴黎为皇家德累斯顿工厂制作的作品而声名大噪。

索奈特的曲木

索奈特曲木椅的成功是空前的，对于家具设计的发展产生了巨大影响。

迈克尔·索奈特（Michael Thonet，1796–1871）出生于莱茵河博帕德（Boppard-am-Rhein），这个风景如画的小镇在当时还属于普鲁士，后来成为德国的一部分。索奈特一完成家具匠的学徒训练就在家乡开设了自己的工坊。不过他直到30多岁才开始试验蒸汽加工木压贴面，用于曲木（*Bentwood*）家具的设计。一开始，他只用这种工艺制作椅背等构件，然后与更常规的直木件组合在一起。他的作品充满新意，并在1841年的科布伦茨（Koblenz）展上吸引了梅特涅首相（Chancerllor Metternich）的注意，随后被邀请到奥地利为列支敦士登宫制作家具。

迈克尔·索奈特（中）和他的五个儿子

回旋曲线

为了防止山毛榉在弯曲造型时开裂，在蒸汽加工之前要在木材的两端加上金属条。

曲木法式躺椅

在工艺美术运动风格的影响下，索奈特这件法式躺椅（*Chaise longue*）的波状曲线是用弯曲的层压山毛榉实木长条制成的。它可用于温室或花园，这把躺椅非常适合19世纪末家具的乡野风格，尽管它实际上是工业制造品。这也是勒·柯比西耶（Le Corbusier）1928年设计的法式躺椅的前身，只是后来的框架是管钢而非曲木（见第432–433页）。*1883–1884年*

摇椅

索奈特的这件山毛榉摇椅框架展现出索奈特用木构件制作雅致优美的曲线结构的水平。座位和椅背都是用素面绿色吊挂织物制成。*约1880年 高88.5厘米（约35英寸）QU*

索奈特兄弟公司

从家庭产业到全球公司，索奈特兄弟公司获得了巨大成功。

索奈特兄弟公司（Gebrüder Thonet）成立于1853年。公司曲木家具爆发式的成功为其带来了飞速发展，19世纪20年代中就在伦敦和纽约建立了办公室。欧洲大陆上的拓展不断加速，到19世纪末，索奈特兄弟已有五十家工厂投入生产。与约瑟夫·霍夫曼（Josef Hoffman）、奥托·普鲁彻（Otto Prutscher）和艾米里·盖约特（Emile Guyot）等知名设计师和建筑师的合作使公司始终处在最新的设计潮流之上。1922年，索奈特兄弟成为索奈特–明达斯控股公司的一部分，在利奥波德·皮尔策（Leopold Pilzer）的领导下，纽约公司雇用了一万名员工。20世纪下半叶，公司坚持以创新的当代设计为宗旨，长久居于世界工业家具设计的先锋地位。

弯曲工艺 将实木蒸至柔韧可弯之后，对其造型。工人们在加工木材时必须高度配合，协调控制一系列夹钳的开合。

14 号椅 这把经典的曲木椅有完美的造型，精致而轻巧。1859 年索奈特设计了它，到 1930 年已售出 5000 万件。现在可以买到的第 214 号直接源自它。*高 64 厘米（约 25 英寸），宽 43 厘米（约 17 英寸），深 52 厘米（约 20 英寸）*

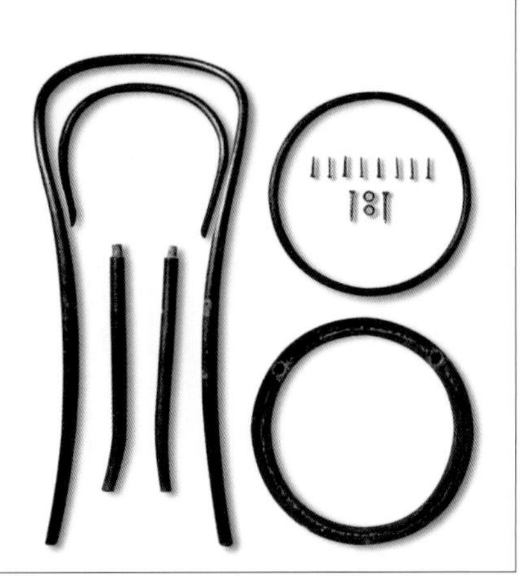

组装构件 14 号椅的靠背、座位和椅腿只由六个构件组成。

多样与简约

到 1842 年，索奈特的蒸汽弯曲工艺已经炉火纯青。当年 7 月，他获得了国际专利，用来保护自己的“化学机械方法”不被模仿。他为列支敦士登宫的洛可可大客厅设计的华美曲木家具展现了他创造的多样性。

木料往往是通过浸在蒸汽或沸水中进行软化（山毛榉木特别适合这种工艺），然后再加压制成任意形状。一块木料可以加工成后腿、支柱和椅子的顶梁。索奈特的工艺意味着家具的构件可以省去很多，而且不再需要燕尾榫、榫卯或任何形式的连接；利用螺丝和螺母就可以将各部组合起来。

1853年，索奈特和五个儿子（弗朗茨Franz、米夏埃尔Michael、奥古斯特August、约瑟夫Josef和雅各布Jacob）成立了自己的家具公司“索奈特兄弟”，并在维也纳开设了一家工厂，制作组装家具，包装后运输到目的地。不久，索奈特的曲木家具就出口到了世界各地。

震撼世界的设计

19 世纪中叶的维也纳以活跃的政治氛围和自由的文化言论著称，相关活动往往集中在城市的咖啡厅。这些场所因此也成为索奈特新曲木椅的理想试验场。索奈特轻巧而耐久的风格虽与众不同却又十分含蓄，再加上低廉的成本，成为服务行业的家具首选。索奈特的第一个大规模项目是 19 世纪 50 年代末为维也纳的道姆（Daum）咖啡厅提供座椅，世界闻名的“14 号椅”就是为此开发设计的。这把椅子大获成功，到 19 世纪末已在全欧洲售出了 1500 万把。它是属于大众的实用家具，而非财富的标志。索奈特于欧洲的各个工厂都在以工业化的方式批量生产它。

永久的贡献

与19世纪中叶许多家具的涡卷装饰相比，索奈特的曲木设计可谓简洁至极。勒·柯布西耶在他极具影响力的“新精神”展中用14号椅向索奈特1925年创作的这件作品致敬，并提出“功能反对装饰”的设计理念。没有索奈特打下的基础，约翰·亨利·贝尔特（John Henry Belter，见第296–297页）的雕花层压家具在纽约就不可能获得成功。索奈特的影响一直延续到现代，促成了查尔斯与雷·伊姆斯公司（Charles & Ray Eamess）批量生产的办公椅（见第456–457页）以及现代的自组装（flat-pack）家具产业。

2 号长靠椅
一整根曲木构成了椅子的背梁和后腿。椅背仅用了三根曲木，经弯曲和交错构成了对称的图案。柳编（*Wickerwork*）座位由山毛榉框支撑，立在锥形椅腿上。这把索奈特长靠椅有公司的印章。*约 1888 年 宽 117 厘米（约 46 英寸） DOR*

荷兰

新古典主义复兴在荷兰水务部（Waterstaat）的支持下长盛不衰，该部门直到1875年一直在监督教堂的建设。这种“水务部风格”（Waterstaatstjil）主要源自希腊神庙的建筑形式，并在荷兰牢牢扎根，影响了整个19世纪中叶的家具设计。

依靠数量优势的历史主义

此时很多天主教堂的室内采用了与巴洛克风格相近的装饰，只是很多特征都是仿造的：石灰拱顶和墙面绘制的仿大理石外观非常普遍。这种样式也出现在威廉二世（Willem II）的哥特风格上，它是皮埃尔·屈佩尔（Pierre Cuyper）等人鼓吹的早期荷兰哥特复兴风格。

尽管向有大量建筑复原经验的维奥莱–勒–迪克（Viollet-le-Duc）进行了讨教，屈佩尔的作品还是更像拼凑起来的，而不是真正的哥特再现。本地的橡木被用来制作具有哥特复兴风格的家具，却通常缺少对哥特风格最基本原则的关注。

东方的影响

荷兰是西方唯一同日本有贸易往来的国家，但这一优势在19世纪50年代画上了句号。荷兰人进口镶有精美贝壳的漆质家具，以及用上乘漆工艺制作的西式素面桌椅和立柜。

荷兰的其他殖民地，特别是印度尼西亚，为其提供了上好的外来硬木。这往往不同于来自欧洲其他地方的木材——主要是从加勒比和非洲进口的。荷兰家具匠用东印度群岛的椴木复制了18世纪的新古典主义家具——有收分的细腿、金属饰件、精美镶饰以及用颜色对比鲜明的木材制作的镶边。

对镶嵌细工的热情

比利时家具制作的主要中心是安特卫普和梅赫伦（Malines）。很多这些地区的工匠都很擅长镶嵌细工，这种技术是荷兰长盛不衰的表面装饰形式。除了18世纪末的新古典主义外观，荷兰镶嵌细工的独特风格从18世纪初延续到19世纪末。乌木、黄檀木、椴木和其他精美的外来木材被荷兰人以多种色彩制成了细腻迷人的花饰。

这种做法不只限于新式家具。因为其需求量很大，工匠可以用附加艺术为老旧普通的胡桃木家具打开销路。桌面、抽屉面板、后接口盖板、楣饰和裙档都被认为是适合镶嵌细工设计的地方。不过，随着19世纪末批量生产的兴起，镶嵌细工质量有所下降。

角柜

这个椴木角柜用彩绘模仿了镶嵌细工装饰，还有叶形镀黄铜饰件。三角顶形桌面中间是橡木叶的卵形板，外加紫檀条带。楣饰描绘着水果篮伸出玫瑰和卷叶的图案，下面是中间有小天使镶板的单门。箱体立在有黄铜小扁圆脚的金字塔形桌腿上。虽然主体风格是新古典主义的，但中间的饰件显然是洛可可式设计。*19世纪末 宽89厘米（约35英寸）L&T*

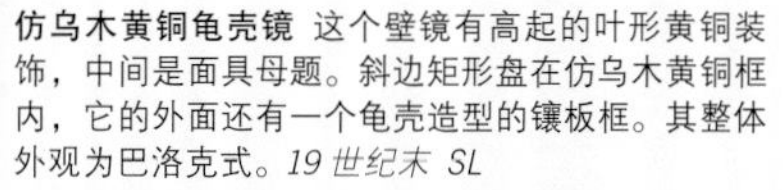

仿乌木黄铜龟壳镜 这个壁镜有高起的叶形黄铜装饰，中间是面具母题。斜边矩形盘在仿乌木黄铜框内，它的外面还有一个龟壳造型的镶板框。其整体外观为巴洛克式。*19世纪末 SL*

镶嵌细工柜

这个桃花心木镶嵌细工柜的矩形桌面立在一个S形曲线的楣饰抽屉上方，下面的一对门两侧各有壁柱。柜身在台座和旋作桌脚上。柜子的所有表面都装饰着镶嵌细工的篮子和花鸟。造型楣饰抽屉是19世纪设计的典型。门上的镶嵌细工尚显朴拙，但仍能看出属于新古典主义风格。*19世纪中期 宽97厘米（约38英寸）L&T*

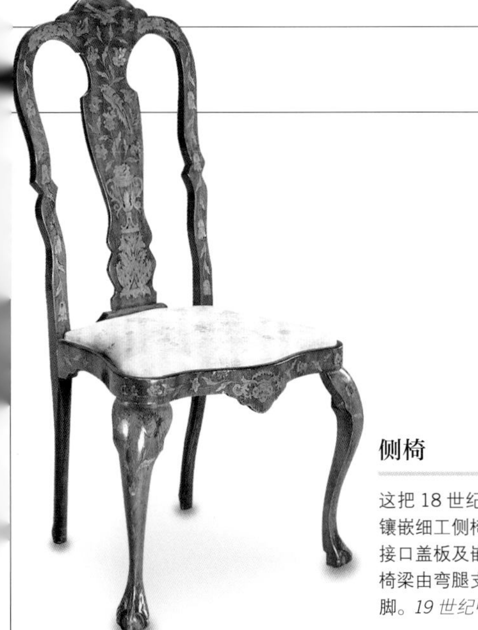

侧椅

这把 18 世纪早期风格的花形镶嵌细工侧椅有实木瓶形靠背接口盖板及嵌入式座位。异形椅梁由弯腿支撑，端部为爪球脚。*19 世纪中叶 DN*

矩形侧桌

这张花形镶嵌细工乌木侧桌的灵感来自 18 世纪末。桌面中间是瓮和鸟图案镶嵌细工，并在楣饰抽屉上方有线条镶边。桌面立在螺旋式旋转腿上，再由平十字连梁相接，扁圆形脚。*高 73 厘米（约 29 英寸） DN*

卵形中央桌

这张新古典主义风格的卵形中央桌由桃花心木制成，并有镶嵌细工的装饰。它镶满了卷叶形纹样，桌面中间是花罐。家具立在纤细的方形收分腿上，还有小巧的黄铜扁圆形腿。*约 1880 年 宽 96.5 厘米（约 38 英寸） FRE*

镶嵌细工展柜

这件桃花心木展柜有大量花形镶嵌细工。上部的拱形檐口中间是一个绿精灵，下面是可安装玻璃的门和侧面。展柜的下部是桌面和四个渐变隆面长抽屉。下部的柜身有斜角，立在球爪脚上。家具上兼有巴洛克和洛可可的元素，以及对称的 18 世纪镶嵌细工。*19 世纪中叶 高 197 厘米（约 78 英寸） L&T*

西班牙和葡萄牙

在伊比利亚半岛，来自与西班牙和葡萄牙关系密切的国家的风格，特别是摩洛哥，融合了占主导地位的法国审美，带来了一种独特的、有浅色质感的实木家具。

西班牙融合

伊莎贝尔风格（Isabellino）是西班牙对法兰西第二帝国风格的演绎，家具上有大量色彩对比鲜明的装饰。它曾一度比法国的风格更为绚烂，而其对称性使之更接近巴洛克风格，而不是席卷欧洲的洛可可复兴风格。为伊莎贝拉二世（Isabella II, 1833–1868）宫廷制作的家具是最奢华的，吸引着诉求强烈的商人阶级。

通常使用在几何图案上的珍珠母镶嵌也十分流行。其他时尚的装饰元素有青铜或镀金木件，以及直接用于木材表面的彩绘。包括小天使和莨菪叶等古典主义题材的雕刻也很普遍。

透雕细工（openwork）经常采用西班牙南方近邻摩洛哥的题材，这为西班牙几个世纪以来的装饰艺术增添了独特的伊斯兰风味。编织软垫和车削纺锤形柱等摩尔造型和装饰在此时的西班牙非常流行。事实上，摩洛哥吸收了其他伊斯兰文化的影响已非常之大。

此时西班牙制作的摩尔家具中的西里尔文字装饰（cyrillic script）体现出中亚影响，比如用作软垫的毛毯来自突厥斯坦的泰凯。大量银装饰是另一个源自该地区的装饰元素。

马德里王宫里的伊莎贝拉二世卧室，阿兰胡埃斯 奢华的镀金雕刻让带有坚固配件的深色木材家具看起来没那么笨重。

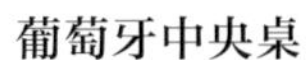

葡萄牙中央桌

这张以黄檀木制作的中央桌采用了17世纪末流行的风格。矩形的桌面在角部有黄铜饰件，楣饰还有真假抽屉。它立在球形的螺旋脚上，由扭曲的连梁连接。*约1880年*

葡萄牙侧桌

这张侧桌用染色胡桃木制成。素桌面之下是单层楣饰抽屉。带有工字形连梁和中央立柱的整体造型属于17世纪的法国，但雕刻技法是受了葡萄牙的影响。*19世纪末*

西班牙摩尔式梳妆台

这件胡桃木和乌木的梳妆台有实木镶嵌。橱柜装有拱形镜子，其底部有两个小抽屉。楣饰抽屉在一对镶板门之上。柜子立在带脚轮的方块形脚上。*19世纪中期 高195厘米（约77英寸） L&T*

西班牙橱柜

这件由乌龟壳、珍珠母和胡桃木制成的橱柜，在细木镶嵌桌面上有突出的角部。柜身有七个抽屉，两侧的独立柱围绕中门和下方的两个抽屉。摩尔式风格的影响在阿拉伯风格的设计中很明显。*19世纪中期 宽114厘米（约45英寸） L&T*

葡萄牙五斗橱

这是一对紫檀木小五斗橱之一。夸张的腰形在此时的葡萄牙非常流行。弯腿上的球爪脚取自18世纪中期英国的设计。*19世纪末*

会客室套间通常包括一张沙发和一对扶手椅，这是此时西班牙家居中最流行的家具组合。19世纪70年代，发生在伊莎贝拉统治时期的内战结束，设计师开始从16世纪和17世纪的西班牙传统家具中寻求灵感。

葡萄牙的积聚

葡萄牙虽惨遭拿破仑军队的蹂躏，却对这个将他们从王权压迫中解放出来的政府产生了深刻的印象。起义与内战在19世纪中叶困扰着玛丽亚二世（Maria II）、佩德罗五世（Pedro V）和路易一世（Luis I），他们是葡萄牙的统治者。

脱离拿破仑后，法国对葡萄牙的影响不断式微。设计师则开始更多地追随英国家具。结果，弯腿和兽脚成了葡萄牙家具中的普遍元素。另一个重要的外部影响来自德国，由于玛丽亚二世的原因，葡萄牙开始接受逐渐消退的比德迈风格——她有许多德国伴侣。

到了世纪末，西班牙开始走向本民族古老的风格，而葡萄牙则坚持若昂五世（João V，1706–1750）时期的设计。出自葡萄牙殖民地的黄檀木一直是最受欢迎的木材。

拉丁美洲新古典主义

中美和南美繁荣的拉丁殖民地从未接触过遍布欧洲的法兰西帝国风格——欧洲19世纪中叶家具风格的主要来源。而源自18世纪工匠的图案广泛流传，比如齐本德尔和赫普怀特，成为拉丁美洲新古典主义复兴的基础。因此，19世纪中叶的拉丁美洲家具造型相对于伊比利亚本土更接近英国。

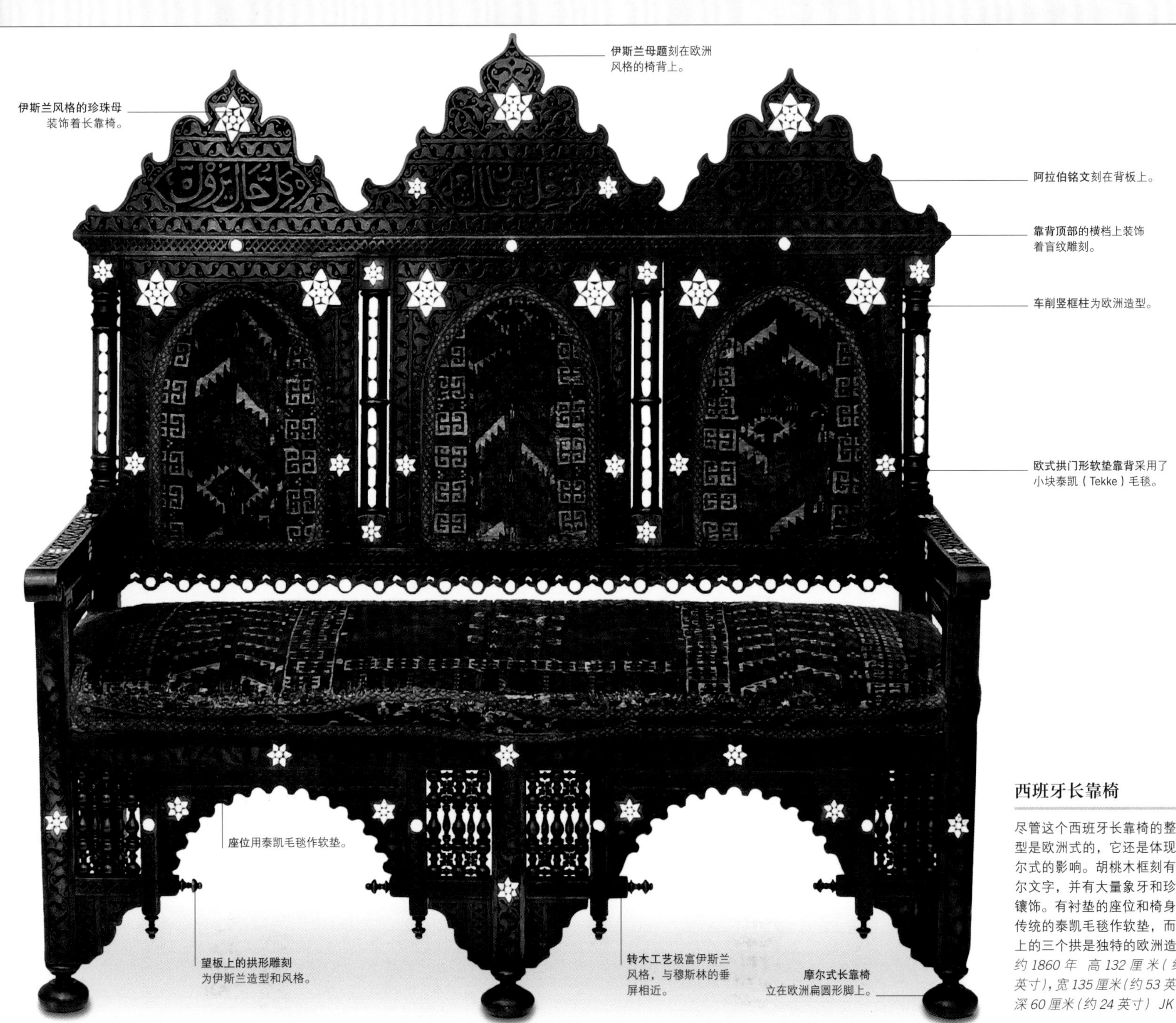

西班牙长靠椅

尽管这个西班牙长靠椅的整体造型是欧洲式的，它还是体现出摩尔式的影响。胡桃木框刻有西里尔文字，并有大量象牙和珍珠母镶饰。有衬垫的座位和椅身都用传统的泰凯毛毯作软垫，而背板上的三个拱是独特的欧洲造型。*约1860年 高132厘米（约52英寸），宽135厘米（约53英寸），深60厘米（约24英寸） JK*

斯堪的纳维亚

在19世纪晚期最终完成工业化后，斯堪的纳维亚地区没有经历如同美国那样大规模的社会、政治、经济的急剧变革。从19世纪中叶到一战前夕，欧洲大地上出现了一个相对安定的和平环境，这有力地促进了斯堪的纳维亚地区的经济增长，一些国家进入了欧洲经济发展最快国家的行列，并也因此获得了足够的自信来引导这一区域的文化复苏，转化形成了独一无二的地域风格。

丹麦风格

19世纪中期，晚期帝国风格统治着丹麦。这种风格最初因为建筑师古斯塔夫·弗里德里希·赫奇的推广而变得流行起来。通过装饰的运用，如雕刻着瓮、茛苕叶形或类似主题的图形，传达较为严格的古典风格气息。其中的一些装饰并非是刻上去的，而是将锯屑压入模具制成的。这种节俭的创新方式说明了这一行业是如何欣然接受新技术的。

19世纪30年代，四国贸易和工业博览会的举行驱使丹麦经济快速增长。由文化、科学以及艺术界精英等社会名流所组成的联盟，回顾了在这些博览会上展出的陈列品。联盟是由赫奇发起组织的，物理学家奥尔斯特德（H.C.Ørsted）也参与其中。在这些具有谨慎目光的权威人士的注视下，丹麦家具工业成功避免了日益严重的庸俗化倾向。在大众市场贸易中，最好的从业者依然保持着非常高的标准。

哥本哈根的家具制造者们实际上很享受这段呼应着18世纪伦敦家具制造的繁荣时光。同样，能工巧匠们开始联合开设有很大展览空间的工作坊，在这里他们既可以展览，也可以售卖制品。汉森（C.B.Hansen）便是以这种新的方式获得成功的第一批家具制造者之一。

瑞典和挪威

瑞典家具风格在19世纪中期曾被古斯塔夫风格主导。这种风格发迹于18世纪，虽然是对洛可可和新古典主义形式的模仿和复制，但在历史上依然保持着重要地位。该风格以非常浅的、灰白色的着色以及上漆处理

丹麦保险柜

这件钢制的两门保险柜，有阶梯形的顶端以及两条凹槽尖顶装饰。外悬的檐板隆起并且辅以叶形雕刻的边饰，两个橱柜门有新古典风格和叶形的装饰，两侧与圆形壁柱相接，这些壁柱由兽爪底足柜脚支承向上延伸。*19世纪中期 高165厘米（约65英寸），宽68.5厘米（约27英寸），深56厘米（约22英寸）EVE*

瑞典扶手椅

这对扶手椅是瑞典帝国样式，材质是山毛榉或者果树木材。漆色开敞样式的扶手椅有直角的、衬垫的和叶形端雕刻边缘的座位靠背。椅背中间有交叉形式的扁平背板。向下拂的扶手由弯曲的构件举起。软垫的座位装在圆形的四腿之上，底部锥形的椅腿由叶条带装饰。*1880年 高92.75厘米（约37英寸），宽57厘米（约22英寸），深52厘米（约20英寸）*

瑞典中桌

这张古斯塔夫风格着色的桌子方形桌面。桌面下衔串珠装饰，下端的装饰是叶形带状垂花饰。茛苕叶形纹饰装饰着锥状细端的桌腿，并辅以沟纹槽装饰。*19世纪中期 高78.8厘米（约31英寸），宽88.25厘米（约35英寸），深62.8厘米（约25英寸）*

丹麦扶手椅

这两把扶手椅是丹麦上色组合套装家具中的一部分，套装包括有靠背的中型沙发长椅和四把边椅。每把扶手椅有一个装有软垫的方形靠背，以及雕刻着月桂树叶的顶轨。嵌入式的装有软垫的座位，有叶子及藤蔓装饰的带状纹饰。四腿转曲造型，有凹槽装饰，端部有鳞斑雕刻。*19世纪末期 高101.5厘米（约40英寸），宽68.5厘米（约27英寸），深63厘米（约25英寸）*

丹麦工作台（缝纫桌）

这件帝国复兴式的胡桃木工作台有卵形桌面，下有带状抽屉。两条锥形桌腿支撑着上部，顶端有镀金翅状装饰，并且有外扩的桌脚。*约1870年 高75厘米（约30英寸），宽60.5厘米（约24英寸），深38厘米（约15英寸）*

为标志，营造光亮的感觉。

由赫奇倡导的丹麦风格一度在瑞典被采纳，但在19世纪上半叶之后，瑞典人更快地接纳了在英国获得成功的哥特复兴风格。汉森便是这种风格的先驱之一，为了呼应斯堪的纳维亚特有的灰白色系，他采用了比英国同行更轻巧的手法。

19世纪中期，随着铁路的铺设以及商业舰队数量的不断增长，挪威国内外的贸易蓬勃发展，经济持续增长。尽管在这一时期，挪威民族认同感倍增，但在家具设计方面，很大程度上仍受到瑞典和英国风格的影响。然而，一些地区生产的本土家具确实带有一种可辨识的挪威式审美趣味，表现为描绘有鲜艳的民间玫瑰图案和其他一些传统细节。

斯堪的纳维亚式审美

像整个欧洲一样，斯堪的纳维亚的室内特点以新古典主义、哥特式以及洛可可复兴风格为主。丹麦和瑞典生产了很多复兴风格的沙龙家具，非常受消费者欢迎，这些成套的沙龙家具由沙发和边椅组成，有时也包括一组扶手椅，常出现在时髦的中产阶级家庭中。

这一时期的家具由上色的软质木材制成，比如松木或山毛榉木。设计风格则从法国、俄罗斯以及德国的设计中汲取灵感。19世纪70年代左右，家具制造以浅色的白桦木作材料，比德迈风格的复兴开始了。在设计中，形式依旧简单，同时饰面逐步趋向薄且朴素。

19世纪末，伴随着对现代主义美学的狂热，斯堪的纳维亚家具工业开始具有明显而独特的地域特征。自1888年开始，伟大的瑞典艺术家卡尔·拉森（Carl Larrson）栖居的小屋成为平凡朴实的室内风格原型，风靡整个瑞典。他的妻子卡琳对纺织品和家具的设计，将抽象美学融入了更加广泛的斯堪的纳维亚民族意识中。

丹麦台座式橱柜

这件高的、椭圆形的台座式橱柜由胡桃木镶嵌着黑檀木装饰制成。三层搁架用来储存帽子，一扇弧形的门将这个空间封闭起来。*约1860年 高142厘米（约56英寸），宽62厘米（约24英寸）*

垫衬物由丝绸缎面的材料包裹，源自19世纪早期风格。

胡桃木的镀金格里芬装饰着每个扶手。

下拂的扶手

八条转木锥形腿支撑着沙发。

弹簧的座位塞满了整个框架。

圆盘饰应用在两侧横栏板面上。

瑞典沙发

这件瑞典风格的沙发由胡桃木制成，局部辅以镀金装饰。这件家具的风格来源于18世纪末期的设计。笔直的、方形的顶部扶手和侧边横栏板面装饰着珠饰和圆盘纹饰。扶手支撑构件雕刻成格里芬的形状，赋予了这件家具新古典主义的特征。灰蓝色丝绸缎质地的软坐垫图案和19世纪最初的风格非常相似。八条扭转的、锥形端的腿有部分镀金包边装饰。*19世纪末 高182厘米（约72英寸）*

俄国

当俄国农奴还在他们贫瘠的土地上艰难度日的时候，那些以圣彼得堡王室为中心的富裕阶级却享受着极高品质的生活——从他们委托设计制作的豪华家具中便可见一斑。

欧洲的大熔炉

在19世纪中期，圣彼得堡和法国、荷兰、德国和意大利之间有着密切的社会关系。工匠从这些地方涌入俄国首都，将他们的设计和理念一并带来。特别是法国的影响对圣彼得堡来说最为强烈。很多被雇佣的设计师在其自身的领域极富权威，比如说利奥·冯·克伦泽在为新的冬宫进行室内设计之前就是巴伐利亚路德维希一世的御用建筑设计师。他用自己设计的孔雀石和大理石家具一直拥护着俄国帝国风格，直到19世纪中期。俄国对芬兰的统治意味着两国之间信息的无偿交换，因而不少芬兰手工业者定期到圣彼得堡从事贸易活动。因此19世纪中期占有主导地位的俄国风格实际上是由不同地方舶来的样式混合而成的。为配合较大空间而设计的上等俄式家具，在视觉上往往给人较为笨重的感觉，并带有大量镀金的木头和黄铜装饰。

这一时期比较有特点的俄式家具是金属制成的，这样的家具在俄国比欧洲其他地方都更为常见。图拉皇家军械库是一处非常重要的武器制造厂，同时也因其铁质家具闻名。卡尔·法布热从1884年开始成为王室的珠宝商，设计了一些华丽的家具物件，对上流社会的精英们产生了很大的影响。然而，对于19世纪末期普遍衰退的俄国家具工业来说，这些昂贵高雅的流行款式实际上是个例外。在产量和成本方面，诸多手工业者根本没有能力和新生的工厂进行竞争。在这些工厂里，经机械切割的松木构件被覆盖一层非常薄的用同样手法加工的硬木饰面，最后手工组装完成。这与纯手工制作的家具质量相当，但成本却要便宜很多。

孔雀石桌

这件亚历山大二世的孔雀石茶几带有楔形的、阶梯式曲线的椭圆桌面，有四个卷形的仿金铜箔旋涡花饰。在桌面之下，支柱以雕刻的叶饰图案收尾，四侧有四支卷形的叶饰金属包脚桌腿支撑。最底部的玻璃包脚是后期添加的。这件家具所用的孔雀石是从叶卡捷琳堡所处的乌拉尔山开采的，冬宫的孔雀石厅所用的石材也出自同样的矿源（见第293页右上角图）。俄国的工匠在夏宫和冬宫的制作中均使用了俄国马赛克工艺，以便更好地覆盖较大面积的表面；他们将孔雀石切成3毫米的小薄片，然后附着在底层材料上，以形成非常有魅力的整体图案。*约1860年 高66厘米（约26英寸），宽100.5厘米（约40英寸），深75.5厘米（约30英寸）*

圈椅（半圆椅）

经过雕刻的桃花心木座椅，配以丝绒的软坐垫。这把半圆扶手椅是在梅尔泽工厂为彼得霍夫的亚历山大宫制造的。*19世纪末 高81厘米（约32英寸），宽55厘米（约22英寸），深45厘米（约18英寸）*

镶银桌

这张路易十六风格的费伯奇桌有坠珠装饰的银质镶边。抽屉有银质月桂花冠带顶饰。刻有凹槽的桌腿有镶银的撑架。*19世纪末 高70.2厘米（约28英寸）*

冬宫室内装饰 由亚历山大·布留洛夫（Alexander Bryullov）设计，1837年孔雀石厅作为亚历山大·费奥多萝芙娜（Alexandra Fyodorovna）的会客厅被重建，她是沙皇尼古拉一世的妻子。彼得·甘博斯（Peter Gambs）的工坊生产了这些大量使用镀金装饰的家具，而设计草图来自法国建筑师奥古斯德·蒙费朗（Auguste de Montferrand）。

软垫扶手椅

这件家具来自于圣彼得堡冬宫中的成套家具，经过雕刻和镀金的扶手椅装有深红色的软坐垫。这把椅子是按照路易十五风格创作的。*1853 年 高 92 厘米（约 36 英寸），宽 50 厘米（约 20 英寸），深 48 厘米（约 19 英寸）*

哥特椅

甘博斯（E.Gambs）设计的这把哥特风格的高椅背座椅是由胡桃木材雕刻而成，供戈利岑–斯特罗诺威在马力诺的住宅作哥特研究之用。*19 世纪中期 高 123 厘米（约 48 英寸），宽 64 厘米（约 25 英寸）*

弯曲的卷盖式的柜盖

雕刻的镀金天鹅装饰

柱状柜

两条经过雕刻、顶部镀金天鹅装饰的桌腿支撑着鼓状箱体的桃花心木桌子，桌腿底部有局部镀金的球爪饰脚。桌腿有经过雕刻的、平面交叉撑档相连接。桌子内部包含有架子和分隔空间，作为放置信件和写作工具之用，并装有皮质的滑盖。一系列的木质平板条贴在一起构成了可以伸缩的卷盖。*19 世纪中期 高 95 厘米（约 37 英寸），宽 87 厘米（约 34 英寸），深 45 厘米（约 18 英寸）* GK

桃花心木书柜

这件两门的上釉书架有缺口山墙，以及黄铜铸模包边和中间带状的黄铜凹槽装饰。柜门的木质框架非常华丽，门上中间有玻璃板和黄铜边线装饰。侧面嵌入的面板有黄铜线条镶边。整个柜子站在方形柱基上，柱基有收分，细端收于黄铜包脚。*约 1840 年 高 208 厘米（约 82 英寸），宽 143 厘米（约 56 英寸），深 45 厘米（约 18 英寸）*

美国

19 世纪中期，新移民从北欧迁往美国，美国人口一度膨胀。在内战（1861–1865）之后，北方胜利者沉浸在充满生机、活力以及富足资源带来的喜悦之中，工业化的大潮席卷整个美国。

借鉴欧洲

美国的帝国风格在 19 世纪 40 年代左右达到顶峰，紧接着，潮流开始转向，表面朴素的简洁风格开始流行。晚期的帝国风格被带有黄檀木饰面的红褐色桃花心木作品所充斥。

帝国风格在美国大众心目中的审美主导地位，逐渐被外来欧洲工匠所带来的风格取代，这些工匠便是帮助传播洛可可复兴风格的人。于是帝国风格家具的经典图案开始让位给描绘自然界的符号。丰满的洛可可造型代替了早期的建筑结构构件。压薄的饰面装饰方式对实践洛可可复兴风格者有着极大的帮助，德国出生的纽约人贝尔特就是这种风格的倡导者。一些美国的设计者，比如亚历山大·鲁克斯（Alexander Roux），企图避免使用那种层压的曲木薄片，转而支持更加本真的洛可可形式。鲁克斯是法国移民，他能够精巧地雕刻一些刻件，作品充满了打猎场景的装饰图案，比如松鸡、狗和鹿等。

19 世纪后半叶，哥特风格仍旧很流行。在很多中产家庭中，可以发现以坚固的深色木质为代表特征的家具，辅以教堂风格的三叶草、四叶草纹饰。

美国当地的独创

德国人乔治·海森格（George Hunzinger）1855年移居美国，设计了能够节省空间的独创性机械家具。海森格在他的职业生涯当中至少积累了二十多项发明专利，涉及家具的折叠、延伸、收缩以及改装。19 世纪 70 年代，印第安纳州的当地设计师威廉·伍顿（William Wooton）以同样的智慧获得了一项专利，但却是一种不可改变完整样式的设计。伍顿的专利写字桌是一张大桌，隐藏不计其数的小抽屉和隔间，可以用于收纳文件和其他物件。

美国新文艺复兴时期

内战之后，文艺复兴风格的形式被重新发现，成就了新的、独特的设计外观。1876 年费城百年纪念博览会成为国家信心的声明，同时也标志着新文艺复兴风格达到了其极盛期。

美国镀金时代（约 1870–1898）的杰出人物 J.P. 摩根便曾接到一处新文艺复兴风格大庄园设计的委托。百年纪念博览会同样引起了人们对美国殖民地风格家具形式复兴的兴趣。

美国人民长期以来对埃及学的兴趣非常浓厚。19 世纪后期，大量古埃及手工艺品的展出吸引了众多观者。埃及风格的图案在这一时期同样流行。莲花、狮身人面像以及其他符号也经常被应用在新文艺复兴风格的家具上。

宾夕法尼亚大学艺术学院
美国建筑师弗兰克·弗尼斯（Frank Furness，1839-1922）将学院设计成流行的哥特复兴风格。学院建筑于 1876 年开始使用。

齐本德尔式椅

这件桃花心木边椅家具，椅背板是开敞的，并且在座位上镶嵌着软坐垫。椅背顶部横梁造型弯曲，并有轧制的卷耳收尾，优雅的弯脚椅腿收于抓球爪式脚。这件家具是六件套椅组成的组合家具之一。*约 1900 年 高 100 厘米（约 39 英寸） BRU*

哥特复兴式扶手椅

这把胡桃木扶手椅有着雕刻装饰和波浪状刺脊。椅背的侧柱以螺旋轴为中心向上且有阶梯状收分。环形扭转的扶手臂收尾于有圆形造型的扶手。座位之下是同样由螺旋装饰的椅腿。*高 118 厘米（约 46 英寸） SL*

叠柜

这件殖民地复兴风格的叠柜由桃花心木制成。柜子的上部有圆模卵形或杏仁形雕刻，两层模制的横抽屉，以及三个有收分的抽屉。柜子的下部有球爪脚支撑着圆模雕刻底板，板上承托着两个长形抽屉。这件家具的整体形式是基于 18 世纪的原型设计的，柜子腿设计受到 18 世纪中期形式的影响，而顶部抽屉则是 19 世纪风格。*19 世纪中期 高 152.5 厘米（约 60 英寸） S&K*

茶桌

这张茶桌也可以称之为牌桌，是完全按照18世纪晚期家具复制的。为了获得更大的使用平面，桌面可以展开。这件家具的材质为桃花心木镶嵌黄杨木。由四条方形有尖脚的锥形腿支撑，横栏板嵌刻了壶状图案。*19世纪中期*

三拱沙发

这是一件新文艺复兴风格的家具，叠层胡桃木板的三拱沙发，受到路易十五时期风格影响。有着镂空的叶状雕刻，卷曲的葡萄藤装饰框架，以高出的峰脊为中心。簇状的沙发靠背，分三个部分垫料填充，蛇形座位，雕花的围栏板支撑片置于有弯脚装饰的腿上。*约1865年 高200厘米（约79英寸）S&K*

内部细节

顶饰细部

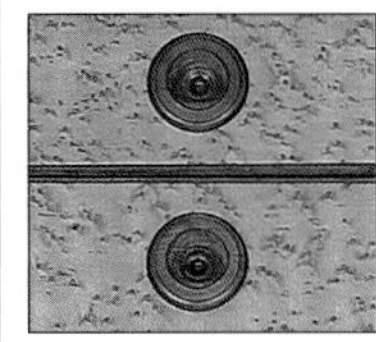

抽屉细部

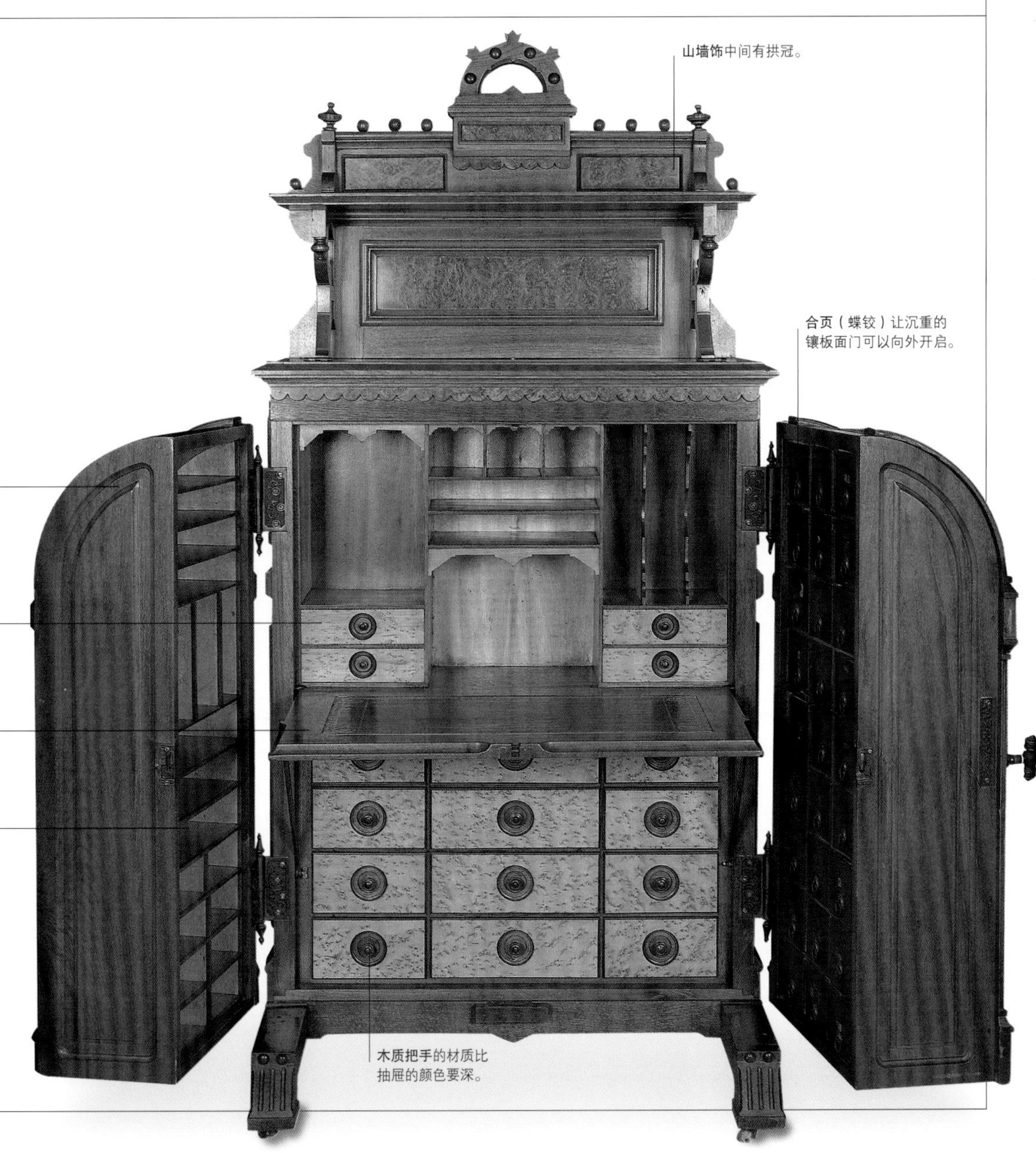

伍顿桌

落面桌有精美的拱顶山墙，其多样性令人印象深刻。对于内部抽屉和分隔来说，两个可锁的、带合页的前面板，展示了具有外延性、复杂性的配置设计。至于写字桌的写字平面，同样由合页控制，可以从横向转变为纵向，这样镶板门就可以合起来。门上还配有搁板和分区。*19世纪末*

贝尔特和洛可可复兴

贝尔特是美国洛可可复兴的代表人物——他的家具将技术的魔力和传统技巧相结合，为他赢得纽约不少上层人物的赞誉和推崇。

约翰·亨利·贝尔特（John Henry Balter，1804–1863）出生于今天德国的奥斯纳布吕克。早年在符腾堡接受过一些传统的木雕艺术的训练，在此学会了从当地的硬木中锯出复杂的设计。1833年，贝尔特离开家乡来到纽约，六年后入籍成为美国公民。早在1844年，他已是一名家具木工，并且他的名字也成为自己所制作家具的代名词，一如托马斯·齐本德尔。

鸳鸯椅 这件小件的、有软坐垫装饰的椅子是非对称设计的，它的框架是经过雕刻的缎木。起伏的框架雕满水果和叶形装饰，镂空雕刻的座位板后档向下延伸，弧线柔和，与座位边缘的横档相接。整个座椅由优雅的弯脚支撑，弯脚以黄铜脚轮收尾。约1855年 高101.5厘米（约40英寸），宽101.5厘米（约40英寸），深101.5厘米（约40英寸） AME

非凡的天赋

在家具生意中，贝尔特不同于同时代的其他人，因为他的作品仅执拗于一种特色。他的这种选择也许是偶然，但绝不能轻视贝尔特那巧夺天工的技艺，他所擅长的洛可可复兴风格不但使他在他的职业生涯中受到欢迎，即使在他去世之后也依旧流行。他突破性的薄板层叠工艺，一直使他在竞争者中遥遥领先，这是他的作品的最大特点。

贝尔特将难以加工的层压板通过细木条黏结在一起，每层的纹理都和底层垂直的方式增强了木材的自然强度，不易开裂。那个时候用蔷薇木制造家

贝尔特标签 这张标签粘在贝尔特专利花纹椅背面，位于座位后裙档底部。

贝尔特专利

在贝尔特工作期间，当时美国专利局有千万个申请项目在进行当中，以推动、帮助培养创新的社会思潮。

如果没有在技术创新与方法方面取得的成就，亨利·贝尔特的这一与众不同的风格也不可能出现。专利是一种非常有效的、需要国家批准的、具有限制意义的垄断权，并且可以为精明的使用者提供非常可观的利润。虽然贝尔特在他的职业生涯之中获得了很多项专利，但他并不是非常富有，这显然和他没有很好的开发使用专利的更多潜力有关。其竞争对手很可能在模仿其作品的同时侵犯了他的版权，包括纽约的查尔斯·鲍德温在内。

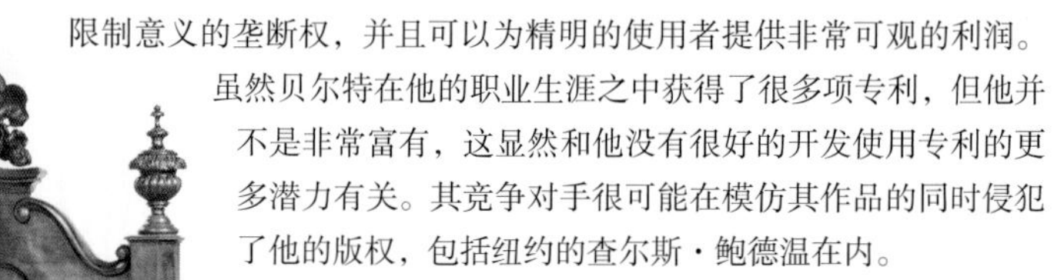

贝尔特第一次获得专利授权是在1847年。他的“制作蔓藤花纹（阿拉伯式花纹）椅的锯削工具”，使得在难以处理的层压板上雕刻精细曲线成为可能。接着在1856年，这一专利应用到了层压板床架制作当中，这是一种具体的使用。贝尔特显然对这件家具的诞生非常自豪，并夸耀自己设计的简单的两件式结构可以在着火情况下迅速拆卸，而且也风趣地声称这件发明可以不再为床虱提供凹槽这样的避风港。两年之后，贝尔特才为他的层压和切削工艺改良品申请专利。1860年，他发明了一种中控锁设备，可以通过一根钥匙的转动来控制多个抽屉，这个巧妙的发明为他获得最后一项专利奠定了基础。

贝尔特式床架 由层压的黄檀木制成，床位板是弯曲的并有雕刻的小型镶嵌版装饰。床头板有雕刻精美的洛可可风格冠状装饰。

具非常流行，贝尔特从巴西和印度进口他所需要的木材，也加工栎木、桃花心木以及其他硬木，有时还将这些木料刷成乌木的颜色。

生动的曲线

标志性的贝尔特家具通常以八层的层压板为材料，尽管他有时候会使用多达十六层的复合板。面板铺以雕刻装饰物，并常将其粘在家具的框架之上。通过蒸汽的极大冲压，这些面板会变弯，生成一种非常有戏剧效果的弧线，与紧致的“C”形和“S”涡卷形饰一同成为贝尔特作品的标志。经过这种工艺加工的木材具有抗变形性，可以不受限制地去创作出形态自由的、更加精美的顶饰和裙档。

高椅背的椅子成为贝尔特施展雕刻技巧的理想画布。贝尔特最喜欢对花卉和果实藤蔓的描绘，并常为其辅以经典图案的雕刻，如涡卷形饰。一件家具，只有通过观察其雕刻是否精美、作品是否打破常规才能判断是否产生于贝尔特的工坊。贝尔特的家具以一贯的高质量获得纽约众多富豪的青睐。1853年，他设计了由乌木和象牙制成的桌子，并携其参加万国工业博览会。

黄檀木长靠椅
这件路易十五风格的双人沙发的椅背顶栏杆刻有涡卷形饰，椅背和座位均有软垫嵌入，并有弯脚。家具的轮廓鼓励使用者彼此面对。*高106.5厘米（约42英寸），宽157.5厘米（约62英寸），深86.5厘米（约34英寸） BUR*

19世纪50年代的美国室内
贝尔特风格的家具在室内盛行。家具和家居装饰受到路易十五风格和洛可可风格的影响。

独有之误

贝尔特拒绝向大众市场妥协，这让他的对手们有机可乘——他们通过向有品位却并不富有的顾客出售家具以谋取利润——这种家具淡化了贝尔特家具的特点，是稀释版本。除此之外，贝尔特可以说是非常成功。1854年，他的五层楼工厂在曼哈顿上西区第三大道拔地而起。两年之后，贝尔特的妹夫约翰·H·斯普林迈耶（John H.Springmeyer）邀请他一道创建了公司。1861年，威廉姆和费德里奇·斯普林迈耶也加入了董事会。1863年，贝尔特死于肺结核，斯普林迈耶家族继续着他们的生意。但因为缺少了约翰·贝尔特的独特技艺，公司的生意没能撑过四个年头。尽管洛可可复兴风格的流行程度并未减弱，但贝尔特的缺席却成为公司的切肤之痛，1867年公司被迫关闭了。

梳妆台
这件桃花心木的梳妆台有一扇椭圆的镜子，雕刻装饰繁复的拱形顶饰和经过造型的白色大理石台面。蛇形的裙档角部有莨苕叶形的装饰，下面弯脚的桌腿以涡卷形饰收尾。桌腿由镂空雕刻的交叉撑连接，中间有经过雕刻的尖顶装饰。由马拉德公司（Prudent Mallard）制造于新奥尔良市。*19世纪中期 AME*

日本

19世纪上半叶，当日本在锁国政策下局限于东北亚一隅时，世界正在快速转变。1853年，美国海军准将马休·佩里率舰队驶入江户湾浦贺海面，这就是著名的黑船事件（Visit of the black ships）。在美国以炮舰威逼日本重新打开国门后，日本于19世纪中叶进入了空前重要的变革时期。

新秩序

日本曾经是封建社会的一员，充满了保守主义情绪并且不情愿做出改变。在1868年短暂的内战之后，最后的幕府被推翻。1867年到1912年执政的明治天皇重新获得统治权，并许诺进行现代化变革。自此，日本的工业发展大大提速，同时，日本国民开始对传统文化产生摒弃的态度，转而接受西方的理念和风俗。

虽然在家中增加一间西方主题的房间在富裕的精英阶层当中开始流行，但这种趋势在变革前期还是比较平缓的。这些房间都是为招待

六扇绢丝纸屏 这件屏风的装饰是通过使用风格化的描绘去表现野外的景致，主要是自然环境中的鸟类。*约1880年 高156厘米（约61英寸）NAG*

立式展柜

明治时期（1867–1912）的黄檀木展柜，有以花鸟图案为代表的、雕刻非常精美的山墙和置物台。展柜还有多处镶金漆嵌板，其中一些嵌板可以向侧面滑动，以展示众多内部格架。象牙、贝母和漆金的浮雕描绘富有寓意的场景、插花艺术和鸟类形象。整个展柜非常精美。*19世纪末 高230厘米（约91英寸），宽166厘米（约65英寸）*

对折漆金屏风

这件明治时期的家具由两面漆金屏风通过合页连接而成，紫檀木，桃花心木雕刻边缘装饰着相似雕刻风格的边框。屏风正面镶嵌着象牙和贝母的雕刻装饰，图案描绘了青蛙拟人化的打斗场景，其中有指挥官、步兵、旗手和吹鼓手。屏风的背面装饰着莳绘技法漆成的繁花盛开的樱桃树。*19世纪末 高188厘米（约74英寸），宽172厘米（约68英寸）*

客人使用，并不是平常的起居空间。传统的日本家具是供人们在地板上交谈和吃饭使用，以线脚平直且朴素简单为特点。同样的，桌子和柜子的腿也都很短小。很多房间里的家具限于贮藏寝具的大柜子、小柜子，还有一个镜架。

模块化的起居空间通过纸屏风分隔，通常由二至六块屏组成，通过绘画、简单镶嵌陶瓷片、木料来装饰。上漆框架的接缝处通常掩以金属饰片。上漆是最常见的表面装饰形式，通常是黑色，有时会用红色。

家具出口

在家具工业中变化最大的要数迎合出口市场的家具。对西方来说，日本上漆家具的卓越质量闻名遐迩。工匠们开始制造涂金漆的柜子和屏风，并且精心镶以贵重的自然材料，比如象牙和贝母。通过这种方式构成日式图案的设计，比如龙或武士。这种密集的装饰在日本审美趣味中是非常令人厌恶的，但受到西方世界的欢迎，家具市场因此生意兴隆。

出口市场也从日本工匠的再度兴起中获益。木造镶花工艺在日本有超过一千年的传统并广受认可，但也因消费者偏爱着漆家具而被逐渐废弃不用。寄木细工（Ran Yosegi）的制作工艺是将不同的木质马赛克组装在一起，以引起人们对不同材质和色彩的注意，这使箱根町地区成为明治时期日本木造镶花工艺的中心，这里的工匠有着卓越的技艺。工匠随后开始在家具设计上融入和服的设计元素，制作工艺变得更加精细，甚至堪比机械加工的精度。

日本工匠对木料加工的娴熟技艺已经扩展到雕刻艺术上。这种雕刻工艺对大部分日本人来说同样是一种陌生的观念，当时大部分日本生产的雕刻家具产品被送到展览会场，并出售到海外。雕带和纹章所雕刻的场景灵感来自神龛和寺庙，并经过重新设计。西方的消费者们很喜欢日本传统的图案符号，产品非常畅销。这些符号都有其象征意义，比如凋落的叶子便代表着秋天。

装饰性的铁制小盒

这件铁制小盒，盖子上内嵌的铜板装饰着金银浮雕，浮雕内容为花篮和昆虫。盒子的侧面雕刻描绘了水中的场景，繁花盛开的树和富士山。内部框的边缘装饰雕有紫藤花和葡萄藤图案。*约1870年 高15.5厘米（约6英寸）WW*

折叠椅

这把红漆牧师用折椅是日本江户时代（1603–1867）的。椅背漆金，并且雕有菱形花纹装饰及交织重复的菱纹。原始的菱形是梵文符号，代表着日本的佛教。*19世纪中期 高93厘米（约37英寸）*

黑漆底色很好地衬托了用金色和银色的圆形场景描绘的装饰图案。

前面的装饰板较浅地嵌入主体。

柜子装饰着嵌入的雕刻金属片。

每一扇柜门后都排布着五个浅抽屉和四个深抽屉。

圆饰用金色、银色和彩色描绘了典型的田园景观。

马刀形的柜脚镶嵌着金属。

收藏柜

这件非同寻常的着漆柜子，形式是由两个部分堆叠而成，前面和侧面都有凹槽。在金漆的底上，镶嵌着圆形装饰面。圆形饰物运用了金和银两种颜色，展示了多种场景，运用了上漆工艺等多种工艺。柜子的上半部分有两个门，打开即呈现出与柜子内部尺寸拟合的十个浅抽屉和八个深抽屉。下半部分有两个较深的抽屉。柜脚是马刀形的。*约1900年 高132厘米（约52英寸），宽149厘米（约59英寸），深84厘米（约33英寸）*

印度

直到19世纪，关于印度室内装饰艺术的描绘倾向于将少量家具作为对象。低矮的带有华盖的床、小梳妆台和箱子，这些物件常常是这类图像中仅有的部分。大多数家具文化中的主题——宝座椅是一种主要形式，不但是声望的象征符号，也被看成是具有仪式感的物件，而不只是平常的家具。即使是最富裕的印度精英阶级，在19世纪之前的家居中也鲜有陈设得当的家具，直到受到欧洲殖民者的影响，他们才开始急切地模仿后者的奢华生活方式。

两种文化的交融

对印度的木匠来说，转而制造欧洲形式的家具轻松得令人惊讶。19世纪50年代，英国旅行者范尼·帕克斯（Fanny Parks）出版了一本游记。游记中讲述了关于印度木匠如何制作一张桌子的过程，而这张桌子的模型竟然是旅行者本人用河泥制作的。在17世纪，荷兰人鼓励印度工匠制造出口家具，这一传统随着英国人对印度次大陆控制的巩固得到蓬勃发展。随着越来越多的英国人来到印度，家具定制的需求也稳定增长。客人们要求定制的家具和他们在欧洲家中使用的相似。

从19世纪中叶开始，一种逐渐被人所熟知的家具风格“盎格鲁–印度”开始发展。印度木匠很快采用了英国形式，比如立柜、扶手椅等。但通过将印度文化中提取的装饰元素运用到家具制作上，成品实际上是与英国原型完全不同的新形式。光是在表面上使用的装饰就非常丰富，都是以精美的雕刻或者复杂图案的镶嵌为特点，这并不常见。

丰富的创造源泉

制造盎格鲁–印度风格家具的从业者们，有极其丰富的创造源泉任其所用。这就是印度多样且丰富的文

桃花心木花盆架

这件盎格鲁–印度风格的花盆架（*Jardinière*）有非常丰富的叶饰和涡卷形雕刻装饰。放置花盆的圆筒形容器有杏仁形刻纹边饰，三根雕有风格化鸟类图案的支柱将车削栏杆柱围在中间。三足底座有爪脚状雕刻支撑。*19世纪中期 高77厘米（约30英寸），直径43厘米（约17英寸）* L&T

工作台

这件维多利亚早期的盎格鲁–印度风格工作台由黄檀木制成。镂空雕刻的支架支撑着雕有横饰带装饰的抽屉。在抽屉的上面，方形台面的边饰为卵锚造型。横饰带下面有镂空雕刻的倒梯形收分储藏槽。支撑构件是镂空且雕有装饰的，两边支架通过同样装饰的横挡相连。这件家具的整个形式是英式，并辅以印度风格雕刻。*19世纪中期 高76厘米（约30英寸），宽78厘米（约31英寸），深45厘米（约18英寸）*

果藤图案

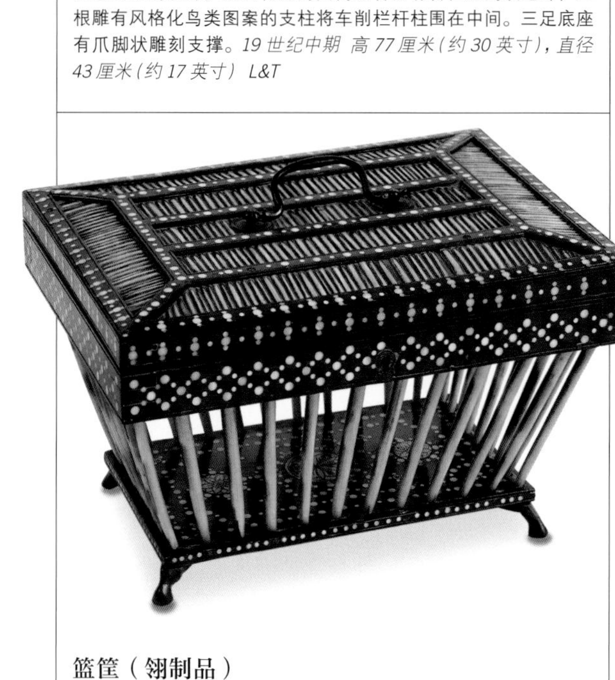

篮筐（翎制品）

这件有倒梯形收分的盎格鲁–印度风格的翎制篮筐，有较深的方形平盖。羽毛笔状木条——像豪猪的刚毛一样，通过等距间隔排布的方式构成了篮筐四边。黑色着漆表面镶嵌着象牙装饰。*约1860年 宽25厘米（约10英寸）* SS

化遗产。来自圣地的虔诚的雕刻被融入到家具设计当中，如桑吉的佛教纪念碑。

大自然在对印度家具发展中所扮演的角色同样重要。虽然从远东进口木材，但大多数的印度家具却是由本地出产的柚木、黄檀木、乌木和紫檀木制成。象牙广泛普及，经常被工匠们用作镶嵌材料，以增强装饰效果。在用虫胶清漆处理之前，会先把象牙雕刻出复杂的图案。椅子或者其他小件家具有时是用象牙雕凿而成，这并非闻所未闻。在19世纪中叶，甚至大象或者犀牛的脚都成了异域风格家具设计的一部分。

装饰风格

对于镶嵌象牙的家具制品来说，较为便宜的备选方案是用其他手工技艺制作装饰小构件。在这方面，印度各地的区域中心很快发展出了他们自己的特色。维沙卡帕特南镇以木质和羽毛装饰的盒子闻名，而巴哈拉普以雕刻技艺著称。印度手工匠人之用心，很清晰地体现在他们制作的家具装饰件上。相比之下，家具上那些看不见的区域，如柜门顶部，加工得就比较粗糙，甚至还带有可见的工具痕迹。

小型象棋桌

这件维沙卡帕特南的象牙骨制贴皮小型象棋桌桌面为八边形，棋盘镶嵌于桌面，边上有金银丝细工（*Filigree*）装饰。桌面支撑在栏杆柱上，柱子上有铆钉扣子装饰，在八角形的基座上有雕刻的爪脚。*19世纪中期 直径25厘米（约10英寸） L&T*

殖民时期休闲桌

这件引人注目的家具由犀牛皮制成，玻璃材质的方形桌面有黄铜包边，并置于木质基座上，三条弧形支腿以三只犀牛脚收尾。*19世纪中期 高77厘米（约30英寸），宽62厘米（约24英寸），深62厘米（约24英寸） L&T*

象牙薄片贴花扶手椅

这把有布垫的扶手椅有涡卷形雕刻、薄片贴花装饰框架及平板顶饰。包有软垫的椅子扶手有雕刻的凸嵌线（*Reeding*），一直延伸到软座上面。镂空的涡卷形裙档之上，座椅横挡有圆形和叶饰浮雕。座椅前腿为弯腿，有卷曲爪掌形脚。*19世纪中期*

奥斯勒玻璃家具

英国奥斯勒玻璃公司制造的家具带有精美的玻璃装饰，这些与众不同的家具尤其受到印度精英们的青睐。

奥斯勒（Osler）玻璃公司所制造的玻璃家具，在维多利亚时期的英国是最受欢迎的家具之一。19世纪初在伯明翰成立的这家公司获得了巨大的成功，满载该公司玻璃制品的船只遍及大不列颠王国各处。在英国，奥斯勒最负盛名的委托任务是为1951年在水晶宫举行的万国博览会建造庞大的中心喷泉。项目耗时八个月之久，使用了四吨水晶玻璃。这个喷泉装置擎着可以装有一百四十四只蜡烛的巨大烛台，烛台同样由奥斯勒公司制造。公司的名望随着具有纪念性的玻璃制品订单的完成而传播开来。公司在印度次大陆的加尔各答建立了展示厅以吸引顾客。

奥斯勒玻璃被运到喜马拉雅地区的尼泊尔杜尔巴广场，用来建造壮丽的水晶大厅，1893年完成后，毁于1933年的大火。印度富裕的统治阶级非常欣赏奥斯勒的伟大设计以及他们对承担巨大项目的决心。在印度海得拉巴，世界上最宏伟的宫殿之一法拉克努马宫，有四十盏奥斯勒吊灯，每盏包含的枝形灯台多达一百四十个，它们是世界上最大的吊灯之一。

奥斯勒公司最著名的赞助人是拉贾斯坦邦的乌代浦尔大君萨扬·辛格。辛格委托奥斯勒公司为他提供大量的玻璃器皿、各类小玩意以及上好的水晶玻璃装饰。最具奇思妙想的是，委托件中还也包括了桌、椅、沙发甚至床榻，据说这是世界上唯一用水晶玻璃制成的床。遗憾的是辛格在奥斯勒的订单到达之前就去世了，这些精美的制品在板条箱中逐渐被人遗忘。直到不久之前，整个套系的制品才重见天日，并安排在乌代浦尔的法塔赫普拉卡什宫展出。

奥斯勒水晶玻璃椅 这把装有红色天鹅绒软垫的座椅是对椅中的一件。是为乌代浦尔大君和他的妃子制作的。实心的玻璃腿有丰富的雕刻刻面。椅子腿支撑着金属和木质的框架，辅以繁复的刻面装饰椅背。*1894年 高122厘米（约48英寸），宽67厘米（约26英寸），深67厘米（约26英寸）*

中国

在清代（1644–1911），中国的木材加工和家具制造技术已经非常先进。虽然，被公认为最好的中式家具应该是 19 世纪以前制造的，但是传统的技法和形式被很好地保存到清朝晚期，也正是这一时期，中国与西方世界开始了大规模的贸易往来。

危难时期

19 世纪中期，来自英国、美国、俄国、日本、德国、意大利和法国的殖民者进入中国。第一次鸦片战争（1839–1842）结束后，外来文化对中国的影响进一步扩大。当时，中国被迫开放了五个口岸，其中包括广州和上海。在文化方面，外来影响并未被看作是为中国文化增加多样性而受到欢迎，相反，大多数中国民众对西方的入侵表现出厌恶的态度。这一时期，更加急迫的问题是由政治与社会格局所主导的。中国陷入内忧外患的时期，一系列自然与人为的灾难接踵而至，如战乱、饥荒和洪水。但中国的大门还是被强行打开了。虽然 19 世纪中期的中国家具制造以遵循明代和清代早期的理念为主，但是西方文化影响的痕迹却重于之前的任何一个时期。

新旧交融

清朝末年社会虽动乱不安，但却产生出不少精良的家具。带着对逝去岁月的缅怀和尊崇，清朝早期传统的家具形式被保留了下来。与此同时，早期中国家具标志性的直线形式被打破，人们对新样式产生了普遍的宽容情绪，勺形和马蹄形的类圆形开始被广泛使用，同样流行的还有一些欧洲的形式，比如断层式橱柜或书架。花架、矮桌、屏风等许多其他形式的家具形式都延续了下来，这些形式已经在中国流行了很多年。

虽然明代着漆家具的质量从未被超越，但是家具木工仍旧使用这种方

镂空圆形装饰位于椅背镶板的中心位置。

椅背镶嵌着一块中式上漆装饰背板。

椅子扶手呈马蹄形，并且模仿竹节的形状。

藤编座位嵌入花梨木框架。

椅腿模仿竹子的外观。

圈椅

这把罕见的黄花梨木圈椅是对椅中的一把。有 U 型和竹节雕刻的椅子扶手，藤编座位，格栅式的扁平背板。扶手顶部和椅腿都雕刻成模仿竹节的形状。*S&K*

盎格鲁–中国风格桌子

这张由黄柏木和黑檀木制成的桌子，有两长一短三个抽屉，在桌子背面还有假抽屉装饰。雕刻的黑檀木支架以爪脚收尾，并且由黑檀木的撑档连接。这件家具虽然是 1840 年制作的，但是很像来自 1810 年的范式。*约 1840 年*

镶嵌装饰的茶几

这件黑漆的木质茶几，长方形桌面铺以贝母和硬石镶嵌的图案，描绘了美好的田园景象，包括中国式的建筑和人物。类似的装饰图案也出现在带有爪脚的弯腿上。*宽 79 厘米（约 31 英寸）SI*

式来装饰大部分的家具。有三种主要的形式：最常见的是大漆工艺，上漆表皮厚厚地贴覆在底漆上；还有涂漆工艺，将漆直接在木头上薄薄地刷一层；比较少见的是更精美的描金，将金色点在黑色或彩色的漆皮底上。另一种传统装饰元素便是陶瓷板。这是一种对清代风格复原的审美倾向，它的发展归功于当时一些制瓷大匠的工作，比如江西刘希仁的作品。

精美装饰

一直以来，买家们对中国家具的赞赏很大程度上与木材运用得宜有关。对很多制造者来说，如果要制作花样繁复的镂空雕刻装饰，硬木（尤其是黄檀木）尤为理想。花梨木属黄檀木的一种，如果长期暴露在光照环境下会呈现一种非常美丽的金色。在晚清，由这种木头制成的家具便称之为黄花梨家具。无论是硬石镶嵌装饰还是嵌入的大理石桌面，对欧洲消费者来说都很有吸引力，成为那个时期很多中式家具的主要装饰。

对很多家具工匠来说，出口市场是制作佣金和收入的主要来源，特别是在和上海一样新开放的港口城市。欧洲的家具市场对出口家具提出的要求是越“东方化”越好，结果，一些单纯取悦欧美买家的装饰因为过分繁复被中国人视为过于奢华，但却满足了西方买家。在19世纪后半叶，一些典型的中式图案成为中国家具工匠新作品的标志，这些精美的镶嵌图案包括复杂的人像和亭台水榭等景观。

花架

这些精美的花架为花梨木制成，异形的顶面是抛光的大理石镶嵌。弯腿带有复杂的面具图案雕刻装饰，脚为动物爪装饰，四腿之间通过横档连接。*约 1900 年 SI*

套几

这套家具是由四张硬木桌子组成的套几。四个茶几的尺寸逐级递减，这种相套的设计方便家具在不用的时候将其收纳。每个小桌子都有托盘式的茶几面，镂空雕刻的桌裙由经过造型的茶几腿支撑，连接横档有着同样的雕刻装饰。*最大的茶几：高 71 厘米（约 28 英寸）L&T*

匙形椅背的保育椅

这把采用缅甸硬木雕刻的保育椅，特点是通体复杂的镂空雕刻。匙形椅背被鸟类和叶子造型的装饰环绕。嵌入其中的坐垫周围也有同样风格的雕刻图案，狂暴狮子的造型化身成支撑座椅的弯腿。*约 1900 年 SI*

盎格鲁–中国风格餐具橱

这件盎格鲁–中国风格的餐具柜由黄柏木和黑檀木制成，横饰带上有两个抽屉。每个基座上都有柜门，内里有架子，还有一个深抽屉，用来贮存红酒。这件家具具有殖民地时期风格，而橱柜的外形是摄政时期风格。*约 1840 年*

新的风格

19世纪中叶，新的家具设计风格充满了时代的革新精神、社会习俗和各种各样的奇思妙想，但这些新风格也引发了争议。能够变形的家具使得木匠们可以更好地展示他们精湛的技艺。一位名叫乔治·海森格的德裔美国人，在美国开创性地设计了兼具功能化和机械化的作品，很快被许多工厂如法炮制。

1854年，史蒂芬·汉志（Stephen Hedges）为一张桌子申请了专利——可以从优雅的茶几转变成带有座位的写字台。这种桌子后来被称为阿龙·伯尔桌（Aaron Burr desk）。据《纽约先驱报》1911年的一篇文章所述，伯尔在一张这样的桌子前给总统候选人亚历山大·汉密尔顿写了一封发起决斗的信，因此，阿龙·伯尔便被作为这种桌子的名字而为世人熟知。实际上，汉志在伯尔决斗的50年后也是伯尔去世的18年后为这张精巧的桌子申请了专利。多种可折叠和可伸缩的形式，包括餐桌和碗橱已被广泛使用，主要是其精巧的品质和节约空间的特性使人迷恋。

社会观念

奢华享乐的风气催生了酒柜，可以用它摆放水晶瓶、香烟盒或是雪茄盒。富人们在玻璃罩中展示着他们贵重的物品。此时，还出现了以维多利亚女王情夫名字命名的苏瑟兰桌（Sutherland desk），通常用来喝茶和打牌，它是茶几的前身，但一直不是很受欢迎。

受到该时代压抑的性道德观的影响，一种专为背靠背交谈而设计的家具产生了。这种家具的座位形式使心生爱慕的人以一种得体的方式交谈熟识。

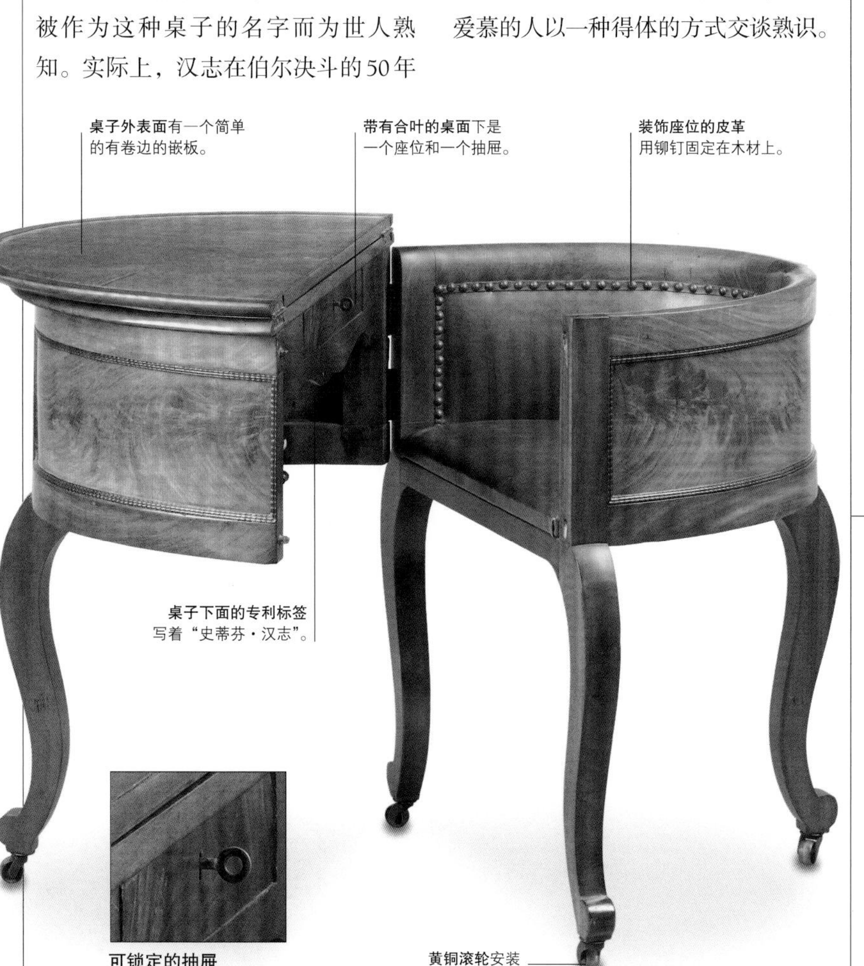

美国阿龙·伯尔桌

这个独创的、节约空间的设计是史蒂芬·汉志的专利。外表谦逊的桃花心木茶几的长椭圆形台面由两个合页相连接，同时桌子一侧也是由两个合页连接，这样当两个连接处同时打开时，桌子就变成了一个一边带有抽屉一边是带有软垫的皮质写字台。为了方便移动，这件家具的弯脚腿下面装有滚轮。*1854年 高74.3厘米（约29英寸），宽84.5厘米（约33英寸），深64.8厘米（约26英寸）* POOK 4

谈话沙发

这套路易十五风格的沙发由四个独立部分组成——两个长沙发和两个短沙发——它们背靠背地摆在一起。每个沙发末端都有方便坐在上面的人转向另一个沙发的人进行交谈的倾斜部位。沙发由紫檀木的弯脚腿支撑，每个支脚上都安装有19世纪的新发明——方便家具在房间内移动的滚轮。*19世纪晚期* L&T 3

明框沙发

这件维多利亚时代的明框沙发由花梨木制成，在两个高靠背之间是一个由螺旋凹槽柱组成的连接部分。沙发的坐垫、靠背和扶手是凸出的绿色织物包裹的软垫。座椅由精心雕刻的带有陶瓷滚轮的桌腿支撑。沙发的设计包含多种风格，扭曲的装饰来自詹姆士一世时代，而弯曲桌腿的灵感则来自于路易十五时代。*约1850年 宽181厘米（约71英寸）* DN 2

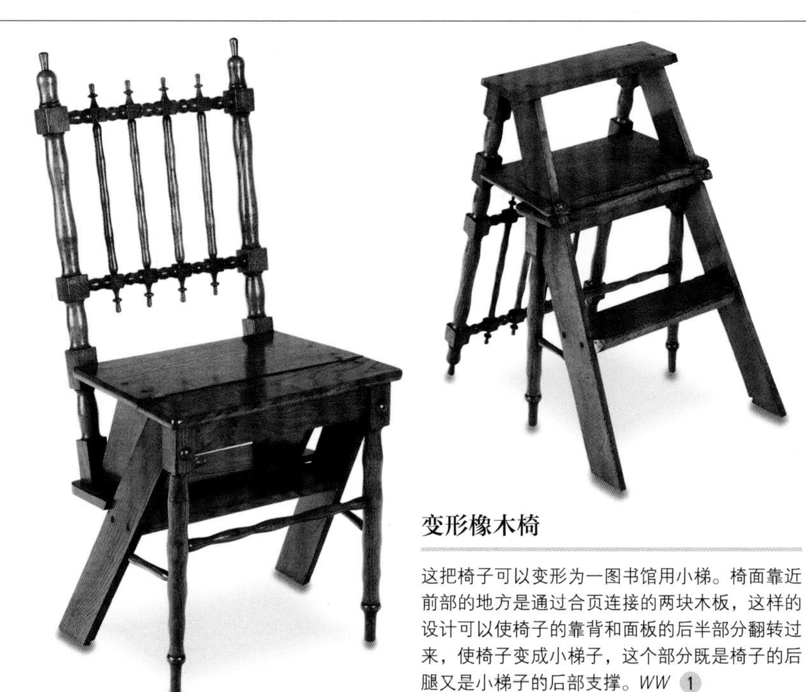

变形橡木椅

这把椅子可以变形为一图书馆用小梯。椅面靠近前部的地方是通过合页连接的两块木板，这样的设计可以使椅子的靠背和面板的后半部分翻转过来，使椅子变成小梯子，这个部分既是椅子的后腿又是小梯子的后部支撑。WW 1

哥特风格椅

这把哥特风格的胡桃木椅有针织材料的坐垫和詹姆士一世风格的扭曲雕刻。两个大麦穗状的边挺结构支撑靠背。较高的背部和较短的椅腿形成了一种新风格。*L&T* ①

桃花心木酒柜

安装有合页的酒柜桌面可以向两侧打开，中间是一个装有水晶瓶、玻璃杯和香烟盒的可升起内盒。酒柜由逐渐变细的方形桌腿支撑，桌腿底部是带有黄铜帽的滚轮。*约 1900 年 宽 59 厘米（约 23 英寸） L&T* ①

桃花心木珠宝柜

嵌有斜角玻璃的圆形台面。镀金的弯脚腿下是蹄状桌脚，四只桌脚由一个圆盘组合在一起。*19 世纪晚期 高 76.5 厘米（约 30 英寸），直径 45 厘米（约 18 英寸） L&T* ③

珠宝柜

这个镀金的桃花心木珠宝柜有着一个边缘弯曲并且嵌有玻璃的台面，珠宝柜由弯曲的桌腿支撑，这些桌腿被一个托板连接在一起。*宽 63.5 厘米（约 25 英寸） WW* ①

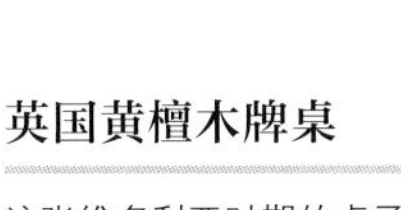

苏格兰餐桌

这张可延伸的餐桌两边是半月形台面和醒目的模压边沿。支撑台面的是有凹槽装饰的锥形桌腿，桌腿末端有黄铜滚轮。桌子靠一个用钥匙操作的发条来打开，这个装置发明于 1835 年，但是直到世纪末才被广泛使用。餐桌可以增加到六个面板。*19 世纪末 宽 460 厘米（约 181 英寸） L&T* ⑤

英国黄檀木牌桌

这张维多利亚时期的桌子蛇形桌面打开后会形成一个游戏台面。它有模压的边沿、弧形的台面呢里衬。四只涡形桌脚在中间形成一个水瓶装饰，桌脚安装有嵌入式脚轮。*19 世纪中期 宽 92 厘米（约 36 英寸） DN* ②

具有涡卷装饰的支架

装置着脚轮的滚动脚

英国桃花心木餐具柜

餐具柜有着三层架子，每个台面都有着模压边角。当餐具柜打开时，三层架子逐层展开，控制橱柜变形的是滑轮和支板。*约 1860 年 宽 120 厘米（约 47 英寸） L&T* ③

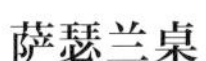

萨瑟兰桌

伯尔胡桃木质，椭圆形，落面桌有着一个薄木板的台面，一对雕刻弯腿栏杆，螺旋支撑架连接。两扇台面都可活动。*宽 91 厘米（约 36 英寸）BAR* ①

多屉橱柜

这一时期制造和销售的橱柜大都直接继承了18世纪的风格。柜子有着广泛的用途，不但可以在卧室中存放衣物，还可以在沙龙中展示物品。此外，它还有一些特殊的用途，例如当作音乐柜和对开橱柜使用。家中的家具不再局限为衣橱、柜子和玻璃橱。传统的矮宽形橱柜频繁地使用流线造型，并结合蛇形、曲线雕刻等18世纪怀旧风格元素。然而，精心制作的橱柜却很少，在会客厅中通常被书柜或展示边柜所取代。

对比鲜明的风格

新一代的细高优雅的文件柜有着更具时代感的外观，威灵顿柜的畅销就说明了这一点。这些文件柜比老样式的多屉橱柜更加简洁，尤其是对那些过分装饰了洛可可复兴风格的五斗橱来说。新式柜子拒绝大量使用镀金的金属支架、垫脚和大理石镶嵌台面。雕刻的望板、饰带和裙档还有复杂的镶嵌装饰，往往使家具装饰过度。风格选择方面，新古典主义和哥特风格的家具与洛可可风格的家具并驾齐驱，虽然这些样式符号通常更多地指代着一些象征性的装饰，但方便橱柜制造者对家具加以区分。

受欢迎的木材

热带硬木很受欢迎，比如桃花心木和黄檀木，通常被用来制作橱柜，虽然荷兰木匠经常用胡桃木代替桃花心木做装饰件，樱桃木有时在美国被采用。

意大利镶木衣柜

这件有隆面的西阿拉黄檀木镶木材质的衣柜有着一个模压锡耶纳大理石台面，台面下是两个带有方格图案表面的抽屉。每个抽屉锁眼盖周围有着一个花瓣图形。同样的花瓣图形出现在箱子的其他侧面。衣橱由方形弯脚腿支撑，弯脚腿的尽端是垫脚。虽然几乎是一个精确的18世纪的仿制品，但是它的过分细长的弯腿是典型的19世纪产物。*宽117.5厘米（约46英寸）FRE* ③

法式衣柜（*Armoire*）

这件18世纪风格的衣柜，衣柜模压的有纹理的台面下是一个有着剖光镀金装饰并带有青铜嵌饰的箱子，箱子为黄檀木和胡桃木制。这件家具的前面镶嵌着多样而精细的雕刻，展现出一个对称的花纹布局。支撑衣柜的是弯腿，它是对于路易十五风格衣柜的一个精确的复制，并且使用了昂贵的金属材料。然而，这件19世纪中期的作品是由机器而不是手工制作的。*高86厘米（约34英寸），宽106厘米（约42英寸），深60厘米（约24英寸）VH* ⑥

荷兰多屉衣柜

这件衣柜为荷兰帝国风格，有模压台面和镶花胡桃木制的多个抽屉。第一个抽屉为较窄的起绒粗呢饰面，下面是五个大小一样的抽屉，装饰有无导线的花形雕花，展示了一个混合了18世纪中叶和晚期风格的整体设计。椭圆形的镶边设计灵感来源于新古典主义，其中非对称的花环设计更接近洛可可风格。支撑橱柜的是锥形方脚腿。*1880年，宽104厘米（约41英寸）SI* ③

盎格鲁-印度威灵顿柜

这种威灵顿柜由特殊的条纹黑檀——一种印度沿海出产的黑檀制成，同时它还有着印度次大陆的独特雕刻风格。*约1880年 高90厘米（约35英寸），宽45厘米（约18英寸），深26.5厘米（约10英寸） JK* ⑤

法国文件柜

这件晚期路易十六风格的黑檀和黄铜法国文件柜有着模压的边缘和八个抽屉。抽屉的前面板是皮质的，在一个底座上有着黄铜拉环。*约1900年 高166厘米（约65英寸），宽57厘米（约22英寸） DN* ③

英国威灵顿柜

这件华丽的淡棕色橱柜有着模压的台面，中楣下面是七个逐渐变大的抽屉，两侧都有锁片，每个副翼的最上边都有一个使用的旋叶装饰。*约1860年 高122厘米（约48英寸），宽56厘米（约22英寸），深42厘米（约17英寸） L&K* ③

德国五斗橱

桃花心木材质，突出的矩形台面，四个带有火焰纹理的桃花心木贴面抽屉，柜子的四周切成斜角，斜角上下雕刻有卷曲和叶形装饰，柜子由卷曲雕刻装饰的脚支撑。*约1850年 高82厘米(32.25英寸)，宽83厘米（约33英寸），深49厘米（约19英寸） BMN* ①

法国多屉橱柜

弓背形，西阿拉黄檀木材质，模压纹理大理石台面。四个抽屉有带纹理的前面板，抽屉之间和抽屉的左右两边由黄铜褶分隔开，柜子侧面是鱼骨型的纹理，基座是镀金的裙形，由脚支架支撑。*约1900年 宽82厘米（约32英寸） L&T*

英国多屉橱柜

这件四方的多屉橱柜有两短三长五个抽屉。每个抽屉都有下垂的月桂形装饰，而长抽屉的中心雕刻都有一个圆花饰。支撑橱柜的是一个楔形的基座。*19世纪末 宽113.5厘米（约45英寸） DN* ①

德国多屉橱柜

这件小型屉柜由坚固的桃花心木制成，表面由多种异域木材装饰而成。模压台面下是一个单独的带状抽屉和两个鼓起的、装饰有花瓣形、贝壳形的无导线抽屉。*约1900年 高64.5厘米（约25英寸），宽62厘米（约24英寸），深32厘米（约13英寸） WKA* ①

彩绘侧板

美国多屉橱柜

这件柜子表面被涂绘为赭黄色，同时有着暗绿色的装饰线条和凹陷的侧面板，深绿色的后面板印有金制和铜制的“A”和“M”两个字母。柜子最上层是两个短抽屉，下面是尺寸依次变高的四个长抽屉。两侧的面板上喷绘着花瓶图案。*约1863年 宽99厘米（约39英寸） FRE* ⑥

美国管家柜

这件樱桃木橱柜有着带镶边的侧面板和四个带有玻璃把手的抽屉。最上面的抽屉的前面板可以通过轴柱翻转九十度成为一个平台，面板后是四个小抽屉、八个文件架和一个中间的小门。*19世纪中期 高117厘米（约46英寸），宽107厘米（约42英寸），深54.5厘米（约21英寸） BRU* ②

碗橱和餐具柜

维多利亚女王时代对于社交聚会的繁文缛节使得碗橱和餐具柜在较富裕的家庭中成为非常重要的家具品类。它们被置于餐厅中用来摆放食物和餐具。不同之处在于碗橱有一个相当宏伟的上层结构，有两层或两层以上类似厨房梳妆台。而餐具柜则是不那么气派的单层橱柜。

多样的风格

这段时期融汇了不同风格的多种造型的橱柜风靡一时。虽然依然是传统的矩形，但是越来越圆润的、拱形的顶部和背部造型成为更常见的形式。橱腿有杯形、盖形、方形、锥形——在风格上都有所不同。

用于碗橱和餐具柜的木材有所改变，就像18世纪晚期一样。虽然这些家具经常用桃花心木或橡木制成，但是很多面板使用了粗糙的木材。

从 19 世纪中期开始，人们开始对室内家具在风格和材质上有了统一的要求。结果，在很多建筑中，餐厅中的所有家具，包括碗橱和餐具柜在内都由一种木材制成，比如橡木或胡桃木。

为存储而设计

除了展示和提供食品，碗橱被用来存放刀具、餐具甚至装饰用品。维多利亚时代的家庭生活环境较为混乱，餐具柜很好地反映了这一点。它穿插着各种隔间、碗橱、和抽屉，每个部分都有自己特定的功能，而且大都还装有锁。在豪华的房子里，碗橱的尺寸可能格外的大，平均高度达到183厘米（约 72 英寸）以上。

法国路易十五风格碗橱

这种伯尔樱桃木和胡桃木质的碗橱有一个模压的微微拱起的顶部，拱顶的下面雕带上雕刻着一个花篮，其上半部分有一些开敞的架子用于展示杯子、盘子和装饰物品。这些开敞架子的两侧是蛇形镶框门。下半部分有两个雕带小抽屉和两个更大的雕刻着旋叶图案的侧门。碗橱被一个带有装饰性形状的望板的短小弯脚腿支撑。*19世纪晚期 高213.5厘米（约84英寸） SI* ②

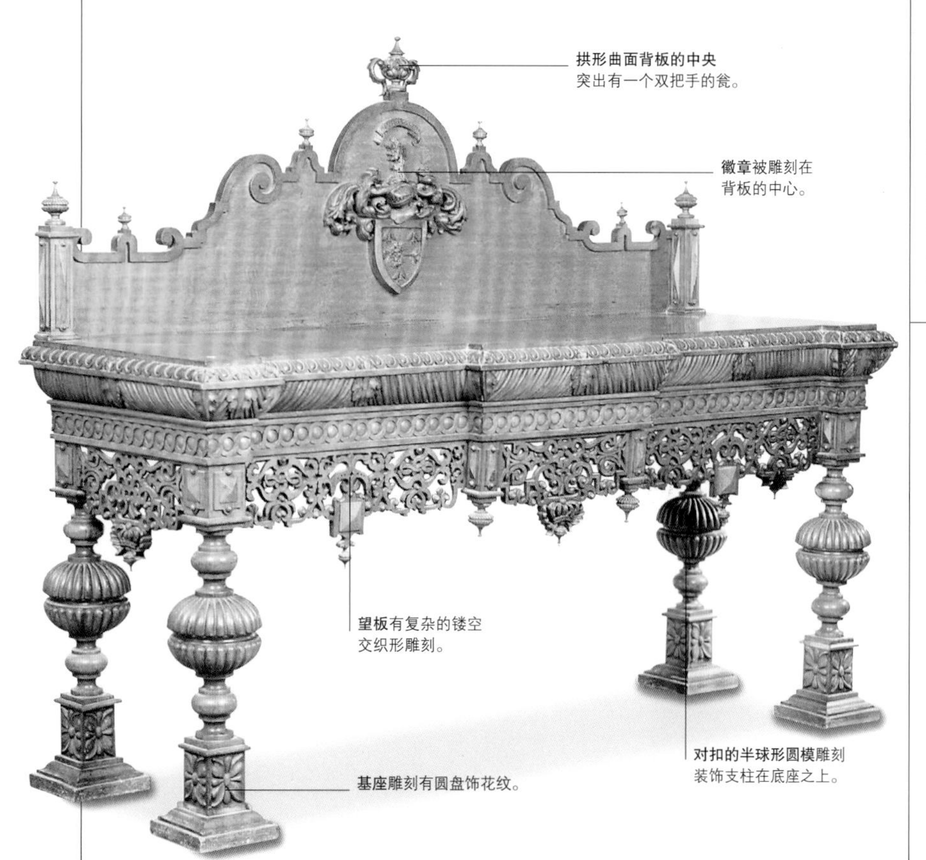

英国餐具柜

这种早期的维多利亚风格或英印风格的橡木餐具柜有一个精心制作的背板，背板上有着多个尖顶形突起，背板中心最高的尖顶上是一个瓮。瓮的下面是一个雕刻的徽章。这款台阶式长方形餐具柜，顶部饰有褶皱纽索饰带，下有精心制作的雕花望板。餐具柜由两个对扣的半球形圆盘模雕刻支脚，支脚下面是雕刻着圆盘饰（Paterae）花纹的支座。*高 171 厘米（约 67 英寸），宽 215 厘米（约 84 英寸），深 75 厘米（约 29 英寸） L&T* ④

断层式餐具柜

桃花心木材质，断层式餐具柜。这种餐具柜简单装饰有缎木带、黄杨木和乌木镶边，柜子中间一大一小两个抽屉的两侧各有一个方形的弧门。支撑柜子的是六条四方的锥形腿。这件优雅的家具带有新古典主义风格，而且也许是基于 1780 年左右的谢拉顿风格制作。深碗橱用来存储红酒，而横向抽屉用来放置银器和餐具。*19 世纪晚期 宽 168 厘米（约 66 英寸） DN* ②

意大利多彩书柜

这种彩绘书柜有一个方形的台面，正立面的中间和收尾部分是内弯的。柜子的三个柜门上对应着三个小抽屉，全部通向搁架内部，柜子有一个模压的底座支撑，在裂纹表面上画着阿拉伯花饰、垂花饰、花、鸟、人物。*约 1900 年 宽 168 厘米（约 66 英寸） S&K* ③

英国桃花心木餐具柜

这桃花心木餐具柜有一个卷动的、拱形背板，背板中间是一个带有遮罩的尖顶。反向断层式台面包含有双曲线造型的雕带抽屉和四个镶有拱形线条的门，门里是可滑动的托盘和架子。餐具柜落在一个基座上。*宽 202 厘米（约 80 英寸） L&T* ②

法国橡木碗橱

两根旋转的支柱支撑着碗橱的上半部，它的模压檐口下是两个玻璃门，门内是架子，门两侧是有凹槽的壁柱。下半部分有一个四方的台面，台面下是两个雕带抽屉，再往下是两个橱柜门，门上装饰有装满鲜花的古典风格的瓮。支撑柜子的是扁圆形支脚。*19 世纪晚期 高 188 厘米（约 74 英寸） SI* ②

盎格鲁-印度橱柜

这件黄檀木制橱柜上半部分的书架有一个叶形模压的顶饰，顶饰下面是两扇精心雕刻的镂空门，门两侧是螺旋形的侧柱。橱柜的下半部分有两个较长带雕带的抽屉，抽屉下面是两扇有着相同雕刻的门。支撑这件家具的是带雕刻的支脚。*宽 104 厘米（约 41 英寸） L&T* ④

盎格鲁-印度送餐桌

这件硬木送餐桌的背板精心雕刻着棕叶饰、莨苕叶饰和鸟的图案。四方的台面有着叶形雕刻的边沿，台面由三面都有叶片浮雕的支架支撑。有弯曲的雕爪。*19 世纪中期 宽 122 厘米（约 48 英寸） L&T* ④

英国餐台

乔治三世风格，桃花心木和椴木制，由赖特和曼斯菲尔德公司设计。桌子基座下面是存放葡萄酒的酒橱。其上装饰性的图案有着强烈的新古典主义风格，灵感来自于罗伯特·亚当（1728-1792）精美演绎的风格。两边柜门上细长的瓮形图案暗示着柜中存放的物品。轻描淡写的垂饰和突出的叶形图案用来区分每个不同的抽屉和碗橱，同时也强调了餐台整体的对称性，设计者谨慎地平衡着雕刻的比重、弯曲的线条和几何形状。*约 1880 年 高 92 厘米（约 36 英寸），宽 218 厘米（约 86 英寸），深 28 厘米（约 11 英寸）*

椅子

折衷主义盛行的时期，椅子的设计从未变得如此多样，在其他家具类型中出现的风格在椅子设计中也可以看到。复兴样式中的各种元素——包括来自古典主义的莨苕叶形雕刻、哥特式的尖拱和其间所有的要点——相结合形成了椅子五彩缤纷的样式爆发。

舒适第一

对舒适性的强调曾经是很多19世纪中期椅子设计的核心，尤其是那些发源于法国的，带有填充材料的扶手、座位和椅背，是新古典复兴和洛可可风格的必要元素。在英国，休闲椅被织物或皮革厚实地包裹，与哥特禁欲风格橡木椅形成了鲜明的对比。19世纪末，在齐本德尔式、谢拉顿式和亚当式家具中有一种复兴主义倾向。

两种对于洛可可风格的不同表述——索奈特和贝尔特工厂的曲木层压板样式和法国工坊的软垫镀金木样式——都十分流行。瓮形、莨苕叶形和花环等古典主义图案被大量使用。古老东方文化和盎格鲁–印度家具拓展了西方装饰艺术的视野。

这一时期沙龙套房家具在中产阶级家庭中变得流行起来。套房中通常包括一张沙发、一把躺椅、四把边椅、一把女式扶手椅，一把男式扶手椅和一张凳子——全部都是路易十五风格。

盾形椅背上沿装饰有雕刻的栏杆。

盾形椅背雕刻着花状平纹（*Anthemion*）和莨苕叶形图案。

蛇形扶手雕刻着纽索纹饰。

方锥椅腿带有风铃草纹饰，末端为铲形脚（*Spade foot*）。

座椅导轨的中心有新古典主义的牌饰。

英国扶手椅

这件桃花心木材质、盾形椅背的扶手椅是18世纪室内设计师罗伯特·亚当的作品。盾形椅背有一个雕花的顶栏杆，一个镶饰的缎木边框，椅背上包含垂花饰、月桂叶和瓮形等古典主义图案。椅子有带软垫的座位和经过雕刻的扶手，叶形雕刻的方锥形椅腿，末端为铲脚。*约1860年 Cato* 7

法国开放式扶手椅

这对木质白色涂漆开放式扶手椅都有着一个雕刻的顶饰和望板。座位、扶手和椅背都有用花与叶装饰的白色织物包裹的软垫。支撑蛇形座椅的是涂漆（曾经是镀金）的弯脚。这对路易十五风格的椅子和下图的扶手椅形成了一个有趣的对比。*约1880年 DN* 2

法国开放扶手椅

这对镀金木质扶手椅的椅背、扶手和座位都装有软垫。椅背上有一个刻有卷曲、缎带和垂饰的顶饰。带有尖顶的凹槽纹椅框包有硬质铅边。支撑椅子的是装有黄铜脚轮的锥形腿。路易十六风格。*约1900年 高103厘米（约41英寸）* 3

德国椅和扶手椅

这种硬质桃花心木椅和扶手椅被设计成帝国风格，椅背顶部后弯，椅背和座位装有软垫。椅子的框架、扶手和座位镶有青铜装饰。支撑扶手的是涂金木质狮身人面像，前面的两个弯脚上雕刻着镀金的格里芬头和爪脚。*约1880年 高103.5厘米（约41英寸）WKA* 3

美国靠背椅

洛可可复兴风格，层压檀木靠背椅有着一个模压成型的椅背，椅背是镂空的涡卷装饰。有软垫的座位下是由弯脚支撑的雕花圆轨。*1850 年 高 83 厘米（约 33 英寸） FRE* ①

英国安乐椅

乔治三世风格，桃花心木材质，整体包有米黄色和玫瑰色相间的丝绸锦缎软垫。椅背向后弯曲，支撑座椅的是圆爪形的弯脚。*约 1900 年 高 97.5 厘米（约 38 英寸） S&K* ①

英国绅士椅

胡桃木框架英国绅士休闲椅，摩洛哥皮扣椅背、座位和外翻的镶饰扶手。这种椅子是使用弹簧圈的典型案例。支撑椅子的是带有滚轮的车削椅腿。*1890–1900 年 L&T* ③

雕刻面板图示

中国扶手椅

产于陕西省，红漆榆木质，卷曲的搭脑，雕刻有动物等图案的镂空椅背。座椅上有着雕刻的横档，支撑座椅的是矩形截面的框架椅腿。*约 1880 年 SI* ③

黑森林廊椅

涂有油漆的雕花框架，收腰的镂空椅背和蛇形的座位上雕刻着狩猎的场景，座位下是雕花的弯脚。*L&T* ②

英国开放扶手椅

浑圆的椅背和座位是乔治一世风格，座位和椅背带有横棱绸刺绣包裹的软垫。弯曲的扶手和贝壳形雕刻的椅腿，椅腿的末端是球爪形脚。*DN* ②

盎格鲁–印度开放扶手椅

帝国风格，椅背上沿带有横梁，采用涡形扶手和弯脚腿。椅子的所有表面都覆盖有萨德里（Sadeli）装饰象牙和黑檀边框。*约 1900 年 WW* ①

意大利扶手椅

黄绿色胡桃木材质，椭圆形软垫椅背，镀金雕刻的椅背框架。座椅有着模压的顶轨，座位下是四只弯脚。*约 1840 年 高 99 厘米（约 39 英寸），宽 66 厘米（约 26 英寸），深 51 厘米（约 20 英寸） LOT*

英国椅

涂漆缎木质，藤条盾形椅背，谢拉顿式。椅背顶端有一位女性人物画的圆形浮雕。方锥形椅腿，椅腿末端是铲形脚。*约 1900 年 SI* ①

沙发

19世纪的大部分沙发要么极尽舒适奢华，要么仅用作正常端坐休憩。由于设计师固守着设计中对诗意的追求，复兴风格在这个时期再度蔓延开来。

螺旋弹簧垫

法国最先在奢华的沙发上大规模使用弹簧垫，并随即成为时尚。此时的沙发设计形式多采用奢华、厚重而舒适的座位和厚实的靠背。这种样式很快风靡整个欧洲。设计师开始广泛采用新型螺旋弹簧垫，弹簧垫的厚度也随着技术的进步有所增加。由于弹簧垫内部的弹簧较大，需要有较厚的衬垫包裹，以免弹簧刺穿而出。在弹簧垫表面，设计师还常用纽扣和铆钉将弹簧固定于海绵垫之中。弹簧垫成为此时期沙发的重要特征。

沙发表面包裹的织物通常极为昂贵。因此，家具需要避免阳光直射。由此便导致维多利亚家具有着内向阴郁的名声。此时，细小精致的造型和绸缎提花都很流行。

“红颜知己”沙发，是从标准的法国沙发演展而来，是一种不太正式的家具设计。这种家具允许一对夫妇或三四个人坐在一起，人们可侧身相互照面。这一时期，此类沙发衍化出很多其他形式，譬如明框沙发、躺椅以及坐卧两用的长椅等。19世纪欧洲的沙发设计大多带有洛可可复兴的风格特征。此风格与新古典主义、帝国复兴形成鲜明对比，后者大量运用宽大的平面和规则的角度造型。

在这个时期的末期，来自中东和东方的设计风格，开始广泛影响西方的沙发设计。土耳其风格的长椅，中国的竹框家具，以及那些严谨务实的艺术与手工艺美学理念的大范围传播，使得人们对奢靡舒适的沙发家具形象大为改观。

德国大厅长凳

这张红褐色密布镶嵌装饰的长凳，有着一分为三的凹形靠背。靠背顶部有模式化的波形装饰，三个座位分界处有狮头雕刻。两侧流线型的扶手端部，亦有狮头雕刻。座位下围也呈现与靠背相似的凹形。长凳前部由四条布满雕刻的弯腿支撑，后部由两条方形直腿支撑。整个长凳布满镶嵌细工，其纹样以花、叶、瓮、鸟和昆虫为题材。*宽164厘米（约65英寸）HAD* ③

英国窗边沙发

桃花心木材质，摄政时期复兴风格。椅背、外倾的扶手和座位装有软垫。窗边沙发的框架上雕刻有莨苕叶形装饰，支撑座椅的是带爪脚的弯腿。*约1900年 宽126厘米（约50英寸） DN*

英国明框沙发

这件早期维多利亚洛可可式复古风格的沙发，为黄檀木材质。有宽大的软垫座位、扶手和椅背。蛇形的座位下是四只带有陶瓷滚轮的弯脚腿。*约1850年 宽183厘米（约72英寸） S&K* ①

法国沙发床

胡桃木雕刻的软垫沙发床被设计成路易十六风格。凹槽曲线形扶手上雕刻着叶形图案，米黄色织物包裹着松软的沙发垫。绳索形雕刻望板和四只车削凹槽无垫脚。这种沙发床可能是为壁龛（房内墙壁凹进空间）而做，平行于墙放置，上方最初可能还有着一个与坐垫材料相一致的华盖。*宽207.5厘米（约82英寸） FRE* ①

法国长凳

橡木、胡桃木材质，镂空的长廊型椅背上雕刻着龙、人物和天使。方形扶手和实心座位下是螺旋形支脚。*宽 138.5 厘米（约 55 英寸） FRE* ①

法国沙发

路易十六风格，胡桃木材质。软垫椅背上有一个雕花的顶轨。带有衬垫的座位下面是末端为钉脚的凹槽锥形腿。*约 1900 年 宽 125 厘米（约 49 英寸） DN* ②

镀金–青铜饰

英国中型沙发（长靠背椅）

胡桃木材质，帝国复兴风格。椅背上沿是带涡卷的顶轨，座位、椅背和扶手带有包覆。沙发的框架有着新古典主义风格的镀金铜饰，支撑沙发的是车削腿。*19 世纪晚期 L&T* ②

织锦细部

法国沙发

这是一对拿破仑三世风格的乌木沙发中的一个。靠背分为三个部分，中间是一个长方形靠垫、两侧是有镀金雕刻外框的椭圆形靠垫。软垫座位下是六只凹槽腿和垫脚。这件沙发被认为是查尔斯–纪尧姆·迪尔（Charles-Guillaume Diehl）的作品。挂毯型的靠垫很可能是著名的奥布森公司（Aubussan company）的产品。*BK* ⑤

美国中型沙发（长靠背椅）

这件胡桃木材质沙发有一个波浪形的靠背，靠背的上沿是一个雕刻有花和葡萄的顶轨。外翻的软垫扶手显示出了威廉四世风格的影响。沙发软垫下有着一个与顶轨相似的波浪形望板和两个附加的靠垫。支撑沙发的是四个轻微外翻的弯脚腿。沙发所显示出的华丽的自然主义的洛可可复兴风格在当时的美国十分流行，特别是1830年到1865年之间。*宽175厘米（约69英寸） S&K* ①

英国中型沙发（长靠背椅）

这件胡桃木材质、浴盆型的沙发有着带软垫的座位、靠背和扶手，几乎可以肯定是沙龙家具的一部分。镂空的椅背下是车削的、带有滚轮的腿。其新古典主义风格很可能受到了谢拉顿式家具设计的影响，简单的几何形状镂空椅背结合了优雅弯曲的座位和软垫的回形轮廓。*约1900年 GorL* ①

桌子

19世纪中叶，桌子的设计摆脱了风格的羁绊转向重视功能需求，每张桌子都为了特定的功能而设计。其中很多设计，比如牌桌迎合了当时流行的消遣活动。总的设计趋势是倾向于更小和更轻便。

广泛的用途

16世纪就开始使用的矮茶几，由于户主们试图用比以往更多的家具来装饰房子而变得再次流行。牌桌是另一种受很多家庭欢迎的家具，在不被使用的时候它并不显眼，当用来打牌时，打开桌子的顶部可以露出衬有粗呢的桌牌台面。工作台被设计用来存放缝纫刺绣用品或书写文具，经常会装上一个挂袋。尽管当时已经有了燃气灯和油灯，高脚烛台依然很受欢迎。

风格的混搭

这一时期各类桌子的风格呈现出对不同历史和文化传统的借鉴混搭。带有弯脚腿的洛可可风格桌覆盖着奢侈的“C”和“S”形卷曲，可以在古典或文艺复兴风格的桌子上看到有凹槽的锥形腿。西方的家具擅于使用蛇形和起伏来表达轮廓的柔和与圆整，而东方的样式仍然保持着稳定的直线风格。

法国和意大利桌案通常有着大理石台面，这种时尚流行到了很多国家，特别是英国和美国。中央桌和边桌通常由三条桌腿支撑。这种桌子可以在不使用的时候折叠存放。

中国桌案

这件山毛榉桌案来源于苏州城。它有着一个四方的台面，台面下是三个抽屉和一个望板。支撑桌子的是带雕刻的托架和矩形截面的桌腿，桌腿的末端是铲脚。*约1850年 宽115.5厘米（约45英寸） S&K* ③

玄关桌

这对路易十六风格的玄关桌可能产自意大利。桌子镀金并且有着一个成形的棕黑白三色相间的四角斜切的大理石台面，台边下是有着相同形状的雕刻基座。桌案弓形的正面装饰有一个古典主义的经典像章，像章两侧饰有挂满绿叶的垂饰。支撑桌案的是有凹槽的锥形腿，桌腿上刻有叶形和帷幕雕花。这种桌案可能是被设计用来摆放在两个窗户之间的空间，可能有与之配套的镀金镜子挂在它们上面。*宽112.5厘米（约44英寸） S&K* ④

法国玄关桌

这种路易十五风格雕工精细的乌木蛇纹石桌案表面装饰着镀金的金属，外观上类似于摄政时期早期的风格。桌案所有的表面镶饰有红色龟纹底的蛇形铜饰。成形的望板下方是顶端饰有斤比特像和莨苕叶形图案的弯脚腿。弯脚腿落在底台上，扁圆形桌脚。桌案上可能原有一个与之风格类似的镜子。*约1860年 宽131厘米（约52英寸） SI* ③

中国矮桌

方形，黄花梨材质。它有一个夹板台面，台面下是雕刻有卷曲图案的华丽横楣。支撑台面的是方形直腿，桌腿末端是雕刻有卷云纹的略微收分的桌脚。*1880年 宽90.5厘米（约36英寸） DN* ②

美国窗间矮几

这是一对古典主义大理石台面窗间茶几中的一个。它有着一个矩形双曲模压台面和一个整合的望板，两条曲线形并雕刻有莨苕叶形和圆形图案的支腿。矩形基座带有倾斜的、圆模雕饰的望板和带镜子的背面，基座下是爪脚。*19 世纪晚期 宽 110.5 厘米（约 44 英寸） FRE* ⑥

英国花箱

维多利亚风格，黄柏木和黑檀木制，方形两端是半圆形的收尾。打开顶部显示出一个植物井。台面有串珠金属边框和仿造的象牙镶嵌，台面下是模压的边框和雕带，雕带上有着碧绿色古典主义风格的人物像章。支撑桌子的是凹槽车削锥形腿，装有陶瓷滚轮并由十字相交的横档相连，横档的交点有一个车削的尖顶。*1860 年 宽 90 厘米（约 35 英寸） DN* ③

英国三脚桌

镶花圆形台面有一个雕刻模压的边沿。台面由一根凹槽纹饰车削雕杆支撑，主干下是三条莨苕叶形装饰的桌腿，桌腿末端是卷曲脚，脚上装有黄铜滚轮。*约 1860 年 直径 55 厘米（约 22 英寸） HamG* ①

英国茶几

早期维多利亚风格，黄檀木制。呈向下斜角的盖面带有铰链，盖子下是一个较深的双曲线模压雕带，下有蕾形装饰支柱，支撑支柱的是四只双 C 卷形脚，支有黄铜滚轮。*约 1840 年 直径 52 厘米（约 21 英寸） BAR* ①

英国工作台

谢拉顿复兴风格，涂漆缎木制。装有铰链的椭圆台面装饰有丘比特像、花、缎带和弓形图案。台面下是一个抽屉。支撑工作台的是车削锥形腿，桌腿由十字交叉的横档相连接。*1900 年 高 76 厘米（约 30 英寸），宽 49 厘米（约 19 英寸） DN* ②

德国三脚桌

这件带雕刻和镶饰的胡桃木三脚桌来自于黑森林。椭圆形台面镶饰着牡鹿图案的嵌板，台面下是车削的柱子，柱子由三只有着叶形雕刻的弯脚腿支撑。*约 1860 年 高 76 厘米（约 30 英寸） FRE* ①

蒙古桌

这张较矮的亚洲风格桌子由彩绘的木头制成。它有明亮装饰的台面，台面下是模压雕刻的望板和两个襟翼。支撑桌子的是圆截面的桌腿，桌腿被横档连接起来。桌子装饰着较宽的几何边界，可能借鉴了 18 世纪的设计。最初，桌子可能被用来作为餐桌或是临时桌使用。*19 世纪中期 宽 64 厘米（约 25 英寸） SI* ①

意大利烛台

这是威尼斯烛台中的一件，在被制成多年后涂上了油漆。烛台下是黑人装饰的支撑结构，烛台底部是涂成白色的、镀金三脚底座。*高 98 厘米（约 39 英寸），宽 36 厘米（约 14 英寸） L&T* ②

意大利烛台

这件优雅的、雕刻的胡桃木烛台是精心制作的文艺复兴风格作品。方形台面下是展开双翼的女像柱。支撑烛台的是雕刻的曲线形三脚底座。*1880 年 SI* ③

庭院家具

19世纪中期室内装饰中的印花棉布和自然装饰，以一种非常特别的家具设计形式在居所中的庭院得以展现。

19世纪，植物学成为一门家喻户晓的科学，它吸引着理性、优雅、虔诚和不断自我完善的维多利亚式思维方式。该学科的流行激起了人们对园艺前所未有的兴趣，园艺渗透到社会阶层。19世纪40年代，简·劳登（Jane Loudons）出版的《妇女园艺指南》（*Instructions in Gardening for Ladies*）倡导了“休闲”观点，认为“园艺”非常适合女性的性情，并取得了巨大的成功。1827年，纳撒尼尔·瓦尔德博士（Dr Nathanial Ward）发明了玻璃盆栽植物，这就使得人们可以在寒冷的气候条件下种植非本地生长的植物——甚至是在窗台上——保护珍贵的样本免受恶劣的城市环境的伤害。随着1845年玻璃税的废除，玻璃温室变得更便宜，成为招待客人的时髦场所。

这一时期的花园给人的感觉通常是明亮且活跃的，在大面积苗圃里种满各色植物的做法在当时非常流行。庭院的装饰虽然形式多样，但却缺乏新意。守护精灵像传入英国花园时期，房主的院子中还会挂着一种叫做“注视球”的明亮彩色玻璃球，富人的花园中装饰着瓮、雕像、供鸟戏水的水盆、方尖碑以及惟妙惟肖的石材或金属的动物雕塑。同一时期园林家具的设计也同样浮华。世纪初还相对保守的园林桌椅设计，变得越来越繁复与奢华。简单来说，钢铁铸造技术的发展给了希腊、哥特、洛可可三大风格主宰家居设计的时机。

铁桥铁椅

相对于生铁和青铜，铸铁不但价格便宜很多而且强度和耐锈性更加适用于制作园林家具。当什罗普郡（Shropshire）的达比（Darby）家族将他们的注意力集中于铁制品时，欧洲许多铸铁厂已经从事生产园林家具一段时间了。他们学习了法国同类公司的经验，将科尔布鲁克代尔打造成了19世纪中期著名的园林家具厂。他们最经典的设计在今天依然十分流行。他们的产品采用了工业化的加工方法：将多种模具上浇铸出来的铁制部件拼接在一起组成多种样式的家具。在

伞形铁树
海因里希·韦伯（Heinrich Weber）的作品展示了庭园家具的另一个发展方向，他不再简单地用帆布为花园中的桌椅遮阳，而是用一个伞形的树状金属框架结构将遮阳变得更加自然和正式。*约1850年*

冬宫
这间精美的法式温室来自现代室内设计师乔治·雷蒙（Georges Remon）。他用喷泉、格架、棕榈树在室内营造了一个花园。在宽敞的空间中曲木椅和铸铁桌椅被摆放在一起。*1900年*

绿漆铁椅
这把绿漆铁椅有着哥特式的菱形镂空椅背和蜂巢形的座位。椅背菱形图案的正中是四叶草形图案，四条椅腿由横档连接在一起。*L&T*

铸铁花园椅
这件绿漆铸铁双人花园椅的椅背是“山谷中的百合”造型，座位是曲线设计，椅腿上有着叶形的装饰。它可能是美国 A.J.Mott 铸铁厂的产品。*19 世纪晚期*

天鹅花园长凳
简单木板制成的椅背和座位，两端固定在铸铁的天鹅颈上。天鹅有着泛旧的白色和橙色涂漆痕迹，某些地方有重新被涂色的痕迹。*高 96.5 厘米（约 38 英寸），高 183 厘米（约 72 英寸），高 71 厘米（约 28 英寸） BRU*

1851 年的伦敦世界博览会上，该公司赢得一枚委员会奖章，而且维多利亚女王用三百英镑买下了一件该公司制作的安达美（Andromeda）像。在 1851 年世界博览会上，科尔布鲁克代尔公司最重要的作品是新系列旱金莲椅（Nasturtium chairs）和长凳，它们是那个时代家居设计的典型代表。为了有一个洛可可风格的外观，铁制品中加入了叶形和旋涡形设计，但家居设计都非常简洁，与当下的大众消费品可以大规模生产的风格相匹配。

乡村家具

本土的传统手工园林家具在工业美学时代依然存在。本土的工匠制作和出售简单的木椅和长凳，以及那些新奇的形式。但由于木材本身易腐坏，又暴露在自然环境中，保存下来的并不多。在美国，一种著名的乡村风格木质家具在 19 世纪末流行起来，它用一座山脉的名字命名，现在是一个国家公园的名字——阿迪朗达克（Adirondack）。这种家具充分采用本土木材，比如橡木、樱桃木、白胡桃木、桦木和胡桃木，通常包含树皮，设计则呼应了当地建筑的营地风格，连树枝和根的自然轮廓都被包含其中。

邱园

位于伦敦近郊的皇家植物园邱园汇集了三百多年来无数工程师、科学家、园艺专家的智慧。

19 世纪晚期，卡波儿家族（Capel family）为邱园（Kew Gardens）修建了第一座花园。1772 年，乔治三世从他的母亲那里继承了这座花园，到了 18 世纪末，几代参观者都熟悉的很多佳作和建筑都已落成。皇家植物园的发展正巧与古典主义的复兴处在同一时间，它自身也成为了贵族阶级“大陆游学”风潮的产物。植物学家在大英帝国广大领土的探险中发现了无数的新植物品种，它们被带回英国并在约瑟夫·班克斯（Joseph Banks）爵士的分类下展示在邱园。班克斯于 1773 年被乔治三世国王册封为爵士，后来成为英国皇家学会的会长。1778 年，他建立了英国最高规格的用于植物经济学研究的花园。巧合的是，他与乔治三世都逝于 1820 年，而邱园的发展在此后的二十年中逐渐迷失了方向。

棕榈屋 1844–1848 年，理查德·特纳（Richard Turner）建造了这座棕榈屋。德西姆斯·伯顿（Decimus Burton）担任该房屋的建筑顾问。轻巧而坚固的铸铁“船梁”被用来建造这个巨大的（15.2 米）的开放式无柱建筑物。

1841 年到 1885 年，威廉和约瑟夫·霍克（Joseph Hooker）父子一直掌管着这座花园，为邱园带来了复兴。在他们的经营下，这里建造了著名的棕榈屋和温室。如今这个温室是现存的最大的 19 世纪中期玻璃结构建筑。水彩画家威廉·尼斯菲尔德（William Nesfield）转行做景观设计师后，新设计了一个植物园，这个植物园类似雪松林荫大道和棕榈屋旁边的花圃。维多利亚时代的人们对植物学的痴迷为世界增添了一个有教育和休闲意义的景观——邱园于 2003 年被列入世界文化遗产。

铸铁花园桌椅
每把椅子都有着镂空的曲形椅背和圆形座位，座位下是四个弯脚腿。花园桌有着一个实心的台面，支撑台面的是三条弯脚腿，每条弯脚腿的顶端都带有一个女性面具。*1880 年 高 86 厘米（约 34 英寸） L&T*

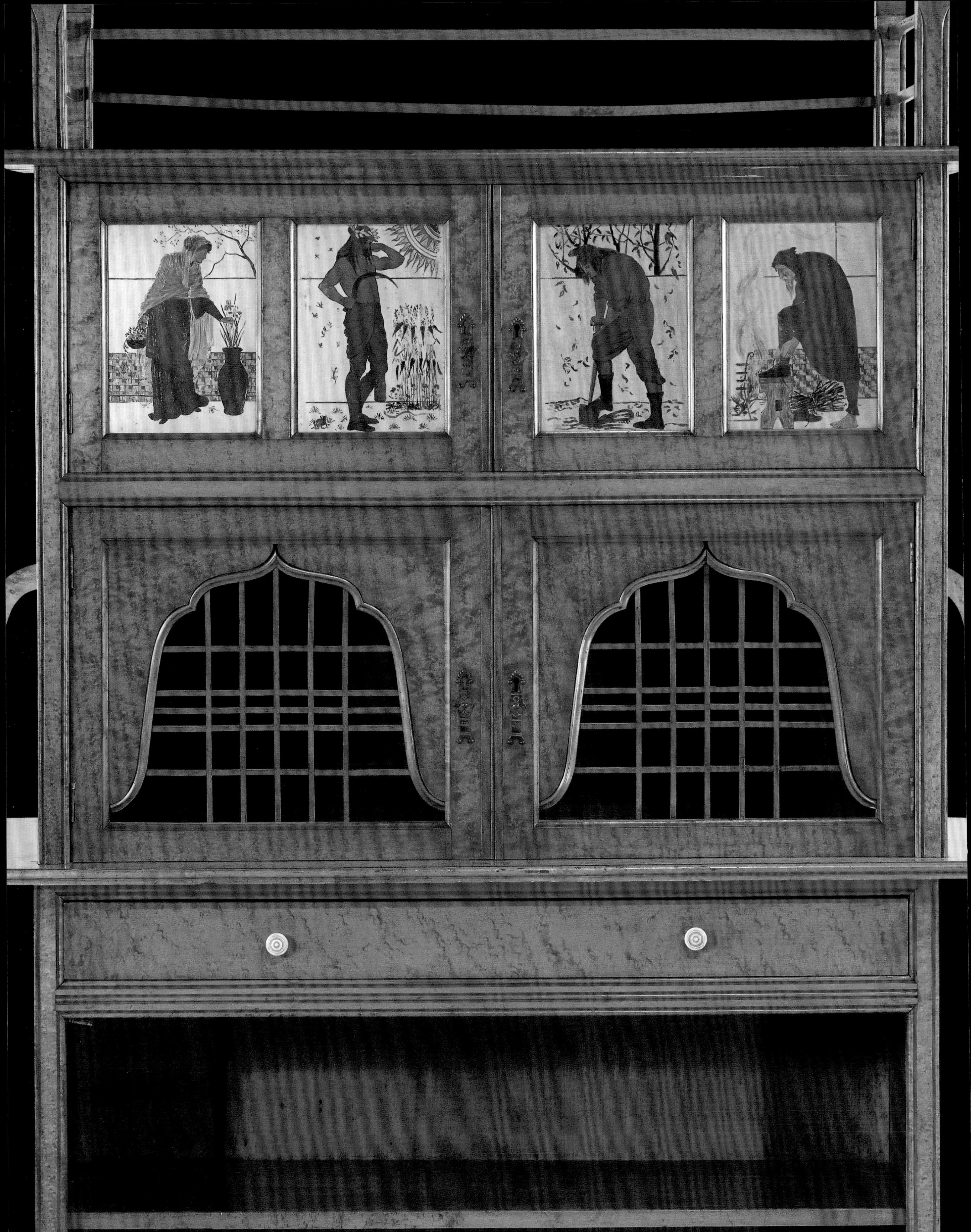

工艺美术运动

1880-1920

改革及其反应

工业革命对整个世界的影响可谓翻天覆地，但在某些人沉醉于城市繁华的同时，另一些人向往的却是基于传统价值观的简单生活。

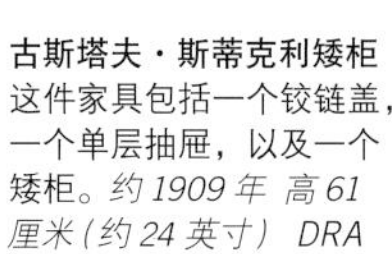

古斯塔夫·斯蒂克利矮柜 这件家具包括一个铰链盖，一个单层抽屉，以及一个矮柜。*约 1909 年 高 61 厘米（约 24 英寸） DRA*

20 世纪伊始，社会发生了戏剧性的巨大变革，难以评述。在不足一个世纪的时间里，工业革命将英国从一片以农业、畜牧业为主的陆地转变为一个高度机械化的城市经济体。铁路、电报机以及稍后出现的电话机，将这个国家的时空距离大大压缩，加速了人们通往水准惊人的新生活的步伐。

白手起家者

当时的社会变迁将一个新兴的、有影响力的阶级推到了台前——中产阶级工商业者，他们的成功来自于自力更生，而不是靠继承财富。城市生活提供了“在世界中攀升”的机会，因此，团体精神常常被追求个人成功所取代。

田园生活的衰落

机械化意味着工作不再受制于季节的更替或日升日落。当城市与城镇变为新世界的中心，乡村社会逐渐被边缘化了。这时，田园生活被认为是倒退的、劣等的。

期望改变

在旋转得越来越快的世界中，人们开始要求放缓步伐，并且期望回到从前那个不太机械化的社会。在奠基人威廉·莫里斯（William Morris）的指导下，工艺美术运动以对朴素和手工艺的追求来拒绝工业化和批量生产的非人性化。莫里斯和他的追随者们拥护传统手工艺和高品质材料的复兴，强调家庭的重要性，以及被精心制作的具有美感的用品的重要性。

广泛传播

工艺美术运动迅速产生广泛的影响，并且渗透到各个设计领域——从纺织品到玻璃制品再到瓷器。19 世纪七八十年代，工艺美术运动的设计一传播到美国，该地的设计师就开始用他们自己的方式诠释这种风格，并从震颤派和美国土著部落的传统生活中寻求灵感。美国的工艺美术运动聚焦于对自然材料的使用，他们的房屋取材于当地的木材和石料，以便与周围的自然风景融为一体。

追随着先行者威廉·莫里斯的足迹，全世界的建筑师、设计师、艺术家以及手工艺者本着对社会与艺术改革的精神，创造出工艺美术风格的多种变体。由于设计师们主张的手工制作家具是极其昂贵的，最终，工艺美术运动的成功并未在英国延续太久。然而，通过促进传统手工艺的复兴，向着朴素、诚实的社会价值回归，以及强调日常生活用品的艺术感与美感，工艺美术运动为 20 世纪现代主义等影响深远的设计运动打下了基础。

根堡住宅，美国加利福尼亚州帕萨迪纳市 这幢住宅及其家具由建筑师查尔斯·格林（Charles Greene）与亨利·格林（Henry Greene）于 1908 年为宝洁公司（Proctor & Gamble）的戴维·根堡（David Gamble）及玛丽·根堡（Mary Gamble）设计。

时间轴 1880—1920年

理查德·瓦格纳（Richard Wagner）

1881 年 威廉·莫里斯成立 Merton Abbey Works 公司。

1882 年 马克穆多（A.H. Mackmurdo）成立世纪行会。理查德·瓦格纳的最后一部歌剧《帕西法尔》上演。

1883 年 阿瑟·拉曾比·利伯提在伦敦开设他的第一家零售百货商店。纽约建成布鲁克林大桥。费边社在伦敦成立。第一条地铁在伦敦投入使用。

1884 年 图卢兹·劳特累克在巴黎蒙马特定居，在那里他描绘了大批卡巴莱歌舞表演明星、妓女、酒吧女招待以及小丑。

图卢兹·劳特累克的海报 这张海报呈现了爱尔兰表演者梅·贝尔福特（May Belfort）的巴黎式装扮，1895 年。

1887–1889 年 工艺美术展览协会成立，瓦尔特·克莱因任第一任会长。为庆祝 1889 年的巴黎世界博览会，埃菲尔铁塔设计完成并建成。

1888 年 查尔斯·罗伯特·阿什比（Charles Robert Ashbee）在伦敦东区成立了手工业行会。

1890 年 威廉·莫里斯建立凯尔姆斯柯特出版社，遵循他的个人哲学，出版使用手工纸张印制的手工书籍。

1890–1891 年 路易斯·沙利文设计了位于圣路易斯的温莱特大厦。

1893 年 查尔斯·霍尔曼开始运营《工坊》杂志。芝加哥举办世界博览会。

1895 年 中日甲午战争结束。古列尔莫·马可尼发明无线电报。

莫里斯公司仿乌木胡桃木扶手椅
这把扶手椅有一个倾斜的椅背，弯曲的细长扶手与延伸到地面的横档、雕花的椅腿，以及带软垫的扶手、靠背和坐垫。*约1865年 高92厘米（约36英寸）*

怀特威克庄园室内，英国斯塔福德郡
这座庄园由爱德华·奥尔德设计，以工艺美术运动风格装饰。其室内包含很多莫里斯公司设计的壁纸与纺织品。

威廉·莫里斯

1896年 威廉·莫里斯去世。

1896年 美西战争。第一届现代奥林匹克运动会在雅典举办。

1897年 第一届工艺美术展览在波士顿举办。巴黎地铁开通。

1901年 古斯塔夫·斯蒂克利出版了《手工艺人》杂志。弗兰克·劳埃德·赖特（Frank Lloyd Wright）在关于"机器的艺术与工艺"的演讲上提及了芝加哥的工艺美术协会。

1902年 手工业行会搬至科茨沃尔德。

1903年 莱特兄弟第一次试飞。

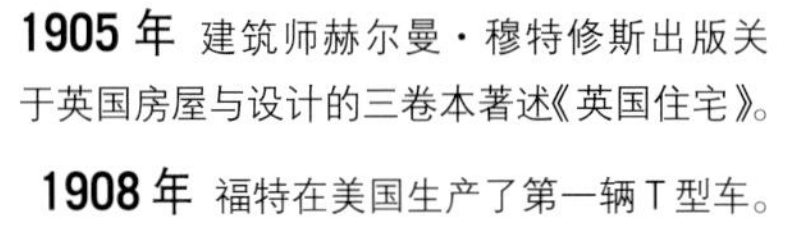

欧米茄工坊生产的盘子

1905年 建筑师赫尔曼·穆特修斯出版关于英国房屋与设计的三卷本著述《英国住宅》。

1908年 福特在美国生产了第一辆T型车。

1913年 工艺美术运动的最后一个组织欧米茄工坊（Omega Workshops）由罗杰·弗莱在伦敦布鲁姆斯伯里创立。

1914年 第一次世界大战开始。

1915年 德国潜艇在爱尔兰海击沉客轮卢西塔尼亚号。

卢西塔尼亚号豪华邮轮

1918年 利顿·斯特雷奇（Lytton Strachey）出版了里程碑性质的传记作品《维多利亚时代名人传》（*Eminent Victorians*）。

工艺美术风格

有感于批量生产家具的质量的低劣，和对手工技艺的狂热，新一代的建筑师和手工艺者希望使用精美的材料和简洁坚固的形式，以手工方式制作结构精巧的家具，让它们既美观又实用。受到威廉·莫里斯（见第 332–333 页）和作家约翰·拉斯金（John Ruskin）理念的启发，家具制作者们创造了一种新的风格，它是一种社会宣言，也是一种艺术形式，倡导个体工匠的精神，拒绝 19 世纪晚期的机械化。

这场运动因工艺美术展览协会的成立而得名，该协会是当时众多推崇回归传统技艺的组织之一。很多接受工艺美术风格的家具制造者最初都接受过建筑师的训练，这是工艺美术风格家具制作的关键所在。在家具的制作原则上，朴素是至高无上的，家具的形状和装饰取决于材料与技巧。高背椅、直角凳、方形立柜、书桌和书柜都反映出建筑学的影响。

因为强调就地取材，橡木成为颇受偏爱的木材。其与众不同的纹理（*Figuring*）与表面效果因自然之美而倍受青睐。精美的金属配件被用作碗橱和柜子的装饰性构件，例如手工锤打的铰链和悬垂把手。另一个特别之处是，精巧的心形、矩形、圆形镂空图案装饰于横档和扶手处，以及故意显露的结构细节，比如榫卯连接或者托臂（*Corbel*）。

适应性风格

家具并不仅限于取材当地，很多设计师也为富有的客户制作高品质的家具，使用昂贵的木料，如桃花心木、胡桃木、缎木以及乌木，而且经常以镶嵌象牙、银、贝母以及多彩的果木来提升精美度。

工艺美术运动本质上是一场英国的运动，对其风格的阐释在各个国家有所不同。即便如此，其统一的原则是对工业化和批量生产的不信任。

在美国，拉斯金和莫里斯的理念被转化为一种形式更加粗犷的工艺美术风格家具。美国的手工艺者创作的坚固橡木家具以直线条为主要形式特征，而这种特征恰恰反映出英国手工艺与设计的最高水准。然而，与英国不同的是，美国的家具制作者把机器作为将设计付诸实施的重要角色，他们会使用机械加工方法去生产具有工艺美术风格的椅子、柜子和碗橱。

维多利亚时代晚期容膝桌 这把桌子经过仿乌木处理，具有唯美主义运动风格的表面镀金装饰。桌子上部有金属铸造的边沿，下面是九个桃花心木抽屉。这件桌子曾经属于爱德华·奥斯汀爵士（Edward Austen Knight），即小说家简·奥斯汀的兄长。*约 1880 年 宽 122 厘米（约 48 英寸） DN*

唯美主义运动

唯美主义运动在 19 世纪 70 年代与工艺美术运动同时出现，其目标也是生产设计良好、品质精良的家具。唯美主义运动的设计师们认为，美观比实用更加重要，并与维多利亚时代杂乱的品位形成对立，他们受到日本设计突出朴素特质的影响，设计出配有极少装饰的深色木材家具，并将其布置在洁白有序的室内环境中。

休闲桌 这张桌子用桃花心木制成，有六角形的桌面，三细双锥形支架和较低的置物层。*高 69 厘米（约 272 英寸） L&T*

未完的理想

在 20 世纪 20 年代，即便工艺美术家具已经不再受到喜爱，但简洁的特征、实用的设计、良好的制作以及取材当地仍然是家具设计中颇受欢迎的特质。20 世纪 70 年代，欣赏优雅质朴、良好材质和手工设计制作的收藏家们重新发现了工艺美术风格。这场革命性的、理想主义运动的影响持续发酵，直至今天。

乐器柜 这件乐器柜是阿什比为手工业行会制作的。它取材自松木，配以精美的铜质配件和摩尔风格的镂空支架。*CR*

手工业行会

中世纪的手工业行会概念构成了工艺美术哲学的基础，并在 19 世纪的最后二十年蓬勃发展。艺术家们意识到自己独立工作无法更有效地推动艺术和手工艺理想的发展，因而出现了一大批同业群体。第一个成立的是英国设计师马克穆多创办的世纪行会（Century Guild）；其他有影响力的行会是艺术工人协会和设计师查尔斯·罗伯特·阿什比 1888 年创办的手工业行会（Guild of Handicraft）。

工作中的手工艺者 这张照片拍摄于埃塞克斯之屋（Essex House）手工业行会的金属工艺工坊。1902 年行会搬往奇平卡姆登（Chipping Campden）。

斯蒂克利椅

在19世纪的美国，摇椅受到了极大的欢迎。它既时尚又实用，深受美国的工艺美术家具设计者们的喜爱。这些设计师包括古斯塔夫·斯蒂克利（Gustav Stickley，见第338页），他在其手工艺工坊制作了很多摇椅，包括右图这件斯蒂克利椅（Stickey Chair）。

这把摇椅以橡木制作，经过表面熏制（***Fumed***）处理，带有古旧的深色光泽。这些效果是通过添加的化学制品与木材相作用达到的。

这把摇椅是工艺美术哲学的理想典范，反映了通过手工且基于传统设计来生产精良舒适家具的目标。

皮质的内嵌座位与靠背以及起装饰作用的构件，如突出的榫、垂直的条板、平直扶手下面的短托臂，突出显示了斯蒂克利手工艺家具的典型特征。

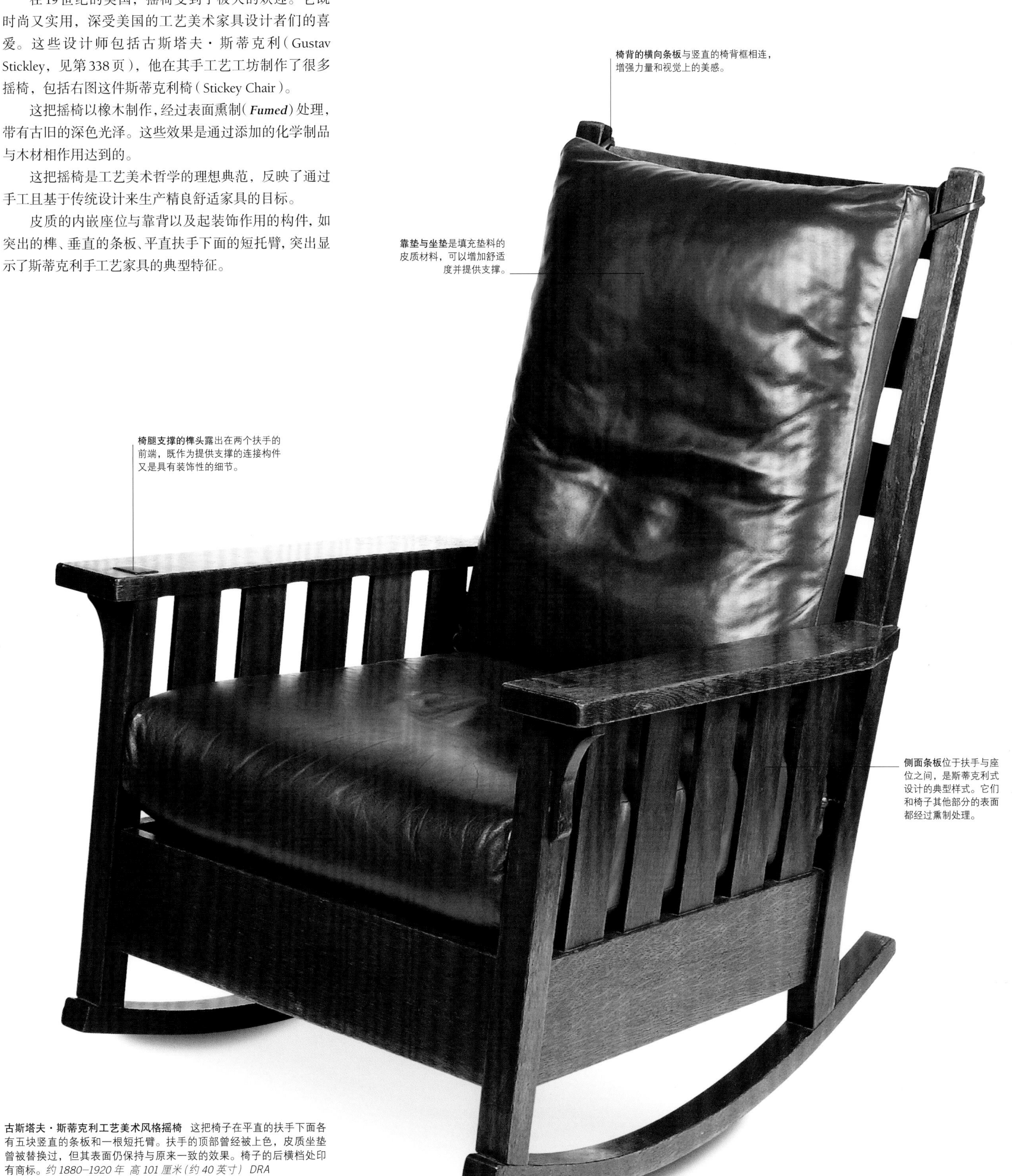

古斯塔夫·斯蒂克利工艺美术风格摇椅 这把椅子在平直的扶手下面各有五块竖直的条板和一根短托臂。扶手的顶部曾经被上色，皮质坐垫曾被替换过，但其表面仍保持与原来一致的效果。椅子的后横档处印有商标。*约1880–1920年 高101厘米（约40英寸） DRA*

工艺美术风格元素

利用传统材料、讲究工艺精美以及关注细节都是工艺美术哲学的关键要求。贯彻了这些要求的家具产品，大多数在结构上十分简单，美感大部分来自于高品质木材固有的色泽、温度和美妙的纹理，比如橡木或者桃花心木。通常，通过装饰性的切割、雕刻、大胆的镶嵌细工或者嵌入具有对比效果的木材，家具的美感可以得到进一步提升。金属配件和连接处等制作细节经常被工匠暴露在外，甚至被夸大，用以形成独特的装饰特征。同时，垫衬物也被以丰富的、经过特殊设计的纺织品包裹，灵感常来源于自然。

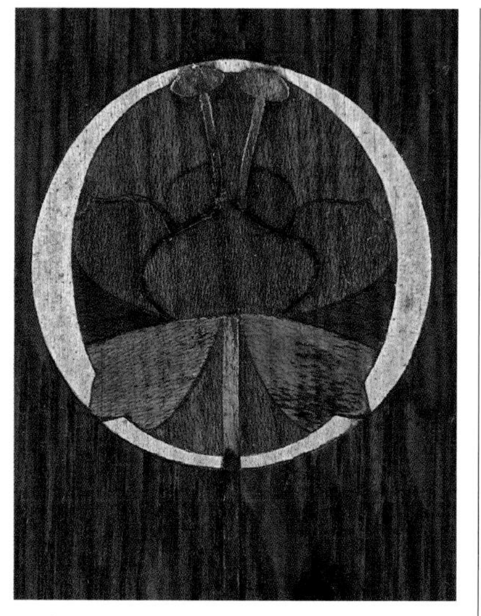

镶嵌细部

镶嵌细工

因为相信木材的内在美已经具有了足够的装饰性，工艺美术风格家具的制作者们对镶嵌细工的使用较为保守。他们拒绝过于精细的设计和外来的材料，如金属、象牙、骨制品，喜欢简单的木制饰片，这样既不会降低家具的实用性，也不会影响其美观。

裸露的榫头

裸露的构件

工艺美术风格家具的制作者们坚信，一件产品的美感有一部分是通过其制作方式传达出来的。例如通常被隐藏起来的制作构件，榫卯结构、蝶形节点、键式榫头、钉桩、楔形榫头、托臂等，都凭借其本身的特点变成了装饰性的一部分。

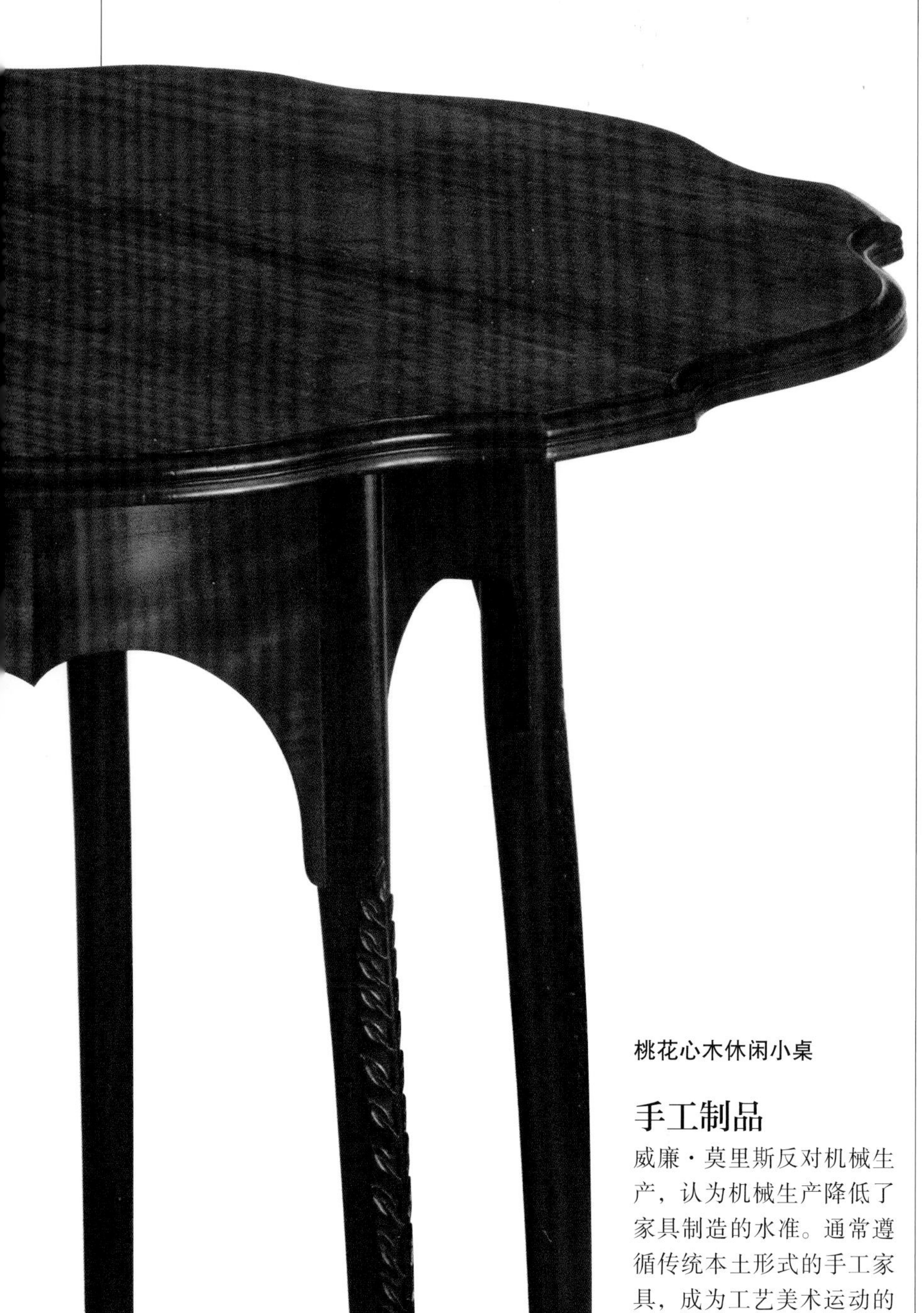

桃花心木休闲小桌

手工制品

威廉·莫里斯反对机械生产，认为机械生产降低了家具制造的水准。通常遵循传统本土形式的手工家具，成为工艺美术运动的一种品质证明。

机械加工桌腿

机械加工

并非所有的工艺美术设计师都认为家具应该完全手工制作，尤其是美国的设计师。蒸汽动力的机械设备不仅可以使切割、缝纫、设计更加容易，还可以制造各种各样的装饰元素，例如雕刻构件、装饰板和车削工艺。

佛罗伦萨马赛克饰面装饰

东方主题

唯美主义运动颂扬为艺术而艺术，以及在日本设计中发现的复杂而精致的技巧。受东方启发而来的表现花卉、禽鸟、昆虫的非对称设计以及微妙的色彩，不仅被用于装饰纺织品，也被用来润色家具，包括橡木和桃花心木的桌子和橱柜。

椅背细部

日本的影响

唯美主义运动的设计师们在国际展览上见到的日本陶瓷、漆器、金属工艺品和纺织品，带给他们很大的启发。日本工艺品的简洁性、几何特征、抽象性以及高水平的工艺令唯美主义的设计师们印象深刻，他们把东方的主题运用在自己的作品中，并尽力效仿日本设计。

铜炉围上的松鼠装饰

传统金属工艺

工艺美术设计师们锻造精美、复杂而带有镂空设计的手工金属制品，包括家具配件和碳架，而那些机械制造则无法与之媲美。自然是金属工艺品最重要的灵感来源，而植物与动物主题通常受到中世纪石雕工艺、灰泥装饰和铁制品的影响。

带式铰链

手工金属配件

裸露的金属铰链通常由纯铜或者黄铜制成，灵感来自于中世纪的家具。带式铰链的使用是为了增加抽象、朴素的装饰主题。铰链通常是手工锤打而成，用以展示制作技巧，而金属有时候还会经过化学处理达到仿旧的效果。

桌腿上的异域风情镶嵌

丰富的镶嵌

很多华丽的家具运用了镶嵌工艺，使用色彩丰富的昂贵异国木材、皮革或者金属，比如铜和白蜡。它们与作为背景的枫木、橡树实木或板材，或者桃花心木形成对比。这样的设计，给稍显笨重、呆板但做工考究的工艺美术风格增添了些许轻盈和精致。

橡树叶雕刻细节

木雕

工艺美术设计师在拒绝过于精美的雕刻的同时，频繁地将单独的清晰雕刻而成的装饰主题作为签名留印在坚实而相对质朴的家具上，比如花球、简单的橡树叶图案，或者此后几年罗伯特·汤普森（Robert Thompson）的工坊所使用的老鼠标识。

橡木托臂细部

木材纹理

工艺美术运动的橱柜制作者们将木材的纹理作为装饰效果进行强调。橡木因其自然的美感、丰富而偏暖的颜色以及令人喜爱的质感纹理而颇受青睐。在美国，径切的橡木木料受到喜爱，它的虎斑纹理成为美国工艺美术风格家具的特征。

莫里斯公司的"康普顿"印花布料

风格化的自然

威廉·莫里斯对于植物染料的重新发现和他手工制作的木版印刷壁纸、织物，启发工艺美术设计师们为家具衬垫、窗帘、墙帷和壁纸设计出大胆的、色彩丰富的自然图案。他们的设计常常以风格化的、交织在一起的野花、叶片、鸟类和其他动物图案为基础。

心形主题

本国传统

大部分的工艺美术设计师从本国的传统家具中寻找灵感，并倾向于在设计中避免过于精心的修饰。从椅背和桌腿的木材上切割掉简单的形状是常见的设计特征。心形是一个流行的主题，同时，方形、圆形和三叶草形状也经常出现。

英国：唯美主义运动

对艺术与美感的追求应该是纯粹而基于其本身的，这一信条成为出现在19世纪七八十年代的唯美主义运动的基础。唯美主义获得了一些设计师的支持，他们反对维多利亚时期流行的昏暗、杂乱的室内陈设。

唯美主义运动从本质上来说是一种立足于英国的现象，尽管它也启发了一些美国设计师。唯美主义运动与工艺美术运动有很多共通之处，但是唯美主义运动并不关心艺术的社会与道德层面。

唯美主义设计的很多理论产生于19世纪七八十年代这二十年间，提出者是英国设计师欧文·琼斯（Owen Jones）和克里斯托弗·德莱塞（Christopher Dresser）。他们认为，自然应与来自不同文化、不同时期的最好的设计结合，经过重新处理，形成一个全新的、和谐的整体。

日本风格

博物馆收藏和展览为唯美主义运动的设计师们提供了灵感。1862年，日本的艺术已经被介绍到英国，后者对唯美主义产生了巨大的影响。很多参观者被整洁明亮的日式室内家具吸引。

爱德华·戈德温是唯美主义运动最具创新性的设计师，他将日式的装饰与建筑元素融入他的盎格鲁-日式家具中，并把它们涂成类似东方漆器家具的黑色。其设计讲究水平和垂直线的对称排列，装饰较少。

廉价家具制造商也在家具的标准形状上应用日本的浮雕细工，尤其常用在卧室家具上。昂贵一些的家具则将压花皮革装饰板、黄杨木雕刻构件或者局部的几何形状镶嵌的东方设计形式西化作为特征。

1870年，伦敦举行的国际展览将唯美主义运动介绍给了更广泛的人群。唯美主义的设计产品很快经由利伯提百货公司（Liberty & Co.）这样的商店被销售出去，使得家具可以在伦敦的展厅展示，比如莫里斯公司。唯美主义运动的理念还通过室内装饰指南这类书籍得到传播，例如查尔斯·洛克·伊斯特莱克（Charles Locke Eastlake，见第329页）的《家居品位提示：室内装饰与其他细节》

黄檀木柜

这件品质精良的黄檀木与柿木材质的橱柜由家具制造商柯林斯和洛克公司（Collinson & Lock）制造，设计师是建筑师托马斯·爱德华·科尔卡特（T.E.Collcutt）。橱柜的顶部是一圈带有镂空三叶草和拱形断面的环廊。两侧圆弧形的敞开式搁架是装配镶板（*Fielded panel*）的碗橱，由车削的立柱支撑。橱柜的下部是更大的装配镶板的碗橱，配有唯美主义的黄铜门配件，两侧是敞开的搁架。*约1870–1880年 宽158厘米（约62英寸） DN*

仿乌木椅

这把椅子具有珠状的顶部横梁，有凹槽的立柱顶部是风格化的叶片装饰。椅子的横梁处有车削的立轴，前部的椅腿有环绕的封边。靠背和座位有软垫。*DN*

转椅

这把桃花心木的转椅是由詹姆斯·佩克特（James Pedal）公司制作，被认为是爱德华·戈德温的作品。转椅的靠背具有弧度，上有精致的板条。而座位的形状和弧度与椅腿形成了呼应。*约1881年 高86.5厘米（约34英寸） PUR*

角柜

这件经过仿乌木处理和镀金的胡桃木角柜由基洛斯（Gillows of Lancaster）公司制造，由布鲁斯·塔尔伯特设计。柜门有内嵌的镀金加工的皮质镶板，其上部是一个抽屉，两侧是敞开式搁架。角柜由底部车削的渐细柜腿托起。*约1870–1880年 高96厘米（约38英寸） L&T*

（*Hints on Household Taste, Upholstery and Other Details*）。

其他设计风格

唯美主义的设计灵感同时来自于古典风格、摩尔风格以及雅各宾式和哥特式家具。苏格兰设计师布鲁斯·塔尔伯特让哥特式的风格流行了起来。这种家具被称为“艺术家具”，通常是带有装饰线条、彩绘嵌板、镶嵌和镜面的黑色家具。

19 世纪 70 年代中期，安妮女王风格正在流行。家具有了更加精致的细节，新的材料也很流行，如藤条、铸铁和设计师新创的混合材料——包括家具上的彩绘或景泰蓝装饰板、瓷砖及压花皮革。

典型的唯美主义室内家居由“艺术家具”以及围绕它们的日本风格家居用品组成，比如纺织品、花瓶、扇子以及孔雀羽毛。

金属制品的细节是典型的盎格鲁–日式家居装饰。

漆与象牙饰板反映出日本的芝山町风格。

书写台面内嵌着用特殊工具装饰过的皮面。

带玻璃的柜门可以让人看到内部的搁架。

精美的 H 形支架与柜腿相连。

细长的柜腿、支架与浮雕装饰形成了一种东方趣味。

壁钟

这件壁钟有很多元素符合唯美主义运动家具的特征，包括黑色的表面处理、有回廊的搁架，以及精致的纺锤形支架。*约 1880 年 高 81 厘米（约 32 英寸）TDG*

书写柜

日本的影响在这件基洛斯公司制造的桃花心木书写柜上表现得十分明显。芝山町风格（Shibayama-style）的象牙饰板上，分别镶嵌着武士的形象以及花枝的画面。柜顶铸造的部分有一圈透空的镀金边廊。柜子上部和侧面是玻璃柜门，带有典型的悬垂把手，滑出的书写台面内嵌着压印图案（*Tooling*）装饰皮面。抽屉出印有“Gillow & Co.1668”的字样，以及制造商的商标。*约 1880 年 高 131 厘米（约 52 英寸）L&T*

美国：唯美主义与革新

对日本艺术的热衷不仅为英国的唯美主义运动带来了灵感，还在19世纪70年代跨越了大西洋——美国费城在1876年举办了一次国际展览，其中一个日本市集点燃了美国人对于日本设计的兴趣。

日本设计主题对纽约周边的很多家具设计师都产生了特别的影响，如A & H. 公司就是盎格鲁–日式风格的忠实拥护者。

奢华的材料与精妙的手工艺是美国唯美主义家具的基础。19世纪七八十年代，美国唯美主义运动最有影响力的拥护者之一是赫特兄弟公司（Herter Brothers）。它生产工艺上乘、设计出的艺术家具谨慎地应用东方元素，以迎合富裕的客户群体。

文艺复兴的再流行

赫特兄弟公司也因其新文艺复兴风格的家具而闻名，这种风格的特点是充满灵动的雕刻。其他尝试新文艺复兴风格的家具制造商还包括密歇根的伯克盖伊公司（Berkey & Gay）和新奥尔良的马拉德公司（Prudent Mallard）。新文艺复兴风格的家具一般体量较大，将直线形与新古典主义主题相结合，体现为胶合镶板和柱式。它们经常使用胡桃木，椅子和沙发衬垫用丝绸或羊毛织物作为包覆材料，设计通常采用新古典主义风格的对称设计。

大规模生产和设计师将古代风格与自己的实验性设计相结合的趋势，令19世纪晚期诞生出众多复兴运动。尽管洛可可的复兴逐渐衰落，但哥特式的复兴还是持续启发着设计师们，例如弗兰克·弗纳克（Frank Furnace）。这种风格采纳了哥特拱门、

几何形雕刻

教堂靠背长椅

这件橡木制的教堂靠背长椅由弗兰克·弗纳克设计，具有特制的扶手、车削的椅腿和整体几何形设计，环绕着中间简洁的厚木板座位与靠背。*约1870–1880年 FRE*

无扶手椅

这对椅子由镶嵌装饰和部分镀金的仿乌木材料制成，有填充坐垫。模压成型的矩形顶轨，有三块镶嵌并镀金的饰板，椅背下部是回纹雕刻的长条木板。

蒂芙尼脸盆架

这件蒂芙尼公司制造的铜质脸盆架上部为圆形，中间是古典形象的圆形浮雕。脸盆架有三个带棱纹的支柱，底座装饰有卷叶纹。*20世纪初 高80厘米（约31英寸） SK*

靠背板有红色的皮质衬垫。

新古典主义的主题在赫特兄弟公司的家具中十分流行，比如柱状装饰。

铜质大头钉给衬垫增加了边缘装饰。

雕刻面具细部

扶手细部

赫特兄弟沙发

这件精美的大体量沙发有一个车削的框架，顶部雕刻有女性面具和乐器，反映出文艺复兴风格。扶手则是典型的希腊回纹装饰主题。三个板状的靠背以及坐垫使用了红色的皮制衬垫。沙发有八根短小呈球根状的支腿。*1870–1890年*

花饰窗格、四叶饰和三叶饰等装饰元素，将盥洗盆、橱柜和书架打造成中世纪的样貌。

对摩尔风格的狂热

19 世纪八九十年代，对具有异国情调的摩尔风格的狂热不仅在英国盛行，也因蒂芙尼公司（Tiffany & Co.）在美国流行起来。该公司制造的家具形式简洁但装饰丰富，具有典型的摩尔特征，如马蹄拱形和花卉镶嵌。路易斯·康福特·蒂芙尼（Louis Comfort Tiffany）受到了多种文化与时代的启发，坚持工艺美术风格那种对精良工艺的追求。这些影响可以在康涅狄格州哈特福德的马可·吐温（Mark Twain）故居陈设中感受到。

殖民复兴风格

殖民复兴风格也在 1876 年之后成为时尚。该风格受到美国殖民地遗产的启发，将流行于 18 世纪的家具风格重新引入。这种风格的家具往往比原来的更窄，更精致，包括橡木、桃花心木和胡桃木制的、有活动桌腿的桌子和雕花椅子。

乡村风格

同一时期，乡村风格的简单上漆松木家具在工人阶层中受到欢迎。伊斯特莱克家具、美国版的艺术家具在 19 世纪八九十年代较为普遍，它们具有直线形式、细长的回廊和车削的立柱。灵感来自文艺复兴时期风格的装饰同样非常流行，出现在约翰·杰利夫（John Jelliffe）等公司生产的家具上。

展示柜

这件高雅的展示柜由桃花心木制成。两个带翼的神话形象使贝壳雕刻装饰的壁龛更添生气。壁龛的两侧是开放式的搁架，搁架后部是镜面板，环廊搁架和柱形支撑。展示柜的下部以彩色玻璃装饰。

查尔斯·洛克·伊斯特莱克

英国建筑师查尔斯·洛克·伊斯特莱克的著作，对人们时尚品位的提升起到了很大作用，使得过于华丽的室内陈设让位于设计简洁、工艺精湛的家具。

查尔斯·洛克·伊斯特莱克生于英国普利茅斯，他先学习建筑，后改修新闻。1868 年，完成了著名的《家居品位提示：室内装饰与其他细节》的写作。该书以他为《康希尔杂志》（*Cornhill Magazine*）和《女王》（*The Queen*）杂志撰写的文章为基础，出版后受到欢迎，很快成为颇具影响力的指南书。本书主要描述以哥特风格为灵感的装饰和设计，这正是乔治·埃德蒙·斯特里特（George Edmund Street）、诺曼·肖（Norman Shaw）等建筑设计师所推崇的。

伊斯特莱克设计哲学的标志是材料和制造工艺的货真价实，以及直线形、装饰和锐利的几何图案，在改变维多利亚时代风尚方面起有作用，并在美国取得了更大的成功。《家居品位提示：室内装饰与其他细节》于 1872 年至 1879 年间在美国销售了六版。美国的伊斯特莱克家具风格被称为"伊斯特莱克式（Eastlaked）"，它们同英国的版本一样具有直线形式，但更为华丽，使用黑檀木，并绘以摩尔、阿拉伯和东方风格的图画。因此，这些美国家具实际上只在很小的程度上遵循了英国伊斯特莱克的设计原则，更接近批量生产的、低劣版的哥特复兴再现风格家具。

伊斯特莱克胡桃木与伯尔胡桃木储物柜 这件储物柜有一个白色大理石台面，上部有三个带饰带的抽屉。中间的四个抽屉与两侧的窄柜相连，窄柜的门上有模压成型的装饰。*高 137 厘米（约 54 英寸） S&K*

伊斯特莱克胡桃木雕刻梳镜柜 这件梳镜柜的上部有一个圆形的镜子和三个开放的搁架。大理石台面下有三个抽屉和两个镶板门。*约 1880 年 高 207.5 厘米（约 82 英寸） S&K*

三脚桌

这件佛罗伦萨马赛克饰面（*Pietra dura*）三脚桌有一个圆形的台面，上面嵌有花卉树枝图案和模压成型的边缘。台面依托在柱群上，柱群与下部展开的车削支脚相连。*高 77 厘米（约 30 英寸） S&K*

英国：工艺美术风格家具

工艺美术运动相信好的设计可以改善人们的日常生活。受到威廉·莫里斯设计的启发，工艺美术运动的设计师们竭尽全力将新生命注入到传统手工艺之中，生产设计简洁、发挥材料特性的功能性家具。

莫里斯的社会与美学思想主要基于中世纪的理想，他重视手工艺者的角色并建立工人行会。众多艺术与手工艺行会在19世纪80年代的英国成立，包括拉斯金短暂的圣乔治行会（St. George' s Guild）、依靠协作精神由手工艺者自行设计房屋和家具的马克穆多的世纪行会、阿什比的手工业行会（见第335页），以及将艺术家、建筑师、设计师和手工艺者以装饰团体的名义聚集起来的艺术工作者行会。

多数的工艺美术家具形式朴素、有建筑意味，仅有少量的表面装饰。明显的木材纹理和有图形的木板被认为已经是足够的装饰，除此以外，暴露在外的建构特征，可以为木材的天然美感增色，比如切割精美的楔形榫头。家具上水平和竖直的强烈线条反映出工艺美术运动对简洁和适用性的看重。

主要设计师

工艺美术风格家具的主要设计师如欧内斯特·吉姆森（Ernest Gimson）、

烫金皮革

架式橱柜

这件橱柜由阿什比设计，手工业行会制造。朴素的悬铃木木箱置于胡桃木的支架上。柜子的内部是雪松木抽屉，抽屉上有烫金的摩洛哥皮革装饰。柜子内外部强烈的对比效果源自西班牙装饰书写柜的启发，阿什比在他的很多橱柜设计上都成功地运用了这种效果。柜子的熟铁配件可能是1906年以后加上的。*约1905年 高139.2厘米（约55英寸），宽107.2厘米（约42英寸），深63.2厘米（约25英寸）*

朴素的橡木表面与着色的红色内部形成对比。

很长的金属加工带式铰链被用作装饰。

开放式的支架支撑着橡木柜。

柜腿由下横档连接。

凯尔姆斯柯特橡木柜

这件橡木柜由沃伊齐设计，用来保存《乔叟全集》（*The Kelmscott Chaucer*），正如柜子正面的金属文字所显示的。其他的装饰还包括加工的金属宽大带式铰链。*约1890年*

纺织物细部

胡桃木扶手椅

这件胡桃木扶手椅由庞内特（E. Punnet）设计，有条板状的两侧和弓面（*Bow front*）座位。带有造型的椅背装饰以心形镂空和花卉、叶状图案的纺织品软垫。*约1903年 高82厘米（约32英寸） PUR*

阿什比、查尔斯·伦尼·麦金托什（Charles Rennie Mackintosh）、沃伊齐（C.F.A. Voysey）同时也是建筑师，因此他们的家具设计像建筑一样完整且协调。像建筑师一样，工艺美术运动的设计师广泛借鉴多元文化和时代设计元素——日本设计、天主教和中世纪的主题，甚至意大利的地毯都成为借鉴的对象。象征主义同样在其中扮演了重要角色，心形等主题图样也常出现于这些设计师的作品中。

工艺美术运动的主要设计师们也将中世纪的家具纳入到室内，比如有背长椅、梳妆台、长桌和长凳。这些都反映出工艺美术运动对于家和公共生活的理想。

莫里斯公司的一款轻便、可调节的苏塞克斯椅（Sussex chair）启发了带有工艺美术运动风格设计师，使他们设计出该款椅子的众多变体，比如蔺茎座椅（Rush seat）和梯状靠背椅。

受欢迎的仿制品

虽然工艺美术运动期间制作的家具希望成为面向中产阶级的“好公民的家具”，但是手工制作的家具价格却常常过于昂贵。为了迎合公众对时尚实惠的家具的需求，英国的公司如希尔公司（Heal’s）、利伯提百货公司生产了工艺美术运动家具的仿制品并受到欢迎。然而，伴随着仿制品的流行，这些公司最终导致了行会的消亡，加速了工艺美术运动的衰落。

橡木有背长椅

这件再度出现的橡木家具在正面和侧面装有饰板，两边开放式的扶手有竖直的长条木板，而椅背处的长条木板上雕刻着花卉植物。整个长椅由四个块状椅足作为支撑。传统有背长椅的魅力俘获了威廉·莫里斯，他在19世纪晚期策动了它的复兴。*约1900年 高107厘米（约42英寸），宽111厘米（约44英寸） L&T*

利伯提百货公司

作为前沿百货商店的利伯提百货建于1875年，它满足了大众对于时尚而价格经济的家具的需求。

伦敦百货商店的先驱——利伯提百货公司的创建者是阿瑟·拉曾比·利伯提（Arthur Lazenby Liberty）。他认识到艺术家具的商业潜力，在1883年建立了家居与装饰工坊，由伦纳德·弗朗西斯·威勃德（Leonard Francis Wyburd）管理。因为负责为时尚的室内提供实惠的家具，威勃德发展出一种结合了商业需求与工艺美术设计语言的风格。利伯提的橱柜制作工坊充分借鉴了工艺美术运动知名设计师的作品，生产出一批线条简洁的椅子和田园风格的橡木、桃花心木家具，常带有精美的带式铰链和金属把手、内嵌装饰，以及含铅玻璃饰板。

1900年，利伯提百货公司已经成为全球价格适中、时尚的工艺美术风格艺术家具生产的领导者。

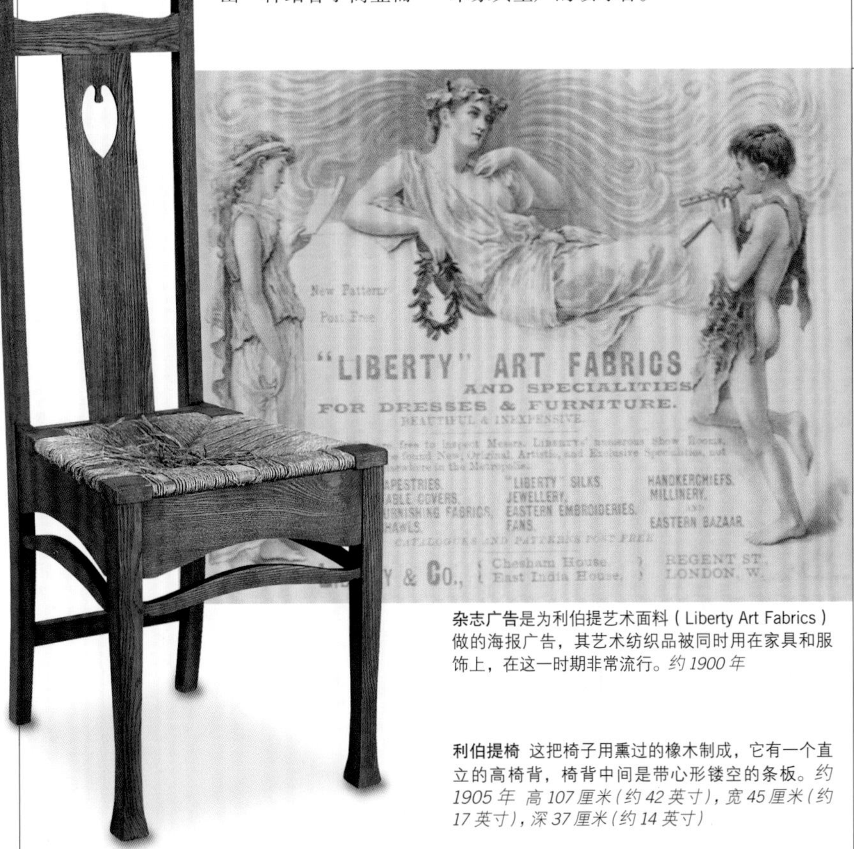

杂志广告是为利伯提艺术面料（Liberty Art Fabrics）做的海报广告，其艺术纺织品被同时用在家具和服饰上，在这一时期非常流行。*约1900年*

利伯提椅 这把椅子用熏过的橡木制成，它有一个直立的高椅背，椅背中间是带心形镂空的条板。*约1905年 高107厘米（约42英寸），宽45厘米（约17英寸），深37厘米（约14英寸）*

橡木桌

这张坚固的橡木桌有一个模压成型的圆形台面，四条向上渐细的桌腿，上有心形的镂空。桌腿之间有横杆相连，钉桩暴露在外。*约1900年 高67厘米（约26英寸） L&T*

廊椅

这把沃伊齐早期制作的椅子有五条竖直的背部条板，以及桨状扶手、渐细的椅腿，背部为高柱状的后桌腿。这把稀有的椅子的坐垫是勃垦第皮做的，现在仍然保持着最初的深色表面效果。*约1895年 高140厘米（约55英寸），宽68.5厘米（约27英寸）*

威廉·莫里斯公司

工艺美术运动的奠基人威廉·莫里斯赞颂传统技艺的优势，追求形式简洁、制作精良的产品。

作为19世纪晚期最多产的设计师之一，威廉·莫里斯(William Morris)的立场是反对机械生产，痛心于手工艺的衰落。他为传统技艺的复兴而努力，意图创造既实用又具美感的高品质手工产品。莫里斯与他的莫里斯·马歇尔·福克纳公司（Morris Marshall Faulkner & Company，简称MMF商行）以及艺术家朋友们——包括但丁·加布里埃尔·罗塞蒂（Dante Gavriel Rossetti）、爱德华·伯恩–琼斯（Edward Burne-Jones）、福特·马多克斯·布朗（Ford Madox Brown）、菲利普·韦伯（Philip Webb）共同设计、建造并装饰了莫里斯位于肯特郡的红屋。他们一起推广整体化的装饰方案，大量使用当地天然材料及传统工艺。

早期影响

莫里斯受过建筑学方面的训练，他早期的家具是为他与爱德华·伯恩–琼斯共同居住的房屋而设计的，位于伦敦红狮广场17号。对他启发最大的设计以叙事性为特点，常来源于自然或中世纪的浪漫传说，比如早期绘有骑士加拉哈德（Sir Galahad）形象的宝座。莫里斯这种着色的家具流行于19世纪60年代，反映出威廉·伯吉斯（William Burges）的影响，它们是莫里斯正式家具的早期代表作品，在1862年的伦敦世界博览会上，它们是莫里斯公司展品的重要部分。莫里斯早期的灵感来源还包括17世纪的家具和东方的木制品。

莫里斯相信有两种不同的家具类型：一种是日常的实用家具，另一种是更宏伟、正式的家具。前者需要的是结实、做工精良、比例协调；而后者用于更重要的房间，在具有实用性的同时还要带给人审美愉悦，它们要有雕刻、镶嵌或绘画装饰，以显得更加精美和高雅。

从1861年开始，菲利普·韦伯只为莫里斯的公司工作，设计有纪念意义的、坚固的家具，以暴露在外的连接构件和铰链为特点。韦伯倾心于朴素的橡木，经常将其上色为绿色或黑色，有时会以绘画、石膏作品或上漆的皮革作为装饰。他早期对于哥特设计的热情最终让位于其他影响，比如安妮女王、日本等风格。

伦敦的工场

随着MMF公司逐渐走向成功，其家具制造转移到伦敦更大的工场中。1875年，公司更名为莫里

威廉·莫里斯

莫里斯椅
这把充分使用衬垫的日常用橡木扶手椅具有四个脚轮，并且有四种角度可以选择调整。后面的两个椅腿和扶手是平行的，中间由细杆相连。*1890年 高101厘米（约40英寸） GS*

胡桃木餐具柜
朴素的一体式餐具柜上部带有细小的凹槽，中间拱形的面板由车削的带竹节的立柱支撑。三个有饰带的抽屉上有原创的铜质下垂式拉手，抽屉下面是橱柜。这件餐具柜是菲利普·韦伯设计的。*约1890年 宽156厘米（约61英寸） DN*

莫里斯纺织品

莫里斯靠各种颜色的独特纺织品设计重新定义了室内设计，这些纺织品在今天仍然是人们追求的目标。

威廉·莫里斯一生都痴迷于纺织品，他认为纺织品是满足家庭装饰与舒适性要求的重要部分。机械生产的织物被莫里斯认为是平庸而没有感染力的，他对图案和质感的独特品位将他引向纺织品设计、技巧与生产的各种尝试，并且这从他职业生涯的最初就开始了。他用植物和动物染料做实验，生产出"唯美的"色彩，比如茜草红、孔雀蓝、黄褐色、琥珀黄和灰绿色，它们为莫里斯复杂的植物纹样设计带来了生机。

威廉·莫里斯的"郁金香与玫瑰"织物设计 这个设计的记载日期为1876年1月20日。*高94厘米（约37英寸），宽84厘米（约33英寸） Wrob*

莫里斯公司生产的纺织品具有强烈的个人风格，以平面的、均衡的、整体性强的图案为基础，包括缠枝花卉、水果、带叶玫瑰、忍冬、郁金香、草莓、石榴、莨菪、常春藤，以及鸟与动物主题。莫里斯总是从过去寻找灵感，并且沉迷于世界各地的艺术与文化，他创作的一大批鲜活的现代设计，对工艺美术风格的纺织品设计师们产生了意义深远的影响。

莫里斯公司的声誉逐渐提升，产品成功地满足了中产阶级对于时尚、风格化家居的需求。其织造和印染的纺织品由羊毛、棉质、亚麻、手工纺丝等制成，有时带有精美的刺绣，被用作室内装饰，也用于窗帘、墙饰、壁纸、地毯和挂毯。莫里斯的纺织品为更明亮、更清新的家居风格铺平了道路，而这种风格最终取代了维多利亚时代对于厚重挂毯和灰暗布料的偏好。

三折通风屏风 这件屏风由桃花心木制成，中间是彩色丝织品做的花卉饰板。其顶部有隆起的尖顶装饰，底部则是镂空的带状装饰。*约1890年 高187厘米（约74英寸） L&T*

乔治·杰克为莫里斯公司设计的有背长椅
这件家具有带衬垫的靠背、座位和扶手，衬垫的布料图案是缠枝的花卉。长椅的侧面是开放式的，支撑的椅腿底部有脚轮。
约1900年 宽94厘米（约37英寸） PUR

斯公司（Morris & Co.），生产彩色玻璃以及坚固的家具。多以橡木制作，偶尔使用桃花心木，以缎木镶嵌装饰，带有"Morris & Co."标志。

苏塞克斯椅在日常家具中占据一席之地。韦伯以传统的乡村用椅为基础，在19世纪80年代设计出这款椅子。它有白蜡木做的边框，手工编织的蔺茎座位，以及车削的竖直条板，不过各种复制版本的表面皆以仿乌木处理，形式也各异——包括扶手椅、边椅和有靠背的长椅。其他具有较长生命力的设计还包括具有纺锤形椅背的罗塞蒂椅和莫里斯椅。

后期

莫里斯公司在1881年搬到莫顿修道院。1890年，美国人乔治·杰克（George Jack）被任命为首席设计师，随后公司生产的家具倾向于更为复杂精致。杰克喜欢18世纪的家具设计，引入了更多的异国木材，比如胡桃木和桃花心木。大的碗橱和梳妆台在这时被以奢华的木材精细镶嵌，并有玻璃门、镂空雕刻作为装饰。

莫里斯在1896年秋天去世。临终前，他一直拒绝使用机器制造家具，这也意味着只有富人才可以消费得起他的手工家具。1940年莫里斯公司最终停止营业。

科茨沃尔德派

科茨沃尔德派接纳了工艺美术运动的诸多拥护者，他们建立工场，培育有艺术才能的工匠典范。

受到威廉·莫里斯的启发，19 世纪晚期英国的设计师和工匠希望离开城市，搬往乡村。这种搬离意味着工场会有更大的空间，而生活成本会降低，这样可以使家具和装饰性家用产品的价格变得实惠，从而易于被消费者接受。

一个热门的搬迁目的地是科茨沃尔德（Cotswold），它位于英国格洛斯特郡（Gloucestershire），有起伏的石灰岩山丘和树木繁茂的山谷。第一批逃离到这处有田园牧歌般风景的人有建筑师和设计师欧内斯特·威廉·吉姆森（Ernest William Gimson），以及一批技艺高超的手工艺者，包括巴恩斯利兄弟，西德尼·巴恩斯利（Sidney Barnsley）和欧内斯特·巴恩斯利（Ernest Barnsley）。他们于 1893 年搬到赛伦塞斯特（Cirencester）附近，尤恩（Ewen）的平伯里庄园（Pinbury Manor）。他们希望远离城市生活，在这里成为自给自足的乡村人，可以饲养自己的动物，种植自己的食物，建立自己的工场。欧内斯特·巴恩斯利居住在庄园，另外两兄弟则在工人居住的村子里安家落户。三兄弟满怀热情地融入当地人的生活，很快与工匠建立了工作关系。

吉姆森着手生产梯形靠背椅（*Ladder-back chair*）和装饰性石膏板，欧内斯特·巴恩斯利开始按照租赁合同的要求修复庄园房屋，而独立工作的西德尼·巴恩斯利则掌握了木工技能，最终成为一名有成就的橱柜制造者。

罗德马顿庄园的客厅
这座位于格洛斯特郡的庄园由欧内斯特·巴恩斯利和科茨沃尔德的手工艺者以工艺美术风格建造并装饰。建造工作开始于 1909 年，用了二十年才得以完成。

橡木组合柜
这件家具是为科茨沃尔德学校所做，结合了一列抽屉、一个书架以及一个镶板效果的衣柜。*高 197 厘米（约 79 英寸） FRE*

橡木僧侣长椅
长椅由西德尼·巴恩斯利制作，形式基于中世纪晚期的传统形式。它将有背长椅和桌子结合到一起。椅背可以向前翻折变成桌面。中世纪的设计与群体生活相关，经常应用在工艺美术风格的室内设计中。*约 1925 年 高 70 厘米（约 28 英寸），宽 152 厘米（约 60 英寸），深 70 厘米（约 28 英寸） DP*

平面的、有饰板的结构是巴恩斯利设计的桌椅的典型特征。

橡木是巴恩斯利朴素的几何形态家具经常选择的木材。

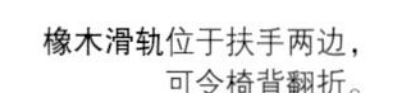

橡木滑轨位于扶手两边，可令椅背翻折。

长椅的椅背沿着中轴线翻转，可以形成桌面。

装饰仅有暴露的连接处和倒角。

承袭传统

追随着科茨沃尔德前辈们的足迹，一些手工艺者拒绝使用机器，并接受了工艺美术运动先驱的价值观。

1910 年以来，工业技术的进步让家具生产既能实现良好的设计，又能让新奇的材料价格实惠。对比之下，工艺美术运动中制造的手工家具并不能惠及至所有人，他们拒绝批量生产，所以只有富裕阶层才能负担得起，不过，这并不意味着手工家具的终结。

20 世纪 20 年代，开始了一场立场鲜明的手工艺的复兴。在其拥护者中，工艺美术运动的先驱西德尼・巴恩斯利之子爱德华・巴恩斯利制作的木质家具设计简洁，主要应用了 18 世纪至 19 世纪传统的木匠手工技术。“鼠人”罗伯特・汤普森制作的每件家具上都雕刻了他的商标——一只老鼠。对传统工具和制作方法的兴趣让他开始手工制作橡木家具。他的作品受到 17 世纪设计的影响，以不平滑的表面为特征，制作工具是扁斧，一种带有拱形刃的切割工具。

手工与机器最终的联姻是由英国设计师和制造商戈登・拉塞尔（Gordon Russell）达成的，最初他沿袭手工艺的传统，在 1919 年于百老汇建立了木工工场。随着 1923 年戈登・拉塞尔公司的成立，他相信二者可以愉快地共生，将机械制造与优良的木工手艺、细木工艺相结合。他最终成为战时公用事业设计小组的主席，主持设计并生产人们支付得起的、形式简洁、风格现代的家具。而传统的手工艺由其他的设计师继续承袭，如英国的手工艺者约翰・梅克皮斯（John Makepeace），他倡导了 20 世纪 70 年代的一次手工艺复兴（见第 518 页）。

汤普森的商标——老鼠

雕刻的格子状条板

扁平的横档将八角形的支柱腿连接起来。

橡木书桌椅 这张书桌椅由罗伯特・汤普森设计，有雕刻成格子状的条板，八角形椅腿和支柱以及原始的椅背。*高 80 厘米（约 31 英寸），宽 60 厘米（约 23 英寸），深 53 厘米（约 21 英寸） DP*

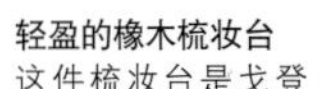

轻盈的橡木梳妆台 这件梳妆台是戈登・拉塞尔制作的，它有五个抽屉，每一个都配有胡桃木把手。*约 1929 年 高 84 厘米（约 33 英寸），宽 127 厘米（约 50 英寸），深 47 厘米（约 18 英寸） DP*

美感胜过风格

1902 年，团队从平伯里庄园搬到萨珀顿村附近的戴恩韦之屋（Daneway House），在那里他们建成了更为正式的商业家具工场。西德尼・巴恩斯利制作的朴素家具主要使用橡木，偶尔会用简单的雕刻装饰或小面积镶嵌。欧内斯特・吉姆森和欧内斯特・巴恩斯利成立了一个虽然历时短暂但却成功的公司，在最繁荣的时期雇用了十个技艺高超的橱柜制作者。这些手工艺者包括荷兰的移民彼得・瓦尔斯（Peter Waals），他的作品以简洁的设计和对木材本身特质的关注闻名。对于科茨沃尔德派来说，风格的重要性一般不及对传统技艺与材料的使用。欧内斯特・吉姆森制作的家具显示出其对于材料与技巧非常透彻的理解，比如把木材经过特殊处理以突出其纹理。吉姆森喜欢使用橡木、胡桃木和黑棕色的乌木来制作优雅、线条干净的家具。很多家具用冬青木、果木、象牙、鲍鱼壳和银等作精心镶嵌，尤其是围绕着抽屉和门做格状的装饰，体现出工艺美术运动对奢华和朴素的热爱。

过去，现在与未来

阿什比的手工业行会建立于 1888 年，是对拉斯金中世纪风格的圣乔治行会的效仿，目的是训练和雇佣当地的手工艺者。1902 年，手工业行会搬到格洛斯特郡的奇平卡姆登，在那里迅速成为当地吸引游客的处所。吉姆森的手工艺工坊同样受到拥戴，有些设计师从伦敦旅行至此，亲眼目睹手工艺者的工作。

阿什比和吉姆森都认为家具是室内设计的重要组成部分，也是最早持有这种观点的重要建筑师。他们复兴长久被遗忘的东西，通过不断地试验和犯错得到成果，但他们并不是简单地回顾过去。吉姆森这样描述他所融入的工艺美术运动：“我从未因为想回到过去而脱离于当前时代的生活，为了完善，我们必须生活在所有时态之下，过去、未来及当下。”

“科茨沃尔德”这个由设计师、手工艺者和工匠组成的协会，最终随着第一次世界大战的爆发而在 1914 年解散。学派中年轻的成员被要求为战争服役，而年长的手工艺者将注意力转向生产援助战争物资。吉姆森仍留在科茨沃尔德，他在 1917 年成立了建筑与手工艺协会（Association of Architecture, Building, and Handicraft），想在战争结束之际重新点燃手工艺运动。然而，健康问题终止了吉姆森的追求和冒险，他于 1919 年去世。

美国：工艺美术风格家具

20 世纪上半叶，工艺美术运动在美国繁荣发展。首届美国工艺美术展于 1897 年在波士顿举办，艺术与手工业协会根据英国的模式成立，这两个事件将杰出英国设计师的作品介绍到了美国。美国的工艺美术运动迅速发展起来，最初是在纽约、芝加哥和加利福尼亚，继而扩展到其他地区。

来自纽约锡拉丘兹（Syracuse）的古斯塔夫·斯蒂克利是第一批把工艺美术风格与美国本土风格结合到一起的设计师之一，创造出“手工艺人风格”或“使命派风格”（Mission style）的坚固橡木家具（见第 339 页）。

同样居于纽约的手工艺者罗伊克罗夫特（Roycroft）生产简单的使命派风格家具，并通过邮件订单销售。

另一位重要的设计师是密歇根大急流城的查尔斯·林伯特（Charles Limbert）。他的设计有着明显的格拉斯哥学派（Glasgow School，见第 366–367 页）和查尔斯·伦尼·麦金托什（见第 364–365 页）的影子，林伯特设计几何形式的椅子，装饰以镂空方形或心形图案。

建筑–设计师

这个时期影响最大的设计师是前卫的建筑师弗兰克·劳埃德·赖特。作为 1897 年芝加哥工艺美术协会的发起者之一，赖特设计的建筑能让室内与家居陈设成为设计的重要组成部分，通常嵌入建筑结构中，使用同一种当地材料。在美国西海岸，建筑师格林兄弟以相似的模式工作，他

根堡住宅的餐厅，加利福尼亚
这栋住宅的室内由查尔斯·格林和亨利·格林设计，使用了少量简洁的家具。*1908–1909 年*

顶部伸出的外檐缓解了直线形式的犀利。

柜子用熏过的橡木制成。

折页用黄铜制成。

镂空的形状是典型的林伯特式（Limbert's）装饰。

橱柜

这件稀有的林伯特橱柜有两扇柜门，柜门上有黄铜配件。橡木用氨熏过，以达到厚重的红色表面效果。两侧的切割处理让人联想到教堂家具。*约 1880–1920 年 高 82.5 厘米（约 32 英寸） DRA*

灯桌

这张圆形的橡木桌是罗伊克罗夫特手工艺者制作的，上面有他们十字与球的签名。灯桌有一个交叉的横档和马克穆多风格的桌脚。*约 1880–1920 年 直径 76 厘米（约 30 英寸） DRA*

书桌

这件橡木书桌是斯蒂克利公司（L.&J.G. Stickley.）制作的。它的各个面均有垂直的长条木板，虽然有些部分已经磨损，但它仍然保持了原始的样貌。*约 1880–1920 年 高 74 厘米（约 29 英寸） DRA*

立方体形有背长椅

这件由径切橡木制成的长椅靠背处是垂直的长条木板，扶手下是条板做的交叉结构。立柱顶部装饰着果木镶嵌的植物图案，并覆盖以锤打成型的金属配件。*宽 170 厘米（约 67 英寸） DRA*

们的建筑包括根堡住宅，他们还为这座建筑设计了家具、灯饰和纺织品。

这两位建筑师的设计受到远东的影响，与周围地理环境协调，并表现出对水平线条和几何形式的热爱。

对技术的应用

要制作价格经、有美感同时又有盈利空间的手工家具时，美国的工艺美术设计师们遇到了英国同行遇到过的相似挑战。但是，他们找到了一种适应现代工业体系的方法——在创作手工家具的同时，利用技术手段降低生产的成本，这正是工艺美术运动在美国和英国的根本区别。

作为一个具有创新精神的家具制造者，斯蒂克利在寻找可以吸引中产阶级的简单、可靠、价格适中的家具风格时，使用了蒸汽动力和电动的木材加工机器来整治材料，然后再由手工艺者完成后续的工作。

弗兰克·劳埃德·赖特对机器的偏好也胜过手工艺。1901 年，在芝加哥工艺美术协会的一次名为"机器的艺术与工艺"的重要演讲中，赖特强调了使用机器为更广泛的人群生产价格适中家具的益处。

为大众而生的风格

在美国，家具生产公司广泛地推广他们自己关于工艺美术家具的理念。大急流城家具公司（Grand Rapids Bookcase & Chair Co.）就是例子，他们生产"终生"（Lifetime）风格或称"修道院"（Cloister）风格的家具，这些家具因为结合了中世纪传统的手工艺和现代的机器技术而得名。

自 19 世纪晚期开始，工艺美术运动的哲学理念和风格一直受到珍视优雅、可靠结构、本土材料以及实用性的美国人的青睐。

桶形椅

这把橡木椅是弗兰克·劳埃德·赖特最重要的设计作品之一，直到20世纪30年代还在生产。椅子具有弯曲的扶手与支柱、背部垂直的长条木板在形式上呼应。于1904年制成。*高76厘米（约30英寸），直径49.5厘米（约19英寸）CAS*

摇椅

这把橡木摇椅由斯蒂克利公司制造，它有开放式的扶手和内置的坐垫，背部有六条垂直的长条木板。摇椅上有制造商的商标，现在仍保持着原有的状态。*约1907年 高101.5厘米（约40英寸）DRA*

查尔斯·罗尔夫斯

作为美国工艺美术运动的关键人物，设计师查尔斯·罗尔夫斯颇具想象力地将新艺术运动风格的装饰与线条清晰的直线形状结合到一起。

查尔斯·罗尔夫斯（Charles Rohlfs）生于纽约，父亲是一名橱柜工匠，他曾经在库伯联盟学院学习，1889 年左右开始从事家具设计。罗尔夫斯制作的带镂空雕刻的哥特风格橡木家具曾经非常成功。一段时间之后，他于布法罗建立了一个小工坊。在那里，他和助手们生产了一大批客户定制家具，应用手工艺技术作为装饰技巧，比如裸露的榫卯结构、楔形榫头、倒角以及金属工艺制作的带式铰链和铜质钉头，这些都反映出英国工艺美术运动的影响。

罗尔夫斯的设计具有高度原创性，包括书桌、小桌子、椅子以及储藏柜，他受到很多外来的影响，从哥特风格到摩尔风格，再到斯堪的纳维亚的传统。他设计的家具结构坚固，一般由橡木制成，偶尔使用桃花心木。其造型细长，以直线形式为主，一般具有温和丰富的光泽，并装饰以精细的雕刻和镂空图案。哥特式的装饰、文字以及来自自然形态的蛇形、鞭绳状、卷须状装饰则以新艺术运动风格出现。

双基座书桌和座椅 这张书桌一边是四个抽屉，另一边是书柜。一把高背的转椅与书桌组成一套。*约1902年 宽152厘米（约60英寸）*

罗尔夫斯工艺上乘的家具为他赢得了来自大西洋两岸的赞赏，尤其是1902 年都灵现代装饰艺术国际展之后。在 20 世纪 20 年代罗尔夫斯退休之前，他完成了很多享有盛名的委托，比如为白金汉宫制作家具。

雕刻细部

稀有的罗尔夫斯橡木有背长椅 这件家具有着不同寻常的雕刻装饰，前部有一处签名。这种形式预示着以曲线为特征的新艺术运动风格在家具中的运用。*约1900年 宽114厘米（约45英寸）*

古斯塔夫·斯蒂克利

作为美国工艺美术运动名义上的领袖，古斯塔夫·斯蒂克利创作坚固的、令人愉悦的手工家具，树立了新的家具设计标准。

斯蒂克利公司的商标

古斯塔夫·斯蒂克利（Gustav Stickley）是家里五兄弟中的长兄，兄弟五人都投身于美国迅速发展的家具制造行业。最终，古斯塔夫·斯蒂克利因其具有美国工艺美术家具设计师的视野而享有盛誉。他接受过建筑学方面的训练，曾在其叔父的制椅工厂工作，锻炼了他作为手工艺者的技能。1898年，斯蒂克利到访欧洲，在那里发现了约翰·拉斯金和威廉·莫里斯（见第332页）的著作，以及工艺美术风格的当代家具。回到美国之后，他开始制作并出售家具。斯蒂克利在纽约伊斯特伍德成立了古斯塔夫·斯蒂克利公司，生产受威廉·莫里斯设计启发的简洁、坚固的家具。

功能性家具

斯蒂克利拒绝维多利亚家具夸张的曲线和装饰，喜爱简洁的几何形状和稳固的形式。他这一理念由用美国白橡木手工制作的功能性家具得以体现，而这种木材是他在1900年引进的。斯蒂克利的家具在1900年的密歇根贸易展中得到广泛的赞赏，同时他的设计也经由设计图录进一步得到传播。斯蒂克利把工坊更名为“联合工艺工坊”（United Crafts），并且把工匠使用的圆规作为商标。然而，在1904年，本来作为学徒行会之家的工坊演变成学习橱柜制作、金属工艺、皮革加工的地点，被称为“手工艺工坊”（Craftsman Workshops）。

斯蒂克利的目标是创作“能明白地表明其功用，同时将设计、结构与木材和谐统一的家具”。他的工坊生产做工良好而令人舒适的手工家具，取材径切橡木的坚固厚木板，后来也使用桃花心木和银灰色的枫木。斯蒂克利的创新设计使手工技艺与机器技术结合到了一起。殖民地家具启发并衍生出很多形式，但是斯蒂克利设计的可调节躺椅最初是受到莫里斯

背部条板的植物图案镶嵌强调了椅子的纵向结构。

果木和金属的彩色镶嵌在埃利斯的设计中非常典型。

皮质衬垫覆盖在座位上。

简洁的方形椅腿将椅子的支柱向上延伸。

横杆和横档轻盈而精致。

橡木扶手椅
这把具有深色表面的橡木扶手椅由哈维·埃利斯设计，它的背部条板上有风格化的植物形态的镶嵌，座位上是内置的皮质坐垫。叶片装饰给这把坚固的几何形式的椅子增加了特点，并使其略显轻盈。*约1910年 高112厘米（约44英寸） GDG*

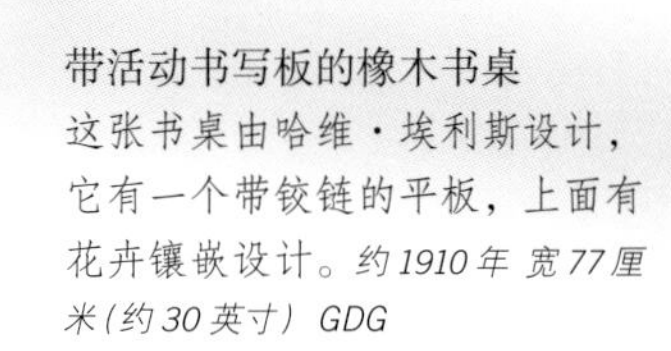
带活动书写板的橡木书桌
这张书桌由哈维·埃利斯设计，它有一个带铰链的平板，上面有花卉镶嵌设计。*约1910年 宽77厘米（约30英寸） GDG*

立方体形椅子
这把橡木椅的背部和两侧是以细长的条板制成的。*约1905年 宽72.5厘米（约29英寸） DRA*

的启发，而他从 1905 开始制作的细长靠背的椅子则归功于弗兰克·劳埃德·赖特的设计。

更轻盈的风格

斯蒂克利与建筑师兼设计师哈维·埃利斯（Harvey Ellis）的成功合作开始于 1903 年。两人接受了一种更轻盈、更精致的风格，这种风格的形成依靠的是将小部分橡木表面处理为浅棕色。这次合作仅仅持续到埃利斯 1904 年去世，但是斯蒂克利延续了其合作伙伴对家具的微妙处理方法，使用新艺术运动类型的花卉图案或制作低调的金属镶嵌以及上色木材。

接下来的十年，斯蒂克利的家具销往美国更广泛的地区，在中产阶级中广为流行，但是行业竞争和大众品位的变化最终使他破产。他的工厂于 1916 年关闭。

手工艺者农场的休息室

新泽西手工艺者农场（Craftsman Farms）的建筑呈现出斯蒂克利的设计哲学：使用天然的建筑材料，与环境和谐统一。这一观点同样贯穿在室内设计中，正如这间休息室中可以看到的——裸露的木材及家具。

《手工艺人》杂志

为了发表个人为装饰艺术所做的设计，同时传播自身关于优秀设计的哲学理念，斯蒂克利于 1902 年创办了影响深远的《手工艺人》杂志。

古斯塔夫·斯蒂克利的《手工艺人》（*The Craftsman*）杂志第一期定价 20 美分，主要刊载了威廉·莫里斯的作品。在整个工作生涯中，斯蒂克利在这本杂志上通过插图示例推广自己的作品，同时宣扬自己的设计理念，其核心是提倡制作材料精良、结构坚固的手工家具。斯蒂克利的手工艺人风格，或称“使命派风格”的家具在《手工艺人》杂志中得到展示，它们是基于斯蒂克利的三个基本设计原则制作的：家具能够实现制作它的目的；有限地使用附加的装饰；使用的材料完美地匹配制作的家具。

像威廉·莫里斯一样，斯蒂克利也是一个梦想家，他不甘于把自己的能量和作为禁锢在单一领域。1908 年，他在新泽西开始了手工艺者农场计划（Craftsman Farm Project），试图建立一个乌托邦式的行会。为了启发读者，同时对装饰艺术的新方向进行报道，《手工艺人》发表了这一计划的诸多细节，包括以图表的形式展示了斯蒂克利的设计以及其锡拉丘兹居所的建造。

《手工艺人》产生了巨大的影响，它的广告业务也让工艺美术运动触及美国更广泛而热情的人群。斯蒂克利漫长职业生涯中的创新设计，以及他在《手工艺人》杂志上发表的文章，很大程度上提振了美国重新兴起的对手工制作高品质家具的热情，并促进了手工艺者与设计师地位的提升。

斯蒂克利享受到商业上的成功，主要得益于拥有横跨整个美国的家具销售权。然而，他在纽约经营零售商店的错误决定导致他在 1915 年宣布破产，次年《手工艺人》杂志停办。尽管如此，斯蒂克利经济上的不幸并不能掩盖他的巨大成就，以及他在美国工艺美术设计领域的巨大影响力，而他一手创办的《手工艺人》杂志也为推动这场运动做出了很大贡献。

《手工艺人》杂志封面 这是斯蒂克利在 1902–1916 年间出版的杂志。

室内设计 这幅草图来自古斯塔夫·斯蒂克利罕见的设计“工匠房”（*Craftsman Homes*）。

椅子

区别于维多利亚时代的各种历史风格，简洁的形式是工艺美术风格椅子的特点。这一时期主要因生产比例协调的椅子而著称，同时强调功能的重要性。通常椅子基于本土的设计，比如有手工编织蔺茎座位和简洁车削垂直条板的苏塞克斯椅。欧内斯特·吉姆森设计了有蔺茎座位的精致的梯式靠背椅，古斯塔夫·斯蒂克利在美国制作坚固的使命派风格椅子。

本土木材，主要是橡木，受到大西洋两岸的喜爱，而径切橡木是美国的市场招牌，精致的虎斑纹被认为是这类家具唯一必要的装饰。由于橡木本身色彩较浅，用其制作的家具常常经过上色、仿乌木或熏制处理，以便具有更丰富厚重的色彩。

公共的座椅或餐厅座椅比较流行蔺茎座位，而皮质座位经常用于扶手椅，或受中世纪设计影响的织物座椅。椅子的装饰一般仅限于镂空心形或其他几何形、缎木镶嵌或垂直的长条木板；椅子的结构特征常被作为主要的装饰。

条板橡木椅

这把古斯塔夫·斯蒂克利的径切橡木椅是典型坚固而功能性强的设计。平直的开放式扶手处有垂直的条板，前端由短小的托臂支撑。这把椅子没有附加的装饰，它遵从工艺美术运动的哲学，具有简洁、坚固的设计。径切的橡木因其虎斑纹理被认为是很有价值，带有美国工艺美术家具的突出特征。整把椅子经过熏制处理。*约 1900 年 高 108 厘米（约 43 英寸） DRA* ③

会客椅

这两把椅子的木材经过仿乌木处理和镀金，有厚地毯料制成的衬垫。每把椅子的椅背顶部有扇形的风格化装饰，椅腿有凹槽、渐细。*约 1870–1880 年 MLL* ②

山毛榉椅

这些唯美主义风格的仿乌木处理山毛榉椅配有蔺茎座位。边椅具有爱德华·戈德温的设计风格，有弯曲的上横梁和日式风格的格状条板。无扶手椅的椅背处有多个纺锤形的立柱。*1870–1880 年 L&T* ①

萨福克椅

这对仿乌木的榆木萨福克椅是莫里斯公司制作的。每把椅子的椅背有纺锤和水平围栏，在蔺茎座位上是开放式的扶手。车削的椅腿由横档连接。*约 1870 年 L&T* ②

镂空椅

这把橡木椅是斯蒂克利兄弟所做六把中的一把。椅背处三个垂直的条板上有心形镂空。方形椅腿由横档连接，底部是马克穆多椅脚。*高 100.5 厘米（约 40 英寸） GS* 5

英式无扶手椅

这把胡桃木椅子被认为是希尔公司制作的，它有弯曲的上横梁，有心形镂空的经过造型的条板、渐细的椅背立柱、蔺茎座位和渐细的椅腿。*约 1890 年 高 106 厘米（约 42 英寸） DN* 1

英式扶手椅

这把橡木的工艺美术风格扶手椅有卷曲的耳状柱头、由高向低延伸的扶手、高高的藤编椅背，以及梯形的蔺茎座位。车削的椅腿之间由拱形横档相连。*高 73.5 厘米（约 29 英寸） FRE* 1

高背椅

这把椅子是工艺美术风格对椅中的一把，它有立方体的顶柱和交叉条板的椅背。衬垫是皮质的，背部的衬垫装饰着有翼的神话形象格里芬。*高 146 厘米（约 57 英寸） DRA* 2

美式餐椅

这把餐椅是林伯特六把一套的无扶手椅中的一把。椅背上有两条垂直的长条木板，座位是内嵌的。表面处理保持着最初的状态，但坐垫是用绿色乙烯基人造革重新做的。*高 92 厘米（约 36 英寸） DRA* 3

无扶手椅

这把椅子是海威科姆的威廉·伯奇（William Birch）设计的，是其工艺美术风格“丑角系列”四把椅子中的一把。它由橡木制成，有一个稳固的靠背，车削的上立柱和蔺茎座位。*DN* 1

衬垫椅

这把工艺美术风格橡木制扶手椅有可能是伦敦的希尔公司销售的。它有带衬垫的靠背和镂空椅背，底部由方形的椅腿以及车削的椅脚支撑。*DN* 1

英式扶手椅

这把扶手椅是工艺美术风格对椅中的一把，由榆木制成，有条板组成的椅背。它开放式的扶手上带有衬垫，内置的座位由方形渐细的椅腿支撑。*L&T* 1

桌子

19 世纪晚期，工艺美术运动的设计师们制作的桌子倾向于厚重、坚固的结构，常常以本土传统的形式为基础，这些形式有时候可以追溯至 16 世纪和 17 世纪。

朴素简洁的形式、笔直的线条，以及对上好木材的纹理的强调——通常为橡木——形成了工艺美术设计的基础。径切的橡木因为具有突出的虎斑纹理，在美国尤其受到偏爱。

对于桌面的设计常常受到中世纪家具的启发，倾向于几何形状。桌腿通常为方形或渐细的方形，常由横档或底部的横梁相连，或者二者皆用。有时候桌腿的底部是宽大的方形椅脚，它们常被称作马克穆多桌脚（Mackmurdo feet）。

桌子的装饰有限，通常只限于暴露的连接构件、几何形状的镂空图案或少量镶嵌。镶嵌物的材质一般为金属、象牙，偶尔使用色彩明丽的外国木材。为了匹配来源于中世纪或乡村的形式，设计师们经常将桌子进行上色或烟熏处理，以达到仿旧效果。比较流行的桌子形式包括拼接的边桌、搁板餐桌、牌桌和图书馆书桌。

唯美主义运动的设计师们制作的桌子虽然通常也以流行的几何形状为基础，但是它们比工艺美术运动中坚固的桌子更为精美。简单的桌面往往置于车削腿或锥形腿之上，有更丰富的装饰，比如部分镀金、贝母镶嵌以及纺锤形的横档。很多唯美主义风格的家具都受到日本风格的影响，比如仿乌木材质的使用、精细的车削支柱以及八角形的桌面。

林伯特农舍桌

这张看起来十分坚固的八角橡木农舍桌是采用简单而传统的制作方法打造的。四个稳固的桌腿由交叉点横档连接，连接处是暴露的、尺寸合宜的透榫。林伯特带有心形或黑桃形镂空的家具已经在收藏家中特别流行，这件桌子的桌腿处就有这种处理。*约 1910 年 直径 114 厘米（约 45 英寸）DRA* ③

林伯特图书馆书桌

这张椭圆形的图书馆书桌是查尔斯·林伯特设计的，它有镂空木板、外展结构和厚实的侧板。书桌的桌面是圆形、外悬的，档板稍稍拱起，给这件略显庄重的直线条桌子增添了些许柔和。桌子的结构特征是唯一的装饰元素，比如桌面下方的托臂。坚固的椅腿向外展开，中间由与椅腿底部交叠的搁架连接。这件书桌有一个工作台上的工匠形象的商标。*宽 76 厘米（约 30 英寸）DRA* ③

仿乌木桌

这张唯美主义运动风格的桌子有一个八角形的桌面，其中心是金钟柏木，宽阔的边缘是黑色的仿乌木。车削的支柱稍向外展，由横档相连。*约 1870–1880 年 宽 101 厘米（约 40 英寸）DN* ②

八角桌

这张唯美主义运动风格的仿乌木桌，桌面镶嵌着柿木，边缘是模压成型的。桌腿弯曲，由车轮形的横档连接，其中间是环绕成圈的立柱。*约 1870–1880 年 高 72.5 厘米（约 29 英寸）DN* ④

橡木中央桌

这张桌子由罗伯特·洛里默爵士（Sir Robert Lorimer）设计，有一个镶板的八角形桌面，上有暴露的钉桩和一个扁斧劈制的不平整表面。桌子支撑在四个扭转的立柱上，立柱之间由上部平整的档板相连，立柱底部有弯曲的横档和台阶式的块状桌脚。*约 1900 年 宽 86 厘米（约 34 英寸） L&T* 4

灯桌

这张灯桌是美国 Lifetime 公司制造的，它有一个圆形的悬边桌面，下部还有一个小的搁架。四个桌腿由拱形的交叉横档相连。这件灯桌简单而颇具功能性，它没有商标，表面经过修整。*高 74 厘米（约 29 英寸） DRA* 2

仿乌木桌

这张唯美主义风格的小桌有一个方形的桌面，它参照建筑师兼设计师爱德华·戈德温的样式设计，是为伦敦著名的商店利伯提百货公司制作的。桌面下部的横梁由车削的立柱和从横档处向上延伸的细条支撑。*高 65.5 厘米（约 26 英寸） DN* 1

图书馆书桌

这张坚固的工艺美术风格单抽屉图书馆书桌是林伯特设计的，由棕色橡木制成。带托臂的桌面有蛇形侧面边缘，而外展的侧板上有方形的镂空。书桌下部还有一个搁架。*约 1880–1920 年 宽 76 厘米（约 30 英寸） DRA* 4

宝塔桌

这张稀有的林伯特桌具有外展的侧板，典型的拱形档板，方形桌面下有托臂。其名称和风格化的外形显示出东方的影响。桌子的底部有装饰性的几何形镂空，桌面上有林伯特公司的纸形商标。*宽 86.5 厘米（约 34 英寸） DRA* 5

唯美主义牌桌

这张仿乌木牌桌被认为是基洛斯公司制造的，它有一个带铰链的矩形桌面，打开之后里面是绿色的粗呢台面。精美的细长档板的边缘处有四分之一圆盘形装饰，下部是纺锤形横档。*约 1870–1880 年 高 91 厘米（约 36 英寸） DN* 1

圆形小桌

这张工艺美术风格的小桌是橡木材质。它有一个平整的圆形桌面，由四个矩形桌腿支撑。桌腿底部是交叉的底座，中间由交叉的横档相连，横档与底座平行。*直径 61 厘米（约 24 英寸） GAL* 1

餐桌

这张林伯特可伸缩餐桌有一个圆形的桌面和带鞋状桌脚的基座。两个叶状的结构可以增大桌子尺寸。这张餐桌表面曾经过修整，上面带有林伯特的商标。*直径 137 厘米（约 54 英寸） DRA* 3

八角形仿乌木桌

这张小桌具有爱德华·戈德温的唯美主义风格。东方设计的影响通过精美的车削支撑构件和八角形桌面体现出来。其设计层次经由镀金细节得到丰富。*约 1870–1880 年 高 68 厘米（约 27 英寸） DN* 1

橱柜

橱柜是工艺美术风格住宅中最重要的家具之一。它们一般都有巨大的、坚固的外形，这对于手工艺者的技艺和想象力往往是个挑战。

根据威廉·莫里斯关于正式家具的理念，橱柜通常以 13 世纪厚重的哥特风格为基础。橡木、桃花心木和仿乌木是制作碗橱、梳妆台和餐具柜的首选木材，装饰效果往往由暴露的连接构件、铜质铰链、描绘中世纪题材的绘画饰板、嵌入的玻璃或黄铜、压花皮革、石膏装饰以及镶嵌细工来完成。

在源于日本和中世纪设计的艺术家具的品位的影响下，橱柜往往具有干净的直线条、展示用的搁架以及细长的车削支柱。雕刻的装饰不被使用，取而代之的是灵感来自中世纪的拱形顶部、纺锤形立柱组成的回廊，以及描绘有人物或植物题材的绘画饰板。

在美国，橱柜往往是坚固、无装饰的，以直线形为主，取材橡木和桃花心木。商业性的工厂所生产的“伊斯特莱克家具”将哥特的形式与更复杂的细节结合到一起。这一时期，在家具中将不止一种风格和元素结合起来的做法并不罕见。

胡桃木餐具柜

这件餐具柜是伦敦的 Maple & Co. 公司生产的，它结合了工艺美术风格、唯美主义风格和文艺复兴风格的元素。回廊式顶部背后的纺锤装饰是工艺美术风格家具中一个重复出现的元素。中间的饰板雕刻有石榴，下方拱廊饰板雕刻的阳光与向日葵主题是典型的文艺复兴风格。餐具柜下部有双开门带饰板的雕刻柜门，底部是车削的带黄铜帽和脚轮的柜脚。*高 151 厘米（约 59 英寸），宽 153 厘米（约 60 英寸）* L&T 2

伊斯特莱克储物柜

这件坚固的带边缘镶嵌黄檀木储物柜为伊斯特莱克风格，这种风格得自建筑师查尔斯·洛克·伊斯特莱克。储物柜的上部雕刻有中间开口的山墙装饰，其下是带镜子的饰板和开放式的搁架。这件储物柜使用外来的木材进行了精细的镶嵌装饰。储物柜的下部有两处珠状的装饰镶条，中间是带玻璃的柜门，侧面则是雕刻成圆形有弧度的开放式搁架，并且有同储物柜上部类似的镶嵌装饰。*19 世纪晚期 高 237 厘米（约 93 英寸）* S&K 3

展示柜

这件工艺美术风格的缎木柜采用了乔治·沃尔顿（George Walton）的样式，他是与查尔斯·伦尼·麦金托什合作的室内设师和建筑师。柜子的结构稳固，采用直线条，只有少量装饰。中间带玻璃的双开柜门上有装饰镶条，两侧还有两个弧形的玻璃柜门，其内部是玻璃搁架。玻璃柜门下有一个抽屉和另外的展示空间。展示柜的柜腿纤细，其间由接近地面的搁架相连。*宽 168 厘米（约 66 英寸）* L&T 3

桃花心木碗橱

这件工艺美术风格的桃花心木碗橱在顶部嵌板和橱柜门上有花卉主题的装饰，中间有两个抽屉。镜子镶板上有心形的镂空，这是典型的工艺美术运动主题。*高181厘米（约71英寸）* *DN* ②

橡木餐具柜

这件橡木餐具柜依照布鲁斯·塔尔伯特的设计风格制作。中间的圆形装饰上雕刻着冬青树上的鸣禽，而橱柜门上雕刻着向日葵。*宽183厘米（约72英寸）* *DN* ①

储物柜

格拉斯哥公司的弗朗西斯·史密斯（Frances Smith）和詹姆斯·史密斯（James Smith）制作了这件唯美主义风格胡桃木储物柜。它依照丹尼尔·科捷（Daniel Cottier）的样式设计，以镀金的饰板装饰，描绘的主题是盛开的花卉。*约1870–1880年* *宽183厘米（约72英寸）* *L&T* ③

镀金和喷漆饰板

带镜子的餐具柜

这件大的林伯特餐具柜有一个带镜子的背板，两个大抽屉下面是三个小抽屉和两个橱柜。接近餐具柜底部，还有一个带悬垂拉手的大抽屉。*高152厘米（约60英寸）* *DRA* ④

橡木餐具柜

这件工艺美术风格厨具柜的上部是带装饰镶条和玻璃的柜门，以及开放式搁架，下部是一个矩形小平台和两个抽屉、三个柜门。*高194厘米（约76英寸），宽171厘米（约67英寸）* *L&T* ③

矩形餐具柜

这件橡木餐具柜上带有铁铰链装饰，是明显的工艺美术风格。带企口缝的柜门反映出早期的乡村风格。*高183厘米（约72英寸）* *L&T* ③

铁铰链装饰

新艺术运动

1880-1915

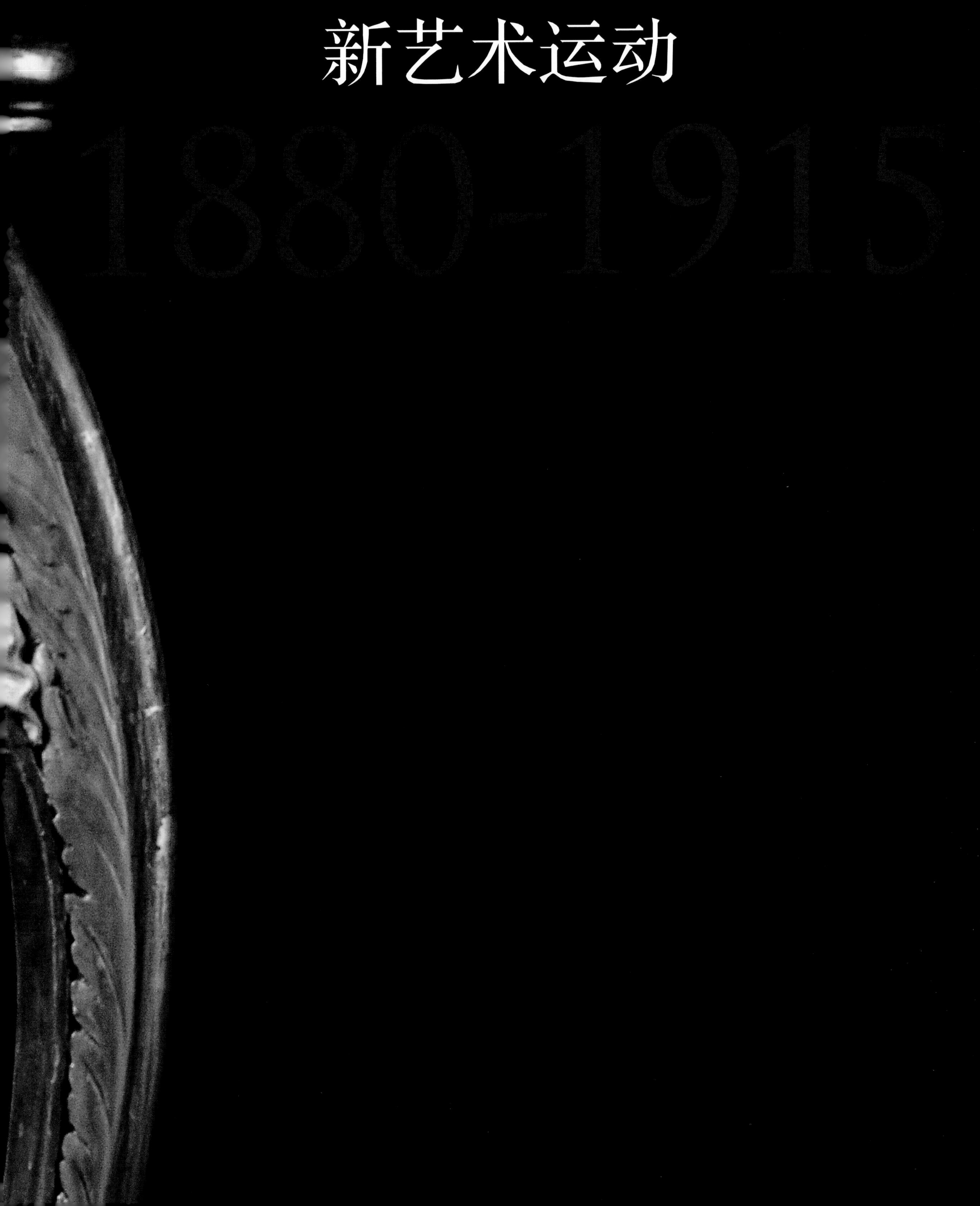

过渡时期

19 世纪充满了变动和不确定性。传统的价值观时刻处于变化的状态，人们期待着来自新世纪的挑战。

锡梳妆台镜 镜子饰以碎花叶状图案，下面是一个头戴花环穿着流动长袍斜倚着的少女。*约 1905 年 高 52 厘米（约 20 英寸）AN*

19 世纪最后十年，最明显的特点是政治动荡与现代化并行不悖。法国政坛因 1894 年的政治丑闻而持续震动，刚刚上台的第三共和国在继续扩大其非洲和亚洲殖民帝国的同时，还要应对国内的贫穷、工业动荡和政治不满等诸多令人头疼的难题。在英国与法国竞相建立自己的帝国之时，疆域覆盖中欧和东欧大部分地区的哈布斯堡帝国的影响力却一直在下降，不得不面对国内越来越多希望变革的压力。而统一后的德国形象和影响力日益增长，富裕的美国也同属此列。

这是一个大工业蓬勃发展的时代，随之而来的是城市和城镇的迅速扩张。科学和医学上的新发现展现出新机遇，如心理学家弗洛伊德（Sigmund Freud）和荣格（Carl Gustav Jung）就发表了颇具影响力的关于梦想和潜意识作用的新理论。上层和中产阶级正在享受一个相对和平和繁荣的时期，但贫富不均愈加显现，尤其城市工人阶级中的贫穷问题日益严重。随着世纪走向尾声，不安以及对未来的不确定性氛围弥漫开来，体现在艺术、文学和音乐各领域。

铸铁大门 出自建筑师和家具设计师赫克多·吉玛德（Hector Guimard）之手，这扇蛇形大门矗立在贝朗榭公寓门口。该公寓的外部和内部设计也是他负责，由此其想象力得以自由迸发。*约 1890 年*

时代风格

19 世纪 90 年代的新艺术运动产生的背景，使人们对诞生于 19 世纪 80 年代英国的工艺美术运动产生了某种悲观情绪——这实质上是对复古运动和工业革命生产出大量劣质产品的某种反弹——这些都促使一种崭新的艺术表现形式在欧洲诞生。

“新艺术风格”的名字得自齐格弗里德·宾（Siegfried Bing）1895 年在巴黎开的新店，其核心是决心打破原来令人厌倦的历史相对主义，从而建立起符合时代精神需要的新式艺术形式——“Art Nouveau”词意即“新艺术”。认同这一风格的欧洲艺术家和工匠在各地成立团体和工作坊，给年轻艺术家提供展示他们作品的开放论坛。与以往的艺术家不同，他们并不认为在纯艺术和装饰艺术之间有无法跨越的鸿沟，认为所有的艺术形式都应该自由地结合。

新艺术

到 19 世纪末，新艺术运动已经成为人们眼中易于辨识的风格，并表现于各种艺术形式里：从建筑和室内装潢到海报、玻璃工艺、陶瓷、珠宝、雕塑以及家具设计等。不同于以往，这种风格在各地的街道上都能被看到。如布鲁塞尔、巴黎、布达佩斯和维也纳等地的建筑上就有这种现代样式的艺术表现——与此形成鲜明对照的是那些 19 世纪笨重庄严的复兴主义建筑。巴黎的广告牌也被新艺术风格的海报满满覆盖。

时间轴 1880—1915年

奥斯卡·王尔德

1890 年 文森特·凡高创作《麦田群鸦》，成为其遗作。

1891 年 奥斯卡·王尔德出版其小说《道林·格雷的画像》。

1894 年 法国发生德雷福斯事件。比亚兹莱（Aubrey Beardsley）的《黄皮书》（*Yellow Book*）杂志问世。

1895 年 卢米埃尔兄弟在巴黎开设电影院。齐格弗里德·宾于巴黎开设新艺术风格的画廊。马可尼发明了无线电报。

1896 年 第一次现代奥林匹克运动会于雅典召开。贾科莫·普契尼的歌剧《波西米亚》首演。

1897 年 维也纳分离派成立于奥地利维也纳。

马可尼（Marconi）发明的无线电报

1898 年 居里夫妇（Marie and Pierre Curie）发现钋和镭。

1899 年 司考特·乔普林的《枫叶格雷》在美国推出，引发人们对拉格泰姆音乐的狂热。国际仲裁法庭于海牙和平会议建立。

1900 年 巴黎世界博览会开幕，维也纳展出分离派艺术。贾科莫·普契

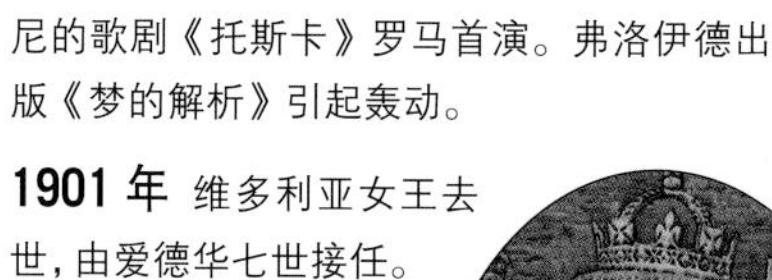

尼的歌剧《托斯卡》罗马首演。弗洛伊德出版《梦的解析》引起轰动。

1901 年 维多利亚女王去世，由爱德华七世接任。

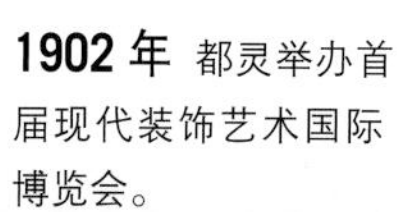

1902 年 都灵举办首届现代装饰艺术国际博览会。

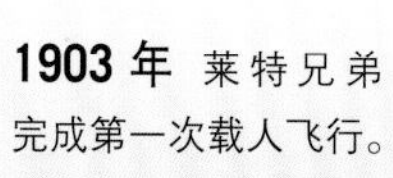

1903 年 莱特兄弟完成第一次载人飞行。

维多利亚女王

维克多·奥塔（Victor Horta）楼梯 位于布鲁塞尔的塔塞尔公馆是新艺术运动的经典设计作品。入口处由奥塔设计的锻铁楼梯的弧状条纹增添了墙面装饰和马赛克地面的戏剧化效果。奥塔还设计了塔塞尔公馆的房间和室内。他是布鲁塞尔大学的教授，并积极赞助日本艺术。*1893–1895 年*

路易·马若雷勒（Louis Majorelle）女士桌 这张女士桌是典型的新艺术风格家具，取材自法国南希的桃花心木和橡木，有肾形的通风板和优雅、弯曲、翼形的顶部。装饰有不同的热带花卉镶嵌。*约 1905 年 高 110 厘米（约 43 英寸） QU*

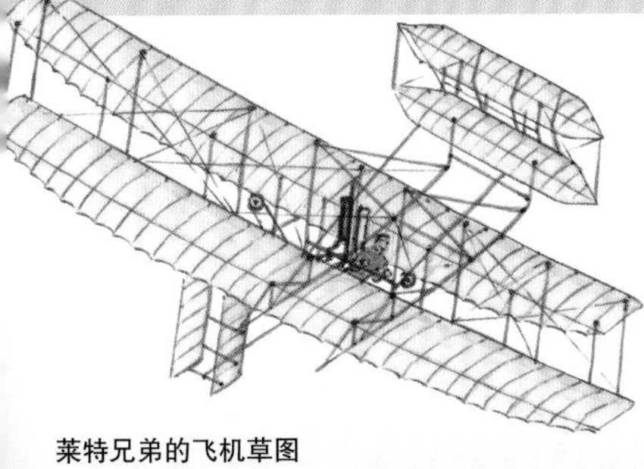

莱特兄弟的飞机草图

1903–1911 年 奥斯瓦尔德·波利弗克（Osvald Polívka）与安东尼奥·布尔尼克（Antonín Balsánek）于布拉格建造市政厅，成为新艺术运动的标志性建筑。

1905 年 约瑟夫·霍夫曼在布鲁塞尔的斯托克莱住宅开工建设。辛普朗隧道工程在瑞士完工。

1907 年 毕加索和乔治·布拉克（Georges Braque）具有里程碑意义的立体派画作展览在巴黎开幕。约瑟夫·霍夫曼在维也纳设计出蝙蝠歌厅。

1909 年 意大利艺术家菲利波·马里内蒂（Filippo Tommaso Marinetti）发起未来主义。

1911 年 伦敦直飞到巴黎的航班通航。

1912 年 泰坦尼克号于处女航途中沉没。

1913 年 伊戈尔·斯特拉文斯基的《春之祭》首演。

1914 年 一战爆发。查理·卓别林创作出他的第一部无声电影。

泰坦尼克号

1915 年 爱因斯坦发表《广义相对论》。

新艺术家具

作为真正意义上的欧洲风格，没有一个单独的艺术家和设计师的作品能涵盖整个新艺术运动。它在欧洲不同地方有不同的名称——在法国是“现代风格”，在德国是“新艺术”，在奥地利是“分离派”，意大利也叫“新艺术”，在西班牙则称“现代派”——同样包含了所有的装饰艺术。

凝聚精华

新艺术运动的迸发来自许多杰出艺术家和设计师的激情，他们都想创造出美的、功能性强的产品，其中最重要的是新奇。

19 世纪的房间内饰通常是由不同风格包括复古风构成，有时各种风格会出现在同一间屋子里。新艺术则是对这种混淆情形的反对，它拒绝工业化那种大规模生产家具的做法。由威廉·莫里斯（见第 332–333 页）带头，之后的建筑师、艺术家和设计师更加注重工艺和艺术方面的创新。房间被当成一个整体来设计，从建筑到家具，甚至最小的装饰细节都遵循这一法则。

对同一风格的不同理解

新艺术风格最显著的特点是其多样性。每个国家都有自己版本的解读。在法国和比利时，设计师们取材花卉、树叶和海洋生物设计出曲折的流体形状，这就是今天人们普遍认同的所谓新艺术。

在英国、德国和奥地利，设计上更多采用线性几何形状。设计师也尝试了曲木和铝等材料。在西班牙，安东尼·高迪拥有令人眼花缭乱的活力，他使用有机形状和奢华的植物图案。他的大部分家具是与其非凡的雕塑般的建筑相配套的，例如巴塞罗那的奎尔宫。

新的灵感

新艺术风格的设计师们也不全然反对借鉴旧式风格。特别是法国设计师们就深受洛可可风格的不对称形式和精湛手工的影响。象征主义运动钟爱的女性化的感性造型，是新艺术风格常见的主题。设计师们也向东方瞻望，从日本风格中寻求灵感。自然中简洁、优雅的图案也焕发出很多新艺术设计师的热情，常用的主题有樱桃、睡莲和蜻蜓。

曲木躺椅 这件家具出自德国设计师迈克·索奈特（Michael Thonet）。它由山毛榉制成，被弯曲成需要的形状，这已然成了他先锋派家具的鲜明标志。座位和靠背为藤编。*约 1890 年 宽 146 厘（约 57 英寸） DRA*

一个时代的落幕

新艺术的核心就是创造力，但这场运动并未持续多久，十五年后，随着创新变成陈词滥调，以及第一次世界大战的爆发，催生新艺术运动的创造性和颓废精神被扼杀，新艺术运动陷入了困境。

苏格兰学院派橱柜 风格为亚历山大里奇式，是在罗纳岛（Lona）生产的。简单的木制箱子用黄铜装饰，凸纹板描绘着荆棘鸟。铰链和锁眼盖的纹样是交织在一起的叶形。*高 45.5 厘米（约 18 英寸），深 25 厘米（约 10 英寸） L&T*

镀金－青铜饰件

新艺术风格的家具设计师常常从路易十五统治时期（见第 78–79 页）著名的洛可可风格橱柜上寻找灵感。18 世纪中叶盛行的家具典型特征是采用豪华用料和饰以精雕的镀金–青铜饰件，其中包括制柜匠路易·马若雷勒的作品。马若雷勒美化桌子的腿部、把手，并在柜式家具表面饰以自然图案，如花朵、睡莲叶子和浆果等。

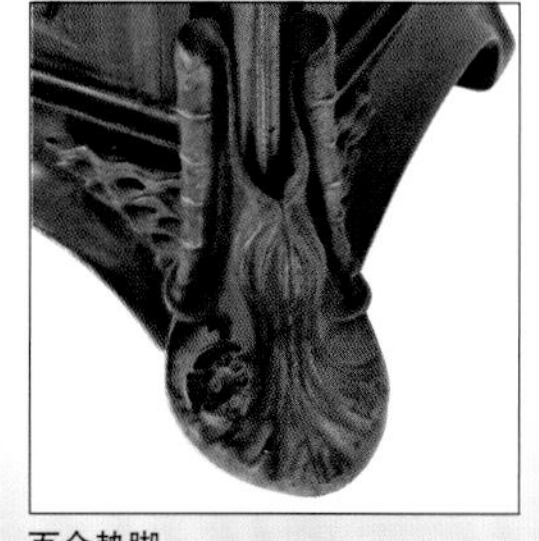

百合垫脚

百合花蕾

路易·马若雷勒红木橱柜 该橱柜在顶部和侧面上都有精细雕刻的镀金–青铜饰件，脚部模刻有睡莲、球茎、花朵和叶子形状。整体含有怀旧式洛可可镀金装饰的因素。*高 200 厘米（约 79 英寸） CSB*

艾米里·加莱的展示柜

这个玻璃制品是南希学院的艾米里·加莱（Emile Gallé）和他同时代的人喜欢的镶嵌装饰的极好例子。该作品由胡桃木制成，饰有由鸟眼枫木和其他异国木材组成的奢华的镶嵌细工——不对称的树叶图案。新艺术运动对有机的、自然灵感主题的品位也集中体现在顶部有日式樱花浮雕的边廊、精致的镀金-青铜叶子形底座、玻璃装饰和纤细的腿上。装饰往往取材于自然的图案，如睡莲、水果和蔬菜以及昆虫，呈现出令人惊叹的细节。

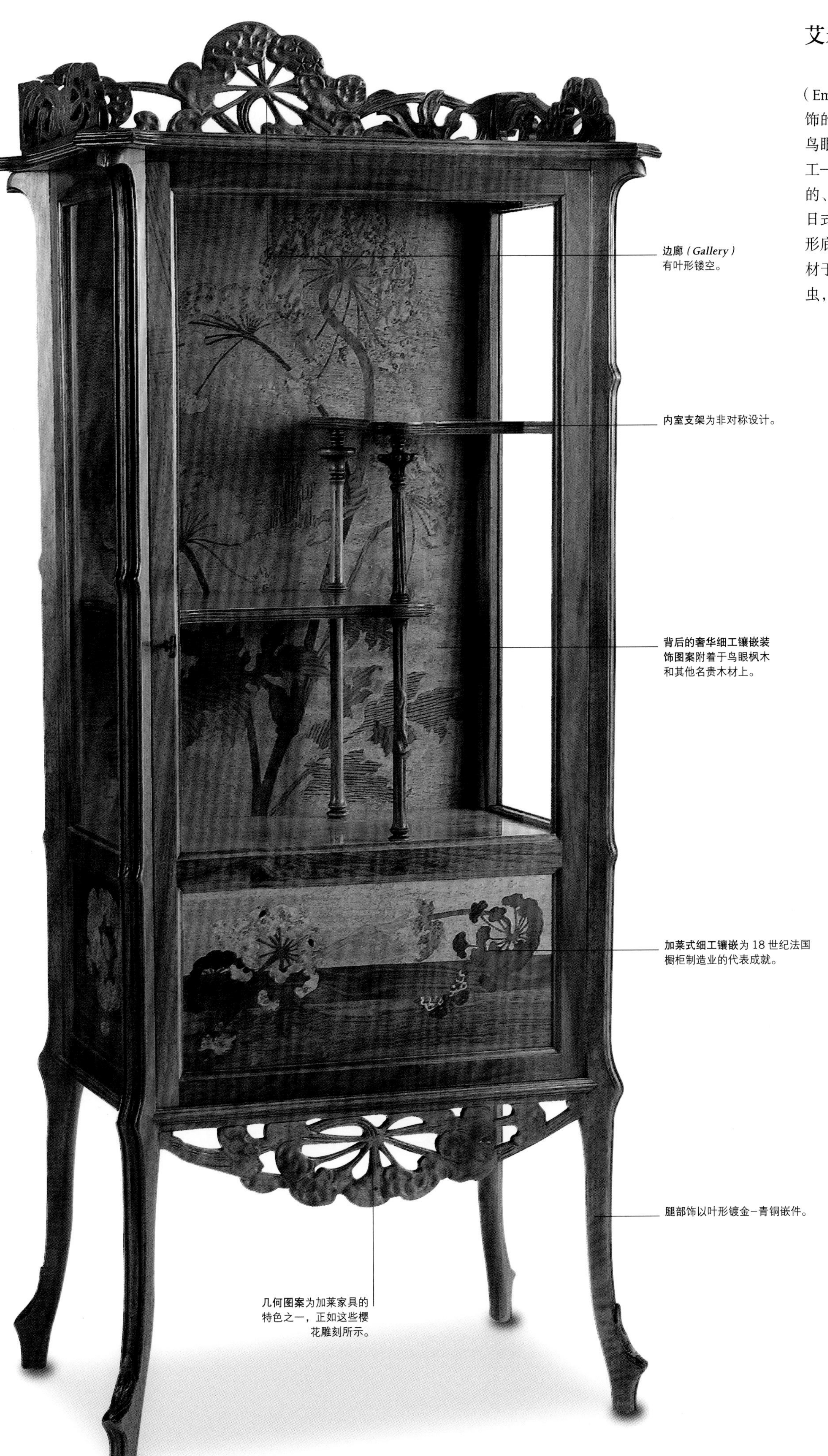

艾米里·加莱胡桃木陈列玻璃橱柜 这件优质的玻璃橱柜有雕刻，顶部饰以日本樱花。釉面单扇门和侧面内有不对称的双层阶梯内室，带有鸟眼枫木和异国色彩的木叶镶嵌细工。*约1900年 高148厘米（约58英寸），宽64.5厘米（约25英寸） MACK*

风格要素

新艺术风格的设计灵感多来自于自然世界。从南希到格拉斯哥，这种“自然感”被解读为许多不同的方式。带有涡卷形和鞭线雕花装饰的、感性且华丽的设计很受欢迎，类似的还有更为抽象的形状和图案。除去题材和源自自然的修饰效果如叶片、花卉和昆虫等，这类家具有更为丰富的取材——多用昂贵木料，有胡桃木、黄檀木和用来做浅浮雕的桃花心木；还有象牙和用于细工镶嵌的贵金属，包括镀铜饰件等。

镶嵌橱柜背部

路易十五的影响

有许多设计师从18世纪法国路易十五时代盛行的洛可可风格（见第78–79页）中汲取灵感，新艺术设计者们重新诠释了里面不对称的卷曲旋转线条，还有风格化的植物和花卉装饰。这一橱柜便融合了古风元素，采用了蜿蜒外形、异国情调的镶嵌和青铜饰件。

壁炉细部

女像

流传至今与新艺术最相关的主题是长发垂下的美丽女性。这种式样的铜铸件出自格拉斯哥学派和玛格丽特·麦克唐纳德·麦金托什风格（Margaret MacDonald Mackintosh style，见第364–367页）。女人的头部由高浮雕显出，头发垂下，下有花卉细部，是几何平衡式设计。

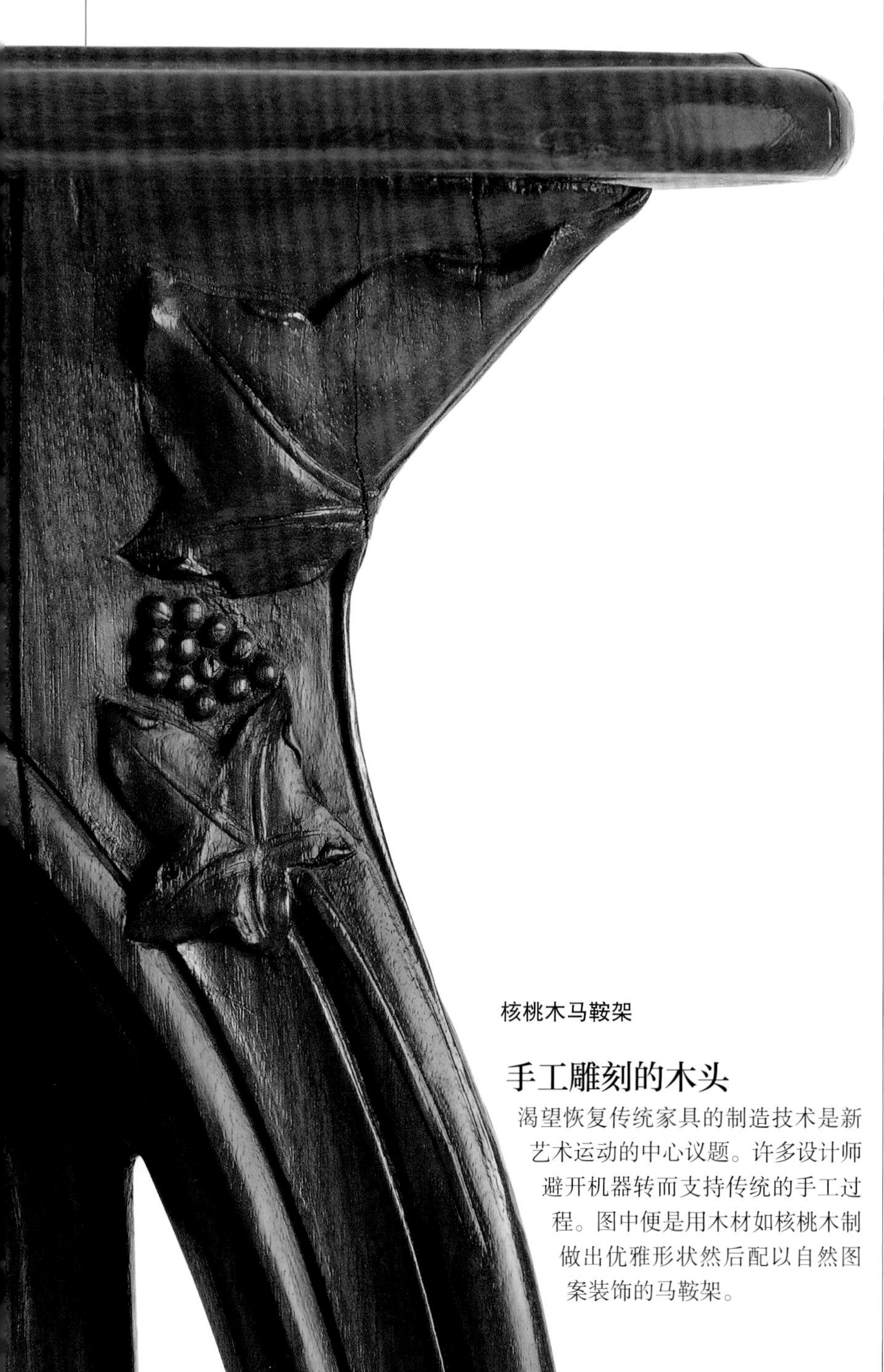

核桃木马鞍架

手工雕刻的木头

渴望恢复传统家具的制造技术是新艺术运动的中心议题。许多设计师避开机器转而支持传统的手工过程。图中便是用木材如核桃木制做出优雅形状然后配以自然图案装饰的马鞍架。

柜门细部

配件与细节

这是一处帕吉欧·哈伯（Patriz Huber）的柠檬–桃花心细部，其抛光橱柜拥有独具特色的新艺术风格的配件和细节。柜子的简朴黄铜配件上雕刻着略微弯曲的线条，还饰有几何花芽和叶状图案。柜子局部雕有轻微弯曲的浮雕线条，并饰有几何形花蕾和卷叶纹。

鸭头扶手支架

自然风格化

在法国，两个主要的新艺术中心是南希和巴黎学派。二者引领了曲线家具走向取法自然的时尚。这类风格化的鸭头为人们展示出自然主题如何被巧妙地融入了家具设计之中。

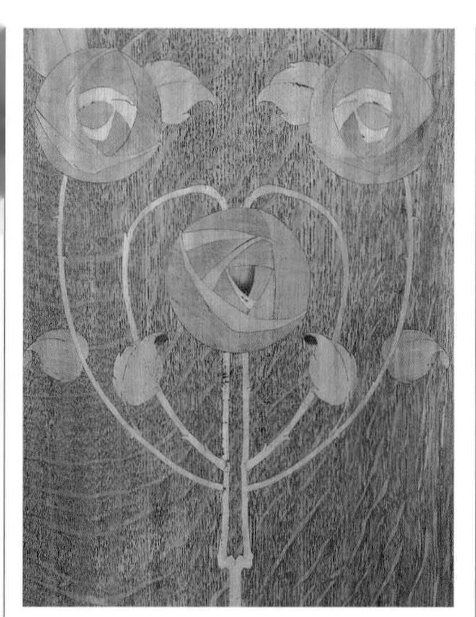
橡木橱柜上的细工镶嵌

新艺术风细工镶嵌

虽然细工镶嵌被大量采用，但这类设计却生发出异常繁冗的式样。这件红木家具极类似查尔斯·伦尼·麦金托什和格拉斯哥风格（见第 364–367 页）。其图案既高度风格化又不对称，结合了略弯的长直线条。较之法式细工镶嵌风格更加的迷你和拘谨。

雕花胡桃木床头

浅浮雕

这件雕花床头的局部出自路易·马若雷勒（见第 357 页），显示出错综复杂的水仙花雕刻图案，两侧有曼妙的轻轻弯曲的面板。这是典型的法式新艺术运动风格，往往应用于带有机图案的家具。

椅背细部

蜿蜒线条

这把椅子的弯曲椅背板后部，和悬臂式撑架上的弯曲扶手，符合巴黎学派的典型特点。它喜用出色的弯曲雕塑化椅背和迷你化装饰。这种弯曲木料是从树木雕刻而出的，与曲木工艺迥异。

柜子雕花细部

抽象图案

新艺术主张不分建筑、装饰和家具，各门类都统一为整体，这一信条为很多设计师遵循。不同于直接取自自然界的那种过多、线性的风格，他们喜用简洁、优雅的外形和几何图样。这个雕花细部虽然弯曲但设计上很简化，并趋于抽象化。

双层桌细部

鞭线雕花

从艾米里·加莱这件有旋涡式样支架的双层黄檀木桌子上，可以看出法国和比利时设计师喜用的鞭线式弯曲，应用这一点最为典型的是维克多·奥塔（见第 360 页）设计的建筑。来自自然界的蜿蜒曲线实质上是对植物卷须的生动表现。

镶嵌侧板细部

进口材质

这个小圆盘体现了压花和镶嵌金属的绝技，出自意大利设计师卡洛·布加迪（Carlo Bugatti，见第 362 页）。整体可以看到日本、摩洛哥和埃及设计的影响，其浮雕黄铜条带包含了几何图样，好像是点缀在苍木、乌木、银、象牙和黄铜镶嵌中的带翅昆虫。

锻金钟面

锻金

这类技术在工艺美术运动和新艺术运动中很常见。工匠从底部凿击浮雕装饰，造成装修效果从里到外凸出来。这类设计深受自然元素、凯尔特复古风和查尔斯·伦尼·麦金托什纹章等方面的影响。

花卉与卷叶镀金饰件

镀金–青铜饰件

许多法国家具制造商设计出高品质的精美镀金–青铜装饰饰件和锻铁。这个装饰细部反映了洛可可风对温暖、光泽木材的偏好，并以自然化的镀金–青铜饰件增强其效果。自然花蕾主题的睡莲和兰花造型精妙。

巴黎博览会

这一豪华盛会成为日后新艺术运动的重要推动力。

国际展览会（或称为万国博览会，世界博览会）试图通过不同的展馆呈现人类文明的多样性。此次巴黎展览是继1851年人们首次在伦敦水晶宫（见第268–269页）举办展会之后的大事，被认为是展示人类文化和思想的重要工具。国际展览会对新艺术的发展也起到了一定的影响，设计师们除了可以在国际舞台上展出产品外，还可以在展会上看到来自世界各地的艺术。

在1889–1900年举行的巴黎博览会上，出现大量高水准的创意和设计，新艺术运动的成果也得到呈现，取得极大成功。

世界博览会

这是从塞纳河上瞭望埃菲尔铁塔和天球。它由工程师亚历山大·古斯塔夫·埃菲尔（Alexandre Gustave Eiffel）于1889年设计，其方案从纪念法国大革命一百年的竞赛中脱颖而出。他最前卫的设计是1889–1900年巴黎博览会的中心场馆。

法国影响力

无论是比利时人亨利·凡·德·威尔德（Henry van de Velde，见第360页），还是苏格兰人查尔斯·伦尼·麦金托什（见第364–365页），都无法在新艺术运

银盘墙面镜

由乔治斯·德·弗尔设计的这面镜子在1900年巴黎博览会上展出。浅模压的镜面场景里是一位站在优美风景中的穿长裙的女士，这些都嵌在模压的外框里。*1900年 高36厘米（约14英寸），宽45厘米（约18英寸） MACK*

桃花心木框扶手椅

爱德华·克罗纳设计，较为罕见。有卷曲雕花和顶冠、平板背；模压扶手末端的关节卷曲，低矮靠背有软垫。椅子原为一组，包括长椅和边椅，原作曾展示于1900年巴黎博览会的齐格弗里德·宾展厅里。*约1900年 MACK*

齐格弗里德·宾

作为新艺术运动中的标杆人物，齐格弗里德·宾和他的商店对这一风格的发展有举足轻重的作用。

齐格弗里德·宾

齐格弗里德·宾1838年出生于德国汉堡，作为收藏家和商人的他于1871年搬到巴黎。去远东旅行几年之后，他曾开设一家叫“中国之门”的商店，专营来自东方的物品。在去往美国访问之后，他的巴黎新商场在1895年12月开张。这个叫作“新艺术”的地方专门出售引领这一时尚风格的设计师作品，包括艾米里·加莱、亨利·威尔德和路易斯·康福特·蒂芙尼。

法国是新艺术运动的中心。巴黎在其中具有极大的影响力，而宾的商店成为吸引众人的焦点。在画廊和店里举办的首届展览引起很大关注——即使不是所有的内容都有正面反馈——这一冒险还是取得了成功。商店的展示最终扩大到包括工作室和工坊等。其设计蓝图由尤金·盖拉德、爱德华·克罗纳和乔治斯·德·弗尔等人付诸实现。然而，宾本人还是选择那些可以当作成品的设计来做展示。

宾的“新艺术之家”是短命的，维持到1904年最终关门，仅存在了9年时间。但他那极富想象力的展示在设计师、艺术家和工匠中间赢得了很多赞誉，而政客、收藏家和博物馆的评价却是毁誉参半。

虽然多数人只把宾看作是现代艺术的拥趸，但他同时促进了艺术各个领域创意的融合。在他的新艺术商店里，出售各种商品包括纺织品、陶瓷玻璃和银器——它们都用最新的方式展示出新艺术风格最好的一面。新艺术自此成为一种国际风格，而不仅仅是一小撮热情的艺术家和设计师所创造的单一、雷同的样式。

齐格弗里德·宾在1900年巴黎博览会的展厅 他为了在巴黎博览会创建一种总体性的艺术（一个完整的艺术品），集合三位卓越的设计师合作——虽然相对不太出名——包括乔治斯·德·弗尔、爱德华·克罗纳、尤金·盖拉德。餐厅的设计由盖拉德负责。

橡木餐椅 盖拉德设计。这把椅子曾在齐格弗里德·宾1900年巴黎博览会的展厅中展出。原来的座位和椅背为蛇形外形。这是在平面图案设计上取得成功的一个例子。盖拉德的设计灵感来自于自然，和树枝一样的胡桃木外框好似在不断地生长。这把椅子以雕塑形式在当时的展览上成为令人兴奋的亮点。*1899–1900年 高94厘米（约37英寸），宽47.5厘米（约19英寸）*

动上企及法国人的贡献高度。德国人在这方面的表现也差强人意。所以新艺术通常被视为法国的设计运动，将法式精致和奢华展现得淋漓尽致。

虽然展览基本被新洛可可、新巴洛克和异国情调的风格所垄断，但一系列著名的新艺术建筑仍在其各自的展馆里取得了成功。包括由古斯塔夫·博维（Gustave Serrurier-Bovy）设计的蓝色餐厅，由亨利·索瓦奇（Henri Sauvage）设计的罗伊·富勒馆以及萨穆尔·宾的展馆。赫克多·吉玛德设计的巴黎地下铁以壮观的入口迎接游客到来。另外，其他富有想象力的国际展馆如芬兰馆，则表明除法国之外还有国家也堪称新艺术的倡导者。装饰艺术联盟、萨穆尔·宾展馆、卢浮宫百货以及巴黎春天百货都是博览会的发起者。博览会的装饰艺术展馆紧挨着荣军院，展出了数百种各式花样的新艺术产品。

室内装潢

新艺术的巨大成就在1900年博览会的齐格弗里德·宾展馆显现出来，这一展览表明他对室内设计的影响是多么的深远。

人们一走进宾的六个展馆空间，立刻就会对其外观产生一种一致的、统一的感觉。与以往尤其是维多利亚时代不同的是，这些展馆空间的设计并非是将不同历史风格的家具、织物和装饰品折衷为集合体，而是生发出一种颇有凝聚力的设计主题：这在墙壁选色、地板表面、家具和配件等方面都有均衡的体现。例如乔治斯·德·弗尔（Georges De Feure）设计的更衣室和闺房，爱德华·克罗纳（Edouard Colonna）的客厅，还有尤金·盖拉德（Eugène Gaillard）建造的前厅、卧室和餐厅。尽管当时宾的展馆在巴黎坊间报纸上很少被提及，但它却被法国以外的设计师和收藏家们当成了基准——一种关于室内设计的一篮子解决方案。

巴黎博览会之后，接踵而至的是1902年在都灵举办的首届现代装饰艺术国际博览会。在这一盛会上，新艺术运动在国际上的影响达到峰值。等到十年之期结束时，新艺术风格已经再也不能引起当年展会上那样的轰动了，作为一种全球性的现代风格，其作用大大减弱，商业效应也所剩无几。即使如此，世界博览会还是给世界带来一个艺术与设计的新时代，对于当年跨过展会大门的超过五千万的观众来说，这实在是一种了不起的体验。

法国：南希学派

法国新艺术运动中最杰出的作品不是出自艺术工业联盟（Alliance Provincale des Industries d' Art）就是诞生于洛林省的南希学校。这个组织成立于1901年，由颇具创新意识的家具和玻璃设计师艾米里·加莱建立，其原型脱胎于英国的艺术与工艺行会。设计学校深受来自艺术和文学象征主义运动的影响，宗旨是实现装饰与实用美术技术训练的现代化。

受自然界启发的艺术家和工匠们聚集在巴黎南希学校创始人加莱的周围，这所学校为不同工种的工匠创造了一种协同合作的环境。

协助加莱一起运营南希学校的包括当时最杰出者，如路易·马若雷勒、尤金·瓦林、维克多·普鲁维（Victor Prouvé）还有道姆·奥古斯特（Daum Auguste）和道姆·安东尼（Daum Antonin）两兄弟。

植物学的启发

对加莱的影响，除了艺术和象征主义诗歌、文学与历史，还有加莱对当地植物群和动物群的研究——如峨参、蒺藜、昆虫等——为他在家具设计上提供了形状和装饰上的创意灵感。他对自然的独特视角，对动植物的喜爱，还有对神秘造物充满激情的信仰都可以从其最具灵感的设计作品中看到。

家具风格

加莱那种将自然生命力和对象征主义的激情相结合的浪漫，融进生命，这使其家具作品带有高度有机、想象力的特征。

桌子和橱柜色彩绚丽，取材自多种海外进口木料，如黄檀木、枫木、胡桃木和果木——苹果树和梨树。其设计的家具上有蜻蜓翅膀形雕花的支架，还有雕成蜗牛、蛾子和蝙蝠形象的奢华檐口。会以青铜饰件模仿昆虫，繁复的镶嵌组合则包括了各类自然图案如花朵、叶片、水果和谷物、蜗牛与蝴蝶。加莱手工制作的很多家具是独一无二的，常刻有维克多·雨果、保罗·魏尔伦和夏尔·波德莱尔的诗歌。

黄檀木和胡桃木玻璃柜

这件黄檀木和胡桃木材质玻璃柜由艾米里·加莱设计，灵感来自几何形图案。上部带雕刻的门被枝叶围绕，构成中央的支撑，并形成一个心形。背面有果木叶片形的镶嵌。*约1900年 高158厘米（约62英寸），宽80厘米（约31英寸），深49厘米（约19英寸） MACK*

扶手椅

这把路易·马若雷勒设计的红木椅子有矩形的平板椅背条，不寻常的外展、反向弯曲的扶手撑架。座位为全包覆，下为模压腿。这是对传统的、带有轻弯线条椅子进行的优雅变革。*约1900年 高103厘米（约41英寸） MACK*

台灯

这对不同寻常的玻璃和青铜制成的台灯产自南希，由道姆兄弟、路易·马若雷勒设计。锥形镀金-青铜轴有高浮雕的花卉图案，蘑菇形圆顶。灯罩为透明闪光的玻璃，含有玫瑰色、黄绿色和深紫色粉末。它们署名为“Daum Nancy”，在灯罩边缘有一个洛林十字架。*约1904年 高63厘米（约25英寸） VZ*

路易·马若雷勒

另一位在南希学校工作的伟大家具设计者路易·马若雷勒转向了路易十五的品位，制作出的一些新艺术风格作品成为众多工坊模仿的样板。虽然他的桌椅和卧室套房缺少加莱作品中象征主义诗歌的风韵，但其精心制作的家具在审美上自成一体。

马若雷勒建立了好多个工坊以便提高家具产量。他是一个训练有素的制柜商，尽管他的大部分家具里有一些机器制作的部分，但整体质量仍属一流。马若雷勒的家具通常取材深色硬木，如桃花心木和黄檀木，有着流线型轮廓和巨大的雕塑化的造型，有兰花或睡莲造型的镀金-青铜饰件，及精致的雕刻、镶嵌——或是果木、锡质镶嵌细工、珍珠母。他还常与道姆兄弟合作——他们以制作玻璃器皿闻名——生产出各种各样带玻璃灯罩和铁或铜质饰件的装饰灯具。

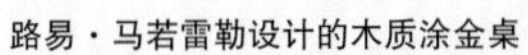

路易·马若雷勒设计的木质涂金桌
这一休闲桌有一个圆形的大理石顶模镀金装饰。逐渐变细的桌腿装饰有叶状雕刻。*约1900年 高81厘米（约32英寸） L&T*

嵌套桌

艾米里·加莱设计，果木。饰以木兰花与蝴蝶镶嵌图案，最大桌子的腿上有树枝雕花。*约1900年 高71厘米（约28英寸） GK*

扶手椅

这对扶手椅由马若雷勒设计，椅背条为进口木材，有细工镶嵌和弯曲的手臂、尖腿。座位为全包覆。*1905–1910年 高105厘米（约41英寸），宽55厘米（约22英寸） QU*

玻璃陈列柜

采用进口的桃花心木制成，马若雷勒设计。腿部呈对角线式弯曲，有独特的花朵装饰。*约1920年 高125厘米（约49英寸），宽83.73厘米（约33英寸），深45厘米（约18英寸） QU*

双层小桌

黄檀木休闲桌，由艾米里·加莱设计。有三个外展的支架和带雕花的卷曲腿支持，蹄形脚。桌子装饰着花形细工镶嵌。*约1900年 高77厘米（约30英寸），宽53厘米（约21英寸） MACK*

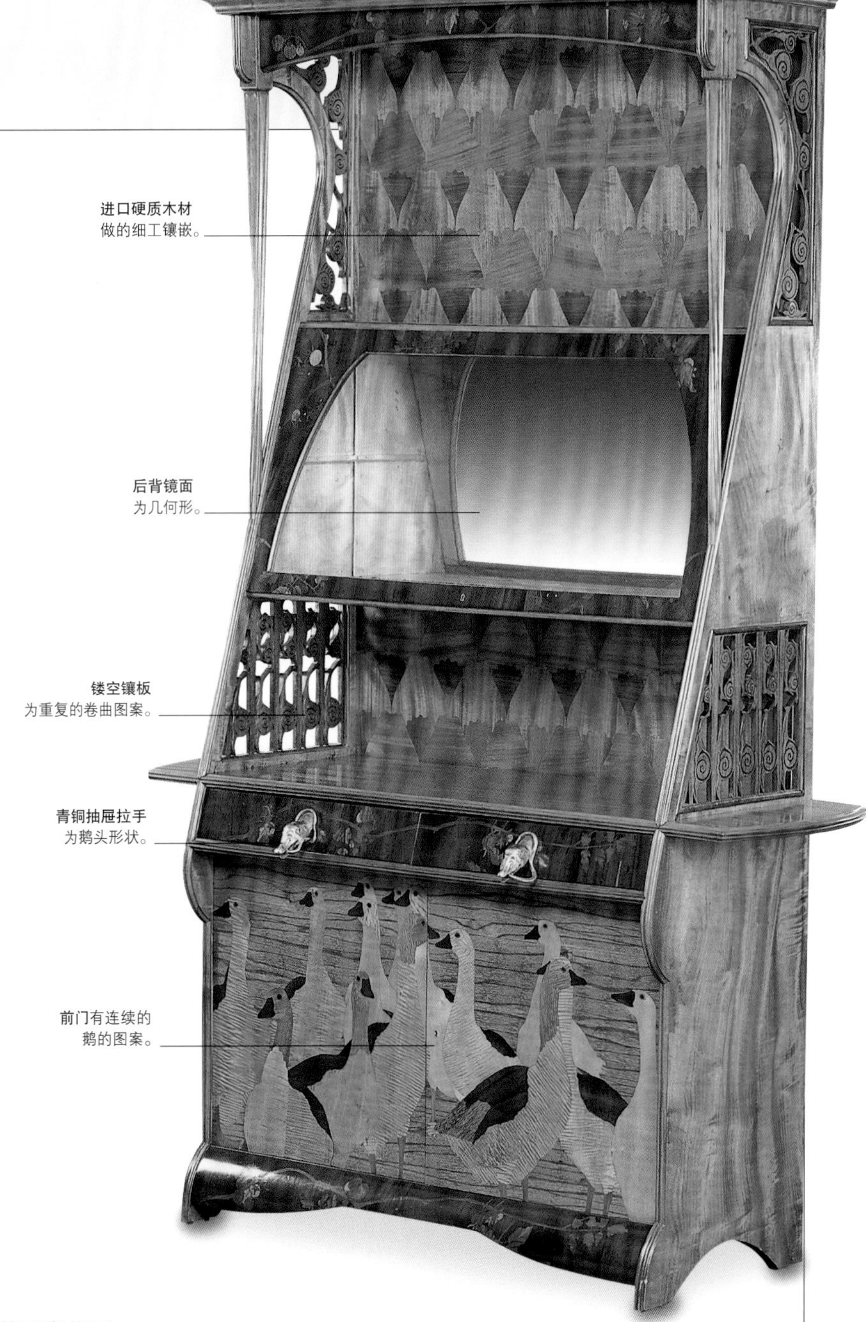

鹅图案柜子

这个奢华的、金光灿灿的桃花心木柜子为马若雷勒设计。细工镶嵌，镂空木质和进口木材。侧面镶板带有镂空，中楣抽屉拉手为青铜鹅头，有异国情调的木料镶嵌上有一群鹅的图案。高超的设计师和技术娴熟的工匠实现了马若雷勒的设计，创作出这件无与伦比的奢华家具。*约1900年 高246.5厘米（约97英寸），宽155厘米（约61英寸） CALD*

法国：巴黎学派

后人追溯法国新艺术的发展线索，可以找出一群寻求个性的前卫艺术家们。他们自发形成艺术团体并积极试验新的形式，且得到来自企业家圈子的支持。最重要的赞助人是有影响力的经销商齐格弗里德·宾（见第355页）。他是一位热心的收藏家，特别感兴趣东方艺术，对出版普及远东艺术的出版物《日本艺术》（*Le Japon Artistique*）起了至关重要的作用。这发生在齐格弗里德·宾持续推动新艺术运动之前。

尝试进取

“新艺术”在巴黎取得成功的关键是宾在1895年将其古董店转变为新艺术画廊。他的主要贡献是展出了许多装饰品，既保留了法国传统又为艺术的新趋向指明了方向。他召集到一批具有创新精神的艺术家并展出他们的最新作品——不仅有法国人还有比利时人亨利·凡·德·威尔德和美国人路易斯·康福特·蒂芙尼。宾成功地将新艺术引介给那些对潮流嗅觉灵敏的富有顾客，并与德国艺术评论家朱利叶斯·迈耶-格拉斐（Julius Meier-Graefe）建立了交流联系，后者在1898年创建了《现代住宅》（*La Maison Moderne*）杂志。他的目标是提供人们更多买得起的、用工业方法制成的新艺术风格装饰产品。

巴黎与南希风格

尽管巴黎和南希学派都开创了新的、曲线的、有机的家具风格，但这两个地方的领先设计师们——例如巴黎的赫克多·吉玛德、路易·马若雷勒和南希艾米里·加莱——在从自然界获得灵感方面有各自不同的取向。南希学校的风格更非凡、华丽：精雕细琢的家具有雕塑感形状并擅于用异国情调木材做贴面，饰以珍珠母镶嵌、镶嵌细工和镀金-青铜饰件。巴黎学派的风格则更加轻快和简约，主要得益于建筑师和家具设计师赫克多·吉玛德之手。最有才华的制柜商之一——赫克多·吉玛德曾是比利时人维克多·奥塔的弟子，他最让人津津乐道的作品是巴黎地铁入口——被看作是当时最具创意和先进的成就之一。他大胆而充满活力的三维家具设计极富想象力，其造型常源自自然世界。起初很多都是由坚实的桃花心木制造，但后来被软梨木代替，因其容易塑形。

装饰灵感

虽然巴黎学派的装饰灵感多来自大自然，却也是很程式化的。其他和齐格弗里德·宾同样有影响力的画廊和零售店相关的家具设计师有尤金·盖拉德、荷兰人乔治斯·德·弗尔和德国出生的爱德华·克罗纳，他们共同形成了巴黎新艺术的核心。

洛可可的影响

盖拉德所做的家具坚固耐用不乏活力，大吹复古之风，直接取自18世纪路易十五的洛可可风格。例如其在1900年巴黎博览会上展出的胡桃木橱柜，以及轻快的带水生植物图案装饰的桌椅。

德·弗尔所做的家具纤细又精致，有精细雕刻的植物图案，并结合丝绸面料。他繁复的设计是从18世纪法国的传统家具尤其是路易十六风格中汲取灵感。

克罗纳的家具是新艺术中的低调另类。其亮点是简单的形式以及将装饰图案雕刻在轻薄和精致的把手上面。

橡木椅

这把核桃木雕刻的椅子由尤金·盖拉德设计。椅子有独特的镂空、不对称花卉和叶状雕刻外框以及蜿蜒的曲线，背面雕刻了植物的卷须。座位和靠背有花卉图案的棕色皮革压印，用黄铜螺钉固定。椅子有外展的脚部。这种风格深受巴黎学派中的领军人物、艺术家工匠赫克多·吉玛德等人的影响。*约1905年 高107.5厘米（约42英寸） MACK*

橡木餐架

通过这件家具可见新艺术更为拘谨的风格。橡木紫心餐架为里奥·加洛特设计。它有一个拱形带镂空的高背，程式化的叶形图案，下有两个中楣抽屉和开放式架子。*约 1910 年 高 125 厘米（约 49 英寸），宽 122.5 厘米（约 48 英寸） CAL*

书桌椅

这把托尼·塞尔莫斯汉（Tony Selmersheim）椅子为黄檀木所做。带衬垫的靠背上有波纹形顶冠，带卷曲扶手和座位。八字腿微微外展。*约 1902 年 高 76 厘米（约 30 英寸），宽 58.5 厘米（约 23 英寸） CAL*

红木边椅

卡米耶·戈捷（Camille Gauthier）和保罗·帕蒂尔设计，矩形顶面两端凹形，有细腻的花形图案果木镶嵌。拱形中楣有水仙纹样的镶嵌饰带，螺旋形尖腿。*约 1900 年 高 74 厘米（约 29 英寸），宽 81 厘米（约 32 英寸），深 60.5 厘米（约 24 英寸） MACK*

图书馆支架

托尼·塞尔莫斯汉设计，有一个正方形的顶部和成型的边缘，上方搁架下的底层另有方形架子。外展八字腿靠交叉的撑架连接起来。*约 1910 年 高 135 厘米（约 53 英寸），宽 90 厘米（约 35 英寸） MACK*

胡桃木架子

爱德华·迪奥特（Edouard Diot）设计。平顶下有精美不凡的曲线支架，雕有交织在一起的花形图案，从上半部开放的支架延展而来。八字雕花脚。*1902 年 高 136 厘米（约 54 英寸） CAL*

艺术与建筑的内在联系

建筑在巴黎学派的发展中起着关键的作用，尤其体现在赫克多·吉玛德的设计中。

19 世纪 90 年代，法国的公共和私人空间的内饰设计经历了一段时期的激进变化，反映在新艺术运动中是对新兴现代材料的兴趣，以及从自然世界中汲取装饰图案的灵感和极具想象力的形式。法国新艺术风格中最具原创性的建筑师赫克多·吉玛德，以其设计的好似梦幻花园入口的巴黎地铁站入口闻名。

从 1894 年到 1898 年，作为建筑师的吉玛德在巴黎建造了一座独特的公寓，被称为“贝朗榭公寓”，位于拉封丹。从外观到室内都非常夸张大胆，布满抽象装饰。他在墙上使用了斑驳的色彩，并建造了室内的庭院，以便让更多的光进到公寓里。

吉玛德认为创造色彩鲜艳的生活空间需要开放性和光亮。他在贝朗榭公寓中证明了装饰艺术如何通过结合广泛的材料与建筑形式，来成功创造统一而现代的艺术作品。

布瓦西埃地铁站入口 巴黎地铁出入口是赫克多·吉玛德设计的曲线形铸铁的一个例子。*1899–1904 年*

巴黎贝朗榭公寓 赫克多·吉玛德设计，无论是外部还是内部都体现出他天马行空的设计特色。*1894–1898 年设计建造*

玻璃面柜

柜子上有用柠檬树木和椴木雕刻的叶状图案。彩色玻璃柜门内嵌有简单的旋转叶状图案有色玻璃。该家具是由爱德华·克罗纳为齐格弗里德·宾设计的。*1900 年 高 211 厘米（约 83 英寸），宽 145 厘米（约 57 英寸） CAL*

比利时

在19世纪晚期的欧洲，新艺术在比利时达到创造力的巅峰。其成功地位很大程度上归因于人们乐于发现全新而令人兴奋的艺术。新艺术风格要求室内设计尽量达到整合性、统一性——其理念在欧洲各地已然实现——这一致而活泼的风格也扎根在了比利时。大量富于创造力的艺术家兼建筑师如维克多·奥塔、亨利·凡·德·威尔德和古斯塔夫·博维等就是比国新艺术设计界的代表。

比利时新艺术风与法国的版本如出一辙。产生了很多自由流动、蜿蜒曲形的雕塑化家具，丰富的装饰图案如花卉、树木、蝴蝶和昆虫都模仿自大自然。

亨利·凡·德·威尔德

亨利·凡·德·威尔德在他位于布鲁塞尔附近的家乡设计的“花院”为其赢得了赞誉——里面的家具、地毯和墙面共同创造出一个和谐的整体。他通过在巴黎著名的零售商店里展示和出售家具，与法国取得了紧密的联系：包括齐格弗里德·宾的新艺术和朱利斯·迈耶·格拉斐的《现代住宅》杂志。威尔德深受威廉·莫里斯著作的影响，他深信其“艺术装饰应始终服从于有机形式”这一为全欧认同的学说，并在其家具设计中加以强调。家具设计应呼应大自然的微妙曲线，呈现在浅色原生木材如胡桃木、榉木、橡木上，并将装饰效果降至最低。尽管在威尔德的理论中功能是第一要义，但他的家具如橱柜、桌子和写字台等在结实之外仍显得优雅而简单。

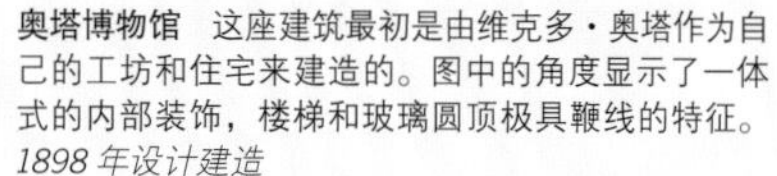

奥塔博物馆 这座建筑最初是由维克多·奥塔作为自己的工坊和住宅来建造的。图中的角度显示了一体式的内部装饰，楼梯和玻璃圆顶极具鞭线的特征。*1898年设计建造*

维克多·奥塔

比利时新艺术风格的另一先锋人物是建筑师、设计师维克多·奥塔，他设计的壮观建筑有布鲁塞尔大酒店。其内饰堪称和谐整体的集大成者：从墙上镶板、天花板、门框到家具和金属固件都使用了相当多令人惊奇的新材料，如铁和玻璃。

法国和比利时新艺术运动的交相辉映催生了奥塔式家具的活力曲线造型——以其标志性的鞭线影响了巴黎设计师赫克多·吉玛德。他昂贵的家具由名贵木材如枫木、桃花心木和果木巧妙地制成，并以天鹅绒和丝绸做华丽的装饰。

古斯塔夫·博维

和前两位一样，博维将许多新艺术的装饰主题融入到家具设计里：包括植物图形、蜿蜒曲线和锻铜与锡的饰件。博维信服英国工艺美术运动的原则，决心为每个人设计家具，这具体表现在他坚固的、直线形家具和对橡木的偏爱上。

比利时设计师高度原创家具的影响力超越了国境，为全欧的新艺术家具确立了文化标准。

小梳妆台

由桃花心木制成，是艺术家、建筑师古斯塔夫·博维设计的一件卧室家具。镜子含三个面板，有轻微弯曲的外框。桌面有一双抽屉，下面也有两个抽屉。顶面为优雅的曲线，连接腿部的拱形撑架，形成了容膝处。*1899年 高188厘米（约74英寸），宽37厘米（约15英寸），深57厘米（约22英寸）*

床框

该床框是大胆的曲线形，用彩色的橡木制成。亨利·凡·德·威尔德设计。头部和底板是弓形和弯曲的侧线，以及浮雕的盾形面板。八字脚构成整体形状的一部分，有黄铜脚轮。威尔德认为艺术应该遵循一种有机的整体形式，他设计的家具的形状和装饰深受此理念影响。*约1897–1898年 宽203.5厘米（约80英寸） QU*

边椅

这把红木椅子为奥塔设计，表明他善于使用奢华的材料和曲线风格，正如椅子的靠背、腿和撑架所示。座位为全包式衬垫。*约1901年 高95.2厘米（约37英寸）*

胡桃木桌

这一胡桃木边桌上有一个突出的圆形顶部，拱形裙档，弯腿，程式化脚。这件作品由亨利·凡·德·威尔德设计。*约1916年 高69.25厘米（约27英寸）QU*

桃花心木屏风

这一桃花心木屏风由古斯塔夫·博维设计，三个玻璃面板形成了强大的垂直线效果。相比之下，其顶部为一整个的弯曲形状。屏风较低处的玻璃是原装的，而高处部分则是后来替换的。*1899年 高159.8厘米（约63英寸）*

桃花心木玻璃陈列柜

桃花心木柜子矩形的顶面有蛇形雕刻环绕其间，开放式壁龛下方有玻璃门和橱柜。边侧有小架子和雕刻的支架。从风格看属于维克多·奥塔的典型作品。*约1900年 宽90厘米（约35英寸）*

女士书桌

亨利·凡·德·威尔德设计，并由魏玛的H.舍伊德曼特尔（H.Scheidemantel）制作。该家具是典型的威尔德式作品。单单用木材本身的曲线就创建出一种不寻常的有机形状，从而避免了油漆、镶嵌或任何复杂装饰手段。装饰细节并不显眼，包括了黄铜钥匙嵌件和黄铜包脚。*约1903年 宽123厘米（约48英寸）QU*

桃花心木与混搭材质的桌子

这桌子是桃花心木的，装饰为细工镶嵌。顶面有花形镶嵌，下面有一个小抽屉，橱柜镶嵌着水仙花图案。支架上点缀着蛇形卷须和黄铜配件。*约1902年 宽63.5厘米（约25英寸）CAL*

意大利和西班牙

西班牙与意大利的设计师们向世人呈上华贵而独具原创性的家具，他们的作品是新艺术风格里最具异国情调的。

新艺术除了伦敦商店橱窗展示的那种前沿风格外，在意大利它被叫作自由风格或“花的样式”。其得名自新艺术运动中自然主义装饰的明显特征。意大利在运用自然元素做装饰方面有丰富的传统，从古罗马的马赛克到宏伟的巴洛克风格都是明证。在1902年都灵首届现代装饰艺术国际博览会上面世的新风格为多位设计师所采用，如“花的样式”大师埃内斯托·巴西莱（Ernesto Basile）和多产的制柜商卡罗·赞（Carlo Zen）以及欧亨尼奥·伊夸尔托（Eugenio Quarto）。

伊夸尔托精美的雕刻作品因符合意大利喜好和现代生活的需要而备受赞扬，而不是复制北欧的新艺术设计。

卡洛·布加迪

然而，当时最有非凡创意的设计师非卡洛·布加迪（Carlo Bugatti）莫属。布加迪于1888年在米兰建立了工作室，在那里他的设计受到了花卉、动植物、古埃及、拜占庭帝国和摩尔人的影响，还从日本艺术中获取灵感，从而对新艺术运动做出了折衷式的阐释。

布加迪工作室生产的手工家具——包括桌子、橱柜、椅子——构造上虽然不太好，但有一种质朴而富有想象力的魅力。其家具通常具有较实用的功能，例如带有内置橱柜的桌子和装有灯的椅子。他的产品还充分运用各种华丽的材料，包括用丝绸、皮革和羊皮纸来装饰椅子、盒子和桌面，乌木、骨头、珍珠母和金属用作镶嵌物等。

布加迪个人的家具风格，反映在他对柔软温暖的颜色、纺织品和北非金属条的使用上，他还受到伊斯兰主题的启发，如独特的盾形背、新月形腿、尖顶和尖塔形状等。布加迪为特定空间设计的家具在当时引起了轰动，他在1902年都灵现代装饰艺术国际博览会上为意大利馆创作的摩尔式室内设计获得了大奖。

布加迪早期的家具很结实，图案活泼复杂，但后来他受到巴黎新艺术运动设计师们的影响，发展出一种更加克制的风格，这种风格依赖于苍白的颜色和蛇形曲线。

西班牙和高迪

巴塞罗那的安东尼·高迪（Antoni Gaudi）领导的加泰罗尼亚建筑师团队将新艺术风格带到了西班牙。高迪是一名大胆的原创设计师，他创造了独特的家具，特色是采用蛇形形状和装饰性花卉以及对来自大自然的植物图案的运用。高迪设计的家具在实用性上颇具特色，比如含有小桌子的橱柜。他的大多数家具由橡木制成，大部分都是为自己设计的。

意大利椅子

这把边椅为贾科莫·科梅蒂（Giacomo Cometti）设计，雕花橡木制成。椅子的后背有弯曲的雕刻但仅限于椅背条，这把椅子整体装饰华丽又不失整洁。座位软垫由小黄铜螺柱固定。*约1902年*

西班牙柜

这个角柜是用橡木做的，圆形顶部带有两个弧形的玻璃门。门通过曲木隔断被分成六个玻璃镶板。内部有两个架子。三条腿支撑。*1904–1905年 高103厘米（约41英寸）*

意大利边柜

意大利橡木柜为贾科莫·科梅蒂设计。侧板装饰有蛇形黄铜嵌件，雕着花和叶状图案，这是科梅蒂典型的浅浮雕金属工艺。上半部有中心式橱柜，抽屉的两侧有开间。下半部包含一个大理石台面的橱柜。科梅蒂是由工匠转化而来的一位艺术家，最初是雕塑师。他受到了英国工艺美术运动的很大影响。*约1902年*

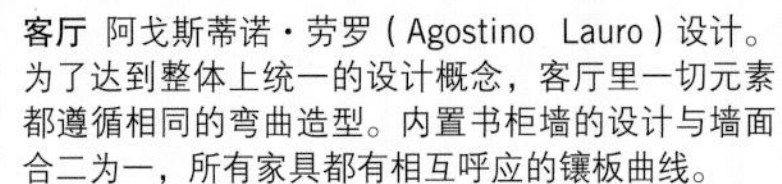

客厅 阿戈斯蒂诺·劳罗（Agostino Lauro）设计。为了达到整体上统一的设计概念，客厅里一切元素都遵循相同的弯曲造型。内置书柜墙的设计与墙面合二为一，所有家具都有相互呼应的镶板曲线。

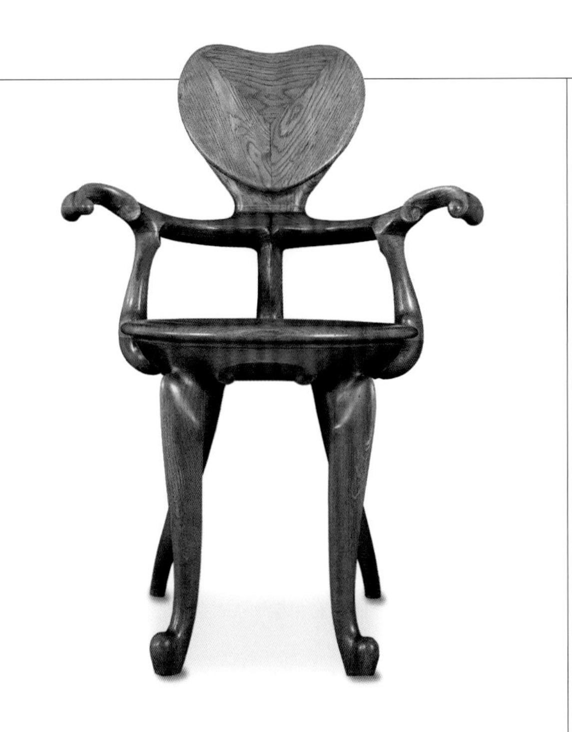

地中海扶手椅

这把引人注目的椅子由整块橡木制作而成，安东尼·高迪设计。有一个心形后背。圆形座位下有轻微弯曲的腿。*约 1900 年 高 95 厘米（约 37 英寸）*

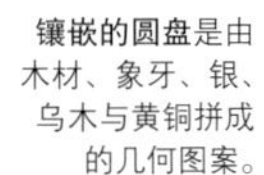

坚果木扶手椅

深染色的扶手椅为布加迪设计。每把椅子装饰锡质浮雕镶嵌和铜饰带。座位和靠背软垫为天然皮革，有羊毛流苏点缀。*约 1900 年 高 118.7 厘米（约 47 英寸） DOR*

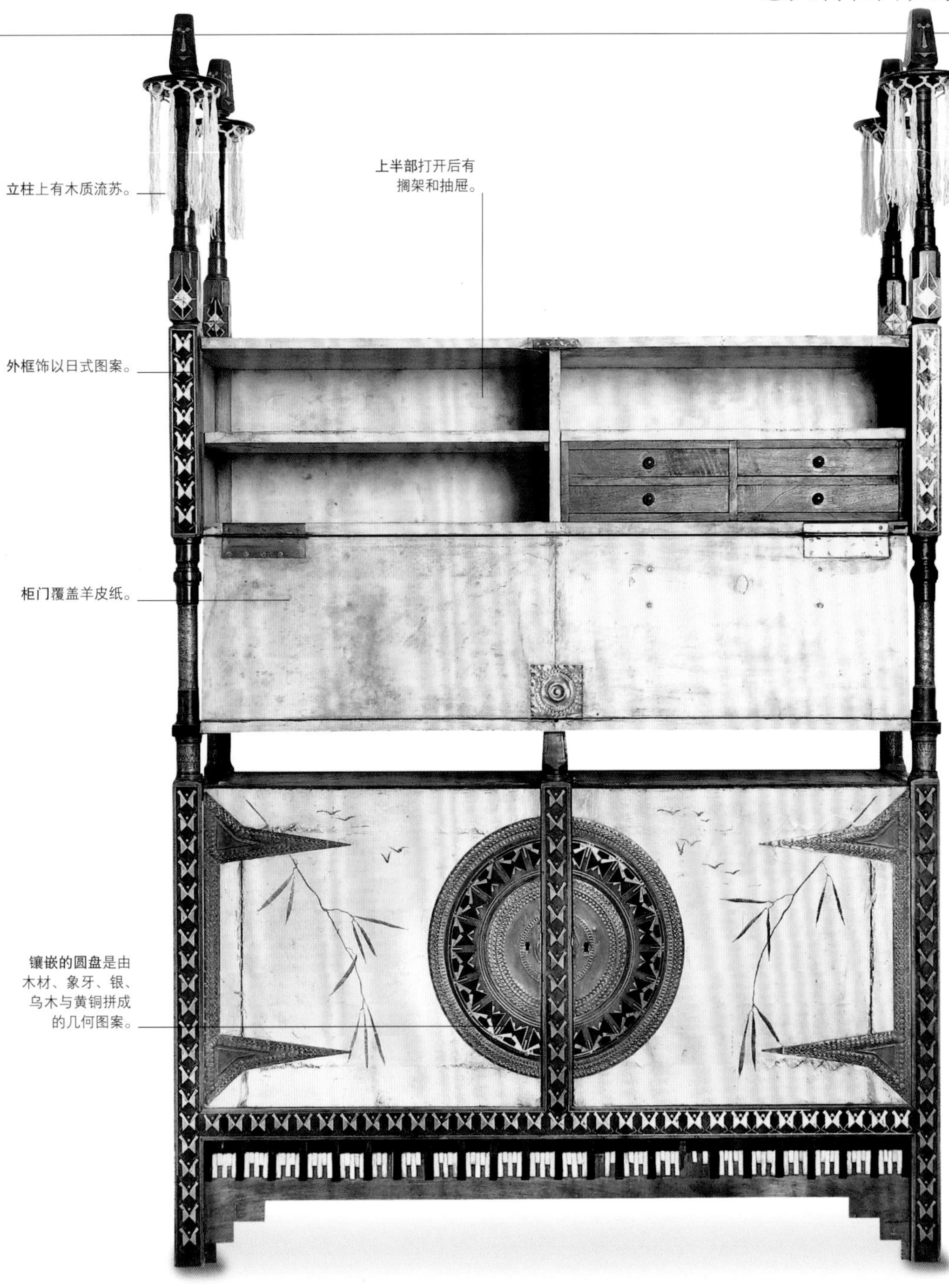

意大利镶嵌餐柜

由卡洛·布加迪制作，可以看出其受到日本、摩尔式和埃及的影响。门表面覆盖羊皮纸，上半部的门有铰链，打开后可见搁架和小抽屉。整个作品为四柱式结构：框架为棕色染色，顶部为抛光的坚果木镶嵌；盒体用软木材，覆盖着羊皮纸，绘有日本风格图案。作品还用了奢华的装饰镶嵌材料，包括铜、银、乌木和象牙。这件家具极富想象力，结合了木材、金属、纸、牛皮纸，最终形成一种独特的风格。*约 1900 年 宽 154.4 厘米（约 61 英寸） VZ*

祷告凳

板凳为高迪设计，靠背弯曲，扶手平直，座位弯曲成弓形。纤细而巨大的腿与撑架相连。*20 世纪初*

休闲桌

这张桃花心木休闲桌有布加迪的标签，上面镶有锡、骨和圆盘，还有程式化的圆形小花边。腿部带青铜色浮雕。*20 世纪初 高 40 厘米（约 16 英寸） L&T*

查尔斯·伦尼·麦金托什

优雅而纤薄、带直线与柔和曲线以及几何形装饰是麦金托什式家具的典型特点，也使其成为苏格兰最受尊敬的设计师之一。

查尔斯·伦尼·麦金托什（Charles Rennie Mackintosh）在格拉斯哥出生并接受教育，学生时代的他曾获得过很多奖项，包括著名的亚历山大·汤姆森旅行奖学金，这使他之后去了法国、比利时和意大利旅行并学习。他的职业生涯由建筑师开始。1889年，他加盟约翰·霍尼曼和凯皮（John Honeyman and Keppie）公司并于12年后升职成为合伙人直至1914年。麦金托什不像别人那样广泛采用古典传统，而是将兴趣转向他家乡苏格兰的哥特式建筑。

鉴于当时英国大部分地区的家具设计的主导力量是工艺美术风格，在格拉斯哥兴起的这场全新的设计运动颇令人感到惊奇。麦金托什受到《工坊》杂志上面刊载的许多原创作品的深刻影响，这使得他开始设计家具、织物和室内装潢。麦金托什受到格拉斯哥艺术学院主任——很有进取心的弗朗西斯·纽伯里（Francis Newbury）的鼓励，并联合其他艺术家如杰姆斯·赫伯特·麦克奈尔（James Herbert MacNair）和麦克唐纳德姐妹共同创造了所谓的格拉斯哥风格（见第366页）。他们被世人并称为“格拉斯哥四杰”，这四个人在家具、织物、金属和海报设计上展现出独一无二的才华。

仿乌木梧桐椅子

这把椅子有一个独特的几何结构，靠背是程式化风格的树状从上一直延伸到底部的撑架。嵌入式座位上有扁平织物填充。是为克兰斯顿小姐闻名于世的“Hous'hill”设计。*1904年 高72厘米（约28英寸）L&T*

关键时期

查尔斯·伦尼·麦金托什

1868年 查尔斯·伦尼·麦金托什出生于格拉斯哥，是一个警长的儿子。

1889年 加入格拉斯哥公司成为建筑师，公司成员还有约翰·霍尼曼和凯皮。

1893年 和杰姆斯·赫伯特·麦克奈尔、麦克唐纳德姐妹并称“格拉斯哥四杰”。

1896年 在格拉斯哥艺术学院的设计比赛中胜出。

1897年 接受克兰斯顿小姐邀约为其在格拉斯哥的一系列茶室做设计。

1900年 他的室内和家具设计在维也纳第八届分离主义展览上引起轰动。

1902年 为维也纳工坊首席财政支持者弗里茨·华恩多夫做集成式室内设计，包括格拉斯哥附近的山间别墅和维也纳的一间音乐室。

1909年 最后的建筑杰作：设计完成格拉斯哥学院的艺术图书馆。

1914年 离开霍尼曼和凯皮公司，在伦敦定居。

1928年 因癌症在伦敦去逝。

建筑师与家具设计师

麦金托什在建筑方面的成就体现在1897年为格拉斯哥艺术学院所做的设计和家具装饰，还有与乔治·沃尔顿合作为凯特·克兰斯顿（Kate Cranston）小姐设计的几间格拉斯哥茶室，以及一些私人住宅上。其设计的家具比较袖珍从而可以强调出空间的效果，并为房间营造出一种诗意的氛围。

麦金托什不仅自己出品各式家具，还为其他格拉斯哥家具制造商如格思里和威尔斯提供设计方案。椅子尤其激发起他的想象力，他设计了多种新颖的款式，其中椅背是他关注的重点。他为克兰斯顿小姐的茶室设计的家具中就包括一把他第一次签名的高背椅，这件作品有一个椭圆形的顶轨。

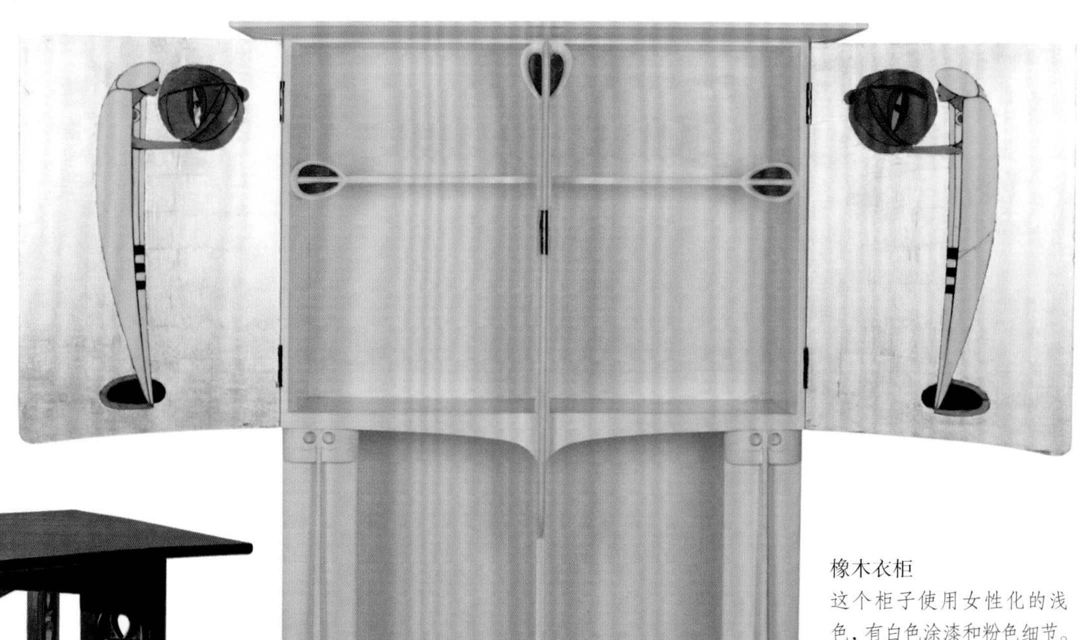

橡木桌

支撑桌子的腿部都有鲜明的矩形纹样和直线以及带有剪影般的心形图案。桌子是为克兰斯顿小姐的阿盖尔茶室而设计。*1897年 高71厘米（约28英寸），宽61厘米（约24英寸），深61厘米（约24英寸）*

橡木衣柜

这个柜子使用女性化的浅色，有白色涂漆和粉色细节。颇有特色的是柜门内面绘有两个人手拿二维化的玫瑰图案，这一形象广泛出现在麦金托什的建筑和家具上。此件家具是为格拉斯哥的金斯伯格（Kingsborough）花园而做。*1902年 高154.3厘米（约61英寸），宽99.3厘米（约39英寸），深39.7厘米（约16英寸）*

麦金托什室内装潢

在麦金托什的许多成就中，最为人知的是其建筑设计，
其内饰严格遵循了统一的风格。

1896年，麦金托什赢得了设计新格拉斯哥艺术学院的资格比赛。他不仅承担了学校的建筑设计，还与玛格丽特·麦克唐纳德合作设计了其内饰。这一设计成功混合了简洁矩形和新艺术微妙的曲线，表现在所有的东西上，包括火炉顶 、照明灯具、地毯、家具和陶器等等。

1897年麦金托什第一次从凯特·克兰斯顿那里得到了工作邀请，装饰她在格拉斯哥的一系列茶室，设计与施工一直持续到1917年。一开始，他在布坎南街房上所做的还只限于在墙上制作壁画，室内陈设由乔治·沃尔顿设计。然而，在接下来的设计任务中——即阿盖尔街茶室——原先的设计原则被完全颠覆了，麦金托什完全按照自己的意思做出创新设计，主要表现在直线条的椅子上。麦金托什在英格拉姆街和苏士赫尔街茶室的装饰中继续实施其统一格调的方案。在那里他将建筑与室内设计相结合，创作出一种宁静的氛围。家具无论造型还是装饰都有所限制，表现出他著名的“轻快女性”和“沉暗男性”式的色彩主题。这一总体性设计的重要意义甚至表现在他设计的茶匙和茶室女服务生的衣服上。

凯特·克兰斯顿是麦金托什最坚守如一的顾客，除此，为他理想的整体式室内设计买单的人还包括维也纳工坊背后最主要的财务支持者弗里茨·华恩多夫，麦金托什为他设计了一间音乐室；支持者还有出版商沃尔特·布莱克，他委托麦金托什设计他在格拉斯哥附近的山间别墅。

艺术爱好者之家 以麦金托什几何式室内设计样式表现的一套白色高背座椅和一张正方形餐桌。家具的几何形态与墙上的镶板相呼应。

繁复的风格

在工艺美术运动中根深蒂固的原则如注重做工的精细，遵循自然主义如将木材本身的纹理和颜色作为装饰效果，这些对麦金托什来说无关紧要。相反，他成熟的家具设计受到爱德华·戈德温的启发，有时甚至结构上并不太牢靠，仍采用大胆的直线并带有柔和的曲线。麦金托什最喜欢的木材包括橡木和山毛榉木，颜色上虽然有时会用到灰色、棕色、橄榄色和丰富的“黑暗阳刚”的色调，但他更喜欢“清亮女性”似的白色和柔和的色调来组合，类似于美国艺术家詹姆斯·麦克尼尔·惠斯勒（James McNeill Whistler）画作中常见的颜色。

家具上的装饰则较简洁，明显呈现出几何形如长方形和正方形；有带弧形和圆形金属镶嵌和粉色或紫水晶色的玻璃和珍珠母；错综复杂的花卉图案如玫瑰，衍生自日本的图案和凯尔特式艺术；优雅的椅子椅背渐趋细薄，橱柜加装了宽大伸展的檐口，桌子则有锥形支撑。麦金托什所演绎的新艺术风格既与法国和比利时新艺术运动风格的豪华性感不同，也和英国手工艺风格家具的坚固、阳刚迥异，与它们都形成鲜明的对比。

获得认可

虽然麦金托什的纯净、直线风格很大程度上在英国其他地方被忽视了，但在整个欧洲被人们普遍推崇，并对德国和奥地利的艺术家产生很大影响。当麦金托什在1900年维也纳第八届分离派展览上展出其家具时，给同时代的奥地利设计师如克洛曼·莫瑟（Koloman Moser）和约瑟夫·霍夫曼留下了很深的印象——他们尤其赞赏他自信而理性的风格及装饰主题。

麦金托什在1914年离开格拉斯哥去了伦敦，最后几年做过一些建筑项目、绘画和纺织品设计。在他死后的1933年，人们为他举办了一个纪念性展览，展出了他的建筑、室内装潢和家具设计并给予他应得的认可。20世纪50年代，新艺术运动的复苏引发人们对麦金托什的家具设计重新做出评价。而今天，他被公认为是现代运动的很有影响力的先行者。

染色松木橱柜

柜子有三个镂空抽屉，镶板门上有新月形把手。*宽155厘米（约61英寸）L&T*

带支架柜

橡木矩形柜子的两扇门中央有玻璃镶板，外框两边各有三个方截面的垂直支架，由两个与底面平行的撑架连接。支架中间为一个有凸起边缘的架子。*1900年 高141厘米（约56英寸）QU*

格拉斯哥学派

在苏格兰的新艺术运动中心，格拉斯哥艺术学院为这场艺术运动播撒了革命的种子。

极有进取心的学院领导者弗朗西斯·纽伯利和妻子杰西，尽其全力改变了格拉斯哥艺术学院原来只教授绘画的传统。他作为威廉·莫里斯新艺术教学方式的拥护者和追慕者，促使学生尽力地从新艺术的艺术风格和工艺中汲取灵感。他成立艺术工坊，让艺术家工匠在其中可以接受"技术性艺术教育"——包括接触各种商业用途的手工产品，如书籍装订、木雕、陶瓷、彩色玻璃和金属制品。

代表性设计师

较有影响的设计师与建筑师都和格拉斯哥学派有紧密的联系，如查尔斯·伦尼·麦金托什、杰姆斯·赫伯特·麦克奈尔、麦克唐纳德姐妹。他们并称为"格拉斯哥四杰"，他们所做的家具和室内装饰灵感多出自艺术和手工艺的思想，但日后它按其自身路径发展成为在世界范围内被接纳的"格拉斯哥风格"。

这种风格将自然意象与对城市的强烈认同感相结合，具有非常鲜明的苏格兰特色，仅偶尔透露出新艺术运动的一些共性。具体表现在家具上以简单的几何设计饰以程式化的花朵、动植物和人物形象的图案，还有凯尔特风格的装饰。这些都带有当地风景的不寻常颜色，如石南紫、蒙灰色和嫩绿色。格拉斯哥学院赢得了多项赞誉，尤其是在1900年第八届维也纳分离派展览上。它对德国和奥地利工业设计的建筑师们产生了不小的

格拉斯哥学派手敲铜镜 采用复古的、风格化的花卉图案设计，涡旋中有长长的卷须，中心带有醒目的圆形花蕾图案的蓝色珐琅。*约1900–1910年 高231英寸（约59厘米） GDG*

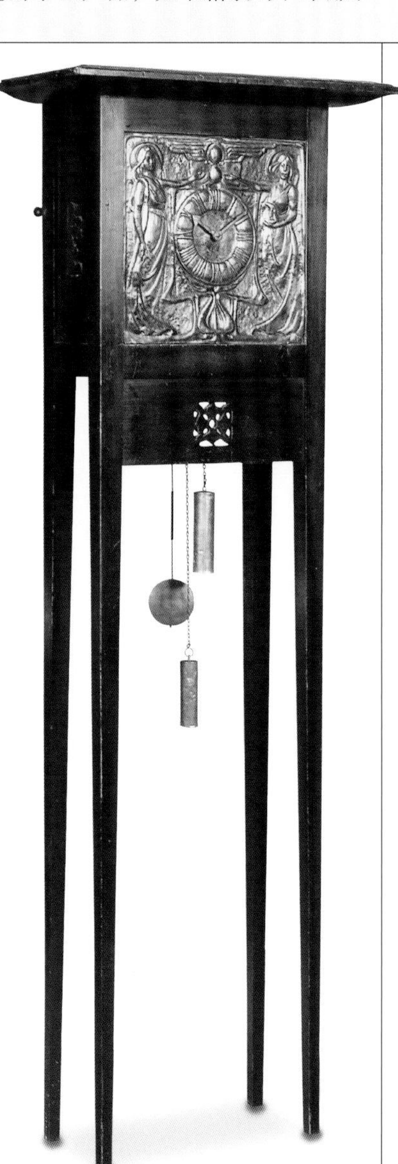

落地钟

彩色榉木，有叶状穿孔。黄铜表盘，由玛格丽特·汤姆森·威尔逊设计，描绘了两个女性——其中之一拿着帆船——双手触摸着一个蛇形植物形态的沙漏。*约1900年 高206厘米（约81英寸） L&T*

镜架

拱形的长方镜子被钉在一体式椭圆形框架上，由仿乌木制成。它有一个手掌形抽屉和一个叶状立柱支撑着的支架。*高192厘米（约76英寸） L&T*

扶手椅

这种染色的山毛榉椅子有一个细长的椅背条，镶嵌有程式化的植物纹样，另有U形顶冠和扶手、软垫座位和方形尖腿。*高147.25厘米（约58英寸） L&T*

桌形柜

这一珠宝桌柜由杰姆斯·赫伯特·麦克奈尔设计，由染色的山毛榉制成。带琉璃的铰链顶面两侧是半月形的展示盒。方形细腿。*约1901年 高77厘米（约30英寸） L&T*

长椅

罗伯特·洛里默爵士设计，染色的山毛榉椅子有一个长方形的竖实椅座和靠背。靠背雕有五组圆形的绿叶植物，上有题字"*Blessit be simple life without end Reid.*（祝福你简单的生活没有尽头。）"*宽152厘米（约60英寸） L&T*

格拉斯哥艺术学院 这座建筑是查尔斯·伦尼·麦金托什于1896年设计的，被认为是其建筑成就最显著的作品。

影响。他们为1902年都灵首届现代装饰艺术国际博览会的展厅做设计，避开蛇形曲线，专注于控制的艺术，采用对称的花朵，拉长图形在玻璃、金属、珐琅上做复杂的线性设计。

玫瑰徽章

格拉斯哥四杰总是能从自然中汲取灵感，偶尔也有科学的精神光顾他们。这个团体的象征物"二维玫瑰"由麦金托什设计，作为标志在其建筑和家具上经常出现，图形来源自一分为二的甘蓝菜。其他同属于格拉斯哥学派的人物有欧内斯特·阿奇博尔德·泰勒——人们多称赞他的设计是"干净、优雅又具备高度精炼的查尔斯·伦尼·麦金托什风格"；乔治·沃尔顿——他细腻而微妙的设计表现在家具、纺织品和玻璃上；还有塔尔文·莫里斯——曾在各种媒介如家具、纺织品、金属制品和玻璃工艺上大展身手。

衣帽架

由染色橡木制成。由怀利和洛克海德设计，表现出麦金托什的影响。模塑飞檐下面的中央斜板两侧有程式化的玫瑰形凸纹铜板。花卉装饰的支架添加至整体设计之中。*高197厘米（约78英寸），宽186厘米（约73英寸），深32厘米（约13英寸） L&T*

几何花卉设计

模制铰链和手柄 有复杂的叶状设计。

精致的木质镶嵌物 描绘了风格化的几何形花卉图案。

矩形和拱形面板 装饰于柜面。

镂空的木头底托 有弯曲的几何图案。

桃花心木柜

这件镶嵌柜由桃花心木制成，优雅垂直的线条有突出的模塑飞檐做点缀。与整体简单线条不同的是，镶板门镶嵌着华丽的几何形、程式化花卉、植物的叶和茎等，两侧是同样的镶嵌板。底座前脸为镂空，两边带重复的心形图案，呼应了前面镶嵌的纹样。该柜可能由J.S.亨利设计，这个格拉斯哥的批发公司经常提供家具给利伯提百货公司，其领军设计师为乔治·沃尔顿等人。*高210厘米（约83英寸），宽150厘米（约59英寸） L&T*

英国

在英国，设计师们除了采用新艺术的基本装饰主题之外还分成两类风格：一种是法国和比利时那种常见的、女性的、流线型风格；另一种是以麦金托什（见第364–365页）为代表的较拘谨的曲线形风格，常见于德国和奥地利。实际上，维也纳分离派设计师们接受了麦金托什的大胆而兼具雕塑性的家具设计。有趣的是，英国的新艺术运动同样采纳了唯美主义运动时期的风格化家具（见第326页）。

精美的手工制家具

19世纪末的英国，虽然大批量工业生产使得工匠们能够向日益增长的中产阶级供给价廉的家具，但物美方面却随之开始走下坡路。威廉·莫里斯及手工艺运动工匠们生产出的家具开始扭转这种局面。后继的新艺术风格设计师和工匠即使使用机器制造家具，仍额外重视品质。

许多英国新艺术家具制造商使用缎木、胡桃木和桃花心木做家具，其中的极品皆有精心的切割和镶嵌。

沙普兰和皮特公司

沙普兰和皮特（Shapland and Petter）公司最为知名的是其家具所保持的艺术与手工艺传统，并以进口木材如桃花心木制作高质量的精细家具。这个总部设在德文郡布朗斯坦普的公司，也生产饰以优质雕花、染色面板或程式化黄铜镶板的橡木家具，还使用当地的布伦南陶瓷圆盘作装饰。

虽然其团队设计师们多数默默无闻，但公司为全英的家具商店供货。设计师包括利兹的马什·琼斯（Marsh Jones）和格里布斯（Cribbs），还有格拉斯哥的怀利与洛克海德。他们的作品远销海外，即使运用了工业化生产也无法掩盖其精湛手工的光彩。

镶嵌装饰与主题

沙普兰和皮特公司及其下属设计师与建筑师如欧内斯特·吉姆森使用象牙、银、鲍鱼壳、珍珠母和果木来装饰他们的设计。

与法国和比利时一样，其装饰的主题从自然中来，如程式化的孔雀羽毛、雪莲和百合花——它们都用在了细工镶嵌或是金属镶嵌上。铰链和门拉手的设计常常取自欧洲大陆制造商喜用的蜿蜒形鞭线。

怀利与洛克海德的格拉斯哥公司的家具也是这类风格，有时结合了格拉斯哥学派常用的略带棱角的外观。

艺术与手工艺的杂交

有些遵循工艺美术运动风格的设计师和工匠如查尔斯·沃伊塞（Charles Frances Annesley Voysey）、查尔斯·罗伯特·阿什比（Charles Robert Ashbee）虽然受到了新艺术运动的影响，仍坚持融合工艺美术运动的造型，从而造就混合风格外表。

以沃伊塞为例，他在装饰上的策略是惜墨如金的，多强调材料本身的质感。然而，他偶尔也会用金属饰件或面板。

伦敦的Liberty & Co.商店在普及新艺术风格上多有助力，具体的是竭力推出最具创造力的设计师如沃伊塞和麦金托什，并且将商业仿制权授予其他商家。Liberty & Co.的大多数家具取材于橡木和桃花心木，受他们委托的设计师产品如E.G.庞尼特、伦纳德·F.威勃德所产的橡木橱柜、桌子和椅子成为店内最为明显的标志。Liberty & Co.为人所知的是其简洁的结构、匀称的设计和严谨而非奢华的装饰主题，并以“Liberty & Co.”的长条标牌为其字号。

软垫扶手椅

桃花心木扶手椅有独特的水平状扶手板条与嵌入式座位。顶冠上镶嵌着一组共五个程式化的豆荚图案。座位和背部装饰了带花卉图案的织物。*L&T*

休闲桌

这张桌子的六角形顶面下另有一层。精美的镂空支架末端延伸出细长弯曲的腿。*高 70.5 厘米（约 28 英寸） L&T*

利伯提百货公司

这家商场在1875年于伦敦的摄政街开张，始终处于新风格的先锋地位。

1883年，原本凭借出售东方瓷器和新艺术风格织物而出名的利伯提百货公司在伦纳德·F.威勃德指导之下新落成了一个家具和装饰工坊。工坊的目标是满足日益增长的对新颖款式家具的需求，这就要求新艺术式的家具设计要兼备时尚性、装饰性和经济性。家具风格自由地借鉴自C.F.A.沃伊塞和查尔斯·伦尼·麦金托什等人的设计。到1887年，利伯提百货公司成功销售了大量设计简单的椅子和具有乡村风格的橡木家具——都带有镶嵌装饰、精心设计的皮带铰链、铅玻璃面板和瓷砖，这些设计细节使得新艺术家具获得了更广泛的受众。

利伯提百货公司的象牙名牌

铜镜 这件作品装饰有植物茎的压凸纹，上有蓝色的花蕾状小圆盘或陶盘。*约1900年 宽 64.5 厘米（约 25 英寸） PUR*

胡桃木梳妆台 梳妆台上的铰链铜把手为原配。简单的结构和少量的装饰是利伯提百货公司产品的典型样式。*高 180 厘米（约 71 英寸） L&T*

边椅

为放在角落而特别设计，有源自18世纪末的直角，方形座位两边都有靠背。顶冠下为一体式椅背条。螺旋腿与平行撑档连接，球形脚。*L&T*

写字桌

背后有镂空边廊，铜饰面板有浮雕的猫头鹰和程式化的植物，这些特征明确表明它属于新艺术运动时期。桌子被认为不是沙普兰和皮特所做，而是出自怀利和洛克海德之手——他们都是高度重视家具质量的生产商。*高118厘米（约46英寸），宽106厘米（约42英寸） L&T*

陈列柜

婀娜的桃花心木镶嵌装饰柜有鲜明的细工镶嵌和鞭线。这种时尚的技术在当时被广泛运用到昂贵的家具上。椭圆形镜子下面的橱柜门上有用含铅玻璃装饰的郁金香图案。*高177厘米（约70英寸） L&T*

门和抽屉配件为手工制作。

中间的壁龛有储藏功用。

镶板为一体式，并有几何形纹样。

门上铰链、把手和锁眼饰以大胆的几何图案。

木箱为机械加工制成。

衣柜

这件桃花心木衣柜是传统工艺和机器技术高度结合的典型代表。制造商为沙普兰和皮特。装饰性来自镀金属的门把手和抽屉配件，还有镶有独特叶状图案的中央柜门。*高210厘米（约83英寸） DN*

爱德华时代的英国

爱德华时代（Edwardian）许多家庭喜欢新潮的艺术样式，但有些还是喜欢复古的风格，于是古典风重新流行了起来。各种不同历史时期的设计有的灰飞烟灭，有的则被公司重又推广而在英国卷土重来。设计的灵感来源多种多样，从很久远的文艺复兴、伊丽莎白时期、雅各宾时期，甚至哥特式和较近一点的谢拉顿、赫普怀特和罗伯特·亚当所做的新古典主义家具。多样风格杂糅的结果是爱德华时期家具更加舒适，而不是前卫，也没有维多利亚时代的家具理想那么杂乱。新艺术和复古风家具亦同时满足了不太能接受激进风格的家庭和那些更愿意订购最新流行款式的家庭。

复古风家具

复古的趋势自19世纪末开始弥散，特别是一些针对中产阶级的室内设计的新书问世后，与英国新古典家具有关的三位伟大设计师的名字才得以彰显。到了1897年，谢拉顿的《家具制作与装饰绘本》和赫普怀特的《家具制作和装饰指南》再版，这股复古风方才大势已定。其结果是这三位设计师的创作出现相互融合的趋向，并且为了适应爱德华七世时代较小型客房和对舒适性的要求不断调整。这也可以看作是对维多利亚时代家具大吹沉重阴郁之风的一种反抗。

复古家具往往由轻红木、缎木或缎面桦木制作，并饰以镶边、直角单板（*Cross banding*）或木质镶嵌贝壳，由骨头固定或绘有花卉和卷曲的叶状。有的家具由少量的进口和昂贵木材制成，并涂成类似于缎木的效果。

有设计师将谢拉顿的设计瘦身，使其显得更加精致。这一做法有时会过了头，导致家具变得单薄，超出了一般的尺寸。

有的设计师则取道仿制这条捷径并着眼于重新发展谢拉顿和其他新古

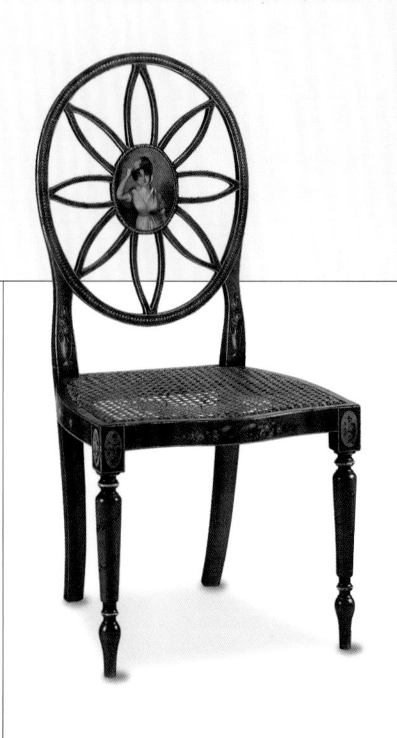

边椅

这是一对谢拉顿风格的复古式缎木边椅。镂空椭圆形靠背的中央是一个年轻女孩的肖像，座位为藤编。前腿螺旋形。*20世纪初 DN*

玻璃搁架可反光，为里面的物件增添光彩。

玻璃镶板可以很好地展示里面的宝物。

彩绘垂花饰与奖章为古典主义式的。

纤细与精美的腿部

缎木玻璃陈列柜

这件橱柜的优雅比例是爱德华时代的特征，当时的家具变得越来越纤细与精致。虽然时代的影响在家具上有所不同，但彩绘的垂花饰、奖章和这期间的典型图案都属于古典风格。檐口和山墙上装饰了肖像画。玻璃陈列柜这一种类直到19世纪后半叶才流行开来。这个柜子有一个“Maple & Co.”的标签。*20世纪初 高73厘米（约29英寸），宽136.5厘米（约54英寸） MLL*

休闲桌

这张圆形的桌子是桃花心木做的，并带有缎木饰带和花形镶嵌。方锥形支架与撑架相连接。*20世纪初 深66厘米（约26英寸） GorL*

典主义设计的精髓。有些家具只有专家才能分辨原作和仿作。模仿的个中好手有兰开斯特的基洛斯公司、爱德华家族和伦敦的罗伯特家族，与他们不分伯仲的还有很多公司——其策略是制作廉价的仿制品以迎合大众市场，且许多家具上没有制作者的名字，分辨它们的归属变得很困难。

毫不动摇

除却那些真伪难辨的家具，爱德华时期多数家具还是能够保持高品质。有时贴皮会扮演掩盖低劣家具外表的角色。这一现象的出现是因为人们对各式家具有大量的需求，如书桌、书柜、五斗橱、演示橱、衣柜、边椅、餐椅和其他类型的椅子、餐桌，还有梳妆台、大理石台面的盥洗台、床头柜。沙发多基于谢拉顿和赫普怀特的设计蓝图，但没有维多利亚风格那么夸张。手工匠人一般会为成套的沙发配上椅子——常常用桃花心木制作——有时也用胡桃木或椴木。座位常用丝绸或缎子包衬，椅背和边框则是藤条制成。

主要代表

爱德华时代耳熟能详的家具商名字有沃林和基洛（Waring and Gillow）以及 Maple 公司（Maple and Co.）。后者位于托特纳姆宫路，是当时世界上最大的家具卖场。无论国内国外，上至皇室名流下至中产都是订购其家具的客户。比如俄罗斯的尼古拉斯沙皇就用其工坊出品的家具来装饰冬宫。Maple 公司也为英国大使馆供应家具，甚至将一架大钢琴用马匹驮上了开伯尔山口。即使最为挑剔的人，除了复古风新艺术运动之外还有其他选项可供其装饰房间，如用新材料竹子和柳条制成的家具，或是莫里斯式，或是受日本影响的家具。

女士写字桌

可能由 Maple & Co. 公司生产，这一紧凑的黄檀木和桃花心木镶嵌女士书桌有较高的边廊和带盖子的内部隔间。三个抽屉中楣下为内嵌式皮革书写面，有细长的腿。*约 1905 年 宽 100 厘米（约 39 英寸） FRE*

精美的吊环拉手

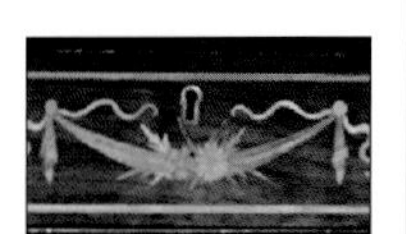

古典式镶嵌纹样

玻璃陈列柜

这一令人印象深刻的桃花心木柜具有精美的交叉装饰与上过釉的门和面板。建筑式山墙中心檐口，底座装饰有形似小提琴的桃花心木，在门中央和倾斜侧面饰以菱形的缎木。细腿支撑。*20 世纪初 宽 95 厘米（约 37 英寸） DN*

活面书桌

有缎木细工镶嵌，活面打开后可显示其内部的机关装置。这种最早出现于 18 世纪的拉盖书桌在新艺术运动时期被重新诠释，以满足不断变化的口味。*20 世纪初 宽 95 厘米（约 37 英寸） DN*

双层陈列架（*Étagère*）

这个架子由镶嵌桃花心木制成，带乌木条带。顶部是一个后来以玻璃为基础的托盘，为外展的当时风靡的方形支架所支撑。它用于展示物件或摆放餐饮。*20 世纪初 宽 91.5 厘米（约 36 英寸） GorL*

德国

德国对已风行全欧的装饰艺术热潮的感应要慢了半拍，很大原因是它对历史风格还是有所偏好，即善于对先前的设计元素加以利用。

但是，随着比利时人亨利·凡·德·威尔德的影响越来越大——他在德国主导了很多高调的设计——以及一些德国天才艺术家如理查德·雷迈斯克米德（Richard Riemerschmid）、彼得·贝伦斯（Peter Behrens）、弗朗兹·冯·斯图克（Franz von Stuck）等人创新作品的问世，新艺术也随之流行开来。这类风格在德国被称作“青年风格”（和《青年杂志》紧密相关），19世纪后几十年在德国蓬勃发展。

青年风格既是象征主义的拥趸，又对来自自然界的形象十分关注。这类风格影响了从建筑到家具以及家居陈设。每个元素都必须作为整体的一部分来考虑其形式，这就是“总体艺术”的概念。其目的是使家庭成为一个统一的艺术品：既实用简单又高贵美丽。

青年风格的倡导者原本是一些画家，他们因为反抗纯艺术中令人沉闷的复古倾向转而从事与装饰艺术有关的事。对这些设计师而言，慕尼黑就是他们心中的大本营，到后来它真的变成这场设计运动的核心城市。

新潮设计师

青年风格早期的拥护者有赫尔曼·奥布里斯特和建筑师奥古斯特·恩德尔。前者钟情于象征主义的激情和自然植物；后者则在慕尼黑分离主义运动中起了举足轻重的作用，与同时代的奥地利同行们遥相呼应。恩德尔设计出体量夸张而线条简洁的家具，所用材料有榆木或者锻钢材，在细节上也独具匠心。

慕尼黑的家具设计师们还有理查德·雷迈斯克米德、布鲁诺·保罗（Bruno Paul）和建筑师彼得·贝伦斯。贝伦斯同时也是实用艺术工坊联盟的联合创始人。他的家具将传统的直线型和略显弯曲形结合起来。理查德·雷迈斯克米德也是这一联盟的一分子——他除了是天才设计师还身兼画家、建筑师等多个身份。他设计的家具除了遵从贝伦斯的原型外，还忠实地反映出德国装饰艺术中源

边椅

这把椅子由彼得·贝伦斯专为诗人理查德·德默尔在汉堡的住宅设计。由白色涂漆的木材制成，椅子为几何式设计，靠背有突出的剪影形状，直腿。*约1903年 高95厘米（约37英寸）*

黄漆柜

这件松木橱柜由格特鲁德·克莱姆佩尔（Gertrud Kleinhempel）设计，由德累斯顿工作坊制作。四个门上有镂空的心形图案，整个柜子有三排平行的带有黑白场景的矩形窗格。*约1900年 高185厘米（约73英寸） QU*

橡木座餐桌

这张橡木座餐桌是由彼得·贝伦斯设计的，由慕尼黑工艺品联合艺术工作室制作。瓮状基座上有镶板圆顶面。桌面下六个C形支架呼应了上面六个对称的面板。脚板也重复了顶面的形状。和理查德·雷迈斯克米德一样，贝伦斯也是第一个专为大规模生产做设计的工业设计师。通过这件作品可以看出，贝伦斯将他早期喜欢的新艺术式的精美曲线转变为一种简单的风格；仅仅依靠木材的质量，设计简单的形状和比例。*约1900年 宽102厘米（约40英寸） QU*

远流长的凯尔特传统。他的家具外形取自木材本身的纹路与颜色，正是表面带有的特别纹理成为其最易辨识的特点。热衷青年风格的另一个主角布鲁诺·保罗则制作了所谓“原型家具”，好让其便于批量化生产。他们都可称得上是20世纪三四十年代家具工业化生产的弄潮儿。

德国也催生出许多服务于艺术家的行业协会，它们的成立是致力于实现英国工艺美术运动的理想。

达姆施塔特宅邸

这些行会中最知名的是恩斯特·路德维希（Ernst Ludwig）于1899年建立的，这位黑森大公的驻地就在达姆施塔特。达姆施塔特的公共建筑与公寓设计原型大多出自奥地利建筑师兼设计师约瑟夫·马瑞亚·奥布里希（Josef Maria Olbrich）的手笔，后来则为不同的艺术家共同完成——包括建筑设计和家具设计。

彼得·贝伦斯为他自己在达姆施塔特的房子所做的设计已然成为德国“新艺术”的绝佳范本。室内装潢、家具和装饰确实成为统一的整体。

到20世纪开端之时，德国向工业化大生产展开怀抱，并逐渐将注意力转到提高大批量工业产品的质量上。这给新艺术敲响了丧钟，意味着其注重手工艺、艺术自由创作以及精湛装饰理想的覆灭。

白蜡相框 曲线优美，腰部弯曲，从脚部以上带有相互交织的风格化植物图案。*1905年 高24厘米（约9英寸） TO*

餐椅

原为九件，彼得·贝伦斯设计。有涂漆和皮革座位。*约1901年*

榉木框扶手椅

榉木椅子为马塞尔·卡默勒（Marcel Kammerer）设计，维也纳的索奈特公司生产（见第375页）。外框为桃花心木染色，有填充的座位，靠背上有棕色皮革。*约1910年 高81.5厘米（约32英寸） DOR*

六抽屉式五斗橱

松木，染色。理查德·雷迈斯克米德设计。有矩形顶面，带三边背板。六个抽屉有镀镍拉手。*约1905年 高130.5厘米（约51英寸） QU*

柠檬色桃花心木柜

这件帕吉欧·哈伯橱柜经过抛光并有局部雕刻。不同种类的木材构成了镶嵌效果，有黄铜嵌件。顶面有多面玻璃，两边各有搁架。*约1900年 高200厘米（约79英寸） QU*

长椅桌

这张桃花心木桌子由理查德·雷迈斯克米德设计，德累斯顿工作坊制作。具有六角形顶面、圆形第二层和弯曲的腿。*1905年 高69厘米（约27英寸），宽51厘米（约20英寸），深51厘米（约20英寸） QU*

橡木框扶手椅

这把橡木椅子由奥托·艾克曼（Otto Eckmann）设计。扶手、手臂撑架、腿、支架与后者的两个弓形撑架皆为方形截面。靠背与座位有黄铜铆钉固定的皮革软垫。*约1900年 高95厘米（约37英寸） QU*

奥地利

维也纳特别容易接受创新，尤其是在19世纪的最后二十五年里。人们想改变现状的愿望越来越明显，预示了奥匈帝国的逐渐消亡，而后它真的就在第一次世界大战结束之时瓦解了。分离出的奥地利创立了具有自己独特性的艺术风格，并建立了一套新的风格理念。

1897年，由一小撮艺术家、建筑师和设计师们成立的所谓“分离派”对维也纳的设计成就发起了挑战。这场运动的领导者就是古斯塔夫·克里姆特（Gustav Klimt）。运动所对抗的是原有大师们的保守教义。分离派追逐现代主义，这预示着奥地利进入一段最有创造力的时期。

大胆的设计

这个雄心勃勃的团体为新世纪做出了很多大胆的家具设计。分离派拒绝法国新艺术中华丽的自然主义，而采纳了在维也纳得到普遍赞誉的苏格兰建筑师查尔斯·伦尼·麦金托什的流线型家具设计。相比于19世纪后期的法国或比利时的新艺术风格，奥地利设计师更多受到了英国工艺美术运动的影响。积极献身于这场运动的包括雕塑家和艺术家，例如建筑师和室内设计师奥托·瓦格纳（Otto Wagner）、阿道夫·路斯（Adolf Loos）、约瑟夫·马瑞亚·奥布里希；家具设计师约瑟夫·霍夫曼和克洛曼·莫瑟。

自然的灵感

分离派设计师们受自然中几何形状的激发：法国和比利时学派常用曲线蛇形植物外形，分离派则用简单的

箱体为橡木，饰以抛光的枫木镶嵌。

玻璃门镶板与下面的搁架形成了几何形图案。

浮雕面板的设计受到克里姆特壁画的影响。

陈列柜

这件橡木柜是在维也纳制造的。它几乎完全是正方的形状，有一个框架基座支撑。中央玻璃门两侧是带几何图案的橡木雕刻和枫木镶嵌。开放式搁架上方两侧是黄铜板浮雕，描绘的是竖琴手和骑士。这些镶板的设计受到画家克里姆特《贝多芬》壁画的影响。浮雕面板可能是这位艺术家的哥哥格奥尔创作的。*约1905–1910年 高183厘米（约72英寸） QU*

陈列柜

这一红木陈列柜是维也纳的奥托·维特里克所设计餐厅中的一部分。吸引人的是其整体的直线、简单胡桃木贴皮和黄铜配件。*约1901年 WKA*

黑漆衣橱

阿道夫·路斯设计，这个功能性橱柜由软木制成，涂成黑色然后上漆。它独有两扇二乘三式玻璃门和黄铜硬件装饰。*约1908年 高142.25厘米（约56英寸） WKA*

维也纳送餐台

这个餐台用彩色的橡木制成，带黄铜手柄。有一个带玻璃镶嵌的可移动顶部，多棱玻璃的面板两边有铰链，可以进入货架。*约1905年 高77.5厘米（约31英寸） DOR*

圆桌

这张小的圆顶榉木曲面桌有一个非常简单的外表，没有附加装饰。桌面下方有两层圆形搁架，八字形支架腿。*高75厘米（约30英寸） DN*

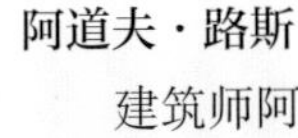

外形和直线图案与新材料如合成板、铝、弯曲的山毛榉创造出基本的、繁冗的几何式风格。他们的家具适用于装潢简洁的室内。

关键性人物

分离派最杰出的设计师是维也纳工坊（始于1903年）的共同创立者约瑟夫·霍夫曼和克洛曼·莫瑟。霍夫曼创造出一种与新艺术风格相关的更加纯净、更具线性的家具版本，建立起新艺术运动与现代主义的联系。霍夫曼在德国人迈克尔·索奈特的公司做设计工作（见下文）。

克洛曼·莫瑟的家具比同时代大多数家具更加艳丽，其桌子、橱柜、椅子尽显线形又不失华丽的点缀。事实上，其家具的装饰往往优先于形式，比如会用到豪华的原木，如黄檀用于贴皮和镶嵌装饰。

阿道夫·路斯

建筑师阿道夫·路斯在分离派运动中有着重要地位。他更为人知的是其皇皇巨著而非建筑。路斯在其名为《装饰与罪恶》(*Ornament and Crime*)一文中反对新艺术的过度装饰，转而提倡应用理性而非感情来决定何种设计更适合人类。

分离派从新艺术中创新出线形和几何化，并为之后的几何形状和繁冗风格铺平了道路，此风在20世纪30年代颇受包豪斯与现代运动的青睐。

落叶松木桌椅

圆桌和椅子都是Portois & Fix公司设计的。椅子由落叶松木制成，而背后刻着精心设计的花形。座位填充了花式织物。桌子用胡桃木做成，顶面有红棕色羊皮。侧腿饰有花形雕刻，腿之间有搁架。所有这些家具上都带有制造商的标签。*约1900–1905年 高106.5厘米(约42英寸) DOR*

曲木椅

被称作“第25号”的扶手椅由维也纳的曼杜斯制造，取材自染成深褐色的榉木，带开放式的椅背条，饰以卷曲的植物茎，藤编座位。*约1910年 高91.5厘米(约36英寸) DOR*

脚凳

这件三足脚凳为阿道夫·路斯设计。它有一个桃花心木染色、刻成碗状的顶部。桃花心木八字腿。*约1905年 高44厘米(约17英寸) DOR*

索奈特公司

在奥地利，工匠迈克尔·索奈特的领先性设计对新艺术风格家具起到了极大的推动作用。

在狭小的家具工坊里，迈克尔·索奈特将曲木技术臻于完美。这一前瞻性的优雅设计通过工业化的批量生产得以传播，在国际上迸发出异彩。1849年，他建立索奈特公司(Gebrüder Thonet Company)，并在东欧各地成立大量制造工厂。接下来的二十年，公司业绩突飞猛进，为工业化批量生产物美价廉与坚固耐用兼具的家具铺平了道路，而其装饰性则降到历史最低水平。

到19世纪末，索奈特那招牌式的带有蜿蜒优雅曲线的木质家具启发了很多著名的新艺术建筑师和设计师，包括查尔斯·伦尼·麦金托什和亨利·凡·德·威尔德。索奈特兄弟的声望也吸引了一大批设计天才们的注意，其中就有诸如维也纳工坊的开创者们，包括约瑟夫·霍夫曼、阿道夫·路斯、克洛曼·莫瑟和奥托普·茨彻。

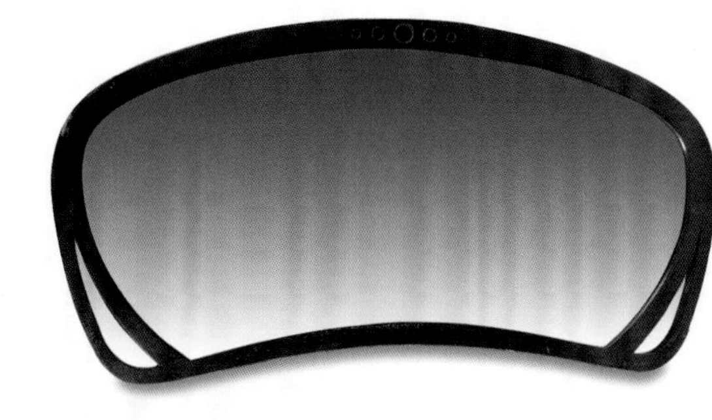

墙面镜 雕花曲木，装饰优雅而简明。原料被蒸汽加热后弯曲为想要的形状，这项技术为索奈特式家具所独有。*高53厘米(约21英寸)，宽100厘米(约39英寸) CSB*

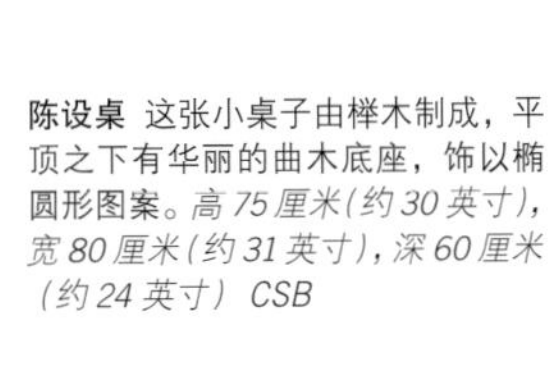

索奈特公司图录 索奈特公司的产品目录名为《从手工到大规模生产：曲木家具》(*From handcraftsmanship to mass production: bentwood furniture*)。

陈设桌 这张小桌子由榉木制成，平顶之下有华丽的曲木底座，饰以椭圆形图案。*高75厘米(约30英寸)，宽80厘米(约31英寸)，深60厘米(约24英寸) CSB*

维也纳工坊

人们希望家具既简单又不失功能性，同时又要设计精良。这种要求催生了维也纳工坊的出现。

画家、设计师兼书籍插画家克洛曼·莫瑟、建筑师兼设计师约瑟夫·霍夫曼、画家兼设计师卡尔·奥托·西兹契卡（Carl Otto Czeschka）共同创立了装饰艺术应用团体“维也纳工坊”。

维也纳工坊拒绝采用涡卷式曲线和新艺术运动风格的花卉图案，相反，他们遵循的是德国和英国一些工坊的做法。其目的是通过结合工匠的娴熟技艺和设计师的理念，来提升自身。这种做法取得了相当大的商业成功，并对整个装饰与实用艺术产生了很大的影响，直至1932年它关闭为止方才偃旗息鼓。

起初，维也纳工坊得到了杰出实业家兼金融家弗里茨·华恩多夫的资助。他的头衔是商业总监，而莫瑟和霍夫曼则是艺术主管。大量技术娴熟的工匠在此广泛涉猎各类装饰艺术，涵盖了手工金属工艺、家具、织物、平面艺术、服饰、珠宝、皮革以及场景设计。

革命性的设计

1905年，莫瑟和霍夫曼加入了分离派，维也纳工坊成为激进设计的风暴中心。它聘用了大批原创设计师，如奥托·普鲁彻和迈克尔·波沃尼（Michael Powolny）。超过一百人在工坊工作，其中有三十七位大师级的熟练工匠——他们都有各自的标记。据这家公司宣传册说，所有家具的设计都出自霍夫曼和莫瑟。《德国艺术与装饰》和《工坊》杂志1906年的夏季专号曾将其绝品家具的专项技术水准进行大力渲染。

建筑师和设计师的不同喜好和技术造成了风格的不断改进。当时的建筑潮流之一，正如工坊创始人之一约瑟夫·霍夫曼在其设计的布鲁塞尔的斯托克雷特住宅和普克斯道夫（Purkersdorf）疗养院上反映的一样（在其房间内的家具也受维也纳工坊的影响）——有严格而明确的纵向和横向的轮廓，还有平滑的表面和线性图案。几何形状，如中心开花的长方形、球形、圆形和“霍夫曼方形”被广泛用在陶瓷家具、餐具和图形装饰上，并结合了丰富多彩的材料以呈现出豪华外观。

分离派之家，维也纳 分离派之家由约瑟夫·奥布里希设计并为分离派艺术家使用。这一建筑物的简约几何风格带有典型的分离主义特征，其开创了一种引人注目的直线型设计。*1897–1998年*

雅各布·科恩与约瑟夫·科恩公司

雅各布·科恩与约瑟夫·科恩（J. & J. Kohn，也称科恩兄弟）公司以为中产阶级生产简单实用、制作精良的家具成为行业领先者，并因此享誉欧洲。

科恩兄弟在19世纪末于维也纳成立了公司，并得到大量的市场订货。他们的产品之所以有不事张扬的特性，是源自19世纪初新古典主义比德迈式的朴实传统（见第216–217页），这一时期被霍夫曼称作“艺术得以自我良好表达的时光”。维也纳分离派艺术家们为了赶超比德迈运动，投入大量精力揣摩中产阶级的品位，还试图将普通家庭从大批蹩脚的复古家具中解救出来，他们得到了雅各布·科恩与约瑟夫·科恩兄弟的大力支持。

科恩兄弟公司的名望因其与霍夫曼的合作而日隆，公司将后者设计的家具生产出来，包括1901年的可调节式扶手椅，以及1907年为蝙蝠酒店做的吧台椅。科恩兄弟公司尤其擅长制造如迈克尔·索奈特设计和推广的那种轻便、耐用、实用性强的曲木家具。科恩兄弟特别的贡献是用多层叠压的榉木制作曲木餐椅并饰以圆形主题，如霍夫曼1904年至1905年为普克斯道夫疗养院做的设计，这里堪称奥地利富裕阶层最偏爱的休养之地。

约瑟夫·霍夫曼式椅子 为蝙蝠酒店设计，采用彩色榉木，有螺旋腿，弯曲顶冠下有乌木球形支架和横档，软垫嵌入座位。*约1905年 高75厘米（约30英寸） DOR*

暗棕色榉木长椅 雅各布与约瑟夫·科恩制作，采用约瑟夫·霍夫曼的设计。拱形外框内三个镂空椅背条为矩形带圆孔的镶板。*约1906年 宽125.5厘米（约49英寸） VZ*

暗色榉木桌 迈克尔·索奈特为蝙蝠酒店而做。圆形桌面与底座之间有四组立杆，立杆顶部和底部有球形支架连接。*约1905年 高101.5厘米（约40英寸） QU*

克洛曼·莫瑟设计的橱柜 柜子上具有的强烈几何形特征，截面几乎是三角形的，门中间有锁板。约1900年 高171.25厘米（约67英寸），深53.25厘米（约21英寸），32.75厘米（约13英寸）

山毛榉椅子 克洛曼·莫瑟为普克斯道夫疗养院的大厅设计，几何形外框有醒目垂直的横档，座位为无纺布黑白格纹。约1901年 高72厘米（约28英寸），宽66.25厘米（约26英寸）

霍夫曼式家具

约瑟夫·霍夫曼试图以其家具的功能、质量和他非常关注的艺术价值来赢得世人。其维也纳工坊的家具主要是由桃花心木、石灰橡木（*Limed oak*）和山毛榉木制成。

霍夫曼风格的典型特征是直线条和用于磨染色技术来使家具表面光亮如新。霍夫曼在椅子、桌子和橱柜上所做的老练设计显得既纯粹又简单，成品皆由出色的工匠制作。

查尔斯·伦尼·麦金托什（见第364–365页）的家具为维也纳所珍视，其影响毋庸置疑。霍夫曼虽然受他的影响而采用其优雅、线性风格，但他更侧重家具的体积而非线条。霍夫曼的家具常常呈现方形或立方体形。19世纪初奥地利比德迈时期的简朴古典主义风格也对霍夫曼有所影响（见第214–217页）。

审美的重要性

维也纳工坊运动的设计师们摒弃了他们眼中批量生产的二流货色，还抵制法国和比利时新艺术运动的过度华丽。他们向过去寻求答案，并在初衷上和英国工艺美术运动（见第330–333页）的设计师们达成一致，都试图生产出简单而精良的家居产品。

然而与英国同行相比，维也纳工坊设计师的目的主要是审美而不是大众，他们为富裕和挑剔的客户设计奢华品。他们试图通过制作精细的现代室内设计将中产阶级从平庸的品位中解救出来，并在这个过程中把维也纳打造为一个成熟和国际化的欧洲之都，使其居于新艺术运动的先锋地位。

嵌套式榉木桌 四组一套，约瑟夫·霍夫曼设计。其中最大的桌子边上饰以方形图样，称为“霍夫曼”式。约1905年 高74厘米（约29英寸），宽55.5厘米（约22英寸），深42.5厘米（约17英寸）

桃花心木衣柜 两扇柜门镶嵌进口木材和几何形珍珠母。原属于卧室套件中的一件，套件还包括一张床和两个床头柜。约1900年 宽122厘米（约48英寸） FRE

桌子

新艺术运动的设计师们利用自然界的图案把功能性的家具转化为纯粹的艺术品。一张饰以蜻蜓或雕刻了叶子的桌子可能取自树的形状——其支架形似树干，桌脚则像是树根。

这类法国和比利时风格尤其是由马若雷勒和加莱制作的桌子，其桌腿渐细而蜿蜒，桌面为蛇形，雕花或细工镶嵌的图案一般为花朵、树或水果。这些家具有着以珍贵进口木材做的贴皮。

查尔斯·伦尼·麦金托什领导的格拉斯哥学派与其他思想接近的设计师们，包括约瑟夫·霍夫曼和克洛曼·莫瑟形成鲜明的对照。前者乐于制作矩形的、几何比例、带有狭长线条和装饰图案的方形或圆形桌子。

在英国，桌子往往反映出某种历史风格（如日本风格或摩尔设计），或常用简单的结构、功能和装饰。正如查尔斯·沃伊塞、查尔斯·阿什比的作品所示。

在西班牙和意大利，桌子常常和沙发等其他家具相匹配，如内置式橱柜那种具有实用特点的家具。

日本风格家具因其简单的设计、非对称外形、波动的线条和对大漆及类似材料的使用而颇为流行。因对自然的热爱，经常出现一些典型的日本主题，如蜻蜓图案的使用。

当时许多新类型桌子涌现，如三脚架、叠层桌和套桌；而具有装饰功能的拱形撑架的出现表明新技术将木材的使用推至前所未见的程度。

套桌

这套桌子有四件，分离主义风格，着黑漆，约瑟夫·霍夫曼设计。每张桌子长方形顶面，滚边，纺锤形支架支撑并与撑架连接。其中最大的桌子带两个球形雕花把手。在材质和形式上可以见到日本风格的影响。*高77厘米（约30英寸）* L&T ③

桌面上花式细工镶嵌

细工镶嵌套桌

这套休闲椅由艾米里·加莱设计，桃花心木和其他各种硬木制成，有高档木材贴皮。顶部和侧面为模压，由优美卷曲雕花底座的外框支撑。饰以各种果木的细工镶嵌，带不同花式图形。最大的那张桌子镶嵌有“加莱”的签名。*约1900年 高72.5厘米（约29英寸）* VZ ④

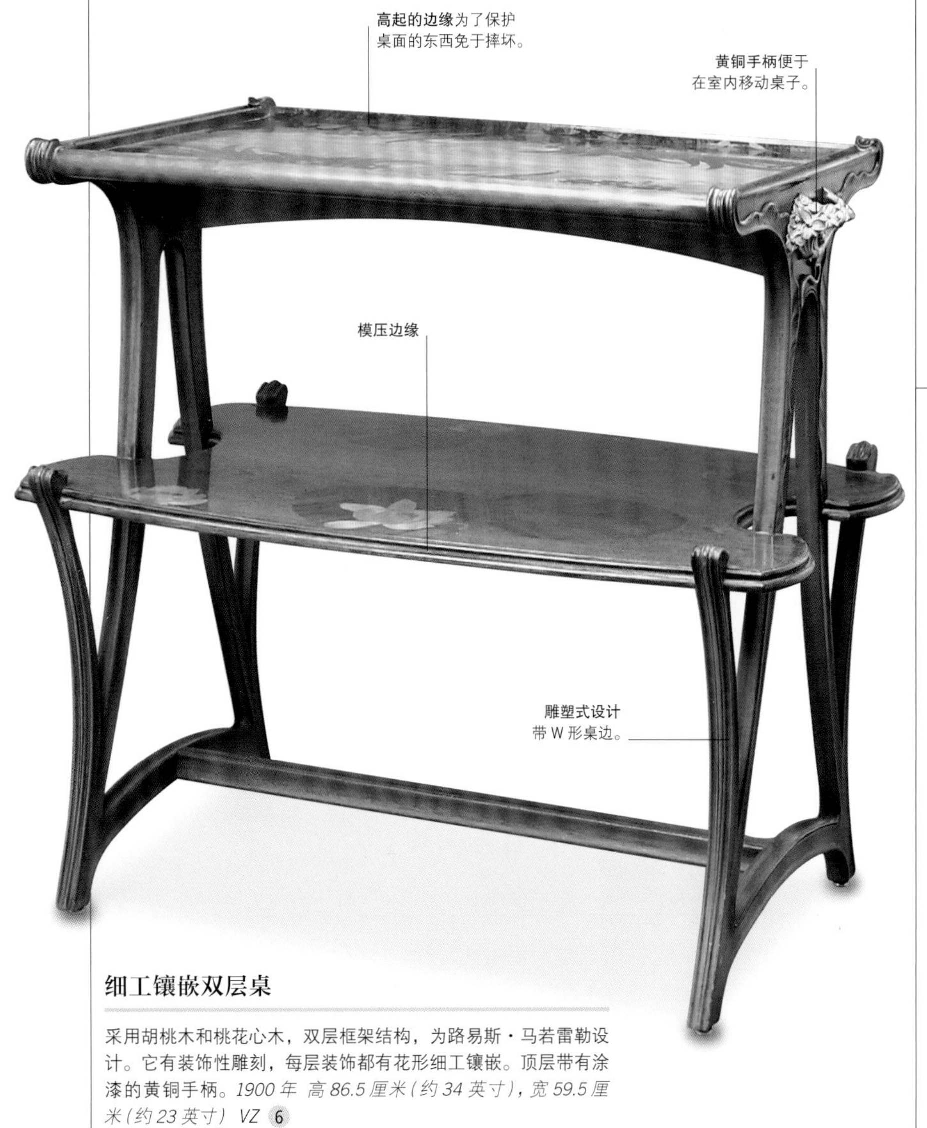

细工镶嵌双层桌

采用胡桃木和桃花心木，双层框架结构，为路易斯·马若雷勒设计。它有装饰性雕刻，每层装饰都有花形细工镶嵌。顶层带有涂漆的黄铜手柄。*1900年 高86.5厘米（约34英寸），宽59.5厘米（约23英寸）* VZ ⑥

榉木套桌

这件套桌由四张“968”桌子组成，山毛榉制成。由约瑟夫·霍夫曼设计，维也纳的科恩兄弟制作（见第376页）。三个撑架连接起细长的锥形腿。最大的一张桌子有把手，两边有长条网格。每张更小一点的桌子都可以放进较大的桌子下从而成为一个整体。整套有红木色斑，桌面下还留有最初的产品纸标签。*1905年 高75.5厘米（约30英寸）* QU ④

雕花胡桃木桌

这张桌子由路易·马若雷勒设计。主干为胡桃木，腿的顶部和裙档有较深的树枝雕刻，描绘有木梨果实。*1905 年 高 77 厘米（约 30 英寸），宽 112 厘米（约 44 英寸） QU* 3

玻璃面茶几

这件法式茶几产自巴黎南希，由核桃木、黄铜和玻璃制成。它有一个带托盘的顶面，凸起的边缘可防止物品掉落。在顶部托盘的下面有一个额外的可折叠边架。这些设计虽然需要更多的空间，但不使用时可以折叠起来。*约 1900 年 宽 79 厘米（约 31 英寸） FRE* 3

三层桌

这件小型的奥地利曲木三层桌子为约瑟夫·霍夫曼式设计。圆角方桌面下为外展的腿部。下面两层每个夹角处带木球装饰，提供额外的储物空间。*高 75 厘米（约 30 英寸） DN* 1

雕花休闲桌

J.S. 亨利设计的桌子，有一体式顶面，带有精致的浮雕饰带。细长锥形弯腿有垫脚，并和低层搁架连接。保存了制造商的标签。*高 72 厘米（约 28 英寸），宽 53 厘米（约 21 英寸） L&T* 2

松木工作台

松木染色的艺术家工作台出自苏格兰学派。长方形顶部有一对铰链盖，打开后可见内部装有画材的隔室。两侧可见用来连接的挂钩。*高 78 厘米（约 31 英寸） L&T* 2

黄檀木架

这种罕见的黄檀木和桃花心木镶嵌支架由艾米里·加莱设计。最顶端镶嵌花卉装饰和蝴蝶图案。四个模压腿与一个优雅的拱形撑架连接。*高 105 厘米（约 41 英寸） CSB* 5

六角形桌

最早为利伯提百货公司销售。有模压顶面，下为锥形腿，腿部中间有特殊的撑架连接，末端有垫脚。*高 73 厘米（约 29 英寸） L&T* 2

镀金边桌

这张华丽的镀金边桌为路易·马若雷勒设计，有轻微模压装饰。一个斑驳的橙色大理石顶面被嵌入刻有树叶和浆果的滑面里，下有一个波浪形中楣腰线。拱形撑架与腿连接。*高 78 厘米（约 31 英寸） MACK* 6

黄铜桌

这张优雅的黄铜中央桌为理查德·穆勒（Richard Müller）设计，外形弯向顶面的中心。扁平圆形桌面由桃花心木制成。两层三角形桃花心木搁架提供额外的存储空间。*1902 年 高 76 厘米（约 30 英寸） VZ* 3

拼接休闲桌

这张桌子是橡木做的。圆形顶部有由红色和绿色瓷砖拼砌的几何图形。三个锥形支架的镂空形式为格拉斯哥学派样式。*高 61 厘米（约 24 英寸） L&T* 1

柜式家具

在欧洲，橱柜仍然是房间里最昂贵和最令人印象深刻的家具之一，兼具装饰性和实用性。有的橱柜被用作写字台，并收纳贵重珠宝，有的被用于储存重要的文件和展示珍贵的小件收藏品。

新艺术风格的橱柜花样翻新。如那些由爱德华·戈德温所做的英日风格（盎格鲁–日本元素）橱柜，采用黄铜饰件和彩绘装饰。

查尔斯·伦尼·麦金托什、查尔斯·沃伊塞和吉姆森制作的橱柜融合了简洁设计和精心的手工细节，取材对象丰富，比如有橡木、胡桃木、桃花心木和椴木。

这些设计师影响了欧洲新艺术风格的橱柜设计，尤其是德国和奥地利所喜爱的简朴几何风格。

相比之下，法国的橱柜在设计上更加感性，将洛可可和东方元素相结合，产生了不对称的异型家具，并以曲线植物、花卉、蔬菜图案装饰。路易·马若雷勒利用优质木材以手工精心做出非凡奢华的橱柜。这些家具往往有精致细巧的镀金铜或铁质饰件，镶嵌有珍珠母或金属。

英式橱柜

顶部有古典式雕花镶板。镶板前面装饰风格化的铜铰链和手柄，有内室。这件作品是由著名的家具制造商沙普兰和皮特公司制作。*约 1905 年 高 209 厘米（约 82 英寸） PUR* 4

苏格兰书柜

这件橡木书柜出自当时家具商的佼佼者——格拉斯哥的怀利和洛克海德，为苏格兰学派风格。精致的花朵镶板有染色玻璃窗，两侧有角状压花的黄铜镶板，下为长抽屉与柜子。*约 1900 年 高 183 厘米（约 72 英寸） PUR* 5

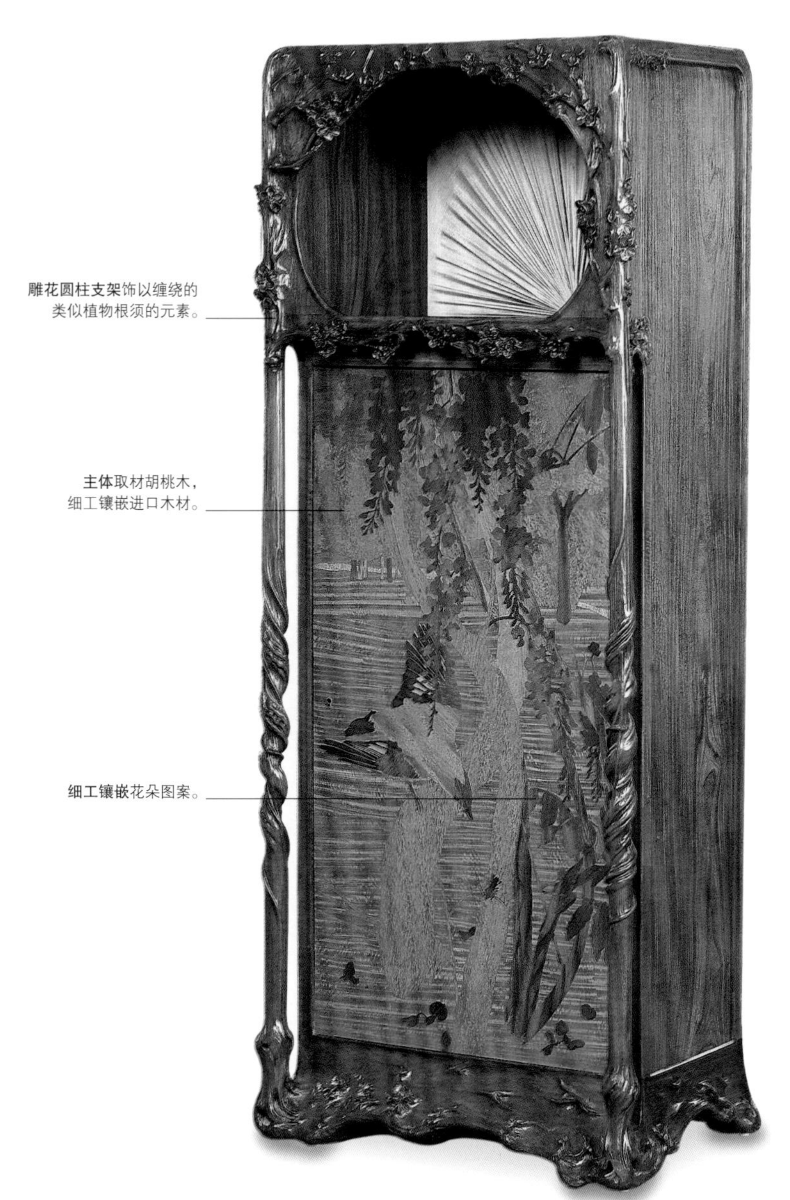

雕花圆柱支架饰以缠绕的类似植物根须的元素。

主体取材胡桃木，细工镶嵌进口木材。

细工镶嵌花朵图案。

法式橱柜

这件优雅的橱柜是胡桃木做的。它装饰有铁线莲和一只鸟，镶嵌在异国硬木上。顶部提供开放式存储空间，有一个圆形开口，四面有浮雕雕刻。这件作品为路易·马若雷勒制造。其明显的流线型受到 18 世纪洛可可风格家具的影响。*约 1900 年 高 170 厘米（约 67 英寸），宽 71 厘米（约 28 英寸） CALD*

维也纳餐柜

这件令人印象深刻的胡桃木餐柜出自约瑟夫·霍夫曼的学校。整体装饰了拼花镶嵌。对称简洁的设计是典型的霍夫曼风格，而流线型则展示了来自查尔斯·伦尼·麦金托什的影响。上半部的玻璃门形成几何图案。中部的镜子有圆柱支撑。底座有大理石顶面，包含有柜子和抽屉。柱基和把手为黄铜的。*约 1902 年 高 178.5 厘米（约 70 英寸） DOR* 5

彩绘玻璃柜

这件家具上的直线与轻微曲线为格拉斯哥学派的典型风格，特征还包括粉彩花朵图案的染色玻璃窗。家具有宽阔突出的檐口，也是这一学派的风格特色。*高 107 厘米（约 42 英寸） GDG* ④

餐厅柜

这件胡桃木贴皮和黄铜的餐厅柜是由奥托·怀特里克（Otto Wytrlik）设计的整套家具中的一部分。整套包括了桌子、凳子、一对五斗橱和四把扶手椅，另外还有两把实木椅子，暗色几何线条带给房间颇为阳刚的观感。*约 1901 年 WKA* ⑤

贴皮橱柜

这个小件桃花心木贴皮橱柜产自奥地利，有四条细长的腿。两个橱柜、两个抽屉和架子都有镍质配件。独特的顶部柜子三面镶有玻璃及带装饰性的银饰。*约 1900 年 高 164.5 厘米（约 65 英寸），宽 83.5 厘米（约 33 英寸） DOR* ④

乐器柜

盎格鲁风格的影响在这一红木乐器柜上显而易见，采用了程式化的花形彩色玻璃板。精美的乌木饰带和黄杨木镶嵌组成了丰富精致的花形雕刻。拱形裙档与弧形山墙恰成对比。*约 1895 年 宽 125 厘米（约 49 英寸） PUR* ④

嵌入式橱柜

桃花心木展示柜嵌入了精致的黄铜、锡铅合金和各型木料，饰以花头和植物卷须。镶板中央有镜面，两侧有玻璃门，内有玻璃搁架。*高 207 厘米（约 81 英寸） L&T* ④

红木柜

外形奔放，有浮雕背板高度装饰性的橱柜有鞭式叶饰和花形镶嵌。含铅的彩色玻璃门装饰有花卉图案，外框为镶板。*宽 107 厘米（约 42 英寸），高 164 厘米（约 65 英寸） L&T* ③

花式橱柜

这件桃花心木陈列柜出自苏格兰设计师欧内斯特·泰勒（Ernest Archibald Taylor）之手，有镀银凸纹装饰的玻璃。建筑形式为中间装饰了一只蝴蝶，以及梧桐木镶嵌的郁金香花形图案。*约 1903 年 高 175 厘米（约 69 英寸） PUR* ⑤

橡木书柜

这件书柜有一个凸出的檐口，分三个隔间，两侧为镂空装饰支架。一对门内有封闭的可调式搁架，顶部装饰了带彩色玻璃的透明玻璃板。*高 195 厘米（约 77 英寸），宽 143 厘米（约 56 英寸） L&T* ③

椅子

再没有像椅子这一类家具能让新艺术风格的设计师们释放出如此狂野的想象力了。无论是出自格拉斯哥还是南希学派，设计师用椅子的设计便能表明新艺术理想是如何实现和推进的。

设计师们打破了传统设计和构造方法，尝试采用源自自然界的流动而抽象的造型，将木材弯曲或拉长成雕塑一般的外形。

苏格兰建筑师查尔斯·伦尼·麦金托什在新艺术家具上取得了他人无法企及的高度，尤其是其独创性的椅子设计。他设计的方正椅子比例匀称，靠背纤细，给人一种近乎神职人员的感觉，被饰以几何镂空花纹的椅子影响深远，德国和奥地利的设计师们都接受了这种更具流线型的处理手法。

法国新艺术产生了截然不同的风格：一类是路易·马若雷勒那种弯曲的、有机的、线条流畅优美的椅子设计；一类是赫克多·吉玛德那种由异域木材制作的家具——有着华丽装饰的复杂镶嵌、镶嵌细工和植物图案雕刻的围栏、腿以及档板。

对异国情调的喜好也为椅子提供了另一个极具影响力的装饰方式——从日本和摩尔风格的设计到设计师使用各种材料制作怪异座椅家具，他们富有创造性地将木头和金属组合，并饰以皮革、皮纸和丝绸等装饰材料。

曲木椅

奥地利制造商索奈特公司生产、设计。有曲杆制成的圆滑榉木外框，表面没有使用雕花和接头。有一体化座椅导轨和反转的心形靠背，从座位下延展为撑架。三角形座位为藤编，并非原版。三足支撑。*约1900年 高81.5厘米（约32英寸），宽62.5厘米（约25英寸），深60厘米（约24英寸） QU* ③

曲线外形通过曲木工艺实现。

铝钉装饰了后来更换的真皮座位和靠背。

弯曲外框染成了桃花心木的颜色。

软垫扶手椅

这把椅子由弯曲榉木和染色桃花心木制成。弯曲的形状是通过蒸汽处理木材，然后施加均匀的压力实现的。这把扶手椅是多产的建筑师——维也纳分离派创始人约瑟夫·马瑞亚·奥布里希为维也纳的索奈特公司设计的。*约1902年 高76厘米（约30英寸） DOR* ③

扶手椅

这把桃花心红木椅上有一个软垫横档、椅背条和雕刻的手臂。座位背板装饰有丝绒。这个叶形背面形成了后腿，末尾为包脚。*约1900年 高94厘米（约37英寸） FRE* ①

多层木椅

原为四把一套，维也纳分离派风格。榉木和染色分层木构成两个部分。座位覆盖黑色皮革，但不是原版的。*约1900年 高99厘米（约39英寸） DOR* ③

扶手椅

采用了榉木染色。可能是格拉斯哥的怀利和洛克海德设计的。弯曲顶轨下有三组椅背条。座位镶嵌黄杨木衬。腿部有撑架连接。*L&T* ①

椅背条板扶手椅

这把维也纳扶手椅由贴皮和抛光的坚果木把制成。约瑟夫·霍夫曼设计。座位底下的D形撑架连接了直腿和椅子底座。*约1905年 高86.5厘米（约34英寸） DOR* ③

曲木边椅

科恩兄弟早期的边椅，为约瑟夫·霍夫曼设计。曲木靠背，锥形腿。座位横档下有四个木球。靠背和座位的棕色皮革软垫用钉子固定，有模糊不清的商标印章。*高 98.5 厘米(约 39 英寸) SDR* 3

扶手椅

这是一对桃花心木扶手椅中的一把。J.S. 亨利设计。有高大的软包靠背、蛇形叶形杆头、开放弯曲的扶手和一个软垫座位。座椅由螺旋细腿支撑，正面与侧边由一个拱形撑架相连。*L&T* 3

边椅

这是一对橡木边椅中的一把。椅子后背的曲线横档与嵌入式座位上的锥形立柱相连，方形截面，细腿末端为垫脚。*L&T* 1

细工镶嵌扶手椅

路易·马若雷勒设计，椅背条饰以树枝与叶子图案的细工镶嵌。带模压 U 形围板的扶手有独特的鸭头末端。座位为丝绒软垫。*MACK* 6

软垫扶手椅

这把桃花心木扶手椅为埃尔伍德(G.M. Ellwood)设计，锥形靠背内含椭圆形装饰面板和垂直椅背条。软垫扶手为开放式，腿部末端的脚处有流苏雕花。*L&T* 3

扶手椅

这一染色的桃花心木椅有独特的水平波浪形椅背条，下面是长方形嵌板靠背。另有开放扶手、软垫镶板座位、螺旋锥形腿。*L&T* 1

藤座扶手椅

这是一对“511 型”椅子中的一把，索奈特公司出品，由弯曲山毛榉制成。椅背横档上有镂空的洞，下有平行的垂直椅背条。椅背的曲线一直延伸到脚部。座位由编织的藤条制成。*约 1904 年 高 104.5 厘米(约 41 英寸) HERR* 3

桌边椅

这把桃花心木椅子为路易·马若雷勒设计，开放式扶手有带尖细纺锤的边廊。椅背的红色皮革软垫与外框以铆钉固定。腿部的扭曲外形强调了整体婉转阴柔的式样。*MACK* 7

开放式扶手椅

这把设计有雕花的胡桃木扶手椅具有带翼的靠背和前卫大胆的卷曲扶手。锥形腿，八字铲形脚。椅座上富丽堂皇的装饰图案已不是原版。*1910 年 高 77.5 厘米(约 31 英寸)，宽 56 厘米(约 22 英寸) CAL* 5

雕花桌边椅

这把路易·马若雷勒设计的红木雕花桌椅（与桌子配套的一部分）有模制的扶手，向后延伸到完全反转的支架。椅子有一个独特的薄层软垫靠背。弯曲形状的前腿。*约 1903 年 高 80 厘米(约 31 英寸) CSB* 8

扶手椅

这把扶手椅由约瑟夫·马瑞亚·奥布里希设计，维也纳的约瑟夫·内德莫瑟(Josef Niedermoser)制成。框架是黑漆枫木的，采用黄色皮革软垫，金属脚。*1898–1899 年 高 81.5 厘米(约 32 英寸)，宽 58 厘米(约 23 英寸) QU* 3

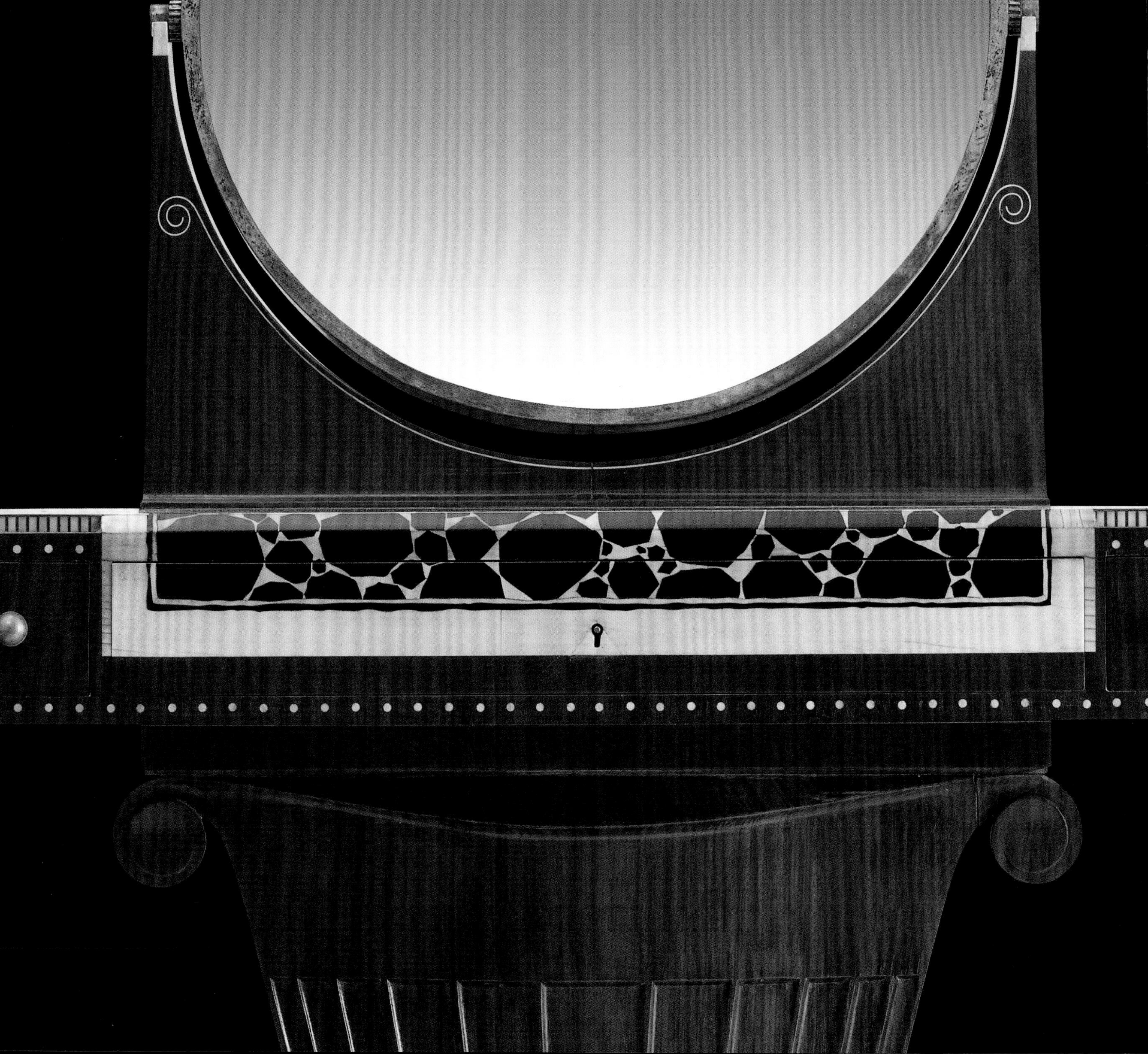

装饰艺术运动

1919-1940

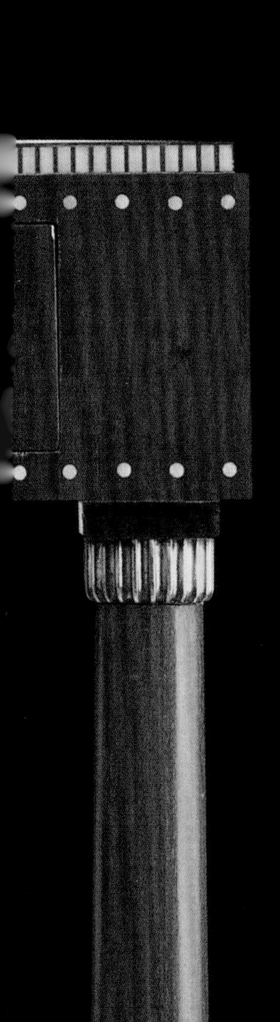

从繁荣到衰败

装饰艺术起源于法国，在美国蓬勃发展，从侧面反映了一个脆弱而又壮丽的崭新世界所迸发的激情和想象力。

随着世界从第一次世界大战的阴影中走出来，爵士乐和好莱坞幻想世界迅速抓住了人们渴望庆祝自由的心理。好似一杯掺有智慧、想象力、新材料和奢华诸多元素的鸡尾酒，装饰艺术既有法国式的“高档”又结合了美国式的“流线型”，正好契合了这种情绪。它和包豪斯一道，在当时的家具、雕塑、陶瓷金属制品、玻璃以及建筑、室内设计上成为主导的装饰风格，风行于整个20世纪二三十年代。

别样的奢华

这个时期，为大众生产奢侈品成为经济活动的核心，特别是在美国。汽车的数量从1914年的五十万辆增至1929年的两千六百万辆，每五个人就有一辆。到1929年，三分之二的美国人能用上电，电器的产量也急速飙升。豪华电影院、舞厅、体育场馆和豪华酒店随着休闲产业的蓬勃发展而兴起。

胡佛公司（Hoover company）办公楼与工厂 1933年，这一地标式建筑坐落于伦敦，由建筑师沃利斯·吉尔伯特等人设计。有着美式装饰艺术风格的玻璃外立面，入口处上部有令人叹服的、色调淡雅的埃及风格彩釉。

无论是艺术品还是建筑都表现出装饰艺术风格：从立体派运动而来的几何形与一系列充满异国情调的、程式化的花卉及民间图案结合在一起。

流线型的旅行

旅行变得更快更豪华，无论是乘坐诺曼底公司的远洋巨轮，还是齐柏林飞艇，或者是马拉德公司安装了流线型发动机的列车，皆带给人这般感受。装饰艺术风格不仅体现在这些交通工具的豪华内饰上，其空气动力学的设计原则也反映在具有装饰艺术味道的精简形式上。新的反光材料如钢管、镀铬（*Chrome*）、镜面和玻璃被使用，尤其是在酒吧、舞厅和电影院。

从经济和政治上来说，1929年是一个分水岭，将两次世界大战之间的时间一分为二。20世纪20年代是美国经济的繁荣时期。摩天大楼，如克莱斯勒大厦和纽约帝国大厦，是国势蒸蒸日上最引人注目的外在象征。但由于20世纪20年代宽松信贷和投机推波助澜，到1929年资本市场的股价失去了其真正价值。同一年爆发的华尔街大崩溃让成千上万投资者顷刻间一贫如洗。美国进入大萧条时期，在接下来的三年中，失业人数迅速升至一千四百万。虽然1933年的罗斯福新政稍稍提振了乐观情绪，但整个社会氛围还是动荡不安的。

英式双层桌 这件装饰艺术主义的休闲桌主干为铬质叠层，嵌有橡木圆形底座。*约1928年 高75厘米（约30英寸），宽36厘米（约14英寸），深36厘米（约14英寸） JK*

20世纪30年代，美国的经济低迷给欧洲带来大规模失业和金融危机。德国脆弱的民主体制逐渐解体，阿道夫·希特勒在1933年被任命为德国总理。极端势力上台的趋势又蔓延到日本和意大利，导致极富侵略性的政权上台，这都为新一轮全球性冲突的形成火上浇油。

虽然当时整个社会由景气转向萧条，但整体上的发展并没有终止，装饰艺术仍以蓬勃兴起的姿态进入20世纪30年代。这场设计运动仿佛是这个时期技术进步和政经困境带来的消极避世情绪的一个缩影。最终，装饰艺术被追求功能性和机械感的现代主义所超越。

时间轴 1919—1940年

包豪斯学院 1919年，沃尔特·格罗皮乌斯（Walter Gropius）在魏玛建立。他对建筑设计实用风格的推广起到重要作用。1933年学院被纳粹关闭。

1919年 同盟国与德国签署《凡尔赛协议》。

1920年 塞西尔·德米勒（Cecil B. De Mille）引介法国设计师保罗·伊里巴（Paul Iribe）到好莱坞，负责为喜剧电影《安那托尔韵事》（*The Affairs of Anatol*）设计布景和服装。

1922年 霍华德·卡特在埃及卢克索的国王山谷发现了法老图坦卡蒙的陵墓和宝藏。

1923年 英国到美国的第一次无线广播在伦敦和纽约之间传送。德国的恶性通货膨胀造成其经济的崩溃。

查尔斯顿舞 20世纪20年代，欢快起舞的爵士时代女郎是一战美国经济极大繁荣的产物。

1924年 时尚设计师厄特（Erté）成为好莱坞米高梅公司的艺术总监。

1925年 本应于1915年举行的巴黎装饰艺术与现代工业世界博览会在当年开幕。美国作家菲茨杰拉德的小说《了不起的盖茨比》、卡夫卡《变形记》以及阿道夫·希特勒《我的奋斗》出版。

这件装饰艺术主义风格的火炬形落地灯有扭曲的木轴，表面彩绘为奶油黄色，顶部为阶梯形黄铜灯罩。*高 107 厘米（约 67 英寸）FRE*

埃尔特姆宫大厅入口内饰 该内饰为瑞典设计师罗尔夫·恩斯特（Rolf Engströmer）设计。带有澳大利亚黑豆贴面和瑞典艺术家耶克·韦克马斯特（Jerk Werkmaster）做的镶板。玛丽恩·多恩（Marion Dorn）做的圆形大地毯的色调与镶板呼应。整个大厅沐浴着从中央穹顶倾泻下来的阳光。*20 世纪 30 年代*

1926 年 约翰·洛吉·贝尔德（John Logie Baird）发明电视机。

1928 年 齐柏林飞艇首次完成了横跨大西洋的飞行。

黑人演员艾尔·乔森（Al Jolson）出演了第一部有声电影《爵士歌手》，于 1927 年首演。

1929 年 纽约华尔街的证券市场崩溃，30 年代的大萧条开始。

1930 年 5 月，克莱斯勒大楼在纽约建成，威廉·凡·艾伦（William Van Alen）设计。直至它建成后的一年其还是人类历史上最高的建筑物。

1932 年 奥尔德斯·赫胥黎（Aldous Huxley）的《美丽新世界》出版。

1933 年 由唐纳德·德斯基（Donald Deskey）和相关建筑师设计的无线电城音乐厅在纽约竣工。

1934 年 纽约现代艺术博物馆举行“机器时代”展览，标志着美国工业设计运动的到来。

1935 年 由马尔科姆·坎贝尔驾驶的蓝鸟号时速达到每小时 480 公里。弗雷德·阿斯泰尔和金吉·罗杰斯主演的喜剧电影《大礼帽》上映，同期还有马克斯兄弟的《歌剧院之夜》。

克莱斯勒大厦 这个建筑物对不锈钢太阳射线的戏剧性运用象征着社会进步的步伐。

1939 年 希特勒在 9 月 1 日闪电攻击波兰，二次世界大战在欧洲爆发。

诺曼底号 这个法国的奢华远洋客轮于 1932 年启航。其室内设计是典型的装饰艺术风格。

装饰艺术风格家具

在一战结束后不久的那几年里，家具设计师们分成两派：一派坚持装饰艺术，对传统进行了许多改造和创新；另一派则遵循功能主义，即现代主义的践行者。

1925 年，现代工业世界博览会上展出了大部分业已成熟的巴黎装饰艺术风格的家具成品。展会原定于 1915 年开幕，但由于一战而耽搁。该展反映了战前的美学品位，表现出法国打算重建其作为世界奢侈品设计潮流中心的雄心。虽然“装饰艺术”这一名称在当时的展览中就被提出，但它真正成为一种独立明确的风格还要等到 1968 年——在那一年贝维斯·希利尔（Bevis Hillier）的著作《二三十年代的装饰艺术》（*Art Deco of the 20s and 30s*）付梓出版。

他在书中将装饰艺术分为两类：一是女性化的，稍带有1925年的保守风格，家具漂亮、别致，有精细的手工和对18世纪潮流的追溯；二是30年代的男性化，带有机械时代的象征主义和对新材料的运用，如镀铬和塑料。

摩天大厦式组合梳妆盥洗盆 厚黑暗纹强化了其几何形式，刻画出装饰艺术风格。镜塔上的木结构设计致敬了曼哈顿当时最高的建筑物。*20 世纪 30 年代 高 155 厘米（约 61 英寸）*

传统装饰艺术

这类家具从新艺术风格发端而来，诞生于法国。设计师们在这种路数中掌握了新艺术风格的变形：流线型和自然主义装饰特色，从而创造出更加拘谨、几何形的家具，通常带有优美的比例和程式化的主题。

家具商埃米尔-雅克·鲁尔曼（Émile-Jacques Ruhlmann）（见第 393 页）、保罗·弗洛特（Paul Follot，1877–1941）等人喜欢使用奢华的材料来加强简约、程式化而抽象的外形效果。带有独特斑纹和装饰性纹理的进口木材如黑檀木、胡桃木和梧桐木被做成各种光亮的贴皮。贵重材料如象牙、涂漆和鲨革（***Shagreen***）（原生鲨鱼皮）被用来做细工镶嵌和嵌件。装饰主题包括了程式化的花篮和几何形的太阳射线。被高度抛光的坚硬木料表面上常伴有鲜亮色泽的各种装饰。

现代装饰艺术

许多美国设计师受到法国装饰艺术运动的感召。他们使用新式材料如电木（***Bakelite***）和铝。其中的代表者为唐纳德·德斯基，他设计了纽约无线电城音乐厅的室内装潢，在法式装饰艺术风格中混入更为功能性与直线型的包豪斯风格，最终打造出现代主义形式的装饰艺术风格。保罗·富勒（Paul Fuller）在其极富标志性的乌利泽点唱机上，装饰以色彩鲜艳的塑料、几何形格栅、镀铬和舞台性的灯光，还结合了法国风格以及新技术。一些具体的美国元素，如摩天大楼主题，也出现在维也纳出生的纽约设计师保罗·弗兰克尔（Paul Frankl，见第 397 页）和德裔加州设计师凯姆·韦伯（K.E.M. Weber）设计的装饰艺术风格家具中。同样，汽车元素在装饰艺术风格家具中的运用愈加明显。流线型和外表光滑的鱼形也相当广泛地出现在从收音机到桌子的各种产品上。

折叠式屏风 法国屏风，四面折叠式镶板，是装饰艺术设计的精美例子之一。每一镶板边上有黄檀木和果木拼成的几何图案。*高 185 厘米（约 73 英寸） CSB*

20 世纪 30 年代，在好莱坞那些充斥了厌世情绪的电影中，反复出现带有装饰艺术风格的冷饮柜和臂章图案，其背景通常是奢华装饰艺术风格的酒店、夜店、摩天大厦和远洋轮船。这类电影对传播美国装饰艺术风格起到很大作用，同样借此漂洋过海的还有性解放等观念。

鸡尾酒柜

20 世纪 20 年代末，一种新的社交消遣方式鸡尾酒会促成了新型家具的诞生——灵感来自 18 世纪餐具柜的抽屉和装冰镇酒瓶的橱柜。它用于存储所有可以制作鸡尾酒的酒具，柜体里面装有架子和瓶子架。它通常采取传统写字台的外形，内室则是夸张的现代风格，其贴皮用了许多进口材料，配有灯光和内衬玻璃镜。鸡尾酒柜为时尚的室内增添了一丝轻浮和颓废的基调，与奢华有魅力的现代品位相对应，在爵士乐盛行的大萧条时代流行始终。

鸡尾酒柜 半圆形，橡木，细腿。由 H&L 的爱泼斯坦设计。打开内室可见一个镜子和搁架。上世纪末的制造商特别关注这些有高质量贴皮的家具。*20 世纪 30 年代 高 162.5 厘米（约 64 英寸） JAZ*

传统与奢华

设计师们对这种来自巴黎并流行于20世纪20年代至30年代的风格虽然十分熟悉，但他们仍频频从18世纪的家具中汲取灵感。复古的品位常见于椅子的设计：蛇形木质外框就来自于洛可可风格。这类椅子明显具有18世纪法国安乐椅的复古风格，一般与其他椅子构成会客厅内的三件套。

采用装饰艺术风格装饰的室内喜欢成套的家具设计，常常包括一张沙发、两把椅子和一个橱柜，它们相互匹配，与房间的室内装饰主题形成一体化的效果。整套装饰艺术风格的家具样式常常与房间的建筑结构和镶板相仿，正如18世纪的很多例子一样。

纯粹的外表、和谐的比例、精炼的装饰与奢华的材料是著名的法式家具的重要特征。研究18世纪末一些家具商的产品就可以看出这一点，如让·亨利·厄泽纳和让·弗朗索瓦·勒鲁（Jean-François Leleu）。他们将这一特征落实到工匠手工制作的成套家具中，即当时颇为流行的所谓法式装饰艺术的“高调风格”。本页这些美轮美奂的沙发椅就反映了18世纪的传统奢华品位。它们以富于色彩的斑纹木料增强其奢华的效果，还有奶油色的包覆衬垫。在“云”形设计的美观之外，宽大的体量解决了舒适性的问题，这也是装饰艺术风格的特点。

客厅成套家具 三件式客厅套件家具包括一张沙发、两把扶手椅。沙发和椅子为贝壳形曲木外框，脚部套有脚轮。这些家具都覆有“云”形的奶油色皮革。*宽76厘米（约30英寸） FRE*

椅背充盈感十足，其和谐线条突出了简单之美，并强调出装饰艺术风格的舒适特征。

曲木贝壳造型与18世纪法国的安乐椅遥相呼应。

奢侈奶油色皮革软垫增强了取材的丰富性。

椅子的形状体现了当时对奢侈浮华的追求，隐含有漂浮在云上的理想。

蛇形木框回溯了18世纪法国洛可可风格的外形。

椅子有脚轮，方便椅子被轻松搬移。

枫木或灰木木瘤为当时装饰艺术风格的家具制造商偏爱。

风格要素

今天人们还能从家具上看到不少装饰艺术风格的影子。装饰艺术的每个门类——从家具、织物到陶瓷和金属器物，无一不受到当时偏好进口材料和手工技艺的影响——这些都被认为是19世纪末新艺术风格某种华丽的延续。设计师们广泛利用各种装饰性主题，从民间艺术到程式化果篮，再到古埃及风格的图案，后者受1922年图坦卡蒙墓中发掘的珍宝所启发。直线型与几何图案的灵感据说是来自非洲部落艺术和分离主义绘画，这都是装饰艺术的重要特征。这种风格令人联想到维也纳工坊（见第376–377页）的作品。

胡桃木床头柜

多功能设计

对于装饰艺术风格的设计师和装饰师来说，他们的目标就是营造出简单明快的室内装饰。这个目标是通过内置式家具，如衣柜、盥洗盆和多功能家具，如带桌子的沙发、侧面带橱柜的床头柜、灯台来实现的。

羊毛地毯的几何设计

几何图案织物

地毯、织物和织锦上颇具特色的装饰设计经常受异国风情图案和几何图形的影响，它们来自于非洲、东方、立体主义和民间艺术等处。室内装潢、窗帘和地毯上的动感几何图形往往由重叠的色块或抽象的正方形、锯齿形、三角形图案组成。

带几何形象牙镶嵌的包边饰带

象牙镶嵌

象牙镶嵌经常被用于装饰橱柜、桌子和椅子。其自身的纯白色与桃花心木的光亮色泽和黑檀贴皮形成鲜明的对比。象牙一般用来强调橱柜的抽屉把手，椅子腿部的优雅外形或是桌子顶面带精致几何条纹的边缘。

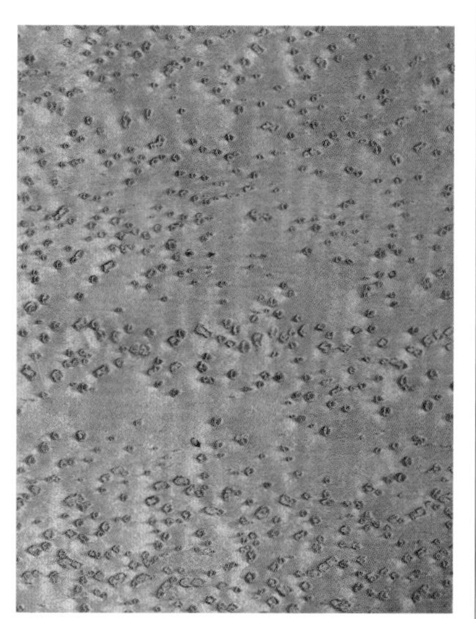

鸟眼枫木局部

鸟眼枫

该木材盛产于北欧、加拿大和美国，鸟眼枫分为很多种。它浅棕色的环状纹理像一只只鸟的眼睛。在18世纪末，它被作为一种时尚的家具贴皮用料。20世纪20年代，它因被法国装饰艺术风格的家具设计师重新采用而受到市场青睐。

叶形雕花的扶手撑架

浅浮雕

自新艺术运动以来，设计师们都喜用手工雕刻来装饰繁复华丽的家具。橱柜顶冠、椅子横档、扶手，或是桌子裙边，上面常常带有浆果、叶子、花束等风格化图案，以及流苏、螺旋、太阳光形条带的浅浮雕。

带有花形细工镶嵌的梳妆台

花形细工镶嵌

在所有装饰艺术风格家具的装饰主题中，花朵都居于主要地位。模仿自一战之前新艺术风格的程式化花朵图案，被工匠们改造成兼具奢华风和更为适度的镶嵌贴皮。和之前的风格相比，这一装饰主题更为低调，或是表现得更为几何图形化。

带蚀刻的玻璃橱柜门

装饰玻璃

玻璃在装饰艺术家具中是一个关键部分。用有光泽的稀有木材所做的巨大建筑式橱柜经常安装有普通或彩色玻璃制成的面板。这些玻璃上面一般会被压上或蚀刻有耀眼的风格化几何图案，如三角形、箭头、花篮、花环和树叶。

装有反向彩绘玻璃的桌面

反向彩绘玻璃技术

反向彩绘玻璃技术指的是在玻璃背面镀金箔、银箔后手绘、雕刻，再加上覆面涂层保护的一种工艺。19 世纪二三十年代的家具设计师经常用具有反向彩绘金箔效果的玻璃板点缀他们制造的桌、柜等家具。

桌面上几何形的贴皮

贴皮

在第一次世界大战之前，新艺术风格的贴皮家具特别受到橱柜制造商的青睐，后来也为装饰艺术风格的家具设计师广泛采用。多彩而珍贵的木材薄层被拼出很多种类的装饰图案，从自然主义的小浪花到抽象几何图形都有。

黄檀木边条

黄檀木镶嵌

黄檀木被广泛用作于具有装饰艺术风格家具的边条。这种硬木所具有的均衡纹理和其本身从淡褐色到红棕色的色泽可以和其他色彩对比明显的木材构成微妙而协调的效果。一般是沿着木材原有纹理切断嵌入抽屉、桌面、镶板或橱柜门的边缘。

有程式化图案的涂漆桌子

涂漆

让·杜南德（Jean Dunand）、艾琳·格雷（Eileen Gray）、毛里斯·加洛特（Maurice Jallot）所制成的家具上镶嵌有华丽的涂漆面板。屏风、椅子、桌子和橱柜有时也用完全光滑的黑色或亮色涂漆制作，有花卉、外国动物和抽象几何图案，回溯了 18 世纪法国的设计元素。

边桌底座

几何形

许多装饰艺术风格设计师特别青睐几何形。埃米尔-雅克·鲁尔曼受 18 世纪末新古典的直线造型影响，表现在他设计的橱柜、衣柜和写字台等家具上。而美国设计师如唐纳德·德斯基的几何形灵感则来自工业时代和与包豪斯有关的设计师们。

程式化的坚果形背板

装饰椅背板条

开放式椅子中央的垂直面板一直有带装饰性的传统。许多装饰艺术风格的椅子由丰富的木材制成，其繁复的雕刻包括程式化的树叶、喷泉、装饰有花或果实的篮子、帷幔和几何形图案。

1925 年巴黎大展

1925 年巴黎装饰艺术与现代工业世界博览会的召开成为装饰艺术风格（20 世纪 60 年代方才正式命名）出现的标志性事件。

这次巴黎大展本来定于 1915 年举办，是为了应对德国在国际贸易上日益增长的实力而召开。1914 年由于一战爆发而被推迟。当大展最终于 1925 年 4 月举办时，其目的是为了宣称法国仍然引领着世界的潮流，并在奢侈品的生产中居于无与伦比的中心地位。展览还意图推动法国家具商们主动接纳“现代主义”，让装饰艺术家们设计出“真正具有原创性”的艺术作品。作为这次大展的显著成果，它提供给新一代装饰艺术家们崛起的机会，当然也给许多已经成名的大师们提供了展示其作品的良机。

奢华的“美好品位”

大多数欧洲国家参加了这次展览，但德国缺席。此展仅法国部分就占去了整个展览场地的三分之二，面积达二十三公顷。美国也拒绝参与，因为商务部长赫伯特·胡佛认为展览的纲领是不可能实现的。他指出参展的作品应该和过去的设计风格一刀两断，并呼吁以一种“全新和原创的灵感”完全体现出现代的生活方式。事实上，这个先决条件未被大部分展品忠实履行，人们只将其看作是对战前审美和艺术风格的延续。尽管如此，展览仍被认为取得了非常巨大的成功，它吸引了世界各地的一千六百万名游客来此共襄盛举。

展览中的法国部分，大多数由卓越、著名的设计师的作品展厅组成。其中佼佼者有家具商埃米尔-雅克·鲁尔曼和玻璃商赫赫奈·拉里科（René Lalique）。展出有室内装潢和整套的家装，有家具、织品、挂毯和其他配饰，形成了整体和谐的风格。这些作品在几家重要的巴黎百货公司的设计工作室和橱窗中都曾展出过，如巴黎春天百货的普里马韦拉（Primavera）工作室，总监为莫里斯·杜弗雷恩（Maurice Dufrêne，1876–1955）的老佛爷百货的征服工作室，乐蓬马歇百货的波莫纳（Pomone）工作室。

这些奢华的展示，以埃菲尔铁塔为背景，霓虹灯使其成为一个超现代的广告。大多数展品符合某种“官方口味”，是经过改造的历史或传统风格，装饰以许多种华丽的主题，包括程式化的花朵、人物、动物以及锯齿状、波浪形的几何图案。关于这种倾

安乐椅 这种罕见的扶手椅为保罗·弗洛特设计，软垫靠背为拱形，带肋条。U 形座椅横档上有卷曲扶手。仿乌木尖腿有凹槽。约 1920 年 高 81.25 厘米（约 32 英寸），宽 51 厘米（约 20 英寸） CAL

罗伯特·邦菲尔斯（Robert Bonfils）为此次大展设计的海报 这张海报展现出装饰艺术风格的若干要素。风格化的花篮成为许多装饰艺术的镶嵌物，而人像和羚羊则被用在金属制品上作为速度的标志。

茶几 这一木桌为拉塞尔设计，有雕花和半圆形的腿和脚，共同支撑玻璃顶面。在横梁式结构内部的支架和柱子由乌木制成，有珍珠母配件。约 1925 年 高 65 厘米（约 26 英寸），宽 76 厘米（约 30 英寸），深 76 厘米（约 30 英寸） QU

黄檀木写字台 为里奥·加洛特设计。弓形前脸带落面和梧桐木内室。内部有镜面，整体有桃花心木贴皮，腿部略叉开，背后有手刻签名。高 114 厘米（约 45 英寸），宽 88 厘米（约 35 英寸） CAL

埃米尔－雅克·鲁尔曼

鲁尔曼设计的家具堪称装饰艺术的巅峰之作，他最为奢华和完美的家具都是在 20 世纪 20 年代到 30 年代初期的法国完成的。

鲁尔曼

鲁尔曼(Émile-Jacques Ruhlmann,1879–1933)生于阿尔萨斯一个农民家庭。他在 1913 年的秋季沙龙上首次展出自己的作品。之后他一直专心于奢华的设计直到一战。1919 年他与皮埃尔·劳伦特(Pierre Laurent)成为合作伙伴。鲁尔曼作为顶级家具设计师，真正声名鹊起是在 1925 年的巴黎大展上。他为上流社会富有的客户设计奢华家具，原型采自18世纪法国家具商们制作的精美作品，例如让·亨利·厄泽纳。鲁尔曼坚持让工人遵循最高的工艺水准来生产简单而优雅的橱柜，如写字台、餐桌和椅子。他的早期家具一般稍显纤薄，腿部渐细；晚期设计则更为坚固耐用。鲁尔曼喜用名贵的细腻木材作镶饰，如黑黄檀、黑檀和胡桃木、古巴桃花心木。这些材料上可镶嵌丰富的龟甲、银、(羊牛)角或象牙，并施以程式化的花篮、花环或几何图案，或装饰皮革、羊皮纸、鲨鱼皮镶板。而抽屉拉手上带有优雅的丝绸流苏，面料通常专为单件家具而配。家具极高的造价并未阻止鲁尔曼的创作，因为市场对这类家具趋之若鹜，拥有一件鲁尔曼家具，简直就是巨大身份的象征。

旋转台面桌 优雅圆桌为鲁尔曼设计，取材象牙和黄檀木。旋转桌面下是中心支架，饰以阶梯式几何镶板和弓形基座。与他设计的许多同类家具一样，进口木材贴皮成为主要的装饰物。*约 1929 年 宽 74.5 厘米(约 29 英寸)* *DEL*

扶手椅 没有标出鲁尔曼的标记。取材带木瘤的黄檀木，有象牙镶嵌局部，镀金金属脚，棕色天鹅绒软垫。可能是鲁尔曼为雅克·杜塞(Jacques Doucet)设计的那把黑檀木与象牙椅的原型。*约 1913 年 高 100.5 厘米(约 40 英寸)，宽 68.5 厘米(约 27 英寸)* *DEL*

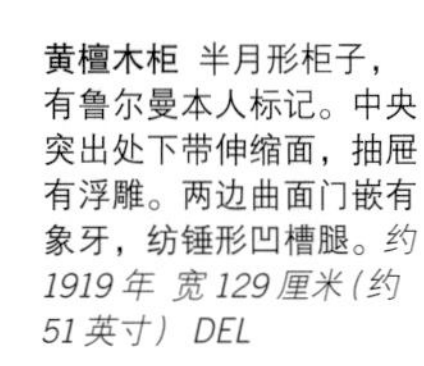

黄檀木柜 半月形柜子，有鲁尔曼本人标记。中央突出处下带伸缩面，抽屉有浮雕。两边曲面门嵌有象牙，纺锤形凹槽腿。*约 1919 年 宽 129 厘米(约 51 英寸)* *DEL*

向，没有谁比埃米尔－雅克·鲁尔曼设计的“收藏家酒店”表现得更为明显。他本人与他首选的几个设计师和工匠负责展馆内部的整体设计。在内部空间里，安德烈·古鲁(André Groult)(1884–1967)设计的“女主人卧房”中的椅子，灵感来自 18 世纪，还有大胆鲜艳的壁纸图案。优雅的套件式家具以淡绿色鲨鱼皮作贴皮，让人想起新艺术风格的曲线。让·杜南德(Jean Dunand，1877–1942)的沙发椅采用流线造型，特别的黑色和银色漆，搭配色彩鲜艳的屏风，灵感受到非洲艺术的启发。

与现代主义风格的比较

这些参展的奢华家具后来被称为“高格调”的装饰艺术，并与现场的少数现代主义家具形成了鲜明对比。在“新艺术的精神”展厅中，瑞士出生的建筑师勒·柯布西耶(Le Corbusier)(见第 432–433 页)的眼光聚焦于极简主义建筑和中产阶级可负担得起的家具。虽然这种风格当时给人留下了深刻印象，但它真正开始展现影响还要到 20 世纪 30 年代。

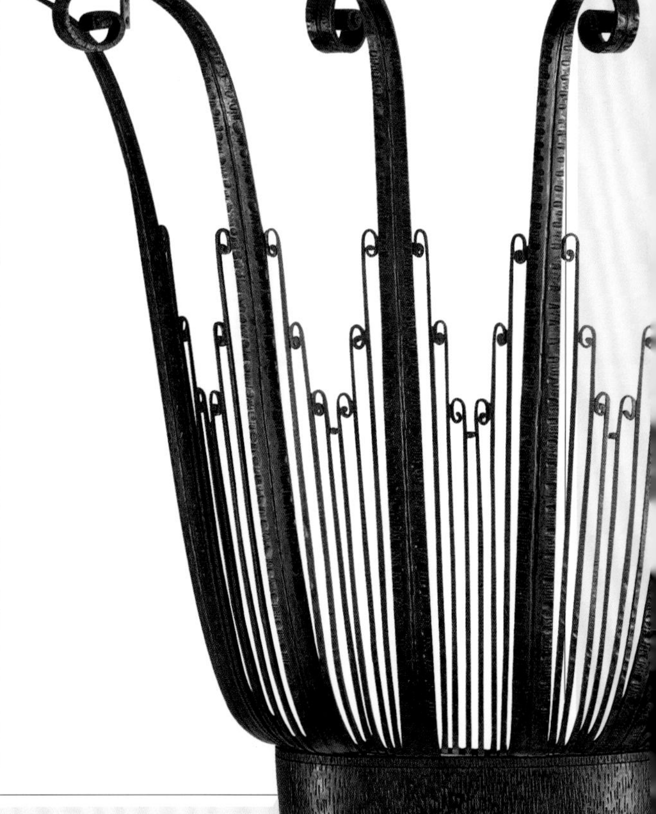

玄关桌

雷蒙德·苏比斯(Raymond Subes)设计，这种铁艺桌有半曲顶面，下面坚实的弯曲底座上有卷曲支架。卷曲支架和阶梯式几何装饰是典型的装饰艺术设计。*高 100.5 厘米(约 40 英寸)，宽 128 厘米(约 50 英寸)*

法国

法国，尤其是巴黎一直享有“豪华中心”的尊号，被看作“高格调”的代名词，更是装饰艺术风格的重要根据地。埃米尔–雅克·鲁尔曼（见第393页）在20世纪20年代设计兼具奢华和优雅的家具，在装饰艺术风格方面树立了不朽的丰碑。

双重启发

鲁尔曼和《法国艺术品公司》一书提到的他的同仁们如保罗·弗洛特、安德烈·古鲁、朱尔斯·勒鲁（Jules Leleu）、里奥·加洛特以及路易斯·苏（Louis Süe）、安德烈·马雷（André Mare）等，从18世纪优秀的橱柜制造商如让–亨利·厄泽纳和亚当·威斯威勒等人制作的华丽家具中寻求灵感。他们主要采用充满异国情调的木材做贴皮，装饰上则用多彩和昂贵的材料作点缀，如象牙、涂漆工艺和鲨鱼皮等。

鲁尔曼和他的同行们也受到新艺术运动（1880–1910）的影响。他们

埃德加·布兰特（Edgar Brandt）设计的锻铁大门 大门的风格化喷泉带有旋转的叶茎和镂空的花，还有藤蔓沿着底部向外延伸。*约1924年 高129.5厘米（约51英寸）SDR*

贴皮桌面有辐射状几何图案。

S形腿末端有几何形卷曲。

桌子底座外围刻有绳索纹样。

中央桌

由毛里斯·杜福伦设计，有贴皮的桌面由华丽的模压S形弯腿支撑。桌子顶部由几种不同木材构成，于桌面中心相接。对比鲜明的图案和木材的纹理构成了桌子的主要装饰，从上面俯视，它们创造了一个微妙的辐射状几何图案。模制块形脚有雕花，支撑起一个圆形小台子，其外边刻有绳索纹样。这张中央桌的实用性让位于装饰性。*约1925年 高68.5厘米（约27英寸），深91.5厘米（约36英寸） MOD*

半月形边桌

路易斯·苏和安德烈·马雷设计，鸟眼枫木和桃花心木半月形桌子具有较宽的单板边条，模压边缘下有一个中楣抽屉，弯腿。*高79厘米（约31英寸），宽122厘米（约48英寸） CAL*

青龙木柜

柜子正中央的门两侧有五个小抽屉，每一个都装饰着象牙把手和镶嵌物。为保罗·弗洛特设计，有签名章。其对称性和较拘谨的风格为法国装饰艺术风格的代表。*约1925年 宽153厘米（约60英寸）*

从中吸收了蛇形线条、有机的形式还有自然的图案，以严谨和程式化的设计，使作品更显几何化。上流社会和富裕的客户们对这种风格精美的橱柜、桌子和写字台趋之若鹜。相关设计师的作品在 1925 年巴黎展览会上大放异彩，引起了更多观众的注意，自此广为人知。

奢侈的用料

加洛特父子与勒鲁都喜欢用多种温性木材如胡桃木、黄檀木和黄柏木来混搭制作家具，并饰以象牙、蛋壳、珠皮、珍珠母制成的朴素细工镶嵌。这成为装饰艺术的标志特征，另外还有程式化的花环或花篮等图案。苏和马雷用路易斯·菲利普风格创造出奢华又文艺的家具，而多米尼克装潢公司生产的时尚精致的家具则取材于乌木和梧桐木，软垫用多彩的丝绸、皮革和丝绒制成。

法国装饰艺术家具中最奇异的形式来自艾琳·格雷、让·杜南德、皮埃尔·勒格瑞（Pierre Legrain）的创新家具。格雷和杜南德利用东方艺术中流行的独特漆艺来制作屏风、桌子、橱柜和椅子。漆往往与其他豪华的用料并用，如玳瑁、蛋壳、动物皮、金属等，共同打造出颇具戏剧性的效果。勒格瑞的灵感多来自非洲艺术。

走向现代主义

1925 年之后，即使最坚定的法国传统主义者如加洛特父子，也开始慢慢接受机械时代和新材料对家具的双重挑战，从金属到玻璃，都为家具设计带来新的变化。

因此，他们后来的装饰艺术设计在外观上明显更加现代，此举为之后的现代主义家具设计师如皮埃尔·查里奥（Pierre Chareau）和弗朗西斯·茹尔丹（Francis Jourdain）等人铺平了道路。

鎏金桌

其长方形的外观和弯腿让人想起 18 世纪早期的洛可可风格。这张桌子用了镀金金属，顶面具有装饰性的连环镂空雕带。*约 1937 年 GYG*

望加锡椅子

这把豪华的乌木和黄檀木椅由保罗·弗洛特设计，原为一组四把。每一把椅子都有一个程式化橡子形靠背，并有“剧场幕布”式的弓背，劳伦特·马尔克斯雕刻。*高 81.25 厘米（约 32 英寸），宽 51 厘米（约 20 英寸） CAL*

实心黄檀木办公椅

这种罕见的埃德加·布兰特式椅子是布兰特专为自己的办公室设计的。拱形高背向后延伸，下有夸张卷曲 J 形扶手。逐渐变细的腿末端为镀金的鞋形脚。*约 1932 年 高 110.5 厘米（约 44 英寸），宽 68.5 厘米（约 27 英寸） CAL*

吧台桌

朱尔斯·勒鲁设计的梧桐木和桃花心木餐桌有一个很大的长方形顶面，下为矩形截面柱。落面内有隔间，其下是一个抽屉藏在立柱内。内饰贴皮为对比明显的桃花心木。*高 61 厘米（约 24 英寸），宽 85 厘米（约 33 英寸） CAL*

黄檀木脚凳

这种矮凳是黄檀木制成的，装饰了斑马纹条带。填充坐垫的装饰织物为典型的装饰艺术风格的印花图案，有重叠的几何造型，灵感来自抽象艺术。*约 1928 年 高 35 厘米（约 14 英寸），宽 46 厘米（约 18 英寸） JAZ*

纽扣锁背椅

原为一对，方形靠背椅子为马克·杜·普兰提（Marc du Plantier）设计，这张椅子前腿为方形，后腿为军刀形。腿是由彩绘木材制成，羊皮纸脚套。这把椅子装饰的小牛皮非原配。*约 1935 年 GYG*

美国

虽然美国没有参加1925年的巴黎展览会，但该展览仍然对其产生了巨大的影响。许多美国设计师包括尤金·舍恩（Eugene Schoen）均到场参观，有关它的报道也铺天盖地覆盖了美国的报纸杂志。翌年，在美国博物馆协会主管查尔斯·理查兹（Charles Richards）的精心组织之下，巴黎展出的四百多件作品漂洋过海来到美国重展。其缘由是他对此展览印象深刻，希望通过此次策展在美国设计界掀起“类似的运动”。

20世纪20年代后期，纽约的百货公司如罗得与泰勒百货（Lord & Taylor）和梅西百货（R.H. Macy）也举办了由巴黎设计师领衔的装饰艺术家具展，而展览对宣传这种艺术潮流起到了推波助澜的作用。尤金·舍恩所创作的家具采用稀有和外来的木材，结合了细工镶嵌和嵌刻，并着色清漆和微妙的木雕，这些作品被认为是模仿同时代的法国设计师。尤金的产品在形式上呈现出建筑性特征，简洁的线条与内敛及风格化的装饰，都证明了创作者是橱柜制造方面的佼佼者。

新方向

在美国，类似的装饰艺术运动开始勃兴，但它却沿着与欧洲不同的路线发展。许多颇具创新精神的设计师，如保罗·弗兰克尔，K.E.M.韦伯和出生于欧洲的约瑟夫·厄本，在他们的设计中将法国装饰艺术风格与包豪斯及维也纳工坊的诸多因素结合起来。与很多同行生产昂贵的奢侈组件有所不同，他们创造出做工精良又多功能的、可大规模生产的家具。

作为纽约“城市音乐厅”电台的首席设计师，唐纳德·德斯基创造出梦幻般的精美家具。他在家具中完美结合了法国装饰艺术中更为功能化的奢华要素和包豪斯风格的直线型特征，并充分采纳了最新的技术。德斯基与其他法国设计师一样用到了稀有

双镶板或三镶板屏风在装饰艺术时期非常流行。

深色斑马图案与象牙白背景形成鲜明对比。

签名和生产日期位于屏风右下角。签名为罗伯特·温思罗普·钱勒。

彩绘屏风

这件颇富戏剧性的三镶板屏风为罗伯特·温思罗普·钱勒（Robert Winthrop Chanler）设计，上绘有两匹正在打斗的斑马，象牙白背景上涂有黑色和褐色。屏风背面装饰有黑色和银色的对角线条纹以模仿斑马的条纹。屏风右下角有签名并注明生产日期。钱勒设计的屏风一直很受欢迎，这扇屏风是百老汇作曲家凯·斯威夫特（Kay Swift）和她的丈夫订制的。屏风在装饰艺术时期非常流行，此为其中最为特别和奢侈的一件，因其使用了银箔作加强效果之用。*1928年 高198厘米（约78英寸） SDR*

中式柜

这种简单的矩形柜子由保罗·弗兰克尔设计。板岩灰底座和下半部与带半圆黄铜拉手的象牙色门形成鲜明对比。底座上面是一个朴实无华的中式柜子，带石灰象牙色涂漆。柜子的三个架子是封闭的，外面有两扇滑动的玻璃门。*宽183厘米（约72英寸） DRA*

枫木书桌

尤金·舍恩为亨盖特和柯其安公司（Schieg Hungate and Kotzian）设计。沉重的矩形顶面，模压边，方块脚。与腿一体的支撑桌面有一个半圆形切口，同时为上半部桌体起到承重作用。*约1935年 宽114厘米（约45英寸） AMO*

纽约克莱斯勒大厦的电梯门 门由威廉·范·阿伦设计，代表了美国装饰艺术的高度。抽象的喷泉图案和周围的几何图形图案会引导人们的目光向上看去。*1928–1930 年*

木材、涂漆工艺和玻璃，但在其中加入了更多现代材料如铝、树脂等，以丰富其家具的装饰特色。

新材料与装饰主题

现代材料的魅力最终吸引到了美国的装饰艺术家具设计师。在密歇根州著名的克兰布鲁克艺术学院（Cranbrook Academy of Art），芬兰裔美国建筑师埃罗·沙里宁（Eero Saarinen）制造出优雅的家具，由丰富的木质贴皮与天然材料制成，偶尔也兼用创新的材料，如钢和抛光的金属。

美国设计师欢迎机械时代的一切，张开双臂拥抱它的到来。他们以与机器相关的图案如联锁齿轮和螺丝钉来装饰自己的家具。他们赞美工业时代的速度和活力，设计的家具越来越趋向流线型的外观。设计的灵感来自汽车、远洋轮船和火车，用自然中剧烈的雷电作装饰图案。他们大胆采用立体主义风格中的几何形状和绚丽的抽象图案，其中包括代表美国现代城市生活方式的标志性样式，如摩天大楼等。

工业设计师韦伯创建了装饰艺术的加州版本。他独特的家具大部分是由金属和玻璃制成，体现出摩天大楼般的造型特征。韦伯还创造出可供私人定制的实用家具，在可投入大规模生产的设计中采用了许多新材料，如镀铬金属、钢铁和层压木等。

彩绘椅

威廉·普莱斯（William L. Price）设计，模压腿，靠背支架有精美雕花。它是为新泽西的特拉梅尔（Traymore）酒店餐厅设计的，该建筑于 1972 年被拆除。*约 1915 年 高 85 厘米（约 34 英寸）*

五斗橱

约翰·威迪康姆（John Widdicomb）为一家设计商店而做，有几何镶嵌顶面，下方有一个长抽屉与程式化镶嵌。一对带镶嵌和花纹的门，内附三个抽屉。*高 111.75 厘米（约 44 英寸） FRE*

金属脚凳

一组四张钢制凳之一，座位上有一个软垫，镂空裙档带卷曲叶形。有螺旋支架，两侧为撑架，带制作者标签。*L&T*

吧台

用进口木材做的黑漆单板，吧台中央有带凹槽门的橱柜，内部有镜子。U 形底座。*高 162 厘米（约 64 英寸），宽 140 厘米（约 55 英寸），深 48 厘米（约 19 英寸） SDR*

保罗·弗兰克尔

保罗·弗兰克尔想设计一种现代的家具形式，以表达“美国式生活各个阶段的新精神”。

生于维也纳的建筑师和工程师保罗·弗兰克尔（Paul Frank，1887–1958）在 1914 年第一次世界大战爆发时逃离欧洲到纽约定居，所以他设计和制造的家具带有正式的欧洲传统。到了 20 世纪 20 年代中期，因为受到设计师如勒·柯布西耶和沃尔特·格罗皮乌斯的启发，他把自己的注意力集中到了生产实用、经济的模块化家具上。

直到 1925 年，他才真正作为一名家具设计师专门为大众市场定制范围广泛的家具——其灵感来自纽约城市的天际线和拔地而起的摩天大厦。他设计的家具的轮廓经常令人想起荷兰画家蒙德里安（Piet Mondrian）作品中的纯净线条，例如阶梯式抽屉柜、各式橱柜和书柜——都拥有建筑物般的直线形式。它们取材橡木或加利福尼亚红木，有时用油漆装饰成黑色、红色或浅绿色，家具边缘饰有银片。他还设计了“摩天大楼”式的写字台和镜顶梳妆台。因其优先考虑实惠性，所以“摩天大楼”式家具的质量并不总是符合高标准。弗兰克尔也供应漆桌、椅子和带东方式内饰的家具，在第二次世界大战时期成为时尚家具代表。

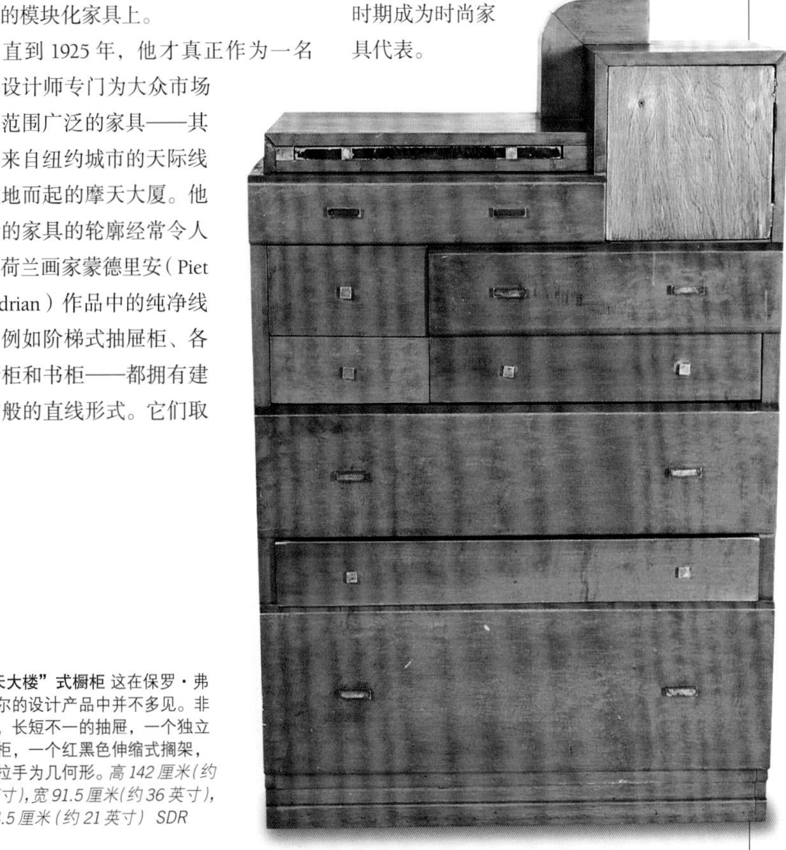

“摩天大楼”式橱柜 这在保罗·弗兰克尔的设计产品中并不多见。非对称，长短不一的抽屉，一个独立式橱柜，一个红黑色伸缩式搁架，黄铜拉手为几何形。*高 142 厘米（约 56 英寸），宽 91.5 厘米（约 36 英寸），深 54.5 厘米（约 21 英寸） SDR*

流线型

作为进步、变革与现代化的象征，装饰艺术的流线型对重振美国经济起到了很大的作用。

美国式的装饰艺术也被称为现代艺术，它一直受到城市生活的启发，从摩天大楼棱角分明的设计轮廓让人联想到爵士乐中的切分音节奏，它一直热衷于机器时代所用的工业主题和新材料。20 世纪 30 年代它以流线型概念为装饰艺术做出了最后的、也许是最大的贡献。

1929 年华尔街崩盘后，经济大萧条席卷美国各地，留下残缺的需要振兴的经济和已经动摇的公众信心。流线型设计不仅拥抱新技术和新材料，对美国的建筑和装饰艺术产生了巨大影响，也给提振经济带来了当下急需的信心。

茶几

这种两层分离式茶几为唐纳德·德斯基设计，顶部是一块大大的矩形胶木，下层为较小的一块。镀镍的腿部为优雅的 J 形。*约 1925 年 高 47.75 厘米（约 19 英寸），宽 71 厘米（约 28 英寸），深 35.5 厘米（约 14 英寸） MSM*

活力与魔幻

流线型设计在交通运输方面的发展和应用是最早的。从 20 世纪 30 年代初开始，各种交通工具尤其是铁路机车和货轮的设计有了长足进步。轮廓上，圆滑的鱼雷曲线以及光滑的水平面都是为了减少空气阻力和降低扰流。这些成为现代精神富有魅力的象征。工业设计师诺曼·贝尔·格迪斯（Norman Bel Geddes）为流线型风格的推广做出莫大贡献。他的书《地平线》（*Horizons*，1932）中充满了惊人的流线型火车、飞机和汽车的图像。

这种与速度和技术进步紧密相连的活力品质占据了公众头脑并成为其所渴望的对象，它们帮助人们一扫大萧条时代的阴霾，进入了一个大胆创新的美好未来时代。流线型风格很快

档案柜

原为一对，唐纳德·德斯基设计。取材黑漆黄檀木，有镀镍和青铜嵌件。德斯基受到了大工业化的影响，其作品与包豪斯风格有很多类似之处（见第 426 页）。*约 1945 年 高 141 厘米（约 56 英寸），宽 42 厘米（约 17 英寸） AMO*

流线型沙发

这张带边桌的沙发由保罗·弗兰克尔制作。取材自黑漆和黑色皮革，有镀镍圆盘状的水平条纹装饰带，这种代表“速度”的纹路经常用来装饰火车和汽车。*高 127 厘米（约 50 英寸），宽 223.5 厘米（约 88 英寸） MSM*

家庭配饰

许多产品设计师们不太重视产品的功能性，他们在家居用品上多采用柔和曲线和流线型水平条带的设计。

爵士乐时代的每一种家居物品，从餐具、灯具到鸡尾酒混合器与收音机，都在20世纪30年代的美国被披上了流线型的外衣。这一外在样式也反映在当时的火车或远洋轮船设计上，它们的外观常常与水平装饰条带相结合。

创造具有新式流线型的传统日常用品的理念提振了对"现代"风格的市场需求，刺激了当时日益困窘的经济。1934年雷蒙德·罗维（Raymond Loewy）为Sers公司设计的冰箱完美地诠释了这种风格：它带有圆角和水平条带。很多设计师都将流线型运用到金属制品上。拉塞尔·怀特在1931年以其圆筒形的鸡尾酒混合器和镀铬铅锡合金制成的球形杯，刷新了人们对这一风格的观感。同时还有出生于德国的彼得·蒙克设计的镀铬黄铜"诺曼底"水壶。

可伸缩胶木灯 这盏灯的形状模拟了"闪电"，为典型的装饰艺术产品。*1940年 高45厘米（约18英寸）ROS*

金属铬女人像雕塑 这个雕塑带有程式化特征，包括头发的图案与火车和汽车上装饰的"水平条纹"一样。*高53.5厘米（约21英寸），宽43厘米（约17英寸） SDR*

红水壶 流线型曲线打造出圆滑动感之美。*高18厘米（约7英寸） K&R*

法国诺德运输公司的招贴广告 流线型机车所要表达的力量和速度感在这张标志性海报上得到了戏剧性的呈现。由A.M卡桑德（A.M. Cassandre）设计（1901–1968），海报用的是日本纸。*1927年 高105厘米（约41英寸）*

曲面书桌是由唐纳德·德斯基为Widdicomb公司设计的。它有黑色涂漆表面和两个镀铬的贴皮侧板，是一组套件家具的一部分。*约1935年 宽132厘米（约52英寸） HSD*

被室内和产品设计师所接受。酒店、加油站、餐厅和商店的内饰都做了流线化处理。流线型也突出表现于20世纪30年代一系列精彩的好莱坞电影中，典型作品如《大酒店》（*Grand Hotel*，1932）。

随着20世纪30年代的经济发展，流线型设计被广泛的消费商品频繁采用。在各种家具和新家电的设计上都有所反映。简洁的线条和有力的形式彰显了强烈的风格。采用电木、橡胶、塑料、铝和镀铬钢等新材料制造的日常用品，如真空吸尘器、灶具和收音机等，给家庭娱乐和事务带来不一样的魅力和现代感。为让机器更好地为家庭服务，设计师以光滑的表面巧妙地掩饰内部的工作部件，并移除了所有让人觉得笨拙的突兀设计。

如哈罗德·凡·多伦（Harold van Doren）所指出的，流线型产品在一定程度上是"高速大批量生产的技术结果"。没有表面装饰而微曲面的形式很容易利用塑料模具、压型钢板（**Pressed steel**）和流水线技术来制造。除此之外，这类产品也因让人们可以负担得起而广受欢迎。随着流线型的普及，美国装饰艺术时代终于到来了。

英国

20世纪20年代的前半期，大多数英国家具设计师对工艺美术运动（见第330页）的设计准则仍保持相当高的忠诚度，但偶尔在他们的作品中可以看到来自法国装饰艺术的影响。伦敦最成功的零售商和制造商Heal & Son用梧桐木、橡木或石灰橡木来生产工艺美术风格的产品，同样私下也采用了一些装饰艺术的特点。家具基本上是用机器制造，但最终由手工完成。

简约风格

戈登·拉塞尔设计的家具，表现出较传统的装饰艺术风格。他采用的图案有太阳射线和V形，并选用特殊材料如象牙和黑檀木。拉塞尔在1925年的巴黎展览上大获好评，他非但不接受法国同行青睐的奢华，还执意展出了一件传统乔治亚式简洁设计的橱柜，饰以最少的装饰。

1925年的巴黎展览会深深地影响了英国家具品牌希尔（Heal' s）的设计师J.F.约翰逊。从1926年到1927年，他展示了一系列由檀木制成的卧室家具，在很多方面都表现出埃米尔–雅克·鲁尔曼（见第393页）的巴黎装饰艺术风格的影响。1928年，专门为船舶和酒店提供豪华家具的沃林和基洛（Waring & Gillow）公司在被称为“法国和英国家具与装饰的现代艺术”的展览中展示了其精美的家具和显著的装饰艺术风格。本次展会标志着设计师们明确推出了所谓的现代艺术，为首者是俄国移民塞吉·希玛耶夫（Serge Ivan Chermayeff）。虽然塞吉·希玛耶夫也赞成使用华丽的贴皮，但他很快就从法国装饰艺术风格中抽离出来，去拥抱更现代的美学。他的沙发和茶几呈现出几何形状，室内装潢与地毯也带有明显的几何图案。他的设计被广泛复制，厂家竞相使用更为便宜的材料以大量供给中产阶级客户群。

奢侈的品位

在英国，有一种时尚的装饰艺术风格家具，由奢华昂贵的材料制成，与传统形式相呼应，同时具有现代主义风格——多由贝蒂·乔尔（Betty Joel）和爱德华·墨菲爵士（Sir Edward Maufe）在本国制作。后者在1925年的巴黎大展上获得一枚奖章，他的桃花心木、樟木和黑檀木写字台有石膏和镀金装饰，并配以丝绸流苏手柄。贝蒂·乔尔的客户包括国王和王后以及路易斯·蒙巴顿勋爵（Lord Mountbatten）。

20世纪30年代，戈登·拉塞尔创造出更多的现代主义作品，成功开发出品质更为优良的家具，同时大规模生产得以实现。家具商普遍采用钢管等新材料。安布罗斯·希尔（Ambrose Heal，1872–1959，Heal' s家具品牌的创始人）也坚定地拥护现代主义运动。然而，装饰艺术的种种因素仍持续在英国设计界发酵。许多郊区的房子上随处可见太阳光射线和阶梯瓦（stepped tiling）图案，家用物品如收音机、电话、吸尘器等也都广泛反映出美国装饰艺术的流线型风格（见第398–399页）。1933年，莫里斯·亚当斯制作出流线型的鸡尾酒柜，结合了仿乌木桃花心木、金属外壳以及铬质底座等要素。

前《每日快报》大楼大堂，舰队街，伦敦 大堂为罗伯特·阿特金森（Robert Atkinson）在1932年设计，受到好莱坞电影的影响。它有一个带镀银吊灯垂饰的星光形天花板，沿一边有巨大的银质镀金石膏浅浮雕。

橡木书柜

这对贝蒂·乔尔设计的书柜取材自澳大利亚的光滑橡木。每一个书架均不对称，带随机开放或封闭式的书架。圆形门把手与方形书架形成对比。凹槽方腿。每一个基座上有如下的标签：“Betty Joel 设计的手工家具，由J.Emery 制造，朴茨茅斯”。*1932年 宽92厘米（约95英寸） L&T*

枫木桌

这是爱泼斯坦成套设计中的一对，还包括一张桌子和八把椅子（见下图）。是由带木瘤的枫木制作，是当时最昂贵的木材之一。矩形桌面有圆角。U形底座是爱泼斯坦式家具的典型特征，为装饰艺术设计师所常用。它通过基座底将传统与现代结合起来。*约1932年 宽198厘米（约78英寸） JAZ*

餐椅

这把椅子由爱泼斯坦设计，以带木瘤的枫木制作。与上图的桌子配套使用。椅子的形式很简单，有微微张开的双腿，并有奶油色软垫。*约1932年 高89厘米（约35英寸） JAZ*

镜子

这种装饰艺术风格的镜子，为爱丁堡的怀托克和瑞德（Whytock and Reid）设计。有整体式长方形的红色漆外框。模压顶冠上的程式化植物图案做了镀金处理。*高101厘米（约40英寸） L&T*

抽屉柜

这件英国抽屉柜取材胡桃木，抽屉和箱体边上有黑漆边带，从而加重其直线性。独特、纤细的抽屉把手垂直并置于水平排列的长方形抽屉上。*约 1930 年 宽 123 厘米（约 48 英寸） JAZ*

嵌套桌子

这三张桌子为青龙木和椴木制作，有装饰镶嵌。每张桌上都有几何太阳光线图案，取材自对比明显的木材，有模压边缘。桌子有逐渐叉开的腿和模压垫脚。*约 1925 年 高 68 厘米（约 27 英寸），宽 79 厘米（约 31 英寸） JAZ*

半圆靠背椅

这一半圆靠背椅原为一对，U 形外框有弯曲后背和扶手，从上到下镶有橡木框架。椅子的靠背、裙档和疏松坐垫装饰有条纹织物。另一把椅子上有一个稍微高一点的靠背。*L&T*

绿色鲨鱼革表面不同寻常。

外形呼应法国 18 世纪的五斗橱。

方形象牙把手与颜色明亮的贴皮形成鲜明对比。

顶部与底部有象牙与乌木几何边。

凹槽螺旋腿下为象牙脚。

望加锡餐柜

餐柜由 Heal & Son（Heal's 的子公司）设计。乌木贴皮。它的独特魅力来自其结合了 S 型乌木黑边的绿色鲨鱼革面板。两侧与前脸有鲜艳的木材贴皮，其顶部为几何形边，与底部同为象牙与乌木几何边。凹槽螺旋腿有象牙脚，方形门和抽屉手柄也由象牙制成。*约 1930 年 高 89 厘米（约 35 英寸），宽 152.5 厘米（约 60 英寸），深 51 厘米（约 20 英寸） MAL*

装饰艺术风格的室内装潢

装饰艺术，以其融合了现代性和异国情调的特质，在巴黎一个新博物馆中找到了展示的舞台，同时也宣告了这种风格在巴黎的诞生。

1931年，崭新的殖民地博物馆（今称非洲和大洋洲艺术博物馆）选用了装饰艺术的设计方案以实现其雄心勃勃的计划——彰显法国与殖民地之间的关系。原方案想纳入来自北非的建筑图案，后来被否决，取而代之的是阿尔伯特·拉普拉德（Albert Laprade）整洁、现代的设计，其灵感来自于欧洲古典主义。

博物馆外墙所装饰的巨大程式化饰带（中楣）由装饰艺术雕塑家阿尔伯特·让尼尔（Albert Janniot）设计。其室内设计为展示装饰艺术设计提供了壮观的舞台，尽管它也展出来自非洲和亚洲的艺术品和工艺品。虽然旨展示殖民文物的房间内饰相对简单，但作为接待室的两个椭圆形房间却异常华丽。“非洲沙龙”主要是庆祝来自非洲殖民地的成就，宏伟的“亚洲沙龙”（也被称为利奥泰沙龙）则专门为亚洲艺术而建。

雕塑形照明灯 灯具由尤金·普利茨设计，以棕榈木制成。具有喇叭形的顶。灯具底座旁的搁架被当作休闲桌使用。

利奥泰沙龙

尤金·普林茨（Eugène Printz）设计的利奥泰沙龙，与安德烈–贝尔（André-Hubert）和埃瓦娜·勒梅特（Ivanna Lemaitre）创作的壁画到20世纪30年代依然是法国装饰艺术中的典范。雄伟的拼花地板及其当时典型的辐射几何形设计，是由加蓬的木材尤其是乌木和黄檀木制成的。丰富多彩的地板和深色的窗帘，增强了整个房间的色调。为了让异国情调与装饰艺术的魅力相符，设计师在壁画上戏剧性地描绘出亚洲人物、场景和神灵，以便渲染出整个房间的整体氛围。

家具也是由普林茨设计，体现出典型的装饰艺术风格：大胆而简单的形式与干净的线条以及最少的装饰。沙龙的门和大部分家具是由棕榈木制成，因为这类木材的生动纹理颇受普林茨的喜爱。两张对立的桌子之美在于棕榈木圆滑、曲线型的外形。落地灯的美妙轮廓好似海外殖民地的树木，与桌台的曲线和配套椅子的扶手在气质上相互呼应。

沙龙室内的整体效果是非常令人震撼的：天然的材料、现代的造型与受东方启发的壁画彼此融合，创造出异国情调，同时又保持了明显的法式浪漫。利奥泰沙龙是装饰艺术的永恒纪念，也成为象征欧洲帝国盛极而衰的节点。

扶手椅 这把殖民地风格的扶手椅包覆有金黄色织物，有弯曲的木框和矩形靠背。软垫扶手撑架在座椅靠背和弯曲手臂之间形成扇形，一直延展到腿部。

欧洲

一战后人们的觉醒让全欧洲弥漫在巨大变革的气氛当中。欧洲设计界敏锐地感觉到变革的必要性。人心思变为功能主义思想的萌发奠定了基础，并刺激出艺术生产要与20世纪初激动人心的技术进步相适应的热望。能够被大规模生产、极具实用性的家具成为当时的设计潮流，这一生活哲学通过芬兰阿尔瓦·阿尔托（Alvar Aalto）的设计得以体现。与之有同样意义的事件还有1919年沃尔特·格罗皮乌斯建立了包豪斯。包豪斯力求汇集各种创意型的艺术家、设计师和工匠等人才，打造出适合工业化大生产的设计模式。

即使在20世纪20年代和30年代包豪斯现代主义风格盛行的德国，仍有建筑师和设计师以更具装饰性的方式展开工作。德国装饰艺术风格的家具在用漆方面展示出东方韵味，用色鲜艳，绘制方面则从洛可可和比德迈风格中汲取灵感。1928年于纽约梅西百货展出的布鲁诺·保罗的“绅士房间”，就是装饰艺术风格中内敛形式的典型代表。绅士房间里摆放着漆木家具和镶嵌制品，还有几何图案的地毯。这一时期许多德国和奥地利的犹太裔设计师移居到美国，并与保罗·弗兰克尔一起发展了那里的装饰艺术风格。

北欧潮流

荷兰是北欧首个将抽象概念引入到家具设计的国家。在这场艺术革命中，担任领头羊的是“风格派”团体，由两位画家在1917年创建：特奥·凡·杜斯伯格（Theo van Doesburg）和蒙德里安。这一团体所设计的功能主义家具并未出现在1925年巴黎大展。那次展览中的荷兰展厅由斯塔尔（J.F. Staal）设计——他毕业于阿姆斯特丹学校，喜用夸张、印象主义和东方的元素来装饰家具主题。展览上专为荷兰远洋客轮设计的家具都带有“C.A.Lion Cachet”标记。它们取材于深色热带木材，并在传统外形中镶嵌了象牙和浅色木材，并饰以东方装饰和羊皮纸镶板。荷兰工业设计师贾普·吉丁（Jaap Gidding，1887–1955）设计的电影院和剧院的室内装潢也采用了法国的装饰艺术风格。阿姆斯特丹的图申斯基电影院（建于1918–1921）具有富丽

瑞典椅

这把瑞典装饰艺术风格的椅子有棕色皮革软垫，锥形腿，两个后腿微微张开，曲线扶手撑架。靠背中央面板为带木瘤的木材和局部缎木。*约1920年 宽61厘米（约24英寸） LANE*

桥椅

这座桥椅由德·科恩·弗雷尔（De Coene Frères）设计。弧形扶手撑架形成一个连续的“U”形，有弯曲的座位外框。座位包覆为红色方格图案，前腿为锥形。*约1930年 高82厘米（约32英寸） LM*

意大利茶几

这一高档的茶几上有一个长方形的玻璃顶面，下为锥形腿。茶几采用了鸟眼枫木和乌木贴皮。这种乌木贴皮，也常被用在欧洲的装饰艺术风格的家具上。黑檀木的运用在这个简单几何结构的设计中尤其显眼。*宽99.5厘米（约39英寸） SDR*

比利时书桌

由德·科恩·弗雷尔设计，这张比利时桌子有四个抽屉、尖细的腿和镀镍脚，并覆盖在黑色漆之下。光滑的黑色设计表明了装饰性让位给实用性的原则。*约1930年 宽172.5厘米（约68英寸） LM*

瑞士书桌

这张瑞士胡桃木桌子上有一个长方形带圆角的顶部。中央抽屉及两侧橱柜有装饰性的“英国样式”拉手，整个由方脚支撑。胡桃木纹理提升了整体的品位。*约1925年 宽145厘米（约57英寸） VH*

堂皇的室内效果和特别的光效，也是装饰艺术风格的典型代表。

在斯堪的纳维亚，设计趋向古典风格，偏好优雅、宽大、奢华的用料与手工制作。20世纪30年代，英国作家莫顿·尚德（Morton Shand）将1925年巴黎大展上展出的瑞典新古典风格概括为具有“纤薄、犹如精灵一般优雅的特有线条”。而此次参展的奥托·迈耶（Otto Meyer）与雅各布·彼得森（Jacob Petersen）纯以手工做出的梧桐木与桃花心木的曲线椅也在丹麦展厅中惊艳亮相，与埃比·萨多林（Ebbe Sadolin）的蜡染墙壁覆盖物相得益彰。

意大利式平衡

意大利家具设计师努力在古典的优雅和现代风格的成熟之间寻找平衡。尽管他们对来自法国装饰艺术标志性的豪华奢侈都有些忐忑，但还是能在意大利式橱柜、桌子、写字台和椅子上将当地和海外木材的各种美妙之处淋漓尽致地展现。许多设计师在家具上装饰青铜嵌件、微妙的雕刻，或是花篮、花环、几何图案——都是典型的装饰艺术风格。

在建筑师吉奥·庞蒂（Gio Ponti）手中，装饰艺术的意大利特色得到了最充分的展现。他成功地将功能化、几何形、维也纳工坊设计师们改进的备件构造与法国装饰艺术风格结合起来。

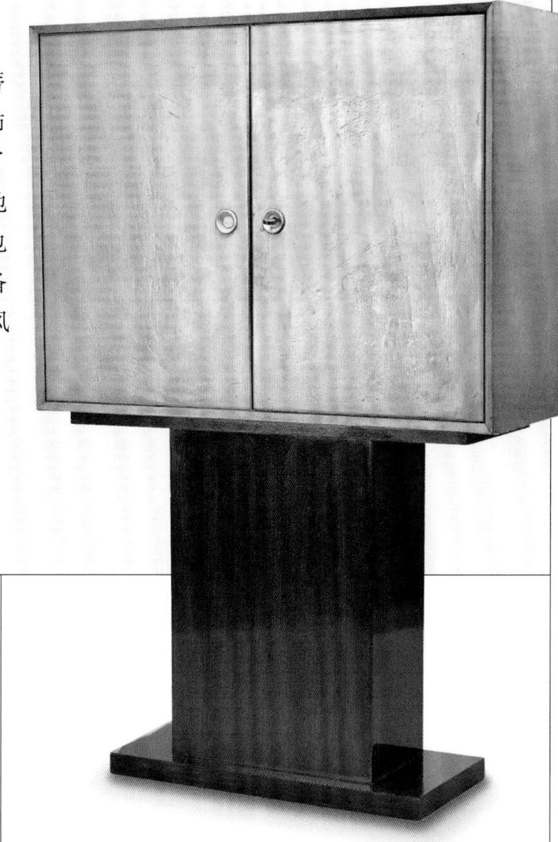

意大利橱柜

这件长方形的乌尔里希·古列尔莫柜（Ulrich Guglielmo cabinet）有两扇门，方底座内衬羊皮纸。门上有象牙的嵌件，底座镶有西阿拉黄檀木。圆形乌木旋钮带镀金的青铜配件和钥匙，与十四个室内抽屉连接。*约1930年 高150厘米（约59英寸） QU*

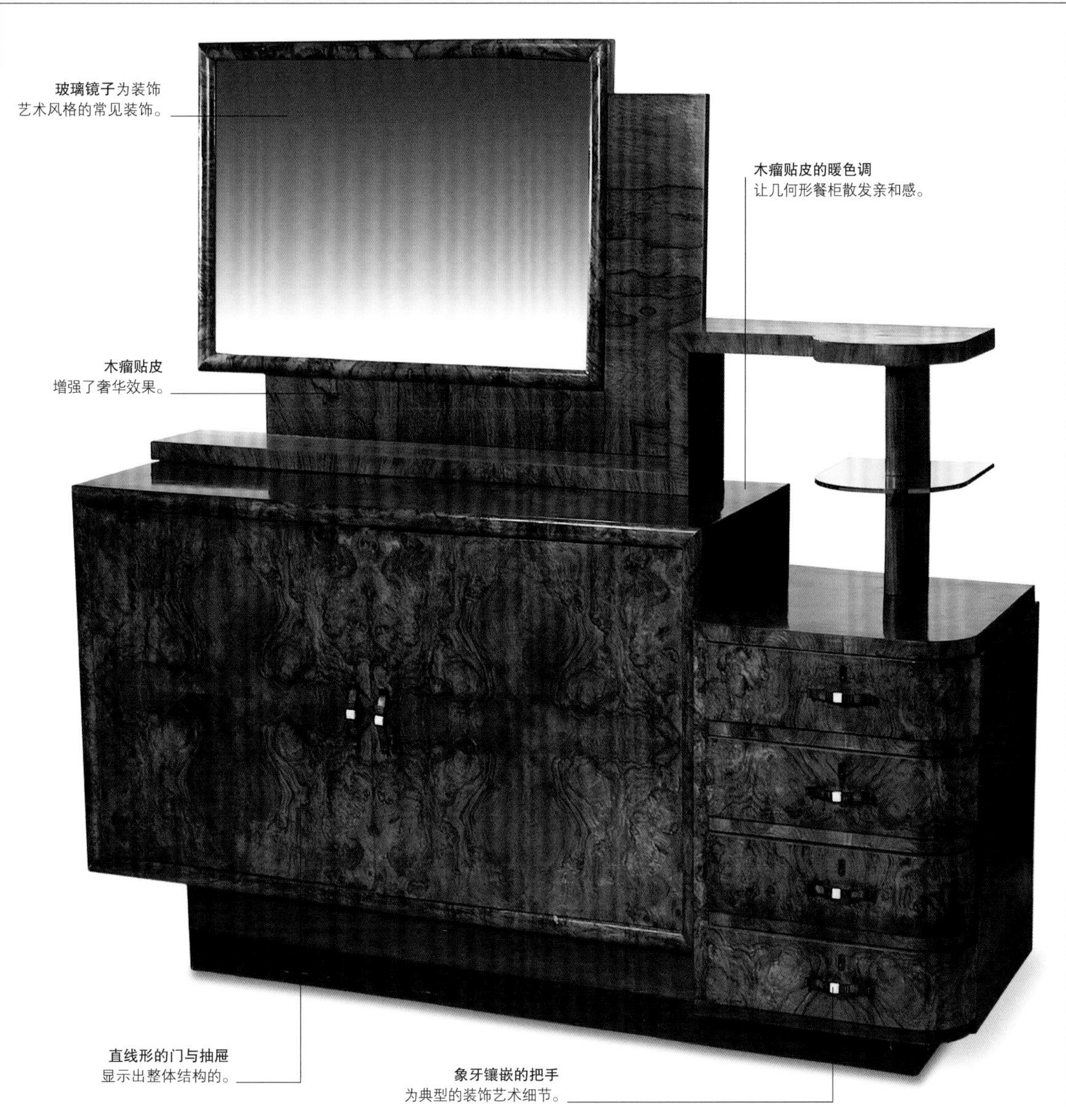

玻璃镜子为装饰艺术风格的常见装饰。

木瘤贴皮的暖色调让几何形餐柜散发亲和感。

木瘤贴皮增强了奢华效果。

直线形的门与抽屉显示出整体结构的。

象牙镶嵌的把手为典型的装饰艺术细节。

意大利自助餐柜

自助餐柜的搁架为典型的装饰艺术特色：简洁线条和不对称性结合了奢华的木瘤饰面。搁架结构包括四个小抽屉和一面镜子，还带一双内有可调节架子的橱柜门。四个抽屉和橱柜门上有精细的镶嵌手柄。几何形是意大利装饰艺术的典型，这一趋势由维也纳工坊发起，工坊由克洛曼·莫瑟和约瑟夫·霍夫曼于1903年创立，是奥地利维也纳视觉艺术家的生产社区，汇集了陶瓷、时装、银器、家具和图形艺术领域的建筑师，艺术家和设计师。它被视为现代设计的先驱，其影响可以在包豪斯和装饰艺术等后期风格中看到。对外来木材的使用则在法国家具上更为典型。*宽177.75厘米（约70英寸） FRE*

胡桃木安乐椅

这把欧陆胡桃木安乐椅装饰为奶油色，这在装饰艺术家具设计中为流行色。椅子有宽大弯曲的扶手，每个扶手撑架之间有三条垂直杆，最底部为模压雪橇式的块形脚。*DN*

印度及东亚

虽然装饰艺术风格的缘起和取得成功的地方都在西方，但它仍在东方留有回音。

印度的光彩

尽管印度处于保守主义和经济持续低迷的压力下，但其设计师一直青睐殖民地装饰艺术风格所带来的审美愉悦和独特性。装饰艺术在印度被赞誉有加，移民自中欧和东欧的许多设计师令其更加枝繁叶茂。

印度的装饰艺术中心在孟买，它同时也是国际交流中心和繁忙的港口城市。在这里尊崇重商主义观念的富有阶级与偏西化的执政力量都和1929年到1940年后湾地区的发展紧密联系在一起。发展信托基金坚持认为，所有的建筑都应遵循相同的建筑风格以确保“设计上的统一和谐”原则。其风格外表是优雅的流线型，但其装饰形式则来自装饰艺术。到了20世纪30年代末，孟买所有的将近300家电影院的内外装饰都是迷人的装饰艺术风格。富有的印度王子委托设计师所做的精致和豪华的住宅也反映了装饰艺术风格。家具往往结合了“高格调”的法国装饰艺术与自然的装饰传统。

东亚与西方的联系

20世纪二三十年代，大量日本和中国的建筑、室内装潢和家具为装饰艺术所动。多数属于装饰艺术的灵感，如简明的形式，简洁、自然风格的装饰，以及对珍贵进口材料如漆、象牙和珍珠母的运用——这些都是东亚传统家具最先使用的——让人不得不想到二者可能存在某种姻亲的关系。

整个日本尤其是以东京来说，一战以后的经济和工业发展与民主化程度及文化的变化密切相关。西方观念通过展览、出版物甚至是设计师个人所推动。1923年东京大地震，留下满目疮痍的城市亟待重建，由此许多新的建筑也反映了装饰艺术风格。许多新建成的电影院、咖啡厅、歌舞厅内部充满了现代材料如铝、玻璃和不锈钢（Stainless steel）。

中式玉桌屏风

这种大屏风有一个引人注目的中央玉制板，上面雕刻描绘了松树、亭子和人像。面板嵌在雕花木架内。*约1930年 高53.5厘米（约21英寸） S&K*

日式小柜

这个夸张的几何形家具有金色云雾纹样和有色漆，由领先的京都漆艺艺术家Suzuki Hyosaku二世设计，他是现代学校工艺协会（Ryukeiha Kogeikai）的成员。柜子外框及两个中央门和外部的抽屉都为连续曲木制作。每个抽屉上方的架子是从边缘侧切出来的，并呈水平状弯曲。黑漆用来加强每扇门的边缘，并把装饰的抽象图案勾勒出来。红色、橙色和金色混合的弯曲不对称纹样融合了整体的流线型形式，并与整体的对称形成对比。*1937年 高83.5厘米（约33英寸），宽112.5厘米（约44英寸），深30.5厘米（约12英寸）*

中式硬木橱柜

外观为带圆角的矩形。两个镶板门打开后内部分为两部分，其中一边有两个架子。模压托架脚。*约1930年 高124 .5厘米（约49英寸） S&K*

在中国蓬勃发展的中心城市上海，奔放的装饰艺术风格被热切的中国建筑师和设计师挪用和同化。被称为“东方巴黎”的上海是一个商务和娱乐融合的繁华大都会。美国的装饰艺术风格集中体现在新建的高层酒店、公寓街区、办公室、商场、咖啡馆和餐馆。

乌麦·巴哈旺宫殿，印度 这间浴室是典型的宫殿内饰，使用流线型，大胆的曲线和华丽的取材。建筑师亨利·沃恩·兰彻斯特(Henry Vaughan Lanchester)把国宝级建筑师 G.A.Goldstraw 请到焦特布尔（印度拉贾斯坦邦第二大城市）以保证设计的完整性。

十二层的凯蒂酒店由巴马丹拿（又称公和洋行，英文原名 Palmer & Turner，缩略名 P&T，在香港又称为巴马丹拿集团）于 1932 年建成，酒店屋顶被做成绿色金字塔形状，为其定下了装饰艺术风格特色的基调。上海大剧院由流亡的捷克–匈牙利籍建筑师邬达克（Laszio Hudec）设计，是一座纪念碑式的建筑。其室内多处装饰采用了令人炫目的装饰艺术风格，大堂配有大理石和霓虹灯，其魅力毫不逊色于好莱坞的同类建筑。

日式屏风

木质屏风为设计师 Ban-ura Shogo 设计。简化的非对称的花和叶通过不同颜色的涂漆加以表现，为日本设计之典型。整个屏风有高雅的箔片。*1936 年 高 91 厘米(约 36 英寸),宽 109 厘米(约 43 英寸),深 31 厘米(约 12 英寸)*

埃卡特·穆特修斯

在为印多尔邦主所做的设计中，他成功将简单而实用的装饰与奇特的法国装饰艺术风格结合在一起。

没有什么地方能比西方建筑师为富有而成熟的印度王子设计的豪华宫殿更能体现对时尚和现代的渴望。其中一座是德国建筑师埃卡特·穆特修斯(Eckart Muthesius，1904–1989)以最新的艺术风格建造的极具实用性的宫殿。1930年，穆特修斯接受了在牛津受过教育的印多尔邦主的委托，设计了带空调的“U”形宫殿，被称为马尼克巴格宫(Manik Bagh)。宫殿由钢架混凝土墙和木制屋顶构造，包含私人公寓、大型舞厅、宴会厅和客房。

穆特修斯亲自负责设计所有的内饰，创造了一个时尚而现代的装饰艺术风格的宫殿建筑，有着闪闪发光的金黄色墙壁。从地板到窗户的框架、灯光以及开关和门把手等，几乎所有的配件都从德国公司订购并运到印度。家具则出自一些最优秀的法国设计师之手，他们主要来自现代艺术家联合会。

穆特修斯用豪华材料装饰宫殿，里面的家具包括埃米尔–雅克·鲁尔曼的精致檀木家具，而卧室的特色扶手椅出自艾琳·格雷之手，躺椅则是勒·柯布西耶设计，表面覆盖豹皮。宫殿里的床用的是铝和铬，深色皮扶手椅有镀铬铁框，内置阅读灯。还有由伊万·达·席尔瓦·布鲁恩斯（Ivan da Silva Bruhns，法国画家，1881–1980）设计的毛绒地毯和博艺府家（Jean Puiforcat）的银器。

日式木质收音机

双曲线木质收音机为设计师 Inoue Hikonosuke 设计。涂漆是日本装饰艺术设计师最喜欢的素材。明亮的金色与银箔制成的程式化花形在涂漆背景上显得尤为突出。*1934 年*

马尼克巴格边桌 由穆特修斯设计。这个超现代的几何形呼应了宫殿的“U”形。*1930–1933 年*

钢管边椅 这镀铬的椅子覆盖着鲜艳的红色乙烯基，是穆特修斯为马尼克巴格宫殿而设计。*1930–1933 年 高 100 厘米(约 39 英寸)*

集成式家具

为匹配优雅与奢华家具而做的整体设计成为装饰艺术室内装饰的一个特色。

家具的集成式设计传统早已有之。自 18 世纪下半叶开始，法国的时尚住宅，其室内日益追求一体化设计，尤其是以成套的大件精美家具与之匹配。到 19 世纪中叶，室内空间的布置变得更加密集，而日益壮大的中产阶级对舒适性的追求导致了优雅、规模化制作的成套新式家具的出现。

卧室集成式家具
为套房而设计的集成式家具在此期间特别受欢迎。房间中心一般是床，它被五斗橱、梳妆桌、衣柜等环绕，所有家具都是几何形，材质是一样的，如本页图所示。

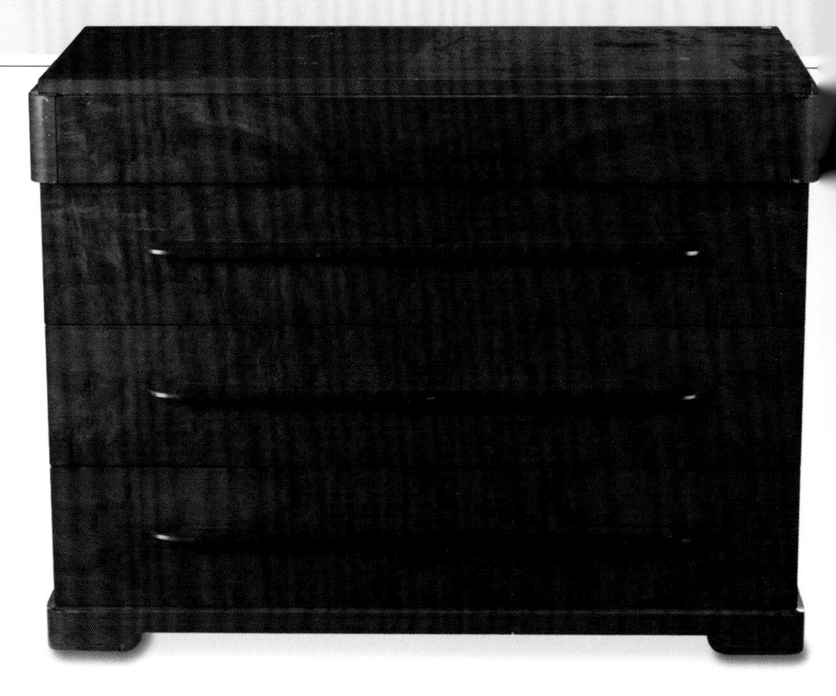

抽屉柜 柜子的隔间有暗藏的抽屉。下面是三个长抽屉，带有独特的长金属把手。*宽 114 厘米（约 45 英寸）S&K*

优雅与舒适

在 20 世纪二三十年代，装饰艺术风格的设计师们也在一体化的室内设计上有所作为。他们在创造引人注目的家具外观之外还要兼顾其舒适性。

法国的装饰艺术设计师创造出奢华的集成式家具。每件家具饰以华丽的材料，如鲨鱼皮、兽皮、漆或进口贴皮，还有与之匹配的衬垫。

埃米尔–雅克·鲁尔曼在 1925 年巴黎世博会展出的一整套家具为他赢得巨大的声誉，他声称这是专为一位富于收藏的艺术藏家住所而设计的。保罗·弗洛特制作的集成家具带有 18 世纪风格，而朱尔斯·勒鲁则为大使馆、首相府以及远洋客轮设计奢华家具。安德烈·古鲁制作出一间令人赞叹的卧室，饰有绿色粗面皮革（*Galuchat*）贴皮和粉红色缎面衬垫。它以“女主人卧房”的形式，于 1925 年巴黎世博会上的法国大使馆展厅展出，给人以极其奢侈的整体之感。

从装饰艺术到现代主义

这股家具的装饰艺术之风也漂洋过海来到英伦三岛。贝蒂·乔尔以鲁尔曼风格设计出一体化的房间，而希利·毛姆（Syrie Maugham）的配色方案以白色和米黄色为主，特色是镜面玻璃和镀银木，但这些更具有现代主义风格。在 1929 年，塞吉·希玛耶夫为家具商沃林和基洛公司（Waring & Gillow）设计出兼具舒适和实用性的集成式卧室家具。整个房间的特色是以带有立体主义图案的织物做衬垫的沙发组合，周围是六边形茶几和同样辅以几何图案的地毯。

床头柜 这件床边桌内有暗藏的抽屉，柜子顶部还有一个抽屉。*高 65 厘米（约 26 英寸）S&K*

绅士多屉高橱柜 这件家具有一个暗藏的抽屉，内有可调的镜子，下有五个抽屉。最底下的抽屉有雪松边条。两侧为有雪松边条挂物隔间。*高 140 厘米（约 55 英寸）S&K*

台座式书桌 这张桌子有一个暗藏的隔间为中心抽屉，两侧藏有两个小抽屉，下面两侧为两组深而长的抽屉。*宽 120 厘米（约 47 英寸）S&K*

1919–1940

卧室镜 这面镜子原为一对。简单的矩形，顶部和底部带轻微拱形，两侧饰有木边条。*宽 101 厘米（约 40 英寸） S&K*

萨沃伊酒店

这是萨沃伊酒店的卧室套房，原有的装饰艺术家具形成其柔和的装饰风格，充满着曲线美。

流线几何型

1935 年第 10 期的《美丽家具》封面为优雅的现代艺术风格的室内装饰。醒目的红色座位内饰从曲线型椅子简洁的白色线条中跳出来，整齐围绕在矩形双陆棋桌周围。

美国集成式家具

1928 年，在“美国设计师画廊”里，十位设计师创作出一间完整的装潢一体化房间，其中唐纳德·德斯基设计了“吸烟室”，它配以优雅且直线型家具——大多数以几何图案装饰，由新材料如镀铬钢铁、玻璃和胶木制成。房间里充满着保罗·弗兰克尔（参阅第 397 页）配套设计的家具，其形状像微型的摩天大楼。

同年，布鲁诺·保罗在纽约的梅西百货设计的“绅士房间”中，成功融合了东方和西方的传统——日本风格的窗户与豪华扶手椅、贴皮柜的搭配堪称完美。第二年保罗在《好家具》杂志上说：“房间的整体性比里面任何一个局部都要重要。”

诺曼·贝尔·格迪斯为推广美国流线型现代艺术做出很多贡献。他的集成式家具有水平线条和圆角的特点，常常由机械时代的材料如搪瓷金属制成。

椅子

装饰艺术风格的椅子凸显出对舒适性和奢华的偏好。它们一般有着宽大的比例，且由奢华而诱人的材料制成。许多椅子与其他家具配套使用，常和沙发一起作为沙龙套房家具的一部分。椅子的外形无论是采用传统简明线条，还是更为前卫和抽象的外观，在不失舒适性同时都给人以赏心悦目之感。

法国设计师如埃米尔–雅克·鲁尔曼、路易斯·苏、安德烈·马雷和保罗·弗洛特的作品常常带有18世纪的元素，如女王椅和安乐椅。其家具常有直背和纤薄而渐收的腿部，最后收于以象牙和青铜制成的包脚，也常有漂亮的弯曲扶手——常采用名贵木料，如桃花心木、黄檀木和黑檀木，并饰以进口材料，如漆、龟甲、鲨鱼皮和珍珠母所做的雕花或镶嵌。

衬垫在装饰艺术风格的椅子中扮演了重要角色。奢华的材料如极品皮革、进口兽皮和天鹅绒常被用到，流行以鲜明的颜色搭配几何或充满异国情调的图案。

其中谢尔盖·佳吉列夫（Serge Diaghilev）芭蕾舞团、立体派和野兽派画作、非洲、东方和民间艺术布景设计、服装等都是常见的装饰要素。

到了20世纪30年代，许多装饰艺术风格的椅子被设计得更加几何化和抽象化，轮廓更简明，以新材料制成，如胶合板、钢管、镀铬、铝和乙烯基。

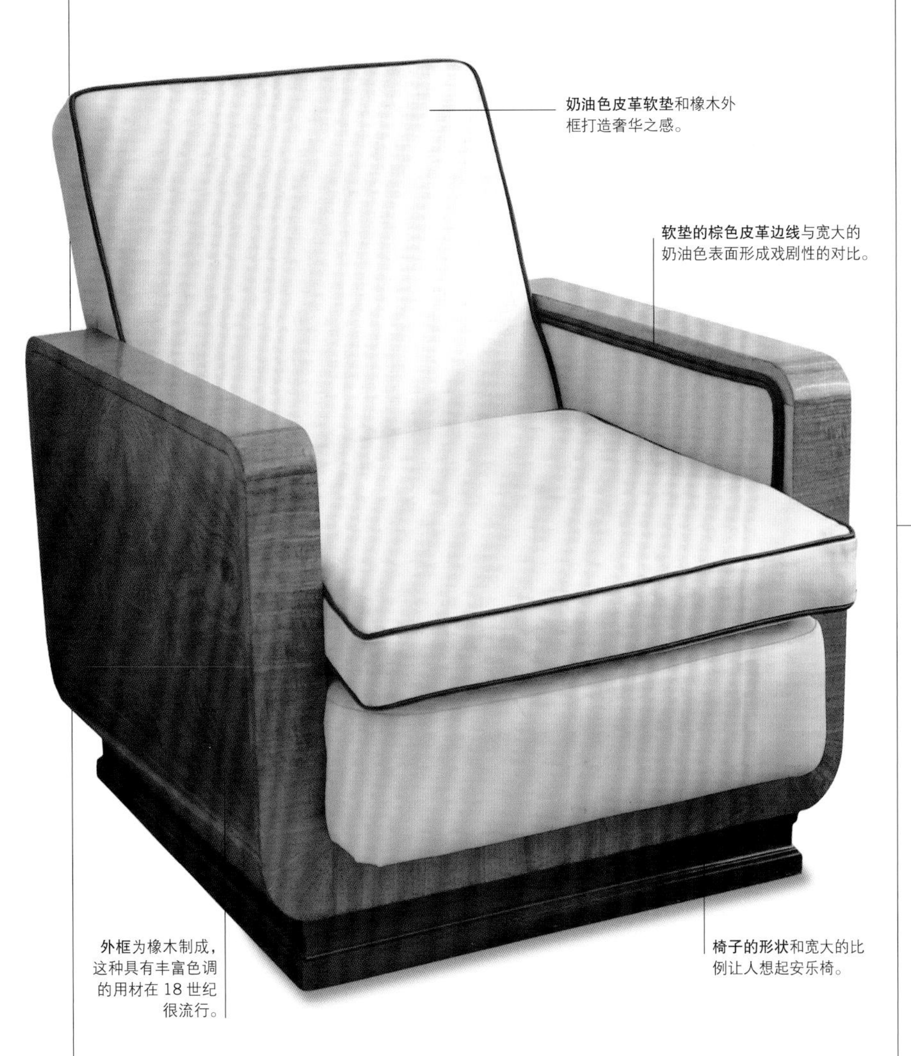

奶油色皮革软垫和橡木外框打造奢华之感。

软垫的棕色皮革边线与宽大的奶油色表面形成戏剧性的对比。

外框为橡木制成，这种具有丰富色调的用材在18世纪很流行。

椅子的形状和宽大的比例让人想起安乐椅。

英式橡木椅

原为三件一套，兼具奢华和舒适性。希尔公司（Hille & Co.）制造。U形橡木外框延展为带柔和圆角的扶手撑架，模压方块底座。座位和其软垫包覆了高档的奶油色皮革，边线为与之形成对比的棕色皮革窄条。U形外框为当时的流行特征之一。*约1928年 宽184厘米（约72英寸） JAZ* 5

法式书桌椅

这把桃花心木椅子出自毛里斯·杜福伦之手，有一个拱形围靠背和衬垫。扶手末端有夸张的卷曲，锥形腿。*约1920年 高71厘米（约28英寸），宽66厘米（约26英寸） CAL* 5

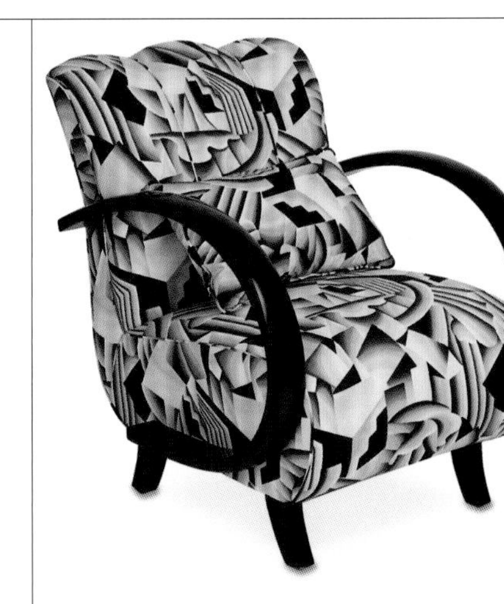

英式C形扶手椅

原为一对开放式扶手椅，有突出的反C形扶手撑架，军刀腿。从软垫的装饰图案上清晰可见先锋立体主义对室内装饰的影响。*约1930年 BL* 3

瑞典俱乐部椅

这把瑞典俱乐部椅有着盒子状的形状，圆形木制的扶手。靠背、座位和椅子的两侧装饰了亚光黑色皮革，用黄铜铆钉固定。*宽64厘米（约25英寸） LANE* 3

美式D形椅

由保罗·弗兰克尔设计，弯曲的扶手有黑色涂漆。座椅采用黑漆装饰并配有红色滚边。*约1927年 高68厘米（约27英寸），宽61厘米（约24英寸），深76厘米（约30英寸） MSM*

法式餐椅

这把优雅的高靠背餐椅是一组六把中的一把，为毛里斯·加络特设计。椅子有红色平板软垫，细节处略显椭圆。腿轻微外展。*1940年代 LM* 5

法式“尼亚加拉”椅

原为一套四把，这把椅子的设计出自毛里斯·杜福伦。平面模压的外框内嵌入“尼亚加拉”图案，有独特的阶梯式“瀑布形”腿。*高94厘米（约37英寸），宽48.25厘米（约19英寸） CAL* 6

法式扶手椅

原为一对。保尔·布辛（Pol Buthion）设计。带铬质和红色木质涂漆外框，平板扶手。靠背和座位有暗褐色织物软垫。*高 84 厘米（约 33 英寸）CSB* 6

法式涂漆扶手椅

原为一对。弗朗西斯科·查理辛（Francisque Chaleyssin）设计。木质涂黑漆。座位、靠背和管状扶手包衬有棕色、米黄色天鹅绒。*高 85 厘米（约 33 英寸）CSB* 5

法式扶手椅

原为一对，苏布雷尔（Soubrier）设计。拱形靠背，软垫为钻石图案。方块脚。*高 79 厘米（约 31 英寸），宽 66 厘米（约 26 英寸），深 74 厘米（约 29 英寸）MOD* 6

法式红木边椅

原为一对。这把朱尔斯·勒卢的椅子为拱形靠背，反心形底座，阶梯式卷曲扶手。锥形腿末端为青铜镀金铲形包脚。*约 1930 年 高 73.65 厘米（约 29 英寸），宽 63.5 厘米（约 25 英寸）CAL* 6

美式 V 形椅

红木餐椅原为六把，保罗·弗兰克尔设计，约翰逊家具公司制造。有独特的 V 形软垫靠背和卷曲红木扶手撑架。*高 79 厘米 FRE* 3

英式弯椅

锥形腿外展，黄檀木。平板座位，拱形围边靠背，有一边弯曲，包覆几何图案的软垫。*约 1930 年 高 69 厘米（约 27 英寸）TDG* 2

法式餐椅

毛里斯·加洛特设计，仿乌木外框和腿。座位和背部为绿色皮革装饰，扶手两侧安装有三个镀铬横档。*约 1930 年 高 84 厘米（约 33 英寸），宽 61 厘米（约 24 英寸）CAL* 5

法式椅

这把有黑色抛光和软垫的椅子原本为一对，由阿尔弗雷德·波特纽夫（Alfred Porteneuve）设计。它有纤细、扁平的扶手和细腿，最后是青铜鞋形包脚。*1940 年代 高 89 厘米（约 35 英寸），宽 53.35 厘米（约 21 英寸）CAL* 6

法式檀木椅

这把路易斯·苏设计的檀木边椅有一个拱形带衬垫的靠背，平板座位。外框有羽毛细节，卷曲脚。*约 1925 年 高 99 厘米（约 39 英寸），宽 51 厘米（约 20 英寸）CAL* 5

美式椅

这是一组桃花心木餐椅中的一把，全套共八把。有实木矩形靠背和装饰有条纹织物的软垫座位。锥形腿外展。*FRE* 4

黑漆椅

这把比利时黑漆扶手椅有一个外框，方形软垫靠背和绿色皮革软垫座位。平板扶手，锥形腿，镍脚。德·科恩·弗雷尔设计。*LM*

法式游戏椅

原为一对，这把多米尼克樱桃扶手椅为装饰艺术风格末期作品，它的方框外形、奥布森软包和锥形腿都反映出装饰艺术风格的特征。*1945 年 高 78.75 厘米（约 31 英寸），宽 61 厘米（约 24 英寸）CAL* 5

桌子

第一次世界大战之后，装饰艺术风格的设计师们创造了具有非凡丰富性和独创性的桌子，以一种不那么张扬的方式延续了新艺术的传统。

传统外形

许多同期的设计师采用了传统桌子的外形，如早期的橡木搁板桌和18世纪的活动桌板设计。取材多样而华丽的木料，如胡桃木、紫杉木和桃花心木，并以如黑檀木和郁金香木等进口木材做成的薄木板来作装饰。

埃米尔-雅克·鲁尔曼和朱尔斯·勒鲁常常效仿18世纪和19世纪法国制柜商生产的那些写字台、梳妆台和窗间桌的经典外形。他们用海外材料和昂贵的木质贴皮，让桌子有明显的装饰细节：其抽屉拉手为象牙所做，细腿收于镀铜的包脚，台面则覆以皮革、鲨鱼皮或大理石。

爱尔兰裔设计师艾琳·格雷设计出具有精细手工的极品涂漆桌，其抽象的外形常施以不同色彩的涂漆，用不惜成本的叶形雕刻或珍珠母镶嵌来制造出线条感。

大胆的创新

家具设计师如马塞尔·考尔德（Marcel Coard）、皮埃尔·查里奥遵循一种更具现代主义化的装饰艺术风格，而美国的唐纳德·德斯基所做的桌子明显几何化，如立方体、圆筒形和锥形。他们以大机械时代的革新材料，如镜面玻璃、铬合金和钢管来做家具，并对传统外形做出全新的诠释。其中之一便是极具创新性的竖面桌。

皮埃尔·勒格瑞于1928年为皮埃尔·迈耶（Pierre Meyer）设计了名为“蟒桌”的桌子。设计师结合了传统的奢华和新时代的材料，塑造出具有严谨外形的产品。桌子整体为木质，台面为长方形。两个支脚全部由鲨鱼皮包覆。支脚嵌入长方形以镀镍做贴皮的基座，从而能够反射出台面的镜像。两个镀镍的卵形圆盘围绕着方形的支架，形成整体上的对称感。

英式餐桌

这一实木建筑式桌子为一组六个之一，为爱泼斯坦设计。核桃木，桌面为八角形状，桌边周围以黑漆条带包边。一双带方块脚的长方腿以矩形镶板连接彼此。桌边的交叉条纹和覆盖桌子顶部较厚的交叉条纹一起为胡桃木贴皮平添了一种微妙但极具装饰感的独特意味。*约1935年 宽183厘米（约72英寸） JAZ* 6

几何形

制作者标签

法式边桌

黄檀木边桌为迈克·杜菲（Michel Dufet）设计，几何外形为这一风格的特色。圆形桌面上有玻璃板，下为一对长方形支架。底座为托盘形。喜欢现代主义风格和装饰艺术风格的设计师们将所有的桌子都做成了几何外形，包括连环圆形、长方形和立方形。*约1930年 高59.5厘米（约23英寸） CAL* 6

休闲桌

十二边形的桌子整个饰以镜面，营造出镜像的效果。桌面下为锥形腿。*约1930年 宽51厘米（约20英寸） L&T* 1

橡木桌

几何形休闲桌采用橡木制成，八角形桌面有交叉条纹装饰。下为长方形立柱，再往下为方形外展底座。*高55厘米（约22英寸） L&T* 1

法式桃花心木桌

桃花心木，圆形桌边有黄檀木、桃花心木和象牙镶嵌。阶梯式方截面腿之间连接方形底盘。*约1925年 高68.5厘米（约27英寸），深59.5厘米（约23英寸） CAL* 6

镜面桌

胡桃木，圆桌面，锥型腿。桌面覆盖一整面的镜子。*约1930年 深58.5厘米（约23英寸） TDG* 1

比利时竖琴形玄关桌

这一竖琴形玄关桌底下为托盘形底座。外框高度抛光，为装饰艺术风格特色。外框上端支持有狭长的矩形桌面。德·科恩·弗雷尔设计。*约 1930 年 高 75 厘米（约 30 英寸） LM* ③

比利时咖啡桌

这张黄檀木咖啡桌是由德·科恩·弗雷尔设计的，胡桃木贴面。卷边托盘基底支撑 U 形结构并与之交叉，铬合金管脚支撑起矩形圆角桌面。*约 1930 年 高 62 厘米（约 24 英寸） LM* ③

法式 U 形桌

这张优雅的法式边桌有长方形顶面，阶梯式边缘。整体为郁金香形结构，从而代替了传统意义上的腿。底座有装饰性的铬质细节。桌子修复过，涂有钢琴漆，因此表面呈现出黑亮色泽。*约 1930 年 SWT*

英式鼓形桌

这张坚固的橡木休闲桌为贝蒂·乔尔设计。中心的大圆筒撑起三个圆形桌面，一个摞着一个。*约 1935 年 深 61 厘米（约 24 英寸） TGD* ②

英式四重奏桌

爱泼斯坦设计，毛刺枫材质。四套尺寸渐次缩小的桌子聚拢于一处。方形腿。*约 1930 年 高 56 厘米（约 22 英寸），深 76 厘米（约 30 英寸） JAZ* ③

镀铬桌

这张镀铬的休闲桌有一个圆形的顶面，嵌入一个黑色玻璃面板，下有三个曲线支架。支架连接到圆形的仿乌木底座，扁平面包形脚。*高 51 厘米（约 20 英寸） L&T* ②

枫木玄关桌

这张玄关书桌有枫木顶面，带模压桃花心木边和前脸抽屉。两个 U 形支架有撑架连接，下为拱形脚。*宽 94 厘米（约 37 英寸） FRE* ①

美式餐桌

保罗·弗兰克尔设计。白色石膏顶面边缘轻轻弯曲，下为两个 30.5 厘米长的桃花心木支架支撑。每个桃花心木支架内有三个 V 形板条。坚固的建筑形外表是典型的保罗·弗兰克尔式设计，体现了当代建筑的发展趋势。支架的人字形让人想起克莱斯勒大厦设计中的关键要素（见第 387 页）。*高 73.65 厘米（约 29 英寸） FRE* ④

餐桌

这张优雅的餐桌是一组家具的一部分，包括一张桌子和八把椅子。桌子有一个简单的矩形顶面，带有可伸缩部分。实木桌面下有底座、一对 C 形支架。八把椅子背部有软垫座位。相较于传统的长方形餐桌，其双拱连锁处的优雅弧形和矩形大大增加了三维立体感以及前卫感。*宽 56 厘米（约 22 英寸） FRE* ③

橱柜

装饰艺术风格的橱柜以凸显的简洁线条和几何形状终结了奢华饰面的流行。鸡尾酒柜在爵士乐时代出现，它有镜面内饰和门板，其搁架可以放置在室内制作鸡尾酒的所有用具。

精致奢华

法国家具设计师保罗·弗洛特和埃米尔–雅克·鲁尔曼设计了由奇异木材制作的各种橱柜，包括青龙木、鸟眼枫木、桃花心木、斑马木、黄檀木和梧桐木，它们都有独特的斑纹和光泽，为此类家具带来低调而优雅的装饰特色。交叉条纹出现在橱柜的边沿，而顶部则会有少量小巧精致的镶嵌花束。抽屉拉手会根据具体的橱柜形状或色泽来选用。装饰图案采用稀有和昂贵的材料制作，如象牙、鲨鱼、玳瑁和熟铁。颜色鲜艳的东方漆器也被制造商使用，特别为让·杜德和艾琳·格雷所钟爱。

简洁线条

装饰艺术风格家具的分支即现代派家具的制造者，如英国的西德尼·巴恩斯利、保罗·弗兰克尔和美国的埃罗·沙里宁都以几何外形塑造出流线型橱柜。这些设计师们坚持用传统的涂漆和外国工艺做的贴皮，但结合了现代材料，如树脂、镜面玻璃和钢管。装饰的细节则包括了象牙、金属、镀铬等。

英式展示柜

这个程式化的展示柜镶有核桃木贴皮。上半部为圆形，两扇玻璃门内有两层玻璃架子。镶板底座，方块脚。*高 109 厘米（约 43 英寸），宽 187 厘米（约 74 英寸）* L&T 1

英式展示柜

这种不寻常的展示柜可能有核桃木贴皮，带有两个深槽鱼鳍状三角形支架。柜子本身是圆形，有两扇很小的装饰玻璃门，内附四个木架。*BW* 1

比利时餐具柜

这件比利时餐具柜为桃花心木制成，有黄檀木镶板。此柜的形状可回溯至 18 世纪末五斗橱的外形。这类长餐具柜至少有两扇简单低调的带青铜把手的门，底下为圆形青铜脚。整件家具以富有光泽的黄檀木贴皮突出了垂直的轮廓，表现出整体的简洁线条和几何形。*约 1935 年 宽 235 厘米（约 93 英寸）* SWT 5

阶梯式顶面为典型装饰艺术风格。

贴皮镶嵌的木料是一种不常见的乌木。

此柜的长条形让人想起 18 世纪法国的五斗橱。

把手上的红色彩绘好似涂漆一般。

托架脚类似 17 到 18 世纪的箱式家具。

英国餐具柜

这件长方形的餐具柜两侧有另外两个小柜子，镶有乌木——这种木材由于其独特的斑纹有时也被称为斑马木。阶梯式顶面下有一个中央抽屉和主柜，它有两扇门。双柜组成外形的主构架。支架脚、门和抽屉手柄是红色的，这是整件家具外表唯一明显的装饰元素。由爱丁堡的怀托克和瑞德设计。*高 77 厘米（约 30 英寸），宽 140 厘米（约 55 英寸）* L&T 2

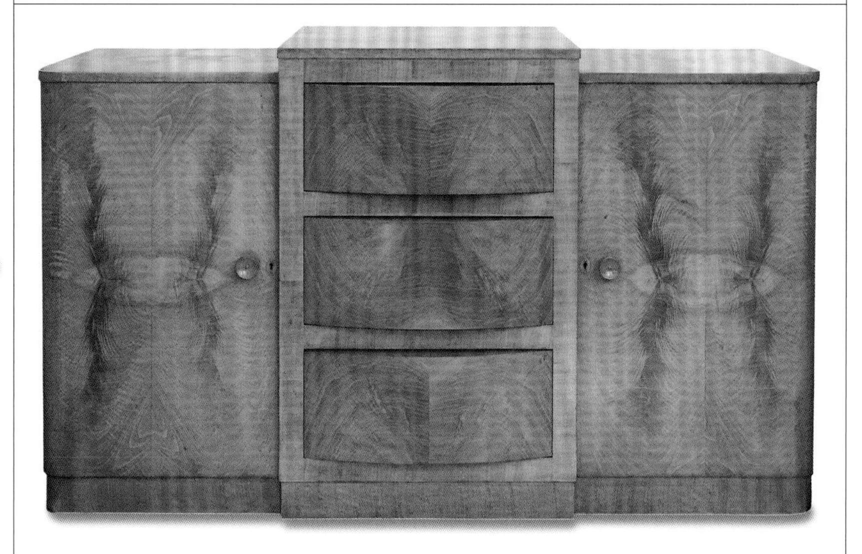

比利时餐具柜

这件餐具柜由伦敦的戴维斯（M.P. Davis）设计，漂白桃花心木材质。三个中央抽屉，两侧有两个侧橱柜，处于略低的位置，上有小的圆形桃花心木手柄。中央的抽屉有些突出，向上成拱形。强烈而鲜明的桃花心木贴皮赋予了几何形餐具柜一种低调奢华的品位——这个特色在许多装饰艺术风格家具上很常见。*约 1929 年 高 96 厘米（约 38 英寸），宽 162 厘米（约 64 英寸）* JAZ 3

法式餐具柜

由桃花心木制成，黄檀贴皮和程式化乌木镶嵌。三个抽屉有圆形金属手柄，圆锥形腿。*约 1935 年 高 78 厘米（约 31 英寸），宽 46.5 厘米（约 18 英寸），深 32 厘米（约 13 英寸） SWT*

法式五斗橱

直线型、桃花心木贴皮，是低调奢华风格的典范。由路易斯・苏设计。两扇柜门有巧妙的程式化圆形手柄，腿和橱柜较低边缘有轻度装饰雕刻。四条模压的锥形腿。*约 1919 年 高 89 厘米（约 35 英寸），宽 114.3 厘米（约 45 英寸） LM* 5

毛刺枫木书桌

这张长方形的毛刺枫木桌中央有四个抽屉与镍铜把手。两侧为一对带圆形木柄的门。两个矩形边板做支架。橱柜和抽屉下面有较低的架子与侧面的两个边板连接。*宽 119.4 厘米（约 47 英寸） FRE* 1

英式橡木餐具柜

这件餐具柜由爱丁堡的怀托克和瑞德设计，顶面有矩形直交板条，下为华丽的浮雕橱柜门。橱柜门旁边为带毛刺斑纹的胡桃木门，侧板下为直立的模压腿和脚。*高 85 厘米（约 33 英寸），宽 182 厘米（约 72 英寸），深 63 厘米（约 25 英寸） L&T* 3

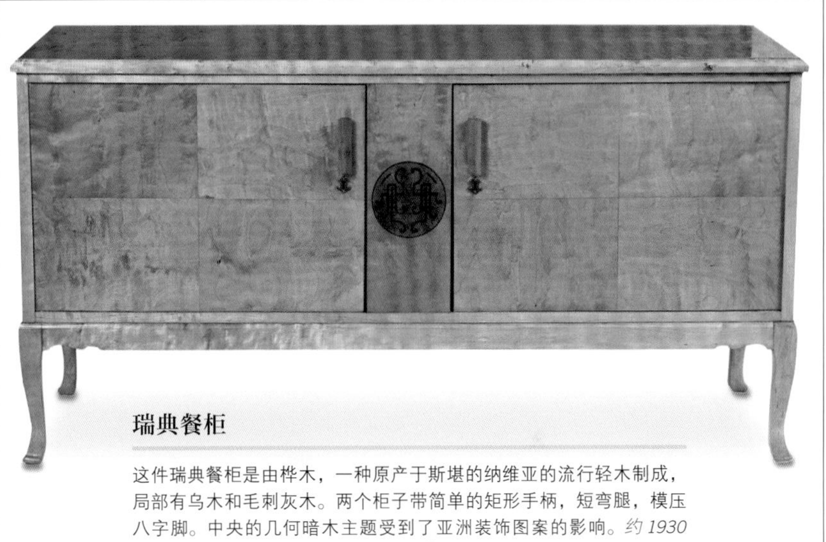

瑞典餐柜

这件瑞典餐柜是由桦木，一种原产于斯堪的纳维亚的流行轻木制成，局部有乌木和毛刺灰木。两个柜子带简单的矩形手柄，短弯腿，模压八字脚。中央的几何暗木主题受到了亚洲装饰图案的影响。*约 1930 年 宽 150 厘米（约 59 英寸） LANE* 4

法式餐柜

该餐柜是法国装饰艺术很好的例子，古朴典雅，同时表现出很高的手工品质。餐柜有四个门，饰以窄横铬条和一个中央原盘。橱柜有方块基座。铬与细木工艺相结合，表现出典型的装饰艺术风格。*约 1925 年 宽 165 厘米（约 65 英寸） JAZ* 4

英式餐柜

由爱泼斯坦设计，这一精美的矩形柜子有枫木边圆角和阶梯式顶面。中央部分有带圆形模制手柄的一对抽屉，下有一个橱柜，上面装饰有垂直的木板条样式。餐柜两边为带木制椭圆形把手的橱柜。餐具柜有方块底座。*约 1935 年 高 104 厘米（约 41 英寸），宽 152 厘米（约 60 英寸） JAZ* 3

现代主义

一个新时代

第一次世界大战和工业技术的兴起，引起了社会的巨大转变。这些变化强烈地体现在现代设计上。

第一次世界大战对欧美国家的影响是巨大的。战争给人们的心理投下阴影，许多国家的经济处于崩溃的边缘。房屋被毁，人们流离失所，无家可归成了严重的社会问题。面对疮痍，人们不禁对人类的文化价值观产生怀疑，因为价值观的不同导致了战争。绝非偶然，战后世界文化发生了几个世纪以来未曾见过的剧烈变化。

尽管部分人心存忧虑，二战前的工业技术已成为文明社会的有机组成部分。20世纪，伴随工业化的进程，科学技术得以突飞猛进发展。汽车、电话、电力、空中旅行，这些渐渐都成为人们日常生活的重要组成部分。

过于剧烈的社会变化将不可避免地带来各种影响。对于某些人来说，变化是实现新的梦想、走向未来的必由之路；而对于另一些人，变化则是道德沦丧的标志。

由于产品的量产，直接导致了社会的改变。这也是娱乐业澎勃的直接诱因。机械大生产不仅仅意味着产品变廉价了，而且长时间的劳动变得越来越没有必要，大量的休闲时间使国内和国际旅行变得更加现实，人们心驰神往更多的冒险经历。

但欢乐总是短暂的。两次世界大战之间，是经济混乱颓败的岁月。1926年，英国陷入大罢工的混乱之中；而1929年华尔街的崩溃，也

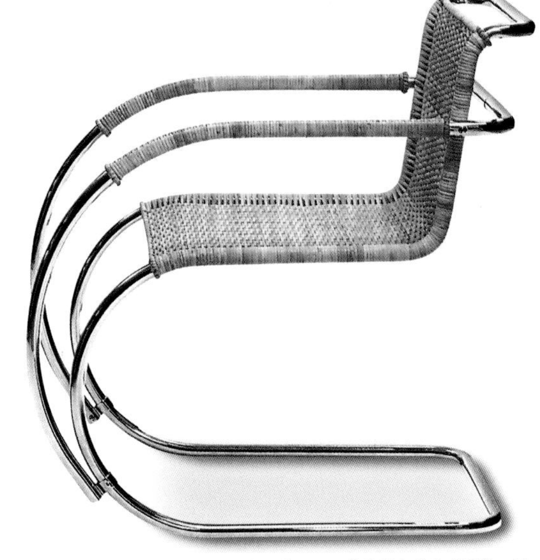

悬臂扶手椅 这把扶手椅由钢管构架支撑，覆以藤条编织的色彩鲜艳、精美的坐垫和靠背，造型别致、轻巧实用。2004 年 Tecta 家具公司再次发行。*1927 年 高 79 厘米（约 31 英寸），宽 48 厘米（约 19 英寸），深 74 厘米（约 29 英寸） TEC*

导致了美国经济的大萧条。20世纪30年代中期，贫穷凸显成为一个严重的问题，当人们清醒地认识到，广泛的工业化并不是灵丹妙药，因过高期望而引致的幻灭情绪横扫欧亚大陆。这种不断发酵的社会思潮，给极端主义政党的存在提供了温床。党派利用经济上的不稳定性和不确定性，承诺给公民的日常生活带来巨大改变，许多人意识到将要面临由工业和技术革命的兴起而带来的文化转变。事实证明，党派中最强大有力的是德国国家社会主义工人党。20世纪30年代，阿道夫·希特勒登上了权力的顶峰，这最终引发了第二次世界大战。

普瓦西塞纳河畔的萨伏伊别墅（Villa Savoye） 这是现代主义建筑的早期经典之作。它具有典型的国际风格，条形窗户、屋顶花园和平屋顶以及直线条的设计。该建筑由勒·柯布西耶和皮埃尔·让纳雷（Pierre Jeanneret）设计。*1929–1930 年*

时间轴 1925—1945年

1925 年 法国现代建筑大师勒·柯布西耶在巴黎出席世界博览会时，提出“新精神”的概念。金属铬进入商业流通领域。匈牙利著名建筑大师和家具设计师马歇·布劳耶（Marcel Breuer）设计了世界上第一把造型轻巧优美、结构简洁、性能优良的无缝钢管椅。在苏联，约瑟夫·斯大林走向权力的顶峰。

1925–1926 年 德国包豪斯设计学校从魏玛迁往德邵。

约瑟夫·斯大林塑像

1926 年 荷兰著名建筑师马特·斯坦（Mart Stam）设计了一个由无缝钢管做支架的悬臂椅。意大利在本尼托·墨索里尼（Benito Mussolini）的统治下成为独裁专制的国家。英国举行全国大罢工。

1927 年 横穿大西洋的越洋电话开通。电视系统在美国被开发完成。查尔斯·林德伯格首次成功单独飞越大西洋。

1928 年 亚历山大·弗莱明（Alexander Fleming）发现青霉素。

1929 年 华尔街崩盘重创美国经济。德国现代主义建筑大师路德维希·密斯·凡德罗（Ludwig Mies van der Rohe）完成了著名的巴塞罗那世界博览会德国馆的设计。在斯图加特，德意志工艺联盟组织了住房建筑设计展览。在纽约，纽约现代艺术博物馆（MoMA）揭幕。

阿尔瓦·阿尔托为帕伊米奥结核病疗养院设计的层压胶合板悬臂椅

1929–1933 年 芬兰现代主义建筑大师阿尔瓦·阿尔托为帕伊米奥结核病疗养院设计了系列配套家具。

1930 年 瑞典功能主义展览会在斯德哥尔摩开幕，并引发激烈的讨论。

1931 年 住宅家具商场在瑞士苏黎世隆重开业。商场内琳琅满目的现代家具，使现代主义设计走向国际化。美国纽约帝国

荷兰乌德勒支（Utrecht）的施罗德住宅（Schroeder House）内景 别墅采用钢筋、木材和混凝土修建。这种早期典型的现代主义建筑，是一种简约而抽象的平面组合样式。经专门设计，楼上房间的墙壁可以移动，根据需要可重新组合成一个单独空间。整套别墅、室内设计以及精美的配套家具，均由荷兰著名建筑与工业设计大师格里特·里特维尔德（Gerrit Rietveld）于1924至1925年设计完成。

格里特·里特维尔德设计的铝管椅 这把椅子由铝管架支撑，采用整张喷漆胶合板折叠弯曲，制成座位和靠背，外观轻巧，造型美观大方。*1927年 高59.75厘米（约24英寸），宽40厘米（约16英寸），深58.5厘米（约23英寸）*

大厦建成。欧洲中部主要银行的倒闭导致全球产生了更大的经济萧条。

1931–1932年 德国国家社会主义工人党迫使包豪斯设计学校从德邵迁往柏林。

1933年 德国国家社会主义工人党强行关闭了包豪斯设计学校。三年展首次在米兰举行。阿道夫·希特勒被任命为德国总理。

纽约帝国大厦

1934年 加拿大建筑师韦尔斯·科特斯（Wells Coates）设计了位于伦敦的埃索肯公寓（Isokon Flats），作品强烈地吸引了英国的现代主义者。机械艺术展览会在纽约现代艺术博物馆举行。

1936年 世界上第一台单反照相机在德国研制成功。西班牙内战爆发，1939年结束。

1939年 意大利著名灯具设计师吉诺·萨尔法蒂（Gino Sarfatti）在米兰组建了阿忒鲁斯灯具公司。此公司的建立，提升了意大利作为灯具设计弄潮儿的声望。

1939年 第二次世界大战爆发。第一架喷气式飞机在德国首飞成功。

1939–1940年 家具设计大赛在纽约现代艺术博物馆举行。美国家具与室内设计大师查尔斯·伊姆斯夫妇和芬兰著名建筑师埃罗·沙里宁设计的胶合板椅子获头奖。世博会在纽约举行。

世界上第一台单反照相机（德国产）

1940年 富兰克林·罗斯福第三次当选美国总统。

1942年 美国建立了世界上第一个核反应堆。

1945年 联合国成立。第二次世界大战结束。

美国总统富兰克林·罗斯福像

现代设计

风格简约具有外露结构的现代家具，历经设计师数载的反复实践，在20世纪30年代风靡整个欧洲大陆。1908年，一个名叫阿道夫·路斯（Adolf Loos）的奥地利建筑师，写出了一部有影响的著述《装饰与罪恶》（*Ornament and Crime*）。早在第一次世界大战之前，维也纳工坊的设计师们（见第376页）就试探性地制作了几件简单明了的极简主义家具。当然，与后期的家具设计相比较，这些早期的努力只不过是一些小小的尝试。作为战争的后果，许多设计师毅然决然地放弃了对装饰效果的追求，取而代之为一种严肃的设计风格。这种设计对结构的重视程度，远远超过家具的外表。

现代主义者持有一种还原主义的风格。可以肯定的是现代主义是对过去风格的审美否定，它带有更实际的目的。现代主义风格就是设计者为适应家具的工业化生产而尝试使用的一种全新的表达方式。以前，生产厂家更愿意复制旧款式，使大规模生产的家具看起来像是手工制作。认识到这种理论的荒谬，战后新一代就义无反顾地倡导一种新的风尚——家具制作的流水作业。他们希望，这种批量生产的家具，最终应得到理所应得的尊重，尤其是在当前急需大量的低廉家具的情况下。第一次世界大战后，遭受到严厉打击的德国家具设计业，在两次世界大战期间有了最显著的发展。工业产品方面，为了急切地尝试生产出可行的典范，在著名的包豪斯设计学校，师生们共同创造出了全新的设计思路。这种设计被争相效仿，随之取得不同程度的成功，风靡整个世界。

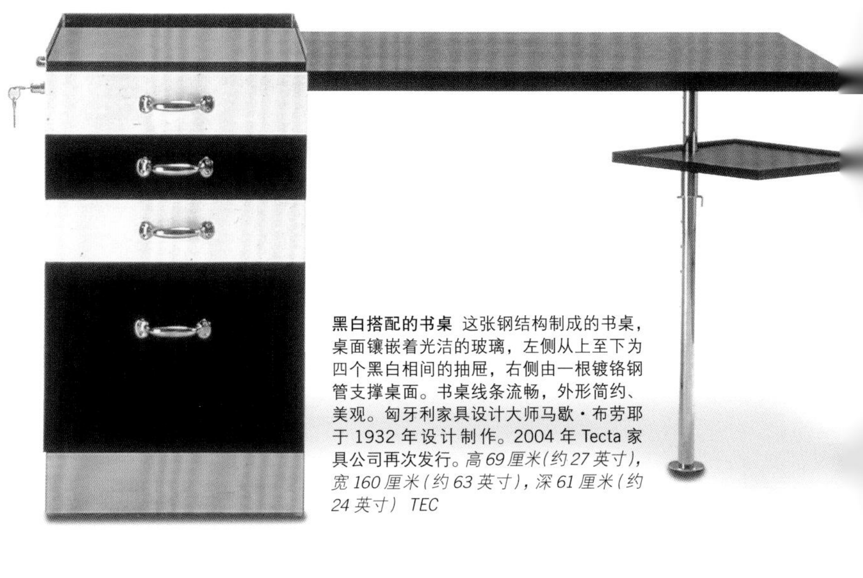

黑白搭配的书桌 这张钢结构制成的书桌，桌面镶嵌着光洁的玻璃，左侧从上至下为四个黑白相间的抽屉，右侧由一根镀铬钢管支撑桌面。书桌线条流畅，外形简约、美观。匈牙利家具设计大师马歇·布劳耶于1932年设计制作。2004年Tecta家具公司再次发行。*高69厘米（约27英寸），宽160厘米（约63英寸），深61厘米（约24英寸） TEC*

NE60叠落式儿童圆凳 这些造型简洁、轻便又充满雕塑美的圆凳，由用漆处理过的桦木制成。圆凳采用白桦木层压板条制成四个矩形椅腿，具有较好的韧性和弹性；木腿在顶部弯曲后用螺钉固定于圆形座面板上。圆凳整体流畅，开放的框架曲线柔和亲切。1932–1933年，阿尔瓦·阿尔托为Artek设计制作。*高34厘米（约13英寸）*

批量生产的材料

包豪斯设计学校和其他的建筑学派的现代主义者，不但仔细考量家具的外在形式，而且注重其材质。1925年以前，在家具设计所使用的材料方面并没有多少探究，而在两次世界大战之间的日子里，无缝钢管、胶合板和厚玻璃板迅速地被采用。的确，由于缺乏木材那种神秘而带有情感的材质特点，金属材料作为冷酷无情的代表，立刻成为现代主义者的象征。20世纪20年代末，几位具有探索精神的人，首先使用金属来制作家具。这些材料最终进入了普通人家庭。

除了不断推出新材料和新工艺供设计者们所使用，工业化大肆入侵，引发了人们生活方式的改变。闲适时光的增加越来越成为家庭生活的显著特征。设计师们开始专注于休闲椅的设计，不仅回应富裕精英阶层的需求，也满足工人阶级的需求。休闲躺椅变得流行起来。设计者从远洋客轮上得到了设计折叠家具的灵感。具有结构可变化的多功能概念家具，轻巧灵便，成为现代家具的关键特征。20世纪，家具设计领域发生的广泛变革令人们记忆犹新，那是一个全球通讯和交通空前发展的时期。旅游业的发展，使得设计师比先前任何时候都具有更为良好的发展前景。1925年，在经由包豪斯设计学校的马歇·布劳耶进行早期尝试后，无缝钢管在家具设计上的应用风靡一时。到1934年，一些美国大学开始倡导一种在建筑和装饰艺术中隐含多种设计元素的国际风格。当然，每个国家都会根据各自的特质发展。如斯堪的那维亚人在恶劣的气候条件下，会选择温暖的木质材料，而弃用无缝钢管。总体来说，这是一个家具生产标准化的时代，是将设计风格从眼花缭乱的手工技艺彻底地蜕变到简单平和的技术的年代。

在两次世界大战期间，设计师们试图让制造业的进程来主导家具的形式。这个时期，大量外形简单的、棱角分明的无缝钢管家具出现。更多胶合板家具呈现出由制作方式所带来的温柔曲线。对现代设计师来说，他们在思想上拒绝前人，其家具设计的大量灵感，不是来自原则，而是来自常识。

躺椅

20世纪二三十年代，几乎所有著名的现代主义设计师皆设计过舒适的躺椅。路德维希·密斯·凡德罗（Ludwig Mies van der Rohe）、沃尔特·格罗皮乌斯和阿尔瓦·阿尔托，都对设计躺椅（长椅）提出过自己的想法。勒·柯布西耶与皮埃尔·让纳雷和夏洛特·贝里安（Charlotte Perriand），共同设计了B306躺椅。而马歇·布劳耶用无缝钢管、胶合板和铝金属生产过造型更为独特的带着轮子的躺椅，在阳光灿烂的日子里，可以拖至户外使用。

躺椅起源于16世纪的法国，不同于白天休息的睡椅或贵族式卧榻（***recamier***），使用者仰躺在椅子上，而不是侧卧。现代主义者醉心于营造健康生活的理念，以至于躺椅兴盛一时，尤其在疗养院里被大量使用，也使航海旅行变得愉快而令人兴奋。

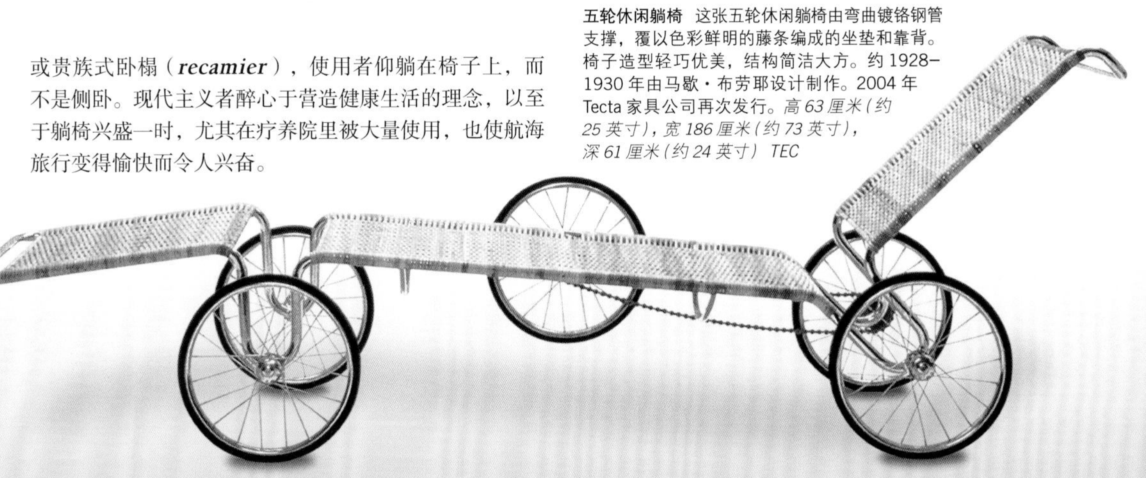

五轮休闲躺椅 这张五轮休闲躺椅由弯曲镀铬钢管支撑，覆以色彩鲜明的藤条编成的坐垫和靠背。椅子造型轻巧优美，结构简洁大方。约1928–1930年由马歇·布劳耶设计制作。2004年Tecta家具公司再次发行。*高63厘米（约25英寸），宽186厘米（约73英寸），深61厘米（约24英寸） TEC*

安乐椅

形式、材料和工业机制给现代的设计师提供了大量的灵感。在法国家具设计大师让·普鲁维（Jean Prouvé）的工作中，这些特点表现得再突出不过。在当时，几乎所有的汽车、飞机和火车的内舱，都有由法国设计师1928年创作出的名为“安乐椅”的作品，亦可称为躺椅、长沙发椅。这种长形的低矮椅子，也会使人联想起交通工具。除了具有节省空间的想法外，椅子的设计绝无任何其他美感可言。让·普鲁维生产家具就如同建造一个功能性的机器。汽车中装有带粗糙弹簧的可调式座位就是一个例子。让·普鲁维首先考虑的是实用功能，使用任何能使座椅舒适的手段。1930年的职业展览会中，法国现代艺术家联合会（UAM：Union des Artistes Modernes）成员首次将这种椅子向公众展示。德国的Tecta家具公司将躺椅和长沙发椅进行改进后投放市场。

让·普鲁维设计的躺椅 这把扶手躺椅由喷深红色油漆的钢架支撑，配置有覆以帆布的马鬃制成的坐垫和靠背。座位和靠背的倾斜程度可以随意调节。整体设计独特、新颖。*1930年 高94厘米（约37英寸），宽68厘米（约27英寸），深108厘米（约43英寸）*

风格要素

有一种观点认为，现代家具的种类和风格是苍白乏味的。第一次世界大战之后，家具的外表变得风格单调，表达极端含蓄。当设计师们陷入对机械性能的敬畏之中时，家具制作的手工技巧愈加不受重视。家具设计领域中新工艺和新材料的出现，也催生了新的形式和技巧，很快在欧洲和北美迅速流行开来。需要特别强调的是，家具生产成本的降低，缘于第一次世界大战使许多国家经济崩溃。从那以后，家具在现代获得了前所未有的精益品质。

有鲜红色椅套装饰的木质扶手椅

朴素的表面

现代设计师们，将自己的设计依附于工业化的生产手段。为此，他们付出了持久的努力。在他们的家具上，表面装饰的概念几乎荡然无存。实体木材使用的减少，宣告了装饰性雕刻技术的衰落，也开辟了流线型简朴家具的新纪元。

无缝钢管椅

无缝钢管

无缝钢管的强度、力度和柔韧度，使得其成为现代家具的理想材料。无缝钢管能制造出非常轻巧的家具。当第一次世界大战使得人们流离失所时，这一点就显得尤为关键和重要。

星爆图案木质桌

桦木

当一些现代主义设计师采纳了工业时代新推出的一些材料，如玻璃和金属进行家具制作时，另外一些设计师，尤其是斯堪的纳维亚人，却转向于取材桦木。桦木适合制作浅色调风格的家具。由于桦木质地轻巧，又可轻易地被切割成条状板层，所以是理想的胶合板材料。

镀铬钢架和层压胶合板结构的扶手椅

镀铬

虽然放弃了表面装饰，但现代设计师在无缝钢管那灰暗的表面，用镀铬技术抛出一种光泽。尤其是美国人，对镀铬技术情有独钟，并在家居设计上展现出炫目多彩的效果。

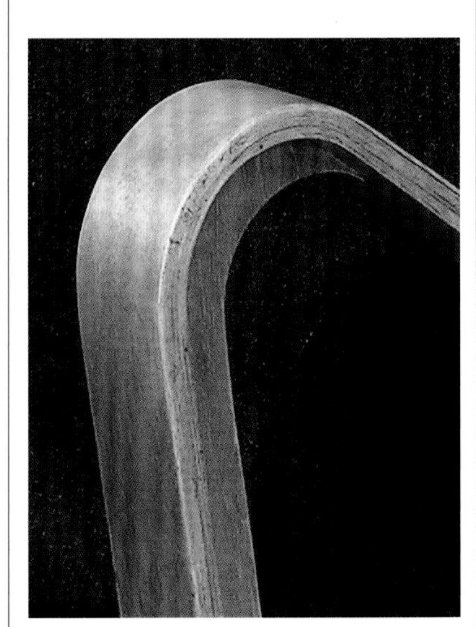

由弯曲胶合板制成的曲木悬臂扶手椅

能弯曲的胶合板

胶合板是由一些较薄的木质板条黏结在一起而制成。水蒸气将其软化时，胶合板就能够轻易地被弯曲。相对实木来说，这是由它固有的柔韧性所决定的。胶合板之所以被广泛采用，是因为现代设计师们发现这样可以在部分家具上避免使用大量的合页和连接。

带扣真皮扶手椅细部

皮革制品和真皮

在现代，皮革制品之所以受到人们的青睐，是由于其具有较强的变通能力，使用起来非常方便、直接和有效。所以，皮革制品成了一种非常流行的材料，并且被现代设计师广泛应用。在家具设计中，真皮常被用来增加异国情调。为争取更多的富裕主顾，设计师们尤其喜爱使用真皮制作家具。

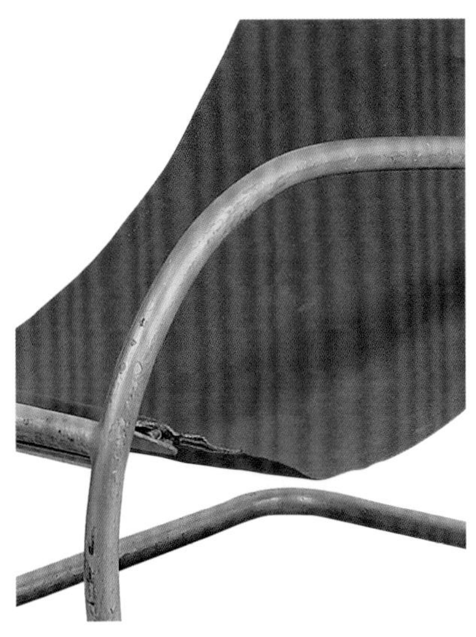

钢管椅的细部结构

具有曲线美的线条

在无缝钢管和胶合板家具的生产程序中，需要进行大量的回折弯曲。尤其是这些家具在制作生产时，试图要避免焊接和连接。而通过回折弯曲来表现出家具的外形，是许多现代主义设计师们综合了具有流动感和曲线美的线条而创造出来的。

厚玻璃平板桌面

玻璃

玻璃作为建筑学和工业的联合产物，强烈地吸引了现代家具设计师们的目光。玻璃具有的透明度和完美整体性，以及其清晰而简明的线条，正是家具设计师们进行创造活动时梦寐以求的。

钢管椅的椅背结构平面观

外露结构

表面装饰被认为是多余的。出于对形式和功能的需求，结构在现代家具中占据了头等重要的位置。在暴露结构与保持家具的完整性和合理性之间，设计者们给予了同等的重视。设计者们发现，使用条带状靠背这种形式，是减少使用高档建材的一种途径，也创造了一种平均主义的设计风格。

钢管构架的悬臂扶手椅的基底部

悬臂支架

悬臂椅的出现，颠覆了人们固有的椅子有四条腿的概念。其是现代主义时尚中，回归主义趋势的最直白的表达。悬臂椅那蜿蜒起伏的曲线外形，构成了一种高度简洁的表达形式。这是许多现代主义设计师们经过不懈的努力而创造出来的。

藤条编织图案椅背和坐垫

藤条编织

在 20 世纪，设计师们总是将自己与产业捆绑在一起，异想天开地试图砸开与自然界相连的锁链。几何图形的应用，似乎是一个明显的步骤。使用几何形状，并将之纳入到一种基色之中，也是对当下抽象艺术在形式上的一个回应。

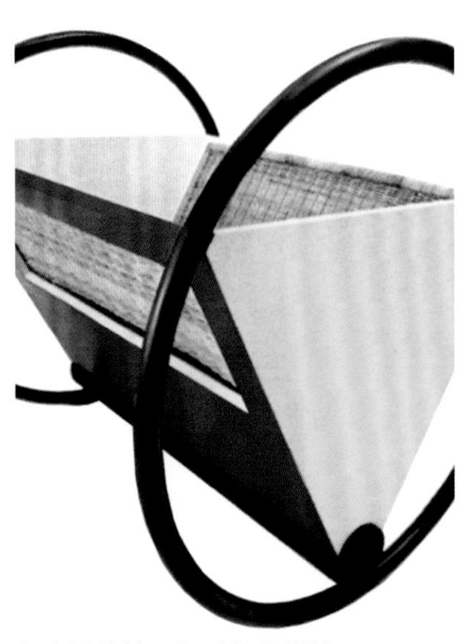

色彩鲜艳的几何形儿童摇篮

几何图形

在 20 世纪，设计师们总是将自己与产业捆绑在一起，异想天开地试图砸开与自然界相连的锁链。几何图形的应用，似乎是一个明显的步骤。使用几何形状，并将之纳入到一种基色之中，也是对当下抽象艺术在形式上的一个回应。

钢管椅黑色真皮靠背和头靠细部

黑色

为了保持自己与早期装饰型设计的一种距离感，现代主义设计师们抛弃了色彩。使用黑色，表明设计师已将注意力从家具的表面转向结构。他们钟爱黑色皮革，并将胶合板涂上油漆以隐藏原木的肌理。

格里特·里特维尔德

荷兰人格里特·里特维尔德以现代经典主义而著称，如他著名的作品“红蓝双色椅”和“Z 字形椅”，使其成为 20 世纪最有影响力的设计师之一。

1888 年，格里特·里特维尔德（Gerrit Rietveld）出生于荷兰乌德勒支的一个家具细木工家庭。他早期就作为金匠绘图员在父亲的工场工作。没有任何迹象显示，他日后能成为 20 世纪最强硬、最有影响的家具设计师之一。最初他想成为画家，但家庭经济一直拮据，加之在 1913 年，他的第一个孩子出生，迫使他开始从事家族的木工行业。

当从里特维尔德家族的家具工作室获得第一份工作时，他表现出一些厌恶情绪。与同时代的家具比较，那些椅子粗鄙不堪。甚至里特维尔德本人都羞于提及他的家具厂和在那里的工作。如果我们观察一下里特维尔德著名的红蓝组合椅——那件 1918 年制作的未刷漆的早期作品——就必定会发现，家具的外表处于一种未完成状态，椅子好像正在等待着有人把它结构上的重叠木条切割成合适的尺寸。

格里特·里特维尔德 这位荷兰著名的建筑师和家具设计师，对施罗德住宅的设计倾注了大量心血。别墅 1924 年建成，其建筑形式完全符合风格派的构想。该住宅并不强调房间的多少。楼上的所有墙面都可以自由移动，以组合出一个个新的不同单独空间。里特维尔德不仅建造了别墅，而且为别墅设计了精美的配套家具。

板条箱书桌 板条箱书桌是板条箱家具系列中的一个。板条箱家具包含有安乐椅、桌子、书架和凳子。这些家具是由相同的松木条固定在一起制成，并且漆成白色。梅斯公司提供。*1934 年 高 71 厘米（约 28 英寸），宽 100 厘米（约 39.5 英寸），深 59.5 厘米（约 23.5 英寸）*

蒙德里安

里特维尔德的设计顺理成章地引起了一个激进团体的注意。这个被命名为“风格派（De Stijl）”的团体，由艺术家、建筑师和思想家组成，由蒙德里安和特奥·凡·杜斯伯格领导。风格派所表达的“新精神”，忽视大自然的感染力，倾向于采用严谨、抽象的设计方法。

通过观察，特奥·凡·杜斯伯格赞扬里特维尔德的作品具有特殊的形式美，里特维尔德放弃了精致手工技巧，有一种“像机器一样说不出的优雅”。他的设计仅仅注重与结构相联系，从不引导人们模仿自然形式。

里特维尔德的做法接近于风格派的设计目标，根据他设计的红蓝椅和其他类似作品，人们甚至误以为他是风格派成员。的确，红蓝椅常被描绘成“一幅三维的蒙德里安油画”。椅子的座位和靠背具有粗壮的线条和几何形体，这意味着座位和靠背仅仅是椅子结构中的一个构件，而这些构件继续延伸到椅子的实际形体之外。里特维尔德的家具设计特

Z 字形椅 这个悬臂椅是由四个矩形的橡木板，由螺母和螺栓固定在一起而成的。座位和靠背被吻合成 Z 字形，并以楔形物在连接处强化固定。*1934 年 高 70.5 厘米（约 28 英寸），宽 37 厘米（约 15 英寸），深 37 厘米（约 15 英寸） BonE*

茶几 这个茶几由四块喷漆木板构成，呈不对称性设计。桌面为正方形，两块矩形木板穿插镶嵌在一起支撑桌面，与下方红色圆盘形底座相连。这个茶几给人一种风雨飘摇、弱不禁风的感觉。然而，该作品具有很好的平衡性和稳定性，专为施罗德住宅而设计。*1924 年 高 58 厘米（约 23 英寸），宽 50 厘米（约 20 英寸），深 50 厘米（约 20 英寸）*

蒙德里安

作为风格派团体的领导成员，蒙德里安制定了许多组织原则。其促使了一种严格而抽象的艺术和设计风格的形成。

前文所说的里特维尔德是风格派团体的成员，但今天要了解这个流派的最好途径，也许是通过蒙德里安的几何绘画。当12岁的里特维尔德在他父亲的家具工场工作，本质上还是一个务实的男孩时，蒙德里安已经是一个成熟且富于理智的男人。1917年，蒙德里安从法国立体派作品中得到灵感，写道“抽象是一种纯粹精神的表达”。这个颇有非议的主题，奠定了风格派运动的基础，而风格派运动就是当年产生的。

虽然蒙德里安总是在声称，风格派的“新精神”是“无一例外地适用于所有艺术”。可以理解，他首先指的是绘画。在他的著述中，蒙德里安总是反复强调一种信念，即绘画的目标是“表现一种尽可能纯粹的平衡和协调”。这种信念也表现在他的画面上。所谓“纯粹”，意味着不依赖自然的方法去进行表述。蒙德里安解释说，画树的最初享受，是颜色和线条的优美组成所带来的。当你能够去画颜色和线条时，为什么要去画一棵树呢?

蒙德里安声称要探索“一种新的可塑性”。他试图来表现一种标准化的、具有普世价值的、在反复无常的自然世界中几乎是不能找到的美。蒙德里安的著述和绘画，给予了风格派成员们极大的鼓舞和勇气，使他们明确了前进的道路。特别是里特维尔德，从蒙德里安的思想里得到方向和动力。没有蒙德里安思想的培育，在现代设计史中，里特维尔德必定只能给人们留下一个模糊的形象。

红黄蓝大组合，1928年 布上油画，蒙德里安（Mondrian）创作，斯蒂芬艾・德里斯（Stefan T. Edlis）收藏。©2005 蒙德里安 / 霍尔兹曼信托公司，美国弗吉尼亚州沃伦顿 HCR 国际公司。*1928年 高123厘米（约48英寸），宽80厘米（约31英寸）*

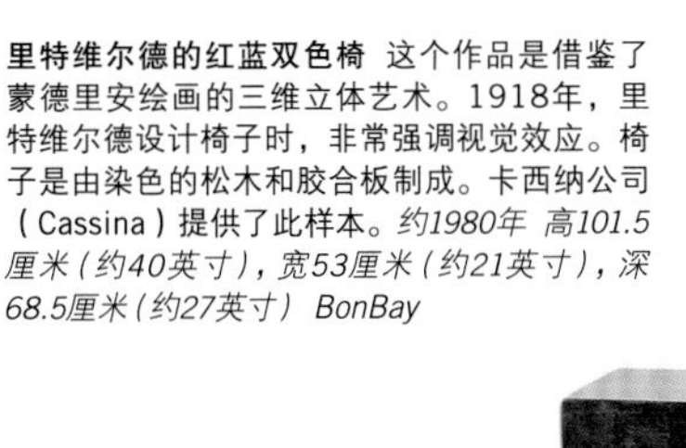

里特维尔德的红蓝双色椅 这个作品是借鉴了蒙德里安绘画的三维立体艺术。1918年，里特维尔德设计椅子时，非常强调视觉效应。椅子是由染色的松木和胶合板制成。卡西纳公司（Cassina）提供了此样本。*约1980年 高101.5厘米（约40英寸），宽53厘米（约21英寸），深68.5厘米（约27英寸） BonBay*

点与蒙德里安作品的相似，是完全偶然的。尽管在与风格派设计师接触后，才促使里特维尔德于1923年将红蓝椅涂上红、黑、黄和蓝色油漆，但椅子的造型是他先前完成的。

1924年，已是风格派成员的里特维尔德，完成了他第一件重要的建筑作品，就是位于乌德勒支的施罗德住宅。该建筑的设计方式严格遵从风格派的原则。根据蒙德里安的造型理念，“尽量纯粹地表达永恒、力量与广博的意蕴”，住宅中的一切曲线形式皆被舍去，整体建筑造型成为“笔直线条”的集中体现。

施罗德住宅中几乎所有的家具和装置，都由里特维尔德设计完成，其中有很多无缝钢管椅，餐桌椅明显带有马歇・布劳耶的设计之风（见第434页）。马歇・布劳耶素来仰慕里特维尔德的设计造诣，在他首个无缝钢管作品瓦西里椅子（Wassily chair）中，某种程度上，他采用了这个荷兰人的几何设计风格。但极为有趣的是，里特维尔德又在金属家具设计中借鉴了比自己年轻的马歇・布劳耶的作品。

回归木材

里特维尔德用弯曲钢管进行设计的尝试只是昙花一现，他很快又转回使用自己最喜爱的木质材料。1932年，受到马歇・布劳耶和荷兰建筑师马特・斯坦作品的启发，里特维尔德设计了一个木制的支架椅。他用一贯严谨的风格来处理支架椅设计时所遇到的难题，结果制作出外形硬朗的Z字形椅。尽管缺乏曲线的轮廓，显得粗笨，但Z字形椅仍然因其简单纯粹而独具魅力。

1930年，荷兰经济持续萎靡。里特维尔德拒绝奢华和享乐，设计了一系列成本低廉的家具以应付时局。他1934年生产的系列板条箱家具，就算用今天的标准来看，也表现出令人吃惊的极简和低调。当时，他的一些狂热支持者高度评价这些比较原始的设计。“板条箱代表着木匠的手法，就是直奔主题”，里特维尔德说：“组成家具的简单材料，常常比所谓高贵的内涵要重要得多。”从里特维尔德设计的系列家具中，也许可以最清楚地看出，他已放弃了一般而言的工匠技巧。

在20世纪40年代至50年代，里特维尔德继续使用他自创的还原论方式进行工作。在这段时间，他进行了大量的设计。除了一些特殊家具（如今仍然在生产）外，他的设计很少受到早期职业经历的影响。1954年，在威尼斯建筑双年展（Venice Architecture Biennnle），里特维尔德设计了荷兰馆。1963年，他开始在阿姆斯特丹的凡高博物馆工作。然而一年后，里特维尔德在家乡乌德勒支溘然离世，给后世留下了非凡的遗产。

包豪斯设计学校

在其短暂的生命中，包豪斯成为现代主义时期最重要的设计学校。其设计理念至今依然持续地影响着世人。

瓦西里椅子 这张椅子有弯曲的无缝钢管构架，以皮革吊索形式组成靠背、座位和扶手。椅子的底座呈现出一个雪橇样结构。在工业材料的使用方面，这个由马歇·布劳耶设计的轻量级椅子的出现，是一个革命化的标志性事件。*1925年 高72厘米（约28英寸），宽79厘米（约31英寸），深70厘米（约28英寸） SDR*

在现代家具的历史上，没有一个名字比包豪斯设计学校更加显赫。该校于1919年由沃尔特·格罗皮乌斯在德国魏玛创立，于1933年的纳粹时期被解散。这是一所为艺术、建筑和设计而建立的具有前卫意识的学校。学校建立早期，教学中非常注重设计艺术的技巧，并有严格的工业审美要求。学校的激进理念是要建立许多平等重要的学科。“让我们为工匠们建造一种没有等级差别的新机构”，格罗皮乌斯写道：“在未来建筑物中，将会把建筑学、雕塑和绘画有机地融为一体。总有一天，建筑作为一种新时代信念的象征，将会被无数工人的双手推向天空。”

约翰·伊顿（Johannes Itten）是学校早期最重要的教师。他的教学理念与格罗皮乌斯不谋而合。他创立了新生预科教程。这些课程亦成为现今所有艺术类学习的基础课程。在学校，教师告诫学生们

包豪斯设计学校校舍

沃尔特·格罗皮乌斯注重艺术与工业化相结合的设计思想，这反映在位于德邵的校舍设计中。

沃尔特·格罗皮乌斯

包豪斯设计学校原建于德国魏玛市，1925年因政治原因，学校被纳粹政府驱逐被迫迁往德邵（Dessau）。校舍建筑外观的变化，亦反映着学校办学理念的转变。校长格罗皮乌斯想使包豪斯设计学校成为一个工业实验中心，旨在设计生产更多符合工业化需求的原型。

为了强化工业化生产的理念，格罗皮乌斯与阿道夫·梅耶借鉴了很多工业建筑的新元素。在新校舍的外观设计上，去除一切手工业生产特征和装饰方式。包豪斯设计学校的第一幢校舍是1921年在魏玛建造的夏日屋（Haus Sommerfeld）大楼。新的教学大楼采用了极其昂贵的工业化材料，如钢与玻璃。使用新型通用字体书写的“BAUHAUS”字样，赫然出现在建筑物的墙面上，是教师赫伯特·拜尔（Herbert Bayer）设计的。

在德邵校舍建成之前，包豪斯设计学校已获得世界的关注和认可。校舍的建成无疑再次使学校名声大振。格罗皮乌斯和阿道夫·梅耶完成的包豪斯设计学校意味着艺术作品的产业化，不再仅仅是理想主义的艺术学校。不幸的是，1933年纳粹政府关闭了学校，校舍随之废弃坍圮，直至近年才有人对之加以修葺。

设计风格研究 这是包豪斯设计学校在魏玛时，征集的现代建筑风格模型之一。由德国建筑师格罗皮乌斯设计。这个著名的学校是乌托邦艺术观点的体现。*约1920年 MOD*

这个著名的工业化风格建筑是由格罗皮乌斯和阿道夫·梅耶为包豪斯设计学校建造 该建筑的主要特征是钢架和玻璃形成的网格，构成了整个建筑物的正面墙体。建筑物的设计严格地遵循了形式服从功能，此亦是包豪斯设计学校的核心教学理念。

可调式桌子 这个表面灰白的桌子，由埃里希·布伦德尔（Erich Brendel）在魏玛包豪斯设计学校时制作。桌面可分为能折叠的四片，并且能收在桌子的基座内。这可使桌子有多种方法进行功能延伸。有一个搁板设置在桌子的基座内。桌体由几个活动轮脚支撑。最初设计制作于1924年，1985年由Tecta家具公司再次发行。*高71厘米（约28英寸），宽56／147厘米（约22／58英寸），深56／147厘米（约22／58英寸） TEC*

跨学科学习的重要，鼓励他们用实验拓展新领域。1923年，来自匈牙利的结构主义大师拉斯洛·莫霍利-纳吉（Laszlo Moholy-Nagy）加入了学校。他对神秘的乌托邦设计并不感兴趣，鼓励格罗皮乌斯采用更务实的教学方法。而格罗皮乌斯已接受了“风格派”创始人之一特奥·凡·杜斯伯格的相似的改革建议，在手工业日趋退出历史舞台之际，后者力主在设计中更多采用机器制作家具和建筑物。

当整个校舍迁至德邵时，格罗皮乌斯获得了革新学校的良好契机。1926年，在“艺术与技术：一次全新融合”的旗帜下，学习场所由工作室转变为了实验室。他们不断为工业生产创造着新的设计原型。学校的设计宗旨是“系统地去除任何不必要的部分”，“包豪斯”特色的设计造型诞生了。

设计的先锋

格罗皮乌斯有意将优秀的学生留校任教，其中最为重要的是马歇·布劳耶。布劳耶曾以无缝钢管的先锋作品，极大地改变了家具的固有造型。无缝钢管椅也已成为他留下的最杰出的作品之一。另一个留校的教师为玛丽安·布兰德（Marianne Brandt），她与克里斯汀·戴尔（Christian Dell）一道创立了金属设计系。他们设计出很多产量大且价格便宜的产品，为学校创造了经济效益。

格罗皮乌斯之后的包豪斯设计学校

1928年，汉纳·梅耶（Hannes Meyer）成为包豪斯设计学校的新校长。由于思想左倾激进，他遭到纳粹当局的迫害。1930年，学校任命建筑师密斯·凡德罗为新一任校长。尽管后世很多人认为他是包豪斯学校中举足轻重的人物，但事实上他仅接手了学校的事务，经历了学校的低迷与衰落。纳粹党反对包豪斯的自由主义倾向，1932年关闭了学校。密斯·凡德罗同年试图在柏林重建学校，但1933年则被纳粹政府永久解散。

1937年，大多数学生和职员流散到欧美各地。瓦西里·康定斯基（Wassily Kandinsky）移居法国，马歇·布劳耶在英国，保罗·克利（Paul Klee）在瑞士，拉斯洛·莫霍利-纳吉随着沃尔特·格罗皮乌斯逃亡美国，密斯·凡德罗和约瑟夫·亚伯斯（Josef Albers）于1937至1946年在芝加哥建立了一个新的包豪斯建筑。

包豪斯设计学校虽然被纳粹关闭，但包豪斯面对艺术和建筑的未来，尤其是家具设计的未来不断革新、不断进取的观念和精神永存。

台灯 这盏台灯造型典雅，采用磨砂玻璃精制而成的灯罩固定在镀镍金属支柱及圆形底座上方。台灯的设计简洁大方，充分体现了包豪斯设计学校的现代设计理念，被称为包豪斯台灯。威廉·瓦根费尔德（Wilhelm Wagenfeld）设计制作。*1923年 高36厘米（约14英寸），深18厘米（约7英寸）*

半球形灯罩与台灯整体的简约风格保持一致。

磨砂玻璃灯罩采用磨砂玻璃制作，是要确保台灯能够散发出柔和适宜的光线。

镀镍金属支架使台灯呈现出一种工业化产品的外貌。

预加工构件能有效地降低台灯的生产成本。

圆盘形底座风格简约，表现出台灯的工业化产品外观。

包豪斯摇篮 这个色彩鲜艳、造型别致的摇篮，由彼得·凯勒（Peter Keler）在魏玛包豪斯设计学校时制造。摇篮设计的灵感，来自俄罗斯画家和美术理论家瓦西里·康定斯基。摇篮外观呈几何造型，两端有蓝色的环形摇杆。摇杆之间是红黄相间的三角体，采用柳条编织的美丽垫子做衬里。1922年最初设计，2004年由Tecta家具公司再次发行。*长98厘米（约39英寸），深91厘米（约36英寸） TEC*

德国

在欧洲所有国家中，最坚定地走向现代设计之路的便是德国。其理由可归纳为两点：首先，一战对德国产生了巨大的、毁灭性的影响，现代设计之路点燃了人们改变现状的强烈欲望；其次，艺术与工业结合，这个现代主义者们最关注的核心观念，已经成为继承和发展现存文化遗产的源泉，此观念形成于1907年在慕尼黑成立的德意志工艺联盟（Deutscher Werkbund，简称DWB）。

早期影响

德意志工艺联盟的创立者，如理查德·雷迈斯克米德、约瑟夫·奥尔布里希和彼得·贝伦斯，致力于制造舆论，大肆宣传。他们开办讲座，组织流动展览去到遥远的美国，出版书籍和杂志。"德国未来的理想是成为一个受过高等教育的机器民族"，一位德意志工艺联盟成员弗里德利克·诺曼（Friedrich Naumann）曾写道。当然，他们之间也有一些分歧。有的成员认为设计的未来就是一个标准化加工的过程；而另外一些成员却对设计中的个性化和艺术性难以释怀。

标准化

一战唤醒了人们一种不可遏制的需求，就是对有经济活力产品的渴望，这最终导致了德意志工艺联盟大部分成员倾倒在标准化的怀抱里。1924年，德意志工艺联盟出版了《无装饰形式》（*From without Ornament*）一书。1925年，他们又重新发行了有影响力的杂志《造型》（*Die Form*）。1929年在斯图加特的"住房建筑设计展览"上充分表达了德意志工艺联盟不凡的抱负，这是其发展的顶峰。展览内容以住宅为主，但在家具行业也引起了强烈反响。无缝钢管家具首次在公共视野中亮相，也是生产厂家与先锋派设计师的首次合作。

尽管"住房建筑设计展览"带有广泛的国际性质，参与者来自荷兰、比利时、瑞典、奥地利和法国，但德国还是出尽风头。在彼得·贝伦斯和密斯·凡德罗的建筑设计中，有斯图加特兄弟海因茨和博多·拉什（Heinz and Bodo Rasch）的家具。他们悬臂式

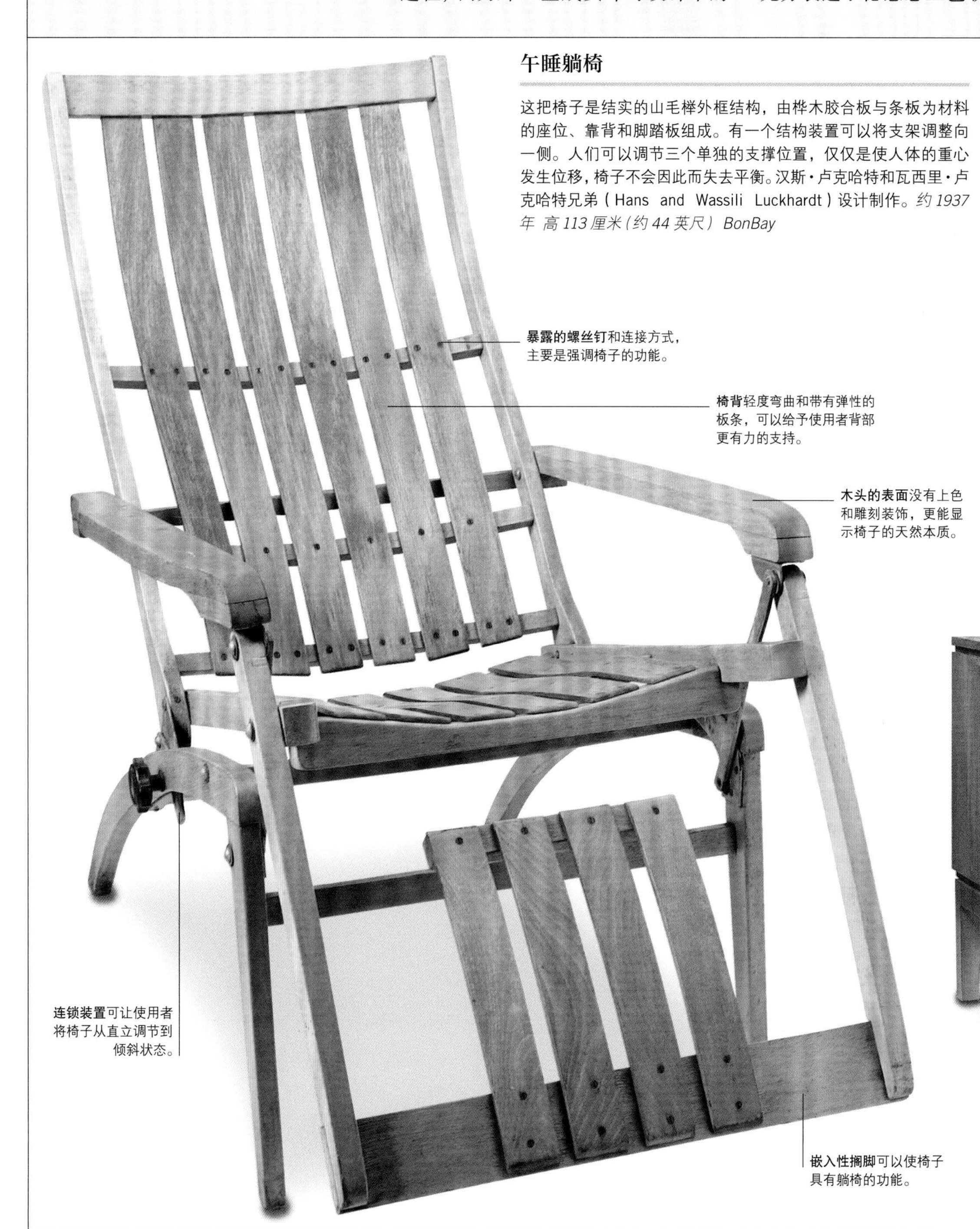

午睡躺椅

这把椅子是结实的山毛榉外框结构，由桦木胶合板与条板为材料的座位、靠背和脚踏板组成。有一个结构装置可以将支架调整向一侧。人们可以调节三个单独的支撑位置，仅仅是使人体的重心发生位移，椅子不会因此而失去平衡。汉斯·卢克哈特和瓦西里·卢克哈特兄弟（Hans and Wassili Luckhardt）设计制作。*约1937年 高113厘米（约44英尺） BonBay*

俱乐部椅

这个构架暴露的椅子，是将栎树实木用螺钉固定在一起而制成的。椅子的座位和靠背上装有布套，覆盖着以手织机编织的羊毛织物。1926年至1928年在魏玛由埃里克·迪克曼为包豪斯库勒建筑研究院而设计制作。*1926–1928年 高70.5厘米（约28英寸），宽62厘米（约24英寸），深75.5厘米（约30英寸） WKA*

餐具柜

这个矩形的黑色桦木餐具直角柜用一个有四条方形短腿的底座支撑。柜子上部有两个较短的抽屉，下部的两扇门打开可以展现柜子的内部空间。多伊奇工坊（Deutsche Werkstatte）提供。*约1935年 QU*

的休憩坐椅与埃里克·迪克曼（Erich Dieckmann）和斐迪南·克拉马尔（Ferdinand Kramer）令人耳目一新的朴素家具都是这次活动的亮点。

在柏林，卢克哈特兄弟（Wassili and Hans Luckhardt）也以朴实无华的风格进行设计创作。ST14悬臂椅——无缝钢管和胶合板椅（1931年）或许是他们最著名的作品。

拥抱现代主义

在德国，现代主义者的一个最显著的特征，就是活动在民间并得以广泛传播。柏林、斯图加特和慕尼黑已于前面提及，因为包豪斯设计学校的原因，魏玛和德绍同样成了现代主义的中心；汉堡也有一个欣欣向荣的现代社区；而在法兰克福，地方当局狂热地欢迎现代主义。

一战后，法兰克福有大量的现代主义风格建筑拔地而起。1926年，为适应新建房屋的需要，斐迪南·克拉马尔设计了一组简单的胶合板家具。它们是在空旷而简陋的废弃兵营里的车间中生产出来的。也是在1926年，奥地利建筑师玛格丽特·舒特（Margarete Schütte-Lihotzky）开发了法兰克福厨房，她科学研究厨房的标准化构件，以便用最低成本来建造。

运动的衰落

1933年希特勒的上台，宣告了德国现代主义的衰落。虽然不反对现代主义理想的效率和纯粹性，但希特勒对非德国人卷入了运动忧心忡忡。除了选择几个德国现代主义者为纳粹政府工作之外，像包豪斯这样的设计学校很快被关闭。尽管德国孕育了许多现代最伟大的观念和思想，但是最终这些全面探索却是在别的国家完成的。

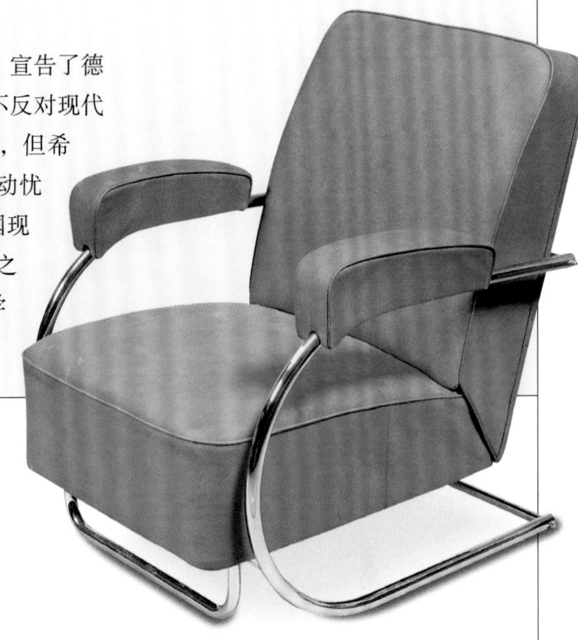

悬臂椅

在最初设计制造出来的时候，悬臂椅的金属构架上装有带绿色布套的座位和靠背。椅子的扶手是由镀铬的无缝钢管制成，上面装有肘垫。由汉斯·卢克哈特和瓦西里·卢克哈特兄弟设计制作。约*1930年 深175厘米（约69英寸） DOR*

路德维希·密斯·凡德罗

路德维希·密斯·凡德罗是现代最著名的设计师和建筑师之一。他创造了当时最具代表性的家具和建筑。

路德维希·密斯·凡德罗是石匠的儿子，1886年出生于德国西部城市亚琛市（Aachen）。他创造了名言“少就是多”。他以建筑大师和家具设计师的身份而广为人知。他对功能主义的贡献，就是将直觉与形式美进行同源关联。这种结合以及他对细节的细微观察，使得他的家具在现代主义时期经久不衰。

虽然许多人想让密斯·凡德罗与包豪斯设计学校合作，但他仅仅是在生命的晚期，才参与了一些包豪斯设计学校的教学活动。1930年他成为包豪斯设计学校的董事。“巴塞罗那椅”（为西班牙国王创作）和“悬臂椅”的形象设计，是在他成为董事之前的岁月里——他在柏林的建筑学办公室里完成的。也许是因为密斯·凡德罗对成本低廉家具的设计不感兴趣（他坚持只使用优质材料），以致于他与包豪斯设计学校很长时间处于平行的议事状态。

1938年，密斯·凡德罗逃亡到芝加哥以躲避纳粹政府的迫害。虽然不再设计家具，但他继续设计了两座最受美国人尊敬的建筑，那就是伊利诺伊州的范斯沃斯住宅（Farnsworth House，1946—1950）和纽约市的西格拉姆大厦（Seagram Building 1951—1958）。

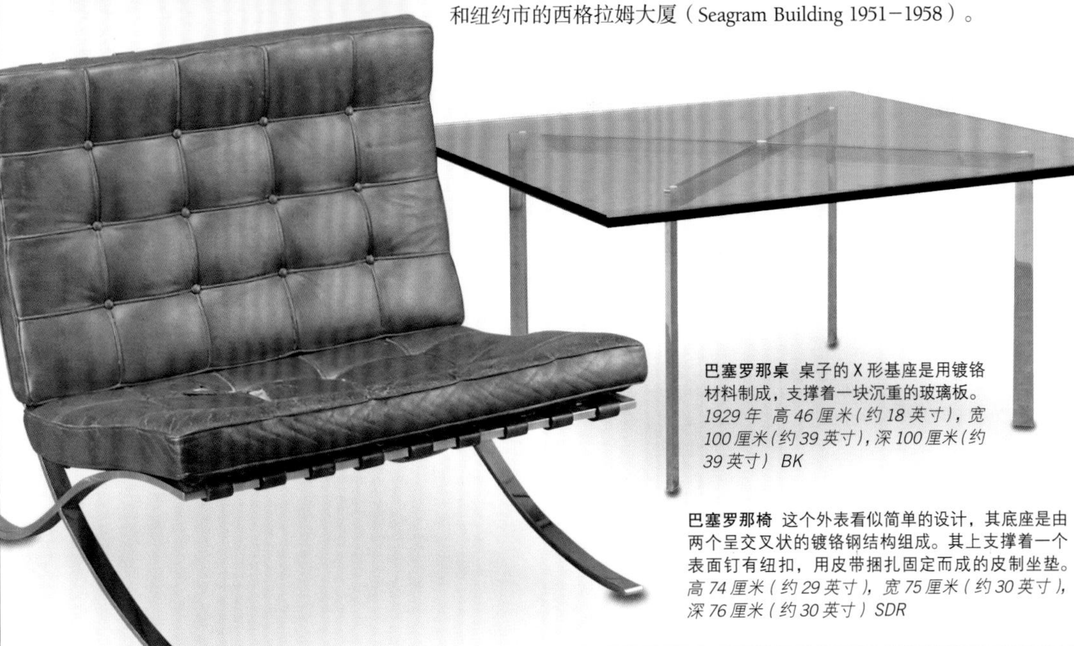

巴塞罗那桌 桌子的X形基座是用镀铬材料制成，支撑着一块沉重的玻璃板。*1929年 高46厘米（约18英寸），宽100厘米（约39英寸），深100厘米（约39英寸） BK*

巴塞罗那椅 这个外表看似简单的设计，其底座是由两个呈交叉状的镀铬钢结构组成。其上支撑着一个表面钉有纽扣，用皮带捆扎固定而成的皮制坐垫。*高74厘米（约29英寸），宽75厘米（约30英寸），深76厘米（约30英寸） SDR*

休闲桌子

这张休闲桌的圆形桌面，有着由黄檀木经精细加工的几何纹路外表。由竖立的镀镍钢管支撑，底部钢管向内延伸形成一个撑架。约瑟夫·亚伯斯为他的同事瓦西里·康定斯基设计了这张桌子。*约1933年 高79厘米（约31英寸）*

法国

1925年，法国举办了蔚为壮观的“装饰艺术与现代工业世界博览会”。虽然展览承诺展示现代和工业艺术，但它仍充斥着法国人喜欢的奢华装饰。相反，一位年青的俄罗斯人，瑞士出生的建筑师，名字叫做勒·柯布西耶，展示了他们公众热切盼望的、组织者曾经承诺的新奇设计。

苏联设计师康斯坦丁·梅尔尼科夫（Konstantin Melnikov）的作品是苏维埃馆。这是一个具有结构主义设计风格的惊人之作。而勒·柯布西耶的新精神馆，完全是一个合乎情理的几何形体练习。令公众震惊的是勒·柯布西耶设计的楼阁中那稀疏简明的内部构成。同埃米尔·雅克设计的华丽奢侈的楼阁空间相比，勒·柯布西耶的设计看起来就像囚房。

现代艺术家的联合

1929年，针对风格派在艺术领域的上升趋势，一部分法国建筑师和设计师进行了集体抗争。除对现代艺术家联合会进行呼吁外，他们还将艾琳·格雷、夏洛特·贝里安、让·普弗卡特（Jean Puiforcat）、雕塑家简·玛蒂尔和居尔·玛蒂尔（Jan and Joel Martel）拉入自己的阵营。首位主席是建筑师罗伯特·马莱·史蒂文斯（Robert Mallet-Stevens）。他重要的几何形建筑被称为“一个伟大的裸体”，引领着一个群体的风格。

虽然包豪斯设计学校在艺术界的影响是明确的，但在德国的各种活动中，现代艺术家联合会与其保持着谨慎的距离。在第一次世界大战之后的恢复阶段，由于恶劣的情绪在邻国蔓延，无论多么钦佩马歇·布劳耶、瓦尔特·格罗皮乌斯和密斯·凡德罗的贡献，现代艺术家联合会成员的工作始终得不到认可。

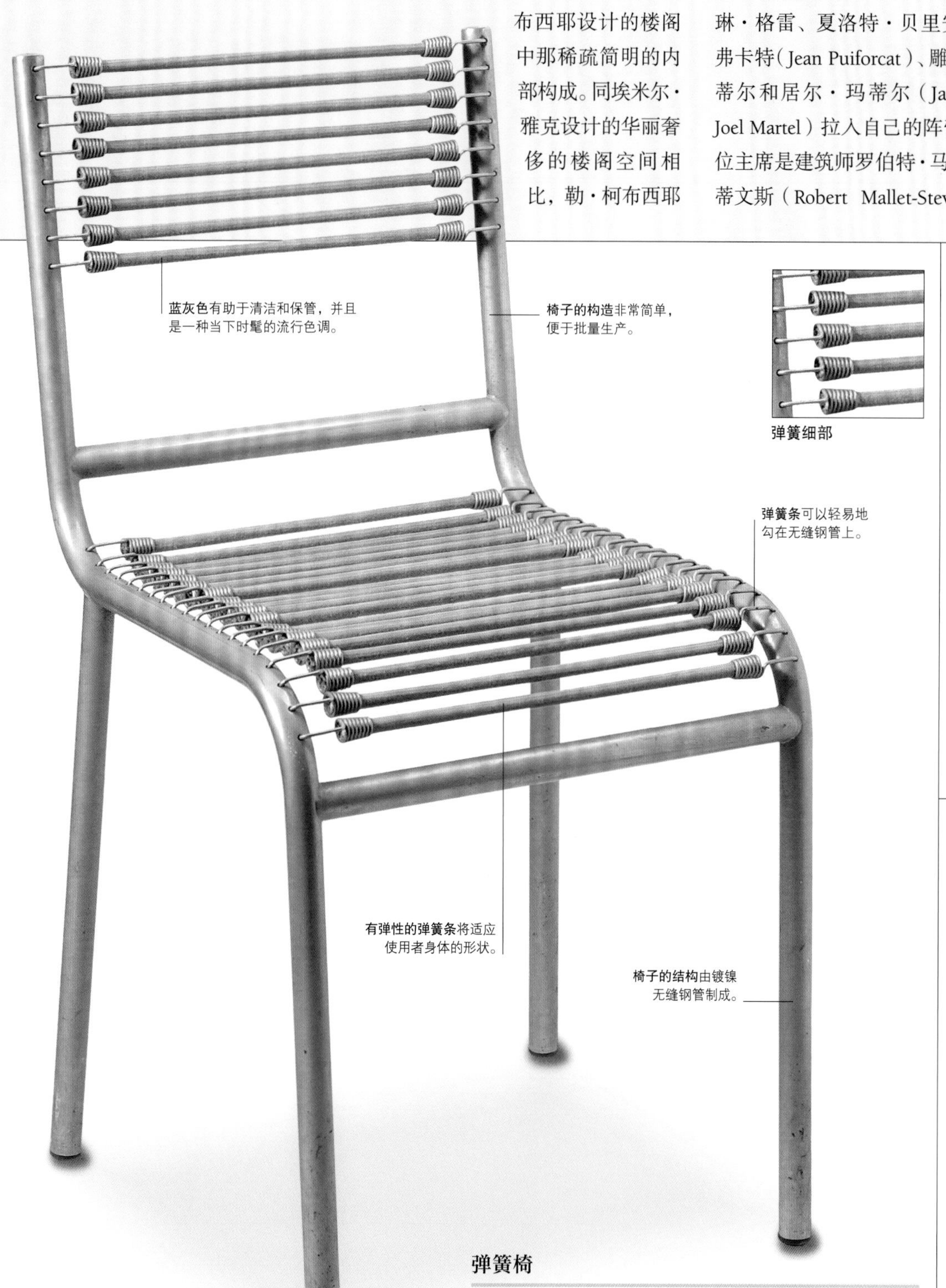

弹簧椅

由雷内·赫伯斯特设计。这把椅子是无缝钢管结构，由具有弹性的、蓝灰色棉布覆盖的弹簧条带构成。设计灵感来自自行车上的弹簧条。这些有弹性的弹簧条，一般都是用来固定自行车上的物品。*约1929年 高81厘米（约32英寸），宽42厘米（约17英寸），深50厘米（约20英寸） BonBay*

胶合板椅

这把椅子是让·普鲁维的早期设计。胶合板压模制作的座位和靠背，用螺丝拧紧固定在颜色较深的木质构架上。耐用的胶合板座位，边缘呈瀑布式微微卷曲。此椅子可供家庭使用或作为商务装置。*1942年 BonBay*

矩形椅

这把具有现代风格的椅子，呈严格规整的矩形结构。嵌镶板通过螺丝来相互固定是其典型特征。靠背、座位、扶手和水平底座，都是由被染成乌木色的木材制作而成。两边竖立成腿的嵌镶板，是由有花纹的橡木制成。由罗伯特·马莱·史蒂文斯设计制作。*约1930年 BonBay*

德国和法国的现代主义风格存在许多差异，法国人喜欢无缝钢管和平板玻璃等材料，并将其应用得比德国人更优美和典雅，却还保持着恰如其分的简洁。第二届现代艺术家联合会主席雷内·赫伯斯特（René Herbst）是第一个尝试使用无缝钢管的法国设计师。他强烈地倡导成本低廉的工业大生产。他认为，低成本建筑将“为任何一个家庭提供有益健康的房屋”。他还活跃在市场最富裕的消费人群中。1930 年，他为阿迦汗王子（Prince Aga Khan）设计了一套巴黎公寓。

建筑师和设计师皮埃尔·查里奥是雷内·赫伯斯特最亲密的朋友，他也是现代艺术家联合会成员之一。查里奥设计的凡尔纳故居，被视为现代主义的图腾。1928 年，这个由玻璃砖和裸露的铁梁建造的房屋完工后，在巴黎引起轩然大波。后来，皮埃尔·查里奥将他的冒险精神转向家具设计领域。在设计了许多豪华家具后，他最终发展出简约朴实的设计风格。由木材和弯铁条构成的皮埃尔·查里奥书桌，看起来几乎完全是机械化的。

查里奥作品中所蕴含的那种令人拍案叫绝的机械美学，后由让·普鲁维继承并发扬光大。让·普鲁维比现代艺术家联合会的许多成员要年轻得多，他说：“依我看来，家具设计如同建筑施工，需要一些特定的步骤和程序。”

这也许是为什么他的设计总是显得那样稳健。居于法国东北部南锡小城，多产的让·普鲁维以一种积极而无畏的方式进行家具设计创新。从让·普鲁维的作品可以看出，法国设计师们的态度已发生了相当大的变化。因在两次世界大战的早期，法国设计师的作品通常会被认为是粗糙的工业产品。

茶桌

这张茶桌或者茶几由法国家具设计师让·普鲁维设计。三条桌腿和上面的橡木镶板桌面构成了这个简洁的作品。橡树实木制成的桌腿在底部锐利地但又恰如其分地逐渐变细。桌面由赤褐色的喷漆铁支撑。*1934 年 高 34.5 厘米（约 14 英寸），直径 95 厘米（约 37 英寸）*

MB405 书桌和 SN3 凳

L 形的黄檀木桌面，由深色的熟铁构架连接和支撑。凳子的矩形黄檀木座面放置在一个熟铁构架之上。凳子的 L 形后腿加强了两条细前腿对凳子支撑的稳定性。*约 1927 年 桌子高 93.4 厘米（约 37 英寸），宽 161.2 厘米（约 63 英寸），深 102.8 厘米（约 40 英寸）；凳子高 35.6 厘米（约 14 英寸），宽 50.2 厘米（约 20 英寸），深 40 厘米（约 16 英寸）*

艾琳·格雷

作为建筑师和家具设计师，艾琳·格雷创造了家具还原论。这是现代主义时代最引人注目的事情之一。

1878 年，艾琳·格雷出生在爱尔兰。她的名字是在法国起的。1907 年，作为伦敦斯莱德美术学院（Slade School of Fine Art）的第一位女学生，艾琳·格雷学业结束后开始进军巴黎，这个有着旺盛创造力的城市拥抱了她。

开始，艾琳·格雷为一位日本工匠菅原嗣雄（Seizo Sugawara）工作。在这里她学会了漆艺。她的早期家具设计受到了菅原嗣雄极大的启发，呈现出一种装饰艺术风格与日本文化充分结合的样式。1922 年在巴黎，她开办了自己的戴泽特画廊（Galérie Jean Désert gallery）。尽管她的作品是知识阶层的宠儿，但她很快就厌倦了制作高档家具。在同风格派团体的偶然接触中，她开始质疑自己的设计风格。

1927 年是艾琳·格雷个人生活的关键一年。她离开巴黎，在法国南部开始从事住宅设计工作。如她著名的 E1027 住宅，在当时是不可思议的极端事例。由于住宅内部采用开放式设计，这给了艾琳·格雷一个重新评估家具设计的机会。

在艾琳·格雷的家具设计中，E1027 的创造给其带来了最大的成功。她将家具视为大“机器”样房屋的组成部件，最大限度地发展了实用主义风格。形式服从功能是这种风格最清晰的定义。艾琳·格雷在现代主义上最显著的贡献则是其设计线条简洁、结构灵活的家具，如 E1027 床边桌和大型甲板躺椅（Transat chair）。

艾琳·格雷于 1976 年去世。在她漫长的生命旅程中，她坚持以还原主义的风格工作，她始终如一，精益求精，将自己全身心奉献给工作。

艾琳·格雷（Eileen Gray）

块状组合屏风 这一设计巧妙的屏风由 28 个黑漆面板组成，面板可以转动。*1923 年 高 189 厘米（约 74 英寸），宽 136 厘米（约 54 英寸），深 2 厘米（约 0.78 英寸）*

必比登（Bibendum）椅 座位和靠背呈轮胎圈样形状，表面覆有淡黄色织物。底座为镀铬的弯曲钢架结构。*1929 年 高 73 厘米（约 29 英寸），宽 87.5 厘米（约 34 英寸），深 83 厘米（约 33 英寸）*

勒·柯布西耶

勒·柯布西耶大胆、极简的建筑设计和充满工业外观的家具设计，独特地捕捉到了早期现代主义者的前瞻性思想。

勒·柯布西耶，被誉为早期现代主义运动建筑师和设计师的灵魂。他的著名论点“房屋是可以生活在里面的一部机器”，表达出现代主义者们对效率、经济和完全现代化生活方式的理想。

作为一名建筑师，勒·柯布西耶的精力过于旺盛，以至不能把自己仅仅限制在参与建房的漫长过程中，他还是多产的作家、著名的纯粹主义艺术运动（立体派的一种形式）的倡导者，设计了许多20世纪最著名的家具。他的设计反映了宽泛的创作思维：工业产品将进入人们的日常生活——这是他的基本观点之一。他在著述中赞美谷仓等工业设计的价值。当时，装饰艺术运动占据主导地位（见第386–415页），因此人们对他的观点受到质疑也是可以理解的。

勒·柯布西耶 艺术家勒·柯布西耶在巴黎雅各布街的画室里。他也是一位多产的作家。1931年，勒·柯布西耶与他人合作经营一份有影响的设计杂志——《新精神》。

LC-6饭桌或会议桌和LC-7转椅 这两件家具是勒·柯布西耶、让纳雷和贝里安的作品。玻璃桌面可进行大约5厘米（约2英寸）高度的调节。由索奈特公司生产。*1929年*

早期岁月

1887年，勒·柯布西耶出生于瑞士拉绍德封一个钟表工人家庭。18岁时，他用原名查尔斯–爱德华·让纳雷（Charles-Édouard Jeanneret）完成了他的第一个建筑项目——拉绍德封住宅。艺名勒·柯布西耶则是他一个祖先的名字。他在第一次世界大战后便定居于巴黎，早年在此度过了他的写作生涯。他写出了具有远见卓识的文章“三百万居民的现代城市（Contemporary City for Three Million Inhabitants）”。1922年，此文刊印在《新精神》（*L'Esprit Nouveau*）杂志上。这是他与画家艾米迪·欧赞凡（Amédée Ozenfant）于1920年共同创办的评论杂志。对未来丰富的想象力，彰显了他的雄心大志。1930年，他成为法国公民。

极简主义风格

1925年，勒·柯布西耶说服了巴黎装饰艺术与现代工业博览会的组织者，提供给他一个参展席位。他同堂兄皮埃尔·让纳雷一起，建造了新精神馆。裸露的墙面和大胆的几何线条结构引起了展览的骚动。“除了不配套的装置、金属家具、玻璃桌、冰冷的光线和暗淡的色彩外，我们什么也见不到。”一位惊诧的观众写道。

那些用弯曲木材制作的索奈特公司生产的9号和14号曲木椅，零零散散摆放在馆内。勒·柯布西耶将这些视为“高贵的象征”。他公然嘲弄那些

关键时期

勒·柯布西耶

1887年 勒·柯布西耶出生于瑞士拉绍德封。原名查尔斯–爱德华·让纳雷（Charles-Édouard Jeanneret）。

1905年 完成了第一个建筑项目：拉绍德封住宅。

1910–1911年 到德国旅行。在这里，他遇见德意志工艺联盟的一些成员。

1917年 在巴黎开办建筑事务所。20世纪20年代早期，将自己的名字改为勒·柯布西耶。

1922年 在《新精神》杂志上发表具有远见卓识的著述《三百万居民的现代城市》。

1925年 为巴黎装饰艺术与现代工业博览会设计新精神馆（Pavillon de L' Esprit Nouveau）。

1928年 同皮埃尔·让纳雷和夏洛特·贝里安创造了一系列工业产品样式的家具，包括B306躺椅和豪华舒适型沙发。

1930年 成为法国公民。

1950–1955年 修建朗香教堂。

1965年 卒于法国马丁角（Cap Martin）。

皮埃尔·让纳雷和夏洛特·贝里安

虽然，让纳雷和贝里安不如勒·柯布西耶有名，但他们那些最具声誉的设计产品却产生了巨大的影响。

公正地说，虽然让纳雷（Pierre Jeanneret）和贝里安（Charlotte Perriand）的名字不是那么脍炙人口，但他们却与勒·柯布西耶的家具设计密不可分。可以说，勒·柯布西耶掌握着项目的设计方向，但有些设计是他们共同努力完成的。

让纳雷是勒·柯布西耶的堂兄，从1922年起他们就在一起工作。当勒·柯布西耶在一个展览中看见贝里安制造的镀铝和镀铬钢家具后，就将其纳入到自己的团队之中。自1927年他们初次相遇，贝里安的专业知识使勒·柯布西耶建立起信心去设计一系列新型家具，这些设计包括著名的B306躺椅和豪华舒适型沙发。

1929年，在法国巴黎秋季艺术沙龙展览会上，作为现代公寓的一部分模型，三人合作的家具设计首次向公众展示。隐蔽式照明、推拉门和标准存储装置的组合，这些许多年后人们都还津津乐道的作品，成为三人合作设计所达到的一个高峰。

直到20世纪30年代，贝里安才离开了勒·柯布西耶的设计室，作为一名独立的建筑师和设计师，去继续开拓她自己的职业生涯。20世纪40年代，贝里安大部分时间里与日本公司合作。20世纪50年代，她曾短暂地回去与勒·柯布西耶一起工作，在马赛帮助他进行“理想居住单元”（Unité d' Habitation）的内部装修。

1940年，贝里安与让纳雷再次一起工作。他们与让·普鲁维合作，生产一系列预加工的铝结构，用来搭建临时住房。让纳雷用他的一生来辅助勒·柯布西耶，只是偶尔作为独立家具设计师使用自己的名字制造产品。1947年，桦木剪刀椅成为让纳雷的第一个独立项目，出现在著名的美国家具制造商诺尔的产品目录中。

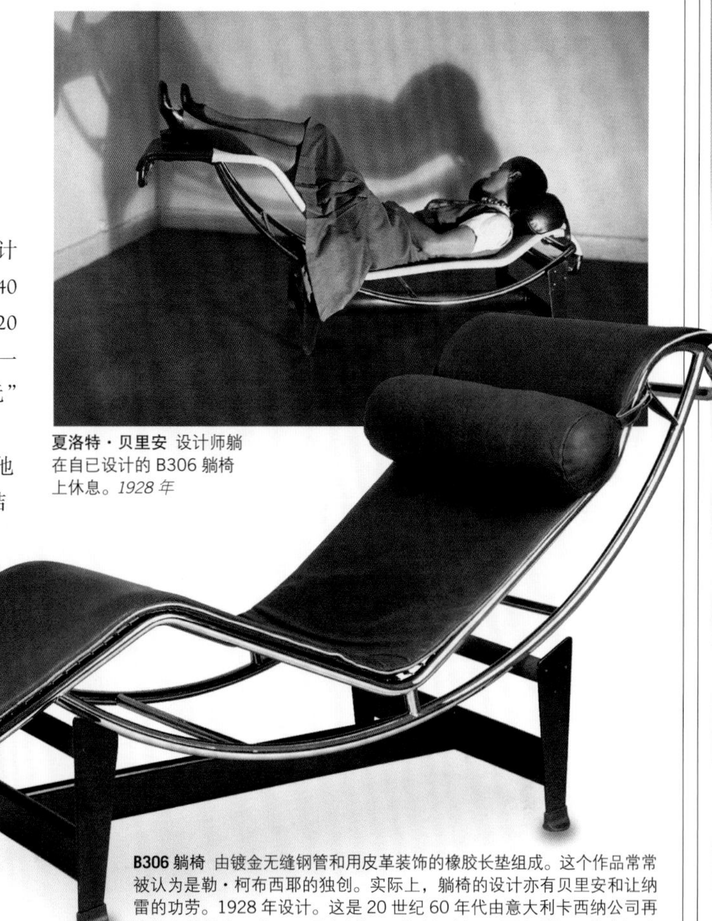

夏洛特·贝里安 设计师躺在自己设计的B306躺椅上休息。*1928年*

B306躺椅 由镀金无缝钢管和用皮革装饰的橡胶长垫组成。这个作品常常被认为是勒·柯布西耶的独创。实际上，躺椅的设计亦有贝里安和让纳雷的功劳。1928年设计。这是20世纪60年代由意大利卡西纳公司再次发行的样本。*高70.5厘米（约28英寸），长160厘米（约63英寸），宽49.5厘米（约19英寸） QU*

在当代建筑物中已经使用了七十五年之久的设计。1925年，他知道他接下来将为其激进的建筑风格设计家具。

夏洛特·贝里安的出现给了勒·柯布西耶翘首以盼的转机。1927年，夏洛特·贝里安、皮埃尔·让纳雷和勒·柯布西耶创造了一系列工业产品的设计。与奢侈的家具相比，华丽的B306躺椅更像是一个成型配套的设施；轻巧灵便的巴斯库兰椅（Basculant Chair）则是一款经济的家具设计，用裸露而质量较轻的材料制成；立体形的豪华舒适型（Gran Confort）扶手椅是俱乐部使用的三件套椅子，椅子的结构显露在外面，全部使用无缝钢管，生产于1928年。这些设计用到的材料，由于马歇·布劳耶的推广而风靡一时，连勒·柯布西耶最喜爱的曲木椅的作者索奈特，也设计了无缝钢管家具。

一直到第二次世界大战爆发，勒·柯布西耶如同为机械奏交响乐的东征十字军，一路高歌猛进。即使面对残酷的战争，他仍坚持着自己为之痴迷的美学观。战后，勒·柯布西耶的设计转变成一种温和的风格，1950年至1955年，他在法国朗香设计的朗香教堂（Ronchamp）就是一个很好的例子。在之后的岁月里，勒·柯布西耶的注意力逐渐转向城市规划，遗憾的是，他早年对家具设计的兴趣很少再出现。

豪华舒适型沙发 这个两座的LC2模型沙发，是勒·柯布西耶、贝里安和让纳雷设计的豪华舒适型沙发的系列产品之一。沙发采用镀金无缝钢管结构和法国皮革坐垫。最初版本设计制造于1928年。这是20世纪80年代意大利卡西纳公司再次发行的样本。*宽167.5厘米（约66英寸） FRE*

1925–1945

无缝钢管

原先仅仅用来作为工业材料使用的无缝钢管，逐渐成为现代家具的理想材料并服务于新的生活方式，受到设计师们的欢迎。

布劳耶的灵感 当马歇·布劳耶骑他的自行车时，他突然灵机一动：弯曲的自行车把是用无缝钢管制成的，无缝钢管应该也可以用来制作家具。在包豪斯设计学校，钢板也是设计师们青睐的家具制作材料。早在1923年，镀铬钢就被设计师们应用到首饰和灯具之中。

无缝钢管是一种了不起的现代材料。20世纪20年代中期，作为一种有活力的结构材料在家庭家具制作中崭露头角。不久，无缝钢管成为两次大战之后的新时代象征。工业化、易清洁、轻巧灵活，当然还有夺人眼球的金属光泽，这都是理想中未来生活的家具特点。制造无缝钢管的方法是1885年德国曼尼斯曼兄弟（Max and Reinhard Mannesmann）发明的。将一个被加热的短铁棒通过造孔机器，就可以生产出一根铁管。1921年出现了更先进的技术，能生产出具有更薄的管壁并且柔韧、易弯曲的铁管。

德国之路

在设计师们使用无缝钢管进行家具设计之前，它已存在多年。当时，无缝钢管被大量使用于工厂车间的中心供热系统。当汽车工业和自行车制造业开始应用这种材料时，无缝钢管才算真正走入人们的日常生活。1925年，德国的马歇·布劳耶和荷兰的马特·斯坦进行了无缝钢管家具制造的初步尝试。

布劳耶设计的第一件无缝钢管椅是瓦西里椅。1925年，布劳耶为包豪斯设计学校教师、艺术家瓦西里·康定斯基的别墅设计了这把椅子。瓦西里椅明显地模仿了英国俱乐部椅粗壮的外形轮廓。

布劳耶又为包豪斯设计学校设计了无缝钢管的椅子和桌子。1927年，在斯图加特举行的住房建筑设计展览会上，无缝钢管家具出尽了风头。此后，索奈特公司开始生产这种家具，销售范围横跨整个欧洲大陆。索奈特采纳这些设计方案是识时务的，早在19世纪中叶，德国公司就进行了有实际意义的革新，生产出一种用弯曲木材制作的廉价家具。这种类型的家具，启发和推动了许多现代主义设计师使用无缝钢管制作家具的想法。

普及与发展

虽然德国是无缝钢管家具的发源地，但这种设计很快就蔓延到其他国家。马特·斯坦将无缝钢管材料介绍到荷兰。到1930年，许多荷兰设计师开始使用无缝钢管设计家具。格里特·里特维尔德也受到了这种潮流的冲击，曾用无缝钢管制作过一把红蓝椅。威廉·吉斯本（Willem Gispen）是一个惯用华丽风格进行创作的设计师，此时也成了使用无缝钢管的拥护者。“看看围绕着我们世界的社会变革，”吉斯本于1977年写道，“我用理性简化了我的设计”。吉斯本在鹿特丹的工厂存在至今，仍在制

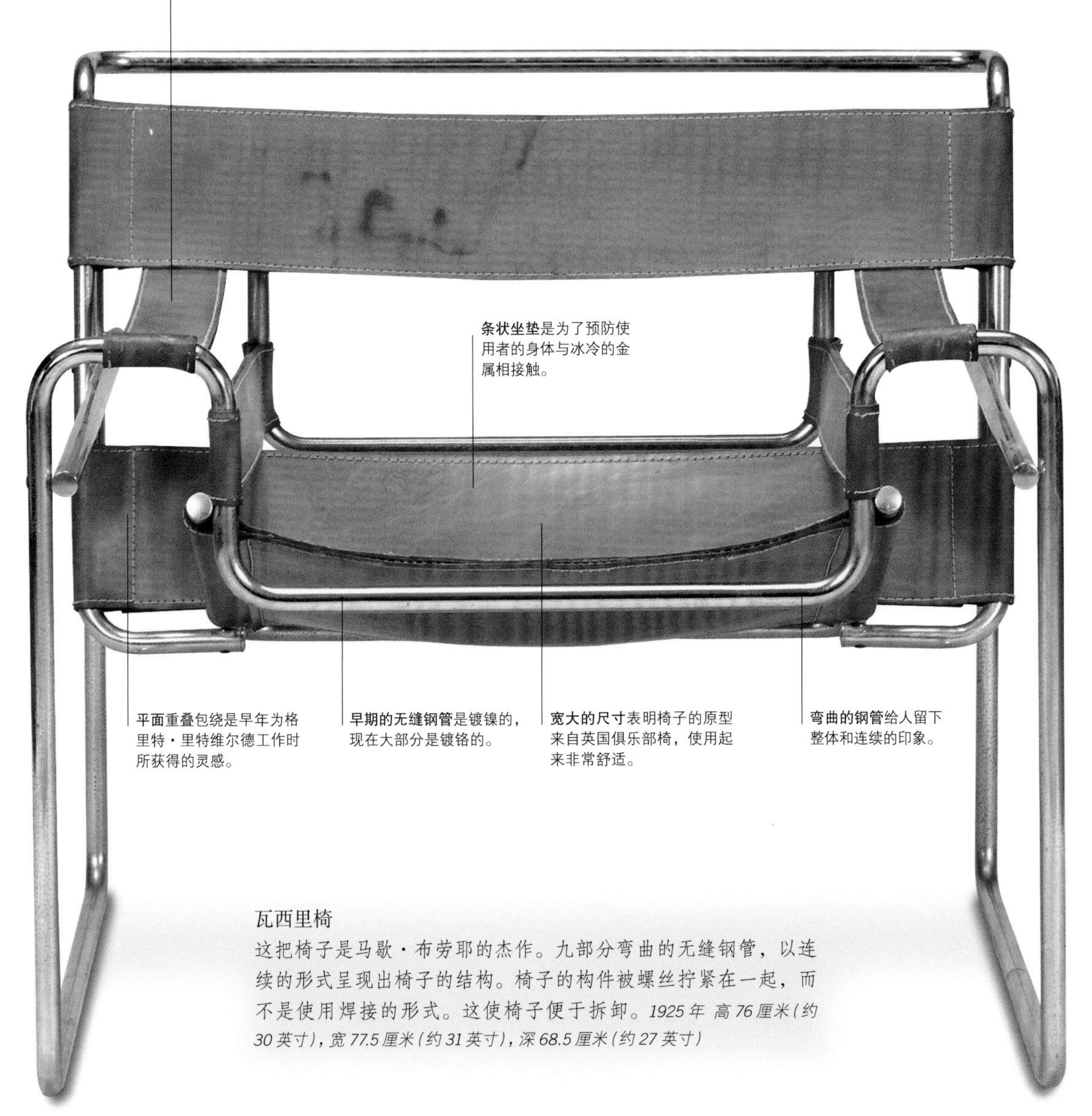

瓦西里椅
这把椅子是马歇·布劳耶的杰作。九部分弯曲的无缝钢管，以连续的形式呈现出椅子的结构。椅子的构件被螺丝拧紧在一起，而不是使用焊接的形式。这使椅子便于拆卸。*1925年 高76厘米（约30英寸），宽77.5厘米（约31英寸），深68.5厘米（约27英寸）*

包豪斯设计学校的金属加工车间
起初，在包豪斯设计学校的金属加工车间里，人们最关注的是黄铜、银、黄金和紫铜等各种金属的不同特性，以及如何利用这些金属的特性来实现包豪斯设计学校的宗旨和理念。从1925年在德邵起，马歇·布劳耶就担任了家具车间的领导。在他的指引下，人们开始进行无缝钢管的工艺性质研究。1928年至1929年，他们在这方面取得了巨大成就。

悬臂椅

悬臂椅受到现代主义设计师们的宠爱，虽然尚不清楚是谁首先拥有这个想法——将支架原理应用到椅子设计中。

支架原理，就是一个结构负荷由一个单独的安装点产生。这个原理经常被现代家具设计师应用，但也有许多讨论甚至诉讼，试图确定是谁首先拥有这个法则。支架原理对现代主义设计师的诱惑是显而易见的，其可将椅子的外形简化到最低限度。对按照古老法则制作的四条腿椅子来说，悬臂椅显示出胜人一筹的本领。在外观上，悬臂椅具有吸引人的视觉效果：坐在椅子上的人，好像飘浮在空气之中。

1927 年，悬臂铁椅首次出现在斯图加特住房建筑设计展览会上。有两把是由荷兰人马特·斯坦设计的，另外两把是由德国设计师路德维希·密斯·凡德罗提供。看起来好像是马特·斯坦首先有的想法，同密斯·凡德罗讨论后，他们二者相继研制出自己的模板。然而，马歇·布劳耶声称，早在 1925 年，他就在为悬臂铁椅做设计工作，1927 年住房建筑设计展览会之前，他的模板就曾被展出过。

更麻烦的是，当密斯·凡德罗去申请专利时才发现，一个美国人哈里·诺兰已于 1922 年注册了一个能推拉卷曲的金属悬臂椅。但密斯·凡德罗却对此提出异议：任何人坐在哈里·诺兰设计的椅子上面，椅子就会倒塌。他认为，自己的设计才应该获得专利权。

悬臂椅 这把马特·斯坦的 S33 悬臂椅，由索奈特家具制造公司生产。该椅子具有镀铬钢管支架，以及皮革垫和靠背。*1926 年 高 84 厘米（约 33 英寸），宽 50 厘米（约 19.66 英寸），深 57 厘米。*

MR-10 摆动钢管椅 由路德维希·密斯·凡德罗设计。椅子的构架是镀镍无缝钢管。藤条编织物形成座位和靠背。1920 年稍晚时候由约瑟夫·穆勒（Josef Muller）制作于柏林。*高 80 厘米（约 31 英寸），宽 48 厘米（约 18 英寸），深 65 厘米（约 26 英寸） QU*

B33 椅子 具有无缝钢管外框结构。帆布加工制作后，套在钢管上形成座位和靠背。1929 年由马歇·布劳耶设计。这是 2004 年索奈特再次发行的样本。*高 84 厘米（约 33 英寸），宽 49.5 厘米（约 19 英寸），深 86 厘米（约 34 英寸）*

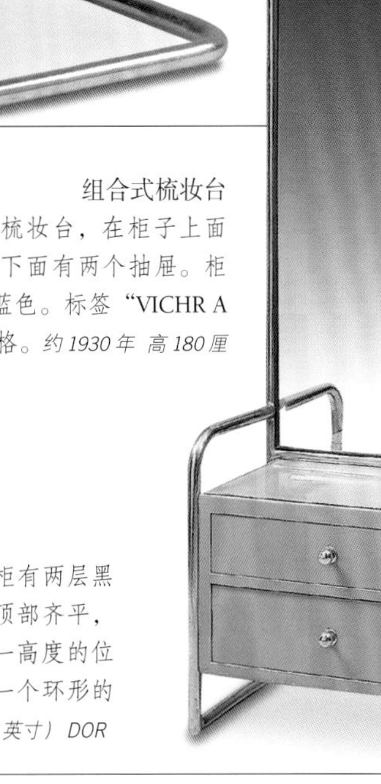

组合式梳妆台

这个无缝钢管结构的梳妆台，在柜子上面有一面高大的镜子，下面有两个抽屉。柜子被漆成了漂亮的浅蓝色。标签“VICHR A SPOL, PRAHA”布拉格。*约 1930 年 高 180 厘米（约 71 英寸） DOR*

床头柜

马歇·布劳耶设计的 B12 床头柜有两层黑色的木板。一块与床头柜支架顶部齐平，另一块位于顶部到底部三分之一高度的位置。床头柜的外表看起来就像一个环形的钢管。*约 1928 年 宽 76 厘米（约 30 英寸） DOR*

作生产无缝钢管灯具。

荷兰人和德国人将无缝钢管视为一种彻底的实用材料。但在法国，人们更多的是用程式化的方式使用无缝钢管。20 世纪 20 年代至 30 年代，雷内·赫伯斯特、艾琳·格雷和勒·柯布西耶等抛弃了陈旧的审美方式，开始生产他们感兴趣的无缝钢管家具。

精英阶层的欢迎

虽然家具制作的管材起源于工业，但最初的无缝钢管却比木头更贵，销售市场几乎被富裕的精英阶层所独占。一直到 20 世纪 30 年代末，无缝钢管家具的价格才开始跌落。这种趋势在英国表现得特别显著。截止到 1928 年，中低阶层家庭要鼓足勇气，才敢购买无缝钢管家具。第一次世界大战以后，许多人被迫压缩开支，生活在狭小的房屋里。这些房屋不适合放置老式家具。于是这部分人群迫切地需要耐用的无缝钢管家具。而此时，有钱阶层对无缝钢管家具的需求已趋于饱和，购买量也在缓慢下降。

20 世纪 30 年代早期，两个英国厂商 PEL 和考克斯公司（Cox & Co.）开始制作生产无缝钢管家具。他们明确地将设计定位于索奈特公司的产品风格。PEL 的主顾包括著名导演诺埃尔·考沃德（Noel Coward）、威尔士王子和英国海军元帅蒙巴顿勋爵。1932 年，当考克斯公司和 PEL 重新装修英国广播公司（BBC）大楼时，尽管无缝钢管家具技术尚不成熟，他们还是进行了大量采购。1935 年，《精细木工》（*Cabinet Maker*）杂志报道，无缝钢管家具“被社会各界广泛接受”。

20 世纪 30 年代后期是无缝钢管家具销售的黄金阶段，但也是艺术水准的衰落期。马歇·布劳耶和马特·斯坦很早就认识到无缝钢管的本质特点，这类家具很难有进步的空间。1935 年，因假冒伪劣产品层出不穷，马特·斯坦陷入悲哀之中，马歇·布劳耶则生气地说：“所有这些像通心粉样的钢铁怪物都消失吧。”随着第二次世界大战的爆发，他的希望变成了现实。无缝钢管家具的恶性生产被制止了。1945 年后，无缝钢管的使用率越来越低，设计师们意识到无缝钢管那短暂的辉煌时代结束了。

斯堪的纳维亚

一般认为，斯堪的纳维亚包括瑞典、丹麦、挪威、芬兰和冰岛。在两次世界大战期间，相对许多欧洲国家来说，斯堪的纳维亚经历了截然不同的历史，结果也导致生产了风格迥然不同的家具。

首先要注意的是，与大量发生在欧洲其他国家的政治事件相比，斯堪的纳维亚的政治形势相对稳定，工业化也缓慢进行。斯堪的纳维亚气候十分恶劣，人们对手工技巧有一种与生俱来的深深敬意。无缝钢管家具打破了人们对手工艺固有的崇敬以及对传统的形式的眷恋。这就是为什么德国所倡导的无缝钢管家具，在斯堪的纳维亚没有市场的原因。

对木头的偏爱

阿尔瓦·阿尔托（Alvar Aalto）是那个时代一位站在最前沿的斯堪的纳维亚设计师。他认为无缝钢管“从人类视野的角度来看是令人不满意的”。阿尔瓦·阿尔托曾说过，在寒冷的气候里，金属家具尤其使人感到不舒服。在森林覆盖的斯堪的纳维亚地区，木头是一种容易获得的原料。大多数时候，木头是最受斯堪的纳维亚的设计师们欢迎的材料。

从20世纪30年代开始，有人试图将外表生硬、具有工业审美的家具介绍到斯堪的纳维亚。在欧洲大陆的其他地区，这些家具早已被人们熟知。1930年，建筑师贡纳尔·阿斯普朗德（Gunnar Asplund）在斯德哥尔摩举办了一场瑞典功能主义展览会。展览会陈列出一些风格强劲的由合成材料制造的家具，这些家具展品震惊了斯堪的纳维亚公众。阿斯普朗德的展览合作伙伴多数有海外留学和工作经历，他们即刻被钉上“反瑞典”的标签。功能主义的思潮，在斯堪的纳维亚开始消退。

绅士的方式

到20世纪30年代中期，斯堪的纳维亚的设计师们打破了赤裸而质朴的欧洲现代派风格与他们惯用的技艺

模块组合柜

这件多单元架状结构组合体，是一个具有许多用途的贮藏柜。这个组合柜由五个不同的单元构成。其中四个单元是开放的，适合在里面放置归类物品。整个组合柜由三个木质基座支撑。第五个单元的前面有双开门，形成一个柜子。柜子的深度也没有其他单元那么大。由莫恩斯·科奇（Mogens Koch）设计。*1933年 高76厘米（约30英寸），宽76厘米（约30英寸），深27.5/37厘米（约11/15英寸）*

旅行椅

这把轻型椅子的特点是枫木构架，连接框架的接头很少。椅子是用皮革坐垫和条带，以及一种槽状卯榫结构简单地结合在一起。皮革条带形成椅子的扶手。槽状卯榫结构将侧面撑杆与四条椅腿连接在一起。此作品是受到英国原生态传统军椅的启发而制作的。这种椅子可以折叠，并且易于拆卸，投入市场后广受欢迎。这把旅行椅是由鲁道夫·拉斯穆森（Rudolf Rasmussen）家具制作行手工制作的。这个小小的家具制作行，生产了丹麦设计师卡雷·克林特的许多作品，也销售用实木和帆布制造的旅行椅仿品。此件由凯尔·克林特设计。*1933年 高77.5厘米（约31英寸），宽55.75厘米（约22英寸），深63.5厘米（约25英寸）*

椅子的靠背和坐垫很柔软，当椅子被拆卸后，靠背和坐垫可以很容易地被折叠。

椅子的靠背附着在中心框架上，以便给予靠背一个支撑点。

松弛的皮革扶手轻轻地连接在木头支架上，是为了椅子便于临时拆卸。

侧面撑杆与四条椅腿用槽状卯榫结构连接在一起，椅子没有使用螺丝和胶合物来固定。

带扣的皮带可将椅子上松弛的分离部分捆扎得更紧。

安尼卡桌子

这张圆形杂志桌或称休闲桌有一个简单朴素的榆木桌面，没有表面装饰。桌面架在三个具有流线型弯曲线条的层压山毛榉板形桌腿上。接触地面的桌腿逐渐变细，成为圆锥形。布鲁诺·马松为卡尔·马松（Karl Mathsson）公司设计。*1938年 高38厘米（约15英寸），深65厘米（约26英寸）* BK

形式之间的平衡。设计师布鲁诺·马松（Bruno Mathsson）就是这种温和现代派的典型代表。尽管使用天然材料和波纹线条，但家具框架构造的大胆外露以及外表装饰的缺乏，都明确无误地向人们表明，马松设计的是现代派家具。

另外值得一提的是，马松的家具外形常常从人体工学，也就是人类与使用的设施之间的关系中获得灵感。20世纪20年代，在哥本哈根的凯尔·克林特（Kaare Klint）和他丹麦皇家美术学院的学生们花了大量时间研究这种斯堪的纳维亚人擅长的“拟人化”家具设计制作方法。

斯堪的纳维亚现代家具中所特有的温和及雕塑般的风格，是在非工业化的环境中，设计师从周围的自然形态中获得启发而形成的。这是一种人类本能的学习行为，也是他们坚持使用木材而不是金属进行家具生产的结果。很多欧美设计师，通过适宜的旅行方式去拜访阿尔瓦·阿尔托，其目的是学习温和现代主义风格。于是，温和现代派的影响日趋扩大。

一直到二战结束，那些偏爱斯堪的纳维亚人文主义方法的新一代设计师，对德国、法国和意大利人所开拓的无缝钢管家具设计不感兴趣，并进行有意识的回避。

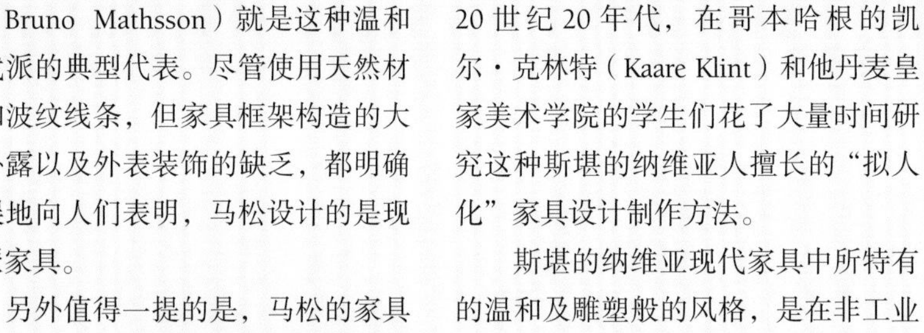

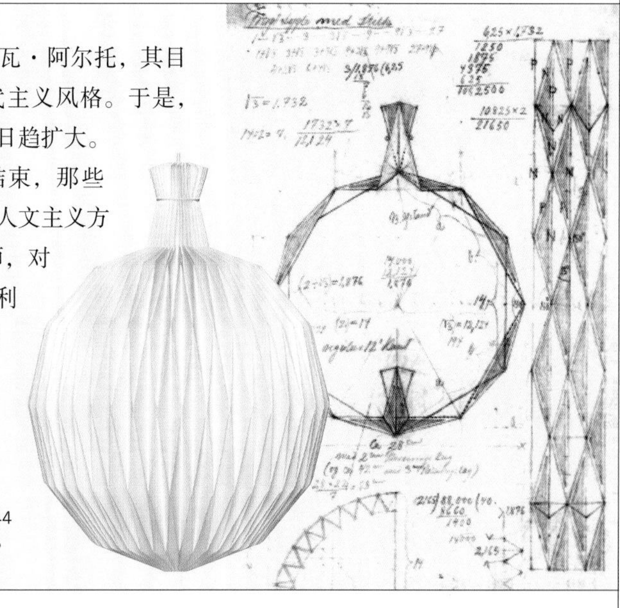

水果灯罩 这个灯罩是1944年由凯尔·克林特设计的。

EVA 椅子

这把无扶手的椅子的座位是用桦木材料制作而成，底架所用木材是弯曲的层压山毛榉木板。座位和靠背用带状织物连接成一个整体。由布鲁诺·马松设计。*1941年 高82厘米（约32英寸），宽49厘米（约19英寸），深71厘米（约28英寸）Bk*

带抽屉的小柜

这件带抽屉的柜子是桦木材质，柜子底部装有木制脚轮。抽屉上刻有缩进去的切迹，可以用作把手。由阿尔瓦·阿尔托设计。*1930年 高26.5厘米（约10英寸），宽38厘米（约15英寸），深68.5厘米（约27英寸） QU*

阿尔瓦·阿尔托

在家具设计中引进胶合板和层压木材，芬兰设计师阿尔瓦·阿尔托功不可没。据说，在家具设计中应用胶合板的想法，来源于由薄片层压的越野雪橇。

当欧美的艺术家、建筑师和设计师们，在宣言、论文和演讲中宣布他们对未来的设想时，阿尔瓦·阿尔托却是让他的家具设计来说明一切。他在妻子艾诺的协助下，首先进行了层压板和胶合板的研制实验。在芬兰人大量使用胶合板之前，阿尔瓦·阿尔托在斯堪的纳维亚家具设计界人微言轻，默默无闻。但很快，胶合板就与阿尔瓦·阿尔托这个名字不可分割了。

到1931年，在进行了胶合板试验两年以后，阿尔瓦·阿尔托已经制造出四十一把椅子。用一整块层压板来同时制作靠背和座位，无论是在家具设计形式上还是技术上，都显示出阿尔托对材料的极强控制能力。“31悬臂椅”是他自信心的另外一个大胆展示，这件家具有惊世骇俗的外形。

在芬兰有大量的桦树资源。桦树也是阿尔托精心选择的木材。他们夫妇非常熟练地掌握了胶合板和层压板的应用。1935年，他们创办了阿泰克（Artek）公司，生产自己设计的家具。在今日的芬兰，阿泰克公司仍然在生产家具。

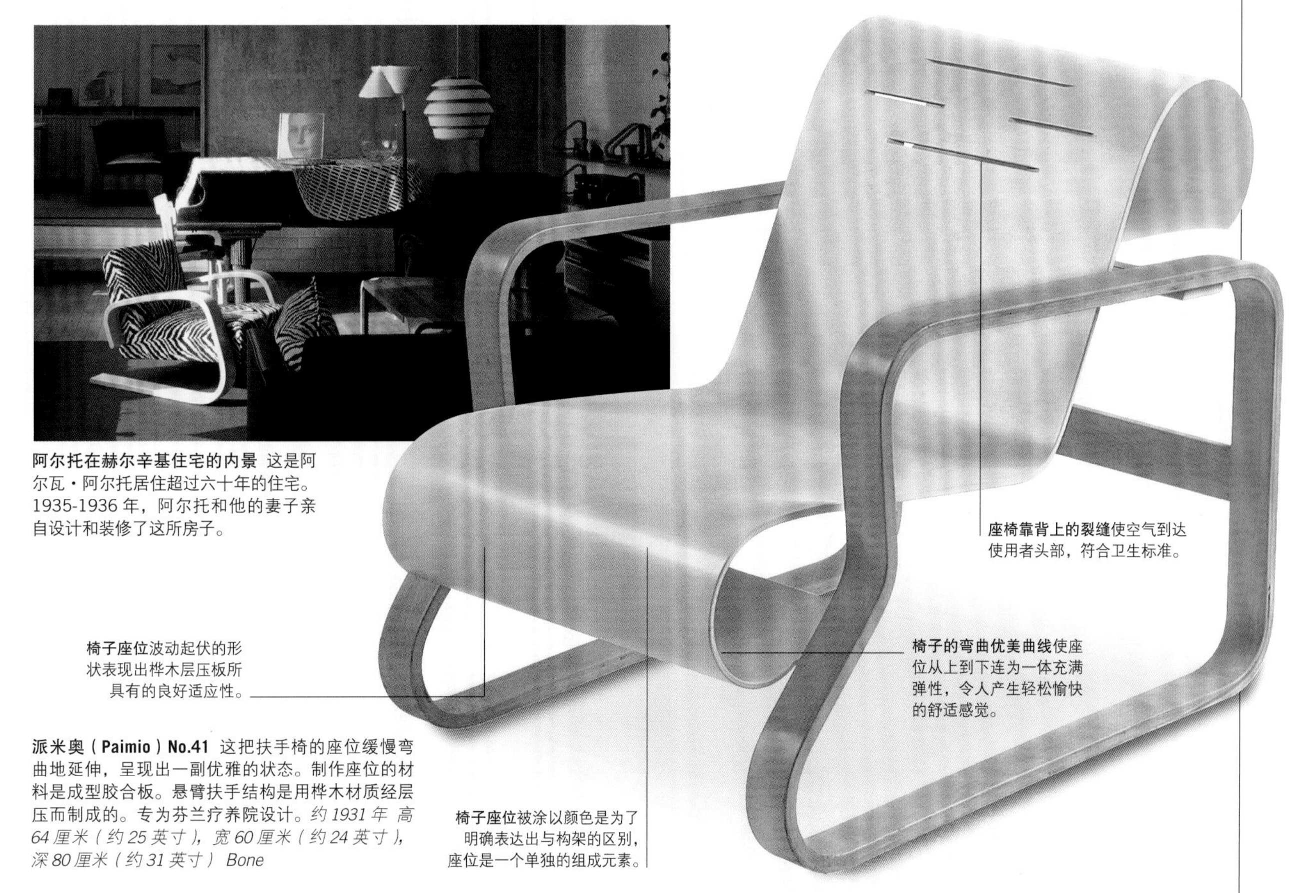

阿尔托在赫尔辛基住宅的内景 这是阿尔瓦·阿尔托居住超过六十年的住宅。1935-1936年，阿尔托和他的妻子亲自设计和装修了这所房子。

座椅靠背上的裂缝使空气到达使用者头部，符合卫生标准。

椅子座位波动起伏的形状表现出桦木层压板所具有的良好适应性。

椅子的弯曲优美曲线使座位从上到下连为一体充满弹性，令人产生轻松愉快的舒适感觉。

派米奥（Paimio）No.41 这把扶手椅的座位缓慢弯曲地延伸，呈现出一副优雅的状态。制作座位的材料是成型胶合板。悬臂扶手结构是用桦木材质经层压而制成的。专为芬兰疗养院设计。*约1931年 高64厘米（约25英寸），宽60厘米（约24英寸），深80厘米（约31英寸） Bone*

椅子座位被涂以颜色是为了明确表达出与构架的区别，座位是一个单独的组成元素。

英国

在现代家具设计领域，英国被认为是一个追随者而不是领导者。19世纪后期，曾在英国范围内掀起过一个激进的工艺美术运动，其重要意义是对现代主义先驱，如阿尔瓦·阿尔托和勒·柯布西耶的追随。但此后英国家具设计的发展速度明显减慢。

公众毫无兴趣

20世纪20年代中后期，要想获取那种由工艺美术运动所倡导的简单的实木家具仍然比较困难。公众首选的，还是那种具有装饰风格的古老家具的复制品。但这也不妨碍有几家商店去销售具有现代主义倾向的家具，如在伦敦托特纳姆考特大街的希尔商行。当时，最著名的现代派设计师是科茨沃尔德裔的戈登·拉塞尔。他大量设计那种被精简到最后只剩下基础形式的家居设施。

国际影响

胶合板和无缝钢管在社会上出现很久以后，这些新材料才被英国设计师所采纳。那些对海外家具设计最新进展抱着开放态度的人，关注着从国外抵达英国的设计师们。塞吉·希玛耶夫和贝特霍尔德·鲁贝金（Berthold Lubetkin）出生于俄罗斯。艾诺·盖德菲戈（Erno Goldfinger）出生于匈牙利。这些定居在伦敦的建筑师，虽然没有获得像欧洲大陆同行们那

安格泡灯（可任意转换位置的灯） 这个具有关节连接特点的灯，能使灯光随意定向。灯头和灯座可以任意旋转。灯体弯曲伸缩自如，以便于保留不同姿势或处在不同位置。1932年由乔治·科瓦丁原创设计。Tecta公司再次发行。*高90厘米（约35英寸）TEC*

书桌整体是由经石膏处理过的橡木制作而成。

桌子的上部由可开放和闭合的存储空间组成。

几何外形的桌子反映了当时的流行时尚。

转角书桌

这件转角书桌是用经石膏处理过的橡木制作而成的，是安布罗斯·希尔爵士设计的“标志性复制”系列的一部分，希尔公司制造。桌子的上部由各种不同的存储区域组成，包括三个橱柜和夹在它们中间的开放性存储区。桌子的下部分由两个基座和位于基座上面的宽厚写字桌面组成。书桌的背面为三角形结构。每个基座的底部装有一个较深的抽屉。这是一件紧凑而别致的家具。设计这件家具的想法，出于对新型都市住宅的考虑，书桌外形的角度，反映了当时所流行的几何学时尚。*1931年 高108厘米（约43英寸），宽91.4厘米（约36英寸）*

俯冲式扶手椅

这把上了磁漆的胶合板扶手椅是由杰拉尔德·萨摩士设计的。如今，俯冲式扶手椅被人们视为现代设计的典范。萨摩士只用一张胶合板就成功地设计出一把完整的椅子。由于战时制造业物资的定量配给，仅仅只生产出来一百二十把此类型椅子。*1933–1934年 高72.5厘米（约29英寸），宽60厘米（约24英寸），深90厘米（约35英寸）*

现代书桌

这件单基座书桌是对现代主义设计的最佳解读。矩形的桌面，一端被叠放在一起的四个抽屉支撑，另外一端被一块竖直固定的玻璃支撑。为增加书桌的稳定性，桌子下后部装置了一根金属拉杆。在半圆形的抽屉上面，安装偏置的镀铬金属把手。由丹汉姆·麦克拉伦设计。*约1929年*

样的光环，但在20世纪20年代至30年代，都尝试过使用胶合板来进行家具设计。

在两次世界大战期间，工作在英国的最重要设计师是杰拉尔德·萨摩士（Gerald Summers）。他的不善交际导致他设计的许多家具不被世人认可。其著名的俯冲式扶手椅，由一系列弯曲的胶合板制成，这是一位艺术名家进行的艰难尝试。在现代家具设计史上，这件作品理应有不可动摇的地位。丹汉姆·麦克拉伦（Denham McLaren）是一位业余设计师，独立设计和制作了大量家具。他从法国现代主义者的优雅风范中汲取灵感，用厚玻璃板和动物皮制品来制作家具。

逐步接受

1935年后，德国的政治气候使许多艺术家、建筑师和设计师无法忍受。在包豪斯设计学校受过训练的设计师流亡到英国。毋庸置疑，他们之中最引人注目的是马歇·布劳耶。他将他的设计贡献给希尔公司，并且又新组建了埃索肯公司（Isometric Unit Construction的简称）。另外如艾根·瑞思（Egon Riss）和海因·霍克罗斯（Hein Hockroth）也表现不凡。

英国设计界对现代主义风格的态度，也慢慢地趋向和缓。如格拉斯哥的莫里斯公司（Morris of Glasgow）和PEL公司，开始大量加工无缝钢管和胶合板家具。政府通过发布一些“与日常生活息息相关的优秀产品”来鼓励建立现代主义风格。英国人知道，现代主义风格指明了通往未来的道路。

英国广播公司更是竭力支持英国人去接纳现代主义设计。他们不仅仅授权思维激进的塞吉·希玛耶夫和韦尔斯·科特斯来负责广播大楼建筑的室内装修，而且还播出了有关设计方案的讨论。像《建筑评论》（*Architectural Review*）和《建筑新闻》（*Building News*）这样的杂志，也热心地报道了所有欧洲国家现代主义风格和新材料的使用动态。然而，这些都发生在工艺美术运动改革之后，实际上英国并未像他们自己吹嘘的那样处于国际家具设计的前沿。

埃索肯公寓

伦敦企业家杰克·普里查德和他的妻子莫莉，创造了伦敦的第一座标志性建筑，这就是埃索肯公寓。

杰克·普里查德（Jack Pritchard）和莫莉·普里查德（Molly Pritchard）坚定地信仰现代主义设计。1934年，他们委任建筑师韦尔斯·科特斯在伦敦劳恩路去设计一个独特的现代埃索肯公寓（Isokon Flats）。在现代主义风格的发展历程中，埃索肯公寓已成为一个令人感兴趣的标志物。

1935年，杰克·普里查德夫妇说服沃尔特·格罗皮乌斯迁往伦敦，后者曾任已被关闭的包豪斯设计学校的校长。于是，格罗皮乌斯成为一个新的家具制造公司的负责人，这个公司被命名为埃索肯。人们期待公司能告诉英国公众，什么是现代主义设计的趣味。

然而，杰克·普里查德对消费者的欣赏水准并不完全有信心。他拒绝使用自认为太前卫的无缝钢管。当格罗皮乌斯将马歇·布劳耶带到英国，胶合板成了能代表埃索肯形象的家具材料，但是作为使用无缝钢管的开拓者，布劳耶被建议只能设计木制家具。

1936年，为逃避纳粹政权，布劳耶住进了埃索肯公寓。他马上开始设计埃索肯酒吧（Isobar），以便人们在美酒相伴的环境中，讨论现代主义家具设计中的奇思妙想。

也许，布劳耶设计的埃索肯长椅（1935–1936）是自埃索肯工厂建立后生产的最著名的家具。韦尔斯·科特斯和艾根·瑞思也对公司做出了巨大贡献。第二次世界大战的爆发，使埃索肯公司进入了暂时的休眠阶段。1963年，它更名为“埃索肯Plus”（Isokon Plus）公司，在杰克·普里查德带领下开始复苏。公司一直生存至今。

埃索肯长椅 马歇·布劳耶设计的这个躺椅，使用了可弯曲的桦木层压板，结合虫胶形成优雅的主要构架。*1935–1936年 高74厘米（约29英寸），长137厘米（约54英寸），宽61厘米（约24英寸） DOR*

埃索肯公寓 这个建筑物集中地体现了现代主义者对简洁生活的渴望与追求。洗衣房和饭馆的空间非常紧凑，以至于用完餐和洗完衣物后不适宜久留。

典型Z形床边桌

杰拉尔德·萨摩士设计的这件床边桌，是用可弯曲层压胶合板制作，形成一个Z字式样。两个桌顶都是圆形的。一个桌顶在另一个桌顶的左上方。*约1936年 高44.5厘米（约18英寸），宽55厘米（约22英寸）*

休闲桌

这件双重圆顶的休闲桌，是用橡木和胶合板制作而成。桌面使用的是黑色电木层压板材料。高低两对桌腿于底部连接形成环路，制造出一个桌子套在另一个桌子里面的效果。1932年，希尔公司生产了这个桌子。*高66厘米（约26英寸），直径61厘米（约24英寸）*

美国

尽管美国是一个工业大国，但在接受现代主义风格家具方面却表现出惊人的迟钝。1925 年，当应巴黎“装饰艺术与现代工业世界博览会”的要求，需要提供具有现代设计风格的展品时，美国人怯懦地承认，他们没有任何此类东西可以拿去展示。20 世纪 30 年代初，美国出现了一种时髦的流线型家具。这种夜郎自大的美式现代主义受到美国公众的狂热追捧。

流线型家具是从火车、飞机、汽车和轮船的外形中得到启发而设计出来的。之所以被设计成曲线，是为了能降低风对交通工具的阻力。在当时的美国社会，流线型家具产生了轰动效应，但这种外观除了看起来是一副未来派的面孔外，对设计师来说并无应用价值。

毋庸置疑，一些美国的知识分子也对流线型家具嗤之以鼻。在大萧条的困难时期，这更像是一些公司的销售策略。

欧洲的影响

一个新的术语，即所谓的“国际主义风格”出现在这个时期。亨利–拉塞尔·希区柯克（Henry-Russell Hitchcock）和菲利普·约翰逊（Philip Johnson）在他们的同名书籍中创造了这个术语。术语涵盖了如勒·柯布西耶及包豪斯设计学校的设计师们所开创的建筑学和设计实践的所有内容。纽约现代艺术博物馆是国际主义风格的展示平台，1934 年在这里举办了机械艺术展览会。展览会的宗旨是强调家具结构设计的完整性，而不是设计形式的多样性。它使人们确信，如果要使用一种材料来制作家具，这种家具的外在形式要忠实于其材料的自然属性。

西海岸的设计师们悄无声息地在接受欧洲同仁们的设计理念同时，也保留着他们原有的美国风格。其中一个是居住在洛杉矶的设计师 K.E.M 韦伯。他确定的奋斗目标是设计出“舒适、卫生和美观的廉价家具”。韦伯于 1935 年设计的航空椅具有流线型的优雅外表。椅子能折叠成平板状，

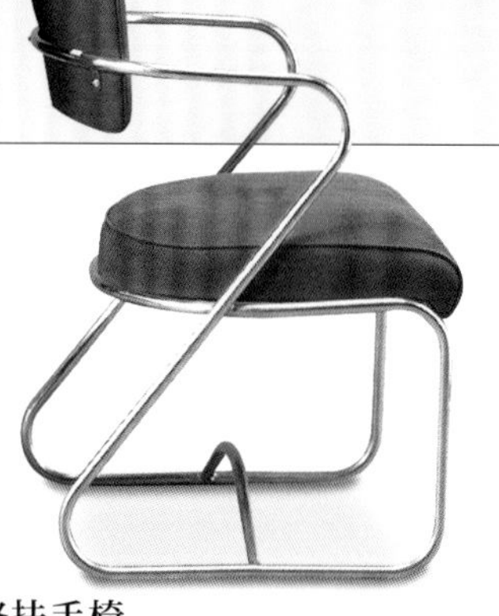

镀铬扶手椅

这把扶手椅的构架由镀铬无缝钢管制成。从侧面看，椅子的扶手和椅腿呈现一个 Z 字形。椅子的坐垫和靠背被装配上玫瑰色拉绒编织布套。K.E.M 韦伯为劳埃德·赖特设计。*约 1930 年 高 79 厘米（约 31 英寸） SDR*

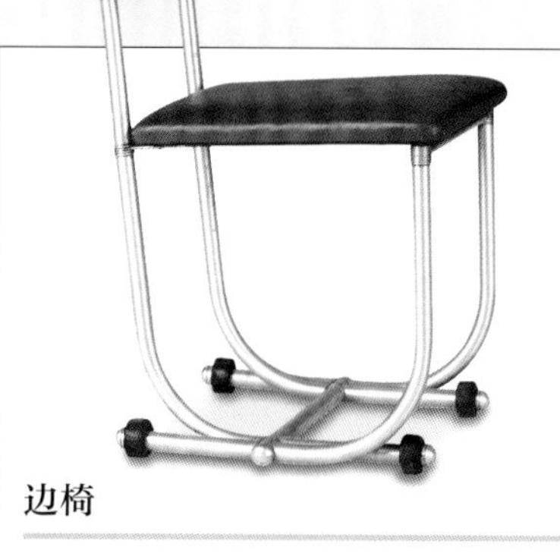

边椅

边椅具有一个铝合金框架。椅子的整体结构由一个带有曲棍球腿的 H 形基座支撑。椅子装配有勃艮第油布套。由沃伦·麦克阿瑟设计。*约 1930 年 高 87 厘米（约 34 英寸），宽 42.5 厘米（约 17 英寸），深 51 厘米（约 20 英寸） SDR*

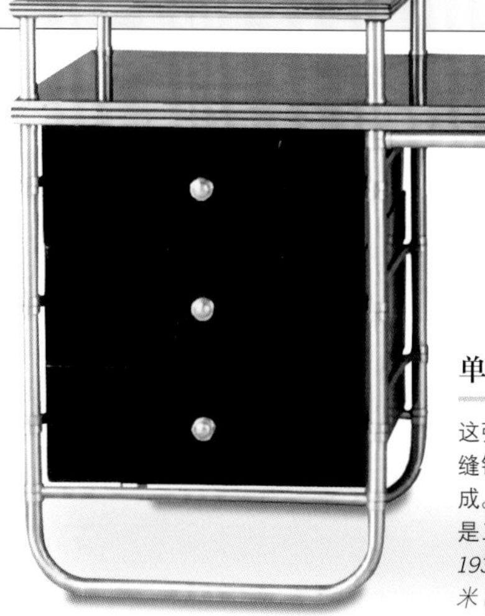

单基座书桌

这张由沃伦·麦克阿瑟设计的单基座书桌是无缝钢管结构。桌面由黑色矩形的层压板制作而成。桌面左上方支有一个正方形的搁板；下方是三个装有圆形拉手的黑色层压板抽屉。*约 1930 年 高 77 厘米（约 30 英寸），宽 124.5 厘米（约 49 英寸），深 61 厘米（约 24 英寸） SDR*

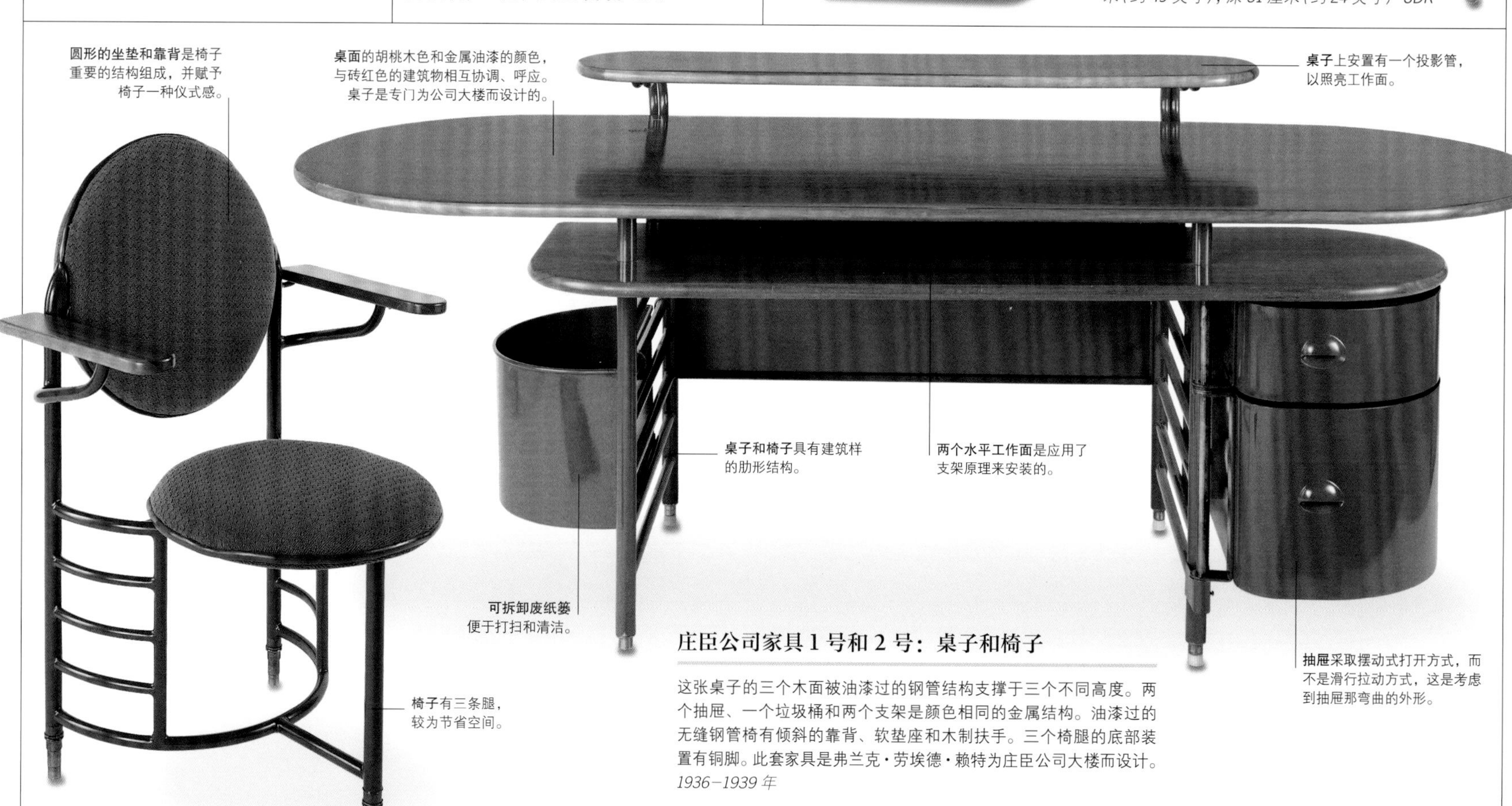

圆形的坐垫和靠背是椅子重要的结构组成，并赋予椅子一种仪式感。

桌面的胡桃木色和金属油漆的颜色，与砖红色的建筑物相互协调、呼应。桌子是专门为公司大楼而设计的。

桌子上安置有一个投影管，以照亮工作面。

桌子和椅子具有建筑样的肋形结构。

两个水平工作面是应用了支架原理来安装的。

可拆卸废纸篓便于打扫和清洁。

椅子有三条腿，较为节省空间。

抽屉采取摆动式打开方式，而不是滑行拉动方式，这是考虑到抽屉那弯曲的外形。

庄臣公司家具 1 号和 2 号：桌子和椅子

这张桌子的三个木面被油漆过的钢管结构支撑于三个不同高度。两个抽屉、一个垃圾桶和两个支架是颜色相同的金属结构。油漆过的无缝钢管椅有倾斜的靠背、软垫座和木制扶手。三个椅腿的底部装置有铜脚。此套家具是弗兰克·劳埃德·赖特为庄臣公司大楼而设计。*1936–1939 年*

庄臣公司建筑物内景 建筑师和家具设计师弗兰克·劳埃德·赖特为庄臣公司行政办公楼进行了室内设计和家具设计。此建筑位于美国威斯康辛州拉辛（Racine）。

以利于装卸运输。

沃伦·麦克阿瑟（Warren McArthur）是另一个居住在洛杉矶的设计师。直到20世纪80年代，他在美国设计史中的学术地位才被确立。麦克阿瑟生产了大量无缝钢管和铝制家具。他的公司经营非常成功。二战期间，他曾应军方要求为轰炸机制作铝制座位。

一个新的方向

弗兰克·劳埃德·赖特（Frank Lloyd Wright）是一个在室外工作的纽约建筑师。虽然与当时的设计界保持着一定的距离，但劳埃德·赖特仍然受到美国家具设计风气的影响。20世纪30年代，劳埃德·赖特舍弃了早期喜好的那种呆板而沉重的工艺美术形式，继而转向一种阳光活泼的设计风格。他为美国庄臣公司（SC Johnson WAX）总部大楼（1936–1939）设计的办公桌和椅子，完全展示了他全新的设计方式和风格。就像弗兰克·劳埃德·赖特设计的所有家具一样，这些桌椅具有能分割室内空间的作用，外表也呈现出一些动态元素，这显然是受到了流线型风格的影响。

到1940年，流线型家具对美国的影响开始减弱，新的结构主义风格冉冉升起。结构主义风格的灵感来自于阿尔瓦·阿尔托。二战后，查尔斯·伊姆斯夫妇开始对设计界产生影响。这时的美国已经从巴黎博览会拿不出展品的耻辱阴影中走出了很远。

蝶形椅

20世纪，在家具复原设计中，蝶形椅的设计师取得了最大的成功。

闻名于世的A形椅、哈代椅（Hardoy chair）、帆布躺椅（Sling chair）、蝶形椅和B.K.F椅是以设计者的名字而命名的，他们是安东尼奥·博内特（Antonio Bonet）、胡安·库尔琴（Juan Kurchan）和豪尔赫·法拉利–哈代（Jorge Ferrari-Hardoy）三位建筑师。三人是在为勒·柯布西耶工作时相遇。

1937年，他们三个人出发前往南美，去着手改良一种可折叠椅子并更新其专利。这种帆布和木头制成的英国军用椅，在19世纪由英国工程师J.B.芬比（J.B. Fenby）设计。三人应该在之前从未亲眼见过芬比制作的椅子，但是他们应该知道Tripolina椅（一个法国人改造过的作品）或美国4号椅。这两种便携旅行折叠椅，时下在商店还有售。

不管他们是否见过原型，三位建筑师对椅子的设计进行了极其重要的改造——他们用无缝钢管代替了木头，用皮革代替了帆布。1940年，改造后更名为“蝶形椅”的椅子进入批量生产，到1945年，蝶形椅销售数量达至数百万。

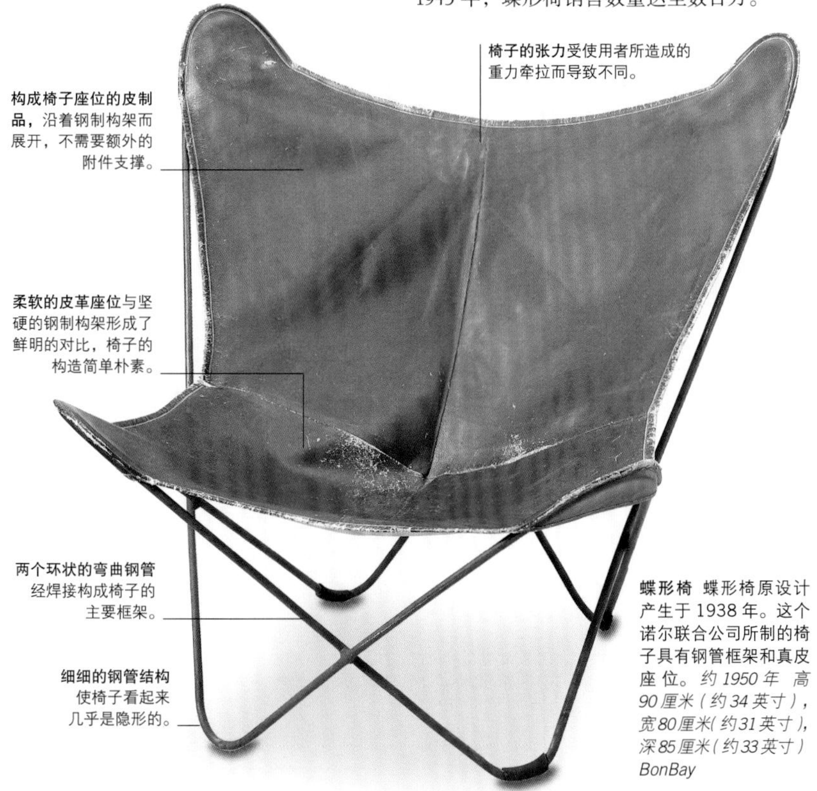

椅子的张力受使用者所造成的重力牵拉而导致不同。

构成椅子座位的皮制品，沿着钢制构架而展开，不需要额外的附件支撑。

柔软的皮革座位与坚硬的钢制构架形成了鲜明的对比，椅子的构造简单朴素。

两个环状的弯曲钢管经焊接构成椅子的主要框架。

细细的钢管结构使椅子看起来几乎是隐形的。

蝶形椅 蝶形椅原设计产生于1938年。这个诺尔联合公司所制的椅子具有钢管框架和真皮座位。*约1950年 高90厘米（约34英寸），宽80厘米（约31英寸），深85厘米（约33英寸）BonBay*

组合式长椅

这件三件套组合式长椅，中间座位单体狭窄而两侧稍宽。基本呈矩形的无缝钢管结构暴露在外。每个单体座位下面，由X形框架支撑。背垫、侧垫和弹簧坐垫，都装配有花釉皮和黑色皮革套。该设计灵感一定是来自勒·柯布西耶的祖母椅（见第432–433页）。由沃尔夫冈·霍夫曼（Wolfgang Hoffmann）设计。*1936年 长202厘米（约80英寸） SDR*

休闲椅

这是一把休闲椅的极好范例。有棱的木质结构，垂直从地面升起，然后转向靠背水平延伸，形成椅子的扶手。椅子包覆有深褐色的毛织物布套。*高80厘米（约31英寸） SDR*

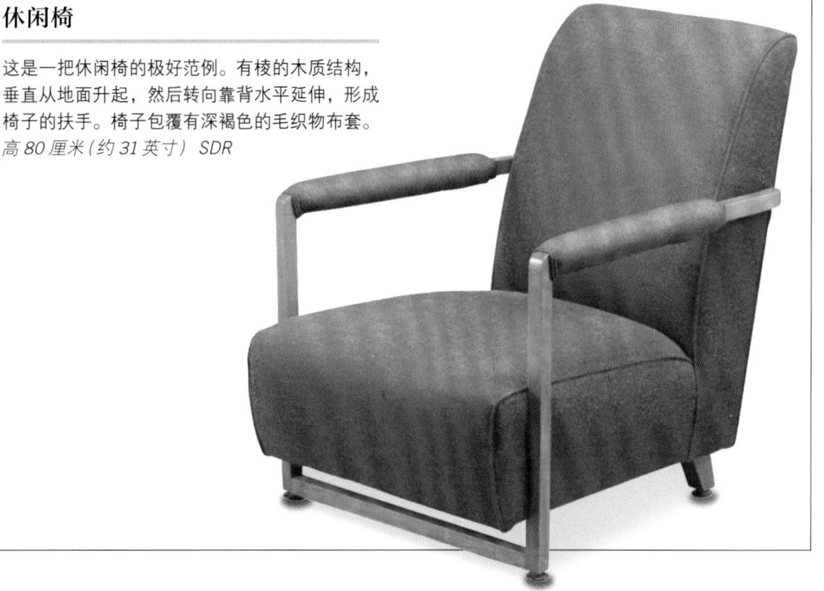

意大利

1926 年，现代主义建筑和家具设计出现在意大利时，被冠以“理性主义”的名头。设计师中表现最抢眼的是“7 人小组（Grouppo 7）”，一个包括路易吉·费吉尼（Luigi Figini）、波利尼（Gino Pollini）和朱塞佩·特拉尼（Giuseppe Terragni）的团体。他们赞同在设计中使用实用和简洁的方法。

伴随着理性主义者的出现，墨索里尼夺取了政府权力。最初，墨索里尼接纳了这个新生的设计风格。“7 人小组”倡导的工业进步、卫生生活和道德改造，贴切了法西斯主义的想法。1934 年，在米兰附近的科莫，朱塞佩·特拉尼不但为法西斯政权的总部建了一座大楼，而且还配置了家具和设施。不用说，这里的建筑结构是僵硬而刻板的，家具也同样结实、耐用。朱塞佩·特拉尼首次使用无缝钢管生产了一系列桌椅，这要归功于在包豪斯设计学校马歇·布劳耶对他的影响。但朱塞佩·特拉尼设计的家具，更多的还是自己的风格，而不是对布劳耶作品的刻意模仿。

无缝钢管的应用

在德国每三年举办一次的展览会上，意大利设计师见识了无缝钢管家具设计的快速发展。1923 年，在意大利的蒙扎（Monza）首次举办了“国际装饰和现代工业艺术展览会”（International Triennial of Decorative and Modern Industrial Art）。十年之后，展览会迁至米兰。展览会每三年展示一次设计界的最新进展，参展国家包括全欧洲。使用无缝钢管制作家具的办法缓解了设计界的紧张情绪——因为两次世界大战期间，制作家具的木材严重短缺。墨索里尼采取强硬手段进行统治，导致世界多数国家对其失

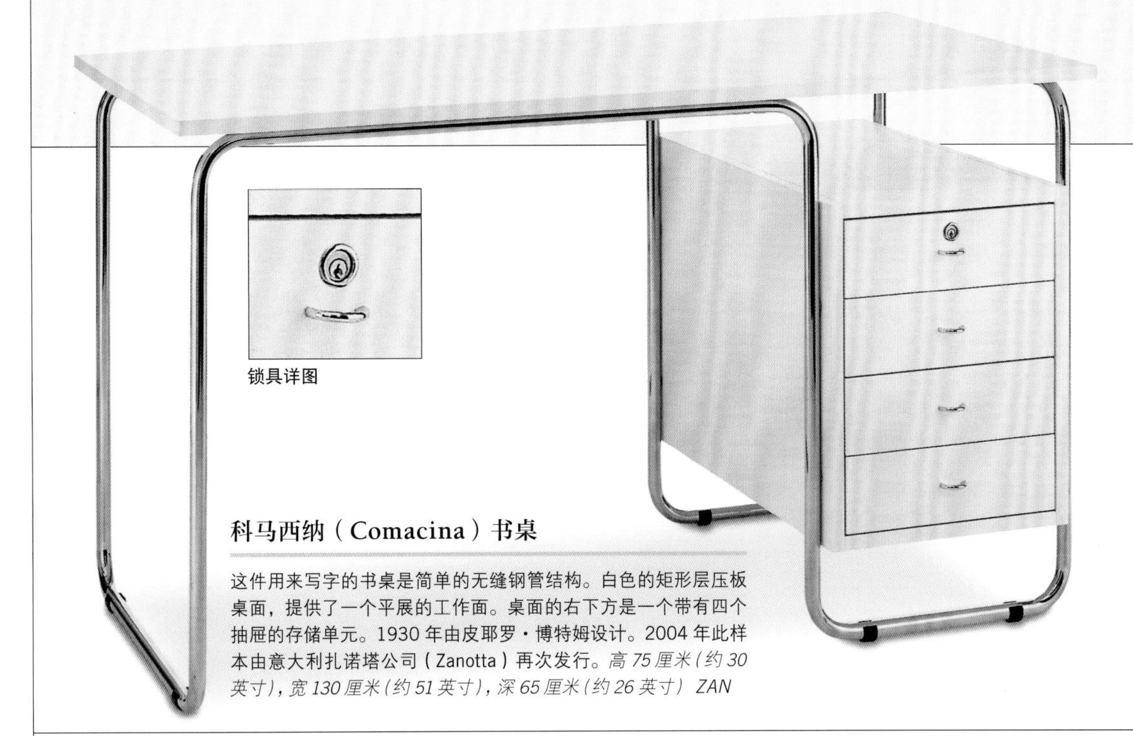

锁具详图

科马西纳（Comacina）书桌

这件用来写字的书桌是简单的无缝钢管结构。白色的矩形层压板桌面，提供了一个平展的工作面。桌面的右下方是一个带有四个抽屉的存储单元。1930 年由皮耶罗·博特姆设计。2004 年此样本由意大利扎诺塔公司（Zanotta）再次发行。*高 75 厘米（约 30 英寸），宽 130 厘米（约 51 英寸），深 65 厘米（约 26 英寸） ZAN*

扶手椅

椅子构架是由山毛榉木层压板制作而成。在椅子的两侧，扶手和腿部形成一个连续不断的木质环状结构。在座位下面，由交叉的撑杆将两侧环状结构连接在一起。座位的山毛榉框架呈直角缓慢弯曲，有藤条编织而成的坐垫和靠背。朱塞佩·帕加诺（Giuseppe Pagano）设计。*1938 年 高 71 厘米（约 28 英寸），宽 61 厘米（约 24 英寸），深 68 厘米（约 27 英寸）*

边桌

这件边桌，或者称为临时性桌子，最显著的特征是那厚重的电镀玻璃桌面。桌面的边缘被切成斜角。圆形玻璃桌面像透镜一样收集光线，可在桌下形成灿烂的映像。桌面由一个张着四条腿的胡桃木支架来撑起。用漆喷涂过的胡桃木桌腿，自桌面下开始变细直至腿脚。彼得罗·奇萨（Pietro Chiesa）设计。1950 年由丰特纳·艾德公司制造。*高 48.25 厘米（约 19 英寸），直径 66 厘米（约 26 英寸）*

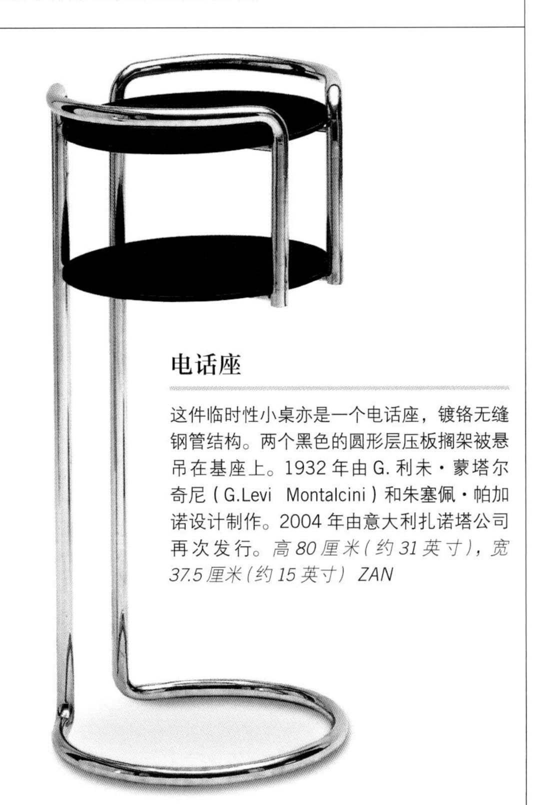

电话座

这件临时性小桌亦是一个电话座，镀铬无缝钢管结构。两个黑色的圆形层压板搁架被悬吊在基座上。1932 年由 G. 利未·蒙塔尔奇尼（G.Levi Montalcini）和朱塞佩·帕加诺设计制作。2004 年由意大利扎诺塔公司再次发行。*高 80 厘米（约 31 英寸），宽 37.5 厘米（约 15 英寸） ZAN*

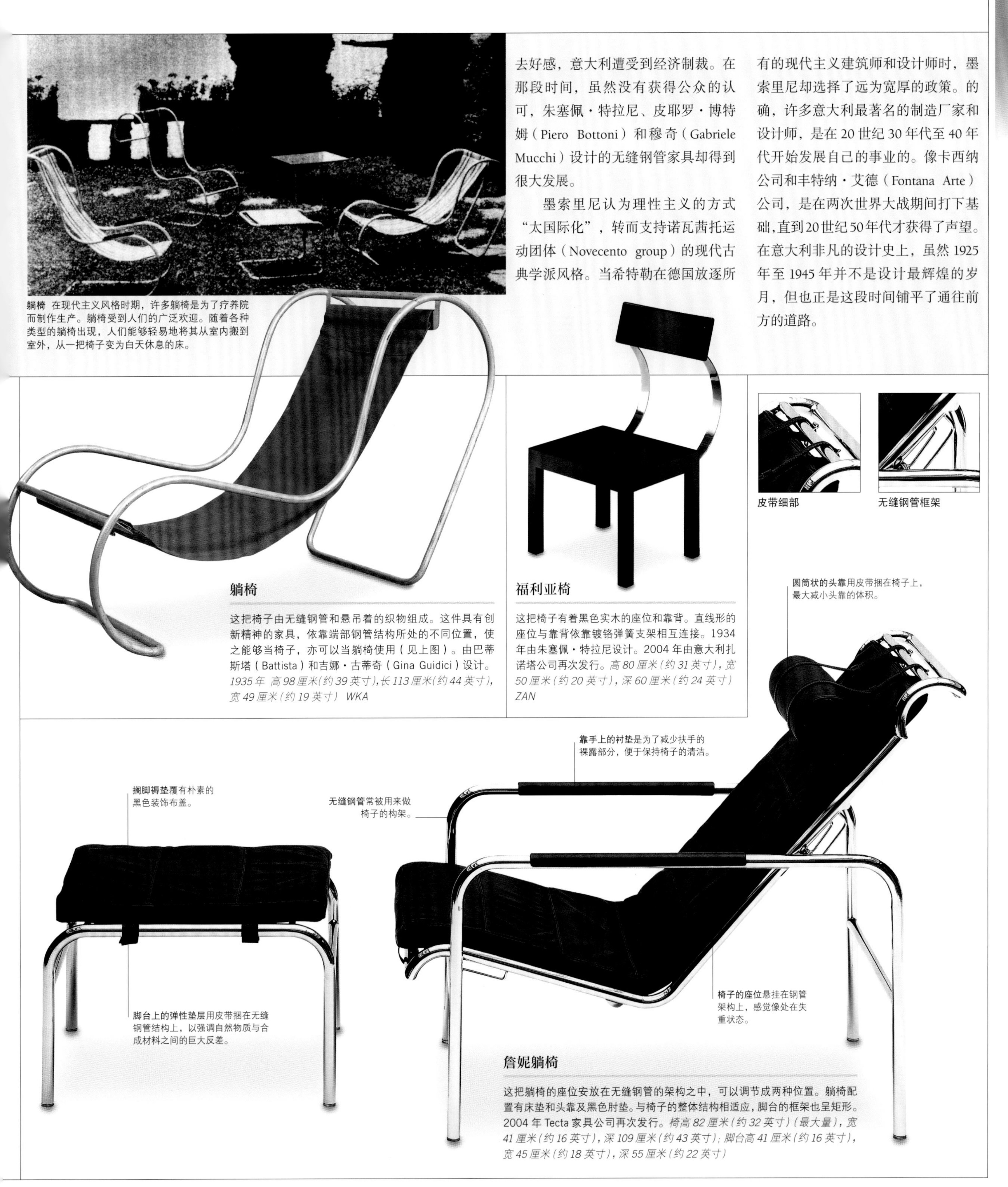

去好感，意大利遭受到经济制裁。在那段时间，虽然没有获得公众的认可，朱塞佩·特拉尼、皮耶罗·博特姆（Piero Bottoni）和穆奇（Gabriele Mucchi）设计的无缝钢管家具却得到很大发展。

墨索里尼认为理性主义的方式“太国际化”，转而支持诺瓦茜托运动团体（Novecento group）的现代古典学派风格。当希特勒在德国放逐所有的现代主义建筑师和设计师时，墨索里尼却选择了远为宽厚的政策。的确，许多意大利最著名的制造厂家和设计师，是在20世纪30年代至40年代开始发展自己的事业的。像卡西纳公司和丰特纳·艾德（Fontana Arte）公司，是在两次世界大战期间打下基础，直到20世纪50年代才获得了声望。在意大利非凡的设计史上，虽然1925年至1945年并不是设计最辉煌的岁月，但也正是这段时间铺平了通往前方的道路。

躺椅 在现代主义风格时期，许多躺椅是为了疗养院而制作生产。躺椅受到人们的广泛欢迎。随着各种类型的躺椅出现，人们能够轻易地将其从室内搬到室外，从一把椅子变为白天休息的床。

躺椅

这把椅子由无缝钢管和悬吊着的织物组成。这件具有创新精神的家具，依靠端部钢管结构所处的不同位置，使之能够当椅子，亦可以当躺椅使用（见上图）。由巴蒂斯塔（Battista）和吉娜·古蒂奇（Gina Guidici）设计。*1935年 高98厘米（约39英寸），长113厘米（约44英寸），宽49厘米（约19英寸） WKA*

福利亚椅

这把椅子有着黑色实木的座位和靠背。直线形的座位与靠背依靠镀铬弹簧支架相互连接。1934年由朱塞佩·特拉尼设计。2004年由意大利扎诺塔公司再次发行。*高80厘米（约31英寸），宽50厘米（约20英寸），深60厘米（约24英寸） ZAN*

皮带细部

无缝钢管框架

圆筒状的头靠用皮带捆在椅子上，最大减小头靠的体积。

靠手上的衬垫是为了减少扶手的裸露部分，便于保持椅子的清洁。

搁脚褥垫覆有朴素的黑色装饰布盖。

无缝钢管常被用来做椅子的构架。

脚台上的弹性垫层用皮带捆在无缝钢管结构上，以强调自然物质与合成材料之间的巨大反差。

椅子的座位悬挂在钢管架构上，感觉像处在失重状态。

詹妮躺椅

这把躺椅的座位安放在无缝钢管的架构之中，可以调节成两种位置。躺椅配置有床垫和头靠及黑色肘垫。与椅子的整体结构相适应，脚台的框架也呈矩形。2004年Tecta家具公司再次发行。*椅高82厘米（约32英寸）（最大量），宽41厘米（约16英寸），深109厘米（约43英寸）；脚台高41厘米（约16英寸），宽45厘米（约18英寸），深55厘米（约22英寸）*

椅子

要想知道家具设计和生产的重心是如何稳定地从手工方式转移到工业制造方式，就应该了解椅子所发生的戏剧性变化。在审美上，当椅子的构造变得更加重要时，装饰就必须在设计中被干净彻底地去除。因价格昂贵且不易被塑形，实木材料渐渐失去了人们的恩宠。于是，成型胶合板和无缝钢管登上了家具设计的舞台。

当开放性设计空间的理念悄然进入西方建筑学领域时，家具设计从繁文缛节中得到解放，重点放在强调功能需求方面。椅子的概念变得日益模棱两可。什么样的椅子适合放在室内，什么样的适合户外使用；什么样的适合家庭，什么样的应该放置在办公室或餐厅？因为要随时在房间内搬动，椅子也被设计得较为轻巧。

为了能大量生产家具，设计师们开始绞尽脑汁来解决椅子的固定装置问题。要设计出制造一把椅子的最低配件数，使其安装起来既简单又快捷。这也就不难理解，为什么悬臂椅会如此受欢迎——悬臂椅那连续的环状构架和基座，不需要使用大量的螺母和螺栓。

这种结构的椅子，由于其设计独特而声名卓著。在工业生产中，家具能够被大量制造变得比具有艺术性更为重要。于是，许多设计者更多考虑家具的生产制造过程，不再在设计中过多抒发他们对艺术的浪漫情怀。

作为人类情绪表达的产物，椅子支配着家具设计师们发展的方向，理所当然成为家具设计的焦点。如果现代主义设计师们希望改变大众的情绪和知识分子的视野，即可通过椅子来达到目的。

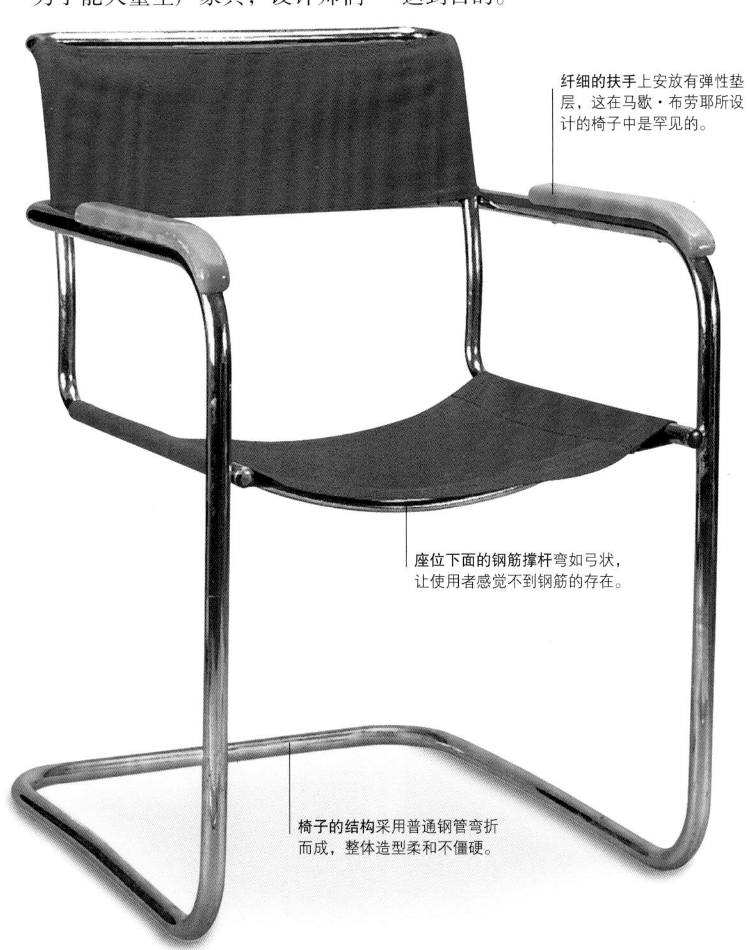

纤细的扶手上安放有弹性垫层，这在马歇·布劳耶所设计的椅子中是罕见的。

座位下面的钢筋撑杆弯如弓状，让使用者感觉不到钢筋的存在。

椅子的结构采用普通钢管弯折而成，整体造型柔和不僵硬。

B34 扶手椅

这把悬臂椅是一个环状钢管结构。虽然椅子的底部结构好像是与地面完全接触，但底部的钢管边框微微向上弯曲，仅仅是有四个拐角点起到支撑作用。因为大多数地面不太平坦，水平方位的细微变化将导致椅子摇摆不定。椅子扶手上有淡蓝色的肘垫。椅子的座位和靠背是用深蓝色的帆布制作而成。1928 年马歇·布劳耶设计，索奈特生产制作。*高 85 厘米（约 33 英寸），宽 57.5 厘米（约 23 英寸），深 63 厘米（约 25 英寸） QU* 2

俱乐部椅

椅子具有直线型的黑色梨木框架，并且用黄铜配件加以固定。靠背和座位装配有手工编织的羊毛布套。彼得·凯勒设计于魏玛包豪斯设计学校。*1925 年 高 69 厘米（约 27 英寸），宽 62 厘米（约 24 英寸），深 68 厘米（约 27 英寸） WKA*

阿尔托灵感椅

这把扶手椅的灵感来源于由阿尔瓦·阿尔托建造的一把椅子模型。椅子的座位和靠背是由一张多层胶合木制作，安置在由橡木制成的扶手框架之间。*高 76 厘米（约 30 英寸） CA* 1

安乐椅

这把安乐椅由一系列截面为正方形的松木板条组成，经木销相互结合为一整体结构。椅子的座位和靠背是由条形间隔镂空的两个板块构成。由海因·施托勒（Hein Stolle）设计制作。*约 1930 年 BonBay* 2

叠加椅

这把叠加椅是由经加压弯曲后的铝金属管构成，轻巧而耐用。每侧的扶手和双腿，是一条铝管经弯曲加工而成。*1938 年 高 76 厘米（约 30 英寸），宽 51 厘米（约 20 英寸），深 55 厘米（约 22 英寸） BonBay* 2

边椅

这种早期的悬臂椅，其座位和靠背是由乌木色的成型胶合板制作，固定在镀铬无缝钢管架构上。扶手是由乌木色山毛榉层压板制作而成。1930 年，马特·斯坦为索奈特而设计。*BonBay* 2

Z 字形椅

这是一对椅子中的一把。这个椅子独特的无缝钢管结构使人联想起格里特·里特维尔德的Z字形椅。木制的座位由金属杆支撑，并且覆盖着华丽的乙烯基。*高 82.5 厘米（约 32 英寸），宽 41.5 厘米（约 16 英寸），深 63.5 厘米（约 25 英寸） QU* 1

休闲椅

这是一对休闲椅中的一把。这把扶手椅是镀铬无缝钢管结构。坐垫装配有深褐色的拉绒编织布套。布套周边缀以红色绒线进行装饰。扶手配有黑色肘垫。*高 86.5 厘米（约 34 英寸） SDR* ①

悬臂扶手椅

这把悬臂扶手椅有明亮的镀铬钢管底座结构。扶手的黑色肘垫由层压板制作而成。坐垫装配有象牙色皮革外套。外套周边缀以黑色线条进行装饰设计。由吉尔伯特·罗德（Gilbert Rohde）设计。*高 94 厘米（约 37 英寸） SDR* ②

自由摇摆扶手椅

这把来自奥地利的悬臂扶手椅，其镀铬钢管底座为暴露结构。填塞着羽绒的座位软垫，包覆有砂土色的天鹅绒布套。*高 84 厘米（约 33 英寸） DOR* ③

层压板休闲椅

这把椅子是用一张桦木层压板经切割和压模制作而成，类似于杰拉尔德·萨摩士的经典作品（见第 439 页）。扶手用金属托槽固定在椅子背部。由汉斯·皮克（Hans Pieck）设计。*1944 年 高 76 厘米（约 30 英寸） BonBay* ④

叠加椅

一个形象生动的设计，诞生了世界上第一把叠加椅。可以肯定，这是一个传播最广的设计。直到今天，同类叠加椅仍然出现在全世界的咖啡馆里。

不管众多历史学家如何努力，叠加椅的起源始终笼罩在迷离的烟雾里。大概在 1925 年，这个设计首次出现在法国，尤其是在咖啡文化急速发展的乡野农村。尽管尚不清楚，法国上流社会的设计师是否曾经构想过这种椅子，但无论如何，叠加椅要像埃米尔–雅克·鲁尔曼设计的椅子一样，能承担得住强壮而粗鲁的身体。

除了可堆叠外，也许给人印象最深刻的是制造叠加椅的材料非常经济。钢材被加工成令人难以置信的薄，但却给予椅腿强硬的力度。钢材也被精细地制做成弯曲状。为了更加节约材料，座椅的靠背被切割成部分空缺状态。制作出完全低成本和节省空间的椅子，成为 20 世纪家具设计者的终极目标。这些少数极好的设计雏形，成了家具发展激流中涌动不息的源头。

酒吧椅 酒吧椅使用轧压金属结构制造。椅子被漆染成红色，并且配置有胶合板座位。*约 1926 年 高 82 厘米（约 32 英寸） DOR* ③

包豪斯扶手椅

这把椅子是山毛榉实木结构，有一个弓形靠背和板条状座位。由厄恩斯特·梅奥（Ernst Mayo）为魏玛包豪斯设计学校而设计。*约 1930 年 高 81.5 厘米（约 32 英寸），宽 52.5 厘米（约 21 英寸） WKA*

餐厅椅

这是一对桦木胶合板餐厅椅中的一把，由 Arrek 公司生产。这种叠加椅子有圆形的木制座位和窄胶合板靠背，由 L 形的胶合板腿支撑站立。*约 1930 年代*

对角线椅

这把镀铬的无缝钢管椅是因其座位背部和椅腿之间的对角线支撑而命名。椅子的扶手、座位和靠背是由层压木制作而成。由威廉·吉斯本设计制作。*约 1927 年 高 82.5 厘米（约 32 英寸），宽 54 厘米（约 21 英寸），深 60 厘米（约 24 英寸） QU* ②

板条椅

这把维也纳椅具有无缝钢管构架，山毛榉实木条板构成座位和靠背。另外还有两个木制的扶手附着在钢管上。一组为四把。*1925 年 高 84.5 厘米（约 33 英寸） DOR* ③

桌子

桌子是家具中最常见的形式。在两次世界大战之间这段时期，减少桌子的制作工序是家具制造业采取的一项根本性的措施。桌子上所有多余的细节皆被去除，仅仅保留设计师认为是完全实用的结构。

匈牙利出生的马歇·布劳耶，是包豪斯设计学校的一名留校教师，他成功地实现了精简桌子结构的愿望，利用从自行车制造业中借鉴来的材料，设计出一个仅仅保留自身功用的无缝钢管桌子。

著名的E1027桌，是艾琳·格雷用无缝钢管和玻璃设计的床边桌。这是她专门为自己设计的房屋而制作命名的。也许不如布劳耶设计的桌子那样结构简单，但艾琳·格雷设计的E1027桌展示出更多的创造性。桌面能够调节成不同的高度。撑杆被安置在桌子的侧面，以利于桌面能覆盖在另一件家具上（根据艾琳·格雷家的情形，这个家具是床）。现代所设计的桌子，多功能性是其最主要的特征。

在两次世界大战期间，许多设计师对新艺术运动产生对抗情绪。大多数桌面被设计成既简单又朴实的圆形或正方形。第二次世界大战以后，家具设计风格趋向于多样化，这个严格的设计原则才有所松动，一些不规则的其他形式的产品开始出现。

尽管有一些设计师继续在使用实木，但因为玻璃、胶合板和无缝钢管易于切割，总被认为是制作桌子的适宜材料（因为这些材料与工业生产紧密相关）。如果要尽量避免雕刻这类装饰，使用以上这些材料来制作家具，设计师就能令家具表面达到干净整洁、悦人眼球的目的。

漆成黑色的桌面掩盖了木头的质感，使桌子看起来更像一个工业产品。

桌子的“嵌套”在小公寓中可以节省空间。

镀铬可以使无缝钢管显示出诱人的光芒。

嵌套桌

四张一组，安装齐整利落的系列嵌套桌，可以一张跨在另一张上面，有序但又不相互接触地放置在一个空间内。这些桌子都具有相同的深度，仅仅改变宽度和高度。每张桌子都有一个直线形的镀铬无缝钢管框架，和一个黑色的矩形木制桌面。桌面与钢管框架平齐。马歇·布劳耶设计于德邵包豪斯设计学校。人们认为最初这是一个凳子的设计思路。此样本于2004年由Tecta家具公司再次发行。*最大号桌子的尺寸为：高60厘米（约24英寸），宽66厘米（约26英寸），深38厘米（约15英寸）* TEC ②

玻璃餐桌

桌子的基本构架是用无缝钢管制作的直线基座所组成。在桌面和桌子的每侧尾部，有一个与基座构架结合在一起的半圆形联动装置，支撑着玻璃桌面。在桌子的支撑点与桌面的接触处，安放着具有缓冲作用的橡胶垫，以防止玻璃受到震动和滑动。玻璃桌面的棱角被仔细地打磨，呈现出柔和动人的曲线。艾米里·吉洛（Emile Guillot）设计，索奈特公司生产制造于巴黎。*1930年 高79厘米（约31英寸），宽120.5厘米（约47英寸），深72.5厘米（约29英寸）* WKA ④

黑瓷桌

这张餐桌具有镀铬无缝钢管框架结构。钢管框架垂直落向地面，在每一个拐弯处形成一个桌腿，支撑黑色的矩形搪瓷桌面。每条桌腿由两个平行的钢管组成。在接触地面处，两根钢管合并形成一根，拐向中心并与另一组相互聚合在一起。沃尔夫冈·霍夫曼为豪厄尔（Howell）设计。*宽147.5厘米（约58英寸）* SDR ②

可延伸餐桌

这张可延伸餐桌是美国制造的。朴素而率直的设计，由一个平常的矩形木制桌面和两个能拉拽伸展的桌面组成。通常情况下，两个伸展桌面隐藏在主桌面之下。当伸展桌面扩展时，可在每一侧增加桌面宽度45厘米（约18英寸）。桌面安置在台架基座之上。基座两端由无缝钢管撑杆来连接固定。吉尔伯特·罗德设计。*桌面闭合时：宽152.5厘米（约60英寸）* SDR ②

遮阳桌

这是一对两层茶几中的一张。每个黑色层压板桌面的周边，都镶有镀铬金属装饰。其中较小的桌面，坐落在无缝钢管框架的顶部。下面较大的桌面，由桌腿和基座来支撑。吉尔伯特·罗德为特洛伊（Troy）设计。*宽 45.5 厘米（约 18 英寸） SDR* 2

91 模型桌

这张桌子的矩形桌面是由未经石膏处理过的橡木制作而成，表面贴有一层黑色亚麻油毡。桌角被处理得浑圆柔润。四个精密的镀铬无缝钢管腿支撑着桌面。马歇·布劳耶设计。*约 1933 年 宽 120 厘米（约 48 英寸） DOR* 4

帕拉多（Paladao）餐桌

这张头重脚轻的木制餐桌，有一个带圆角的矩形桌面。桌子有两个延伸面，可以增大桌子的尺寸。桌面下方还有第五条腿，能够加强对桌子的支持力度。桌腿呈倒置锥形，到达地面时被削减得很细。由吉尔伯·罗德特为赫曼米勒家具公司（Herman Miller）设计。*高 91.5 厘米（约 36 英寸） SDR* 2

E1027 床边桌

这张镀铬无缝钢管结构的床边桌，一边由一根钢柱支立。可根据不同用途，随时调整圆形玻璃桌面的高度。艾琳·格雷设计。*约 1927 年 深 51 厘米（约 20 英寸） DOR* 2

茶几

这张正方形的桌面贴有黑色的亚麻油毡，周边有卯接电镀钢板环绕。桌面由四个镀铬无缝钢管桌腿支撑。桌腿弯向中心相互集结成 X 形，形成桌子的钢管基座。这张茶几的亚麻油毡桌面，是重新置换的新桌面。1930 年由索奈特·蒙杜斯公司（Thonet Mundus）生产。*高 75 厘米（约 30 英寸） DOR* 2

游戏桌

这张正方形橘黄色层压板桌面由镀铬黄铜合金基座支撑。基座中心部位装有铰链结构，使桌子可以收缩折叠。每个桌角安装了一个可以放置杯子的转盘。鲍里斯·拉克鲁瓦（Boris Lacroix）设计。*约 1930 年 高 70 厘米（约 28 英寸） DOR* 2

榉木床边桌

这张瑞典设计制造的榉木床边桌是一个临时性桌子。在三个弯曲的山毛榉实木桌腿上方，支撑着一个白色的圆形层压板桌面。锥形桌腿向地面方向逐渐变细。布鲁诺·马松设计。*1936 年 深 44.5 厘米（约 18 英寸） SDR* 2

黄檀木手推车

这台有圆形黄檀木桌面的手推车，在三角形镀铬钢管基座上安装有铰链结构。两个前轮也是由黄檀木制作而成。桌子后面的活动轮脚被用来维持小车的平衡。*高 56.5 厘米（约 22 英寸），深 80 厘米（约 31 英寸） L&T*

包豪斯沙发桌

包豪斯沙发桌由直线条的镀镍无缝钢管基座和悬吊在圆形玻璃桌面下的矩形钢管框架组成。马歇·布劳耶设计，此样本于 2004 年由德国 Tecta 家具公司再次发行。*1929 年 高 60 厘米（约 24 英寸），深 80 厘米（约 31 英寸） TEC* 2

20 世纪中期现代风格

1945-1970

乐观与财富

第二次世界大战之后，美国和大部分欧洲国家迎来了经济繁荣、前景发展乐观的新时期。日益增长的社会消费和蓬勃的青年文化，则是这种社会形态得以产生的基础。

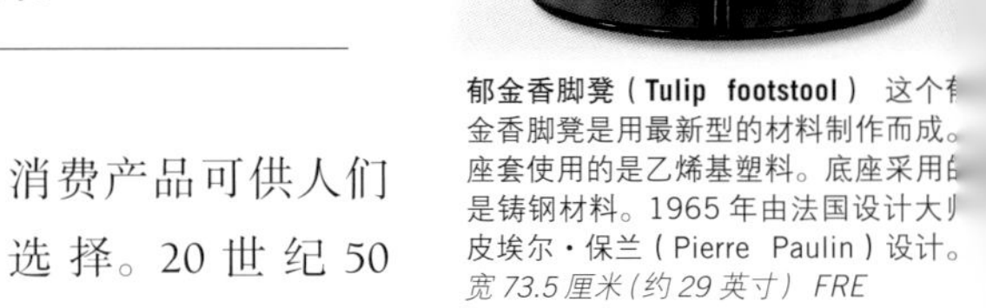

郁金香脚凳（Tulip footstool） 这个郁金香脚凳是用最新型的材料制作而成。座套使用的是乙烯基塑料。底座采用的是铸钢材料。1965年由法国设计大师皮埃尔·保兰（Pierre Paulin）设计。*宽73.5厘米（约29英寸） FRE*

整体而言，在第二次世界大战后至20世纪60年代早期，全球大部分地区呈现出繁盛而乐观的发展局面和情绪。由于未受到战争的侵蚀，美国成为在世界经济和文化领域中首屈一指的强国，开始引领时代的风潮。众多欧洲国家亦步亦趋地追随美国的步伐。在20世纪50年代至60年代，欧洲国家也进入了空前的经济繁荣时期。

战后初期，很多国家忙于战后城市重建，人们迫切想要回归正常的生活。20世纪40年代末，欧洲与各国的贸易伙伴关系逐步重新建立。尽管此时工业生产已基本恢复，但社会消费却依然处于相对节制的状态。

相比大多数欧洲国家，美国社会迅速地从战争的阴影中摆脱出来。在20世纪50年代，美国的工厂一再打破生产记录。彩色电视机等科技领域的创新，为工业产量的提高提供了新的动力。在这种氛围中，亚历山大·考尔德（Alexander Calder）、杰克逊·波洛克（Jackson Pollock）和威廉·德·库宁（Willem de Kooning）等艺术家，大胆地创造出新的艺术形式。而查尔斯·伊姆斯和埃罗·沙里宁则在设计界掀起波澜。似乎那时的美国正在形成自己极具标志性的风格。

在1948年至1951年之间，随着马歇尔计划的推行，美国政府给予欧洲巨额的财政支持，帮助他们完成战后重建，陆续向欧洲投入近130亿美元（以当今的金融兑换汇率计算，大约为1000亿美元）。这些财政支持，成为众多欧洲国家重振经济的重要催化剂。整个20世纪60年代，欧洲大陆特别是德国和法国经济日渐繁荣时，意大利的工业生产也在持续地稳步增长。

当战争导致的贫瘠日趋消减，一股新的社会消费浪潮席卷欧洲。在盛行一时的大众媒体的不断宣扬下，全球消费者强烈要求有更多的消费产品可供人们选择。20世纪50年代，青年们与父母一辈的疏离日益加大，社会爆发出澎湃的青年文化浪潮。至1961年，人类首次乘坐飞船进入太空。一个新时代到来了。

约翰·肯尼迪是美国历史上最年轻的总统。他的就任，标志着美国政权体系开始眷顾年青一代。此时，美国甚至整个欧洲的音乐、时尚和家具设计，都迅速洋溢出青春的活力。

然而，至20世纪50年代，繁荣的社会文化出现了冲突。1963年，肯尼迪总统被刺杀，美国亦卷入越南战争，犯罪率大幅上升，局面越来越失控。越来越多的人恍然大悟，娱乐性毒品并不是想象中那样无害。

20世纪50年代至60年代初，曾弥漫于社会的战后喜悦慢慢地退去，苦楚与怨恨的情绪逐渐主导了整个社会。不安与焦躁，在城市相继蔓延，其中最为显著的，莫过于1968年的巴黎。繁荣的20世纪50年代出生的一代人，此时已成长起来。他们逐渐意识到，自己当初天马行空的理想主义情结，如今已全然不合时宜。

加利福尼亚州棕榈泉考夫曼沙漠别墅（Kaufmann Desert House） 这个梦幻般的别墅，由一系列平面组合的建筑物构成。这些美丽的建筑物，似乎是漂浮在大片玻璃墙上，堪称美国20世纪中叶现代主义最完美的建筑典范之一。1946年由奥地利建筑大师理查德·诺伊特拉（Richard Neutra）设计。

时间轴 1945—1970年

1945年 《艺术与建筑》（*Arts & Architecture*）杂志创建案例研究中心。由建筑师理查德·诺伊特拉和皮埃尔·凯尼格等人设计的作品成为后世效仿的典范。

1948年 吉奥·庞蒂创办了《多姆斯》（*Domus*）杂志。该刊物成为了现代主义设计论战的阵地。查尔斯·伊姆斯和雷·伊姆斯设计了一个用塑料来塑形的椅子。在这个作品中，他们运用了新型胶合板，并率先使用铝板。纽约现代艺术博物馆组织了关于“低造价家具设计”的国际竞赛。

《多姆斯》杂志封面

1949年 巴克敏斯特·富勒（Buckminster Fuller）创造了极富张力、重量轻且低成本的网格球形穹顶。

1950年 现代艺术博物馆举办的第一个产品设计展在德国乌尔姆市开展。随即，乌尔姆市成为了欧洲设计教育的中心。

1951年 意大利制造商卡特尔（Kartell）公司推行了大批量生产的塑料家具用品。黑白电视机得到广泛普及。5—9月间，举办了不列颠艺术节。伦敦成为这项全国性艺术盛事的中心。

1953年 奥斯瓦尔多·博尔萨尼（Osvaldo Borsani）在米兰创办蒂克诺（Tecno）公司。此公司以工业时代的审美观，生产丰富多彩的家具产品。军用飞机波音707被重新设计为民用。搭乘飞机旅行愈来愈趋向大众化。

1954年 文艺复兴百货公司首次举办金罗盘设计奖。

1955年 阿尔内·雅各布森设计了久负盛名的“7系列椅”。

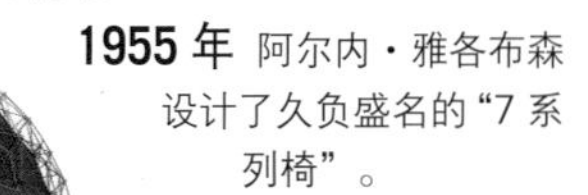

巴克敏斯特·富勒设计了网格球形穹顶。

加利福尼亚州棕榈泉考夫曼沙漠别墅内景
透过坐落于加利福尼亚州的考夫曼沙漠别墅，可看出木材使用、家具装置以及室内装潢的时代特征。沙漠的颜色不仅出现在别墅外，而且在别墅内也无所不在。1946 年，由奥地利建筑大师理查德・诺伊特拉设计制作。

低扶手椅 这把椅子由美国设计大师查尔斯・伊姆斯和雷・伊姆斯夫妇为赫曼米勒家具公司设计制作。钢筋框架支撑的座位由玻璃纤维（*Fibreglass*）加强的吹膜塑料制作而成。这对美国夫妇使用新型材料，设计制作了许多标志性家具。*1950 年 高 61 厘米（约 24 英寸），宽 63 厘米（约 25 英寸），深 64 厘米（约 25 英寸） WKA*

20世纪50年代的胶木电视机

1956 年 在伦敦"理想之家"展览中，展出了艾莉森・史密森（Alison Smithson）和彼得・史密森（Peter Smithson）设计的"未来之家"（House of the Future）。

1957 年 阿希尔（Achille）和皮耶尔・贾科莫・卡斯蒂廖尼（Pier Giacomo Castiglioni）使用自行车座设计了鞍凳。这件作品预言了未来十年中的波普设计风格。前苏联发射了世界上第一颗人造卫星——斯普特尼克。

1958 年 剑持勇（Isamu Kenmochi）设计的藤条椅成为第一件日本现代主义家具作品，并迅速风靡欧洲市场。

1959 年 亚历克・伊斯哥尼斯（Alec Issigonis）设计的迷你车型（Mini）投入市场量产。这是第一款获得巨大成功的小型轿车。

阿尔内・雅各布森设计的 7 系列椅

1962 年 安德烈・库雷热（André Courrèges）设计了超短裙。

1964 年 赫曼米勒家具公司发布了乔治・内尔松（George Nelson）和罗伯特・普罗普斯特（Robert Propst）的"行动办公系统"。在伦敦，特伦斯・康兰（Terence Conran）开设了发扬欧洲设计风格的Habitat公司。

1965 年 卡西纳家具公司开创了 I' Maestri 系列，即全球首个现代主义设计复制品展会。

1966 年 阿基佐姆（Archizoom）和超级工作室（Super studio）在佛罗伦萨创立。工作室将一种知识化、艺术性的设计方法引入意大利设计界。

1959 年生产的奥斯汀微型轿车

1968 年 在科隆维济奥纳，达内・韦尔纳・潘顿（Dane Verner Panton）展示出他设计的色彩浓重的家居用品。

1969 年 人类首次登上月球。

20 世纪中期现代家具

二战期间，世界范围内的家具设计活动几乎完全停止。一些设计师积极为占领国服务，一些隐居山林乡间，而更多的人们则在家乡为国家的战事效力。正是出于这个原因，战后的社会沉浸在一片冷静节制的沉寂气氛之中。与第一次世界大战后出现的理性主义风格趋向一致——理性主义在二战后再一次成为设计界的主导思潮。然而，推动战后家具业发展的因素发生了显著变化，其中大部分都源于新的制造技术。此前，先进的技术工艺通常为战事服务，例如先锋设计师多半从事飞机设计等。战后，这些设计师和制造者逐步转向家居和民用设计。他们掌握了很多最为尖端的技术，譬如铝制品的铸造以及胶合材料的创新使用。

日渐衰落的理性主义

新技术的普及赋予设计师更大的设计自由度，同时也使传统的理性主义风格特征日渐松懈瓦解。譬如，美国设计师查尔斯・伊姆斯和雷・伊姆斯的早期作品就明显地表现出一种松弛而极富雕塑化的风格。作品折射出雕塑家康斯坦丁对其的影响。后来，伊姆斯夫妇发展了模数胶合板成型的生产技艺。这是一种类似在战争中，对腿伤使用夹板的胶合板应用方式。在此革新下，他们的家具作品首创出三维立体造型。

蛋形椅 这张扶手椅具有典型的雕刻般外形，蕴含了许多那个时期的特征和感觉。在椅子的纤维玻璃框架之上，具有被填充的皮革座位和靠背。纤维玻璃框架被星形的铝金属基座支撑而起。阿尔内・雅各布森为丹麦弗里茨・汉森公司（Fritz Hansen）设计制作。*1958 年 BK*

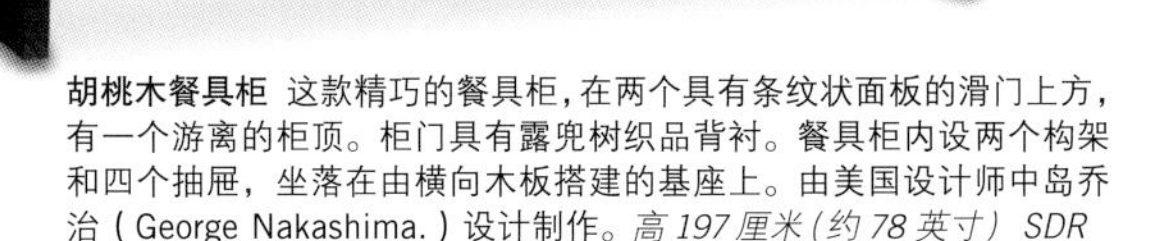

胡桃木餐具柜 这款精巧的餐具柜，在两个具有条纹状面板的滑门上方，有一个游离的柜顶。柜门具有露兜树织品背衬。餐具柜内设两个构架和四个抽屉，坐落在由横向木板搭建的基座上。由美国设计师中岛乔治（George Nakashima.）设计制作。*高 197 厘米（约 78 英寸） SDR*

在 20 世纪 50 年代早期，尽管查尔斯・伊姆斯和雷・伊姆斯的作品广受好评，但当时更为风靡的却是斯堪的纳维亚的家具产品。20 世纪 30 年代，阿尔瓦・阿尔托和布鲁诺・马松等设计师，开创了一种柔和的现代主义风格。战后，这种美学观依然风行一时。他们作品中轻柔的质感和符合人体工学的造型，替代了现代主义作品的冷峻外形，同时也带给备受战争荼毒的设计者和消费者们一丝抚慰和关怀。

至20世纪50年代中期，很多国家迎来了经济复苏。设计师们开始反叛前辈开创的、略显严谨冷峻的理性主义风格。教条而极致的理性主义设计元素日渐退出历史舞台。这种思潮突出地表现在意大利。意大利设计师吉奥・庞蒂和卡洛・迪・卡利（Carlo di Carli）在家具设计中加入一种感性元素。在新艺术运动衰颓之后，这种感性设计就已在设计界销声匿迹。在1956年的英国，艾莉森・史密森和彼得・史密森设计了“未来寓所”，其中的家具设计既富于幻想也基于现实。

有意识地抛弃

至 20 世纪 60 年代，一种全新的思潮统领了家具产业。很多设计师放弃了创造永恒作品的理想，开始仅为现实设计。20 世纪 30 年代，这种风潮最早在美国产生，在 60 年代再度涌现。那时，一种更经济实惠的消费方式催生了制造寿命较短的产品，一次性家具风靡全球。家具产品大多吸收了广告的元素，常被赋以鲜亮夺目的色彩和造型。曾经广受设计师喜爱的模压方式，为新颖昂贵的造型实验奠定了技术基础。意大利成为这股潮流中走在最前的国家。

所有那些自发性地对新颖材料和形式进行探索的设计师们，依然在内心深处保留着宏大的理想，设计出功能性极强而又掷地有声的家具作品。随着 20 世纪 60 年代的到来，这种风潮势不可挡。“反设计”概念首次出现于意大利，此概念突显于超级工作室和阿基佐姆设计组织的家具设计取向上。20 世纪 60 年代末期，很多设计师已对弥漫在他们周围那种过度的流行文化失去兴趣，于是，他们故意将家具设计得造型臃肿、笨重且不便使用。他们不仅回避 20 年代盛行的功能主义设计方式，还刻意制作一些家具来嘲弄那些“思想深邃”的现代主义。后来，随着欧美政治经济形势的不断恶化，对抗现代主义的呼声不断膨胀，最终发展出我们今天谓之的“后现代主义”。

便携式管状椅

乔・科隆博（Joe Colombo）创造性的管状椅，由四只覆以聚氨酯泡沫（***Polyurethane foam***）的圆柱管、六个钢丝与橡皮连接件构成。这款椅子可以被拆分并包装在拉绳带中售卖。使用者能在任何需要的地方将其组装。管状椅于 1969 年问世，随即成为对过去既有家具类型进行反叛的典范。尽管人们广泛肯定科隆博在家具拆运问题上提供了很好地解决方案，但其深层设计意图在于创造了一个打破视觉常规的设计作品，而非仅仅提供一个舒适的座椅。

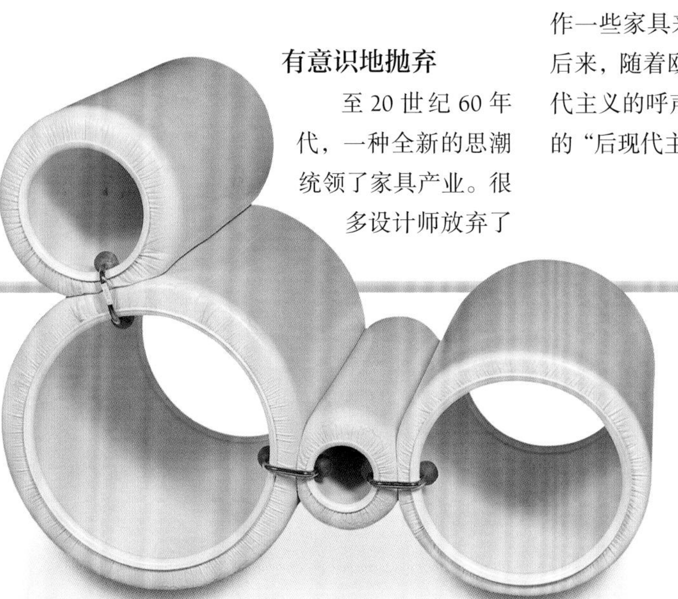

管状椅 组成椅子的四只短管，可以按照粗细不同相互套置，包装在袋子之中。使用金属和橡胶构件，用户可以将这些短管组装成不同形态的椅子，以适应不同的需要。*1969 年 高 61 厘米（约 24 英寸），宽 61 厘米（约 24 英寸），深 120 厘米（约 47 英寸） WKA*

粗呢包装袋 构成这个椅子的每个短管，能够按照尺寸大小一个个套装起来，然后装进一个编织包装袋中。*WKA*

一体式办公桌

这是由位于密歇根西兰市的赫曼米勒家具公司1948年生产制造，乔治·内尔松设计的家庭办公桌，成为20世纪中叶现代主义风格的典型代表，亦为同一时期美国家具界新生的家具类型。

视觉上，内尔松桌将大体量构件升高，下部支撑以纤细的无缝钢管桌腿，形成了一种轻盈灵巧的外观形象。桌子大量运用无缝钢管构架，表面去除了一切装饰。人们在桌子的简洁外形中，可感受到马歇·布劳耶和路德维希·密斯·凡德罗等前一代现代主义设计师对内尔松设计思想的深远影响。

与早期现代主义设计师的作品不同之处在于，内尔松桌体现出一种对于材料和形式的折衷选择。作品中风格特征鲜明的细节——纤薄的胡桃木板、人造革包裹的滑动桌门、上层储藏柜斜坡形的立面以及桌子向外斜伸出的桌腿等——暗示着两次世界大战期间盛行的纯粹主义已开始变得温和。桌子鲜亮的色彩更好地表明，当设计师如内尔松一样，试图去表达对当下形势的乐观情绪时，他们设计的作品变得诙谐而又生动。

内尔松成功地将抽屉、置物架、可抽拉的废纸篓、打字机橱和台式电脑桌融合为一件单体家具。这件极具视觉冲击力的家具，成为美国乐观进取的生活态度的鲜活体现。此态度也正是战后美国家具设计风格的特征之一。

公司办公桌 这款桌子有一个铰链装置的胡桃木桌面。桌面一侧下方为铝废纸篓，另一侧为打印机箱。写字台的上方柜体有两个滑动门。开启滑动门后，可见里面内设的两个储存空间。乔治·内尔松为美国赫曼米勒家具公司设计制作。*1948 年 高 103 厘米（约 41 英寸），宽 137 厘米（约 54 英寸），深 71 厘米（约 28 英寸） QU*

风格要素

经过两次世界大战，人们度过了一段经济拮据时期，在 20 世纪 40 年代末至 60 年代初，一种比现代主义风格更为丰富的家具式样开始风行。家具设计以丰富多样的材料和制造工艺反映着这一时期社会上的乐观精神。家具造型更多地呈现出一种具有诙谐戏谑意味的形象。

20 世纪 50 年代末，当新色彩和形式统领了整个设计领域时，设计师对塑料和泡沫垫层的使用，使得此时的现代主义风格完全背离了理性主义的根基。至 20 世纪 60 年代末，当设计师开始忽略家具的实际功能，而更关注实验性的造型探索时，曾引领 20 世纪设计界的功能主义的思想正一步步地走向衰亡。

贴身椅

形式与功能

在 20 世纪 40 年代至 50 年代，设计师依旧追随着现代主义者的理想，尤其是“形式追随功能”的教义。汉斯·韦格纳（Hans Wegner）设计的这把椅子，其形式与功能息息相关。向外伸展的椅背，与人的身体曲线完美吻合。

圆桌铁丝基座细部

金属杆结构

更纤细轻盈的钢材在工业产品中得以大规模运用，这使得精细的金属构件运用于家具领域。哈里·贝尔托亚（Harry Bertoia）和瓦伦·普拉特纳（Warren Platner）等设计师，制造出轻巧的钢丝家具。他们与现代主义设计原则依然保持着紧密联系。拥有金属杆结构的家具成为审美焦点。

日式柜门立面

日本影响

20 世纪 40 年代末至 50 年代初，国际间的旅行更为普遍且快捷。此时，设计界的视野转向昔日被现代主义运动影响甚微的地区和国度。对坚守现代主义审美取向的设计师而言，简洁而清晰的日本传统设计风格，是最为独特且有吸引力的。

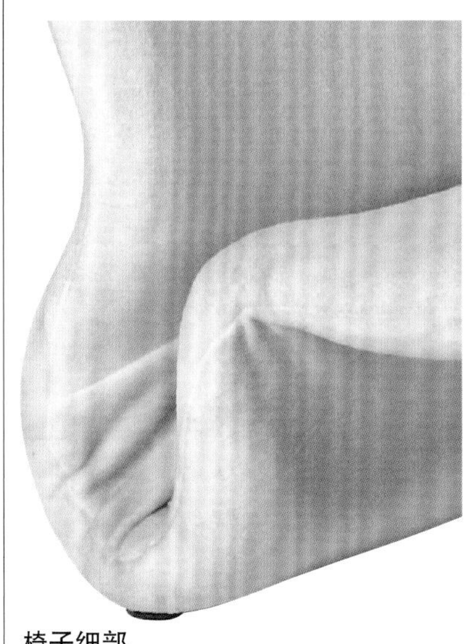

椅子细部

弹性织物

20 世纪 60 年代，在全新弹性布料的不断发展之下，家具设计师用此来探索家具的新形式。更为重要的是，设计师可随意拉伸这些布料，而不受内部家具结构的局限。由此，家具可以有自由的造型。新型布料具有的依附特性，同样使得家具可以抛弃厚重的填充衬垫。

轻质装置特写

浓重色彩

当早期现代主义者推崇的纯粹主义趋势逐渐退去时，设计师们开始使用鲜亮的色彩以吸引大众的注意。20 世纪 50 年代，设计师们不愿用过于人工化并被涂漆的木材做材料，却喜于应用色彩丰富的衬垫物。塑料的引入，为家具色彩的丰富化提供了新的可能。

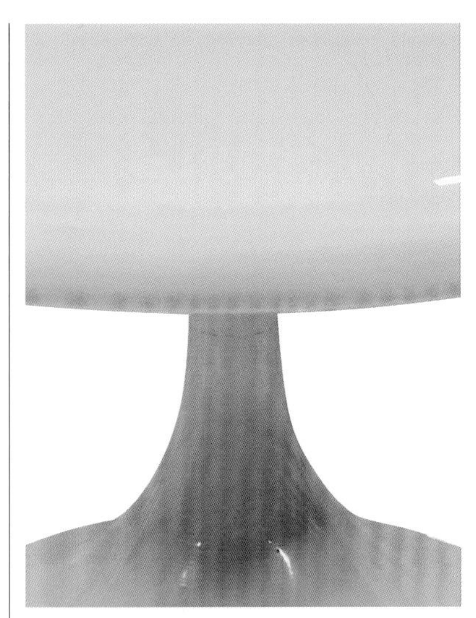

模压而成的塑料桌子

塑料

20世纪50年代至60年代，由于石油供应产生过剩现象，以石油为原料的塑料，成为设计师眼中价廉物美且易于获得的材料。20世纪60年代中叶，设计师能够充分利用模压方式，发挥塑料的可塑性和延展性，以形成新颖的造型。此时塑料家具才真正走上舞台。

伸展桌腿细部

伸展桌腿

20世纪50年代，很多家具设计师试图将自己的设计与早期现代主义那僵硬刻板的作品区别开来。因此他们常在作品中使用伸展的桌腿。这种细部的风格，在意大利家具设计中尤为流行。而伸展的框架结构，使得书桌、餐桌和椅子带有了倦怠懒散的外观风格。在一定程度上，这也反映出战后人们较为放松的情绪。

曲线形座位细部特写

座位低垂

20世纪50年代，青年文化风靡全球。这在西方社会中，激发出一种不拘礼节的生活态度。这种态度常表现在人们坐立的方式上。当父母鼓励青年一代笔直地端坐，他们却反叛而懒散地蹲下。在这样的文化背景下，设计师们将座位设计为带有褶皱质感，且座位置低矮下垂。人们坐于其中，能够更加舒适和随意。

抽象化的桌子基座细部

有机造型

在战后的家具设计界，由于具备了全新的模压胶合板的制造工艺，更纤细且具延展性的钢筋得以被推广运用，大量的造型优美的家具作品也随之应运而生。这种发展趋势，同样也深受超现实主义艺术和抽象表现主义艺术的影响。同时，生物科学界对变形虫的研究，也给予设计师很多启迪。设计师此时的家具作品，越来越趋向于雕塑化的造型。

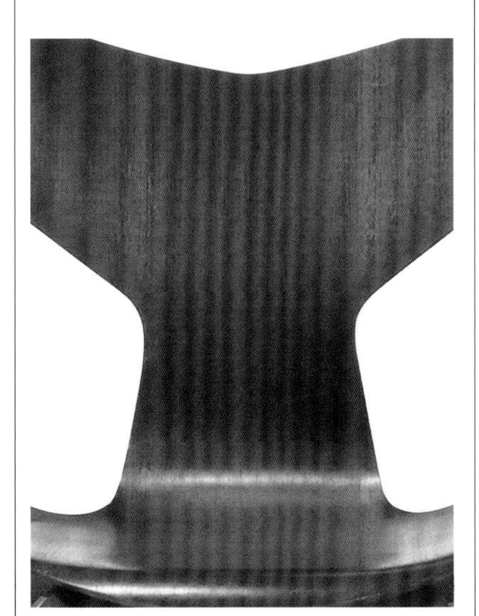

椅背和座位细部

模压胶合板

尽管两次世界大战之间，带状胶合板已在家具设计中被广泛使用，但直到20世纪40年代，可在多方向上进行弯曲的胶合板工艺才日趋成熟。查尔斯·伊姆斯和埃罗·沙里宁一起合作，成为塑性胶合板家具探索中的领军人物。他们开创了用胶合板制作复杂曲线造型的新纪元。

铝制废纸篓

铝的应用

铝作为一种万能材料，在军事和交通工具中已被广泛使用，特别是二战期间的战斗机。在20世纪40年代至50年代，铝被大量生产供应。因其耐用和轻质的特性，铝金属广受战后的家具设计师所青睐，并一举成为家具设计领域最常用的材料之一。

线形置物架

水平线条

当战后人们的生活方式日趋无拘无束时，设计师们在其设计作品中也反映着这种社会趋势。设计师大量采用绵延的横向线条。这种更为轻松的家具外形，得到了年轻一代消费人群的追捧。这些年轻人，企图忘却那伴随他们成长的、僵硬笔直的现代主义设计风格的家具。

泡沫和橡胶衬垫

填充材料

20世纪50年代，橡胶衬垫作为轮胎工业的衍生物，最先被意大利家具界使用。而泡沫衬垫则几乎在相同的时间，诞生于斯堪的纳维亚地区。聚苯乙烯玻璃粉在高温蒸馏之下，形成了泡沫苯板。这种材料可被应用于一些家具框架，且可被模压为任何设计师想要的形状。

查尔斯·伊姆斯和雷·伊姆斯

伊姆斯夫妇凭借家具设计思路的全面革新和材料的创造性使用，设计出不朽的经典作品。

在 20 世纪的家具设计领域，查尔斯·伊姆斯和雷·伊姆斯夫妇声名显赫。一个是建筑师和绘图员，另一个是具有抽象派特征的表现主义画家。他们的作品完美而真切地表达出现代主义将工业与艺术相结合的设计宗旨。从 1940 年二人相逢至查尔斯 1978 年于密歇根州克兰布鲁克艺术学院辞世，伊姆斯夫妇的作品彻底改变了美国家具的设计状态，时至今日除极少特例，大部分设计依然是畅销产品。

材料的创新使用

伊姆斯夫妇力图用材料传达出：低廉的价格可以带给普天下百姓最为优质的设计作品。因此，他们关注那些模压的胶合板、塑料、玻璃丝和金属铝等这些灵活新颖却价格低廉的材料。伊姆斯夫妇曾一度是激进创新主义者，因擅长巧妙地利用模压胶合板的新工艺，得以跻身于 20 世纪中叶美国设计界的核心地位。这种工艺最早由查尔斯和埃罗·沙里宁开创。此前，没有一个设计师能够解决从多方向弯折模压胶合板的工艺难题。

伊姆斯夫妇相识一年后移居加利福尼亚州，开创了传奇般的伊姆斯工作室。第一项设计成果是由模压胶合板制成单腿夹板。1942 年，这一成果最早被应用于美国海军。1947 年，他们开始与赫曼米勒家具公司长期合作。工作室的事业由此正式腾飞。在 20 世纪 50 年代，查尔斯主持伊姆斯工作室大力发展自己的设计理念，雷·伊姆斯则主要负责查找图片、织物样品和材料，并不断启迪大家的设计灵感。如果说查尔斯迷恋于技术，那雷的视野则更为广阔。

伊姆斯风格

伊姆斯夫妇常常着眼于其专业之外的思想领域。他们的思考方式并非是教条僵化式的。他们认为设计是“以一个特定的需求为目标，从而组合各类元素以达到设计目的”的过程。他们极为崇尚日本和斯堪的纳维亚的建筑设计方式。两人骨子里更接近 20 世纪初工艺美术运动风格。很多 20 世纪建筑师，譬如密斯·凡德罗和勒·柯布西耶等，都对伊姆斯

ESU-420N 存储柜
这个存储柜是查尔斯·伊姆斯和雷·伊姆斯的早期设计作品。柜子前面的板材是浅褐色、青灰色、黑色和白色的绝缘纤维板和玻璃纤维。柜体由黑色的钢框架支撑而起。1951 年由赫曼米勒家具公司制造生产。*高 148.5 厘米（约 58 英寸），宽 119.5 厘米（约 47 英寸），深 40.75 厘米（约 16 英寸） R20*

低扶手椅
椅子的座位是由强化玻璃纤维聚酯经压模制作而成。一个经过油漆处理的钢筋基座支撑着椅子座位。1950 年由赫曼米勒家具公司制造生产。*高 61 厘米（约 24 英寸），宽 63 厘米（约 25 英寸），深 64 厘米（约 25 英寸） WKA*

黄檀木桌子
查尔斯·伊姆斯和雷·伊姆斯的愿望是要设计制造出一种多功能的家具。按照他们的要求，这件家具是被当成会议桌或餐桌而销售的。黄檀木桌面，由两个电镀钢柱支撑而起。每个钢柱末端下接两个张开的桌腿，并且由一个扁平的撑架连接。由赫曼米勒家具公司制造生产。*约 1955 年 宽 98 厘米（约 39 英寸） SDR*

密歇根州的克兰布鲁克艺术学院

这是一个追求进取，鼓励实验探索的学院，深刻地影响着美国现代主义设计领域。

密歇根州的克兰布鲁克艺术学院(Cranbrook Academy of Art)建立于1932年。该学院培养出众多声名鹊起的设计师，如查尔斯·伊姆斯和雷·伊姆斯、埃罗·沙里宁、哈里·贝尔托亚、大卫·罗兰(David Rowland)、佛罗伦斯·诺尔(Florence Knoll)等。他们为美国现代主义家具设计作出了卓越贡献。学院由乔治·布思(George Booth)和埃伦·布思(Ellen Booth)创办，他们追求一种精神与美学相结合的信仰。建设这所学院耗费了大量金钱和时间，学院至今尚存。

第一任校长为芬兰建筑师埃罗·沙里宁。后来学院又陆续邀请了多名访问学者，包括勒·柯布西耶和弗兰克·劳埃德·赖特等。沙里宁也邀请查尔斯·伊姆斯来这里深造。伊姆斯毕业后即成为学院的导师。学院大力提倡用实验推进设计，更鼓励学生进行跨学科的设计实验。1940年，在纽约现代艺术博物馆组织的家居设计竞赛中，查尔斯·伊姆斯和埃罗·沙里宁采用模压胶合板进行的设计方案赢得了竞赛头奖。这标志着克兰布鲁克艺术学院已跻身美国设计领域前列。

胜利椅的设计 在纽约现代艺术博物馆举办的家居设计大赛中，查尔斯·伊姆斯和埃罗·沙里宁提交了这个作品。这把椅子具有压模成型的胶合板框架结构。框架上覆盖着装配有红色编织套的泡沫橡胶。张开的四条椅腿，是用实木制作完成的。*1940年*

克兰布鲁克艺术学院工作场所中的查尔斯·伊姆斯（左一） 1939–1940年，查尔斯·伊姆斯来到克兰布鲁克艺术学院进行研究，并成为一名设计指导教师。1940年，雷·伊姆斯在学院进行编织、制陶和金属制造的研究。*照片摄于1940年*

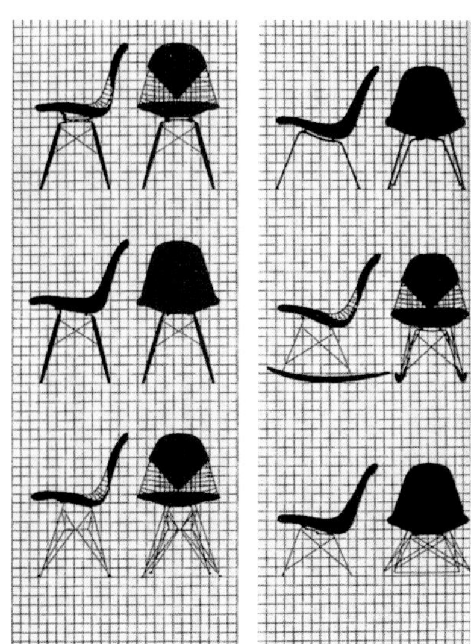

万能设计
查尔斯·伊姆斯和雷·伊姆斯设计的这件家具，显示出其惊人的多变性。同样一个椅子的基座设计，却可以改良成为摇椅或者叠加椅。椅子的座位可以由压模胶合板、强化玻璃、纤维塑料等材料来制作。

670躺椅
借鉴了英国俱乐部椅，伊姆斯夫妇创造出一个具有金属框架结构的椅子。在贴近椅子的框架部位，有三块由实木层压板材料制成的座位外壳。每个外壳上都有一个可拆卸的，且配置着皮革外套的软垫。不论是过去还是现在，这种椅子都具备一种浓郁的奥斯曼风情。原创作品完全由黄檀木制作而成，现在已不再使用黄檀木，而采用樱桃木或胡桃木制作这种椅子。1956年由赫曼米勒家具公司制造生产。*宽88厘米(约35英寸)*
DOR

风格的演变定型产生了深刻影响。经历了美国大萧条时期，伊姆斯夫妇总是竭力制作省料的家具，同时并不忽视其舒适性。1956年，他们设计的一把躺椅作品以极佳的舒适性，在20世纪所有的座椅作品中一举夺魁，成为伊姆斯夫妇设计理念最有力的例证。

开放的设计方法

查尔斯曾自我发问：“设计的界限在哪里？”“生活中的问题又以何处为止境呢？”这种开放式的思维方式，集中表现在他们加利福尼亚州临近圣塔莫尼卡的住宅设计中。伊姆斯夫妇和埃罗·沙里宁合作设计了这座采用模块化结构的别墅。住宅的结构构件被刻意设计得极为纤细隐蔽。设计意在引导人们对室外自然环境和室内空间的注意，最大程度地降低结构的遮挡影响。这个设计象征着一种崭新而舒畅的生活方式。

毋庸置疑，伊姆斯夫妇在设计界有着举足轻重的地位。他们的作品一直流行，直到“玩世不恭”思潮风靡全球。从根本上说，他们在设计中平衡了实用主义和诗意美学，才赢得了广大民众的追捧。

美国

整个20世纪的上半叶，美国从未在家具设计领域中崭露头角。直到1951年，英国评论家H.M.邓尼特（H.M.Dunnett）在文章中写道：“比起之前的二十年，目前美国设计界已表现出更多的现代主义运动特征。”“此时，美国设计师已在各类材料的设计及结合运用方面，有所深入探索。结实的木材、胶合板、层压板、布匹、套管及钢丝、铝合金、玻璃、有机玻璃和其他塑料，都被美国设计师以多种方式加以使用，并以此创造出新造型的产品。”

拥抱现代化

美国家具设计从落后到领先的转变，应归功于一些偶然因素。其中最为重要的一点是，美国拥有无与伦比的财富。在两次世界大战中，美国未蒙受如欧洲那般的重创。20世纪30年代至40年代间，美国的工业基础依然强大。战后经济的繁荣，增强了美国消费者的自信心，从而也帮助美国建立了新的文化地位。同时好莱坞的电影产业蓬勃发展，美国的抽象绘画和雕塑也使整个艺术界有了彻底改变，一切都使得欧洲各国歆羡不已。

在家具设计领域，美国消费者用了较长时间才接受了现代主义风格，柔和而亲切的斯堪的纳维亚现代主义风格的引入，成为人们接受现代主义的催化剂。20世纪40年代末，新一代私人业主阶层的产生，也对现代主义运动的发展起到促进作用。对购买第一套房的民众，美国政府给予了计划性补贴。这些新型消费群体，拒绝再使用他们父母家里那种老式家具。

为推广现代主义风格，政府也做出了很多努力。他们通过如纽约现代艺术博物馆（MoMA）等很多机构，来帮助完成这项工作。20世纪30年代，现代艺术博物馆曾为若干先锋的欧洲设计师鸣锣开道，摇旗呐喊。20世纪40年代，他们推广宣传了“好设计”（Good Design）思想。1950年，现代艺术博物馆的总监埃德加·考夫曼（Edgar Kaufmann）曾将“好设计”描述为“一种形式与功能彻底地融合……且展现出一种实际、简约和理性的美”。在这个博物馆举办的众多设计竞赛中，“好设计”是一个重要主题。

尽管邀请了全世界的设计师参

矮脚软垫椅

这把椅子装配有黄色、橘黄色和绿色条纹状丝质编织套。椅腿是用褪色的桃花心木木材制作而成。爱德华·沃姆利为邓八公司（Dunbar USA）设计制作。*高76厘米（约30英寸） SDR*

旋风桌

这张餐桌的白色层压板桌面，由电镀钢筋和铸铁基座支撑而起。野口勇为诺尔国际家具公司（Knoll International）设计制作。*高122厘米（约48英寸） SDR*

鸟椅和脚凳

顾名思义，鸟椅的意思就是这个椅子像一只鸟一样似乎在展翅飞翔。鸟椅具有一个很高的靠背，以及坐落在被塑料包裹着的钢筋框架上的菱形座位。靠背和座位，整体装配有可拆卸的黑色织物套。脚凳的矩形钢筋框架，与椅子具有相同的结构。椅子和脚凳的形象，表现出哈里·贝尔托亚作品中所具有的那种雕塑感特点。*1952年 椅高99厘米（约39英寸），宽99厘米（约39英寸），深86.5厘米（约34英寸）；凳高43厘米（约17英寸），宽61厘米（约24英寸），深43厘米（约17英寸） BK*

蚱蜢扶手椅

这把扶手椅具有桦木层压板框架和装配有布套的座位和靠背。1946年由埃罗·沙里宁为诺尔国际家具公司设计制作。这个20世纪60年代的模型，具有花样装饰外套。*高89厘米（约35英寸），宽74厘米（约29英寸），深89厘米（约35英寸） QU*

加，但最终是一名美国人折取了桂冠——1940年，查尔斯·伊姆斯在现代艺术博物馆举办的首届设计竞赛中夺魁。1946年，他又赢得了竞赛的头奖，并在现代艺术博物馆举办个人作品展，题为“查尔斯·伊姆斯画笔下的新家具”。

独特的美国风格

查尔斯·伊姆斯的作品走在欧洲设计潮流前沿。他与妻子雷·伊姆斯以及在前卫的密歇根州克兰布鲁克艺术学院的朋友埃罗·沙里宁，共同为美国家具产业带来了新的气象。1946年，赫曼米勒家具公司的设计总监、现代主义风格设计师乔治·内尔松最早认识到伊姆斯夫妇的设计潜能，公司通过生产乔治·内尔松和伊姆斯夫妇的设计作品，跻身于美国家具行业的前列。

1938年，在纽约创立的诺尔国际家具公司是这一时期的另一个重要家具制造品牌。汉斯·诺尔（Hans Knoll）是德国家具制造商瓦尔特·诺尔（Walter Knoll）之子。他来到美国，起初试图将他在家乡司空见惯的“简约”式家具形式在美国推广。1945年，诺尔结识了密歇根州克兰布鲁克艺术学院的毕业生佛洛伦斯·舒斯特（Florence Schust）。此后，佛洛伦斯将美国设计师哈里·贝尔托亚以及野口勇（Isamu Noguchi）的作品完整地介绍给他。诺尔决定做出具有自己风格的作品。他常用昂贵罕见的材料以雕塑性的造型进行设计，譬如金属杆。最终他成为家具行业中的杰出人物，创立了独特的美国现代主义设计风格。佛洛伦斯也帮助他设计出一系列举足轻重的作品。

纵观当时整个美国，设计师们开始采用一种更贴近功能主义的方式从事家具设计。爱德华·沃姆利（Edward Wormley）的作品，大多诞生自印第安纳州。鲍德温·金瑞（Baldwin Kingrey）是一位来自芝加哥的设计师。中岛乔治（George Nakashima）则来自宾夕法尼亚州。尽管这些设计师作品中的创造性，不如伊姆斯夫妇和埃罗·沙里宁的作品，但人们从他们那具有流动性的作品造型中，同样可感受到无与伦比的美和与众不同的美国气派。

茶几

这张胡桃实木制作的游离形桌面，被横向切割后仍具有一种粗糙木结的古朴风格。这张桌子，仅有两个也是由胡桃实木制成的桌腿。桌腿的位置和形状，均呈不对称性结构。桌面较宽的一端，坐落在一块自由形态的胡桃木平板上，而较窄的一端，则由一根正方形截面的桌腿支撑而起。这根桌腿，向地面方向逐渐变细。由中岛乔治设计制作。*1965年 宽127厘米（约50英寸） SDR*

会议桌

这张会议桌的桌面是用黄檀木制作而成。矩形桌面的两缘轻度收缩，使中心部位显得比两缘稍宽一些。桌子由圆钢制成的桌脚支撑而起。一个金属撑杆将两侧桌脚联合在一起。中心部位有支架结构来强化对桌子的支撑力。乔治·内尔松为赫曼米勒家具公司设计制作。*宽236厘米（约93英寸），深110厘米（约43英寸） FRE*

赫曼米勒家具公司

赫曼米勒家具公司是美国一个尖端的家具制造机构，创造出举世无双的美国风格家具。

在1945年至1960年之间，美国家具界迎来了20世纪最繁盛的时光。在此时期，没有一家制造机构会比密歇根州的赫曼米勒家具公司更为显赫卓著。该公司成立于1905年，最初名为星光家具公司，1923年更名为赫曼米勒——在董事长德·普雷（D. J. De Pree）收到岳父赫曼·米勒先生的慷慨捐赠后。

公司当时制造的家具，曾一度仅仅模仿时兴的折衷主义风格。然而，这是一种不稳定的风格样式，德·普雷也因此开始重新思考消费者的品位和需求。

1930年，德·普雷调整了公司发展方向，将公司指引向现代主义风格。那时，现代主义风格是由现代艺术博物馆宣扬，带有永恒、普世的美学倾向。设计师吉尔伯特·罗德被委以振兴公司的重任。他随后取得了骄人的成绩。

至1946年，新的设计总监乔治·内尔松也被引向这种前沿的风格。公司雇用了查尔斯·伊姆斯、野口勇等设计师，组织他们致力于德·普雷制定的“耐久、联合、全面、必然”的产品要求。

德·普雷一直坚信创新必须以产品质量为基础。遵循德·普雷的这一原则，赫曼米勒家具公司很多20世纪40年代设计的作品，至今仍在生产销售之中。

功能办公室 20世纪60年代，在罗伯特·普罗普斯特和乔治·内尔松的指导下，功能办公室得到了巨大的发展。这是世界上第一个开放式设计办公系统。各种元素的组合和调配形成一种新的设计风格。

澳大利亚

20世纪50年代至60年代，澳大利亚像美国及欧洲国家那样，居民生活越来越富裕。精明的企业家们开始从欧美进口时下最新的家具产品，兜售给富裕起来的新型消费者。当一批澳大利亚设计师意识到，市场需要尖端前沿的产品时，便也开始从事现代主义风格的设计创作。

新的一代

第一位从现代主义汲取灵感的澳大利亚设计师是道格拉斯·斯内林（Douglas Snelling）。他的萨兰椅（Saran chair）于1947年推出，使用降落伞材料，从此开启了澳大利亚家具设计的新实验时代。从1947年至1955年，斯内林与总部在悉尼的功能产品公司（Functional Products）合作，生产大量款式新颖、风格简约的家具。

在与斯内林志同道合的设计师中，最为重要的是墨尔本设计师格兰特·费瑟斯顿（Grant Featherston）。1949年，费瑟斯顿在为“未来之家”完成的设计作品主题中暗示，他要将澳大利亚的家具设计引入到更广阔的未知领域。1951年，他用胶合板制作了非常前卫大胆的轮廓躺椅（Contour chair）。在这件作品中，人们可明显看出伊姆斯夫妇对他的深远影响。轮廓躺椅成为澳大利亚设计史上具有里程碑意义的作品。

塑料的使用

1966年，费瑟斯顿开始与妻子玛丽进行合作。玛丽是一位来自英国的设计师，擅长用塑料进行家具创作。1967年，他们为蒙特利尔世博会澳大利亚馆设计了椅子。椅子采用聚苯乙烯塑料制成贝壳形，表面覆以聚氨酯泡沫。20世纪60年代至70年代初，费瑟斯顿夫妇的名气堪比任何欧美设计师，他们在塑料家具设计领域做出了不可磨灭的贡献。

同样出自墨尔本的设计师谢尔·格兰特（Kjell Grant），为蒙特利尔世博会设计出悬臂式的蒙特利尔椅。他声称，他的设计灵感来源于拖拉机上的驾驶座椅。很多人看到椅子那富有弹性的外形时，都联想到蹦跳飞跃的袋鼠。蒙特利尔椅被纽约现代艺术博物馆收为永恒藏品。它是第一件备受世

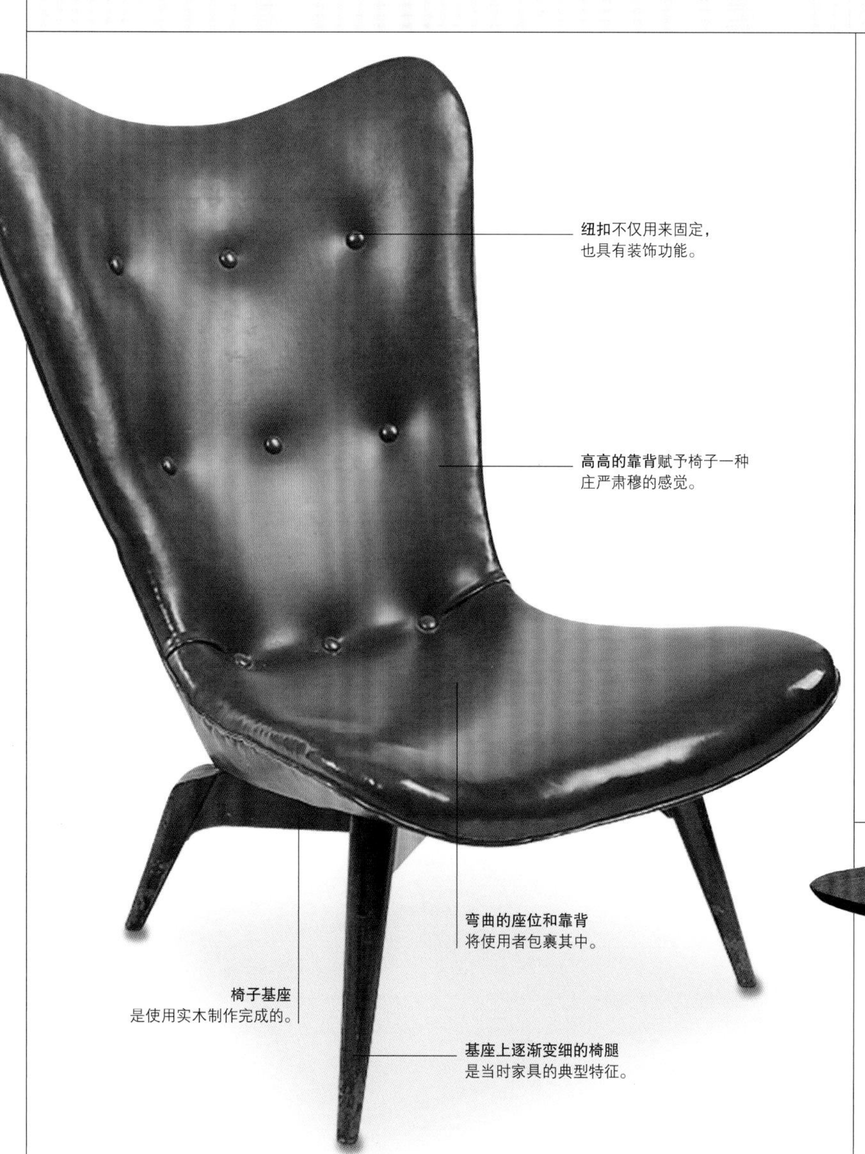

R152轮廓躺椅

为了致力于推动具有健康人生观的设计，格兰特·费瑟斯顿设计了R152轮廓躺椅。这个惊世骇俗的椅子给人们提供了一个舒适光滑，而不是被垫得又软又厚的座位。在战前的岁月里，这个椅子受到白领人群的青睐和欢迎。胶合板框架所具有的优良弹性，给格兰特·费瑟斯顿提供了一个机会，在不降低强度的前提下，以检验木材弯曲的性能。这个椅子明确地表明，充当座位的家具是如何被塑形，以调节成符合人体需要的形式。这个样本是使用独创的绿色乙烯树脂材料包裹覆盖，并且用纽扣进行固定。由艾默生兄弟（Emerson Brothers）生产制造。*约1952年*

世博会2号音响椅

这把展览会2号标志音响椅，是用被聚苯乙烯外壳包裹的聚氨酯泡沫制作完成的。由格兰特·费瑟斯顿和玛丽·费瑟斯顿设计，墨尔本阿瑞斯托克实业公司（Aristoc Industries）生产制造。*1967年*

龙多椅

1956年，这把椅子的原创展示在奥利韦蒂设计公司（Olivetti）的陈列室。目前，这个椅腿向外伸展的椅子，仍然在生产制造。具有郁金香样基座或六星状基座的不同模板，也被制作出来。压模外壳基座被泡沫材料所覆盖包裹。戈登·安德鲁斯设计制作。

茶几

这张由枫树实木制作的茶几，具有一个机体般玲珑曲线的自由形态桌面。桌子没有一处是直角的。同样也是枫木制作的四条桌腿，呈向外伸展状，并且向下逐渐变细。这增加了桌子的优雅风情。由建筑师和家具设计师道格拉斯·斯内林设计，悉尼的功能产品公司生产制造。*1955年*

界瞩目的澳大利亚设计作品。

在住宅中激发兴趣

在悉尼，室内设计师玛丽昂·哈勒·贝斯特（Marion Hall Best）将现代主义设计的亮点与当地的风情结合起来。20 世纪 50 年代至 60 年代后期，贝斯特开设了一个展览馆，其中陈列着诸如伊姆斯夫妇、乔·科隆博、埃罗·阿尔尼奥（Eero Aarnio）和哈里·贝尔托亚以及悉尼的戈登·安德鲁斯（Gordon Andrews）设计的作品。

安德鲁斯也是一位图表设计师。1966 年，他设计了澳大利亚第一张十进制的纸币。早在 20 世纪 30 年代，他曾是欧洲的一位商业艺术家，直到接手了家具设计，他才制造出自己最为著名的作品龙多椅（Rondo chair）和羚羊椅（Gazelle chair）。他的作品力图削减一切多余的部分。他对理性主义原则做出了自己的补充，那就是更为关注设计中的比例问题。在同时期的澳大利亚设计师中，安德鲁斯是最具原创能力的。

蜘蛛椅

蜘蛛椅是一个匀称而美丽的转椅。椅子的四星状基座，是用拉绒不锈钢材料制作而成。这把椅子可以降低座位的高度，作为休闲椅子，在家庭和办公室使用。戈登·安德鲁斯设计制作。*1961 年*

羚羊椅

顾名思义，这个椅子有像羚羊一样，向下逐渐变得纤细的长腿。椅子由层压胶合板和铝金属铸塑制作而成，装配有鲜艳的羊毛编织套。戈登·安德鲁斯设计制作。*1957 年*

边柜

这个简单朴素未加雕饰的边柜，正面有一个单纯的正方形木制门把手，和四个面微倾的抽屉。四个向外伸展的木腿，在底部方向逐渐变细。道格拉斯·斯内林设计制作。*约 1954 年*

躺椅和脚凳

这套躺椅和脚凳是由木材、金属和带状人造织物制作而成。因为其材质、多功能特点、简单的色彩组合及耐看的样式，椅子显得比较轻巧。人造带状织物能够均匀分散超过物体表面所能承受的重量和紧张度，产生对椅子的支撑力。装配有软垫的座位和靠背，就不具备这种特点。这表明，设计者考虑过人体工学因素。道格拉斯·斯内林为功能产品公司设计。*约 1957 年*

市政厅套件

这套由一张双人沙发和两张单人沙发所组成的家具，扶手和伸展开的椅腿独具特点。这套家具，整体装配了带有橘红色几何图案的编织套。在澳大利亚“美丽家庭第二次全国家具设计大赛”中，荣获大奖。格兰特·费瑟斯顿设计，艾默生兄弟生产制造。*约 1956 年*

斯堪的纳维亚

在二战之后的岁月里，斯堪的纳维亚设计作品的影响力在全球直线飙升。这似乎很容易理解，残酷的战争之后，人们已完全厌倦了早期现代主义作品那尖锐、硬朗的线条，继而开始喜爱舒适的斯堪的纳维亚设计风格，以及其他优雅沉静的造型。

传统的手工艺

有一个奇怪的现象，来自一些家具设计领军国家的设计师们，譬如芬兰、瑞典，特别是丹麦，战后首先迅速恢复的是传统工艺设计，而并非生产制造技术。丹麦这一时期最重要的设计师汉斯·韦格纳在1983年曾说，“在技术方面，我们的设计没有任何革新之处”“作品背后隐藏着一种哲学。不要在作品不必要之处大做文章，而是要显示我们能通过双手做出什么。我们要给予作品一种精神内涵，并使之看上去宛若天成。”

这一时期，斯堪的纳维亚设计师们的目标是将设计作品提炼成最为纯净的形式。在20世纪40年代末至50年代初，斯堪的纳维亚著名家具作品的显著特征即是无法超越的精湛手工艺制造水平。

柚木风格的家具

斯堪的纳维亚人对木材的眷恋由来已久。通过木材的出口，他们得到了可观的经济收入。斯堪的纳维亚人常常称他们的森林为绿色的黄金。他们甚至认定，树木是塑造其民族文化特征的重要元素，譬如用木材去制造船只和雪橇。

极具讽刺意味的是，在20世纪50年代，斯堪的纳维亚的典型设计作品并非是用本土的材料制作，而是使用远东的木材。因为在这一时期，作为军事清剿演习的副产品，产自泰国和菲律宾的柚木不仅价廉，而且木质坚硬，易于雕琢，能够加工打磨出光滑夺目的外表。当时的设计师十分喜欢用柚木加工制作家具，这些家具设计常被称为“柚木风格”。

20世纪40年代末至50年代初，芬恩·尤尔（Finn Juhl）曾制作出做工精湛的柚木家具。他的作品中常常流露出独一无二的雕塑感，其设计手法颇受抽象派画家和雕塑家的影响。芬恩·尤尔的作品，常以一种自由活

酋长椅

椅子具有一个柚木结构框架，以及皮革材料制成的塑形座位和靠背。整体外形具有大量的柔美曲线，几乎没有直角出现。靠背上的撑杆与椅背后两个垂直竖杆相连接。这两个竖杆同时形成了椅子的后腿。扶手所伸展的长度，就是椅子前腿到后腿的距离。扶手肘垫，也是由塑形皮革制作而成。椅子上装配的构件，与暴露的框架结构相分离。这个设计思路，直接来源于由格里特·里特维尔德和马歇·布劳耶作品中所表述的现代主义家具设计概念。由芬恩·尤尔为丹麦尼尔沃德（Niels Vodder）设计制作。*1949年 高96.5厘米（约38英寸），宽86厘米（约34英寸），深99厘米（约39英寸）SDR*

柚木橱柜

这件橱柜的上半部分有两个推拉滑动门，来遮蔽搁架隔间。一个高高的架子下面有六个长抽屉。其中两个抽屉用来放银器。橱柜整体由被车削的柚木腿支撑而起。汉斯·韦格纳为丹麦Ry Mobler设计制作。*高180.5厘米（约71英寸） FRE*

滑门餐具柜

这件柚木和柚木贴面的餐具柜，前面有两个较长的滑门。门内是安排合理、排列整齐的隔间和八个抽屉。餐具柜由一个框架结构支撑。逐渐变细的桌腿，固定在柜体外面的框架结构上。由芬恩·尤尔为丹麦阿恩沃德（Arne Vodder）设计制作。*1950年代 宽208厘米（约82英寸） DOR*

泼的造型与同时代家具作品那严谨冷峻的外表形成鲜明对照。

对过去的眷恋

二战后，除了芬恩·尤尔的实践之外，斯堪的纳维亚典型的设计方式，是一种对老式家具的复原更新。在一战与二战之间的岁月里，这种复原更新最初是由丹麦皇家工艺美术学院的凯尔·克林特所开创的。此后，由他的学生和追随者薪火相传。1944 年，伯耶·莫根森（Borge Mogensen）设计了摇椅。1947 年，汉斯·韦格纳设计了中国椅。这两件作品是斯堪的纳维亚家具设计最著名的案例。作品清晰地表明了设计师们是如何从过去的文化中挖掘新的家具造型灵感的。

奥勒·瓦西尔（Ole Wanscher）是一位最勤勉地研究家具风格历史的设计师。作为凯尔·克林特的学生，瓦西尔最后接手了克林特在丹麦皇家工艺美术学院的工作。他还编撰了若干相关题材的书籍，包括家具的类型以及家具艺术史。他的设计作品理所当然地从家具历史样式中汲取了大量灵感。18 世纪的英国和埃及家具使他魂牵梦绕。

国际声誉

在世界范围内，对于斯堪的纳维亚的家具设计师的评价，大多集中在赞扬他们的作品所创造出来的永恒品质，以及设计师们所掌握的精湛技艺上。1951 年，芬兰一举夺得了“米兰三年展”中绝大多数的奖项。日后被称之为“米兰的奇迹”。与此同时在美国正举行名为“斯堪的纳维亚设计”的盛大展览，自 1954 年开展以来，该展览广受大众欢迎。在随后的三年中，举办者还与加拿大合作在另外几个国家进行了巡回展。设计展持续受欢迎的原因是作品具有构思完整、结构可靠、造型美观和做工精致等特点。显而易见，斯堪的纳维亚的家具设计更多地向公众展示了世界在饱受战争蹂躏之后所渴望的人文关怀。

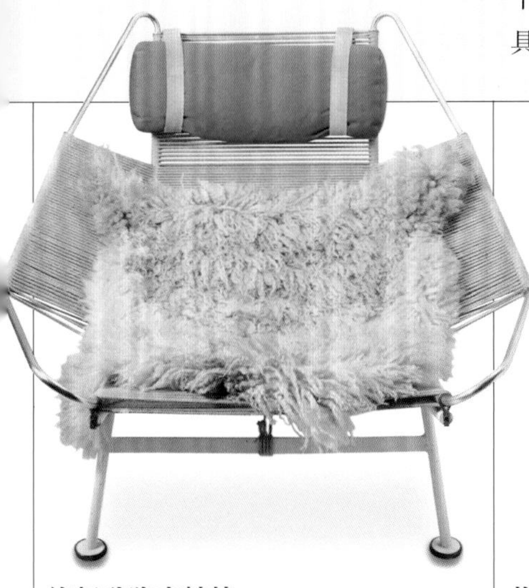

旗帜升降索躺椅

这把躺椅的无缝钢管结构框架，是用旗帜升降索来固定捆扎在一起。一张羊皮，被随意地铺垫在椅子的座位上。汉斯·韦格纳设计制作。*1950 年 高 81 厘米（约 32 英寸），宽 104 厘米（约 41 英寸），深 112 厘米（约 44 英寸） BonBay*

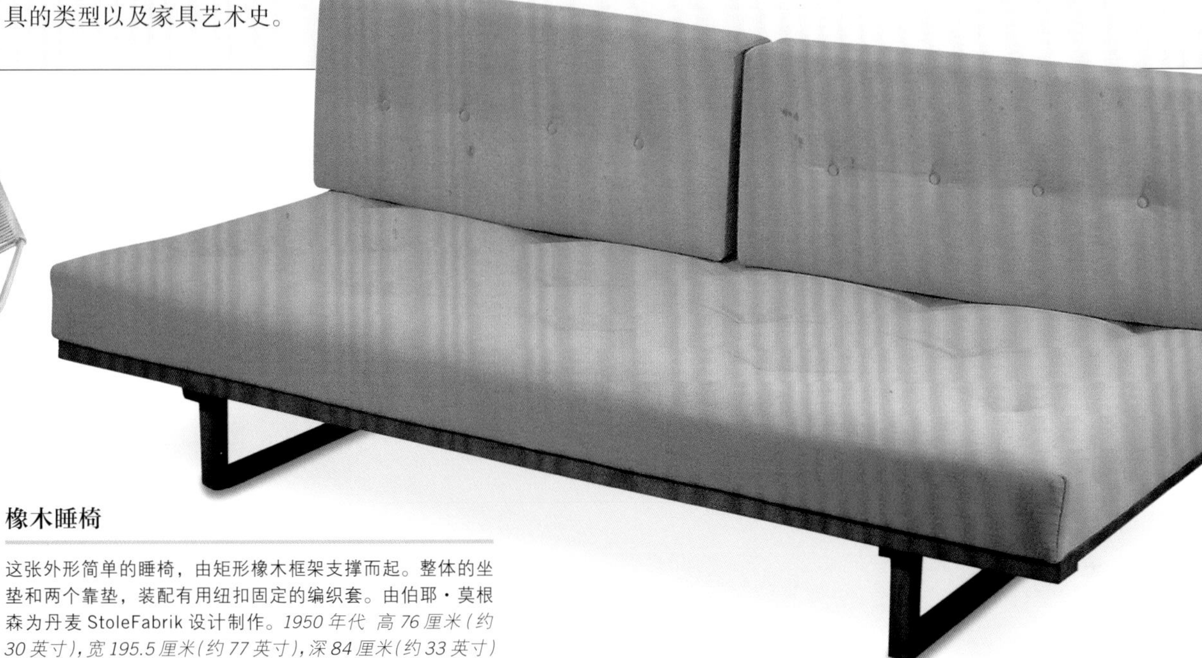

橡木睡椅

这张外形简单的睡椅，由矩形橡木框架支撑而起。整体的坐垫和两个靠垫，装配有用纽扣固定的编织套。由伯耶·莫根森为丹麦 StoleFabrik 设计制作。*1950 年代 高 76 厘米（约 30 英寸），宽 195.5 厘米（约 77 英寸），深 84 厘米（约 33 英寸） R20*

胡桃木扶手椅

这把梯式靠背椅，有两个向外倾斜的扶手。经车削木加工制成的撑杆支撑着扶手。微微凹陷的座位，配置有被棱纹编织套覆盖包裹的羽绒软垫。座位被经车削木加工制成的椅腿支撑而起。椅腿间有撑架连接。奥勒·瓦西尔为弗里茨·汉森公司设计制作。*1946 年 BonBay*

汉斯·韦格纳的椅子

JH501 号作品问世以来，引起了无数人争相效仿。这件作品是韦格纳“形式迎合功能”设计观点的集中体现。

汉斯·韦格纳于 1949 年设计的 JH501 椅，虽外形低调谦和，但却久负盛名。很多现代主义设计界的评论者认为，这是这个时代“最后一次将功能与形式融合”的、最成功的经典作品。

20 世纪 50 年代末最具影响力的美国杂志《美丽住宅》（*House Beautiful*）首次将 JH501 椅称为世界上最优美的座椅。哥伦比亚广播公司选择这款椅子作为电视演播厅的专有家具。在这间演播厅中，曾上演了约翰·肯尼迪和理查德·尼克松之间的总统辩论。

20 世纪 70 年代，这把椅子再度声名大噪。在一次展览中，人们将原作与三十把仿品并列排放。在做工与质地上，这些仿制品大都或多或少地逊色于原作，由此足以看出 JH501 椅的卓越品质。

汉斯·韦格纳

椅子 柚木椅子的靠背撑杆与扶手优美地结合在一起，使这件作品看起来似乎是浑然一体。*1950–60 年代 高 76 厘米（约 30 英寸），宽 58.5 厘米（约 23 英寸），深 53.5 厘米（约 21 英寸） BK*

阿尔内·雅各布森

阿尔内·雅各布森创造出一种融合柔美曲线和精确细部的全新美学。他设计出若干 20 世纪最畅销的家具作品。

在 1925 年的巴黎“装饰艺术与现代工业世界博览会”中，年仅 23 岁的阿尔内·雅各布森（Arne Jacobsen）摘取了国际家具设计竞赛的银奖。这是他一生中获得的第一个国际奖项。在法国之行中，他参观了建筑大师勒·柯布西耶的作品——新精神馆。该建筑以极简主义的外形，和放弃手工艺转而注重工业生产的理念，深深影响了雅各布森后来所有的设计作品。

雅各布森曾是丹麦的一名石匠。当接触到勒·柯布西耶的新精神馆，并于 1927 年在斯图加特参观了密斯·凡德罗的公寓之后，他被大师们严谨精确的设计方式深深触动。他将此二人的作品描述为“清晰的、明智的、稳定的、简明的”。20 世纪 30 年代，雅各布森成为丹麦知名的建筑师。这一时期他最为重要的作品是修建于 1932 年至 1935 年位于哥本哈根的贝拉维斯塔公寓。直到二战结束，他才开始出任家具设计师。他的大多早期作品都追随着密斯·凡德罗和勒·柯布西耶，也包括瑞典功能主义建筑师贡纳尔·阿斯普朗德，直至 20 世纪 50 年代才最终建立起自己的风格。

蛋形桌
这张桌子的蛋形桌面，由附带支架的三个钢筋桌腿支撑而起。桌腿末端，安装有黑色的橡胶帽状脚。由弗里茨·汉森公司生产制造。*宽 114 厘米（约 45 英寸） BonE*

水滴椅
这把具有雕塑般聚氨酯外壳的椅子，由被装配着皮革外套的泡沫材料覆盖包裹着。椅子由镀铜无缝钢管桌腿支撑而起。1958 年由弗里茨·汉森公司生产制造。*高 84.5 厘米（约 33 英寸），宽 46 厘米（约 18 英寸），深 55.5 厘米（约 22 英寸） QU*

关键时期

阿尔内·雅各布森

1902 年 2 月 11 日 阿尔内·雅各布森生于哥本哈根。

1925 年 椅子作品在巴黎世界博览会中获得银奖。

1927 年 游历斯图加特，参观公寓展览。

1932–1935 年 设计贝拉维斯塔公寓综合体，以及位于哥本哈根市郊的贝尔维尤（Bellevue）娱乐中心。

1952 年 设计“蚂蚁椅”。

1955–1961 年 设计“7 系列椅”。

1956–1965 年 设计哥本哈根斯堪的纳维亚航空公司皇家酒店建筑单体和室内陈设。

1959 年 为路易斯·鲍尔森公司（Louis Poulsen）设计 AJ 灯具。

1960–1963 年 设计牛津大学圣凯瑟琳学院建筑单体及室内陈设。

1961–1978 年 设计丹麦国家银行，此建筑在他辞世之后才最终竣工。

1971 年 3 月 24 日 于哥本哈根去世。

对设计的苛求

现在广为人知的雅各布森美学，最早出现在 1952 年创作的蚂蚁椅（Ant chair）之中。在这个作品中，雅各布森将流线造型与精确局部进行了完美的结合。其最显著的特征是精湛的制作工艺。整个椅子是由截然分离的两部分构成，其一为三根无缝钢管支架所构成的底座，其二为蒸汽塑成的胶合板座椅。由于采用了逻辑性较强的设计方式，这把椅子十分便于投入大批量生产。蚂蚁椅是专门为一家工厂的食堂设计的。雅各布森在后来的设计中，还多次使用蚂蚁椅基座的形式。

从蚂蚁椅的制作工艺中，亦可看出埃罗·沙里宁和伊姆斯夫妇带给雅各布森的深远影响。雅各布森并不是胶合板家具设计的先锋领袖，但他是个如同伊姆斯般的材料大师。在完成了蚂蚁椅的创作之后，他开始着手“7 系列椅”的设计。尽管与蚂蚁椅的构造基本相同，但“7 系列椅”有四条腿，而

天鹅椅
这个具有铝金属外加框的沙发，装配有橘黄色羊毛编织套，并且由装置着帽状塑料脚的台架基座支撑而起。1957 年由阿尔内·雅各布森为弗里茨·汉森公司设计制作。*宽 148 厘米（约 58 英寸） L&T*

哥本哈根斯堪的纳维亚航空公司（SAS）皇家酒店

雅各布森设计的斯堪的纳维亚航空公司皇家酒店，是哥本哈根的第一座摩天楼。其精美的室内设计与优雅的建筑一并闻名。

从蛋形椅到AJ吊灯，阿尔内·雅各布森的众多著名设计都是为斯堪的纳维亚航空公司皇家酒店专门所作。这座建筑竣工于1960年，是由斯堪的纳维亚航空公司委托设计的。这是丹麦首都哥本哈根的第一座高层建筑。这座建筑下部有两层水平伸展的裙房，上部则为十九层的塔楼。雅各布森设计的微妙之处在于，他使塔楼盘踞于基座之上，造型优美简洁、落落大方。

这个建筑曾经备受各界瞩目，但如今，酒店的室内设计却更让人们记忆深刻。带着对细节完美无缺的要求，雅各布森执意要使建筑中每一处都满足自己严苛的标准，这或许就是他坚持要由自己一并完成室内设计与布置的原因。

在酒店大楼中，他不仅设计了著名的蛋形桌、天鹅椅和水滴椅，同时还完成了窗帘、餐具和灯具的设计，他如此精益求精，以至于还设计了酒店的门把手。而今，雅各布森为斯堪的纳维亚航空公司皇家酒店设计的许多家具都已批量投产。但颇为遗憾的是，该酒店后来大幅改变了原有的室内布置，仅留606房间严格地保持着雅各布森当年的设计原貌。

哥本哈根斯堪的纳维亚航空公司皇家酒店外景 1960年，阿尔内·雅各布森设计了这个酒店，使之成为市区的一个亮点。这表明，雅各布森不仅仅是一个充满灵感的室内设计师，而且是20世纪最伟大的一位建筑师。

哥本哈根斯堪的纳维亚航空公司皇家酒店606房间 606房间位于酒店第六层，是这个建筑物中唯一保留着雅各布森当年设计原貌的房间。在这里可以见到当时房间的装潢与家具的整体效果。这是雅各布森在20世纪60年代设计的杰作。

不是三条，并且呈现出多种风格样式。这一系列所有的椅子，都有着弯曲的胶合板椅身。除此之外，“7系列椅”有的拥有扶手（3207），有的拥有旋转基座（3117），有的既有扶手也有旋转基座（3217）。其中，最为著名的一款是3107号椅。据一些数据统计，至20世纪末，3107号椅已被卖出六百万把，这是有史以来普及度最高的椅子。

务实的设计方法

尽管雅各布森的设计被看作新时代精神的缩影，但其本人却是一个极为保守的人。他喜爱古董、珍贵的葡萄酒和上好的烟草，以及平静的生活。1929年，他曾与建筑师弗莱明·赖森（Flemming Lassen）合作完成了“未来之家”的设计方案。当时，他们在屋顶上设计了直升机停机坪，引起了轰动。但总的来说，雅各布森认为自己的思想并不那么激进而是比较务实。

雅各布森所有的家具作品，几乎都是为特定的建筑空间而设计。正如上文提及的蚂蚁椅是为食堂设计的。后续的蛋形桌（Egg table）、天鹅椅（Swan chair）和水滴椅（Drop chair）是为斯堪的纳维亚航空公司皇家酒店设计的（见左图）。在蛋形桌、天鹅椅和水滴椅中，雅各布森运用了挪威领先的全新生产加工工艺，并授权丹麦弗里茨·汉森公司加工制作。

雅各布森最后一个激起设计界较大轰动的项目是1960年至1963年为牛津大学圣凯瑟琳学院设计家具。虽然在生命最后十年，雅各布森主要致力于建筑和五金器具的设计，但他依然没有完全放弃家具设计工作。他从不畏惧对新材料和新技术的探索和尝试。1971年去世之前，他还在设计一款全塑料的办公椅。

7系列椅
这个椅子的座位和靠背是由一个单张的黑色成型胶合板经压模制作而成。椅子的座位，由装置着帽状橡胶脚的无缝钢管基座支撑而起。为弗里茨·汉森公司而设计制作。*高76厘米（约30英寸）SDR*

斯堪的纳维亚的第二代

20 世纪 50 年代中叶，所谓的“第二代斯堪的纳维亚设计师”开始登上历史舞台。汉斯·韦格纳、伯耶·莫根森和奥勒·瓦西尔等第一代设计师已经开创出他们与众不同的设计风格。二战期间，由于与世界其他地区保持着相对隔绝的状态，第一代设计师们的设计风格在很大程度上没有受到外来因素的干扰。第二代设计师则深受世界其他地区设计发展的影响。

国际的影响

查尔斯·伊姆斯和埃罗·沙利文（十三岁时由芬兰迁居至美国）在密歇根州的克兰布鲁克艺术学院所从事的实验性设计，在很大程度上吸引了年轻一代的斯堪的纳维亚设计师，包括丹麦的阿尔内·雅各布森、保罗·克耶霍尔姆（Poul Kjaerholm），以及芬兰的伊玛里·塔佩瓦拉（Ilmari Tapiovaara）和昂蒂·诺米斯耐米（Antti Nurmesniemi）。年长的灯具专家保罗·汉宁森（Poul Henningsen）亦较为关注国外设计界的变化。这些设计师在美国同仁的作品中，汲取到一种活泼的造型方法，导致在作品上出现了一种雕塑化的设计趋势。

同样使斯堪的纳维亚人感兴趣的是，创新型模压胶合板技术的发展与应用。相比起古老而粗糙的加工工艺，模压胶合板技术的推行，帮助设计师们实现了很多复杂而柔美的造型。立方体形的木质家具已逐渐在斯堪的纳维亚地区失去了市场。

在金属的使用方面，也是由美国人率先进行了革新。欧洲早期的现代主义设计师们，喜欢大肆夸耀对钢材的使用。20 世纪 40 年代至 50 年代，美国的设计师十分吝惜使用钢材，仅在确实需要之处才会使用。一种纤细钢条的出现，给设计师们更轻松地使用金属提供了方便。保罗·克耶霍尔姆的设计作品即可证实这一点。因为过于冷峻而理性，早期的斯堪的纳维亚设计师们拒绝使用金属

俊秀椅

这把椅子的外壳是采用塑料压模制作的一个典型案例。椅子外壳装配着鲜艳的橘红色织物。这种织物具有良好的延展性。轻微向后倾斜的椅腿，是由桦木制作而成。椅腿之间有一个横梁，可以强化椅子的结构并加强其稳定性。20 世纪 60 年代，这把椅子是为芬兰首都赫尔辛基马斯基（Marski）酒店的餐厅而设计的。因为制造程序需要密集的劳动力，对市场来说价格过于昂贵，所以这把椅子从未投入到量产之中。伊玛里·塔佩瓦拉为芬兰阿斯科公司（ASKO）设计制作。*R20*

Lamino 扶手椅

这把根据人类环境改造学设计的扶手椅，具有一个由桦木和柚木层压板制作而成的弯曲框架。椅子装配有棕色皮革外套。此设计还配置了相应的脚凳。英韦·埃克斯特龙（Yngve Ekstrom）为瑞典 Swedese 公司设计制作。*1956 年 高 101 厘米（约 40 英寸），宽 69 厘米（约 27 英寸），深 75 厘米（约 30 英寸） SDR*

吊床样躺椅

这张躺椅是因为酷似吊床而被命名。优美文雅的躺椅具有一个用藤条编织的座位和靠背。座位和靠背由精美的不锈钢框架支撑而起。椅子的头靠是黑色皮革材质。由保罗·克耶霍尔姆为弗里茨·汉森公司设计制作。*1965 年 BonE*

材料。而第二代设计师则认为，如果去除其象征性意义，适度地使用金属将具有广泛的实际作用。

第二代设计师作品的显著特征在于柔和的造型以及对新材料的实验和使用。当新型制造技艺在设计领域全面推行时，人们能明显地感受到，传统手工艺的重要性已开始衰落。汉斯·韦格纳和奥勒·瓦西尔等设计师，更多可归为手工艺者，或是一般意义上的橱柜木匠。而第二代设计师往往被归为工业化设计师。

这种转变亦反映出斯堪的纳维亚地区社会的变革。在这里，工业化的春天姗姗来迟，直到20世纪50年代，斯堪的纳维亚人才摆脱了农业社会，基本适应了工业化的生活。

大型制造企业

在斯堪的纳维亚，历史悠久的小型手工业制造作坊为家具产业奠定了深厚的基础，至20世纪50年代末，大型制造商开始发挥更为重要的作用。于哥本哈根创立的丹麦弗里茨·汉森公司最为声名显赫。公司曾经生产制造过大量阿尔内·雅各布森的作品，也曾一度主要生产保罗·克耶霍尔姆的设计作品。

有趣的是，当人们试图去评价20世纪50年代至60年代斯堪的纳维亚领军设计师的作品时，发现仅有伊玛里·塔佩瓦拉完全投身于低造价、标准化的家具设计，而这类型家具曾是众多欧美设计师矢志不渝的追求。这也很好地诠释了在20世纪下半叶，斯堪的纳维亚地区相对富庶的社会现状。另一个影响斯堪的纳维亚家具设计的深层社会因素，是颇具前卫意识的性别平等观念。这种观念特别盛行于丹麦和瑞典。战后的欧美地区，女性家具设计师很少能得到较高的社会肯定，即使得到，也多半是依靠她们的男性搭档。雷·伊姆斯即是一个典型的例子。然而在20世纪50年代，斯堪的纳维亚地区的南纳·迪策尔（Nanna Ditzel）和格蕾·加尔克（Grete Jalk）两个丹麦女设计师获得了极高的声誉。迪策尔因她设计的儿童家具而名噪一时。由于战后生育高峰带来的“婴儿潮”现象，大量儿童家具成为需求。

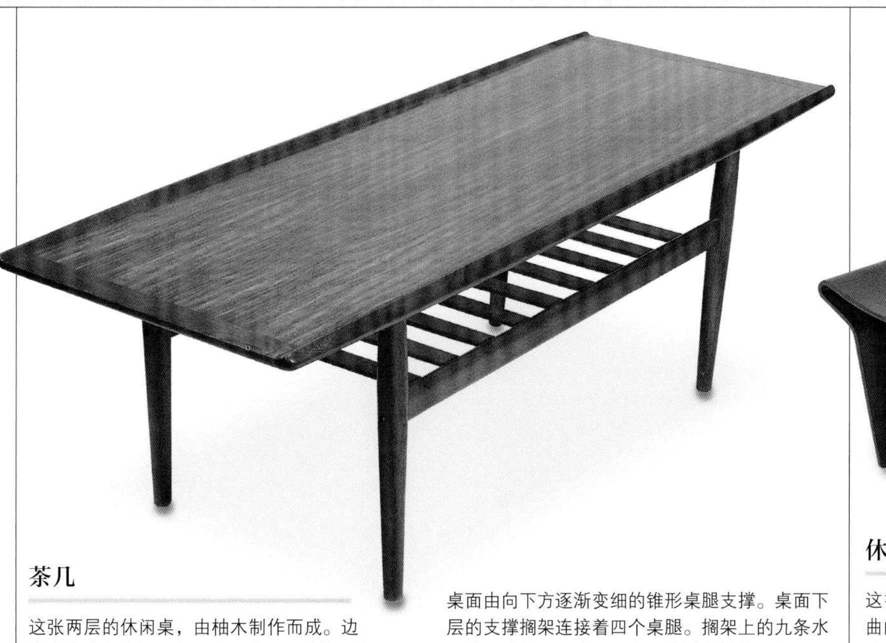

茶几

这张两层的休闲桌，由柚木制作而成。边缘微微隆起的矩形桌面，造成了一种盘形效果。另外，这个作品缺乏装饰和设计感。朴素的外表中，最引人注目的亮点是木材自然肌理的美丽。桌面由向下方逐渐变细的锥形桌腿支撑。桌面下层的支撑搁架连接着四个桌腿。搁架上的九条水平横置肋板，组成了一个开放性的储存空间。丹麦家具设计师格蕾·加尔克设计了这张桌子。*约1960年 宽161厘米（约63英寸） FRE*

休闲椅

这把松木层压板椅子采取“折叠”，而不是弯曲的方式来制作。椅子的结构可分为两个部分。由两副钢制螺栓将这两个部分固定在一起。由格蕾·加尔克设计，保罗·杰普森公司（Poul Jeppeson）生产制造。*1963年*

洋蓟灯具

这盏灯具的名字取自其造型的形象元素，多层状重叠、拉丝紫铜和叶状形态等。由保罗·汉宁森为保尔森公司（Firma Poulsen.）设计制作。*1958年 高78厘米（约31英寸），宽80厘米（约31英寸） WKA*

Pirkka餐桌

这张餐桌的矩形桌面是由两块被油漆过的松树实木制作而成。桌面被涂以黑色磁漆的山毛榉实木锥形桌腿支撑而起。桌腿向下方逐渐变细，并且由撑杆连接。桌面与撑杆之间有叉架支撑，以额外强化其支撑结构。由伊玛里·塔佩瓦拉为芬兰阿斯科公司设计制作。*约1955年 高67.5厘米（约27英寸），宽150厘米（约59英寸），深70厘米（约28英寸） DOR*

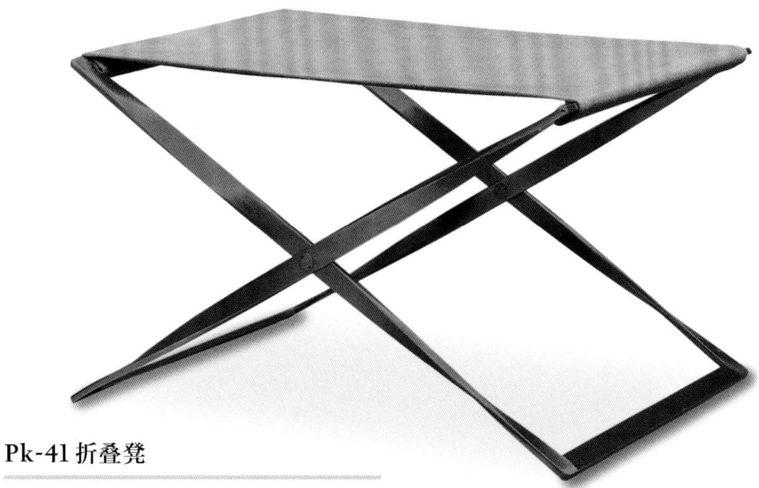

Pk-41折叠凳

这件可折叠小凳的座位是由一种具有延展性的帆布制作而成。帆布座位铺开在两个十字交叉的凳腿之间。凳腿轻度扭转成一个螺旋辊样式。不锈钢制成的凳腿，由两个矩形框架结构组成。由保罗·克耶霍尔姆为丹麦克尔德·克里斯腾森公司（E. Kold Christensen）设计制作。*1960年代 高42.5厘米（约17英寸），宽58.5厘米（约23英寸），深44.5厘米（约18英寸） BK*

意大利

在二战中，意大利有超过三百万的房屋被毁，然而国家工业体系却未遭到太大的破坏。战后，工业部门以及不断壮大的工业设计师队伍并没费太多时间就重建了破碎的国家。随着法西斯势力的衰退，一个新兴的社会主义联合政府开始掌握国家大权。此时，社会主义的意识形态，也反映在意大利的设计产业中。设计师们更加关注小型居住空间的室内布局，以及如何合理运用战后有限的生产材料，如何更好地利用最新的流水线生产技术等问题。弗朗哥·阿尔比尼（Franco Albini）、埃内斯托·罗格斯（Ernesto Rogers）和BBPR工作室（Studio BBPR）的建筑师和设计师们，都在这种社会风尚中发挥了核心作用，他们为工薪阶层出具最佳的设计方案。1947年，“米兰三年展”的主题亦为“针对弱势群体的设计”。

新的自信

20世纪50年代对意大利而言，是一个全新的时代。美国战后的经济援助和若干商贸协定，使意大利的经济得以快速改善。在全国的生产者与消费者心中，都充盈着一股全新的民族自信心。

设计师们通过创作那些更优雅、更具表现力的理性主义作品来回应社会。自20世纪30年代以来，理性主义便在意大利设计界有了不可动摇的地位。二战之前，在设计界，建筑是最受追捧的艺术形式；而战后，雕塑艺术一跃成为主导。由吉奥·庞蒂编辑的《多姆斯》杂志主要介绍了亨利·摩尔（Henry Moore）、亚历山大·考尔德以及其他现代派画家的作品。

《多姆斯》杂志曾用很大篇幅介绍美国建筑师乔治·内尔松、伊姆斯夫妇的作品。他们对新材料、新造型的实验性探索，促使意大利设计师继续发扬前辈们开创的抽象派还原主义设计风格。

20世纪50年代，有利的经济形势和积极高涨的设计热情，促使家具制造商迅速增加。此时的制

贵妇椅

这把具有木制框架的扶手椅，装配有红色天鹅绒编织套。填塞着泡沫材料的座位和靠背，被四只黄铜制作的椅腿支撑而起。由马尔科·扎努索为米兰阿尔弗莱克斯公司（Arflex）而设计制作。*1951年 高78厘米（约31英寸） DOR*

Arco书桌和椅子

这张用于书写的书桌和与之相配套的椅子，是模块化办公室的一部分。书桌有一个带有木制效果和压模塑形边缘的塑料桌面。较小的桌面被设计为放置打字机。一个表面涂有瓷漆的灰色薄铁箱上，安置有五个抽屉。薄铁箱被悬吊在桌面下，并被固定在支撑着书桌的外侧桌腿上。桌子消瘦的框架，是由表面涂有黑色瓷漆的薄钢和结构钢制作而成。上面有三对向外伸展的桌腿，支撑着整个书桌。椅子靠背、座位和扶手上的软垫，被灰色织物套覆盖和包裹，坐落在表面涂瓷漆的钢筋框架上。由BBPR工作室为奥利韦蒂设计公司设计制作。作品均有“OLIVETTI ARREDAMENTI METALLICI”标记。*1963年 书桌高78厘米（约31英寸），宽180厘米（约71英寸），深78厘米（约31英寸） QU*

边椅

这把椅子的框架，是由表面涂有黑色瓷漆的实木制作而成。椅子具有笔直的外形。椅子的座位和靠背，皆装配着天鹅绒覆盖包裹着的软垫。椅子由外展、向下方逐渐变细的椅腿支撑。由卡洛·迪·卡利为卡西纳公司设计制作。*1950年 高84厘米（约33英寸） DOR*

造商们，有意助冒险的家具设计师一臂之力。随着卡西纳、扎诺塔和伽瓦纳（Gavina）等公司的出现，吉奥·庞蒂、卡洛·迪·卡利和卡斯蒂廖尼三兄弟等设计师拥有了足够机会去发展他们独特的作品风格。这些合作也产生了新鲜、富于冒险精神的设计语言，当然这种语言带有明显的意大利风格。

从轮胎制造到家具制造

这一时期，在意大利设计界不常用的材料中，橡胶或许是展示国家新建立起的乐观与宏伟蓝图的最佳材料。因为此时意大利迎来了汽车产业发展的全盛时期，橡胶正被大量运用于汽车制造业，而将橡胶运用于家具设计，似乎也顺理成章。

1950年，轮胎制造商皮雷利开设了致力于家具制造的分公司阿尔弗莱克斯（Arflex）。该公司的产品大量使用橡胶和泡沫。马尔科·扎努索（Marco Zanuso）是阿尔弗莱克斯公司中的核心设计师。1951年，他设计了贵妇椅。贵妇椅的造型明显受到了抽象艺术家亚历山大·考尔德和让·阿尔普（Jean Arp）的启迪。它有着优雅的外观，成为一件彻底的工业化产品。

另一位擅于开发利用橡胶特性的家具设计师为奥斯瓦尔多·博尔萨尼。1953年，他创立了自己的蒂克诺公司。一年以后，他制作出著名的P40卧椅。P40卧椅因其工艺卓越且运用厚实软垫的特征，满足了人们既要求工业化制作，又追求舒适奢侈的要求，一举成为那个时代的典型作品。P40卧椅因运用橡胶原料，使用者可将椅子调整超过四百五十种姿势之多。

P40卧椅

这把P40卧椅具有一个组合式金属框架结构。填塞着聚氨酯泡沫的座位和靠背装配有黄色编织套。在椅子的框架里安装着一个具有专利权的机械装置。使用者可以根据自己的喜好，增加或降低座位与头靠之间的角度。难以置信的是，这把躺椅可以设置486种不同姿势。由奥斯瓦尔多·博尔萨尼为蒂克诺公司设计制作。*1954年 高149厘米（约59英寸），深89.5厘米（约35英寸）*

调节架

搁架组合

这件被称为模型LB7的搁架组合由胡桃木和黄檀木制作而成。搁架组合的各个结构部分是用黄铜配件结合在一起。四个竖杆支撑着这个组合的三个部分。其中有两边结构上装置着箱柜。每个箱柜上只有一扇门。柜门开向搁架内侧的调节架。有一个箱柜呈悬垂状安装。当柜门打开时，可以作为一个写字桌使用。搁架组合上共有十个调节架。在这里展示的是七个。由弗朗哥·阿尔比尼为Poggi公司设计制作。*1957年 高284.5厘米（约112英寸），宽340厘米（约134英寸），深35.5厘米（约14英寸）*

卡洛·莫利诺

卡洛·莫利诺是一个精力极为充沛且魅力超凡的设计师。他用胶合板制作出具有都灵巴洛克风格的独特家具作品。

20世纪50年代，卡洛·莫利诺（Carlo Mollino）的作品在意大利取得了巨大成功。他的成功可归结于两方面原因：首先莫利诺及早地意识到富有的新一代家具消费人群希望购买大胆且价格昂贵的设计作品；此外更为重要的是，莫利诺有着纯净执着的个性。

以上两种因素使莫利诺声名大振。在20世纪50年代，他不仅堪称意大利首屈一指的家具制造师，同样还是一名赛车比赛的冠军、一名特技飞行员、一位探索现代滑雪技术的先驱者，以及一位著名的裸体人像摄影师。

莫利诺对于女性身体的浓厚兴趣，很明显地体现在其家具作品曲线的造型之中。这些曲线形式多半是由弯曲的胶合板制成。他设计的那些仿生形态的家具，都带有着一种奢华舒适的风格特征。这些作品皆由都灵的能工巧匠加工制作，被后世誉为“都灵的巴洛克”（Turinese Baroque Style）。

卡洛·莫利诺

Minola公寓内景 这一件感性的有机家具设计，是卡洛·莫利诺特殊而戏剧性设计风格的极好范例。*1944–1946年*

躺椅 这张装配着天鹅绒外套的睡椅，有着四个乌木色的雕刻状椅腿。*1944年 高67厘米（约26英寸），宽168厘米（约66英寸），深82厘米（约32英寸）*

吉奥·庞蒂

在其漫长而丰富的职业生涯中，吉奥·庞蒂成功地设计出具有众多风格的作品，并在其他很多专业领域做出卓著贡献。

格瓦尼·吉奥·庞蒂在六十年的职业生涯里，横跨了众多种类的设计风格。他刻意回避将自己归属为某一特定的风格流派。他不仅着眼于设计，还关注建筑、绘画、新闻和教学等多个领域，并在每个领域付出了大量的心血。有人说，吉奥·庞蒂在从业的每个阶段，都对整个行业影响巨大。但事实上，直到20世纪50年代，他的事业才真正步入顶峰。

新的前景

二战后，意大利建筑师和设计师们，皆试图集中力量振兴被战争耗竭的祖国。在20世纪30年代，理性主义设计方法因其略显教条，而备受人们诟病。但吉奥·庞蒂相信，理性主义定会有一个崭新的前景。“我想让作品摆脱标签和特定的形容词”，吉奥·庞蒂写道，“我想要真实的、正确的、天然的、简约而自发的设计作品。”

关键时期

吉奥·庞蒂（Gio Ponti）

1891年 生于米兰。

1923年 成为理查德·基诺里陶艺工作室的艺术总监。

1928年 成为《多姆斯》杂志的合伙创办人。

1933年 成为丰特纳·艾德公司的艺术总监。

1936年 开始在米兰理工学院任教。

1936年 完成米兰蒙特卡蒂尼大厦（Montecatini building）的规划设计。

1940年 结识埃罗·佛纳赛缇（Piero Fornasetti）。

1945年 创立*Stile*杂志。

1948年 为拉·帕瓦尼公司设计意式浓缩咖啡机。

1950年 开始与卡西纳公司合作。两年后，卡西纳公司成为超轻椅制造商。

1953年 设计米兰斯卡拉大剧院（La Scala opera）室内陈设。

1954年 为纽约的阿尔塔米拉公司（Altamira）设计了书桌，宣布为其代表作。

1955年 完成加拉加斯别墅平面图设计。

1956年 与皮耶尔·路易吉·内尔维合作完成米兰倍耐力塔的设计。

1972年 在科罗拉多设计丹佛艺术博物馆。

1979年 于米兰辞世。

餐桌

这是个胡桃木制作的餐桌。餐桌的矩形桌面由经车削加工的桌腿支撑而起。桌腿向下端逐渐变细，尾部装置有黄铜腿脚。一个H形的撑档将四个桌腿联合在一起。由吉奥·庞蒂为Singer and Sons公司设计制作。*1954年 宽162.5厘米(约64英寸) LOS*

加布里埃拉（Gabrieia）边椅

这把边椅外形十分夸张，具有一个细高而弯曲且呈拱垂状的靠背，座位短小而局促。黑色的座位和靠背由一个简单的金属框架支撑。椅腿向后呈轻度弓状弯曲。由吉奥·庞蒂设计制作，沃尔特·庞蒂公司（Walter Ponti）生产制造。*1970年 BonBay*

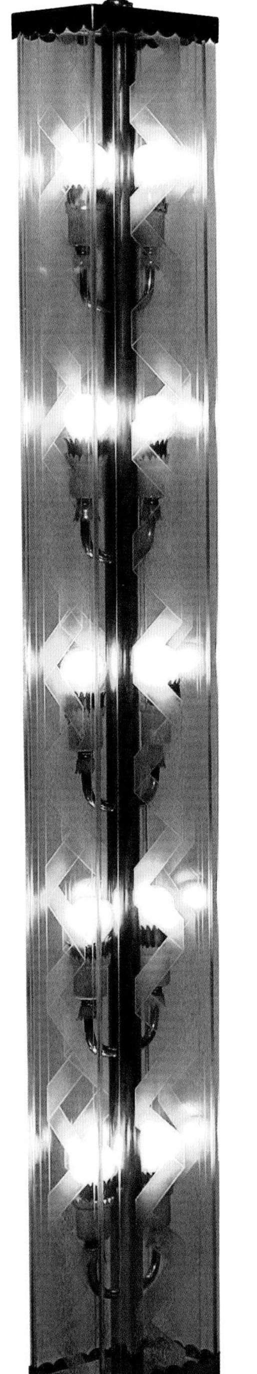

落地灯

这件早期设计的落地灯是由一个很高的矩形玻璃箱制作而成。玻璃箱里有十个灯泡，等距离成对地安装在一个圆柱形基座上。整个灯具由这个黄铜制作的基座支撑而起。*约1935年 高168厘米(约66英寸) DOR*

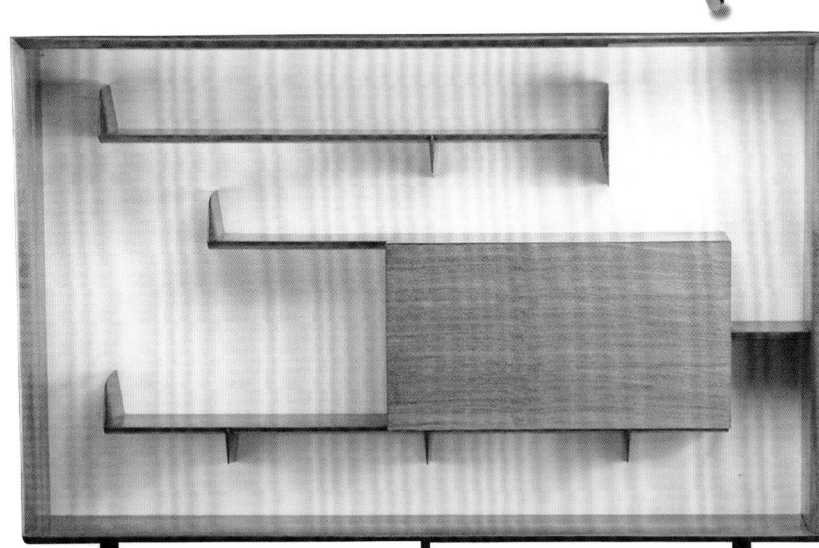

橱柜

这个具有异国情调的胶合板餐具柜，具有一个不对称的开放性搁架。搁架中间有一个悬垂状的橱柜。搁架底部的基座橱柜具有推拉门和六个逐渐变细的短腿。*高200厘米(约79英寸) SDR*

超轻椅

这把具有乡野气息的椅子是吉奥・庞蒂设计的。在结构上，椅背两侧垂直竖立的撑杆之间，有两条水平状背肋。椅背两侧撑杆继续向下延伸，形成两个后腿。锥状椅腿，由横梁相互连接。*1952年 SDR*

《多姆斯》杂志封面

吉奥・庞蒂和詹尼・马佐基共同创建了这个倍受大众欢迎、在业内颇具影响力的建筑学和设计杂志。他曾两度亲任编辑，分别是1938年到1941年，1948年直至1979年逝世。这个杂志充当了时代设计者的先锋。

1952年，吉奥・庞蒂以其最出名的设计作品印证了他的主张。他设计了超轻椅（Superleggera），将其称之为“一把椅子中的椅子，一把普通的、谦逊的、纯粹的椅子”。吉奥・庞蒂从意大利渔村中汲取了一种质朴的设计方式，并将其应用到自己的作品中。有趣的是，这把椅子在很多方面与吉奥・庞蒂在20世纪50年代完成的最著名的建筑作品有着异曲同工之妙。在米兰，他曾与备受追捧的工程师皮耶尔・路易吉・内尔维（Pier Luigi Nervi）合作设计了倍耐力塔（Pirelli tower）。内尔维后来在书中写道，他与吉奥・庞蒂“剔除所有多余的结构”，将这个塔用最为简洁的形式表现出来。超轻椅也采用了这种设计方式。仅有1.7千克的超轻椅成为那个时代最轻盈的椅子。

超轻椅是吉奥・庞蒂专为长期合作伙伴卡西纳公司设计的。他与该公司法人在产品设计上持有相同的理念。他声称自己的作品“既基于最现代化的机械设备，同时夹杂考虑人体感受”。他的设计既包含着与意大利传统手工艺相一致的方式，也含有与德国、美国相似的工业生产工艺。另外，他还在家乡从事工业产品和汽车造型的设计，并独自手工制作一次性的陶瓷制品。

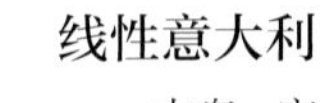

线性意大利

吉奥・庞蒂提出了创造性的概念，那就是线性意大利。这是意大利设计界一个错综复杂的概念，被很快播散至全球。他热衷于引介国外艺术家、建筑师和设计师的作品。1928年，他与詹尼・马佐基（Gianni Mazzocchi）创办了《多姆斯》杂志，杂志的读者并不局限于专业学者，更多的是设计发烧友。在吉奥・庞蒂的悉心编辑管理之下，《多姆斯》成为影响力空前的设计类期刊。

20世纪50年代末，吉奥・庞蒂的设计变得越来越气势恢宏，意蕴深远。他相信，家具应当尽可能与建筑浑然一体。但直到晚年，他才将这个理念彻底实现。他最为青睐的设计理念“系统化墙体”的概念，被发展成在墙体上植入一些家具，抑或从墙体中蔓伸出一些家具。这些家具可以是各种各样的置物架、灯具或者抽屉等。这一时期，他设计的床也应用了“植入墙体”的概念，很多构件与墙面浑然一体。尽管吉奥・庞蒂有许多引人注目的作品，但这些“植入式”家具却是他最为著名的作品。在20世纪60年代至70年代，吉奥・庞蒂继续带着极大的热忱不断地变换着设计风格，直到1979年离世。

吉奥・庞蒂和佛纳赛缇

埃罗・佛纳赛缇的很多设计理念都被吸纳在吉奥・庞蒂的家具设计和室内设计中。

埃罗・佛纳赛缇（1913–1988），幼年时就是一个天才，他在绘画方面显现出惊人的天赋。17岁时，他进入米兰布雷拉国立美术学院学习，很快却因违反学校严格的条例而被除名。

然而，佛纳赛缇从未中断绘画学习。在1941年，他的作品吸引了吉奥・庞蒂的注意。随即，吉奥・庞蒂邀请他为其家具作品设计装饰图案。此时，现代主义里“反装饰化”的风格依然一统整个设计界。他的作品中那精致丰富的装饰，大多出自佛纳赛缇之手。这些作品问世时，人们开始喜欢和欣赏这些极具装饰性的家具，这在设计界引起了不小的震动。

佛纳赛缇的设计汲取了多方面的风格元素。在他的作品中，可以明显地看出古典主义和超现实主义的倾向，特别是受到乔治・德・基里科（Giorgio de Chirico）的影响。在设计中，他最喜爱运用幻觉艺术，也深受错觉画的影响。

吉奥・庞蒂与佛纳赛缇合作完成了较多室内设计。其中最为著名的是1950年设计的圣雷莫赌场。直至1988年离世，佛纳赛缇完成了一万一千多件设计作品。他的设计作品丰富多样，包括瓷器、雨伞、背心、汽车、自行车、玻璃制品等。1970年，他在米兰开设了一家品牌店，专门售卖自己的作品。此店后由他的儿子巴尔纳巴（Barnaba）经营至今。

金属木制写字台书架 这件家具的奶酪色背景上，用黑色笔触描画出一幅建筑场景，颇具装饰效果。整件家具最后涂上透明漆得以制作完成。埃罗・佛纳赛缇和吉奥・庞蒂合作设计制作完成。*约1950年 高218厘米（约86英寸），宽80厘米（约31英寸），深41厘米（约16英寸） QU*

英国

1948年，纽约现代艺术博物馆举办了备受瞩目的低造价建筑国际设计竞赛。英国设计师克莱夫·拉蒂默（Clive Latimer）和罗宾·戴（Robin Day）凭借设计作品储藏柜摘得桂冠。不幸的是，这次获奖却并未影响至英国本土，那里的大众依然对现代主义风格持怀疑态度。直到20世纪60年代，随着大量青年消费者的出现，这种新的家具形式才进入设计主流。

实用家具

在世界大战期间，随着政府对“实用家具”的大力推行，使英国民众有机会接触到刻板严肃的现代主义风格家具作品。设计师戈登·拉塞尔最先提出“实用家具”的理念，促进了家具基本形式的设计和发展，同时鼓励运用任何可能的家具制作材料。在定量配给的时期，粗糙的硬纸板成为唯一大量可得的家具材料。因此这一时期的作品，时常以这种低劣的硬纸板作为设计原料。然而，“实用家具”却面临着大众褒贬不一的评价：一方面因实用性而受赞美；另一方面却因单调乏味而备受诟病。

战后初期，英国政府试图通过举办“英国能做到（Britain Can Make It）”展览，展望英国未来的设计前景，以振兴民族精神。1946年，展览在伦敦维多利亚和阿尔伯特博物馆拉开帷幕，随即吸引了大批民众关注。在压抑拮据的日子之后，人们迫切希望看到新颖的设计。

展览中最具争议的作品是欧内斯特·雷斯（Ernest Race）1945年设计的BA椅。这件作品是用一种废旧的、战时用于加工炸弹壳体的金属铝压铸而成。此后，BA椅被卖出超过二十五万把，欧内斯特·雷斯一时引领着英国的设计潮流。

1951年，工业设计委员会的部分成员举办了名噪一时的不列颠艺术节。欧内斯特·雷斯为艺术节设计出很多极具创造力的家具。同时，罗宾·戴和A. J. 米尔恩（A. J. Milne）亦有很多作品在艺术节中展出。利用这个契机，多种现代主义家具作品被社会所认识。人们由此认定，在大胆运用金属杆件和模压胶合板方面，英国

1951年的不列颠艺术节

不列颠艺术节诞生在尚未摆脱战争阴影的英国，它为英国国民提供了一次展望未来的机会。

在1951年的5月至9月间，很多英国民众皆积极地参与了全国性的不列颠艺术节。这次盛会旨在振兴战争中萎靡低落的民族精神。节日期间的整个英国，新建筑高耸林立，老建筑被粉饰一新。许多展览会都在试图发起一场如何推动英国前行的探讨。

艺术节的展馆大多集中于伦敦泰晤士河南岸。莱斯利·马尔金（Leslie Martin）设计的皇家艺术节大厅由混凝土筑建而成。大厅内部采用了罗宾·戴设计的家具作品。在河南岸的室外空间里，星罗棋布地点缀着欧内斯特·雷斯设计的羚羊椅。这款座椅由钢筋和胶合板制作而成。

此时，英国人正试图忘却战争时期的贫寒生活。很多商场在极力地推销着艺术节的独特展品。这些产品充分涵盖了此次盛会试图宣扬的前卫思想。尽管不列颠艺术节举办的初衷只是想要庆祝一百年前的“伦敦博览会”，但艺术节的整个过程却更多旨在提示人们关注未来的机遇，而非仅仅赞誉曾经取得的辉煌成就。

韦格韦尔（Chigwell）扶手椅 椅子由胶合板和实木层压板制作而成。罗宾·戴为不列颠艺术节设计制作。*1950年 高66厘米（约26英寸），宽89.5厘米（约35英寸）*

发现穹顶 这个穹顶位于伦敦南方银行。1951年，穹顶被英国节日的灯火所照亮。

英国节日徽章 这枚徽章设计从数枚参加竞选的作品中脱颖而出。

袋鼠摇椅

这把摇椅的座位和靠背是用被弯曲塑形的涂漆钢筋制作而成。椅子具有钢筋和钢条框架结构。欧内斯特·雷斯为户外使用而设计制作。*1952年 高72.5厘米（约29英寸），宽56厘米（约22英寸），深60.5厘米（约24英寸）*

BA椅

这把椅子具有优美而简洁的铝金属框架结构。框架上有四个逐渐变细的椅腿。这是利用战争剩余材料制作的大量家具中的第一件。*1945年 高73厘米（约29英寸），宽44.5厘米（约18英寸），深41.5厘米（约16英寸） RAC*

Plymet原型餐具柜

这件具有桦木胶合板框架的餐具柜，中间是四个排列整齐的抽屉。抽屉的两侧为两个柜门。柜体由四个向外伸展的铝制柜腿支撑。这件应用铝板铸塑技术制作的家具，给人以一种未来派面孔的视觉感。*1945–1946年 高86厘米（约34英寸），宽135厘米（约53英寸），深40厘米（约16英寸）*

本国的设计师已完全赶超其他欧美同仁。希尔和莫里斯等制造企业，通过售卖现代主义家具而获得了可观的收入。但在战争期间，英国的大众却是不得已地将这些不得不使用的“实用家具”与这种时代风格紧密相连。

物美价廉与欢欣鼓舞

在 1959 年，莫里斯汽车公司开创了独特的、由亚历克・伊斯哥尼斯设计的“迷你”车型。这款外观滑稽的汽车很快得到普及，特别是在青年消费者中。这类设计作品，与昔日的功能主义风格背道而驰，更多地满足了消费者们长期被抑制的欲望和诉求。至 20 世纪 60 年代中叶，伦敦国王之路卡尔纳比街和肯辛顿的街区，已开遍了丰富多彩的时尚精品店，其中包括芘芭（Biba）和玛丽·奎特（Mary Quant）家居用品商店。

家具设计师们也对社会上价廉物美的新型需求做出了积极的回应。年轻一代的英国皇家艺术学院毕业生彼得・默多克（Peter Murdoch）开创出一系列一次性卡纸板家具。与此同时，另一位毕业生伯纳德·霍洛韦（Bernard Holloway）用硬纸板生产他的“汤姆”系列家具，试图使之“足够便宜，能为大多数人消费使用”。由于深受波普艺术运动粗犷美学的影响，此时的家具风格特征已有所改变。家具作品日趋模仿卡通形象，色彩斑斓。英国艺术家理查德・汉密尔顿（Richard Hamilton）将波普艺术风格的特征描述归纳如下：为大众而设计的普及性；为解决生活问题的瞬时性；易被遗忘的消耗性；低造价的工业大生产性；为青年人而设计的青春性；还有诙谐、性感、巧妙和迷人性，以及批发销售性。

然而，这种热情洋溢的设计风尚并没有持续很久。至 20 世纪 70 年代，家具产业的所有热情和能量都几近耗竭，人们正集中力量，以应对每况愈下的经济萧条形势。

休闲扶手椅

这把座位与靠背形成了一个角度的扶手椅，装配着绿色斜纹软呢套，由被涂有油漆的钢筋框架支撑。椅子靠背上方上配置有一个小小的头靠软垫，两个由红褐色桃花心木制成的肘垫。由罗宾・戴为希尔公司设计制作。*1952 年 高 90 厘米（约 35 英寸），宽 90 厘米（约 35 英寸），深 86.5 厘米（约 34 英寸）MOU*

土耳其脚轮椅

这把扶手椅有一个表面涂以油漆的木制框架。框架用镀铬无缝钢管支撑。椅子的靠背、座位和扶手都装配着具有现代主义设计风格的三原色织物套。扶手椅的整体结构由四个小脚轮支撑。艾莉森・史密森和彼得・史密森设计制作。*1953 年 高 59 厘米（约 23 英寸），宽 87 厘米（约 34 英寸），深 83 厘米（约 33 英寸） TEC*

餐桌

这张餐桌的矩形桌面是用一种叫福米卡（***Formica***）的耐热塑料薄板制作而成。这种塑料薄板带有被漆成木纹的装饰效果。桌子被四个被涂有灰色油漆的桌腿支撑。桌腿的断面呈 T 形，并向下方逐渐变细。欧内斯特・雷斯设计制作。*宽 114 厘米（约 45 英寸） DN*

餐具柜

这是由山毛榉和桃花心实木材料，采取表层镶饰和中间镶嵌的方式制作的餐具柜。上半部分是装有推拉滑动门的三个间隔。下半部分是一个玻璃搁架。玻璃搁架上有两个推拉门柜及四个小抽屉。由罗宾・戴为希尔公司设计制作。*1949 年 高 126 厘米（约 50 英寸），宽 185 厘米（约 73 英寸），深 47.5 厘米（约 19 英寸）*

日本

1945年至1970年，日本经历了一场根本性的变革——逐渐从以农业为主的落后国家转变为令人不容小觑的工业强国。人们普遍认为，日本社会强盛的工业化体系仅仅是先进的汽车和电子产品，但事实上，这场扫荡般的技术革命也同样波及了日本的家具设计产业。

在传统的日本家庭中，通常只使用体积较小的家具。人们长期坐在榻榻米上，不需要座椅，只需要最简化的储藏空间。直至20世纪50年代，这种生活方式都始终处于社会主导地位。在1945年至1952年间，受美军占领部队的影响，日本社会开始受到西方生活方式的浸染，并逐渐表现出与日俱增的影响力。“在美军占领之初，”史学家池信孝（Nobutaka Ike）写道，“日本似乎接受了比先前几十年更多的西方影响。”

第二次世界大战末，日本遭受到剧烈的打击，城市破坏惨重。战后，人们竭尽所能想要在各方面重振民族威望。日本政府尤为重视大力发展出口，同时还提倡企业制造更具吸引力的产品以销往海外。二次世界大战之前的日本市场，长期以生产低廉而粗劣的西方家具仿制品而著称，但在战后的岁月中，日本人在设计和制造领域集聚了所有的力量，试图创造具有良好声誉的产品。同时日本人也深知，倘若想要达到此目标，必须脚踏实地地向西方设计学习。

日本风格的诞生

20世纪50年代，日本出口贸易组织选送设计专业的学生赴欧美留学。出国的前提条件为，他们日后必须回到日本企业供职。同时，出口贸易组织招聘了众多欧美设计师，在日本创立生产车间。自此，一种基于日本与西方的混杂而独特的设计风格开始崭露头角。

这种新型美学风格的最早开拓者为日本设计师剑持勇。20世纪40年代末至50年代初，剑持勇曾多次游历欧美，并留下了大量日记。尽管被西方的见闻所深深吸引，但剑持勇依然热衷于保留日本手工制作的传统。剑持勇完成的家具设计作品明显受到美国现代设计和斯堪的纳维亚设计的影响，但同时，家具作品也同样运用了日本传统的制造工艺。剑持勇的作品很快便取得了辉煌的成绩。

1957年，剑持勇成为“G马克奖”（G-Mark prize）的首位获奖者。这个奖项由日本商贸促进会所创立，奖项的设立使人们联想起纽约现代艺术博物馆曾经举办过的“好设计”竞赛活动，以及意大利昔日风靡一时的“金罗盘奖”。通过“G马克奖”的评选，人们可以强烈地感受到日本设计权威界更为青睐那些充分践行了欧洲现代主义风格中理性原则的设计作品。为了发扬这种西方设计风格，日本政府随即建立了一批以包豪斯为参照原型的设计学校。

东方遇上西方

20世纪50年代末，一些日本家具设计师开始探索一种“东方遇上西方”的设计风格，并很快取得成功。柳宗理（Sori Yanagi）为索尼公司设计了第一台磁带录音机。随后，柳宗理被人们奉为这种风格的最杰出代表。1954年，他设计的蝴蝶凳（Butterfly stool）堪称这一时期最成功的日本家具作品。蝴蝶凳将先进的模压胶合板技术与日本传统中的诗意造型进行了结合。时至今日，蝴蝶凳依然每年以成千上万的销售量广受民众的欢迎。

20世纪60年代，日本的电子产品和汽车产业迎来了快速增长。但家具设计产业在这一时期却并没有太多的发展。日本在现代家具设计的制模工艺领域起步较晚。如同60年代的意大利一般，日本家具设计似乎并未做好准备开始探索新的材料和形式，相反依然沿袭着曾有的设计制造方式。通过对这种传统方式的发展，日本家具设计与制造水准得以巩固与提高。时至20世纪80年代，日本家具设计依然保持着战后的设计方法，整个家具领域一派欣欣向荣。

蝴蝶凳

这件样式简洁的蝴蝶凳由两张经过层压和铸模的山毛榉薄板制作而成。榉木板表层镶饰着精致的黄檀木薄板。一根单独的撑具将两张薄板结合在一起。凳子的外形据说是受了日本象形文字的启发而创造出来的。1954年由柳宗理设计制作。这个样本是2004年天童木工再次生产制造的。*高38.75厘米（约15英寸），宽42厘米（约17英寸），深31厘米（约12英寸）TDO*

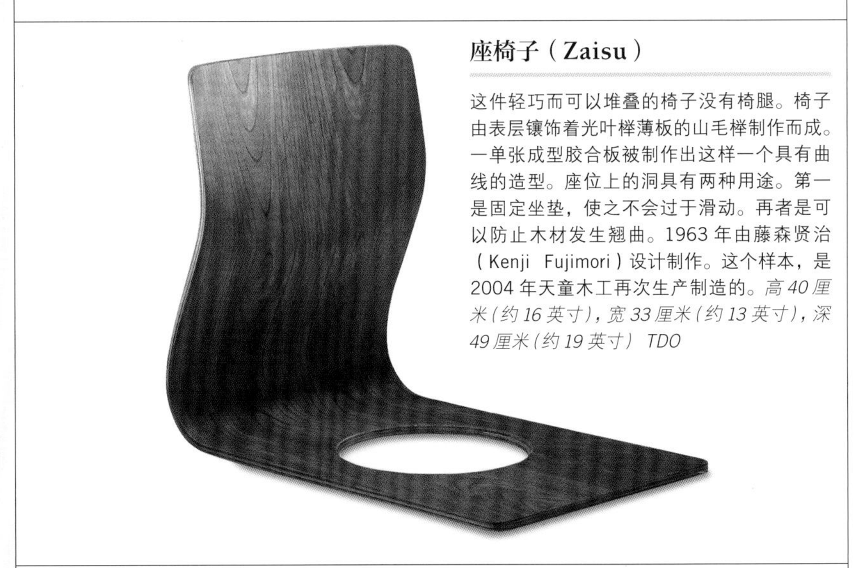

座椅子（Zaisu）

这件轻巧而可以堆叠的椅子没有椅腿。椅子由表层镶饰着光叶榉薄板的山毛榉制作而成。一单张成型胶合板被制作出这样一个具有曲线的造型。座位上的洞具有两种用途。第一是固定坐垫，使之不会过于滑动。再者是可以防止木材发生翘曲。1963年由藤森贤治（Kenji Fujimori）设计制作。这个样本，是2004年天童木工再次生产制造的。*高40厘米（约16英寸），宽33厘米（约13英寸），深49厘米（约19英寸）TDO*

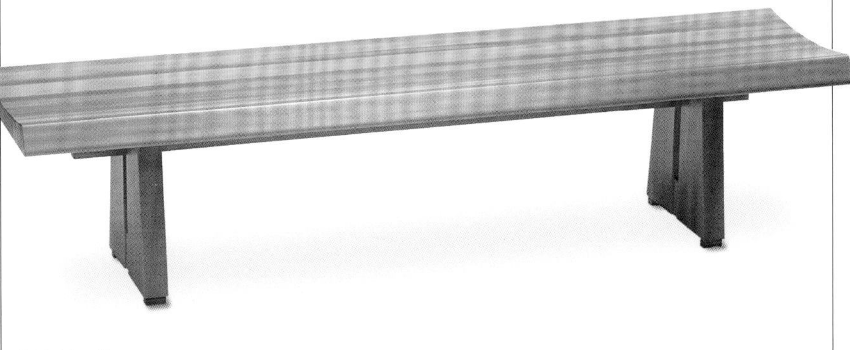

松树长凳

这件矮矮的长凳是用明亮而色淡的松木制作而成。长凳简单的矩形压模座位，中间部分微微卷曲，这使凳子显得更加文雅，坐上去也更加舒适。座位由两头呈锥形的凳腿支撑。凳腿的中间有一道沟槽。长凳由Riki Watanbe设计，天童木工生产制造。*宽175厘米（约69英寸）FRE*

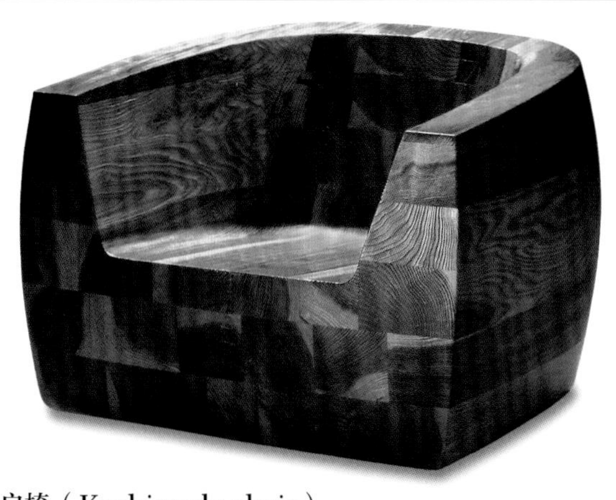

柏户椅（Kashiwado chair）

这个以著名相扑运动员名字命名的椅子，是用一整块雪松树干制作而成。椅子表面用打磨技术精制完成，以使木头的自然肌理纹路能够完全地展示出来。由剑持勇原始设计制作。展出样本由天童木工于2004年生产制造。*1961年 高63厘米（约25英寸），宽85厘米（约33英寸） TDO*

矮桌

这张表层镶饰着黄檀木板的山毛榉小桌，是现代主义风格与日本传统形式相结合的典型范例。矮桌的四周边缘呈缩进状，这种状态被称为"mizukaeshi"，就是水堤的意思。1968年由剑持勇设计制作。展出的样本由天童木工于2004年生产制造。*高33.5厘米（约13英寸），宽140厘米（约55英寸） TDO*

会谈椅

这把橡树椅子在整体向上逐渐变瘦变窄的椅背顶端，有一个矩形横档。纺锤状的座位，由四个被旋作的浑圆短腿支撑。位置较低的座位与日本传统家具的形制保持一致。1963年由Katsuhei Toyoguchi设计制作。展出样本由天童木工于2004年生产制造。*高83厘米（约33英寸），宽81厘米（约32英寸），深68厘米（约27英寸） TDO*

井凳（Murai Stool）

凳子是由表层镶饰着柚木板的山毛榉铸模层压板制作而成，具有极简主义的几何形设计。1961年由田边丽子（Reiko Tanabe）设计制作。这个设计获得过天童比赛设计大奖（Tendo Concur Design awards）。展出样本由天童木工于2004年生产制造。*高36厘米（约14英寸），宽45厘米（约18英寸），深43.5厘米（约17英寸） TDO*

天童木工

天童木工是日本第一家大力发展胶合板家具的家具制造公司。天童木工完成了西方设计风格与日本现代主义风格的完美融合。

大山不二太郎（Fujitaro Oyama，1897—1968）担任天童木工公司董事长（1944—1968年）

20世纪50年代，很多思想前卫的日本家具设计师大都选择与家具制造商天童木工公司（Tendo Mokko）合作。天童木工公司是胶合板制造方面的权威，其名mokko为"木工活"的意思，曾加工生产了柳宗理设计的蝴蝶凳。1961年剑持勇设计的柏户椅以及1955年法国设计师夏洛特·贝里安设计的一把椅子和其他等著名作品也均由天童木工公司生产制造。来自法国的夏洛特·贝里安曾游历过整个日本。

公司最初建立时，仅有一些协同工作的木匠和橱柜木工。1940年他们汇聚在一起，在战争期间，主要从事军火箱和木头诱饵飞机的制作。战后，天童木工公司转向了对木材尖端加工技术的探索，随后进军家具制造行业。这一时期，他们曾是日本唯一致力于胶合板加工制作的家具公司。战后新生的青年设计师多半热衷于欧美盛行的新材料的加工工艺，因此，天童木工公司的产品，顺理成章受到了青年设计师狂热的追捧。

至20世纪50年代中叶，公司发展蒸蒸日上，产品大量出口海外，特别是美国。事实上，正是天童木工这一时期做工精湛的家具，才使西方世界注意到日本已完全具备从事现代主义设计的基本能力。

一篇有关日本设计的德国文章，20世纪60年代

当时在西方国家，日本家具设计是非常受欢迎的。在德国设计杂志上刊登的文章，以及1966年由天童木工生产制造的家具照片，就是一个最好的证明。

md serie 72

Möbel der Tendo Mokko Company

Rund 550 km nordöstlich von Tokio liegt ein Dorf namens Tendo, für seine Schachfiguren bekannt. Aus den dortigen Zedern- und Buchenwäldern beziehen einige Möbelhersteller ihr Material. 1940 schlossen sie sich zu einem Verband zusammen, dem Vorläufer der Tendo Mokko Company Ltd. Heute umfassen die Fabriken dieser Gesellschaft 15000 m² und beschäftigen über 500 Mitarbeiter. So gehört sie zu den größten Industrien auf dem Möbelgebiet und die Qualität ihrer Erzeugnisse zu den besten im heutigen Japan.
Für ihre Produktion im westlichen Stil verwendet die Firma meist Schichtholz, neuerdings auch Kunststoff, Metall usw. Obwohl sie ihre eigenen Designer hat, beschäftigt sie meist andere bekannte Designer. Viele ihrer Erzeugnisse werden auf Bestellung für bestimmte Gebäude angefertigt, aber seit kurzem gehen manche dieser Modelle in Serie und damit in den Handel. Wir zeigen nur einen kleinen Ausschnitt der Produktion, darunter Möbel, die schon seit vielen Jahren auf dem Markt sind. Die Entwürfe stammen u. a. von D. Cho, K. Matsumura, T. Mizunoe, K. Sakamoto, K. Tarumi, R. Yamanouchi und S. Yanagi.

Sadao Wada

About 550 km. to the north-east of Tokyo is the village called Tendo, famous for its Japanese chess figures. Some Japanese furniture-makers procure their material from the Japanese cryptomeria and beech woods. In 1940, they joined to form a society, the forerunner of the Tendo Mokko Company Ltd. Today, the company's factories cover 15000 sq.m. and employ over 500 workers. It thus belongs to the largest manufacturers in the furniture trade, and the quality of its products is among the best in Japan today.
For its production in the western style, the firm mostly uses laminated wood, and recently also plastics, metal, etc. Although it has its own designers, it mostly employs other well-known designers. Many of their products are special orders for certain buildings, but in recent times, some of these models have gone into series and thus into general trade. We can show only a small cross-section of the production, including furniture which has been on the market for some years now. The designs are, among others, by D. Cho, K. Matsumura, T. Mizunoe, K. Sakamoto, K. Tarumi, R. Yamanouchi, and S. Yanagi.

Sadao Wada

A environ 550 km au nord-est de Tokio se trouve un village appelé Tendo et connu pour ses pièces d'échecs. Quelques fabricants de meubles font venir leur matériau des bois de cèdres et de hêtres de la région. En 1940, ils constituèrent une association, précurseur de la Tendo Mokko Company Ltd. Actuellement, les usines de cette société s'étendent sur 15000 m² et occupent plus de 500 personnes. Ainsi, elle est une des plus grandes industries du meuble, et ses produits sont parmi les meilleures du Japon actuel.
Pour sa production dans le style occidental, la société utilise le plus souvent le bois stratifié, récemment aussi le plastique, le métal etc. Bien qu'elle ait ses propres designers elle occupe le plus souvent d'autres esthéticiens connus. Bon nombre de ses produits sont fabriqués sur demande pour certains bâtiments, mais depuis peu, maints de ces modèles sont réalisés à la série, passant ainsi dans le commerce. Nous montrons un petit aperçu seulement de la production, dont des meubles qui sont sur le marché depuis de nombreuses années déjà. Les créations portent entre autres la signature de D. Cho, K. Matsumura, T. Mizunoe, K. Sakamoto, K. Tarumi, R. Yamanouchi et S. Yanagi.

Sadao Wada

法国和德国

法国与德国对现代主义设计风格有着截然不同的态度——德国现代主义始于一战后，一墙之隔的法国对现代主义设计的新发展始终持有怀疑与偏见。这种状况在二战后依然未变。

20世纪50年代，法国对现代主义的诉求呼声甚微。法国商业部竭尽全力去提高人们对理性主义设计的兴趣。很大程度上，理性主义设计风格与曾有效促进英美设计发展的“好设计”理念趋于一致。法国政府投资设立了每年一度的“法兰西之美”奖。然而，政府的大量努力却以失败告终。1958年，雅克·塔蒂（Jacque Tat）在著名电影《我的舅舅》中嘲弄了现代主义设计风尚。电影将现代主义讽刺为一种自命不凡而又笨拙、拘谨的风格。

为精英而设计

雅克·塔蒂之所以贬斥现代主义思潮，原因在于现代主义风格与资产阶级群体联系过于紧密。在20世纪40年代至50年代，法国设计师们不再试图为最广大人民提供价廉物美的产品，而仅仅为富有且有知识的社会精英阶层而设计。雅克·阿德内（Jacques Adnet）、鲁瓦埃（Jean Royere）和穆耶（Serge Mouille）等设计师常用手工制作作品以昂贵价格卖给富裕的客户。阿德内在室内设计中运用了大量奢华的衬层材料。他为总统公寓进行了室内陈设的设计。而鲁瓦埃则在中东地区的产油大国开设了一间产品陈列室。

法国设计师过于关注设计美学，却忽视了其背后所隐藏的思想意识形态。这种倾向明显表现为，他们常在作品中运用大量繁复的装饰。譬如马修·马蒂厄（Mathieu Matégot）和拉韦里埃（Janette Laverrière）。这两位设计师对迎合精英客户并无兴趣，但亦无心关注贫民阶层的需求。

乌尔姆设计学院

当法国的设计师们钻研奢华的现代主义设计方法时，德国的设计师却想要将设计精简到极致。1950年，设计学院在乌尔姆创立，马克斯·比尔（Max Bill）任校长。马克斯·比尔曾

茶几

这张茶几的正方形桌面是由黄檀木材料制作而成。逐渐变细的桌腿是用熟铁经锤铸而制成。桌面底下有一层穿孔的熟铁横隔，与四个桌腿相接。作品采用了马修·马蒂厄设计风格。*高45厘米（约18英寸），宽50厘米（约20英寸），深50厘米（约20英寸） CSB*

铰链装置能使屏风折叠而易于储藏。

这些圆孔是在胶合板屏风嵌镶板上用穿孔方法制作出来的。

有序圆形孔可使这件相对平常的家具转变成一件颇具视觉吸引力的作品。

铰链装置小巧而隐蔽，是为了把对家具整体外形的损伤减小到最低程度。

四面屏风

这件屏风由四面单独的嵌镶板组合而成。每块嵌镶板都由一个单纯的着色框架构成。不同宽度的嵌镶板是用小巧而隐蔽的铰链装置连接在一起，使屏风能够折叠成平面而易于运输和储藏。组成屏风的层压嵌镶板上，许多对称均匀和排列整齐的圆形孔。这些小孔增加了家具的视觉吸引力。嵌镶板使用无光泽的白色漆打磨制作而成。由埃贡·艾尔曼为波恩西德联邦议会议员会议室设计制作。*1968年 高142厘米（约56英寸） DOR*

边桌

这张灰色调的边桌的矩形桌面之下是一个边缘整齐的单独抽屉。桌面由正方形断面、向下方逐渐变细的桌腿支撑。桌腿由下面的撑架相互连接，并且与一个V形的报刊格栅组成一个结合体。由让·阿德内和雅克·阿德内设计制作。*约1950年 高61厘米（约24英寸），宽72.5厘米（约29英寸） CAL*

是包豪斯设计学校的学员，于是新学校便追随包豪斯设计学校的办学方式。乌尔姆设计学院教授学生一种清晰、简单且颇具功能主义风格的设计方法，旨在设计出适应大工业化生产模式的家具产品。该设计风格的代表作品为校长比尔于1954年设计的乌尔姆凳（Ulm stool）。这件作品做工极其简单，几乎看不出设计的痕迹。

创建乌尔姆设计学院的经费很多来自于美国“马歇尔计划”的支持。在20世纪50年代，美国的经济文化对德国社会产生了深远的影响。好莱坞电影和美国汽车文化深深吸引着德国青年一代——与“第三帝国”提出的陈旧思想意识相比，美国的消费文化显得新鲜有趣得多。

当德国设计师厌倦了乌尔姆设计学院那严谨精确的理性主义设计原则时，美国的家具设计作品随即成为他们获取灵感的源泉。同时，伊姆斯夫妇、乔治·内尔松和其他设计师作品中的有机倾向同样反映在德国设计师李奥沃德（Georg Leowald）、埃贡·艾尔曼（Egon Eiermann）和瓦尔特·诺尔公司内部设计师的作品之中。

在这一时期的所有德国设计师中，艾尔曼是最成功的一位。1953年，他设计了富有流畅造型的折叠椅SE18。这把椅子成为随后十年最畅销的木质椅。艾尔曼同时也是一名炙手可热的建筑师。他的作品昭示世人，德国设计作品除了沿袭简单朴素的功能主义风格之外，还有很多其他可能性。20世纪60年代，他用一件实验性的设计作品再次证明了这一点。

乌尔姆凳

马克斯·比尔为乌尔姆学校设计制作。这件简单的直线形作品，可以被视为是一个凳子，也可以被视为是一个桌子，框架下方有一根便携式托档。*1954年 高44厘米（约17英寸），宽39.5厘米（约15英寸），深29.5厘米（约11英寸）*

书桌椅

这把椅子的座位和靠背用成型胶合板制作而成，并由一个单纯的金属台座支撑。台座下有一个机械装置，可以用来调节椅子的高度。向内弯曲的金属椅腿上安装有橡胶垫椅脚。1950年由埃贡·艾尔曼设计制作。*BonBay*

郁金香扶手椅

这把由一张整体材料制成座位和靠背的椅子，带有外展的扶手。椅子有可旋转的金属基托和可拆卸的皮革装饰套。1964年由卡斯特曼（Jorgen Kastholm）和法布里丘斯（Preben Fabricius）为艾尔弗雷德·基尔（Alfred Kill）设计制作。*高87厘米（约34英寸） HERR*

桶状椅

这把椅子的靠背和座位由一张弯曲的榉木胶合板制作而成。椅子有表面涂有瓷漆的山毛榉框架结构，并装置着四个向外伸展的椅腿。椅子上配置有红色的坐垫。由皮埃尔·加里什（Pierre Guariche）为巴黎视得乐公司（Steiner）设计制作。*约1954年 高75厘米（约30英寸） DOR*

书桌

这张用于书写的桌子，是由一个附着有藤条编织网的竹框架结构组成。书桌的桌面由表面涂有瓷漆的实木制作而成。由让·鲁瓦埃设计制作。*约1952年 高89厘米（约35英寸），宽104厘米（约41英寸），深52厘米（约20英寸）*

康斯坦丝长沙发（Constanze Bench）

这张20世纪60年代早期的沙发床具有四个向外伸展的不锈钢金属腿。沙发的座位和靠背有填塞着泡沫材料的软垫。软垫上装配着用纽扣来进行装饰的沙滩色编织套。这件家具安装一个具有专利权的机械装置，可以使沙发变成沙发床。约翰内斯·斯帕尔特（Johannes Spalt）为弗朗茨·维特曼（Franz Wittman）设计制作。*高70厘米（约28英寸），宽175厘米（约69英寸），深70厘米（约28英寸） DOR*

座椅的实验

战后的设计师们通过创造新颖的休闲座椅，带给使用者放松和自由的感受。他们给予“椅子”全新的定义。

二战后是产生伟大的实验性作品的岁月。1946年，美国设计师埃罗·沙里宁开始致力于他的子宫椅（Womb chair）的创作，也是受汉斯·诺尔和佛罗伦斯·诺尔夫妇的委托。子宫椅是第一个不再限制人们“如何坐”的椅子作品。使用者能够蜷缩其中，或懒散地坐在里面把腿放在一边。沙里宁指出：“允许使用者在椅子中改变坐姿，是一个常被忽略的重要设计因素。”此后二十五年，设计师越来越关注座椅的非正式设计方法。他们用一种完全颠覆往日座椅设计逻辑的方式，不断对形式、材料和制作过程展开实验。

1947年子宫椅投入市场后不久，查尔斯·伊姆斯设计出了自由式座椅。伊姆斯曾是沙里宁的合作者，当他展示他的“云朵椅（La Chaise）”时，显现出了伊姆斯胜人一筹的高超设计水准。伊姆斯以仿生设计，更加清晰明了地赋予了云朵椅比子宫椅还要多的坐姿方式，甚至去掉海绵衬垫椅子还能使用。此作品是以法裔美籍雕塑家加斯东·拉歇兹（Gaston Lachaise）的名字而命名，以其赤露弯曲的玻璃纤维结构闻名于世。

椰子椅
内尔松的椰子椅具有一个吹模塑料强化玻璃纤维外壳。这个外壳由安置在电镀钢管基座上的四条椅腿支撑而起。椅子座位的泡沫软垫上装配有红色编织套。乔治·内尔松为赫曼米勒家具公司设计制作。*1955年 高84厘米(约33英寸),宽44厘米(约17英寸),深84厘米(约33英寸) SDR*

竖琴椅
这把椅子具有灰色的实木框架结构。由三条弯腿支撑，外形颇似一艘北欧海盗船。椅子的座位和靠背是由绷紧的标识绳来制作完成的。由乔尔根·霍夫尔斯科夫（Jorgen Hovelshov）为克里斯滕森&拉森公司（Christensen & Larsen）设计制作。*1968年 高131厘米(约52英寸) SDR*

形式追随娱乐

玻璃纤维所具有的良好延展性，促使很多设计师开始探索更奇异和大胆的家具造型形式。曾一度引领现代家具设计的严谨理性主义设计原则逐渐衰退。乔治·内尔松于1955年设计的椰子椅（Coconut chair）便是最早践行“形式追随娱乐而非功能”理念的实例。这个作品模仿一只开裂的椰壳。椰子椅成为这一思潮的代表，“形式追随娱乐”亦引领了未来十年的流行风尚。在此思潮中，最有名的作品是帕斯（Gionatan De Pas）、乌尔比诺（Donato D' Urbino）和洛马齐（Paulo Lomazzi）设计的棒球手套形“乔椅（Joe chair）”。乔椅以棒球明星乔·迪马吉欧（Joe DiMaggio）名字命名。

三位意大利设计师设计的膨胀充气椅（Inflatable Blow Chair），是这一时期另一个代表作品。与同时代的卡纸板家具一样，充气椅也具有便携性、一次性且价格低廉的特征。充气椅亦表达出一种对于数世纪设计传统的反叛。在传统观念中，家具应当细心雕琢且为家庭中可持久使用的陈设。

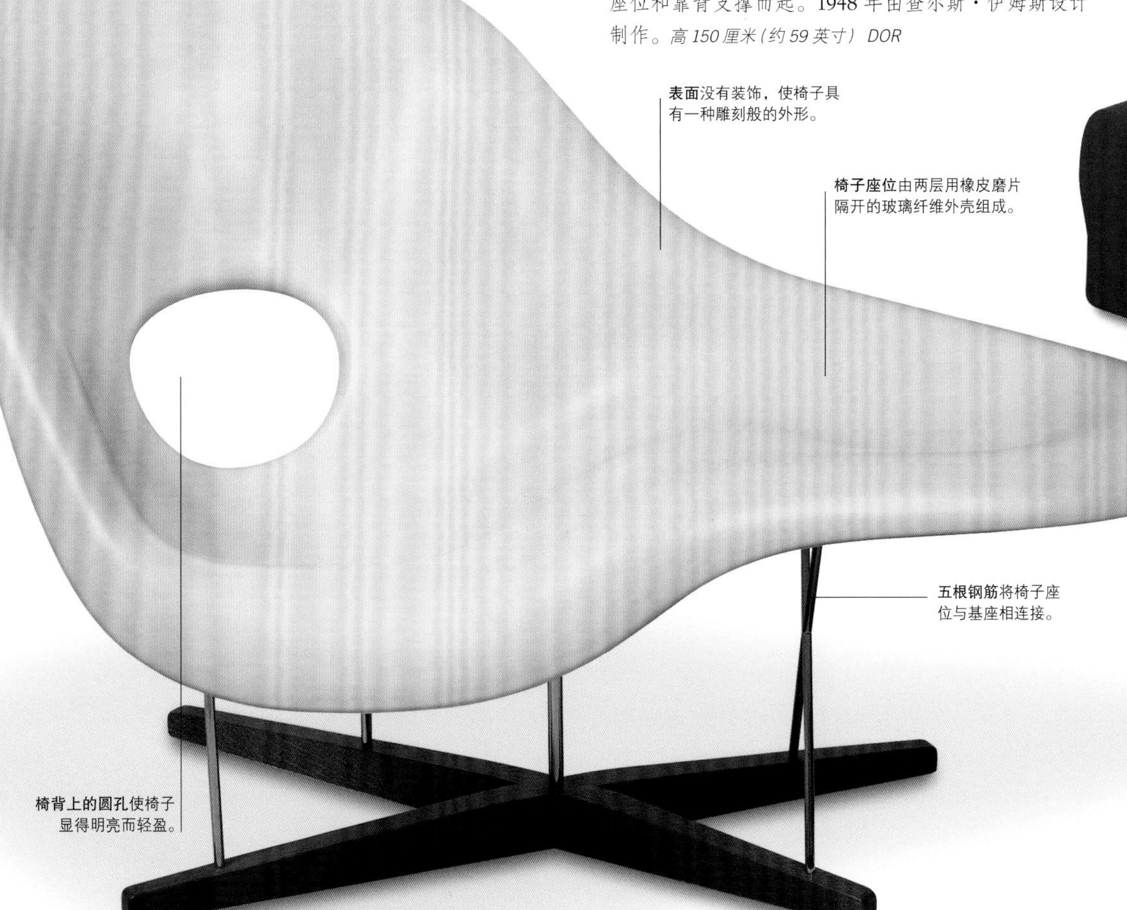

云朵椅
这把椅子的座位和靠背，由压模玻璃纤维制作而成。从十字形橡木基座上升起的五个电镀钢筋，将椅子的座位和靠背支撑而起。1948年由查尔斯·伊姆斯设计制作。*高150厘米(约59英寸) DOR*

UP5 沙发椅

UP5 椅的造型意指女性的胴体。这件作品之所以极为重要，不仅是因为造型奇异，同时也在于其独特的制作和包装方式。

意大利设计师加埃塔诺·佩谢（Gaetano Pesce）于 1969 年设计的 UP5 椅，不仅有着球状的奇异造型，其制作方式同样也极具独创性。UP5 椅是先将高密度聚氨酯泡沫外覆弹性尼龙布，成形后将其放于真空室，使其收缩至原体积的百分之十。压缩后的 UP5 椅，被快速塑封于两片乙烯树脂夹片中，打包至便于运输的箱子里。当使用者将成品箱搬回家，切开乙烯树脂的包装，即可目睹压缩后的 UP5 椅缓慢吸入空气，逐步恢复至原本的巨大形状。

UP5 椅是加埃塔诺·佩谢利用非凡的技术工艺为 B&B Italia 公司设计的众多家具作品之一。这个作品会使人联想到女人体或乳房。加埃塔诺·佩谢曾表示，这把椅子的造型“表达出我对女人的印象”。UP6 则是一个球形的搁脚凳，其设计构思是一个通过“锁链”绑在女人身上的球。在现实作品中，一根具有弹性的细绳将二者相连（图中并未展示）。

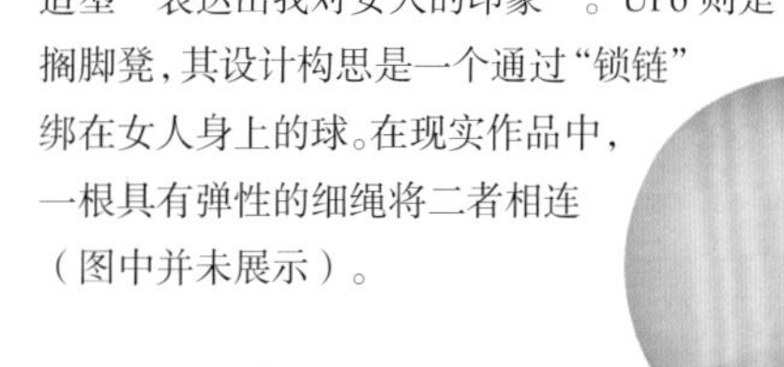

加埃塔诺·佩谢设计的 UP4 沙发 这个沙发，有一个聚氨酯泡沫形成的基座。基座由一张具有延展性的编织套所覆盖包裹。1969 年为 B&B Italia 设计制作。此展品生产制造于 1970 至 1973 年。*高 63.5 厘米（25 英寸），宽 162.5 厘米（约 64 英寸），深 86.5 厘米（约 34 英寸） R20*

UP5 椅及 UP6 凳 每件家具皆由聚氨酯泡沫结构制作而成。聚氨酯泡沫外覆具有延展性的黄色尼龙织物。两件家具都有 B&B Italia 标志。*1969 年 高 110.5 厘米（约 44 英寸），宽 106.5 厘米（约 42 英寸），深 173 厘米（约 68 英寸） SDR*

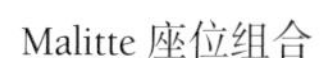

Malitte 座位组合

这个座位组合由五个具有雕刻般外形的聚氨酯泡沫体块构成。当这些家具不被使用时，可以被堆砌在一起，形成一个正方形的墙面。四个体块拥有各自独立的座位，第五块可以作为一个脚凳使用。由罗伯托·玛塔设计制作。*1966 年 高 160 厘米（约 63 英寸），宽 160 厘米（约 63 英寸），深 65 厘米（约 26 英寸） WKA*

1967 年，切萨雷·莱奥纳尔迪（Cesare Leonardi）和佛兰卡·斯塔吉（Franca Stagi）展出他们著名的 Dondolo 椅，这是一件弯曲的玻璃纤维摇椅。坐 Dondolo 椅时需要小心谨慎及勇气。倘若称 Dondolo 椅包含了“椅子”的概念，但在设计者看来，更是包含了一种对传统设计的蓄意冒犯。

关乎生活方式的椅子

20 世纪 60 年代的设计师，总将自己看作前卫生活方式的引领者，因此持之以恒地从事座椅的模型试验。意大利伟大的设计师安德烈·布兰齐（Andrea Branzi）曾这样诠释其同事的工作：他们“颠覆了传统中家具与房屋的关系；开创了具有独立功能的家具；而独立功能又引发了新的行为方式”。罗伯托·玛塔（Roberto Matta）于 1966 年设计的 Malitte 座位组合，便是这一类具有独立功能的家具作品。

在 20 世纪 60 年代初，英国设计师马克斯·克伦丁尼（Max Clendining）曾打趣地说：“未来的家具设计将朝着多功能、可交替变换形式、配置有多用途坐垫以及极尽变幻的方向发展。”到 60 年代末，马克斯的视野则稍稍趋向于现实。然而，20 世纪 70 年代的经济衰退将这些理想主义者的前卫设计实验骤然打断。

Dondolo 椅

这件摇椅由一单片强化玻璃纤维聚酯材料经压模制作而成。这是五十件作品中的一件。由切萨雷·莱奥纳尔迪和佛兰卡·斯塔吉设计制作。*1967 年 高 76 厘米（约 30 英寸），宽 170 厘米（约 67 英寸），深 37.5 厘米（约 15 英寸） QU*

20世纪60年代的斯堪的纳维亚

1959年，丹麦设计师保罗·汉宁森在参观“斯堪的纳维亚”主题展览时表示，参展的作品体现出“精湛的技艺且极为优雅”，“但其中没有一件是打破常规的‘危险’作品”。正如他所言，在20世纪50年代末，斯堪的纳维亚的很多设计作品，生产目的仅仅是“远销美国”，而不再有任何创新的尝试。

至20世纪50年代末，斯堪的纳维亚的设计作品都成了本国昔日辉煌设计成就的“牺牲品”。那些作品广受世界各地人们的喜爱，以至于斯堪的纳维亚的家具行业想要维持这种成功的设计“方式”而不再创新。幸运的是，新一代的设计师准备改变这种陈腐守旧的现状。其中的领军人物为达内·韦尔纳·潘顿（Dane Verner Panton）。

新生一代

20世纪50年代初，达内·韦尔纳·潘顿在阿尔内·雅各布森事务所工作。至20世纪50年代末，他将老板对于雕塑化座椅造型（如蛋形椅）的实验性研究推向了一个新的高峰。韦尔纳·潘顿第一件独立作品是位于丹麦菲英（Funen）岛上的一个大胆的餐厅设计，完成于1958年。这个作品标志着斯堪的纳维亚设计进入了新纪元。

潘顿在材料和造型上的探索横贯20世纪60年代，打破了以往设计的坚冰。这一时期，他最为杰出的作品是潘顿椅。然而，这个作品十年之后才被生产制造。1967年，S形的悬臂椅投入市场。20世纪60年代中期，韦尔纳·潘顿移居维特拉地区。

芬兰设计师埃罗·阿尔尼奥与韦尔纳·潘顿奉行同样的设计理念。如同潘顿一样，阿尔尼奥虽然也迎合波普文化的需求，却更注重斯堪的纳维亚设计传统中的和谐形式和耐久工艺。20世纪60年代，阿尔尼奥设计的外观优美的椅子很快成为时尚焦点——出现在大量电影和摄影作品中。1966年，他设计了玻璃纤维球形椅，阿尔尼奥及其作品甚至成为《纽约时代周刊》的专访对象，在文化和商业领域中，阿尔尼奥的设计作品均取得了巨大成功。

另一个芬兰设计师约里奥·库卡波罗（Yrjo Kukkapuro）与阿尔尼奥一样喜爱在设计中运用塑料和玻璃纤维。库卡波罗最具特色的作品为1964年设计的旋转椅，据说这把椅子的设计灵感来自于作者醉酒的经历：某天，库卡波罗多喝了几杯伏特加，醉卧雪地后悠然睡去。酒醒时分，他感觉极其酣畅舒适，于是立刻将在雪地留下的印迹制模，依照醉卧时的身体形状制作了旋转椅。

消沉的年月

幸运的是，潘顿、阿尔尼奥和库卡波罗都得到了一些制造商的支持。制造商非常欣赏他们大胆的创作。20世纪60年代，像这样的制造商凤毛麟角，大多数公司致力于制造样式已在售且工艺纯熟的家具作品。如在瑞典，没有谁愿意冒险地去制作青年设计师们那些不成熟的设计作品。这也是20世纪60年代被称为瑞典设计界的“消沉岁月”的原因所在。

韦尔纳·潘顿家中的餐厅，瑞士
韦尔纳·潘顿是一个多产的设计师。他的作品包括大量的室内设计。这是位于瑞士比宁根（Binningen）他自己住宅的房间，是其在20世纪60年代采取波普形式进行创作的证明。

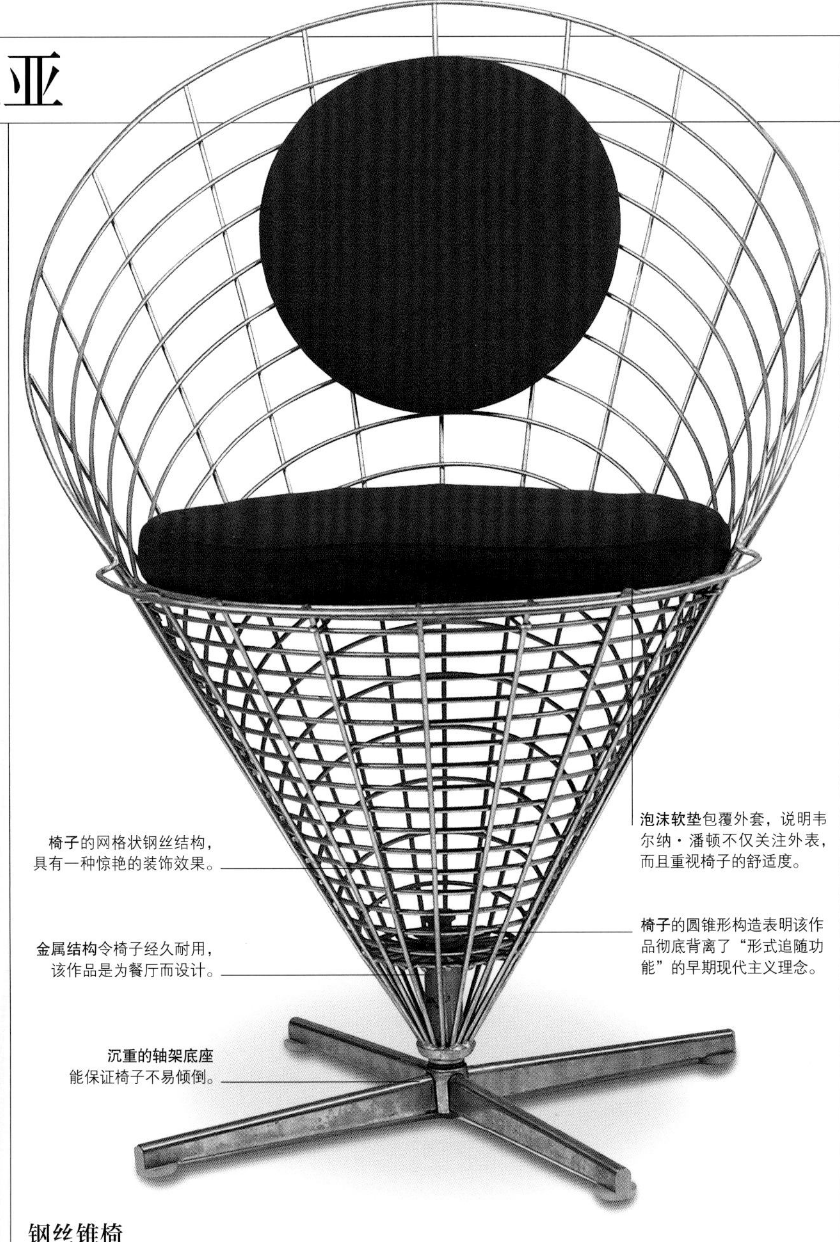

椅子的网格状钢丝结构，具有一种惊艳的装饰效果。

金属结构令椅子经久耐用，该作品是为餐厅而设计。

沉重的轴架底座能保证椅子不易倾倒。

泡沫软垫包覆外套，说明韦尔纳·潘顿不仅关注外表，而且重视椅子的舒适度。

椅子的圆锥形构造表明该作品彻底背离了“形式追随功能”的早期现代主义理念。

钢丝锥椅

这件椅子的镀铬钢丝框架呈圆锥形。椅子的基座位于圆锥形框架的中心部位。圆锥形框架向上张开，形成了椅子的座位和其他结构。座位和靠背装置有圆形的泡沫软垫。软垫包覆粉红色装饰套。椅子整体呈旋转外形，由一个沉重的十字形椅脚支撑。椅脚由镀铬钢制成。韦尔纳·潘顿为丹麦Plus-Lijne设计制作。*约1960年 高75厘米（约30英寸）*

贝壳趣味灯

这件灯具可固定在天花板上。许多金属链下方悬挂着一些同样大小形状的贝壳样圆片。由韦尔纳·潘顿为瑞士J.Luber公司设计制作。*1965年 高110厘米（约43英寸），深56厘米（约22英寸） DOR*

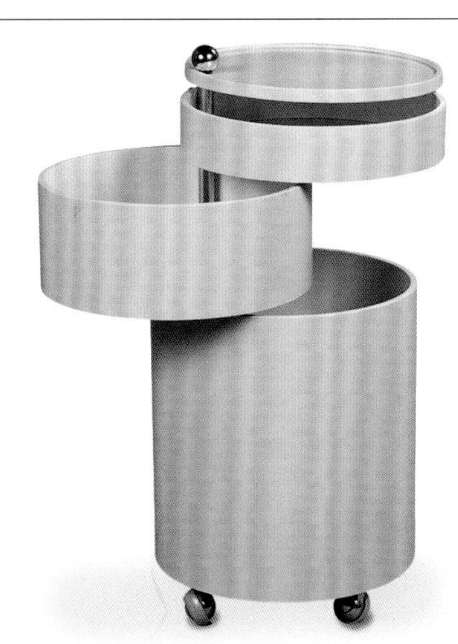

饮料小推车

这个小推车是由经过油漆处理的木质结构和旋转杆所组成。可以环转的隔间用来装置玻璃器皿和瓶子。韦尔纳·潘顿设计。*1963年 高74厘米（约29英寸），深39.5厘米（约16英寸）*

圆锥桌

这张临时性桌子由福米卡耐热塑料桌面板、金属底座和一些构件所组成。桌子是根据其圆锥状支撑杆所命名的。韦尔纳·潘顿设计制作，丹麦 Plus-Lijne 生产制造。*约 1958 年 高 70 厘米（约 28 英寸），直径 81 厘米（约 32 英寸）*

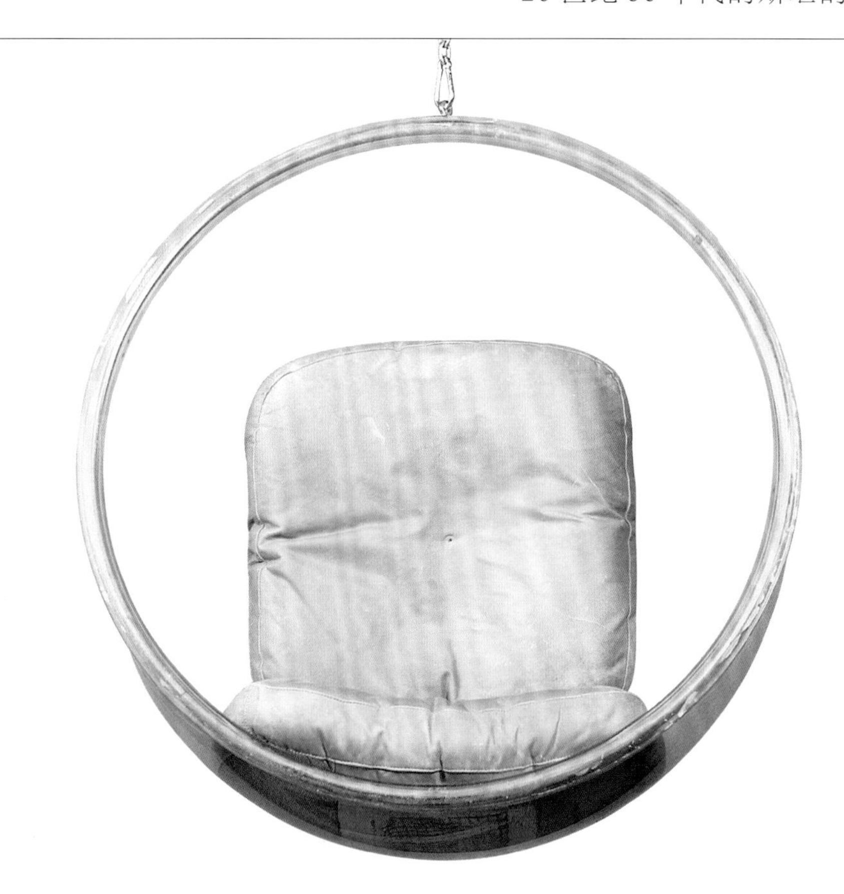

泡泡椅

由于受到航空时代形象化物件的影响，这件椅子的框架被制成中空的气泡形结构，由透明有机玻璃材料制作而成，装有一个镀铬金属环，整体由固定在天花板上的金属链悬吊于空中。灰色织物套的座位和靠背被安置在气泡形的框架里。创造出一种使用者漂浮在半空中的视觉感觉。埃罗·阿尔尼奥为芬兰阿斯科公司设计制作。*1968 年 直径 85 厘米（约 33 英寸） DOR*

圆桌

这张绿色的圆桌是由压模聚酯材料制作而成。支撑桌面的压模轴架底座，也是同样的材料。埃罗·阿尔尼奥为芬兰阿斯科公司设计制作。*1967–1968 年 高 75 厘米（约 30 英寸），直径 130 厘米（约 51 英寸） DOR*

小马椅

这件成人尺寸的椅子被压模制造成一匹小马的形态，有用泡沫制成的身体和马脚，在管状框架上还安置着马耳。椅子在整体结构上装配具有延展性的黑色织物套。埃罗·阿尔尼奥设计制作。*高 87 厘米（约 34 英寸），宽 107.5 厘米（约 42 英寸），深 59 厘米（约 23 英寸） SDR*

旋转椅

这把用白色玻璃纤维外壳制成的座椅，由同样材料制成的旋转基座支撑而起。压模塑形的座位和靠背包覆棕色皮革套。椅子整体外形边缘圆融而光滑。座位后面的镀铬钢弹簧片，将椅子外壳与分成四叉的基座连接在一起。除了旋转，这把椅子还具有振动和摇摆功能。约里奥·库卡波罗设计制作，芬兰哈伊米（Haimi）生产制造。*1965 年 BonE*

20世纪60年代的法国和德国

20世纪60年代的法国和德国对现代功能主义设计皆持有强烈抵制的态度，其中德国的反应尤其强烈。皮埃尔·保兰（Pierre Paulin）、奥利维尔·穆尔格（Olivier Mourgue）等法国设计师将现代元素运用于陈旧的理想主义原则，而他们的德国同行路易吉·科拉尼（Luigi Colani）、彼得·拉克（Peter Raacke）和赫尔穆特·巴茨纳（Helmut Batzner）则在新领域的开拓方面，表现得更为强劲有力。

科隆每年一度的家具交易会已形成实验性设计的氛围，这给人们提供了漫想未来的广阔天地，例如从太空科幻中获得灵感。交易会中，最为著名的作品是潘顿设计的视觉装置。很多德国设计师也展出了稀奇古怪的类似方案。

20世纪60年代的德国家具设计并非完全基于设计师的幻想。1966年，巴茨纳创造出第一把用一整块塑料制成的椅子。投产后，这把椅子以生产它的公司的名字命名，被称为“博芬格（Bofinger）”。至20世纪60年代末，该椅子已销售几十万把。

性与家具设计

20世纪60年代，大多欧美国家正处于性解放的浪潮之中。德国尤为倡导自由恋爱。德国性教育家奥斯瓦尔特·科勒（Oswalt Kolle）顺势成为公众人物，其性理论的影响力甚至波及到家具设计界。尽管爱情椅（Love seat）作为一种家具类型仅仅是昙花一现，但一度成为很多德国设计师瞩目的焦点。它不仅是人们端坐休憩的家具，同时也提供了性爱的场所。

这一时期的法国设计师们亦有性欲刺激主导的设计。保兰设计了一系列椅子，均套以有松紧带的毛线套。设计灵感来自法国蓝色海岸边的女性喜欢穿的紧身泳衣。保兰于1963年设计的蘑菇椅（Mushroom chair）以及1967年设计的舌椅（Tongue chair）都没有椅腿。这些独具曲线美的椅子，由无缝钢管支撑而起。这两件作品备受20世纪50年代美国和斯堪的纳维亚造型风格的影响，作品将雕塑感的美学应用推至一个新的高度。20世纪

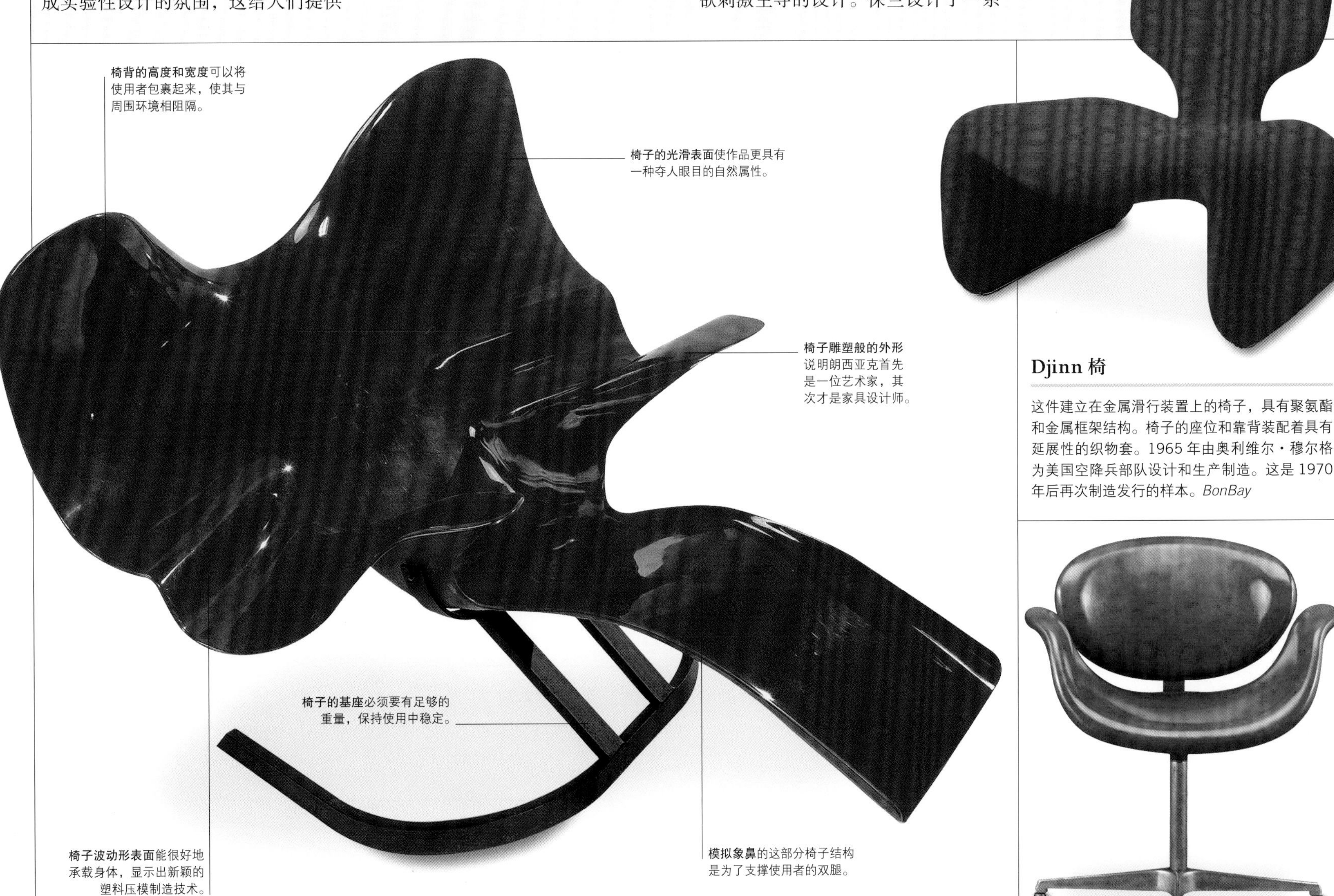

Djinn椅

这件建立在金属滑行装置上的椅子，具有聚氨酯和金属框架结构。椅子的座位和靠背装配着具有延展性的织物套。1965年由奥利维尔·穆尔格为美国空降兵部队设计和生产制造。这是1970年后再次制造发行的样本。*BonBay*

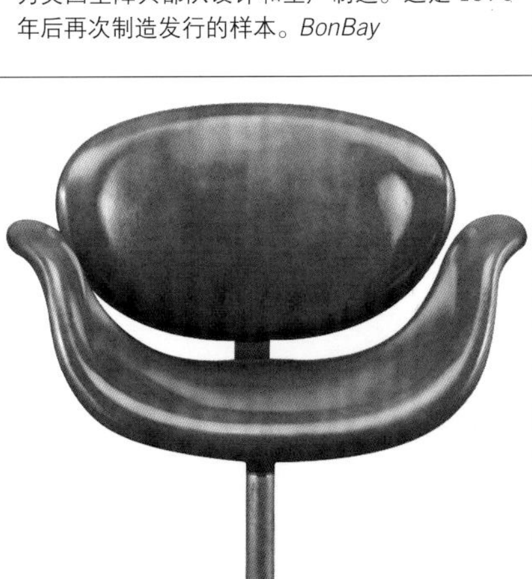

郁金香椅

这把扶手椅具有经过填塞的靠背和座位。座位的两侧向上弯曲形成椅子的扶手。椅子的十字形基座能够旋转，是用铝金属制作而成。椅子的靠背和座位装配有乙烯基蛇皮样软垫套。皮埃尔·保兰为荷兰阿特佛特公司（Artifort）而特别设计制作。*高76厘米（约30英寸） SDR*

象椅

象椅这个名称来源于这把椅子外形类似于大象的头部和鼻子。整把休闲椅是由一整张明亮的猩红色玻璃纤维制作而成。椅子的扶手，非常诙谐地肖似于大象的耳朵。支撑这件家具的椅腿，清晰地是在模仿象牙的形状。这件富有想象力的雕塑般的家具，同样具有较强的功能性。坚固的椅子基座是由表面涂漆的金属钢制作而成。使用时，金属制品那特有的沉重质量使椅子具有良好的平衡感。1966年由伯纳德·朗西亚克设计，限量生产制造。这件家具显然是从波普艺术中汲取灵感的先驱作品，20世纪70年代，这类家具设计盛行一时。此件复制品是1985年由法国米歇尔·鲁迪永（Michel Roudillon）制造的限量版之一。*高150厘米（约59英寸），宽150厘米（约59英寸），深200厘米（约79英寸）*

Bubble 大厦起居室 弥漫着未来派蓝色装饰气氛的大厦，具有一个圆形的房间和能旋转的地面。大厦位于地中海著名游憩胜地的法国里维埃拉的。皮尔・卡丹和安蒂・洛沃格设计于 1970 年。

60 年代，与保兰设计相类似的还有穆尔格的作品。1965 年，穆尔格设计的 Djinn 系列，就反映出功能并不是设计的唯一目的这一观点，因为"一个人必须追求视觉的诗意"。

1968 年，巴黎学生运动中提倡的"团结一致"口号给穆尔格很大启发，他由此设计出贵妃椅（Chaise longue）。这件拟人化的设计作品，是基于作者一个朋友的身体轮廓。贵妃椅是现代主义设计智慧的早期表达，它使设计科学更贴近艺术。

当时，很多艺术家参与家具设计实验，将其作为美学追求的一种艺术表达手段。当功能主义与家具设计的关联瓦解时，波普艺术家欧登伯格（Claes Oldenburg）、保罗齐（Eduardo Paolozzi）和朗西亚克（Bernard Rancillac）都把家具设计纳入他们的艺术创作中。

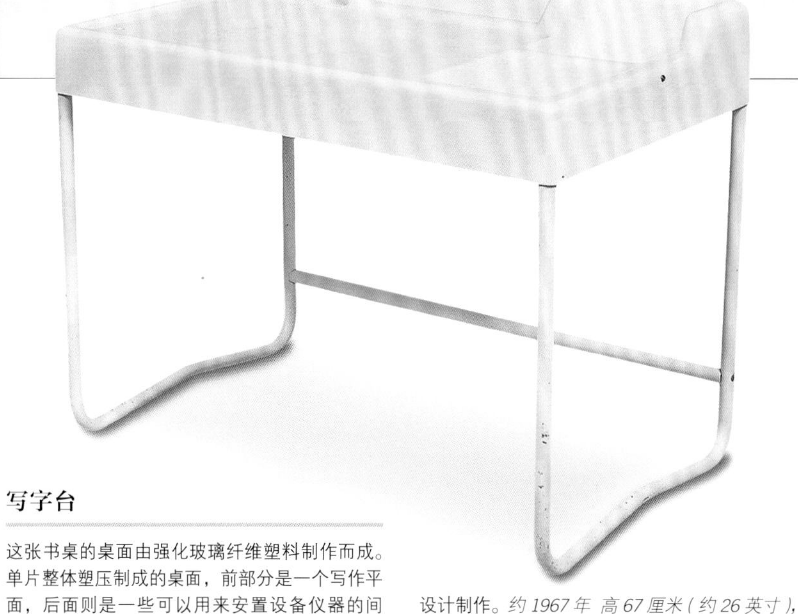

写字台

这张书桌的桌面由强化玻璃纤维塑料制作而成。单片整体塑压制成的桌面，前部分是一个写作平面，后面则是一些可以用来安置设备仪器的间隔。矩形桌面由被漆成白色的金属框架支撑而起。马克・贝尔蒂埃（Marc Berthier）为法国 FDAN 设计制作。*约 1967 年 高 67 厘米（约 26 英寸），宽 109 厘米（约 43 英寸），深 27.5 厘米（约 11 英寸）DOR*

路易吉・科拉尼

20 世纪 60 年代，路易吉・科拉尼坚持反对理性主义的观点，同时期待着自己声名鹊起。

路易吉・科拉尼

路易吉・科拉尼曾兴奋地向人们指出，他在设计中时常拒绝使用尺子。他将反理性主义精神概括为 20 世纪 60 年代德国设计的基本特征。

1928 年，路易吉・科拉尼生于柏林，原名为卢茨・科拉尼（Lutz Colani）。他将名字由卢茨改为路易吉（Luigi）是为了使其听起来不太像德国人。由于德国的战事，路易吉・科拉尼理所当然地去到国外学习和生活。他在巴黎索邦大学（Sorbonne）修读了空气动力学专业，后来赴加利福尼亚道格拉斯飞机公司度过了一段短暂的工作时光。

20 世纪 50 年代末，路易吉・科拉尼回到了自己的家乡。在柏林，他那充满未来主义的汽车和摩托车设计方案立刻在国内引起轰动。那些圆滑的、类似豆荚状的汽车设计被大量发表公布。遗憾的是，这些作品却很少投入生产。作品反映出路易吉・科拉尼内心始终迷恋着两类事物，即太空之旅和女性柔美曲线。

然而直到 20 世纪 60 年代中期，路易吉・科拉尼才将他那取之不尽的才智转向家用设计。他依然热衷于走在潮流前沿。路易吉・科拉尼运用时下最流行的塑料材质制造出古怪的家具造型。1968 年，路易吉・科拉尼为柏德宝公司（Poggenpohl）设计出一个球形的厨房空间。1973 年，他设计出其最出名的家具作品科拉尼椅（Colani seat）。这把椅子令坐姿多种多样。

路易吉・科拉尼独特的设计风格与其精心打造的公众形象一道，使他很快声名大噪。其设计特色表现在从茶壶、椅子到昂贵珠宝和小型飞机等和日常生活有关的方方面面。在之后的十年间，路易吉・科拉尼的这些创作个性随之成为了一些设计团体所奉行的准则。

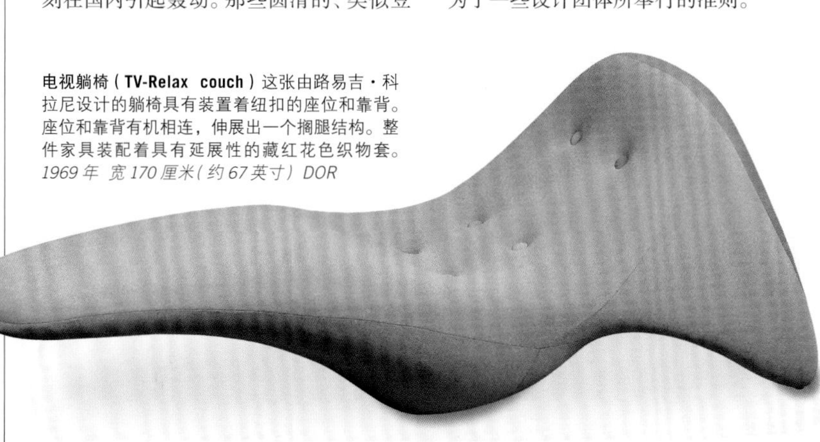

电视躺椅（TV-Relax couch） 这张由路易吉・科拉尼设计的躺椅具有装置着纽扣的座位和靠背。座位和靠背有机相连，伸展出一个搁腿结构。整件家具装配着具有延展性的藏红花色织物套。*1969 年 宽 170 厘米（约 67 英寸）DOR*

单基架书桌

这张单基架书桌的不规则形桌面，是由层压板制作而成。桌面下，坐落着一组抽屉。整件家具由一个被漆成黑色的无缝钢管金属框架支撑。而桌面下仅仅有一个单独的基座。每一个抽屉面的上端，有简单而不引人注意的凹槽，其作为抽屉的把手来使用。这件作品是由皮埃尔・保兰为莫比勒公司（Mobilor）设计制作。*高 74.5 厘米（约 29 英寸），宽 119.5 厘米（约 47 英寸），深 61 厘米（约 24 英寸）SDR*

波普室内设计

对比强烈的造型、质地和色彩，成为这个时代室内设计的重要元素。这些元素塑造出新鲜、有趣、功能性强且时尚前卫的空间效果。

自 20 世纪 50 年代末，欧洲设计界始终盛行着反对现代主义教条理论的思潮。波普艺术及其后续发展形成的后现代主义思潮，共同影响着设计界。人们可在这一时期室内诙谐的设计中，窥见这种影响。

潘特拉（Pantella）台灯 这个台灯有一个表面涂有瓷漆的喇叭形基座。基座支撑着一个半球形的丙烯酸塑料灯罩。韦尔纳·潘顿为丹麦路易斯·鲍尔森公司设计制作。*高 70 厘米（约 28 英寸），直径 50 厘米（约 20 英寸）*

开敞式平面布置的居住方式

在 20 世纪 60 年代，纽约和伦敦的众多大型阁楼和仓库被改造为住宅使用。人们开始喜欢开敞式平面布局的空间。在宽大而无定形的空间中，居住者常用可拆卸的幕墙和平板将空间分隔，也通过布置家具来形成无墙的区域划分。而各类生活区域也可用不同材质和大胆的色彩来划界。这种布置方式，多半是从波普艺术中获得的启示。设计师也尝试巧妙地使用照明，运用悬挂灯具或屋顶灯光来强化某些特定的空间。新的科学技术催生了玻璃纤维等新材料的使用。这些材料给予了设计师们更多的实验可能，去创造那些令人惊叹的室内设计作品。

色彩、造型与质地

这个位于诺曼底的农舍始建于 20 世纪 70 年代，里面陈设着 60 年代至 70 年代的家具作品。房屋的主人来自圣弗朗西斯科，他将美国前卫的设计品位带至这个僻静的法国乡野边陲。房屋中囊括了多种摒弃现代主义功能设计倾向的家具类别，有许多大胆新颖、雕塑感极强且灵动有趣的家具造型。房屋的原始陈设为单色调，但后续布置却采用了大胆而鲜亮的黄色与红色座椅。亮红色的阿尔法沙发（Alfa sofa）是由扎诺塔公司设计制作的。天花板那繁杂无序的轮廓打乱了嵌壁式和隐藏式灯具射出的光线，成为人们视觉的焦点。白色的塑料半球灯具与书桌基座、壁灯以及墙角深处金属雕塑的材质遥相呼应，赋予了整个室内空间一种和谐的视觉感受。

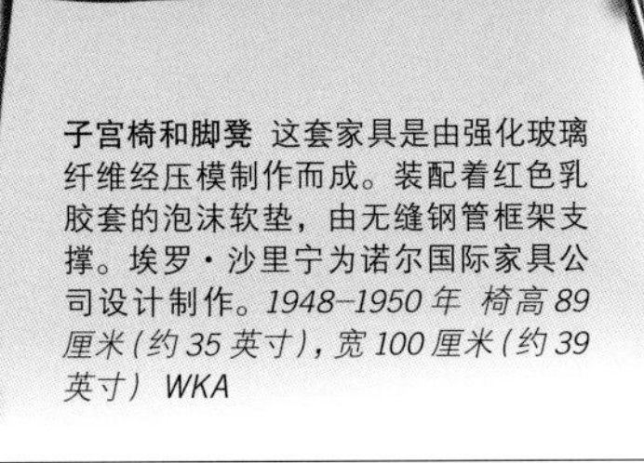

子宫椅和脚凳 这套家具是由强化玻璃纤维经压模制作而成。装配着红色乳胶套的泡沫软垫，由无缝钢管框架支撑。埃罗·沙里宁为诺尔国际家具公司设计制作。*1948–1950 年 椅高 89 厘米（约 35 英寸），宽 100 厘米（约 39 英寸） WKA*

20 世纪 60 年代的意大利

20 世纪 60 年代初，在意大利设计界这个“小世界”中，亦集结着复杂多样的设计风格。1947 年，米兰三年展的主题是“弱势群体的生活问题”，而到了 1964 年，展览有关“休闲”的主题，则表现出那个时代意大利家具产业追求舒适安逸的态度。

“反设计”理念的涌现

在 1965 年强烈的行业市场震荡中，家具设计产业遭受了沉重的打击。商业工会要求企业为工人有效地提高薪资。一小群曾声名显赫的设计师在经历了所谓品位奢华的流行思潮与现实生活脱节之后，开始反思家具产业的本质。

自 20 世纪 60 年代中期始，当设计师们骤然转向更平民化的家具形式时，一场革新运动席卷了意大利设计产业。美国波普艺术家们的作品，逐步发挥出主导影响力。此时的人们，亦试图开始去全盘接纳塑料等新型廉价材料制品。

“反设计”亦称激进设计，其主要倡导者是广为人知的阿基佐姆工作室和超级工作室。这两个建筑设计团体皆于 1966 年成立于佛罗伦萨。团体不用设计师的名字来命名，其意在表达他们对于个人主义和拜金主义的厌倦和反感。

乔·科隆博虽没有像这两个团体做得极端，但他始终着意在意大利设计界注入一种更为民主和包容的元素。尽管他的作品依然根植于功能化的理性主义设计原则，但其显然表达出设计者想与家具使用者交流的意愿。这与对使用者采用命令与指导的方式态度背道而驰。20 世纪 60 年代，安娜·卡斯特利·费列利（Anna Castelli Ferrieri）和维克·马吉斯德提（Vico Magistretti）等设计师也追随了这种设计思潮。

向前推进

20 世纪 60 年代末，随着意大利经济走向崩溃，家具设计产业中的团结和自信亦土崩瓦解。此时的设计领域变得矛盾重重。“优秀设计”的倡导者开始被“反设计”成员挑战。这些争执与冲突使得意大利设计界陷入“行业认同”的危机。然而在混乱纷争中，一个拥有伟大创造力的时代应运而生。这些设计争鸣恰恰帮助意大利保持住了其作为欧洲设计核心国家的历史地位。

乔·科隆博在米兰的公寓 公寓内景中有两套相互协调的生活装置，即旋转客厅（Rotoliving）和敞篷车形床（Cabriolet）。这两套装置，能综合适用于白天和夜间环境的需要。这是乔·科隆博针对生态系统中生物生活环境所进行研究的结果。*1969–1970 年*

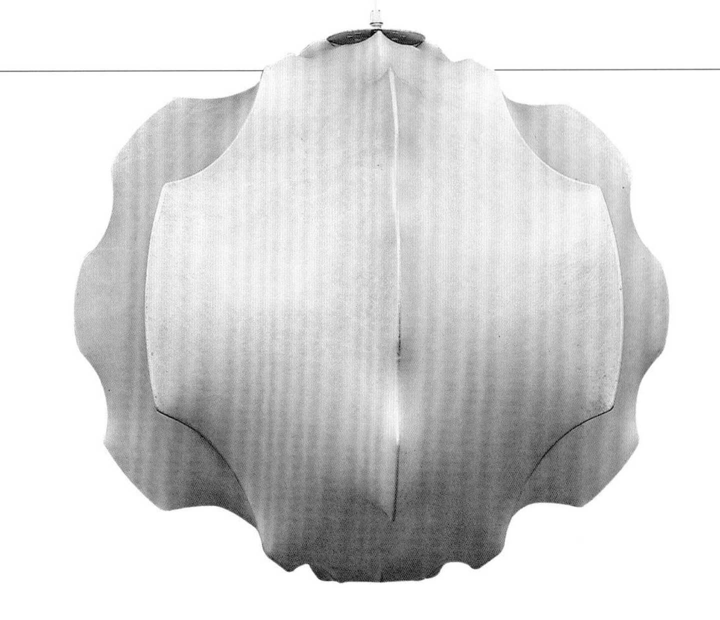

有机灯

这个巨大而具有雕刻般外形的吊灯是名副其实的有机形式，看起来像来源于自然的造化。灯体坚硬的玻璃纤维外壳被一根金属线悬吊而起。著名灯具设计师阿希尔·卡斯蒂廖尼（Achille Castiglioni）和皮埃尔·贾科莫·卡斯蒂廖尼（Pier Giacomo Castiglioni）共同创作了这个奶油色的吊灯。*约 1968 年 DOR*

坐卧两用长椅（Day bed）

这张坐卧两用长椅也可以叫做躺椅。躺椅的基本结构是由一个金属框架制作而成，有用藤条编织的座位和靠背。蒂托·阿涅利（Tito Agnelli）为皮耶兰托尼奥（Pierantonio Bonacina）设计制作。*1962 年 长 160 厘米（约 63 英寸） DOR*

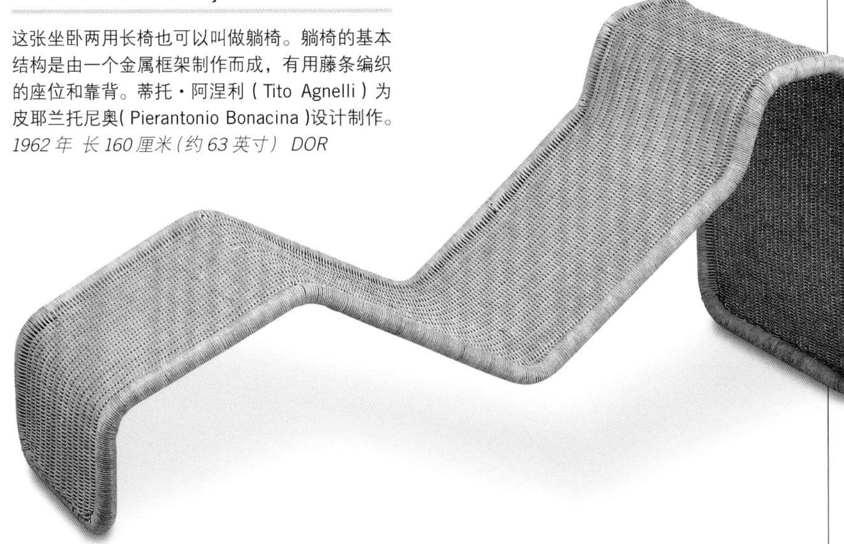

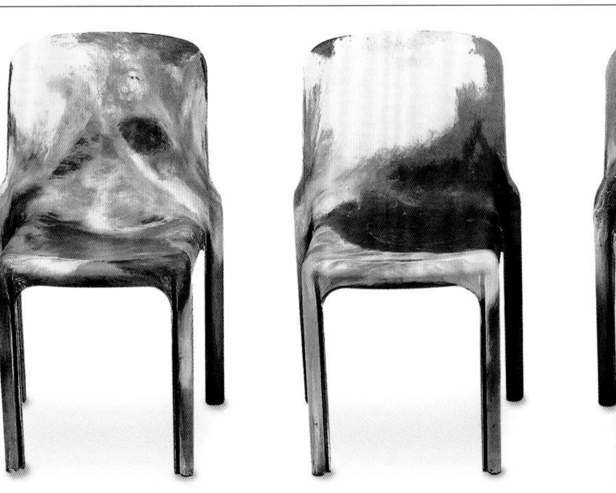

月亮女神椅

这组叠加椅中的每一把椅子都由一块单独的注入式压模塑料制作而成。椅子使用了典型的保护色色彩组合。为增强力度，正方形断面的椅腿被切割成凹痕状。这三把椅子是原始创作时四件套的一部分。维克·马吉斯德提为米兰的阿特米德公司（Studio Artemide）设计制作。*1967–1968 年 高 75 厘米（约 30 英寸），宽 47 厘米（约 19 英寸），深 50 厘米（约 20 英寸） DOR*

座位区域的六个排位是设计者为方便使用者进行社交而特意设计的。

椅子座位的玻璃纤维基座被漆成白色，给人以直接的视觉冲击。

大尺寸的座位设计具有建筑样的外观。

仿豹皮饰件有些凌乱，是故意表现出对"高品位"的对抗。

旅行生活景观椅

这个模块化的所谓旅行生活景观椅，由四部分玻璃纤维框架组成，形成一个巨大的正方形座位区域。座位区域被覆盖着织物套的乳胶软垫连接在一起。每一个单独座位都是组成花朵形图案的一个花瓣。仿豹皮饰件延伸出座位。阿基佐姆工作室为恰洛诺瓦公司(Poltronova)设计制作。*1967–1968 年 高 75 厘米(约 30 英寸)，宽 214 厘米(约 84 英寸)，深 254 厘米(100 英寸) DOR*

埃尔达椅

乔·科隆博在担任家具设计师的短暂时间里，创作了很多运用先进技术并引领潮流的作品。其中最为著名的是这把用皮革和玻璃纤维制成的埃尔达椅。

1971 年，乔·科隆博因心脏衰竭而悲惨地辞世，年仅 41 岁。但在其短暂的一生中，他做出了数目惊人的独创性设计作品。埃尔达扶手椅(Elda armchair)是为他的妻子而设计，并以其妻之名命名，随即成为他最闻名的代表作。作为一把兼具先进技术和先进美学观的典型作品，这把椅子纯净的外观成为家具设计从现代主义前辈们那种彬彬有礼之风开始转变的至关重要的飞跃。使用者可完全蜷缩在椅子所营造的个人小世界中。这把由玻璃纤维制成的椅子，也是迄今家具设计产业中，最为夸张地使用此种材料的作品。

埃尔达椅厚重而弯卷的软垫通过挂钩与玻璃纤维的基座相连，软垫可轻松地拆下清洗。软垫的设计亦强化了外观子宫状的设计构思。椅子的另一突出特征为基座可旋转。凭借基座，使用者能够 360° 环顾周围环境。

这把具有未来主义式样的椅子，很快走进了众多电影道具师的视野。其中最为引人注目的是在詹姆斯·邦德的电影中，埃尔达椅不止一次地出现于反派角色的居所内。倘若乔·科隆博还健在，能在大荧幕上看到自己的作品，他一定会很高兴——年少时，他曾将名字从切萨雷改为乔，只因他认为这个名字听起来更像是一位好莱坞电影明星。

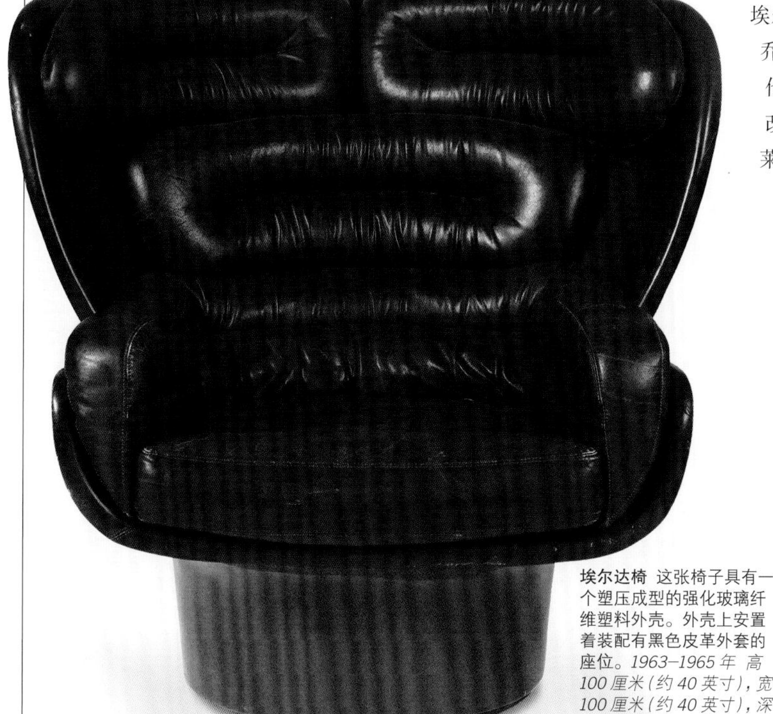

埃尔达椅 这张椅子具有一个塑压成型的强化玻璃纤维塑料外壳。外壳上安置着装配有黑色皮革外套的座位。*1963–1965 年 高 100 厘米(约 40 英寸)，宽 100 厘米(约 40 英寸)，深 93 厘米(约 37 英寸) WKA*

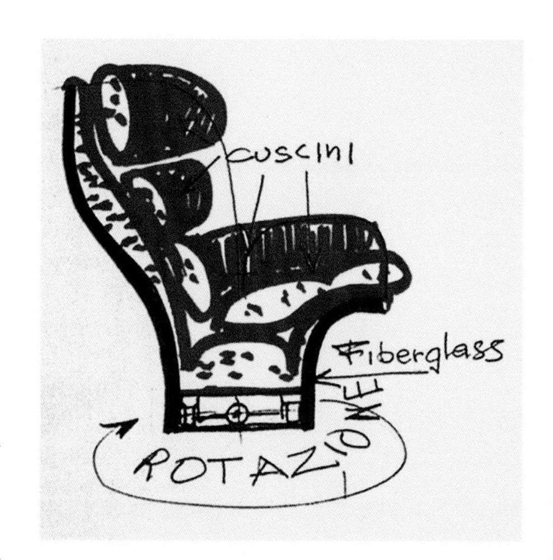

乔·科隆博设计埃尔达椅的素描草图之一 这张草图充分说明，转动机械装置是如何实现椅子 360° 的全方位旋转。*WKA*

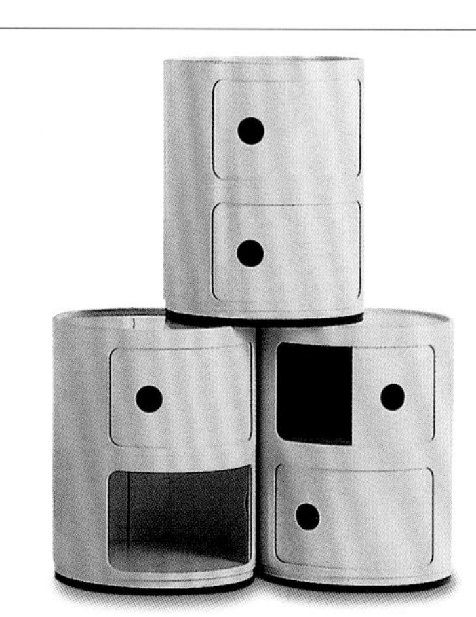

模块化存储装置

这个组合式家具系统，能够在任何家庭或办公场所中使用。安娜·卡斯特利·费列利为意大利卡特尔公司设计制作。*1969 年 高 58.5 厘米(约 23 英寸)，直径 32 厘米(约 13 英寸)*

扑克牌桌

桌面是用白色塑料制作而成，上覆盖有用皮革修饰边缘的翠绿色厚羊毛毡。不锈钢桌腿。1968 年乔·科隆博设计制作。这个样本是 2004 年由扎诺塔公司再次生产制造的。*高 70 厘米(约 28 英寸)，宽 98 厘米(约 39 英寸) ZAN*

卡斯蒂廖尼三兄弟

卡斯蒂廖尼三兄弟创造出了一种极为独特的风格。此风格包含着一种对日常生活物件的敬畏，一种颇具挑衅意味的智慧，以及一种对于家具功能的理性化处理手法。

卡斯蒂廖尼三兄弟（Castiglioni Brothers）是米兰一位雕塑家的三个儿子。他们分别是利维奥（Livio）、皮埃尔·贾科莫（Pier Giacomo）和阿希尔（Achille）。三兄弟是二战后成长起来的，在创作上极为多产，主导了意大利的设计界。他们设计各类家庭生活用品，从真空吸尘器到桌面台灯，甚至包括餐厅室内设计。在锋芒毕露的理性主义前辈设计师与嬉戏滑稽的后现代主义追随者之间，卡斯蒂廖尼三兄弟搭起了过渡性的桥梁。

三兄弟中阿希尔最年轻，但成就最大。利维奥最年长，曾与路易吉·卡恰·多米尼奥尼（Luigi Caccia Dominioni）和皮埃尔·贾科莫合作，运用胶木设计制造出意大利第一台收音机。他是将家庭用品带入公众视野的第一人。1945年，阿希尔毕业于米兰理工大学。此后，三人在同一家工作室任职。他们早期的作品是一件造型适度的门把手，以及一套胶合板旅馆家具组合。尽管三人皆受过专业的建

关键时期

阿希尔、皮埃尔·贾科莫和利维奥

1939年 利维奥和皮埃尔·贾科莫与路易吉·卡恰·多米尼奥尼合作设计出第一台胶木半自动收音机（Phonola）。

1945年 三兄弟开始合作设计。

1947年 阿希尔的作品参加“米兰三年展”，并随后由展览会收藏。这种状态一直持续到他2002年逝世。

1952年 利维奥不再与其兄弟合作设计。

1956年 卡斯蒂廖尼三兄弟成为意大利工业设计协会的创办成员。

1957年 卡斯蒂廖尼三兄弟举办了“当今住宅的色彩与形式”的主题展览。

1960年 卡斯蒂廖尼三兄弟设计了米兰的斯普鲁根布拉（Splugenbrau）餐厅。

1962年 卡斯蒂廖尼三兄弟为灯具制造商FLOS设计了弓形落地灯和Toio落地灯。

1969年 利维奥与詹佛兰科（Gianfranco Frettini）合作设计了蛇形波亚伦灯具。

1970年 阿希尔开始任教于都灵理工大学。

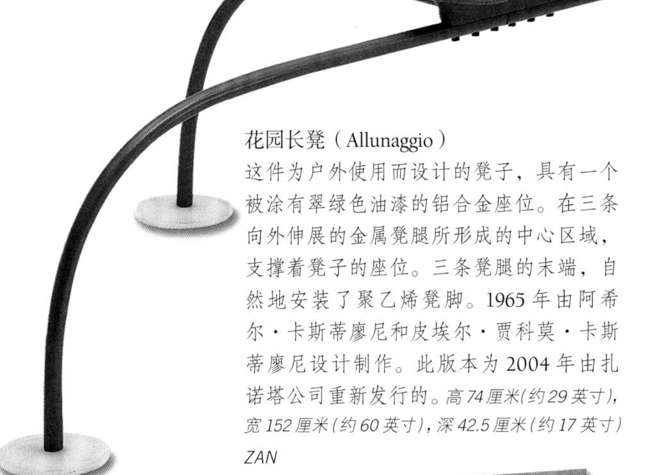

花园长凳（Allunaggio）
这件为户外使用而设计的凳子，具有一个被涂有翠绿色油漆的铝合金座位。在三条向外伸展的金属凳腿所形成的中心区域，支撑着凳子的座位。三条凳腿的末端，自然地安装了聚乙烯凳脚。1965年由阿希尔·卡斯蒂廖尼和皮埃尔·贾科莫·卡斯蒂廖尼设计制作。此版本为2004年由扎诺塔公司重新发行的。*高74厘米(约29英寸)，宽152厘米(约60英寸)，深42.5厘米(约17英寸) ZAN*

伺服装置系列
这几件家具是阿希尔·卡斯蒂廖尼和皮埃尔·贾科莫·卡斯蒂廖尼设计的伺服装置系列中的一部分。左边是伞架（Servopluvio），右边是烟灰缸（Servofumo）。伺服装置系列的其他项目还包括有衣架、毛巾架、书架和服务台等。*1961–1986年 ZAN*

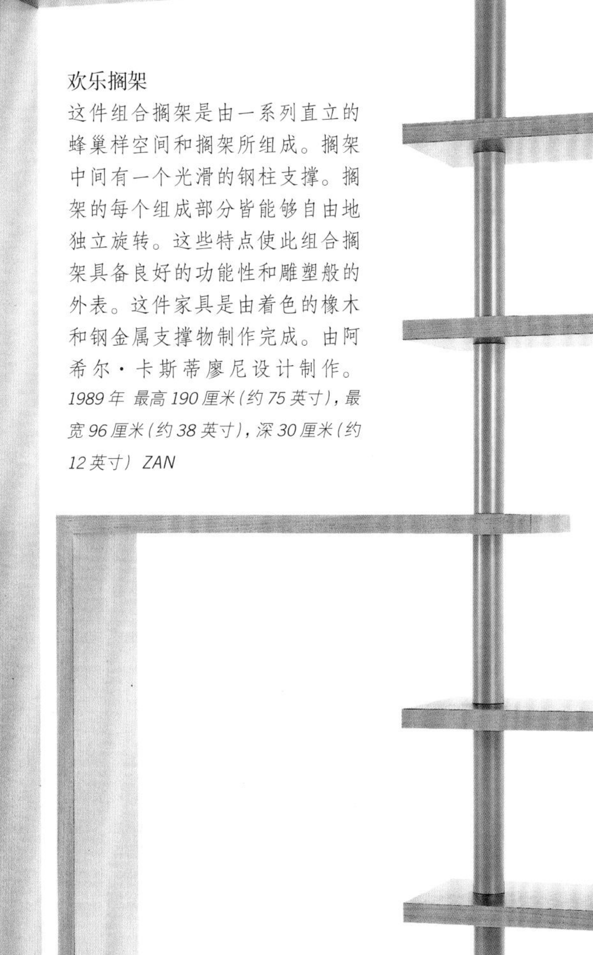

欢乐搁架
这件组合搁架是由一系列直立的蜂巢样空间和搁架所组成。搁架中间有一个光滑的钢柱支撑。搁架的每个组成部分皆能够自由地独立旋转。这些特点使此组合搁架具备良好的功能性和雕塑般的外表。这件家具是由着色的橡木和钢金属支撑物制作完成。由阿希尔·卡斯蒂廖尼设计制作。*1989年 最高190厘米(约75英寸)，最宽96厘米(约38英寸)，深30厘米(约12英寸) ZAN*

金罗盘奖

金罗盘奖由吉奥·庞蒂和阿尔多·博莱蒂最初创立，随即成为20世纪家具设计界最受瞩目且久负盛名的设计奖项。

1955年至1994年间，在每年一度的金罗盘奖盛事中，卡斯蒂廖尼三兄弟共获得九次头奖，以及十三次特别提名奖。在其众多作品中，他们设计的一把椅子、一张医用床、一个耳机和一台意式浓缩咖啡机等都获得过大奖。

1954年金罗盘奖首次颁奖，并很快成为意大利首屈一指的荣誉奖项。而其中入选的产品也引来了国际关注。设计师吉奥·庞蒂和阿尔多·博莱蒂（Aldo Borletti）在米兰开办了文艺复兴商店。他们设立金罗盘奖的意图在于“鼓励工业生产者和手工艺者，从技术和美学双重角度提高他们的产品制作标准”。

尽管最初只有在文艺复兴商店中售卖或配给的产品才有参赛的资格，但不久之后，金罗盘奖的限制便有所放宽。至1967年，金罗盘奖已不再与文艺复兴商店有任何关联，这个奖项继而由意大利工业设计协会接手管理。20世纪80年代，金罗盘奖被指控任人唯亲而信誉遭到一定损害，但20世纪的设计界，没有任何其他设计奖项能够与金罗盘奖的权威与声望相媲美。

发光落地灯 设计这个钢金属灯的思路起源于摄影师的间接照明灯。落地灯导管的宽度恰好足以安装灯泡的插座。1955年由阿希尔·卡斯蒂廖尼和皮埃尔·贾科莫·卡斯蒂廖尼设计制作。这件样本是1994年由Flos再次生产制造的。*高130厘米（约51英寸），宽15厘米（约6英寸），深15厘米（约6英寸）*

弓形落地灯 这个落地灯的设计灵感起源于街灯。灯光通过大理石基座从上方投射出来，顶灯无须安装在天花板上。阿希尔·卡斯蒂廖尼和皮埃尔·贾科莫·卡斯蒂廖尼为Flos设计制作。*1962年 高241厘米（约95英寸），宽200厘米（约79英寸），深29厘米（约11英寸）*

筑学教育，但他们却更为喜爱家具和工业产品设计。

卡斯蒂廖尼风格

1950年，随着卡斯蒂廖尼三兄弟设计出列奥纳多和伯拉孟特支架桌（Leonardo and Bramante trestle tables），独特的卡斯蒂廖尼风格就此产生了。这是阿希尔善于模仿手工匠人进行桌子制作的例证。兄弟三人以两位文艺复兴巨匠之名，命名了这两张功能性很强的桌子。桌子的命名亦充满了智慧，它时刻提醒着后人，即使是最伟大的设计作品，也是从这样简陋的支架桌上的数张设计草图开始的。1952年，利维奥开设了自己的分公司。这一时期，皮埃尔·贾科莫和阿希尔在灯具设计方面的天赋开始展现。1955年，他们设计的发光落地灯赢得了金罗盘奖。1957年，他们设计的球形吊灯展示了利用工业化生产方式塑造出的诗意作品。

1962年，皮埃尔·贾科莫和阿希尔的两件最著名灯具作品由Flos公司出品。或许直到这时，兄弟二人的灯具设计才真正达到了顶峰。弓形落地灯的设计是从街灯中得到的灵感。这件作品随即成为20世纪设计界的标志性作品，而Toio灯具则可称为展现卡斯蒂廖尼三兄弟极大创造力与智慧的最有力证明。Toio灯具的造型如工匠的工作灯一般质朴，巧妙地运用车头大灯和钓鱼诱饵环引发的灵感，并将二者结合起来。卡斯蒂廖尼三兄弟常借日常用品的样式，来表达一种对生活的敬意。

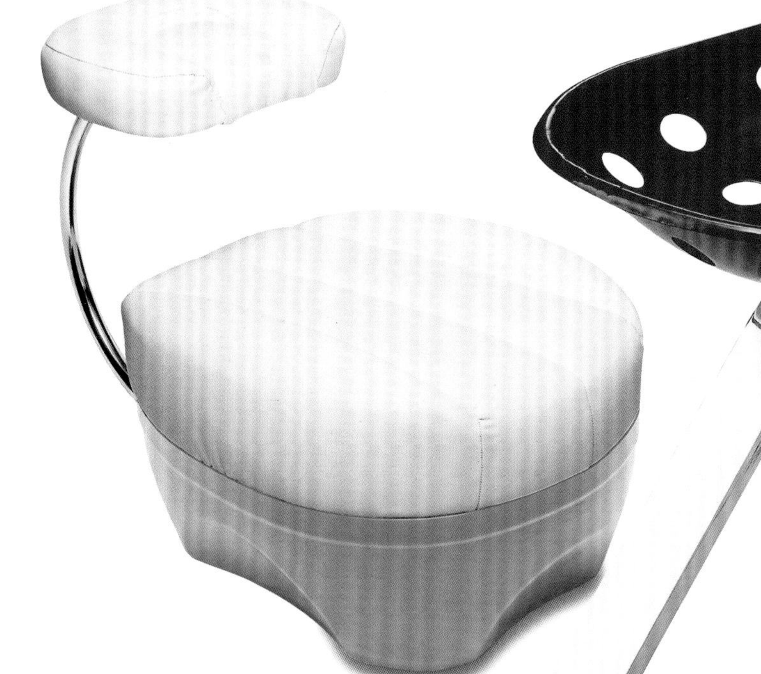

大主教凳 使用者可以坐在凳子的顶端，将自己的双膝放置在下部。凳子有两部分，由一根不锈钢撑杆连接在一起。凳子的基座由着色的聚苯乙烯材料制作而成。由阿希尔·卡斯蒂廖尼设计制作。这一件样品由扎诺塔公司2004年重新发布。*1970年 高47厘米（约19英寸），宽50厘米（约20英寸），深80厘米（约31英寸） ZAN*

拖拉机座椅凳
这张凳子的镀铬扁钢框架结构上，支撑着一个多孔的铝合金塑形座位。扁钢框架下方，连接着一个经蒸气处理过的山毛榉木脚踏板。由阿希尔·卡斯蒂廖尼和皮埃尔·贾科莫·卡斯蒂廖尼设计制作。*1957年 高51厘米（约20英寸），宽49厘米（约19英寸），深51厘米（约20英寸） ZAN*

设计策略

对于一些没有留下设计者姓名的产品，皮埃尔·贾科莫和阿希尔抱有强烈的尊崇。在他们的工作室中，四处散放着这些物件。皮埃尔·贾科莫和阿希尔沿袭了马塞尔·杜尚所开创的艺术理念。1913年，马塞尔·杜尚曾将一把凳子和一只自行车轮融入他的艺术作品中。1957年，卡斯蒂廖尼三兄弟运用此设计理念，设计出了他们最为著名的作品——在一个题为“当今住宅的色彩和形式”的展览中，他们用索奈特弯曲木椅等“老式”设计产品和自己最新的作品共同设计装饰了一间房屋。这间屋子中包含了卡斯蒂廖尼三兄弟设计的拖拉机座椅凳和萨拉凳。作品诙谐幽默极具视觉冲击，他们使用了严肃的理性主义的功能设计手法。

1968年，皮埃尔·贾科莫辞世，留下阿希尔独自工作。人们对阿希尔后来的设计毁誉参半，这在他于1970年设计的大主教凳上体现尤甚。这个凳子要求人们以东方式盘腿端坐。因大胆的人体工学设计原理，大主教凳备受人们赞誉同时，亦被另一些人指责其样子太过古怪，造型如马桶。

20 世纪 60 年代的美国

20 世纪 50 年代，美国家具设计界着重于树立起一个强劲统一的专业形象。而在后续的十年中，这种发展势头却陷入了困境。这一时期，伊姆斯夫妇和埃罗・沙里宁开创了一种理性但却极富雕塑感的设计风格。尽管后来亦有反对者试图打破这种 20 世纪中叶现代主义美学的霸权局面，但伊姆斯风格还是与其他设计风格一道，在 60 年代继续迎来更大的成功。

20 世纪 60 年代初，赫曼米勒和诺尔这些挑剔的商业化家具公司极为春风得意。但很多美国家具公司仅仅着力于通过合同市场（生意市场）和出口贸易来巩固他们的事业。20 世纪 50 年代早期那些冷峻而没有温度的设计，在 20 世纪 60 年代的美国开始走向衰落。

20 世纪 50 年代设计界的代表人物，将他们的才智转向办公家具和机场座椅领域。1964 年，乔治・内尔松设计了功能办公组合；伊姆斯创作了串联座椅。一些青年设计师亦展开了合作性的设计。1964 年，他们同大卫・罗兰一道成功地生产出具有理性主义风格的 40/4 椅。40/4 椅的意思是，40 件这种椅子堆叠在一起，仅有约 1.2 米高。

当欧洲设计师开始逐渐抛弃家具中所运用的炫丽色彩和奇异造型时，美国却在亦步亦趋地追寻着这种风格。

自由形式的风格

在美国，探索装饰性抽象艺术风格的意图并未完全褪去。很多设计师的作品，如野口勇设计的 IN50 茶几（IN50 coffee table），乔治・内尔松设计的椰子椅和埃罗・沙里宁设计的基座（Pedestal range）系列，都在很大程度上为形式宽松自由的风格发展扫除了障碍。20 世纪 60 年代，这种风格横扫了整个家具设计界。

在这种异想天开的设计风格中，最值得一提的典型人物即是瓦伦・普拉特纳。他曾为诺尔公司设计的钢筋家具系列，被简单地称为“普拉特纳系列”，发行于 1966 年，随即在家具界获得了极高的赞誉。

此时一些美国设计师倾向于一种大胆而独特的设计风格，但大多数产品制造商并不感冒。于是，设计师们只能亲手制作自己的设计作品，或寻觅可合作的小公司，如设计师弗拉迪米尔・卡根（Vladimir Kagan）温德尔・卡斯尔（Wendell Castle）、拉弗内夫妇（Erwine and Estelle Laverne）等。卡斯尔设计的无定形家具作品，大多由玻璃纤维和塑料制成，最终被纽约的 Beylerian 公司限量制造。而拉弗内夫妇的作品多以应用透明丙烯酸塑料著称，并由他们自己的拉弗内原创公司制作。在洛杉矶，设计师查尔斯・霍利斯・琼斯（Charles Hollis Jones）也在进行试验，试图用透明丙烯酸塑料制作装饰化家具。同时，琼斯亦为弗兰克・西纳特拉（Frank Sinatra）、田纳西・威廉斯（Tennessee Williams）和黛安娜・罗斯（Diana Ross）等客户生产一些定制家具和灯具。

后现代主义风格

当美国家具设计界深陷困顿时，一股思想学派正在蓬勃发展。这个学派坚持：此时的社会现状是应当被赞颂的。罗伯特・文丘里（Robert Venturi）和丹尼斯・斯科特・布朗（Denise Scott Brown）撰写了大量关于建筑学科的论著。1966 年，文丘里出版了《建筑的复杂性与矛盾性》（*Complexity and Contradiction in Architecture*）一书，书中强调设计中的多元性问题，设计师应尽可能地避免那种非此即彼的纯净通用的设计体系。这种观点为后现代主义风格奠定了基础。

普拉特纳系列

这张圆桌的厚玻璃板桌面由一个纺锤形的基座支撑而起。基座是由编织镀镍钢筋条构成。四个凳子的胡桃木凳面座位上，安置着覆盖有天鹅绒套的可移动软垫。瓦伦・普拉特纳为诺尔国际家具公司设计制作。这些家具仅仅是普拉特纳系列家具的一个组成部分。*1966 年 桌高 71 厘米（约 28 英寸），直径 105 厘米（约 41 英寸） QU*

卡斯尔椅的转台非常适合放置饮料或美酒。

卡斯尔椅的座位仅仅就是一个塑料凹地。

基座上的防滑设施，增强了椅子对地面的黏着度。

卡斯尔扶手椅

温德尔・卡斯尔是这件扶手椅的设计者。作者应用白色的强化玻璃纤维聚酯塑料，使这把椅子达到了一种有机组成效果，但又不是固定形状。椅子的基座被整齐嵌入到围绕基座的黑色橡胶垫中。由纽约 Beylerian 公司限量生产并定点配置。这个具有独特风味的椅子最初因为艺术家将之置于室内使用而被卖空。*1969 年 高 86 厘米（约 34 英寸），宽 118 厘米（约 46 英寸），深 90 厘米（约 35 英寸） QU*

邮箱台灯

台灯的邮箱形灯罩是由一张弯曲的丙烯酸树脂塑料薄片制作而成。细细的管状支柱和基座是用钢金属材质。查尔斯·霍利斯·琼斯设计制作。*1963 年 高 58.5 厘米（约 23 英寸），宽 35 厘米（约 14 英寸），深 23 厘米（约 9 英寸）*

烟云沙发

这张靠背低矮的沙发，具有诱人的曲线和生动的生物形态。沙发全部装配着带有红色、粉红色和灰色波纹图案的华丽针织套。三个以散射状放置的软垫与沙发相匹配，达到了一种完美的整体视觉效果。沙发由几个活动脚轮支撑。*高 294.5 厘米（约 116 英寸） SDR*

百合椅

这把用透明合成树脂制作的百合椅，是欧文·拉弗内和埃丝特尔·拉弗内夫妇的"看不见族群（Invisible Group）"系列设计的一部分。边缘光滑的座位和模压形成的基座都是完全透明的。一个毛茸茸的白色座位软垫使椅子显得完美无缺。*1957年 高94厘米（约37英寸），宽71厘米（约28英寸），深68.5厘米（约27英寸）SDR*

门状腿餐桌

这张具有落叶状木制桌面的门状腿餐桌，是按照 16 世纪晚期形式在 20 世纪制造的家具。这件家具也是弗拉迪米尔·卡根有机设计风格的最好范例。这个四角圆钝的矩形桌面，由一个七条桌腿形成的木制基座支撑而起。桌腿设计为成角度地向外伸展，充分显示出了弗拉迪米尔·卡根作品的特点。*餐桌全部展开尺寸为：高 75 厘米（约 30 英寸），宽 169 厘米（约 67 英寸），深 106.5 厘米（约 42 英寸） SDR*

双开门橱柜

这件由樱桃木制成的双开门橱柜，具有一个波状轮廓的乌木镶嵌装饰门脸。柜门打开后，里面有一面可量身映照的镜子，四个柜架和四个小抽屉。每个抽屉上都有一个象牙色搪瓷拉手。柜子底部有四个黑色的圆柱形柜脚。弗拉迪米尔·卡根设计制作。*高 86.5 厘米（约 34 英寸） SDR*

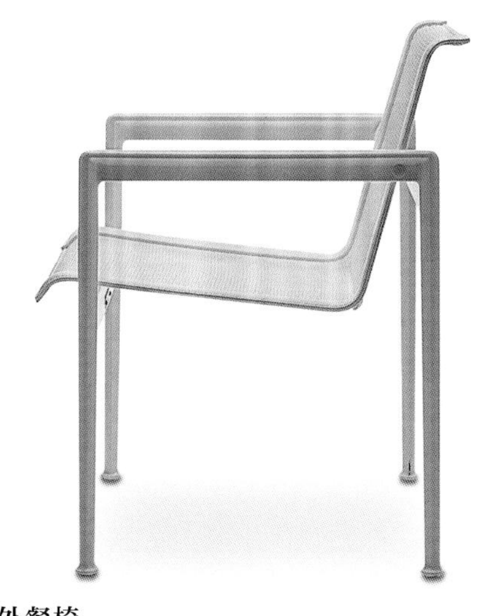

户外餐椅

这把压铸成型的椅子，框架是由铝金属经过模压精制完成。为适应户外使用，椅子框架外层覆盖着环氧聚酯。聚酯网孔座，采用适合野外使用的聚氯乙烯（PVC）。理查德·舒尔茨（Richard Schultz）设计制作。*1966年 高74厘米（约29英寸），深62厘米（约24英寸）*

40/4 叠加椅

这是 20 世纪最著名和最实用的椅子之一，能够非常紧凑地叠加在一起。40 把这种椅子叠加在一起，仅仅只有约 1.2 米高。椅子具有镀铬框架，以及金属座位和靠背。大卫·罗兰设计制作。*1964 年 高 76 厘米（约 30 英寸），宽 49 厘米（约 19 英寸），深 54.5 厘米（约 21 英寸）*

茶几

在战后的岁月里，茶几迎来了快速而广泛的普及。这应当直接归因于电视机产业的发展和兴起。由于收看电视节目，家庭成员的进餐地点开始从餐厅转向起居室。而在起居室中，茶几成为人们放置碗碟杯盘最理想的家具。

因电视机的出现，人们在起居室中的活动开始增加。这一时期的茶几，最流行那种轮廓柔和没有尖锐桌角的样式。这样设计可避免划伤靠近茶几的使用者的小腿。这时期经典的茶几桌面，也全都有着柔和而美观的曲线轮廓。1944年，野口勇设计的IN50桌，即为此风格中一个耐人寻味的早期实例。这类经典的茶几很快取代了传统餐桌，成为家庭成员围聚而坐最常使用的家具类型。一些观念传统而保守的房主通常更青睐矩形的茶几，而不太容易接受不规则形的桌面。然而茶几新兴的造型，这一时期却颇受大量年轻消费者的喜爱。

此外玻璃桌面的茶几，亦常因其独特的外形而广受赞誉，它常给人以轻盈之感，像飘浮在空气中。20世纪40年代末至50年代初，玻璃桌面成为茶几的典型特征。在20世纪60年代中期的家具设计界，当塑料开始被广泛使用时，玻璃纤维质地的茶几也顺势大量涌现于家具市场。也从那时候起，曾经围绕茶几布置的起居室三件套家具很快就显得过时，与此同时，对茶几的诉求也开始日趋衰减。

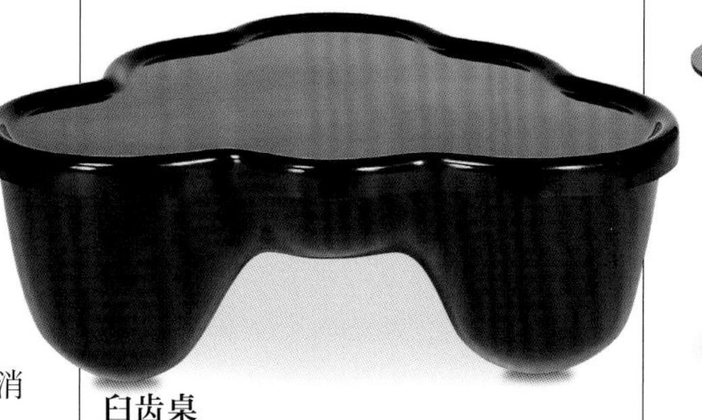

臼齿桌

这张黑色的玻璃纤维桌，外形酷似人类牙齿的臼齿。这件作品来源于温德尔·卡斯尔的系列设计，制作于美国。*约1969年 高39.5厘米（约16英寸），宽101厘米（约40英寸），深86.5厘米（约34英寸） SDR* ④

玻璃面桌子

这张桌子具有一个厚厚的圆形透明玻璃桌面。一个像缎带般的绿锈色铜锡合金基座将桌面支撑而起。由美国Dunbar公司生产制造。*1965年 宽107厘米（约42英寸） SDR* ③

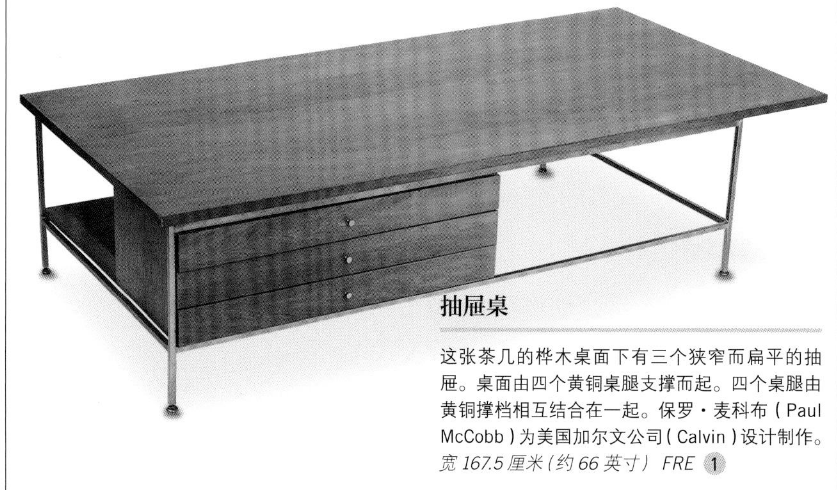

抽屉桌

这张茶几的桦木桌面下有三个狭窄而扁平的抽屉。桌面由四个黄铜桌腿支撑而起。四个桌腿由黄铜撑档相互结合在一起。保罗·麦科布（Paul McCobb）为美国加尔文公司（Calvin）设计制作。*宽167.5厘米（约66英寸） FRE* ①

阿拉贝斯克（Arabesco）桌

这张桌子具有一个多孔胶合板框架结构，框架是表层用涂清漆的山毛榉薄木板制作而成。在厚厚的玻璃板桌面下，支撑桌面的框架弯曲形成了一个供杂志堆放的搁架。桌面和底下平行于桌面的另一块玻璃搁板，皆是边缘弯曲的不对称形状。支撑框架与玻璃桌面由不锈钢螺丝固定在一起。1949年卡洛·莫利诺设计制作于意大利。这个样本是由扎诺塔公司于2004年再次生产制造。*高45厘米（约18英寸），宽129厘米（约51英寸），深53厘米（约21英寸） ZAN*

Dunbar 茶几

这张美国制造的茶几，具有一个1厘米（约0.5英寸）厚度的烟灰色矩形玻璃桌面。一个绿锈色铜锡合金十字形基座将桌面支撑而起。*约1965年 宽117厘米（约46英寸） SDR* ③

有机沙发桌

曲线形桌面的樱桃木桌子是由四个向外伸展的桌腿支撑而起。桌面是黑色层压板。*约1950年 高50厘米（约20英寸），宽131厘米（约52英寸），深47厘米（约19英寸） DOR* ②

阿米巴桌

这张桌子的自由形态桌面由厚层压板木料制作而成。之所以命名为阿米巴桌，是因为桌面的非规则形状酷似阿米巴虫的形态。四条用螺丝内固定的黑色锥形桌腿将桌面支撑而起。1973 年，美国设计师劳伦斯·凯利(Lawrence Kelley)创造了这个作品。*宽 163.5 厘米(约 64 英寸) FRE* ①

厚板桌

这张茶几是由一整块坚硬的胡桃木制作而成。桌子最显著的特征是其自由形态和有机组成的外形，这是完全由作者所选择的材料决定的。两个形态和角度各异的胡桃木桌腿，将茶几支撑而起。中岛乔治设计制作于美国。*1956 年 宽 132 厘米(约 52 英寸) FRE* ⑤

茶几

细瘦而单薄的矩形桌面被装置着铜脚的正方形截面桌腿支撑而起。桌腿没有位于桌面的每一个拐角处，而是安置在桌子后缘的拐角处和前缘的中心地带。桌腿处的撑具增加了桌子的稳定性。1955 年爱德华·沃姆利为美国 Dunbar 公司而设计制作。*宽 152.5 厘米(约 60 英寸) LOS* ③

木制黄铜桌

这张美国制造的茶几，具有一个矩形的木制桌面。四个由黑色层压板制作而成的桌腿将桌面支撑而起。桌腿末端截面为正方形，装置有黄铜桌脚。一个与桌面同样大小尺度的黄铜框架将四个桌腿框结在一起。哈维设计制作。*约 1960 年 宽 179 厘米(约 70 英寸) LOS* ③

诺尔茶几

这个设计简洁明快的茶几只有黑白两种色彩。茶几由纽约诺尔国际家具设计公司生产制造。茶几具有一个白色的矩形层压板桌面。直角金属基座和金属桌腿皆涂有黑色瓷漆。*宽 114 厘米(约 45 英寸) SDR* ①

丹麦黄檀木桌

这张具有矩形桌面但又非常朴实的黄檀木茶几，桌面一端镶嵌有瓷砖。瓷砖图案为橄榄绿和青蓝色的抽象设计。四个车削桌腿向下逐渐变细。格奥尔·延森(Georg Jensen)设计和生产制造于丹麦。*高 51 厘米(约 20 英寸)，宽 150 厘米(约 59 英寸)，深 79 厘米(约 31 英寸) SDR* ①

野口勇 IN 50 茶几

这张茶几仅仅是由三个部分组成。一块2厘米(约0.75英寸)厚度的三边形平板玻璃桌面，两片相同造型的坚硬而弯曲的乌木桌腿。桌腿相互衔接，形成一种稳定的支撑定势。野口勇为美国赫曼米勒家具公司设计制作。*1944年 高58.5厘米(约23英寸)，宽113厘米(约44英寸)，深101厘米(约40英寸) QU* ③

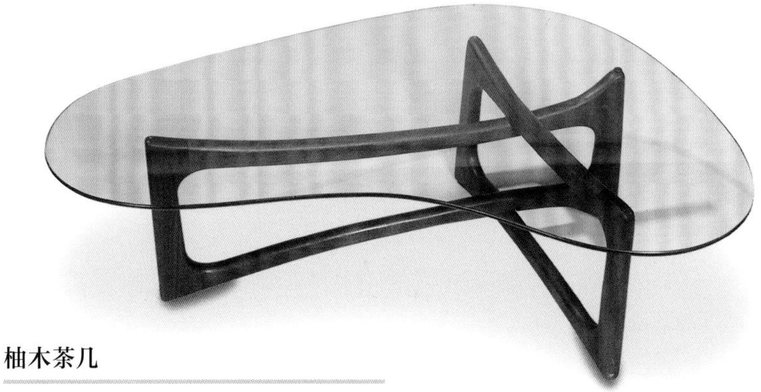

柚木茶几

这张丹麦制造的茶几是由柚木和玻璃制作而成。茶几有三个部分。茶几基座是由两个相互交接成十字形的柚木框架组成。框架微微向下弯曲，并在两头向上轻度撅起，将一个自由形态的不对称形玻璃桌面支撑而起。*约 1960 年 高 39 厘米(约 15 英寸) FRE* ①

餐具柜

在第二次世界大战期间，人们普遍认为机械的发展给社会带来了巨大的破坏效应。于是，此后的很多设计师本能地摒弃了工业化生产模式，纷纷重新评估传统手工艺的价值。餐具柜是一种尤能体现出手工匠人技艺的家具类型。因此，在20世纪40年代末，木质餐具柜开始成为橱柜家具的主导样式。

这一时期，餐具柜和书架取代了竖直的立柜，开始风靡一时。低矮的平展造型的餐具柜结合了整齐的内部分隔储物形式，体现出一种全新的活力，而早些时期塔状的储藏橱柜全然不具备这种活泼的气息。

此时的人们依然不接受家具表面的装饰，因此现代餐具柜的设计师们，最大程度地利用了木材表面美丽的纹理，同时着重去设计柜子把手及柜门。这种设计方式同样增强了餐具柜整体的视觉效果。这一时期，设计中常用的木材包括柚木、黄檀木、橡木和黑黄檀木，而黄铜则时常运用在餐具柜把手上。短小而逐渐变细的柜腿很快成为餐具柜支架的共同特征。这样的底座让餐具柜看起来更为轻盈，也同时呼应了当时建筑物中广泛运用的底层架空设计样式。

尽管战后初期，美国及若干意大利和英国的家具设计师们设计制作出一些著名的餐具柜，但出自斯堪的纳维亚设计师之手的餐具柜作品，却在这一时期更加受欢迎，销路甚广。20世纪60年代，当塑料材质被引入家具设计界时，木质餐具柜随即受到冲击，不再受人们的青睐。新一代设计师们决心摒弃一切他们所认为的老式家具的式样。

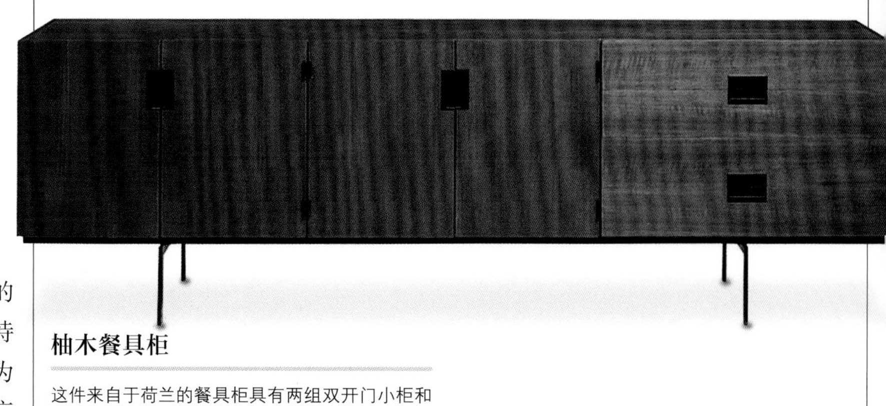

柚木餐具柜

这件来自于荷兰的餐具柜具有两组双开门小柜和上下排列的两个抽屉。矩形柜台。每组小柜内部设置有搁架。四个方形截面釉质金属柱将餐具柜支撑而起。1959年塞斯·布拉克曼（Cees Braakman）设计制作。作为U十N系列家具的一部分，由Patsoeas生产制造。*宽229厘米（约90英寸） BonBay* 3

中岛（Nakashima）餐具柜

这件美国制造的餐具柜是由黑胡桃木结合亚麻平布制作而成。矩形的餐具柜有两扇滑动推拉门，另有一个开合柜门，里面有设计合适的空间。餐具柜由三个胡桃木桌脚支撑而起。中岛乔治设计制作。*约1966年 宽213.5厘米（约84英寸） FRE* 6

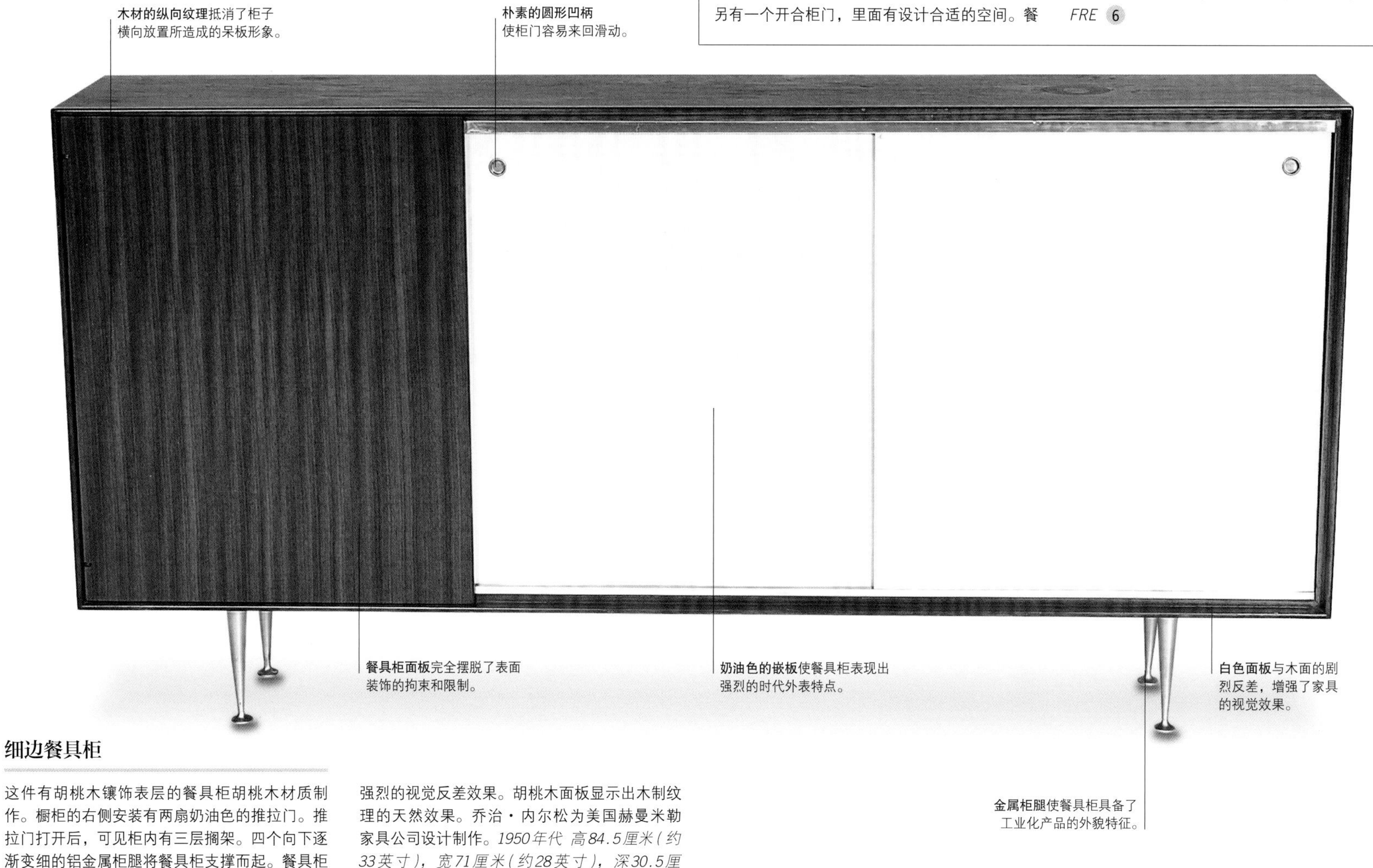

细边餐具柜

这件有胡桃木镶饰表层的餐具柜胡桃木材质制作。橱柜的右侧安装有两扇奶油色的推拉门。推拉门打开后，可见柜内有三层搁架。四个向下逐渐变细的铝金属柜腿将餐具柜支撑而起。餐具柜上没有任何表面装饰，木材与淡白色面板形成了强烈的视觉反差效果。胡桃木面板显示出木制纹理的天然效果。乔治·内尔松为美国赫曼米勒家具公司设计制作。*1950年代 高84.5厘米（约33英寸），宽71厘米（约28英寸），深30.5厘米（约12英寸） SDR* 4

柚木餐具柜

这件直线形柚木餐具柜具有两扇门和四个从上至下逐渐变大的抽屉。柜门和抽屉上安装有精美的微型金属把手。餐具柜由两个钢筋框架支撑而起。约翰·里德和西尔维娅·里德夫妇（John and Sylvia Reid）为英国雄鹿（Stag）家具公司设计制作。*1959年 高170厘米（约67英寸），宽137厘米（约54英寸），深45.75厘米（约18英寸）FRE* ③

九抽屉自助餐柜

这件自助餐柜中间部位有三个长抽屉，与之相邻的两边各有三个较短的小抽屉。所有的黄檀木抽屉面上皆安装有铜环把手。四个正方形断面的短小柜腿将由乌木和橡木构成的柜子支撑而起。爱德华·沃姆利为美国Dunbar家具公司设计制作。*宽176厘米（约69英寸） SDR* ③

四门餐具柜

这件餐具柜由表层镶饰着黄檀板的木材制作而成。矩形柜顶。柜子外侧有两个滑动门，中间两个门是用铰链结构固定。每个柜门上皆有一个小的锯齿状缩进把手。伯耶·莫根森设计制作于丹麦。*约1958年 宽238厘米（约94英寸） DOR* ③

胡桃木餐具柜

这件日本式餐具柜有一个不规则形边缘的胡桃木柜顶。柜顶下面为装置着滑行门的矩形柜子。滑行门上有凹陷的矩形拉手。橱柜一边是四个抽屉，另一边滑门内有三个可调节的搁架。*宽183厘米（约72英寸） SDR* ②

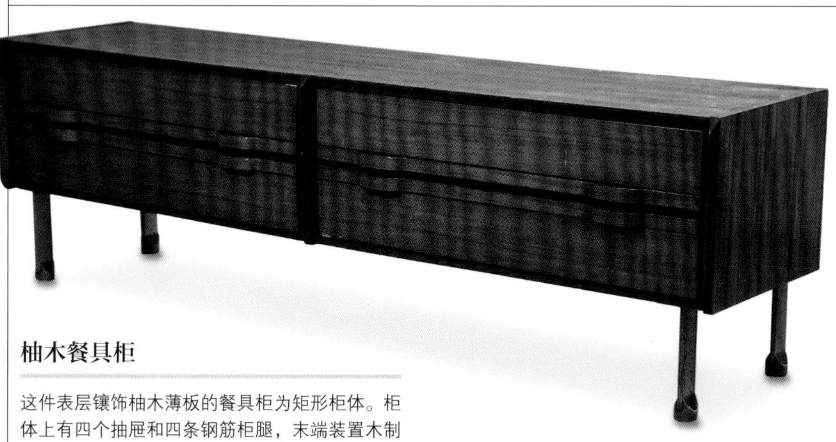

柚木餐具柜

这件表层镶饰柚木薄板的餐具柜为矩形柜体。柜体上有四个抽屉和四条钢筋柜腿，末端装置木制柜脚。这件20世纪50年代设计制作于意大利的作品，应归功于Gianfranco Frattini。*高53厘米（约21英寸），宽178厘米（约70英寸），深42厘米（约17英寸） QU* ③

541橱柜

这件表层镶饰着榆木薄板的餐具柜具有矩形柜体。柜上有四扇由胶合板制作完成的滑行门，装置着由皮革制成的条带状把手。六个金属柜腿将餐具柜支撑而起。佛罗伦斯·诺尔为美国诺尔国际家具公司设计制作。*约1952年 宽180厘米（约71英寸） DOR* ③

瓷漆橱柜

这件象牙漆橱柜有五扇门。门内隐藏着一组抽屉和搁架。每个门上都安置有一个大大的黄铜环拉手。在橱柜的正面和侧面装饰着一些金黄色铜扣，柜顶则没有任何纹饰。汤米·帕辛格（Tommi Parzinger）设计制作于美国。*宽208厘米（约82英寸） SDR* ⑤

编织面餐具柜

这件具有两扇推拉门的丹麦式餐具柜是由橡木和巴西黄檀木制作而成。柜子的前方是嵌镶在狭窄框架内的编织门面，上有凹陷进去的椭圆形把手。柜腿间有矩形撑档连接。汉斯·韦格纳为Ry Mobler设计制作。*1966年 高78.5厘米（约31英寸），宽200厘米（约79英寸），深49厘米（约19英寸） Bk* ③

灯具

20 世纪上半叶，灯具是家具设计中一个相对独立的类别。当时的设计师们亦较少横跨家具与灯具设计两个领域。然而战后新一代的设计师却认为，灯具与家具设计一样同为工业设计的重要分支。

灯具设计最吸引人之处在于，灯具产品可创造出适应较大装饰幅度的造型。阿希尔·卡斯蒂廖尼是这一时期最为著名的灯具设计师，他说：“灯具设计中的乐趣并不是完全集中于解决照明的问题……当关闭电源，灯具应当依然颇具装饰特性。”意大利引领了战后的灯具产业。当时在意大利创办的灯具制造公司有奥卢斯（O-Luce）、丰特纳·艾德和斯笛诺沃（Stilnovo）等。

至 20 世纪 60 年代，宇宙科学的发展开始影响灯具设计产业。人们最早喜爱的灯具为一种优雅、对称而有节制的样式。在这一时期，一些设计师致力于探索灯具设计装饰的可能性，却并不将装饰与作品的功能性相联系。而另一些设计师表面上尊奉着现代主义“形式追随功能”的信条，但却时常在作品中表现得言不由衷。1945 年，当设计师们开发出灯具更多的室内装饰作用时，电灯的基本照明功能便失去其原本的质朴气息。

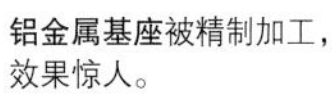

灯泡的玻璃是按照设计师的规范要求专门吹制出来的。

灯泡灯中的灯泡。

这件灯具可以根据个人的愿望来选择透明玻璃（如图所显示）或者是磨砂玻璃。

铝金属基座被精制加工，效果惊人。

落地灯泡灯

这件灯泡形的巨大落地灯，是有关设计的大众热门话题之一。实例显示出，由吹制玻璃工艺制作出来的巨大透明玻璃灯泡被安置在精致的铝金属螺旋插座中。这个设计风趣的灯具代表了 20 世纪 60 年代典型的照明方式。英戈·毛雷尔（Ingo Maurer）于德国设计制作。*1966 年 高 54 厘米（约 21 英寸），直径 34 厘米（约 13 英寸） DOR* ③

KD24 台灯

这件具有橘红色塑料外壳的灯具直立在一个白色塑料基座上。外壳与基座的曲线部分相互对应吻合。乔·科隆博为意大利卡特尔公司设计制作。*1968 年 高 14.5 厘米（约 6 英寸） DOR* ②

台灯

这件可调式台灯由外表涂有绿漆的阳极氧化铝和钢金属框架制作而成。A.B. 里德设计制作，特劳顿公司和扬公司（Troughton and Young）生产制造于英国。*1946 年 高 48.5 厘米（约 19 英寸）*

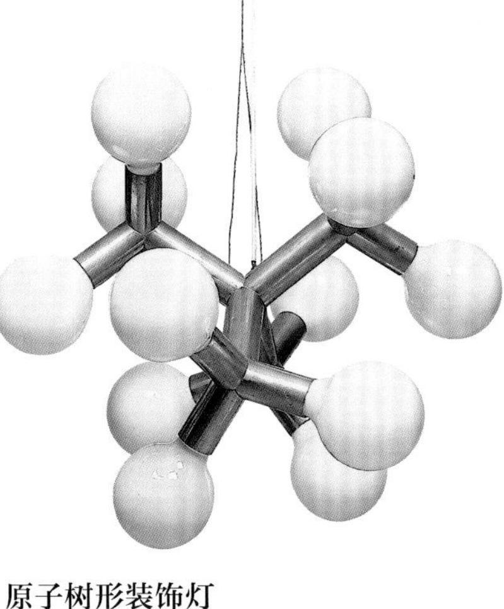

原子树形装饰灯

这件具有原子结构形态的灯具共有十二颗不透明玻璃灯泡，被装置在镀铬金属管上。J.T. 卡尔马（J.T. Kalmar）设计制作于奥地利。*1969 年 直径 64 厘米（约 25 英寸） DOR* ③

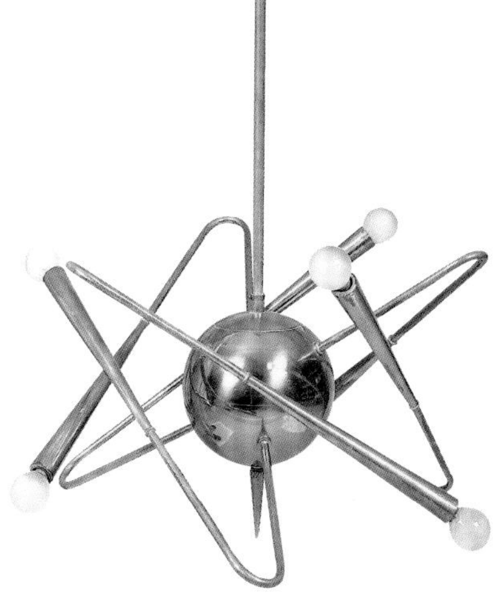

金属吸顶灯

这件具有不透明灯泡的六头灯被安置在一个原子结构形态的金属导管框架上。框架被黄铜包裹，呈现出绿锈色。*1950 年代 高 110 厘米（约 43 英寸），直径 60 厘米（约 24 英寸） DOR* ②

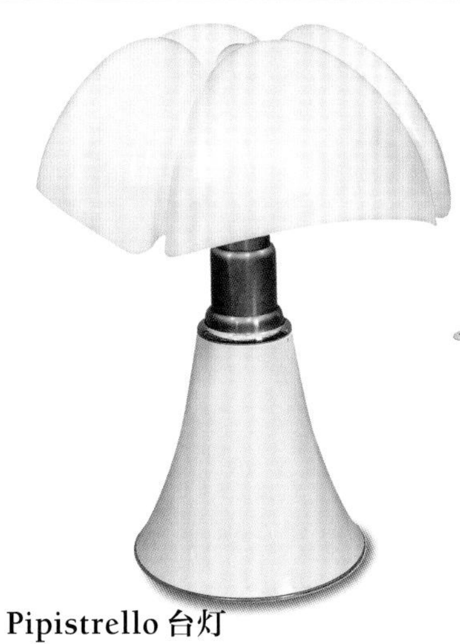

Pipistrello 台灯

灯罩是由塑料制作而成。金属基架上有一个套筒伸缩式的钢柱，可用来调节桌灯高度。盖·奥伦蒂（Gae Aulenti）为意大利马蒂内利·卢斯（Martinelli Luce）设计。*1965–1966 年 直径 54 厘米（约 21 英寸） DOR* ②

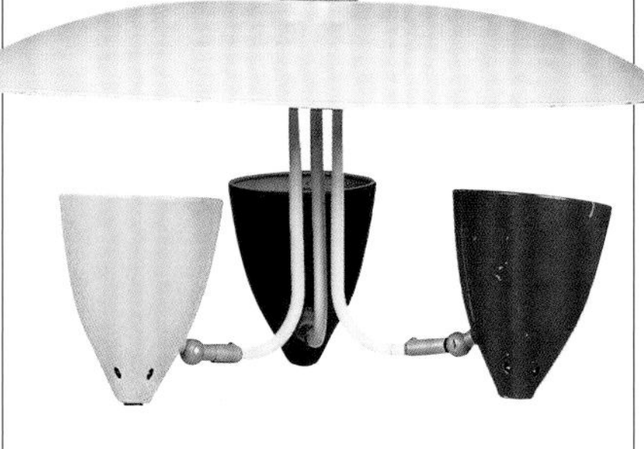

Arteluce 吸顶灯

涂有灰色瓷漆的锡制灯罩，被一根镀镍棒悬吊而起。灯罩能够旋转，以便能改变灯光照射的方向。设计制作于意大利。*约 1950 年 高 77 厘米（约 30 英寸），直径 58 厘米（约 23 英寸） DOR* ①

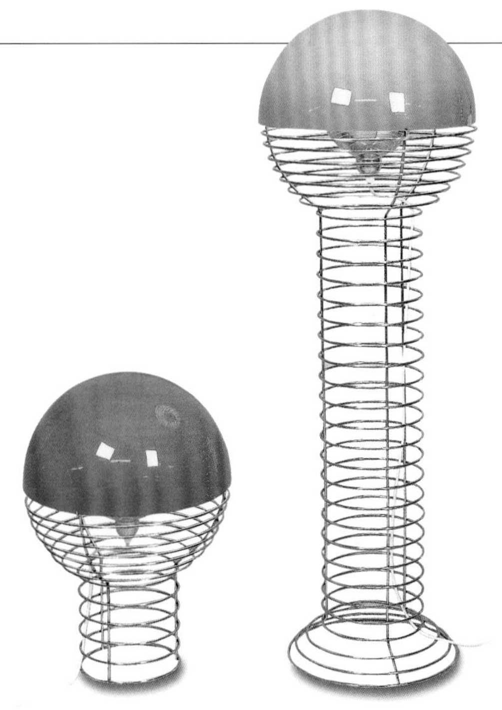

桌灯

这两件灯具皆具有鲜亮的色泽。半球形的塑料灯罩坐落在一个像弹簧一样的镀金线圈基座上。韦尔纳·潘顿为 J. 卢贝（J.Lube）而设计制作于瑞士。*1972 年 小灯高 55 厘米（约 22 英寸），直径 40 厘米（约 16 英寸） DOR* ②

环状灯

这种色彩鲜艳的塑料壁灯具系列有不同的颜色。壁灯的外表为一块压模成型的正方形塑料板，上有几圈微微隆起的同心圆。韦尔纳·潘顿为丹麦路易斯·鲍尔森公司设计制作。*1969–1970 年 高 42 厘米（约 17 英寸），宽 62 厘米（约 24 英寸），深 24 厘米（约 9 英寸） DOR* ③

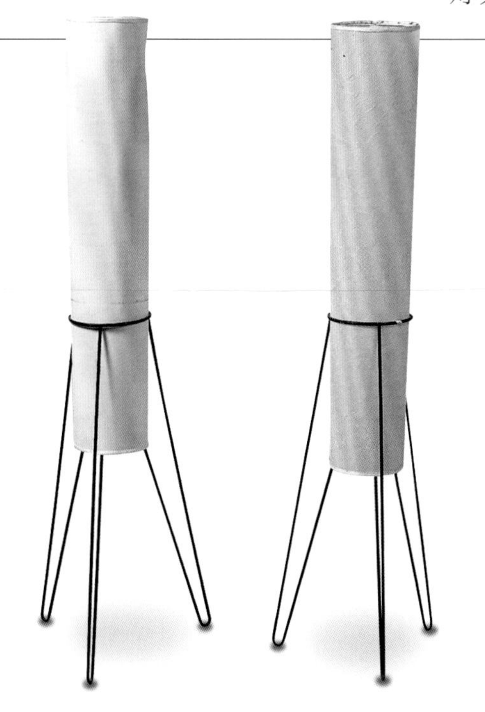

高挑落地灯

这款高挑而矗立在地面的灯具，是由三条金属腿组成的基座支撑而起。左侧灯具的灯罩是由丝绸材质制作而成，而右侧的灯罩，则是用羊皮纸制作而成。美国诺尔国际家具公司生产制造。*1950 年代 高 125 厘米（约 49 英寸） DOR* ①

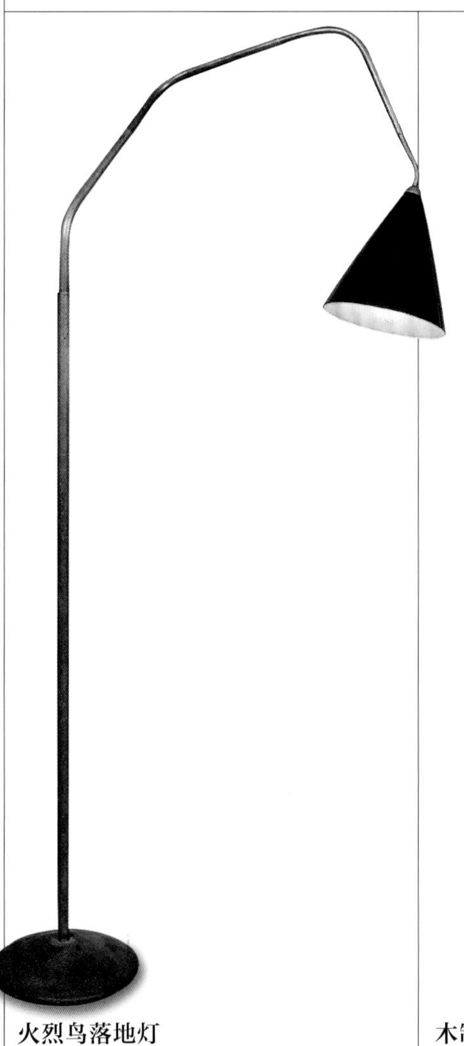

火烈鸟落地灯

这件落地灯的生铁基架上树立着一个柔顺而善于屈伸的黄铜金属杆。铝合金灯罩呈现出迷人的咖啡色和茄子紫色。*1950 年代 高 127.5 厘米（约 50 英寸） DOR* ③

木制落地灯

落地灯的金属框架上装置着涂有白色漆的木制灯罩。保罗·波尔托盖西(Paolo Portoghesi)为卡萨·帕帕尼切(Casa Papanice)设计制作于意大利。*1969 年 高 175 厘米（约 69 英寸） DOR* ④

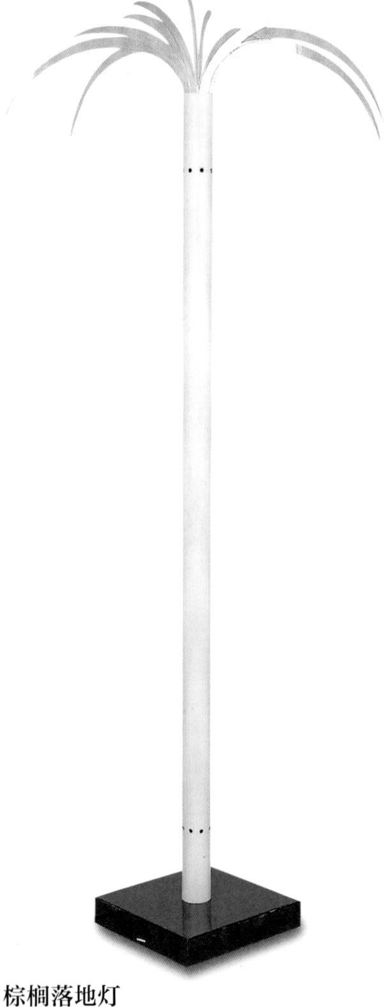

棕榈落地灯

这件灯具有一个镀有象牙色瓷漆的金属撑杆。灯具顶端有一个呈现出生长状态的棕叶饰样有机玻璃结构。*1968 年 高 160 厘米（约 63 英寸），直径 95 厘米（约 37 英寸） DOR* ④

铝金属落地灯

这件镀有白色漆的铝金属落地灯，顶端装置着四个具有反射作用的旋转性灯罩。维克·马吉斯德提 1970 年为意大利 Artemide 灯具公司设计。*1970 年 高 206 厘米（约 81 英寸），直径 70 厘米（约 28 英寸） DOR* ③

椅子与凳子

战后的时间里，椅子的重要性达到了一个全新的高度。1953年，乔治·内尔松编撰了表达其经济学观念的经典著作《椅子》(*Chairs*)一书。在书的序言中，他写道，“每一个真正的原创构思，包括设计中的每种创造，对材料的每种创新使用及家具制造技艺的每种革新改造，似乎都能在椅子的设计制作中得到最重要的表达。”

这一时期影响椅子创新设计的关键因素，首先在于胶合板多方向弯折技术的突破；其次在于塑料材质的发展变化。这两项技术的发展都为设计师进行多种形式表达提供了可能。最终，椅子的造型越来越趋向于雕塑化。对人体工学的浓厚兴趣，同样有助于设计界走入座椅家具设计的有机时代。

在新材料、新技术的使用方面获得更多信心的同时，家具设计师便逐渐开始对椅子设计中的固有观念进行挑战。当设计师开始选择三条椅腿、单基座或无腿形式时，椅子必须具有四条椅腿的观念就变得过时了。椅腿单基座形式最早是由埃罗·沙里宁所开创的。20世纪60年代，出现了紧贴地面的无腿椅子。随着生活方式的变化，正式的社交场合逐渐减少，一些设计作品在尝试着对这一改变做出合理的回应，而另一些作品，却纯粹只为表达对传统的挑衅。

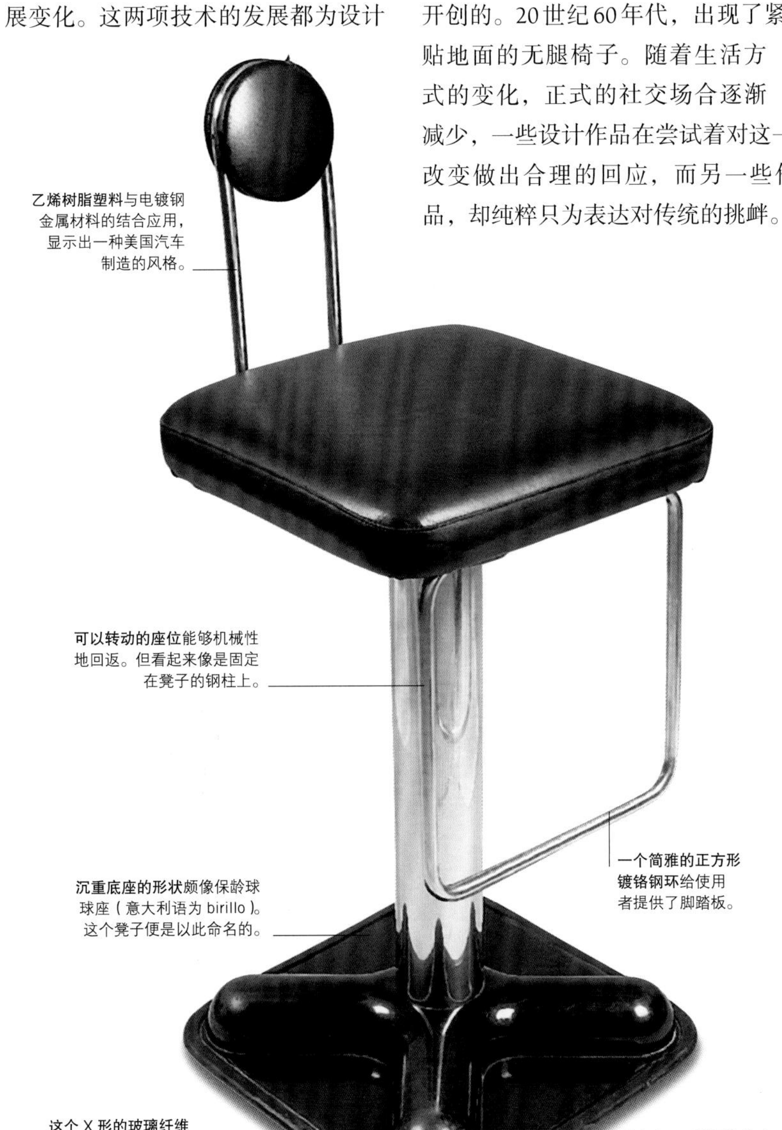

保龄球球座酒吧凳

这件外表独特的钢柱凳具有一个镀铬的无缝钢管支架和电镀钢框架结构。那个小小的圆形靠背和方形座位皆装配覆盖着黑色乙烯塑料套。一个电镀的脚踏板悬挂在座位的前方。支撑凳子的钢柱底部为一个由玻璃纤维制作而成的十字形黑色基座。1969年至1970年，乔·科隆博为扎诺塔公司设计制作了这件家具。*高105厘米(约41英寸)，宽47厘米(约19英寸)，深50厘米(约20英寸) DOR* ②

凳子和床边桌

这套美国生产制造的家具，每三件组合中有两个凳子。每个凳子皆装置着一个由胡桃木制作而成的精美圆形凳面。凳面固定在三条凳腿上。涂有黑色瓷漆的金属框架构成了三条凳腿。组合还包括一个相配套的桌子。桌子的黑色正方形层压板桌面由与椅子相似的框架结构支撑而起。佛罗伦斯·克诺尔为诺尔国际家具公司设计制作。*约1950年 高38厘米(约15英寸) DOR* ①

摇摆凳

摇摆凳的座位是用柚木制作。电镀钢筋构成的空心圆形循环基座将凳面支撑而起。野口勇为美国诺尔国际家具公司设计制作。*高29.5厘米(约12英寸) SDR* ④

兰布达（Lambda）椅

这把意大利式椅子由一张经过穿孔和塑压等工艺制成型的。椅子被精致地涂上红色漆。向下逐渐变细的椅腿末端安装着橡胶椅脚。*1963年 高76.5厘米(约30英寸) DOR* ②

郁金香椅

这把涂有白色瓷漆的扶手椅基座上，支撑着一个经模压制作的白色玻璃纤维贝壳样座位。座位上有包覆红色针织套的椅垫。埃罗·沙里宁为美国诺尔国际家具公司设计制作。*1956年 高81厘米(约32英寸) FRE* ①

法国饼干椅

这把椅子的横栏和扶手是由一张胶合板经弯曲，制成一种法国饼干形状。椅子座位上装配着咖啡色的乙烯树脂套。乔治·内尔松为美国赫曼米勒家具公司设计制作。*1957年 高77.5厘米(约31英寸) FRE* ②

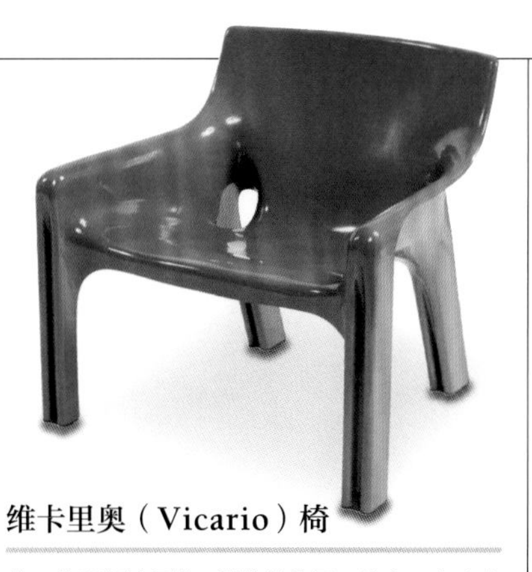

维卡里奥（Vicario）椅

由一整张塑料经模压制作的椅子，具有一个宽宽的矩形座位。座位上方为正方形的靠背。被切割成锯齿状的正方形断面椅腿增强了椅子的支撑强度。维克·马吉斯德提设计。*约 1970 年 高 63.5 厘米（25 英寸），宽 71 厘米（约 28 英寸） BonBay* ①

中国椅

顾名思义，这把椅子的设计思路来源于古代中国。有一个由橡树实木和胶合板制作的轻巧框架，装配着用粗绳编织而成的座位。汉斯·韦格纳为弗里茨·汉森公司设计。*1943 年 高 79 厘米（约 31 英寸） BonE* ①

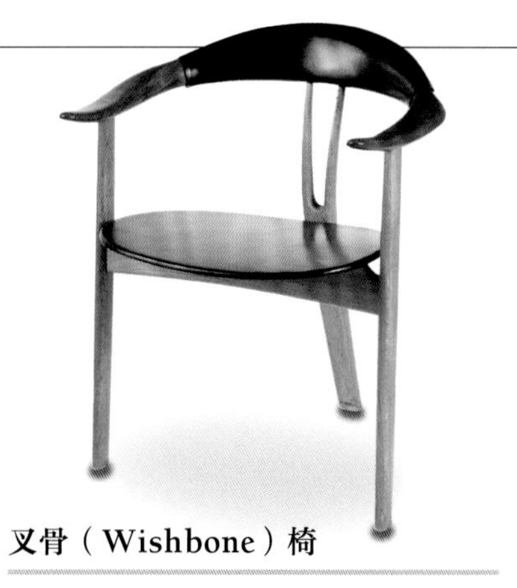

叉骨（Wishbone）椅

这把椅子上端的横杆向前弯曲形成扶手。横杆上装配着黑色皮革靠背。椅背中间纵立的 Y 形长条木板，向下延伸形成后腿。椅子的座位呈现出一种黑色的光滑外形。*约 1960 年 高 73.5 厘米（约 29 英寸） LOS* ③

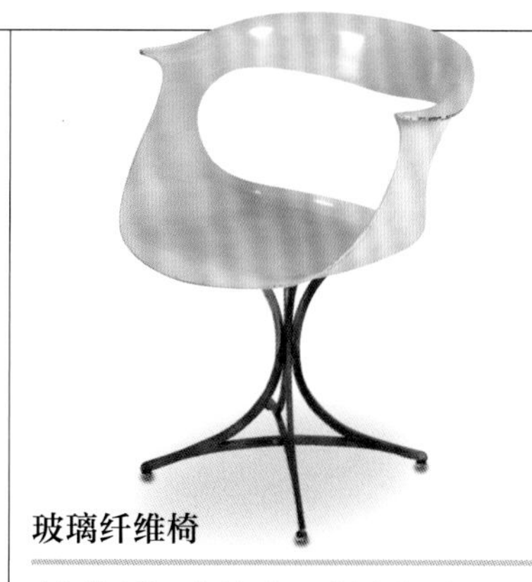

玻璃纤维椅

这把扶手椅是玻璃纤维系列椅中的一部分。椅子具有一个不规则形的象牙色座位。座位连接着空心靠背，被一个钢制轴架底座支撑而起。拉弗内夫妇于美国设计。*高 75 厘米（约 30 英寸），宽 61 厘米（约 24 英寸），深 51 厘米（约 20 英寸） SDR* ②

边椅

这把桃花心木材料制作的边椅，具有一个细弱而弯曲的顶轨。装配着皮革套的坐垫。四个向下逐渐变细的椅腿将座位支撑而起。丹麦生产制造。*高 80.5 厘米（约 32 英寸） DRA* ①

边椅

这把具有胶合板座位和靠背的边椅由涂漆的金属框架支撑而起。椅腿末端安装金属椅脚。这把椅子由埃贡·艾尔曼设计制作于德国。*1948 年 BonBay* ①

齐特琴（Zither）椅

椅子靠背向上逐渐变细的撑柱之间，有折转性横杆。边缘翘起的压模成型枫树实木座位，锻铁制作的基座。保罗·麦科布设计。*高 86.5 厘米（约 34 英寸），宽 45.5 厘米（约 18 英寸），深 48 厘米（约 19 英寸） LOS* ①

格兰披治（Grand Prix）椅

这把椅子的座位和靠背是由一整张弯曲的山毛榉层压板制作而成。层压板上覆盖着黑色皮革。椅子的外形框架和四个向下逐渐变细的椅腿是由柚木制作而成。阿尔内·雅各布森为弗里茨·汉森公司设计制作于丹麦。*高 77.5 厘米（约 31 英寸） FRE* ①

转椅

这把扶手椅，具有一个白色的塑料外壳。座位与环绕椅背的突出扶手为一个整体。椅子基座是由增塑金属制作而成。*约 1969 年 高 84 厘米（约 33 英寸），宽 65 厘米（约 26 英寸），深 57 厘米（约 22 英寸） DOR* ②

斯坎迪亚（Skandia）椅

这把叠加椅的座位和靠背，是由一系列单条状黄檀木组合制作而成。木条是依据就座者身体形态竖向排列的。镀铬钢筋椅腿。汉斯·布拉楚（Hans Brattrud）为 Hove Mobler 设计制作于丹麦。*1957 年 DN* ①

聚丙烯椅

这把极其普通的椅子可以叠加放置。椅子的座位和靠背是一个经注塑模压工艺制成的白色整体外壳。白色外壳由无缝钢管基架支撑而起。罗宾·戴设计制作，希尔公司生产制造。*1962–1963 年* ①

尼克尔（Nikke）椅

这把可叠加椅是由表层镶饰柚木的弯曲胶合板制作而成。涂漆的钢金属椅腿将椅子支撑而起。20 世纪 50 年代设计制作于芬兰。*高 82 厘米（约 32 英寸），宽 44 厘米（约 17 英寸），深 54 厘米（约 21 英寸）* ①

休闲椅

随着电视机成为生活中不可或缺的物品，起居室随即成为很多住宅的核心空间。定制的储藏组合柜将置物架安装在背景墙内，夺人眼目的奢华餐桌逐渐退出历史舞台，此时，只剩下休闲椅依旧占据着室内空间的中心位置。

在二战之后的岁月中，休闲椅的造型样式和尺寸规格之多令人叹为观止。人们应用各种材料来制造休闲椅。20世纪40年代中期，人们喜爱体型娇小的休闲椅，其中最著名的作品为查尔斯・伊姆斯和雷・伊姆斯夫妇设计的LCW椅。这是一把模压胶合板椅。LCW椅曾被《时代杂志》评选为“20世纪最佳设计”。设计评论家夏洛特・菲耶尔（Charlotte Fiell）和彼得・菲耶尔（Peter Fiell）曾这样评价道，这个作品是“对形式、功能与材料最完整而和谐的表达”。

20世纪50年代，当全球各国的经济形势逐渐有了起色，舒适宽大的扶手椅重获人们的广泛青睐。人们急切地想要摆脱战争的阴影，反映在椅子的设计中，设计师们开始运用五彩印花的衬垫。

20世纪50年代中期，座椅衬垫中泡沫与橡胶填料的发展为设计造型创新提供了新的契机。设计师们此时能够制作出外观柔软且平整的椅子。20世纪60年代中期，新型塑料的使用也开启了椅子设计的新纪元。休闲椅的造型变得越来越精致，绷紧的纤维布也为椅子的外观增添了些许轻盈之感。事实上，相对于其他类型座椅来说，新型塑料材质在休闲椅中并未产生更大的影响。

子宫椅

这把椅子的命名，是因为其雕塑般的座位颇像女性子宫的形状。扶手椅玻璃纤维外壳的座位被。泡沫填充并包覆着青绿色编织套。椅子的座位微微倾斜地置靠在涂有清漆的框架结构上。与扶手椅相配套的矮凳（*Tabouret*）具有相同材质和结构。埃罗・沙里宁为诺尔国际家具公司设计制作。*1950年代 扶手椅高96厘米（约38英寸），宽84.5厘米（约33英寸），深102.5厘米（约40英寸） QU* 3

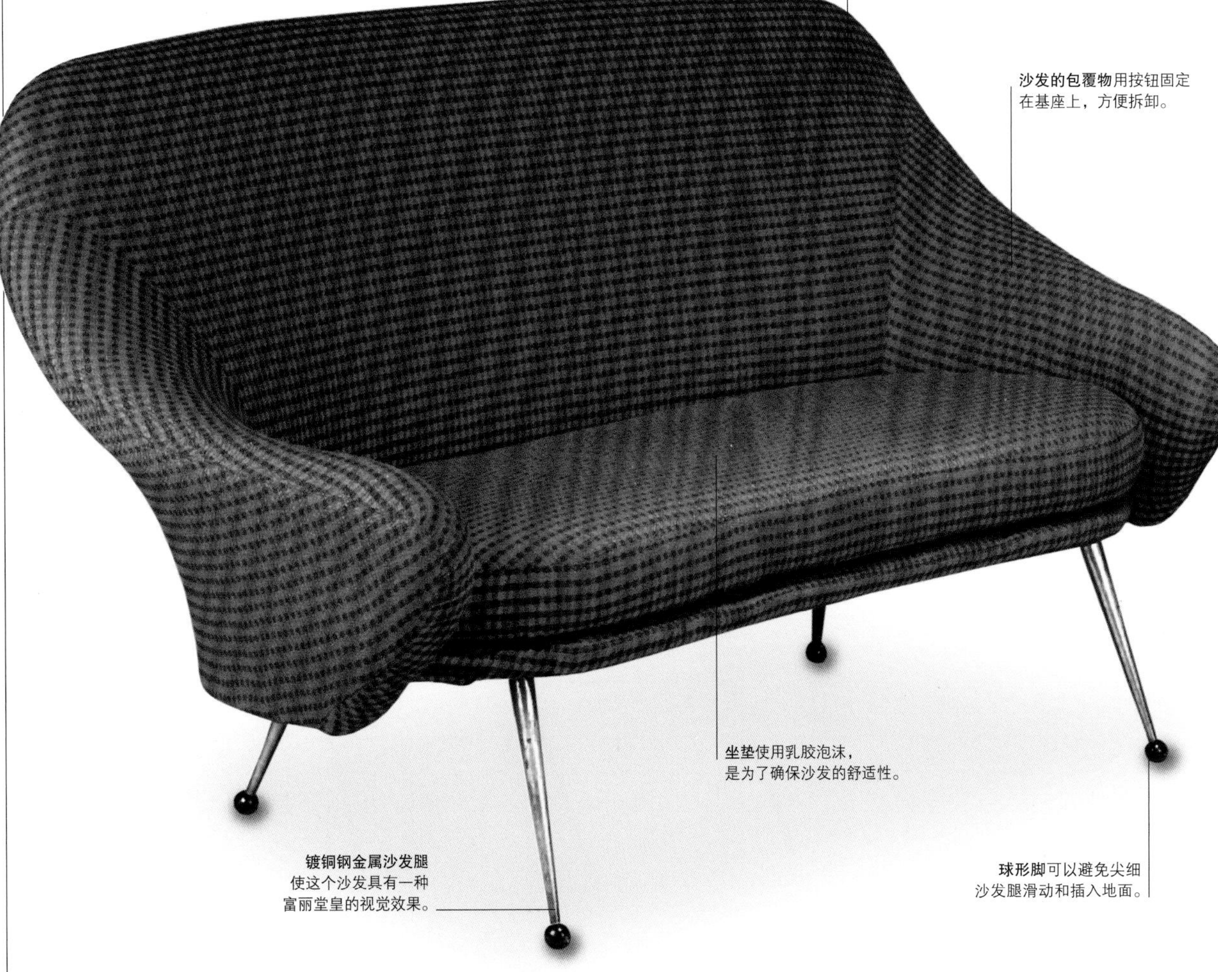

沙发

这张两座的雕塑般的沙发有一个高高的靠背和微微弯曲的扶手。包覆红黑条纹交错的织物装饰套。这件家具制作得非常简洁紧凑，可以放置在较小的空间。逐渐变细的沙发腿加强了沙发轻盈灵活的整体感。沙发坐垫由聚氨酯泡沫和涤纶面料制作而成，沙发腿末端安装有黑色橡胶球形脚。最初，有两个沙发与扶手椅配套，作为一组家具生产制造。马尔科・扎努索为阿尔弗莱克斯公司设计制作于意大利。*1954年 高86.5厘米（约34英寸），宽147.25厘米（约58英寸），深81厘米（约32英寸） QU* 5

啄木鸟椅

这张扶手椅具有一个钢筋框架结构。座位上装置着圈状弹簧。涂有黑漆的椅腿末端安装着球形脚，向上支撑着两个木制扶手。由欧内斯特・雷斯设计制作。*约1952年 高66厘米（约26英寸），宽66.5厘米（约26英寸），深57厘米（约22英寸） R20*

吉尔达（Gilda）扶手椅

这张扶手椅有一个染成灰色的橡木框架结构，是用黄铜金属配件安装组合。椅子的座位和靠背为皮革材质。卡洛・莫利诺1954年设计，2004年扎诺塔公司再版。*1954年 高93厘米（约37英寸），宽79厘米（约31英寸），深113厘米（约44英寸） ZAN*

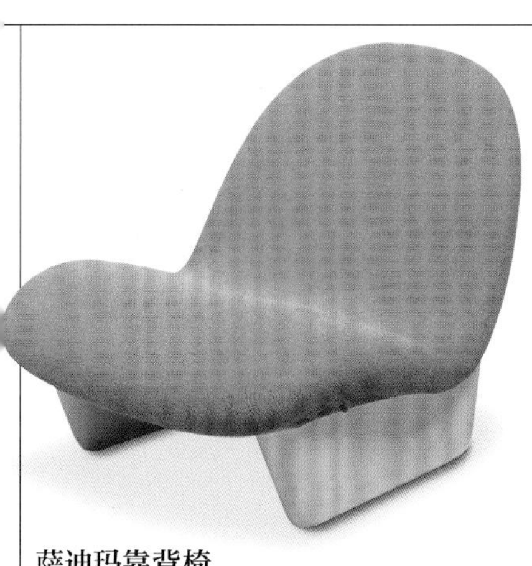

萨迪玛靠背椅

这把扶手椅有一个泡沫基座。可以拆卸的编织套具有良好的延展性。象牙色的聚酯基座将椅子座位支撑而起。路易吉・科拉尼设计制作，德国萨迪玛公司（Sadima）制造发行。*约 1970 年 高 69 厘米（约 27 英寸） DOR* ③

P32 扶手椅

这把扶手椅涂有黑漆的基座上，有一个可调节并能旋转的座椅框架。泡沫座位上包覆黄绿色的羊毛织物套。奥斯瓦尔多・博尔萨尼为蒂克诺公司设计制作于意大利。*高 83 厘米（约 33 英寸），宽 82 厘米（约 32 英寸） WKA* ③

座位组合装置

这件整体座位组合装置是用聚氨酯泡沫材料制作而成。设计的初衷是，当两个以上这种装置并排放置时，这件家具既可以作为休闲椅，也可以当沙发使用。奇尼・博埃里（Cini Boeri）设计制作于意大利。*1967年 高60厘米（约24英寸）SDR* ①

宽松扶手椅

这把奢侈豪华的扶手椅带有弹簧座位支撑。椅子的框架和坐垫上包覆着深褐色马海毛装饰套。白色圆柱状的木制椅脚将椅子支撑而起。让・鲁瓦埃为弗里茨・汉森公司设计制作于法国。*1950 年代 高 101.5 厘米（约 40 英寸） SDR* ⑤

蛋椅

这把用玻璃纤维制作而成的椅子具有一个扁平的卵圆形外貌。用铰链装置连接的蛋盖打开时，可以看见一个包覆装饰套的座位。彼得・吉齐（Peter Ghyczy）为罗伊特家具制作公司（Reuter）设计制作于德国。*1968 年 高 98 厘米（约 39 英寸），宽 76 厘米（约 30 英寸），深 89 厘米（约 35 英寸） L&T* ②

钻石靠背椅

这把椅子的座位和靠背是由具有雕塑般外形的金属丝网制作而成。金属丝上包裹着黑色乙烯基塑料（*Vinyl*）皮。瓷漆椅腿将座位和靠背支撑而起。哈里・贝尔托亚设计制作。*1952 年 高 71.75 厘米（约 28 英寸），宽 140 厘米（约 55 英寸），深 80 厘米（约 31 英寸） L&T*

普拉特纳（Platner）靠背椅

这把镀铬金属框架扶手椅具有被皮革包裹的靠背和扶手软垫，以及网状基座结构。瓦伦・普拉特纳为美国诺尔国际家具公司设计制作。*约 1966 年 高 72.5 厘米（约 29 英寸） L&T* ①

PK-20 安乐椅

这把安乐椅的悬臂梁钢框架结构上有用藤条材质的座位和靠背。安乐椅上安装着一个无光泽的镀铬弹簧钢基座。保罗・克耶霍尔姆为弗里茨・汉森公司设计制作于丹麦。*1967 年 高 84 厘米（约 33 英寸），宽 68 厘米（约 27 英寸） BK* ③

高背航空椅

座位和靠背之间呈现出一个生硬的钝角。呈喇叭形张开的椅腿将座位和靠背支撑而起。椅子整体用法国勃艮第葡萄酒样红色织锦包覆修饰。*高 120 厘米（约 47 英寸），宽 71 厘米（约 28 英寸），深 89 厘米（约 35 英寸） SDR* ③

NO 53 安乐椅

椅子柚木框架上安装着牛角形的扶手和黄铜配件，绿色织物套。芬恩・尤尔设计制作于丹麦。*1953 年 高 74.25 厘米（约 29 英寸），宽 71 厘米（约 28 英寸），深 63.5 厘米（约 25 英寸） SDR* ③

超级舒适椅

这把休闲椅具有独特的黄檀木面胶合板框架结构。椅子的坐垫和靠垫以及可拆卸的扶手垫，皆配有黑色皮革装饰套。由乔・科隆博设计制作，康福公司（Comfort）生产制造于丹麦。*约 1964 年 BonBay* ③

巴姆斯扶手椅

这把巴姆斯（Bamse）设计的“爸爸熊”扶手椅有高靠背和向上倾斜的扶手。椅子靠背上有纽扣装饰和头枕。方形座位上配有厚厚的软垫，由向外伸展的柚木椅腿支撑而起。*约 1951 高 98.5 厘米（约 39 英寸） BK* ①

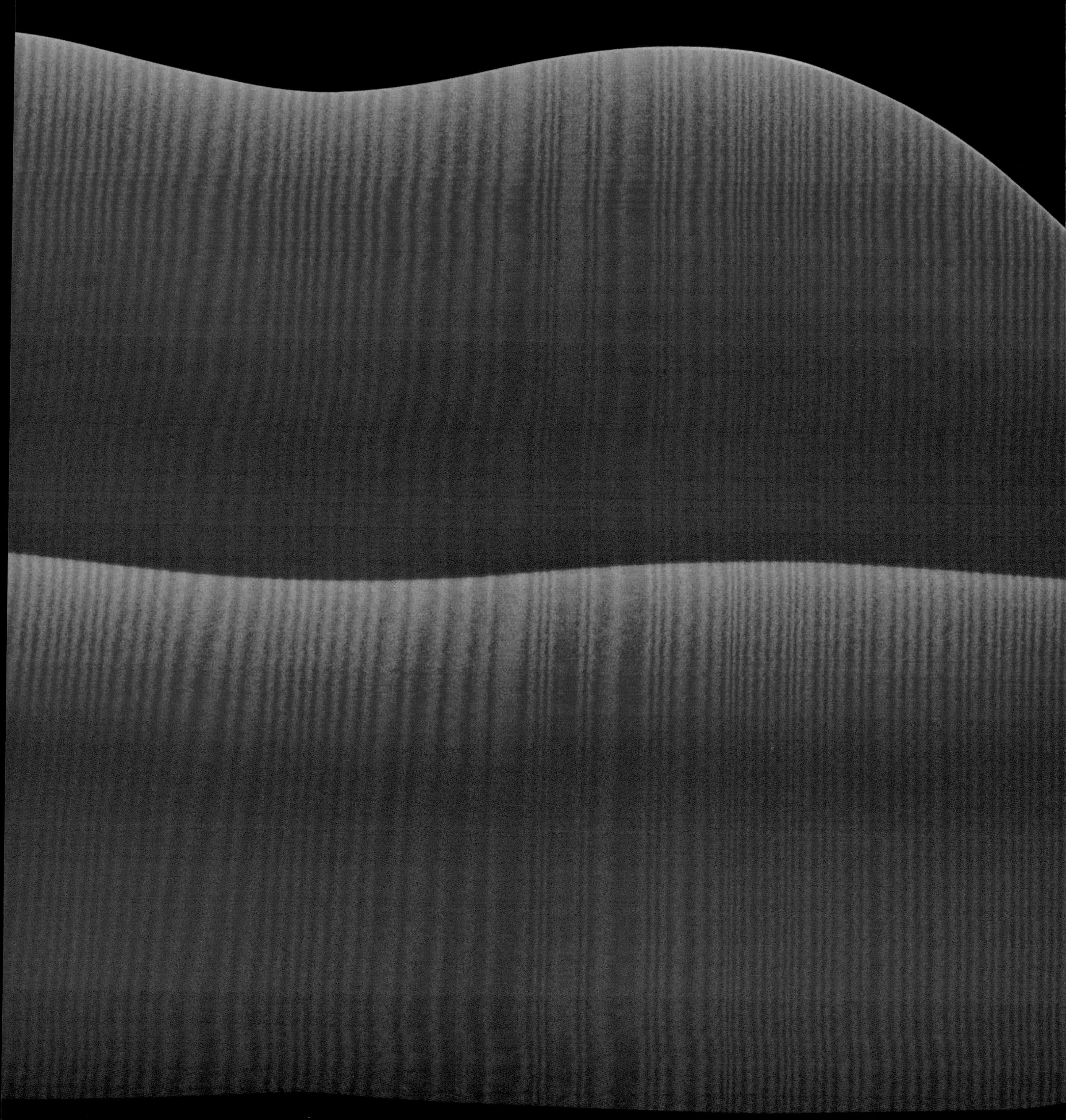

后现代与当代

1970 至今

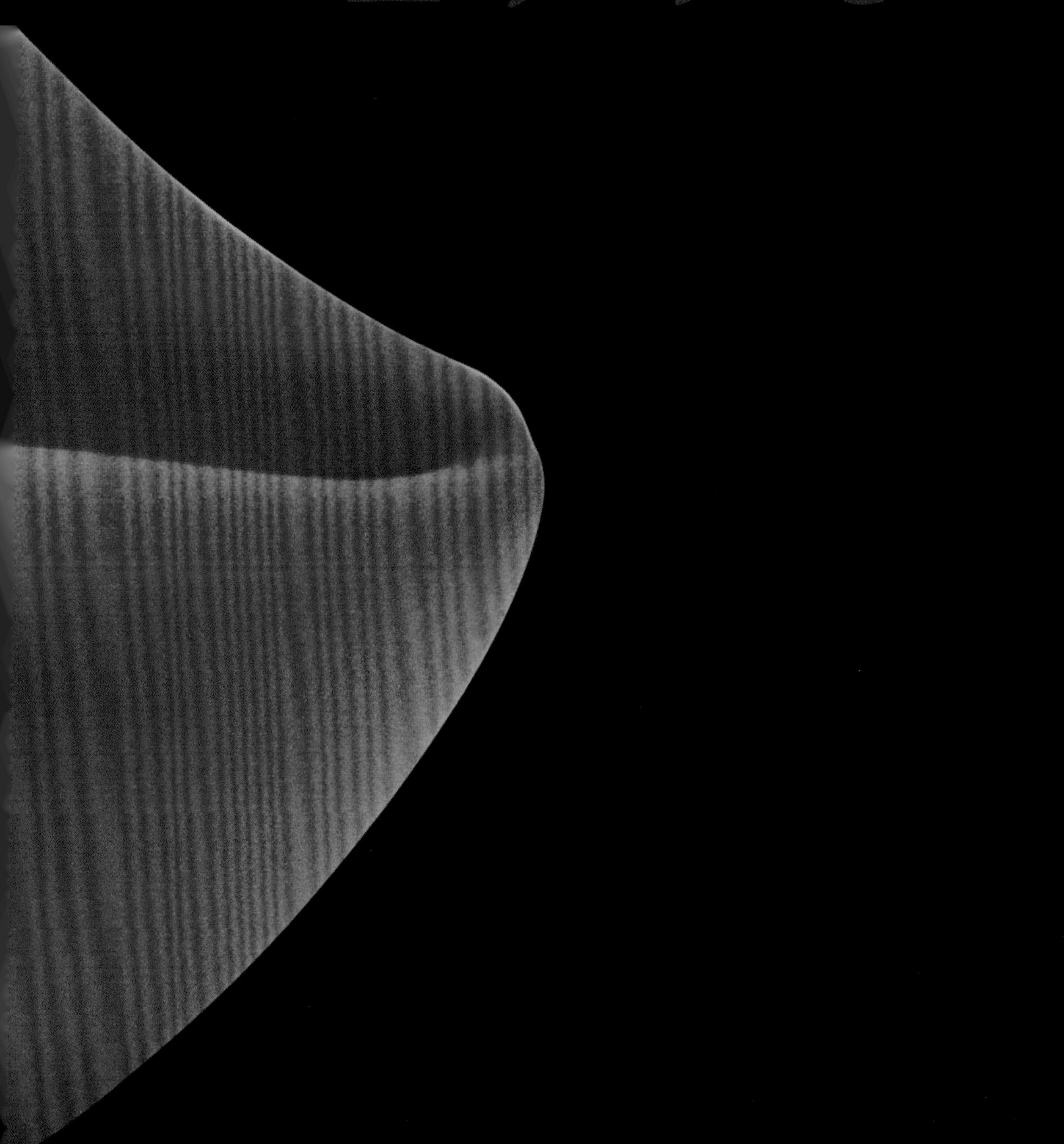

社会性的不安

20 世纪后期，全球迎来了科技快速发展的态势。与日俱增的“戏谑”风格和个人主义特征，在思想意识层面上引发了深刻的社会交流与对话。

到 20 世纪的 70 年代，60 年代的活跃经济已日渐丧失动力。税率逐步攀升，通货膨胀不断加剧，失业人群日渐扩大直至失控，科学家敲响了环境破坏的警钟，这些都导致全球弥漫已久的阴郁气氛再度增加。

在这样的时代背景下，阿拉伯石油大亨所代表的利益集团又给了西方国家一个严酷的打击。1973 年，为反对西方国家支持以色列，中东国家切断了对西方的石油供应，这引发了世界范围内的能源危机。当美国、欧洲和日本的工厂在禁油令下挣扎求存之际，消费者也对石油产业骤然失去信心。至 1975 年，全球的经济萧条势不可挡。

法国蓬皮杜艺术中心 这座后现代主义建筑，用浅蓝色的设备管线和闪亮的金属边框，展示出令视觉玄幻迷离的造型效果。此建筑完成于 1977 年，标志着现代主义流线型审美趣味的统治性地位彻底瓦解。

自 20 世纪 20 年代以来，现代主义建筑师和设计师们关于工业化设计的乌托邦式畅想，在 70 年代后彻底化为乌有，并且成为当代文化界嘲讽戏谑的对象。朋克、概念派艺术家和讽刺作家都争相呈现虚无主义的风格。

1980 年初经济复苏时，人们的思想也逐渐开始活跃。此时，社会上出现一部分乐观主义精神，表现出世纪中叶繁华时期的特征。同时，一种更为利己的态度涌现，即“攫取你能得到的一切”。英国首相马格利特·撒切尔夫人和美国总统罗纳德·里根，以政府行为倡导着这种掠夺式的本能。他们的意图并不限于满足社会各界对经济的基本需求，而在意去引领一个个更强盛的企业与资本主义文化。

后现代主义成为焦点

1980 年，兴盛于 20 世纪 60 年代的后现代主义思潮成为社会上令人瞩目的焦点。从哲学家到时尚设计师，人人都在议论这种思潮和风格。后现代主义的显著特征为，抛弃了一味注重时代性特征的现代主义信仰。这导致现代主义文化陷入困境和囹圄。后现代主义者认为，建立文化特征的唯一出路和方式就是复古。

于是，至 20 世纪 80 年代末，复古的思潮已渗透至设计界的各个领域，但消费者似乎已对折衷复古主义那混杂的风格开始厌倦。而 1987 年的全球经济危机，也的确打击了这鱼龙混杂的文化思潮。发现臭氧层空洞的同时，1986 年还发生了切尔诺贝利核泄漏灾难。这些事件的出现，令环境问题成为迫在眉睫的国际议题。到 1990 年，环境问题日趋严峻。

米歇尔·德·卢基（Michele de Lucchi）设计的桌子 这张为孟菲斯集团而设计的桌子，其造型利用了仿生的原理。圆形的层压板桌面，由矩形桌体上探出的一根纤细的蓝色钢架（脖子）支撑。四只桌腿底部以扁平矩形钢片收头。*1983 年 高 60.5 厘米（约 24 英寸），宽 47 厘米（约 19 英寸），深 63.5 厘米（约 25 英寸）MAP*

先进的计算机和远程通信产业主导了 20 世纪 90 年代最主要的文化思潮。人们可以通过便携式电话或网络，在家庭与办公室之间随时进行工作联络，而不受物理空间距离的限制。通信技术的发展，同样也推动了“文化车轮”的飞速前进。当各种观念和大量影像如同星光四溅的水银珠一般，通过大众传媒广泛传播时，文化发展洪流中的思潮跌宕起伏，瞬息万变。随着千禧年的到来，要想跟上当代文化的潮流，似乎越来越困难了。

时间轴 1970—2000年

1970 年 仓俣史郎（Shiro Kuramata）为藤子（Fujiko）设计了不规则形储藏柜。

1973 年 伴随欧佩克石油价格的上涨，经济衰退横扫欧洲大陆。

1976 年 马里奥·贝利尼设计了“的士椅”。椅子的钢金属构架和可以移动的皮质椅面，是对以往“纯粹形式”构思的反叛。“朋克文化思潮”引起了世界的广泛关注，反映出青年人与日俱增的消极情绪以及想要打破旧秩序的愿望。

埃托·索托萨斯椅

1977 年 由理查德·罗杰斯（Richard Rogers）和伦佐·皮阿诺（Renzo Piano）设计的巴黎蓬皮杜杜艺术中心竣工开放。

1980 年 二十四小时播放音乐的频道 MTV 正式设立。此频道建立起一个媒介平台，反映了富有活力的青年文化生活。

1981 年 由埃托·索托萨斯（Ettore Sottsass）主持的孟菲斯集团，在米兰第一次展出了他们的家具藏品。以色列设计师罗恩·阿拉德（Ron Arad）在伦敦开设了自己的工作室，命名为一次性公司。此公司用低廉的工业材料创作出独一无二的家具作品。

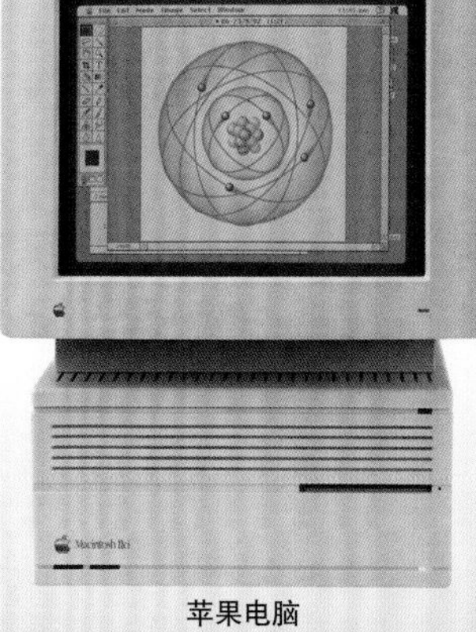

苹果电脑

1982 年 第一台传真机和第一台家用便携式摄像机在日本问世。

1984 年 苹果公司推出 Mac 电脑和鼠标，革命性地改变了行业。

1985 年 意大利家具制造商

圣马丁小巷旅馆 伦敦圣马丁小巷旅馆由施拉格集团（Schrager）投资建成。在室内设计中，法国设计师菲利普·斯塔克（Philippe Starck）极力想表达出一种充满无限活力、乐趣横生和色彩缤纷的时代特色。旅馆大厅选择了时尚流行的后现代主义风格家具装饰，创造出一种多元素协调的和谐效果。大厅橘红与浅灰的混合色调具有典型的时代风貌，加上各种角度的光线照射，与家具的自由形态完美结合。

Felt 椅 这个扶手椅的椅身由钢化玻璃纤维制成，由抛光的铝制椅腿支撑。马克·纽森（Marc Newson）为卡佩利尼设计。*1994 年 高 86 厘米（约 34 英寸），宽 67 厘米（约 26 英寸），深 106 厘米（约 42 英寸） SCP*

德里亚德（Driade）生产出第一把由菲利普·斯塔克（Philippe Starck）设计的椅子。同年，臭氧层空洞被发现，引起广泛关注。

1986 年 苏联切尔诺贝利核反应堆发生爆炸。

1987 年 美国股票市场低迷。

1989 年 德国维特拉设计博物馆（The Vitra Design Museum）正式开放，展品几乎涵盖了 20 世纪所有知名产品。特伦斯·康兰的设计博物馆在伦敦开放。雅斯佩尔·莫里松（Jasper Morrison）的胶合板椅表达出一种收敛、含蓄的美学观。同年，柏林墙倒塌。

1991 年 统一的欧洲市场在欧共体中解除了贸易限制条件。

1993 年 荷兰德洛格（Droog）设计公司首次参加米兰家具博览会。

菲利普·斯塔克椅

1994 年 英法海底隧道正式开通。

1997 年 弗兰克·盖里（Frank Gehry）在西班牙毕尔巴鄂（Bilbao）设计的古根海姆博物馆（Guggenheim Museum）正式开放。克隆羊多莉诞生。微软成为世界上最有价值的公司。

2000 年 法国兄弟罗南和埃尔万（Ronan and Erwan）设计了三宅一生在巴黎的旗舰店。同年，全球互联网用户达 2.95 亿。

毕尔巴鄂古根海姆博物馆

20 世纪 70 年代后期的家具

早在1966年，美国建筑师和理论家罗伯特·文丘里即发表了他有关“后现代主义”的观点。在他极具影响力的著作《建筑的复杂性与矛盾性》中，文丘里颇为赞赏“混杂而非单纯”、“折衷而非纯净”、“扭曲而非笔直”、“模糊而非精确”的建筑理念。对于现代主义者们热衷追求的精确建造，文丘里嗤之以鼻，并给予大胆的批判。至20世纪80年代，后现代主义已跃居成为设计界的主导风格。

20 世纪 70 年代，设计界存在着两个主要困境，其一是过多使用“反设计（Anti-Design）”手法：在意大利，后现代主义流派设计师的最显著特征是，他们将家具的造型做到极致，借以表达他们对这个秩序紊乱的社会所产生的沮丧情绪。尽管有一些设计师，如 65 号工作室所做的，他们运用明亮、冲突的色彩和俗气的卡通造型是为了吸引大众的目光，但仍有另一类设计师坚持认为，他们之所以设计出这般极端古怪的作品，旨在遏制消费者的购买行为，从而迫使他们去自己制作家具。

设计界第二个困境是，在 20 世纪 70 年代，很多人已开始追捧所谓的“高技派（High Tech）”思潮。该名称由琼·克朗（Joan Kron）和苏珊娜·斯莱辛（Suzanne Slesin）在其同名著作中首次提出。这个在美国风靡一时的思潮，显然是对早期现代主义严谨、理性的设计准则的回归。这亦是国家财政紧缩政策在家具产业所引起的反响。设计师也声称，他们追求永恒耐久的作品，是为了能够抵御那种一次性消费文化。科学家曾警告说，一次性消费文化将带来地球的毁灭。

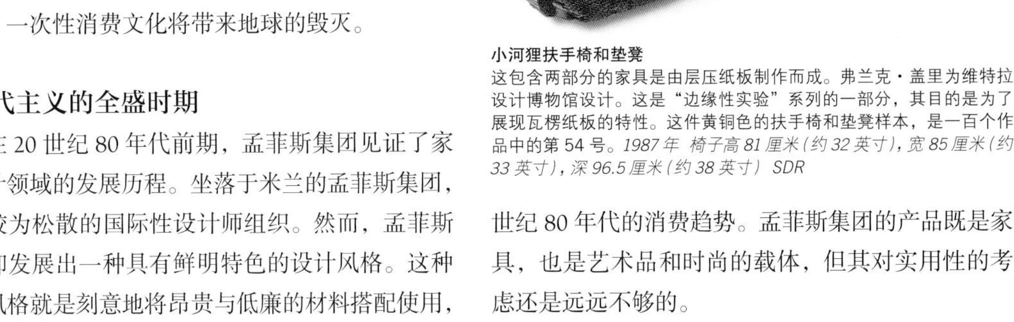

小河狸扶手椅和垫凳
这包含两部分的家具是由层压纸板制作而成。弗兰克·盖里为维特拉设计博物馆设计。这是“边缘性实验”系列的一部分，其目的是为了展现瓦楞纸板的特性。这件黄铜色的扶手椅和垫凳样本，是一百个作品中的第 54 号。*1987 年 椅子高 81 厘米（约 32 英寸），宽 85 厘米（约 33 英寸），深 96.5 厘米（约 38 英寸） SDR*

后现代主义的全盛时期

在 20 世纪 80 年代前期，孟菲斯集团见证了家具设计领域的发展历程。坐落于米兰的孟菲斯集团，是个较为松散的国际性设计师组织。然而，孟菲斯集团却发展出一种具有鲜明特色的设计风格。这种设计风格就是刻意地将昂贵与低廉的材料搭配使用，同时从不同地域文化和历史时期中借鉴装饰图案。孟菲斯集团的作品能快速抓人眼球，其高度的折衷化带有彻底的后现代主义审美取向，明显迎合了 20 世纪 80 年代的消费趋势。孟菲斯集团的产品既是家具，也是艺术品和时尚的载体，但其对实用性的考虑还是远远不够的。

20 世纪 80 年代末，家具设计领域风行一种清新的、外表冷峻严肃的设计形式。来自日本、比利时、英国和意大利设计师坚定地支持这种迥然不同的国际风格，即所谓的“新极简主义”、“新现代主义”或“去物质化主义”。此时，仅用透明的亚克力材料和藤条制成的最朴素无华的家具作品成为潮流，赢得大众的偏爱。随着 20 世纪 90 年代的临近，设计师们敏锐地发现，冒险意识可为家具产业注入一种诙谐元素。另一个松散的设计师团体德洛格以机敏而俏皮的方式引导着这一思潮，设计师们常常在设计中加入偶然发现的物品。

到 20 世纪 90 年代，计算机成为众多设计师的必备工具。现在，设计师们总是在电脑屏幕上完善他们的作品，而非通过费力的手绘图和手工制作模型。此时的人们，要求家具的外形光滑且工艺精湛。在电子消费品产业中，对外形的要求由来已久，而在家具设计领域，这却是新近才引入的时尚。

德洛-林多桌 设计者德洛·林多（Delo Lindo）巧妙地将两个帆布杂志袋悬挂在茶几的一角。

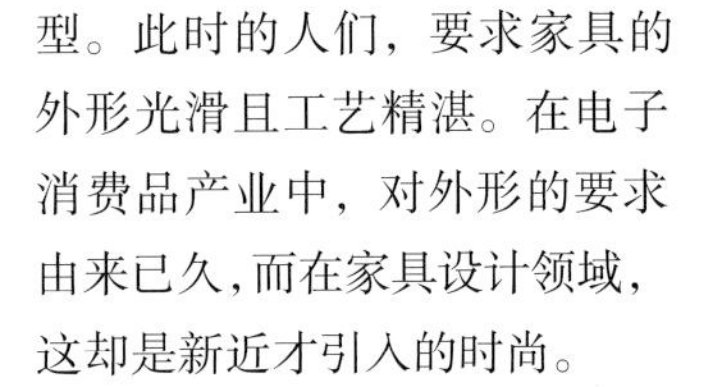

艺术的作用

长久以来，艺术与家具设计始终有着唇齿相依的关系。20世纪70年代，在很多情况下，二者已相互融合不分彼此了。1978年，著名设计师及理论家亚历山德罗·门迪尼（Alessandro Mendini）在书中写道：“新设计的主要特征是设计师不仅仅要从对象的功能需求出发，而要更多将其视为个人情感的一种表达途径”。早在四年前，门迪尼就用行动来表达了与此相同的观点。他在一把放置在基座顶部的椅子上纵火，以宣泄自己的情绪。

20世纪末，当设计师转向接近艺术领域的设计方式时，一些艺术家却在肆意地戏弄着家具设计。美国波普艺术家克拉斯·欧登伯格（Claes Oldenburg）即是第一个采用家具设计语言去制作雕塑的人。

贯穿 20 世纪 70 年代至 80 年代，各类艺术家们都积极参与那些功能性较强的家具设计实践。其中最为显赫的是美国艺术家唐纳德·贾德（Donald Judd）和理查德·阿奇瓦格（Richard Artschwager）。一直到 20 世纪 90 年代，这种风尚持续存在。在英国家具制造商 SCP 举办的以“请触碰”为主题的展览中，展出了一系列由艺术家完成的家具设计。

门迪尼椅 1974 年，这个被置于基座顶部的椅子原型被门迪尼纵火焚烧，以表达他的设计意图。

模块化的彩色立方体

如同 20 世纪末的很多家具设计一样，马西莫·莫罗齐（Massimo Morozzi）1996 年设计的意大利式贮藏柜（Paesaggi Italiani storage system）色彩轻快、外观轻盈，达到了回归家具基本功能的设计目的。“Paesaggi Italiani”在意大利文中是指“意大利起伏的地貌”。此作品采用单纯美学和抽象概念，其非写实的设计处理手法主导了一代设计师的创作理念。

20 世纪 60 年代，莫罗齐曾就职于激进派建筑团体阿基佐姆，这是一个创立于佛罗伦萨极具影响力和感染力的设计团体。在“反设计”的发展进程中，阿基佐姆也起到了重要的作用。“反设计”运动的支持者们，试图颠覆由于现代主义的长期统治所形成的那孤傲和克制的设计风格。他们都是典型的后现代主义者。

正如 20 世纪 90 年代设计的很多储物系统一样，意大利式贮藏柜是一个模块化产品。这个设计的概念是，家具作品能以任何形式和尺寸出现。这些被饰以斑斓色彩的盒子，允许使用者发挥想象重新组合成各种不同的外观形态。设计师们放弃了维持作品原初形象的想法，而将产品形象设计的权力交给了完全是外行的消费者。这种观念践行了“反设计”的核心精神。从中也可看出，对严肃而完美的现代主义设计风格，设计师们充满嘲讽之意。

意大利式贮藏柜 这个模块化组合家具一可作房屋空间分割器，另外可作为存储系统用来存储物品。贮藏柜用半透明塑料制作而成。柜子表面的漆色选择多达七十五种，并可以根据空间大小和形状进行任意安排和组合。

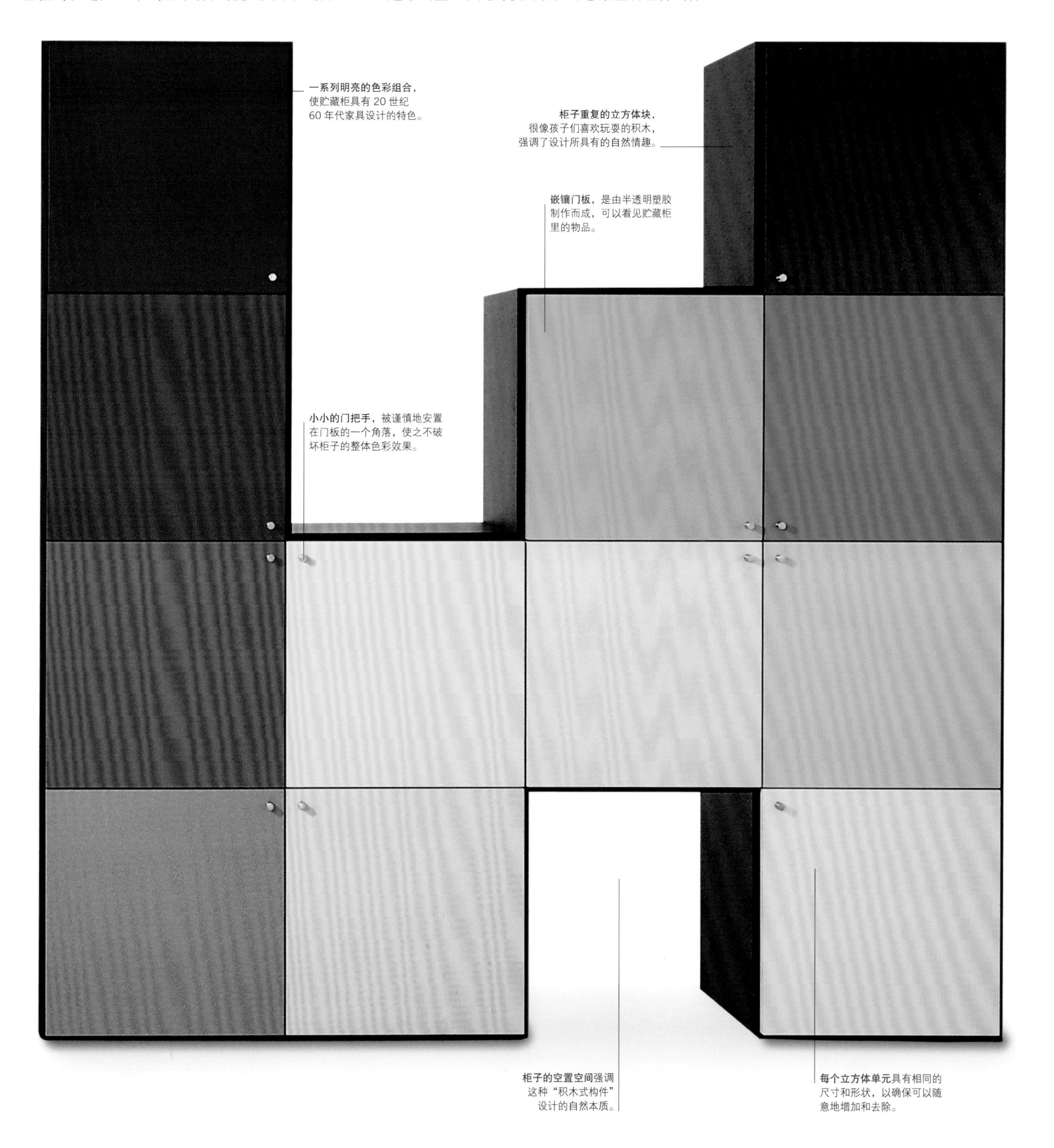

一系列明亮的色彩组合，使贮藏柜具有 20 世纪 60 年代家具设计的特色。

柜子重复的立方体块，很像孩子们喜欢玩耍的积木，强调了设计所具有的自然情趣。

嵌镶门板，是由半透明塑胶制作而成，可以看见贮藏柜里的物品。

小小的门把手，被谨慎地安置在门板的一个角落，使之不破坏柜子的整体色彩效果。

柜子的空置空间强调这种“积木式构件”设计的自然本质。

每个立方体单元具有相同的尺寸和形状，以确保可以随意地增加和去除。

风格要素

后现代主义产生于20世纪70年代，随即风靡于家具设计领域。设计师们开始不大关注家具的功能和结构，而只是着眼于把家具作为一种交流的媒介。20世纪80年代至90年代，设计师越发注重家具形体之下的美学概念，就是材料和形式也要用于装饰，而非仅仅是实际使用。此时，很多设计师改变了设计的初衷，将他们的作品作为传达更深层思想意识形态的媒介。他们拒绝使用当下时代的先进技术，仅使用最朴素的材料和最基本的加工工艺。很多设计师，特别是经过建筑学专业训练的设计师，会设计出更为错综复杂的结构形体，这随后被冠以“高技派”或“哑光黑（Matt Black）”之名。在20世纪90年代，人们可感知到设计界风行技术美学的回归。这一设计倾向的出现，有赖于计算机辅助设计手段的兴起。此时的家具产品形式变得极为迷幻诱人，以致使消费者过目不忘，流连忘返。

弗兰克·盖里设计的简易角工具

非对称

为了颠覆现代主义严苛而理性的设计理念，很多后现代主义设计师常将古怪的非对称形状融入作品的设计中去。设计师常通过色彩来表达“非对称”形式，而更为大胆的设计师就用造型语言直接进行表述。

包裹塑料面层的橱柜

塑料面层

在20世纪80年代，家具的塑料面层不仅用于包裹内部的木质结构，同时也以古怪多变的样式满足家具造型的需要。此时的设计师多采用塑料面层的不断变化来吸引大众的目光。在他们看来，家具的功能是次要的，其外在的装饰性才是设计的重点。

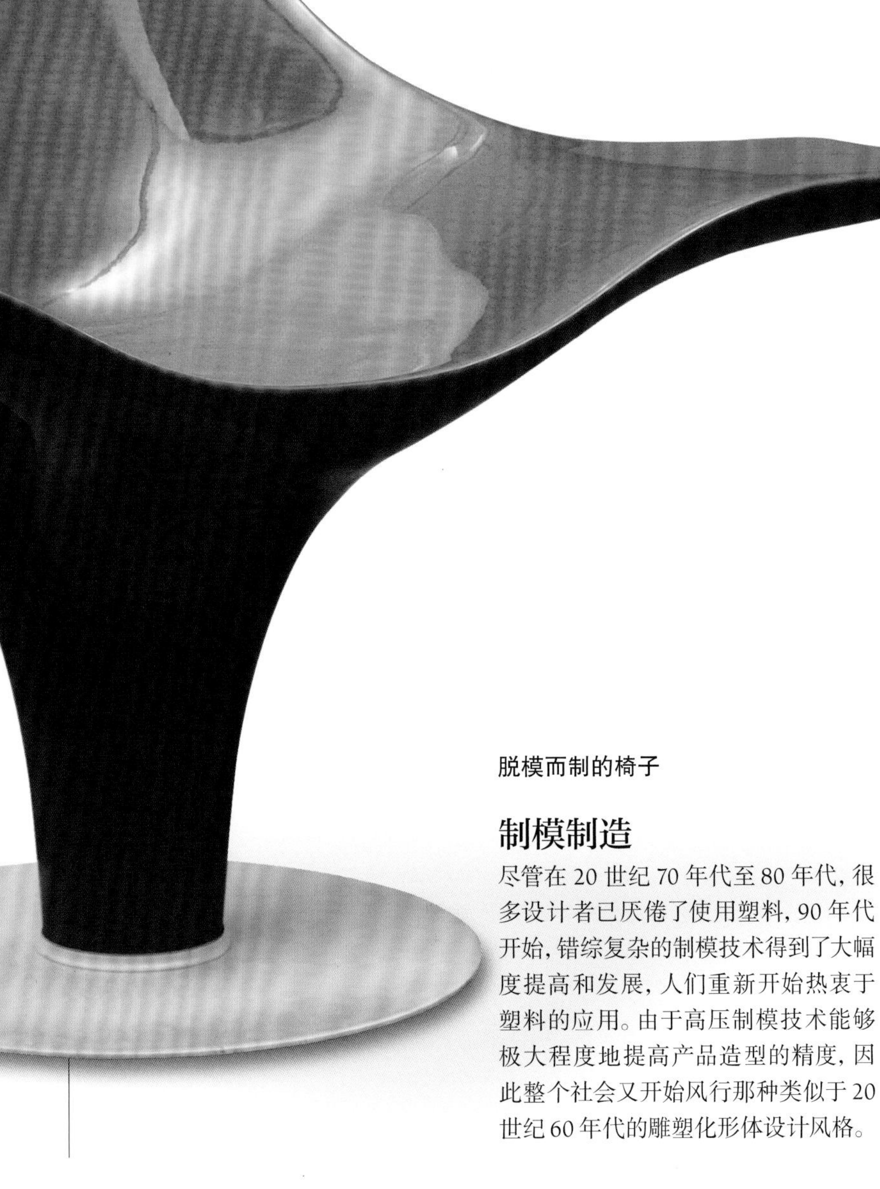

脱模而制的椅子

制模制造

尽管在20世纪70年代至80年代，很多设计者已厌倦了使用塑料，90年代开始，错综复杂的制模技术得到了大幅度提高和发展，人们重新开始热衷于塑料的应用。由于高压制模技术能够极大程度地提高产品造型的精度，因此整个社会又开始风行那种类似于20世纪60年代的雕塑化形体设计风格。

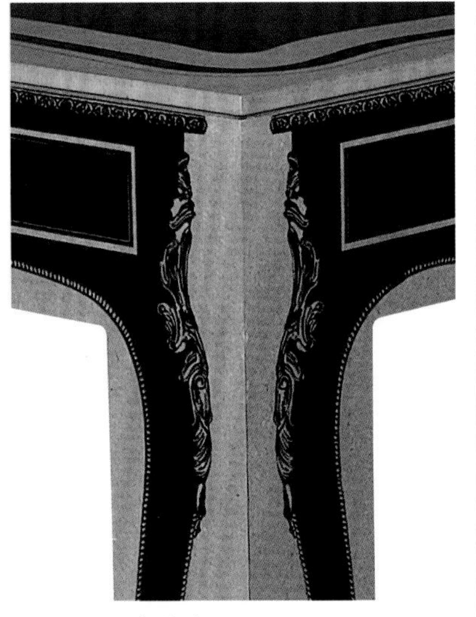

MDF 平面办公桌

诙谐幽默

在20世纪80年代，当完全丧失了对结构和建造工艺的兴趣时，设计师们便将注意力转向一种诙谐幽默的表达。20世纪80年代以后的后现代主义设计师们，时常在设计中夹杂一些玄妙而风趣的调侃。如上图所示，设计师们将18世纪桌子的造型轮廓印制在他们所设计的桌腿上。

玻璃餐桌的细部

极简主义

20世纪80年代末，当聒噪一时的后现代主义运动稍稍降温后，很多设计师不再追求混杂的造型形式，而是回归了更宁静质朴的设计风格。20世纪90年代开始，设计师更钟情于使用玻璃和透明的亚克力材料、未加工的木材及拉丝的金属材料。这种风格被史学评论家称为“新现代主义”。

大理石桌的基座

大理石

大理石象征着永恒、纯粹，且携带着古典艺术风格那崇高而深远的意蕴。后现代主义设计师们常将高贵的大理石材料与低廉的塑料、玻璃以及华美的木材相结合，以颠覆大理石固有的象征意旨。在家具设计注重表面装饰性的时代，人们曾十分钟爱大理石那龟裂的纹理。

漫游者汽车座椅

回收利用

20 世纪 70 年代以后，人们越来越关注环境保护问题。到了 20 世纪 80 年代，废物回收利用成为人们争相仿效的行为和热议的话题。20 世纪 80 年代至 90 年代的设计师们，不仅出于环境保护的原因，同时也将回收物品列入到家具设计中。图中的罗恩·阿拉德的汽车座椅，同样是对独立创作精神的一种表达。

安妮女王椅背

巧借古典

当抛弃了现代主义信仰时，设计师们开始回头重新关注和寻找古典，以获得即将枯竭的设计灵感。比较而言，现代主义者更关注古典作品的结构特征，而后现代主义的设计师们仅习惯于在设计中借用古典符号，以传递出某种欲要表达的象征意义。

抽屉内部的雕刻细节

手工精湛

20 世纪 70 年代后期，现代主义的“机器美学”已逐渐衰亡。随后，人们也不再热衷使用塑化材料，部分设计师开始回归手工加工工艺。20 世纪 80 年代以后，英国和美国的很多富豪贵胄，喜欢购买价值昂贵做工复杂精细的手工产品。

滑稽的桌腿

卡通造型

20 世纪 60 年代，波普艺术家常常将卡通造型当作他们创作中重要的灵感源泉。他们欣赏卡通的大众化、通俗性的特征。至 20 世纪 70 年代，这种风尚逐步走入家具设计界。后现代主义设计师们热衷将一些二维卡通造型转变成立体的三维家具造型，以表达他们玩世不恭的轻视嘲讽之意。

CD 唱片收纳箱

安装脚轮

从 20 世纪 70 年代以来，使用脚轮逐渐成为办公家具的普遍特征。这一改变为一向严肃呆板的办公设施增添了些许轻松愉快的色调。后现代主义设计师们同样将脚轮应用于住宅家具，以此来质疑现代主义者一贯鼓吹的“永恒、通用”的设计准则。

模块化座椅

模块化家具

在 20 世纪 60 年代，模块化座椅体系曾经风靡一时。到 20 世纪 90 年代，设计师们再一次回归眷顾了这一主题。此时，尽管设计师们仅仅将其应用于置物架的设计中，但模块化却成了一种司空见惯的设计习惯和风格。

色彩鲜亮且装有软垫的椅子

色彩明快

在 20 世纪 80 年代，设计师在家具设计中，将家具的交流性与功能性置于了同等重要的位置。设计师们越来越注重用色彩来凸显作品的装饰性。到了 20 世纪 90 年代，尽管摒弃了后现代主义早期的激进用色方式，但在某种程度上，设计者依然注重作品中色彩的表达。

孟菲斯和阿基米亚

1980年，一批设计师在门迪尼创办的阿基米亚工作室的基础上，组织建立“孟菲斯”设计团体。这个集体旨在定义后现代主义家具设计的特征。

1981年4月，一个集合了众多设计师的设计团体孟菲斯第一次向大众展示了他们的设计作品。该展览在米兰的一间小展厅举行，作品引起了轰动。此时，世界大多数家具行业，亦在这个城市举办年度庆典——国际家具展览会。小展厅外的道路被戒严，多处路障阻挡了要冲入会场的人们。人们都想亲眼看看，何为孟菲斯集团的“新国际式风格”。

20世纪60年代至70年代，活跃于“反设计”舞台上的著名设计师埃托·索托萨斯，牵头创办了孟菲斯集团。当时，孟菲斯集团是最新潮的机构，亦是意大利设计师们扫除现代主义余温的一种尝试。埃托说：“孟菲斯试图把物体的造型从功能主义的束缚中解放出来。现代主义风格追求哲学意义中的‘纯粹’造型，这其实是很荒谬讽刺的。一个桌案在功能上需要四条桌腿，但没有人告诉我，这四条桌腿一定要造型一样。”

超级灯具
这件由马蒂娜·贝丁（Martine Bedin）设计的吹模塑料灯具，其底部有四个橡皮轮，于是它能够随意地活动。六个裸露的电灯泡被拧入不同颜色的插座。*1981年 高35.5厘米（约14英寸），宽61厘米（约24英寸），深18厘米（约7英寸） MAP*

安提贝（D' antibes）橱柜
这件由乔治·索登设计的双开门橱柜有纤细的四条正方形的腿。橱柜是由塑胶层压木板制作而成。橱柜色彩明亮，由红色的门框、绿色的柜腿和两边装饰有图案的嵌板组成。*1981年 高160厘米（约63英寸），宽60厘米（约24英寸），深40厘米（约16英寸） MAP*

多文化的融合

孟菲斯集团的家具作品外观灵活大胆，色彩鲜明且富于特色。尽管孟菲斯集团的作品并未明显地表达出古典文化、流行文化和原始文化的艺术特征，但事实上其设计风格吸纳了三者之精华。“孟菲斯”这个名称是借用了鲍勃·迪伦的一首风行一时的歌曲之名，这个名字也是古埃及首都之名孟斐斯（Memphis）。孟菲斯集团呈现出深厚得多文化融合特征。加盟设计师除埃托外，还有米歇尔·德·卢基、迈克尔·格里夫斯（Michael Graves）和乔治·索登（George J. Sowden），以及来自意大利、西班牙、日本、奥地利、英国、法国和美国的成员。

孟菲斯集团中，一位不可小觑的人便是亚历山德罗·门迪尼。1976年，门迪尼在米兰创立的阿基米亚设计工作室，为后来孟菲斯集团发展壮大奠定了重要基础。1978年，门迪尼用了一系列作品来表达自己“平凡设计（Banal Design）”的理念。他最著名的作品是1978年设计制作的普鲁斯特扶手椅。在此作品中，门迪尼大体借鉴了18世纪法国古典主义风格的造型，同时也用小块相近的颜色来模仿点彩派画作的风格。

倾斜的隔断带有阿芝特克建筑风格。

书架的框架是由色彩鲜艳的塑胶板层压制作而成。

卡尔顿（Carlton）书架
这个由埃托·索托萨斯设计的书架是后现代主义作品的代表形象之一。书架中间是由两个抽屉组成的小柜。柜子上面是对称性的塑胶层压板框架和五颜六色、形态各异的隔断。这个书架也可以用来分隔房间。*1981年 高198厘米（约78英寸），宽190.5厘米（约75英寸），深33厘米（约13英寸）MAP*

后孟菲斯时期

孟菲斯集团的大多数原始成员都成功地创建了自己的公司。后现代主义设计传承着孟菲斯那永不泯灭的精神活力。

在1988年孟菲斯集团宣告解散之时，很多原始成员已是家具设计行业中的领军人物。他们纷纷创立了自己的设计公司。埃托的索托萨斯设计公司（Sottsass Associati company）完成了很多私人别墅的室内设计工作，业务拓展至新加坡和夏威夷。同时，在小范围的私人定制项目中，他也取得了巨大的成功。米歇尔·德·卢基具有谦逊理性的设计风格。他的AMDL公司主要从事产品设计和建筑设计，在多个领域取得了卓著的成就。

在孟菲斯集团的众多成员中，迈克尔·格里夫斯是一个善于雄心进取，以高度重视风格美学而闻名的设计师。他同时从事着建筑设计和产品设计。在世纪之交，因设计美国低造价家具连锁店塔吉特（Target），格里夫斯再一次声名远播。在商界和评论界，该店亦取得了巨大的成功。他定期接受阿莱西（Alessi）公司委托，承担各类设计项目。

米兰孟菲斯公司是孟菲斯设计团体的下属制造部门。1988年后，该部门继续着以往设计作品的加工生产，并售卖该组织遗留的设计方案。1997年，米兰孟菲斯公司的管理总监阿尔贝托（Alberto Albrichi）创立了“后设计”（Post Design）公司。该公司旨在传承孟菲斯团体的设计精神。在米兰，后设计公司举行了规模盛大的艺术展览。很多展品是埃托·索托萨斯先生及孟菲斯集团成员的藏品，同时亦有如乔安娜·葛拉温德（Johanna Grawunder）、皮埃尔·沙尔潘（Pierre Charpin）等新一代设计师的作品。这些设计师深受孟菲斯设计风格的影响，并在此基础上进行了新的拓展。

皮埃尔·沙尔潘书架 书架为“后设计”公司设计制作。这个由红色枫木制成的书架呈开架式排列组合，并被分隔成多个单独空间。作品显然是受到埃托·索托萨斯的影响。*1998年 高226厘米（约89英寸），宽112.5厘米（约44英寸），深39厘米（约15英寸）MAP*

门迪尼和阿基米亚设计工作室的同仁（埃托也在其中短暂工作过），试图将一些流行文化元素逐步融入高级产品的设计中去。1979年，在阿基米亚设计工作室的展览中，展品“bau. haus”系列被讽刺性地评价为：如同在德邵生产的那类理性的工业产品。而事实上，在那里展出的家具作品，有着达达主义、立体主义和波普艺术风格混杂而成的各种激进的艺术形式。

即兴创作和思想交流

门迪尼始终用学院派的方式从事设计创作，但埃托·索托萨斯却倾向于一种动用直觉和本能的创作思路。纵观孟菲斯集团那些非正统造型的家具，人们不难发现，这个团体极为注重设计中的即兴创作和自由联想，而非循规蹈矩。

埃托·索托萨斯将孟菲斯集团的设计描述为“一种探讨生活的方式”。在他们看来，通过作品而实现的思想交流，远比作品本身的实际功能更重要。为了在家具上创造更大的交流可能，孟菲斯集团的设计师们一反常态地在家具表面使用古怪图案塑料贴膜。

这就是孟菲斯集团生产的家具被大众喜爱的关键所在。孟菲斯集团自创始以来便蜚声国际，在美国和日本尤甚。埃内斯托·吉斯蒙迪很快意识到，孟菲斯品牌设计具有潜在的巨大商业价值。他利用自己的阿尔特米德（Artemide）灯具公司来为孟菲斯产品制造公司提供了大量资金支持。米兰孟菲斯公司至今尚存。

布兰齐（Branzi）餐具立柜
这件餐具柜直线造型。柜子一侧由四个正方形柜腿支起，而另一侧仅仅由一根圆形金属柱支撑。餐具柜的主体包含了一系列储藏结构：小抽屉、顶端可以打开的橱柜和一端D形的开放式搁架。*1979年*

普鲁斯特扶手椅
这把扶手椅由亚历山德罗·门迪尼为卡佩利尼而设计。椅子的设计灵感来自于路易十五风格家具。精心雕刻的木质结构被涂画成法国印象派的画面效果，就如同保罗·西涅克（Paul Signac）的绘画作品。座位包覆缤纷的织物套。*1978年*

意大利

1972年，在纽约现代艺术博物馆举行了一次划时代的展览，题为“意大利，创造室内新景观——设计成就总结与问题反思”。这次展览以编目形式对家具作品进行了总结。展览落幕后，管理者埃米利奥·安巴兹（Emilio Ambasz）总结了意大利设计界的三大趋势，即“因循守旧”“改革”及“争辩论战”。其中，“争辩论战”的势头是根植于20世纪60年代后期的“反设计”运动，并在70年代风靡一时。在20世纪80年代，由于埃托·索托萨斯和孟菲斯集团试图影响和教化意大利的消费者，因此这段时间被称为“改革时期”。在20世纪90年代，意大利设计界盛行着“专业主义”的意识，这一时期被安巴兹称为“因循守旧”。

安巴兹在纽约举办了个人展览，阿基佐姆、超级工作室和斯图蒙小组（Gruppo strum）等很多组织开始质疑现代主义的核心准则。自20世纪60年代末，傲慢无礼而颇具煽动性的波普艺术设计方式，因得到持续的宣传而不断发展，日渐形成了与正统风格分庭抗礼的态势。

平凡设计

20世纪70年代末，亚历山德罗·门迪尼掌握了意大利家具设计的主流话语权。门迪尼是一位孜孜不倦的设计理论鼓吹者。随后，他将“平凡设计”的理念引入了家具产业界。此理念在很大程度上推进了更具讽刺

佛罗伦萨维多利亚酒店内景 酒店的装潢创造了一种宾至如归的气氛。餐厅里优雅的S形长桌和华美的烛光灯火，使顾客们享受着现代生活带来的愉悦和满足。2003年由法比奥·诺文布雷（Fabio Novembre）设计。

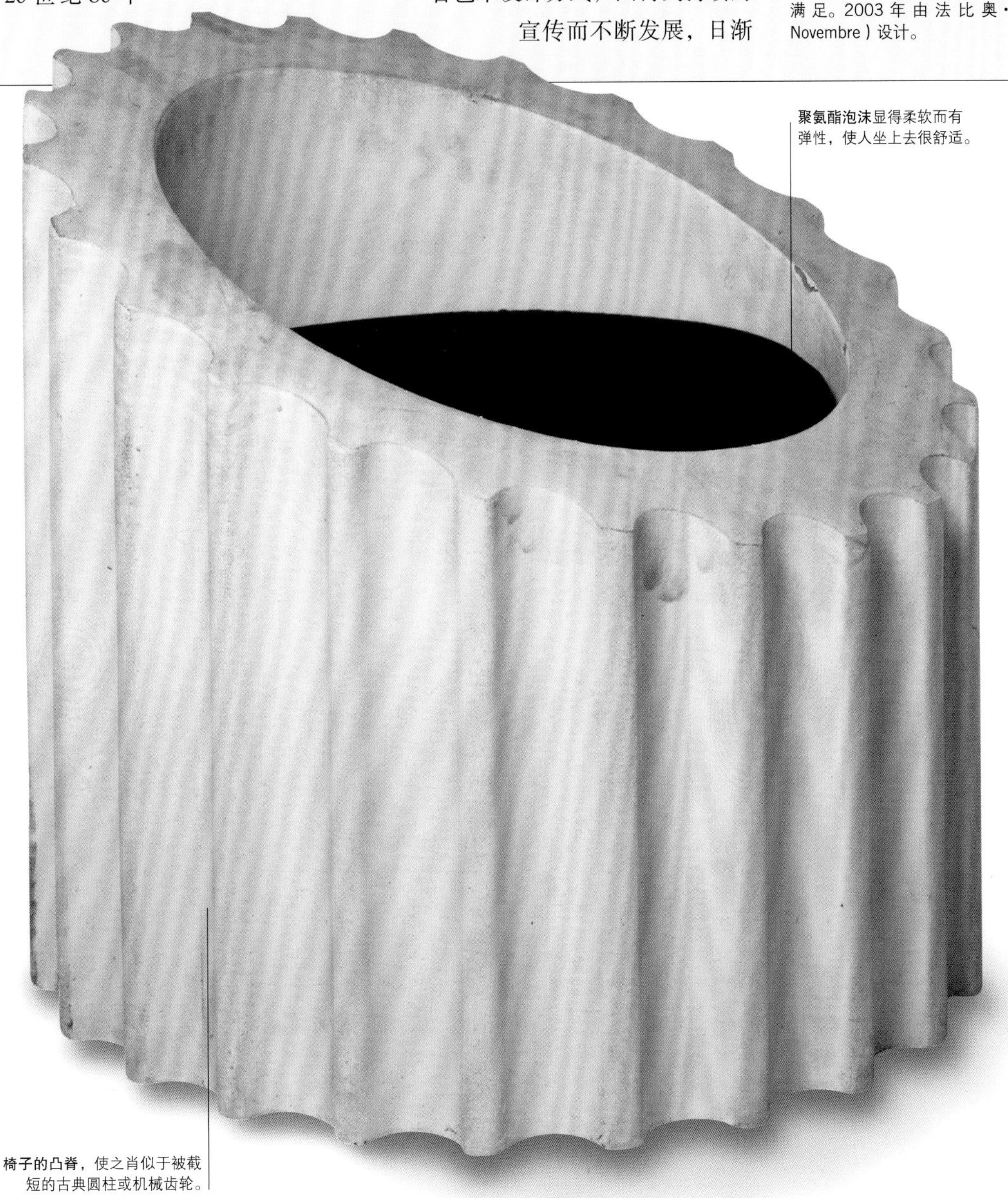

聚氨酯泡沫显得柔软而有弹性，使人坐上去很舒适。

椅子的凸脊，使之肖似于被截短的古典圆柱或机械齿轮。

阿蒂卡椅

这简单的椅子是由格夫里姆（Gufram）使用柔软的聚氨酯泡沫制作而成。椅子被设计成小尺寸，是想向人们强调说明，这把椅子是用来暂时歇息，而不是长时间躺卧休息使用。被塑形的椅子看起来像一个有沟槽的圆柱。直立的柱子的斜切面形成了椅子的靠背和扶手。纯白色的泡沫椅看起来更像是用沉重的石头、大理石或石膏制作而成。覆盖泡沫表面的弹性涂料，使椅子耐脏而且易于清洗。这把椅子的名字取自古希腊阿蒂卡（Attica）地区。*1972年 高70厘米（约28英寸），直径66厘米（约26英寸） BonBay*

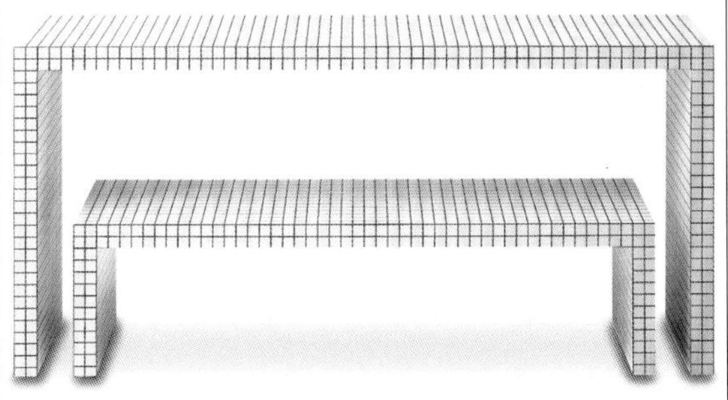

配套桌凳

这件玄关桌和长凳都带有蜂窝状框架，表面覆有白色塑料层压板。丝网印黑色网格图案，具有瓷砖效果。由超级工作室为Zanotta品牌设计。此家具目前仍然有售。*1970年 桌子高84厘米（约33英寸），宽180厘米（约71英寸），深42厘米（约17英寸） ZAN*

543百老汇椅

椅子的无缝不锈钢管构架上装置着琥珀色半透明树脂座位和靠背。椅子的每个纤维椅脚都装有金属弹簧，可以根据使用者的坐姿调整。加埃塔诺·佩谢为贝尔尼尼（Bernini）设计了这把椅子。*1993年 高45厘米（约18英寸），宽50厘米（约20英寸），深39厘米（约15英寸） SDR*

批判性的“反设计”思潮。门迪尼认为，现代主义的大旗已摇摇欲坠，设计者面前出现一个“虚空”的世界，一切都充满着无限的可能性。未来的家具设计师的任务仅仅是在历史的瓦砾中，遴选出以往设计中的瑰宝，并将之发扬光大。

门迪尼那激进的理论，可以概括为是一种“后现代主义”风格。但很快，门迪尼教条刻板的设计方式，被孟菲斯集团所抛弃。20世纪80年代初，孟菲斯集团的家具设计表现出极大的进取热情，这标志着自20世纪60年代后期以来，蔓延在意大利设计界敌对、破坏性的风潮寿终正寝。

与日俱增的商业氛围

20世纪90年代初，当“专业化”之风横扫家具产业时，昔日意大利家具设计界维系了二十余年的热情和激情略显沉寂和黯然。很多活跃在20世纪60年代至70年代潮流前沿的公司，譬如B&B Italia、弗洛意大利高级家具公司（Poltrona Frau group）和卡西纳由于生意鼎盛兴隆，因此并不愿卷入无谓的论战和纷争之中。一些制造商，譬如卡佩利尼和埃德拉（Edra）仍在持续生产昂贵而华丽的高档家具。这种高端奢侈的风格往往由非意大利裔的设计师主导。

或许20世纪90年代，最为成功的意大利设计师应为皮耶罗·利索尼（Piero Lissoni）和安东尼奥·奇泰里奥（Antonio Citterio）。他们采用一种简明而技术化的风格，崇尚通过实验而产生精确的设计。利索尼曾说，“设计应当是产品技术、形式与功能之间一种均衡而明确的结果。”

至20世纪初，伴随每年一度的米兰国际家具展览会，意大利已毋庸置疑地成为全球家具用品的贸易胜地。该项博览会也已成为家具设计界中最重要的盛会，但最初那以“创造性”著称的声誉却在意大利家具设计界遗失殆尽。

模块化储藏柜

这件储藏范围非常广泛的存储装置是皮耶罗·利索尼（Piero Lissoni）为卡佩利尼而设计的。模块化组合柜的每个单体柜都可以叠加到另外一个的顶上，或放置在另外一个的边上。此类家具量产出售。*高32–92厘米（约13–36英寸），宽30–90厘米（约12–35英寸），深30–60厘米（约12–24英寸） VIA*

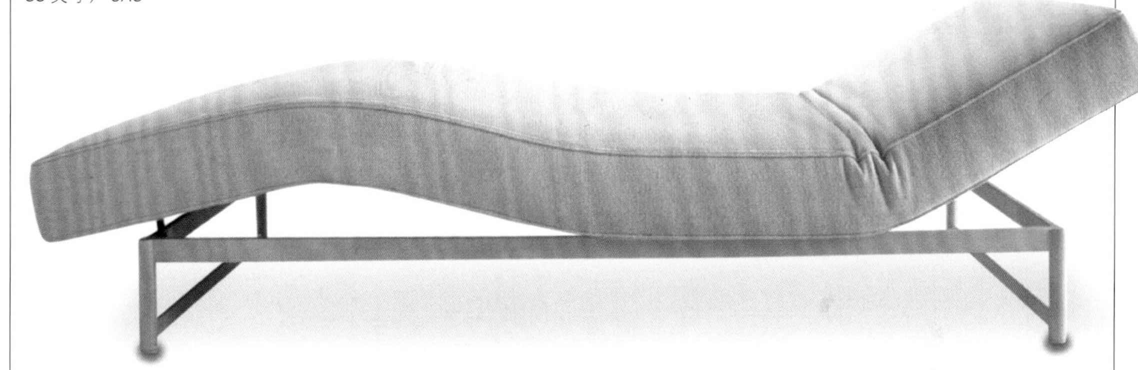

内折沙发床

这张沙发没有扶手，但是座位的每一端都能够倾斜成两种不同的位置，形成头托或扶手。泡沫垫座位，由暴露的漆钢框架支撑。皮耶罗·利索尼为卡西纳公司设计。*2001年 高60.5厘米（约24英寸），长300厘米（约118英寸），深84.5厘米（约33英寸） CAS*

出租车椅（Cab Chair）

这张扶手椅的瓷钢骨架上安置着装有拉链的皮革装饰套。皮革套充当了保护性材料。用聚氨酯泡沫填充的座位也包覆皮革套。马里奥·贝利尼设计。*1977年 高52厘米（约20英寸），宽82厘米（约32英寸），深47厘米（约19英寸）*

不规则扶手椅

这是由保罗·德加内洛（Paolo Deganello）设计的扶手椅。花面布套椅子靠背，呈现不对称形状。绿色皮革的座位在两边转折升起，形成扶手。座位由白色的瓷钢短腿支撑。*1972年 高150.5厘米（约59英寸），宽90厘米（约35英寸），深86.5厘米（约34英寸） SDR*

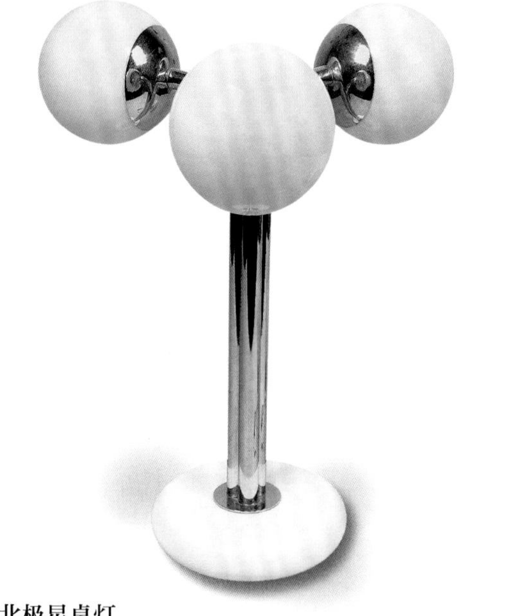

北极星桌灯

这款北极星桌灯的基座为卡拉拉（Carrara）大理石，镀铬无缝钢管支柱上有三个天蓝色的玻璃球。当接通电源时，球体发出白色光线。超级工作室为设计中心（Design Centre）设计，恰洛诺瓦公司（Poltronova）生产制造。*1969年 高50厘米（约20英寸），深50厘米（约20英寸） DOR*

法国

20世纪70年代，法国家具设计界几乎陷入在一片沉寂之中。早在20世纪60年代，已蜚声国内的皮埃尔·保兰和帕斯卡尔·穆尔格（Pascal Mourgue）两位设计师，除了继续生产那些如缎带般精细的设计品外，几乎再无其他设计成果。

20世纪80年代，法国家具设计界最早出现的轰动性事件，即1981年的伊丽莎白·加鲁斯特（Elisabeth Garouste）和马蒂亚·博内蒂（Mattia Bonetti）的“新野蛮主义”作品展。他们的设计深受法国殖民历史的启发，自由地运用民族装饰元素和材料，蕴含一种异域风情。俩人的创作在当时被冠以“新原始主义”之名。

创新设计

1981年，法国政府创立了鼓励本国家具设计的创新奖。该奖的首个获益人为马丁·塞凯伊（Martin Szekely）。这位来自巴黎的设计师以其冷峻而几何化的设计作品，譬如1983年的Pi躺椅，建立起一种更为宁静的设计风格。与此相仿，建筑师让·努维尔（Jean Nouvel）也同样地抵制着后现代主义那种肆意戏谑化的设计风格。20世纪80年代，努维尔以一种简洁严肃的风格完成了众多家具设计作品。

20世纪80年代安德烈·迪布勒伊（André Dubreuil）一反努维尔严谨、理性的设计风格，兼具家具设计师与制造者于一身，取得了极大的专业成就。迪布勒伊长期旅居伦敦，将典型法国式的优雅投注于英国的“手工艺复兴”运动中。同时期，菲利普·斯塔克亦名噪一时，将理性和华丽的设计风格从容地融入法国家具设计，作品惊人的高产，设计风格简洁明快，偶尔夹杂诙谐幽默的曲线形式。

20世纪80年代末，斯塔克在巴黎创办了设计工作室。20世纪80年代至90年代，该工作室成为刚毕业的法国设计师首选的实习单位。马塔利·克拉塞（Matali Crasset）和克里斯托夫·皮耶（Christophe Pillet）是斯塔克最著名的弟子，两人深谙功能主义的概念和信条，运用活力四射的色彩和形式，使实用的家具设计变得生动有趣。

新的争鸣

为了抵抗斯塔克在法国设计界的霸权地位，20世纪90年代中叶，一小批设计师揭竿而起，如设计师皮埃尔·沙尔潘和德洛·林多，他们创立出一种本真的、实验性的设计风格，这为法国设计界带来一缕新风。

至20世纪90年代末，不得不提来自布列塔尼的年轻兄弟——罗南和埃尔万。他们朴实优雅的设计风格赢得了英国设计师雅斯佩尔·莫里松的推崇。兄弟俩协同巴黎设计界的新生力量在全球一举成功。千年之交，法国家具设计界呈现出欣欣向荣的生动局面。

尼斯旅馆内景 这些具有创新精神和时代性风格的家具是由马塔利·克拉塞设计。简单朴实并具有功能性的家具，散发出清雅柔和的色调，创造出一种惊心动魄而不可超越的气氛。*2003年*

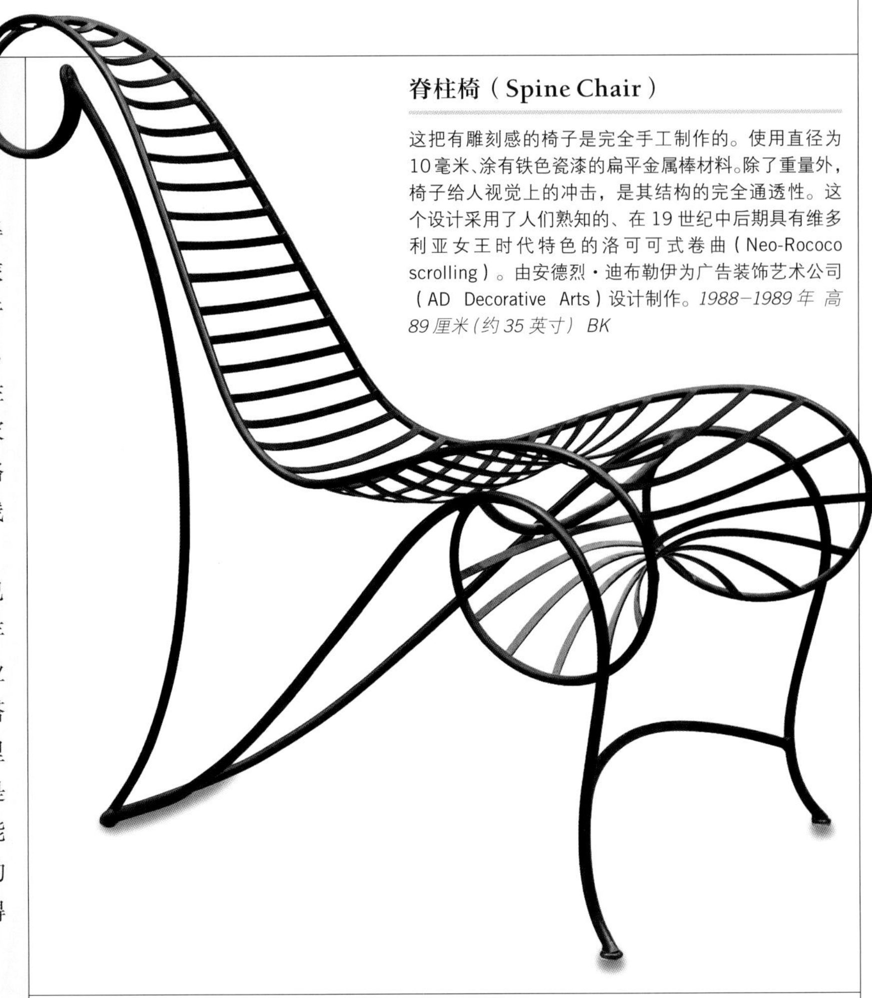

脊柱椅（Spine Chair）

这把有雕刻感的椅子是完全手工制作的。使用直径为10毫米、涂有铁色瓷漆的扁平金属棒材料。除了重量外，椅子给人视觉上的冲击，是其结构的完全通透性。这个设计采用了人们熟知的、在19世纪中后期具有维多利亚女王时代特色的洛可可式卷曲（Neo-Rococo scrolling）。由安德烈·迪布勒伊为广告装饰艺术公司（AD Decorative Arts）设计制作。*1988–1989年 高89厘米（约35英寸） BK*

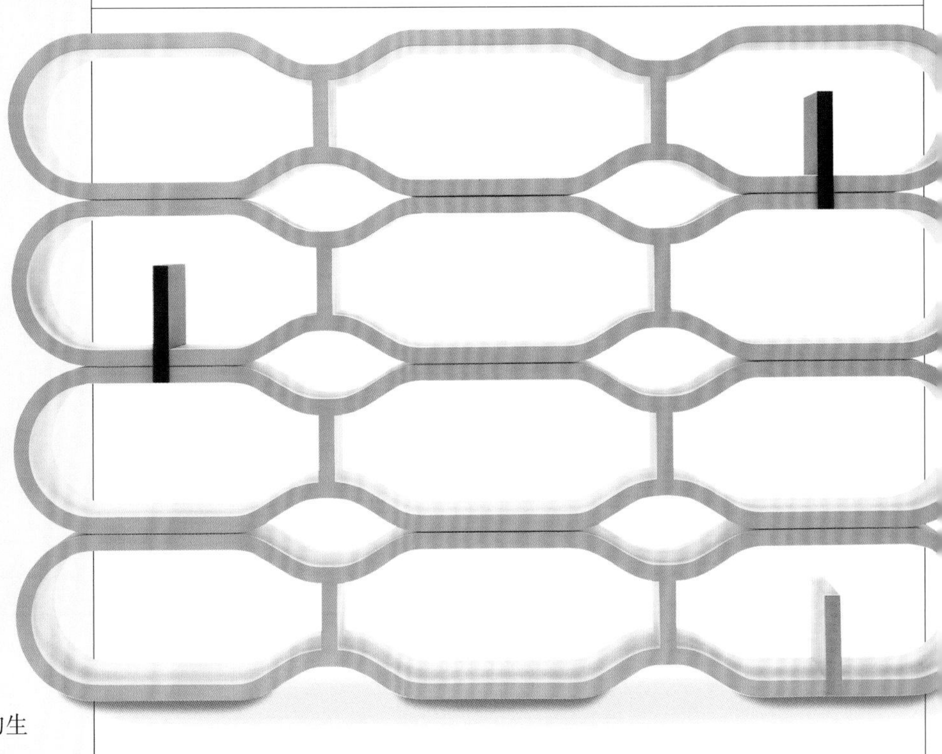

模块式书架

这件模块化书架装置是由许多蜂巢状胶合板构架而成，上下重复叠加。书架涂有白色亚光漆，处于恰当位置上的书档将书架连接在一起。这一系列有不同颜色在售。此装置由罗南和埃尔万兄弟为卡佩利尼设计。他们被认为是近年来最具工业化风格的设计师之一，他们将设计理念与传统形式相结合，赋予作品纯粹的时代特色，作品看似平常，但极其时髦，他们丝毫不放松对设计终极目标的追求。*2001年 基础模块高50厘米（约20英寸），宽300厘米（约118英寸），深40厘米（约16英寸） SCP*

联体椅

由马塔利·克拉塞专门为尼斯的超现实Hi旅馆设计。这个模块化的扶手椅能够相互连接，并可因座位位置发生的变化，提供各种不同的排列组合。一些椅子甚至被设计成能够在座位里操作膝上的笔记本电脑。椅子是由高密度泡沫制作而成。泡沫外表覆有色彩艳丽的聚氨酯外膜织物。断面呈正方形的椅腿，使用的是表面涂漆的不锈钢材料。*2003年 高115厘米（约45英寸），宽58厘米（约23英寸），深75厘米（约30英寸）MCP*

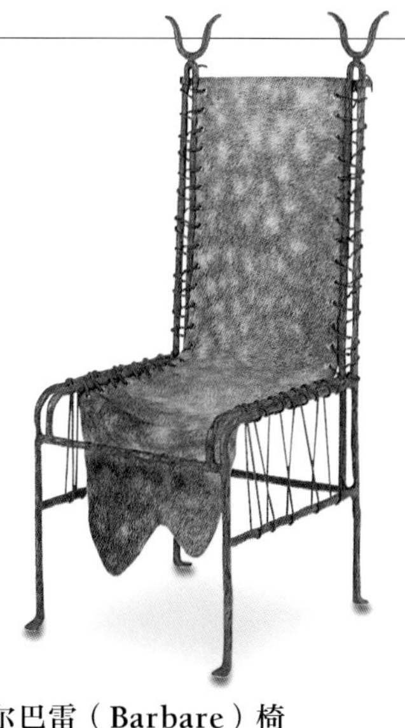

巴尔巴雷（Barbare）椅

这把椅子由伊丽莎白·加鲁斯特和马蒂亚·博内蒂为Neotu家具画廊设计。灵感来自非洲部落艺术。带有绿锈的铁框架上覆有带花纹的兽皮，形成了椅子的靠背和座位。*1981年 高117厘米（约46英寸），深59厘米（约23英寸）*

德洛-林多椅

断面为L形的四条桌腿支撑着一个正方形的桌面。设计者应用透视学原理，刻意地造成了一种桌面歪曲的假象，具有一种超现实主义的荒诞不经的创作特点。德洛-林多为利涅·罗塞（Ligne Roset）设计。

菲利普·斯塔克

他身兼室内设计师、建筑师和家具设计师三位一体。在20世纪80年代，菲利普·斯塔克声名鹊起，风靡一时。其大胆独特的设计作品影响至今。

菲利普·斯塔克

1949年，菲利普·斯塔克出生于法国巴黎。在20世纪80年代至90年代间，斯塔克成为炙手可热的人物。无与伦比的自我宣传推销天赋，以及光滑流畅且颇具商业性的产品，使他在设计界中始终保持着强烈的个人魅力。

1969年，年仅20岁的斯塔克崭露头角，他担任了皮尔卡丹公司（Pierre Cardin empire）家具设计部分的艺术总监。在20世纪70年代，斯塔克进行着一些夜总会的家具和室内设计。直到1982年，他完成了密特朗总统在巴黎爱丽舍宫私宅的室内设计。此后，他获得全球瞩目。

20世纪80年代至90年代，斯塔克的设计项目极多。涉及生活的各个领域，从邮购公司到有机食物，但还是家具和灯具设计令他享誉全球。斯塔克亦设计了符合时代特色的作品，如为维特拉设计维维特拉凳子（WW Stool）（见右图），为弗洛斯（Flos）设计阿雅拉（Ara）灯具（1988年）。常常是原始想象（阿雅拉灯具酷似公牛角）结合高雅文化，斯塔克的作品成功地迎合了最广大民众的口味。

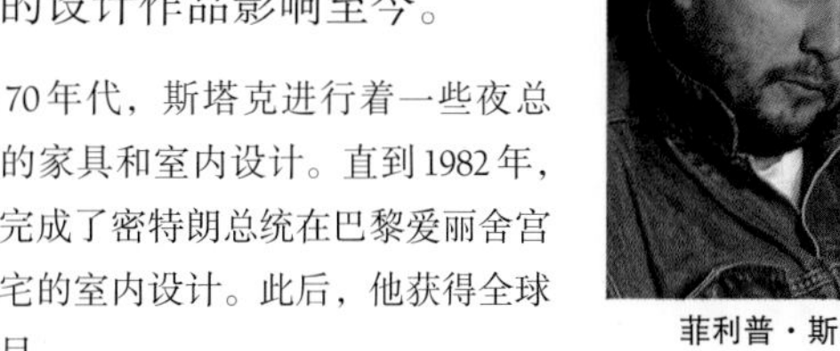

派拉蒙酒店（Paramount Hotel）内景 这个坐落在纽约、"廉价时尚"的酒店充满了幽默风趣的气氛和异想天开的感觉，这就是斯塔克那无所畏惧的后现代主义设计风格的典型特征。

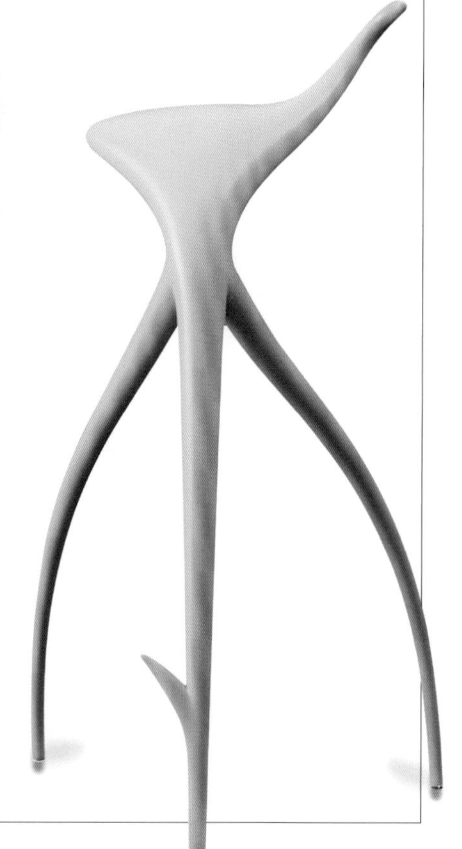

维维特拉凳子 这件作品是斯塔克对他惯用的兽角设计主题进行大胆革新的典型案例。作品采用沙模铸造的铝金属构架制作而成，表面涂有光滑的浅绿色珐琅。*1990年 高98.5厘米（约39英寸），宽53厘米（约21英寸）BK*

英国

20世纪60年代，世界各地兴起一种青年文化，其高涨的势头，以伦敦尤甚。当雄心勃勃的青年艺术家和设计师们不断汇聚于伦敦，试图将自己置于创意文化的风口浪尖时，这个城市注定在未来的三十年里，继续被令人羡慕的炫目光环萦绕。

设计的影响力

20世纪70年代的设计风潮与60年代的大不相同。伴随着OMK的若干作品，20世纪70年代出现了更加欣欣向荣的设计气氛。具有典型时代气息的OMK，是由波兰裔耶日·欧莱伊尼克（Jerzy Olejnik）、布里安·莫里松（Bryan Morrison）和罗德尼·金斯曼（Rodney Kinsman）共同建立起来的设计机构。金斯曼说：“设计不耐用的产品是不负责任的。”他暗示的是，自20世纪60年代以来，人们对不耐用家具所产生的痴迷。“你们的设计，不能仅以色彩或一些装置技巧来取悦人们，而应当有更多的内涵和深刻的意义。”OMK历史上最成功的作品是1971年设计的叠加椅（Omkstack chair）。这个简洁的钢架椅子为英国家具设计建立了新的工业美学形式。

直至20世纪80年代，“高技派”外观的设计方式，持续地在建筑师和设计师中流行。生于捷克斯洛伐克的建筑师埃娃·吉里克纳（Eva Jiricna）在与诺曼·福斯特（Norman Foster）共同完成的家具设计中，开始采用与工业化结合的设计风格。但并非所有英国设计师都能接纳如此雄壮健伟的机器美学。1979年，英国伦敦创立了手工艺协会，支持使用手工艺风格的设计师。而此时，持手工艺复兴观点的设计师们，其态度与朋克运动的DIY方式极为相似。

1979年，撒切尔夫人执政，开始扶植资本主义大型企业。在这样的政治背景下，全新的“设计制造者”一代产生。他们在内部产生各种工种的

小书虫书架

这个书架由罗恩·阿拉德设计。在特定范围内，薄铁片制成的书架紧紧地卷曲在一起。依靠一些山墙托架的支撑，使用者可以根据自己的需要，来再次设计这个书架。*1993年 长495厘米（约195英寸） QU*

马吉斯·瓦贡（Magis Wagon）小车桌

这件小桌是迈克尔·扬为马吉斯公司设计。小桌有四个红色半透明聚氨酯小轮。小轮上面喷砂印模铸造的铝金属框架，支撑着一个半透明聚氨酯注模托盘。*2003年 高28厘米（约11英寸），宽68厘米（约27英寸），深68厘米（约27英寸） CRB*

思想者之椅

这把安乐椅的框架是由被漆成橘红色的金属管组成，座位和靠背是由具有对比效果的扁平金属条构成。每个扶手上都安置着一个可以放置玻璃杯的托盘。椅子有一个宽敞深邃的座位，一个正在思考的人可以很舒适地坐在里面。从设计者留在椅子部件上的标记来看，这个作品对根植于现代主义风格的设计结构，有一种真挚的怀旧情结。1986年，离开英国皇家艺术学院不久，雅斯佩尔·莫里松设计了这个椅子。*高70厘米（约28英寸），宽57厘米（约22英寸），深90厘米（约35英寸） SCP*

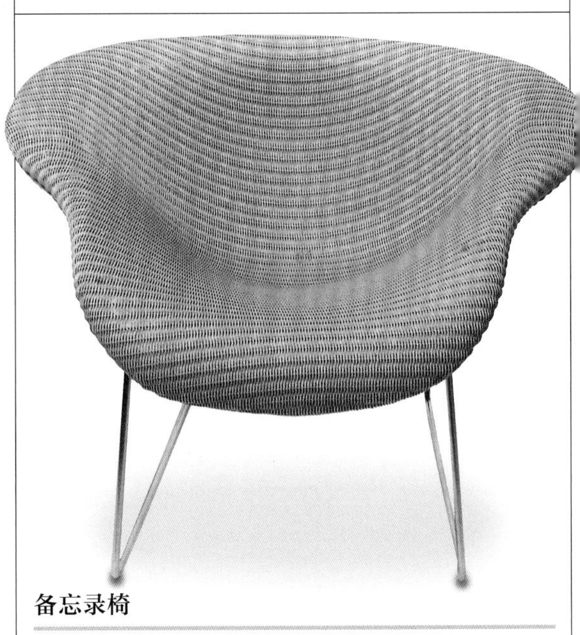

备忘录椅

这把扶手椅，在镀铬钢框架上支撑着一个以劳埃德·洛姆（Lloyd Loom）为模型的座位和靠背。向下逐渐变得越来越纤细的椅腿，使作品显得非常轻盈灵活。由迪伦工作室（Studio Dillon）设计，斯伯丁的劳埃德洛姆生产制作。*1999年 高73.5厘米（约29英寸），宽79厘米（约31英寸），深65.5厘米（约26英寸） DIL*

分支，生产有限种类的实验性作品。罗恩·阿拉德由以色列移居英国后，建立了 One Off 公司，利用废弃的工业材料，生产笨重粗糙的大体量家具。汤姆·狄克逊（Tom Dixon）采用回收材料，为他的“打捞创意”家具公司生产优雅作品。建筑师奈杰尔·科茨（Nigel Coates）和扎哈·哈迪德（Zaha Hadi）也抱定决心要赢得自己的声誉，开始设计实验性家具。

英格兰康沃尔（Cornwall）的 Creek Vean 屋 这个房子是由理查德·罗杰斯和诺曼·福斯特，采用高技派风格进行的设计。1970 年，此设计荣获大奖。

设计的自信

20 世纪 90 年代早期，特伦斯·康兰在伦敦重回设计界先锋地位。1989 年，伦敦开设了设计博物馆。酒吧、餐厅和酒店所有者开始聘请设计师来完成室内装潢与家具设计。伦敦很多大学的设计系，如皇家艺术学院和中央圣马丁大学都成为世界关注的焦点。

在大众的热情之中，20 世纪 90 年代的英国设计师们不再需要用家具设计来争取社会关注，而是要将其作品设计得更为柔和、精致、优雅和具有特定风格，雅斯佩尔·莫里松成为无可争议的大师。阿拉德和狄克逊也开始降低他们作品中的纯设计成分，而采纳更具有商业性的设计手段。

20 世纪 90 年代中期，一些团体开始在家具设计中采用平和、轻松的风格。在英国设计行业中，20 世纪 70 年代已消失殆尽的乐观主义精神在千禧之年来临之际，逐渐复原。

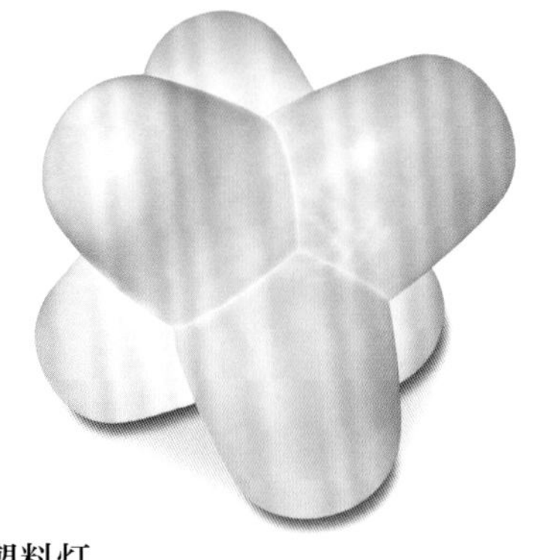

塑料灯

这个外形像插座的白色塑料灯是由汤姆·狄克逊为欧朗奇公司设计。灯与众不同的设计之处是，一个灯能叠加在另外一个灯上，同时也可以作为凳子使用。*1997 年 高 60 厘米（约 24 英寸），宽 60 厘米（约 24 英寸）*

清洁箱

这件独立式储藏装置是由桦木层压板制作而成。其也能用作小凳或床头柜。希恩（Shin）和安积朋子（Tomoko Azumi）为 Isokon Plus 设计。*2003 年 高 40 厘米（约 16 英寸），宽 45 厘米（约 18 英寸），深 29.5 厘米（约 12 英寸）ISO*

叠加椅

这把叠加椅采用无缝钢管框架结构，支撑着一个锃亮的、由穿孔薄铁制作的靠背和座位。椅腿安装有橡胶垫。由罗德尼·金斯曼设计，OMK 生产。*1972 年 BouE*

S 形椅子

这把金属框架的椅子用稻草编织物覆盖和包裹，强调作品的自然结构属性。由汤姆·狄克逊为卡佩利尼设计。*1985 年 高 100 厘米（约 39 英寸），宽 42 厘米（约 17 英寸），深 52 厘米（约 20 英寸）SCP*

英国皇家艺术学院的主导作用

创建于 1837 年，但直至 20 世纪 80 年代，皇家艺术学院才可以被称为全球设计领域中最重要的艺术机构。

英国皇家艺术学院（Royal College of Art）是集中培养研究生的高等院校。1948 年以后，学院主要目标是集中培训学生以适应专业实践。皇家艺术学院开设的课程有工艺美术、时尚、车辆设计、动画制作、建筑等，当然也包含工业设计、家具设计。

20 世纪上半叶，相比起全球家具设计的发展，英国的步伐稍显缓慢。20 世纪 60 年代至 70 年代，得益于建立了先进的设计教学体系，譬如英国建筑联盟学院（Architectural Association）、英国皇家艺术学院和中央设计艺术学院（Central School of Art and Design），他们的存在使英国能够成为一个创造力的发源地。正是受到这种声誉的感召，全世界有才华的毕业生蜂拥而至来到伦敦，以期在此谋求研究生课程的深造。

20 世纪 80 年代末，在英国繁花似锦的设计界中，很多杰出的人物都是皇家艺术学院的毕业生。其中知名校友有雅斯佩尔·莫里松、简·狄龙（Jane Dillon）、詹姆斯·欧文（James Irvine）和罗斯·洛夫格罗夫（Ross Lovegrove）等。他们作为优秀的毕业生又反过来帮助学校，吸引了更多高才华的学生。

20 世纪 90 年代中期，皇家艺术学院自诩为设计的“思想工厂”。皇家艺术学院通过聘请家具设计师罗恩·阿拉德和室内设计师、建筑师奈杰尔·科茨作为学校教授，来巩固学校如日中天的赫然声名。两位教授都一如既往地支持学校循序渐进的教学传统。

雅斯佩尔·莫里松设计的空气椅 椅子是由一整张注气聚丙烯材料制作而成。设计者是英国皇家艺术学院最著名的学生之一。

拉尔夫·鲍尔（Ralph Ball）设计的航空灯 自 1980 年从英国皇家艺术学院毕业，作为一名照明设计师和家具设计师，拉尔夫·鲍尔的作品在一片指责声中获得了巨大的商业成功。

手工艺与高科技

20世纪70年代至80年代，家具设计界出现了两种截然不同并分庭抗礼的思潮——即"高技派"与"手工艺复兴（Craft Revival）"。直至90年代，随着计算机技术的兴起，才促使了这两种思潮的最终融合。

20世纪70年代，家具设计产业的各种流派濒临分裂。一些设计师倡导一种更注重手工技巧的设计方式，而另一些，则继续追求着现代主义功能化、机械化的设计目标。建造技艺的发展兴盛，在一定程度上迎合了制造商的诉求，即运用程序简单而节省材料的骨架式结构，并且可供批量生产。曾是勒·柯布西耶设计工作室员工的瑞士建筑师马里奥·博塔（Mario Botta），开始运用酷似机器零件的穿孔薄铁来制造家具。而英国设计师罗德尼·金斯曼则致力于运用金属完成一系列简洁、理性的设计作品。1986年，诺曼·福斯特为蒂克诺公司制造了一个名副其实的高技派家具系列——即诺莫斯体系（Nomos system）。这些家具，专为开放式办公室设计。其中用玻璃和金属制作的桌子表现出精细宏大的结构工程风格，绝非那种谦逊低调的办公桌所能媲美。

洋娃娃折叠椅

椅子是由安东尼奥·奇泰里奥为卡特尔公司设计。具有高雅而清淡的外表，精益求精的工艺以及坚固的塑料构架。与平常的设计不一样的是，椅子的扶手与整体框架合为一体，有许多颜色可供选择，座位有木制的，也有由塑料制作的。

基于手工艺的设计风格

此时，与高技派风格背道而驰的是手工艺复兴运动。20世纪80年代早期，在美国，温德尔·卡斯尔、萨姆·马卢夫（Sam Maloof）和塔格·佛里德（Tage Frid）运用了一种很不自然的后现代主义方式进行创作。他们常常在作品中借用视错觉方法设计。在他们看来，使用这种方式来生产临时且滑稽可笑的作品，本身就是对设计的莫大讽刺。在英国，约翰·梅克皮斯（John Makepeace）引领着手工艺复兴运动。1977年，他在多塞特创建了帕纳姆之家（Parnham House）工作室，专门制造精致的手工艺产品。这些产品通常装饰得时髦豪华，售价昂贵。1978年设计的乌木和镍银椅是梅克皮斯的代表作。椅子由2000片独立的黑檀木碎片拼装而成。

20世纪80年代后期，一批造型惊世骇俗的、并且由手工生产出来的作品问世。伦敦的设计师佛雷德·拜尔（Fred Baier）、罗恩·阿拉德，汤姆·狄克逊和丹尼·莱恩（Danny Lane）竞相生产出一些粗糙的成品家具。这次运动因此被冠名为"拯救外观"、"大爆炸"风格或"新野兽派艺术"。在一定程度上，这些作品是原生态的、生机盎然的，甚至是颇具政治化含义的。打破

柔软的躺椅

这是维尔纳·艾斯林格诉诸美感的一个著名的设计。作者应用了高科技，整体采用铝合金框架，蓝色新型材料座椅缓冲垫，营造出一种轻便灵巧、清澈透明的外表。*ZAN*

了设计的思维定式，大胆而巧妙地利用弃置的井盖、砸毁的玻璃、旧车座和生锈的铁件来进行创作。这些具有创新精神的家具设计，颇像薇薇安・韦斯特伍德（Vivienne Westwood）的朋克服饰。

法国设计师安德烈・迪布勒伊邀请了一位铁匠帮助他制作椅子。椅子由低碳钢弯曲焊接而成。迪布勒伊最卓著的作品是其 1988 年设计的脊柱椅（见第 514 页），是从 18 世纪法国的经典作品中获得的灵感。同年，意大利设计师阿尔贝托・梅达（Alberto Meda）利用航空领域开发的技术生产出了他的轻椅（LightLight chair）。

错综复杂的新形势

20 世纪 90 年代，新的计算机程序允许设计师创造更为复杂多变的设计造型，并能帮助厂家生产制造产品。新的技术让设计师们第一次能够将高度个性化的设计与匠人的独特工艺整合在一起。德国设计师维尔纳・艾斯林格（Werner Aisslinger）首次证明了高度科技化的家具并不一定是非人性且冷漠异常的。艾斯林格于 1999 年设计的软单元格橱柜，就是借用了医疗领域里的凝胶形式，使家具既舒适又具备与众不同的外观。至上世纪末，家具设计师们在设计实践中，不再将手工技艺与高科技当作两个相互对立的因素。发生在 20 世纪 70 年代至 80 年代的手工艺与高科技之间的家具产业流派之争，至此烟消云散。

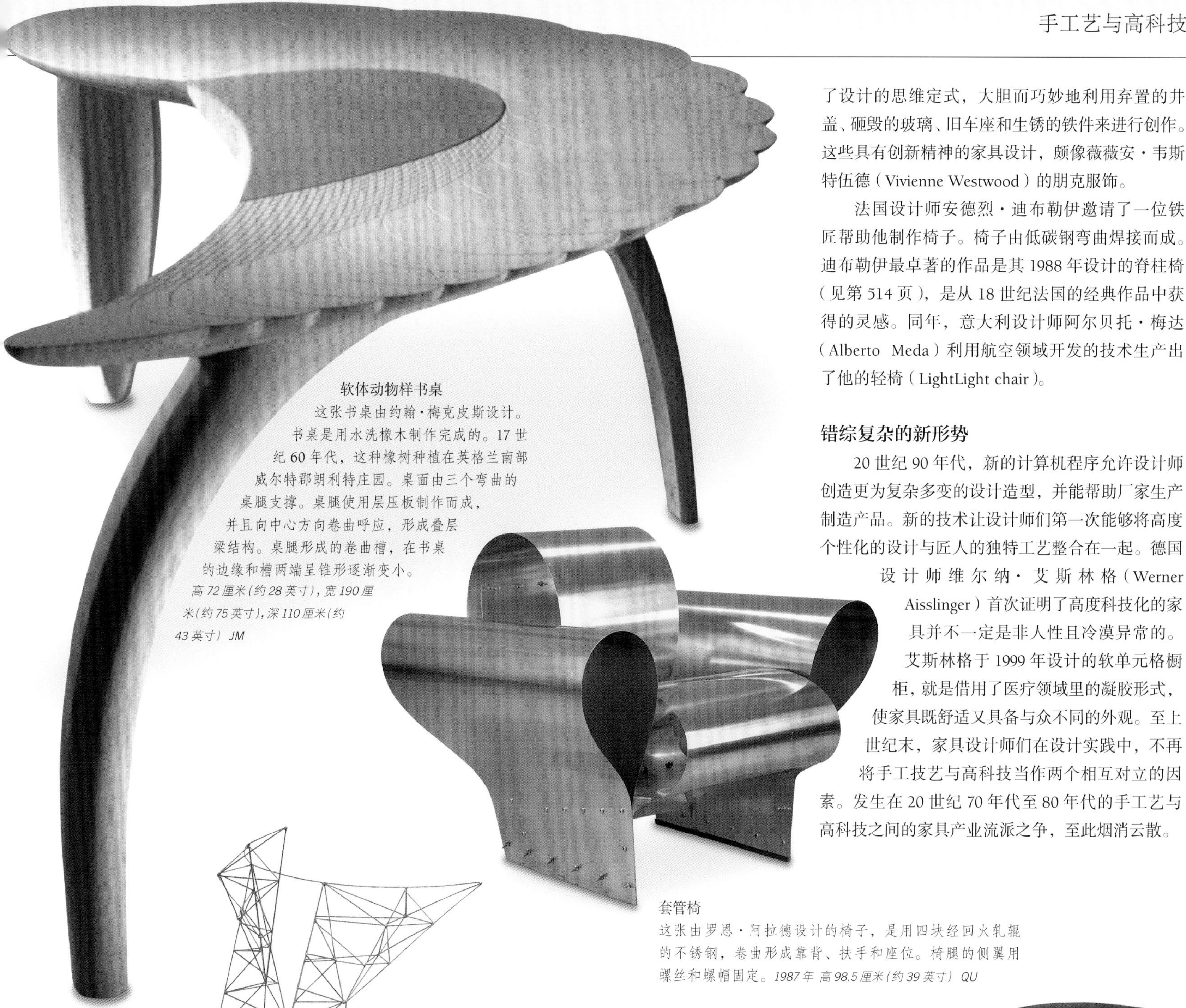

软体动物样书桌

这张书桌由约翰・梅克皮斯设计。书桌是用水洗橡木制作完成的。17 世纪 60 年代，这种橡树种植在英格兰南部威尔特郡朗利特庄园。桌面由三个弯曲的桌腿支撑。桌腿使用层压板制作而成，并且向中心方向卷曲呼应，形成叠层梁结构。桌腿形成的卷曲槽，在书桌的边缘和槽两端呈锥形逐渐变小。*高 72 厘米（约 28 英寸），宽 190 厘米（约 75 英寸），深 110 厘米（约 43 英寸） JM*

套管椅

这张由罗恩・阿拉德设计的椅子，是用四块经回火轧辊的不锈钢，卷曲形成靠背、扶手和座位。椅腿的侧翼用螺丝和螺帽固定。*1987 年 高 98.5 厘米（约 39 英寸） QU*

电缆塔椅

汤姆・狄克逊设计的这件作品，外形类似高压电线架，并以此来命名。椅子用涂有橘红色油漆的钢丝编织而成。每张椅子的每段钢丝都由手工焊接在一起，表现出一种完美的技巧。由卡佩利尼生产制作。*高 128 厘米（约 50 英寸），宽 67 厘米（约 26 英寸），深 60 厘米（约 24 英寸） SCP*

几何形桌子（1/2 圆锥体 = 立方体–圆柱体 = 桌子）

这张独特的桌子由佛雷德・拜尔制作而成。每张桌子都是由一个橡木圆锥体与一个桃木立方体结合而成。立方体一侧被切去了一个圆柱体，余下的轮廓被镀以银白的镍合金。这个设计被认为是史上第一件用三维形式来解释“减法”的家具。*高 55 厘米（约 22 英寸） FB*

欧洲

20世纪70年代至90年代，家具设计师成为流动性很大的行业。全球设计师纷纷来到伦敦、米兰和阿姆斯特丹，以便集中建立一些国际设计中心。而来自设计水平低的国家的设计师们，通常会在接受完整的设计艺术教育后，辗转奔波于都市间以积累实践经验，最后载誉而归。

尽管设计界的很多领军人物具有根深蒂固的国际化倾向，但他们最感兴趣的还是后现代主义设计风格。这种设计风格在表现一些古典主题时，常常采用特殊的材料以维护地域特点。20世纪七八十年代，捷克裔设计师博雷克·希佩克（Borek Sipek）曾奔走于德国、荷兰和捷克斯洛伐克之间，但他的作品却持久地保持着家乡巴洛克风格的传统。

瑞士建筑师和设计师马里奥·博塔的作品中有着后现代主义元素。他曾活跃在意大利、法国和日本，但他的设计中也依旧保有瑞士的精致制造技艺。

新的设计中心

20世纪80年代，后现代主义广为传播时，深受现代主义思潮影响的国家开始偏离世界家具设计界的主流。尽管也有例外，如斯特凡·韦韦尔卡（Stefan Wewerka）和彼得·马利（Peter Maly）。韦韦尔卡将包豪斯设计学校的创造准则紧密地与人体工学的知识相结合。这时期，德国和北欧地区对家具设计少有建树。

在现代设计领域中，西班牙虽然是一个历史底蕴非常薄弱的国家，但巴塞罗那却在20世纪80年代毫无疑义地成为当代设计界的焦点之城。布兰卡（Oscar Tusquets Blanca）和马里斯卡尔（Javier Mariscal）代表着西班牙设计中那生机勃勃的力量。豪尔赫·派西（Jorge Pens）和帕特里夏·乌古拉（Patricia Urquiola）则继续遵循着功能主义的路线。

荷兰尽管有格里特·里特维尔德和马特·斯坦这些对早期现代主义风格发展起到关键作用的重要人物，但战后荷兰在全球家具设计界几乎再无

光盘柜

这件用来储藏光盘的柜子，具有一个工业化产品的外表。经过焊接和喷漆处理的钢框架与工业化的玻璃嵌板，共同组成柜子的主要结构。柜子的上部为铰链结构，掀起后显示出一个较大的储藏空间。柜子的下部是六个用于储藏光盘的抽屉。柜子的背后呈开放状，整体由活动轮脚支撑。格茨·伯里（Götz Bury）于德国设计，弗朗兹·韦斯特（Franz West）协作生产制作。*1992年 高95.5厘米（约38英寸） POR*

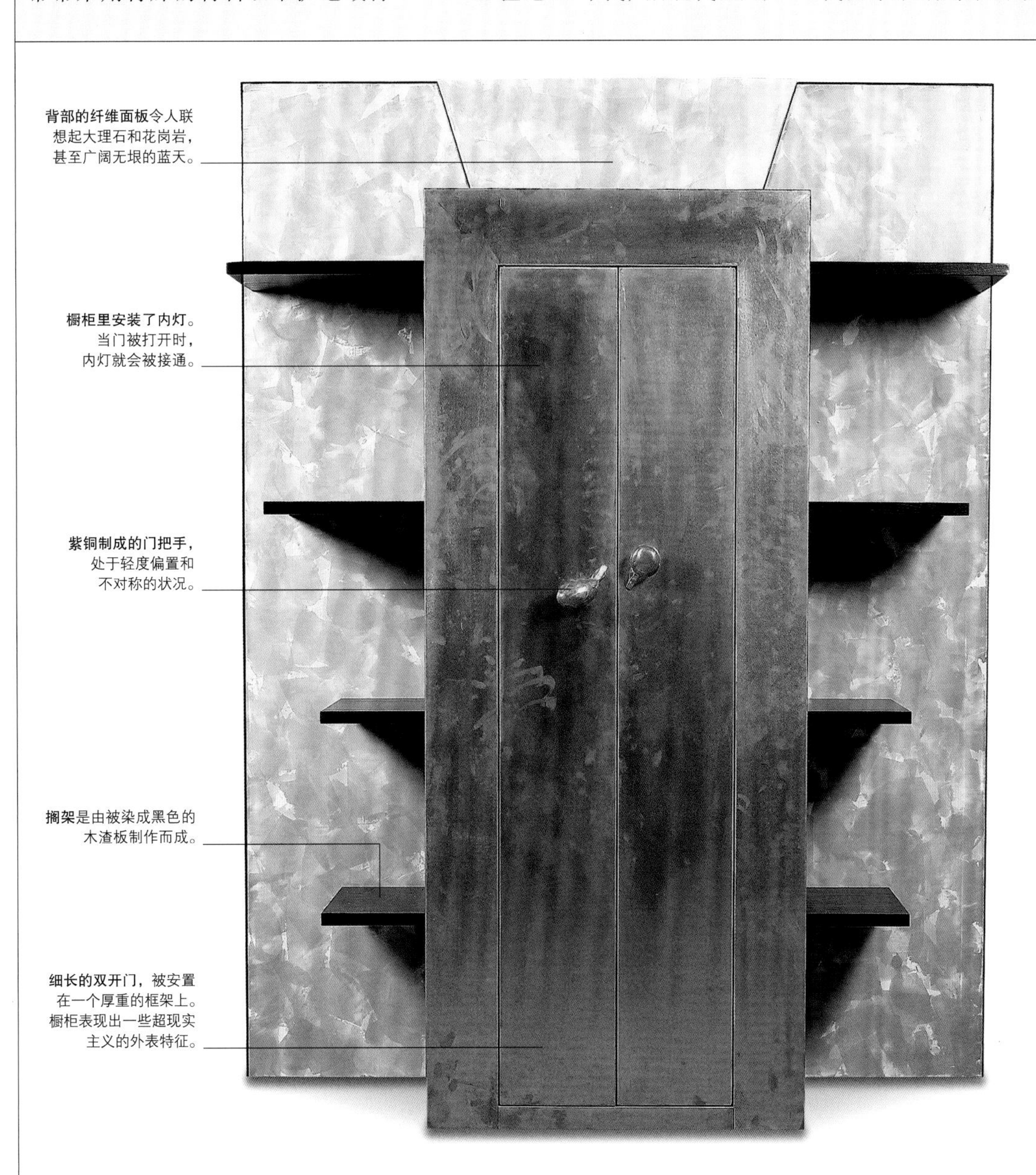

Po-Lam 衣橱

这件超现实主义的后现代派衣橱是由博雷克·西佩克为奥地利的弗朗兹·莱特纳室内设计公司（Franz Leitner Interior Design）设计的。在衣橱纤维板框架内的金黄色中心区形成了一个具有细长双开门的橱柜。不对称的门把手是用未处理过的紫铜制成。预处理过的搁架背板，是用纤维板制作而成，并被涂画成光滑的大理石效果。背板上的刻度架样搁板和衣橱内部的相应结构都是由处理成黑色的木渣板制成。这是后现代主义设计的范例。当门打开时，橱柜里的灯会亮起来。顶部的拱心石结构元素，使衣橱具有建筑的特性。*1990年 高220厘米（约87英寸） DOR*

扶手椅

这张扶手椅由马里奥·博塔设计于20世纪80年代。椅子有涂黑色漆的铝金属框架。前腿和扶手皆为中空的圆筒状结构。圆形的靠背和座位为装配有塑料套的泡沫制作而成，表面有黑白相间的V形线条（*Chevron*）设计。*高91.5厘米（约36英寸），宽98厘米（约39英寸），深104厘米（约41英寸） SDR*

影响，直到20世纪80年代才开始恢复。德洛格是阿姆斯特丹的一个设计师团体，它集中展现了20世纪90年代末欧洲那种非教条和嬉戏的设计态度。荷兰设计界力挺德洛格（Droog，意为“干”）作品中那干涩、轻柔的概念化风格。“我们不针对某个问题的固定解决方案，或者一个明确的方向，”其成员拉马克斯（Remmy Ramakers）说：“我们的设计应当是通向一切可能性的希望之门。”

20世纪90年代，康斯坦丁·格尔齐茨（Konstantin Grcic）也是最被看好的核心设计师之一。他认为自己制作“对每个人都鲜明易懂的家具”是为了展示与先锋派迥然不同的设计态度。1965年生于柏林，早年即赴伦敦留学，格尔齐茨与同时代很多设计师有着相似的专业道路。在伦敦，格尔齐茨曾与雅斯佩尔·莫里松短暂共事。当他再度回到家乡慕尼黑时，便着手创办了自己的工作室。

君特·多明尼戈（Günther Domenig）设计的公寓
这个位于奥地利施泰因多夫（Steindorf）村庄的公寓，具有一种严格的反纯粹主义（anti-purist）风格。因其具有违反完整线条肌理的特点而受到现代主义的大力推崇。这是一个极具个性化的典型例子，而不是具有普遍意义的设计方式。

普拉多（Prado）书桌

这张书桌具有一个简单的、由美国橡木制作的矩形框架。一张薄薄的橡木装饰面覆盖在书桌的工作面上。这种桌下可容双膝的书桌，是同时代家具中的代表性范例。书桌的下面是两块成型的搁板。搁板的宽度与桌子相等，并且有一个弯曲的缺口，可以容纳使用者在这里放置一把椅子或是双膝。书桌的背面和侧面呈开放状，在桌面底下有一个浅浅的抽屉。书桌由底部的活动轮脚支撑。此作品由康斯坦丁·格尔齐茨为SCP公司设计。*高76厘米（约30英寸），宽165厘米（约65英寸），深80厘米（约31英寸） SCP*

阿尔蒂科（Artico）桌子

制作材料强调了桌子清晰明快的线条。矩形的喷砂玻璃板被一个浅灰色的简易基座支起。基座是由涂以瓷漆的铝合金构成，四个逐渐变细的椅腿。桌子的颜色和形状，表达出优雅而明快的特色。豪尔赫·派西在意大利为卡西纳公司设计。*1998年 高74厘米（约29英寸），宽180厘米（约71英寸），深95厘米（约37英寸） CAS*

三脚椅

这把涂有黑漆的山毛榉木椅子，扁平座位装配有布套，一体成型的靠背横档，引导使用者坐向一侧或面对前方。三条椅腿。由斯特凡·韦韦尔卡为Tecta公司设计。*1979年 高76厘米（约30英寸），宽62厘米（约24英寸） DOR*

树枝形装饰灯

这盏树枝形的装饰灯是将八十五个十五瓦的电灯泡聚合安装在狭窄的灯头上。灯头被柔软的金属丝芯柱，与尾部八十五个打节插座连接形成一个球状体。由荷兰设计师Rody Graumans为德洛格设计公司设计。*1993年 高110厘米（约43英寸），宽70厘米（约28英寸） DRO*

情侣椅

这件家具是南纳·迪策尔设计，佛里德利希亚家具公司（Fredericia Furniture）生产制造。长凳是由坚固的枫木，1.2毫米（约0.047英寸）以上厚度的飞机胶合板制作而成。整个家具皆用印制着同心圆图案的丝网覆盖。1990年在日本旭川国际家具设计大赛中获得金奖。*1989年*

美国

20世纪60年代，"后现代主义"的设计理念已经被提出。但20世纪70年代早期，后现代主义在发展过程中出现了间断。那时纽约出版了维克多·帕帕奈克(Victor Papanek)的《为真实的世界设计》(*Design for the Real World*)一书，这应当是有关设计的最重要的著作。

20世纪70年代，为解决因消费所带来的全球环境问题，美国环境保护署（EPA）成立。20世纪70年代早期，美国的设计师们试图采用更具有社会责任感的创作方式，不再使用化工材料，转向具有环境保护意义的天然材料。1972年，弗兰克·盖里创作了纸家具系列（Easy Edges）。该作品体现出人们的环境保护意识已经觉醒。盖里采用生物可降解的硬纸板来作为家具材料，他独创性的设计意图是有意识地降低家具的价格。在20世纪70年代末，盖里依然使用硬纸板，但此时他这个试验性的低廉产品，已卖出了意料之外的高价。

傲慢的设计

20世纪80年代早期，消费文化独占鳌头，环境意识已在美国人的生活中黯然消失。当一些华尔街的交易员在"垃圾债券"上赚取了上百万的资产时，消费者的信心报复性地迅猛回归。在疯狂的消费需求下，后现代主义大胆的设计思路再次在市场上兴起。诸如文丘里和迈克尔·格里夫斯等一批学者开始提倡明亮、耀眼、自

弗兰克·盖里的住宅 这是弗兰克·盖里自己的住宅。这是一个建造在加利福尼亚郊区，具有非构成主义再造风格的小屋子。天然木构架的房屋顶端，使用的是呈链式连接的胶合板和波纹状铝金属。看似随意的表象之下，却隐藏着深思熟虑的构思。

条带椅

这张椅子是实验性系列家具的一部分。椅子具有明亮的、像盒子一样的枫木框架。设计者用聚乙烯捆扎带创造了一个轻巧的、具有三维网状效果的，但坐在上面又很舒服的作品。2000年由博伊姆的合伙人设计制作。*高76厘米（约30英寸） BOY*

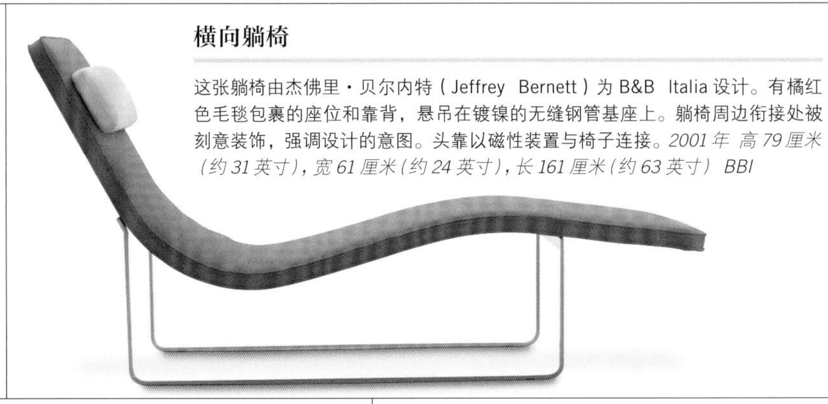

横向躺椅

这张躺椅由杰佛里·贝尔内特（Jeffrey Bernett）为B&B Italia设计。有橘红色毛毯包裹的座位和靠背，悬吊在镀镍的无缝钢管基座上。躺椅周边衔接处被刻意装饰，强调设计的意图。头靠以磁性装置与椅子连接。*2001年 高79厘米（约31英寸），宽61厘米（约24英寸），长161厘米（约63英寸） BBI*

玻璃桌面看起来比较轻巧，但实际上重量要比瓦楞纸基座大得多。

自玻璃桌面向下，可以鸟瞰到像花朵一样的基座。

桌子的基座 由黏合在一起的瓦楞纸板制作而成。基座的紫铜色是天然的，没有被其他物质覆盖和染色。

桌子基座外表的曲线美，并不仅仅形成对视觉的吸引力，也极大地加强了结构的稳定性。

雏菊桌

这张极端珍稀的餐桌有个圆形的厚玻璃板桌面。玻璃桌面由六个圆柱状的被压缩成皱纹状的瓦楞纸板基座支撑。家具使用天然材料，意味着容易被塑性，并被赋予了独特的雕刻感。选择纸板符合生态学，但在使用时间上，不如塑料制品那样经久耐用。这张桌子由弗兰克·盖里设计，仅仅是"舒适的边缘"系列中第14号作品的一部分。该系列旨在生产家庭能消费得起的现代家具。*约1972年 高58.5厘米（约23英寸），直径220厘米（约87英寸） SDR*

城堡梳妆台

这张梳妆台由设计师迈克尔·格雷夫斯为米兰孟菲斯公司设计。这张后现代主义的梳妆台是由塑料层压板制作而成。梳妆台上的水晶镜，由下面的六个抽屉和钟形底座支撑。水晶镜的上部分，呈建筑样结构。梳妆台有一个与之相匹配的凳子。*1981年 高226厘米（约89英寸），宽140厘米（约55英寸），深54厘米（约21英寸） MAP*

我的美学观念。这种观念积极地迎合了当时的社会风潮，文丘里宣扬“少即是无聊”的观念，以此来对抗密斯·凡德罗“少即是多”的名言。

1979年，诺尔国际公司委任文丘里用美国后现代主义风格来完成一系列展厅的室内设计和九把椅子的设计。文丘里所创作的安妮女王椅是基于18世纪英国历史文化的设计作品。作品借鉴了那个时代部分家具的造型特征，曲线优美的木椅看起来更像舞台的基座，而非仅仅是一把皇后的座椅。

手工艺制造和环境问题

20世纪80年代，美国又兴起了新一轮的传统手工艺复兴运动。温德尔·卡斯尔和萨姆·马卢夫等美国设计师以鲜明而独特的个人风格，生产一次性的劳动密集型产品。这种设计风格被冠名为“木工艺”运动风格（Woodcraft Movement），其产品与英国手工艺复兴时期的设计师作品极为相似。

至90年代，经济泡沫破灭，社会更加强调低造价和可回收材料的使用，但手工制造却持续繁荣。康斯坦丁·博伊姆（Constantin Boym）是一个用手工艺风格进行设计的典型践行者。1995年，纽约现代艺术博物馆举办了全美最具才华的设计师作品展，其中博伊姆夫妇的作品被冠名为“当代设计中的畸形材料（Mutant Materials in Contemporary Design）”。展览显示，众多美国家具和产品设计师试图运用更环保的材料来进行创作。

20世纪80年代末，后现代主义风格被认为过于理智且形式繁复，消费者不再热捧。卡里姆·拉希德（Karim Rashid）开始用丰富多彩的作品来填补这个领域的空白。追随着法国设计师菲利普·斯塔克的足迹，带着一种勇于超越生活的个性特征和对设计的感知，拉希德坚持不懈地进行着设计创作。他的作品明快而阳光，能够给使用者带来一抹会意的轻松微笑，而不是后现代主义追随者们那惯用的诡谲嬉笑。

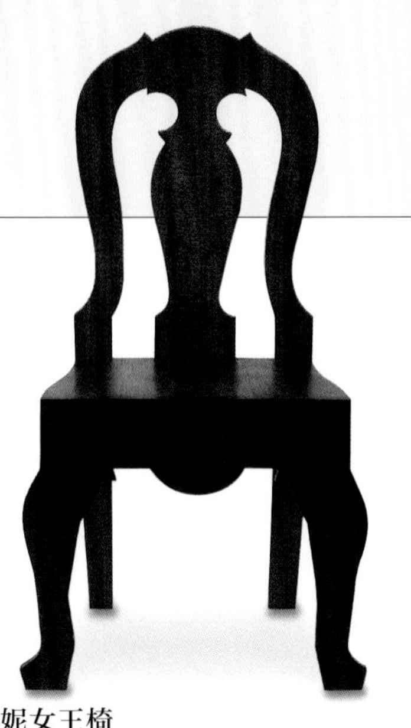

安妮女王椅

这把取材于18世纪早期的现代安妮女王椅，是由罗伯特·文丘里为诺尔国际公司设计制作。椅背的顶端呈雕刻状，中间是花瓶状的纵形木板，四条弯曲的椅腿是由可弯曲的层压板制作而成，表面被塑胶层压板覆盖。*1984年 高98厘米（约39英寸） KNO*

压板条椅

这把椅子是将极薄的枫木层压板条弯曲形成的一个严格精密的构成形式。板条相互编织形成座位，板条向上延伸至顶端后再向后弯曲，形成椅子的靠背。由弗兰克·盖里设计，诺尔国际公司生产制造。*1990—1992年 BonE*

坎帕纳兄弟

“巴西是我们伟大的灵感源泉”，坎帕纳兄弟曾经这样说过。他们以此来解释为什么他们从未离开过圣保罗。

1983年，温贝托和费尔南多·坎帕纳兄弟（Humberto and Fernando Campana brothers）首次一起建立了设计事务所。以前，温贝托是学法律的，而费尔南多学的是建筑。两兄弟设计经验不足，使他们的家具看起来像是一些缺乏结构设计技巧的原始胚胎。由于缺乏资金，坎帕纳兄弟只能选择利用一些合适的材料去设计一些价格低廉的家具。

排除了一些表面障碍之后，他们的设计工作进入到正常状态。在20世纪90年代中期，两兄弟的工作引起了美洲设计界的广泛注意。1998年，纽约现代艺术博物馆展出了被他们命名为“项目66”的设计作品。坎帕纳兄弟的这件作品充满了明显的创造力和人文气息。

或许，坎帕纳兄弟最令人吃惊的设计作品是1991年为巴西贫民区设计的一把椅子。坎帕纳兄弟设计这件作品是为了向棚户区的建筑者表达敬意。椅子使用废弃木材，表面上看是随意地安装在一起。十二年以后，意大利制造商埃德拉公司生产了这件作品，并且成功地卖给了一名富有的欧洲客户。

射击壕沟椅 这把版本有限的手工制作椅，被架构在一个金属基座之上。椅子的金属基座，被彩色鲨鱼和海豚等布艺玩具所覆盖。*2004年 高63.5厘米（约25英寸），宽104厘米（约41英寸），深94厘米（约37英寸）*

贫民区扶手椅 这把椅子采用天然的木材，使用胶水和钉子简单制作而成。棚户区在巴西随处可见，椅子的制作方法就如同巴西贫民区的简陋小屋。因为每把椅子都是由手工制作的，所以没有两把椅子是完全相同的。1991年由坎帕纳兄弟设计。

埃德拉寿司椅 这把椅子就是将许多不同的材料通过叠压变成一个柔韧的大的软管。上面未覆盖部分形成了椅子那五彩缤纷的座位。*高65厘米（约26英寸），宽95厘米（约37英寸）*

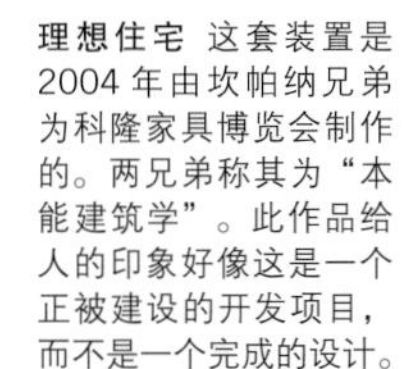

理想住宅 这套装置是2004年由坎帕纳兄弟为科隆家具博览会制作的。两兄弟称其为“本能建筑学”。此作品给人的印象好像这是一个正被建设的开发项目，而不是一个完成的设计。

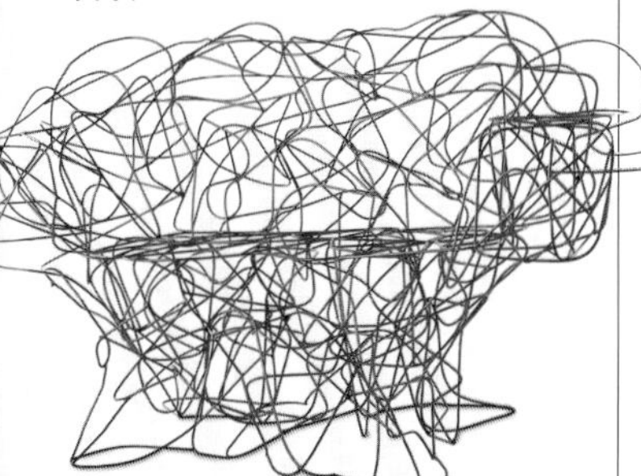

科拉洛（Corallo）椅 椅子由无规律的钢丝弯曲形成了一个宽大的座位。这个被环氧树脂染料染成珊瑚色的钢丝结构是手工制作而成的。专为埃德拉公司设计。*高90厘米（约35英寸），宽140厘米（约55英寸），深100厘米（约39英寸）*

日本

20世纪70年代，日本家具产业在努力打入西方社会，想在西方繁荣的市场销售利益中分得一杯羹。的确，日本设计师如此全面地追随学习西方设计师，以致当后现代主义在设计界风靡之时，日本早已跻身于世界设计潮流的前列。

1972年，矶崎新（Arata Isozaki）设计了玛丽莲椅。这是一个异化了的后现代主义作品，吸纳了多种来源的灵感。颇具曲线美的椅背，借鉴了玛丽莲·梦露的优美形体；其整体形式，则来源于20世纪的格拉斯哥设计师查尔斯·伦尼·麦金托什（见第364-365页）的设计；椅子展现出的精致手工技艺，则是地道的日本风格。

20世纪70年代，一举成名的设计师仓俣史郎，其作品具有极其优美并高度理性的造型。他赋予工业材料以优雅的表达力和人类的灵性，这是此前的设计师并未达到的高度。后世学者常评价道：仓俣史郎的家具设计作品不仅具有实际使用功能，而且是深思熟虑的结果。

20世纪80年代，日本的设计界出现繁荣兴盛的景象。日本设计师的作品引起了全世界的关注。1981年，在米兰成立的孟菲斯团体方兴未艾，他们邀请矶崎新、仓俣史郎和梅田正德（Masanori Umeda）展示他们的最新作品。1982年，埃托·索托萨斯前往东京，意大利设计师在东京受到了英雄般的礼遇。那时的日本大众，已是西方设计作品的狂热消费者。至20世纪90年代，日本成为世界前卫设计产品最重要的销售市场。

20世纪八九十年代，日本与西方设计界相互倾慕欣赏。此时，有较多的日本设计师旅居欧洲，从事家具产品制造。同时，也有大量欧洲设计师前往日本，去发展他们的设计产业。

喜多俊之（Toshlyukl Kita）是一位活跃于日本与欧洲两大市场的著名设计师。他在大阪和米兰都建立了个人工作室。他最著名的作品是1980年为卡西纳公司设计的“温克椅”（Wink chair）——一个典型的后现代主义作品。设计师将若干不同的风格组合在一起，明快的色彩和酷似米老鼠耳朵的造型来源于波普文化；椅子的制造技艺沿袭着现代主义早期的传统；椅子被装潢包装起来的状态，使人联想到太空椅或汽车座椅。

西方的影响

遗憾的是，在20世纪90年代，日本越来越迷恋西方文化，大多数有天赋的青年设计师移居海外。随后，一些日本家具制造商开始更多地与菲利普·斯塔克和马克·纽森（Marc Newson）等西方设计师合作。面对日益高度技术化的社会，梅田正德设计制造出一系列著名的“花椅”（Flower chairs）作品，以此表达对日本自然美的追忆。但此时日本家具设计界已远不如20世纪80年代那样具有活力。当仓俣史郎1991年溘然长逝时，留驻日本的设计师寥若晨星，几乎无人再试图用设计作品来创造国际影响力。

德克萨斯的现代艺术博物馆 2002年，日本建筑师安藤忠雄（Tadao Ando）设计完成了坐落于美国德州沃斯堡的现代艺术博物馆。这个平顶的混凝土玻璃建筑由五个超过十二米高的Y形长柱支撑。玻璃幕墙反射出毗邻的波光粼粼的水面。

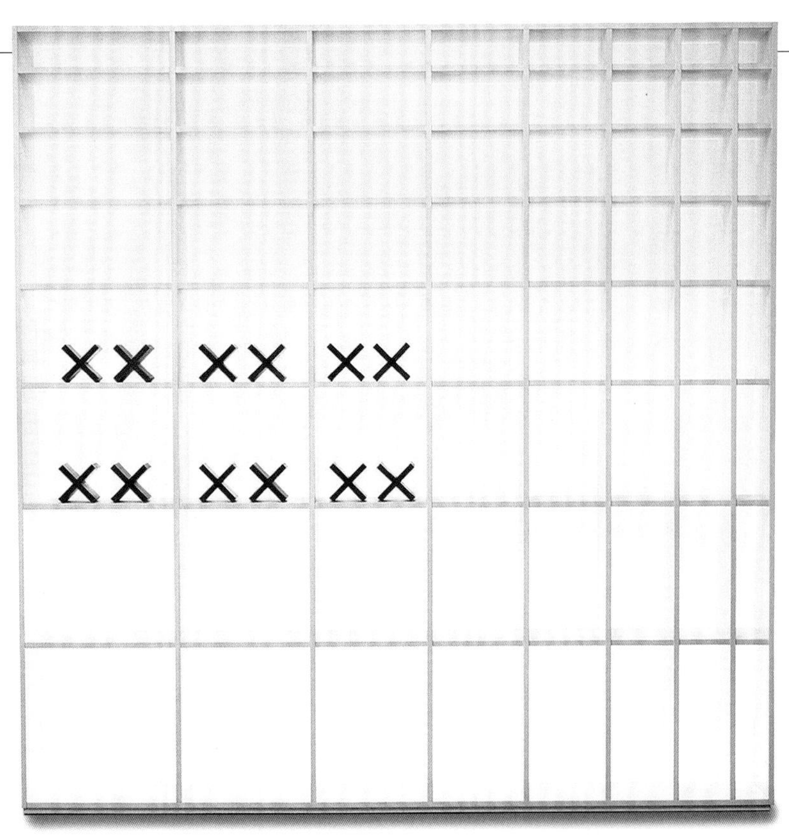

书架

这个简单朴素但醒目的书架，由涂有白色亚光瓷漆的实木板条制作而成。书架呈垂直排列，并且有大量尺寸逐渐变化的盒状水平间隔。最大的间隔位于左下方的底部角落，方形间隔向右上方顶端角落逐渐变小。书架上的小红十字架并不是家具的组成部分。书架由仓俣史郎为卡佩利尼公司设计。*高254厘米（约100英寸），宽252.5厘米（约99英寸），深40厘米（约16英寸）* *SCP*

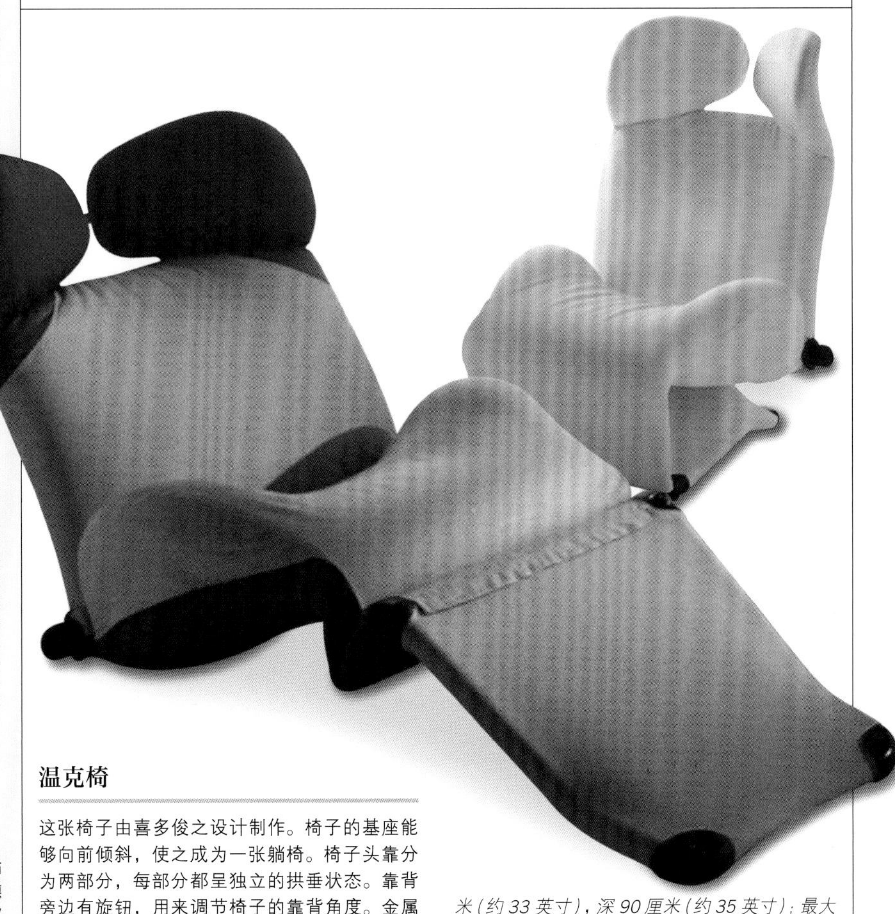

温克椅

这张椅子由喜多俊之设计制作。椅子的基座能够向前倾斜，使之成为一张躺椅。椅子头靠分为两部分，每部分都呈独立的拱垂状态。靠背旁边有旋钮，用来调节椅子的靠背角度。金属框架的椅子，装配有织物或皮革套。*1980年 最小的椅子：高102厘米（约40英寸），宽83厘米（约33英寸），深90厘米（约35英寸）；最大的椅子：高85厘米（约33英寸），深200厘米（约79英寸）* *CAS*

可调节桌

这张由喜多俊之设计的小矮桌，有一个表面涂有红漆的卵圆形桌面。桌面由深灰色的瓷钢基座支撑而起。基座高度可由玻璃气缸来调整。基座底部有两个活动轮脚。*1983年 高40至52.5厘米（约16–21英寸），宽50厘米（约20英寸），深50厘米（约20英寸） CAS*

比克扶手椅（Aki Biki Canta）

这把旋转扶手椅来自喜多俊之设计的三个具有不同设计主题的椅子之一，每个具有固定钢管基座的椅子，配置有旋转式软包椅座，但在形态结构上略有差异。上图的比克椅，扶手和靠背为一个整体。*2000年 高68厘米（约27英寸），宽72厘米（约28英寸），深68厘米（约27英寸）*

欢乐椅

这把椅子是由仓俣史郎为XO（欧洲顶级家具设计公司）设计。椅子具有镀钢悬臂梁结构。座位和靠背为弯曲的带有涂层的钢丝网，钢丝网轻度的弹性增加了椅子的舒适度。*1985年 高88厘米（约35英寸），宽52厘米（约20英寸），深64.5厘米（约25英寸） QU*

玫瑰花椅

这把椅子是由梅田正德为埃德拉公司设计制作。椅子形状像一朵盛开的玫瑰花，框架是由铸模金属和小片成型木材制作而成。椅子的花瓣状天鹅绒软垫为手工制作，装满聚氨酯泡沫和聚酯纤维。经翻转和拉绒处理过的铝金属椅腿。*高80厘米（约32英寸），宽90厘米（约36英寸），深82厘米（约32英寸）*

玛丽莲椅

这把桦树实木结构的椅子具有弯曲的层压板靠背和装配有皮革套的座位。从侧面看，椅子呈现出一种玛丽莲·梦露的形象特征。从椅子正面看，设计者矶崎新显然是受到了查尔斯·伦尼·麦金托什的启发。*1972年 高140厘米（约55英寸），宽54厘米（约21英寸），深54.5厘米（约21英寸） TDO*

马克·纽森

马克·纽森是一个多产且热情洋溢的设计师，掌握了时下最新的计算机技术。他从 20 世纪 50 年代和 60 年代的雕塑作品中，获得了众多家具设计灵感。

马克·纽森（Marc Newson）的作品风靡于 20 世纪 90 年代，充满着复杂的矛盾性——常常包含着其故乡澳大利亚的文化元素，虽然他的大多数设计作品都诞生在东京、巴黎和伦敦。他乐于采用时下最新的计算机技术辅助家具设计和制造，但同样保有对自然材料和传统手工艺的热情。尽管对设计造型雕塑感的追求达到了登峰造极的境地，但马克·纽森依然在作品中保有对家具传统功能的关注。

马克·纽森乐于将自己的作品描述为“天真与稚气”。在这里，他指的是这些作品并不采用宏大的主题和深邃的意识形态。事实上马克·纽森也曾承认，他的作品时常只是自己心不在焉时的涂鸦。他曾说，“我常用潜意识的思维来完成自己的设计”，“这对我而言是很幸运的事，因为我并没有太多时间来反复思考它们”。马克·纽森相信，多亏了他在澳大利亚接受的大学教育，才使他能够以这样随性的方式从事设计。他曾在悉尼艺术大学学习过珠宝和雕塑艺术，从未进行过工业产品或家具设计。而正是因为澳大利亚设计文化氛围的单薄与贫瘠，才使他能够自由地追寻自己

纽约利华大厦（Lever House）餐厅
在利华大厦，马克·纽森将这个 604 平方米（约 6500 平方英尺）的地下室，设计改造成一个餐厅。他使用表面六边形和曲线，使房间有一种回归到 20 世纪 50 年代的感觉。餐厅内部所使用的雪白橡木和像镜面一样的玻璃，增加了房屋的亮度。*2003 年*

胚芽椅
这把由卡佩利尼设计生产的扶手椅，有三条镀铬无缝钢管椅腿。聚氨酯泡沫衬垫由双层弹性编织套包裹。*1988 年 高 78.7 厘米（约 31 英寸），宽 83.8 厘米（约 33 英寸），深 86.4 厘米（约 34 英寸）*

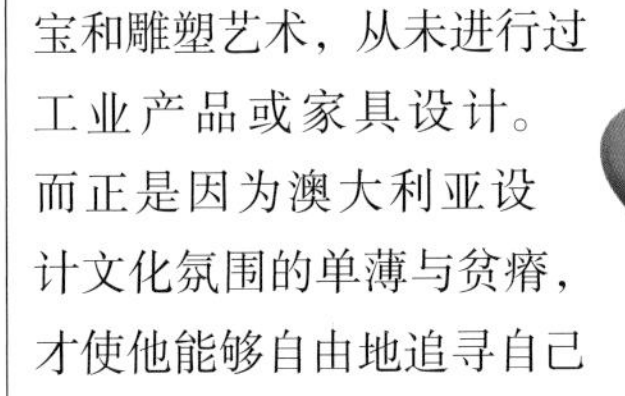

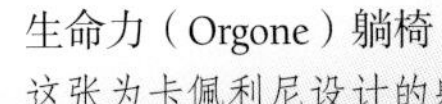

生命力（Orgone）躺椅
这张为卡佩利尼设计的躺椅，完全由玻璃纤维制作而成。躺椅有一系列不同颜色可供选择。躺椅富有生命力的流线型外表，由三个逐渐变细的椅腿支撑而起。*1992 年 高 50 厘米（约 20 英寸），宽 181 厘米（约 71 英寸） BK*

木椅
这张优雅的椅子是由卡佩利尼设计制作的。弯曲的赤红色榉木板条，构成了椅子的主要框架。每根长长的板条弯曲交叉成圈状，形成椅子的靠背和座位，并且一端接触地面形成支撑。*高 75 厘米（约 30 英寸），宽 75 厘米（约 30 英寸），长 100 厘米（约 39 英寸）*

巴克利（Bucky）椅
巴克利画廊制造了五十把这种椅子，安装在巴黎的卡地亚现代艺术基金会（Cartier Contemporary ArtFoundation）。每把椅子有着一个雕塑般的玻璃纤维外壳，并且能装配成一个可叠加的电子状聚集体。（见上图）*1995 年*

福特设计副总裁J. 梅斯（J Mays）（左）、马克·纽森和福特021C概念汽车
1999年10月20日，马克·纽森设计的福特021C概念汽车，在东京车展被展出。这是当时二人在日本千叶幕张的新闻照片。

021C概念福特车
这个小汽车，是在新一代福特概念的基础上生产出来的。按照J. 梅斯所说，设计的目的就是为了“从东京车展中带回来一些惊喜”。*1999年*

独特的设计之路。

1986年，马克·纽森在悉尼罗斯林奥克斯利画廊举办了个人作品展览，这是他作为设计师的第一次成功亮相。其中展出了洛克希德躺椅（Lockheed Lounge）。这是一把有机造型的躺椅，用铆接的铝板包裹。躺椅外形酷似20世纪40年代的飞机机身，与超现实主义的雕塑形体进行了融合。马克·纽森本人将其称为“巨形汞柱”。在1989年的国际设计杂志上，此设计被连篇累牍地广泛报道。此时，马克·纽森正在日本黑崎辉男（Teruo Kurosaki）事务所供职。此公司因善于进行原创家具设计而誉满全球。

20世纪90年代，许多欧洲家具制造商都非常青睐马克·纽森的作品。意大利的卡佩利尼公司是其中表现最突出的一家制造商。马克·纽森的很多著名作品都是由卡佩利尼公司来完成的。由于欧洲对其作品如此推崇，1992年他重返巴黎。然而，他的作品却始终带有悉尼海岸文化的元素，这在他那冲浪板形的躺椅作品中即已体现出来。马克·纽森作品也常采用沙漏形的有机物作为装饰。此外，他还将自己对轮胎胎面和地毯的认识概念，运用至福特轿车的设计中去。1991年，在都灵的福特公司实验中心，马克·纽森展示了他最新设计的021C轿车。这个设计将其事业推向了新的高度。随即，马克·纽森开始涉足手表、自行车、飞机甚至时装等更多领域的设计。

对新技术的运用

尽管已获得高额的设计报酬，马克·纽森却继续怀揣着对家具设计梦想的追求。20世纪90年代末，他与建筑师本杰明·德·哈恩（Benjamin de Haan）建立了合作。后者将他引入计算机尖端技术领域。而后，随着快速造型技术的发展，马克·纽森熟练掌握了这种设计方法——将计算机内的绘图直接打印在塑料上，从而使设计师避免了烦琐的手工模型制作过程。

马克·纽森不忘继续研究设计艺术历史，对与现代主义空间体验相联系的形式与技巧，马克·纽森都抱以极大的热情。他时常从阿希尔·卡斯蒂廖尼和巴克敏斯特·富勒（Buckminster Fuller）的作品中汲取灵感，以助于形成自己独特的风格。当拿到自己第一笔可观的收入时，马克·纽森买下了一辆20世纪50年代最著名的汽车阿斯顿马丁DB4（Aston Martin DB4）。他从容地辗转于不同的设计领域，他那含蓄典雅的设计风格体现在他所创造的所有作品中——从吹风机到餐厅室内设计，这一切都标志着他已成为20世纪最具才华的设计师。

卡佩利尼

朱利奥·卡佩利尼有惊人的洞察力，他对设计的要求极其严苛。他奖掖后进、举荐人才，将大量设计师推上了世界舞台。

朱利奥·卡佩利尼

在20世纪90年代的设计界，与意大利制造商朱利奥·卡佩利尼（Giulio Cappellini）合作的设计师多如繁星。朱利奥·卡佩利尼在米兰北部阿罗肖（Arosio）拥有一家设施精良的设计工厂。马克·纽森、雅斯佩尔·莫里松、皮耶罗·利索尼、汤姆·狄克逊、法比奥·诺文布雷、康斯坦丁·格尔齐茨、维尔纳·艾斯林格、卡里姆·拉希德和克里斯托夫·皮耶，都将他们的作品交至卡佩利尼公司生产。

同样，卡佩利尼对设计有着极其严苛的眼光，常常奖掖初出茅庐却极具天赋的设计师。他也很擅于吸引大众和媒体的关注。卡佩利尼会利用其极具个性、内容丰富和高端的作品名录，来举荐与他合作的设计师。在米兰每年一度的国际家具展览会中，他同样也能保证自己公司生产的作品总能占据最显眼的展台。

卡佩利尼说过，他在家具设计中最看重两种品质，即“纯粹性和生命力”。由于恪守古典主义视角，卡佩利尼的很多作品都有着明晰的线条和丰富而纯净的外在形象。但这并不是说卡佩利尼拒绝设计者创造更丰富多彩的作品。他坚持认为，任何创新应当符合一定的结构逻辑。卡佩利尼热衷于驾驭一种纯净的美，即他时常称之为“饱满”的后现代主义美学。卡佩利尼的理念极为接近学院派的理论和观点。

1997年，卡佩利尼公司成立五十周年，已取得巨大的成功——公司下设一系列家具连锁商店，在威尼斯、纽约、圣保罗和巴黎都有独立的商业区域。然而遗憾的是，卡佩利尼同样受到了20世纪90年代末那波及甚广的金融危机的冲击。世纪之交，他将公司的控股权卖给了意大利高级家具弗洛集团。

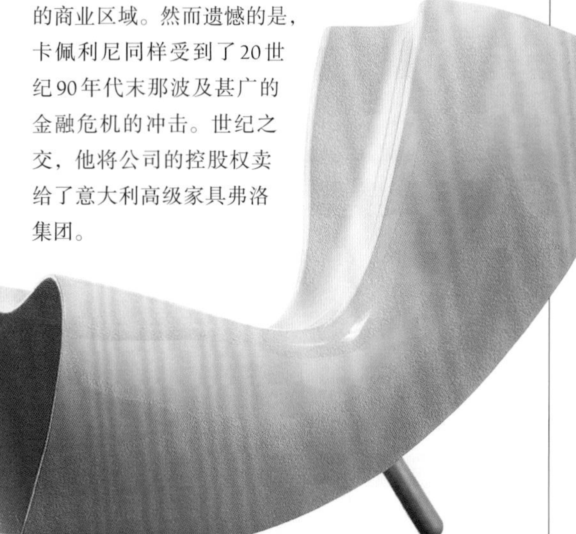

创意烟囱椅（Felt Chair） 这张用瓷漆处理过的扶手椅，非常适合户外使用。在室内使用时，椅子可配有毛毡和皮革。1994年马克·纽森为卡佩利尼公司设计制作。
高86厘米（约34英寸），宽67厘米（约26英寸）

办公家具

20世纪60年代中叶，很多办公室的环境布置正在发生着根本性的变化。过去的办公室就如同一个宽敞的教室，甚至有点像"养兔场"。如今的室内空间则变得更为复杂，办公室多为开敞式平面布局，充斥着模块化的办公家具系统。

这种变革首先源自德国。在德国，新的办公空间被称为"办公景观"。1964年在美国，乔治·内尔松和罗伯特·普罗普斯特设计了具有开创精神的"行动办公系统"。

在20世纪70年代，办公家具产业开始恢复生机。在办公家具的实验和开发领域，美国的赫曼米勒公司和德国的维特拉等公司施放了巨额投资。

办公家具设计的"灵活性"成为了人们经常挂在嘴边的一个关键词。椅子都变为安装了脚轮的转椅，模块化的书架也越来越成为家具设计的主流。当全世界的劳动者不再站立于工厂车间，转而端坐在办公桌旁时，人体工学就成了设计师讨论的主要话题。

20世纪70年代末，计算机的使用成为办公环境的新特征。这促使设计师们重新思考办公家具的组合与设计问题。1984年，苹果电脑的出现改变了台式电脑一词的含义。20世纪80年代，个人电脑允许更多的人可以在家中工作。很多尘封已久的书房，此时成为了"家庭办公室"。这使得人们短暂地摒弃了办公家具中的技术美学。

20世纪90年代，办公桌轮用制的发展进一步使传统正规化的办公空间瓦解。在采用办公桌轮用制的办公室，桌子几乎等同于停车场，因此去除了抽屉等储物空间。此时，随着计算机储备性能的增强，人们对实物文件储存空间的需求减少了。

旋转性储物柜

这件具有创新精神的文件归档系统，是由仓俣史郎为卡佩利尼设计制作的。储物柜有二十个抽屉，每个抽屉皆可围绕着一根垂直的金属杆旋转。*高185厘米（约73英寸），宽36厘米（约14英寸），深25厘米（约10英寸）* BK ③

存储单元

这件后现代主义储藏组合柜，是由加埃塔诺·佩谢设计的。乌木框架，由两列十三层像"邮箱"一样的小柜子组成。高高的柜面是彩绘实木的。*1991年 高167厘米（约66英寸），宽61.5厘米（约24英寸）* SDR ①

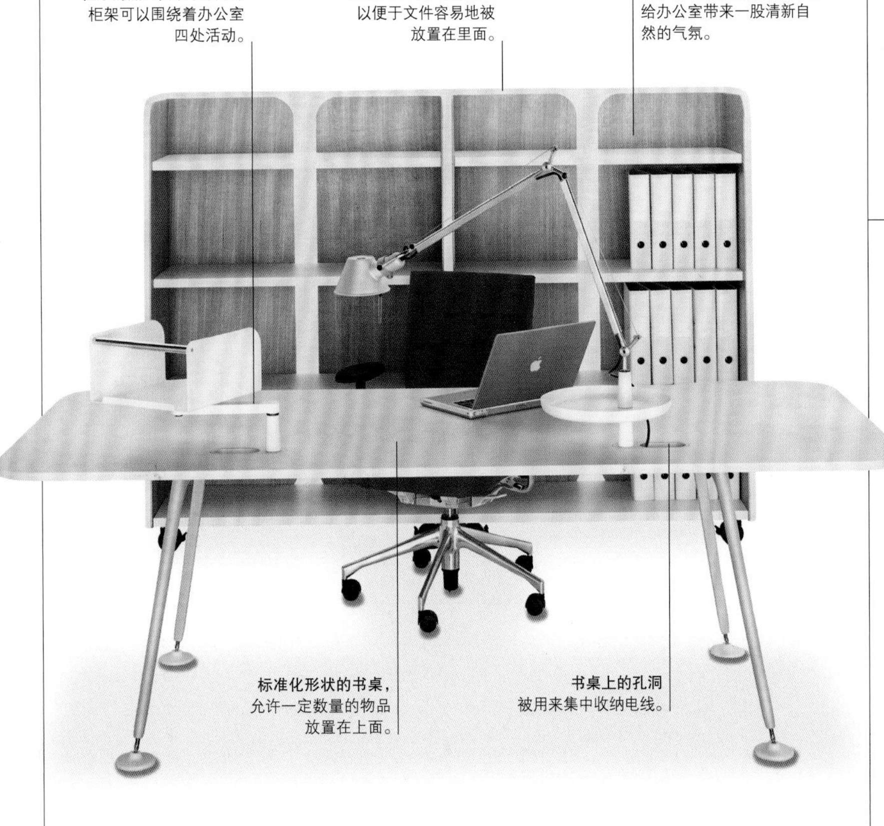

柜架的底面安装着脚轮，柜架可以围绕着办公室四处活动。

托板可以升起和旋转，以便于文件容易地被放置在里面。

柜架的背面使用的是木板，给办公室带来一股清新自然的气氛。

标准化形状的书桌，允许一定数量的物品放置在上面。

书桌上的孔洞被用来集中收纳电线。

维特拉高级模块桌

高级模块桌（Vitra's Advanced Table Module-ATM）的用意，是最大限度地提高其实用性。除了具有精致的细节外，这套办公设施的外在形象显得朴实而拘束。桌角柔和，有隐蔽的沟槽和小孔来安置电线和配件。桌子上可安置各种设备，如台灯、档案夹、光盘和文件盒。相邻的桌子能够并合在一起，形成复合工作台。一个可以活动的柜架可用来储藏物品，并且有助于展现广泛的办公室景观。*2003年*

角桌

这张由澳大利亚建筑师彼得·威尔逊（Peter Wilson）设计的桌子，是Sedus接待室家具的一部分（见对面页，相对应的"边椅"）。这个矮桌的正方形厚玻璃桌面由镀铬钢框架支撑。铬钢框架的基座呈不对称交叉形，上面有四个较大的黑色垫塞脚。作品那消瘦的不对称外形使桌子呈现出了一种诡诈的个性。*高40厘米（约16英寸），宽70厘米（约28英寸），深70厘米（约28英寸）* SED

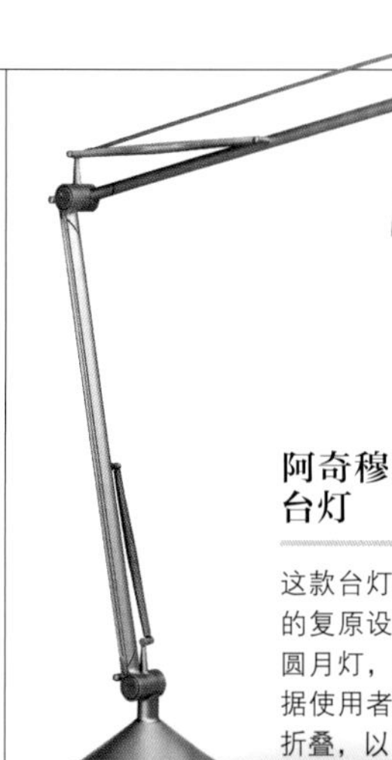

阿奇穆恩（Archimoon）经典台灯

这款台灯是菲利普·斯塔克对古典书桌灯的复原设计。具有简洁而流畅线条的古典圆月灯，是用精致的铝合金制作而成。根据使用者的需要，可以将台灯的支点进行折叠，以引导灯光的角度和方向。*高 57 厘米（约 22 英寸），深 68.5 厘米（约 27 英寸）*

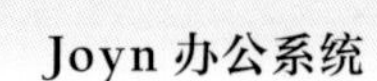

Joyn 办公系统

这个由罗南和埃尔万为维特拉公司设计的办公系统，给人们提供了一个可以灵活变通的工作平台。矩形的桌面上有几个可以移动的屏风。屏风刻有槽状沟，被插立在桌面上，以此形成一个个独立的隔间。尺寸因型号而异。*2002 年 VIT*

边椅

这把装配有皮套的不对称形软椅，是接待室家具的一部分。两种颜色的皮革座位由不对称形的镀铬钢框架支撑。*高 85 厘米（约 33 英寸），宽 60.5 厘米（约 24 英寸），深 60 厘米（约 24 英寸） SED*

艾伦办公椅

这把转椅具有再利用铝合金属和强化玻璃纤维所组成的框架。网孔状的座位和靠背，安置在椅子的框架结构上。底部装置活动脚轮。唐纳德·查德威克（Donald Chadwick）和威廉·斯顿夫（William Stumpf）为赫曼米勒公司设计制作。*1992 年 L&T* ①

康德书桌

这张由白色层压板和桦木胶合板制作的书桌，有一个矩形工作面。桌面一侧向下倾斜，再转折向上方，形成了一个别具一格的书架。这张书桌是一个可以增设许多附加配件的基础模板，包括在桌面下装置一组悬挂式抽屉和计算机显示屏。*2002 年 高 74 厘米（约 29 英寸），宽 160 厘米（约 63 英寸），深 105 厘米（约 41 英寸） NHM* ②

奥利韦蒂

在整个 20 世纪办公环境的发展中，奥利韦蒂起着中流砥柱的作用。

从 1908 年，卡米洛·奥利韦蒂（Camillo Olivetti）设计的第一台打字机，到 20 世纪 80 年代先进的笔记本电脑，奥利韦蒂的产品始终是产品设计界的弄潮儿。而奥利韦蒂的私人办公室，也总是践行着办公空间设计的前卫理念。

1939 年，设计师吉诺·波利尼和路易吉·费吉尼用严谨的理性主义风格设计了公司的办公室和生产车间，并在室内大量采用无缝钢管椅。此时，马尔切洛·尼佐利（Marcello Nizzoli）是公司的设计总监，他已设计完成了一系列极为先进的打字机。

建立于意大利伊夫雷亚的奥利韦蒂机构 这个巨大而呈开放性平面的，具有理性主义风格的办公室，是由路易吉·费吉尼和吉诺·波利尼设计的。

1958 年，埃托·索托萨斯接管了尼佐利的职位，继续发扬着奥利韦蒂独特的设计精神。公司的办公室随即布满了色彩明快且符合人体工学的新型椅子，而奥利韦蒂公司的产品业务范围也有所改变。1969 年，索托萨斯与佩里·A·金（Perry A. King）一同设计的便携式瓦伦丁打字机紧扣"忙碌不迭的生活方式"的时代主题，使打字机最终成为时尚产品，而非仅仅是一个打字工具。

20 世纪 70 年代至 80 年代间，奥利韦蒂始终追随着先进技术的步伐，同时也成为生产个人计算机和传真机的首位制造商。

埃托·索托萨斯设计的奥利韦蒂家具 这间办公室展示了由索托萨斯设计的一些具有技术创新性的家具产品，如符合人类环境改造学的椅子和被大众所激发出创意而设计的奥利韦蒂打字机。*1970–1971 年*

45 号综合书桌椅 这把由埃托·索托萨斯设计的塑料椅采用了注塑成型的制作方式。椅子色彩明快而轮廓敦实，是专为办公室里的青年工作者而创造的。*1970–1971 年*

椅子

20 世纪 70 年代，很多设计师最终放弃了他们对美丽新世界的追求。他们意识到，无论修改设计多少古怪的椅子，几乎都无法改变人类行为的本性。

面对这样一种清醒的认识，人们开始对椅腿、椅背和座位进行重新定位和思考。从 20 世纪 70 年代中期开始，人们不再过分关注椅子的原型和外在形式，至此，椅子成为一种用于交流的媒介。1990 年，批评家约翰·派尔（John Pile）写道："椅子是设计师潜在宣言的载体。""当坐在椅子上，我们不仅亲密接触了材料，而且与设计师进行了密切交流。"

在椅子设计界，塑料曾经是一种颇具前景的材料，但 20 世纪 70 年代至 80 年代，塑料却被设计者拒之门外。与日俱增的石油价格已使塑料成为极为昂贵的材料。同时，设计师也意识到塑料对环境的破坏性。

尽管常常被施以油漆或再加工，但木材重新成为人们偏爱的对象，只是优质的木材还是很少被使用。其他一些与众不同的材料，如柳条、软木、硬纸板、竹子和可回收的平底锅（以设计师汤姆·狄克逊为例），也都被设计师们拿来进行试验。他们不仅试图要寻找出更多的环保材料以替代塑料，同时也想使椅子更具交流性。

20 世纪 70 年代末至 80 年代，后现代主义鼎盛时期的创作风格在设计界掀起一阵狂风暴雨。椅子被浓妆艳抹，包裹在有繁杂图案的饰面层里。直至 20 世纪 90 年代，这股势头才终于偃旗息鼓。此时一种更为拘谨内敛的设计风格开始风靡。

懒惰椅

这种适合于休息室使用的座椅，每个均带有装配在不锈钢框架上的织物套。椅子可经使用者姿势变动变成躺椅。设计这种椅子的目的是为了户外或户内均能使用。包括皮革在内，有多种材料制成的织物套可供选择。织物套可方便拆卸。由帕特里夏·乌古拉为 B&B Italia 设计制作。*2003 年 椅子高 68 厘米（约 27 英寸），宽 82 厘米（约 32 英寸），深 108 厘米（约 43 英寸）；躺椅高 82 厘米（约 32 英寸），宽 82 厘米（约 32 英寸），深 113 厘米（约 44 英寸） B&B*

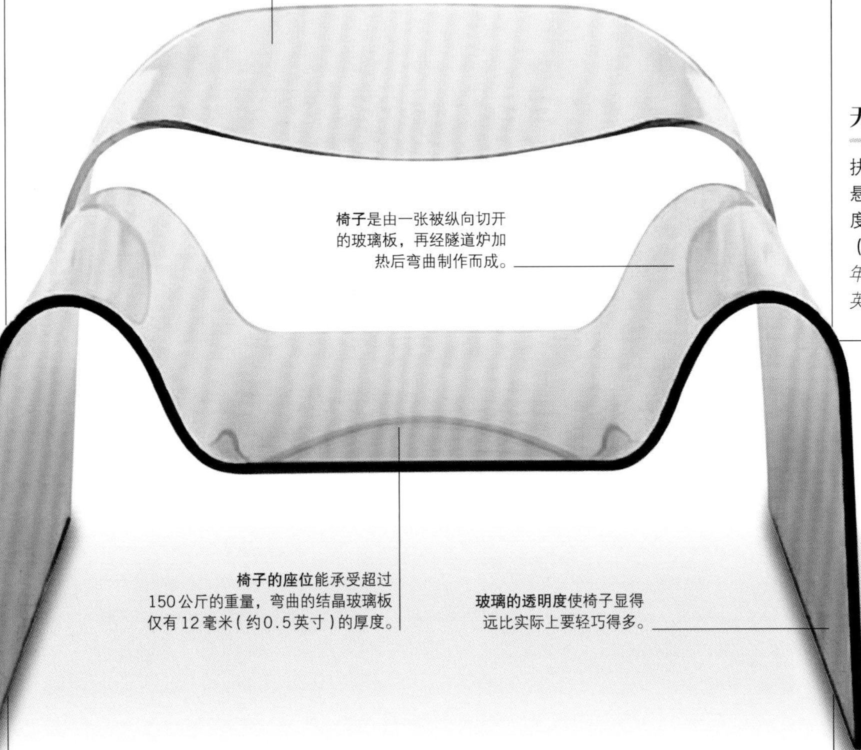

玻璃被温柔地扭折，以形成一个平整舒适的靠背。

椅子是由一张被纵向切开的玻璃板，再经隧道炉加热后弯曲制作而成。

椅子的座位能承受超过 150 公斤的重量，弯曲的结晶玻璃板仅有 12 毫米（约 0.5 英寸）的厚度。

玻璃的透明度使椅子显得远比实际上要轻巧得多。

叠影椅

这把椅子是由一整张压模成型的玻璃板制作而成。玻璃板沿长度切开，并被加热压模成型。椅子的形状沿袭了英国俱乐部椅的风格。这种风格也被马歇·布劳耶所采纳，设计出著名的瓦西里椅。在结构上，由于使用了 12 毫米（约 0.5 英寸）厚，具有高度透明性的复合玻璃板，椅子显得十分轻巧玲珑。事实上，椅子能承受超过 150 公斤的重量。由奇尼·博埃里和托穆（Tomu Katayanagi）设计，菲奥姆公司（Fiam）生产制造。*1987 年 高 68 厘米（约 27 英寸），宽 95 厘米（约 37 英寸），深 75 厘米（约 30 英寸） BonBay* 4

无缝钢管椅

扶手椅的无缝钢管框架支撑着四部分黄褐色皮革悬带组成的结构。笔直的椅腿、竖立的靠背和轻度弯曲的座位栏杆。由詹多梅尼科·贝洛蒂（Giandomenico Belotti）设计制作。*1979 年 高 71 厘米（约 28 英寸），宽 68 厘米（约 27 英寸），深 59 厘米（约 23 英寸） BonE* 1

Non 2000 椅

这把具有正方形外框的椅子，是用一次性橡胶模压制作而成。在椅子座位的铁框架内，装置有弹簧环。椅子既可被用在户内，亦可用于户外。*2000 年 高 77 厘米（约 30 英寸），宽 44 厘米（约 17 英寸），深 39 厘米（约 15 英寸） KAL*

佛雷德·拜尔扶手椅

这把后现代主义风格的美国梧桐胶合板扶手椅，表面涂以红紫黄三种色漆，是经典温莎高背斜腿木椅的现代翻版。这种椅子现存有四对，每对皆使用不同的颜色搭配。由蒂姆·韦尔斯（Tim Wells）设计制作。*1983 年 高 55 厘米（约 22 英寸） FB* 3

Tok 椅

这把三条腿的扶手椅，后部的栏杆和两个前腿，是由一根弯曲的木材制作而成。覆以皮革的座位和三角形靠背，由钢架支撑，后面的支架延伸至底部，形成了后腿。*高 77 厘米（约 30 英寸），宽 53 厘米（约 21 英寸）* 2

阿斯顿椅

这把由林利（Linley）设计的椅子，是 21 世纪对绅士俱乐部椅的复原之作。椅子的流动性样式就是受到汽车内饰的启发而制作出来的。椅子上具有皮革和丝绸等各种类型的装饰编织物。椅子有一系列颜色可供选择，从白色、奶油色和黑色到鲜红色和铁蓝色。*2001 年*

卡特尔扶手椅

这把椅子具有一个黑色的注塑压模框架。有弯曲的靠背，和一个向靠背方向倾斜的深深座位。椅子的座位和圆形的扶手，由断面呈 L 形的椅腿支撑。L 形断面可增强椅腿的力度。由盖·奥伦蒂为卡特尔公司设计制作。*BonE* 1

费尔特里椅

这把扶手椅是由厚厚的羊毛毡制作而成。椅子的下部浸满恒温树脂，被塑形并加固变硬。用聚酯垫料制成的椅背和坐垫，经缝纫制作成一个棉被状的整体座位。由加埃塔诺·佩谢为卡西纳公司设计制作。*1987 年 高 130 厘米（约 51 英寸），宽 73 厘米（约 29 英寸），深 66 厘米（约 26 英寸）*

Ugo 随想曲椅

这把扶手椅用法式软垫装饰泡沫座椅和扶手。座位和扶手由无缝钢管椅腿支撑。扶手向下方折转，可以被用作托盘。由马塔利·克拉塞设计于法国。*1997 年 高 77 厘米（约 30 英寸）；关闭情况下宽 63 厘米（约 25 英寸），两翼打开情况下宽 109 厘米（约 43 英寸），深 63 厘米（约 25 英寸） MCP*

藤蔓椅

这把椅子由椴木制作而成。雕刻和粉饰为葡萄叶的椴木座位和靠背，以及藤干式的椅腿。约翰·梅克皮斯设计制作。*高 85 厘米（约 33 英寸），宽 50 厘米（约 20 英寸），深 50 厘米（约 20 英寸） JM* 6

枫木餐椅

这把枫树实木餐椅是十件套家具中的一件。椅子有一个用藤条编织的背板和弯曲的座位。座位由断面为正方形的桌腿支撑而起。由迪伦工作室为私人客户设计制作。*2001 年 高 80 厘米（约 31 英寸），宽 45 厘米（约 18 英寸），深 50 厘米（约 20 英寸） DIL*

非洲椅

这是由托比亚·斯卡帕和奥佛劳·斯卡帕（Tobia and Afra Scarpa）设计的一对非洲椅中的一把。椅背由分开的两片樱桃红木材构成。座位上装配有黑色皮套。椅子具有简洁的框架。一个相互交错的撑架，被用来加固框架的稳定性。椅背向下延伸，形成椅子的后腿。由 Maxalto 公司生产制造。*1975 年* 1

图书馆椅

这把由理查德·罗杰斯和伦佐·皮阿诺设计生产的图书馆椅，是限量版的四件套餐厅椅中的一件。在笔直的钢柱上，支撑着金属丝网编织的座位和可调节的靠背架。黄褐色皮革覆盖在座位的软垫上。*1970 年代晚期 BonBay* 3

可变形家具

可变形家具的产生与发展，源于居住空间的不断紧张局促，以及设计师们对功能主义的关注。

在日本，人们长期居住在狭小的空间中。20 世纪八九十年代的欧美大城市，也由于房价攀升，人们不得不居住在拥挤的房子里。住房紧张成为社会棘手问题。人们不断思索，如何最大限度地利用局促狭小的生活空间。随之，多功能家具产品应运而生，这是一种符合现实逻辑的现象。20 世纪 90 年代，家具的功能理念再度迎来了复兴。设计师对多功能家具尤感兴趣。然而，相比热衷现代主义的前辈们，在家具的功能性运用方面，20 世纪 90 年代的设计师采取的是更多戏谑化的方式。此时，很多设计师都致力于可变形家具（***Metamorphic furniture***）的设计。

多功能家具的典型设计原型，来源于法国设计师马塔利·克拉塞于 1999 年设计的作品泰奥（Teo）。此作品是一个可被拆解的凳子。使用者可将其重新组合成供休息的床垫。在这十年间，还有一些重要的多功能家具典型案例，如日裔设计师希恩（Shin）和安积朋子（Tomoko Azumi）设计的扶手椅桌子、网架反转凳。在这两件作品中，扶手椅桌子的多种功能不言而喻，而网架反转凳只有在翻转之后，才能由长凳变为躺椅。

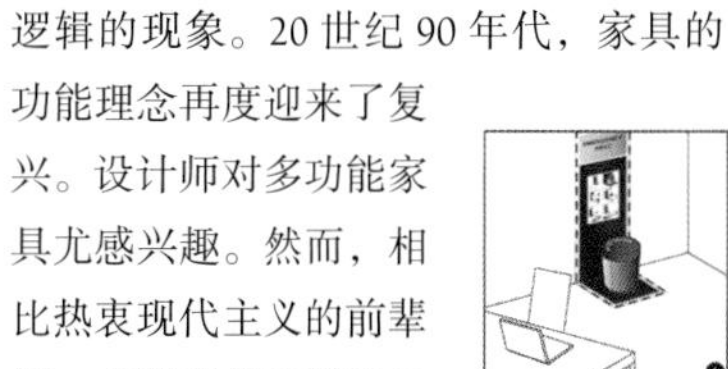

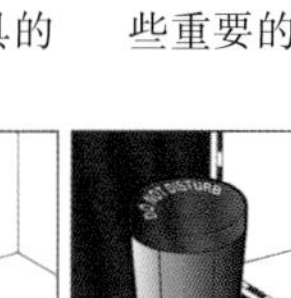

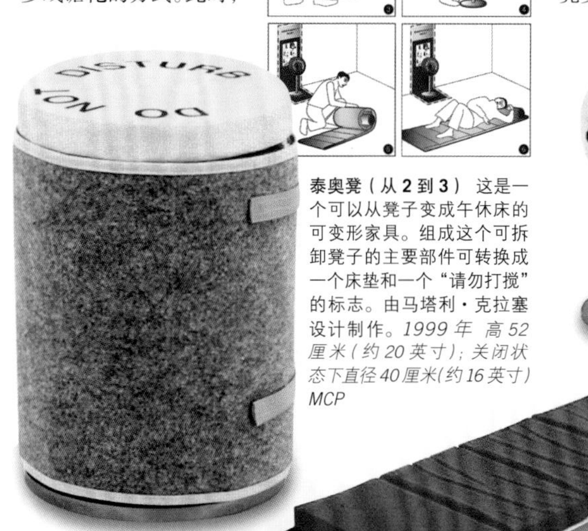

泰奥凳（从 2 到 3） 这是一个可以从凳子变成午休床的可变形家具。组成这个可拆卸凳子的主要部件可转换成一个床垫和一个“请勿打搅”的标志。由马塔利·克拉塞设计制作。*1999 年 高 52 厘米（约 20 英寸）；关闭状态下直径 40 厘米（约 16 英寸） MCP*

桌子

20世纪四五十年代，茶几在全球曾风靡一时；到了六七十年代，茶几依然兴盛。巨大笨重的餐桌此时被人们冷颜以对，鲜有人问津。

然而，到了20世纪80年代，餐桌在精英阶层中再度流行起来。十年间，宽大、端庄的餐桌迎来了购买热潮，且成为社会地位的象征。餐桌的流行不仅表明了人们没有节约空间的需求，同时也暗示许多家庭在不断举办着盛大的晚宴或聚会。

20世纪90年代，是否拥有一套精致的餐桌椅，成为显示主人地位和身份的象征。而现在，这被认为是缺乏品位的直白炫富行为。随后，餐桌逐渐被演化成一种更简约朴实的样式。人们越来越多地采用质朴的材料，譬如玻璃、浅黄色的木材和拉丝金属。

20世纪90年代，“仓库生活”（loft-living）的居住方式在社会上逐渐风靡起来。很多被废弃的工业厂房和仓库被人们重新设计为住宅。十年间，在这样一种呈开放式空间的住宅中，小小的茶几便显得不合时宜。茶几常常被电视柜和三件套的组合家具所替代。此时，人们更青睐于家具设计的独创性，因而更为自由和具有临时性特点的餐桌样式，开始广泛流行开来。

玻璃茶几

这是一张硕大的像建筑物一样构型独特的茶几。茶几的基本构造为未抛光的氧化铝框架。一块可拆卸的矩形平板玻璃桌面，被构脚架形状的桌腿支撑而起。茶几的颜色和形状体现出一种工业化时代的气息。由奥地利设计师安德·基斯坎（Andre Kiskan）和安德烈亚斯·弗伦德（Andreas Freund）设计制作。*1985年 高76厘米（约30英寸），宽220厘米（约87英寸），深109厘米（约43英寸） DOR* ③

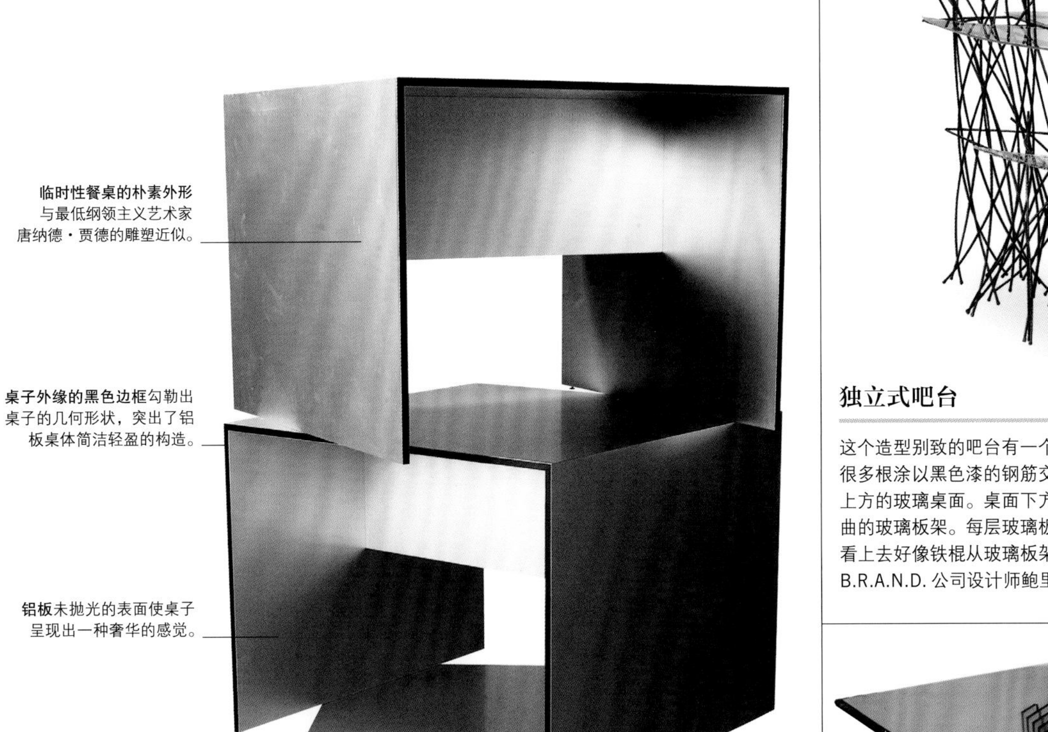

临时性餐桌的朴素外形与最低纲领主义艺术家唐纳德·贾德的雕塑近似。

桌子外缘的黑色边框勾勒出桌子的几何形状，突出了铝板桌体简洁轻盈的构造。

铝板未抛光的表面使桌子呈现出一种奢华的感觉。

中央部分内置一块长方形铝板，增加了桌子结构的稳定性。

T60桌

这三张安东尼奥·奇泰里奥设计的T60桌子，由B&B Italia家具公司生产。每张T60桌子由一整张铸成倒U形的单面抛光铝板制作而成。正方形桌面下方，在两侧桌腿之间镶嵌了一块横向铝板，以增加桌体的稳定性。每张桌子的外部边缘，镶有10毫米（约0.4英寸）厚的黑色边框，以突出桌体简洁和笔直的线条以及几何造型。*约1998年 高59.5厘米（约23英寸） FRE* ①

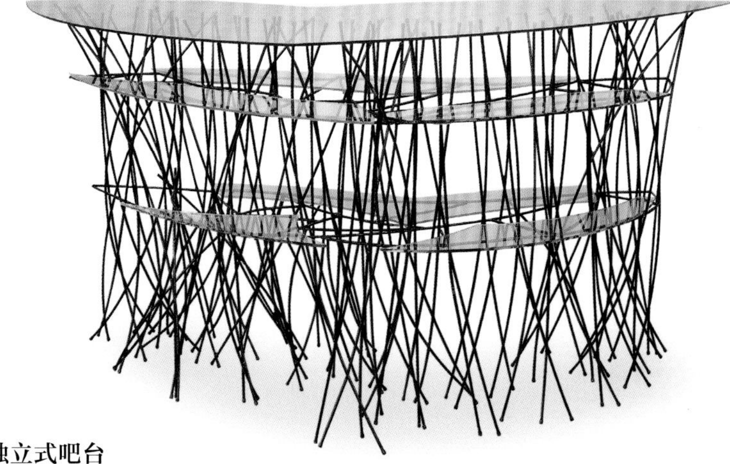

独立式吧台

这个造型别致的吧台有一个弯曲的玻璃板桌面。很多根涂以黑色漆的钢筋交织成丛，均匀地支撑上方的玻璃桌面。桌面下方，平行嵌入了两层弯曲的玻璃板架。每层玻璃板架由数块玻璃拼成，看上去好像铁棍从玻璃板架中穿过一样。奥地利B.R.A.N.D.公司设计师鲍里斯·布罗夏德（Boris Brochard）和鲁道夫·韦伯（Rudolf Weber）设计制作了这个吧台。B.R.A.N.D.公司成立于1983年。公司成立初期，发生了一次标志性的事件——为了开辟创作空间，公司将老家具付之一炬。*约1985年 高117厘米（约46英寸），宽245厘米（约96英寸） DOR* ④

玻璃餐桌

这张餐桌几乎全部由玻璃板制成。玻璃桌面坐落于两个很大的，截面为正方形的玻璃柱形桌腿上。每个玻璃柱由九块宽度不等的矩形玻璃板构成。玻璃板的宽度逐次增减，间隔排列，由螺栓固定形成坚固的桌腿。这是20世纪80年代末典型的平和设计风格，常常被认为是现代主义后期的作品。*宽244厘米（约96英寸） FRE* ②

MY082 茶几

这张茶几的白色矩形桌面被黑色的注塑压模聚丙烯框架支撑而起。框架上有四根向下逐渐变细的桌腿。茶几的框架备有棕绿、橘黄和灰色等几种不同颜色。由英国设计师迈克尔·扬为 Magls 公司设计制作。迈克尔·扬以擅长使用富有表现力的色彩而著称。*2001 年 高 70.5 厘米（约 28 英寸），宽 149 厘米（约 59 英寸），深 68 厘米（约 27 英寸） CRB*

乌鸦桌

乌鸦桌的矩形桌面由白色榉木层压胶合板制作而成。支撑着桌面的榉树实木框架由四个向外张开的、断面为矩形的木腿组成。这个桌子的仿制品也是用榉木层压胶合板或钢化玻璃制成桌面。康斯坦丁·格尔齐茨为 SCP 公司设计制作。*高 74 厘米（约 29 英寸），宽 190 厘米（约 75 英寸），深 85 厘米（约 33 英寸） SCP*

靠墙小桌

这张用框架支托的靠墙小桌结构简单，线条明快。小桌具有枫木桌面和两个同样高度的侧板。侧板由中间的一根可旋转支撑架连接，增加了桌体的稳定性。桌面下方有四块可推拉的金属构件。意大利 Zanotta 家具公司设计制造。扎诺塔公司是意大利工业设计界公认的头牌企业，该公司产品均由国际知名设计师和建筑师设计完成。*宽 117.5 厘米（约 46 英寸） FRE* ①

玻璃晶体桌

玻璃晶体桌的桌面和侧面均由晶体玻璃片构成。晶体玻璃片之间使用特殊薄膜，呈现出一种半透明的万花筒样效果。这个立方玻璃晶体桌子具有简单的钢框架结构。可以单独使用，也可以根据大小与另一个桌套放。帕特里夏·乌古拉设计，B&B Italia家具制造公司生产。*高43厘米（约17英寸），宽43厘米（约17英寸），深43厘米（约17英寸） B&B*

条桌

这张引人注目的现代桌子是由克莱门汀·霍普（Clementine Hope）设计完成的。桌子具有中等密度的纤维板（MCF）框架结构，框架及桌腿外侧面印有 18 世纪桌子风格的图案，诙谐幽默。弯曲的桌腿、铜锌合金装置、洛可可盾形图案和嵌入皮革的桌面皆具有 18 世纪法国办公桌的特征。*高 76 厘米（约 30 英寸），宽 160 厘米（约 63 英寸） L&T* ①

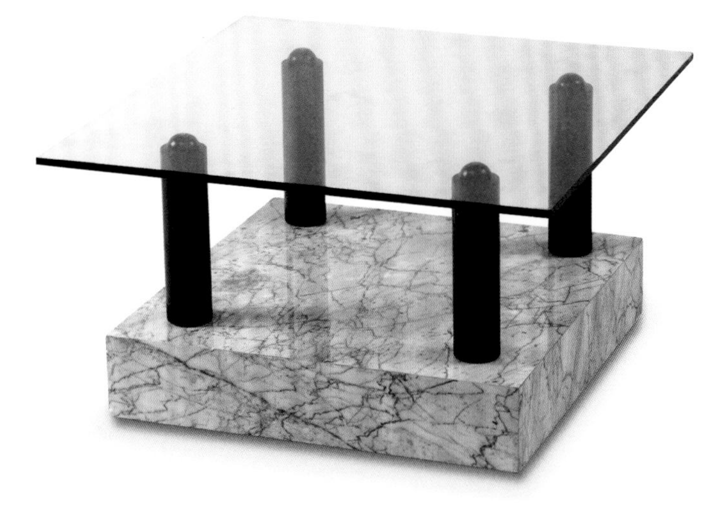

中央公园茶几

正方形的玻璃桌面由四根包有黑色塑料套管的钢柱支撑。一块华丽的正方形汉白玉形成了桌子的敦厚基座。汉白玉与上面的黑色塑料套管形成了强烈的对比。这张桌子由孟菲斯集团的领导成员之一埃托·索托萨斯设计完成。该集团的主要目标旨在恢复激进的现代主义设计风格，并破除高档和低档家具设计之间的障碍。由诺尔国际公司生产制造。*1982 年 BonE* ①

家具剖析

从古埃及、古希腊和古罗马文明至今，家具的风格一直在持续不断地发生演变。时间的推移、技术的变革、新材料的发现和时尚取向的变化对我们今日所熟悉的主流家具的结构、形状和装饰都产生了很大影响。从中世纪的榫卯结构到工业时代复杂的焊接，从传统的马鬃填充物到静电植绒织物装饰套，家具制造的方法和形式发生了沧海桑田式的改变。

本书分章节叙述了三种基本形式的家具——椅子、桌子和柜子的发展变化过程。文中略述了自 17 世纪至今，家具是如何变得越来越便捷轻巧；手工艺产品与机械制造产品有何不同；社会和政治事件如何影响家具的风格等。面对众多生僻的家具术语，读者恐怕会因这四百年设计风格的剧烈变化而产生一些理解上的混乱。然而，尽管充斥着纷杂的构件名称，但这三类家具却有着共同的结构特征，本书即对此作出了陈述。

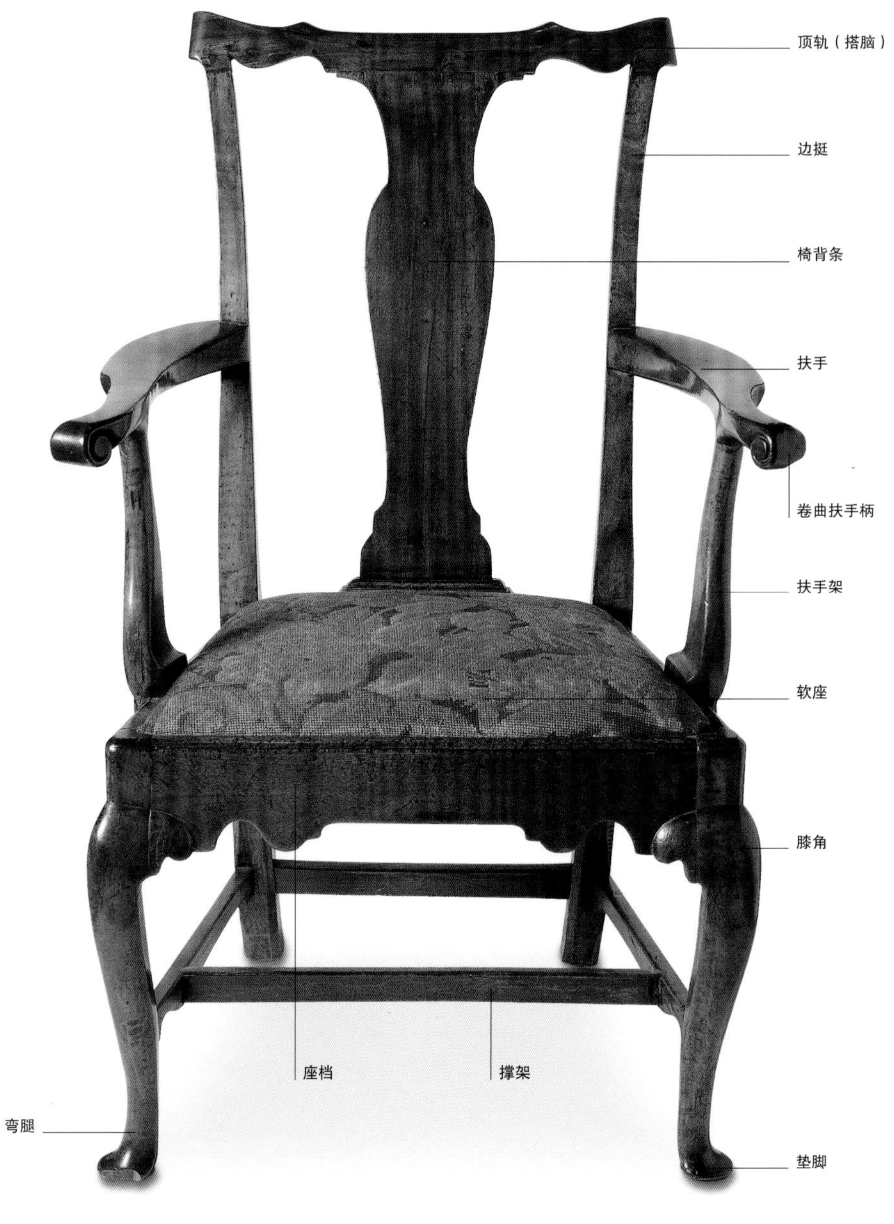

带状檐壁
抽屉
凸细线脚
边挺
蛇形前部
环形把手
望板（裙档）
扇形柜脚

开放式扶手椅

这把乔治二世时期的开放式扶手椅，是由结实耐用的胡桃木制成的。这种木材选自18世纪早期的英格兰。这个时期制作的家具的典型特征是，使用实木，宽大的软座，具有椅背两边向下延伸为两个后腿的“边挺”。椅背两顶角的塑形顶轨，和中间纵立的花瓶形椅背条，是当时非常流行的扶手椅式样。*BONS*

前弓式衣橱

自 17 世纪末，带抽屉的衣橱开始流行。人们常把这种橱柜用来存放衣服。这种乔治三世时期的带抽屉衣橱由一种特殊的红褐色桃花心木制作而成。18 世纪中期，这种木材逐渐由被英格兰人所喜欢的胡桃木所替代。这种衣橱的典型特征是弓形前屉，从上至下逐渐变大的抽屉，装饰性薄木板和铜环把手。S 形的望板和扇形柜脚，也是当时家具中极为流行的式样。*NA*

折叠活动腿桌

折叠活动腿桌的制作历史，最早可以追溯到16世纪末。各种风格不同的活动腿桌，在17世纪就已经风靡全球。1690年至1740年间，这款取材于黄松木的折叠活动腿桌，在美国南部制作完成。折叠活动腿桌的显著特征是，桌面被分为三个部分。当支撑两侧桌面的桌腿从中央旋转至一侧时，两侧的桌面可以向下折叠，形成一个小桌。桌下横行的支撑架将桌腿连接在一起。*SP*

亚麻橱柜（*Linen press*）

这款用于存放家用亚麻制品的橱柜，在17世纪前的家具行业中广为流行。像法国大型衣橱或德国衣柜（**Schrank**）一样，橱柜前面开有两扇门。后来，他们在一组抽屉的上方增加了两扇门，使橱柜演变成为现在的样子。这种乔治一世至乔治三世时期的家具，是由红褐色桃花心木制作，表现出典型的时代特征，体现在柜子顶部的齿状檐口、镶板门和正方形的托架脚。*L&T*

高脚抽屉柜

这款由抽屉构成的高脚橱柜，又叫有脚的高橱。在18世纪早期的英国和美国，这种高脚抽屉柜受到人们的广泛欢迎。高脚抽屉柜通常由上部的抽屉柜和下部的长腿组成。抽屉柜由高腿桌支撑而起。这个高脚橱柜是在美国波士顿制作完成的。其典型特点是，取材于虎纹枫木和刺果枫木贴面，具有杯子–花瓶造型的柜腿，以及下方塑形的扁平支撑架。*KEN*

常用地址

The Furniture History Society
1 Mercedes Cottages, St John's Road
Haywards Heath
West Sussex RH16 4EH
Tel: 01444 413845
Fax: 01444 413845
Email: furniturehistorysociety
@hotmail.com

博物馆和画廊

Australia
Powerhouse Museum
500 Harris Street Ultimo
PO Box: K346 Haymarket
Sydney NSW 1238
Tel: 00 61 2 92170111
www.phm.gov.au

Austria
Museen der Stadt Wien
Karlsplatz, A-1040 Vienna
Tel: 00 43 1 5058747
www.museum-vienna.at

Österreichisches Museum
für Angewandte Kunst
Stubenring 5, A-1010 Vienna
Tel: 00 43 1 711360

Belgium
Musée Horta
Amerikaans Straat/rue Américaine
23-35, 1060 Brussels
Tel: 00 32 2 5371692
www.hortamuseum.be

Denmark
The National Museum of Denmark
Frederiksholms Kanal 12
DK 1220 Copenhagen K
Tel: 00 45 3313 4411
www.natmus.dk

Egypt
Egyptian Museum
Tahrir Square, Cairo
www.egyptianmuseum.gov.eg

Finland
Alvar Aalto Museum
Alvar Aallon katu 7, Jyväskylä
Tel: 00 358 14 624809
www.alvaraalto.fi/museum

Designmuseo
Korkeavuorenkatu 23, 00130 Helsinki
Tel: 00 358 9 6220540
www.designmuseum.fi

National Museum of Finland
Mannerheimintie 34, Helsinki
Tel: 00 358 9 40509544
www.nba.fi

France
Musée des Arts Décoratifs
Palais du Louvre
107 rue de Rivoli, 75001 Paris
Tel: 00 33 1 44 55 57 50
www.paris.org

Musée de L'École de Nancy
36-38 rue de Sergent Blandan
54000 Nancy
Tel: 00 33 3 83 85 30 72
Email: menancy@mairie-nancy.fr

Musée du Louvre
Pyramide-Cour Napoléon, A.P. 34
36 quai du Louvre, 75058 Paris
Tel: 00 33 1 40 20 50 50
www.paris.org

Musée d'Orsay
62 rue de Lille, 75343 Paris
Tel: 00 33 1 40 49 48 14
www.musee-orsay.fr

Germany
Bauhaus
Gropiusallee 38, 06846 Dessau
Tel: 00 49 340 6508251
www.bauhaus-dessau.de

Germanisches Nationalmuseum
Kartäusergasse 1, D - 90402 Nürnberg
Tel: 00 49 911 13310
www.gnm.de

Staatliche Kunstsammlungen Dresden
Dresdner Residenzschloss
Taschenberg 2, 01067 Dresden
Tel: 00 49 3 51/49 142000
www.skd-dresden.de

Vitra Design Museum
Charles-Eames-str. 1
D-79576 Weil-am-Rhein
www.design-museum.de

Italy
Museo di Palazzo Davanzati
Via di Porta Rossa 13, 50122 Florence

The Netherlands
Rijksmuseum, Jan Luijkenstraat 1
Amsterdam
Tel: 00 31 20 6747000
www.rijksmuseum.nl

Norway
Kunstindustrimuseet
Besøksadresse: St. Olavs gate 1, Oslo
Tel: 00 47 22 036540
Email: info@nasjonalmuseet.no

Museet for samtidskunst
Bankplassen 4, Oslo
Tel: 00 47 22 862210
www.nasjonalmuseet.no

Portugal
Museu Nacional de Arte Antiga
Rua das Janelas Verdes 95,1249 Lisbon
Tel: 00 351 213 912 800
www.mnarteantiga-ipmuseus.pt

Russia
State Hermitage Museum
Palace Embankment
38 Dvortsovaya Naberezhnaya
St. Petersburg
Tel: 00 7 812 1109625
www.hermitagemuseum.org

South Africa
Stellenbosch Museum
Ryneveld Street, Stellenbosch, 7599
Tel: 00 27 21 8872902/8872937
Email: stelmus@mweb.co.za

Spain
Casa Museu Gaudi
Parc Guell – Carretera del Carmel
08024 Barcelona
Tel: 00 34 93 2193811
www.casamuseugaudi.com

Museo Art Nouveau Y Art Deco
Calle Gibralta 14, 37008 Salamanca
Tel: 00 34 92 3121425
www.museocasalis.org

Sweden
National Museum
Södra Blasieholmshamnen, Stockholm
Tel: 00 46 8 51954300
www.nationalmuseum.se

United Kingdom
American Museum
Claverton Manor, Bath BA2 7BD
Tel: 01225 460503
www.americanmuseum.org

Cheltenham Art Gallery and Museum
Clarence Street, Cheltenham
Gloucestershire GL50 3JT
Tel: 01242 237431
www.cheltenhammuseum.org.uk

Design Museum
Shad Thames, London SE1 2YD
Tel: 0870 8339955
www.designmuseum.org

Geffrye Museum
Kingsland Road, London E2 8EA
Tel: 020 7739 9893
www.geffrye-museum.org.uk

Glasgow School of Art,
167 Renfrew Street, Glasgow G3 6RQ
Tel: 0141 3534500

Hunterian Museum and Art Gallery and
Mackintosh House Gallery
82 Hillhead Street, University of
Glasgow, Glasgow G12 8QQ
Tel: 0141 3305431
www.hunterian.gla.ac.uk

Millinery Works Gallery
85-87 Southgate Road, London N1 3JS
Tel: 020 7359 2019
www.millineryworks.co.uk

Victoria and Albert Museum
Cromwell Road, London SW7 2RL
Tel: 020 7942 2000
www.vam.ac.uk

The Wallace Collection
Hertford House, Manchester Square
London W1U 3BN
Tel: 020 7563 9500
www.wallacecollection.org

William Morris Gallery
Walter House, Lloyd Park, Forest Road
London E17 4PP
Tel: 020 8527 3782
www.lbwf.gov.uk/wmg/home.htm

United States
Crabtree Farm
PO Box 218
Lake Bluff, Illinois, IL 60044
Tel: 00 1 312 391 8565

Delaware Art Museum
2301 Kentmere Parkway
Wimington, Delaware, DE 19806
Tel: 00 1 303 571 9590
www.delart.org

Elbert Hubbard Roycroft Museum
PO Box 472, 363 Oakwood Avenue
East Aurora, Erie County, NY 14052
Tel: 00 1 716 652 4735
www:roycrofter.com/museum.htm

John Paul Getty Museum
Getty Center, Los Angeles
California, CA 90049-1687
Tel: 001 310 440 7300
www.getty.edu

The Metropolitan Museum of Art
1000 Fifth Avenue
New York, New York 10028-0198
Tel: 00 1 212 535 7710
www.metmuseum.org

Museum of Fine Arts, Boston
Avenue of the Arts
465 Huntington Avenue
Boston
Massachusetts 02115-5597
Tel: 00 1 617 267 9300
www.mfa.org

The Museum of Modern Art
11 West 53 Street
New York , NY 10019-5497
Tel: 00 1 212 708 9400
www.moma.org

Stickley Museum
300 Orchard Street
Fayetteville, NY 13104
Tel: 00 1 315 682 5500
www.stickleymuseum.org

Winterthur Museum
Winterthur, Delaware
DE 19735
Tel: 00 1 800 448 3883
www.winterthur.org

The Wolfsonian Museum
of Modern Art and Design
1001 Washington Avenue
Miami Beach, FL 33139
www.wolfsonian.org

历史建筑

Austria
Schönbrunn Palace
Schönbrunner Schloßstrasse 47
Vienna
www.schoenbrunn.at

Belgium
Hôtel Solvay
224 avenue Louise
1050 Brussels

Denmark
Rosenborg Castle
Øster Voldgade 4
Copenhagen
Tel: 00 45 3315 3286
www.rosenborg-slot.dk

France
Château de Fontainebleau
77300 Fontainebleau
Tel: 00 33 1 60 71 50 70
www.musee-chateau-fontainebleau.fr

Château de Malmaison
Avenue du château
92 500 Rueil-Malmaison
Tel: 00 33 1 41 29 05 55
www.chateau-malmaison.fr

Château de Versailles
834-78008 Versailles
www.chateauversailles.fr

Germany
Neue Rezidenz, Bamberg
Domplatz 8
96049 Bamberg
Tel: 00 49 951 519390
www.schloesser.bayern.de

Charlottenhof
Sansoucci Park, Potsdam
Tel: 00 49 331 9694223

Schloß Charlottenburg
Spandauer Damm 20
Luisenplatz Berlin 14059
Tel: 00 49 33 19694202
www.schlosscharlottenburg.de

Schloß Nymphenburg
Eingang 19, 80638 München
Tel: 00 49 89 179080
www.schloesser.bayern.de

Italy
Pitti Palace
Piazza Pitti 1. 50125 Florence
www.polomuseale.firenze.it

Reale Palace
Piazza Castello, Turin
Tel: 00 39 11 4361455

Portugal
Palacio Nacional de Queluz
Queluz, Lisbon
Tel: 00 351 214 343860

Russia
Summer Palace
Letny Sad
191186 St. Petersburg
www.saint-petersburg.com

Spain
Palacio Nacional Madrid
Calle Bailén, 28071 Madrid
Tel: 00 34 91 4548800
www.patrimonionacional.es

Sweden
Drottningholm Palace
178 02 Drottningholm
Tel: 00 46 8 4026280
www.royalcourt.se

Gripsholm Castle
Box 14, 647 21 Marifred
Tel: 00 46 159 10194
www.royalcourt.se

Stockholm Palace
Slottsbacken
Tel: 00 46 8 4026130
www.royalcourt.se

United Kingdom
Castle Howard
York, North Yorkshire Y060 7DA
Tel: 01653 648444
www.castlehoward.co.uk

Georgian House
7 Charlotte Square
Edinburgh EH2 4DR
Tel: 0131 2263318
Email: thegeorgianhouse@nts.org.uk

Harewood House
Moor House, Harewood Estate
Harewood, Leeds LS17 9LQ
Tel: 0113 2181010
www.harewood.org

Hill House
Upper Colquhoun Street
Helensburgh, Glasgow G84 9AJ
Tel: 01436 673900

Kedleston Hall
Derby DE22 5JH
Tel: 01332 842191
www.nationaltrust.org.uk

Knole
Sevenoaks, Kent TN15 ORP
Tel: 01732 462100
www.nationaltrust.org.uk

Osborne House
Isle of Wight
Tel: 01983 200022
www.english-heritage.org.uk

The Red House
Red House Lane, Bexleyheath DA6 8JF
Tel: 01494 755588
www.nationaltrust.org.uk

The Royal Pavilion
Brighton BN1 1EE
Tel: 01273 290900
www.royalpavilion.org.co.uk

Temple Newsam House
Temple Newsam
Leeds LS15 0AD
Tel: 0113 2647321
www.leedsgov.co.uk

Standen
West Hoathly Road
East Grinstead
Sussex RH19 4NE
Tel: 01342 323029
www.nationaltrust.org.uk

Syon House
Syon Park, London
Tel: 020 8560 0882
www.syonpark.co.uk

United States
Canterbury Shaker Village
Canterbury
New Hampshire, NH 03224
www.shakers.org

The Colonial Williamsburg Foundation,
P.O. Box 1776
Williamsburg, Virginia
VA 23187-177
Tel: 00 1 757 229 1000
www.colonialwilliamsburg.org

Gamble House
4 Westmoreland Place
Pasadena, California
CA 91103
Tel: 00 1 626 793 3334
www.gamblehouse.org

Hancock Shaker Village
Route 20, Pittsfield
Massachussetts, MA 01201
Tel: 00 1 413 443 0188
www.hancockshakervillage.org

Marston House
3525 Seventh Avenue
Balboa Park
San Diego, California
Tel: 00 1 619 298 3142

Nathaniel Russell House
51 Meeting Street
Charleston
South Carolina, SC 29402
Tel: 00 1 843 723 1159
www.historiccharleston.org

The Stickley Museum
at Craftsman Farms
2352 Rt. 10-West, #5
Morris Plains, NJ 07950
Tel: 00 1 973 540 1165
www.stickleymuseum.org

延伸阅读

Arts Council of Great Britain (The), *The Age of Neo-Classicism*, London, 1972.

Aslin, Elizabeth, *Nineteenth Century English Furniture*, Faber & Faber, London, 1962.

Aronson, Joseph, *The Encyclopedia of Furniture*, Clarkson Potter/Publishers, New York, 1965.

Baarsen, Reinier, *Dutch Furniture, 1600-1800,* Rijksmuseum, Amsterdam, 1993.

Baarsen, Reinier, *17th-century Cabinets,* Rijksmuseum, Amsterdam, 2000.

Baarsen, Reinier, *German Furniture*, Rijksmuseum, Amsterdam, 1998.

Baker, Fiona and Keith, *20th Century Furniture*, Carlton Books, London, 2003.

Baker, Hollis S., *Furniture in the Ancient World*, The Connoisseur, London, 1966.

Beard, Geoffrey, *The Work of Robert Adam*, Bloomsbury Books, London, 1978.

Beckerdite, Luke (ed), *American Furniture 2001*, University Press of New England, Lebanon, New Hampshire, 2001.

Bowett, Adam, *English Furniture, 1660-1714, From Charles II to Queen Anne*, Antique Collector's Club, Woodbridge, 2002.

Brackett, Oliver, *English Furniture Illustrated: A Pictorial Review of English Furniture from Chaucer to Queen Victoria*, The Macmillan Company, New York, 1950.

Byne, Arthur, *Spanish Interiors and Furniture*, William Helburn, Inc., New York, 1922.

Chippendale, Thomas, *The Gentleman & Cabinet-Maker's Director*, Reprint of the Third Edition 1762, Dover Publications Inc., New York, 1966.

Clemmensen, Tove, *Danish Furniture of the Eighteenth Century*, Gyldendalske Boghandel Nordisk Forlag, Copenhagen, 1948.

Delaforce, Angela, *Art & Patronage in Eighteenth Century Portugal*, Cambridge University Press, New York, 2002.

Downs, Joseph, *American Furniture, Queen Anne and Chippendale Periods*, The Macmillian Company, New York, 1952.

Edwards, Clive, *Encyclopedia of Furniture Materials, Trades and Techniques*, Ashgate Publishing Limited, Aldershot, 2000.

Edwards, Clive D., *Eighteenth-Century Furniture*, Manchester University Press, Manchester, 1996.

Edwards, I.E.S. et al., *Tutankhamun: His Tomb and Its Treasures*, The Metropolitan Museum of Art and Alfred A. Knopf, Inc., New York, 1976.

Eidelberg, Martin (ed), *Design, 1935-1965: What Modern Was*, Harry N. Abrams Inc., New York, 2001.

Escritt, Stephen, *Art Nouveau*, Phaidon Press Limited, London, 2002.

Fisher, Volker (ed), *Design Now: Industry or Art*, Prestel Verlag, Munich, 1989.

Fairbanks, Jonathan L. and Trent, Robert F., *New England Begins: The Seventeenth Century*, Museum of Fine Arts, Boston, 1982.

Fales, Jr., Dean A., *American Painted Furniture 1660-1880*, E.P. Dutton and Company, Inc., New York, 1972.

Fastnedge, Ralph, *Shearer Furniture Designs from the Cabinet-Makers' London Book of Prices 1788*, Alec Tiranti, London, 1962.

Fiell, Charlotte and Peter, *1,000 Chairs*, Benedikt Taschen Verlag, Cologne, 2000.

Fiell, Charlotte and Peter, *Scandinavian Design*, Benedikt Taschen Verlag, Cologne, 2002.

Fischer, Felice and Hiesinger, Kathryn B., *Japanese Design: A Survey Since 1950*, Philadelphia Museum of Art in association with Harry N. Abrams Inc., New York, 1995.

Forman, Benno M., *American Seating Furniture, 1630-1730*, W.W. Norton & Company, New York, 1988.

Galissa, Rafael Doménech and Luis Pérez Bueno, *Antique Spanish Furniture, Meubles Antiguos Españoles*, The Archive Press, New York, 1965.

Garnett, Oliver, *Living in Style: A Guide to Historic Decoration & Ornament*, National Trust Enterprises Ltd, London, 2002.

Gilbert, Christopher, *The Life and Works of Thomas Chippendale*, Studio Vista/ Christie's, London, 1978.

Greene Bowman, Leslie, *American Arts and Crafts: Virtue in Design*, Los Angeles County Museum of Art with Bulfinch, Little, Brown & Co., Boston, 1990.

Greenhalgh, Paul (ed), *Art Nouveau 1890-1914*, V&A Publications, London, 2000.

Gusler, Wallace B., *Furniture of Williamsburg and Eastern Virginia, 1710-1790*, Virginia Museum, Richmond, Virginia, 1979.

Gruber, Alain (ed), *The History of Decorative Arts, The Renaissance and Mannerism in Europe*, Abbeville Press, Publishers, London, 1994.

Harris, Eileen, *The Furniture of Robert Adam*, Academy Editions, London, 1973.

Hayward, Helena, *World Furniture: An Illustrated History*, Hamlyn Publishing Group Limited, London, 1982.

Heckscher, Morrison H. and Greene Bowman, Leslie, *American Rococo, 1750-1775: Elegance in Ornament*, Harry N. Abrams Inc., New York, 1992.

Hepplewhite, George, *The Cabinet-Maker and Upholsterer's Guide, The Third Edition of 1794*, Reprint, Dover Publications Inc., New York, 1969.

Hiesinger, Kathryn B., *Design since 1945*, Philadelphia Museum of Art, Philadelphia, 1983.

Honour, Hugh, *Cabinet Makers and Furniture Designers*, Hamlyn Publishing Group Limited, London, 1972.

Hornor, William MacPherson, Jr., *Philadelphia Furniture*, Philadelphia, 1935.

Hunter, George Leland, *Italian Furniture and Interiors*, William Helburn Inc., New York.

Hurst, Ronald L. and Prown, Jonathan, *Southern Furniture 1680-1830: The Colonial Williamsburg Collection*, The Colonial Williamsburg Foundation in association with Harry N. Abrams Inc., New York, 1997.

Huth, Hans, *Roentgen Furniture, Abraham and David Roentgen: European Cabinet-makers*, Sotheby Parke Bernet, London and New York, 1974.

Ince, William and Mayhew, John, *The Universal System of Household Furniture, Le Système Universel de Garniture de Maison*, 1759-1762, in parts, Reprint, Quadrangle Books, Chicago, 1960.

Jaffer, Amin, *Furniture from British India and Ceylon*, V&A Publications, London, 2001.

Jobe, Brock, et al., *Portsmouth Furniture, Masterworks from the New Hampshire Seacoast*, University Press of New England, Lebanon, New Hampshire, 1993.

Jobe, Brock and Myrna Kaye, *New England Furniture, The Colonial Era*, Houghton Mifflin Company, Boston, 1984.

Ketchum, Jr, William C., *The Antique Hunter's Guide: American Furniture Chests, Cupboards, Desks & Other Pieces*, revised by Elizabeth von Habsburg, Black Dog & Leventhal Publishers, New York, 2000.

Klein, Dan, McClelland, Nancy A., and Haslam, Malcolm, *In the Deco Style*, Thames and Hudson, London, 2003.

Kirk, John T., *American Furniture: Understanding Styles, Construction and Quality*, Harry N. Abrams Inc., New York, 2000.

Lessard, Michael, *Antique Furniture of Québec, Four Centuries of Furniture Making*, trans. Jane Macaulay and Alison McGain, McClelland & Stewart, Ltd, The Canadian Publishers, Québec, 2002.

Levenson, Jay A. (ed), *The Age of the Baroque in Portugal*, National Gallery of Art, Yale University Press, Washington, New Haven and London, 1993.

Massey, Anne, *Interior Design of the 20th Century*, Thames and Hudson, London, 2001.

Miller, Judith, *The Illustrated Dictionary of Antiques and Collectibles*, Marshall Publishing Ltd, London, 2001.

Muir Whitehill, Walter (ed), *Boston Furniture of the Eighteenth Century*, University Press of Virginia, Charlottesville, 1986.

Neuhart, John and Marilyn, *Eames Design*, Harry N. Abrams Inc., New York, 1989.

Neumann, Claudie, *Design Directory: Italy*, Universe Publishing, New York, 1999.

Oates, Phyllis Bennett, *The Story of Western Furniture*, The Herbert Press Limited, London, 1981.

O'Brien, Patrick K. (ed), *Atlas of World History, from the Origins of Humanity to the Year 2000*, George Philip Ltd, London 1999.

Ostergard, Derek E., *Bent Wood and Metal Furniture: 1850-1946*, University of Washington Press, Seattle, Washington, 1987.

Payne, Christopher (ed), *Sotheby's Concise Encyclopedia of Furniture*, Conran Octopus, London, 1989.

Polano, Sergio, *Achille Castiglioni: Complete Works*, Phaidon Press, London, 2002.

Pradère, Alexandre, *French Furniture Makers, The Art of the ébéniste from Louis XIV to the Revolution*, Sotheby's Publications, Philip Wilson Publishers Ltd, London, 1989.

Puig, Francis J. and Conforti Michael (ed), *The American Craftsman and the European Tradition 1620-1820*, University Press of New England, Lebanon, New Hampshire, 1989.

Radice, Barbara, *Memphis: Research, Experiences, Failures and Successes of New Design*, Thames and Hudson, London, 1995.

Rayner, Geoffrey et al., *Austerity to Affluence: British Art and Design 1945-1962*, Merrell Holberton Publishers in association with The Fine Art Society, London, 1997.

Riccardi-Cubitt, Monique, *The Art of the Cabinet*, Thames and Hudson, London, 1992.

Sack, Albert, *The New Fine Points of Early American Furniture*, Crown Publishers Inc., New York, 1993.

Sassone, Adriana Boidi et al., *Furniture from Rococo to Art Deco*, Evergreen (imprint of Benedikt Taschen Verlag), Cologne, 2000.

Schmitz, Dr. Herman, *The Encyclopaedia of Furniture*, Ernest Benn Limited, London, 1926.

Schwartz, Marvin D., *The Antique Hunter's Guide: American Furniture Tables, Chairs, Sofas & Beds*, revised by Elizabeth von Habsburg, Black Dog & Leventhal Publishers, New York, 2000.

Sembach, Klaus-Jurgen et al, *Twentieth-Century Furniture Design*, Taschen, Cologne, 1991.

Sheraton, Thomas, *The Cabinet-Maker and Upholsterer's Drawing-Book*, 1793 Reprint, Dover Publications Inc., New York, 1972.

Sheraton, Thomas, *Cabinet Dictionary*, Reprint, Praeger Publishers, New York, 1970.

Symonds, R.W., *Furniture Making in Seventeenth and Eighteenth Century England: An Outline for Collectors*, The Connoisseur, London, 1955.

Symonds, R.W., *Veneered Walnut Furniture, 1660-1760*, Alec Tiranti Ltd., London, 1952.

Symonds, R.W. and Whineray, B.B., *Victorian Furniture*, Country Life Ltd., London, 1965.

Van der Kemp, Gerald, Hoog, Simone, Meyer, Daniel, *Versailles, The Chateau, The Gardens, and Trianon*, Editions d'Art Lys, Vilo Inc., New York, 1984.

Van Onselen, Lennox, E., *Cape Antique Furniture*, Howard Timmins, Cape Town, South Africa, 1959.

Verlet, Pierre, *French Furniture and Interior Decoration of the 18th Century*, Barrie and Rockliff, London, 1967.

Ward-Jackson, *English Furniture Designs of the Eighteenth Century*, Victoria and Albert Museum, London, 1984.

Watson, Sir Francis, *The History of Furniture*, William Morrow & Company Inc., New York, 1976.

Whitechapel Art Gallery, *Modern Chairs: 1918-1970*, London, 1970.

Whitehead, John, *The French Interior in the Eighteenth Century*, Dutton Studio Books, New York, 1993.

Wilk, Christopher (ed), *Western Furniture 1350 to the Present Day*, Philip Wilson Publishers in association with The Victoria and Albert Museum, London, 1996.

Wright, Louis B. et al., *The Arts in America: The Colonial Period*, Charles Scribner's Sons, New York, 1966.

经销商编码

本书中显示的一些家具后面跟着一个字母代码。这些代码标识出售该作品的经销商或拍卖行，或者保存该作品的博物馆。包含在本书中并不构成或暗示任何相关经销商或拍卖行以所述价格提供或出售所示件或类似物品的合同或具有约束力的要约。

2RA
2R Antiquités
Cité des Antiquaires
117, boulevard Stalingrad
69100 Lyon-Villeurbane, France
Tel: 00 33 4 78 93 11 08
E-mail: finzi.laurence@wanadoo.fr

ADE
Art Deco Etc
73 Upper Gloucester Road
Brighton, East Sussex BN1 3LQ
Tel: 01273 329268
E-mail: johnclark@artdecoetc.co.uk

AME
American Museum
Claverton Manor, Claverton
Bath, Somerset BA2 7BD
Tel: 01225 460503
www.americanmuseum.org

AMH
Auktionsgalerie am Hofgarten
Jean-Paul-Str. 18
95444 Bayreuth, Germany
Tel: 00 49 92167447
Fax: 00 49 92158330

ANB
Antiquités Bonneton
Cité des Antiquaires
117, boulevard Stalingrad
69100 Lyon-Villeurbanne, France
Tel: 00 33 4 78 94 23 36
E-mail: bonneton@wanadoo.fr
www.antiquités-bonneton.com

AR
Anne Rogers Private Collection

B&B
B&B Italia
Strada Provinciale 32, no. 15
22060 Novedrate, Italy
Tel: 00 39 31 795343
Fax: 00 39 31 795224
E-mail: beb@bebitalia.it
www.bebitalia.it

B&I
Burden & Izett
180 Duane Street
New York, NY 10013, USA
Tel: 001 212 941 8247
Fax: 001 212 431 5018
www.burdenandizett.net

BAM
Bamfords Ltd
The Old Picture Palace
133 Dale Road, Matlock
Derbyshire DE4 3LT
Tel: 01629 574460
www.bamfords-auctions.com

BAR
Dreweatt Neate, Bristol
(formerly Bristol Auction Rooms)
St John's Place, Apsley Road
Clifton, Bristol BS8 2ST
Tel: 0117 9737201
Fax: 0117 9735671
www.dnfa.com/bristol

BDL
Bernard and S Dean Levy
24 East 84th Street
New York, NY 10028, USA
Tel: 001 212 628 7088

BEA
Beaussant Lefèvre
32, rue Drouot, 75009 Paris, France
Tel: 00 33 1 47 70 40 00
Fax: 00 33 1 47 70 62 40
www.beaussant-lefevre.auction.fr

BK
Bukowskis
Arsenalsgatan 4, Box 1754
111 87 Stockholm, Sweden

BL
Blanchard
86/88 Pimlico Road
London SW1W 8PL
Tel: 020 7823 6310
Fax: 020 7823 6303

BMN
Auktionshaus Bergmann
Möhrendorfestraße 4
91056 Erlangen, Germany
Tel: 00 49 9131 450666
Fax: 00 49 9131 450204
www.auction-bergmann.de

BonBay
Bonhams, Bayswater
101 New Bond Street
London W1S 1SR
Tel: 020 7447 7447
Fax: 020 7447 7400
www.bonhams.com

BonE
Bonhams, Edinburgh
22 Queen Street
Edinburgh EH2 1JX
Tel: 0131 225 2266
www.bonhams.com

BONS
Bonhams, Bond Street
101 New Bond Street
London W1S 1SR
Tel: 020 7629 6602
Fax: 020 7629 8876
www.bonhams.com

BOY
Boym Partners Inc
131 Varick Street 915
New York, NY 10013, USA
Tel: 001 212 807 8210
www.boym.com

BRU
Brunk Auctions
Post Office Box 2135
Ashville, NC 28802, USA
Tel: 001 828 254 6846
Fax: 001 828 254 6545
www.brunkauctions.com

BW
Biddle & Webb of Birmingham
Icknield Square,
Ladywood, Middleway
Birmingham B16 0PP
Tel: 0121 4558042
Fax: 0121 4549615
www.biddleandwebb.co.uk

CA
Chiswick Auctions
1-5 Colville Road,
London W3 8BL
Tel: 020 8992 4442
Fax: 020 8896 0541
www.chiswickauctions.co.uk

CAL
Calderwood Gallery
1622 Spruce Street
Philadelphia, PA, USA
Tel: 001 215 546 5357
Fax: 001 215 546 5234
www.calderwoodgallery.com

CAS
Cassina SPA
Via Busnelli 1, Meda,
MI 20036, Italy
www.cassina.it

Cato
Lennox Cato
1 The Square, Church Street
Edenbridge, Kent TN8 5BD
Tel: 01732 865988
E-mail:cato@lennoxcato.com
www.lennoxcato.com

CCA
Christopher Clarke
The Fosseway, Stow on the Wold
Gloucestershire, GL54 1JS
Tel: 01451 830476
www.antiques-in-england.com

CdK
Caroline de Kerangal
Tel: 020 8394 1619
E-mail:kerangal@aol.com

CRB
Magis Spa, Via Magnadola 15,
31045 Motta di Livenza, Italy
Tel: 00 39 0422 862650
Fax: 00 39 0422 862653
www.magisdesign.com

CSB
Chenu Scrive Berard
Hôtel des Ventes Lyon Presqu'île
Groupe Ivoire, 6, rue Marcel Rivière
69002 Lyon, France
Tel: 00 33 4 72 77 78 01
Fax: 00 33 4 72 56 30 07
www.chenu-scrive.com

DC
Delage-Creuzet
La Cité des Antiquaires
117, boulevard de Stalingrad
69100 Lyon-Villeurbanne, France
Tel: 00 33 4 78 89 70 21

DIL
Studio Dillon
28 Canning Cross
London SE5 8BH
Tel: 020 7274 3430
E-mail: studiodillon@btinternet.com

DL
David Love
10 Royal Parade
Harrogate HG1 2SZ
Tel: 01423 565797
Fax: 01423 525567

DOR
Palais Dorotheum
Dorotheergasse 17
A-1010 Vienna
Austria
E-mail: kundendienst@dorotheum.at
www.dorotheum.com

DP
David Pickup
115 High St, Burford
Oxfordshire, OX18 4RG
Tel: 01993 822555

DRA
David Rago Auctions
333 North Main Street
Lambertville, NJ 08530, USA
Tel: 001 609 397 9374
Fax: 001 609 397 9377
E-mail: info@ragoarts.com
www.ragoarts.com

DN
Dreweatts
Donnington Priory Salerooms
Donnington, Newbury
Berkshire RG14 2JE
Tel: 01635 553553
Fax: 01635 553599
E-mail: donnington@dnfa.com
www.dnfa.com/donnington

DN
Dreweatte (Godalming)
(Formerly HamG)
Baverstock House,
93 High Street, Godalming,
Surrey GU7 1AL
Tel: 01483 423567
Fax: 01483 426392
E-mail: godalming@dnfa.com
www.dnfa.com/godalming

DRO
Droog Design
Staalstraat 7a-7b
1011 JJ Amsterdam
The Netherlands
Tel: 00 31 20 5235050
press@droogdesign.nl
www.droogdesign.nl

EDP
Etude de Provence
Hôtel des Ventes du Palais
25-27, rue Breteuil
13006, Marseille, France
Tel: 00 33 4 96 110 110
Fax: 00 33 4 96 110 111
www.etudedeprovence.com

EGU
Jaime Equigren
Posadas 1487 - (1011),
Buenos Aires, Argentina
Tel: 00 54 1 148162787

EIL
Eileen Lane Antiques
150 Thompson Street
New York, NY 10012, USA
Tel: 00 212 475 2988
Fax: 00 212 673 8669
www.EileenLaneAntiques.com

EP
Elaine Phillips Antiques
1 & 2 Royal Parade
Harrogate, North Yorkshire
Tel: 01423 569745

EVE
Evergreen Antiques
1249 Third Avenue
New York, NY 10021, USA
Tel: 001 212 744 5664
Fax: 001 212 744 5666
www.evergreenantiques.com

FB
Fred Baier
5A High Street, Pewsey
Wiltshire SN9 5AE
Tel: 01672 564892
www.fredbaier.com

FRE
Freeman's
1808 Chestnut Street
Philadelphia, PA 19103, USA
Tel: 001 215 563 9275
Fax: 001 215 563 8236
www.freemansauction.com

GAL
Gallery 532
142 Duane Street
New York, NY 10013, USA
Tel: 001 212 964 1282
Fax: 001 212 571 4691
www.gallery532.com

GDG
Geoffrey Diner Gallery
1730 21st Street NW
Washington, DC 20009, USA
Tel: 001 202 483 5005
www.dinergallery.com

GK
Gallerie Koller
Hardturmstrasse 102,
Postfach, 8031 Zürich, Switzerland
Tel: 00 41 1 4456363
Fax: 00 41 1 2731966
E-mail:office@galeriekoller.ch
www.galeriekoller.ch

GorB
Gorringes, Bexhill
Terminus Road, Bexhill-on-Sea
East Sussex TN39 3LR
Tel: 01424 212994
Fax: 01424 224035
bexhill@gorringes.co.uk
www.gorringes.co.uk

GorL
Gorringes, Lewes
15 North Street, Lewes
East Sussex BN7 2PD
Tel: 01273 472503
Fax: 01273 479559
www.gorringes.co.uk

GYG
Gallery Yves Gastou
12 rue Bonaparte
75006 Paris, France
Tel: 00 33 1 53 73 00 10
Fax: 00 33 1 53 73 00 12

HAD
Henry Adams
Baffins Hall, Baffins Lane, Chichester
West Sussex PO19 1UA
Tel: 01243 532223
Fax: 01243 532299
E-mail: enquiries@henryadams.co.uk
www.henryadamsfineart.co.uk

HERR
Herr Auctions
WG Herr Art & Auction House
Friesenwall 35
50672 Cologne, Germany
Tel: 00 49 221 254548
Fax: 00 49 221 2706742
www.herr-auktionen.de

HL
Harris Lindsay
67 Jermyn Street
London SW1Y 6NY
Tel: 020 7839 5767
Fax: 020 7839 5768
www.harrislindsay.com

HS
Hansen Sørensen
Vesterled 19
DK-6950 Ringkøbing, Denmark
Tel: 00 45 97 324508
Fax: 00 45 97 324502
www.hansensorensen.com

ISO
Isokon Plus
Turnham Green Terrace Mews
London W4 1QU
E-mail: info@isokonplus.com
www.isokonplus.com

JAZ
Jazzy
34 Church Street
London NW8 8EP
Tel: 020 7724 0837
Fax: 020 7724 0837
www.jazzyartdeco.com

JK
John King
74 Pimlico Road
London SW1W 8LS
Tel: 020 7730 0427
Fax: 020 7730 2515

JM
John Makepeace
Designers and furniture makers
Farrs, Beaminster, Dorset DT8 3NB
Tel: 01308 862204
Fax: 01308 863806
www.johnmakepeace.com

JR
Madame Jacqueline Robert
Cité des Antiquaires
117, boulevard Stalingrad
69100 Lyon-Villeurbane, France
Tel: 00 33 4 78 94 92 45

KAL
Källemo AB
Box 605 SE-331 26 Värnamo, Sweden
Tel: 00 46 370 15000
Fax: 00 46 370 15060
www.kallemo.se

KAU
Auktionhaus Kaupp
Schloss Sulzburg, Hauptstrasse 62
79295 Sulzburg, Germany
Tel: 00 49 7634 50380
Fax: 00 49 7634 503850
E-mail: auktionen@kaupp.de
www.kaupp.de

KEN
Leigh Keno American Antiques
127 East 69th Street, New York
NY 10021, USA
Tel: 001 212 734 2381
Fax: 001 212 734 0707

KNO
Knoll Inc
76 Ninth Avenue, 11th Floor
New York, NY 10011, USA
Tel: 001 212 343 4128
www.knoll.com

LM
Lili Marleen
52 White Street, New York
NY 10013, USA
Tel: 001 212 219 0006
Fax: 001 212 219 1246
www.lilimarleen.net

LOS
Lost City Arts
18 Cooper Square
New York, NY 10003, USA
Tel: 001 212 375 0500
Fax: 001 212 375 9342
www.lostcityarts.com

LOT
Lotherton Hall
Lotherton Hall, Lotherton Lane
Aberford, Leeds LS25 3EB
Tel: 0113 2813259
www.leeds.gov.uk/lothertonhall

LPZ
Lempertz
Neumarkt 3
50667 Cologne, Germany
Tel: 00 49 221 9257290
Fax: 00 49 221 9257296
E-mail: info@lempertz.com
www.lempertz.com

LR
Ligne Roset
B.P. 9, 01470 Brioird, France
www.ligne-roset.com

MACK
Macklowe Gallery
667 Madison Avenue
New York, NY 10021, USA
Tel: 001 212 644 6400
Fax: 001 212 755 6143
E-mail: email@macklowegallery.com

MAL
Mallett
141 New Bond Street
London W1S 2BS
Tel: 020 7499 7411
Fax: 020 7495 3179
E-mail: antiques@mallett.co.uk

MAP
Memphis srl
Via Olivetti, 9
20010 Pregnan Milanese, Milan, Italy
Tel: 00 39 02 93290663
Fax: 00 39 02 93591202
E-mail: memphis.milano@tiscalinet.it
www.memphis-milano.it

MAR
Marc Menzoyan
Cité des Antiquaires
117 boulevard Stalingrad
69100 Lyon-Villeurbane, France
Tel: 00 33 4 78 81 50 81

MCP
Matali Crasset Productions
26 rue du Buisson Saint Louis
F-75010 Paris, France
Tel: 00 33 1 42 40 99 89
Fax: 00 33 1 42 40 99 98
E-mail: matali.crasset@wanadoo.fr
www.matalicrasset.com

MJM
Marc Matz Antiques
366.5 Broadway, Cambridge
MA 02139, USA
Tel: 001 617 460 6200
www.marcmatz@aol.com

MLL
Mallams
Bocardo House, 24a St Michaels' St,
Oxford OX1 2EB
Tel: 01865 241358
www.mallams.co.uk

MOD
Moderne Gallery
111 North 3rd Street
Philadelphia, PA 19106, USA
Tel: 001 215 923 8536
RAibel@aol.com
www.modernegallery.com

MOU
Mouvements Modernes
68 rue Jean Jacques Rousseau
75001 Paris, France
Tel: 00 33 1 45 08 08 82

MSM
Modernism Gallery
1622 Ponce de Leon Boulevard
Coral Gables, FL 33134, USA
Tel: 001 305 442 8743
Fax: 001 305 443 3074
E-mail: artdeco@modernism.com
www.modernism.com

NA
Northeast Auctions
93 Pleasant Street
Portsmouth, NH 03801 USA
Tel: 001 603 433 8400
Fax: 001 603 433 0415
www.northeastauctions.com

NAG
Nagel
Neckarstrasse 189-191
70190 Stuttgart, Germany
Tel: 00 49 711 649690
Fax: 00 49 711 64969696
E-mail: contact@auction.de
www.auction.de

NOA
Norman Adams Ltd
8-10 Hans Road
London SW3 1RX
Tel: 020 7589 5266
Fax: .020 7589 1968
E-mail: antiques@normanadams.com
www.normanadams.com

OVM
Otto von Mitzlaff
Prinzessinnen-Haus
63607 Wächtersbach, Germany
Tel: 00 49 6053 3927
Fax: 00 49 6053 3364

PER
Perkins
195 Highland (Main Street)/PO Box
1331, Haliburton, Ontario
K0M IS0 Canada
Tel: 001 705 455 9003
Fax: 001 705 455 9003
E-mail: perkins.group@sympatico.ca
www.perkinsantiques.com

PHB
Philip H. Bradley Co. Antiques
1101 East Lancaster Avenue
Downingtown, PA 19335, USA
Tel: 001 610 269 0427
Fax: 001 610 269 2872
E-mail: antique2@bellatlantic.net

PIL
Salle des Ventes Pillet
1, rue de la Libération, B. P. 23, 27480
Lyons la Forêt, France
Tel: 00 33 2 32 49 60 64
Fax: 00 33 2 32 49 14 88
www.pillet.auction.fr

POOK (P&P)
Pook and Pook
463 East Lancaster Avenue
Downingtown PA 19335, USA
Tel: 001 610 269 4040
Fax: 001 610 269 9274
E-mail: info@pookandpook.com
www.pookandpook.com

PRA
Pier Rabe Antiques
141 Dorp Street, Stellenbosch 7600
South Africa
Tel: 00 27 21 8839730
Fax: 00 27 21 8839452
E-mail: jomarie@mweb.co.za

PST
Patricia Stauble Antiques
180 Main Street, PO Box 265
Wiscasset, ME 04578
Tel: 001 207 882 6341

PUR
Puritan Values
The Dome, St Edmund's Road
Southwold, Suffolk IP18 6BZ
Tel: 01502 722211
E-mail: sales@puritanvalues.com

PV
Patrick Valentin
Antiquités -Décoration
Cité des Antiquaires
117, boulevard Stalingrad
69100 Lyon-Villeurbanne, France
Tel: 00 33 4 78 91 75 67

QU
Quittenbaum
Hohenstaufenstraße 1
D-80801, Munich, Germany
Tel: 00 49 89 3300756
Fax: 00 49 89 33007577
E-mail: dialog@quittenbaum.de

R20
R20th Century
82 Franklin Street, New York
NY 10013, USA
Tel: 001 212 343 7979
Fax: 001 212 343 0226
www.r20thcentury.com

RAC
Race Furniture Ltd
Burton Industrial Park
Burton-on-the-Water
Gloucestershire GL54 2HQ
Tel: 01451 821446
Fax: 01451 821686
E-mail: enquiries@racefurniture.com
www.racefurniture.com

RGA
Richard Gardner Antiques
Swan House, Market Square, Petworth,
West Sussex GU28 0AH
Tel: 01798 343411
www.richardgardnerantiques.co.uk

ROS
Rosebery
74-76 Knight's Hill
London SE27 0JD
Tel: 020 8761 2522
Fax: 020 8761 2524
www.roseberys.co.uk

RY
Robert Young Antiques
68 Battersea Bridge Road
London SW11 3AG
Tel: 020 7228 7847
Fax: 020 7585 0489
www.robertyoungantiques.com

S&K
Sloans & Kenyon
7034 Wisconsin Avenue
Chevy Chase, Maryland 20815, USA
Tel: 001 301 634 2330
E-mail: info@sloansandkenyon.com
www.sloansandkenyon.com

SBA
Senger Bamberg
Karolinenstr. 8 und 1
D-96049 Bamberg, Germany
Tel: 00 49 951 54030

SCP
SCP Limited
135-139 Curtain Road
London EC2A 3BX
Tel: 020 7739 1869
Fax: 020 7729 4224
E-mail: info@scp.co.uk
www.scp.co.uk

SDR
Sollo:Rago Modern Auctions
333 North Main Street, Lambertville
NJ 08530, USA
Tel: 001 609 397 9374
Fax: 001 609 397 9377
E-mail: info@ragoarts.com
www.ragoarts.com

SED
Sedus
Sedus Stoll Aktiengesellschaft
Brückenstraße 15
D-79761 Waldshut, Germany
Tel: 00 49 7751 84278
Fax: 00 49 7751 84285
E-mail: HorstHug@sedus.de
www.sedus.de

SG
Sidney Gecker
226 West 21st Street
New York, NY 10011, USA
Tel: 001 212 929 8789

SI
Da Silva Interiors
73 Elizabeth Street,
London SW1W 9PJ
Tel: 07958 519157
www.dasilvainteriors.co.uk

SK
Skinner
63 Park Plaza
Boston, MA 02116, USA
357 Main Street
Bolton, MA 01740, USA
Tel: 001 617 350 5400
Fax: 001 617 350 5429
www.skinnerinc.com

SLK
Schlapka
Gabelsbergerstrasse 9
80333 Munich, Germany
Tel: 00 49 89 288617
Fax: 00 49 89 28659988
E-mail: schlapka@schlapka.de
www.schlapka.de

SOO
Sotheby's Olympia
London W14

SOT
Sotheby's
1334 York Avenue
New York, NY 10021, USA

SP
Sumpter Priddy, Inc
601 S. Washington Street
Alexandria, Virginia 22314, USA
Tel: 001 703 299 0800
Fax: 001 703 299 9688
stp@sumpterpriddy.com
www.sumpterpriddy.com

SS
Spencer Swaffer Antiques
30 High Street, Arundle
West Sussex BN18 9AB
Tel: 01903 882132
Fax: 01903 884564
www.spencerswaffer.com

SWA
Swann Galleries
104 East 25th Street
New York, New York 10010, USA
Tel: 001 212 254 4710
Fax: 001 212 979 1017
E-mail: nlowry@swanngalleries.com
www.swanngalleries.com

SWT
Swing Time
St. Apern-Strasse 66-68
50667 Cologne, Germany
Tel: 00 49 221 2573181
Fax: 00 49 221 2573184
E-mail: artdeco@swing-time.com
www.swing-time.com

TDG
The Design Gallery
5 The Green, Westerham
Kent, TN16 1AS
Tel: 01959 561234
E-mail: sales@designgallery.co.uk
www.designgallery.co.uk

TDO
Tendo Mokko
1-3-10 Midaregawa
Tendo, Yamagata, Japan
Tel: 00 81 23 6533121
Fax: 00 81 23 6533454
www.tendo-mokko.co.jp

TEC
Tecta
D-37697 Lauenförde, Germany
Tel: 00 49 5273 37890
Fax: 00 49 5273 378933
www.tecta.de

TNH
Temple Newsam House
Temple Newsam House
Leeds L515 0AE
Tel: 0113 2647321
www.leeds.gov.uk/templenewsam

VH
Van Ham
Schönhauser Strasse 10-16
50968 Cologne, Germany
Tel: 00 49 221 9258620
Fax: 00 49 221 9258624
E-mail: info@van-ham.com
www.van-ham.com

VIA
Viaduct
1-10 Summer Street
London EC1R 5BD
Tel: 020 7239 9260
www.viaduct.co.uk

VIT
Vitra Management AG
Klünenfeldstrasse 22
CH-4127 Birsfelden
Switzerland
Tel: 00 41 61 3771726
Fax: 00 41 61 3772726
www.vitra.com

VZ
Von Zezschwitz
Friedrichstrasse 1a
80801 Munich, Germany
Tel: 00 49 89 3898930
Fax: 00 49 89 38989325
E-mail: info@von-zezschwitz.de
www.von-zezschwitz.de

WAD
Waddington's
111 Bathurst Street, Toronto, Ontario
Canada M5V 2R1
Tel: 001 416 504 9100
Fax: 001 416 504 0033
www.waddingtons.ca

WIL
Wilfried Wegiel
Cité des Antiquaires
117, boulevard Stalingrad
69100 Lyon-Villeurbane, France
E-mail: wilfriedwegiel@aol.com

WKA
Wiener Kunst Auktionen
Palais Kinsky
Freyung 4, 1010 Vienna, Austria
Tel: 00 43 1 5324200
Fax: 00 43 1 53242009
E-mail: office@imkinsky.com
www.palais-kinsky.com

WROB
Junnaa & Thomi Wroblewski
78 Marylebone High Street
Box 39, London W1U 5AP
Tel: 020 7499 7793
Fax: 020 7499 7793
E-mail: junnaa@wroblewski.eu.com

WW
Woolley and Wallis
51-61 Castle Street, Salisbury
Wiltshire SP1 3SU
Tel: 01722 424500
Fax: 01722 424508
www.woolleyandwallis.co.uk

ZAN
Zanotta
Via Vittorio Veneto, 57
20054 Nova Milanese, Italy
Tel: 00 39 362 4981
Fax: 00 39 362 451038
E-mail: zanottaspa@zanotta.it
www.zanotta.it

术语表

Acanthus 莨菪叶饰
带刺莨菪叶（Acanthus spinosus）是一种具有肥厚的圆齿状枝叶和花瓣的地中海爵床科植物。自古以来，其样式就被广泛用于雕刻装饰，如建筑物中的装潢性线条造型，古希腊豪华建筑中饰有叶形雕花的科林斯式柱顶和复合柱头。在18世纪，这是家具和金属加工制品上的一种流行图案和花纹。

Aluminium 铝
为一种从铝土矿中所提取的轻质银白色金属。第二次世界大战之后，铝金属良好的延展性和抗锈性受到了人们的青睐，并被家具设计师们广泛使用。

Amaranth 苋属植物
是一种自18世纪以来被广泛应用于贴面的南美洲热带硬木。当人们首次进行切割时，该木质会呈现出绚丽的紫红色，随着树龄的增大最终变成一种浓郁的深棕色。所以，其也被人们称为紫心木和黑黄檀。

Amboyna 青龙木
一种装饰性硬木，颜色从较浅的红棕色到橘黄色不等，具有斑点杂陈的花纹和紧密卷曲的纹理。在18世纪末和19世纪初，这种木材常常被用于贴面。

Anthemion 花状平纹
这是一种类似于忍冬花枝叶和花朵的放射状扇形装饰性图案，起源于古希腊和古罗马。在18世纪末，其作为一种重复性的图案常常被应用于新古典主义家具的横档和檐口上。

Apron 望板
桌子的下横档，箱式家具的框架底部，椅子座位下面的一块成形木头，常常带雕刻。也被称为裙档。

Arabesque 阿拉伯花饰
这种花纹的程式化枝叶呈旋涡状交错排列，并且夹杂有螺旋形、锯齿形的花朵和卷须。起源于中东，直到17世纪早期才在欧洲流行起来。

Armoire 法式衣柜
法语术语，指用于存放衣物和家用亚麻制品的储藏柜。其通常有两扇门和内部搁架。

Astragal 半圆饰线脚
一种横截面为半圆形的装饰线条，通常被用作书柜上的玻璃镶条。

Aubusson tapestry 奥布松挂毯
这些挂毯制造于法国中部城镇奥布松。1665年，制造挂毯的厂家被授予皇家制造厂的称号。该产品通常要比巴黎戈布兰工厂生产的挂毯便宜。挂毯也称壁毯。

Bail handle 吊环拉手
这是一种从1690年就开始使用，悬挂在两个旋钮上的环形手柄，有时安装在背板上。

Bakelite 电木
这是一种革命性的合成塑料，由美籍比利时裔化学家利奥·亨德里克·贝克兰（L.H.Baekeland）于1909年发明。这种坚固、不易燃和实用的塑料，在20世纪20年代和30年代开始流行，并与装饰艺术风格密切相关。也称胶木。

Ball foot 球形脚
这是在17世纪晚期和18世纪早期，应用在橡木和胡桃木箱式家具和椅子上的一种圆形的、能够转动的脚。

Baluster 栏杆
一根短柱子或支柱，如桌腿或一系列支撑扶手并形成栏杆的柱子。栏杆的外形通常呈球根状，这种形状是受到古典花瓶的启发而得来的，自文艺复兴时期开始使用。

Banding 封边
用对比鲜明的木材制成的一种装饰性贴面板条。一般用于抽屉正面、桌面和镶板的边缘。通过这种交叉连接，对比鲜明的木材与主饰面形成角度。在羽毛或人字形封边中，两条对比鲜明的贴面窄条沿相反方向呈对角延伸，从而形成了一种锯齿形纹饰（V形）图案。

Beading 联珠线
一种新古典主义的装饰性边框，常用于箱式家具。将大小相同的珠子或压花珠排成一排，或与拉长的珠子交替应用。亦被称为珠卷饰。

Beech 山毛榉
原产于英国和欧洲的一种有细直纹理的浅色木材。这种木材很容易进行雕刻。在18世纪的法国，山毛榉非常受欢迎，经常被人们用来进行雕琢和镀金。在英国摄政时期，有时被涂色模仿更昂贵的木材。

Bellflower 风铃草
参见麦穗垂饰（Husk motif）。

Bentwood 曲木
19世纪中期由奥地利的迈克尔·索奈特所完善的一种制作曲木家具的技术。这项技术包括将实木或层压木材在蒸汽中进行弯曲，以形成弯曲的桌椅框架。

Bergère 安乐椅
法语术语，指一种非正式的、座位很深的宽大椅子。其通常有一个用藤条制作或装有软垫的靠背和扶手，以及一个厚厚的靠垫。也称扶手椅或圈手椅。

Birch 桦木
一种金黄色的北欧木材，有时略带红色。从18世纪晚期开始，在俄罗斯和斯堪的纳维亚半岛，被用来制作椅子和其他小物件。

Bird's-eye maple 鸟眼枫木
一种产于北欧和北美的具有吸引力的木材。其特征是具有浅褐色环状图形，类似于小鸟的眼睛。在18世纪末和19世纪初，作为一种镶板非常流行。

Blackamoor 黑人装饰
一个真人大小的穿着鲜艳衣服的黑奴雕像。黑人装饰起源于威尼斯，从18世纪起常被用作烛台和其他类似物品的支撑基座。

Boiserie 细木护壁板
法语术语，指精心雕刻树叶纹饰，然后涂漆和镀金的木镶板。在17世纪和18世纪早期，在法国豪宅中很流行，经常与配套设计的家具相映生辉。

Bombé 隆面
法语术语，用来形容箱橱表面的凸面。通常适用于箱式家具，如五斗橱。在18世纪早期的法国摄政时期，这种样式非常流行。

Bonheur-du-jour 女士小书桌
法语术语，指一种小巧精致的女性写字台。写字台有带着多层抽屉的平滑书写面，背后还有许多隔间。最早出现在18世纪中叶。

Boulle marquetry 布尔镶嵌法
这是一种以安德烈-查尔斯·布尔所命名的技术，包括在龟壳或乌木中精心镶嵌黄铜，或在黄铜中嵌入龟壳和乌木。从17世纪末开始，这种工艺就被应用于高品质的家具。通常成对进行生产。

Bow front 弓面
一件箱式家具呈凸形的正面。

Bracket foot 托架脚
自17世纪晚期以来，一种用在箱子上的脚，由两根斜接的支架所组成，以直角连接在一起。

Breakfront 断层式
一件箱式家具的正面，特别是指书柜或橱柜，其中央部分比两边部分向前突出。

Buffet 餐具柜
法语术语，指带有搁架的一种巨大而沉重的陈列柜。在16世纪和17世纪，多用于陈列银器。

Bun foot 扁圆形脚
一种顶部和底部呈扁平状的球形脚。在17世纪晚期，球形脚首次被应用于箱式家具上；然后到了19世纪初，其再次流行起来。

Bureau 写字台
法语术语，指落地式或圆顶式的写字台。

Bureau-bookcase 写字台书架
一件由两个部分所组成的箱式家具。下面是一个写字台。写字台上面，有一个较小的装有玻璃或镶板的框架结构，通常都有两扇门。

Bureau plat 写字柜
法语术语，指一种平顶的写字台。其通常在桌子的书写表面上垫有一个压花皮革制品；在桌子表面下缘的浅檐壁处有一个单独的抽屉。

Burr wood 树瘤木
一种在树干上长有瘤状物的木材，也被称为瘿木。这种木材的片层，显示出一种精细复杂的图案，非常适合用于装饰性贴面。

Cabriole leg 弯腿
家具上的两条腿，形成不断递减的S形，就像是动物腿一样。其流行于18世纪早期，常常被用在椅子上。腿的末端常呈现为瓣爪形和球状体，或者是按固定传统风格处理的爪脚。

Canapé 沙发椅
沙发的法语术语，指两人或多人使用的带有靠背和扶手的软垫座椅。

Cane 藤条
一种轻质、耐用的材料，17世纪末首次从远东进口。从藤树上采摘下来可以被编织成椅子的座位和靠背。

Cantilever chair 悬臂椅
一种没有后腿的椅子，其座椅的重量由前腿和椅子的底座支撑。悬臂椅很受现代主义设计师们的欢迎，他们用钢管来制作椅子的模型。

Carcase 骨架
用来描述未安装抽屉、门、支架或腿脚的一件箱式家具外壳的术语。

Card table 牌桌
一种为进行扑克牌游戏而设计的小桌子，最早出现于17世纪末。这种桌子的台面上通常铺有粗呢，并且有放置游戏配件的隔间。

Cartouche 涡纹框饰
为一种带有卷曲边形式的镶板或牌匾。通常带有铭文、花押字或盾形纹章，具有装饰性的标志。源于古埃及的王名圈，常为椭圆形或长方形。

Caryatid 女像柱
一种以女身人体为形式的建筑立柱，通常被用来作为家具的支撑。起源于古希腊时期，流行于16世纪、18世纪末和19世纪初。

Case furniture 箱式家具
用来储存物品的家具总称，包括箱子、书柜、橱柜和衣柜等。

Cassone 箱柜
意大利语术语，指15世纪和16世纪在意大利制造的一种低矮的箱子或保险箱。

Caster 脚轮
一种用于家具腿部末端的小轮子，方便轻松地移动一些沉重的家具。

Casting 铸造
用熔化的金属液体，如黄铜或青铜等制造固体的过程。

Chaise longue 法式躺椅
法语术语，指一端有高支撑力的带软垫的日间床。也被称为主卧两用椅或沙发床。

Chest-on-chest 双层衣柜
一种可以分为两个部分的箱子，一个在另一个上面；每个部分都有几个抽屉。

Cheval glass 穿衣镜
一个由四脚框架支撑的独立镜子，镜面可以倾斜，以提供一个全身的影像。

Chevron V形线条
一种装饰花纹，流行于装饰艺术风格设计之中。

Chiffonnier 矮碗碟柜
来源于法语术语“chiffonière”，这是一种带有几个抽屉的小边柜。法语“chiffonière”所指的桌子腿更长，并且抽屉下面有搁架。

Chinoiserie 中国风格
一种装饰性风格，在18世纪早期很流行。这种风格是将具有中国情调的图案应用到欧洲家具上。

Chrome 铬
一种银色的金属，通常被镀在基底为钢铁等金属的表面。自20世纪20年代投入商业使用以来，由于其良好的防锈性和光泽度，常被设计师们应用于钢管家具的生产之中。

Claw-and-ball foot 球爪形脚
一种家具腿的末端形式，流行于18世纪早期。据说，其是根据中国龙爪扣珍珠的模样制作出来的。

Cloven hoof 偶蹄
见蹄形脚（Hoof foot）。

Coffer 箱子
一种低矮的衣箱，通常由木头制成。其名称可以追溯到远古时期，一直流行到18世纪，被五斗橱所取代。

Coiffeuse 小梳妆台
法语术语，指女性用以梳妆打扮和进行修饰的桌子。

Columnar 柱状的
具有柱子的形状和圆筒形构造的柱状物。

Commode 五斗橱
法语术语，指一种具有较深抽屉的柜子。这种形式的家具最早出现在17世纪晚期。

Console table 玄关桌
指前面有两条腿支撑，而后面固定在墙上的一种桌子。也被称为边桌、桌案、餐边桌、螺形托脚小桌。

Corbel 托臂
一种固定在一个直立物上的木制支架。其常常被用于从下面来支撑一个水平状的物体，如椅子上的一只扶手撑臂等。

Cornice 檐口
一种带有装饰性的、模铸的凸出物，多出现在高大的壁橱、橱柜或陈列柜上部。

Crest rail 顶轨
见搭脑（Top rail）。

Cross banding 直角单板
见封边（Banding）。

C-scroll C形卷曲
在洛可可时期所发展起来的一种具有装饰性的、带雕刻的C形古典装饰。参见S形卷曲（S-scroll）。

Damask 丝绸锦缎
一种色彩强烈、经编织带有缎纹组织的丝绸、亚麻或棉织品。该制品自15世纪从叙利亚进口到欧洲，16世纪应用于家具之中。

Davenport 达文波特书桌
一张带有倾斜书写面的小桌子，通常桌体一侧有一组抽屉。

Day bed 日间床
见法式躺椅（Chaise longue）。

Demi-lune 半月
法语术语，指一种半月形形状。

Dentil pattern 齿状装饰图案
作为古典建筑的一个装饰性特征，齿状装饰以一种类似于牙齿一样的细小矩形块状体，在檐口下排列。

Dovetail 燕尾榫
一种接头，从17世纪末开始使用。两块木头以直角的形式连接在一起。每块木头上都有扇形的齿状结构，在连接处咬合。

Dowel 圆榫
家具构造中用来连接两块木头的一种细小无头木钉。要连接的每一块木头上都有一个圆孔，大小尺寸与圆榫完全相同。木钉可以插入孔中并用胶水进行粘合。

Dresser 化妆台
一种自17世纪以来就开始流行的大型箱式家具。其上部有一个搁架；较低的部分通常有一个中央橱柜；两侧是抽屉或开放性的架子。

Dressing table 梳妆台
一种排列着抽屉的小桌子，用来放置一些女士或男士们的私人用品。从17世纪起，人们就开始使用这个词汇。也称梳妆桌。

Drop front 落面
同落面（Fall front）。

Drop-in seat 嵌入式座位
一种可拆卸的椅子座位。其座位是分开进行制作的，然后嵌入到座椅的框架之中。

Drum table 鼓形桌
18世纪末和19世纪初所使用的一种写字台。这种写字台有一个圆形、鼓形并被皮革所覆盖的桌面，由三脚架或底座上的中心柱来进行支撑。

Ébéniste 细木工
法语术语，指从事家具制作的细工木匠。该词汇从17世纪就开始使用，来源于“乌木（ebony）”这个单词。细木工擅长于家具表层的装饰件制作。

Ebonized wood 仿乌木
一种被染黑以用来模仿乌木的木头。在18世纪末和19世纪末，仿乌木非常流行。

Ebony 乌木
一种来自于印度次大陆的原生硬木。乌木呈黑褐色，非常厚重，纹理紧密而光滑。在17世纪晚期的欧洲，作为家具表层的镶饰板，乌木受到了人们的追捧。

Elm 榆木
一种欧洲和北美硬木，颜色为红棕色，主要用于乡村家具的制作。在18世纪末和19世纪初，作为一种具有树瘤纹（burr elm）的家具表层镶饰板，榆木受到人们的欢迎。

Enamel 珐琅
一种从玻璃中提取的有色、不透明复合物，有时被用作家具部件上的装饰镶嵌物。

Encoignure 墙角柜
法语术语，指可以放置在角落里的小碗柜、餐具柜等。墙角柜里面通常有分层搁架，腿部较短。这种柜子最早出现在18世纪早期的法国。

Escutcheon 锁眼盖
一种具有装饰性效果的钥匙孔保护板，常以盾形呈现。

Estampille 印章
法语术语，用来描述由橱柜制造者们在法国家具上所留下的标记。上面印着家具生产者的名字、首字母或花押字。1751年至1791年，在巴黎的行会制度下，这种做法是带有强制性的。

Étagère 陈列架
法语术语，指一套货架，最早在18世纪末使用。这种陈列架通常是不需要依靠任何支撑物而独立的，带有两到三层搁架。

Fall front 落面
一张书桌或写字台前面有带铰链的平面，可向前倾斜形成一个书写面，有时也被称为“Drop front”。

Fauteuil 安乐椅
法语术语，指一种大型的、有软垫的开放式扶手椅。最初出现于路易十四的宫廷之中，在 18 世纪非常流行。

Faux 人造的
法语术语，意思是伪造的、人造的和人工的等等。常常被用来模仿另外一种材料外观的效果，如木头中的伪造木材或大理石中的人造大理石等。

Feather banding 羽毛封边
见封边（Banding）。

Festoon 花彩
一种经典的装饰性图案，以水果和鲜花组成一种花环形式，再用丝带捆扎在一起。最早在 17 世纪初，这种花纹被应用于家具之中。从 18 世纪后期开始，再次被广泛使用。

Fibreglass 玻璃纤维
一种由磨砂玻璃纤维与合成树脂黏合而成的坚固、轻巧且用途广泛的材料。20 世纪 50 年代，玻璃纤维被查尔斯和雷・伊姆斯夫妇推广应用于家具制造。

Fielded panel 装配镶板
一种具有斜边的凸起的木制镶板，其位于一个平板状的外框内。

Figuring 纹理
指任何一块被切割过的木头上的天然花纹或线条。

Filigree 金银丝细工
一种用金银线所拧成的结构，焊接成具有透雕镂刻样式或二维平面的镶板，多用作装饰。

Finial 顶饰
一种装潢用的呈现出旋转或雕刻形式的装饰品，通常以瓮、橡子或松果的形式被装置在椅子、床或箱式家具上最突出的顶端。

Fluting 凹槽
与刻槽装饰线相对应的，从柱顶贯穿到底部的一种较浅的凹模平行线。新古典主义家具的桌腿上，就经常使用这种凹槽。

Foliate 叶状
像一片树叶形状的装饰。

Formica 福米卡
一种由含有三聚氰胺的层压塑料板制成的材料。这种塑料装饰板结实耐用，易于清洁。在 20 世纪 50 年代和 60 年代，桌面流行使用这种装饰板。

Fretwork 回纹细工
源自于中国的艺术形式。这是一种由许多交叉的，通常是几何线条所组成的，中间有多孔空间的雕刻装饰。在 18 世纪英国最精致的、具有中国风格或哥特式的齐本德尔家具上，人们就常常采用这种透雕细工装饰工艺。

Frieze 带状装饰
一个经典的术语，用来描述支撑桌面的水平条带，或一件箱式家具上的檐壁，也称中楣。

Fumed 熏制
一个用来描述一种深受工艺美术运动设计师们所欢迎的技术的术语。在这种技术中，人们使用化学物质来使木材的自然颜色变深变暗，使其看起来生长时间更加久远。通常使用的木材是橡木。

Gadrooning 拱纹环饰
沿表面边缘所使用的一排凹槽或凸槽，使家具显得更具有装饰性。在整个 18 世纪，这种有独创性的经典图案非常流行。该图案被广泛应用于一些箱子、脚橱、椅子和桌子上。

Gallery 边廊
围绕在茶几、桌子或橱柜边缘的一种金属或木制小栏杆，从 18 世纪中期开始流行。

Galuchat 粗面皮革
见鲨革（Shagreen）。

Gateleg table 折叠活动腿桌
指带有铰链活动桌板的桌子，最早出现在 16 世纪末，当桌面被打开，带有铰链的活动桌板就落在由支架连接在一起的旋转桌腿上。

Gesso 石膏
一种由熟石膏（plaster of Paris）和浆料所组成的混合物，有时也用亚麻籽油和胶水。在 17 世纪和 18 世纪早期，石膏被人们用作家具上进行精雕细琢和镀金装饰的基底材料。

Gilding 镀金
一种装饰性的表面处理方法，其中黄金被应用于木材、皮革、银器、陶瓷或玻璃上。这个过程包括有将金箔或金粉（或银粉）铺设在一些基础材料之上，如石膏等。包金，是指仅对物体的一部分进行镀金时所使用的术语。

Giltwood 镀金木
被镀金的木头。

Girandole 枝形烛台
意大利语术语，指一种华丽的镀金木烛台。在 18 世纪洛可可和新古典主义设计中，这种烛台非常流行。

Goût grec 希腊风情
法语术语，描述了人们对古希腊和古罗马所重新产生的兴趣。这种倾向，导致了 18 世纪末和 19 世纪初的新古典主义风格的出现。

Greek key 希腊回纹
一种环环相扣的、几何形状的钩形装饰带。其最初是一个经典性图案，被广泛应用于新古典主义家具。

Gros point 提花
法语术语，指一种刺绣针法。在缝纫时，缝纫线穿过基底织物的十字线。另见纳纱绣（Petit point）。

Grotesque 怪诞装饰
文艺复兴时期所流行的一种装饰。画面中，真实的和虚构的野兽、人物、花卉、卷曲和烛台都混杂结合在了一起。该装饰品通常是以垂直镶板的形式出现。

Guéridon 陈设桌
法语术语，指一个小巧的台子或桌子，最早出现在 17 世纪。该桌子通常雕刻精美，装饰华丽。

Guilloche 纽索饰
一种装饰性图案，通常采用缠绕或编结在一起的连续性线带形式。该图案最早出现在古典建筑中，深受新古典主义设计师们的欢迎。

Hairy paw foot 毛爪脚
起源于古希腊，在 18 世纪末和 19 世纪初再次复兴。这是一种腿部终端形状肖似多毛动物的脚爪（通常是狮子爪）的家具结构。

Hall chair 廊椅
一种简易的高靠背椅子，最早见于 18 世纪。该椅子一般放置在豪宅的门厅或走廊，以用作人们进行等候时所使用。

Highboy 高脚柜
美语术语，指一种五斗橱。从 1710 年起，这种柜子在美国北部开始生产制造。通常与一个矮柜相匹配，也就是一个同样风格的、低矮的梳妆台或写字台。

Hoof foot 蹄形脚
这是一个腿部末端形状肖似山羊或公羊蹄形脚的家具结构，最早出现在古埃及。从 17 世纪晚期到 18 世纪末，在欧洲广泛使用，也被称为偶蹄或分趾蹄。

Husk motif 麦穗垂饰
这是一种形似谷壳的风格化装饰物，在 18 世纪晚期很流行。当时，其被反复用作垂花雕饰或窗饰。在美国这种装饰物也被称为风铃草（Bellflower）。

Inlay 镶嵌
一种装饰技术，将不同颜色的木材或奇异的珍贵材料，如珍珠母、象牙和骨头拼接到一件家具的实木表面或饰面之中。

Intarsia 细木镶嵌工艺
意大利语术语，指的是一种图画类型的镶嵌细工，最初在 14 世纪使用。在文艺复兴时期的意大利和 16 世纪的德国，这种工艺经常被用于装饰家具上的镶板。

Ivory 象牙
一种耐用的乳白色材料，来自象牙。在 17 世纪的家具和一些法国装饰艺术作品上，象牙常常作为一种装饰性镶嵌物来使用。

Japanning 涂漆
一种装饰手法，可追溯到 17 世纪。就是在家具表面涂上一层模仿中国漆或日本漆的彩色清漆。

Jardinière 花盆架
法语术语，也称为花箱，指一种大型的装饰性器皿，通常是陶瓷制品。其主要是用来盛放鲜切花卉或种植植物。从 17 世纪起，这种器皿在欧洲非常流行。

Kas 大衣柜
荷兰语术语，指一种大型的乡下人用衣柜。该衣柜起源于 17 世纪的荷兰、比利时和卢森堡等低地国家，18 世纪和 19 世纪初由荷兰殖民者引入美国。

Kingwood 西阿拉黄檀木
17 世纪晚期引入欧洲的一种巴西硬木，常用于进行镶嵌细工和封边工艺。

Klismos chair 克里斯莫斯椅
一种带有宽阔而弯曲的顶轨和凹形刀样腿的椅子。起源于古希腊，流行于 1800 年左右的希腊复兴（Greek-revival）时期的家具之中。

Kneehole desk 容膝书桌
一张顶端由下方两排抽屉支撑着的桌子。桌子中间的凹处，是容纳坐者双膝的地方。其最早见于 17 世纪晚期的法国、荷兰、比利时和卢森堡等低地国家，至今仍是一种流行形式。

Lacca povera 图形剪裁
意大利语术语，意为“穷人的漆”，描述了一种拼贴或类似剪影、剪纸的装饰形式。在这种装饰形式中，先在版画表面着色，然后将其切割并粘贴在家具上，最后涂漆以产生具有光泽的饰面。这项技术起源于17世纪50年代的威尼斯。

Lacquerwork 漆器
源于远东，用漆树的树液制成的树脂，多层涂在家具上，以产生光滑、有光泽并耐磨的表面。

Ladder-back chair 梯形靠背椅
一种乡村风格的椅子，靠背由许多水平导轨组成，就像梯子的横档一样，位于立柱之间。它通常有一个蔺茎座位，是夏克式风格家具的代表。

Lamination 层压
是指将薄木片按纹理黏合在一起的过程。早在19世纪中期，约翰·亨利·贝尔特在美国首次使用层压材料，20世纪被用于制造胶合板。

Library table 图书馆桌
这是一种设计成立在图书馆中心的大写字台。它在18世纪末和19世纪初很受欢迎。

Limed oak 石灰橡木
20世纪初的一种工艺，用石灰处理橡木，使其表面产生白色条纹。

Linen press 亚麻橱柜
一种存放亚麻布的大橱柜。

Lion’s-paw foot 狮爪脚
家具腿部末端雕刻为狮爪形状，在摄政和帝国风格时期很常见。

Lowboy 矮柜
见高脚柜（Highboy）。

Lyre motif 七弦琴主题
一种基于古希腊乐器的新古典主义装饰主题，用作椅背和桌子支架的装饰形状或装饰物。

Mahogany 桃花心木
从1730年之后大量进口到欧洲的中南美洲硬木。它是红棕色的，纹理紧密。

Maple 枫木
一种欧洲硬木，颜色苍白，在17、18世纪用于镶嵌。它有时被染成黑色来模仿乌木这种更昂贵的木材。

Marquetry 镶嵌细工
由不同颜色、不同形状的木块组成的装饰贴面，这些木块拼在一起形成图案或图画。荷兰人完善了这项技术，并在16世纪制作出花卉形状镶嵌的精美家具。在17世纪晚期用于抽屉柜和橱柜的镶嵌工艺中，工匠会用冬青和黄杨木等花纹丰富的木材来创造出海藻的效果。另见细木镶嵌（Parquetry）。

Mask 面具
人、神、动物、鸟或怪物头部的装饰图案。最初是一种古典主题，在文艺复兴时期和新古典主义风格家具上也经常被使用。

Medallion 纹章
一种圆形或椭圆形的带有框架的装饰浮雕。

Menuisier 细木工匠
法语术语，指用普通木材制作小件家具的细木工或能工巧匠。与之相比，细木工（ébéniste）专指制作镶面的工匠。

Metamorphic furniture 可变形家具
具有多种用途的家具，例如可以变成一组图书馆台阶的椅子。

Mortise and tenon 榫眼和榫头
一种早期的接合方式，其中一块木头有一个突出的部分（榫头），可以紧密地嵌入另一块木头的孔（榫眼）中。接头也可以用销钉固定，销钉穿过两块木头上钻的孔，使接头更加牢固。

Mother-of-pearl 珍珠母
一种苍白、发亮、有纹理的物质，主要分布在一些贝壳上，用作家具上的装饰嵌体。

Moulding 线脚
一种应用于家具表面的木条，用于增加装饰细节或隐藏接缝。从18世纪起装饰条就被使用了。

Mount 底托
黄铜、镀金或青铜装饰细节的统称，用于17世纪和18世纪晚期，尤其是法国制造的家具。最初用于防止碰撞、磨损和撞裂，但最终变成纯粹的装饰。

Oak 橡木
一种原产欧洲和北美的硬木，为浅淡的蜂蜜色。橡木自中世纪以来就被用来制作家具，是19世纪工艺美术风格家具制造商最喜欢的木材。

Occasional table 休闲桌
可以用于不同场合，并从一个房间移动到另一个房间的小桌子。

Ogee moulding 曲线造型
一种最初用于哥特式建筑的造型形式，横截面呈浅S形曲线。

Ormolu 铜制底
源自法语术语moulu的英语术语，意思是“金底”，表示装饰性底托的镀金–青铜。

Oyster veneer 牡蛎贴面
产生于17世纪末和18世纪初，由小木块的斜截面制成，排列成小圆环的重复图案。

Pad foot 垫脚
常见于弯腿的末端，是一种位于圆形底座上的圆形的脚。

Padouk 紫檀
一种沉重的红色硬木，由荷兰人和葡萄牙人从远东进口，在18世纪经常被用作贴面的一个组成部分。

Palladian 帕拉迪奥风格
源自意大利建筑师安德烈·帕拉迪奥的家具，具有一种拘谨的古典建筑风格和装饰特征。

Palmette 棕叶饰
基于扇形的棕榈叶经典装饰图案。在18世纪末，它被广泛用作新古典主义家具上的装饰。

Papier mâché 混凝纸
由湿纸和浆糊制成的轻质材料，可模制成任何形状。在18世纪和19世纪的家具制造中很受欢迎，作品通常被镀金、上漆以达到装饰效果。

Parcel gilding 包裹镀金
见镀金（Gilding）。

Parquetry 细木镶嵌
镶嵌细工的一种变体，由小块木头拼成马赛克等几何形图案的镶板。它在18世纪被用于胡桃木贴面家具上，反映出路易十五时期家具工匠的精湛技艺。

Patera 圆盘饰
指平面上的椭圆形或圆形装饰物，通常装饰有花卉图案、玫瑰花结或凹槽。圆盘饰很受新古典主义设计师的欢迎。

Patina 绿锈
金属家具表面的光泽，是多年处理和逐渐积累污垢后抛光的结果。

Pedestal table 底座桌
在单一的中央支柱或柱子上鼎立的圆形或方形桌子，通常有一个三方式的底座。这种桌子在18世纪的英国很受欢迎。

Pediment 山墙
希腊神庙门廊上方的三角形山墙的建筑术语，从16世纪起在欧洲被采用，并应用于书架和高脚柜等家具的顶部。在家具装饰上被创造成各种不同的形状。

Pegged joint 销钉接头
被穿过钻孔的钉子固定在一起的两块木头的接合处。

Pembroke table 彭布罗克桌
一种小桌子，通常有精心镶嵌的桌面，两个饰边抽屉和两个落面，通常桌腿带脚轮。从18世纪中期开始在英国制造。

Penwork 描金
一种技术，在一件家具的整个表面涂上黑色，然后再涂上复杂的白色漆饰图案。

Petit point 纳纱绣
法语术语，指刺绣针法，有规律地按基底织物的纱眼穿针，戳纳花纹。另见提花（Gros point ）。

Pier 墩
指房间中两个窗户、门或房间其他开口之间的承重墙，亦指厚而粗的建筑物基础。

Pier glass 矮几镜
一种设计成挂在两个窗户之间的又高又窄的镜子，通常放在矮几上。

Pier table 矮几
设计成靠着墩竖立的小桌子。从17世纪开始它就很受欢迎，并且经常与风格相同的矮几镜搭配使用。

Pietra dura 佛罗伦萨马赛克饰面
意大利语术语，指一种昂贵的镶嵌形式，使用半宝石，如碧玉和青金石，作为橱柜和桌面的装饰板。这项技术在文艺复兴时期首次出现在意大利，17世纪非常流行。

Pilaster 壁柱
建筑术语，指作为装饰附着在家具表面的扁平柱子，而不是支撑。壁柱通常位于柜门或抽屉旁边，顶部通常有柱头。

Pine 松木
一种廉价的浅色直纹软木，主要用于抽屉衬里和家具背板。

Plastic 塑料
一种合成材料，最早在20世纪20年代普及，可以在柔软的时候塑型，然后变成一个刚性的形式。

Plywood 胶合板
由几层相互呈直角放置的层压木材制成的复合木材。薄胶合板的柔韧性在20世纪20年代和30年代对于制作曲面的家具非常有用。

Polyurethane foam 聚氨酯泡沫
一种合成物质，用于填充坐垫和靠背，于 20 世纪 60 年代推出。

Porcelain 瓷饰件
瓷土和瓷石的混合物，烧制后变坚硬、半透明和白色。

Pressed glass 铸压玻璃
通过在模具中压制成型的玻璃。这项技术是19世纪20年代在美国发展起来的。

Pressed steel 压制钢
通过在模具中压制成型的钢材。这种技术是在 20 世纪中期发展起来的。

Putto 丘比特
意大利语“小天使”或“男孩”，指文艺复兴时期，特别是 17 世纪被广泛使用的一个主题。

Quatrefoil 四叶饰
哥特式装饰图案，常用于窗饰，由四片不对称的叶子组成，像四片叶子的三叶草。三片叶子（三叶饰）和五片叶子（五叶饰）的类似图案也很常见。

Rail 导轨
家具框架上的水平木条，如连接桌子或椅子腿的木条，或连接椅背立柱的木条。

Récamier 卧榻
见法式躺椅（Chaise longue）。

Reeding 凸嵌线
指从柱的顶部延伸到底部的平行凸模，与凹槽相反。从 18 世纪晚期开始，它被用作桌子和椅子腿上的装饰。

Relief 浮雕
一种经过雕刻、模制或冲压的装饰特征，通常会高出一件家具的表面。突出的图案称为高浮雕，不太突出的图案称为浅浮雕。

Reverse painted 背板画
绘制在玻璃内表面，被反向绘制的图像。

Ribbon back 缎带背
指被雕刻成像系有蝴蝶结缎带的椅背。这是 18 世纪中期流行的设计，是齐本德尔椅子的典型特征。

Rocaille 贝壳形装饰
法语术语，意思是“岩石”，它指的是洛可可风格特有的不对称的岩石和贝壳造型。

Rosette 玫瑰花饰
起源于古代，这是一种玫瑰花形的装饰图案，通常用作圆盘装饰品或圆形饰盘，因此常叫作“圆花饰”。

Rosewood 黄檀木
通用术语，檀属植物木材。红棕色纹理均匀的硬木，有明显的深色条纹。从 18 世纪起，它就被用作贴面，摄政时期作整件家具，20 世纪中期再次流行。也被称作檀木、花梨木。

Sabot 包脚
弯腿底部的金属套。

Sabre leg 军刀腿
一种有柔和平凹曲线的腿，主要出现在椅子上，在 19 世纪上半叶广泛用于摄政式、帝国式和联邦式家具上。

Saddle seat 马鞍形座位
一种木制的座位，从中间抬高，从两边和后面拱起，看起来像一个马鞍。这是温莎式椅子的一个特征。

Satinwood 缎木
一种纹理细密、金黄色的外国硬木，常用于精细切割制作的贴面。18 世纪末和 19 世纪初，在英国非常流行。也称金丝木。

Scagliola 仿云石
一种类似石膏的物质，加入彩色颜料和小石块，如花岗岩、大理石和汉白玉，凝固后可以被抛光，看起来像大理石或片石。

Scalloped 扇形
用来描述波状边缘或边界，类似于扇贝壳的边缘。

Schrank 德国衣柜
德语术语，指橱柜，通常与 17 世纪和 18 世纪早期大而重的双门橱柜联系在一起。

Sconce 壁式烛台
设计安装在墙上的烛台。它有一个用来支撑蜡烛的臂或支架，还有一个用来向房间反射蜡烛光的背板。

Scroll foot 卷曲脚
末端为滚动或螺旋形的脚，它通常出现在弯腿上，在 18 世纪中期很流行。

Seat rail 座椅导轨
见导轨（Rail）。

Seaweed marquetry 海藻镶嵌细工
见镶嵌细工（Marquetry ）。

Secrétaire 写字台
法语术语，指由两部分组成的大橱柜，流行于 18 世纪晚期。下半部分有一个能下垂的前脸，以提供一个书写面，内里包含文件格和抽屉，上半部分通常有一个书架或玻璃橱柜。

Secrétaire à abattant 书写柜
法语术语，指一种单独放置的写字台。它通常在顶部下方有一个细长的抽屉，和一个可折叠的书写面。下部分是抽屉或橱柜。这种形式在 18 世纪后期的法国很流行。

Semainier 七斗橱
法语术语，指有七个抽屉的又高又窄的柜子，一个代表一周中的一天，最早出现于 18 世纪。

Serpentine 蛇形
一种波状或起伏的表面。前部为蛇形的五斗橱，具有突出的中心部分和凹形的边缘。蛇形撑架则是指弯曲的交叉形架子。

Settee 长靠椅
可供两个人或更多人坐的椅子，靠背较低，双臂张开。长靠椅座位为软垫制成，比安乐椅更为舒适，从 17 世纪起在欧洲就有各种形式出现。

Settle 高背长靠椅
一种有高背和张开双臂制成的木制箱子或长凳。这种形式的家具最早产生于中世纪，19 世纪后期由工艺美术运动复兴。

Shagreen 鲨革
鲨鱼皮或鳐皮，被 17 世纪和 18 世纪的一些设计师用作镶嵌物，后在 20 世纪初装饰艺术设计师的作品中复活。它也被称为法语术语 galuchat（有装饰的粗面皮革）。

Shell motif 贝壳图案
贝壳是一种流行的洛可可装饰图案，常出现在弯腿的膝部上和美国安妮女王风格箱式家具裙档的中央。

Sofa 沙发
可供两个人或更多人使用的全软垫座椅，一种不太正式的长椅。它是从 17 世纪晚期开始制作的。

Sofa table 沙发桌
一种长而窄的桌子，两端各有一片下垂的叶面和抽屉。它一般放在沙发后面，在 18 世纪末和 19 世纪初很流行。

Spade foot 铲形脚
一种长方形的锥形脚，形状类似铁锹，从 18 世纪末开始出现在桌腿上。

Sphinx 狮身人面像
又叫斯芬克斯，古埃及的一种动物形象，有女人的头、带有翅膀的狮子的身体。它在帝国时期由拿破仑推广，在 20 世纪又由装饰艺术设计师广为传播。

Spindle 轴
经车床加工的窄木，用作椅子上的立柱。成排的转轴有时在箱式家具上成为边廊的立柱。

Splat 椅背条
椅子靠背平坦、垂直的中间部分，可以是实心的，也可以是镂空的，通常为一次成型。它们是时代风格的重要标志。

Squab cushion 靠垫
椅子、沙发或长椅上可拆卸的垫子。

S-scroll S 形卷曲
一种雕刻或应用的古典装饰，呈 S 形，发展于洛可可时期。参见 C 形卷曲（C-scroll）。

Stainless steel 不锈钢
见钢（Steel ）。

Steel 钢
一种坚硬耐用的金属，由铁和碳结合而成。它最初以各种形式出现在 16 世纪和 17 世纪的家具上，20 世纪的设计者采用了改进的形式，如管状钢、镀铬钢和不锈钢（一种钢、镍和铬的非腐蚀合金）。

Strapwork 带状饰
一种装饰形式，看起来像一个滚动的带子或图案。源自意大利矫饰主义画家的作品，它在 16 世纪末和 17 世纪初非常流行，并经常应用于家具。

Streamlined 流线型
从工程学中借用来的一个术语，用来描述 20 世纪 20 年代和 30 年代美国装饰艺术家具光滑、线条清晰的特征。

Stretcher 撑档
延伸在椅子或桌子的两条腿之间的杆或棒。

Stringing 镶边
在抽屉前板或桌面周围形成的简单的装饰性边框。它在 18 世纪末很受欢迎。

Sunburst motif 太阳辐射图案
最早由路易十四在 16 世纪末和 17 世纪初推广，是一种太阳被光线包围的图案，后来被装饰艺术设计师以程式化的形式使用。

Swag 垂花饰
带经典的水果、(谷类、果实和种子的)外壳、花朵或月桂叶等古典装饰图案的悬挂花环。垂饰通常以镶嵌物为特色，或者形成桌子上檐带的一部分。被广泛用于新古典主义家具上。

Tabouret 矮凳
法语术语，指类似鼓形的低软垫脚凳。

Tambour 滑门
活面书桌上的一个灵活的木板活动门，由细长木条并排粘在帆布背衬上制成。有时又称为“鼓形活面”或“活面”。

Teak 柚木
一种重的、深棕色油性硬木，自 18 世纪以来用于制作家具。在 20 世纪 50 年代和 60 年代，它很受斯堪的纳维亚设计师的青睐。

Thuyawood 金钟柏木
一种土生土长的非洲红棕色硬木，有鸟眼。在 18 世纪和 19 世纪，它作为贴面很受欢迎。

Tilt-top table 竖面桌
一种将桌面的一侧铰接在底座上的桌子，这样它可以倾斜至垂直角度，以便靠墙放置。

Tongue and groove 企口缝
指木材接合处，沿着一条木材的一侧的凸槽拼接装配到相邻的一条木材的凹槽中，拼接后结合紧密，不易翘起。

Tooling 压印图案
一种通过压花、镀金或切割装饰皮革的技术，通常出现在写字台上皮革件的边缘。

Top rail 搭脑
椅子靠背上最高的水平杆。也被称为顶轨。

Torchère 烛台座
法语术语，指壁灯或烛台座，通常是一张带顶面的高桌子，下有柱子做支撑。在 17 世纪和 18 世纪初很受欢迎。

Tortoiseshell 龟甲
一种闪亮的半透明材料，由玳瑁壳制成。玳瑁可以被热塑、雕刻和着色，用于镶嵌装饰，尤其在 17 世纪和 18 世纪的布尔镶嵌工艺中。如今，龟甲通常是用赛璐珞(celluloid，合成塑料)模仿的。

Tracery 花饰窗格
一种精致的格子状装饰形式，以哥特式教堂窗户的精致形状为基础。又叫窗饰。

Trefoil 三叶饰
见四叶饰(Quatrefoil)。

Trestle table 支架桌
大型餐桌的一种简单形式，通常由橡木制成的平板搁在一个、两个或多个支架上(成对张开的腿)。从中世纪到 17 世纪，这种桌子被广泛使用。又叫支架台或搁板桌。

Tripod table 三脚架桌
由三条张开的腿支撑的小型临时台座桌。这种形式在 18 世纪晚期的家具中很流行。

Tubular steel 无缝钢管
一种轻质而坚固的中空钢管，可弯曲成任何形状。由于其耐用、易于清洁的特质和工业吸引力，它在 20 世纪上半叶被现代主义设计师广泛使用。

Vargueño 支架柜
16 世纪和 17 世纪西班牙最受欢迎的家具之一，这是一个放在柜子或架子上的储物柜。它通常有一个可以落下的正面，经过精心雕刻或装饰。

Veneer 贴面
一层薄而细的木材，应用在较粗糙、较便宜的木材制成的胎体表面，起到装饰作用。从 17 世纪下半叶开始，贴面被广泛使用。

Verdigris 铜绿
经一段时间后，在铜、黄铜或青铜上形成的绿色或蓝色化学沉积物。

Verre églomisé 反向彩绘玻璃
法语术语，一种玻璃装饰技术。指的是在玻璃背面覆盖一层金或银箔，然后在箔上蚀刻或雕刻图案。这项技术使用于 18 世纪。

Vinyl 乙烯基塑料
一种革命性的塑料，具有很好的耐用性和柔韧性，开发于 20 世纪 40 年代。在 20 世纪 50 年代和 60 年代，它主要被家具设计师用来制作椅子座位。

Vitruvian scroll 维特鲁威卷曲
一系列波浪形的卷曲，作为装饰图案用于雕刻、绘制或镀金，多出现于檐壁上。作为古典装饰，它在 18 世纪末和 19 世纪初被广泛用于新古典主义家具。

Volute 涡卷
一种古典图案，为盘旋形的卷曲状，看起来像公羊弯曲的角。自文艺复兴以来，这一主题图案在新古典主义家具中得到推广。

Walnut 胡桃木
欧洲和北美的本地硬木，切割后会呈现丰富棕色的木材。从 17 世纪中期到 18 世纪早期，胡桃木在欧洲很受欢迎，无论是实木还是作为贴面使用。胡桃木经常被用作装饰贴面。

Wickerwork 柳编
自古以来就为人所知，将藤条或柳条编织形成一个平坦耐用的表面，是制作椅子座位的理想选择。

Windsor chair 温莎椅
一种具有弯曲木靠背和木制座位的乡村椅子，椅子腿固定在座位上。这类椅子是 18 世纪早期的一种形式，最初是在英格兰温莎镇制造的。

Worktable 工作台
通常指装有抽屉或架子及存放针线活和缝纫材料挂袋的小桌子。它在 18 世纪很受欢迎。

Zopfstil 穗状饰带
是 18 世纪晚期德国新古典主义的术语，它的名字来源于古典编织饰带和节日装饰——“Zopf”在德语中的意思是“编织物”。

价格标牌(英镑)

本书中部分家具配有与之相符的价格(受本书出版时间所限，仅供参考)：
① £100–500 ② £500–1,000 ③ £1,000–2,500 ④ £2,500–5,000
⑤ £5,000–10,000 ⑥ £10,000–20,000 ⑦ £20,000–50,000
⑧ £50,000–100,000 ⑨ £100,000–250,000 ⑩ £250,000 以上

索引

以英文原版书为准，中文版仅作部分参考。

D

E

U

V

W

Y

Z

鸣谢

作者致谢
作者要感谢以下人员对本书的编写所做的实质性贡献：

摄影师 Graham Rae 的耐心、幽默和精彩的摄影以及 John McKenzie，Andy Johnson，Byron Slater 和 Adam Gault 的摄影作品。

所有的经销商、拍卖行和私人收藏家都允许我们拍摄他们的收藏品，并花时间提供有关这些作品的丰富信息。

DK 的团队，尤其是 Angela Wilkes 和 Karla Jennings 以及 Corinne Asghar，感谢他们对该项目的技术支持和奉献精神。还要感谢 Lee Riches，Sarah Smithies，Kathryn Wilkinson 和 Anna Plucinska。

特别感谢 Anna Southgate，Dan Dunlavey，Jessica Bishop，Karen Morden，价格指南公司（英国）的 Alexandra Barr 和 Sandra Lange 的编辑贡献和对采购信息的帮助。感谢数字图像协调员 Ellen Sinclair 和顾问 John Wainwright，Martine Franke，Nicolas TricauddeMontonnière，Keith Baker，Silas Currie 和 Matthew Smith，他们为本书的规划提供了很多帮助。

我们还要感谢以下人员对本书执行书写的帮助： Pierre Bergé et Associés, Paris; Lynda Cain, Samuel T Freeman and Co, Philadelphia; Maison de Ventes Chenu Scrive Bérard, Lyon; Sean Clarke, Christopher Clarke Antiques, Stow on the Wold, Gloucestershire; Dr Graham Dry, Von Zezschwitz, Munich; Judith Elsdon, Curator, The American Museum, Bath; John Mackie, Lyon and Turnbull, Edinburgh; Lucy Morton, Partridge Fine Arts plc, London; Ron and Debra Pook, Pook and Pook Inc, Lancaster, PA; Sebastian Pryke, Lyon and Turnbull, Edinburgh; Jo-Marie Rabe, Pier Rabe Antiques, Stellenbosch, South Africa; Paul Roberts, Lyon and Turnbull, Edinburgh; Rossini, Paris; J. Thomas Savage, Sotheby's Institute of Art, New York; Renee Taylor, Northeast Auctions, Portsmouth, New Hampshire; Anthony Well-Cole, Temple Newsam House, Leeds; Lee Young, Samuel T Freeman and Co, Philadelphia.

特别感谢伦敦的 Partridge Fine Arts plc。

出版社致谢
感谢 Amber Tokeley，Dawn Henderson 和 Simon Adams 的社论贡献，Simon Murrell，Simon Oon，Steve Knowlden 和 Katie Eke 的设计贡献，Richard Dabb 和 Fergus Muir 的数字图像协调，Caroline Hunt 的校对，以及 Dorothy Frame 的编译索引。

图片出处说明
出版商要感谢以下机构允许复制他们的图片：

缩写：T-TOP, B-BOTTOM, R-RIGHT, L-LEFT, C-CENTRE, A-ABOVE, F-FAR

2 www.bridgeman.co.uk: Wallace Collection, London, UK (clb).
3 Sotheby's Picture Library, London (br). 4-5 Fritz Hansen A/S.
6 The Metropolitan Museum of Art: Gift of Mrs Russell Sage, 1909.
7 Fritz Hansen A/S (bl); The Metropolitan Museum of Art: Gift of Mrs Russell Sage, 1909 (br). 8 Réunion Des Musées Nationaux Agence Photographique: Blot/Lewandowski (bc). 10 www.bridgeman.co.uk: Museum of Fine Arts, Houston, Texas, USA (bcr). 14 akg-images: Rabatti - Domingie (tr); The Metropolitan Museum of Art: Fletcher Fund 1930 (tl). 18 The Art Archive: Egyptian Museum Cairo/Dagli Orti. 20 Corbis: Archivo Iconografico, S.A. (bc); The Metropolitan Museum of Art: 1992/Rogers Fund, 1930 (cl). 20 Topfoto.co.uk (tr). 21 The Ancient Egypt Picture Library (crb); Corbis: Roger Wood (t); The Art Archive: Musée du Louvre Paris/Dagli Orti (bc). 22 Corbis: Araldo de Luca (cl, tr); Dave Bartruff (br); The Art Archive: Cyprus Museum Nicosia/ Dagli Orti (bl); Photo Scala, Florence (bc); 23 DK Images: The British Museum (c).
24 akg-images: François Guénet (cl). Alamy Images: Jon Arnold Images (bc, br); www.bridgeman.co.uk: National Palace Museum, Taipei, Taiwan, (bl). Trustees of the V&A (tr). 25 akg-images: François Guénet (r). www.bridgeman.co.uk: Biblioteca Nazionale, Turin, Italy, (br). Christie's Images Ltd: (tl). 26 akg-images: Museo del Prado/Erich Lessing (tr). Corbis: McPherson Colin (l). The Art Archive: Bodleian Library Oxford/ The Bodleian Library (br). 27 Alamy Images: Andre Jenny (cfl). The Art Archive: San Angelo in Formis Capua Italy/Dagli Orti (A) (bl). The Metropolitan Museum of Art: Gift of George Blumenthal, 1941 (t).
28 The Metropolitan Museum of Art: Harris Brisbane Dick Fund, 1958 (cl). Scala Art Resource: Palazzo Pitti, Florence, Italy (bl). V&A Images: Daniel McGrath (tr). 29 akg-images: Nimatallah, Vatican Museums (bl). www.bridgeman.co.uk: (br). The Metropolitan Museum of Art: Fletcher Fund 1930 (c); Rogers Fund, 1939 (t). 30 akg-images: National Museum Stockholm (bc). Corbis: Bettmann (bl); Sandro Vannini (cl).
31 www.bridgeman.co.uk: Eglise Saint-Laurent, Salon-de-Provence, France (br). DK Images: Centre des Monuments Nationaux (bl). Germanisches Nationalmuseum: (t). 32 Réunion Des Musées Nationaux Agence Photographique: Blot/Lewandowski. 34 Christie's Images Ltd: (tr).
35 Christie's Images Ltd: (l). Corbis: Adam Woolfitt (tr). DK Images: l'Etablissement Public du Musée et du Domaine National de Versailles (bc).
36 www.bridgeman.co.uk: Philip Mould, Historical Portraits Ltd, London, UK, (br). Staatliche Museen zu Berlin-Preussischer Kulturbesitz Kunstgewerbemuseum: (tr). Sotheby's Picture Library, London: (l).
37 akg-images: Rabatti - Domingie. 38 www.bridgeman.co.uk: Museum of Fine Arts, Houston, Texas, USA, Gift of Mr & Mrs Harris Masterson III (tc); Haddon Hall, Bakewell, Derbyshire, UK (l). Christie's Images Ltd: (bl). Staatliche Museen zu Berlin-Preussischer Kulturbesitz Kunstgewerbemuseum: (br). Sotheby's Picture Library, London: (tr).
39 The Art Archive: Dagli Orti (tcl). National Trust Photographic Library: (tl). Réunion Des Musées Nationaux Agence Photographique: (tcr). V&A Images: (bcl). 40 Archivi Alinari: Seat Archive (cl). Corbis: Araldo de Luca (bc, br). The Art Archive: Museo Civico Belluno/Dagli Orti (c). Sotheby's Picture Library, London: (bl). 41 akg-images: Rabatti-Domingie (bl, cl). Photo Scala, Florence: (tr). Sotheby's Picture Library, London: (cr).
42 DK Images: Natural History Museum (tr). National Trust Photographic Library: (b, c). 43 akg-images: (tl); Galleria degli Uffizi/Rabatti-Domingie (b).
44 akg-images: (tr). Christie's Images Ltd: (r). Rijksmuseum Foundation, Amsterdam: (l). 45 www.bridgeman.co.uk: Private Collection, The Stapleton Collection (cr). Rijksmuseum Foundation, Amsterdam: (bl, cl). 46 Christie's Images Ltd: (br). State Hermitage, St Petersburg: (cr). Kinsky Auction House, Vienna: (cl). 48 V&A Images: (tr).
49 www.bridgeman.co.uk: Partridge Fine Arts, London, UK (tl). V&A Images: (bl). 52 Christie's Images Ltd: (cr, cr). V&A Images: (l).
53 Réunion Des Musées Nationaux Agence Photographique: (bl, tl).
54 Réunion Des Musées Nationaux Agence Photographique: (br, cla).
55 Réunion Des Musées Nationaux Agence Photographique: Blot/ Lewandowski (bc). 56 Christie's Images Ltd: (cr). Sotheby's Picture Library, London: (br). 57 Christie's Images Ltd: (bl, br). Sotheby's Picture Library, London: (cl). 58 www.bridgeman.co.uk: Museum of Fine Arts, Houston, Texas, USA, Gift of Mr & Mrs Harris Masterson III (bl). The Metropolitan

Museum of Art: Purchase, Joseph Pulitzer Bequest, 1940 (br). Winterthur Museum: (tr). 59 Museum Of Fine Arts, Boston: (bl). The Metropolitan Museum of Art: Rogers Fund 1909 (cr). Winterthur Museum: (cl). 60 Sotheby's Picture Library, London: (bl, cl). 61 State Hermitage, St Petersburg: (tc). 62 Christie's Images Ltd: (tc, tr). The Metropolitan Museum of Art: Ruth and Victoria Blumka Fund, 1955 (bl). Sotheby's Picture Library, London: (cr). 63 Sotheby's Picture Library, London: (br, tc, tl, tr). 64 akg-images: (tr). Christie's Images Ltd: (br, cr). V&A Images: (bl). 65 Christie's Images Ltd: (bl, br). State Hermitage, St Petersburg: (cr). Sotheby's Picture Library, London: (cl). 66 www.bridgeman.co.uk: Haddon Hall, Bakewell, Derbyshire, UK (br); Muncaster Castle, Ravenglass, Cumbria, UK (tr). The Art Archive: Museo Franz Mayer Mexico/Dagli Orti (tcr). V&A Images: (bc, bl). 67 The Art Archive: (tcl, tr). Sotheby's Picture Library, London: (bl). V&A Images: (bcr). Winterthur Museum: (bcl, tl). 68 Trustees of the V&A. 70 Alamy Images: SCPhotos (cl). 71 Alamy Images: Bildarchiv Monheim GmbH (bc, bcr). www.bridgeman.co.uk: Palacio Nacional, Queluz, Portugal (t); Palacio Nacional, Queluz, Portugal, (tr). 74 www.bridgeman.co.uk: Wallace Collection, London, UK (l).

78 The Metropolitan Museum of Art: (l). 79 Corbis: Massimo Listri (tl). 80 Christie's Images Ltd: (br). Palazzo del Quirinale: (cbr). 82 Christie's Images Ltd: (br). The Metropolitan Museum of Art: 1995 (cr). 83 Christie's Images Ltd: (car, tr). 84 Christie's Images Ltd: (br, bcr) 85 The Metropolitan Museum of Art: (bl, cfl). 86 Alamy Images: Bildarchiv Monheim GmbH (cfl, tl). 86-87 Alamy Images: Bildarchiv Monheim GmbH (t, c). 88 Christie's Images Ltd: (br). 89 Christie's Images Ltd: (tl).

90 Quinta Das Cruzes Museum: (bl). Sotheby's Picture Library, London: (br, cfl). 91 www.bridgeman.co.uk: Palacio Nacional, Queluz, Portugal (tl). Sotheby's Picture Library, London: (br). 93 Dansk Folkemuseums Billedsaunling: (c). 95 www.bridgeman.co.uk: (br). 96 akg-images.

97 Christie's Images Ltd: J Vardy (bl). 97 British Architectural Library, RIBA, London: (cfl). 98 Earl and Countess of Harewood and the Trustees of the Harewood House Trust: (tl). 98-99 Earl and Countess of Harewood and the Trustees of the Harewood House Trust. 99 Dover Publications: (cr). 104 The Metropolitan Museum of Art: (cfl); John Stewart Kennedy Fund, 1918 (cl).

105 The Metropolitan Museum of Art: (br); John Stewart Kennedy Fund (r). 107 Christie's Images Ltd: (r, cr). 110 The Metropolitan Museum of Art: (tr). 111 Sotheby's Picture Library, London: (cfr). 112 The Metropolitan Museum of Art: (bc, bl). 115 Mallett (tc). 119 Reunion Des Musees Nationaux: Musee du Louvre, Paris/Daniel Arnaudet (tc). Réunion Des Musées Nationaux Agence Photographique: (tcr). 122 Mallett.

124 Corbis: Angelo Hornak (cl). Dover Publications: (bl). 125 Corbis: Adam Woolfitt (t). 130 Sotheby's Picture Library, London: (bl).

132 www.bridgeman.co.uk: (ca). 133 www.bridgeman.co.uk: Museo Archeologico Nazionale, Naples, Italy (ca). 138 Dover Publications: (c, tr).

139 British Library, London: (br). Christie's Images Ltd: (bc). Dover Publications: (tc, tcl). Sotheby's Picture Library, London: (tcr).

142 State Hermitage, St Petersburg: (cfl). Sotheby's Picture Library, London: (tr). 143 Christie's Images Ltd: (c). 144 Christie's Images Ltd: (car, cra). 145 The Metropolitan Museum of Art: The Annenberg Foundation Gift 2002 (bcr, br, cbr). 150 Dover Publications: (tr).

152 Christie's Images Ltd: (br, ca). Corbis: Bettmann (clb). 153 National Trust Photographic Library: (tl). 154 Trustees of the V&A: (cl). 155 Kungl Husgeradskammaren: Alexis Daflos (tl). 157 Pernille Klemp, Kunstindustrimuseet, Denmark: (br). 158 Institut Amatiller D'art Hispànic (Arxiu MAS): (tr). Sotheby's Picture Library, London: (br). 159 Christie's Images Ltd: (c). Institut Amatiller D'art Hispànic (Arxiu MAS): (br).

163 The Charleston Museum: (tl). Colonial Williamsburg Foundation: (br). 166 Alamy Images: Bildarchiv Monheim GmbH (bl). Dover Publishing: (br). 167 Christie's Images Ltd: (tl). 169 Dover Publications: (br). 174 Sotheby's Picture Library, London: (bcr, br). 185 Dover Publications: (cr). 186 Christie's Images Ltd: (bl). 187 Dover Publications: (bl). 189 Dover Publications: Gentleman & Cabinet-Maker's Director by Thomas Chippendale (br). 190-191 V&A Images. 192 akg-images: Laurent Lecat (tr). Alamy Images: Mervyn Rees (cl). 193 Corbis: Bojan Brecelj (t). 201 www.bridgeman.co.uk: Private Collection, Agnew's, London, UK (c). 203 Sotheby's Picture Library, London: (bl). 204 Photo Scala, Florence: Palazzo Pitti, Florence, Italy (bl). 205 Christie's Images Ltd: (car, tr).

206 Corbis: (tr). 213 Ullstein Bild: (tl). 215 akg-images: (br). Sotheby's Picture Library, London: (bc). 217 Alamy Images: Bildarchiv Monheim GmbH (tl). 223 Sotheby's Picture Library, London: (cr). 224 Christie's Images Ltd: (tr). Sotheby's, Inc., New York: (br). 225 Christie's Images Ltd: (tl, tr). 229 Corbis: Peter Harholdt (bl). Dover Publications: (bcr).

230-231 William Struhs: Historic Charleston Foundation. 232 Christie's Images Ltd: (l). 237 Corbis: Raymond Gehman (tc). 257 Dover Publications: (r). 260 Trustees of the V&A. 262 Alamy Images: Bildarchiv Monheim GmbH (cfl). Palais Dorotheum: (bl). 263 The English Heritage Photo Library: Nigel Corrie (c). 264 Trustees of the V&A. 265 Sotheby's Picture Library, London. 268 www.bridgeman.co.uk: New York Historical Society, New York, USA (br). 269 Corbis: Hulton-Deutsch Collection (bc). 271 Corbis: Archivo Iconografico, S.A. (tl). 272 Réunion Des Musées Nationaux Agence Photographique: Arnaudet (tl). 273 Sotheby's Picture Library, London: (br).

276 National Trust Photographic Library: (tr).

277 Mary Evans Picture Library: (bl). Trustees of the V&A: (br).

279 National Trust Photographic Library: Andreas von Einsiedel (tl).

281 Corbis: Hulton-Deutsch Collection (tl). 284 Corbis: Araldo de Luca (tr); Philadelphia Museum of Art (cr). Gebrüder Thonet GmbH: (tc).

285 Palais Dorotheum: (tl). The Falcon Companies: (c). Gebrüder Thonet GmbH: (tc). 288 Christie's Images Ltd: (br, cr). Index Fototeca: (tr).

291 Sotheby's Picture Library, London: (bl, br). 292 Christie's Images Ltd: (bl, br). State Hermitage, St Petersburg: (cra). 293 akg-images: State Hermitage, Russia (tr). State Hermitage, St Petersburg: (tc, tl). Mallett: (br).

294 Corbis: G.E. Kidder Smith (bl). 295 Indiana State Museum and Historic Sites: (br). 296 www.belterfurniture.net: Larry Kemper (cl). Corbis: Peter Harholdt (bc). 297 www.bridgeman.co.uk: Metropolitan Museum of Art, New York, USA (cl). 298 Sotheby's Picture Library, London: (bl, br). 299 Sotheby's Picture Library, London: (bl, br).

301 Mallett: (br). Sotheby's Picture Library, London: (cra). 302 Sotheby's Picture Library, London: (cr). 303 Sotheby's Picture Library, London: (bl).

309 Sotheby's Picture Library, London: (br). 316 The Art Archive: (cr). Mary Evans Picture Library: (tr). 317 Christie's Images Ltd: (tc). Corbis: (bc). 318 www.bridgeman.co.uk: Private Collection, The Stapleton Collection. 320 Corbis: Robert Landau (cl). Dover Publications: (bl).

321 Arcaid.co.uk: Richard Bryant (tr). Corbis: Bettmann (bl). 322 Cheltenham Art Gallery & Museums: (br). 324 www.bridgeman.co.uk: Private Collection, The Fine Art Society, London, UK (bl). 325 www.bridgeman.co.uk: Private Collection, The Fine Art Society, London, UK (br).

328 Corbis: Massimo Listri (bcr, bl, br). 329 Corbis: Peter Harholdt (tr).

330 www.bridgeman.co.uk: The Fine Art Society, London, UK, (l). Trustees of the V&A: Pip Barnard (cr, tr). 331 The Advertising Archive: (cbl). 332 Corbis: Bettmann (tr). 334 The Interior Archive: Fritz von der Schulenburg (tr). 336 Alamy Images: Arcaid (tr).

339 www.bridgeman.co.uk: (br). 339 The Craftsman Farms Foundation,

Parsipanny, New Jersey: (tl). 346-347 The Art Archive: Nicolas Sapieha. 348 Corbis: Andrea Jemolo (cl). 349 Archives d'Architecture Moderne: (t). 353 DK Images: ADAGP, Paris and DACS, London 2005 (bcl). 354 Getty Images: Hulton Archive (tr). 355 Van Gogh Museum, Amsterdam: (bcl, tcl). V&A Images: (bcr). 359 The Art Archive: Bibliothèque des Arts Décoratifs Paris/ Dagli Orti (bcr); Dagli Orti (bcl). 360 akg-images: DACS (bl). Réunion Des Musées Nationaux Agence Photographique: (tr).
361 Christie's Images Ltd: DACS (tl, tr). Réunion Des Musées Nationaux Agence Photographique: (tc). 362 Réunion Des Musées Nationaux Agence Photographique: P. Schmidt (tr). The Wolfsonian - Florida International University: (bl, br, tc). 363 Corbis: Massimo Listri (tl). DK Images: Judith Miller/DACS (cl, r). Photo Scala, Florence: Museum of Modern Art (MoMA), New York, USA (bc). 364 akg-images: (tr). www.bridgeman.co.uk: Private Collection, The Fine Art Society, London, UK (bcl, bcr). 367 Alamy Images: Arcaid (tl). 372 akg-images: Sotheby's/DACS (cr). DK Images: Judith Miller/ DACS (bl). 373 DK Images: Judith Miller/DACS (bcr, bl). Réunion Des Musées Nationaux Agence Photographique: Herve Lewandowski/ DACS (cl).
374 DK Images: Judith Miller/DACS (tr). 375 The Falcon Companies: (bc).
376 akg-images: (tr). 377 akg-images: Sotheby's (cr, tl). Sotheby's Picture Library, London: (bl). 384 Trustees of the V&A. 386 akg-images: (bl). Arcaid.co.uk: (cl). Corbis: Bettmann (bc). 387 Alamy Images: Michael Booth (t). 391 DK Images: Judith Miller/DACS (bcr). 393 DK Images: ADAGP, Paris and DACS, London 2005 (br); Judith Miller (bc); Judith Miller/DACS (cl, cr). Réunion Des Musées Nationaux Agence Photographique: (tl). 394 DK Images: ADAGP, Paris and DACS, London 2005 (tr). 395 DK Images: ADAGP, Paris and DACS, London 2005 (cr). 397 Corbis: Angelo Hornak (tl).
400 Corbis: Peter Aprahamian (bl). 402 Réunion Des Musées Nationaux Agence Photographique: (bl, cl). 402-403 Réunion Des Musées Nationaux Agence Photographique. 406 Kyoto National Museum: Suzuki Masaya (bl).
407 Corbis: Robert Holmes (tl). Kyoto National Museum: Ban-ura Shizue (cl); Tokuriki Yasuno (bl). Phillips de Pury & Company: (bc, br). 409 The Advertising Archive: (cb). Savoy Hotel: (t). 412 DK Images: ADAGP, Paris and DACS, London 2005 (tr). 416 Trustees of the V&A. 418 Corbis: Edifice/ DACS (cl). 419 DK Images: Neil Estern (br). Centraal Museum, Utrecht: DACS (c). Wright: DACS (r). 420 Artek: (cfl). 421 Réunion Des Musées Nationaux Agence Photographique: Jean-Claude Planchet/DACS.
422-423 DK Images: FCL/ADAGP, Paris and DACS, London 2005.
423 Wright: (tcr). 424 DK Images: DACS 2005 (bl). Centraal Museum, Utrecht: (l). Wright: (br); DACS (tr). 425 akg-images: © 2005 Mondrian/ Holtzman Trust c/o HCR International Warrenton Virginia (ca). DK Images: DACS 2005 (b). 426 akg-images: (br). www.bridgeman.co.uk: Private Collection, Roger-Viollet, Paris; (cl). 427 Tecnolumen GmbH & Co. KG: DACS (bl). 429 Christie's Images Ltd: (br). Corbis: Bettmann. DK Images: DACS 2005 (bc, bl). 431 Christie's Images Ltd: (cr). ClassiCon GmbH: (bc, c). V&A Images: (br). 432 akg-images: (cb). Cassina: DACS (ca). Réunion Des Musées Nationaux Agence Photographique: Michele Bellot/Estate Brassai (tr).
433 Charlotte Perriand Archive, Paris: DACS (ADAGP) (tr). 434 Bauhaus-archive: (b). Institut Fur Stadtgeschichte Frankfurt: (tr). 436 Bukowskis: (t). Dansk Moebelkunst: (bl).
437 Alvar Aalto Museum, Finland: Maija Holma/Alvar Aalto Foundation (bc).
437 Artek: Alvar Aalto Foundation (br). Le Klint: (t, tr).
438 Trustees of the V&A: (br). Vitra Design Museum: Thomas Dix (cr). 439 www.bridgeman.co.uk: Private Collection, Fine Art Society and Target Gallery, London (br). Isokon: Pritchard Papers, University of East Anglia (bc). Phillips de Pury & Company: (cr). 440 Trustees of the V&A: DACS (bl, br). 441 Corbis: Farrell Grehan (tl). 442 Réunion Des Musées Nationaux Agence Photographique: Georges Meguerditchian/Centre Georges Pompidou (cfr). Wright: (bl). 448-449 Palais Dorotheum.
450 Alamy Images: Arcaid (cl). Editoriale Domus S.p.A.: (bl).
451 Arcaid.co.uk: Alan Weintraub (t). 457 Cranbrook Archives: (tr). Vitra Design Museum: (c). 459 Herman Miller: (br). 460 Powerhouse Musuem, Sydney: Mary Featherston (c); Christopher Snelling (bc); Estate of Gordon Andrews (cr). Sotheby's Australia: Mary Featherston (bl). 461 Powerhouse Musuem, Sydney: Christopher Snelling (bl, bc); Estate of Gordon Andrews (c, cl). Sotheby's Australia: Christopher Snelling (tr); Mary Featherston (br). 463 PP Mobler ApS: (bc). 464 www.arne-jacobsen.com: Strüwing (tr). 465 www.arne-jacobsen.com: Strüwing (t). Rezidor SAS Hospitality, Denmark: (bl). 467 Christie's Images Ltd: (c). 469 Christie's Images Ltd: (br). Casa Mollino: Archivio Aldo Ballo (crb). Wright: (cl, cr). Zanotta Spa: (bc). 470 Getty Images: (cl). 471 Editoriale Domus S.p.A: (tc).
472 www.bridgeman.co.uk: Museum of London, UK (bc). Target Gallery: (bl, br, car). 473 Target Gallery: (br). 477 Wright: (bl). Zanotta Spa: DACS (cl).
480 Palais Dorotheum: (tr). Verner Panton Design: (bl). Wright: (br). 481 Dansk Moebelkunst: (tl). 482 Phillips de Pury & Company: DACS (l). 483 Colani Design Germany: (l). Corbis: Eric Robert (tl). 485 Jacqui Small: Simon Upton. 486 Studio Joe Colombo: (bl). 487 Kartell Spa: (cr). 488 Achille Castiglioni srl: (cl). 489 Flos S.p.A: (c, cr). 491 B&B Italia Spa: (bc). V&A Images: (br). Wright: (tl). 495 Wright: (tl). 496 Target Gallery: (tr). 500 Target Gallery: (cfr). 502 Edra Spa. 505 Cappellini Design Spa: (cl). Cassina: (cl). DK Images: The Sean Hunter Collection, Courtesy of the Guggenheim Museum, Bilbao (br). St Martins Lane Hotel, London: Todd Eberle (c). 506 Vitra Design Museum: (br). 507 Edra Spa. 510 SowdenDesign: George J. Sowden (tr). Wright: (b). 511 Andrea Branzi: (bl). Cappellini Design Spa: (bl).
512 Alberto Ferrero: Una Hotel Vittoria (tr). 513 Cappellini Design Spa: (cl). Cassina: (cfr). 514 View Pictures: Christian Michel (bl). 515 Christie's Images Ltd: (tr). Corbis: Yann Arthus-Bertrand (cbr). Paramount Hotel New York: (bl). 516 Jasper Morrison Ltd: James Mortimer (bl). Magis spa: (cr).
517 Alamy Images: Arcaid (tl). Cappellini Design Spa: (r). Tom Dixon: (cl). Magis spa: (bc). Studioball: (br). 518 Kartell Spa: (tr). 519 Cappellini Design Spa: (bl).
521 Alamy Images: mediacolor's (tr). Frederica Furniture: (br).
522 Edifice: (tr). 523 Edra Spa: (br, cl, cr). Ingmar Kurth + Constantin Meyer: (bc). www.mossonline.com: (tr). 524 Arcaid.co.uk: John Edward Linden (bl). Cassina: (br). 525 Cassina: (tl); Studio Uno (tc). Edra Spa: (bl).
526 Cappellini Design Spa: (bl). Lever House Restaurant: (ca). Marc Newson Ltd: (br, crb). Wright: (tr). 527 Cappellini Design Spa: (bc, cl). Corbis: Reuters (tl). Ford Motor Company Ltd: (c). 528 Vitra Management AG: Hans Hansen (bl). 529 Archivi Alinari: Florence (cr). Flos S.p.A: (tl). Assoc. Archivio Storico Olivetti: (bc). Vitra Management AG: (tr). Wright: (br). 531 Cassina: (tcr). Linley: (tl).

其他图片 © DORLING KINDERSLEY AND THE PRICE GUIDE COMPANY.
更多资讯请见：WWW.DKIMAGES.COM

由于本书篇幅庞大，所涉繁杂，虽经校勘，难免仍有疏失错漏之处，竭诚期待读者与专家不吝指正。联系邮箱：TYPEINTERNATIONAL@126.COM